U0350676

卢耀如院士论文集

国家发展建设与地质环境

卢耀如　刘　琦　张　薇　编著

同濟大學出版社
TONGJI UNIVERSITY PRESS
·上海·

图书在版编目(CIP)数据

国家发展建设与地质环境:卢耀如院士论文集 / 卢耀如,刘琦,张薇编著. —上海:同济大学出版社,2022.12

ISBN 978-7-5765-0204-6

Ⅰ.①国… Ⅱ.①卢… ②刘… ③张… Ⅲ.①地质学—文集 Ⅳ.①P5-53

中国版本图书馆 CIP 数据核字(2022)第 076480 号

国家发展建设与地质环境

——卢耀如院士论文集

卢耀如　刘　琦　张　薇　**编著**

责任编辑　宋　立　**责任校对**　徐逢乔　**封面设计**　王　翔

出版发行　同济大学出版社　www.tongjipress.com.cn

(地址:上海市四平路 1239 号　邮编:200092　电话:021-65985622)

经　　销　全国各地新华书店

排版制作　南京文脉图文设计制作有限公司

印　　刷　江阴市机关印刷服务有限公司

开　　本　889 mm×1194 mm　1/16

印　　张　37

字　　数　1 184 000

版　　次　2022 年 12 月第 1 版

印　　次　2022 年 12 月第 1 次印刷

书　　号　ISBN 978-7-5765-0204-6

定　　价　298.00 元

卢耀如，喀斯特学家及水文工程与环境地质学家，中国工程院院士。中国地质科学院水文地质环境地质研究所研究员，同济大学教授、博士生导师，贵州师范大学名誉校长。1931 年 5 月出生，福建福州人。1950 年进入清华大学地质系本科学习，1952 年院校调整调入新组建的北京地质学院（现为中国地质大学）水文地质工程地质系。1953 年从北京地质学院提前毕业。

50 多年来，卢耀如院士潜心研究喀斯特地区的水文、工程与环境地质问题。参与实践并指导一系列水利水电工程的勘测研究，涉及长江、黄河、珠江、淮河等许多流域，包括三峡、乌江渡、新安江等百余座水利枢纽；指导有关交通、城镇、矿山等建设的工程地质与环境地质勘测研究；提出有关地质-生态环境的新认识并积极开展研究，为喀斯特地区开发做出杰出贡献；积极进行地质灾害防治工作，对重大灾害防治提出了重要科学认识。

20 世纪 60 年代初，卢耀如院士主持了我国第一个喀斯特研究室，倡议并首先筹备喀斯特地质研究所（现中国地质科学院岩溶地质研究所），建立了一套有关喀斯特发育与工程效应的理论。其最先提出喀斯特地区石漠化问题的理念并进行相应的开拓研究探索，在喀斯特研究上成就卓越，被誉称为“喀斯特卢”。曾任我国援外大型工程高级专家，并曾在欧美国家及港台地区讲学。

卢耀如院士已公开发表近百篇中英文论文，出版 10 部论著与图系。其中，主编的《中国岩溶——景观·类型·规律》一书，被国内外学者视为经典论著。《中国岩溶》《中国岩溶（喀斯特）发育基本规律及其若干水文地质工程地质特征》《中国南方（岩溶为主）地区地质-生态环境图系》《岩溶水文地质环境演化及其工程效应研究》《地质-生态环境与可持续发展——中国西南及邻近岩溶地区发展途径》《中国喀斯特——奇峰异洞的世界》等科学论著，在国内外引起了多方反响。曾获全国科技大会奖、地质矿产部地质科技二等奖、第四届全国优秀科技图书二等奖及第六届李四光地质科学荣誉奖。

序言

地质学，是研究探索地球这个星球奥秘的自然科学。地球，在浩瀚宇宙中，是一个小星球，又是太阳系中的一个行星。地球是以太阳为核心而转动的，而月亮又是围绕着地球运动。

人类，是在宇宙中的智慧生命。目前，还没有真正确定其他星球上是否还有高等智慧的生物，如地球上的人类。

地球，是人类生活与发展的自然场所。人类在地球上生存，就要利用地球上的资源，首先要有大气以呼吸，再要有清洁的水以供饮用，还有土壤上生长的植物、树上结的果实可以果腹，还有其他动物，以供食用。原始人类，完全是依靠自然条件而生存，从而得到繁衍发展。

大气、水、土资源，使人类得以生存，还有多种生物资源，给人类提供富有营养的食物，促进人类智力发展。原始人类茹毛饮血，树叶遮体，后逐渐发展成原始部落，并出现了区域性、地带性的族群。

不同部落、族群，为生存、为资源，也有冲突，甚至发生战争，天然的树枝、石块曾是原始武器。

渐渐地，人类开发自然界的矿产资源，人类文明不断发展，铜器时代、铁器时代，让人类生活质量大大地提升，当然，人类之间战争和制造的武器也升级了。

中国四大发明之一的火药，让人类对自然开发的能力大大提升，可用以开山造路，但战争也升级了。

所以，人类生活在地球上，除了空气无限，不会被占为私有，水资源、土地资源、矿产资源、生物资源，还有可发光发热的能源，都不是无限的，可又都是人类赖以生存和发展的重要资源。随着文明的进步、科技的发展，人类对资源的开发利用，也在品种和数量方面不断地增加。

在第二次世界大战之前，各国为争夺资源、扩大领地而发动战争。那时候地质学除了研究探索地球的发生发展、各种现象的奥秘、地球天然的演化等这些基本自然现象外，很大的精力就在于探测、发现并开采多种的矿产资源，以作为强大自身的重要力量基础。

第二次世界大战结束后，为了使战火中遭毁灭的城镇与乡村恢复生机，兴起了水文地质、工程地质，以更好地开发利用水土资源，更好地发展多种建筑，并保障其安全性。城镇、农村发展，相应人口也更多地繁衍，又导致人类赖以生存的地球的生态环境日益恶化，这一问题引起了人们的注意，环境科学也应运而生。地质学上，也出现了环境地质学。

所以，地质科学研究有三个方向：一是自然地质学的基础科学方向；二是寻找与开发各种矿产资源的方向；三是保障建设发展的安全与可持续发展的水文地质、工程地质与环境地质方向，也称水工环地质科学方向。研究后两个方向，都必须有第一个的研究探索的基本能力与素质。

我是 1950 年 10 月入学清华大学地质系，后来知道国际上新兴起的水文地质工程地质，但那时清华大学地质系还没有这个方向，于是我们十几个人选修了土木系(包括水利)、物理系、化学系、数学系等其他系的有关学科。我在中学时，就听了有关长江三峡的报告，到清华后，又有土木系的教授对我强调三峡工程需要地质人才，所以我主动选修了这方面的课程。

几十年的学术生涯，有这几点认识：

(1) 应当以开阔的眼界认识地球。地球本身历史有几十亿年，研究地质学就应当有着远大眼光，探索地球在浩瀚宇宙中、太阳系中，是如何受制约又如何演化的。

(2) 宏观与微观相结合研究地质现象。沧海桑田、海陆变迁,这是多大尺度和多久的时间,必须从宏观上研究。许多现象,除肉眼观察外,还有微观、超显微的现象,那是很关键而不可忽视的。

(3) 必须具有坚实的数理化基础。自然界地质现象中,有着复杂的地质作用过程,其中孕育着复杂的物理作用、化学作用,如高温高压,分解、组合、变异、熔融等复杂过程,以及物性变异和电场、磁场、动力场等变化,这些都是重要的地质演化过程,还有结合工程的应力场和数学模型表达等。

(4) 应有科学的防灾兴利思维。人在地球上生活发展,既需开发利用多种资源,也要利用其有利条件提升当地人们的衣食住行。大量持续的开发,必然影响当地的地质条件,所以应当采取正确的开发途径,既兴利为人们利用,又不能诱发或激化自然界灾害,如气象灾害、地质灾害、生物灾害等,在建设发展中,就应当考虑相应措施,避灾减灾,建立防灾预警系统。

(5) 掌握自然界现象的发生演化规律性以和谐自然。在地球上生活与发展的人类,实际上已经严重损害了、违背了地球自然演化的规律。大家都已公认,要和谐自然。如何和谐,地质科学有着重要的职责。和谐不是口号,而是应当有科学的依据,就是要掌握重要地质现象的发生与发展的规律。例如,在喀斯特(岩溶)地区,必须研究与掌握喀斯特发育规律及其相关特征,从而寻求合理开发利用与保护的途径。

(6) 通过实践检验的科学真理。实践是检验真理的标准。既有实践带来的教训应当严格作为下一次实践的指导原则,不能盲目主观臆断决策。如明显违背经验验证过的真知与真理,就应该坚决制止,不能强要面子、关系,而导致严重灾害,给国家带来损失。

这本论文集,收录的都是我多年参加有关水工环地质工作,特别是在研究、探索客观规律的基础上,以及经过工程实践检验而归纳总结的文章,可供同仁参考。书中不少论文年时已久,为保留原貌,收入本书时,除在文字层面略作润色,未就原作内容作修改,特此说明。

书中有关水利、水电、建筑、立体交通、城镇发展、灾害防治、农业发展等文章涉及许多合作人员,在此再次一并感谢!

感谢刘琦、张薇两位博士,为本论文集进行收集、整理与编辑!

卢耀如

2021 年 4 月 30 日

目　录

序言

略论喀斯特——读《六郎洞喀斯特水的水源问题》一文 …… 001
第四纪地层的坝基渗漏问题 …… 008
官厅水库矽质石灰岩内喀斯特发育的规律性及其工程地质特征 …… 019
对三峡南津关坝区水文地质工程地质条件的初步认识 …… 035
南津关坝区喀斯特化地层的渗透性 …… 044
南津关坝区的水文地质工程地质条件 …… 055
谈谈目前喀斯特研究工作中的两个问题 …… 076
喀斯特水动力条件的初步研究(节要) …… 081
中国南方喀斯特发育基本规律的初步研究 …… 092
初论喀斯特的作用过程及其类型 …… 113
略谈岩溶(喀斯特)及其研究方向 …… 138
岩溶地区主要水利工程地质问题与水库类型及其防渗处理途径 …… 141
岩溶研究的发展及基本内容和理论问题的概略探讨 …… 150
关于岩溶(喀斯特)地区水资源类型及其综合开发治理的探讨 …… 155
中国喀斯特地貌的演化模式 …… 164
中国岩溶地区水文环境与水资源模式 …… 172
岩溶地区水利水电建设中一些环境地质问题的探讨 …… 178
Hydrological environments and water resource patterns in karst regions of China …… 186
论地质-生态环境的基本特性与研究方向 …… 193
喀斯特地区地质-生态环境质量及其评判——中国南方几省(区)为例 …… 204
南方岩溶山区的基本自然条件与经济发展途径的研究 …… 213
江河流域综合治理要重视地质环境效应——从淮河、太湖1991年水灾谈起 …… 231
Effects of hydrogeological development in selective karst regions of China …… 235
长江三峡及其上游岩溶地区地质——生态环境与工程效应研究 …… 242
长江全流域国土地质-生态环境有待进行综合治理 …… 247
国土地质-生态环境综合治理与可持续发展——黄河与长江流域防灾兴利途径讨论 …… 250

长江流域国土地质-生态环境与洞庭湖综合治理的探讨(节录) …… 257
略论地质-生态环境与可持续发展——黄河断流与岩溶石山保障三峡工程问题的探讨 …… 260
地球圈层运动与自然灾害链 …… 267
岩溶地区资源的合理开发与地质灾害的防治 …… 268
岩溶地区合理开发资源与防治地质灾害 …… 269
Evaporite karst and resultant geohazards in China …… 277
硫酸盐岩岩溶发育机理与有关地质环境效应 …… 285
中国水资源开发与可持续发展 …… 292
中国西南地区岩溶地下水资源的开发利用与保护 …… 303
Groundwater systems and eco-hydrological features in the main karst regions of China …… 310
中国典型地区岩溶水资源及其生态水文特性 …… 324
Geological character and its particularity of the Qiaoxiahala iron-copper-gold deposit in Altay, China …… 336
岩溶(喀斯特)洞穴的开发与保护的方向与途径探讨 …… 337
Karst water resources and geo-ecology in typical regions of China …… 340
硫酸盐岩与碳酸盐岩复合岩溶发育机理与工程效应研究 …… 347
对四川汶川大地震灾害的思考与认识 …… 355
汶川大地震周年与地质灾害防治再思考 …… 361
工程建筑安全与地质灾害的机理与防治 …… 372
加强地质灾害预警预报系统建设 …… 382
灾后重建,须考虑复合灾害效应 …… 387
地热资源的成因机理与开发利用的探索 …… 389
工程建设要贯彻安全理念与和谐地质-生态环境 …… 395
建设生态文明　保障新型城镇群环境安全与可持续发展 …… 399
贯彻科学生态文明理念以综合开发水资源防灾兴利 …… 409
喀斯特发育机理与发展工程建设效应研究方向 …… 421
北京西山岩溶洞系的形成及其与新构造运动的关系 …… 441
动水压力作用下碳酸盐岩溶蚀作用模拟实验研究 …… 450
温度与动水压力作用下灰岩微观溶蚀的定性分析 …… 458
石漠化地区土壤退化的风险指标体系 …… 465
埋藏环境中硫酸盐岩生物岩溶作用的硫同位素证据 …… 466
考虑地下水、注浆及衬砌影响的深埋隧洞弹塑性解 …… 474
岩石高压溶蚀试验设备设计与实验分析 …… 485
酸碱及可溶盐溶液对桂林红黏土压缩性影响实验研究 …… 490
上海悬挂式地下连续墙基坑渗流侵蚀引起的沉降研究 …… 498
贵州施秉白云岩溶蚀特性及孔隙特征实验研究 …… 507

贵州贞丰-关岭花江喀斯特石漠化过程中岩土体化学元素含量与石漠化差异性关系研究 ………… 513
石漠化地区石灰岩和白云岩的溶蚀-蠕变特性试验研究——以贵州贞丰-关岭花江岩溶区为例 …… 519
柳林泉域岩溶水化学演化及地球化学模拟 …………………………………………………………… 526
滨海地区粉质黏土渗透特性试验 …………………………………………………………………… 536
生物多样性与人类的发展 ……………………………………………………………………………… 541
海西经济区(闽江、九龙江等流域)生态环境安全与可持续发展研究(成果摘要) …………………… 549
上海城镇群六水开发与六灾共治以保障生态环境安全与可持续发展战略研究报告(摘要) ………… 554
掌握湿地机理性　立法保护中发展 …………………………………………………………………… 558
对贵州省望谟、册亨县泥石流灾害综合防治与生态城镇发展的建议 ………………………………… 561
关于创新福建核心区　促进 21 世纪海上丝绸之路发展的建议 ……………………………………… 563
关于加强城市地质环境工作及开展其综合建设效应研究的建议 …………………………………… 565
中国工程院关于呈报《海西经济区(闽江、九龙江等流域)生态环境安全与可持续发展研究》咨询
　项目成果的报告 ……………………………………………………………………………………… 568
中国工程院办公厅关于报送衡水院士行咨询建议的函 ……………………………………………… 579

略论喀斯特①

——读《六郎洞喀斯特水的水源问题》一文

卢耀如

随着建设事业的发展，最近几年来，我国水文地质工程地质的勘探与研究人员，对喀斯特性的碳酸盐类地层进行了不少的工作，亦相应地摸索了、积累了若干经验与成果。1957年《水力发电》第十一期上刊登的《六郎洞喀斯特水的水源问题》一文，即为该作者（孔令誉、曹而斌、林仁惠）具有一定价值的研究成果。该文虽然只针对六郎洞喀斯特水的水源问题进行了探讨，但对于从事其他喀斯特地区的研究而言，也有相当的参考价值。笔者未曾在六郎洞及其附近地区进行过地质工作，今只在阅读该文的基础上，结合在其他喀斯特地区工作的若干点滴认识，想就下面几个问题略加探讨。

1 地质历史与喀斯特发育的关系

1. 喀斯特是一种地质作用

碳酸盐类地层经受了水的溶蚀及机械破坏，则产生各式各样不同形态的喀斯特现象。水（主要是碳酸盐地层内的地下水）对喀斯特现象的生成起着主要的作用。同时，有了碳酸盐岩层和地下水，并不一定保证该地层必然产生喀斯特现象，或即使产生亦未必达到某一相同程度。这里尚需考虑到这些条件：① 岩层的化学成分及其溶解度。② 流经其中的地下水对围岩的溶解能力。③ 岩层中地下水的动态。除了第一条件，即新鲜岩层的化学成分系造岩时由该沉积的条件与环境所决定外（不考虑后期风化作用的影响而言），其他两个条件则常有所变化。某一岩层内地下水的溶解能力在各地质时期中不会是完全相同的，一方面是受地下水的运动速度所影响，另一方面最主要的是由地下水中的化学成分的变化所决定。要获得不同地质年代中地下水的溶解能力，只有在获得各时期的古地理、古气候等资料的基础上，再按照目前所掌握的有关水文化学、地球化学等方面的科学理论，而对其进行间接的概念式的估计。当然这样所获得的成果不是很理想，也许还会有极大的错误。所以通常情况下，就以近代该区内地下水的化学成分笼统地作为各地质年代该区地下水的蓝本。地下水动态则受地质构造与古地理等因素的影响，构造方面除了影响岩层的渗透性质外，尚涉及不同含水层的补给、运动与排泄。古地理情况则限定了古水文网分布的形态与规律，并紧密地控制了地下水的动态。

上述的三个条件也是Д.С.索科洛夫等苏联喀斯特方面学者所公认的。影响并控制喀斯特发育的四个条件为：① 可溶解的岩石，② 岩石的渗透性，③ 地下水的运动，④ 水的溶解能力。

在漫长的地质年代中，某一碳酸盐岩层内较强烈的喀斯特发育时期，可能有一次、两次或多次，也可以没有过。各不同时期内喀斯特现象的产生、发展与终止均是相互连贯，有着统一的演变关系与转折阶段。因而在目前要追溯某一碳酸盐岩层不同时期的喀斯特发育情况，必须收集自其成岩后迄至近代的这段地质年代中所有的地质历史、地质构造、古地理等情况，并加以综合地分析与研究，以便确切地判断可能产生强烈喀斯特现象的时期。总之，喀斯特是一种地质作用，要研究喀斯特，必须运用地质观点。

① 卢耀如.略论喀斯特——读"六郎洞喀斯特水的水源问题"一文随笔[J].水文地质工程地质，1958(1)：14，19-23.

2. 六郎洞地区喀斯特与地质历史关系的问题

六郎洞地区喀斯特现象是较为发育的，由六郎洞出水口处喀斯特性泉水的“平均流量达 26 m^3/s，最大流量为 74 m^3/s，最小流量为 10.6 m^3/s”这一点即足以说明。但这些强烈的喀斯特现象与地质历史的关系，在该文(指《六郎洞喀斯特水的水源问题》这篇文章，以下简称同)中没有加以任何阐明。虽然提到：“喀斯特的发展速度可以分为两个方面。一方面是喀斯特区的总作用，是长期的并与地区的地质历史有密切联系的作用(重点系我加的)，这样的速度是以地质年代来衡量的；另一方面，是个别喀斯特形态的发展速度，这种速度是较快的，可以用世纪来衡量。”具体地，对六郎洞地区喀斯特与地质历史的关系仍未曾论及，因而就不能使人较为鲜明地得到这种概念：六郎洞地区各层石灰岩有过几次强烈的喀斯特发育时期，不同喀斯特化时期对石灰岩的破坏的程度及其发育规律是“如何如何”。也就对“没有其他更有力的因素和动力能另有一个规模巨大的泄水口的形成”的论证，显得不够有力。

此外，该文在探讨六郎洞水量丰富的道理时，认为六郎洞的相对高程低而且是喀斯特基准面(？值得考虑)，因而喀斯特水都力图去适应这个基准面，以作为解释六郎洞水量丰富的主要原因。若从目前地形及水文网发育的情况来看，说明该区近代地下水的动态，在一定范围内是趋向于六郎洞而积聚排泄尚是可以的，但作为说明具有丰富泉水(实际上尚达到地下河的程度)的贮藏与运动的空间——各种喀斯特现象如地下湖、地下河等的发育——绝不能作这样简单的分析和论断。

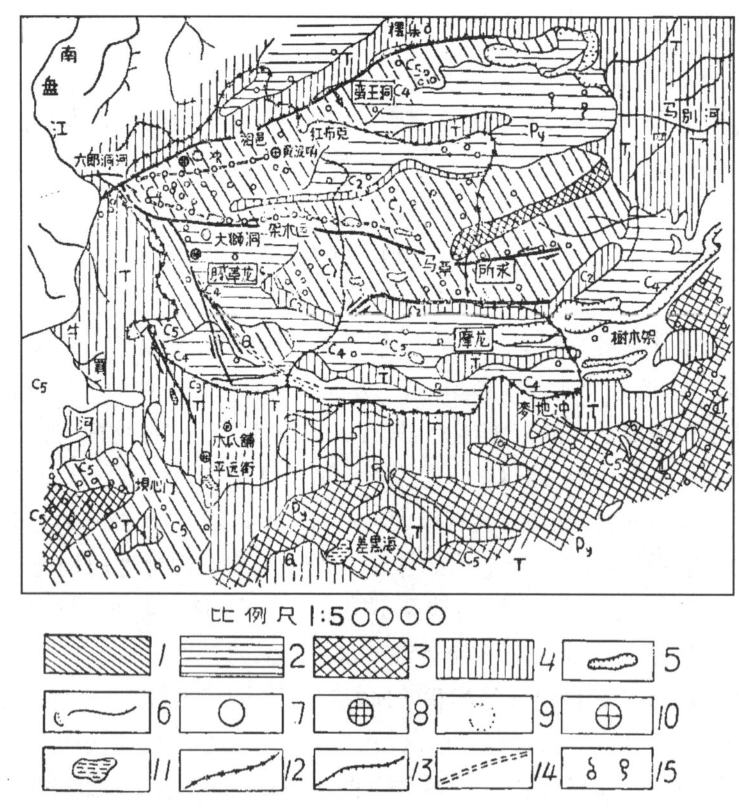

1—喀斯特最发育区，2—喀斯特发育区，3—喀斯特较发育区，4—非喀斯特区，5—坡立谷，6—盲谷，7—漏斗，8—竖井，9—落水洞，10—雨季出水溶洞，11—喀斯特湖，12—水文地质分水岭，13—地形分水岭，14—地下通道，15—喀斯特泉。D—泥盆纪泥灰岩，C_1—石炭纪厚层石灰岩，C_2—石炭纪砂页岩，C_3—石炭纪薄层石灰岩，C_4—石炭纪石灰岩(威宁)，C_5—石炭纪纯质厚层石灰岩(马平)，P_y—二叠纪石灰岩(阳新)，T—三叠纪砂页岩，E—第三纪黏土岩，Q—第四纪砂质黏土，—逆断层及断层面倾角，80°—平移正断层及断层面倾角，—平移断层。

(注：本图采自原文附图 2，此图上地层符号及断层位置系根据原文的附图 1 而示意地加入，可能于位置上有所不够精确，特此说明。但为了方便参考，所以还是这样做)。

图 1　六郎洞河水源区喀斯特化程度及水文地质图

这些规模巨大的喀斯特现象的发育，不是近代短短几个世纪或几十个世纪的产物，因而很有必要再收集地貌、新构造运动以及剥蚀与沉积等资料而加以论证该区喀斯特的发育史。

2 喀斯特发育的规律性

1. 一般的认识

从喀斯特的形态上来看，大的现象有落水洞、漏斗、坡立谷、溶洞、溶蚀盆地、喀斯特湖、地下暗河等，小者如溶沟、溶槽直至直径只有 1～2 mm 的小溶孔。总的说来，无论是大的还是小的喀斯特现象，其生成都是由微量的溶蚀作用开始，在同一地区内，往往一方面有着规模巨大的溶洞等存在，另外也有着在空间体积的规模上悬殊的小溶孔等的发育。不同喀斯特现象的工程、水文地质特性是不相同的。

苏联学者 Д.С.索科洛夫提出的喀斯特发育的地下水动力分带(图 2)认为：

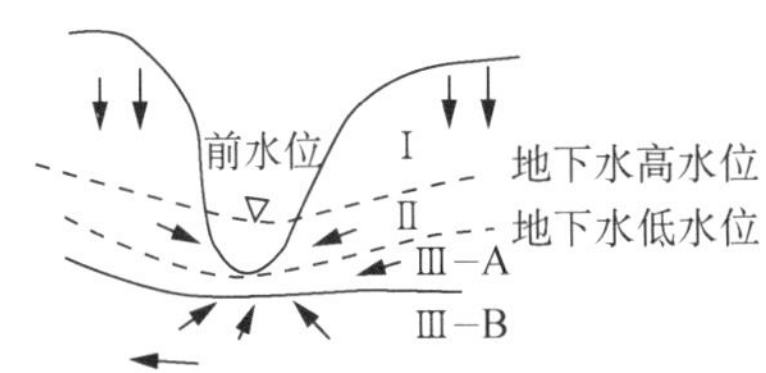

图 2 喀斯特地下水动力分带示意图

Ⅰ充气带：地下水以垂直循环为主，有时情况较复杂。此带内有较大的喀斯特现象的发育。

Ⅱ季节性变动带：地下水于干燥季节为垂直运动，而于雨季时则具有水平循环的特征，多数的较大溶洞等均发育在此带。

Ⅲ完全饱和带：可分为两个小带。Ⅲ-A 分带：于河床部分，常有上升泉。这分带内有喀斯特现象的存在，但规模小，为小溶洞及小溶孔等。Ⅲ-B 分带：地下水运动比较缓慢，除靠近河谷部分排泄入河床内，深处者则向其他的基准面，可以是某处高程较低的大河谷或者海平面运动。此带内发育着细小的溶孔，直径一般从 1～2 mm 直至几厘米。

Ⅰ、Ⅱ、Ⅲ-A 带可以有溶洞及暗河形态出现。各带靠近河谷地段，由于地下水运动速度较快，一般喀斯特现象比远处更为发育。各带的界线不是十分明显。当地壳有过升降，或喀斯特发育有过几个强烈时期时，各带的界线都会有相应的变动，Ⅱ带也许成为Ⅰ带。

官厅地区按喀斯特化程度，依环绕河谷的方向基本上有三带(此分带与上述的地下水动力分带是有着意义上的不同)：

第Ⅰ——强烈溶蚀、冲蚀带，最靠近河谷，发育着大的溶洞、漏斗等。

第Ⅱ——溶蚀、潜蚀带，发育着 2～3 cm 直至十几厘米左右的小溶道与喀斯特性的各种裂隙。

第Ⅲ——微弱溶蚀带，发育着 2～3 mm 至 1～2 cm 大小的小溶孔，多有方解石的小晶体与薄膜的存在(图 3)。

喀斯特的发育是很复杂的，不同地区常有其独特的发育历史、规律与特征。

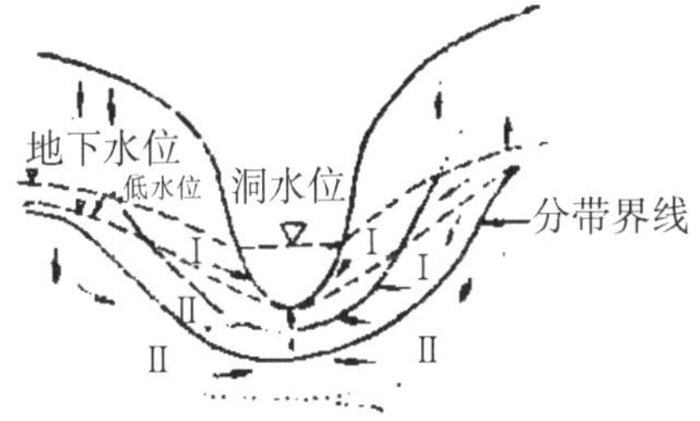

图 3 官厅地区喀斯特化程度分带示意图

根据上列所述可概括出两个有关喀斯特发育的重要特征。第一，分水岭地区喀斯特发育现象一般是较轻微的(指同一个发育时期内，愈靠近河谷的喀斯特的发育愈强烈)。第二，愈往地下深处，喀斯特发育愈微弱。

上述两种概念，均系指在同一个喀斯特作用时期下而言。苏联学者 Д.В.雷日科夫没有运用地质历史的发展观点，而无区别地把不同时期所发育的喀斯特现象综合在一起，得出分水岭地区喀斯特化现象为喀斯特地区的主要发育特性之一，遭到了 Н.А.格沃兹捷茨基、Н.И.尼哥拉耶夫和 Д.С.索科洛夫等苏联学者的批判。

例如，我国三峡的西陵峡地区，在第四纪以来急剧上升所造成的长江峡谷附近，一般来讲是没有很多的喀斯特现象的存在，而分水岭地带却有着许多喀斯特洼地、漏斗、落水洞等出现，这是因为第三纪时一个强烈喀斯特发育阶段所发育的现象，并由于第四纪以来上升的结果所形成，当然后期的喀斯特化作

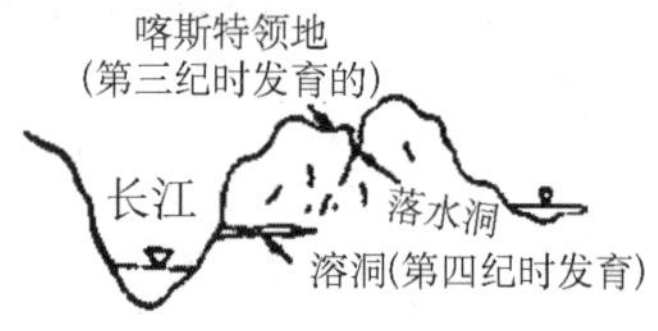

图 4　长江三峡地区分水岭地带喀斯特现象分布示意图

用,可以借此已存在的现象加剧地发展(图 4)。

2. 影响喀斯特发育的几个因素

上面已简略地谈了一些关于促使喀斯特发育的三个原则性条件。现再谈谈有关喀斯特发育的几个主要因素。

第一,构造对喀斯特发育的影响:构造因素常影响碳酸盐类岩层的渗透性质,一般在密布着构造裂隙与断裂的地区,岩层的渗透性是增大的,而只于具有较多断层泥和胶结良好的断层才能降低渗透性。因而喀斯特的发育与构造有密切的关系。喀斯特现象的分布常在构造断裂附近,或其延伸方向与构造线方向是一致的。

图 5　官厅水库震旦纪雾迷山矽质灰岩内、顺断层带而发育的某溶洞洞口横剖面图(比例尺 1∶400)

例如,官厅地区喀斯特溶洞多是顺着断层而发育(图 5)。而长江三峡地区喀斯特溶洞的发育则多在断层带的附近边缘地区,或喀斯特现象的延伸方向大多数与该区的东西向、北 20°—30°东及北 30°—50°西三个主要构造线方向一致(图 6)。

第二,岩性对喀斯特发育的影响:碳酸盐类岩层中除了有着纯质结晶的石灰岩存在外,亦常遇见有泥质灰岩、燧石层以及页岩等夹层的存在。于质地较纯的厚层石灰岩中所发育的现象一般比泥灰岩等更为强烈,往往泥灰岩与页岩常成为喀斯特发育的基准面(图 7)。

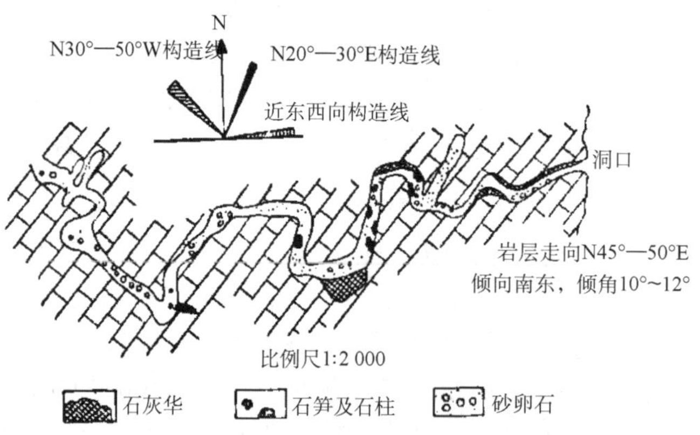

图 6　长江三峡地区震旦纪灯影灰岩内某溶洞平面图(该洞的方向基本上与上列的三组构造线是一致的)

三峡地区也遇到此种情况,页岩层较薄,且位于断层附近有着较多的裂隙存在,即仍然遭受喀斯特化的影响,并不能阻止喀斯特溶洞的延伸,而是穿过断层继续向内发展(图 8)。

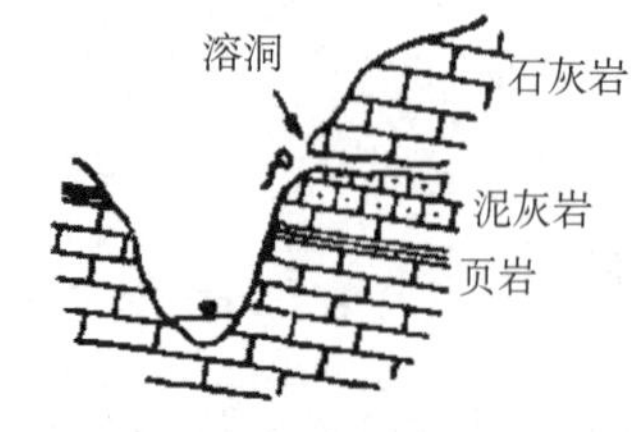

图 7　以泥灰岩为喀斯特基准面发育的某溶洞示意图

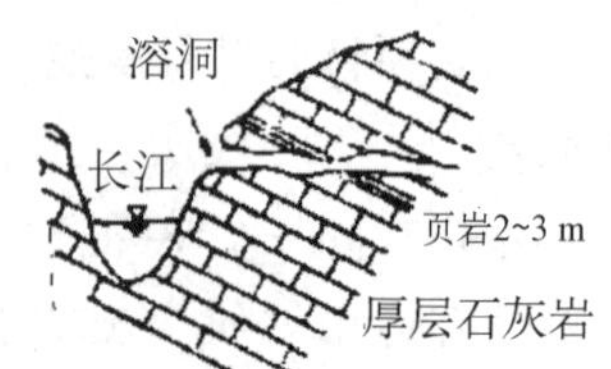

图 8　长江三峡某洞纵剖面示意图(发育于下寒武纪厚层结晶灰岩,穿过其中所夹的复岩层,向内伸延发展)

此外，特别重要的是地壳升降运动对喀斯特发育的影响，在前节有关喀斯特的地下水动力分带中作了说明，此处不再重复。

3. 对六郎洞地区喀斯特发育规律性的探讨

由于该文作者无视喀斯特发育与地质历史的关系，因而对于六郎洞地区喀斯特发育规律性方面就未能进行有力的探讨与推论。

他们虽然提及“地壳运动、地下水的性质及动态与喀斯特基准面，也起着喀斯特发育的控制作用”，但是六郎洞地区既往的地壳运动与喀斯特基准面如何影响并使该地区“喀斯特漏斗多是沿着谷底而分布”的规律，在文中无说明。显然这里需要考虑喀斯特漏斗形成的发育阶段，与地下通道（河、湖）的发育阶段是否完全一致的问题，也就是不同时期的喀斯特发育问题。

另外，作者以“本区属于高原气候，气温变化较大，故易产生物理机械风化作用，而且水源区雨水充沛”这一点，作为本区喀斯特发育的一个条件。这也是由于没有区分出强烈喀斯特化的地质年代，并掌握喀斯特发育规律的结果，把各个不同喀斯特化时期的气候条件不加区别地等同起来。这种以现阶段的气候条件来说明喀斯特的发育是错误的，只有在肯定该区喀斯特现象都是近代所发育的前提下才可以成立，但作者并未这样肯定过。所以姑且这样解释：水源区近代雨水充沛，使具有强烈喀斯特现象存在的地区的喀斯特水有着良好的补给条件。这样似乎还恰当些。

此外，该文尚提及该区的“喀斯特发育阶段，除了个别地区属于‘坡立谷阶段’外，均属‘高原隆起阶段’”，也是不够妥善的，这是沿袭雷日科夫的缺乏地质历史概念进行解释喀斯特化的错误观点。在喀斯特发育过程中，划分为“坡立谷阶段”与“高原隆起阶段”是不够妥善的，不合于发育的规律性，概念也是模糊的。雷日科夫之所以进行这样的划分，是在强调分水岭地区喀斯特化较强烈的认识下所进行的，把喀斯特作用划分为“深成喀斯特阶段”“侧面喀斯特阶段”及“由侧面喀斯特渐变为深喀斯特”三个阶段，而后又进而突出了所谓“坡立谷阶段”与“高原隆起阶段”。这样把垂直方向的喀斯特发育与侧向（水平或近于水平方向）喀斯特发育相互对立起来，显然是忽视了水在喀斯特发育过程中的重要作用，而同样未曾考虑到河谷中喀斯特水是沿各个方向向河床排泄的这一事实，因而错误地把地下水面当作喀斯特基准面，以及片面地、孤立地对待喀斯特的发育阶段与过程。

在该文中提到对六郎洞地区喀斯特化程度的区划问题，这是较为现实而且也有实用的意义，但若在区分原则中加上立体剖面上的因素，而统一考虑就更好些。

3　关于喀斯特地区的水文地质

喀斯特水也就是喀斯特化地区的地下水，比一般非喀斯特地区的地下水要复杂得多。除了常常具有地下通道与暗河外，整个喀斯特水的补给运动与排泄都是非常复杂的。

1. 喀斯特水的一般性质

通常在裸露的喀斯特亦即所谓地中海型的喀斯特地区内的地下水，其补给来源多数是直接来自大气降水，补给条件的难易直接取决于喀斯特化的程度。例如，三峡地区很多喀斯特性泉在开始下暴雨后几十分钟，流量立即上涨几十倍、几百倍，消落的速度也是非常迅速的。根据观测结果，长期性泉水的不稳定系数值 μ 一般在 50～600，大者达几千直至一万以上（μ 不稳定系数值$=\dfrac{\underset{w}{Q_{\max}}\text{最大泉水流量}}{\underset{w}{Q_{\min}}\text{最小泉水流量}}$）。

由于不同程度的喀斯特化结果，常常构成了喀斯特水的运动具有主要的渗流通道或所谓渗流中心。一个地区内这种渗流中心可以不止是一个而是多个。若从地质年代的发展观点上进行理解，继续不断地进行溶蚀与机械潜蚀作用结果，也就可以构成大溶洞以至地下暗河等喀斯特形态的出现。可以说渗流中心如前者的前身，为其最初的萌芽阶段。渗流中心具有平面上的意义，也具有纵剖面上的意义。

以官厅水库地区来讲，岩层遭受喀斯特化的程度不一，渗透系数小者只 0.5 m/d，大者达 300～400 m/d，同样影响地下水的渗流速度，即有好几百倍的数值上的区别。所以在抬高水位的情况下，使渗流中心的出现显得更加突出与尖锐(该区尚未达到地下河的阶段)。

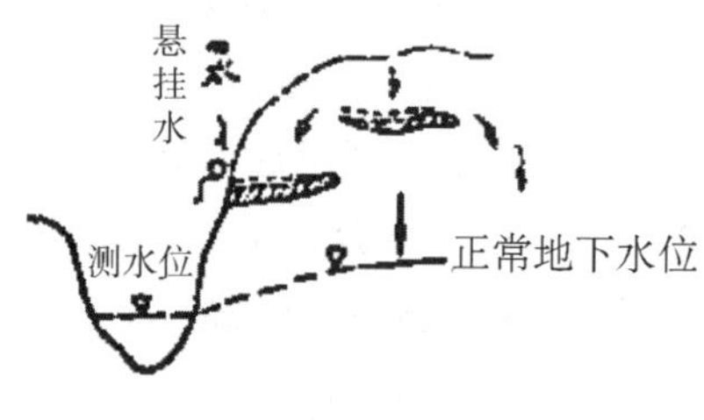

图 9　悬挂水示意图

当地的河床是附近地下水位以下喀斯特水的主要排泄通道。于垂直循环带内仍然起着一定的排泄作用，尤其是在靠近河谷的地段，很自然地会有一部分水流借着通道、裂隙而向旁侧溢流。一般规模较小，呈滴水状态而下泄，有的仅使岩石稍呈湿润状态。也有一种规模较大的排泄，这就需要考虑悬挂水问题。悬挂水是由于垂直循环带内的喀斯特地层中夹着局部不透水或透水性极弱的岩层起着阻水作用而形成(图 9)，这些阻水层一般多为凸镜状、条带状或不规则的尖灭形态，而岩性上可以是页岩、泥灰岩、薄层致密灰岩或渗透性较差的厚层灰岩等。三峡、新安江等喀斯特化地块内所出现的泉水，很多均属于此类悬挂水性质。

各种岩性不完全相同的碳酸盐类岩层中的地下水，在同一河床中虽然一般有着水力上的联系(指地下水面以下)，但不能毫无区别地加以一同对待，甚至错误地当作一个含水层。其中更应考虑到：有页岩及泥灰岩或燧石层存在时，各层中地下水可能是有着不同的水位与动态，每层均将有着独特的补给、运动与排泄的条件。

例如，三峡奥陶纪地层中夹有几米的页岩与薄层灰岩的互层，就使其上部的奥陶纪岩层与下部奥陶纪、寒武纪石灰岩有着截然不同的含水性上的区分。此层页岩是有着区域性的分布而不是局部性或凸镜状的，因而当其出露的高程高出现代河水面以上时，则形成了一种独特的悬挂式含水层，其性质与上述的悬挂水仍是有所不同的(图 10)。

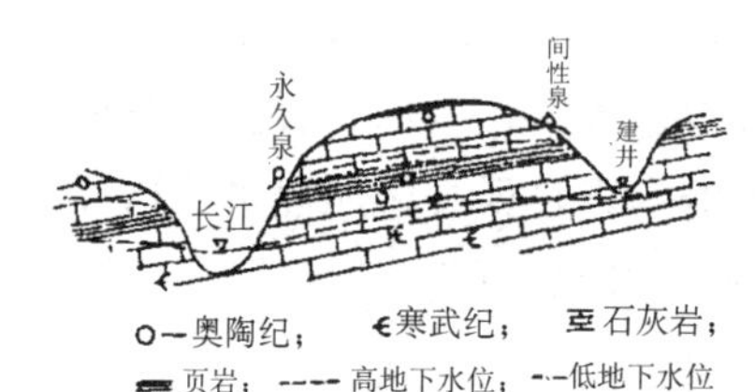

图 10　长江三峡地区悬挂式含水层示意图
(该区许多泉水属于此种性质)

又如下寒武纪厚层的石页岩，完全隔绝了其上寒武纪、奥陶纪石灰岩与其下部震旦纪灯影灰岩的水力上联系，且页岩中的薄层石灰岩内，尚有承压水存在。

2. 关于六郎洞地区的喀斯特水

该文花了很大的篇幅讨论了喀斯特水的水文地质条件、集水面积圈定的原则与方法和喀斯特基准面及水文地质分水岭的迁移等问题。作者根据喀斯特发育的情况，由平面上加以研究(主要是喀斯特区分图及漏斗平面位置)，并根据岩层性质及其分布特点，以及借助于其他水文地质试验成果进行分析，得出六郎洞水源有三个主要补给通道。笔者姑且根据原文，概括出下列的关系：

第一渗流通道、第一链状漏斗带及蛮王洞断层为一组，方向是北东东。

第二渗流通道、第二链状漏斗带及所求断层为一组，方向是南东东。

第三渗流中心、第三链状漏斗带及腻革龙断层为一组，方向是北 35°—45°西。

每一组中的漏斗、断层与通道是有着密切不可分割的关系，也就是说，由于断裂带及附近断裂裂隙的存在，使喀斯特有着较良好的发育条件，岩层渗透性亦较大，经过一定地质年代的喀斯特作用过程，由渗流中心的萌芽直至形成了三个主要通道(地下暗河)，且三者恰好偶然地交集于一起，导致了具备较大水量的六郎洞喀斯特水的出现。

显然作者的这些工作成果是正确的，但感到不足的，他们一方面在肯定岩层性质之差异亦为造成三个渗流通道的原因外，又认为在喀斯特化地区，是有着统一的水力相连的喀斯特含水层，没有进一步指出各个灰岩、页岩砂页岩、砾岩、燧石、煤等层内的不同地下水状态，并进而对三个渗流通道的补给、运动等作更深一步的阐明。

根据有几个地下大湖与地下河的存在情况下，该地区的地下水坡降根据原文所载达 0.03～0.05，似乎偏大了些。这里不知是否也由于运用了“具有统一的水力相连的喀斯特含水层”这一观点，把各个岩性不尽相同的地层中的地下水混合并进行测量所造成。此外不知是否也考虑到了悬挂水的问题。如能有不同含水层的地下水等水位线及长期观测资料而加以论证，那是更为理想。

在讨论喀斯特基准面时，该文中曾这样描述：

“喀斯特基准面通常分为两大类，即沿海的和内陆的。喀斯特内陆基准面又分为基本基准面和中间基准面。基本基准面就是喀斯特地下水面由喀斯特区域流出地段的河流水面。”

“中间基准面又可分为地表和地下基准面，还未消失排水能力的河谷谓之地表中间基准面，地下基准面就是喀斯特地下水流的水面。”

此处所区分的中间基准面等很值得商榷。若以作者所谓喀斯特的“地下基准面就是喀斯特地下水流的水面”这一观点来看，似乎就是说地下水面以下就不会有喀斯特发育了。作者的这种错误观念正像H.A.格沃兹捷茨基等批判雷日科夫那样，是把“喀斯特的理解变窄了”，也是“无视各种地质及自然地理条件的作用和喀斯特现象与其他侵蚀作用的相互联系”(以上系格沃兹捷茨基等语)，也是确信了“喀斯特的表面形状和现象是由喀斯特带内部，主要在含水层水面上，所进行的作用而产生的”(雷日科夫语)，可以说作者们的错误观点与雷日科夫的某些错误观点是同出一辙的。

另外关于分水岭迁移的问题，也还是值得思索与考虑。

4 尾语

最后再作说明，《六郎洞喀斯特水的水源问题》一文在详尽收集实际资料的基础上，并经过一定研究分析后，于内容及成果上基本是正确的且有很多可取之处，探明了水源的几个通道，对工程设计是会有所帮助的。在目前我国有关喀斯特方面的研究文献极端缺乏情况下，该文对其他地区的喀斯特研究，仍可具有相当的参考价值，当然其中也有若干错误观点，不免使论证为之逊色并感到不足。

笔者并不是对《六郎洞喀斯特水的水源问题》一文作全面的分析与评论，只是谈谈喀斯特问题。可能有很多论证与资料该文未曾列入，因而笔者谈及的若干问题，也许原作者已有足够的正确的资料与论据。况且笔者未曾到过六郎洞地区，只在阅读文章的基础上就涉及了该地区的喀斯特问题，未免有隔靴搔痒之嫌了。

总之，本着“争鸣”可促使科学发达的宗旨，笔者斗胆表达些个人对喀斯特的认识。希望在水文地质工程地质园地中，更多地“争鸣”开出众多的、鲜艳的百花，让此科学日益趋向繁盛。

参考文献

[1] 孔令誉，曹而斌，林仁惠.六郎洞喀斯特水的水源问题[J].水力发电，1957(11)：33-39.

[2] Д. В.雷日科夫.喀斯特的性质及其发育的基本规律[M].北京：地质出版社，1956.

[3] 水文地质工程地质通讯第二期(水文地质工程地质研究所科学情报室 1957 年 2 月).

[4] Д.С.索科洛夫.喀斯特裂隙水的循环[N].人民长江，1956-12.

[5] Д.С.索科洛夫.喀斯特发育与地史的关系(人民长江 1957 年 2 月号)[N].人民长江，1957-2.

[6] 卢耀如.官厅水库矽质灰岩内喀斯特发育规律性及其工程地质特征[R].水文地质工程地质研究所 1957 年 2 月学术讨论会，1957.

第四纪地层的坝基渗漏问题①

卢耀如

最近，全国各地掀起了规模空前的水利建设高潮，在极短促的时间下，进行若干的勘探与设计后，立即进行施工的水库，其数量是相当之多。这些水库的修建目的：除了防洪外，最主要的是蓄洪灌溉，或兼以发电。坝高达20～30 m者不在少数，为保证这些水工建筑物的稳定性，并充分发挥其功效，也应当考虑各水工建筑物所在地的工程地质条件。根据笔者的了解，大多数做得很好，但也有不令人满意的地方。例如，某地施工中的坝址，没有很好地考虑以砂卵石层作为基础会发生严重的坝基渗漏问题，且坝身设计亦不能适应此种地质条件，因而存在着蓄水后能否抬高水位达到设计水位，以及坝身可能遭受冲刷之虑。据此，本文想简略地对坝基渗漏问题作若干介绍，以期为水利建设作参考。

1 坝基渗漏是评价工程地质条件的一个重要内容

在水利工程地质勘察中，对坝基渗漏问题作出应有的评价是极其重要的，一方面使得工程设计能够适应地质条件的要求，充分保证坝身的稳定性，另一方面对经济与功效方面的考虑也是有着实际的意义。尤其是以喀斯特化地层及松散第四纪砂卵石层作为基础者，此问题就显得更为突出与尖锐。考虑坝基渗漏的目的有两个。

第一，水库水量的均衡方面：

为工农业的发展而修建的水库有其一定的目的，如为防洪、灌溉、发电航运等。每个水库有其一定的设计库容，有一定的设计蓄水量。必须全面地考虑水量的均衡、综合水文条件（降雨量、入库地表径流量及蒸发量）、水库之用水量（下泄流量）、水库渗漏量、绕坝渗漏量及坝基渗漏量等，以确定可能蓄的库水高程，并判断工程的效益。必须使水库渗漏量及坝基渗漏量之许可值不影响洄水达到设计的库水位的标准，也就是说必须使人工抬高水位后改变了水文地质条件而造成的渗漏损失值小于允许的渗漏量。

单从坝基渗漏来看，更必须考虑到此类产生渗漏现象的地层作为坝基的适宜性，并进一步研究应采用的工程防护措施的必要性与可能性，以及防护工程规模的选择与决定。

第二，坝基渗漏与基础稳定性方面：

坝基渗漏问题除了由水量之均衡方面加以考虑外，尚须由基础之稳定性方面加以联系考虑。因为当水库拦蓄了高水位后，坝基下具有压力水流的渗透运动，有可能引起对基础（尤其是砂层）的潜蚀，导致坝身的毁坏。所以有时虽然坝基渗漏量对库水量之均衡无多大影响，但为增强基础之稳定性，亦必须进行为减少或根绝坝基渗漏而采用的防渗措施。只有当渗流的水力坡降小于临界水头梯度值时（水力坡降大于该值时，则引起松散地层及颗粒的冲刷，导致管涌现象的发生），才可以不考虑此方面的问题。

2 坝基渗漏量的计算公式

要精确地计算坝基渗漏量，首先必须获得当地坝基的水文地质条件及水工设计的资料，通过预测的坝基地下水动力网，科学分析后再进行渗漏量的计算。当然这是一件相当复杂的工作，通常考虑坝基渗

---

① 卢耀如.第四纪地层的坝基渗漏问题[J].水文地质工程地质，1958(11)：8-15.

漏量作为工程地质评价的一个因素，在数字上的要求并不十分苛刻，因而近似地、概略地估算渗漏量仍是有着重大的价值的。

概略性计算渗漏量的公式有下列这些。

1. H.H.巴甫洛夫斯基公式

$$q = K_{\phi} H Q_{r} \tag{1}$$

式中 q——坝下单位长度的渗漏量；

K_{ϕ}——平均渗透系数；

H——设计的最高库水位；

Q_r——“计算流量”按曲线求出，与 $\frac{b}{Z_B}$ 比值有关（图 1）；

b——坝下护底宽度的半数（护底可包括坝身底及铺盖）；

Z_B——隔水层（不透水层）的埋存深度。

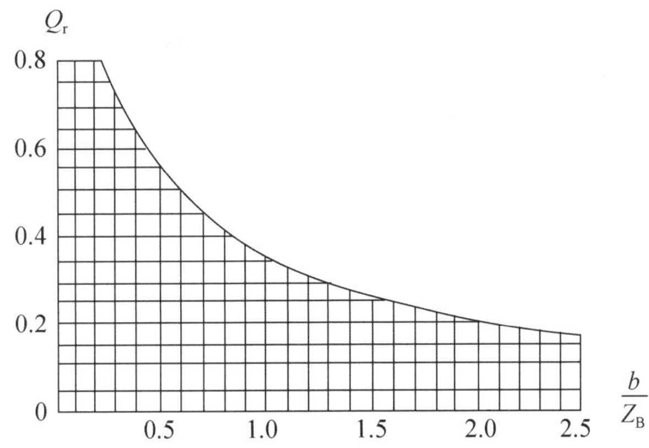

图 1 计算流量 Q 与 $\frac{b}{Z_B}$ 关系图（H. H.巴甫洛夫斯基）

如果坝基内透水层的厚度很大，不透水层的埋藏深度不可知时，可根据表 1 求出 Q_r 值。Q_r 值与 $\frac{y}{b}$ 的比值有关，其中 y 为进行计算时所取的含水层厚度。

当阻水幕（截水墙）下达至 D 深度时，透水层的厚度应用 $Z_B - D$ 值代替。

表 1

$\frac{y}{b}$	0.1	0.2	0.5	1.0	2.0	5.0	10.0	20.0
Q_r	0.032	0.063	0.156	0.283	0.462	0.704	1.064	1.174

2. 卡明斯基公式

$$q = K_{\phi} H \frac{Z_B}{2b + Z_B} \tag{2}$$

式中 K_{ϕ}——渗透系数；

H——水头值；

Z_B——不透水层深度；

b——护底宽之半数。

式(2)可改为

$$q=K_{\phi}H\frac{\dfrac{Z_{B}}{b}}{2+\dfrac{Z_{B}}{b}}\text{或}q=K_{\phi}H\frac{T}{2+T} \tag{3}$$

说明了坝基地下水渗漏量与坝底绝对长度和不透水层深度无关，而是取决于其相互比值关系。

当 $T\leqslant 2$ 时，公式能得出足够准确的结果；

当 $T\leqslant 5$ 时，公式之差不大，约为12%。

公式证明：

假设坝基渗漏可分为水平渗透及垂道渗透，上游地区水流是由上向下渗透，而下游却是由下向上(图2)。

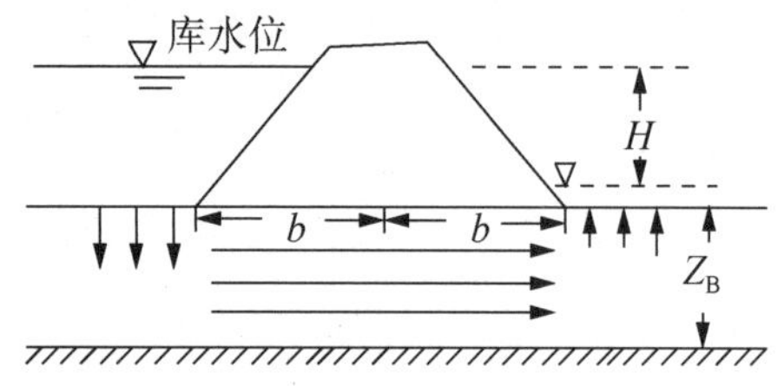

图2

$$\text{平均总渗流长度}L=\frac{2b+(2b+2Z_{B})}{2}=2b+Z_{B} \tag{4}$$

按达尔西定律 $q=w\cdot K_{\phi}\cdot I$(考虑地下水属层流运动)，

K_{ϕ}——渗透系数；

$I=\dfrac{H}{2b+Z_{B}}$——水头梯度；

$w=Z_{B}\cdot 1$——单位渗透面积，宽度取1，所以 $q=K_{\phi}H\dfrac{Z_{B}}{2b+Z_{B}}$。

上列的卡明斯基公式没有考虑水工设计中有阻水幕存在的情况下，渗漏量的计算问题。姑且以卡明斯基公式为基础，导出用以计算具有阻水幕情况下坝基渗漏量的计算公式(图3)：

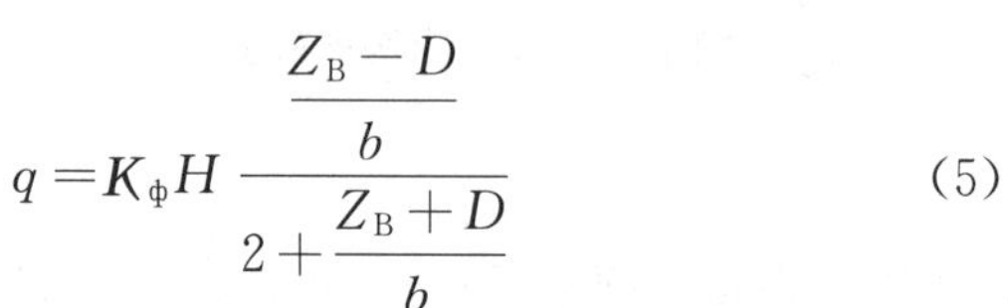

$$q=K_{\phi}H\frac{\dfrac{Z_{B}-D}{b}}{2+\dfrac{Z_{B}+D}{b}} \tag{5}$$

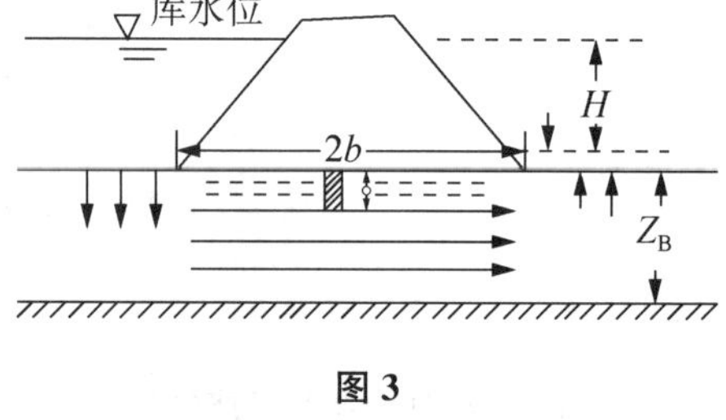

图3

证明：

$$\text{平均的渗透途径长度}L=\frac{(2D+2b)+(2Z_{B}+2b)}{2}=2b+(Z_{B}+D) \tag{6}$$

$$w=(Z_{B}-D)\cdot I \tag{7}$$

$$q=K_{\phi}\cdot w\cdot I\qquad I=\frac{H}{L} \tag{8}$$

所以

$$q=K_{\phi}\cdot w\cdot I=K_{\phi}\cdot H\cdot\frac{(Z_{B}-D)}{(Z_{B}+D)+2b} \tag{9}$$

$$q=K_{\phi}\cdot H\cdot\frac{\dfrac{Z_{B}-D}{b}}{2+\dfrac{Z_{B}+D}{b}} \tag{10}$$

3. 非均质透水层坝基渗漏量的计算公式

当透水层的渗透系数不均一时，可利用卡明斯基的另一公式进行计算(图 4)：

$$q=\frac{H_1-H_2}{\dfrac{L}{K_2^{(\mathrm{II})}m_2^{(\mathrm{II})}}+\sqrt{\dfrac{m_1^{(\mathrm{I})}}{K_1^{(\mathrm{I})}K_2^{(\mathrm{I})}m_2^{(\mathrm{I})}}}+\sqrt{\dfrac{m_1^{(\mathrm{III})}}{K_1^{(\mathrm{III})}K_2^{(\mathrm{III})}m_2^{(\mathrm{III})}}}} \tag{11}$$

式中 H_1——上游库水的水头；

H_2——下游库水的水头；

K_1——上部透水性弱的地层的渗透系数；

K_2——下部透水性强的地层的渗透系数；

m_1——上部地层厚度；

m_2——下部地层厚度；

$2b$——坝底宽度。

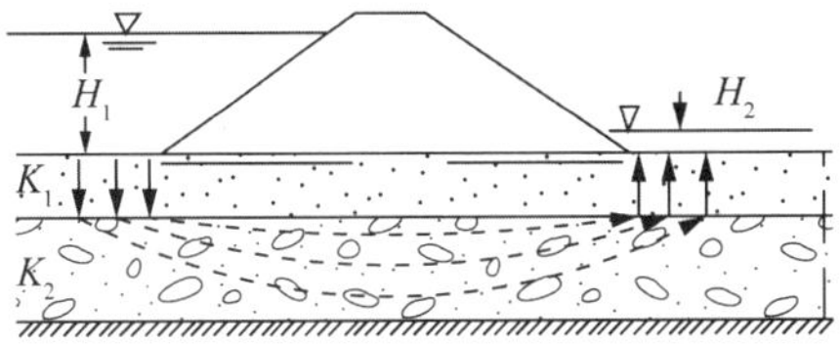

图 4

(Ⅰ)上游地段、(Ⅱ)坝底地段、(Ⅲ)下游地段。

这个公式很适合一般河谷的地质条件下，计算其坝基渗漏量。证明请参看卡明斯基著的《地下水动力学原理》一书第十章。

4. 半椭圆法

此法求坝基下地下水渗流量时，必须是地基下水质点运动是依同心的半椭圆而发生。所以利用此法计算时，最好首先具备预计的坝基地下水动力网的资料。

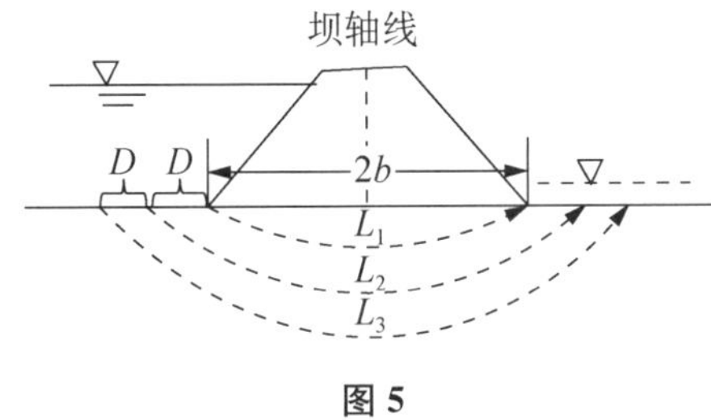

图 5

第一椭圆的长轴用坝基的宽度 $2b$(图 5)，椭圆的半长轴 $l_1=b$，半短轴 $a_1=d$，d 为椭圆之间距。

所以 $l_1=b$，$a_1=d$，

$l_2=b+d$，$a_2=2d$，

…

$l_n=b+(n-1)d$，$a_n=nd$。

当已知半轴的大小后即可算出每个椭圆的半周长，亦即水流渗透途径的长度——水流线的长度。采用下列公式：

$$L=\frac{1}{2}\pi(l+a)\rho \text{——渗透长度(椭圆半圆周)} \tag{12}$$

式中，ρ 由表 2 查出，(由 $\dfrac{l-a}{l+a}$ 的数值而定)。

若不能十分准确地求 L，可应用 $L=\dfrac{1}{2}\pi(l+a)$ 的简化公式。已知渗透途径的长度后，就可粗略地应用达尔西定律求出地下水渗流速度，并判断允许流速所存在的深度(图 6)。

$$\begin{aligned}V_1&=KI_1=K\frac{H}{L_1},\\ V_2&=KI_1=K\frac{H}{L_2},\\ &\cdots\\ V_n&=KI_n=K\frac{H}{L_n}\end{aligned} \tag{13}$$

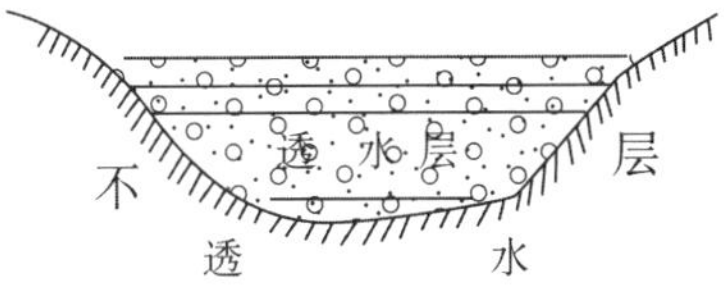

图 6

表 2

$\frac{l-a}{l+a}$	0.1	0.2	0.3	0.4	0.5	0.6	0.7	0.8	0.9	1.0
ρ	1.002 5	1.010 0	1.022 6	1.040 4	1.063 5	1.092 2	1.126 7	1.166 7	1.215 5	1.273 2

求出 V 值后，可绘制 $V-D$ 变化曲线。

坝基渗漏量依式(14)计算。

$$\begin{aligned} Q &= q_0 + q_1 + \cdots + q_n \\ &= V_0 A_0 + V_1 A_1 + \cdots + V_n A_n \\ &= A_0 K \frac{H}{L_0} + A_1 K \frac{H}{L_1^{cp}} + \cdots + A_n K \frac{H}{L_n^{cp}} \end{aligned} \tag{14}$$

式中 $A_0, A_1, \cdots, A_n$——坝轴线的横剖面上所测量的平面渗透面积；

$L_0 = 2b, L_1^{cp}, L_2^{cp}, \cdots, L_n^{cp}$——各个渗透面积内平均的渗透途径的长度。

$$\begin{aligned} L_1^{cp} &= \frac{L_0 + L_1}{2} \\ L_2^{cp} &= \frac{L_1 + L_2}{2} \\ &\cdots \\ L_n^{ct} &= \frac{L_{n-1} + L_n}{2} \end{aligned} \tag{15}$$

上面是不考虑坝基存在阻水幕(或截水墙)的情况下的渗漏量的计算公式。计算存在阻水幕的条件下地下水坝基渗漏量，仍然可以运用上述公式。如图 7 所示，当阻水幕下达至 D 深度时，地下水的渗流途径可假设为 L_1 之形态，为简化起见，计算时可把 D 范围内(A_1 面积内)的渗流量当为零。

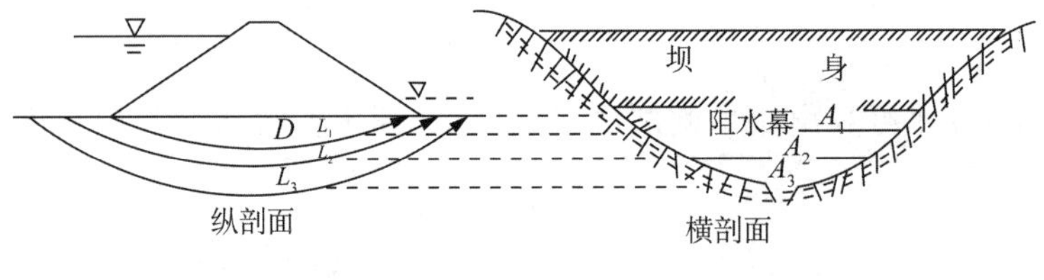

图 7

上面所列举的四个计算坝基渗漏量的公式，在一般的地质条件下均可采用，以便概略地估算坝基渗漏量，对工程地质特性的评价还是有极大的好处。

3 机械潜蚀与冲刷的计算

对机械管涌现象研究得很少，到目前为止还没有可靠的决定渗透破坏的坡降和流速的方法。目前常用的有下列几个公式。

1. 集哈尔特(Знхардт) 公式

这个公式用来近似地估计管涌发生的可能性，是一个经验公式，据井中汲水的情况而获得。

$$V_c = \sqrt{\frac{K_{cp}}{15}} \tag{16}$$

式中 K_{cp}——渗透系数，m/s；

V_c——出现管涌现象的流速，m/s。

按此公式计算坝下允许速度，一般采用安全系数的1.5～2倍。

则
$$V_t = \frac{V_c}{1.5} - \frac{V_c}{2} \tag{17}$$

式中，V_t 为允许流速。

也就是说，为了保证坝下管涌现象不会发生，必须经过基础及其他防护措施后使坝下流速不超过 V_c 值。

2. 求临界水头梯度的公式

为要了解坝下压力水流对土之冲刷搬运能力，可采用式(18)计算：

$$V_B I_{kp} = (\gamma - 1)(1 - n) \tag{18}$$

式中 V_B——土于水中的容量；

I——土内的水头梯度；

γ——土的比重；

n——土的孔隙度(%)。

式(18)可写为 I_{kp}(临界水头梯度)$=\frac{V-1}{V_B}(1-n)$。

若坝基下水头梯度(水力坡降)$I(J)$大于 I_{kp}时，即会使基础物质被挟带上升。一般采用此公式计算时，所取安全系数值为3，即 $I_t \leqslant \frac{I_{kp}}{3}$。基础下水头梯度值应小于 I_t，才有可能使基础的土层不发生管涌、冲刷现象。

这个公式的缺点在于没有考虑土颗粒组合的不均匀性，此外利用此公式用以考虑砂类土的管涌现象时有所困难，因为要测定土天然状态的孔隙度 n 不是很有把握。

3. 依斯托明娜(B.C. Истомина)公式

近年来苏联学者依斯托明娜、毕钦金、杰辽钦等人对管涌问题有了些研究，认为最小的破坏土的渗透坡降与土颗粒的不均匀系数有一定的关系。

$$\eta = \frac{d_{60}}{d_{10}} \tag{19}$$

式中 η——不均匀系数；

d_{60}——土的颗粒直径，比它小的颗粒在土中含量按重量计占60%；

d_{10}——土的颗粒直径，比它小的颗粒在土中含量按重量计占10%。

根据 η 值于图8上查出发生管涌时的最小渗透坡降。例如，η 值为2时，渗透的临界坡降 J 为1.0，当天然状态中水头梯度 $J(I)$值大于1时，土即被冲刷。

依斯托明娜所绘制的 J 与 η 关系曲线图，系在下列的情况下而作：土的平均比重 $\gamma = 2.66\ \text{g/cm}^3$，水温 $f = 10℃$，水的容重为 $1\ \text{g/cm}^3$。

考虑机械冲刷与管涌问题的上列三个公式，以后者为较好，运用得也比较普遍。

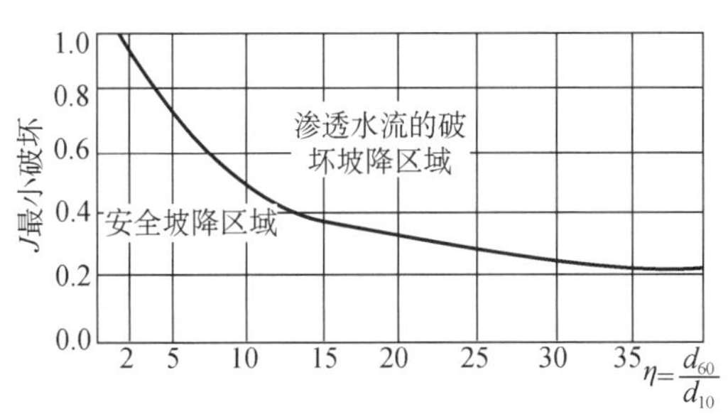

图8 J 与 η 关系曲线图(依斯托明娜)

4　研究第四纪地层坝基渗漏的一个实例

这里举一个较有代表性的例子，说明在第四纪松散地层上建坝，计算坝基渗漏量的问题。

1. 坝区地质概况

河南某规划的水工枢纽，坝长 14.5 km，设计库水位高 30 m 左右。坝址区除了河槽附近有小山丘外，其余的坝身均处于宽广的冲积阶地上，基本上是在平地构筑起堤坝而建成一个水库的(图 9)。

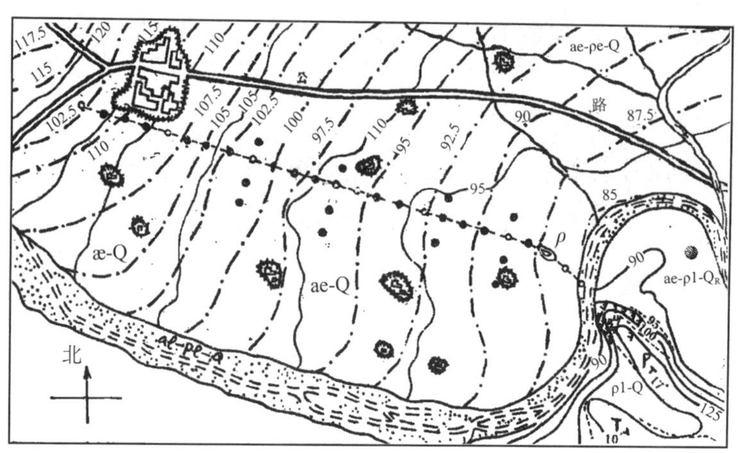

——地形等高线；- - - - 地下水等水位线；- - - - 拟定的坝轴线

●深钻孔；• 浅的钻孔(地下水等水位线系根据钻孔及坑井的地下水位，于同一时间内测定的结果进行绘制，代表第一砂卵石层中的潜水)

图 9　某坝区地质及地下水等水位线图

坝区的面积相当广阔，除了河谷附近的小山岗有第四纪以前的基岩地层出露外，其余全为松散的第四纪地层所覆盖(图 10)。出露的地层有：

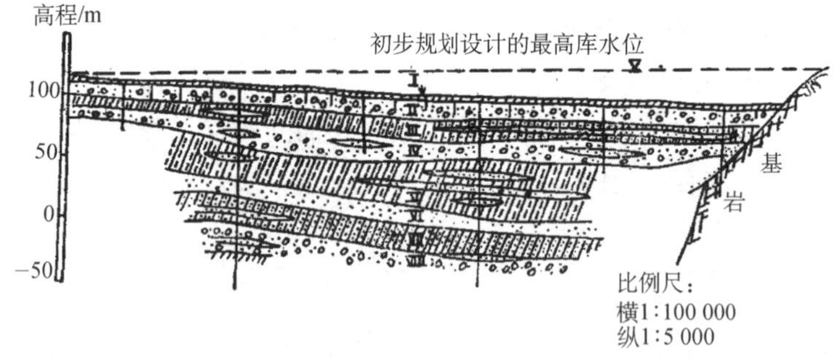

Ⅰ. 次生沉积黄土及黄土质砂质黏土，Ⅱ. 砂卵石层，Ⅲ. 黄棕色及红棕色黏土及砂质黏土，Ⅳ. 砂卵石层，Ⅴ. 砂质黏土为主中夹砂层及黏土，Ⅵ. 中细砂层，Ⅶ. 红褐色黏土及砂质黏土的互层，Ⅷ. 砂卵石层

图 10　阶地部分坝轴线地质剖面图

石炭、二叠纪煤系：粗、中、细粒石英砂岩与黏土质、砂质页岩的互层，间夹有几厘米至几十厘米厚的碳质页岩及 9 cm 厚的薄层煤数层，坝区于深度 200 m 以内，没有厚的煤层存在。

上二叠纪石英砂岩：层厚极坚硬，胶结物为铁质及砂质，间夹半米左右的松软砂岩与页岩。

三叠纪红色砂岩：成分以石英为主，胶结物为铁质及钙质，间夹有页岩。

坝区属于大向斜的北翼，岩层走向北 35°—40°西与坝轴线方向近于一致；倾角 23°左右，倾向西南(上游)。三叠纪红砂岩系的走向变化较大为北 15°—60°西，倾角 5°—15°，假整合于二叠纪石英砂岩上。坝址附近有很多北东方向的正断裂及北 15°—30°东的张开裂隙(图 11)。

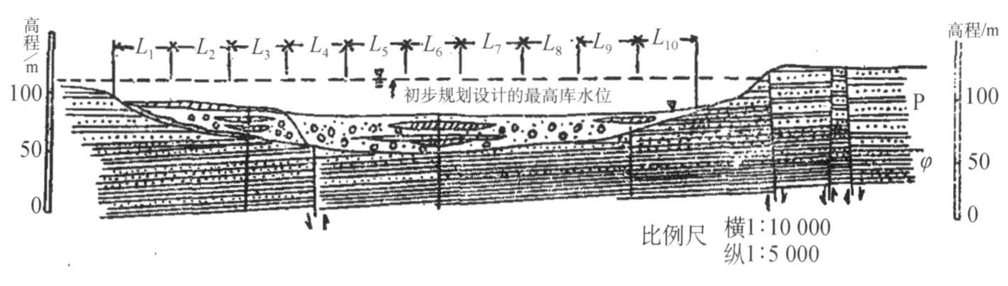

P 上二叠纪石英砂岩　CP 石炭二叠纪煤系的砂页岩

L_1,L_2,…,L_{10}计算砂卵石层坝基渗漏量的分段次序

图 11　河槽部分坝轴线地质剖面图

近代河床宽 1 km 多,主要是中、细砂卵石,间夹少量凸铁状黏土层,本层最厚处逾 30 m。堤坝所居处的第一级冲积阶地,于临近河谷地区高出河水面 2～4 m,依河床上、下游及南北二侧地形渐次按 1∶500 坡度而升高。本级阶地的表层为次生沉积及黄土质砂质黏土层,厚度 2～25 m。下面有一层砂卵石层,厚 20 多 m,其下即为第四纪以来不同轮回所沉积的砂卵石层及黏土类地层的互层,总厚度在 200 m 以上(图 10),说明第四纪以来本区的下降速度是相当迅速的。

从水文地质条件来看,主要是砂卵石层中的孔隙水补给河水(图 9)。河槽中砂卵石层的地下水承受第一级冲积阶地内的第一个砂卵石层中的潜水所补给,该层地下水除了直接来自地表降雨外,尚承受南北山区的地下水所补给。以下的各个孔隙含水层的性质,对建坝的关系不大,此处不拟叙述。而基岩中虽然具有裂隙水的运动,由于岩层倾向上游,且地下水面以下有较多透水性弱的页岩存在,因而考虑坝基渗漏问题时,基本上可把基岩当作不透水层来对待。

2. 坝区工程地质特征简述

根据上述地质及水工部署的情况,显然应当由两个部分来分析其工程地质特征。

第一河槽部分:首先需要考虑坚硬的石英岩及石英砂岩与页岩相间夹的滑动问题,以及基岩内各种断裂对基础稳定性的影响。由于水工设计的坝身不太高,且岩层倾向上游,这些不良地质条件尚可以设法予以处理。

河槽中 30 多 m 厚的砂卵石层其渗透系数为 6～7 m/d,水工设计的初步意图,并不一定构筑阻水幕(截水墙)直达基岩面,因而考虑及判断坝基渗漏问题显得特别的突出。

第二阶地部分:表层的黄土质砂质黏土及次生黄土等的厚度,于坝区一般只 3～5 m 厚,有的可达 8～10 m,个别地区间夹有淤泥 1～2 m。由于沉积年代较晚(近代),性亦疏松,天然孔隙比为 0.65～0.85,有的可达 0.9 以上,压缩系数 a_v 为 0.01～0.06 cm^2/kg,说明此层土尚具有较大的沉陷性。但工程施工时表层耕耘土及松软的淤泥层开挖后,此层土的厚度仍将减少,所发生的沉陷及不均匀沉陷问题经计算后,说明对坝身的影响亦不太大。

土层渗透系数为 0.2～2 m/d,下部砂卵石层的渗透系数也达昼夜几米,由于坝身较多,因而仍需慎重考虑阶地部分坝基渗漏问题。

其下各个土层及砂卵石层,由于上面土层自重的长期荷载,性较紧密坚硬,有的尚胶结得十分牢固,作为坝基是相当良好的,且埋藏较深,受压影响不大,所以不必考虑其不良的工程地质条件。

根据前面的分析,可以清楚地获得坝基渗漏问题是最突出的不良工程地质条件的概念。当然相随地也必须考虑到由于渗漏而造成基础的潜蚀冲刷,以及对坝外地区引起浸没或盐碱化的问题。

3. 坝基渗漏量的计算

按照前面所列述的公式,进行坝基渗漏量的概略计算。以河槽的断面来看(图 11),砂卵石层的厚度各处不尽相同,所以计算时分为 10 段(图 11)。此外水工建筑物的类型(可能建立高压闸门)以及各种防护工程的规模的决定都与坝基渗漏的状况及危害性有关，所以一方面分别考虑不下阻水幕或阻水幕下达深度为 12 m、15 m、17 m、20 m 等五种情况下的地下水渗流量；另一方面也假设坝基护底（坝身底及铺盖）的长度的半宽（b）为 45 m、80 m 及 200 m 三种情况分别计算其渗漏量。

计算渗漏量采用的表格见表 3—表 6。

表 3　巴甫洛夫斯基公式坝基渗漏量计算表

阻水幕下达深度 D/m	计算段号	护底宽度之半 b/m	计算含水层平均厚度 Z_B/m	$\frac{b}{Z_B}$ 比值	计算流量 Q_r	渗透系数 K_Φ /(m·d^{-1})	设计最高水位 H/m	单位渗流量 q /(m^3·d^{-1})	计算分段宽度 /m	分段渗流量 Q /(m^3·d^{-1})	备注
0	4	45	38	1.18	0.3	6.9	30	62.20	100	6 220	—

表 4　卡明斯基公式（Ⅰ）坝基渗漏量计算表

阻水幕下达深度 D /m	护底宽度之半 b /m	计算段号	计算含水层平均厚度 Z_B /m	渗透系数 K_Φ /(m·d^{-1})	设计最高水头 H /m	单位渗流量 q /(m^3·d^{-1})	计算分段宽度 /m	各分段渗流量 /(m^3·d^{-1})	备注
0	200	4	38	6.9	30	10.38	100	1 038	—

表 5　卡明斯基公式（Ⅱ）坝基渗漏量计算表

阻水幕下达深度 D /m	计算段号	护底宽度之半 d/m	上层渗水性弱岩层的渗透系数 K/(m·d^{-1})			上层透水性弱岩层的厚度/m			下层透水性强岩层的渗透系数 K/(m·d^{-1})			下层透水性强岩层的厚度/m			单位渗漏量 q/(m^3·d^{-1})	计算分段长度 /m	各分段渗漏量 Q /(m^3·d^{-1})	备注
			Ⅰ	Ⅱ	Ⅲ	Ⅰ	Ⅱ	Ⅲ	Ⅰ	Ⅱ	Ⅲ	Ⅰ	Ⅱ	Ⅲ				
			上游地段	坝底下	下游地段	上游地段	坝底下	下游地段	上游地段	坝底下	下游地段	上游地段	下游地段	下游地段				

表 6　半椭圆法坝基渗漏量计算简表

半椭圆编号	$a_n = 10n$ m	$L_n = b + 10(n-1)$ m	$L_n = \frac{1}{2}\pi(l+a)\rho$ m	$V = K \cdot \frac{H}{4}$ cm/s
1	10	45	94.12	0.002 5

假设三种阻水幕（截水墙）下达的深度及护底的宽度计算其渗流量，主要目的在于绘制出阻水幕下达深度与渗流量变化关系曲线（$D-Q$ 曲线）及护底宽度之半与渗流量变化关系曲线（$b-Q$ 曲线），以便从中更好地选择基础开挖和阻水幕构筑的深度及铺盖的长度（图 12—图 14）。

利用椭圆法进行计算时，尚可粗略地绘出地下水流速与深度的关系曲线图（图 15），对判断由于坝基渗漏现象的发生影响及基础的冲刷和稳定性的问题仍然有着一定现实的作用。

利用各公式及所假设的各条件进行计算坝基渗漏量，总结果列于表 7。

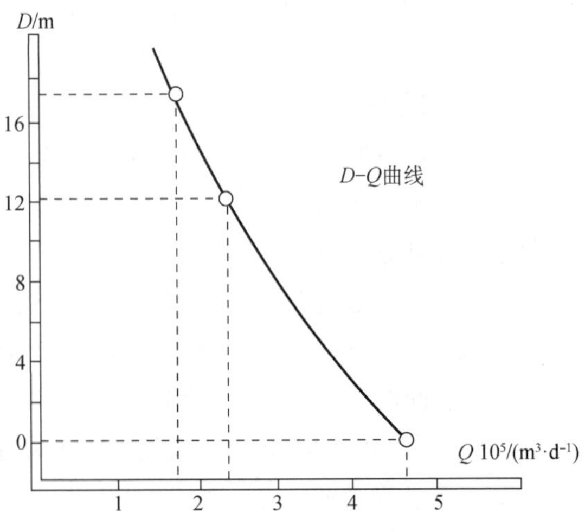

图 12　阻水幕下达深度（D）与坝基渗流量（Q）变化关系曲线图（巴甫洛夫斯基公式计算）

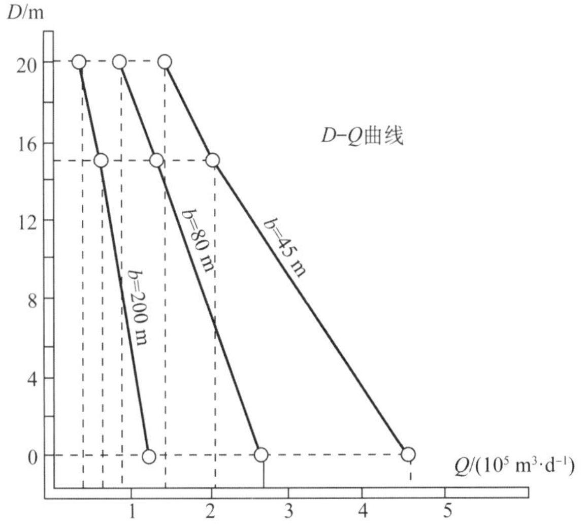

图 13　阻水幕下达深度(**D**)与坝基渗漏量(**Q**)变化关系曲线图(卡明斯基公式计算)

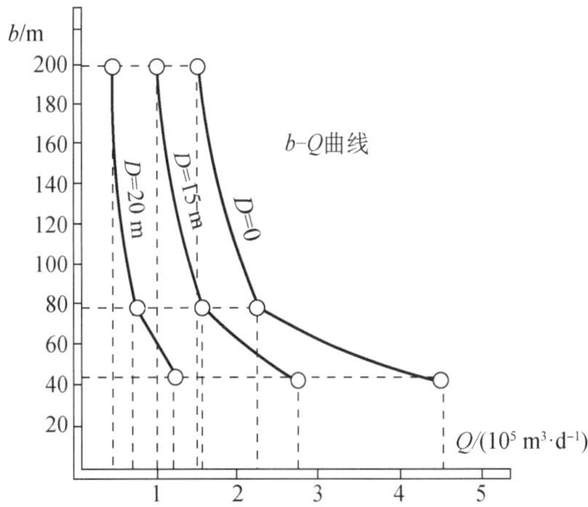

图 14　护底宽度之半(**b**)与坝基渗漏量(**Q**)变化关系曲线图(卡明斯基公式计算)

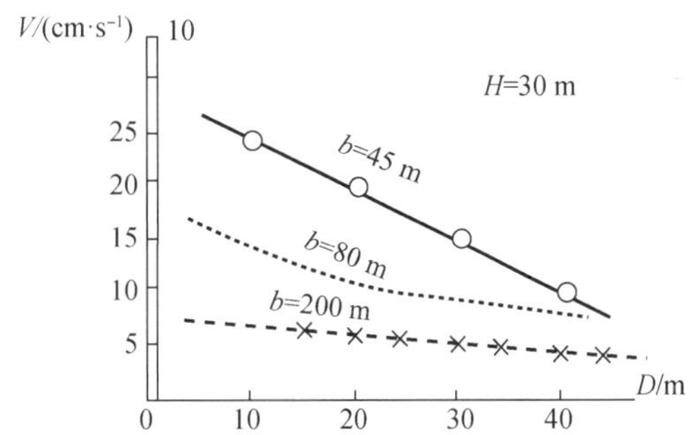

图 15　坝基地下水流速(**V**)和深度(**D**)关系曲线图(坝轴线的断面上)

表 7　坝基渗漏量计算成果总表

总渗漏量/($m^3 \cdot d^{-1}$)									
护底半宽	b=45 m			b=80 m			b=200 m		
阻水幕下达情况	计算公式名称								
	巴甫洛夫斯基公式	卡明斯基公式	半椭圆法	巴甫洛夫斯基公式	卡明斯基公式	半椭圆法	巴甫洛夫斯基公式	卡明斯基公式	半椭圆法
不下阻水幕 D=0	46 615	46 472	43 419		27 895	25 929		12 852	
阻水幕下达 12～15 m D=12～15	24 510	21 876	23 084		14 422	14 299		6 080	7 226
阻水幕下达 17～20 m D=17～20	18 327	14 656	16 224		9 378	10 293		4 304	5 678

注：巴甫洛夫斯基公式计算时 D 为 0,12 及 17 m,其他公式为 0,15 及 20 m。

阶地上长十几公里的堤坝由于受地形条件的限制,将来的库水位各地不相同,由 20 多米逐次变浅至几米。计算坝基渗漏量时,不能采用不变的 H＝30 m 这一数值,另外上层土层及下面砂卵石层的渗透性各处不一,土渗透系数为 0.2～2.9 m/d,而砂卵石层 K 值为 0.2～6.7 m/d,所以共分了 23 段进行计算，结果见表 8。

表 8 阶地部分坝基渗漏量总表

护底半宽	$b = 45$ m	$b = 80$ m	$b = 200$ m
渗漏量 $Q/(\mathrm{m^3 \cdot d^{-1}})$	71 297	40 274	16 432
阻水幕	$D = 0$		

当地河流每年的日平均流量约为 2 978 082 m³，以每日最大坝基渗漏量 117 910 m³（46 615＋71 297）进行计算，坝基渗漏量约为地表径流量的 4%。说明了虽然渗漏是一个重要的问题，以目前资料计算结果，对库水量的均衡方面影响还不太大（砂卵石层的渗透系数不大，所以渗漏量小，若 K 值再经进一步试验，其数值达昼夜几十米时，问题就严重了）。

考虑到由于坝基渗漏引起机械潜蚀、冲刷的危害方面，引用依斯托明娜的原理。由试验结果测得河槽中砂卵石层的颗粒不均匀系数 μ 值（$\frac{d_{60}}{d_{10}}$）为 4～4.5，依曲线查得临界水头梯度值为 0.8～1，所以包括铺盖的坝底宽度（$2b$）应在 112 m 以上（库水水头 30 m，考虑安全系数为 3，即 $L = \frac{H}{J} \times 3 = \frac{30}{0.8} \times 3 = 112$ m）。这样才能使坝下水流坡降小于渗透破坏的临界值，不致引起管涌与冲刷现象。

5 尾语

在第四纪地层特别是松散砂类土上建筑水工建筑物，考虑坝基渗漏问题有着极重要的意义。尤其是目前水利化的高潮中，很多的水工建筑物都构筑在第四纪地层上，本着多、快、好、省的勤俭建国精神，详尽地研究坝基渗漏问题后，一方面可充分保证建筑物稳定性，另一方面非常重要的是正确决定有关的工程量，甚至有时可以不必开挖基础直达基岩或不透水层，或减少开挖工作量及铺盖的土方量，这样就可以充分可靠地使工程进度大大提高，并节省投资。

参考文献

[1] 西林，别克丘林.专门水文地质学[M].北京：重工业出版社，1954.
[2] И.В.波波夫.水电建设中工程地质勘探[M].北京：电力工业出版社，1956.
[3] 卡明斯基.地下水动力学原理[M].北京：地质出版社，1955.
[4] 嘎尔摩洛夫，列昂节夫.地下水动力学问题[M].
[5] 清华大学水工教研组.水工结构[M].北京：高等教育出版社，1957.

官厅水库矽质石灰岩内喀斯特发育的规律性及其工程地质特征①

卢耀如

1　概况

官厅水库系中华人民共和国成立后最早兴建的一个大型水工建筑物。1953 年建成开始蓄水后，坝址下游河谷边坡地带矽质灰岩中曾产生渗漏现象，以致引起坝坡塌陷等不良工程地质现象。该地区自 1949 年至 1955 年期间，虽然不断地由各有关单位进行勘探，但对于水文地质与喀斯特方面的资料尚非常缺乏。为探讨造成各不良工程地质现象的确切因素，1956 年由地质部、水利部与电力部三单位共同合作，开展了勘探与研究工作。现根据所获得的成果，仅就矽质灰岩内喀斯特发育规律性与其工程地质特征两方面问题加以探讨。

2　矽质石灰岩内喀斯特发育的规律性

为便于进行下面的讨论，首先对喀斯特的定义作一说明。什么是“喀斯特”呢？不少学者均有过不同的说法，例如：马克西莫维奇认为是“水对岩石发生物理作用与化学作用的结果”，查依采夫却简单解释为“各种各样的岩洞系统”等。这些说法都是脱离了地质的观点。

雷日科夫所下的定义是：喀斯特是一种强有力的地壳破坏和改造过程，它表现为在可溶性岩层中的特殊景观，地下岩洞和新的沉积物（溶滤残余物）的形成，这种过程的进行是地下水的化学作用和机械作用的结果，而地下水的活动又表现为受造陆运动支配的暂时基准面争夺更大供应面积的斗争。

这种对喀斯特的理解有的尚是较为正确的，但是只把地下水的化学作用与机械作用作为一种产生喀斯特的唯一因素，而缺乏对地表径流于喀斯特现象发育过程中所起的作用予以应有正确的认识，也就忽视了地表水与地下水之间水力上的复杂联系。

我们认为喀斯特的定义是：喀斯特是一种地质作用，喀斯特的发展表现为可溶性岩层主要是碳酸盐岩层，在一定条件下，经受水（地下水为主）之化学与机械作用的结果，且受地壳升降的影响，达到对该地层所分布或其周围有关地区的破坏、改造的一个长期与复杂的地质过程。

根据上述定义，要探讨喀斯特发育的规律性，有必要将地质历史、岩性等各方面资料加以综合分析。

2.1　区域地质史简述

华北陆台上震旦纪地层相当发育，下部有长城石英岩、串岭沟页岩、大红峪石英岩，中部有高于庄灰岩，上部有雾迷山矽质灰岩及洪水庄页岩与铁岭灰岩，总厚达 5 000 多 m。水库周围地区雾迷山矽质灰岩层厚 2 290 m。震旦纪结束后海水曾退出陆台，寒武纪时海水又自南方重新浸入。根据地质部 221 队

---

① 卢耀如.官厅水库矽质石灰岩内喀斯特发育的规律性及其工程地质特征[M]//中华人民共和国地质部水文地质工程地质研究所水文地质工程地质论文集.北京：地质出版社，1959：123-153.

资料，水库周围地区，自寒武纪后则一直居于上升状态，缺失奥陶(?)、志留、泥盆、石炭、二叠、三叠等纪地层，侏罗纪地层直接不整合于寒武纪地层上。侏罗纪以前没有褶皱与大断裂的生成，只有强烈剥蚀。燕山运动时期起了强烈褶皱，形成了各山脉的形态。

2.2 坝区地质概况

坝区基岩全属于前古生代震旦纪雾迷山矽质灰岩层，据岩性而言主要是淡灰色、灰色及灰黑色，含有燧石线层与结核的矽质结晶石灰岩、白云质石灰岩和结晶石灰岩，局部夹有薄属或凸镜状的钙质石英岩。整个雾迷山石灰岩层，无太大性质上之差异，为便于追索构造，加以划分为 11 层。

岩层走向一般为北 70°—80°东及北 70°—80°西，亦即近于东西方向，倾向上游，倾角 15°—20°，局部较陡可达 30°以上。坝址地段属于燕山褶皱时期，所形成的轴线方向近于东西之背斜层北翼，背斜轴距坝轴线下游约 2 km。相随而生的东西向断裂主要有北沟、调压井、溢洪道与南门口等断层。东西向断裂都是北侧下降形成阶梯断裂形态，断层带均较陡，一般倾角 70°～80°。由张力所产生的南北向断裂，多有微伟晶花岗岩脉的充填，如河槽中的顺河断层等。此外，各种方向的断裂与节理、裂隙均较发育，使岩石显得十分破碎。节理的主要方向以近于东西向、北 10°—20°东、北 40°—50°东及北 40°西四组为最发育。每平方米面积上平均有 15～25 条，断层带附近多者达 180～244 条。节理、裂隙宽度一般为 0.5～2 mm，大者达十几厘米，少数为次生方解石或泥质物所胶结与充填。

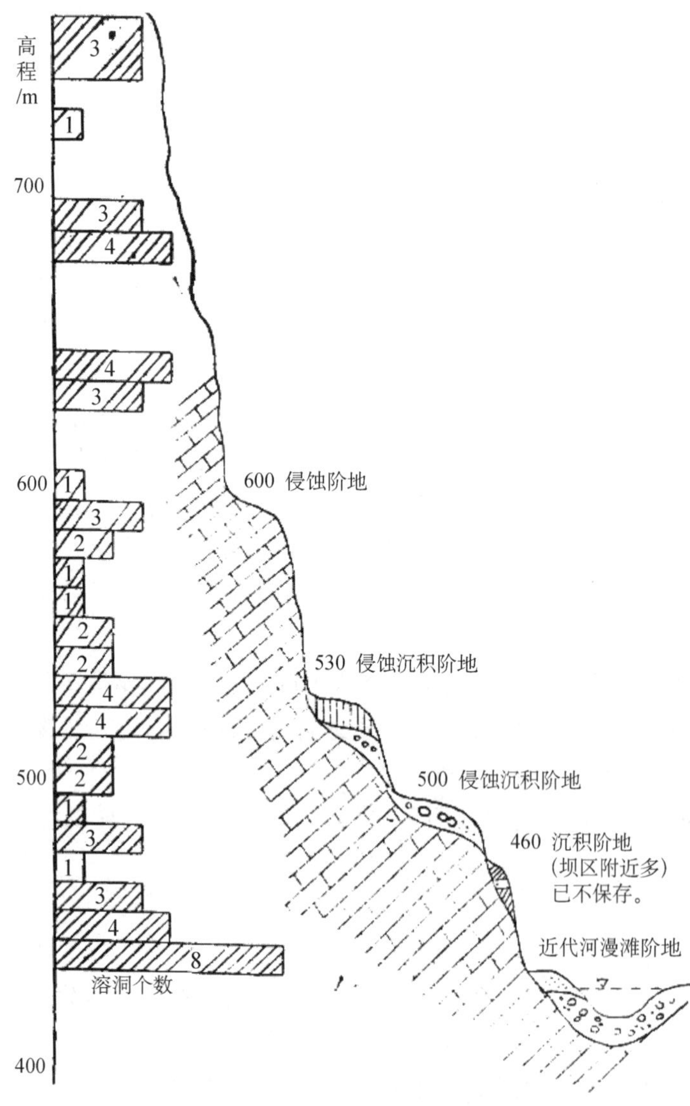

图 1 溶洞高程与地貌剖面对照示意图

(本图所列溶洞高程，系坝址附近 2 km² 面积内所存在的大溶洞，利用经纬仪测量的结果)

2.3 地貌发育简况

本区于第四纪以前经受多次地质构造运动的影响，而第四纪以来，又处于长期连绵不断的剧烈升降中，并有新构造运动的发育，地貌与第四纪地质情况，显得相当复杂。于第三纪末期至第四纪初期，水库区及其周围(怀来盆地)发育着若干湖泊(也可能为一大的内陆湖泊)，沉积了含有蚌壳化石的青灰色黏土的湖相沉积层。后来由于地壳上升割切结果，形成了高程 600 m 的基岩侵蚀阶地。此后于中第四纪时期，又连续经受了二次之上升割切与沉积，形成了高程 530 m 及 500 m 左右两个轮回的侵蚀沉积阶地；至其末期下降形成了高程 480 m 沉积阶地；近代以来又急剧上升，目前河流已居于壮年时期。阶地之沉积物为砂卵石、粉砂、次生黄土等(图 1)。

坝址地段第四纪以前原为湖泊外围的山区，只有冲沟皱谷等的发育，经受喀斯特及地壳构造运动的影响，大约第四纪时期永定河主流开始由此通过，形成近代的狭谷。第四纪以来地貌上各阶地发育情况与库区盆地一带尚是吻合的。

2.4 喀斯特发育规律性

基于上述有关地质、地貌等情况，进而探讨喀斯特发育规律性问题。现依次按形态、成因与规律性等方面分别加以说明。

1. 喀斯特现象的形态

雾迷山矽质石灰岩内喀斯特现象有以下形式。

(1) 溶洞。坝区附近地带所发育着的喀斯特溶洞一般只有几米深，最深者为 27.3 m(图 2—图 5)，洞口有圆形、长条形、扁平形以及其他不规则的形状。洞内有钙质沉积物，多呈薄膜状，也有少数呈现石钟乳的形态。经溶解作用后的洞内岩石表面呈现为蜂窝状、圆球状、豆状、密集小圆球状等形态。

图 2 矽质灰岩内顺断层面发育的溶洞

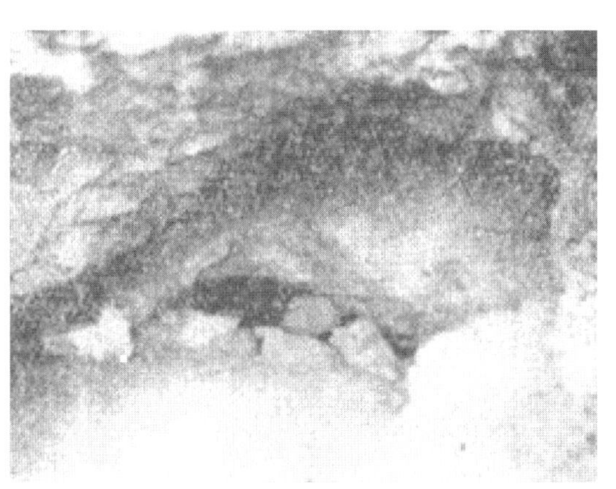

图 3 矽质灰岩内顺层面而发育的溶洞

图 4 坝区附近最大的溶洞深 27.3 m

图 5 冲蚀成因的喀斯特洞穴

(2) 漏斗。不同时期所发育的喀斯特溶洞，由于塌陷结果而连在一起，再加上水流的冲刷与溶解则促使有漏斗形态的喀斯特现象产生(图 6、图 7)。

图6 矽质灰岩内的喀斯特漏斗

图7 喀斯特漏斗

(3) 喀斯特性溶道与裂隙。顺着石灰岩层面或构造的节理而形成的喀斯特溶道与裂隙是很多的，于地面及地下均有分布。一般宽只几厘米，大者十几厘米直至二三十厘米(图8)。

图8 矽质灰岩内所发育的喀斯特化裂隙与小溶洞

(4) 天然桥。较高处的古老溶洞经后期剥蚀结果，形如桥形而残存着，矽质灰岩内亦有此种喀斯特现象的存在。

上述各种喀斯特现象，于坝区附近雾迷山矽质灰岩内均有发育，其中以溶洞与喀斯特溶道、裂隙为主。

2. 喀斯特现象的成因分类

喀斯特的定义在前面已作过说明，总的来说，喀斯特现象的生成是一个复杂的地质过程。若以各个不同的喀斯特现象的发育过程进行比较，则所经受不同水流的化学与机械作用也并非完全相同。也就是说，每一个喀斯特现象的存在，都有其必然的环境与特殊的因素，亦即每一个喀斯特现象都有其特有的形成过程，即有成因上的区别。

本坝区矽质灰岩内喀斯特现象的成因，概括地可分为下列几种。

(1) 溶蚀的喀斯特现象。主要由地下水的化学溶解作用而形成，表面多较光滑，有的尚有次生钙质沉积物。

(2) 溶蚀、潜蚀的喀斯特现象。除了有地下水的化学溶解作用外，尚有机械冲刷的作用在内，而使其形成，尤其是在构造破碎带地区。

(3) 溶蚀、潜蚀、冲蚀的喀斯特现象。喀斯特现象的形成，除了由于地下水的化学与机械的破坏结果而造成外，尚有地表水流之机械破坏因素，此种成因的溶洞一般于洞口突然变得更加开阔。

(4) 冲蚀的喀斯特现象。岩石只经受少量轻微的溶解作用，主要由于地表水流的冲刷，而使其形成喀斯特洞穴等现象。此类洞穴都很浅，一般只有 0.5～2 m 深(图 5)；虽然系由地表水流的冲刷而生成，但还是与溶蚀有关，所以仍然应包括在喀斯特的分类中。

上面的分类是相对的，按其主要的形成因素而加以区分。例如，溶蚀成因的喀斯特现象，是以地下水的溶蚀作用为其主要因素，但并不意味其中绝对地没有受机械潜蚀作用与地表水冲蚀作用的影响(图 9)。

现将坝区附近喀斯特现象的重要特征，按上述的成因分类原则，列于表 1。

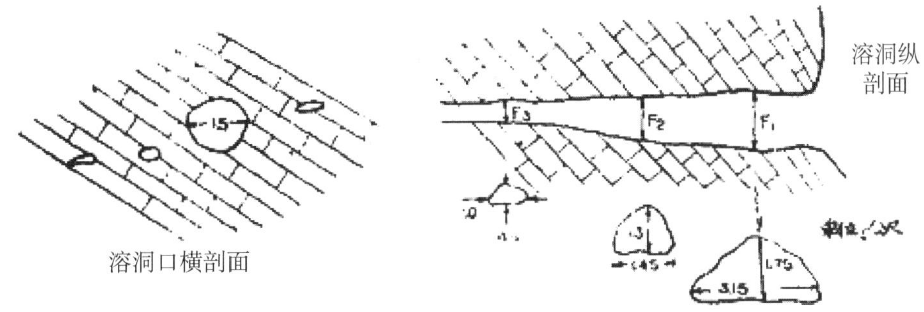

Ⅰ. 一般溶蚀的喀斯特溶洞图解图

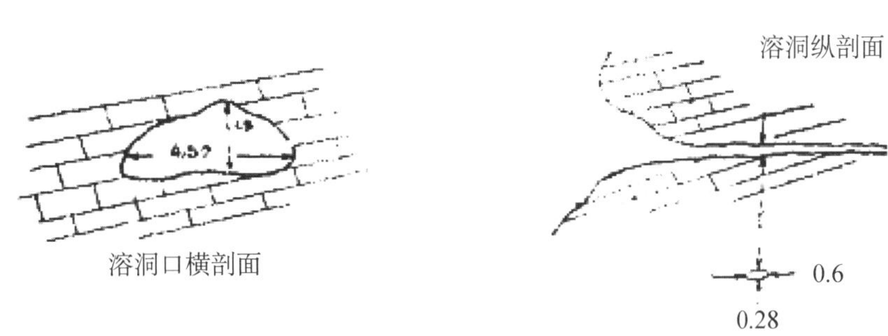

Ⅱ. 溶蚀、冲蚀成因的喀斯特溶洞图解图

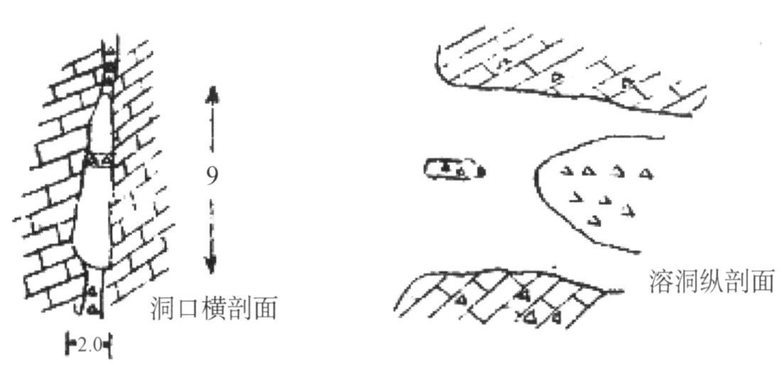

Ⅲ. 顺断层面发育的喀斯特溶洞图解图

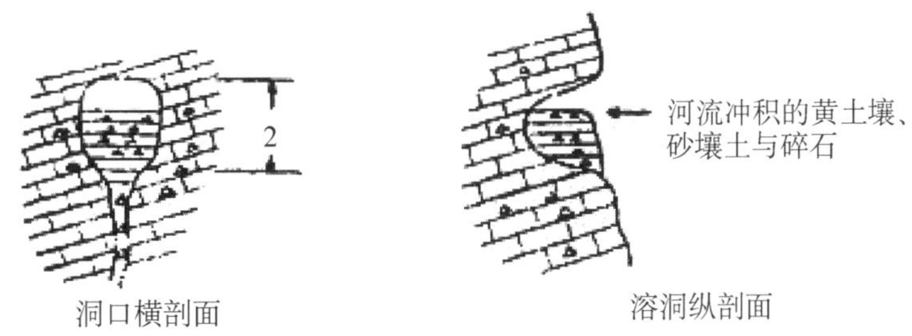

图 9 喀斯特溶洞图解图

表 1　官厅水库坝址地段喀斯特分类表

成因类型	溶蚀喀斯特				溶蚀、潜蚀喀斯特	溶蚀、潜蚀、冲蚀喀斯特	冲蚀喀斯特
发育过程	石灰岩中 $CaCO_3$、$MgCO_3$ 等可溶物质被水溶解而形成				矽质石灰岩中的可溶物质被溶解，同时由于地下水流水力的作用结果，而引起对岩石的冲刷，使洞穴加剧发育。发育的通道亦有前列四种	由溶蚀、潜蚀造成的溶洞，于洞口尚受地表水流（主要是河水）的冲刷作用影响	岩石本身只经受少量的溶解，经受地表水流冲刷结果，把破碎带或裂隙发育的地区冲刷成洞穴
	一般的溶蚀	顺岩石节理、裂隙而溶蚀	顺构造断裂带，破碎带而溶蚀	顺层面而溶蚀			
溶蚀状态	岩石溶解后，于溶蚀面上具有孔状、脉状、条带状、蜂巢状、密集圆球状等形状	溶蚀面呈现狭长条带、圆球状及不规则锯齿状	在密集或宽大的裂隙面上，呈现有凸镜状或圆球状形态	岩石经溶蚀后，被溶蚀的宽大层面上，具有凸镜状、圆球状、孔状及扁豆状等溶蚀特征	溶蚀面上呈现不十分光滑甚或是较粗糙的齿状、脉状、参差状及圆球状等形态	受冲蚀的特征尚较明显，被影响的洞口地带，多损失了各种溶蚀作用的痕迹	洞壁的表面一般均很粗糙，呈现不规则的形态
喀斯特形态	溶洞、溶道、溶沟、溶斗、石柱、塌陷及坡，峪等	以溶道及溶沟为主	溶洞、溶道及喀斯特塌陷	以溶洞及溶沟为主	溶洞、喀斯特性陷落漏斗等	溶洞、溶道	浅的洞穴
洞内外貌	洞底以水平为主，也有倾斜的，洞壁表面多较光滑。横断面积的大小变化是和缓的	溶洞多为狭长形，洞底有水平及倾斜的，洞壁是光滑的，但不很整齐呈参差状	同左	倾斜的洞底或沟底表面较光滑，其倾向亦由岩层倾斜方向而决定	溶洞底有水平的，也有倾斜的，洞内空间体积的变化，由于受潜蚀崩塌的影响，所以是突变的，不是和缓渐变的	直径十几厘米大小的溶道口，连接着直径较大的溶洞。或溶洞于出口附近，变得更加开阔	洞穴的深度均很浅，一般是 1～2 m，没有小的溶沟与溶道通往深处
沉积的性质	有钙质等次生沉积物，石钟乳的直径一般很小，只几厘米至十几厘米，以钙质的薄膜或方解石小晶体为最常见。 洞穴底多有由风力所搬运而沉积的松散黄土				有钙质沉积物。于溶洞底尚有许多石灰岩碎块，一般直径为 3～5 cm，大者十几厘米。最大的堕石居留于洞穴内，其直径为 1 cm 左右	有少量钙质沉积物，洞口多有石灰岩碎块以及少量泥土、砾石等河水冲积物的沉积	有岩石碎块及河流冲积的次生黄土、砂砾石等的沉积

根据坝区附近的调查结果，溶蚀喀斯特现象占 39%，溶蚀、潜蚀者占 29%，溶蚀、潜蚀、冲蚀者占 11%，而冲蚀者只占 2%左右。

3. 喀斯特现象发育的空间条件

各种喀斯特现象的发育与石灰岩的原生与次生的构造很有关系，因为产生喀斯特现象的位置必须是有着可以作为地下水渗流通道的自由空间，这些空间不外乎是层面、裂隙与节理及断层破碎带。

本地区矽质灰岩内，根据地面调查结果加以统计，顺大的断层而发育的喀斯特现象占总数的 15.5%，顺破碎带与节理而发育者占 56.5%(一般节理者为少)，而顺层面发育者只占 28%。应指出者其中以顺着构造(包括明显的断层与破碎带)发育者为主。

根据化学分析与相对溶解度试验结果，亦可说明喀斯特现象多顺着构造破碎带而发育有其必然的因素(表 2、表 3)。

由岩样化学分析的结果，说明断层角砾岩及其胶结物与一般矽质灰岩相比无太大的差别，因为断层等可溶的物质在喀斯特发育过程中有的已经遭受了天然的溶解与淋滤。

表 2　矽质灰岩化学分析成果表

碳酸钠溶解(全分析)						
岩层名称	SiO_2	R_2O_2	CaO	MgO	SO_4	其他
第五层燧石包含体	5.415%	0.653 4%	30.82%	21.09%	0.198%	41.81%
白云质石灰岩	0.983%	0.62%	31.90%	22.25%	0.123%	44.116%
石灰岩	1.662 5%	1.04%	32.79%	21.5%	0.115%	42.89%
矽质灰岩	46.13%	1.96%	17.92%	11.78%	0.123%	25.08%
厚层矽质灰岩	8.49%	2.08%	28.43%	20.18%	0.115%	40.70%
页岩状矽质灰岩	11.01%	4.014%	27.35%	19.11%	0.090%	38.42%
矽质灰岩夹燧石条带	85.75%	1.102%	3.98%	2.86%	0.06%	6.23%
钙质石英岩	88.76%	1.86%	19.21%	13.18%	0.198%	26.77%
角砾岩	0.05%	0.35%	32.92%	16.67%	0.009%	50%
胶结物	0.13%	0.230%	32.42%	14.86%	0.05%	52.31%

表 3　相对溶解度试验综合成果表

水分析成果	利用蒸馏水进行溶解										
	平均相对溶解比值 P	阳离子 $mg\cdot L^{-1}$			阴离子 $mg\cdot L^{-1}$			游离 CO_2 /($mg\cdot L^{-1}$)	侵蚀 CO_2 /($mg\cdot L^{-1}$)	固定 CO_2 /($mg\cdot L^{-1}$)	pH 值	矿化度/($mEq\cdot L^{-1}$)
		K+Na	Ca	Mg	Cl	SO_4	HCO_3					
标准方解石												
矽质灰岩	0.62	8 947	8 686	3 988	0.439	3 898	64.620	11 924	11 014	21 186	5.8	2 232
含有碳酸盐结核的燧石层	0.31	9 453	2 895	0.888	0.585	3 898	32.341	15 483	14 997	10 603	5.7	1 104
松散的断层(北沟)	1.60	14 329	58.605	3.782	0.488	3 898	168.781	9 504	4 264	55 336	6.0	6 576
右岸断层带(松散)	2.43											
胶结良好的断层角砾岩	0.73											

（续表）

水分析成果	利用当地天然水进行溶解											
	平均相对溶解比值 P	阳离子 $mg \cdot L^{-1}$			阴离子 $mg \cdot L^{-1}$			游离 CO_2 /($mg \cdot L^{-1}$)	侵蚀 CO_2 /($mg \cdot L^{-1}$)	固定 CO_2 /($mg \cdot L^{-1}$)	pH 值	矿化度/($mEq \cdot L^{-1}$)
		K+Na	Ca	Mg	Cl	SO_4	HCO_3					
标准方解石		72 772	109 542	20 497	21 084	41 575	535 145	55 924	1	175 449	6.0	19 632
矽质灰岩	0.63	49 657	47 774	25 182	12 920	42 874	326 823	7 128	1	107 150	6.0	14 392
含有碳酸盐结核的燧石层	0.56	52.003	49 704	20 204	12 798	44 173	321 442	32 120	2 951	102 449	6.2	13 888
松散的断层(北沟)	1.05	69 989	105 120	27 980	23 159	44 854	549 546	48 796	1	180 171	5.9	16 400
右岸断层带(松散)	1.20	73 485	137 164	20 988	22 670	42 390	624 967	71 412	1	204.898	5.8	18 408
胶结良好的断层角砾岩	0.65	53 498	49 704	27 524	23 792	41 575	337 624	184.492	64.609	110 691	6.0	14.20

注：1. 平均相对溶解比值，系指在同一试验的条件与溶液而进行溶解度试验，试样与标准方解石的溶解量的相对比值。即

$$P=\frac{\text{某种溶液对试样的溶解量}}{\text{某种溶液对方解石的溶解量}}。$$

2. 上列各水质化学分析指标，系把经过试验后溶解了试样的渗透水进行分析的成果。

而由相对溶解试验的结果，却说明了松散断层带的溶解度大于方解石，其相对溶解比值达 2.43，而一般的矽质灰岩与胶结较好的断层角砾岩却较小，相对溶解比值只有 0.5～0.7。在实验室中把完整的岩样压成碎屑而进行试验，其溶解度比天然的状态下尚要大些。这种试验成果充分说明了松散的断裂破碎带是最容易遭受溶解(主要是粉末状断层泥等)，其溶解度要比一般的矽质灰岩大几倍以上，因而喀斯特现象多顺着断裂破碎带而发育是很必然的趋势。

4. 喀斯特发育规律性的探讨

根据本区地质历史，震旦纪雾迷山矽质灰岩自寒武纪、奥陶纪以后，长期居于海水面以上，给喀斯特的发育提供了最基本的因素与条件。在燕山运动以前主要是造陆运动，没有大的褶皱与断裂，只有强烈的剥蚀，燕山运动以后才使该地层经受主要的也是较强烈的构造运动的影响，而有褶皱与断裂的生成，并使雾迷山矽质灰岩更广泛地超脱上部寒武纪等地层的覆盖，而大面积地裸露于侵蚀基准面以上；此外，矽质灰岩内喀斯特现象多顺着构造破碎而发育，所以，燕山运动后是主要的喀斯特发育阶段。

喀斯特现象的分布位置自高程七百多米的高山至河床下一百多米，到高程 300 m 以下(当地河床标高 440 m)。其中 600 m 以下的喀斯特现象主要是第三纪以后发育的，600 m 以上则是古老的喀斯特现象，推测于侏罗纪至第三纪中间时期所发育者为主。

第四纪以来地壳升降的速度较快，且岩层矽化程度较高，多夹有燧石条带而钙的含量亦较少，所以该时期以后所发育的喀斯特现象按其发育规律依环绕于河谷方向可分为三带(图 10)。

第一强烈溶蚀、冲蚀带：本带最靠近河谷，除了地下水的溶解作用外，尚受地表水流的冲刷影响，一般发育着溶洞、溶斗等。溶洞通常只有几米深，最深者亦只 27.3 m，所以本带宽度在两岸一般为 30～50 m，河槽底下只 10 m 左右。

第二溶蚀、潜蚀带：较远离河谷，发育着 2～3 cm 直至十几厘米左右的小溶道与喀斯特性裂隙。河床下其界限为 380～400 m 高程。

第三微弱溶蚀带：分布于地下深处及靠近地下水分水岭的地段，一般发育 2～3 mm 大小的小溶孔与溶沟，其中多有钙质等次生物质的充填，有的尚可见有较完善的方解石结晶。

所以造成这三带中喀斯特发育程度上的区别，主要有这几种因素。

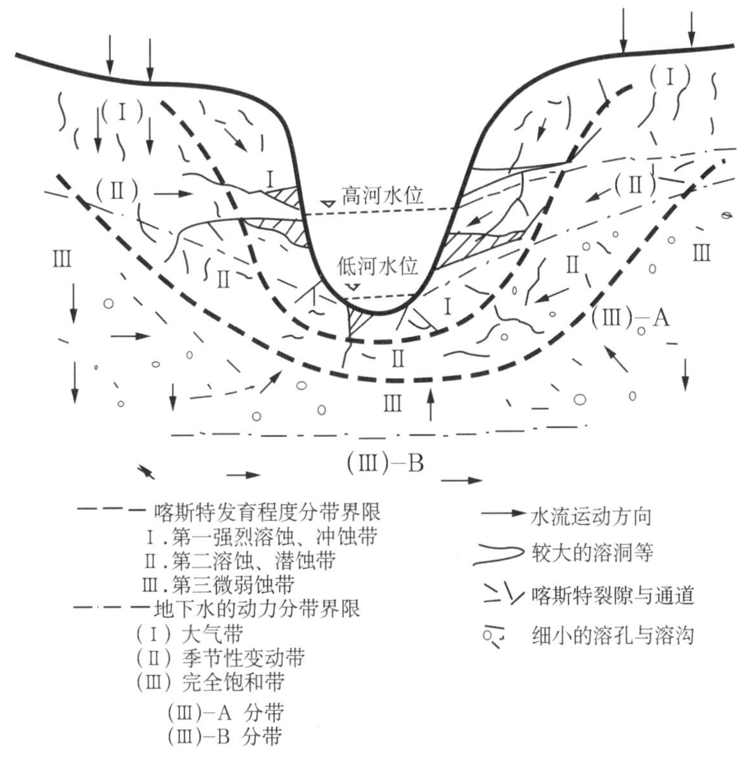

图 10　喀斯特发育强度分带示意图

(1) 靠近河谷边坡地带的断层与节理、裂隙等经受了后期风化的影响，显得较为破碎松散，易于遭受水之化学与机械的破坏。且岩石一面与大气相接触，在地质内外营力(包括地下水的推动力)作用下不易达到稳定平衡状态，除了容易产生崩塌、掉石等现象外，更促使各种裂隙多数居于张裂状态。

(2) 靠近河谷边坡地带为地下水的排泄区，一般地下水之坡降更大，因而化学溶解与机械破坏的能力亦较强；而远离河谷的地下深处与靠近分水岭地区的地下水运动则较缓慢，其化学与机械破坏能力亦相随而减弱。

(3) 地下水位之升降与地表径流的变化有很大的关系，促使靠近河谷地段地下水变动带内的喀斯特现象比不受地表水流影响地区更为发育，因为在地下水之升降幅度范围内，其渗流运动速度较快。另外，地表水流(主要是河水)的剥蚀作用(以机械冲刷为主)，亦在促使岩层喀斯特化过程中起相当重要的作用。

本区矽质灰岩内喀斯特发育规律性除了按上述而分为三带外，尚可发现于每一次地壳运动较稳定时期。例如，达到侵蚀基准面或沉积基准面的稳定阶段，喀斯特现象都较发育。因而在相应于该高程地带有较多喀斯特洞穴分布，洞口有一定的水平联系(当然不是十分明显)。这种现象即在于地壳升降的基准面限制了地下水波动带的分布范围，同时也限定了能经受地表水冲刷作用的界限。

第四纪以前所发育的喀斯特现象，基本上亦符合上述的分带规律性。

总之，本坝区震旦纪雾迷山矽质灰岩内喀斯特发育之概念综合如下：

古老的雾迷山矽质灰岩层自寒武纪、奥陶纪以后长期出露于海平面以上，尤其是燕山运动后生成了褶皱与断裂，提供了喀斯特发育的基本因素。由于岩性上所含易溶的钙物质较少且夹有较多富含矽质的燧石条带，因而喀斯特现象发育得不十分剧烈，其中只是以顺断裂、破碎带而发育者为主。一般靠近河谷地段喀斯特现象发育最强烈，地下深处及远离河谷的分水岭地区则较微弱，因而依环绕河谷方面可按其发育程度的差异而分为三带。在喀斯特作用过程中除了地下水起主要作用外，地表水流的作用亦占相当的地位。

3 矽质灰岩的工程地质特征

本次研究喀斯特问题的目的主要在于获得其工程地质特征，以便解决坝区所存在的不良工程地质现象，提供与满足工程上所需要的资料，并作为今后地质情况相近似地区兴建水工建筑物的参考。在探讨之先，首先将矽质灰岩的物理、力学性质及其水文地质特性加以说明。

(1) 物理、力学性质。矽质灰岩的力学强度是相当大的，今将试验成果综合列于表 4。

而胶结较好的角砾岩于饱和状态下抗压强度亦达 200～300 kg/cm^2，所以一般是足够满足工程上荷载的要求。

(2) 水文地质特性。矽质灰岩本身之岩性结构是致密不透水的，作为地下水贮藏与运动的空间只是岩层本身中所具有的各种裂隙与通道，而这些却由地质构造与喀斯特发育之因素所决定。

表 4 矽质灰岩物理力学试验综合成果表

	容重/(kg·cm^{-2})	抗压强度/(kg·cm^{-2})	抗剪强度/(kg·cm^{-2})
饱和情况下	27.20～28.90	785～2 560	23～56
干燥情况下	26.45～28.50	735～2 529	14～98

注：上表系坝区矽质灰岩试验成果的综合，一般试样数在几十个以上。

矽质灰岩内各层之机械成分与物理力学性质，并无多大的差异，在同一构造体系下，一般都普遍地发育着各种方向的构造裂隙，纵横交错，相互连通，而且伸展于地下深处，作为矽质灰岩裂隙含水层的主要基本因素。一般 0.5～2 mm 的细小构造裂隙所组成的岩石含水性较小，渗透系数只有 0.5 m/d 左右，在该条件下一般地下水的运动符合达西直线定律。经受断层与破碎带以及大的裂隙节理所影响的地区，则破坏了此种“均匀”含水性，渗透系数增加几十倍，甚至几百倍，如北沟断层上的钻孔抽水试验结果达 69.5 m/d，最大者达 326 m/d，地下水的运动即属于紊流状态。

受喀斯特因素之影响，亦使岩石渗透系数由 0.5 m/d 增大相当多倍。根据本区情况可得出下列经验公式：

$$\begin{aligned} K_K &= C_K \cdot K_T \\ C_K &= A_K \cdot \Delta O\delta_T \\ K_K &= A_K \cdot \Delta O\delta_T \cdot K_T \end{aligned} \tag{1}$$

式中 K_K——受喀斯特因素影响后的岩石渗透系数，m/d；

C_K——含水性变化总系数(不是固定常数)；

A_K——喀斯特系数(由溶蚀面的粗糙程度、地下水性质、水力坡降、喀斯特裂隙之相互联系情况、地质构造等因素而决定)，本区为 5～10；

K_T——细小构造裂隙所形成的岩石渗透系数，本区一般为 0.5 m/d；

$\Delta O\delta_T$——溶蚀裂隙空间增大系数：

$$\Delta O\delta_T = \frac{\text{溶蚀后喀斯特性裂隙宽度 } T_K}{\text{原有构造裂隙宽度 } T_T}$$

或用另一形式表示：

$$\Delta O\delta_T = \frac{\text{溶蚀后喀斯特裂隙中充填物占裂隙空间体积百分数 } M_K}{\text{溶蚀前裂隙中充填物占裂隙空间体积百分数 } M_T}$$

本区一般情况下，$\Delta O\delta_T = 2 \sim 5$。

因而本区除了大断裂破碎带外，一般 0.1～0.2 cm 直至 2～3 cm 大小的喀斯特性裂隙地层的含水性是不太大的，其渗透系数只 7～10 m/d。

建坝前系石灰岩中地下水补给河水，于河床边缘见有基于虹吸作用结果，使泉水沿岩石节理及破碎带而涌出。水库蓄水后则改变为地下水承受库水的补给。

整个雾迷山矽质灰岩系属于同一含水层。灰岩中所夹少量不甚透水的页岩层以及透水性较弱的充填岩脉，由于分布并不是完至连续，多呈凸镜状或不规则条带状，且同样经受有构造之影响，故对地下水之运动只起若干限制但不能达到隔离含水层之作用。

(3) 不良工程地质特征。根据矽质灰岩的物理力学性质及其水文地质特性，其最突出的不良工程地质特征是崩塌与渗漏。因限于篇幅不详尽介绍，只作简略说明。

1. 崩塌稳定性问题

岩性较坚硬的矽质灰岩，在构造应力作用下，多呈断裂等构造形态出现，这样使在致密的石灰岩面上布满较多的裂隙。一般每平方米平均有节理、裂隙 15～25 条，多者达 200～300 条。

由于后期喀斯特发育的影响，使裂隙中次生充填物遭受溶解与潜蚀，甚至加大了裂隙的宽度及其空间体积，大大地降低了其胶结牢固的程度显得松散破碎，因而容易产生崩塌等现象。

例如，右岸输水隧洞施工过程曾发生了四次塌方，最初两次塌方压倒了支撑的排架五排，压斜四排；第三次塌方却是由于洞外进行钻探增加渗水压力而引起，此次共塌了 30 m^3；而第四次则在隧洞开打完毕于进口 18 m 内地带发生，估计约塌了 1 000 m^3。电力隧洞施工中亦发生有此现象。因而注意此类岩层尤其是断层破碎带坍塌的不良工程地质现象，使施工时采用相应之支撑与衬砌是完全必要的。

2. 渗漏问题

水库蓄水后则发生了渗漏现象，渗水的通道并不是大而明显的溶洞，而是顺着构造破碎带以及各种喀斯特化裂隙而发生(图 11，图 12)。库水浸没下裸露于水中的石灰岩，由于水力之冲刷结果而产生若干的崩塌，促使渗漏现象亦较加剧。

由于灰岩中经受构造与喀斯特影响的程度不相一致，透水性亦有所区别，因而虽然普遍产生渗漏现象外，尚形成几个主要的渗漏补给区与渗流中心。

图 11 坝下游右岸矽质灰岩内的渗透水流，冬季时多结成冰柱

图 12 坝址左岸下坡矽质灰岩与坝体透水料相接触部分所发生的塌陷情况(由于砂卵石层遭受机械冲刷，造成管涌)

主要的补给中心有如下特点。

(1) 地质构造方面。均有大断裂通过，且有的尚为两组交叉断层的存在，因而使附近岩石非常松散破碎，节理裂隙亦较发育。

(2) 喀斯特方面。断裂带中及其周围附近地区的岩石，由于经受溶解及潜蚀的结果，使具有较多1～2 cm，甚至个别为十几厘米大小的喀斯特化裂隙，成为良好的地下水渗流通道。

(3) 岩石渗透性方面。各主要补给区的岩石渗透性均相对较大，今将试验成果列于表5。

(4) 地下水渗流速度方面。细小构造裂隙之地层如15号钻孔中地下水实际流速只0.48 m/d，一般喀斯特地层亦只有3～5 m/d，而各主要补给区与渗流中心的地下水实际运动速度则大大地超过了上述的数值，每昼夜达几十米直至354 m/d。

表5　抽水试验成果简表

位　置	第一补给	第二补给		第三补给	细小构造裂隙地区	一般喀斯特裂隙地区
钻孔号数	42	8	9	9	15	10
渗透系数 $K/(\mathrm{m \cdot d^{-1}})$	69.55	36.30	32.5	326.0	0.56	7.6

(5) 水文化学方面。坝前库水属重碳酸钾钠型，钾钠离子含量一般是40～50 mg/L，而矽质灰岩内本身由大气降雨所补给之地下水，则属于重碳酸钙、镁型。来自库水之渗透水流与灰岩中所含离子起变换交替与变质作用。当渗透水流之运动较迅速时，即可使不发生或极微量地发生上述之作用。据此于靠近各主要渗漏补给区和渗流中心的地下水水质情况与库水相近似甚或完全相同。例如，8号孔抽水时所采取之水样，其水质与同时期采自坝前的库水完全一致(表6)。

表6　水化学成分对照表

8月26日	阳离子/$(\mathrm{mg \cdot L^{-1}})$			阴离子/$(\mathrm{mg \cdot L^{-1}})$			固形物/$(\mathrm{mg \cdot L^{-1}})$	游离CO_2/$(\mathrm{mg \cdot L^{-1}})$	硬度/$(\mathrm{mEq \cdot L^{-1}})$			pH
	$K^{+}+Na^{+}$	Ca^{2+}	Mg^{2+}	Cl^{-}	SO_4^{2-}	HCO_3^{-}			总	永久	暂时	
8号钻孔(孔底在第二带以上)	49 299	31 698	12 628	20 961	15 911	79 472	236	—	2 867	—	2 941	8.4
库　水	49 299	31 698	12 628	20 961	45 911	79 472	280	—	2 867	—	2 941	8.4

而远离补给区及非主要渗流中心地区的地下水水质情况，则与库水有所区别。

坝前由于异重流的淤积以及建坝前后人工处理结果，使岩石直接与库水相接触的面积较小，亦即渗漏补给面积较小，而渗流的运动介质却是广大的石灰岩。这样就造成依主要补给区地带形成一种类似喇叭口形的渗水补给通道，使渗透水流向四周扩散而运动、排泄。

坝区附近石灰岩中地下水是紧密地承受库水的影响，一般地下水出现高低峰谷的日期只落后于库水0～2 d。

3. 坝坡及基础冲刷问题

上面所述的崩塌及渗漏只是矽质灰岩本身所具有的不良工程地质特征，相随的尚可间接引起其他不良问题的产生，目前本坝区所存在的坝坡塌陷现象则是一个明显的例子，现加以简略说明(图12)。

坝坡塌陷的位置居于石灰岩河谷边坡地带(图13)，系由于砂卵石层发生机械冲刷、管涌结果所导致。造成此现象有下列几种因素：

(1) 地质构造因素。塌坡地带有断层破碎带通过，使能聚集更多的渗漏水流，并直接以较大流速冲向该处的坝身与砂卵层，破坏了砂粒等细颗粒与岩石陡坡相接触的稳定状态。

(2) 水文地质因素。一般河槽覆盖层上部均为渗透性较小($K=1$ m/d)的砂层，以砂为主的砂卵石层，而下部则为渗透性较大($K=30\sim60$ m/d)的砂卵石层，由于上下层渗透性悬殊，促使下部的砂卵石层居于承压状态。

河谷边坡地带依流纲性质，渗流极为集中，且流速亦较大(该处达 220 m/d)。

(3) 侵蚀基准面起伏变化的因素。塌坡地带岩石破碎易被白蚀，河床下石灰岩面形成凹洼地形，使水流在此处汇集。而塌坡下游基岩面较高，其上部的砂卵石层渗透性较小，没有承压水流的存在，石灰岩本身渗透性也小，这样就限制了塌坡地带砂卵石层下部的承压水向下运动排泄，促使其向上冲刷(图 13)。

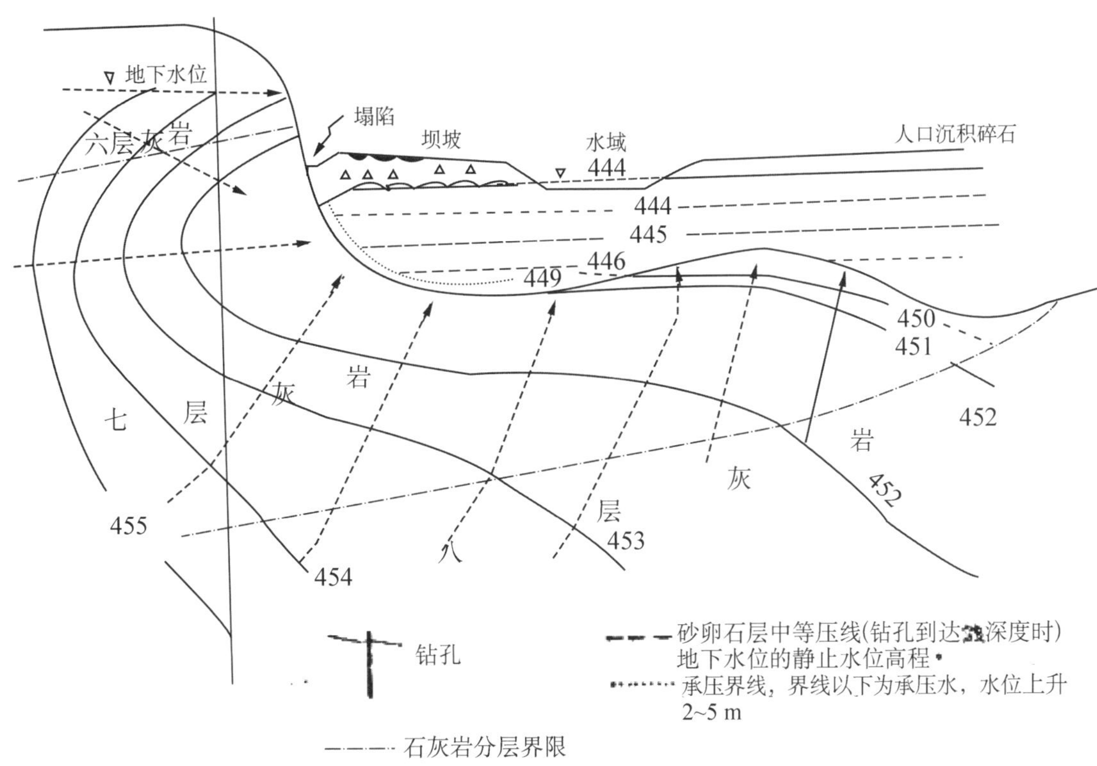

图 13　坝坡塌陷地带水文地质纵剖面图

在上述几方面因素综合影响之下，引起砂卵石层的机械冲刷管涌，导致坝坡塌陷。但是最根本的却是由于矽质灰岩产生了渗漏结果所造成，因为覆盖的石灰岩上的砂卵石层上下游间已被坝体所切断，其下游的承压水流系接受石灰岩中渗水的补给(图 14)。

这种塌坡只是在边坡地带发生，如图 15 所示。

并不是坝体与石灰岩相接触处必定都能引起冲刷，而应当理解造成此种现象并非单一因素促成。

由土力学计算某点砂卵石层是否被具有动水压力的渗透水流所冲刷，可按式(2)进行：

$$
\begin{aligned}
&\text{某点的总压力 } P_{э}=\sigma_{э1}+\sigma_{э2}+\sigma_{э3}\\
&\sigma_{э1}(\text{地下水位上坝体重})=h_1\cdot r_1(\text{坝料干重})\\
&\sigma_{э2}(\text{地下水位下坝体重})=(r_{\text{r}}-r_{\text{B}})\cdot h_2\\
&(r_{\text{r}}\text{ 为饱和坝料重},r_{\text{B}}\text{ 为水的比重})\\
&\sigma_{э3}(A\text{ 点上砂卵石层有效重})=\left(\frac{r-1}{1+\Sigma}-i\right)\cdot r_{\text{B}}\cdot h_2
\end{aligned}
\tag{2}
$$

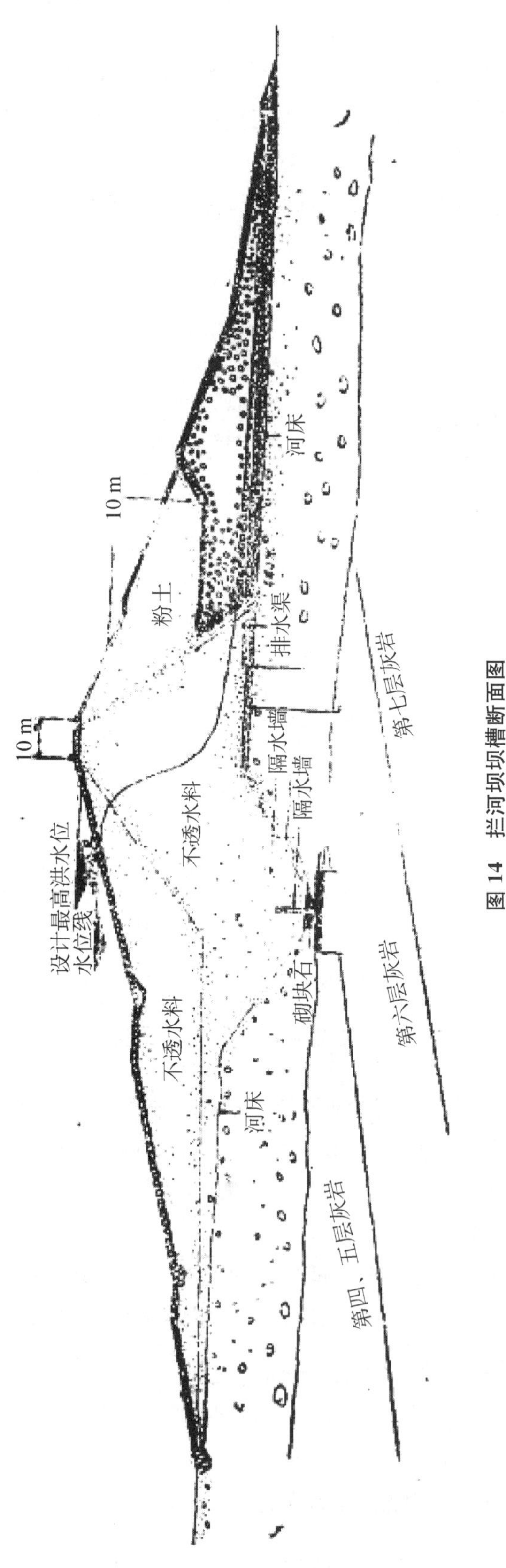

图 14　拦河坝坝槽断面图

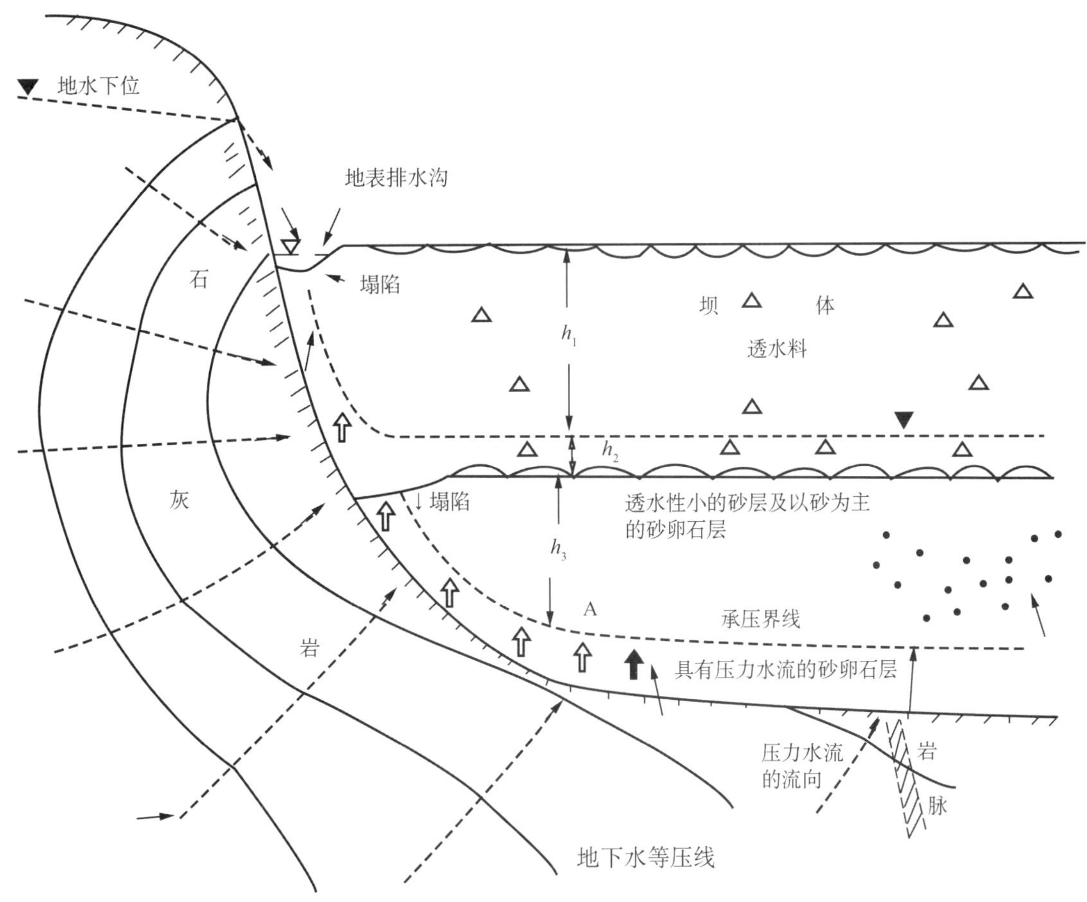

图 15　坝体塌陷地带水文地质横剖面(平行坝轴)示意图

式中　r——砂卵石层比重；

　　Σ——砂卵石层引用孔隙度；

　　r_g——水之比重；

　　i——该点下部砂卵石层的水头梯度。

所以当坝体有一定的厚度且具有足够的重量时，即可避免砂卵石层的机械管涌而不再产生此现象。本坝区的不良塌坡现象亦是发生到坝体的重量与厚度能够满足式(2)并使 $P_з>0$ 时，即不再继续地发展了。

在塌陷极限值位置以下的地区，砂卵石层与砂质灰岩相接触的边坡地带都遭受了冲刷，形成宽 30～50 cm 且具有高压力的由下向上而运动排泄的渗流串沟。

总之，砂质灰岩内的喀斯特现象并不是十分严重，所引起的渗漏现象及渗漏量损失也是较小的，但这些尚应予以应有的重视，在坝区附近研究喀斯特性地层的工程地质特性时，除了应当注意较大的喀斯特现象外，对于 1～2 cm，直至十几厘米大小的喀斯特裂隙以及各种断裂破碎带更是不可忽视。对于此类现象只要正确地收集其水文地质特性，而建设工程方面并据此采用相应的防护措施，即可使在工程修建后避免或大大地减轻渗漏，以及相随所引起的其他不良工程地质现象的产生。

参考文献

[1] 永定河中游防洪水库、水力发电工程计划工程地质第一期勘察报告(1950—1951 年，内部资料).

[2] 永定河官厅水库坝址工程地质第二期勘察简报(1951 年，内部资料).

[3] 官厅电站进口引水隧洞、调压井、厂房地质报告(1953—1954 年，电力部内部资料).

[4] 301-1 工程地质技术设计书(1954—1955 年，电力部内部资料).

[5] 官厅水库工程设计与施工总结报告(1954年,水利部内部资料).
[6] Д.В.雷日科夫.喀斯特的性质及其发育的基本规律[M].北京:地质出版社,1956.
[7] Д.Ф.拉泽尔.水电建设中对喀斯特的工程地质研究[M].北京:地质出版社,1957.
[8] Д.С.索科洛夫.喀斯特裂隙水的循环(在中苏长江地质鉴定委员会技术讨论会上的发言记录).

对三峡南津关坝区水文地质工程地质条件的初步认识[①]

卢耀如

1949 年前,美国曾在长江三峡南津关坝区进行过若干地质工作,除地层的划分外,没有提出任何可供作说明坝区水文地质工程地质的有价值资料与成果。1949 年后,尤其是近二三年来,在党的领导下,开始了大规模的勘探与研究。目前地质方面的中心任务就是进行坝区的选择。

自 1956 年以来地质部水文地质工程地质局三峡队及水文地质工程地质研究所在该地区进行了大量的地质工作。1958 年科学研究会议后,中国科学院、北京地质学院、地质部力学研究室、北京大学等都参加了工作,本文所应用的资料,可以说是集体劳动的成果。文中提出的看法与认识,有错误或不正确之处,敬希予以指正。南津关坝区综合平面图见图 1。

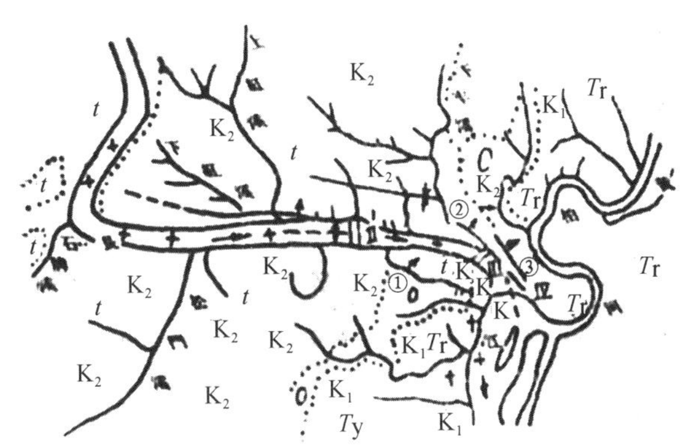

Tr 第三纪地层,O 奥陶纪地层,t 寒武纪地层,St 震旦纪地层,逆断层① 官庙堂断层,
② 南津关断层,③ 前坪断层,▭拟定坝线Ⅱ、Ⅲ、Ⅳ为坝线编号。
K_1 第一喀斯特化地区,K_2 第二喀斯特化地区,+第三、第四及近代喀斯特化地区

图 1　南津关坝区综合平面图

1　地层与构造

自前震旦纪雪峰运动之后,鄂西地区在古生代和中生代漫长的地质年代中,经受加里东及华力西运动轮回,表现形式为振荡运动。在古老的结晶岩系上连续沉积了厚几千米的震旦纪、寒武纪、奥陶纪,直至二叠纪、三叠纪的沉积岩层。中上三叠纪时印支运动可能波及本地区,造成黄陵地块的首次隆起。尤其是受中生代末期燕山运动强烈褶皱影响以及后期剥蚀作用,使黄陵穹窿东南翼石牌—南津关一带下奥陶纪宜昌灰岩以上的古老地层全部缺失,使新生代初期始新统的红色岩系直接覆盖于寒武纪、奥陶纪灰岩之上。

石牌—南津关一带出露的震旦纪地层有南沱建造、陡山沱建造砂页岩及灯影灰岩,寒武纪地层有石牌页岩(t_1)、石龙洞灰岩(t_2)、平善坝灰岩(t_3)、红溪灰岩(t_4)、上峰尖灰岩(t_5)、黑石沟灰岩(t_6)、三游洞灰岩

① 卢耀如.对三峡南津关坝区水文地质工程地质条件的初步认识[J].水文地质工程地质,1959(3):15-18.

(t_{7-1})、南津关灰岩(t_{7-2}),奥陶纪地层如宜昌灰岩(O),另外,尚有第三纪石门砾岩(E_1)及东湖砂岩(E_2)分布。地层走向主要为北30°—50°东倾向东南,倾角8°～15°(上峰尖以上地层的说明见附表)。

除振荡运动外,明显受到二次造山运动的影响,不同的运动造成不同方向的构造线及不同性质的褶皱与断裂。

黄陵穹窿首次隆起时(可能为印支运动的产物),由于压应力作用,于石牌—南津关一带生成与褶皱轴近于一致的逆掩断裂。如黎家沟断层,风箱坪断层等,方向北20°—40°东,倾角25°—45°,张力造成的断层如罗马洞断层、庙包断层等,方向北15°—40°西,倾角近于直立。

燕山褶皱时,石牌—南津关地区位于黄陵地块及大巴山弧、大洪山弧和八面山弧的干扰地带。大巴山弧、大洪山弧的由北向南推进的压应力与八面山弧,由东南向西北的褶皱力相交汇,产生了指向南南西的巨大推复。因而在不可压缩的三角形刚体地带,产生了北60°—80°西或近于东西向的褶皱与低角度的逆掩断裂。坝区出现较大的褶皱有小湾向斜、黄猫峡背斜,一般褶曲轻微,只软弱地层如上峰尖灰岩(t_5)等有剧烈褶皱出现。由于黄陵地块岩性坚硬,起力学上支点作用,发生偏转,所以逆断层多东侧断距大,西侧小,以官庙堂断层为代表,最大垂直断距达250 m,水平断距达1 500～2 000 m,断层带宽5～20 m。同类性质断裂有南津关断层,前坪断层等。此次运动中,张力作用产生的北20°—30°东的断裂,一般规模较小,如巷口断层、石龙洞断层等,断距由十几厘米至十几厘米,宽几十厘米至1～2 m。有的多与逆断层共生。节理的发育与构造体系基本吻合,以北20°—30°东、北40°—60°东及北60°—70°西为主,根据裂隙率统计地表上一般为0.5%～2.5%,断层带附近及软弱岩层达6%,根据岩心统计结果,地下裂隙一般<1%。

2 地貌与喀斯特简述

经过印支运动及燕山造山轮回的再次上升与强烈褶皱,奠定了鄂西地区的山岳形态。随着强烈剥蚀,近代于黄陵东北—西南一带就有了高程1 500 m以上平整山脊,所谓鄂西期天际线的地形。随着剥蚀作用,河系也渐次发育,如下牢溪、石牌溪等,可能都是这时期的产物,最后又进入晚年期,剥蚀物质经过搬运,有了第三纪红色岩层的沉积。

中第三纪时开始了新的剥蚀时期,即前人所谓的山原期,被红色岩系所沉积充填的古老沟谷和晚期河泥,由于地壳上升,又都渐次复活。水文网再次形成,如下牢溪等古老沟谷重新进入幼年期。初期石牌—南津关一带分布着从顺层河为主的水文网,下牢溪石牌溪等都是由北北东流向南南西或正南方向。此后逐渐以顺向河代替顺层河。石牌溪、松门溪及下牢溪等顺层河的支流于坪善坝至鲤鱼潭一带相互袭夺连通后,形成目前该段长江水道。石牌溪、松门溪等也开始倒流,改为由南流向北汇入长江内,石牌—南津关间近东西向的长江,初期较高处的河道系顺着庙堂断层,南津关断层及同方向的背斜轴部的张裂隙而发育的。

第四纪以来,二级阶地形成前,本区仍继续不均匀上升,长江相应下切,形成雄伟峡谷。第三纪中期所发育的河道,有的就上升至较高处,经后期的剥蚀与继续喀斯特化结果,多成为盲谷或窿地而存在。

它们的分布高程在石牌周家脑为600 m,南津关一带为150 m左右,显示着高程的西北向东南降低的规律性。第四纪发育了些新沟谷如黑石沟等,横断面呈"V"形,坡降较大达0.1～0.46,老沟谷如下牢溪等多为"U"形谷、箱形谷,坡降则在0.06以下。

我们认为本区较明显的阶地有四个,除河漫滩外,其高程分别为50～56 m、70～75 m及110～120 m(南津关一带)。

根据前面有关地史简述,可探索到本区喀斯特发育的几个时期,见表1。

表1说明了地壳运动及河谷水文网发育情况,如控制本区喀斯特发育的基本条件,此外特别需要提及的是岩性及结构对喀斯特发育的影响,也起了相当的作用。

表 1

序次	地质年代	依 据	主要喀斯特形态	分布高程及发育程度
Ⅰ	燕山运动后及红色岩系沉积前	有红色砾岩沉积于裂隙及溶洞内	少量残存，以溶洞及喀斯特性裂隙为主	南津关一带在高程 20 m 以下如 82 孔所见
Ⅱ	中第三纪至第四纪前	有中更新世脊椎动物和人化石	洼地落水洞及溶洞	南津关一带，地达高程 120 m 落水洞达 97 m(姜家塘落水洞)
Ⅲ	第四纪初至第三纪阶地(高程 110 m)形成	侵蚀基座阶地沉积物少，说明有过强烈剥蚀，同高程附近有较多溶洞	以溶洞为主，如黄龙，洞青鱼潭、三游洞	南津关一带喀斯特裂隙可达近代江水面(枯水期高程 40 m 以下)
Ⅳ	一级阶地（高程 50～55 m)形成时期	阶地面积，广有相当多沉积物，该时地壳上升慢，为喀斯特化创造了条件	有许多溶洞与阶地相适应，高程相似如石龙洞猫子洞等一般深几十米至一百多米，且有水，深者石龙洞主洞长 700 多 m	喀斯特裂隙带与近代的相衔接达高程－100 m 以下如 72 孔等

注：Д.С.索科洛夫提出三峡喀斯特化的几个作用时期与本表所列基本一致。

3 碳酸盐类岩石的岩性、结构及构造与喀斯特化程度的关系

本区碳酸盐类岩石有石灰岩、白云岩、含灰质白云岩，泥质白云岩、含矽质白云岩等，有的尚具燧石及泥质、钙质页岩的夹层。各层遭受喀斯特化程度不一，以石龙洞石灰岩(t_2)、灯影灰岩($t)和南津关灰岩($t_{7-2}$)为最强烈，上峰尖灰岩($t_5$)坪善坝灰岩 t_3 则较微弱，见表 2。

表 2

地层	$t	t_2	t_3	t_4	t_5	t_{6-1}	t_{6-2}	t_{7-1}	t_{7-2}	O_1	O_2
单位面积上喀斯特洞穴体积/($m^2 \cdot km^{-2}$)	10 214	17 350	167	1 271	44	1 980	340	2 850	6 510	1 172	1 855
单位面积洞穴体积比值（以 t_5 为 1)	232	394	3.7	28.8	1	45	7.72	64	148	26.6	42

造成各层喀斯特化程度的悬殊差异，与岩石中 $CaMg(CO_3)_2$、SiO_2 和 R_2O_3 有关，一般上列物质含量愈多，抗蚀力也强，喀斯特化亦微弱。分析成果见表 3—表 5。

表 3 碳酸盐地层中 CaO/MgO 比值与相对溶解度的关系

CaO/MgO		＜1.5	1.5～2.2	2.2～4	4～9.1	9.1～50	＞50
综合各层分析成果	相对溶解度	＜0.5	0.5～0.6	0.6～0.75	0.75～0.86	0.86～0.98	→1
维什尼亚科夫岩石分类		白云岩	含灰质白云岩	灰质白云岩	白云质灰岩	含白云质灰岩	石灰岩

表 4 碳酸盐地层中 SiO_2 含量与相对溶解度的关系

SiO_2 含量		0%～2.5%	2.5%～5%	5%～7.5%	7.5%～10%	10%～20%	20%～25%	25%～40%	40%～50%	50%～60%	60%～70%	70%～75%	75%～95%	95%～100%
综合各层的分析成果	相对溶解度	1～0.75	0.75～0.63	0.63～0.57	0.57～0.52	0.52～0.4	0.4～0.36	0.36～0.25	0.25～0.20	0.20～0.16	0.16～0.12	0.12～0.11	0.11～0.02	→0
维什尼亚科夫岩石分类		石灰岩(白云岩)		含矽质白云岩				矽质白云岩		灰质(白云岩)矽岩			含灰质(白云质)矽岩	矽岩

表 5　碳酸盐地层中 R_2O_3 含量与相对溶解度的关系

R_2O_3 含量		<0.5	0.5～1	1～1.5	1.5～2	2～2.5	2.5～3	3～3.5	3.5～4	4～4.5	4.5～5	5～10	10～20	>20
综合各层的分析成果	相对溶解度	1～0.88	0.88～0.62	0.62～0.47	0.47～0.40	0.40～0.36	0.36～0.33	0.33～0.31	0.31～0.29	0.29～0.27	0.27～0.26	0.26～0.16	0.16	
维什尼亚夫科岩石分类		白云岩(石灰岩)										含灰质白云岩		

试验成果说明白云岩[$CaMg(CO_3)_2$]的溶解度比石灰岩($CaCO_3$)低一半左右，碳酸盐中有 SiO_2 与 R_2O_3 存在时，即使含量很小，也会大大增强其抵抗化学溶蚀的能力，但还要进一步考虑这些岩石的组织结构与矿物晶粒的形状和大小，若 SiO_2 系独立较大的石英晶粒存在时，虽含量很高，但仍能遭受到强烈喀斯特化作用，如灯影灰岩($t)和南津关灰岩($t_{7-2}$) SiO_2 含量达 20%～30%，但喀斯特化却极其剧烈。若 SiO_2 是极微颗粒包围着 $CaCO_3$ 时，含量少也能大大减轻喀斯特化程度。喀斯特化程度也决定于石灰石($CaCO_3$)等结晶的大小，一般结晶愈小岩性亦愈致密，细微节理也不发育，就不易遭受水的溶解，如黑石沟灰岩(t_{6-2})、上峰尖灰岩(t_5)喀斯特较微弱。

除岩性结构外，本区喀斯特现象的发育与构造节理有密切关系。据调查结果，溶洞及落水洞的主要发育方向与前述几组构造节理是一致的。例如，石牌干洞(4Ⅱ$_2$—51)长达 534 m，即顺着北 70°—80°西的节理而发育，由于坪善坝一带近于东西向褶皱的影响，而存在较多此方向的张节理。

构造断裂与喀斯特发育有重要关系，如石龙洞即发育于一条北 70°—80°西的逆断层和两条北 30°西的断裂所限制的方格内，该区除断裂外尚伴生许多节理，为形成长达 700 多 m 长的溶洞创造了条件，据钻探、洞探结果，也说明了断层带中还是有溶洞发育的。

4　对水文地质条件的概略认识

石牌—南津关一带虽有近东西的褶皱及规模较大的断裂存在，但由整区来看，影响水文地质条件的主要因素，还是岩性和喀斯特发育情况。

1. 含水层区划问题

根据岩性、喀斯特化程度、泉水及钻探时水位变化情况，对本区的含水层与不透水层初步作如下区划。

(1) 不透水层：如奥陶纪宜昌灰岩第一层(D_1)距顶部 16 m 左右有厚 0.8～1.5 m 的页岩层。

(2) 有含水夹层的不透水层，厚层页岩中夹薄层灰岩的石牌页岩(t_1)及灰岩与页岩互层的上峰尖灰岩(t_5)皆属之。钻孔穿过石牌页岩中的含水层后，水头上升 200 多 m(由含水层顶板算起，高出当地长江水面 35 m)，流量稳定。高程 550 m 以上的山坡上，仍有流量稳定的永久性泉出现，如Ⅰ Ⅳ$_4$-20，ⅠⅣ$_4$-54 等泉水，则为上峰尖灰岩内有单独含水层存在的有力例证。

(3) 弱不透水层：岩性上并不完全为碳酸盐类的地层，其溶蚀的程度与其他碳酸盐类地层相比，显然要差得多。这些地层在一般情况下，还是起了一定的隔水作用。如坪善坝灰岩(t_3 薄层板状含矽质白云岩)、黑石沟灰岩第二大层第七小层(t_{6-2-7}，为泥质白云岩及页岩，厚几十厘米到 1 m)、黑石沟灰岩第大层第十二层小层上部(t_{6-2-12}，泥质白云岩和燧层，厚几十厘米)及南津关灰岩底部(t_{7-2-1}，含矽质白云岩，有交错层结构，并有砂页岩呈透镜状分布，厚几米)等都有之。地下水被不透水层阻隔而形成了泉水，其流量较稳定，不稳定系数值在 100 以下，水温 15～20℃，其他由局部隔水层造成的泉水，枯水期常干涸，或流量不稳定系数值几千至几万，水温变化为 5～20℃。

兹将各层典型的泉水流量列于表 6。

表 6

不透水层名称	泉　号	最大流量 Q_{max} /(L·s^{-1})	最小流量 Q_{min} /(L·s^{-1})	不稳定系数值 Q_{max}/Q_{min}	汛期平均流量 $Q_{汛}$ /(L·s^{-1})	枯水期平均流量 $Q_{枯}$ /(L·s^{-1})	流量比值 $Q_{汛}/Q_{枯}$	水温/℃
O_1Sh	8Ⅰ$_3$－42	80.91	0.28	29	19.3	3.16	6	15～20
$t_{7\text{-}3\text{-}1}$	6Ⅱ$_3$－4	5.85	0.113	52	1.11	0.28	4	〃
$t_{6\text{-}2\text{-}12}$	3Ⅲ$_2$－31	17.30	0.20	87	2.12	0.97	2.8	〃
$t_{6\text{-}2\text{-}7}$	8Ⅱ$_2$－57	8.40	0.44	19	1.51	0.78	1.92	
t_3	5Ⅱ$_3$－18	0.78	0.01	78	0.11	0.05	2.2	

根据上面几个不透水层及弱不透水层的存在，并考虑到不同地层的喀斯特化程度，可分下列含水层。

(1) 喀斯特裂隙性含水层：如灯影灰岩含水层、石龙洞灰岩含水层(以石牌页岩为底板)、黑石沟灰岩第一大层底部含水层(以上峰尖灰岩为底板)、三游洞灰岩含水层(包括部分黑石沟灰岩以 $t_{6\text{-}2\text{-}12}$ 为底板)、南津关灰岩含水层(以 $t_{7\text{-}2\text{-}1}$ 为底板，包括部分奥陶纪灰岩)和奥陶纪灰岩含水层(O_1 页岩为底板)等皆属之。

(2) 弱喀斯特裂隙性含水层：除大型喀斯特所在地区外，一般情况下地下水处于裂隙性运动状态，如红溪灰岩含水层、黑石沟灰岩第一含水层($t_{6\text{-}2\text{-}7}$ 为底板、$t_{6\text{-}2\text{-}12}$ 为顶板)和黑石沟灰岩第二含水层($t_{6\text{-}2\text{-}7}$ 为顶板)等都属之。

(3) 裂除、孔隙性含水层：第三纪石门砾岩和东湖砂岩属之。

2. 地下水动态

单斜构造上具有几个不透水层和含水层，水文地质条件还不是十分的复杂。地下水的补给来源主要是大气降水。一部分雨水成为地表径流沿着沟谷溪流而汇入长江，另一部分则通过喀斯特通道渗入地下。地表径流系数各地不一，与地形及喀斯特发育情况有关，在同一地点还与降雨连续时间和降雨强度有密切关系，一般小支沟中地表径流出现高峰时间在暴雨中心时间以后几十分钟至几小时，较大的溪沟如松门溪、下牢溪等则可落后 1～2 d，根据长期观测结果，一般溪沟的地表径流系数为 5.9%～53.5%，大沟谷全年地表径流将近 100%。考虑到植物吸收及蒸发量不是很大(或只占降雨量 10%左右)忽略不计，则地下径流系数在 35%～85%。

各含水层的渗透性受构造和喀斯特影响，显得非常不均一。一般只具细小构造节理的地区，渗透性都很小，W 值在 0.01 L/min 以下，断层上盘及河谷地带有较多张节理及喀斯特性裂隙存在时，渗透性较大(表 7)，根据河槽及二侧钻孔抽水试验结果，综合如表 8 所示。

表 7

位置	河槽下	河槽二侧
一般情况下 w	>1	<0.1
最大的 w	7.5(63 孔)	7.9(32 孔)

表 8

一般喀斯特区渗透值数 K/(m·d^{-1})	大喀斯特性裂隙分布地区 K 值 /(m·d^{-1})	受喀斯特性裂隙及构造断裂影响地区 K 值 /(m·d^{-1})
0.04～1	2.69～6.5	14.8～19.6
19、61、62、63、33 等孔	45、30、88 等孔	32 孔

渗透系数只能作为说明地层渗透性的一个依据资料，适用于一般的裂隙或只具备极少数的狭小喀斯特

性裂隙地带，在本地区，地下水的实际运动速度也是非常不均一的。根据各种试验方法，综合如表9。

根据钻孔压水及抽水试验成果，W 和 K 值都很小，用表9中各种方法测定的实际地下水流速都很大。这些流速试验成果与岩层渗透性有了矛盾，不能用任何渗透定律来解释。显然各种试验所取得的有关地层渗透性的数值 K 或 W 只是个平均值。实际上有着更大渗透性的地段存在，其数值不易由一般的压水或抽水试验来个别地获得。流速与渗透系数间的矛盾，显示出喀斯特化地区地下水的运动的特征，说明了地下水渗透的不均匀性。

长江是本区各层喀斯特水的主要排泄通道，在单斜构造上含水层与不透水层交替相间存在，各含水层的补给面积也有限，因而下部含水层有些尚承受上部含水层向下渗透水流的补给。尤其是黑石沟灰岩至南津关灰岩间多为弱不透水层，各含水层间仍有一定的水力联系，长江及下牢溪、松门溪、紫阳溪、石牌溪、下红溪等为各层喀斯特水的排泄通道，限制了相应含水层中地下水的运动方向。

表9

试验地点	一般分水岭地区	具有一般喀斯特裂隙与沿江地带	严重喀斯特化地区及溶洞附近	遭受喀斯特化的分水岭地区
地下水实际流速/($m \cdot d^{-1}$)	18～27.6	51～285	>466	58～123
试验孔号与洞、泉号	35、20、9等孔	7、30、47、49、19等孔	王巴洞、6Ⅱ$_4$-31，8Ⅰ$_2$-42，8Ⅱ$_3$-54	8、11、24等孔
试验方法	直流充电法	食盐法(化学分析法) 江洪观测法	食盐法，溶洞 暴雨观测法	直流充电法

地下水的排泄方式有两种：第一，江水面以上各含水层中地下水由于岩层切割的揭露，或由于局部不透水层存在造成悬挂水，都使地下水成泉水而排泄。这些水流有的在地表上流经一段距离后又渗入地下。观测结果，泉水流量占降雨量10%～15%，说明地下水的排泄不是以此方式为主。第二，直接排入江水内。

根据长期观测资料进行概略均衡计算结果，表明黑石沟至南津关恶狮子口一带地下水排泄总量只有0.42 m^3/s(年平均值)，按达尔西定律求得平均渗透系数 K 为0.45 m/d(虽然本区喀斯特水的运动是极不均匀的，有的远远超过达尔西定律所限定的一般特征。但从整个含水层来看，基本上是符合的)，若以此数值与渗透试验成果相对照，说明二者还是相一致的，见表10。

表10

测定方法	均衡计算法	综合各孔抽水试验		水下钻孔抽水试验计算成果		
		一般	平均	孔号	实　测	平均
参透系数 K/($m \cdot d^{-1}$)	0.45	0.04～1	0.52	62	0.77～0.32	0.55
				63	0.88～0.27	0.55

5　对工程地质条件的探讨

宜昌峡段碳酸盐地层分布的地区，包括两个坝区，即石牌坝区和南津关坝区，由于石牌坝区地形不好，施工困难，业已放弃。南津关坝区出露的地层为黑石沟灰岩、三游洞灰岩、南津关灰岩、奥陶纪灰岩、第三纪红色岩系等。综合岩性、喀斯特、水文地质及各种试验成果，列出综合地层表(表11)，表明利用黑石沟灰岩作为大坝基础尚是较为优越。

表 11

位置	孔号	干燥状态下				湿状态下			
		试件个数	极限抗压强度/(kg·cm⁻²)			试件个数	极限抗压强度/(kg·cm⁻²)		
			最大	最小	比值		最大	最小	比值
右　岸	16	39	1 834	540	3.4	43	1 498	545	2.75
	17	38	2 037	395	5.1	48	2 605	389	6.7
	18	37	2 299	402	5.7	43	1 896	361	5.2
左　岸	19	36	3 856	566	6.8	42	2 950	352	8.5
	20	26	2 598	460	5.6	29	2 140	359	6.0
	21	51	2 765	540	5.1	56	2 587	616	4.2

南津关坝区有三个比较坝线，地质上是南Ⅱ线好，但地形不好，施工困难。南Ⅳ线可不用隧洞导流，且施工场地大，但坝线上有南津关断层、前坪断层通过，官庙堂断层亦影响本地带，此外多次喀斯特化作用在此地重复发生(第Ⅰ、第Ⅳ及近代喀斯特化时期)，发育深度都达河床以下，地质上是最好的。故现以南Ⅲ线为准，就其工程地质条件作如下的阐明。

(1) 水库渗漏问题：据前面叙述的含水层情况及地下水位长期观测结果，说明地下水分水岭的高程均高于水库设计，因此石牌以下的水库区域无大量水库渗漏的可能。

(2) 基坑排水问题：三峡大坝施工时，围堰外江水位高程达 86 m，基坑最低处高程为－35 m，相对水头值达 121 m。因而能否排干基坑内的涌水，是能否建坝的先决条件。

南Ⅲ坝线及上下围堰地区，虽然为喀斯特性裂隙含水层分布，由于其中有 $t_{6\text{-}2\text{-}7}$、$t_{6\text{-}3\text{-}12}$ 及 $t_{7\text{-}2\text{-}1}$ 等弱不透水层存在，而且这些地层横切长江与河床平行，因而大大限制了不同含水层向喀斯特水的连通情况。这些地层统一起来可当为裂隙考虑，为计算基坑涌水量提供了可能性。据公式计算及水电比拟法初步试验结果，涌水量达 20 万～94 万 m^3/d(一般裂隙地区 $K=0.5$ m^3/d，考虑到许多意外喀斯特通道存在的可能，渗透系数为 4 m^3/d)。

(3) 隧洞排水问题：在直径 20 多 m，长 1 000 多至 3 000 多 m 的隧洞中施工时，考虑到靠近江边喀斯特洞穴较多，远离江边者则较少，因而计算时，渗透系数也采用不同数值，分别为 3,2,1 m/d。计算结果，隧洞全长无衬砌情况下的排水量达 11 万～58 万 m^3/d。几个隧洞同时施工或预先进行人工排水以降低地下水位时，可大大减少渗漏量。

(4) 坝基及绕坝渗漏问题：坝基及绕坝渗漏量数值很小，与长江水量相比微不足道，可以不予考虑。

(5) 大坝基础稳定性问题：一般新鲜岩石的干湿抗压强度都大于 1 000 kg/cm^2。破碎及具有较多喀斯特孔洞的岩石，其湿抗压强度在 380 kg/cm^2 以下，有的只 100～200 kg/cm^2，如坝址左岸南津关断层及右岸巷子口断层，若不作处理显然不能满足坝体荷载要求。左右两岸抗压试验成果见表 11。

河槽下溶孔及喀斯特性裂隙发育深度高程－100 m 以下，岩石获得率有的很低，岩石强度也较低(表 12)。

表 12

工程位置	孔置	高程/m	平均岩心获得率	坚固系数 f	压水试验
坝体	72	－93～－96	37%	2	0.15
		－126～－141	25%	2～4	0.74～0.81
	62	－55～－173	15%	2～3	0.21
		－70～－75	48%	4	

（续表）

工程位置	孔置	高程/m	平均岩心获得率	坚固系数 f	压水试验
下围堰	61	−3.3～0.6 −8.0～−6.8 −8.7～−8.3（溶洞） −21.0～−20.7（溶洞） −42.5～−42.3 −47.5～−43.0（溶洞） −95～−73	0 （上下10 m内裂隙率达32.7%） 35%	小于3（由附近整个岩体而考虑） 小于3	 2.14 0.008
上围堰	63	12～5.8	岩心非常破碎	3左右	
		−4～0	38%	3～5	3.4～1.7
	73	−29～−26	40%	3～5	2.7
		5.22～9.61（溶洞）		小于3	

坝区有三个大逆断层及许多横断层分布，另外又加上喀斯特化的因素，使岩石强度大大降低，使其不能完全符合水工建筑物荷载的要求。

（6）隧洞工程地质条件：直径20多m，长1 000～3 000 m的隧洞共有10～14条，通过寒武纪黑石沟灰岩南津关灰岩、奥陶纪灰岩及第三纪石门砾岩。有两条隧洞出口处受官庙堂断层影响，两条于进口处遇官庙堂断层，隧洞方向与官庙堂断层走向一致，有两条隧洞完全通过断层破碎带，断层胶结尚好，一般坚固系数在6以上，有的只有2～3。隧洞区裂隙率一般是1%，且多被方解石胶结，喀斯特率一般少于10%。于隧洞出口进行了解，除断层带地区的洞口，沿小断层有少量滑塌外，一般洞内均不进行支撑。根据上述情况，说明在隧洞地区施工时，不会有大规模的妨碍施工的崩塌现象发生。

综合前面所述，认为南津关坝区并不是十分理想的。为了进一步深入研究坝区地质问题，以便判断在不进行或进行大规模工程处理措施条件下，本地区有无作为超巨型水工建筑物所在地的可能性，必须着重研究下面两个问题。

（1）深入研究地层渗透性，最终决定大坝基坑及隧洞的涌水量，并研究改善此类严重不良水文地质条件的可能工程措施及措施的规模与实际功效。

（2）进一步研究较低强度的岩体占荷载影响范围内全部岩体体积的百分数，以论证基础稳定性，并研究改善这些强度不足地带如断层带等，所可能采取的工程处理措施。

参考文献

[1] 1956年中苏地质专家鉴定组对三峡枢纽地质条件的意见.
[2] 长江三峡水利枢纽1957年补充工程地质勘察报告(三峡队报告，内部文件).
[3] 戴广秀，殷正宙.对鄂西中生代后期至今地质史的意见[J].水文地质工程地质，1958(9)：9-11.

附表　三峡南津关区综合地层表

地质年代	地层名称	层号	夹层编号	岩层厚度/m	岩性说明	显微镜鉴定	化学分析								相对溶解度	喀斯特发育情况						水文地质条件				物理力学性质 湿极限抗压强度			备注
							CaO	MgO	SiO_2	Al_2O_3	Fe_2O_3	Mn_3O_4	R_2O_3	CO_2		岩层分布面积/km^2	溶洞落水洞个数	单位面积洞穴数/(个·km^{-2})	溶洞落水洞总体积/km^3	单位面积洞穴体积/(m^3·km^{-2})	泉水总数	单位面积泉水数	泉水枯水期平均流量/(L·s^{-1})	泉水汛期平均流量/(L·s^{-1})	泉水年平均流量/(L·s^{-1})	最大/(kg·cm^{-2})	最小/(kg·cm^{-2})	平均/(kg·cm^{-2})	
第三纪	东湖砂岩	E_2		>30	红色砂岩，有时呈灰色，间夹页岩及凸镜状砾岩											16.28	7	0.43	7 850	482	28	1.72							
	石门砾岩	E_1		90	红色砾岩，砾石具圆滑棱角，砾径1～30 cm，有透镜状砂页岩存在	以$CaCO_3$、SiO_2及黏土为胶结物，$CaCO_3$多为云雾状																							
奥陶纪	宜昌灰岩（2）	O_2		32	上部灰白色石灰岩夹含泥质白云质石灰岩，有燧石结核及页岩，下为白云质石灰岩及云白岩	石灰石（$CaCO_3$）为主占80%～90%，粒径0.01～0.05 mm，呈不等粒结构	54.6～30.78	3.81～0.36	1.67～4.83	0.13～0.65	0.01～2.53	0.01～0.08	0.15～8.20	38.95～41.70	0.88～0.99	7.70	15	1.95	14 259	1 855	17	2.21	16.65	65.22	40.95	2 491～895	545～1 176	807～1 388	
							30.55～40.90	12.17～20.23	1.15～6.90	0.08～0.69	0.19～0.56	0.01～0.19	0.27～1.0	41.46～34.52	0.40～0.54														
	宜昌灰岩（1）	O_1	O_1-Sh	4.5	条带结构含灰质白云岩及含白云质石灰岩	石灰石（$CaCO_3$）与白云石[$CaMg(CO_3)_2$]呈圆形晶或半圆形晶为不规则状及等粒状结构粒径0.03～0.05 mm为主，大者0.2 mm	30.0～55.58	0.60～19.68	0.38～11.29	0.01～2.86	0.04～1.05	0.01～0.04	0.03～3.95	43.20～44.35	0.3～1	4.19	14	3.34	4 913	1 172	23	5.48	1.201	3.615	2 123	1 113～1 376	556～900	1 043～1 210	
				1	灰色黄色页岩																								
				16	灰色条带状结构的薄层含灰质白云岩及含白云质石灰岩																								
寒武纪	南津关灰岩	t_{7-2}		158	灰色、灰白色及深灰色含灰质白云岩，有的为含矽质含灰质白云岩及纯石灰岩和含白云岩石灰岩。有燧石层及泥灰岩（透镜状）	多为等粒状及不等粒状结构，粒径0.02～0.05 mm，大者达0.5 mm，有石英颗粒小者0.01 mm，大者0.2 mm	25.89～39.90	10.65～20.11	0.53～15.0（燧石除外）	0.55～1.47	0.07～0.95	0.01～0.08	0.16～1.9	26.49～39.90	0.43～0.65	13.73	54	3.94	89 355	6 510	51	3.7	1.5	7.9	4.8	2 587～641	389～2 089	359～2 096	1. 上峰尖灰岩以下地层说明从略；2. 显微镜鉴定的黏土含量与化学分析成果有的不一致，由于标本不是一块，且黏土含量亦非完全均匀；3. 学强度只列一般室内试验成果，有更低的如断层带和严重喀斯特化的岩体的强度则未列入
			t_{7-2-1}	2～8	灰色含矽质白云质及泥灰岩，有交错层结构，有透镜状几公尺砂页岩分布		25.89～36.15	3.65～17.62	14.69～41.0	0.23～1.5	0.22～0.95	0.01～0.05	0.47～2.09	24.71～37.39															
	三灰道岩洞	t_{7-1}		40	灰黑色白云岩及含灰质白云岩，有条带结构	石灰石、白云石多为圆形晶半圆形晶，粒径0.01～0.06 mm，大者0.1 mm，呈等粒、不等粒结构	29.13～31.62	18.35～21.75	0.24～4.83	0.01～0.46	0.05～0.36	0.01～0.02	0.02～0.83	42.57～46.88	0.49～0.63	5.14	18	3.5	14 655	2 850	11	2.1	1.7	4.6	3.2	698～1 511	352～1 204	573～1 484	
	黑石沟灰岩第二大层	t_{6-2}		18.3	灰色灰白色结晶质的含灰岩白云岩	粒径0.01～0.05 mm呈等粒及不规则状结构	30.03～31.27	19.35～23.17	0.32～4.19	0.07～2.04	0.11～1.02	0.01～0.13	0.20～3.09	43.30～46.35	0.47～0.51														
			t_{6-2-12}	13.5	含矽质白云岩，及含矽质含灰质白云岩，顶有泥质白云岩及燧石层，底有30 cm燧石层	石灰石等呈云雾状，小于0.01 mm为主，中间层可达0.02～0.05 mm，有黏土多者达15%	27.39～32.26	16.62～19.27	6.88～10.93	0.98～0.96	0.46～0.72	0.01	1.43～1.71	39.72～40.93															
				46	灰色青灰色结晶及致密白云岩和含灰质白云岩	粒径0.01～0.03 mm，不规则结构，微含黏土	27.05～32.85	16.16～20.32	1.11～10.84	0.09～2.50	0.22～0.6	0.01～0.03	0.30～3.11	38.34～46.03	0.17～0.39	17.57	24	1.37	6 081	340	44	2.5	1.4	4.5	2.9	790～3 400	391～2 481	708～2 433	
			t_{6-2-7}	<1.3	含矽质含灰质石云岩有泥质白云岩及页岩	多为致密结构，有黏土	22.4～32.6	16.7～17.01	5.8～15.9	1.1～4.6	0.43～1.40	0.01	1.11	41.18															
				60	灰白色、青灰色、黑色结晶和致密白云岩及含灰质白云岩	粒径0.01～0.05 mm，有微晶粒及云雾状结构，微含黏土	25.17～35.04	15.17～12.23	0.21～19.2	0.05～1.3	0.12～1.08	0.01～0.05	0.18～4.96	35.5～44.7															
			t_{6-2-1}	5.6	灰白色白云岩、泥质白云岩，有涡卷结构	石灰石、白云石呈致密结构，黏土含量可达20%	30.4～41.2	20.39～21.18	0.26～1.59	0.13～0.24	0.17～0.16	0.01～0.02	0.31～0.42	44.6～45.75															
	黑石沟灰岩第一大层	t_{6-1}		63.7	灰白色灰黑色结晶及致密的白云岩的互层，夹有含灰质白云岩含泥质白云岩等	粒径0.01 mm为多，呈致密及不规则状的结构，黏土含量多者达40%	28.43～32.75	18.68～21.32	0.46～13.68	0.16～0.96	0.16～0.50	0.01～0.05	0.20～1.94	40.09～46.41	0.4～0.6														
				130	灰黑色深黑色夹灰白色含矽质含灰质白云岩，有含白云质石灰岩	粒径一般0.01～0.03 mm，大者达0.1 mm，致密及不规则状结构，黏土含量少	22.09～53.38	0.36～21.22	0.44～9.52	0.19～0.33	0.13～0.15	0.01	0.33～0.5	38.93～44.97	0.52～0.77	18.4	23	1.2	36 221	1 080	27	1.5	7.0	83.2	15.0	2 930～1 104	683～1 896	817～2 590	
	上峰尖灰岩	t_7		165	灰色灰黑色含泥质矽质白云岩及含泥质矽质含灰质白云岩，间夹有多层页岩及泥灰岩	多为小于0.01 mm的微粒，致密结构为主，黏土含量达6%～7%	14.31～27.91	12.17～18.23	13.17～34.74	0.50～9.11	0.35～3.03	0.01～0.48	0.66～9.02	22.14～38.0		22.5	8	0.36	1 006	44	35	1.5	0.7	5.6	3.1				

南津关坝区喀斯特化地层的渗透性①

卢耀如　陈连禹　于　珉

在水文地质工程地质工作中，获得地层的渗透性的指标是极其重要的。无论对正确评价南津关坝区的建坝可能性；对研究喀斯特化岩层的渗透性；对计算基坑涌水量、隧洞排水量、坝基渗漏量、绕坝渗漏量等以及论证喀斯特的发育强度，都是关键的问题。

通常岩层的渗透性以渗透系数表示，其单位为 m/d、m/s、cm/s。渗透系数值通过抽水和注水试验而求得。在水利工程地质勘察中，也常通过压水试验而求得单位吸水量 ω，以表示岩层的渗透性，其单位为 L/min。应当指出，渗透系数 K 在进行有关各种水文地质计算中是直接被采用的，而单位吸水量 ω 却是一个相对的数值。

渗透系数代表坡度为 1 时地下水的渗透速度值，因而其单位与天然状态下地下水的渗透速度相同。这些有关地下水的渗透基本定律是 19 世纪中叶法国水力学家达西所创造出来的，故称之为达西定律。现代地下水运动的理论，就大多数在此基础上研究出来的。根据自然界中地下水运动的实际状况，一般来讲还是合乎这些渗透定律，但对于喀斯特水，却是一个值得深入研究的问题。

在喀斯特化岩体内，由于不同规模和性质的各种喀斯特现象的分布，使地下水的渗透运动有了极大差异，渗透性也就显出悬殊的不均匀，大溶洞、地下暗河及宽大喀斯特裂隙中的地下水的运动状况，与细小裂隙中的相比较，显然前者的地下水运动速度比后者要大几十倍、几百倍，甚至千倍万倍。很细小的裂隙中，地下水流渗透运动时，由于摩擦而造成水头的损失情况，基本上符合于达西的渗透定律，而大裂隙及喀斯特溶洞中的地下水，则与管道内水流运动相近似，却是极为复杂，这些都使研究喀斯特化地层渗透性的工作变得困难。因此就产生了如何正确地研究喀斯特化地层渗透性的问题。

关于研究南津关坝区喀斯特化岩层的渗透性问题，依据实际资料，由两方面首先加以探讨。

1　喀斯特化地层的渗透系数

根据压水试验求得的单位吸水量 ω 值，说明南津关坝区喀斯特岩体的渗透性是极其不均匀的(表 1)。

由表 1 列三个钻孔的压水试验成果，说明了同一钻孔内不同段落有着不同的单位吸水量 ω 值，不同地区的钻孔也有不同的数值，其差数都是相当大的。

根据打黑子沟灰岩、南津关灰岩等一百多个钻孔，一千多次的压水试验结果，可以了解到除红色岩系外，碳酸盐类岩层的 ω 值，相差不是太大，如表 2 所示。

但这些喀斯特化地层的单位吸水量 ω，在不同地带却有着差异，根据统计资料，清楚地说明以河谷地区由于喀斯特现象较分水岭地区强烈，因而渗透性就大，压水试验求得的 ω 值值也就大些(表 3)。

这样一方面虽然说明了喀斯特岩体渗透性的极不均匀的特征，另一方面也可概括出不同喀斯特化地区渗透性的一般概念。这些渗透性的概念和喀斯特的一般发育规律是一致的。

第一，河谷附近喀斯特岩体的渗透性较大。

---

① 卢耀如，陈连禹，于珉.南津关坝区喀斯特化地层的渗透性[M]// 中华人民共和国地质部水文地质工程地质研究所.水文地质工程地质论文集 2(三峡专集).北京：地质出版社，1959：156-168.

第二,地下深处及分水岭地区喀斯特岩体的渗透性则较小。

表 1 典型地区压水试验成果表

地区	孔号	项目								
长江边	32孔	试段高程/m	60～52.5	50.4～41.7	43.1～31.4	31.8～20.7	21.2～98	10.2～−0.4	−0.4～−11.5	−11.7～22.8
		单位吸水量 ω	21.3	0.96	0.66	0.57	0.009	0.18	0.85	0.88
长江尖	61孔	试段高程/m	−10.1～−13.6	−13.5～−19.7	−19.3～−32.8	−24.0～31.0	−31.0～39.2	−39.1～−45.7	−45.8～−55.5	−55.4～−67.4
		单位吸水量 ω	5.38	2.95	3.40	0.06	1.51	0.116	0.005	0.003
分水岭	12孔	试段高程/m	288.6～269.5	264.6～253.5	251.2～213.5	243.5～232.1	232.7～221.9	222.4～208.8	206.6～173.9	194.6～174.2
		单位吸水量 ω	0.01	0.003	0.39	0.000 1	0.000 1	0.000 1	0.000 2	0.000 3
长江边	32孔	试段高程/m	−24.2～−32.2	−32.2～42.1	−51.2～−61.7	−61.2～70.7	−63.5～77.4	−77.8～78.4	87.1～97.5	
		单位吸水量 ω	1.24	17.9	1.24	1.19	7.90	4.37	1.8	
长江尖	61孔	试段高程/m	−66.7～−80.8	−80.1～−95.5						
		单位吸水量 ω	0.007	0.001						
分水岭	12孔	试段高程/m	174.～153.7	153.7～131.8	132.1～112.0	112.06～95.8	59.7～44.6			
		单位吸水量 ω	0.000 2	0.001	0.000 2	0.000 3	0.004			

表 2 各层单位吸水量统计表

地 层	最大 ω 值	最小 ω 值	平均 ω 值	综合各层总平均值
E_2	0.01	0.000 2	0.02	0.28
E_1	2.3	0.000 5	0.07	
P_2	1.5	0.000 4	0.5	
t_{7-2}	2.13	0.000 1	0.29	
t_{7-1}	5.28	0.000 2	0.31	
t_{6-2}	7.9	0.000 2	0.28	
t_{6-1}	3.4	0.000 1	0.23	

表 3 河谷与分水岭地区单位吸水量统计表

地区	岩层	单位吸水量 ω/(L·min^{-1})		
		最 大	最 小	平 均
河谷	Cm_{7-2}	2.13	0.000 3	0.28
	Cm_{7-1}	5.28	0.000 3	0.90
	Cm_{6-2}	7.9	0.000 2	0.62
	Cm_{6-1}	2.26	0.000 2	0.43
	总	2.9	0.000 2	0.59

（续表）

地区	岩层	单位吸水量 $\omega/(L\cdot min^{-1})$		
		最　大	最　小	平　均
分水岭	O_1			0.21
	Cm_{7-2}	0.88	0.000 01	0.003
	Cm_{7-1}	0.88	0.009	0.003
	Cm_{6-2}	0.30	0.003	0.17
	Cm_{6-1}			0.004
	关庙塘断腰	0.50	0.000 4	0.01
	总	0.88	0.000 01	0.003
总统计（分水岭和河谷）	O_2			0.002
	O_1			0.21
	Cm_{7-2}	2.13	0.000 01	0.14
	Cm_{7-1}	5.28	0.000 3	0.45
	Cm_{6-2}	7.9	0.000 02	0.40
	Cm_{6-1}	2.26	0.000 2	0.21
	关庙塘断层	0.50	0.000 4	0.012
	总	7.9	0.000 01	0.34

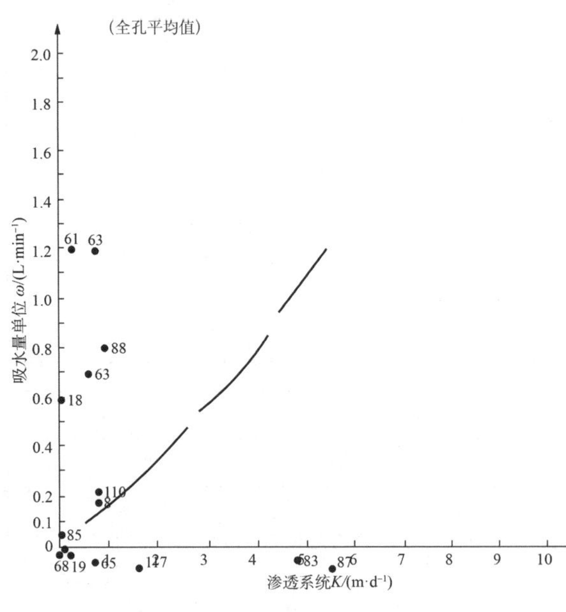

图 1

上述与喀斯特发育有着密切关系的概念是最基本的，提供了考虑较大地区或地段水文地质条件的重要前提。

虽然 ω 值不能直接用以进行有关的水文地质计算，但可相对地说明岩层的渗透性。根据钻孔抽水试验成果求得的渗透系数 K 值，与各该孔平均 ω 值相对照，发现本区地层的 ω 与 K 间并不是明显地有着一定的关系。如图 1 所示。若考虑 93、87、18 等孔附近有垂直河床高角度断层通过，以及 61、62、63 等孔处在长江水下，试验时水流运动情况都较复杂，则只以其余钻孔的试验成果为准，可粗略地获得 K 和 ω 的关系曲线，基本上近于直线形态。

渗透系数 K 值，根据下面公式计算，

岸上钻孔

$$K=\frac{0.16Q}{l_{SO}}\left(2.3\log\frac{0.661}{r}-\text{aysh}\frac{0.451}{a}\right) \quad (1)$$

表 4　抽水试验与压水试验成果对照表

<table>
<tr><td colspan="2" rowspan="2">孔　号</td><td colspan="2">最大抽水量与降泽</td><td>渗透系数</td><td colspan="3">压水试验成果 $\omega/(\mathrm{L\cdot min^{-1}})$</td></tr>
<tr><td>S/m</td><td>$Q/(\mathrm{L\cdot s^{-1}})$</td><td>$K/(\mathrm{m\cdot d^{-1}})$</td><td>最　大</td><td>最　小</td><td>平　均</td></tr>
<tr><td colspan="2">1</td><td>2.70</td><td>1.67</td><td>12.99</td><td></td><td></td><td></td></tr>
<tr><td colspan="2">6</td><td>1.93</td><td>2.14</td><td>0.99</td><td>0.62</td><td>0.003</td><td>0.30</td></tr>
<tr><td colspan="2">18</td><td>2.61</td><td>0.78</td><td>0.19</td><td>2.26</td><td>0.003</td><td></td></tr>
<tr><td colspan="2">19</td><td>10.81</td><td>0.78</td><td>0.04</td><td>0.59</td><td>0.001</td><td>0.08</td></tr>
<tr><td colspan="2">30</td><td>0.96</td><td>2.14</td><td>4.17</td><td>5.87</td><td>0.003</td><td>0.90</td></tr>
<tr><td colspan="2">32</td><td>（分层 0.13）
（全孔 0.05）</td><td>1.13
1.13</td><td>19.61</td><td>7.91</td><td>0.009</td><td>0.78</td></tr>
<tr><td colspan="2">45</td><td>1.27</td><td>3.08</td><td>2.96</td><td>3.13</td><td>0.001</td><td>0.51</td></tr>
<tr><td colspan="2">58</td><td>2.04</td><td>2.75</td><td>1.05</td><td>5.87</td><td>0.000 2</td><td>0.91</td></tr>
<tr><td rowspan="3">上水孔</td><td>61</td><td>3.84</td><td>29.4</td><td>0.44</td><td>5.38</td><td>0.001</td><td>1.34</td></tr>
<tr><td>62</td><td>0.53
0.96</td><td>12.09
13.25</td><td>0.77
0.32</td><td>×2.20</td><td>0.000 2</td><td>0.81</td></tr>
<tr><td>63</td><td>3.62
4.17</td><td>48.3
33.7</td><td>0.83
0.28</td><td>3.97</td><td>0.000 5</td><td>1.36</td></tr>
<tr><td colspan="2">65</td><td>9.22</td><td>5.07</td><td>0.90</td><td>9.31</td><td>0.000 3</td><td>0.05</td></tr>
<tr><td colspan="2">66</td><td>18</td><td>1.99</td><td>0.15</td><td>0.35</td><td>0.007</td><td>0.15</td></tr>
<tr><td colspan="2">85</td><td>14.9</td><td>1.50</td><td>0.20</td><td>0.67</td><td>0.000 1</td><td>0.09</td></tr>
<tr><td colspan="2">88</td><td>9.67</td><td>1.93</td><td>6.22</td><td></td><td></td><td></td></tr>
<tr><td colspan="2">87</td><td>12.72</td><td>1.73</td><td>5.72</td><td>0.07</td><td>0.000 8</td><td>0.02</td></tr>
<tr><td colspan="2">89</td><td>10.36</td><td>2.34</td><td>9.26</td><td>0.09</td><td>0.000 7</td><td>0.02</td></tr>
<tr><td colspan="2">93</td><td>7.07</td><td>1.5</td><td>4.97</td><td>0.15</td><td>0.02</td><td>0.06</td></tr>
<tr><td colspan="2">98</td><td>6.30</td><td>1.22</td><td>5.53</td><td></td><td></td><td></td></tr>
<tr><td colspan="2">96</td><td>2.77</td><td>1.18</td><td>9.28</td><td></td><td></td><td></td></tr>
<tr><td colspan="2">107</td><td>1.41</td><td>1.80</td><td>2.52</td><td></td><td></td><td></td></tr>
<tr><td colspan="2">110</td><td>5.83</td><td>1.28</td><td>0.93</td><td>1.50</td><td>0.03</td><td>0.37</td></tr>
<tr><td colspan="2">115</td><td>3.60</td><td>2.75</td><td>30.64</td><td>0.28</td><td>0.004</td><td>0.13</td></tr>
<tr><td colspan="2">117</td><td>11.90</td><td>0.94</td><td>1.80</td><td>0.03</td><td>0.002</td><td>0.001</td></tr>
<tr><td colspan="2">128</td><td>2.18</td><td>3.56</td><td>59.98</td><td></td><td></td><td></td></tr>
<tr><td colspan="2">131</td><td>7.86</td><td>2.58</td><td>17.6</td><td></td><td></td><td></td></tr>
<tr><td colspan="2">141</td><td>10.68</td><td>1.02</td><td>3.73</td><td></td><td></td><td></td></tr>
</table>

水上钻孔

$$K=\frac{0.366Q}{l_{SO}}\lg\frac{0.66l}{r} \tag{2}$$

K 与 ω 关系式：

$$K=A\cdot\omega$$

$$K/(\mathrm{m\cdot d^{-1}})=(0.75\sim2)\omega/(\mathrm{L\cdot s^{-1}}) \tag{3}$$

压水试验成果尚可概括于表 5 以鲜明地表示。

表 5　压水试验成果综合表

位　置		分水岭地区	河槽两侧	河槽下
一般情况	$\omega/(\mathrm{L\cdot min^{-1}})$	＜0.01	＜0.1	＞1
	$K/(\mathrm{m\cdot d^{-1}})$	0.02 左右	0.2 左右	2 以上
最大的	$\omega/(\mathrm{L\cdot min^{-1}})$	0.8	7.5	7.9
	$K/(\mathrm{m\cdot d^{-1}})$	1～2	16 左右	16 左右

注：K 值系按 K 与 ω 关系式而换算的。

由于本区为高山峡谷，所以分水岭地带的地下水常埋藏得很深，不能通过抽水试验而获得其渗透系数。于河谷附近地区根据抽水试验资料，尚可进一步考虑到不同喀斯特化地带岩体渗透性的概念，见表 6。

表 6　不同喀斯特化地带岩体渗透性的概念表

位置特征	以细小裂隙为主地区	十几厘米以下喀斯特性裂隙分布地区	受大喀斯特性裂隙及构造断裂影响地区	个别大型溶洞附近
渗透系数 $/(\mathrm{m\cdot d^{-1}})$	0.04～1	2.69～6.6	9.5～30.5	69.9
试验孔号	19、61、62、73、33 等孔	45、30、93、88 等孔	32、1、96、115 等孔	12、8 孔

虽然这些论述的概念及数值，对研究喀斯特水有着极大的重要性，但还是感到不够。因为渗透系数 K 于喀斯特化地层中由钻孔内试验而获得者，多是个综合值，也还不能真正代表该孔附近的渗透系数，真实的情况是该孔附近有比其综合的渗透系数小的，也有比其大多倍的，另外要精确地区划出不同渗透性的岩体占整个需要获得渗透性地区的体积百分率，却是相当困难。

但是根据上列数值可说明一般地区岩体的渗透性是较小的，在 1 m/d 以下。

另外再根据群孔抽水试验成果，可见到主孔的水位降下很多，而邻近观测孔却下降得很少，这就是由于在几十米或一百多米的试段中，真正发生大量涌水的通道是不多的，可能只是几个较大的喀斯特性裂隙，四周井壁的岩体却大多数是渗透性很小。这样进行抽水试验时，主孔井壁的周边水位与主孔内动水位间就有了很大的水头差，产生了水跃现象。如 110 孔抽水时，主孔下降 9.95 m 各观测孔最大的只下降 0.5 m。另外 84 孔抽水时主孔下降 4 m，距离 1 m 左右的观测孔只下降 1 m 多(图 2)。

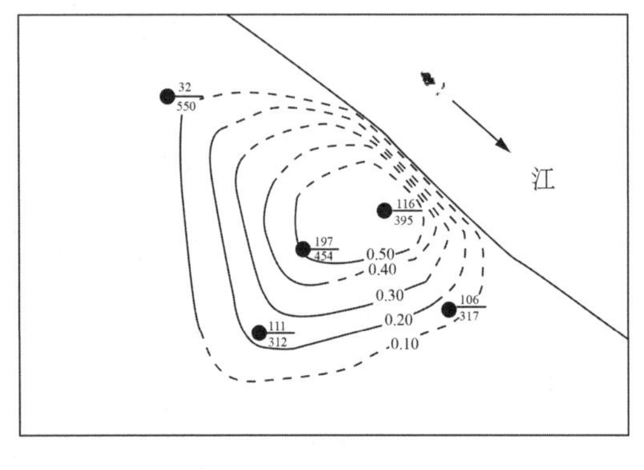

图 2

2　喀斯特水的实际渗透速度

前已表明渗透系数(K)作为说明地层渗透性的一个依据资料，代表坡降“J”为 1 时地下水的渗透速度值。而本区据试验所获得的实际地下水渗透速度值 u 却是非常的不均——地下水的坡降只 0.1～0.02，比 1 小得多，裂隙率(ρ)平均为 1%。

按直线渗透定律则

$$u=\frac{kj}{\rho}=(2\sim 10)k \tag{4}$$

也就是说地下水的实际渗透速度 u 为渗透系数的 2～10 倍，本区一般岩体内渗透系数 K 小于 1 m/d，即地下水实际流速应为 2～10 m/d，最大渗透系数 K 为 30 m/d 时，地下水流速应为 60～300 m/d。

下面分述决定渗透速度的野外试验成果。

(1) 根据物探直流充电法研究地下水的流速成果，实际地下水的渗透速度 u 为 18～123 m/d。尤其是 9、20、35 等孔只有 18～27.6 m/d，说明这些钻孔所在的岩体内地下水的运动，基本上还是合于直线渗透定律。

(2) 根据化学分析法(溶剂为食盐)研究地下水的流速，小者只有 3 m/d，不少比这数值还要小，大者达昼夜几百米，直至几千米，见表 7。

表 7　若干流速试验成果表

主　孔	观测孔	间距/m	实际地下水流速/($m \cdot d^{-1}$)
48	47	30.2	285
	49	36.3	51
24	21	1 200	7 488
	34	1 250	1 252
86	29	430	5 942
7	30	470	3.11
8	王八洞	710	31.5
68	30		466

有不少地区地下水的渗透速度值非常小，按地下水流向于很近的钻孔内，常经过很长时间尚收集不到食盐溶液，这样的地区还是主要的，因而上列较大流速的地带在整个岩体中还是占次要的。

依据化学分析法进行流速试验，由于采用食盐为溶剂，比重大流速可能会与实际的有所差异，但上列数值却表示了某些实测流速与渗透性试验成果有了矛盾。这些矛盾是由于喀斯特通道的存在而造成的。例如，有些钻孔进行试验时，按地下水位线所指示的流向上的观测孔却不能收集到溶剂，而与地下水流向近于垂直，亦即与地下水等水位线近于平行的钻孔，却能迅速地收集到运动的溶剂(图 3)。就由于该方向有着喀斯特裂隙存在，因而同一大含水层的整个岩体内虽然依照水力关系，有着地下水面的存在，可绘制出显示全区地下水运动的基本特征，但是喀斯特水的运动可以超脱地下水位线所控制的流动方向，另以独特的运动状态出现。基于这些通道的规模不是很大，因而仍然保持着与周围地下水的水力上的联系，但并不影响及地下水等水位线的形态。

(3) 暴雨时，观测 $6\mathrm{II}_{4\text{-}31}$(文仙洞)$8\mathrm{I}_{\blacksquare\text{-}\blacksquare}$、$8\mathrm{II}_{\blacksquare\text{-}\blacksquare 4}$ 等溶洞内喀斯特水流量变化的情况，简略地计算地下水的流速，分别获得水流渗透速度的概念性数值为 672 m/d、1 728 m/d 和 434 m/d。

首先考虑暴雨后溶洞喀斯特水流量的增加数，和降雨量的渗透量，求出该洞喀斯特水的补给面积。

$$
\begin{aligned}
&\Delta Q_1 = \Delta Q_k \\
&\Delta Q_1 = A \cdot \mu \cdot (\omega_1 \Delta t_{1\text{-}3} + \omega_2 \Delta t_{2\text{-}3} + \cdots + \omega_{n-1} \Delta t_{n-1-n}) \\
&\Delta Q_k = g_1 \Delta t_{1\text{-}2} + g_2 \Delta t_{2\text{-}3} + \cdots + g_{n-1} \Delta t_{n-1-n}
\end{aligned}
\tag{5}
$$

式中　ΔQ_1—— 降雨渗透量；

ΔQ_k—— 暴雨后，溶洞水的增加量；

A—— 补给该溶洞喀斯特水的受水面积；

μ—— 渗透径流系数；

ω_n—— 不同时间的降雨量；

Δt_{n-1-n}—— 两次观测的间隔时间。

$$求得\ A=\frac{\Delta Q_{\mathrm{k}}}{\mu\sum_{1}^{n}\omega_{n-1}\Delta t_{n-1-n}} \tag{6}$$

再计算地下水的渗透速度 u 为

$$\begin{aligned} u &= -\frac{\Delta L}{\Delta t_{\max}} \\ &= \frac{(H_1 H_2)+\Delta l}{2\Delta t_{\max}} \end{aligned} \tag{7}$$

式中 u——实际渗透速度；

ΔL——地下水渗透运动的距离；

H_1——最高补给区的高程；

H_2——溶洞出口高程；

Δl——溶洞口至最上端补给区的水平距离；

$\Delta t_{\max}$——暴雨高峰与喀斯特溶洞水出现高峰的间隔时间。

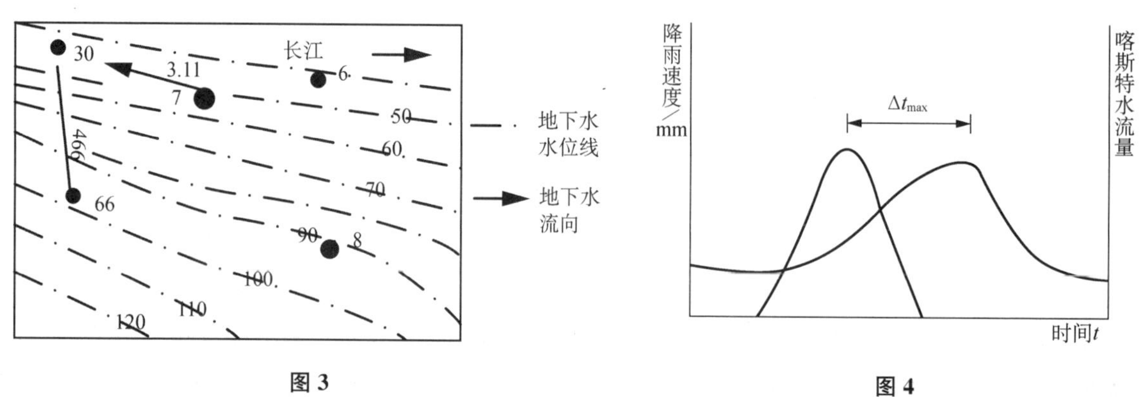

图 3　　　　图 4

根据此方法间接计算出的地下水渗透速度是一个最低值，因考虑该喀斯水于补给面积内的渗透条件是均匀的，实际上有少数通道与洼地沟通时，喀斯特水的真正渗透速度值还要大些，但据此方法获得喀斯特水的渗透速度，却有相当的参考价值。

(4) 洪水季节进行江洪观测，同时了解江水位与钻孔内水位的增涨情况，也可清楚地了解到这些地下水流与江水位大多数是同时迅速地升降，紧密相连。说明若干少数的裂隙与江水位相通，江水转换成地下水时的运动速度也就是相当大的。

表 8　江洪观测成果简表

孔号	钻孔水位与江水位涨落关系	全孔抽水试验渗透系数/(m·d^{-1})
26	同时升降	
30	同时升降	3.3
6	同　上	0.8
32	同　上	19.6
19	落后 3～4 h	0.01

根据物探、化学分析法获得的地下水实际渗透速度和根据喀斯特洞穴内喀斯特水流量迅速增长(一般只几十分钟)的事实而间接标出其流速数值,以及据江洪观测结果,了解钻孔水位紧密随江水位的升降而变化,都说明了具有喀斯特裂隙地区的地下水的运动性质有的是符合渗透定律,有的却远远超脱了这些定律所控制的基本数值。有关地下水实际渗透速度值,综合于表 9。

表 9 地下水实际渗透速度综合表

地　层	一般分水岭地区	具有一般喀斯特性裂隙与沿江地带	喀斯特化发育地区或溶洞附近	有喀斯特发育的分水岭地区
地下水流速/($m\cdot d^{-1}$)	18～27.6	51～205	7 466	58～127
试验孔号	35.0000.9	7.30.47.49.19	王八洞	8.11.24
试验方法	直流充电法	食盐法(化学分析法)江洪观测法	食盐法,溶洞暴雨观测法	直流充电法

总之,根据综合的压水试验成果 ω 和 k 值都很小,而各种方法测定的地下实际渗透速度都很大,由流速与渗透系数值能代表的意义上进行探讨,就可以了解到其间有了矛盾存在,显然由于各种试验成果所获得的有关渗透性的数值(k 或 ω)都是综合值,实际上于几十米至一百多米抽水试验段内和几米至十几米压水试段内,有着更大渗透性的地段存在,长度可能只有几厘米或十几厘米,真正这些具有较大渗透性地段的 k 和 ω 值,却很难由任何压水或抽水试验而求得。流速试验成果与渗透系数间的矛盾,显示出喀斯特化地区地下水运动的特征,也说明了地下水渗透性方面的不均匀性。这些资料也论证了本区碳酸盐类地层的岩体内,有喀斯特水的运动,具备了喀斯特性含水层的一个条件。

3 整块岩体渗透性的总评价

根据各种渗透性试验成果,说明本区岩体的渗透性有的是相当大,当然也有的是小的。但是整个岩体的渗透性如何,却是一个值得深入评价的问题。除了根据这些渗透性总评价的数值便于进行各种水文地质计算外,也可以间接地说明本区喀斯特化的程度。

根据长期观测资料,研究松门溪、长江及紫阳溪所限定的近似三角形地带内水流均衡关系,以研究整个岩体的渗透性(图 5)。

此地段地下径流系数,根据地表溪沟观测资料为 50%～80%,观测综合资料列于表 10。

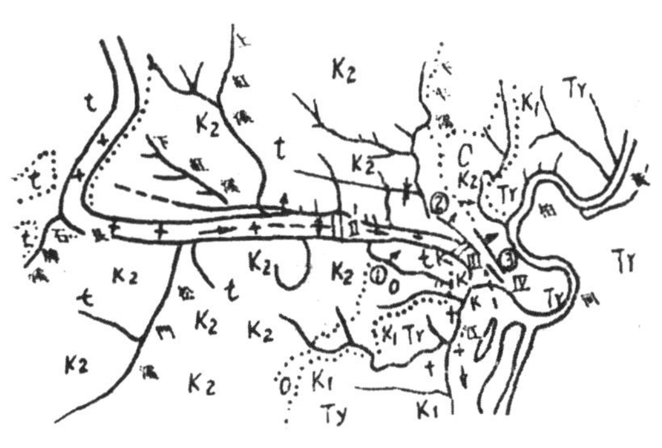

图 5

表 10 地表径流量简表

溪沟名称	断面以上降雨量 $M3$	地表水流水流量 $M3$	沟水占降雨量	沟水占以上流域内降雨量	二断面间降雨量	占二断面间降雨量
盐店沟上游	539 418	272 023	15.4%	50.5		
盐店沟下游	709 542	521 184	29.6%	73.5	170 124	3.3
紫阳溪上游	1 352 554	68 654	39%	4.4	842 212	4.4
紫阳溪下游	1 760 718	255 327	14.5%		248 962	102
资料取自 1957 年 10、11、12 月至 1958 年 1、2、3 月　雨量 221.3 mm						
盐店沟上游	2 722 931	393 929	8.9%	29.1		
盐店沟下游	3 581 701	1 101 211	12.8%	33.5	858 770	728
紫阳溪上游	7 636 813	2 395 008	26.9%	31.4	4 053 112	59
紫阳溪下游	88 879 268	4 762 800	53.5%		1 256 737	371
资料取自 1958 年 4—8 月　雨量 1 117.1 mm						
盐店沟上游	2 923 293	1 014 849	10.6%	34.6		
盐店沟下游	3 845 254	1 241 256	13%	26.3	921 963	124
紫阳溪上游	8 192 716	2 833 161	29.6%	34.6	4 347 462	65.3
紫阳溪下游	9 541 930	5 137 758	53.9%		1 349 212	382
资料取自 1958 年 1—8 月　雨量 1 199.3 mm						
紫阳溪上游	2 414 975	314 496	5.9%	13		
紫阳溪下游	5 300 437	1 953 020	36.8%		749 475	262
资料取自 1957 年　风期　雨量 666.2 mm						
紫阳溪上游	3 793 725	659 102	8.8%	19.4		
紫阳溪下游	7 448 641	2 423 226	31.5%		1 053 225	230
资料取自 1957 年全年　雨量 936.2 mm						

潜水水位动态的观测资料用有限差数不稳定运动方程式来分析。

$$\sum \mu \Delta H = \sum\nolimits_1 \frac{\Delta 9}{\Delta x}\Delta t - \sum\nolimits_2 \frac{\Delta 9}{\Delta x}\Delta t + \sum\nolimits_1 \omega \Delta t - \sum\nolimits_2 \omega \Delta t \tag{8}$$

式中 $\sum \mu \Delta H$—— 在给定水流单元中潜水年平衡或者一年中储水量变化之和；当 μ 为常数时，它等于 $\mu \sum \Delta H$；

$\sum \Delta H$—— 水流中间断面在一年中水位之变化；

$\sum_1 \frac{\Delta 9}{\Delta x}\Delta t$；$\sum_2 \frac{\Delta 9}{\Delta x}\Delta t$—— 在同一单元之中由于侧面流入量和流走量而使地下水积累和减少的年总值(以毫米水层计)（此二值可在计算年平衡时单独地将 $\frac{\Delta 9}{\Delta x}\Delta t$ 正值和负值分别相加求得）；

$\sum_1 \omega \Delta t$—— 一年中渗入潜水水面降水和水汽凝结成水的总和(以毫米水层计)；

$\sum_2 \omega \Delta t$—— 地下水一年中蒸发总和(以毫米水层计)(在潜水埋藏浅，$\leqslant$ 3 m 时应计入植物之蒸腾量)。

此方程式则根据裘布依公式而推导出的有名的潜水有限差数不稳定运动方程式，再加以概括。有限差数运动方程式如下：

$$\frac{H_{n,S+1}-H_{n,S}}{\Delta t}=-\frac{2K}{\mu(I_{n-1,n+}I_{n,n+1})}-\left(\frac{h_{n-1,S+}h_{n,S}}{2}\cdot\frac{H_{n-1,S}-H_{n,S}}{I_{n-1,n}}-\frac{h_{n,S}+h_{n+1,S}}{2}\cdot\frac{H_{n,S}-H_{n+1,S}}{I_{n,n+1}}+\frac{\omega}{\mu}\right. \tag{9}$$

于 12—11—18 孔间根据上列公式计算结果，潜水年变化量 $\Delta H=+0.41$ m 时，潜水平衡为负，$\sum\mu\Delta H=358.83$ mm。一年中正补给量 263.8 mm；蒸发量 619.7 mm，相当降雨量 1 200 mm 的 50%，为下渗量 135.3 mm 的 46%。侧流走量 2.9 mm 占补给量的 1.12%，下渗量 135.3 mm 占总降雨量 11.2%。

根据潜水运动有限差数不稳定运动方程式计算结果与直接按照地表径流量而计算出的地下径流系数相比较，说明两个成果间有着一定的差别，但尚不太大，主要是前者方法能估算出蒸发量，而后者占雨量 50%～80%的下渗量中也有不少遭受蒸发的，但考虑到这些计算方程式应用于具有一定喀斯特通道的含水层尚不一定完全合适，因为一段地下水埋藏较深，况且应用有限差数方程式计算时，渗透系数 K 值系先按压水试验成果而换得为 0.03 m/d，也未包括若干具有较大渗透性的地段在内，所以暂且不多考虑或少考虑蒸发量，地下径流系数即下渗量仍以占降雨量 50%～80%为准。雨量 1 200 mm，于面积 18 215 730 m^3 内，全年渗入地下的水量为 1 324 966 m^3。基于不同年度枯水期时地下水位都相差不多，可以认为渗入量和排泄量平衡。

此地区地下水的排泄通路集中于黑石沟恶狮子沟这一带，因为黑石沟以上为具有较多页岩层的上蜂尖灰岩所分布，恶狮子沟以下为渗透性较弱的红色岩系所在，且黑石沟至恶狮子沟中间地带喀斯特现象较发育，地下水等水位线图上也清楚地表明了这一点。这些下渗水流的排泄方式有两种。

第一，江水面以上，各含水层地下水被切割揭露，或由于局部不透水层存在造成悬挂水，而形成泉水排泄，但这些水流流经一段距离后，有的又再次渗入地下。

第二，江水面以下，保持有地下水与地表水间水力上的联系而直接排泄。

松门溪以东，紫阳溪以上地带内，黑石沟第一大层以上出露的泉水流量综合列于表 11。

表 11　泉水流量简表

时　期	年	汛期(4—9 月)	枯水期(10 月—次年 3 月)
泉水流量 m^3	2 052 362(100%)	1 835 673(89%)	217 144(11%)
占石牌南津关一带泉水流量百分数	46.8%	48.5%	34.7%

此地带年降雨量 21 858 876 m^3，泉水总流量 2 052 362 m^3，占降雨量总数 9.6%。上面已经表明地下径流量占降雨量的 50%～80%，所以泉水排泄量只占整个地下水排泄量的$\frac{1}{20}\sim\frac{1}{13}$，况且泉水仍不少重新渗入地下，所以说明地下水的排泄以于江水面以下直接排入长江及各支流内的方式为主。

根据上列所述资料，按照简单渗透定律，估算整个地块的平均渗透系数 K 值为 0.45 m/d。

按式(10)计算。

$$Q=A\cdot K\cdot J$$
$$K=\frac{Q}{A\cdot J} \tag{10}$$

式中　Q——地下水平均排泄量，36 315 m^3/d，0.42 m^3/s；

$A=L\cdot B$——排泄地下水的面积；

L——长度，黑石沟至恶狮子沟间 6 000 m；

B——宽度，以 100 m 计。

则 $K=\frac{0.42}{172\ 000}=0.000\ 006$ m/s

$=0.45$ m/s。

据此简单计算而获得整个岩体平均渗透数值，与前面所列述的关于本区岩体渗透性的概念是一致的。综合列于表 12。

表 12　南津关坝区岩体渗透性综合表

测定方法	均衡计算法	综合各孔抽水试验成果		个别钻孔抽水成果		
				孔　号	实　测	平　均
渗透系数 $K/(\mathrm{m}\cdot\mathrm{d}^{-1})$	0.45	0.04～1	0.52	62	0.77	0.57
					0.32	
				63	0.82	0.55
					0.27	

根据观测资料、抽水、压水、流速试验结果，对南津关坝区岩体渗透性多方面探讨与叙述。总之，基本的认识是：整个岩体的渗透性很小，平均渗透系数 K 为 0.5 m/d 左右，整个含水层以裂隙性的水文地质条件为主要特征；但是另一方面由于本区仍有喀斯特及构造断裂发育，于喀斯特现象分布地段渗透性则较大，一般达昼夜几米，多者几十米，使裂隙性含水层另具有喀斯特水的运动。

最后如何选定渗透系数 K 的值，以便进行各项水文地质问题的计算，是必须加以解决的问题。初步认为以下结论。

(1) 远离河谷的分水岭地带，渗透系数 K 值可采用 0.5～1 m/d。

(2) 河槽地带可按抽水试验成果加以概略综合。依加权平均法 K 值为 7 m/d，若不考虑个别钻孔的试验成果(因为 128 孔的渗透系数 K 为 59 m/d，115 孔为 30 m/d，系在距长江水边极近的情况下进行，这样的试验数据并不具普遍的代表性)，则加权平均值为 4.7 m/d 左右；或然率平均值 K 为 2 m/d。由于较大的喀斯特性裂隙不是太多的，因而实际的平均渗透系数应比 4.7 小；另一方面各种试验数目仍是有限，不易把所有喀斯特通道的渗透性全部包括在内，所以实际的平均渗透系数也应比 2 m/d 大。

因而，渗透系数 K 暂且采用 4 m/d，尚是合适的。

上面叙述的关于渗透性的探讨，只包括黑石沟以上至南津关、前坪一带的碳酸盐类地层。这些地层由于遭受构造破坏的程度相差不大，喀斯特化程度虽有些差别，但也没有形成不同地带的渗透性上的悬殊差异。因而在目前各种试验资料尚不太多的情况下，除了概略区划出分水岭和河槽地带渗透性的显著区别外，进一步详尽作出渗透性在纵向及横向方面的划分是有困难的。为此，本文在此方面的讨论也就只得付之阙如了。

参考文献

[1] 卡明斯基.地下水动力学原理[M].北京：地质出版社，1955.

[2] A.B.列别捷夫.根据长期观测资料研究潜水的动态和平衡.

南津关坝区的水文地质工程地质条件

卢耀如

举世无双的长江三峡水利枢纽，有两个比较坝区，一个为由火成变质岩系组成的美人沱坝区，另一个为喀斯特化的碳酸盐类地层组成的南津关坝区。本着积极地、正确地论证南津关坝区工程地质条件的要求，下面就作若干的探讨。

1 地层

南津关坝区由灯影峡至前坪、黄柏河口一带出露的地层有：

震旦纪的灯影灰岩(Sn)

寒武纪的石牌页岩(Cm_1)

石龙洞灰岩(Cm_2)

平善坝灰岩(Cm_3)

红溪灰岩(Cm_4)

上峰尖灰岩(Cm_5)

黑石沟灰岩(Cm_6)

三游洞灰岩(Cm_{7-1})

南津关灰岩(Cm_{7-2})

奥陶纪宜昌灰岩(O)

第三纪石门砾岩(E_1)

东湖砂岩(E_2)

碳酸盐类地层根据化学分析成果而定名，有含灰质白云岩、白云岩、含矽质白云岩、白云质石灰岩、石灰岩等。多夹有含泥质白云质、燧石结核和燧石层，上峰尖灰岩尚有较多页岩存在。黑石沟灰岩、上蜂尖灰岩和平善坝灰岩等层次都较薄(详细的岩性说明等请参看下文所附地层表)。

2 构造

坝区位于黄陵背斜(穹窿)的东南翼，地层主要方向为N30°—50°E，倾向SE，倾角5°—15°。明显受到两次造山运动的影响，一为黄陵穹窿首次隆起时造成与轴向(N20°—30°E)一致的构造体系，另一则为燕山期的褶皱影响，奠定了本流域的山岳形态。后者运动产生的构造线为NWW或近于东西方向，褶皱以肖湾向斜、黄猫峡背斜为代表，断裂方面即以官庙堂逆掩断层为典型。

官庙堂逆掩断层最大垂直断距达250～300 m，水平断距1 500 m左右，倾角20°—25°，已知地表长度达11 km以上，断层带宽度各地不一，一般为5～20 m，多者几十米。断层一般胶结良好，根据地表露头和钻孔中取出的岩心以及平硐中所见到的都说明了这一点(图1)。

---

① 卢耀如.南津关坝区的水文地质工程地质条件[M]//中华人民共和国地质部水文地质工程地质研究所.水文地质工程地质论文集2(三峡专集).北京:地质出版社,1959:169-192.

此外尚有白马洞破碎带、前坪破碎带等，不过角砾岩都较大，有的为块状(图2)。断层宽度由几十厘米至二三十米，以断续状态而延伸分布，未见有明显层位上的错动。

图1　官庙堂逆掩断层

图2　白马洞破碎带

此次运动中，由张力作用而产生的N20°—30°E的高角度正断层，规模一般较小。以南津关口附近的巷子口断层、九亩垱断层为代表。断层宽度只几十厘米至2 m，多为胶结不十分紧密的糜棱岩。此类断层于南津关坝区附近仍有其分布，不过规模都非常小，有的为密布节理与挤压带。剪力作用产生的断层有鲤鱼潭断层、石龙洞断层等，走向为北东和北西，断距只几厘米至几米，破碎带宽也只几十厘米。

节理的发育与构造线吻合，以N60°—80°W、N20—30°E、N20—30°E等为主。地表测量结果裂隙率为0.1%～8.4%，每平方米上节理数为2～176；据钻孔而了解的裂隙率一般为0.2%，个别如82孔达11%，由于有些岩心不能完全取出，裂隙也未能完全统计在内，因而平均地下裂隙率为1%。各层平均地表裂隙率综合列于表1。

表1　各层平均地表裂隙率

地层	灯影灰岩 Sn	石牌页岩 Cm_1	石龙洞灰岩 Cm_2	平善坝灰岩 Cm_3	红溪灰岩 Cm_4	上峰尖灰岩 Cm_5	黑石沟灰岩第一土层 Cm_{6-1}	黑石沟灰岩第二土层 Cm_{6-2}	三游洞灰岩 C_{7-1}	南津关灰岩 Cm_{7-2}	宜昌灰岩下部 O_1	宜昌灰岩上部 O_2	石门砾岩 E_1
平均裂隙率	0.4%	1.1%	5.2%	4.2%	1.5%	6.3%	2.5%	1.5%	15%	4.0%	0.03%	1.3%	0.6%

除了构造裂隙外，尚有层间裂隙、岸边剪切裂缝和喀斯特性裂隙等。

长江于石牌附近由南流急转而向东，这与N70°—80°W的黄猫峡背斜和节理，以及官庙堂断层等有关(生成此段长江排水道时，官庙堂断层正位于今日长江河道上)，石牌、坪善坝至黑石沟一带河谷深槽成因也与这些方向的褶皱断裂和节理，以及他组与之相垂直的节理有关，因两组构造线相交汇时，最易被切割并急剧溶蚀而形成深槽。南津关一带河谷深槽成因，即与白马洞破碎带及N20°—30°E和近东西向节理有关。

总之，可以认为南津关坝区明显地受到二次构造运动的影响，黄陵背斜的隆起控制了本区岩层的各要素与单斜构造的基本形态，而燕山运动对本区影响是剧烈的，在单斜构造上，生成了具有独特方向与形态的褶皱及断裂。

3　喀斯特

南津关坝区的喀斯特形态有溶沟、溶槽、喀斯特沟谷、喀斯特侵蚀—溶蚀洼地、落水洞、喀斯特性裂隙、溶洞、崖屋、连接落水洞的倾斜及水平的地下通道和溶孔等。不同喀斯特发育时期有着不同的喀斯特形态。

根据地质历史，说明本区除了二次造山运动外，主要是陆升、陆降的震荡性运动。有两个假整合面和一个不整合面。

(1) 震旦纪灰岩与寒武纪石牌页岩假整合面间有几十米厚的底砾岩，并且断续分布磷矿层。

(2) 寒武纪灰岩与奥陶纪灰岩假整合面间有少量不连续的底砾岩。

(3) 红色岩系与灰岩相接触的不整合面上有多棱角的底砾岩存在。

燕山运动以前，没有大的构造断裂发生，喀斯特的发育也没有明显的象迹。中生代后期燕山褶皱运动的兴趣和完成，才改变了本区的自然面貌，接着急剧的剥蚀作用为喀斯特的发育创造了较好的条件。第三纪初上始新统时有了红色岩系的沉积，相应有了“鄂西期侵蚀面”的形成。至中新世，又发生上升与拗折，西部上升幅度较东部为大，本区剥蚀作用又重新复活，喀斯特也再次发育，产生了“山原期地面”，其中也有过间歇停顿，有“周家脑亚期”和“王家坪亚期”之分。第四纪以来本区仍不断急剧上升，生成了险峻的峡谷，其中仍有相应的喀斯特发育。

石牌溪、松门溪、下牢溪等沟谷于第三纪红色岩系沉积前就已经存在，其中相应地也有过多次的复活，长江排水道可能与山原期古地面同时形成。第四纪时发育的新沟谷如黑石沟、长虫溪等。老沟谷如下牢溪等多为箱形谷，且坡降为 0.06 以下，第四纪时发育的新沟谷多呈“V”形，坡降较大达 0.1～0.46。

本区较为强烈的喀斯特发育时期有三次。

(1) 燕山运动后至红色岩系沉积前为一较剧烈喀斯特化时期，该期水系相当发育，根据红色岩系与灰岩接触面的极不平整关系上，就可清楚地表明。红色砾岩有的沉积于古老河谷、沟谷中，或充填喀斯特溶洞及喀斯特性裂隙内(图 3、图 4)。红色砾岩于下牢溪一带分水岭上分布高程为 100 m，南津关一带下降达 40 m，而前坪一带根据 106 孔钻探结果，达高程－40 m 左右。该期喀斯特性裂隙和小溶洞发育的深度一般达地下 40～50 m，个别深者达一百多米。彼此间仍有着一定规律性存在。如 20、27、82、66 等钻孔中见有红色物质充填物裂隙或小溶洞内，有的后期又重新遭受溶蚀(图 5)。依照出现红色充填物出现的下部界限高程，连成等高线，指出本期喀斯特化作用后，地壳有着不均衡的上升(图 6)。

图 3 黄柏河黄家垭附近第三纪砾岩沉积于古沟谷中(郭希哲摄)

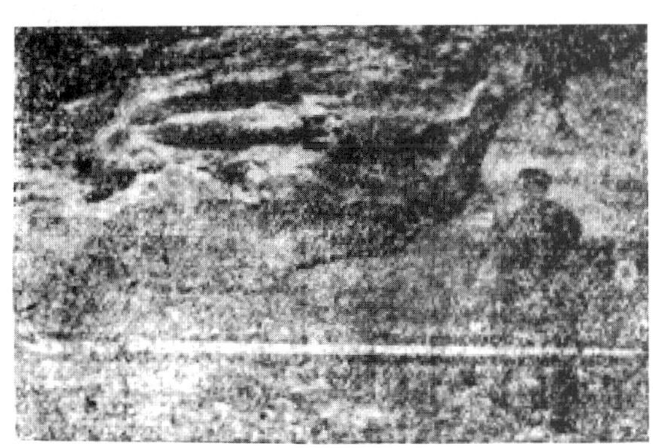

图 4 南津关长江边红色岩系沉积于古溶洞中

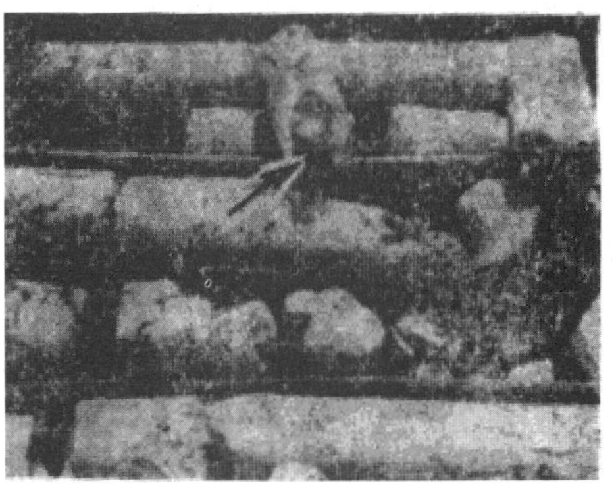

图 5 钻孔中所见第一喀斯特时期产生的小溶洞等为红色物质所充填胶结，后期再次遭受溶蚀

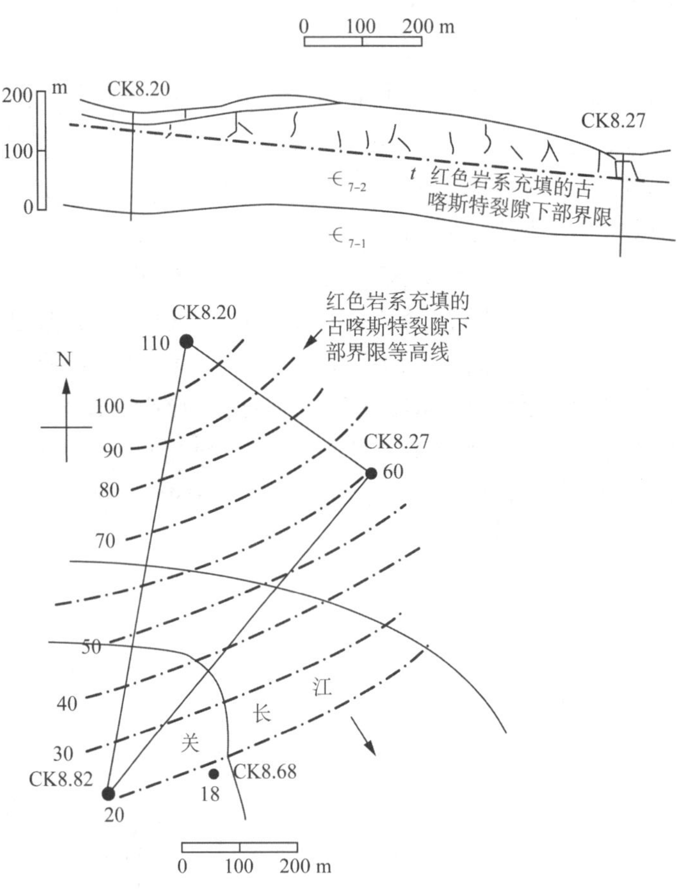

图 6 红色岩系充填的古喀斯特裂隙下部界限

本期喀斯特化年代以宜昌附近红色砂岩中所发现的属于蒙古兽(mogocian)种纯角类动物化石的大头骨为依据，证明在上始新统前至燕山运动后为其具体发育时期。

(2) 中第三纪至第四纪初古地形主要单元形成时期，为本区第二喀斯特化时期。近代各溪沟分水岭间的喀斯特洼地、沟谷等都是这时期的产物，洼地中间或边沿亦常有落水洞或竖井存在(图 7、图 8)。

图 7 宫庙堂古沟谷

图 8 某洼地上落水洞(长着竹子)

后期地壳不均一上升的结果，使本期古喀斯特化地面也有自东南向西北有规律地增高。以残丘顶部高程计，南津关以东为 130～150 m，南津关两岸为 200 m 左右，黑石沟右岸为 400 m，周家垴、陈家垴一带达 600～700 m。其间王家坪亚期与周家脑亚期喀斯特化地面间高差，亦自东南向西北方向递增，南津关附近为 50 m 以至重选，黑石沟右岸为 100 m 左右，王家坪则为 150～180 m。

本期的落水洞及喀斯特性裂隙多与后期发育的喀斯特洞穴相连通。一般宽度达 1～2 m 左右的喀斯特性裂隙，多为黏土所紧密充填与胶结，发育深度都没超过近代长江水位。

(3) 第四纪以来迄至近代为第三喀斯特化时期。此期的喀斯特形态以溶洞为主，也有少数竖井(如玉井)，大型的溶洞有石龙洞($4Ⅰ_{3\text{-}2}$)、干洞($4Ⅱ_{2\text{-}51}$)、猫子洞($1Ⅲ_{4\text{-}10}$)、凉水洞($1Ⅲ_{3\text{-}701}$)、文仙洞($6Ⅱ_{4\text{-}31}$)等。与第四纪以来各个阶地相适应，以与宜都阶地形成时期同时发育的为最显著，如石龙洞主洞长达 720 m 以上。此期发育的溶洞大多都有喀斯特水运动，少数或局部洞穴已被次生物质所充填和胶结。南津关附近的大溶蚀裂隙见图 9。

图 9　南津关附近的大溶蚀裂隙

根据上列有关喀斯特发育历史的探讨，说明地壳升降运动对喀斯特的发育起着决定性的作用。下面进而由岩性、岩石结构、地质构造现象等因素对喀斯特的影响方面作若干的阐明。

本区碳酸盐类岩石的性质对喀斯特的发育有着重要的影响，由于多由白云岩等所组成所以在抗蚀力方面比石灰岩要强得多，也是本区喀斯特化不十分剧烈的一个重要前提。各层中以石龙洞灰岩(Cm_2)、灯影灰岩、和南津关灰岩为最强烈，上峰尖灰岩(Cm_5)、平善坝灰岩(Cm_3)和黑石沟灰岩则较为微弱(表 2)。

表 2　本区地层洞穴规模

地　层	Sn	Cm_2	Cm_3	Cm_4	Cm_5	$Cm_{6\text{-}1}$	$Cm_{6\text{-}2}$	$Cm_{7\text{-}1}$	$Cm_{7\text{-}2}$	O_1	O_2
单位面积上喀斯特洞穴体积/($m^3 \cdot km^{-2}$)	10 214	17 350	167	1 271	44	1 980	340	2 850	6 510	1 172	1 855
单位面积上洞穴体积比值(以 Cm_5 为 1)	232	394	3.7	28.8	1	45	7.72	64.17	148	26.6	42

这与岩石本身的组织结构有很大关系，石龙洞灰岩等方解石($CaCO_3$)的晶粒都较大，多为 0.02～0.05 mm以上，而上峰尖灰岩等多为 0.01 mm 左右且呈云雾状态。另外，灯影灰岩和南津关灰岩中经化学分析，结果表明 $S∶O_2$ 含量虽然有的可达 20%～30%，但多呈较大独立的石英晶粒而存在，仍使方解石等矿物容易遭受水之溶蚀，而有较多喀斯特现象的发育。上峰尖灰岩、黑石沟灰岩等其中 $S∶O_2$ 成分则呈分散状存在，且这种物质大多包围着方解石等晶粒，使遭受喀斯特作用大大地减弱。当然上峰尖灰岩、黑石沟灰岩中有较多的含泥质白云岩和页岩等，都是导致喀斯特化不十分剧烈的重要原因。

构造断裂与喀斯特的发育有着极密切的关系。据精确溶洞调查结果加以统计，清楚地表明溶洞延伸方向以 N20°—40°E、N70°—80°E 及 N70°—80°W 为主，落水洞则以 N20°—30°E、N10°—20°W 及 N60°—70°E 为主。与本区构造体系是符合的(图 10)。

构造断裂与喀斯特发育也有着重要的关系，如石龙洞($42_{3\text{-}2}$)即发育于一条 N70°—80°W 的逆断层和两条 N30°W 左右的剪力断裂所限定的方格内(图 11)，该区除了断裂外尚伴生许多节理，为形成长度达 700 多 m 的溶洞创造了先决条件。钻探结果说明断层带中还是有溶洞发育的，如 7 号孔于官庙堂断层中有 3.27 m 高的溶洞发育，中有 5～10 mm 卵石；96 号孔顺巷子口断层有 11 m 以上溶洞发育。平硐中也可见到于白马洞破碎带内也有溶洞发育，不过规模较小。

最后针对本区喀斯特发育强度问题作些简略评价。

根据逾 100 km^2 内喀斯特专门调查结果，大型溶洞在 100 m 以上只 3 个，较深的落水洞也是不多。如表 3、表 4 所示，而根据细小溶孔统计的喀斯特率平均值都在 10%以下，极个别达 50%，尚应指出细小溶孔的发育尚不是十分普遍。可以认为本区喀斯特并不是剧烈地发育。

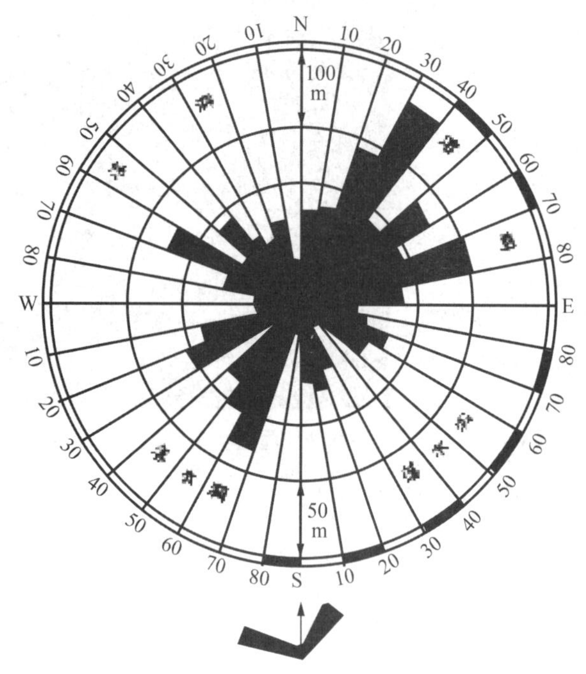

图 10　喀斯特发育方向图解

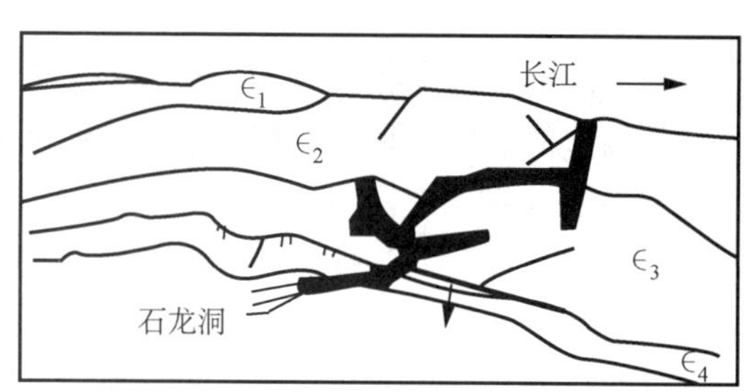

图 11　溶洞平面图

表 3　本区喀斯特发育强度情况

溶洞长度/m	<30	30～50	50～80	80～100	>100
溶洞数目	7	11	5	2	3

根据 28 个大溶洞精确调查结果。

表 4　本区喀斯特发育强度情况

落水洞总数/个	垂直的个数/个	垂直落水洞深度/m	倾斜落水洞/个	倾　角	垂直高度/m	坡　降	一般水平长度
17	6	30～170	11	20～35	1.8～8.25	15%～80%	50 m 以下

4　水文地质条件

南津关坝区虽然有近东西向的褶皱及规模巨大的断裂存在，若由整区来看，基本上仍是属于单斜构造。造成地下水运动条件中及岩石渗透性上的差异与不均匀性的基本因素，还是地层的性质和喀斯特的发育情况。

1. 含水层的区划问题

石牌至南津关一带，震旦纪、寒武纪、奥陶纪方面酸盐类岩层中较多非碳酸盐类岩层的存在，就是碳酸盐类岩层性上也是有着很大的区别与变化。所以要区别含水层，仍是以岩性为基础，当然也相应需要其他方面的论证资料。

本区有下列几个含水层与不水透层。

(1) 不透水层的宜昌灰岩第一层(O_1)距顶部 16 cm 左右有一层厚约 0.8～1.5 m 的页岩，许多泉水由于此层起隔水作用而溢出，不过一般流量都较小。

(2) 夹有含水层的不透水层上峰尖灰岩(Cm_5)和石牌页岩都是属于此类性质的地层。

① 上峰尖灰岩中夹有较多的了页岩，基本上隔绝了上部黑石沟灰岩和其下部红溪灰岩的水力联系。

但其本身仍是有较多独立含水层存在。于高程 550 m 以上尚有较稳定的永久性质出现，这是很好的证明，如 1Ⅳ4—20、1Ⅳ5—54、1Ⅳ4—53 等泉，最大泉水流量 0.2～4.9 L/s，最小为 0.008～0.01 L/s，年平均流量 0.04～0.26 L/s。

② 石牌页岩(Cm_1)把石龙洞灰岩含水层和灯影灰岩含水层分开。底部一层厚约 5 m 的黑色致密含质白云岩，呈独特的承压含水层存在。钻孔揭穿后水头由顶板起上升 200 多 m，高出当地江水位 35 m。两年观测结果表明，流量稳定在 240～280 L/min。出现的泉水有 4Ⅲ1-52ⅠⅣ3-2、ⅠⅣ3-57、1Ⅳ2-3、4Ⅱ4-2 等，最大流量为 0.4～9 L/s，最小流量为 0.000 7～0.11 L/s，年平均流量 0.03～2.32 L/s。

(3) 弱不透水层，岩性上并非完全属于非碳酸盐类岩层，但其遭受溶蚀的过程与其他碳酸盐类岩层相比较显然是更差得多，一般情况下起了若干的隔水作用。属于此类地层有下列：

① 坪善坝灰岩(Cm_3)；

② 黑石沟灰岩第二大层(Cm_{6-2})中有含泥质白云岩与页岩的互层(Cm_{6-2-7})，厚几十厘米；

③ 黑石沟灰岩第二大层第十二小层(Cm_{6-2-12})的顶部为含泥质白云岩和燧石层厚几十厘米。

④ 南津关灰岩底部有一层(Cm_{7-2-1})含矽质白云岩、含泥质白云岩，具有交错层结构，局部有厚几米的砂页岩呈透镜状分布。

泉水出露见图 12—图 14。

图 12　奥陶纪页岩造成的泉水

图 13　上峰尖灰岩中泉水

图 14　石牌页岩底部灰岩层出露的泉水 4Ⅱ4-2

除了上述几个弱不透水层外，尚有不少含泥质白云岩、薄层页岩燧石层等的分布，由于多为透镜状，只于局部地区起隔水作用，造成若干悬挂水出现。就是上述这些不透水层，也并非完全隔绝了上、下层间的水力联系，由于本区有较多断层存在，层间错动情况也相当普遍，而且这些地层的岩性都较软弱，受构造影响结果，就不能完全普遍均匀分布，有时甚至消失，呈断续状态分布，因而这些因素都大大地破坏了其隔水的作用。

一般地下水受弱不透水层的阻隔而出露的泉水，其流量都较稳定，流量不稳定系数值(最大流量与最小流量的比值)在 150 以下，水温为 15～20℃，而局部隔水层造成的悬挂水出露的泉水，枯水期时常干涸，或流量不稳定系数值达几百、几千至几万，水温变化为 5～20℃。

由于几个不透水层的存在，本区就可相应地区分出几个含水层，根据岩层喀斯特化程度，可区分为两类含水层。

(1) 喀斯特性裂隙性含水层：根据地表调查资料，每平方千米的面积上发育的喀斯特洞穴体积在 1 000 m^3 以上，多者达 17 350 m^3。与上峰尖灰岩相比较，喀斯特比值数在 26 以上。灯影灰岩含水层、石龙洞灰岩含水层、黑石沟岩第一含水层、三游洞灰岩含水层、南津关灰岩含水层、奥陶纪灰岩含水层等属之(图 15、图 16)。

图 15　南津关灰岩底部夹层(Cm_{7-2-1})出露的泉水

图 16　石龙洞内的地下喀斯特水瀑布（郭希哲摄）

表 5　各层典型的泉水流量表

不透水层名称	泉　号	最大流量 Q_{maz} /(L·s^{-1})	最小流量 Q_{min} /(L·s^{-1})	流量不稳定系数值 $Q_{max/min}$	同期平均流量 Q /(L·s^{-1})	枯水期平均流量 Q /(L·s^{-1})	同期平均流量/枯水期平均流量比值	水温
	8Ⅰ$_3$－42	80.91	0.28	29	19.3	3.16	6	15～20℃
Cm_{7-2-1}	6Ⅱ$_3$－4	5.85	0.113	52	1.11	0.28	4	15～20℃
Cm_{6-216-}	3Ⅲ$_3$－31	17.30	0.20	87	2.12	0.97	2.8	15～20℃
Cmt_{6-2-7}	8Ⅱ$_2$－57	8.40	0.44	19	1.51	0.78	1.92	
Cm^3	5Ⅱ$_3$－18	0.78	0.01	78	0.11	0.05	2.2	

表 6　水文地质综合表

含水层名称	符　号	性　质	泉水总数	单位面积泉水数	泉水枯水期平均流量 /(L·s^{-1})	泉水洪水期平均流量 /(L·s^{-1})	泉水年平均流量 /(L·s^{-1})
东湖砂岩含水层	E_2	裂隙性孔隙性含水层	28	1.72			
石门砾岩含水层	E_1	同　上					
宜昌灰岩含水层	O_2+O_1 上部	喀斯特性裂障性含水层	40	3.6	16.5	65.2	40.9
奥陶纪灰岩	O_{1h}	不透水层					
南津关灰岩含水层	O_1 下部＋Cm_{7-2}	喀斯特性裂隙性含水层	51	0.7	1.5	7.9	4.8
南津关灰岩底部夹层	Cm_{7-2-1}	弱不透水层					
三游洞灰岩含水层	Cm_{7-1}＋Cm_{6-2} 顶部	喀斯特性裂隙性含水层	11	2.1	1.7	4.6	3.2
黑石沟灰岩 Cm_{6-12} 夹层	Cm_{6-2-12}	弱不透水层					

（续表）

含水层名称	符　号	性　质	泉水总数	单位面积泉水数	泉水枯水期平均流量/($L\cdot s^{-1}$)	泉水洪水期平均流量/($L\cdot s^{-1}$)	泉水年平均流量/($L\cdot s^{-1}$)
黑石沟灰岩第三含水层	Cm_{6-2-12} 至 Cm_{6-2-7}	弱喀斯特性裂隙性含水层					
黑石沟灰岩 Cm_{6-3-7} 夹层	Cm_{6-2-7}	弱不透水层	44	2.5	1.4	4.5	2.9
黑石沟灰岩第二含水层	Cm_{6-2-7} 至 Cm_{6-1} 顶	弱喀斯特性裂隙性含水层					
黑石沟灰岩 Cm_{6-2-1} 夹层	Cm_{6-2-1} + Cm_{5-1} 顶部	弱不透水层					
黑石沟灰岩第一含水层	Cm_{5-1} 下部	喀斯特性裂隙性含水层	27	1.5	7.0	83.2	45.0
上峰尖灰岩	Cm_5	夹有含水层不透水层	35	1.5	0.7	5.6	3.1
红溪灰岩含水层	Cm_4	弱喀斯特性裂隙性含水层	23	6.4	0.3	1.2	0.7
平善坝灰岩	Cm_3	弱不透水层	26	3.8	0.2	1.2	0.7
石龙洞灰岩含水层	Cm_2	喀斯特性裂隙性含水层	9	1.29	7.6	5.33	30.5
石牌页岩	Cm_1	夹有含水层的不透水层	10	3.5	1.1	7.9	4.5
灯影灰岩含水层	$Є_t$	喀斯特性裂隙性含水层					
地山沱建造砂页岩层	$Є_d$	夹有含水层的不透水层					

(2) 弱喀斯特性裂隙性含水层：遭受喀斯特化程度较微弱，每平方千米面积上喀斯特洞穴体积数在 340 m^3 以下，发育强度比值在 8 以下。除大型喀斯特洞穴所在的地区外，一般情况下地下水处于裂隙性的运动状态。红溪灰岩含水层、黑石沟灰岩第二含水层、黑石沟灰岩第三含水层等属之。

(3) 裂隙性孔隙性含水层：第三纪石门砾岩和东湖砂岩等属之。虽然石门碍岩中有些喀斯特现象存在，但其成因多与地表水流作用有关，只与灰岩的不整合面上，有大型喀斯特溶洞发育，如谢家湾龙洞 6 $Ⅰ_{2-3}$ 等)，才有喀斯特水的运动。

河漫滩及低阶地砂卵石层中有自由潜水存在。

2. 地下水动态方面

单斜构造上具有几个不透水层与含水层，水文地质条件虽然比单一含水层要复杂得多，但根据本区喀斯特化程度不是十分强烈，且构造的断裂亦未严重地破坏这些地层，在集聚了较多资料的基础上，可以正确地研究南津关坝区的水文地质条件。

(1) 补给条件：本区地下水补给来源主要是大气降水，一部分雨水成为地表径流沿着溪沟而入长江，一部分则通过裂隙、落水洞及其他喀斯特现象而渗入地下，作为地下水补给的来源(图 17)。有的地表水流经一段距离后再潜入地下，作为地下水而运动潘家河、恶狮子沟、牛楠溪及黑石沟等(图 18)。

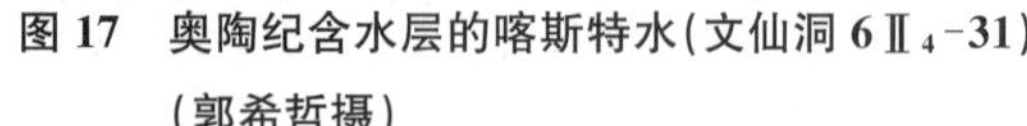

图 17　奥陶纪含水层的喀斯特水(文仙洞 6Ⅱ$_4$-31)(郭希哲摄)

图 18　潘家河支沟地表水流至-喀斯特性裂隙附近即潜入地下

地表径流系数各地不一,与当地的地形及喀斯特发育情况有关,就是同一地点也与降雨连续时间和降雨强度有着密切关系。根据暴雨观测结果,一般地区如潘家河、紫阳溪等地表径流系数为 5.9%~58%:大的溪沟如下牢溪、下红溪、松门溪等全年地表径流系数达 100%以上,说明这些溪沟是排泄地下水的。

图 19　顺裂隙发育的落水洞图

由于本区地形上为高山峡谷,地下水埋藏得较深,因为直接受蒸发的影响不大,植物的吸收及蒸发,无可靠观测资料,估计数量也不大。蒸发量及植物吸收量按降雨量的 10%计算,则地下径流系数为 40%~85%。

(2) 排泄条件:长江是本区各层喀斯特水的主要排泄道,根据溪沟观测结果,表明石牌溪、松门溪、下红溪、下牢溪、紫阳溪等亦为各层喀斯特水的排泄道。在单斜构造上含水层与不透水层相间,各含水层的补给面积有限,因而下部含水层有的尚承受上部含水层向下渗透水流的补给,尤其是黑石沟灰岩与南津关灰岩间多为弱不透水层存在,各含水层间仍有一定的水力联系,这也是上部含水层中地下水的一种运动与排泄的方式。

地下水的排泄方式有两种:第一,江水面以上,各含水层中地下水被切割揭露,或由于局部不透水层存在造成悬挂水,而形成泉水排泄,但这些水流流经一段距离后,有的又再次渗入地下。第二,江水面以下的直接排泄。

根据表 6 所列各层泉水流量,说明奥陶纪灰岩、黑石沟灰岩第一层和石龙洞灰岩的含水性是最丰富,这是与奥陶纪页岩、上峰尖灰岩、石牌页岩等不透水层的存在有关。

根据观测结果,长江南北两岸泉水流量相差不大,而汛期泉水流量占全年绝大多数,见表 7。

表 7　长江两岸泉水流量统计

时　期	泉水流量/m^3	南岸泉水流量	北岸泉水流量	两岸流量
全　　年	4 399 000	50%	50%	100%
汛期(4—9 月)	3 778 876	52%		86%
枯水期(10 月—次年 3 月)	625 843	38%		14%

长江南岸松门溪以东,紫阳溪以北的地带内,黑石沟第一大层以上出露的泉水流量综合列于表 8。

表 8

时　期	年	汛期(4—9 月)	枯水期(10—次年 3 月)
泉水流量/m^3	205 236(100%)	1 835 673(89%)	21 744(11%)
占石牌—南津关一带泉水流量	46.8%	48.5%	34.7%

此地带泉水总流量占全部降雨量的 9.6%。上面表明了地下水径流量占降雨量 40%～85%,所以泉水的排泄量只占整个地下水排泄量 1/8～1/4,且泉水不少又重新渗入地下,所以说明地下水的排泄于长江及支流水面下,成有水力上联系的排泄方式为主。

(3) 运动条件:地下水的运动受补给及排泄条件所限制,控制了不同地带的地下水流,有着不同方向的渗透运动。由于本区有多个不透水层及含水层相间存在的事实,显然表明了岩层的倾向也是起着控制地下水运动的一个重要因素。最上部含水层中的地下水分水岭偏侧岩层的反坡方向,使反向坡地下水坡降大于顺向坡一带地下水的坡降。本区地下水坡降各地不一,为 0.02～0.14。

构造裂隙、断裂、喀斯特现象等都是地下水的运动通道。喀斯特通道和细小裂隙相比,显然具有极其特殊的运动条件。一般细小构造裂隙的渗透系数值为 0.5 m/d 左右,而受喀斯特、构造断裂影响时可达昼夜几米至几十米。根据连通试验成果,地下水于喀斯特通道内的实际流速可达昼夜几百米以上。说明本区含水层一方面具有裂隙水的特征,另外也有喀斯特水的运动。虽然如此,整个岩体的渗透性还是很小,根据均衡等计算结果,平均渗透系数值也只有 0.5 m/d 左右。说明以裂隙性水的运动为主(表 9、表 10)(关于渗透性问题,有文章详尽探讨)。

表 9　本区喀斯特性裂隙统计

以裂隙为主地区的渗透系数 K	十几公分以下喀斯特性裂隙分布地区的 K 值	受大喀斯裂隙及构造断裂影响地区 K 值
0.04～1 m/d 19、61、62、63、33、18 孔	2.69～6.6 m/d 45、30、93、88 孔	9.5—30.5 孔 32、1、96、115 孔

表 10　渗透性试验

测定方法	均衡计算法	综合各孔抽水试验成果		个别钻孔抽水成果		
		一　般	平　均	孔　号	实　测	平　均
渗透系数 k/($m \cdot d^{-1}$)	0.45	0.042 1	0.52	62 63	0.770.32 0.8～0.27	0.57 0.55

于饱水带以下,同一含水层内地下水流彼此间仍是有着水力上的密切联系,弱不透水层的存在,也并不能完全隔绝了上、下岩体中地下水流在水力上的一定联系。因而于南津关坝区,黑石沟灰岩、三游洞灰岩和南津关灰岩间,地下水流可以彼此互相联系并相互控制,导致有了饱和地下水面的出现。

要综合了解本区地下水的运动、排泄,以根据地下水水力间的关系而绘制出的地下水渗透运动力网,则可清楚地说明这一点(图 20)。

本区地下水按其化学成分基本上都应是重碳酸盐水。但各种离子含量和总矿化度值却与地下水渗透距离的长短有关;随流动的距离的增长而增高其数值。主要离子变化情况见表 11。

表 11　本区地下水化学成分情况

阳离子/($mg \cdot L^{-1}$)			阴离子/($mg \cdot L^{-1}$)			总矿化度
Ca^{2+}	Mg^{2+}	$K^{+}+Na^{+}$	HCO_3^-	SO_4^{2-}	Cl^-	
60～120	12～56	0.5～49	300～400	0.5～20	0.4～20	150～120

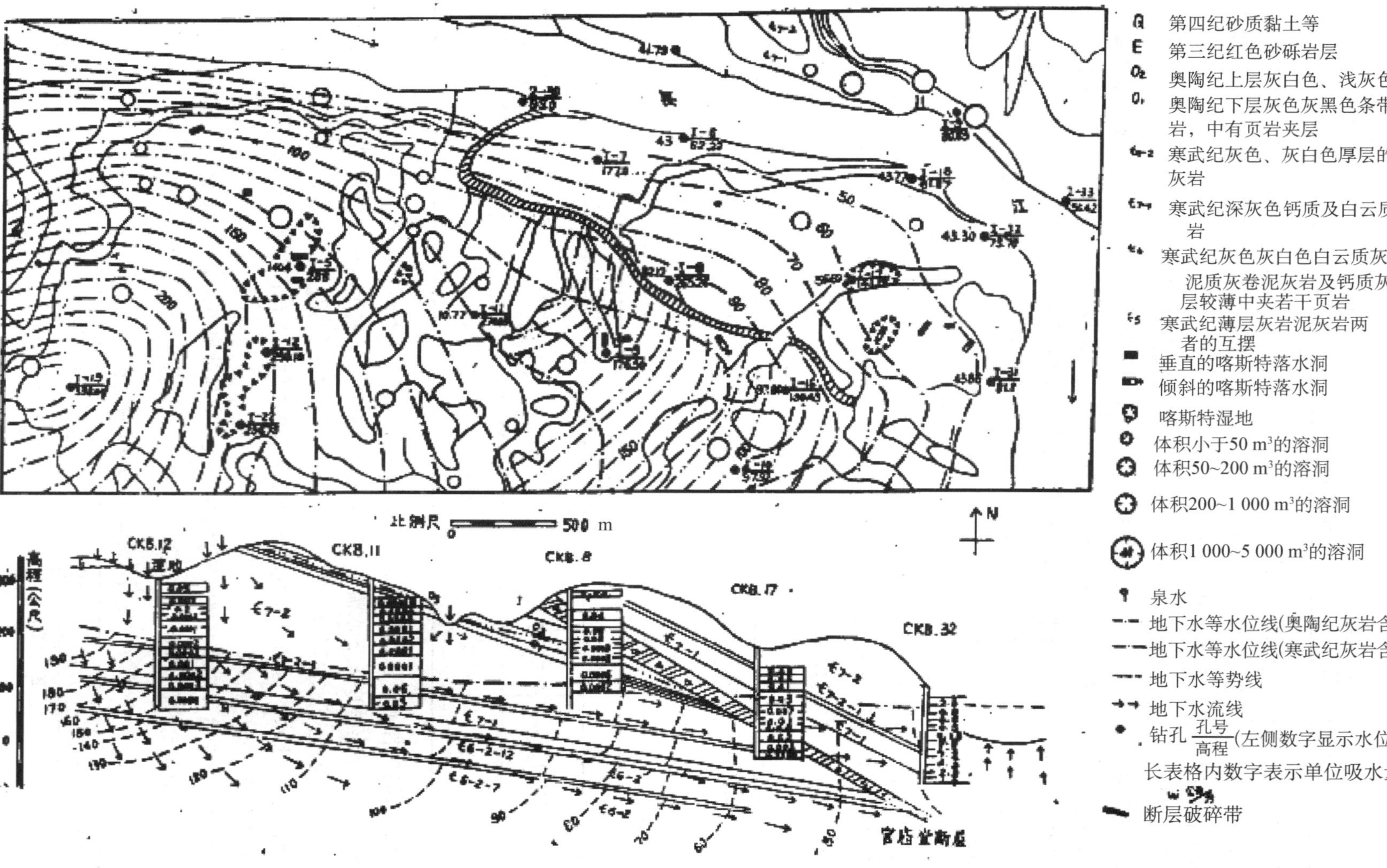

图 20 南津关南岸水文地质平面图及地下水渗透动力网图

这些地下水和地表水对各种水泥无侵蚀性。

5 岩石物理力学性质

本坝区碳酸盐类地层，除了岩性上的差异外，由于遭受构造及喀斯特化的程度不一，其物力学性质也就有着明显的差异。根据试验结果，不少岩体的软化系数都大于1正说明了岩石本身强度极不均匀性。当遭受不同程度溶蚀及节理的影响，就是同一岩性上也会有很大区别，因而湿状态下强度比干燥时还高。

各层抗压成果见表12。

一般新鲜的岩石其抗压强度都是很高的，而断层破碎带稍微低些。白马洞破碎带、巷子口破碎带等有的湿抗压强度估计只在150 kg/cm^2 左右。下面将官庙堂断层及白马洞破碎带的力学性质，根据勘探时获得的概念列出简表（表13—表15）。总的说来，整个断层和破碎带还是具有较高的强度，但是有的仍是较为松散，而且强度是非常的低。

表12 南津关坝区各地层抗压强度一览表

地 层	干			湿			软化系数		
	最大强度	最小强度	平均强度	最大强度	最小强度	平均强度	最 大	最 小	平 均
石门砾岩 E_1	1 501	434	856	1 004	304	548	0.91	0.38	0.55
宜昌灰岩 O_2	1 910	642	1 213.5	2 491	545	1 089.5	0.39	0.70	0.93
宜昌灰岩 O_1	2 601	1 038	1 547	1 324	556	1 118	0.87	0.49	0.76
南津关灰岩 Cm_{7-2}	3 270	280	1 427	4 489	359	1 267	2.42	0.32	0.91
三游洞灰岩 Cm_{7-1}	1 959	271	1 251	1 864	352	970.3	1.91	0.52	0.95
黑石沟灰岩 Cm_{6-2}	2 598	403	1 426.4	3 400	360	1 349	1.89	0.51	1.07
黑石沟灰岩 Cm_{6-1}	3 856	238	1 372	2 950	221	1 256	1.78	0.54	0.96
石龙洞灰岩 Cm_{2-2}	2 172	576	2 346	2 527	594	1 249	1.37	0.60	0.94
石龙洞灰岩 Cm_{2-1}	2 243	1 012	1 431	1 590	556	1 178	1.34	0.58	0.87
石牌页岩 Cm_1	1 719	1 260	1 498	1 260	617	1 023	0.77	0.60	0.68
官庙堂断层带	1 031	708	921	848	560	721	0.89	0.70	0.10

表13 钻孔内官庙堂断层力学性质简表

孔号	断层带顶底板高温	断层带铅直厚度	岩 性	坚固系数			单位吸水量 ω	平均湿抗压强度/(kg·cm^{-2})
				一般	最大	最小		
74	−64.96～124.30	59.34	角砾岩及挤压灰岩	5	8	3	3.8～0.25	400
6	62.84～6.59	69.43	角砾岩	4～3			0.6～0.1	400～500
67	38.0～8.0	46.0	角砾岩及挤压灰岩	2～4	6		0.002	200～300
17	10.54～5.23	5.31	角砾岩	7～9			0.05	700
31	−8.49～29.27	15.8	角砾岩及挤压灰岩	4			0.53	400
7	152.22～117.83	34.39	同 上	4	8	2	0.001～0.01	400～500
8	234.37～181.8	52.54	同 上	5～8			0.5～0.05	500～600
126	173.8～169.1	4.76	角铄岩	7			0.002	700

表 14　Ⅲ号探洞内官庙堂断层力学性质简表

探洞深度	0～10	10～31	31～34	34～40	40～50
石碴子大小	5～20 cm	10 cm 以下为主	5 cm 为主	<10 cm	<20 mm
坚固系数	1～2	2～4	0.5～1	2～4	4～6
估计湿抗压强度/(kg・cm^{-2})	200	300～400	100 以下	300～400	600～600
地　　层	官庙堂断层的角砾岩及糜棱岩				

表 15　Ⅰ号探洞内白马洞破碎带力学性质简表

探洞深度/m	0～14	14～50	50～56	56～61.5	61.5～63.0	63～85
石碴大小/cm	30～150	5～30	5～20	20～60	5～20	20～40
坚固系数	3～5	2～4	1～2	3～5	1～2	6～8
估计湿抗压强度/(kg・cm^{-2})	>300	200～400	<200	300～500	<200	800 左右
地　层	大的碎砾	块与角砾岩	碎块与角跞	大的碎块与角砾岩	碎角砾岩	三游洞灰岩

图 21　岩心上的溶孔

除构造外，喀斯特的发育对岩石的力学强度也还是有着一定的影响。大型喀斯特洞穴的存在，对基础的稳定性是有所影响，究竟这些洞穴还不是普遍分布，因而不是全面地影响基础强度，对岩体力学强度有影响的，主要还是溶孔，不过这种的影响不是十分明显和剧烈。如图 21 所示，A、B 两块有着极密集的溶孔发育，当然对强度就是有所影响；而 C 块岩心溶孔的发育程度则为中等，但经许多试验，说明并不明显地影响岩石的强度，南津关坝区溶孔的发育程度像 A、B 岩心那样剧烈者还是极其少数，一般多如 C 块形状，或者还要少些，所以说明喀斯特的发育对岩体强度的影响是不大。

另一方面虽然这些影响是微弱的，但也可得出与喀斯特发育规律有着重要连系的概念，河谷地区喀斯特化作用较为剧烈，岩体的强度也就较低；反之靠近分水岭地区岩体强度则较高。

如表 16 所列，很清楚地说明了这种概念。根据 15 个钻孔岩石进行试验的成果，综合于表 17 也说明了这一点，虽然这些差数还不是很大，但提供出关于岩石强度与喀斯特化作用以及岩体渗透性方面一致规律性，都是有着相当的价值。

岩石受溶蚀或构成破坏结果，强度就较低，岩石获得率也就低些。如图 5。

根据这些相对的关系，就可以利用钻探资料而进行对整个岩体强度的总评价，以弥补力学试验在数量上的不足之处。如表 18 所列，说明整个岩体的湿抗压平均强度都在 600～700 kg/cm^2 以上。总的岩心获得率为 75.5%，其中也并非 25%的岩心全是较为松软的，实际上强度较低的岩体应当是相当得少。

表 16　岩体强度情况

位置	左　　岸			河　　槽	右　　岸		
孔号	21	20	19	64	18	17	16
湿抗压强度最小值/(kg・cm^{-2})	616	359	552	243	363	389	545
变化	减少						

表 17　15 个钻孔岩石试验结果

位置	干状态下			湿状态下			软化系数		
	最大强度	最小强度	平均强度	最大强度	最小强度	平均强度	最　大	最　小	平　均
河槽附近	3 856	271	1 325	2 950	243	1 189	1.79	0.52	1.16
分水岭附近	2 265	395	1 386	3 012	359	1 247	2.42	0.32	0.96

表 18　本区岩体强度试验结果

地　层	总进尺/m	总岩心表/m	岩心获得率	占价的整个岩体的平均的湿抗压强度/($kg \cdot cm^{-2}$)
E_2	210.2	163.6	80%	850 以上
E_1	335.9	232.4	60%	600
O_2	451.0	365.8	81%	850 以上
O_1	251.7	159.4	62%	600—700
t_{7-2}	3 898.1	3 006	77%	>700
t_{7-1}	1 390.9	1 085.9	78%	>800
t_{6-2}	* 2 681.2	2 103.7	* 80%	>850
t_{6-1}	1 170.0	786.8	67%	600—700
t_5	51.8	44.9	87%	>700
官庙堂断层	361.4	201.0	56%	500—600
总　计	10 802.5	8 157.0	75.5%	800 左右

6　工程地质条件

要评论本坝区的工程地质条件，首先必须探讨控制工程地质条件的基本因素是什么。由表面上来看很明显，关键性问题是喀斯特。由于喀斯特化结果，使水文地质条件复杂化，带来了许多工程上的困难，如基坑排水、隧洞排水、坎基渗漏等一系列问题；由于喀斯特化结果以及喀斯特洞穴等本身存在的事实，也涉及了基础的稳定性和工程处理方面等重大问题。但是南津关坝区几乎全为由遭受喀斯特化的碳酸盐类地层所组成，喀斯特的存在确是不可更易的客观事实，因而要想对该区进行工程地质条件的评价，实质上应当探讨控制喀斯特发育的几个重要条件，如地层岩性、构造等。笔者认为在其他地质条件相近的情况下岩层岩性方面，应当是评论本区各地段工程地质条件方面的重要准则之一，因为不同岩性的岩层有不同的喀斯特化程度，不同的岩层也有不同的水文地质条件。当然构造断裂对喀斯特的发育等，也是有着重要的影响。但是由分布的范围上看，还是较小，因为在评论全区的工程地质条件时，其重要性则稍差些。而喀斯特本身方向，以第四纪以来及近代所发育者对工程地质有着直接影响，第一，喀斯特化期发育的多被红色岩系物质所充填；第二，喀斯特化时期所发育的，则分布于较高处。本区各层的综合指标如图 22 所示。

综合各个条件可以认为：除石牌页岩外，碳酸盐类地层中，相对地以黑石沟灰岩第二大层(包括第一大层顶部)的工程地质条件较为优越。因为喀斯特化强度较轻微，含水性也较弱，岩石强度也较高，而且有含泥质白云岩等的弱不透水层存在，没有较厚的软弱夹层如页岩等的分布。另外，构造等因素当然也是需要加以考虑。但是本区黑石沟灰岩分布地区受构造影响如何呢？主要是官庙堂逆掩断层的分布。前面已经谈及一般胶结得较好，况且其分布范围还是很小，别的岩层也有此断层通过，因而认为黑石沟灰岩第二大层比其他碳酸盐类地层具有较优越的工程地质条件的结论是正确的。

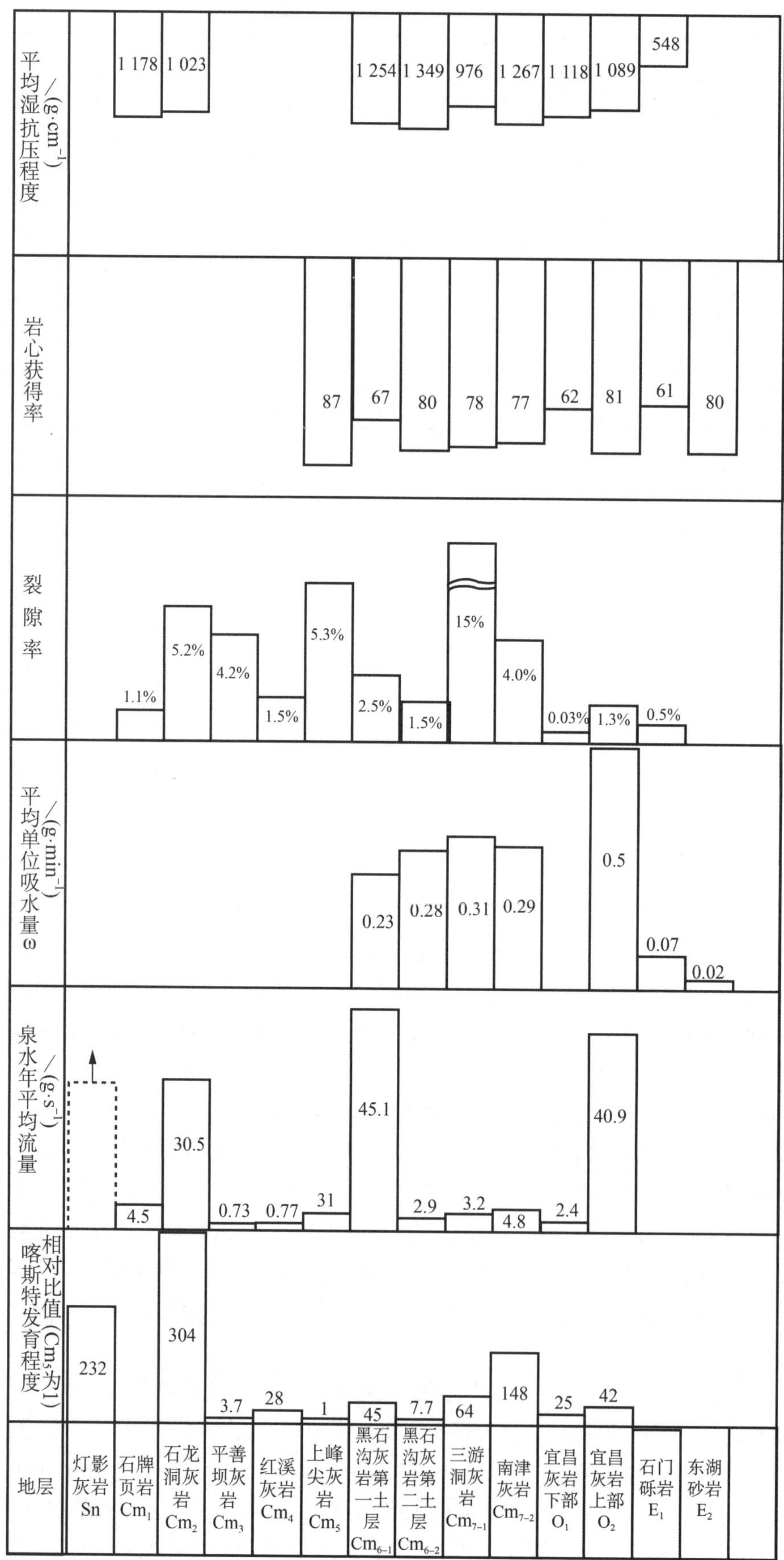

图 22　各层评价工程地质条件的具体因素比较图

地质因素不是选择坝区坝址的唯一因素，尚需考虑工程设计意图与施工条件。

总的来看，南津关坝区几个坝段的工程地质条件是有所近似，但也各有其特点。有的是覆盖层厚达30多m，喀斯特发育，施工困难；也有的是受构造破碎带的影响；另外也有受第三纪砾岩埋存在河床下厚达60 cm，且其中尚有松软砂页岩夹层存在，而使其工程地质条件复杂化。

南津关坝区具体的工程地质问题是什么？有没有建筑高坝的可能性？这些都是非常重要的问题。兹以某坝段为例加以简略说明。

研究喀斯特化地层的工程地质特性，主要关键问题不外乎是喀斯特水文地质条件和喀斯特性地层的物理力学性质两方面。

南津关坝区的水文地质条件虽然是复杂些，但其危害性却不是非常严重，上面已经谈过，因为有弱不透水层存在，且整个岩体的渗透性还是很小的。水文地质条件方面所控制的工程地质问题主要的有两个。

(1) 基坑涌水问题：某坝段虽然为弱喀斯特性裂隙性含水层$\in_{6\text{-}2}$及喀斯特裂隙性含水层$\in_{7\text{-}1}$和$\in_{7\text{-}2}$分布，有喀斯特水的运动。但根据前面所述，这些地层含水性以裂隙性为主，且其中有$\in_{6\text{-}2\text{-}7}$、$\in_{6\text{-}2\text{-}12}$及$\in_{7\text{-}2\text{-}1}$等弱不透水层及其他呈透镜状的不透水层分布，而且这些地层横切长江，大大地阻隔了不同含水层间喀斯特水的连通情况，基本上可作为裂隙水运动，这样计算基坑涌水量就有了可能性。

按前面论述的水文地质条件，本区于该坝段附近裂隙性岩体的平均渗透系数K为0.5 m/d左右。沿江一带根据抽水试验成果渗透系数K的平均值为4.7 m/d或然率平均值为2 m/d，二者数值相差一倍左右。考虑到有时个别钻孔位于构造带及大裂隙附近，如32、1号等孔，因而其渗透系数比一般大十几倍，就使得平均结果所获得的K值有所偏高，但实际上较大的喀斯特性裂隙不是太多的，所以沿江一般岩体渗透系数平均值是比4.7 m/d小，另一方面也考虑到有些具有较大的渗透性的喀斯特通道于钻孔数量极少的情况下，不可能于钻探中全部获得，因而实际渗透系数K应比或然率平均值大。为了便于计算所以河槽地区采用K值为4 m/d，两岸则为1 m/d。

虽然南津关灰岩、三游洞灰岩和黑石沟灰岩间有许多弱不透水层存在，但于河谷地区各含水层受沿江裂隙切割结果。构造断层的影响，软弱夹层产生了错动的结果，使各含水层间仍有一定水力上的联系，所以采用上峰尖灰岩为不透水层。

计算结果见表18。

表18　计算结果

方法名称	公　　式	基坑涌水量/(m³·d⁻¹)	
		各部分	总
卡明斯基近似法	$Q_1 = KH\left[B_1\dfrac{T_1}{L_1+T_1}+B_2\dfrac{T_2}{L_2+T_2}\right]$ 坝下渗透量	206 800	$Q=Q_1+Q_2$ $=289\,660$
	$Q_2 = 2K\left[\Delta S_{上}\dfrac{h_{1上}+h_{2上}}{2}\quad\dfrac{H_{1上}-H_{2上}}{L} + \Delta S_{下}\dfrac{h_{1上}+h_{2下}}{2}\quad\dfrac{H_{1下}-H_{2下}}{2}\right.$ 绕坝渗漏量	82 860	
巴甫洛夫斯基法	$Q_1 = KH(B_1 gr_{下}+B_2 gr_{下})$ 坝下渗透量	226 400	$Q=Q_1+Q_2$ $=308\,960$
	$Q_2=$ 计算公式同前(绕坝渗漏量)	82 560	

注：赵树森同志具体进行了计算工作。

根据水电比拟法进行模型试验时，河槽地区渗透系数 K 值采用 4 m/d，两岸为 1 m/d，围堰砂壤土的渗透系数 K 值为 0.1 m/d。

结果列于表 19。

表 19

方　法		灌浆深度					
		0	40	60	80	100	110
围绕堰底渗漏量/($m^3 \cdot d^{-1}$)	平面水电比拟法（分数试验）				203 520		163 120
	平面水电比拟法（不分数试验）	313 200		257 100	238 400		210 400
	空间水电比拟法		304 800	299 050	292 500	286 500	260 290

注：模型试验结果以空间水电比拟法和不分数水电比拟法为较准确因分数试验电路装置反而不精确，而影响成果根据试验和计算结果，两者都较近似，所以基坑涌水量初步可定为 30 232 m^3/d，约为 3～4 m^3/s。这样的涌水量是相当巨大的。

（2）隧洞排水问题：在巨大的隧洞中进行施工时，排除地下水也是一个关键性的问题。计算时考虑靠近江边喀斯特洞穴和喀斯特性裂隙较多，远离江边则较少，因而计算时渗透系数也采用不同数值，分别为 3 m/d、2 m/d 及 1 m/d。利用空间水电比拟法进行试验，获得隧洞涌水量列于表 20。

表 20

方法名称	公　式	隧洞全长涌水量/($m^3 \cdot d^{-1}$)			
		剖面Ⅰ 30-68- 9-10 孔	剖面Ⅱ 7-8-16- 82-12 孔	剖面Ⅲ 60-17- 82-21 孔	剖面Ⅲ 29-86- 83-66 孔
邱加耶夫法	$Q=2BK\left(\dfrac{H_1^2-h_1^2}{2R}+h_0Qr\right)$	16 000	114 600	63 800	143 800 (47 733) $K=1$
柯斯嘉科夫法	$Q=\dfrac{2dKH_1B}{\ln R-\ln r}$	215 000	302 000	143 800	178 500 (59 500) $K=1$
采用渗透系数 K		1	2	2	3

以Ⅳ剖面隧洞的涌水量为例，将计算结果与模型试验结果进行对比，即计算所得比实验的成果大一倍，根据Ⅰ、Ⅱ、Ⅲ、Ⅳ四个探洞的情况，可以认为模型试验还是较准确些，根据四个探洞涌水现况，也可作一说明。现将四个探洞情况见表 21：

表 21

探洞参数	Ⅰ	Ⅱ	Ⅲ	Ⅵ
长江水位高程/m	41～42	41～42	41—42	41～42
洞底高程/m	38	34	32	45
涌水量/($L \cdot min^{-1}$)	22	很少	0.9	干

注：Ⅲ号洞遇一喀斯特水由炮眼涌出的水量为右下为 1.8 L/s。

按上面所述，整个岩体渗透性很小，平均渗透系数 K 值为 0.45 m/d、而采用 $K=1$ m/d 进行试验，最大的全长隧洞涌水量为 44 000 m/d，可换算为 0.5 m^3/s，若 K 采用 0.5 m/d，即全长涌水量为 0.25 m/d。

可以认为实际的隧洞涌水量约为0.5 m^3/s左右。但应当说明这些水量较大部分多集中于隧洞进口地带，由于沿江一带喀斯特较分水岭及地下深处为发育，而出口地带有红色岩系，基本上涌水量不会太大。

坝基及绕坝渗漏量很小，在10 m^3/s以下与长江流量相比较是微不足道，因而不多加探讨。

由喀斯特性岩体的物理力学性质方面，引起的工程地质问题有以下。

(1) 大坝基础稳定性问题：某坝段左右两岸坝体放在南津关灰岩奥陶纪灰岩上，河槽及其两侧黑石为灰岩第二大层和三游洞灰岩，一般新鲜岩石的干湿抗压强度都在500 kg/cm^2以上，平均强度在1 000 kg/cm^2左右(前节已作了说明)，这些试验样品都是取自岩心，许多破碎的及具有较多喀斯特孔洞的岩石，都未能取得完整岩心，因而就不能进行室内试验，估计其湿抗压强度都在500 kg/cm^2以下。

根据试验成果，湿抗压强度在500 kg/cm^2以下的有下列这些地带(表22)

表22　坝区湿抗压强度情况

位置	孔号	深　度/m	高　程/m	湿抗压强度/(kg·cm^2)
大坝左岸	19	0.8～45.7	39～36.2	397
		62.01～62.5	17.9～17.4	352
	20	101.9～104.6	06.2～57.8	359
大坝右岸	18	43.8～44.1	36.1～38.8	366
		49.8～50.7	32.1～29.2	351
	17	82.6～83.0	58.1～57.6	389
河　槽	61	14.3～14.7	−9.8～10.2	(湿) 432(干)40646、434、292
		54.7～55	−50.2～20.5	378
		64.8～65.1	−60.7～60.6	379
		95.7～96.0	−91.2～91.5	360
	63	17.3～17.6	1.82～1.5	332
	64	60.4～60.8	−31.7～32.1	238.244.263
		29.0～29.4	−0.3～0.7	354
		67.5～67.7	−38.8～38.9	387.221
下围堰	32	22.2～22.6	51.7～51.2	382

了解强度不足的岩体占整个坝体下荷载影响范围内岩体体积的百分数，以便判断基础稳定是非常的重要。但要收集此项资料都是相当的困难。以河槽4个孔进行156块抗压试验结果，只有23个的强度在600 kg/cm^2以下，虽然试样很少，但可以认为河槽下岩体的强度(坝身荷载为50 kg/cm^2，安全系数为10时，即要求500 kg/cm^2，20时要求1 000 kg/cm^2)还是占多数。

由岩心获得率情况来看，也是可说明这一点。河谷地带岩心获得率82%，分水岭区76%，总获得率为80%。提供了坝段地区岩体基本上尚是坚固完整的概念。

当然破碎带的强度不能完全满足荷载要求，却是一个客观事实。

另外，南津关灰岩底部软弱夹层由地表露头及钻孔内所见，都是非常松软，强度不能满足基础荷载要求，且可能产生小规模滑移现象。黑石沟灰岩中含泥质白云岩也较松软，也会引起滑动的可能，也是本区基础稳定性方面较为不利的一个条件，但这问题尚不是十分的严重。

(2) 隧洞工程地质条件：隧洞通过的地层有黑石沟灰岩第二大层($\in_{6\text{-}2}$)；三游洞灰岩($\in_{7\text{-}1}$)南津关灰岩($\in_{7\text{-}2}$)奥陶纪灰岩(O)及第三纪石门砾岩($\in_1$)个别1～2个隧洞的洞身断层相遇。

隧洞走向与地层走向大约是相互垂直，主要节理走向有一组与隧洞线垂直(北 20°—30°东)。一组斜交(北 20°—30°西)，另一组(北 60°—70° 西)则与之平行，隧洞所在地区的裂隙率，根据地表调查一般为0.5%～2.5%，断层带附近达 6.2%，岩心统计结果一般为 0.3%以下，个别达 11%。地表裂隙率大些，由于后期溶蚀风化及制蚀释重后，自身膨胀结果而造成。钻探中节理较密集处岩心不能全部提出，因而统计的裂隙率则偏小。另外根据洞探内所见情况，实际地下裂隙率于一般地区为 1%左右。少数溶蚀的裂隙宽达十厘米，但有黏土等充填。

根据隧洞线钻探结果，于隧洞所在高程没有发现很多溶洞，只 60 号孔于距洞顶 10 m 处(高程 55.8～65.7 m)有高约为 5.20 m 及 3.10 m 两个溶洞存在。

于隧洞地区一般新鲜岩石坚固系数在 6 以上，少数为 3～4，某断层于地表及钻探岩心中所见到的角砾岩及破碎带大多胶结得很好。根据Ⅲ号探洞所见到几十米的斜洞达水下 8 m，隧洞口少数支撑外没有进行任何的防护支撑，而隧洞仍非常完整，就可清楚地说明该断层带的性质，另外根据岩心获得率，关龙堂断层角砾岩只 54%，说明断层中仍有不少较为软弱的角砾岩等存在。

有的隧洞线上遇有奥陶纪灰岩和寒武纪灰岩的假整合面，及第三纪砾岩与灰岩的不整合面，根据钻探及Ⅳ号洞所获得的资料，说明于这些接触面上没有什么不良的工程地质条件存在。

综合上面所述地层裂隙喀斯特等情况可以认为于隧洞施工中除洞口地带可能有少数坍塌现象发生外，(顺北 60°—70°西的构造岸边裂隙而发生)一般(指完整岩体)没有大规模妨碍施工进展，如严重坍塌等不良工程地质现象发生。

7 结语

南津关坝区由于喀斯特化结果，再加上构造断裂的影响使工程地质条件显得相当复杂。但根据现有资料来看，某些坝段都有建坝的可能性。因为喀斯特化结果，一方面虽然相随着喀斯特水的运动，但是整个岩体的渗透性很小，平均为 0.5 m/d，河槽地带为 4 m/d。由于喀斯特水文地质情况引起的大坝基坑排水、隧洞排水等工程地质问题，这会给施工带来相当的困难。除喀斯特外，断层和软弱夹层的问题，也不可忽视，但进一步积极研究其工程地质条件主要是力学性质方面，探讨如何改善其不良特性以保证基础的稳定性，尚是有所可能的。

总之，由地质条件来看，南津关坝区并不是没有建坝的可能性但工程地质问题还是较为复杂，困难也相当多。地质条件不是作为选定坝区的唯一因素，从积极研究南津关坝区工程地质条件的观点出发，在没有最终选定坝区以前，笔者认为南津关坝区的研究工作，有以下两个方面。

(1) 继续深入研究喀斯特水文地质条件，进一步研究基坑涌水量和隧洞涌水量；并探讨为改善这些不良工程地质问题，而采用的有关防护工程措施的性质和规模。

(2) 研究构造断裂和破碎带的力学性质，及为改善其不良特性所可能采用的基础处理工程措施。

这是初步成果，暂供各方面参考，与工程有关的问题，本文中虽不作更具体的探讨，但还是可以概略窥见若干。望指正，以便继续深入地研究南津关坝区的工程地质条件。

参考文献

[1] 李四光，赵亚曾.峡江地质及长江之历史//[M].中国地质学会会志 3 卷 3-4 期，1924.

[2] LIU C Y. The atyuctaval Jeologyof so Jthweatlyn HupeH//[M].中国地质学会志第 31 卷。

[3] PTEILHARD DE Cheydfn and C.C. Young(杨钟健)：A mongolian amblypod in the reds of ichang (HUPEH)//[M].中国地质学会全志第 15 卷第 2 期.

[4] 中苏两国地质专家鉴定委员会关于北碚，猫儿峡及三峡枢纽工程地质条件一般性的鉴定总结(1956 年，内部文件).

[5] 三峡水利枢纽研究工作阶段报告(三峡队编写，内部文件).

[6] 中国科学院地理研究所，北京大学地质地理系长江三峡地貌队.长江三峡地区东段地貌调查报告[R].1958.
[7] 南津关坝区水电比拟法的试验报告(北京地质学院许谓铭编，内部文件).
[8] 戴广秀，段正宙.对鄂西中生代后期至今地质史的意见[J].水文地质工程地质 1958(7)：9-11.

谈谈目前喀斯特研究工作中的两个问题①

卢耀如

我国地域辽阔，碳酸盐类地层分布甚广，它们均遭受到不同程度的喀斯特化，尤其是南方滇、贵、桂、粤、湘、鄂及北方冀、鲁、晋诸省更为普遍。随着国家经济建设发展的需要，在修建工程地段和一些其他地方开展了喀斯特地区的勘探和研究工作，就已累积的资料来看，喀斯特研究工作涉及下列几方面。

首先在水利资源利用方面，为农用灌溉、城市供水、供电而兴建的大量水利工程。有不少是修建在喀斯特地区，但喀斯特地区基于各种洞穴通道的存在，给水利工程带来了施工和处理渗漏等困难。

在矿产开采方面：众所周知的华北峰、焦作煤矿，以及川、湘、滇、鲁、江、皖等省的部分煤矿，经常受到各地质时代石灰岩喀斯特水突然涌水的威胁；又如鄂、桂、鲁等省的一些铁矿床，桂、贵、湘、粤、辽等省的一些有色金属矿床以及富集于喀斯特洼地或洞穴附近的矿床等，都与石灰岩喀斯特发生了密切关系，喀斯特水成为这些矿床充水的主要来源。

在供水水源方面：由于喀斯特地层中的地下水常常是非常丰富的，流量大而稳定，水质良好的泉水常被直接利用作为城市和工矿企业的用水。为了确保工农业发展所要求的用水量，许多地区正在扩大或开始作喀斯特水的供水水源勘探与研究工作。

此外在道路、桥梁及其他工程建设方面，也常常以喀斯特化地层作为基础，如长江大桥、滇黔铁路水榕段上长达 4 100 m 的隧洞等，均位于喀斯特化岩层分布地区。从保证施工的进展和基础稳定性出发，研究喀斯特的工程地质特性具有非常重要的意义。

如上所述，喀斯特研究与我国国民经济建设事业有着极密切的关系，以往的研究工作取得了很大的成绩，今后还需开展更多更广泛的研究工作，以满足我国日益发展的经济建设的需要。为此，笔者想就我国喀斯特研究工作的现况，谈谈肤浅的见解，以期与同行们共同商讨。

1 喀斯特发育理论与喀斯特发育规律问题

研究喀斯特发育的理论在于概括出各地区各种喀斯特形态的成因和发展及其相互间的联系，从而认识其对人类各种活动的适宜性和危害性。理论是概括性的，包含了重要的典型，因此大多只涉及主要的假设条件。至于具体到与每一地区的喀斯特发育规律相比较，由于各地区自然与地质条件不尽相同，仍然存在着一定的差异。因此，喀斯特发育理论与喀斯特发育规律二者间是有区别的。但是，正确的喀斯特理论可用以帮助研究某个地区的喀斯特发育规律，却是毫无异议的。

在我国喀斯特研究工作者中，较广泛地参阅了下列三位苏联学者有关喀斯特理论著作：Д.С.索科洛夫的喀斯特水地下动力分带，Д.В.雷日科夫的喀斯特的性质及其发育的基本规律和 A.l.雷科申的地台区喀斯特发育的某些水动力规律。其中索科洛夫的理论是较为“明确和最合乎逻辑的”（雷科申），而雷科申则以具体例子作了进一步的阐述。

近几年来，我国在喀斯特研究上取得了一定的成绩，但是也有些地区的研究者们生硬地套用了已有的喀斯特发育理论，甚至不考虑当地的具体地质条件就以索科洛夫的地下水动力分带作为当地的具体

① 卢耀如.谈谈目前喀斯特研究工作中的两个问题[J].水文地质工程地质，1960(3).

规律，这当然是不正确的。因为索科洛夫的分带是以岩层较厚，没有巨大的构造破坏，且又是在同一含水层的前提下而概括出的规律。

喀斯特是一种地质作用，喀斯特的发育是表明可溶岩层主要是碳酸盐类地层，在一定条件下经受水（地下水）为主的化学与机械作用结果，且受地壳升降的影响，是该地层所分布或其周围有关地区的破坏、改造的一个长期与复杂的地质过程。因此，要研究这样复杂的地质作用，以及这些作用的产物目前的分布情况及其性质，仅探讨溶洞在近代河谷两岸的分布规律是不足的。因为喀斯特现象除了溶洞外，尚有洼地、落水洞、地下河、地下湖泊、喀斯特坍陷、喀斯特性裂隙及小溶孔等，这些现象是喀斯特作用结果的总和，它们对建筑物地区水文地质工程地质条件的影响都不下于溶洞。

因此，为了更全面更清楚地了解喀斯特的生成过程及其发育强弱的区别，笔者认为应由下列三个条件来说明：① 岩层的化学成分及其溶解度。② 地下水对围岩的侵蚀性。③ 地下水的动态。

因而，笔者初步认为喀斯特的发育规律应包括下列几个主要内容。

(1) 喀斯特发育时期和剧烈喀斯特化阶段的区划。碳酸盐类地层形成后，升至海面以上，遭受较长期的剥蚀，都有可能产生喀斯特化作用，当然剧烈程度是不同的。我国已发现的剧烈喀斯特时期有下面几个：① 奥陶纪后至中石炭纪——华北地区经历了漫长的志留纪、泥盆纪和石炭纪的剥蚀时期，使寒武奥陶纪碳酸盐类地层经受长期剥蚀，这个时期的喀斯特化现象在华北较普遍。② 燕山运动后至第三纪红色岩层沉积时期——由于燕山运动强烈褶皱与构造断裂破坏后，普遍带来剧烈剥蚀作用，喀斯特作用也相随剧烈发育，这个时期以许多第三纪红色岩层充填于各种喀斯特现象中为明显例证。在我国华北、华南这期喀斯特作用是较普遍的。③ 第三纪中喜马拉雅运动至第四纪初——这期喀斯特作用在我国也是很常见到的。④ 第四纪起至近代——新构造运动对喀斯特发育有所影响，且这期内我国大部是潮湿气候，喀斯特的发育也是较普遍和剧烈的。

当然上列的四个喀斯特化时期并非每一地区都全部有其发育，而不同地区还可以有上述以外的剧烈喀斯特化时期存在。例如，第一期在华南有些地区是较为简短的，其中尚可分出别的喀斯特化时期。这就要根据区域地质发育史及真凭实据来加以研究。

(2) 喀斯特现象的类型、形态、性质与分布。具体确定喀斯特化的阶段区划后，再进而研究不同喀斯特时期的喀斯特现象的形态及其分布的位置和高程。这里特别必须注意到第四纪以前的喀斯特现象为后期物质所充填胶结的情况，以及较古老喀斯特现象埋存于近代侵蚀面以上或以下的情况。

(3) 侵蚀基准面和水文网与喀斯特的关系。不同时期的侵蚀基准面和水系发育情况紧密地控制了地下水动态，使喀斯特强弱程度于不同地带有所区别，这里须特别注意燕山运动以后的水文网与近代水文网相互间的变迁关系，以便更好地研究近代地形的河床深处及分水岭内部遭受喀斯特化作用的程度和较古老的喀斯特现象重新复活与加剧的问题。

(4) 地壳升降和造山运动对喀斯特化的影响。一般在造山运动后，遭受断裂破坏的上升地区常接着发生剥蚀作用，并伴随有喀斯特化作用产生。但是在地壳升降过程中也伴随着非碳酸盐类地层的覆盖沉积时期，此时是不常产生剧烈的喀斯特化作用的。因此就必须探讨不同时期不同性质的地壳运动及其彼此间联系，以获得不同喀斯特化时期的相互演变与转折阶段，并了解到各时期喀斯特化作用产物的分布状况与重叠的象迹。这样就可以弥补基于靠勘探手段对地下深处喀斯特化情况了解的不足及地表地下各喀斯特现象中不能全部依靠动植物化石确定其发育时代的缺陷。

(5) 岩性对喀斯特化作用程度强弱的影响。在同一地质环境下，不同岩性有着不同的喀斯特化程度。地层的分布是有较大的区域性的，因此探讨此问题对进行区域水文地质工程地质条件的区划研究和选择工程地点有很大意义。此时必须特别注意与非碳酸盐类地层的接触地带的喀斯特化程度，因为在这类接触地区常有较强烈的喀斯特化作用现象产生。

(6) 构造断裂与喀斯特发育的关系。不同类型的构造单元控制着地下水的动态，也就影响到喀斯特化程度的差异。断裂破碎带的边缘或其本身内的喀斯特化程度常较周围完整岩体为强烈。深入地研究断层带周围喀斯特化情况，对探讨某小区域的水文地质工程地质条件是极为重要的。断层带及边缘地区有较多的喀斯特现象时，对水工建筑物的地基稳定性、施工条件和处理等都有重大影响，对矿井充水也有着极大危害性。

总之，在研究喀斯特发育规律方面，过去做得很不够，尤其是由较大区域的地质条件和喀斯特化情况去进行论证更是不足，今后应首先注意大区域喀斯特发育规律，这样才有可能具体地解决小区域和小地点的喀斯特问题。

2 研究喀斯特水文地质条件的手段问题

研究喀斯特主要是为了满足国家建设需要。深入研究喀斯特发育规律必须探讨水文地质和工程地质条件，才能满足各项工程的要求。喀斯特地区工程地质条件往往在某些程度上取决于水文地质条件，因此研究喀斯特水文地质条件是一个最关键的基本内容。

喀斯特水与一般裂隙孔隙水是有区别的，其主要特征如下。

(1) 喀斯特水具有独特的补给、运动和排泄的条件。广泛发育的洼地、落水洞及大裂隙等都能大量吸收地表径流和大气降水。地下径流系数多在50%以上，甚至达80%～90%。地下水力的损失除水流摩擦损失(hf)外，是以局部水头损失为主。地下水的排泄以集中排泄或有压状态的涌现为主。

(2) 喀斯特水常有主要渗透通道或中心，并常由地下渗透中心逐渐发育成地下暗河及巨大地下湖泊，可通舟并产有鱼。

(3) 喀斯特水常具有高承压水头。由于不均匀喀斯特化结果，以及喀斯特化地层中常有喀斯特化程度较弱或非碳酸盐类地层的存在，因而使喀斯特水在局部或较大范围内通常具有较高的水压。

(4) 喀斯特水具有迅速的渗透速度。基于喀斯特运动系统的特殊，在水流动中重力起了很大的作用，因此水力坡降虽然比非喀斯特水化地区的地下水来得小，却有极高的实际渗透速度。例如，各地都可见到溶洞水迅速紧随降雨而增涨和产生混浊颜色变化。据流速试验结果，一般实际渗透速度都在昼夜几十米直至千百米。

应当指出，并非所有碳酸盐类地层或喀斯特化地层中的地下水都具有上述四个特征，除此而外，尚可以有完全吻合于渗透定律的裂隙水存在。有时喀斯特地层或某地段是以喀斯特水为主，有的却是以裂隙水为主。但无论是喀斯特水或裂隙水，在地下水面以下，同一含水层内大都有水力联系，并紧密相互控制。造成上述四个条件的差别是由于喀斯特化程度的差异性，因而导致不同渗透性的结果。

还必须强调，真正完全没有遭受溶蚀的碳酸盐类岩体的渗透性是非常小的，一般小于0.5 m/d，甚至不透水。遭受喀斯特化后则远远超过这数值。但是昼夜几米至几十米的渗透系数值也仅是个综合值，并不是真正代表具有溶洞的小小地段内的渗透系数，因为喀斯特洞穴周围的渗透性与一般的裂隙地区有很大的差异。

研究喀斯特化地区水文地质条件的手段和一般地区没有太大的区别：① 必须进行较大面积的综合地质-水文地质测绘。② 必须进行勘探工作和各种水文地质试验(抽水、压水、注水、流速流向试验等)。下面仅谈一谈对研究喀斯特水具有极大意义而又常被忽视的几项工作。

(1) 喀斯特泉的调查与研究。喀斯特地区常有悬挂水及悬挂式含水层泉和基准面饱水带排泄泉等出现。详细研究这些泉的性质及大型泉的来源，对研究含水层的区划有很大意义。一般遭受喀斯特化较剧烈的地层，出露的泉水就较多，当然有时也有例外。

(2) 钻孔中分段简易水位测量及水质分析。有较多非碳酸盐类地层及构造破碎带分布地区进行此项工作有特别重要的意义，因为可据之而区分出含水层和清楚地了解同一含水层中地下水的运动特征，并寻找出有承压水存在的地带。这对隧洞的施工及矿井排水等都有密切关系。当然最理想的是进行分层长期观测地下水位。

(3) 从均衡观点出发研究岩体渗透性及喀斯特化的程度。仅依靠若干钻孔试验往往不能够获得较大地区岩体渗透性的概念，虽然进行了相当多的工作量，但有时还不能解决问题，同时喀斯特化地层中地下水常埋存于深处，抽水试验往往相当困难，因此应用均衡方法研究整个岩体的渗透性是非常必要的。

① 有限差数不稳定运动方程式：依地下水运动方向布置2～5个钻孔，进行长期观测(半年以上)，按潜水有限差数方程式进行计算，求出蒸发量、降雨量和侧向渗流量间的均衡数据。应用这些数据可了解该地带内喀斯特化情况及地下水运动的条件。此外，也可运用已计算的上列数值，再用同公式求出类似地质条件的其他地区的渗透系数 K 值(代表整个地带岩体的渗透性)。

$$\frac{H_{n,s+1}-H_{n,s}}{\Delta t}=\frac{2K}{\mu(l_{n-1,n}+l_{n,n+1})}\left(\frac{h_{n-1,s}+h_{n,s}}{2}\right)-\frac{H_{n-1,s}-H_{n,s}}{l_{n-1,n}}-\frac{h_{n,s}+h_{n+1,s}}{2}\cdot\frac{H_{n,s}-H_{n+1,s}}{l_{n,n+1}}+\frac{\omega}{\mu}. \tag{1}$$

② 裘布依公式计算岩体渗透性：当枯水及洪水季节，钻孔水位升降幅度小于含水层厚度1/10时，假设单宽流量 q_m 相等，即可直接应用裘布依公式进行两个方程的联立，而求出每两个钻孔间或钻孔与河谷间地带内的岩体渗透系数 K 值。

$$\left.\begin{aligned} q_m &= K_1\frac{h_{n-1}+h_n}{2}\cdot\frac{H_{n-1}-H_n}{l_{n-1,n}}\\ &= K_2\frac{h_n+h_{n+1}}{2}\cdot\frac{H_n-H_{n+1}}{l_{n,n+1}}\end{aligned}\right\}\text{枯水期}$$
$$\left.\begin{aligned} q'_m &= K_1\frac{h'_{n-1}+h''_n}{2}\cdot\frac{H'_{n-1}-H'_n}{l_{n+1,n}}\\ &= K_2\frac{h''_n+h'_{n+1}}{2}\cdot\frac{H''_n-H'_{n+1}}{l_{n,n+1}}\end{aligned}\right\}\text{洪水期} \tag{2}$$

上述公式中仅 K_1 及 K_2 为未知数，可联立求出。

③ 均衡观测研究岩体渗透性：挑选为地表径流所包围，而又具有独立循环系统的河间地块，建立均衡观测工作，求出实际的地下径流量及径流系数，可大致获得有关工程地质的喀斯特水动储量，这对研究隧洞、大坝基坑和矿井的排水等有重大帮助，了解了地下径流量及主要排泄区的面积后，可简单地按达西渗透定律求出排泄区附近岩体的平均渗透系数 K 值。

$$K=\frac{Q(\text{地下径流量})}{A(\text{排泄区面积})I(\text{地下水平均水力梯度})} \tag{3}$$

研究三峡南津关坝区及某矿井的水文地质条件时均曾采用此法效果良好。兹将某矿区举例如下：研究地区内地下水总补给量 Q、山区降水补给量 Q_1、平原降水补给量 Q_2、地表河水消失量 Q_3、高原地下水泄漏带补给量 Q_4。研究区内矿井地下水已常排泄总量 q、工业生活供水量 q_1、生产矿井排水量 q_2、泉水排泄量 q_3。

$$\begin{aligned} &Q=Q_1+Q_2+Q_3+Q_4=14.54+4.38+0.83+0.75=20.50\ (\text{t/s})\\ &q=q_1+q_2+q_3=0.038+0.71+15.37=16.118\ (\text{t/s})\\ &Q-q=4.382\ (\text{t/s})\end{aligned} \tag{4}$$

计算结果说明仍有 4.382 t/s 的动储量在今后矿井掘进中尚会涌现。再进一步考虑其涌现的方式强度及涌现的可能途径，显然对解决今后矿井的排水、突水问题就有较明确的方向。(引自刘文禹、丁金辉:《焦作煤田区域水文地质及矿井水文地质条件的研究》)。

(4) 用大井法求岩体渗透性。若已有多年开采的矿井，利用排水后形成的天然降落漏斗，计算漏斗影响范围内较大岩体的渗透系数，然后再利用此 γ 值进行附近地区类似条件矿井的涌水量计算。

(5) 断层带附近喀斯特的计算。除了利用断层附近涌现的泉水流量资料进行分析外，尚可利用穿过断裂带的钻孔进行长期的抽水，了解断层中充填物的冲刷情况和涌水量变化;采取样品作化学及机械分析，综合研究由于开挖坑道断层带本身因卸荷而引起的膨胀而导致地下水急剧涌现淹没坑道的可能性。断层带喀斯特水的研究是复杂的问题，必须重视。

总之，喀斯特水文地质问题是非常复杂的，而全面地用均衡观点研究喀斯特水是最重要的一种手段，因此本文着重提出，希望读者指正。

喀斯特水动力条件的初步研究(节要)[①]

卢耀如

1 前言

研究喀斯特的水动力条件,是作为研究喀斯特发育规律的主要内容之一。国外一些学者的有关理论,在我国已有广泛流传;这些水动力分带的理论,仍是以岩层较厚、没有巨大的构造破坏,而且又是同一含水层为前提加以概括出来的规律。它具有相当大的局限性,并不能完全与我国复杂的自然条件相符合。

关于划分垂直分带、季节变化带和饱和带的理论,并不是喀斯特地区的特有现象的总和。这种分带规律也适用于其他类型的地层中,只不过那里的不透水夹层较繁杂,而喀斯特化岩层中比较厚些,表现也更鲜明些。

关于"喀斯特基准面"的术语是不恰当的,它不能全面表达出喀斯特的发育规律。在同一个喀斯特化时期内,喀斯特不断向深处发展是一种基本特征,问题只在其发展速度因地而异,一般是愈向深处其发育速度愈缓慢。自然界中存在着的是"喀斯特水排泄基准面",它对研究喀斯特水动力条件,有着极重要的意义。

喀斯特含水层中地下水的运动,具有纵横方向上的差异性,也就是说具有三度空间的特征。研究水动力条件,必须查明地下水在不同地带的运动状态,并获得水质由补给区至排泄区的运动轨迹。

2 几种喀斯特水动力条件的介绍

在不同地质条件下的不同喀斯特地区,具有不同形态的水动力条件和水动力网;各种自然的边界条件,对它们产生着极重要的影响,这些主要的边界条件是:① 不透水层的分布及其产状。② 排泄区的边界形态。③ 补给地下水的河谷周边形状。④ 运动区内地下水渗流通道的形态。⑤ 承受降雨补给的地形。⑥ 构造断裂及各种喀斯特洞穴与通道的性质及其周边的特征。

现将我国最常见的几种喀斯特水动力条件类型列于表1。

下面将列出十二种喀斯特水动力条件类型,以前四类为最基本的,并且彼此间尚有着一定的演变关系。研究相邻两河谷间水动力条件时,可以第一类型有地下水分水岭存在情况下的水动力条件为最初阶段,经喀斯特化作用向分水岭发育结果,转变为有主要喀斯特通道存在的第三类型;接着进而发展为一河谷补给另一河谷的第二类型,无地下水分水岭存在的水动力条件;在喀斯特继续强烈发育情况下,或者加上新构造影响,使两河谷间地下水坡降愈益减小,或下降至河床以下从属于第四类型喀斯特准平原区水动力条件。

---

① 卢耀如.喀斯特水动力条件的初步研究(节要)[M]//中国科学院地学部.全国喀斯特研究会议论文选集.北京:科学出版社,1962:62-100.

表 1　喀斯特水动力条件类型表

序号	类型名称	主要控制因素	水动力网的形态			基本水动力特征	喀斯特发育的基本状况	主要分布地区
			补给区	运动区	排泄区			
Ⅰ	有地下分水岭的水动力条件(高山区为主)	主要补给区的面积与地形、不透水层产状、排泄区河谷形态	流线向下，指向四周孤外	等水势线近于垂直、或微倾斜、弯曲的斜线，流线近于水平或轻度倾斜	流线向上、指向排泄区四周的中心	有垂直循环带和季节变化带，地下分水岭与排泄基准面间的高差在百米以上；无良好隔水层分布时，饱和带厚二百至数百米以上，使该深处内水流向河谷排泄，接近不透水层深处，水流缓慢	补给区及排泄区均可发育垂直及倾斜状喀斯特形态，排泄区和运动区均发育近于水平的溶洞，运动区的上带亦有垂直形态(图 1)	永定河、淮河、黄河、长江、乌江、清江、嘉陵江等流域的峡谷区，以及新安江、广东、广西等地的山区、东北太子河也有分布
Ⅱ	无地下水分水岭的水动力条件(高山区为主)	河谷周边形态和不透水层产状	同上(补给区失去排泄喀斯特水的能力的河谷)	同上(运动区仍接受降雨的补给)	同上	运动区仍有垂直循环带，水流的动能仍取决于两河谷间的水面高差，饱和带的厚度一般也是很大的	同上，但在运动区内喀斯特化强度比前者为甚，两河谷间尚经常出现地下暗河或集中的喀斯特运动通道(图 2)	西南及其他强喀斯特化地区，出现一些较小的支流和溪沟等
Ⅲ	喀斯特向分水岭方向加剧发育的水动力条件：向一岸发育Ⅲ$_1$	补给区地形、河谷的周边、构造断裂性质及前期古沟谷和喀斯特各种通道的形态	同Ⅰ类型	河谷兼有补给区和运动区的性质，周边的等水势线不对称，其他同上	流线指向排泄区的中心铅垂线	分水岭、运动区、排泄区均有垂直带及季节变化带：该地带两岸地下水和河水渗流至强喀斯特化地带后，尚排向下游河谷	同上，在排泄渗流中心，喀斯特发育，河谷下尚有近水平状喀斯特通道存在(图 3)	第一类型所分布的各大河流的若干地段及其支沟等
	喀斯特向分水岭方向加剧发育的水动力条件：向两岸发育Ⅲ$_2$	同上	地下分水岭地区同Ⅰ类型，河谷区同Ⅱ类型	同Ⅰ类型	同上	同上	排泄渗流中心和河床一带喀斯特发育(图 4)	同上
Ⅳ	喀斯特准平原和丘陵区水动力条件	不透水层和极远处的排泄区周边和构造断裂	补给区和运动区基本一致，等水势线为具有平缓曲度的曲线，等水势面稍向一方倾斜		基本上与Ⅰ类同，但因地而异	有垂直循环带及季节变化带，地表溪沟有悬挂状，也有与地下水有联系的，可由喀斯特通道虹吸作用导引一些地下水至地表沟谷中，或吸收地表水渗入地下，数量有限，不影响基本水动力形态	沟谷及垂直循环带均有垂直喀斯特通道发育，饱和水面之下以近于水平喀斯特通道为主(图 5)	西南地区为主，华北地区也有所分布

(续表)

序号	类型名称	主要控制因素	水动力网的形态			基本水动力特征	喀斯特发育的基本状况	主要分布地区
			补给区	运动区	排泄区			
Ⅴ	半承压水动力条件	上部弱不透水底、底部不透水层和排泄区河谷的周边形态	承压补给区等水势线为弧形，流线指向下面四周	同Ⅰ类型	同Ⅰ类型	弱不透水层B河谷的水动力条件与Ⅰ类型同，饱水带薄，A河谷是非承压的运动区，有垂直循环带和季节变动带	上层B河谷同Ⅰ类型，下层A河谷的承压区，喀斯特现象少些，其他亦与Ⅰ类型同(图6)	同Ⅰ类型
Ⅵ	多承压含水层水动力条件	承压含水层顶、底板产状，和渗透性、补给区和排泄区间地形高差	等水势线近于水平	弱不透水层为顶板时，等水势线为倾斜线，半透水层为顶板时等水压线近于垂直顶板	等水势面依排泄区的周边形态而定	上层无承压含水层按不同情况从属各类型，一般饱和带厚度小。承压含水层有垂直循环带，只有饱和地下水面的升降，一般无季节变化带，各含水层厚度都较薄	排泄区补给区多为垂直状喀斯特洞穴，运动区多层间喀斯特洞穴和裂隙(图7)	西南和华北及川东等若干地区
Ⅶ	厚层非可溶岩中喀斯特承压含水层水动力条件	同Ⅵ类型	同Ⅵ类型	同Ⅵ类型	同Ⅵ类型	厚层非可溶岩中常夹单层喀斯特承压含水层，其水动力条件独自另成一系统，与非可溶岩间地下水无水力上密切联系，其他同Ⅵ	喀斯特发育状况同Ⅵ，故虽然为巨厚非可溶岩所复盖，其深处仍可有喀斯特发育(图8)	西南若干地区
Ⅷ	向斜构造盆地喀斯特水动力条件	底部不透水层的向斜构造，向斜中河谷形态及地形	等水势线为半弧形，流线指向河谷一侧	等水势线为和缓的曲线或近于直线	同Ⅰ类型	有垂直循环带和季节变化带，局布地区在运动区顶部有不透水层复盖属半承压性质	同Ⅰ类型，分水岭地区与不透水层接触地带，喀斯特较发育(图9)	西南、山东和浙西等若干地区
Ⅸ	背斜地区喀斯特水动力条件	底部不透水层的背斜构造，裂隙和河谷形态	等水势线为不对称弧形，向背斜轴部倾斜	同Ⅰ类型	同Ⅰ类型	有垂直循环带和季节变化带，地下水分水岭垂线 OB 内，OAB 水仍可向分水岭外另一河谷排泄	同Ⅰ类型，但背斜轴部及河谷地带受张开构造裂隙影响，垂直状喀斯特现象特别发育(图10)	西南、浙西、鄂西、及华北等若干地区

（续表）

序号	类型名称		主要控制因素	水动力网的形态			基本水动力特征	喀斯特发育的基本状况	主要分布地区
				补给区	运动区	排泄区			
Ⅹ	高原与平原接触区喀斯特水动力条件		高原与平原间地形高差，平原上第四纪地层和非可溶岩地层的渗透性和覆盖情况及构造断裂	基本上与Ⅰ类型相同	等水势线为斜线或近于垂直（仍受降雨补给）	等水势线近于水平，稍向下游平原倾斜，角度极小	有垂直循环带；平原下喀斯特水居于高压状态，缓慢地以极小的分速度向下游平原运动，承压水常顺着构造断裂向地表或覆盖内涌现而形成上升泉，且流量很大，非可溶岩断裂带多泥质物，当该层厚度甚大时，可阻止此种泉水的出现	高原补给区垂直喀斯特洞穴稍多，较发育，平原承压区的喀斯特现象多顺构造断裂而发育（图11）	华北太行山东麓、南麓，山东及华南少数地区
Ⅺ1	与非可溶性地层接触处，喀斯特水动力条件	与火成变质岩接触	火成变质岩的产状和地形	与Ⅰ类型同，有火成变质岩分布时等水势线为半弧形	等水势线近于直线	等水势线为半弧形，流线指向火成变质岩的上端	有垂直循环带和季节变化带，排泄条件为喀斯特水，沿火成岩体的接触壁向上涌出地表形成泉，或排入顺接触地带而发育的河道中	与火成岩变质岩体接触地带，常有大型喀斯特现象发育，其他同Ⅰ类型（图12）	广东与山东等地区
Ⅺ2		与非可溶性沉积岩接触	与非可溶性沉积岩接触地带的性质及断裂构造	同上	同上	等水势线为半弧形，流线指向非可溶盐的上端	有垂直循环带及季节变动带，接触带多为断裂分布，以泉水形式顺接触带向上排泄为主	喀斯特化地层中断裂地带有较多喀斯特现象分布，其他同Ⅰ类型（图13）	华北、西南等地均有分布
Ⅻ	直立地层的喀斯特水动力条件		喀斯特化地层内岩性的差别、地形和河谷周边形态，以及断裂和裂隙	基本与Ⅰ类型同	受岩体渗透性差异的影响，等水势线近于直立，但密集程度不同	基本与Ⅰ类型同	基本与Ⅰ类型相同，由于岩体近于直立，饱和带都较厚，AA'线以下基本无大裂隙与喀斯特现象，水流缓慢，向河谷排泄，河谷有顺岩层走向或垂直于走向而发育，两侧非喀斯特化地层同样变为直立，限止了地下水的运动	不同岩性的地层，喀斯特化程度也不同，层间喀斯特及顺张开裂隙而发育的喀斯特都很多（图14）	西南贵州及川东等地区

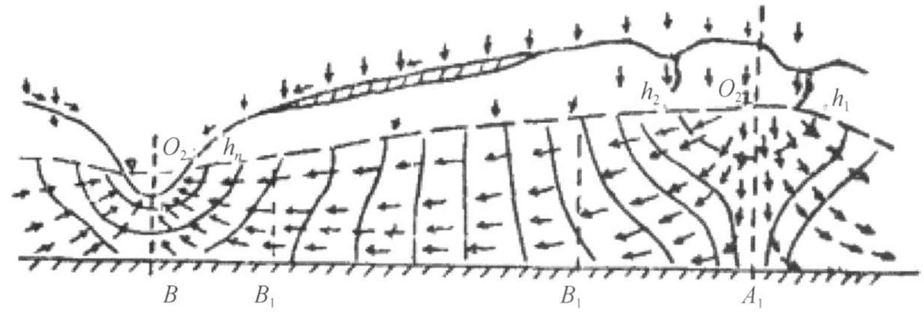

图 1　有地下水分水岭存在情况下水动力条件示意图
($h_i > h_n$)

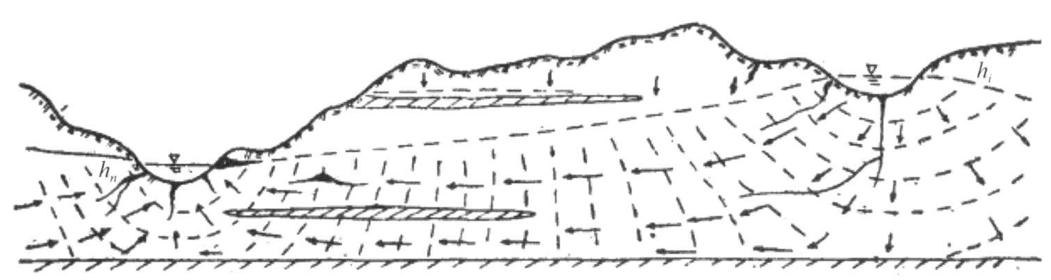

图 2　无地下水分水岭情况下水动力条件示意图
($h_i > h_n$)

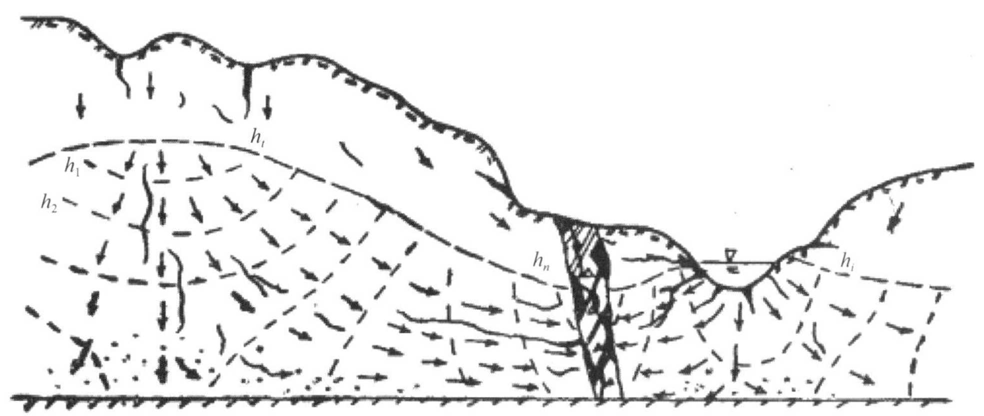

图 3　喀斯特向分水岭两岸加剧发展情况下水动力条件示意图
($h_1 > h_i > h_n$)

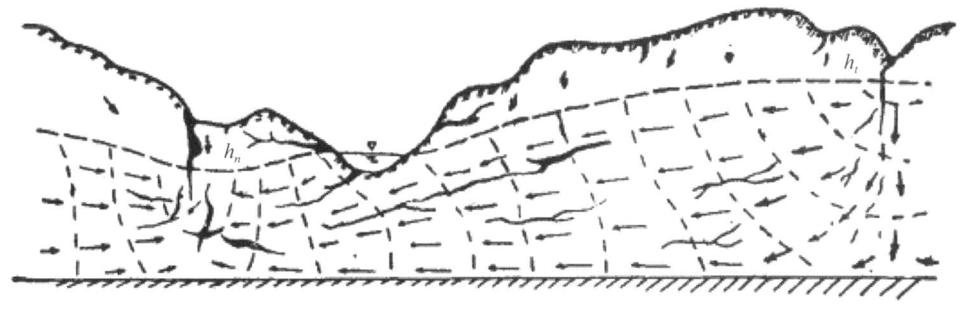

图 4　喀斯特向一岸分水岭加剧发展情况下水动力条件示意图
($h_i > h_n$)

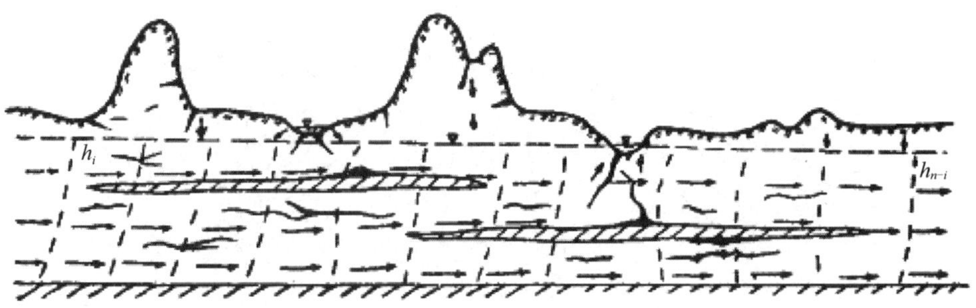

图 5　强喀斯特化准平原和山前区水动力条件示意图
($h_i > h_{n-i}$)

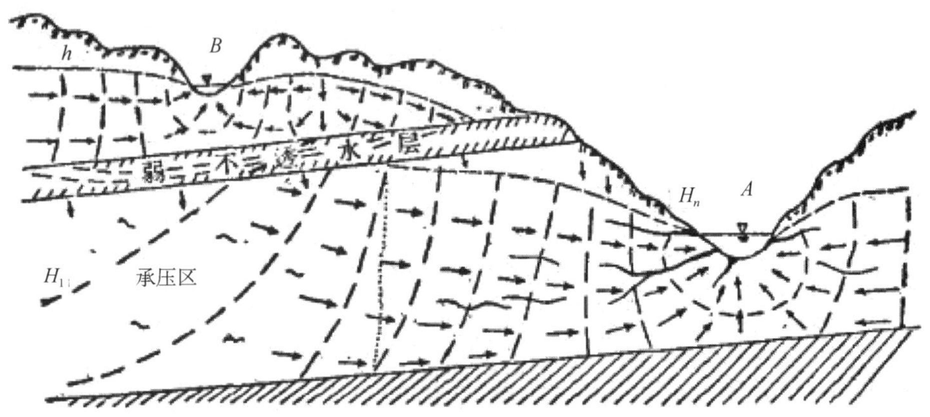

图 6　半承压水动力条件示意图

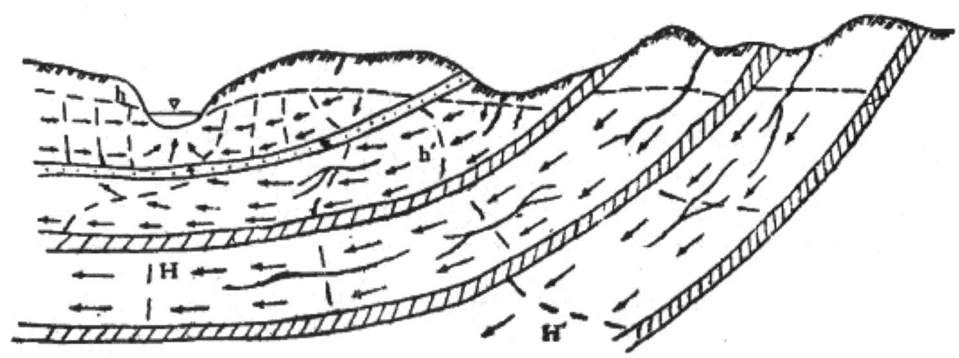

图 7　多含水层水动力条件示意图

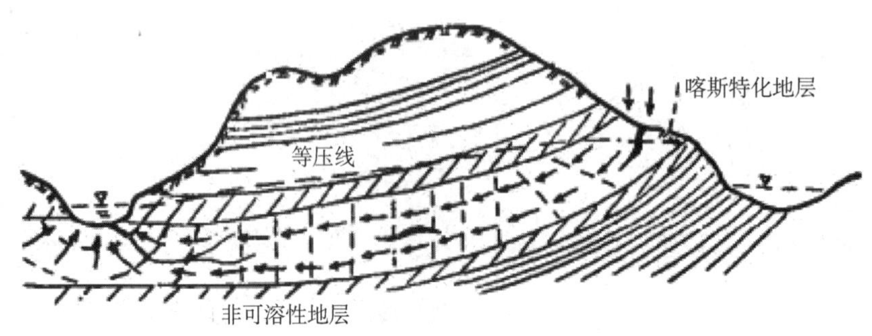

图 8　非可溶岩中喀斯特承压含水层水动力条件示意图

图 9　向斜构造盆地喀斯特水动力条件示意图
($h_1 > h_n$)

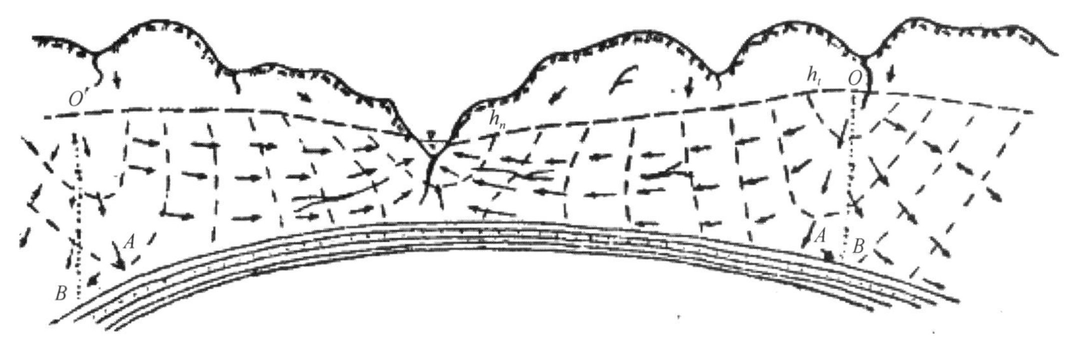

图 10　背斜地区水动力条件示意图
($h_t > h_n$)

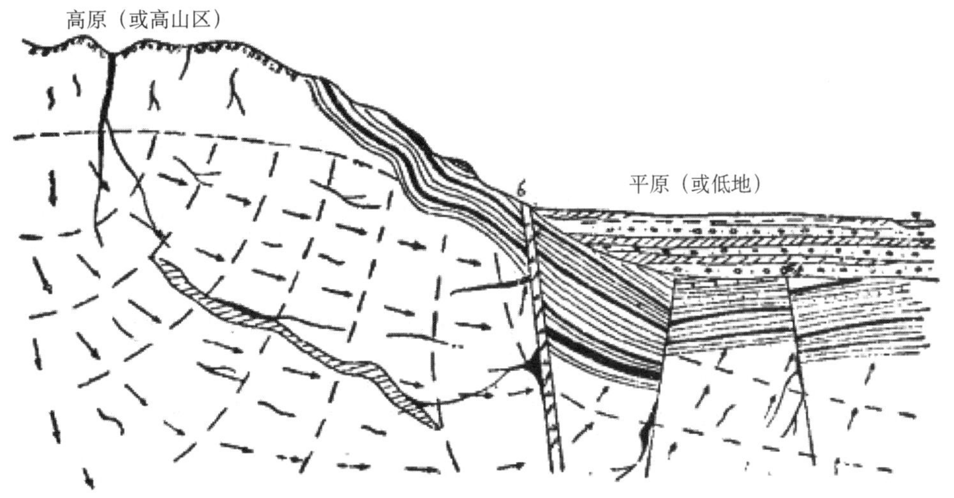

图 11　高原与平原接触处喀斯特水动力条件示意图

图 12　火成岩与灰岩接触地带水动力条件示意图

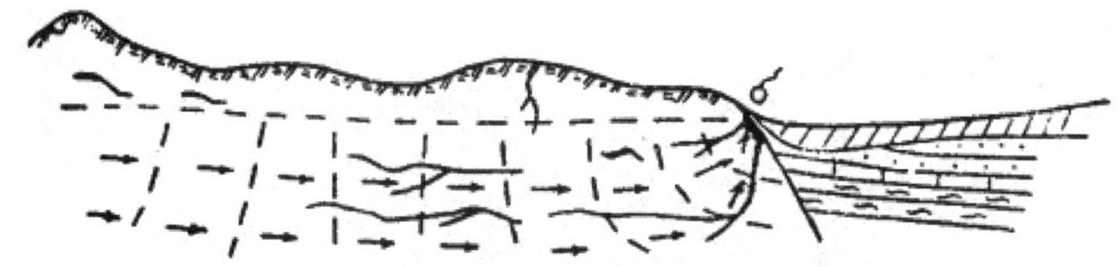

图 13　非可溶性岩层与石灰岩接触地带水动力条件示意图

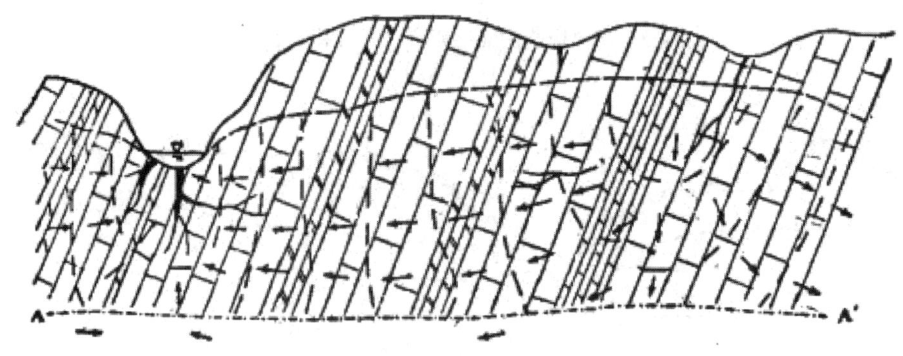

图 14　河谷顺直立岩层而发育的水动力条件示意图

其他类型经受喀斯特及其他地质作用结果，也可逐渐转变为上述四个基本类型。如图 15 所示，由地壳上升河谷深切及地下水面相对下降结果，该地左岸仍属第五类型半承压水动力条件，而右岸却是已经从属于第一类型了。

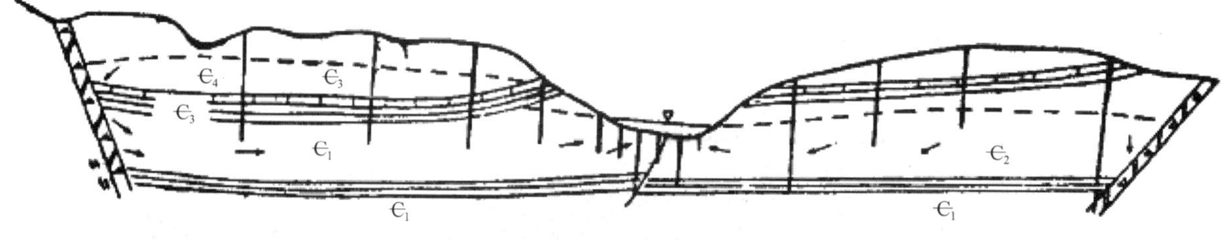

图 15　某地水文地质剖面

如图 16 所示，该地区经强烈喀斯特化和河道变迁结果，已由第九类型背斜构造地区水动力条件转变为无地下水分水岭存在的第二类型了。当然，这种演变过程是地质年代的过程，而且除了喀斯特作用以外，尚与新构造及其他地质作用有密切关系。

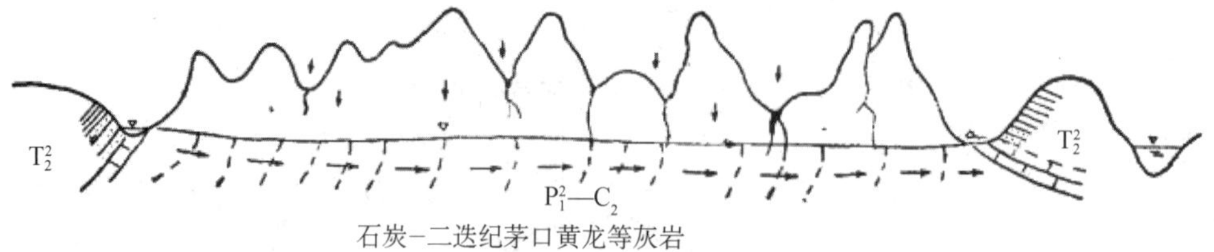

图 16　某地背斜地区水文地质图

3　实用意义

1. 研究喀斯特水运动的基本特征

掌握了上述的完整资料，可以清楚地了解基本的水文地质条件，以及地下水的运动途径和方向。

2. 研究喀斯特发育的基本规律

喀斯特发育的方向与喀斯特水流运动的方向是一致的;因为喀斯特现象的产生,仍是水与可溶岩石互相作用的结果。因而在补给区的垂直循环带及分水岭内部和排泄区附近,由于喀斯特水流运动方向近于铅垂方向,故发育着垂直的喀斯特形态;饱和的地下水面,实际上就是地下水的一个水流面。因而在最高与最低水面一带,经常出现水平的形态。所以研究水动力问题,特别是探讨近代喀斯特的发育规律,具有很重要的意义。

3. 研究岩体的渗透性

喀斯特化的结果造成岩体渗透性的差异,地下水运动的不均匀性促使水动力网的形态也是不均称的。在边界条件相同的情况下,渗透性较大时地下水等势线较稀疏,反之则较密集。图 17 表明了岩层层理与构造对地下水运动的影响,顺层理方向地下水流动的通道较好,水头损失少,因而等势线就稀,进而帮助研究地下水异向运动的差异性;利用地下水动力网以研究岩体渗透性,还在于:① 按照地下水运动连续方程式 $Q=\bar{K}_1\cdot\frac{H_1-H_2}{L_1}\cdot w_1=\bar{K}_2\cdot\frac{H_2-H_3}{L_2}\cdot w_2$ 据已知若干试验 K 值,利用动力网去推求不同地区的 K 值。② 通过动力网形态帮助寻找由地表及钻孔所未能发现的隐蔽的主要喀斯特通道以及地下暗流等。

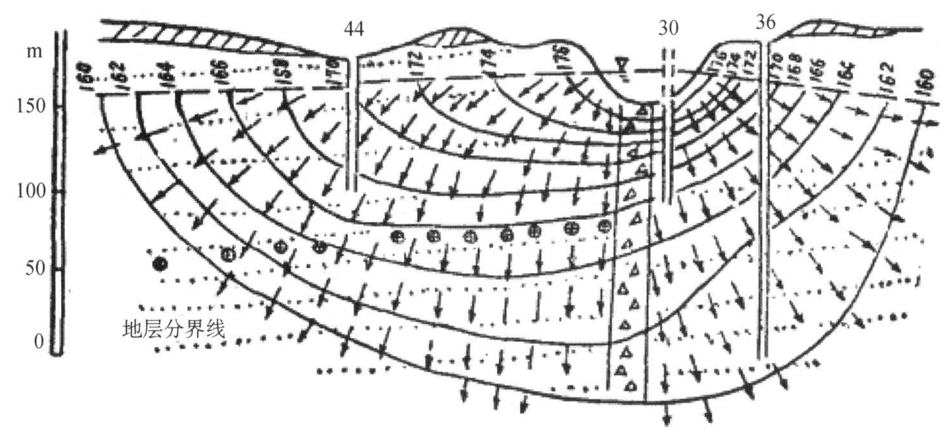

图 17　喀斯特地区河水补给地下水的一个实测水动力条件图

4. 绘制地下水等水位线图

若不依据地下水动力网,不全面掌握地下水的运动途径与轨迹,而绘制的同一含水层的地下水等水位线图,将是不正确的。通常绘制的地下水等水位线图有下列三种情况:① 把滤水管(或不设滤水管)埋在最低水位以下几米,根据此种水位资料所绘出的地下水等水位线图,代表着表层地下水的运动情况及坡度;② 滤水管底处于同一高度,用以掌握某一水平面地下水的动态;③ 滤水管底按某一水流线而排列,表明一定的水流运动的状态(图 18)。

三种绘制地下水等水位线图的方法,各有其优缺点,应根据当地水动力条件和研究目的而定。

5. 研究水利工程地质条件

(1) 选择坝址。掌握了喀斯特水动力条件后,可帮助选择较正确的坝址,以避免或减轻渗漏现象。如在属于第二和第三类型水动力条件地区建坝时,若不妥善处理,会发生水库或绕坝渗漏问题。同样在第四类型地区建坝也是复杂的。

(2) 研究防渗处理措施。根据水动力网所表明的水力梯度,可在很厚的裂隙喀斯特含水层中,找出相对隔水层,以便决定灌浆帷幕的深度;当河床某一深度,天然水力梯度大于设计的坝基下平均梯度或与其相等时,在该深度以下可以不采取灌浆措施。这样虽不能在可能灌浆范围内找到不透水层的分布,也仍可以收到减少坝基渗漏的效果。

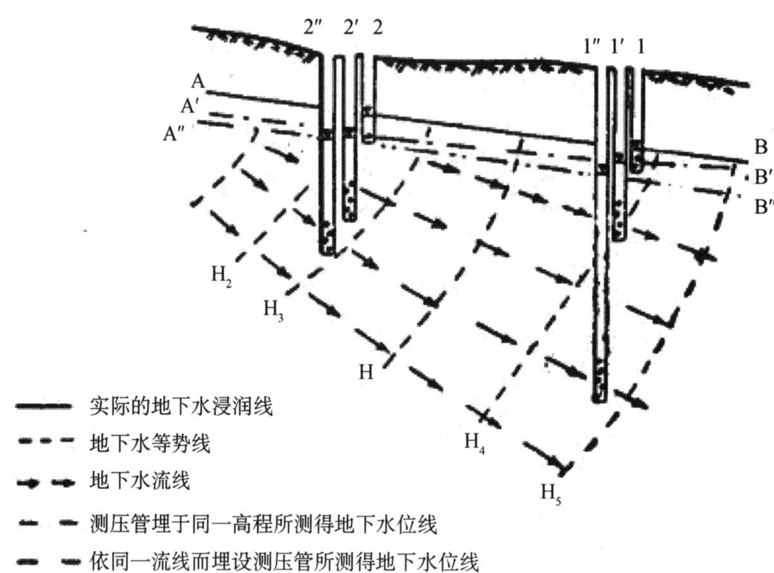

图 18　地下水动网与埋设过滤管的关系图

(3) 研究水工建筑物的坝基渗漏条件。研究水工建筑物蓄水后水动力条件的变化和水动力网的演变，可以清楚地了解坝基下地下水渗流情况，对进一步解决渗漏问题有极大帮助。例如，我国某地喀斯特水文地质条件非常复杂，水工建筑物结构本身亦复杂，如何正确掌握该地地下水状况，是个非常现实的问题。该坝区即利用了包括水动力网的水动力条件的资料，便说明了坝体内渗透水流及坝基渗透水流的运动途径与排泄问题。并进而依据承压水流的运动状态及第四纪砂、卵石层和坝身的结构与物理力学性质，用以论证承压水流对基础与坝体不同部位的冲刷及坝身稳定问题，从而使问题更加明晰，为进一步处理指明了方向，并提供了资料(图 19、图 20)。

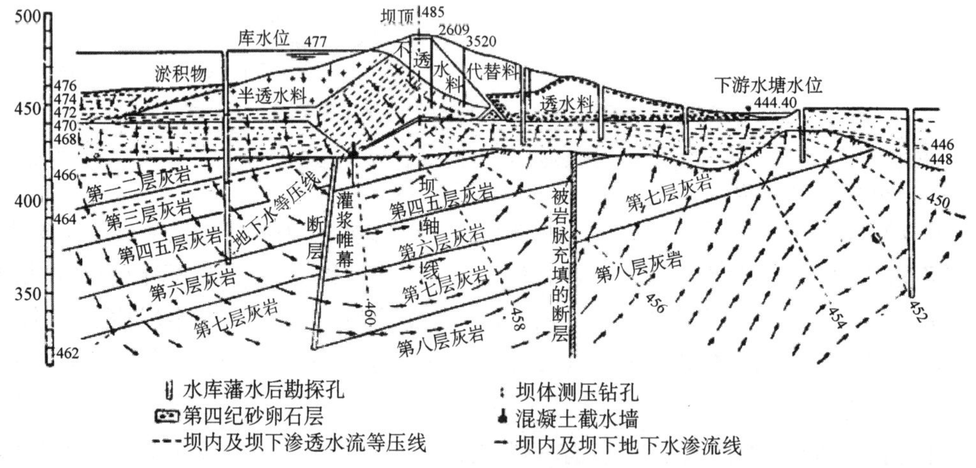

图 19　某水工建筑物坝基渗漏水动力条件剖面图

1—半透水料渗透性较大，可当作与库水相通，致使游积物中渗透水的来源除了上面库水外，尚来自侧面半透水料；
2—本渗流网(地下水动力网)主要根据钻进中获得不同深度的水位而绘制，进行钻探时库水位及下游水塘水位基本上没有什么变化，所以可视为渗流情况完全一致

(4) 研究施工条件和施工处理措施.根据这一方面资料，可用以研究隧洞及基坑涌水量，并作为改善施工条件而选择临时性处理措施的重要依据。

6. 研究矿坑涌水与处理方法

如在第十类型水动力条件地区开采煤矿时，常遇到断层带附近喀斯特高压水，突破薄的矿井底板涌

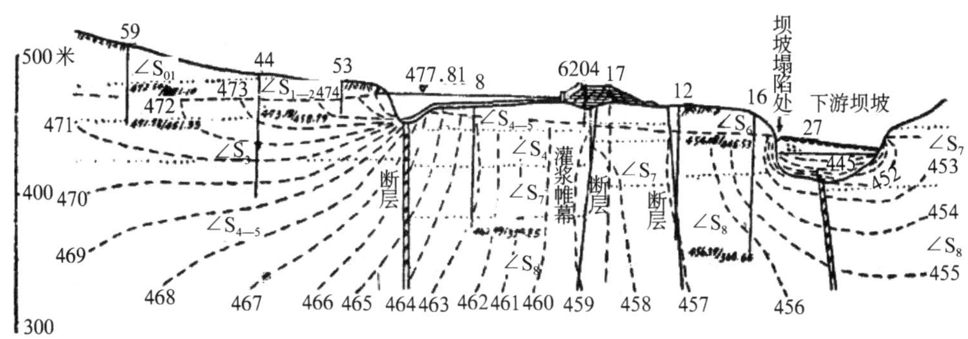

图 20　绕坝渗漏水动力条件图

(为便于理解等水势线,故不标列水流线)LS_3 灰岩层次分号

入坑道的事故。因此根据水动力条件和动力网资料,可预知喀斯特水的渗透压力,并用以研究一系列有关矿坑涌水及预防和处理的问题。

7. 铁路建设方面

可应用水动力条件资料,研究隧道的施工条件和隧道正常运用过程中,排泄喀斯特水的问题。

其他方面的实用意义还有许多,但应以上述几方面为主,就不在此赘叙了。

中国南方喀斯特发育基本规律的初步研究①

卢耀如

我国碳酸盐类喀斯特分布极其广阔，与国民经济建设有着密切的关系。近几年来不少研究者对其进行了系统深入的研究，并取得了一些有价值的成果。由于我国喀斯特类型很多，若单纯考虑以溶蚀作用为主的喀斯特地貌类型可分为：喀斯特石芽石林型、喀斯特低山丘陵型、喀斯特丘陵洼地型、喀斯特峰林洼地型、喀斯特孤峰洼地型、喀斯特准平原型和喀斯特准荒原型七种。至于在其他地质作用影响下，各类型演化的结果就更复杂了。因此，为了更深入与全面地揭示其发育的规律性，需要长期系统地进行研究。

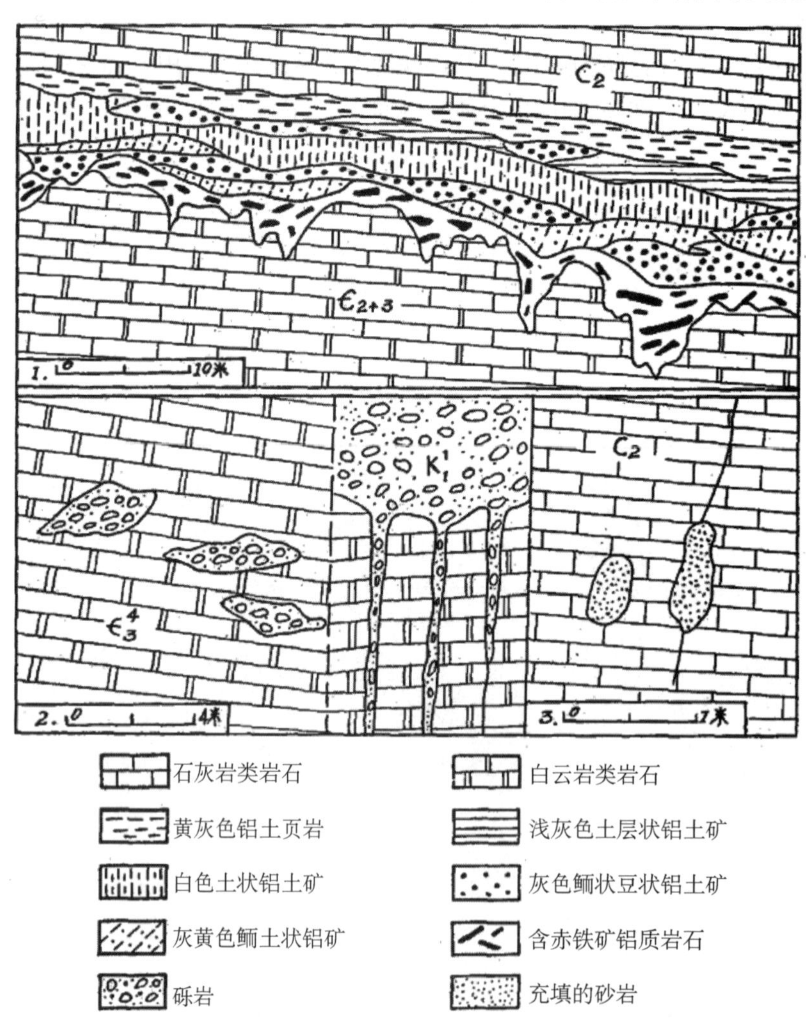

1—贵州(织金)早寒武纪至中石炭纪的古喀斯特面上，原生充填的铝土矿(朱学稳作图)；2—鄂西白垩系砾岩充填于古喀斯特洞穴裂隙中；3—鄂西清江附近白垩系红色砂岩充填于古喀斯特洞穴中

图1　古喀斯特现象素描剖面图

---

① 卢耀如.中国南方喀斯特发育基本规律的初步研究[J].地质学报，1965，45(1)：108-128.

本文根据对湖北、广西、贵州、滇东及川东等部分典型地区喀斯特发育基本规律性的研究，针对一些重要问题，提出若干见解，与大家讨论。

1 喀斯特发育史的探讨

根据南方地区的不同的地质历史[1]，各种喀斯特现象与地貌的表现，及生物化石与洞穴充填的状况，表明我国南方喀斯特发育的时期是多次的[2]。某一碳酸盐类地层的喀斯特化时期可以有一次、两次或多次。南方地区较明显的喀斯特化时期有：震旦纪末、寒武纪至中奥陶世、晚寒武世末至早二叠世或石炭纪、晚泥盆世、中石炭世、晚二叠世、中晚三叠世、白垩纪或至第三纪初、晚第三纪至第三纪末和第四纪以来等。目前，可不同程度地观察到不同时期的喀斯特作用的产物。例如：贵州省中、西部寒武系娄山关组，在晚寒武世至早二叠世（或至石炭纪）所发育的古喀斯特洞穴、洼地和溶隙中，就原生沉积了铝土矿层等①；滇东上二叠系玄武岩原生凝填于下部阳新统的古喀斯特洞穴中；鄂西白垩系红层充填于早期发育的喀斯特洞穴、古沟谷中等（图 1）。

上述的喀斯特化时期中，以白玺纪或至第三纪初、晚第三纪或至第四纪初和第四纪以来至现代三次为最明显，其喀斯特现象、景观的分布与表现也最完善。而各期中又有不同的亚期。参考前人关于地貌剥夷面的研究成果，现将我国南方这三期喀斯特化作用的一般情况的简略对比，归纳于表 1。

表 1 白垩纪末至第四纪喀斯特化时期对比表

	白垩纪或至第三纪初喀斯特化时期		晚第三纪或至第四纪初喀斯特化时期		第四纪以来至现代喀斯特化时期	
	期名	特征	期名	特征	期名	特征
湖北[18,26]	鄂西期	1 700 m高程以上为平整山脊，近代长江水面附近有红色地层原生充填的古喀斯特洞穴	山原期	高程 1 300 m 以下，为近代水系分水岭，有洼地、落水洞、残积红土等。有两个以上亚期	峡谷期	形成深切几百米的长江峡谷，以溶洞为主，达河床下百米深，高程达负 50 m以下[15,18]
贵州[5,12]	大娄山期	高程 2 000 m 或 2 500 m 以上的残存剥夷面，为原始燕山期褶皱后的古地面，有落水洞、洼地等	山盆期	高程 1 000～1 500 m，多洼地、谷地，局部有峰林，为近代大水系支流的发源地，有几个亚期	乌江期	形成深切几百米的乌江峡谷，喀斯特溶洞等发育，达河床下几十 m 左右[15]
云南②	高原期	高程 2 500 m 以上的山峰和剥夷面，后期有拗折与破坏，局部有水平溶洞及峰林	石林期	高程 1 000～2 000 m，有洼地、落水洞、石林；后期拗陷与断裂盆地中，有新第三系地层的堆积。有几个亚期	南盘江或红河期	深切几百米至千米的河谷如南盘江和红河，有溶洞
广西③	高山期	高程 500 m 以上的山峰顶面与高山，受后期剥蚀、拗折及喀斯特作用影响，多失去古地形特征	峰林期	高程 500 m 以下，为丘陵、峰林、洼地及喀斯特准平原等	红水河期	切割不深，一般几十米至百多米，发育有落水洞、峰林、水平溶洞、暗河等

① 《贵州地区石灰岩喀斯特初步研究报告》。地质部水文地质工程地质研究所 1959 年资料（朱学稳执笔）。

② 云南部分承蒙袁道先、陈定清提供若干资料。

③ 广西部分参考了殷正宙《广西区域喀斯特发育的一些特征及其发育过程》（1960）。

云贵高原第四纪以来急剧上升，使白垩系以后喀斯特作用发生了明显的分化现象。第四纪时期遭受较少切割的古剥夷面和高原面上，见有很多洼地、峰林、石林等，而第四纪以来深切的峡谷地区，一般则以溶洞为主。云贵高原地区各期喀斯特地貌的典型特征，综合概括于图2、图3中[11,14]。地壳升降运动经常是喀斯特剧烈发育阶段的变换与转折的主导因素。现以长江峡谷部分地区为例(图4)，说明各期喀斯特作用的演变、重叠与继承的关系。第三纪以来，由于差异性掀起上升的结果，使鄂西期喀斯特化底部界线与山原期喀斯特化底部界线相交叉；第四纪以来因河流深切的结果，河谷地区喀斯特发育的底部界线已低于河床下50～100 m。

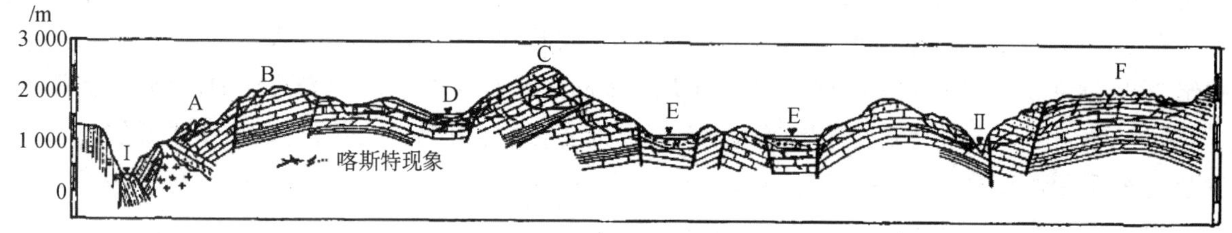

图2 滇东(若干典型地区)喀斯特及喀斯特地貌发育概况综合示意剖面图

A. 高程1 200～1 300 m，晚第三纪时期发育的喀斯特剥夷面及峰林；B. 高程2 000 m左右，中(?)第三纪时期发育的喀斯特垅岗残丘等；C. 高程2 500 m左右，早第三纪以前时期发育的高原上古老喀斯特剥夷面及残留山峰；D. 高程1 600 m，于第三纪时期形成的大喀斯特谷地，于前几年由于落水洞被部分堵塞(?)暴雨后落水洞大量向上冒水而形成的地表喀斯特湖；E. 高程1 100～1 200 m，于具有晚第三纪地层(N)堆积的喜马拉雅期的断陷盆地上分布的地表湖泊；F. 高程1 900～2 100 m，于中(?)第三纪时期(石林期)形成的喀斯特准平原及石林；Ⅰ云贵高原南麓边缘第四纪以来深切1 000多米以上河谷如红河等；Ⅱ高原中部第四纪以来深切几百米的河谷如南盘江等。(图中地质符号仅作为了解喀斯特及地貌发育概况的一般参考)

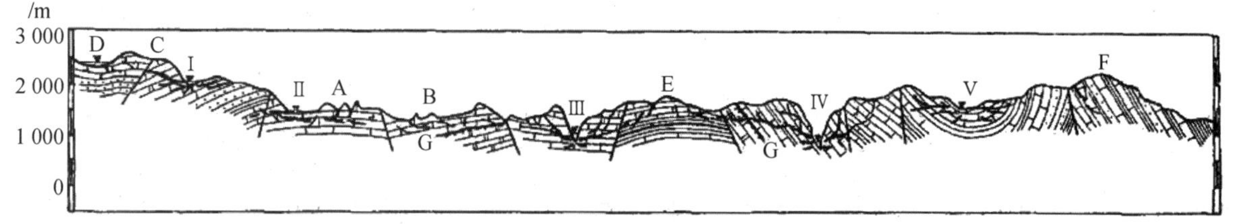

图3 贵州(若干典型地区)喀斯特及喀斯特地貌发育概况综合示意剖面图

A. 高程1 400～1 500 m左右，第三纪时形成的山盆期喀斯特峰地洼地区，现为长江及珠江水系分水岭；B. 高程1 200～1 300 m，第三纪时期形成的山盆期喀斯特剥夷面和残丘、垅岗及大洼地等；C. 高程2 500 m以上，早第三纪时期的大娄山期剥夷面及山峰；D. 高程2 200 m左右，第三纪时期发育的喀斯特洼地与沟谷，近代由于落水洞的堵塞而形成的地表喀斯特湖泊；E. 高程1 600 m左右的山盆期喀斯特山峰；F. 高程2 200 m以上的大娄山期剥夷面；G. 寒武系娄山关灰岩的古喀斯特；Ⅰ. 大娄山期剥夷面附近的大河流的河源头；Ⅱ. 发育于山盆期峰林洼地区的长江与珠江水系一些大支流的河流；Ⅲ. 第四纪以来深切几百米的，上游河谷宽广、下游具有较多裂点的河谷，如猫跳河、三岔河、六冲河等；Ⅳ. 第四纪以来深切几百米的主要河流乌江；Ⅴ. 山盆期大喀斯特谷地中的支流。

喀斯特洞穴中古人类和古脊椎动物化石等资料，可作为推论一些洞穴最晚发育年代的下限证据。例如，湖北有长阳人和大猫熊-剑齿象动物群化石的龙洞[19]，秭归有猫熊-剑齿象动物群的黑洞沟洞，均为晚更新世以前发育的；广西巨猿洞层有巨猿动物群化石，为早更新世以前发育的；通山洞层有大猫熊-剑齿象动物群化石，为中更新世以前发育的；而通天岩洞层有柳江真人化石层[8]，则为上更新世以前发育的[22]。必须强调一点，不能认为洞穴形成的年代，与其中所存在古脊椎动物等化石的鉴定年代完全相一致。

2 碳酸盐类岩石的岩性及其溶解度

我国南方主要典型地区的代表性地层柱状图及其喀斯特化程度的初步划分，列于图5。这些地区不仅喀斯特化地层分布广泛，而且累积的厚度也相当大，一般占当地沉积地层总厚度的50%～80%。

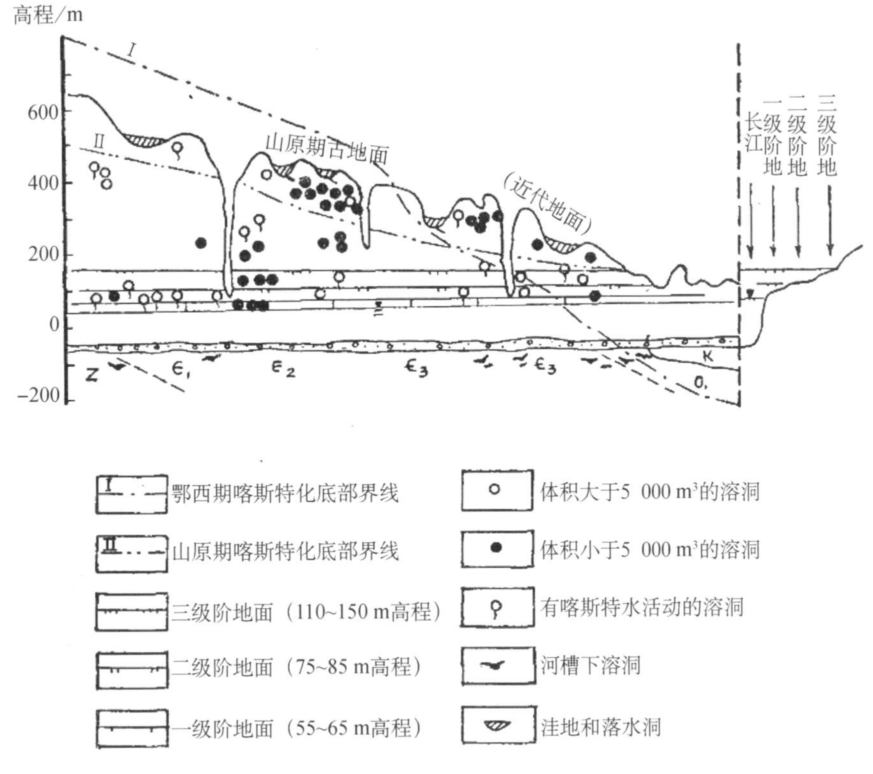

图4　长江峡谷部分地区喀斯特和地貌关系分析图解

说明：本图系将两岸溶洞和地形投影在一个剖面上，用以说明地壳运动，地貌和喀斯特的关系。表示三期喀斯特化的重叠、继承的关系。（本图承郭希哲同志协制）

2.1　碳酸盐类岩石的矿物与化学成分类型及其溶解度

从研究喀斯特的观点出发，根据碳酸盐类岩石的矿物与化学成分，可以将其划分为：Ⅰ石灰岩类、Ⅱ石灰岩—白云岩类、Ⅲ白云岩类、Ⅳ. 泥质灰岩类或Ⅳ′硅质灰岩类、Ⅴ泥质白云岩类或Ⅴ′硅质白云岩类、Ⅵ泥灰岩类或Ⅵ′硅灰岩类和Ⅶ碳酸质页岩（或黏土岩）类或Ⅶ′碳酸质砂岩（或石英砂岩）类[7,25]。岩石中不溶物质以 SiO_2 或石英矿物为主时，Ⅰ—Ⅲ类完全一样划分，而其他则按Ⅳ′—Ⅶ′类命名；以黏土矿物为主时，则按Ⅳ—Ⅶ类划分。南方地区一些主要喀斯特化地层的岩性类别，据分析资料表示于图6。图中表示的部分成果说明，这些地层的岩性是复杂的。

碳酸盐类地层的喀斯特化程度同反映其抗溶性有关的溶解度具有一定的关系，但二者都受岩性控制。在通常的大气压力（1个大气压）和温度（15～25℃）状态下，一般是依照Ⅰ—Ⅶ类的岩性变化的次序而降低其溶解度与喀斯特化程度。调查资料与试验结果，均论证了这点。

根据对碳酸盐类岩石所进行的室内相对溶解度的试验（图7—图10），得出石灰岩类（Ⅰ）岩石的相对溶解度值近于1（溶解度是以标准大理石的溶蚀量为基数，其溶解度值为1）①，而白云岩类（Ⅲ）岩石一般为0.4～0.7，与文献资料相符合[11]。这说明石灰岩类岩石比白云岩类岩石具有较大的溶解度；另据野外调查，其喀斯特化程度一般也较白云岩类岩石剧烈。根据O.K.雅纳节娃的实验资料[36]，当温度达50～60℃时，白云岩的相对溶解度有的可大于大理石或方解石。在自然界中，若干粗结晶及风化的白云岩，在灼热的阳光直接辐射下，岩石表面的温度则可高于气温（30～40℃）而达50℃以上，在夏季，暴雨使高温的白云岩面立即遭受淋滤与溶蚀，导致喀斯特化作用较剧烈地进行。所以一些地层，如湖北寒武

① 本文中一些相对溶解度的试验，主要系尹少环、戴英、戴杏娟、贾蕴茹等进行的。

系，贵州和川东的三叠系，广西石炭二叠系等，虽然白云岩类岩石很多，而地表的喀斯特现象如洼地、峰林等却相当发育，深处的喀斯特化现象则明显地减弱。

在风化作用下，白云岩类地层遭受溶蚀后，有的可产生白云岩粉，有的在喀斯特化过程中容易产生次生 $CaCO_3$ 的结晶与沉积。关于石灰岩和白云岩间喀斯特化过程的差异分析，因限于篇幅，本文不予讨论。

泥质灰岩和泥灰岩等（Ⅳ、Ⅳ′—Ⅶ、Ⅶ′）岩石的喀斯特化程度和溶解度，在没有风化的情况下，一般都小于白云岩类和石灰岩类岩石[2,5]。因此，泥质灰岩和泥灰岩等常是相对不透水层，很少有大型喀斯特现象分布，喀斯特洞穴多沿着石灰岩、白云岩等相接触的地带，而在石灰岩和白云岩内发育着。

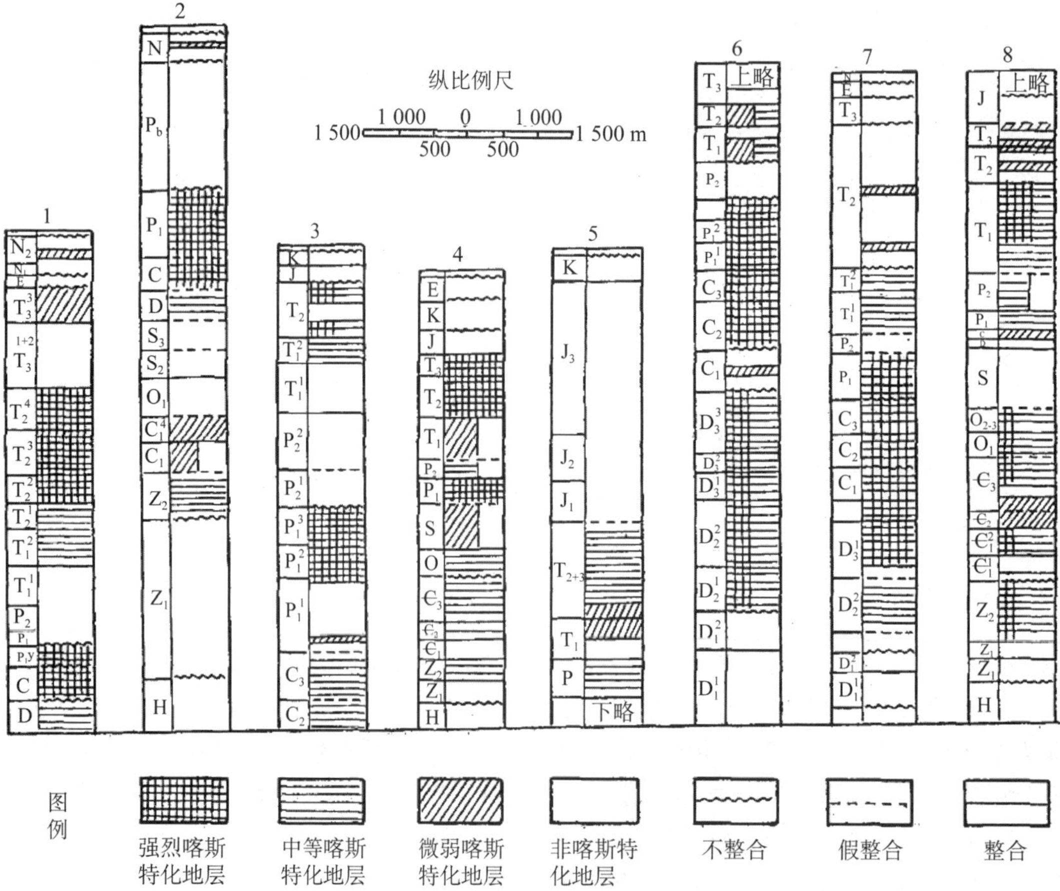

1 云南个旧地区：D 泥盆系，C 丰宁统、威宁统、马平统，P_1 阳新统，T_1 飞仙关统，T_2 嘉陵江统，T_s 火把冲统，N_2 上新统；2 云南昆明地区：Z_2 灯影统，C_1 磷矿组、筇竹寺组、沧浪铺组，C_1^4 龙王庙组，D 沾盆统、曲靖组、一打得组，P_1 阳新统，N 上新统；3 贵州晴隆地区：C_2 威宁统，C_3 马平统，P_1^1 矿铜溪组，P_1^2 栖霞阶，P_1^3 茅口阶，T_1^2 玉龙山组，T_2 关岭组、法郎组；4 贵州遵义地区：Z_2 灯影统，Є$_{2+3}$ 娄山关组，O 半河统、艾家山统，S 志留系，P_1 阳新统，P_2 乐平统，T_1 夜郎统，T_2 平而关统、三桥统、法郎统，T_3 嘉陵江统；5 四川重庆地区：P 乐平统，T_1 飞仙关统，T_{2+3} 嘉陵江统；6 广西来宾地区：P_2^1 郁江组，D_2^2 东岗岭组，D_3^1 榴江组，D_3^2 桂林组，D_3^3 融县组，C_1 下石炭系，C_2 黄龙统，C_3 马平统，P_1^1 栖霞阶，P_1^2 茅口阶，P_1^3 孤峰组，T_1 罗楼组，T_2 北泗组；7 广西都安地区：D_2^2 东岗岭组，D_3^1 榴江组，D_3^2 融县组，C_1 下石炭系，C_3 黄龙统，C_8 马平统，P_1 阳新统，T_1^1 罗楼组，T_1^2 下统上部，T_2 平而关统；8 湖北三峡地区：Z_2 灯影统，Є$_1^1$ 水井沱组，Є$_1^2$ 石龙洞组，Є$_2$ 平善坝组、红溪组，Є$_3$ 上峰尖组、黑石沟组、三游洞组、南津关组，O_1 宜昌统，O_2 艾家山统，C 石炭系，P_1 阳新统，P_2 乐平统，T_1 大冶统，T_2 巴东统，T_8 运安统。

图 5　南方典型地区地层喀斯特化程度划分及其层序柱状图

注：1. 昆明地区有的于 P_b 上不整合着 T 禄丰统，厚 2 000 m，上部有泥灰岩，为微弱喀斯特化地层，此处省略其柱状图；
2. 非喀斯特化地层未列出名称。

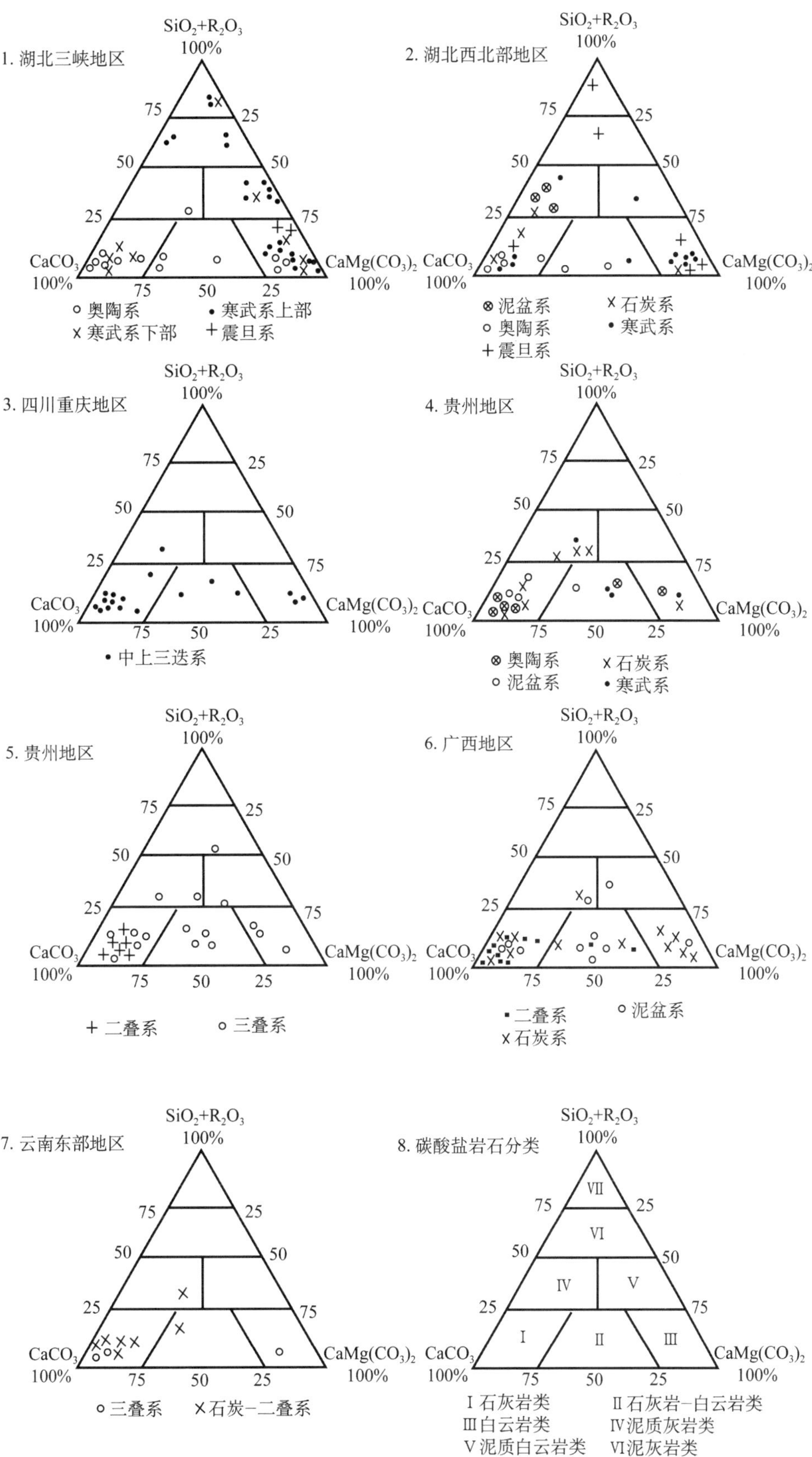

图6 南方地区碳酸盐类地层化学成分类型图解

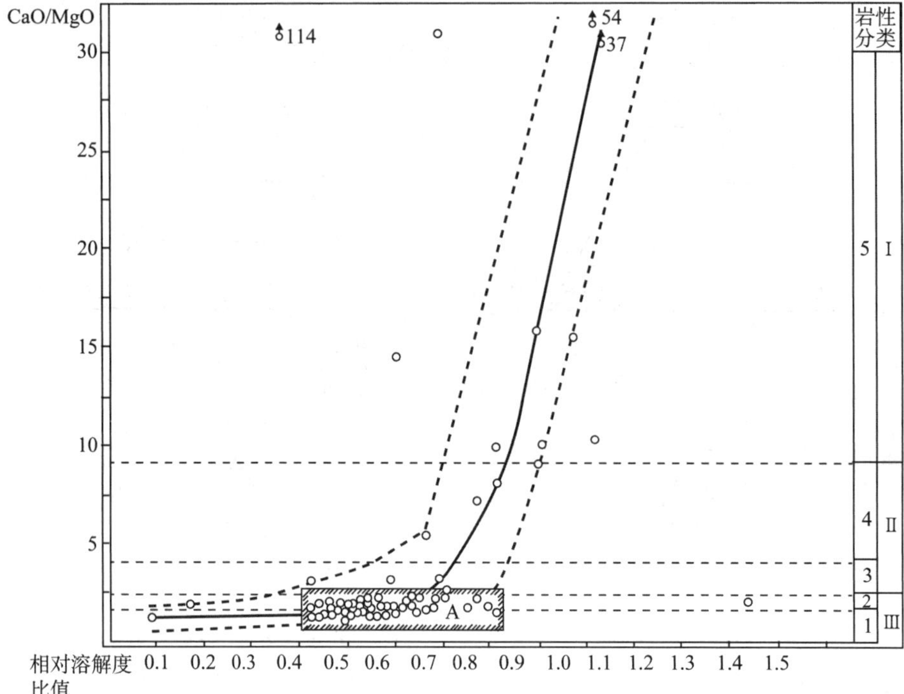

1. 白云岩(CaO/MgO<1.5),2. 含灰质白云岩(CaO/MgO 1.5—2.2),3. 灰质白云岩(CaO/MgO 2.2—4),4. 白云质灰岩(CaO/MgO 4—9.1),5. 含白云质灰岩(CaO/MgO 9.1—50),6. 石灰岩(CaO/MgO>50)
(1—6 按 C.Г.维什尼亚可夫分类法)

图 7 寒武系碳酸盐类地层 CaO/MgO 比值与相对溶解度值变化关系曲线图(湖北西部及贵州部分地区)

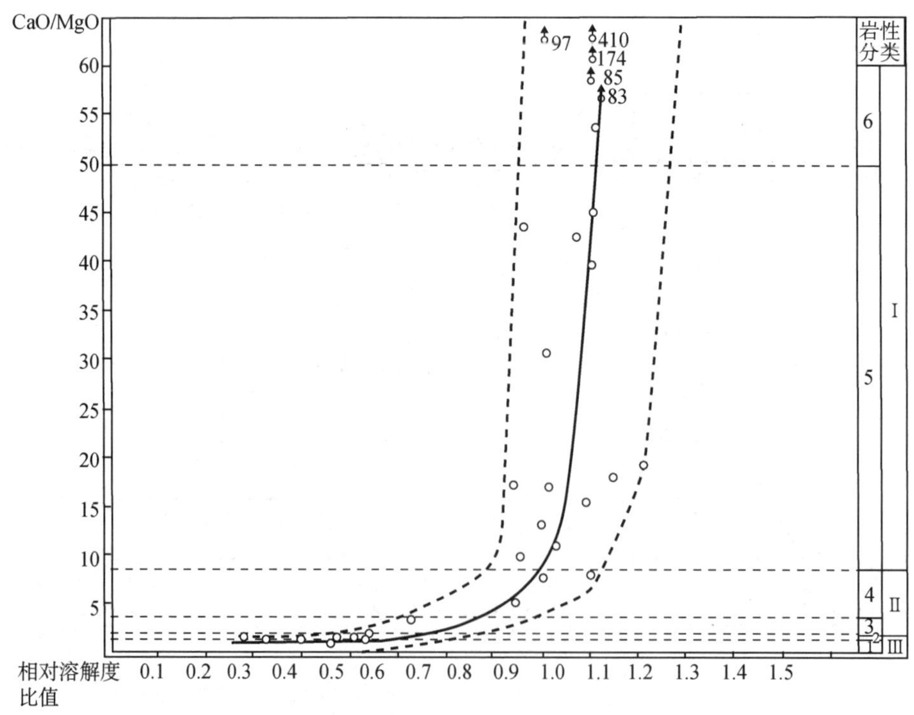

Ⅰ. 石灰岩类,Ⅱ. 石灰岩-白云岩类,Ⅲ. 白云岩类

图 8 奥陶系碳酸盐类地层 CaO/MgO 比值与相对溶解度值变化关系曲线图(湖北西部)

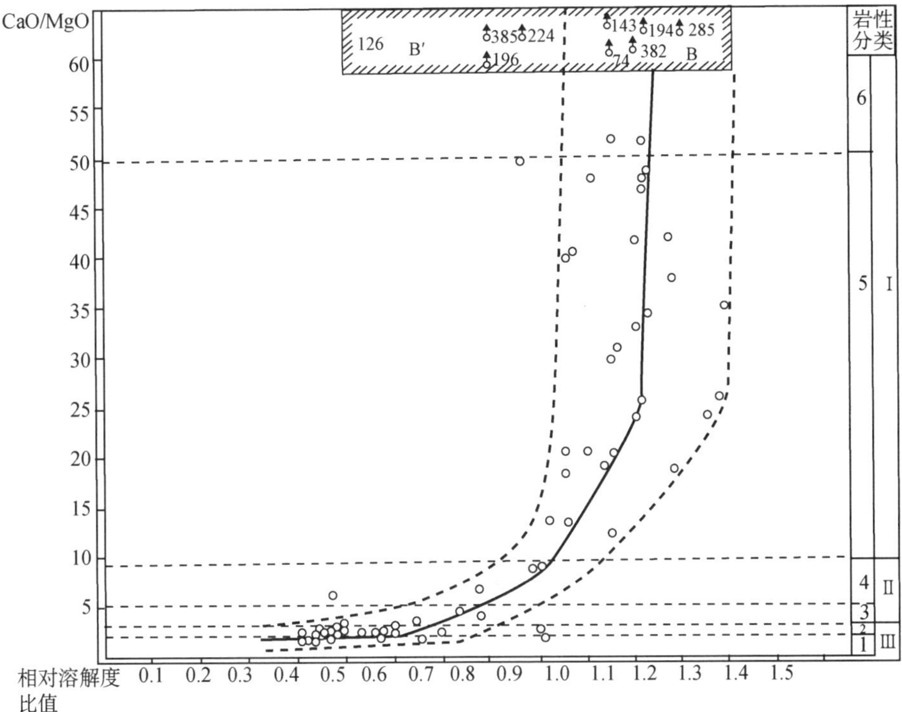

图 9　石炭二叠系碳酸盐类地层 CaO/MgO 比值与相对溶解度值变化关系曲线图（广西及贵州）

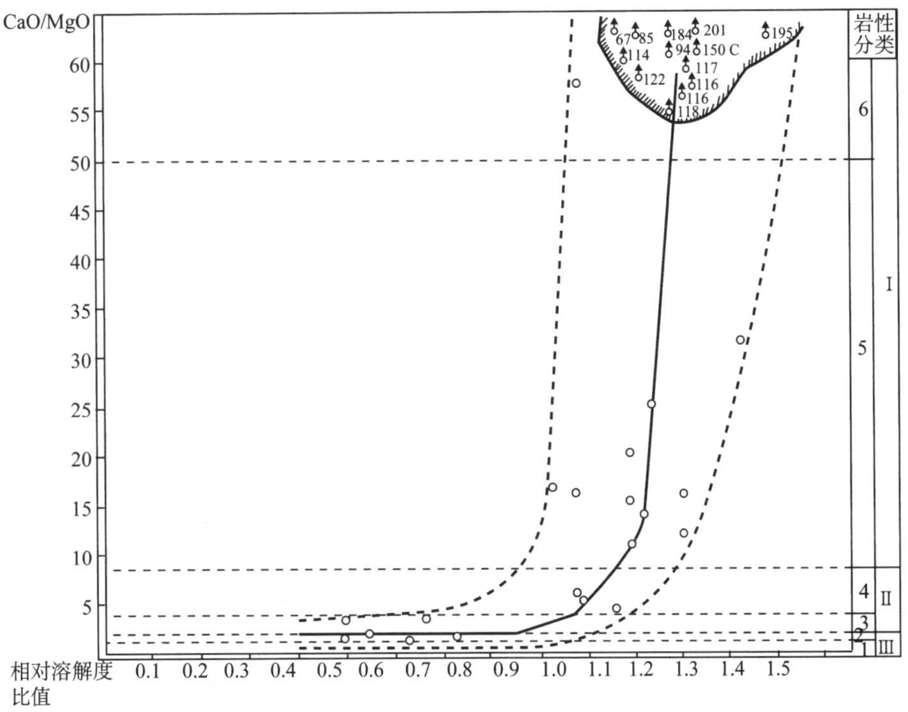

图 10　三叠系碳酸盐类地层 CaO/MgO 比值与相对溶解度值变化关系曲线图（四川及贵州部分地区）

（箭头旁数字为 CaO/MgO 比值，图内不能正确表示该点位置）

图 11 基本上说明石灰岩和白云岩类岩石（Ⅰ—Ⅲ类）的溶解度值，随着不溶物质（$SiO_2+R_2O_3$）等含量的增加而降低，当不溶物质的含量少于 5%时，其影响是不明显的。换言之，当非碳酸盐的矿物或化学成分的含量少于 5%时，碳酸盐类岩石的溶解度值与喀斯特化程度，就主要取决于其中方解石（$CaCO_3$）和白云石[$CaMg(CO_3)_2$]含量的比例以及其他因素的影响。另一方面，图中黑点所代表的实验样品，其不溶物质的含量很高，而仍具有较大的溶解度值，这是风化结果所造成的。所以，泥质灰岩、泥灰岩等，并不是非可溶性岩石（甚至不少碳酸质页岩等都可包括在内），只是其溶解度值较低，喀斯特作用微弱，当受构造破坏及风化影响时，仍可发生一定规模的喀斯特作用。

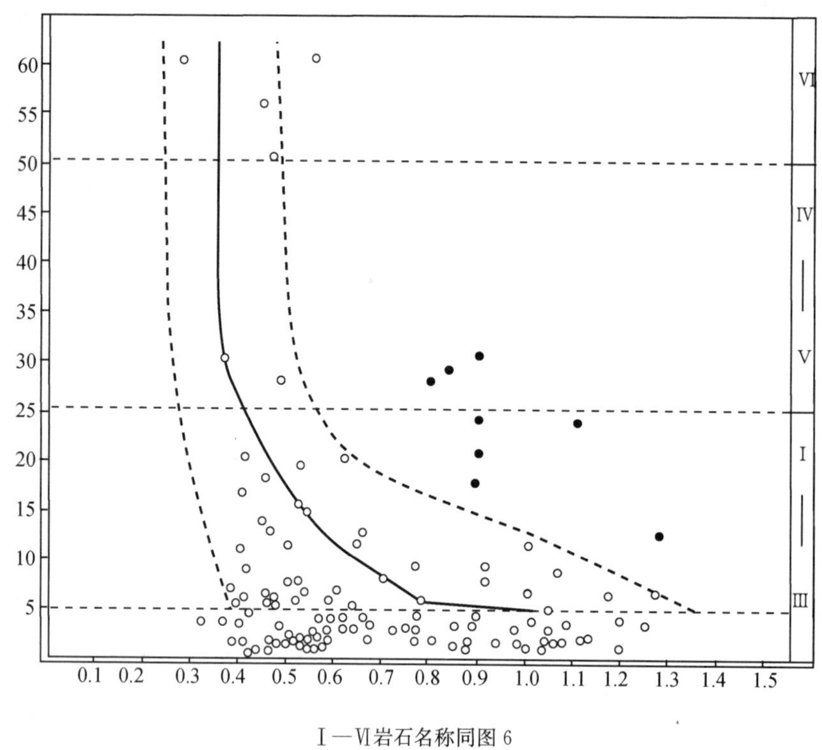

Ⅰ—Ⅵ岩石名称同图 6

图 11 碳酸盐类岩石 $SiO_2+R_2O_3$ 等不溶物含量百分数与相对溶解度比值变化关系曲线图

2.2 碳酸盐类岩石的组织结构类型及其溶解度

我国南方地区碳酸盐类岩层以化学沉积成因为主。化学沉积成因的碳酸盐类岩石的组织结构，据其对喀斯特作用的影响情况，可概括为六个主要类型：Ⅰ. 粗晶质粒状结构、Ⅱ. 中晶质粒状结构、Ⅲ. 斑晶—细晶质粒状结构、Ⅳ. 细晶—微晶质粒状结构、Ⅴ. 显微晶质条带状或脉状结构和Ⅵ. 显微晶质云雾状结构[7]（矿物直径 $D>0.5$ mm 的为粗晶质，0.25～0.5 mm 的为中晶质，0.1～0.25 mm 的为细晶质，0.01～0.1 mm的为微晶质，<0.01 mm 的为显微晶质）。其他各种过渡与复合的类型及亚类等是很多的，如镶嵌结构、鲕状结构、豆状结构、瘤状结构和纤维状结构等，都可分别从属于上述的六大类型中。现挑选出部分碳酸盐类岩石的显微镜鉴定的资料，作为上述组织结构类型的代表（图 12）。

一些同层位而组织结构不同的岩石的溶解度试验资料（表 2）表明，粗、中晶质可溶岩比细晶、显微晶质者常具有较大的溶解度。此外，图 8 中的 A 区，图 9 中的 B 区，以及图 10 中的 C 区所表示的实验结果都说明：虽然许多可溶岩的化学岩性相同，而其溶解度值变化却很大。从图 7—图 10 中 CaO/MgO 比值与相对溶解度的几个关系曲线，以及图 11 中 $SiO_2+R_2O_2$ 含量与相对溶解度的关系曲线来看，也都说明了这种实验结果的关系不是中间黑实线所能完善地表示的，而是由两条虚线所限定的条带才可以清楚地阐明其关系规律。这种现象的存在，除实验误差等其他原因的影响外，最主要是因岩石的组织结构

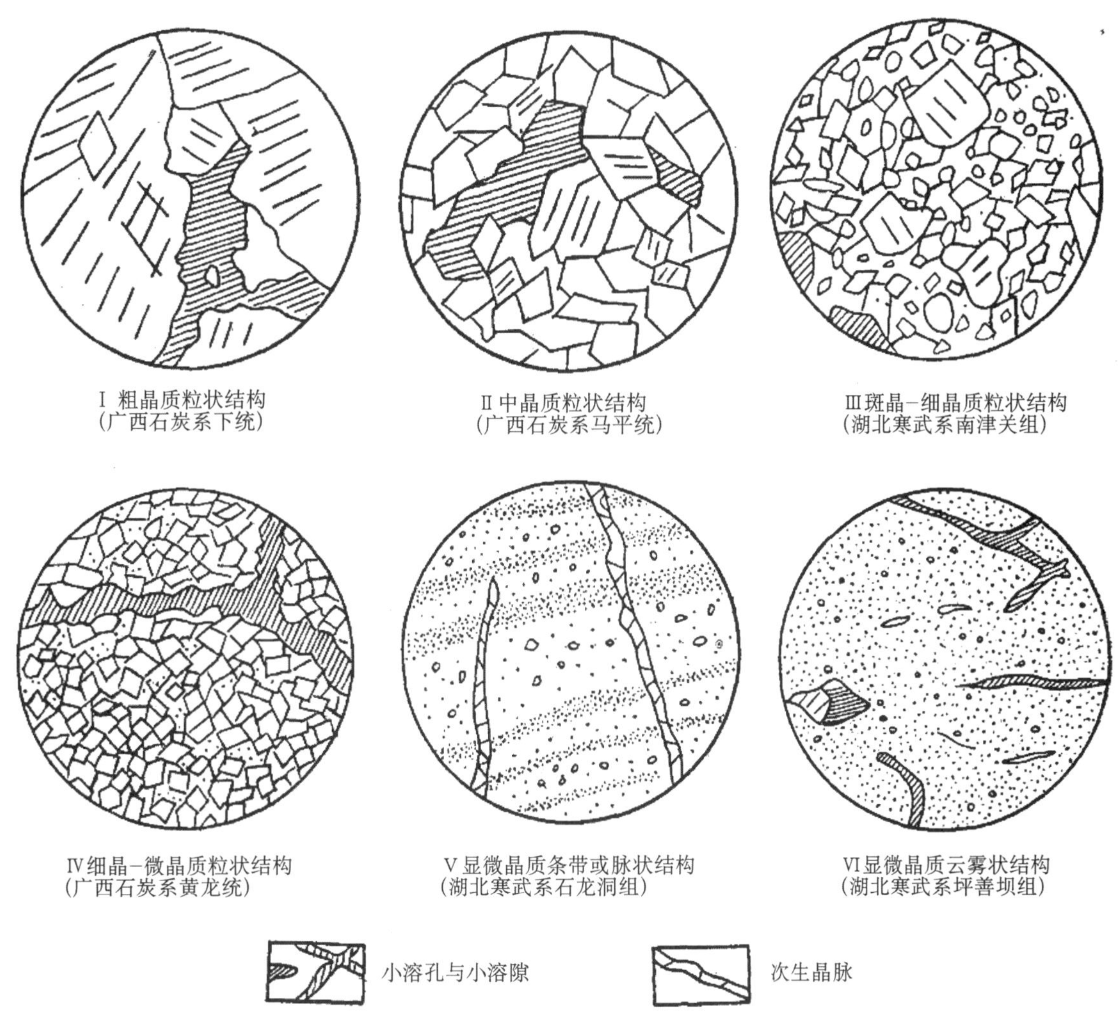

图 12　碳酸盐类岩石组织结构(主要的)大类型例图

的不同所造成。可以得出这样的结论：化学与矿物成分相同，而组织结构不同的碳酸盐类岩石具有不同的溶解度值，其喀斯特化程度也不尽相同。

表 2　可溶岩组织结构类型与溶解度值对照表

组次	1		2		3		4		5		6		7	
地层	O		O		Є		Є		Є		Є		Є	
岩性类型	灰白色 石灰岩类 Ⅰ		黑灰色 石灰岩类 Ⅰ		灰白色 石灰岩类 Ⅰ		灰白色 石灰岩- 白云岩类 Ⅱ		灰白色 白云岩类 Ⅲ		深灰色 白云岩类 Ⅲ		灰白色 石灰岩类 Ⅲ	
组织结构类型	Ⅳ	Ⅰ	Ⅳ	Ⅱ	Ⅵ	Ⅳ	Ⅳ	Ⅲ	Ⅲ	Ⅰ	Ⅲ	Ⅰ	Ⅵ	Ⅱ
相对溶解度值	0.48	0.70	0.33	0.64	0.47	0.52	0.54	0.67	0.47	0.58	0.43	0.53	0.48	0.78

显微晶质和云雾状结构的岩石(Ⅴ—Ⅵ类)，由于矿物颗粒微小，非可溶性的矿物质包围着方解石和白云石等，使水溶液不易与这些矿物直接接触而发生大量溶解作用；或微量溶蚀后，不溶残余物吸附于溶蚀面上，阻碍了水溶液与内部水溶性矿物的进一步加剧溶解。而粗、中晶质结构的岩石，不易受非可

溶性矿物的包围，水溶液可通畅地沿着节理、矿物晶面和劈理面浸透，使溶蚀作用得以不断地进行。这样也就弥补了粗晶、中晶质结构的岩石比细晶质的晶面总表面积之和较小这一不足之处，而使之仍具有较大的溶解度值。

南方地区的灯影统、马平统和阳新统中，具有不少 SiO_2 成分，多者可达 20%～30%[7]，由于岩石多为中、粗晶质结构，SiO_2 多呈石英晶体，所以溶解度值很大，喀斯特也很发育。总之，在不受构造破坏与风化作用影响的情况下，一般是粗晶、中晶质结构的岩石比细晶、显微晶质的具有较大的溶解度；在非可溶性物质含量极微量的情况下，中晶和粗晶质可溶岩间溶解度值的差异，则决定于晶面、劈理面和隐裂隙、隐节理的发育程度。

除了按上述的组织结构类型考虑碳酸盐类地层喀斯特化程度外，尚应考虑到石灰岩—白云岩间的各种结构类型与喀斯特化作用间的关系。关于白云岩的成因问题还存在着很多的争论。我国南方地区的白云岩多数是属于成岩白云岩类型。依照岩石中白云石和方解石的相互排列的关系，成岩白云岩主要的结构类型有：① 层块状结构，块状白云石和方解石交错相接；② 条带状结构，方解石和白云石带条状相间；③ 团簇状结构，方解石于白云岩中成团簇状分布；④ 散花状结构，残余方解石散花状分布于白云岩中；⑤ 残晶状结构，白云岩晶体外有方解石壳残留；⑥ 残脉状结构，残留着部分方解石脉于白云岩中；⑦ 散晶状结构，白云岩中有部分次生方解石晶体分布；⑧ 裹晶状结构，有去白云岩化的方解石未定晶分布；⑨ 全晶状结构，全为白云石晶体。随着喀斯特化作用的进行，产生去白云岩化作用，使由第 9 类型基本上逐渐依次演变为第 2 类型。有关不同成岩白云岩的结构类型的溶解度值大小，以及喀斯特程度的差异性问题，另文予以论述。但是，一般也可以认为，随着 $CaCO_3$ 含量的减少，从第 1 至第 9 类型，其溶解度值的变化渐次降低。

2.3 碳酸盐类地层建造组合类型及喀斯特化程度的差异性

我国南方各主要喀斯特化地层的岩性变化非常复杂，其组织结构也是多变化的。此外，我国南方白垩纪以后，喀斯特化时期(不包括冰期)多为炎热潮湿的气候，所以，白云岩和石灰岩及中、粗晶质与细、显微晶质岩石间溶解度值的差异，并不能鲜明地影响区域性喀斯特化程度的差异。喀斯特化程度区域上的差异性，除了受岩性与组织结构的影响外，主要取决于碳酸盐类地层建造组合的状况。根据物质[碳酸盐类中灰岩 $CaCO_3$＋白云岩 $CaMg(CO_3)_2$ 和泥质灰岩、泥灰岩＋页岩等(SiO_2＋R_2O_3 等为主)间的差别]、特性(溶蚀作用中的绝对溶解度、相对溶解度和溶蚀过程与特性的差异)、层与多层(层厚、同类层的连续层厚与他类层的相互关系，即多层或组的情况)及水动力类型(成岩时水动力与化学动力类型、主要是现代自然界中水动力类型)等因素，可将南方地区碳酸盐类地层划分为六个主要的建造组合类型(表 3)。简单地讲，建造只代表不同情况的层、多层等。

表 3　碳酸盐类地层建造组合类型简表

类别	岩层建造组合状况	代表性地层
Ⅰ	巨厚层、厚层碳酸盐类地层	广西、贵州、云南等地阳新统、湖北等部分奥陶系及灯影统等地层
Ⅱ	厚层、中厚层碳酸盐类地层	湖北寒武系南津关组、石龙洞组和奥陶系部分地层，广西等地马平统、黄龙统等地层
Ⅲ	以厚层、中厚层碳酸盐类地层为主，夹少量透镜状、条带状非碳酸盐类地层	湖北奥陶系地层下部、西南嘉陵江统中部，贵州玉龙山组、广西黄龙统和榴江组等部分地层
Ⅳ	以厚层、中厚层碳酸盐类地层为主，夹分布稳定的非碳酸盐类地层	湖北寒武系黑石沟组、贵州娄山关组及西南地区嘉陵江统的部分地层

（续表）

类别	岩层建造组合状况	代表性地层
Ⅴ	中厚层、薄层碳酸盐类地层，夹分布稳定的非碳酸盐类地层	湖北寒武系平善坝组、贵州下三叠系茅草铺组、广西北泗组及云南侏罗系上部等地层
Ⅵ	薄层碳酸盐类地层与非碳酸盐类地层互层	湖北寒武系上峰尖组、贵州志留系牛栏统、酒店垭统和泥盆系马家坳统等部分地层

注：巨厚层>1 m，厚层为 0.5～1 m，中厚层为 0.2～0.5 m，薄层为 0.05～0.2 m，板状层<0.05 m（均指单层的厚度）。

若干地层的溶解度值综合统计（表 4）表明，各地区随着地层建造组合类型由Ⅰ—Ⅳ类型的变化（暂缺Ⅴ—Ⅵ类型）而降低其溶解度值。因为在厚层、巨厚层的碳酸盐类地层中，一般都含有较少的不溶物，结晶颗粒也多为中、粗晶质，所以其溶解度值就较大，而且由于没有或极少有泥灰岩、页岩等，张开的节理和裂隙发育，水运动的条件较优越，因此喀斯特化程度就较剧烈。而薄层碳酸盐类地层中，一般都含有较多的不溶物，结晶颗粒也都多为细、显微晶质，其溶解度值也就较小；此外由于含有较多泥灰岩、页岩且多呈互层出露，裂隙节理多为闭合状态，水运动的条件也不良好，所以喀斯特化程度显然地就微弱得多。南方地区的重要强烈喀斯特化地层，基本上都是属于Ⅰ—Ⅱ类建造组合类型，而喀斯特化程度极微弱的地层，则多属于Ⅴ—Ⅵ类型。

表 4　南方主要喀斯特化地层平均溶解度值对照表

地区	地层名称	地层符号	地层建造组合类型	平均相对溶解度值	试验组数
四　川	嘉陵江统	T_2	Ⅱ＋Ⅲ	1.1	25[16]
湖　北	下奥陶统	O_1	Ⅰ＋Ⅱ	0.75	30
	三游洞组	Є$_3^3$	Ⅱ	0.67	9
	石龙洞组	Є$_1^3$	Ⅱ	0.65	9
	南津关组	Є$_3^4$	Ⅱ	0.57	29
	黑石沟组	Є$_3^2$	Ⅳ	0.57	30
广　西	阳新统	P_1	Ⅰ	1.01	717
	马平统	C_8	Ⅱ	0.93	60
	石炭系下统	C_1	Ⅱ	0.93	20
	黄龙统	C_2	Ⅱ＋Ⅲ	0.75	20
贵　州	阳新统	P_1	Ⅰ	1.01	7
	马平、黄龙统	C_2+C_3	Ⅱ	0.83	15
	玉龙山组等	T_1+T_2	Ⅱ＋Ⅲ＋Ⅳ	0.83	42
	娄山关组	Є$_{2+3}$	Ⅳ	0.53	3
云南	阳新统	P_1	Ⅰ	1.39	4
	嘉陵江统	T_2	Ⅱ	1.12	9

将湖北和广西、贵州两地区相比较，虽然地层建造组合类型相同，而湖北地区岩石溶解度值却要小些。广西阳新统、马平统都属于Ⅰ、Ⅱ类型的建造组合类型，平均相对溶解度值为 1.01 和 0.93，贵州阳新、马平统岩石的平均相对溶解度值为 1.01 和 0.83，而湖北地区属于Ⅰ、Ⅱ建造组合类型的三游洞组、南津关组和石龙洞组的平均相对溶解度值只有 0.57～0.67。这是由于湖北地区寒武系多以白云岩类岩石为主的缘故。这与前面所探讨的石灰岩类相对溶解度值近于 1，白云岩类相对溶解度值为 0.4～0.7 的结论相一致。所以，建造

组合类型中，层与多层因素是最根本的，物质和特性是次要的因素，可以作为进一步划分亚类的标志。

根据调查资料，把地形地貌、地质环境和喀斯特发育状况都基本相似的湖北和贵州两地区相比较，说明了喀斯特洞穴的发育程度是受地层建造组合类型紧密控制的(表 5)，喀斯特洞穴的发育程度(深切峡谷地区以洞穴为主要的喀斯特现象)随着Ⅰ—Ⅵ类型的变化而降低。同样，由于贵州地区的地层多为石灰岩类岩石，所以其喀斯特化程度比同类型(主要Ⅰ—Ⅲ类型)的湖北地区(白云岩为主)要剧烈些，洞穴体积率比值高 2～3 倍。这与相对溶解度值的差数基本上也是一致的。

表 5　喀斯特洞穴体积率与地层建造组合类型对比表

地　区	岩　性	地层符号	喀斯特洞穴平均体积率/($m^3 \cdot km^{-2}$)	喀斯特洞穴体积率比值	地层建造组合类型
湖北第四纪以来深切几百米的峡谷地区	厚层灰岩、白云岩，下部有些泥质灰岩	Ꞓ$_{2}$	17 350	394	Ⅰ＋Ⅱ
	厚层、中厚层硅质白云岩等，夹燧石层	Z_3	10 214	232	Ⅱ
	厚层白云岩夹少量泥质白云岩	Ꞓ$_{3}^{4}$	6 510	148	Ⅱ
	厚层、中厚层白云岩、灰岩夹少量页岩	O_2	3 693	81	Ⅲ
	厚层、中厚层白云岩夹少量泥质白云岩	Ꞓ$_{3}^{3}$	2 850	64	Ⅲ
	中厚层灰岩夹泥质灰岩和页岩	O_1	1 513	34	Ⅲ
	中厚层、薄层白云岩夹泥质白云岩、灰岩	Ꞓ$_{3}^{2}$	1 110	25	Ⅳ
	薄层硅质白云岩夹页岩、泥灰岩	Ꞓ$_{2}^{1}$	167	3.7	Ⅴ
	薄层白云岩、泥灰岩和页岩互层	Ꞓ$_{3}^{1}$	44	1	Ⅵ
贵州第四纪以来深切几百米的峡谷地区	厚层、中厚层灰岩、白云岩	T_1^2	43 900	999	Ⅰ
	厚层夹少量薄层白云岩	Ꞓ$_{2+3}^{1}$	24 150	549	Ⅱ
	中厚层及薄层灰岩	P_1	12 720	288	Ⅲ
	中厚层、薄层灰岩夹少量泥质灰岩	T_2^1	3 460	78	Ⅳ
	中厚层、薄层灰岩夹少量泥质灰岩	T_2^{3-1}	2 457	56	Ⅳ
	中厚层、薄层白云岩、泥质灰岩	T_2^{3-3}	52.2	1.2	Ⅳ
	中厚层、薄层白云岩夹泥灰岩、页岩	Ꞓ$_{2+3}^{2}$	73.5	1.7	Ⅳ
	薄层、中厚层白云岩、泥灰岩互层	T_2^{3-2}	25.9	0.59	Ⅴ＋Ⅵ

注：1. 于单位面积内调查、统计所得喀斯特洞穴平均体积率，只包括人可通行的洞穴，喀斯特裂隙及溶孔等不计在内；
2. 喀斯特洞穴体积率比值的计算，以Ꞓ$_{3}^{1}$(Ⅵ类型)岩层内 44 m^3/km^2 为基数，该层比值为 1。

3　水溶液的性质及其侵蚀性

3.1　水溶液的侵蚀性

水溶液的成分、结构与性质决定着它的侵蚀溶解能力，并直接影响到喀斯特作用。水对硫酸盐类地层的溶解作用，多通过 CO_2 的侵蚀性进行。我国南方当代的地表水和地下水的水质类型多为 HCO_3—Ca—Mg 型，矿化度一般都低于 500 mg/L，有的每升只有几十毫克，(由于水流循环极其迅速，运动途径极短)，游离 CO_2 普遍较大量存在，一般都具有较大的溶解能力。空气、土壤中 CO_2 的存在，为渗透水流中的 CO_2 的基本补充来源。南方现今属温带、亚热带(少数热带)气候，炎热潮湿，雨量充沛，微生物、细菌等活动易于分解有机质等，这些都是水溶液中的 CO_2 的来源有充分保证的基本条件。第三纪、第四纪各喀斯特化时期(不包括冰期)的水质情况，估计与现代相近似[1]。

不同的水文地质与地球化学环境，渗透水流的性质及其侵蚀能力的表现也是不同的[36]。裸露的喀斯特地区多为自由无压状态的水溶液环境，渗透水溶液中 CO_2 的含量不稳定，易于向空气中扩散，但是空气与土壤中的CO_2又很容易重新溶解到水溶液中去。因此，裸露的喀斯特地区，水溶液对水溶岩的碳酸性的侵蚀溶解作用，大于上部地块剧烈地进行，而发育有许多地表喀斯特现象，如洼地、落水洞、石林和峰林等。大的溶洞、通道与暗河等也多发育于饱和带的上部。云贵高原、川东和鄂西等上升地区，地下水平均深埋达百米以上，饱和带中地下水每渗流百米途径后，Ca^{2+}、Mg^{2+}离子平均增加0.6～1.5 mg/L，总矿化度增加3～5 mg/L。而垂直循环带中，水流渗透百米后，平均Ca^{2+}、Mg^{2+}离子为30～60 mg/L，总矿化度达150～250 mg/L。这种现象说明裸露或半裸露的喀斯特地区，地表及地下浅处的水溶液易于得到CO_2的补充，其侵蚀溶解能力比深埋的饱和带中的地下水强百倍以上。

掩盖或覆盖的碳酸盐类地层中，水溶液多处于半密闭或密闭的状态，CO_2的逸散受到限制，溶于水中的CO_2被渗透带入密闭环境的深处（如以非喀斯特化地层为顶板的向斜内部，或喀斯特化地层处于厚度较大的土层下），仍可强烈进行侵蚀溶解作用。所以，我国南方一些具有较多非可溶性夹层而褶皱又剧烈的地区，虽然地表喀斯特地层出露不多，峰林、洼地等现象也少，而地下深处喀斯特仍有一定程度的发育。例如，云南东北部某地，两河相距9 km，除河谷处有二叠系灰岩出露外，基本上为一向斜构造，上覆玄武岩层厚度达几百米至千米以上，但是喀斯特却切穿了整个分水岭而剧烈地发育着，使高河谷的河水可渗流9 km而于低河谷地带成大泉水排出①。

我国南方多金属矿体，易于氧化而产生SO_4^{2-}、NO_3^{2-}等离子，使水溶液具有更大的侵蚀性，所以矿体周围喀斯特都比较强烈地发育着。如图13所示②，金属矿体周围SO_4^{2-}离子含量可达100 mg/L以上，1 km以外南部地区的含量小于10 mg/L；喀斯特洞穴也是于矿体周围有较多的分布，远离矿体则有减少的趋势。

水溶液中CO_2的含量通常随温度的升高而减少，但另一方面，CO_2的热力扩散作用随着温度的升高而增强。南方地区虽然气温高，但CO_2来源丰富，所以温度的影响主要是增强CO_2的热力扩散作用，加强水溶液的溶解能力，使喀斯特作用较强烈地进行。除温度因素外，水溶液的侵蚀溶解能力尚受许多因素的影响，如压力、流速等。

3.2 地球化学环境与水溶液性质

水的成分性质及其侵蚀性受很多因素的影响，其中地球化学环境是最重要的，它不仅决定了水中离子的来源、种类，而且进一步决定了这些离子扩散溶解、交替化合的基本状况。在喀斯特作用中，不仅发生水溶液对可溶岩的溶解作用，而且也产生化学的结晶、沉积与充填作用。

碳酸盐类地层分布的地区，水溶液中Ca^{2+}和Mg^{2+}离子含量的比值，常和岩石中Ca、Mg物质含量的比值相近似[28]。1956年笔者曾注意到华北某地硅质灰岩地区断层带中Ca^{2+}物质特别富集，该带中地下水内Ca^{2+}含量也比其他地下水多。所以，根据岩石与水溶液中Ca、Mg等成分的含量变化，可对照出不同地区溶解作用的差异情况③。另外，根据Ca/Mg离子的比值的变化情况，就可以判断水溶液中的次生沉积及其变异作用问题④。现将一些地区水溶液中Ca/Mg比值与当地碳酸盐类岩石中Ca/Mg比值的对照情况列于表6中。在白云岩为主的地区，C_A即为白云岩中Ca、Mg元素的组合系数，其值固定为1.68左右，切林嘉尔采用的为2左右[28]。当$R_B=1$时，说明水溶液均匀地溶解了该地层中碳酸盐矿物；$R_B>1$时，水溶液多溶解了$CaCO_3$（主要灰岩地区）；$R_B<1$时，水溶液多溶解了$MgCO_3$，或有$CaCO_3$的次生结晶和沉积作用发生。

---

① 昆明水电院林仁惠、张汝清等提供的资料。

② 某地质队任康华等提供的资料。

③ 研究报告。

④ 1963年地质部编的水文地质学。

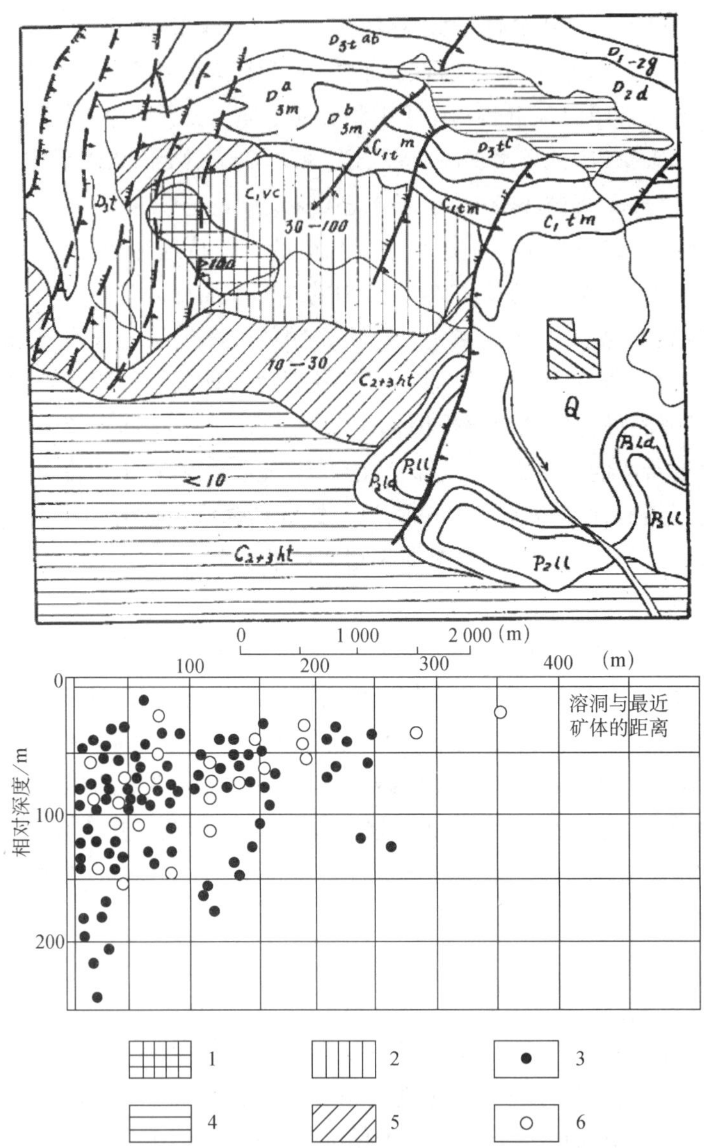

1. SO_4^{2-} 离子>100 mg/L，2. SO_4^{2-} 离子 30—100 mg/L，3. 钻孔中小于 5 m 的溶洞，4. SO_4^{2-} 离子<10 mg/L，5. SO_4^{2-} 离子 10—30 mg/L，6. 钻孔中大于 5 m 的溶洞

图 13　某矿体水溶液 SO_4^{2-} 离子含量及溶洞发育关系图

表 6　水溶液与岩石中钙、镁成分对照表

各项比值与系数	滇东石灰岩为主地区	鄂西白云岩为主地区			
水溶液中平均 Ca、Mg 离子比值 $R_A = \frac{N-Ca}{N-Mg}$	$\frac{100}{12}=8.3$	$\frac{23}{22}=1$	$\frac{79}{14}=5.7$	$\frac{73}{29}=1.8$	$\frac{48}{28}=1.68$
碳酸盐岩石中 Ca、Mg 成分的比值 $C_A = \frac{CCa}{CMg}$	133	2	3	3	1.68
超溶系数或水溶液化学沉积指示系数 $R_B = R_A/C_A$	$0.06<1$	$0.5<1$	$1.9>1$	$0.6<1$	≈ 1

4 喀斯特水动力条件

喀斯特发育的状况在很大程度上受水动力条件的影响与控制[3,24]。我国南方地区喀斯特水动力条件基本上有十二大类型[3]。在不同水动力条件类型的地区,喀斯特发育的状况也不同。地台或褶皱不剧烈的地区,多分布着近于水平或单斜的地层,其水动力条件与强烈褶皱或准地槽地区是不相同的。因限于篇幅只将前者地区中水动力条件的四大类型予以简单论述,见表7及图14—图19。(其他八大类型请参阅文献[3]。本文未作修改与补充。)

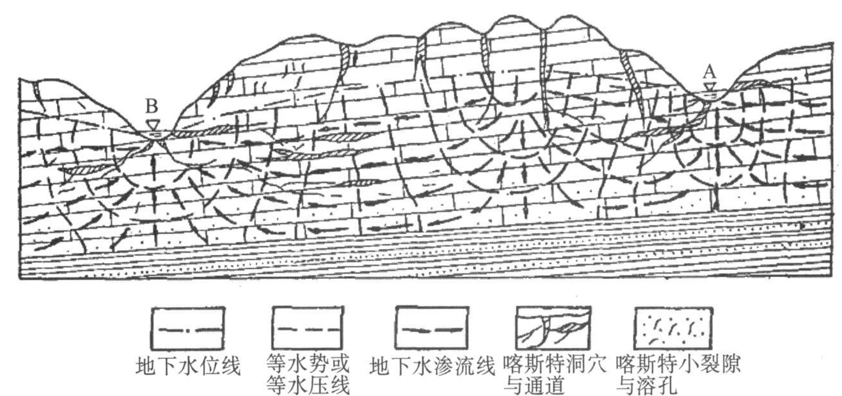

图14 Ⅰ河谷间有地下水分水岭的山区喀斯特水动力条件示意图

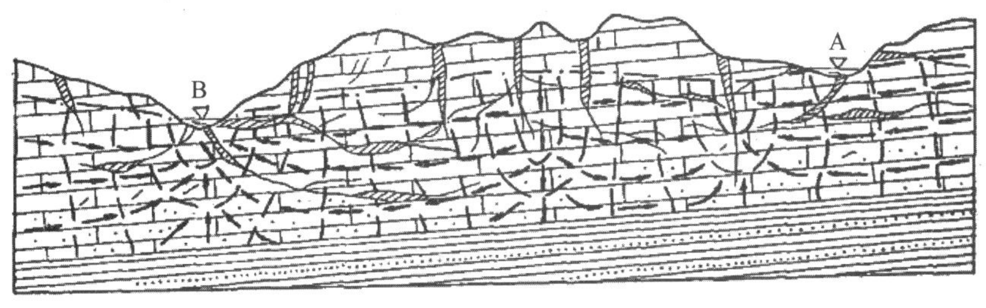

图15 $Ⅱ_1$-河岸喀斯特剧烈发育的山区喀斯特水动力条件示意图

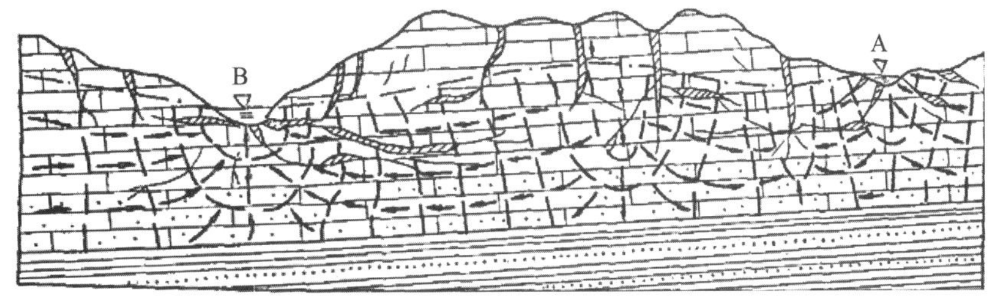

图16 $Ⅱ_2$ 两河岸喀斯特剧烈发育的山区喀斯特水动力条件示意图

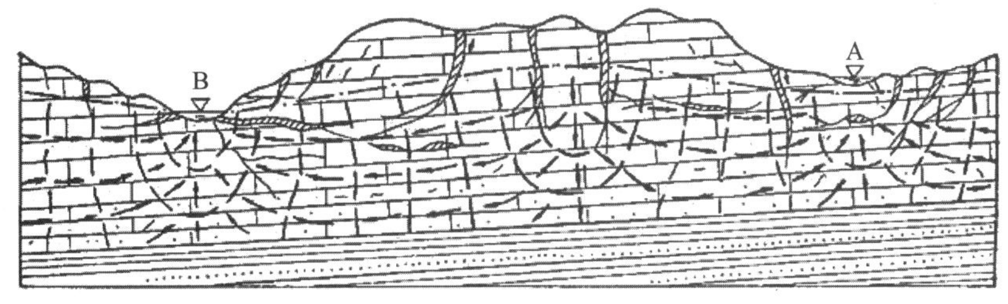

图17 $Ⅱ_3$-河床喀斯特剧烈发育的山区喀斯特水动力条件示意图

表 7　喀斯特水动力条件类型简表

序号	类　　型	主要控制因素	水动力基本特征	喀斯特发育的基本状况	主要分布地区
Ⅰ	河谷间有地下水分水岭的山区喀斯特水动力条件	主要补给区的面积、地形地貌、不透水层产状、排泄区河谷形态和排泄区至地形分水岭间高差	有垂直循环带和季节变化带；地下水分水岭与河水间高差达百米以上；无良好隔水层时，饱和带厚达二百至数百米；接近不透水层的深处，水流运动缓慢；饱和带水向两河谷排泄	补给区及排泄区均可发育垂直及倾斜喀斯特形态，排泄区和运动区均发育近于水平的溶洞，运动区饱水带以上也可发育垂直喀斯特现象	长江、乌江、清江、南盘江、嘉陵江和红水河等深切峡谷的主干流地区
$Ⅱ_1$	一河岸喀斯特剧烈发育的山区喀斯特水动力条件	补给区地形地貌、不透水层产状、河谷形态、地形高差、构造断裂的产状与性质、前期古河道、洼地及喀斯特通道形态与性质	分水岭运动区及 A 河谷；一河岸的排泄区均有垂直循环带和季节变化带；A 河谷的河水和两岸地下水向一岸运动，纵向排至下游河谷；其他同Ⅰ类型	A 河谷一河岸的排泄区附近喀斯特发育，有平行河谷的纵向喀斯特通道存在，A 河谷下可发育有横连两岸的近水平喀斯特通道；其他同Ⅰ类型	上述地区的部分地段，及一些大支流
$Ⅱ_2$	两河岸喀斯特剧烈发育的山区喀斯特水动力条件	同上	分水岭、运动区及 A 河谷两岸的排泄区均有垂直循环带和季节变化带；A 河谷的河水向两岸排泄；其他同Ⅰ类型	A 河谷两岸的排泄区附近喀斯特均发育，都发育有纵向通道，A 河谷下以垂直及倾斜喀斯特现象为主；其他同Ⅰ类型	同上
$Ⅱ_3$	一河床喀斯特剧烈发育的山区喀斯特水动力条件	河床覆盖层的产状与性质，其他同上	A 河谷河水与地下水失去密切水力联系，部分河水向两岸及河床下渗透；分水岭、运动区及该河谷均有垂直循环带和季节变化带。其他同Ⅰ类型。	A 河谷喀斯特均较发育，与河水相接触地带喀斯特现象多为覆盖层、残余物等所充填，或河床下垂直喀斯特现象少，多为平行河床的纵向通道	贵州猫跳河、云南以礼河等部分河段及一些支流
$Ⅲ_1$	河谷间无地下水分水岭(一河谷一岸喀斯特剧烈发育)的山区或丘陵区喀斯特水动力条件	地形分水岭切割破坏情况、喀斯特发育的规模、河谷间构造破坏情况，古沟谷和洼地的分布与性质、溶蚀残余物与覆盖层的分布等	河谷间地下水分水岭消失，A 河谷的河水及地下水排向 B 河谷的一岸；其他同$Ⅱ_1$类型	运动区内喀斯特发育较Ⅱ类型强烈，两河谷间经常发育有暗河或集中渗流的大型通道。其他同$Ⅱ_1$类型	广西红水河的一些支流、云南红河的小支流，及各地古老剥夷面上的小溪沟

（续表）

序号	类　型	主要控制因素	水动力基本特征	喀斯特发育的基本状况	主要分布地区
$Ⅲ_2$	河谷间无地下水分水岭（一河谷两岸喀斯特剧烈发育）的山区或丘陵区喀斯特水动力条件	同上	河谷间地下水分水岭消失，A 河谷河水排向两岸，一岸的地下水又直接排向 B 河谷，其他同 $Ⅱ_2$ 类型	A 河谷两岸的纵向通道与横切地形分水岭间的暗河与通道相交汇，其他同上	桂中、桂西的一些地区，及云贵高原面上一些小溪流
$Ⅲ_3$	河谷间无地下水分水岭（一河谷河床喀斯特剧烈发育的山区或丘陵区喀斯特水动力条件	河床下岩体内喀斯特化程度的差异性、覆盖层和充填物的性质与分布，其他同上	A 河谷河水与地下水失去密切的水力联系，A 河谷两岸地下水或部分河水排向 B 河谷；其他同 $Ⅱ_3$ 类型	A 河谷除发育有平行河谷的纵向通道外，尚发育有大型通道与暗河，通至 B 河谷及另外河谷，其他同 $Ⅲ_1$ 类型	同上
Ⅳ	峰林洼地或喀斯特准平原区喀斯特水动力条件	地形与地貌、河谷间距与高差、喀斯特现象的性质与分布、岩层产状、覆盖层和充填物的分布与性质等	有垂直循环带及季节变化带，河谷地表水流有的呈悬挂状（或悬托状），有的与地下水有联系，可由喀斯特通道虹吸饱和带水至地表沟谷，或吸收地表水入地下，一般无地下水分水岭，局部地区有季节性地下水分水岭	河谷及垂直循环带均有垂直喀斯特通道与现象，饱和带水面下以近于水平通道、溶洞和暗河为主	广西桂中等喀斯特峰林及准平原地区，和云贵高原鄂西等地古喀斯特准平原面上的一些地区

注：进一步划分水动力条件类型时，参考了任钟魁、姜德甫、费英烈、林仁惠、张汝清等提供的若干宝贵资料。

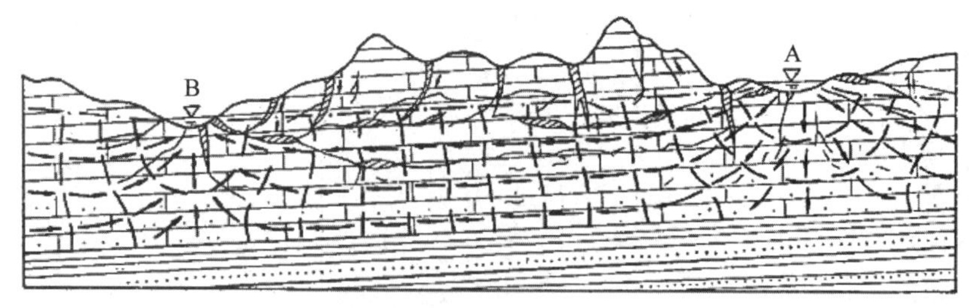

图 18　Ⅲ$_2$ 河谷间无地下水分水岭(A 河谷两岸喀斯特剧烈发育)的山区或丘陵区喀斯特水动力条件示意图(Ⅲ$_1$、Ⅲ$_3$A 河谷形态及水力运动情况同Ⅱ$_1$、Ⅱ$_3$ 图,此处省略)

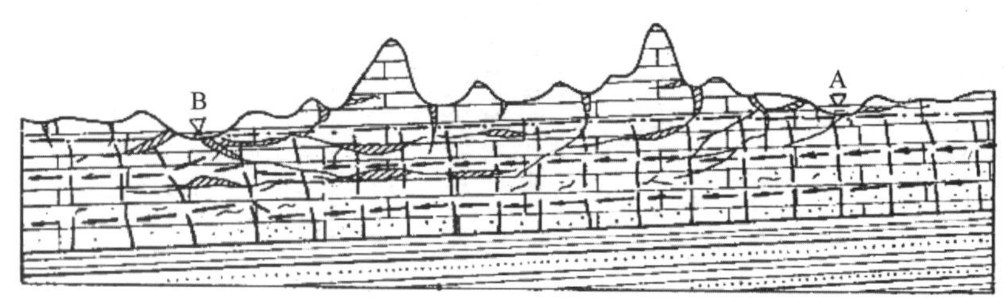

图 19　Ⅳ喀斯特准平原和峰林区的喀斯特动力条件示意图

注:图 14—图 19 中的地下水动力网是根据野外勘探资料及水电比拟试验加以综合概括的,供了解喀斯特水运动状况的一般参考。

地壳较稳定地区,在升降运动不剧烈的状况下,通常随着喀斯特逐渐剧烈发育的结果,水动力条件也依次由Ⅰ类型转变为Ⅳ类型。演变的过程主要有下列几种次序:

第 1,Ⅰ→Ⅱ$_1$→Ⅲ$_1$→Ⅳ类型;第 2,Ⅰ→Ⅱ$_2$→Ⅲ$_2$→Ⅳ类型;第 3,Ⅰ→Ⅱ$_3$→Ⅲ$_3$→Ⅳ类型;第 4,Ⅰ→Ⅱ$_1$→Ⅱ$_2$→Ⅲ$_2$→Ⅳ类型;第 5,Ⅰ→Ⅱ$_1$→Ⅱ$_2$→Ⅱ$_3$→Ⅲ$_3$→Ⅳ类型;第 6,Ⅰ→Ⅱ$_1$→Ⅲ$_1$→Ⅲ$_2$→Ⅲ$_3$→Ⅳ类型;第 7,Ⅰ→Ⅱ$_1$→Ⅱ$_2$→Ⅲ$_2$→Ⅲ$_3$→Ⅳ类型;第 8,Ⅰ→Ⅱ$_2$→Ⅲ$_2$→Ⅲ$_3$→Ⅳ类型。

受强烈地壳运动影响的结果,这种变化可以逆向进行,于是其变化的过程就更复杂了。

5　结语

本文只针对南方主要典型地区的喀斯特发育史、喀斯特发育基本条件中的若干一般问题作了探讨。通过上面的探讨,可以得出以下几点结论。

(1) 南方喀斯特化时期是很多的,其中以白垩纪末或至第三纪初、中第三纪或至第三纪末和第四纪以来至现代三期最为明显,并且各地可初步进行对比。

(2) 在通常气温、气压下,石灰岩类比白云岩类岩石具有较大溶解度,喀斯特化程度也较剧烈。在不受构造破坏与风化影响条件下,溶解度值随着碳酸盐类岩石中不溶物质含量的增加($SiO_2+R_2O_3>5\%$时)而降低。

(3) 碳酸盐类岩石的组织结构基本上可分六大类型(按晶粒大小)。通常,中晶、粗晶质结构的岩石比结晶、显微晶质岩石具有较大的溶解度,中晶和粗晶质岩石间溶解度的差异,则决定于晶面、劈理面、隐节理等的发育状况。

(4) 碳酸盐类地层的建造组合类型基本上有六大类,其喀斯特化程度一般随厚层、泥灰岩及非可溶性地层较少向薄层、泥灰岩和非可溶性地层增多的变化而降低。

(5) 南方地区水溶液多具有较大的碳酸侵蚀性,有利于喀斯特作用的进行;在不同的环境中,水溶液的性状及其溶解能力也不相同。

(6) 水溶液中 Ca^{2+}、Mg^{2+} 离子的比值常和当地碳酸盐类岩石中 Ca、Mg 成分比值相近似,根据水溶液中 Ca^{2+}、Mg^{2+} 比值的变化情况,可判断水溶液的变质作用、溶解作用特性和次生结晶与沉积的状况。

(7) 喀斯特水动力条件对喀斯特的发育具有重大的关系，我国南方地区喀斯特水动力条件可分为十二大类型，以前四类型为最主要，并有一定的演变关系。

我国南方地区喀斯特发育基本规律问题是非常复杂的。由于掌握资料的片面性，不妥之处实是难免，望同志们指正。限于篇幅，正文中未能将有关研究者及其论著的观点一一列出，敬希见谅。最后，修改删节本文时得到陈梦熊、戴广秀工程师的宝贵意见，并蒙陈岐、戴英同志帮助清绘部分插图，谨此致谢。

参考文献

[1] 卢耀如.略论喀斯特——读“六郎洞喀斯特的水源问题”一文随笔[J].水文地质工程地质，1958(1)：17-21.

[2] 卢耀如.谈谈目前喀斯特研究工作中的几个问题[J].水文地质工程地质，1960(3)：17-20.

[3] 卢耀如.喀斯特水动力条件的初步研究(摘要)[M]//全国喀斯特研究会议论文选集.北京：科学出版社，1962.

[4] 刘国昌. 从中国南部喀斯特谈有关喀斯特发育的几个问题(摘要)[M]//全国喀斯特研究会议论文选集.北京：科学出版社，1962.

[5] 任美锷. 遵义附近地形之初步研究[J].浙江大学文科研究所史地学部丛刊，1943(1).

[6] 任美锷. 喀斯特学的现状与展望[J].地理，1962(5).

[7] 地质部水文地质工程地质研究所. 喀斯特地区综合性地质-水文地质测量工作方法指南(比例尺 1∶10 万—1∶50 万)[M].北京：地质出版社，1959.

[8] 吴汝康. 广西柳江发现的人类化石[J].古脊椎动物与古人类，1959.1(3)：5-12.

[9] 李四光，等. 峡江地质及长江之历史[J].中国地质学会会志，1924，3(3-4).

[10] 李粹中，张寿越，何宇彬，等. 广西喀斯特发育的基本规律[M]//全国喀斯特研究会议论文选集.北京：科学出版社，1962.

[11] 邹成杰，戴景春. 贵州猫跳河流域喀斯特发育的基本特征[M]//全国喀斯特研究会议论文选集.北京：科学出版社，1962.

[12] 杨怀仁. 贵州中部之地形发育[J].地理学报，1944(11)：1-14.

[13] 陈述彭. 西南地区的喀斯特地貌[J].地理知识，1954，5(3).

[14] 林华志. 贵州梅花山隧道的工程地质条件[J].水文地质工程地质，1959(5)：12-17.

[15] 高振西. 喀斯特地形略论[J].地质论评，1936，1(4).

[16] 钱学溥. 重庆附近嘉陵江石灰岩喀斯特水文地质及温泉成因的探讨[M]//水文地质工程地质论文集第 1 集，北京：地质出版社，1958.

[17] 钱学溥. 石灰岩矿物成分和粒度与溶解速度的关系[J].水文地质工程地质，1958(10)：18-21.

[18] 袁复礼. 长江河流发育史的补充研究[J].人民长江，1957(2)：3-11.

[19] 贾兰坡. 长阳人化石及共生的哺乳动物群[J].古脊椎动物学报，1957，1(3).

[20] 贾兰坡. 广西来宾麒麟山人类头骨化石[J].古脊椎动物与古人类，1959，1(1).

[21] 索科洛夫 Д.С.. 喀斯特发育与地史关系[J].人民长江，1957(2).

[22] 黄万波. 广西喀斯特洞穴初步认识[M]//全国喀斯特研究会议论文选集.北京：科学出版社，1962.

[23] 鲁昭璇. 论石灰岩地形[M].北京：商务印书馆，1959.

[24] 雷科申 А.Г.. 地台区喀斯特发育的某些水动力条件[M].北京：水利电力出版社，1959.

[25] 鲁欣 Л.Ь.. 沉积岩石学原理[M].北京：地质出版社，1955.

[26] 戴广秀，殷正宙. 对鄂西中生代后期至今地质史的意见[J].水文地质工程地质，1958(7).

[27] BURWELL E B, MONEYMAKER B C. Geology in dam construction, Application of geology to engineering practice [J]. The Geol. Soc. of Amer. Berkey Volume.

[28] CHILINGAR G V. Relationship between Ca/Mg ratio and geologic age[J]. Bull. of Amer. Assoc. of Petro. Geol. 1956, 40(9).

[29] DAVIS W M. Origin of limestone Caverns[J]. Bull. of the Geol. Soc. of Amer, 1930(41).

[30] GRABAU A W. A textbook of geology[M]. 1920.
[31] NORTH F J. Limestone[M]. New York，1930.
[32] SWINNERTON A C. Origin of Limestone caverns[J]. Bull. of the Geol. Soc. of Amer，1932(43).
[33] Гвоздецкий Н А. Карст. Географгиз.
[34] Родионов Н В. Инженерно-геологические исследования в карстовых районах. Госгеолте-хиздат，1958.
[35] Рыжиков Д В. Природа карста и основные закономерности его развития（На примерах урала）. Труды горно-геологического института. Изд. АН СССР，1954.
[36] Соколов Д С. Основные условия развития карста. Госгеолтехиздат，1962.

初论喀斯特的作用过程及其类型[①]

卢耀如　赵成梁　刘福灿

> 如果人们不去注意事物发展过程中的阶段性，
> 人们就不能适当地处理事物的矛盾。
>
> 《矛盾论》,《毛泽东选集》第一卷，第 302 页

喀斯特是水溶液和水溶岩矛盾表现的一种自然现象。喀斯特表现出来的一切现象，就是在水溶液和水溶岩之间的矛盾变化中展开的。所以，研究喀斯特发育的基本规律，必然要涉及喀斯特作用阶段的划分、作用过程的分析等问题。

研究喀斯特也和研究其他自然现象一样，人们总想对喀斯特的类型进行划分。当然，正确地划分喀斯特类型，有助于研究工作的进行，有助于认识这种自然现象，可起指导与参考的作用。目前，喀斯特类型的划分是多种多样的，但多数学者都忽视了这一点：进行喀斯特类型的划分，必须以研究喀斯特作用过程为基础，从中分析出不同的喀斯特发育阶段，并相应考虑其他地质作用的影响，然后再概括其类型，这样才能较客观地反映这种自然现象，类型才具有真正的典型性。本文仅就这方面问题作些探讨。

1　若干地貌学上的名词与理论概念的引子

研究喀斯特常涉及地貌问题。首先，就这方面有关的理论概念作些简单介绍，并与同仁们商榷。欧洲文艺复兴时代，意大利水力学者把均衡剖面的概念引到科学界中来，伽利略(1564—1642)和顾格列尔曾断定了河床纵剖面呈凹形的特性，瑞士学者多斯于 1872 年才确定了均衡剖面的概念。依照多斯的见解，河流剖面的变化一直继续到侵蚀力量减弱，到河床的阻力相等的时候。多斯把这种剖面形态叫作终极形态或均衡形态。三年后，J.W.保维尔(Powell)把实际上不再降低的这种河流剖面叫做基准面，以海水准面为总基准面，另外也认为主流底部的水准面就是侵蚀基准面。此后，A.彭克(Penck)等都对均衡剖面提出了不同的认识，彼此虽有所反对，但也有共同之点。

正如 K.K.马尔科夫(Марков)所总结的：① 所有学者显然都同意这一点，就是随着时间的推移，河流既通过河底的侵蚀，同时也通过河谷底部的冲积物堆积，而形成了比较均匀或均匀的河床垂直纵剖面，均夷剖面的形成——这可以说是侵蚀学中公认各点中的一个。② 大多数学者认为，在均夷剖面形成之后，河流仍在继续逐渐地降低它。根据这观点，可分出两个概念：河流的均夷(正常的剖面)及河流的终极剖面。谈到河流均衡剖面时，许多学者都认为“力”(水量及其流速)与“阻力”(冲积物的数量与颗粒大小)之间有一定的均势，在达到这种均势后，河流中止了它对基岩河床的磨蚀。

随着均衡剖面概念的发展，引起了一系列关于各种剥蚀面、夷平面、平原、准平原等概念的产生，说明对自然侵蚀作用等问题的研究也更宽广了。1889 年 A.彭克和 W.M.戴维斯(Davis)同时提出了剥蚀面之类的概念。彭克把均夷面叫作波状平原(wellungsebene)，戴维斯则称之为准平原(peneplain)。这

---

① 卢耀如，赵成梁，刘福灿. 初论喀斯特的作用过程及其类型[C]// 第一届全国水文地质工程地质学术会议论文选编(喀斯特问题专辑)，1966.

两个概念都表示由于侵蚀作用而削低了的地区所具有相对起伏变化不大的一个地形面。以后，V.李希霍芬(Richthofen)和彭克又提出了残余面的概念。戴维斯的准平原概念在国内外流传得较广。戴维斯考虑高准平原山地，提出了隆起的准平原的概念。关于准平原——剥蚀水准面间一系列的问题，就在各个地貌学者间引起了极大的兴趣。但是，各种学说都是以彭克和戴维斯的理论为基础。

D.W.约翰逊(Johnson)于1916年曾划分过各种成因的不同地貌水准面(plan)，他认为戴维斯的准平原只是指侵蚀平原与类平原，而均夷面可能有几种不同的成因，所以就必须用另外一个还未获得侵蚀意味的术语表示。此后，许多国内外学者如O.摩尔(Maull)、O.D.恩格尔英(Engeln)、K.K.马尔科夫、沈玉昌等划分了各种平原类型的地貌形态。目前，我国有关人员对这种“面”与平原的命名是极不一致的。黄培华曾强调了剥蚀面和夷平面的不同意义。

戴维斯在达尔文进化论与莱依尔学说的影响下，于19世纪末至20世纪初提出了地貌现象与地理景观的循环学说，对影响地形发育的多种多样的因素都作了考虑。如营力、阶段(年龄)、构造等，并区分出若干地形发育循环，如侵蚀、荒漠、冰川、海蚀等循环。总的说来，戴维斯把地形发展分为三个阶段，即幼年、壮年和老年期，并把地形循环看作是封闭的，地形的发展是周而复始，重复以前的发展阶段和地形景象。其缺点正如H.B.杜米特拉什柯等所批评的：“把地形的发育过程归结为现象的重复与简单的交替，归纳为机械狭隘的运动与平衡的原则。”

W.彭克于1919年起把大地构造中岩浆学派及地壳隆起的观念引入地貌学中来，发展了山地均夷面的概念，并把长期上升地区的地形发育分为五个阶段。彭克去世后的一年(1924)，出版《地形分析》(*Die morphologische Analyse*)一书中，说明了地壳上升、分水岭剥蚀、河谷加深与地面发育间的关系，以研究实地考察所能直接达到的地面形状和外力作用的方法来推溯构造运动。彭克用微分法和图式来说明，并分析了地壳上升的数量和地壳削低的数量，以说明地形的发育。这些学说都是有价值的。但是，彭克的山前梯地的学说也遭到了批判。

戴维斯和彭克间学说的差异表现于，戴维斯把地壳上升看作孤立和静止的，突然爆发而上升的，由于这种上升运动结果，而使轮回发生了变化，而彭克却是把上升和侵蚀作用一并予以考虑，以划分地形的发展阶段。

关于地形地貌发育过程中，有没有轮回问题，学者向来有着不同的看法。无论如何，轮回不应该简单否定，因为地形的变化经常还是有其内在规律与关系，当然也不能完全肯定，必须看到地形绝不是完全机械地重复轮回。均衡剖面、准平原和轮回等问题，对研究喀斯特具有重要作用。

与彭克共同工作过的南斯拉夫学者J.斯威迪(Cvijic)早期曾描述过石灰岩地区的侵蚀轮回，他认为石灰岩地区地形发育结果，地下排水道愈益变为重要，石灰岩的泉水不断变化直至径流达到不透水地层。而后1924年斯威迪又把溶沟、溶槽及石林等类型的地表喀斯特发育过程分为三个阶段：青年期、壮年期和老年期。

A.K.洛伯克(Lobeck)于1928年在其论著中描写了石灰岩地形变化的四个阶段：第一，幼年期(Early youth)，地形近于平坦，开始发育有河流；第二，青年期(Late youth)，发育了小型落水洞，地下水沿着层面、节理发育了通道，地表水沿着落水洞流入地下；第三，壮年期(Maturity)，当主要排水道都转入地下时，落水洞与沟谷都不断地扩大其大小形态，原始地面遭受破坏；第四，老年期(old age)，原始地面遭受了破坏，并产生了新的地形，地下水系又出现于地表，剩留些溶蚀残余的山冈。N.A.兴斯(Hinds)和Д.И.谢尔巴科夫(Тероаков)、Ф.Д.布布列尼科夫(Бубрейников)等都采用这观点。

1930年戴维斯发表了喀斯特侵蚀循环的发育过程的观点，把这种过程分为地下水排水道开始发育的“早期阶段”(early stage)，喀斯特本身发育的“成年阶段”(mature stage)或喀斯特阶段(karst stage)和后期的准平原阶段(peneplanation stage)，戴维斯还提出了单循环岩洞和双循环岩洞的生成学说。

近代，H.莱曼(Lehmann，1954)把热带喀斯特(主要峰林)的形成分为四个阶段，Г.А.马克西莫维奇

(Максимович)也把峰林之类的喀斯特景观作为热带剩余(或残余)的喀斯特现象而加以研究。莱曼等都以峰林发育至非喀斯特化地层为主,Д.В.雷日科夫(Рыжиков)曾把喀斯特作用划分为:深层喀斯特阶段、侧面喀斯特阶段及由侧面喀斯特转变为深喀斯特三个阶段。

早期外国学者马希融、德日进等也都描写过我国云南石林及广西峰林等地形的形成问题,最近捷克学者西拉尔在研究我国南部喀斯特后,认为这锥形喀斯特是"在有利的沉积环境及岩层条件下,在喀斯特化灰岩的底部存在着不溶性的岩石时,往往在非喀斯特化基础上产出喀斯特丘陵",并认为"这种喀斯特化的灰岩在进一步发育中就被切割成孤立的堆体"。

我国学者王嘉荫、杨钟健、张文佑和高振西早期也曾描述了石林的形成过程。近几年这方面的论著就更多了。刘国昌也曾提到喀斯特发育中"地貌方面由芽峰区过渡到峰林及石林区,再过渡到准平原区,地下水也是逐渐变浅,最后到准平原区排入河流"的这种看法。有些学者也谈到了喀斯特作用发生、发展与消亡的过程,把喀斯特作用分为三级阶段以探讨①。陈述彭、曾昭璇等都对峰林等喀斯特地形有过详细的论述。这些都是有意义的。

综上所说,以往对喀斯特发育中的轮回问题与过程问题等的研究,基本上都是在地形侵蚀循环的范畴内加以讨论。所有的学说也还都是以戴维斯和彭克关于准平原等的论点为基础。

2 溶蚀量计算和剥蚀性质指数

研究喀斯特发育阶段及其过程,必须涉及水溶液对水溶岩溶蚀作用这个矛盾表现的实质问题。就是说,对整个喀斯特作用过程中,在大景观的溶蚀作用的表现是具有什么特征方面应有所了解,据此才可以推论喀斯特地貌景观的变化,并作出有关过程的正确推论。在探讨溶蚀作用的特征问题方面,首先必须谈一谈关于溶蚀量的问题。

不少学者都曾进行过有关溶蚀量的计算。A.W.葛利普(Grabau)于 1920 年在其地质学教本中,曾描述了这方面的一些计算成果,提到"大量沉积的巴瓦列阿(Bavaria)地区的苏纳霍芬(Solahofen)的石质石灰岩,被水溶液(溶蚀)降低 1 m 厚度,需要 72 000 年,而相似广阔(分布)滨夕维尼亚(PennsyIvania)地区的涅唐利(Nittany)河谷的石灰岩(被溶蚀),降低一米需 30 000 年。整个地球上,每年被水溶液带走的矿物质于每平方公里内曾估计有 96 t,其中碳酸钙 50 t、硫酸钙 20 t、氯化钠 8 t、硅 7 t、碳酸钾或硫酸钾 6 t 和氧化铁 1 t,其他 4 t 为别的物质"。J.柯倍尔(Corbel)也曾计算了喀斯特地区的溶蚀率,以米^3/年/平方公里表示。虽然,他得出湿润寒带区城的溶蚀率约较湿润潮热区大十倍这见解,而遭受了大多数学者的反对,但是也说明了这种计算是有其参考作用的。这些例子都说明了,研究喀斯特溶解作用的特性,很需要探讨有关溶蚀量的问题。

1. 溶蚀量计算的一个实例

下面举出我国南方某地区的溶蚀量计算的情况作为例子②。

该地区地势相对高度 200～400 m,河流深切,属低山地形。主要分布着石灰岩——白云类、白云岩类地层,少数有石灰岩层,地质构造也较简单,除有一大的低角度逆掩断层外,基本上为单斜构造。厚几百米的碳酸盐类地层上,除了夹有些泥灰岩,及分布不稳定的几层只几厘米至十几厘米厚的钙质页岩外,没有其他非可溶性的夹层存在。水文地质条件也较简单,基本上为具有统一水力联系的喀斯特——裂隙性含水层。

具体计算溶蚀量的地区的面积为 15 km^2,年降雨量为 900～1 200 cm,计算时间的总降雨量为 21 858 876 m^3/a,当地泉水总流量为 2 052 326 m^3。根据均衡试验结果,地下径流系数为降雨量的 50%～

① 喀斯特研究中某些基本问题的探讨(成都地质学院喀斯特研究组)。全国喀斯特研究会议论文选集。1962。

② 1959 年计算,最近作了校核,陈连禹等同志帮助整理一些观测资料。

80%，则地下径流量应为 13 255 000 m^3/a 左右。每升水溶液中所溶蚀的 $CaCO_3$ 和 $CaMg(CO_3)_2$ 的数量一般为 154～342 mg/L。平均为 250 mg/L。这样，通过下列公式可获得该地带全年的总溶蚀量，及其遭受溶蚀的岩体的体积。

$$S_w = K_s \cdot W \tag{1}$$

$$q_s = K_s \cdot W / \rho_k \tag{2}$$

式中 S_w——据地下水溶液而算的总溶蚀量，mg/L 或 t/m^3；

K_s——单位溶蚀量系数，本区采用 250 mg/L；

W——总地下径流量，L/a 或 m^3/a；

q_s——据地下水溶液计算的岩体溶蚀体积，m^3/a；

ρ_k——碳酸盐类岩石的比重，采用 2.7～2.9。

计算的结果，该地带总溶蚀量为 3 313.75 t/a，则遭受溶蚀的岩体体积为 1 183.45 m^3/a 左右。

该地带已有洞穴的总体积少于 30 000 m^3，于 15 km^2 面积内，以平均垂直的溶蚀带的厚度为 300 m，小溶孔及喀斯特裂隙的喀斯特率采用 5%而计算，则地下岩体总溶蚀体积为 225 030 000 m^3，以目前每年岩体遭受溶蚀的体积为 1 183 m^3 作基数，则达到现有的溶洞、小溶孔、喀斯特裂隙等总的溶蚀体积数量，约已经历了 190 220 年的喀斯特化作用时间。以第四纪以来约一百万年的时间进行计算（本区第四纪以来属第三喀斯特化时期，此时期内河流深切，峡谷内发育些溶洞，分水岭上继续发育了些洼地、落水洞等），即应有遭受溶蚀的岩体总体积为 225 030 000×5＝1 115 150 000 m^3，除225 030 000 m^3（占 1/5）为地下溶蚀外，尚有 900 120 000 m^3（占 4/5）属地表溶蚀。地表溶蚀作用的结果，表现于溶沟、溶槽、洼地等喀斯特现象的发育及地表面的溶蚀削低。

地表平均溶蚀削低的高度照下列公式进行计算：

$$\bar{H}_K = \bar{H}_{K_1} + \bar{H}_{K_2} \tag{3}$$

$$\bar{H}_{K_1} = \frac{q_s \cdot y - [(K_{\rho 1} + K_{\rho 2})A \cdot h_K + K_c]}{A} \tag{4}$$

$$\bar{H}_{K_2} = W_\rho K_H \frac{y}{A} \tag{5}$$

式中 $\bar{H}_K$——y 年内平均地表溶蚀削低的高度；

$\bar{H}_{K_1}$——地下径流于地表短暂停留时产生溶蚀作用而引起的平均地表削低的高度；

$\bar{H}_{K_2}$——地表径流的溶蚀作用而引起的平均地表削低的高度；

y——计算的年数；

$K_{\rho 1}$——计算年数内发育的喀斯特裂隙的喀斯特率；

$K_{\rho 2}$——计算年数内发育的小溶孔等的喀斯特率；

K_c——计算年数内发育的溶洞等大喀斯特现象的总体积，m^3；

A——计算地区的面积；

h_K——该时期中喀斯特发育的平均深度。

亦即 y 年内地下岩体的总溶蚀量 Q_G 为

$$Q_G = (K_{\rho 1} + K_{\rho 2})Ah_K + K_c \tag{6}$$

或

$$Q_G = q_s \cdot y$$

地表岩体总溶蚀量 Q_F 为

$$Q_F = Q_u + (W_\rho + K_H)y \tag{7}$$
$$= Q_G - (K_{\rho1} + K_{\rho2})Ah_K + K_c + W_\rho K_H y$$
$$Q_u = Q_G - (K_{\rho1} + K_{\rho2})Ah_K + K_c \tag{8}$$

式中 W_ρ——平均地表径流量，m^3/a；

K_H——地表溶蚀量系数，地表水中 $CaCO_3$ 和 $CaMg(CO_3)_2$ 的含量，本区采用 150 mg/L 左右；

Q_u——地下径流中所含的于地表溶蚀后而带入地下的溶蚀量。

根据上列公式计算第四纪时期中，本区 15 km 面积内的地表平均削低高度 $\bar{H}_K$ 为 63～64 m，其中由地下径流而计算的地表平均削低高度 $\bar{H}_{K_1}$ 约为 60 m，据地表径流而算的平均地表溶蚀削低高度 H_{K_2} 为 3～4 m。

考虑溶蚀的残余黏土的厚度时，依照下面公式计算：

$$h_y = \bar{H}_K \cdot R\% \cdot \frac{\rho_C}{\rho_R} \tag{9}$$

式中 h_y——残积土层厚度；

$R\%$——可溶岩中不溶物含量百分数；

ρ_C——可溶岩的容量；

ρ_R——残积土的容量。

本区不溶物含量平均采用 5%进行计算，则残积土层的厚度为 6～7 m。这些残积土一部分充填于洼地中或充填于山坡及喀斯特裂隙中，另一部分则遭受了冲刷或潜蚀而被水流搬运走。

根据溶蚀削低高度 $\bar{H}_K$ 及残余黏土层厚度 h_y 值的计算结果，与本区现代分水岭上的地貌形态相对照，说明这种计算是基本上符合自然界客观情况的。本区当代分水岭上的洼地及川岗的地势高差为 30～50 m，平均值以 40 m 为准，与上面计算的地表溶蚀削平高度为 63 m 相比较，首先可初步分析出山岗平均普遍遭受溶蚀削低了 43 m，而洼地则平均遭受溶蚀削低了 83 m 左右。这种分析是以原始第四纪初的地形为近于水平而考虑的，当然实际上原始地面上还是有高低变化的，所以地表溶蚀削低的情况还有两种：一种是原始地表有高低变化，与现代洼地、山冈等相同，而其溶蚀削低是均匀地进行的，另一种是由于原始洼地中堆积了较多黏土，而溶蚀削低主要对高处没有覆盖的山冈而进行，这样山冈的溶蚀削低高度则应大于负地形洼地的变化(图 1)。

本区洼地中堆积的土层厚度为 5～11 m，平均厚度也是 6 m 左右。这说明尚有一些残余土已被水流搬入地下或冲刷带走。

2. 剥蚀性质指数

对一个地区来讲，地表溶蚀作用的进行是表现为均匀的，还是具有差异性，这方面问题除了一般考虑到岩性及构造等因素的影响外，尚需考虑溶蚀以外的其他地质作用。水和可溶岩间的作用，不仅表现为化学溶蚀，必然还会产生机械的侵蚀作用。研究喀斯特当然首先应当研究溶蚀作用这个最主要的矛盾现象，但是机械侵蚀这种矛盾表现也是应当考虑的。

“在研究矛盾特殊性的问题中，如果不研究过程中主要的矛盾和非主要的矛盾以及矛盾之主要的方面和非主要的方面这两种情形，也就是说不研究这两种矛盾情况的差别性，那就将陷入抽象的研究，不能具体地懂得矛盾的情况，因而也就不能找出解决矛盾的正确的方法。”(《矛盾论》,《毛泽东选集》第一卷第三一四页)。

所以，喀斯特作用过程中，有时溶蚀作用占主导地位，当地壳强烈上升、切割时，侵蚀作用占主导地位。B.A.阿布罗多夫(Апродов)曾简单地提到了喀斯特与其他地质作用(如侵蚀、坡积、冲积等作用)的关系问题，并划分了喀斯特相(垂直分带上)。

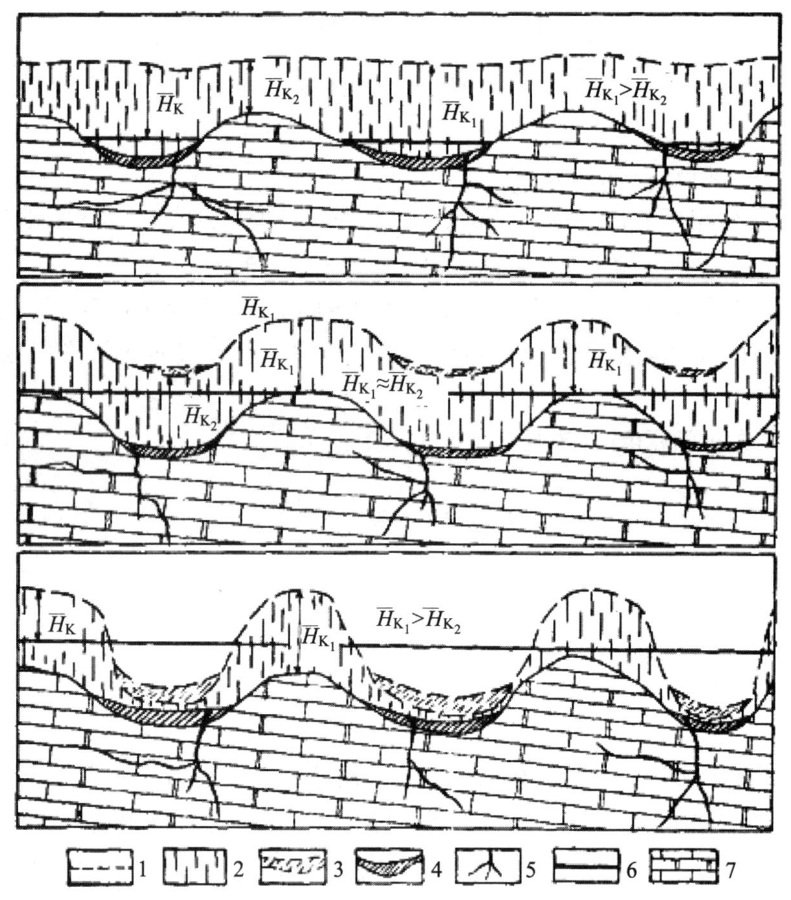

1—原始古地面，2—被溶蚀掉的地块，3—古洼地中堆积的残余黏土，4—近代洼地中堆积的残余黏土，
5—喀斯特落水洞通道等，6—平均的溶蚀削低线，7—碳酸岩类岩石

图1　地表溶蚀削低情况分析图解

实际上，主要还是喀斯特溶蚀作用与侵蚀作用的表现不同，喀斯特发展程度与地貌等特征的表现也就有所不同。地表遭受削低剥蚀的总厚度(或高度)$\overline{H}$ 应包含两个内容：

$$\overline{H}=\overline{H}_K+\overline{H}_B \tag{9}$$

式中　$\overline{H}_K$——平均地表化学溶蚀削低的总高度；

$\overline{H}_B$——平均地表机械侵蚀削低的总高度。

碳酸盐类地层分布地区地貌演变过程，是以侵蚀作用的因素为主，还是以溶蚀作用为主，这就取决于两种作用的主次关系，具体地可以用剥蚀性质指数 P_g 予以表示。

$$P_g=\frac{\overline{H}_K}{\overline{H}_B} \tag{11}$$

一般根据 P_g 数值以表示的剥蚀作用性质和地形的演变的基本特征，有三种状态：

第一，$P_g>1$：这种情况表示地形地貌的发展受溶蚀作用的控制为主，地形地貌的表态也就属于喀斯特类型。

第二，$P_g<1$：溶蚀作用退居次要地位，侵蚀作用则占主导地位，由于溶蚀作用而造成的喀斯特地形地貌特征，则受强烈侵蚀作用的影响，而不能显著地表现。这种情况下，该地区所具有的地貌特征和非喀斯特化地区没有显著差异。

第三，$P_g\cong 1$：当 $P_g\cong 1$ 时，则地形地貌不仅具有溶蚀成因为主的喀斯特地貌形态，而且也具有侵蚀作用的影响而形成的非喀斯特地貌形态。因此，这类地区应当是属于侵蚀—喀斯特或喀斯特—侵蚀的过渡地貌类型。

地表溶蚀削低的总高度 $\bar{H}_{\mathrm{K}}$ 可以根据式(3)—式(5)求得，而侵蚀削低高度 $\bar{H}_{\mathrm{E}}$ 的求法，却是比较复杂的。地表遭受侵蚀切割的情况，是受许多因素的影响，如原始地形高差、岩性与构造、河流的流量及水文网的分布状况、降雨量和降雨强度、地表植被等。

一般情况下，可粗略地考虑采用下列公式以计算近代地表侵蚀削低的平均高度：

$$\bar{H}_{\mathrm{E}}=\bar{Q}_{\mathrm{n}}\cdot\frac{P_{\mathrm{s}}}{A} \tag{12}$$

式中 $\bar{Q}_{\mathrm{n}}$——该地区几年的地表径流量；

P_{s}——该地区地表径流中的固体径流量。

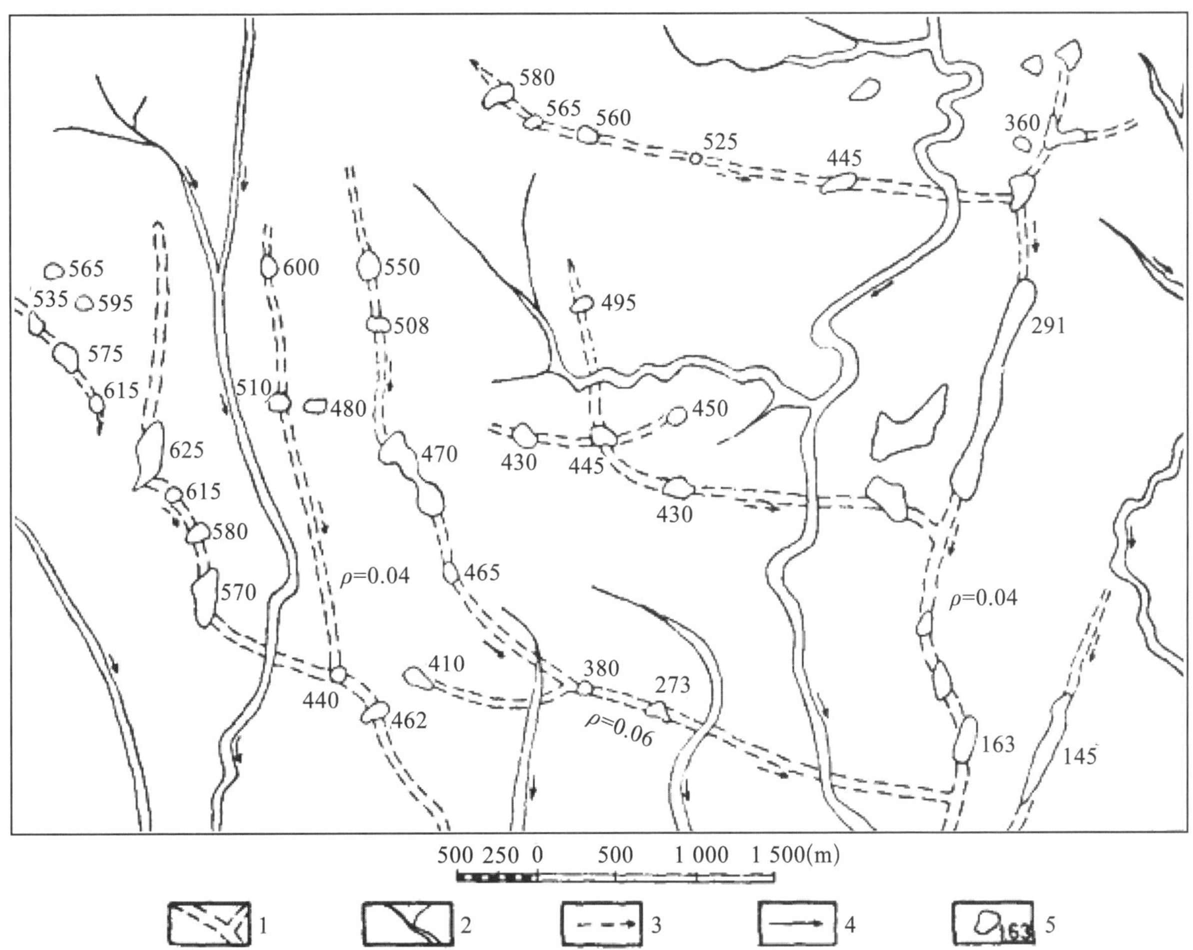

1—推论的第三纪末古水文网，2—近代水文网，3—古水文网流向，4—近代水文网的流向，5—喀斯特洼地及其高程

图 2 鄂西某地区水文网变迁及溶蚀削低情况对照图

注：近代水系分水岭地区发育的喀斯特洼地系受古水文网的影响，由于地表溶蚀削平的高度基本相同，所以后期发育的喀斯特洼地的高程仍有规律地变化，变化坡度 $\rho=0.04\sim0.06$，与地表径流的坡度基本相等。近代水系发育地区，$P_{\mathrm{g}}<1$，所以则形成峡谷，不发育洼地

某地区 1957 年的地表径流量为 2 423 226 m^3，1958 年为 5 437 758 m^3，平均为 3 930 987 m^3，平均固体径流量 P_{s} 为 2%，研究地区的面积为 8 km^2，按式(12)计算得出地表平均侵蚀削低的高度为 0.005 m/a。而该地区地表平均溶蚀削低高度为 0.000 06 m/a，则该地区剥蚀性质指数 $P_{\mathrm{g}}=0.001\,2<1$。所以，这地

区,基本上都是属于侵蚀类型为主的地貌类型,只是分水岭的腹部中心地带没有遭受地表径流切割的地区,仍发育些洼地,而属于喀斯特—侵蚀地貌类型。

图 3、图 4 清楚地表明了近代分水岭地区受侵蚀切割程度相对微弱些,于是就顺着第三纪末期的水文网而发育了些洼地。由于溶蚀程度基本上相同,所以洼地的高程仍是有规律地变化。洼地间连线的坡降 $\rho=0.04\sim0.06$,与溪沟坡降基本相同。图 2 的剖面,也说明了这一点。

有些地区侵蚀作用的影响仍存在,而且差异溶蚀作用继续加大,这样洼地间的坡度虽然也是 0.06 左右,但是洼地间山冈的高差却大于几十米,可达百多米至二三百米,如图 4 所示。

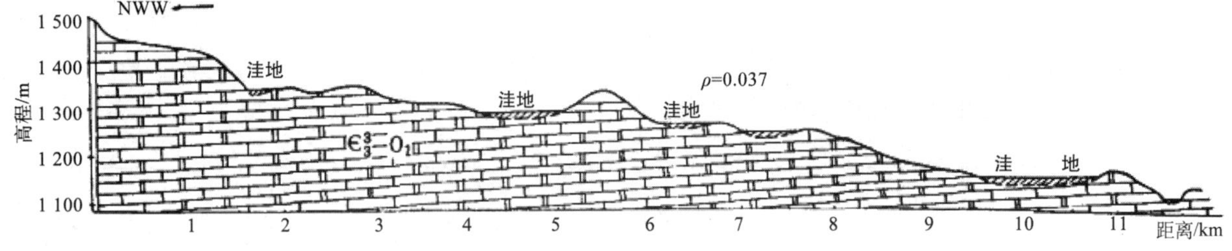

图 3 鄂西贺家坪南长冲古喀斯特沟谷纵剖面图

注:在古喀斯特沟谷上发育了洼地,洼地间山冈高也只几十米,坡降 $\rho=0.037$。

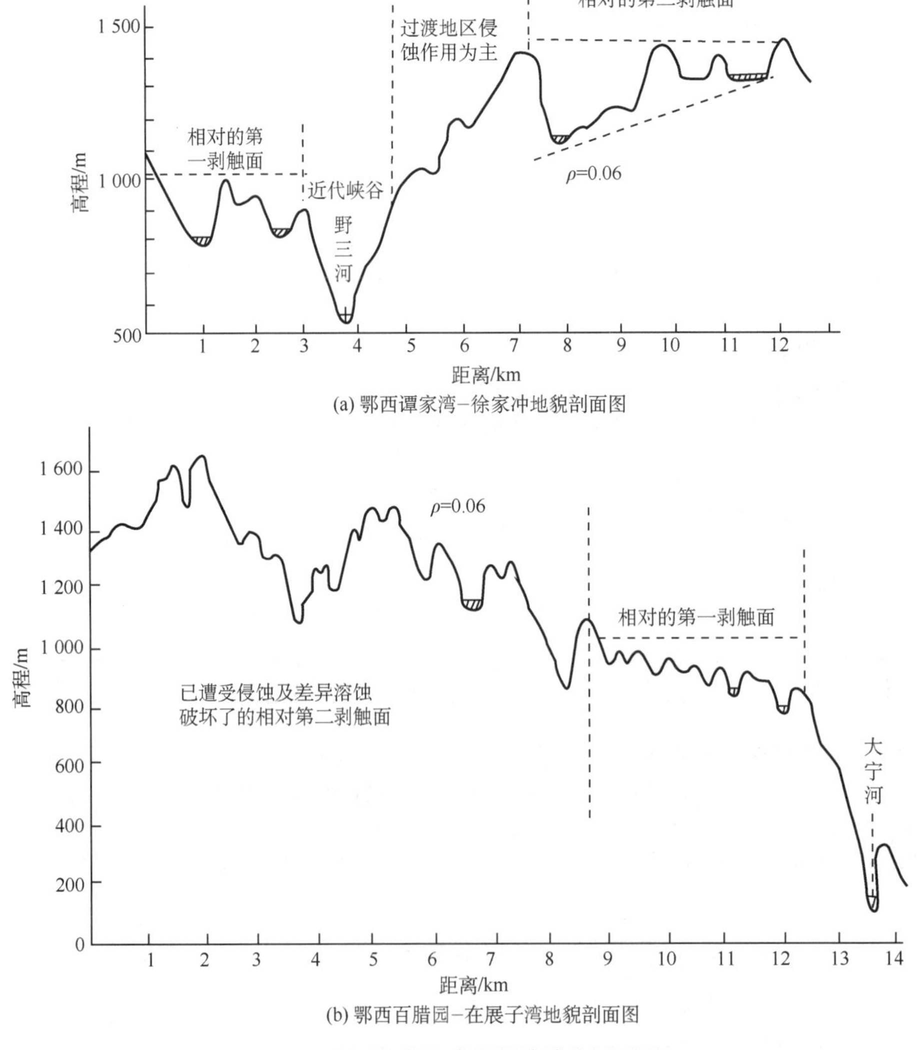

(a) 鄂西谭家湾-徐家冲地貌剖面图

(b) 鄂西百腊园-在展子湾地貌剖面图

图 4 鄂西百腊园-在展子湾地貌剖面图

3 喀斯特作用过程的分析

各种自然现象都有其过程，其中包括了发生、发展与消亡。限于篇幅，本文只着重探讨三个方面的问题。

1. 喀斯特地貌形态的形成过程

“……因为一切客观事物本来是互相联系的和具有内部规律的，人们不去如实地反映这些情况，而只是片面地或表面地去看它们，不认识事物的互相联系，不认识事物的内部规律，所以这种方法是主观主义的。”(《矛盾论》,《毛泽东选集》第一卷第 301、302 页)。喀斯特的地貌类型很多，所以应当认识各种类型间的内在的联系与演变过程的规律性。显然，有不少国内外学者都机械地划分了一些喀斯特类型，有的以特征命名或冠以地名作为各种喀斯特类型，这些成果有其用处，但是也有其片面性，对探讨喀斯特作用的内在规律尚是感到不足的。

当 $P_g > 1$ 时，以溶蚀成因为主的喀斯特地貌的形成过程，基本上可作出初步的分析，见表 1。

表 1 喀斯特地貌发展中矛盾表现的阶段性说明表

次序	主要矛盾表现	主要的现象产物	阶段表现的差异性的主导因素
1	侵蚀性水对可溶岩表面进行溶蚀及冲蚀作用	溶沟、溶槽、溶芽、石林等	
2	水对可溶岩表面广泛溶蚀结果，加大地表高差，出现集水圈，增大溶蚀差异性	开始大量产生落水洞、漏斗等，地表水开始潜入地下	受岩性、构造、原始地形等因素的影响，由地表水的漫流溶蚀作用转变为有集中汇集水流的差异溶蚀作用
3	继续差异溶蚀结果，扩大集水圈面积，出现凹状近似平整的低地	洼地、盆地等开始出现，继续发育了漏斗落水洞	强烈溶蚀的大集水圈内，受残余不溶物的堆积的影响，出现具不同残积-冲积物厚度的表面较平坦的凹地如洼地等
4	洼地、盆地等不断扩展并互相连接，山峰开始孤立	出现具有连座的山峰-峰林，地表水系有的转入地下	洼地等串连结果，反而失去了典型的洼地的特征，残积-冲积层的分布面积加大，地表溶蚀和地下溶蚀作用均占显著地位
5	洼地等扩展接连的结果，发育了谷地(坡立谷)谷地继续发展结果，形成波地特征，山峰完全孤立	残留没有连座的孤峰	可溶岩表面除孤峰外，多有残积-冲积物覆盖，地表溶蚀作用退居次要地位，地下溶蚀作用占主导地位
6	残积物受冲刷作用影响，使地表面逐渐平坦，山峰继续遭受溶蚀	孤峰逐渐变低矮，以至基本消失	基本上失去了地表溶蚀作用，而地下溶蚀作用完全占主导地位，地下洞穴大规模发育
7	受侵蚀或冲蚀影响残积物完全被搬走	可溶岩又直接裸露着	侵蚀等作用为主所造成的

以溶蚀作用为主的地表喀斯特地貌形态的演变过程基本上有六个阶段，而第七个阶段却是以非喀斯特作用如侵蚀等作用为主而引起的。当喀斯特化地层表面均具有较厚残积层时，地表溶蚀作用完全消失，地表径流对这些土层的冲蚀、侵蚀作用就明显地占主导地位，所以地表水系又重新发育与形成，使被掩盖的可溶岩又裸露于地表，这样，又使地表喀斯特作用复活。再强调这点，地表喀斯特作用的复活是依靠侵蚀作用的结果。这也可算作一个喀斯特轮回的结束，另一轮回的开始。第二轮回是否就完全从第一阶段开始，完全重复这种演变过程呢? 不一定的，这要依据具体情况而加以分析。

当地貌形态发展为第六阶段时，地下溶蚀作用完全占主导地位，这时能否由于地下大规模喀斯特塌陷结果，而使水系又重新出露地表，这问题值得讨论，许多国外学者(前面所举的)都强调由喀斯特塌陷结果，使地下水系又重新出露于地表，并使喀斯特作用由一个轮回转入另一个轮回。这样看法不一定恰当，塌陷的作用不可能是大规模区域性的，也不可能是同时期的。正如上面所说，由于残积物厚度大，减少了地下径流量，使地表水系重新形成，这时溶蚀作用在地表已经停止或极微弱，地下喀斯特作用基本上也变得很微弱，而地表侵蚀作用就逐渐显著，使地表水系重新形成，经过一定侵蚀作用的阶段，喀斯特作用才得以进一步重新复活。

水和岩石间的相互作用，不可能是单纯的溶解，必然还有侵蚀、冲蚀等作用。在地貌发展过程中，这两种作用是有着相辅相成而又相互矛盾的过程。单纯考虑溶解作用为主，侵蚀作用为副的地貌发展，可进一步概括于表2以说明。

表2　溶蚀作用为主的喀斯特地貌形态类型表

序号	类　型	简要说明	示意图例
Ⅰ	喀斯特 石芽石林型	于原始地面上，沿着岩石裂隙而溶蚀，发育有石芽石林等	
Ⅱ	喀斯特 低山丘陵型	继续溶蚀结果，增大古地面高差，形成低山丘陵，低地发育了漏斗	
Ⅲ	喀斯特 丘陵洼地型	低地进一步溶蚀后，丘陵间生成洼地等	
Ⅳ	喀斯特 峰林洼地型	丘陵被溶蚀切割成峰林，洼地逐渐扩大，有的形成谷地（坡立谷）	
Ⅴ	喀斯特 孤峰波地型	洼地逐渐扩大，峰林消退，于波状地面上残留些孤峰残丘	
Ⅵ	喀斯特 准平原型	孤峰逐渐变低，以至不明显或消失，可溶岩上多有覆盖层，形成准平原	
Ⅶ	喀斯特 准荒原型	残积、冲积层增厚时，地表径流又形成，加强侵蚀作用，可溶岩又裸露于地表	

注：1. 在喀斯特丘陵洼地型（Ⅲ）和喀斯特峰林洼地型（Ⅳ）间有的有峰丛洼地或碟地。
2. 在喀斯特峰林洼地型（Ⅳ）和喀斯特孤峰波地型（Ⅴ）间有的发育有峰林谷地。

若侵蚀作用对喀斯特地貌发展有着重要的影响时，喀斯特地区地貌形态的发展就不完全按照上述的框架，侵蚀作用的强弱，是受地壳升降运动和侵蚀基准面的紧密控制，这里首先以溶蚀作用的喀斯特地貌变化过程为准，然后再进一步考虑这些侵蚀作用的影响。具体列于表3。

表3　地壳升降变化对喀斯特地貌变化影响分析表

急剧上升 $P_g \ll 1$	缓慢上升 $P_g \leqslant 1$	溶蚀作用为主的喀斯特地貌类型	缓慢下降	急剧下降
丘陵	丘陵	石芽石林	丘陵洼地	准平原或断陷盆地
丘陵＋峡谷	丘陵漏斗	丘陵漏斗	丘陵洼地＋丘陵谷地	丘陵谷地或山间盆地
丘陵漏斗＋峡谷	丘陵漏斗	丘陵洼地	丘陵谷地	丘陵谷地 或山间盆地
丘陵洼地＋峡谷	峰丛漏斗	峰林洼地	孤峰洼地	孤峰谷地

（续表）

急剧上升 $P_g \ll 1$	缓慢上升 $P_g \leqslant 1$	溶蚀作用为主的喀斯特地貌类型	缓慢下降	急剧下降
谷地＋峡谷	峰丛洼地 ↓	孤峰波地 ↓	准平原 ↓	准平原 ↓
残余剥夷面＋峡谷	喀斯特残余面 ↓	准平原 ↓	准平原 ↓	准平原 ↓
石芽石林＋峡谷	石芽石林	准荒原	准平原	准平原

下面举例加以说明，如贵州省受乌江、三岔河等急剧切割影响的地区，河谷两岸地带基本上都保持着丘陵和峡谷的地形，而分水岭深处则属于溶蚀作用为主的地貌类型。鄂西等急剧上升地区，也是这种情况，广西周围山区上升幅度相对地比云贵高原、鄂西等地缓慢些，所以则发育一些过渡的喀斯特地貌形态如峰丛漏斗、峰丛洼地或峰丛碟地等。云南等地有明显的上第三纪的断裂活动，则形成些喀斯特断陷盆地、喀斯特山间盆地等。河北太行山东麓冲积扇地区则形成非喀斯特地貌的准平原。限于篇幅，只把贵州三岔河至安顺一带地貌形态与 P_g 值的关系，对照列于图 5 中，说明了喀斯特地貌与侵蚀—喀斯特地貌和非喀斯特地貌的相互演变关系。

2. 喀斯特水动力条件变化过程

在喀斯特作用过程中，喀斯特水的赋存及其运动的变化情况也是很重要的。这就需要探讨喀斯特水动力条件的变化。喀斯特作用结果，使河水位（喀斯特水排泄基准面）和地下水位间的一切重要关系（水力联系、运动方向、地下水分水岭）都发生了变化。

Д.В.雷日科夫也曾探讨了分水岭的移动问题，他认为水文地质分水岭的移动是“暂时基准面争夺更大补给面积的作用而产生的”。“这种斗争发生在含水层水面上，它表现为较强基准面对受较弱基准面吸引的含水层面积的夺取。干谷和干涸的溶洞空隙层的形成就是这种斗争明显的结果，它们不过是消灭了的和退出了斗争的喀斯特水暂时基准面”。并认为“喀斯特水向基准面的适应及与此相联系的水文地质分水岭移动的现象在任何喀斯特区域都可以观察到”。雷日科夫这方面的见解，还是有一定的参考价值。雷科申也提到一些这方面问题。

下面将笔者所分喀斯特水动力条件类型中，主要的四大类（共八亚类）的喀斯特水动力条件的变化情况，作些简略补充论述。八亚类水动力条件为：

Ⅰ　河谷间有地下水分水岭的喀斯特水动力条件（或称分流状喀斯特水动力条件）；

$Ⅱ_1$　一河岸喀斯特剧烈发育的喀斯特水动力条件，即一河岸有强烈渗流中心的喀斯特水动力条件（或一河岸变流状喀斯特水动力条件）；

$Ⅱ_2$　两河岸喀斯特剧烈发育的喀斯特水动力条件，即两河岸有强烈渗流中心的喀斯特水动力条件（或两河岸变流状喀斯特水动力条件）；

$Ⅱ_3$　一河床喀斯特剧烈发育的喀斯特水动力条件，即一河床有强烈地下渗流通道的喀斯特水动力条件（或河底变流状喀斯特水动力条件）；

$Ⅲ_1$　河谷间无地下水分水岭（高河谷—岸喀斯特剧烈发育）的山区或丘陵区的喀斯特水动力条件（或高河谷—岸差流状喀斯特水动力条件）；

$Ⅲ_2$　河谷间无地下水分水岭（高河谷两岸喀斯特剧烈发育）的山区或丘陵区喀斯特水动力条件（或高河谷两岸差流状喀斯特水动力条件）；

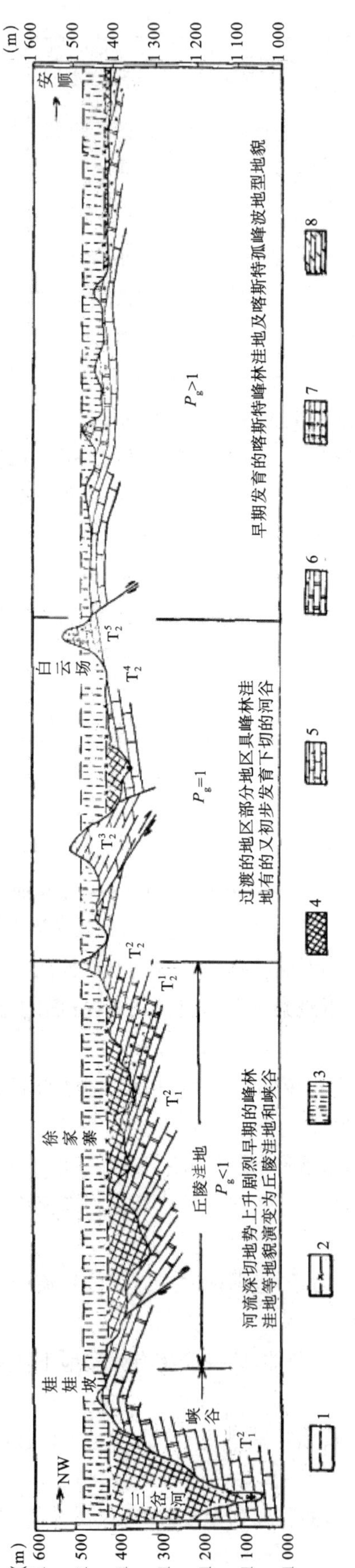

1—第三纪末古地面平均高程线，2—第四纪中溶蚀作用后的平均线，3—第四纪中被溶蚀的地块厚度，4—第四纪中侵蚀作用搬走的地块，5—石灰岩类，6—白云岩类，7—角砾状白云岩类，8—泥灰岩类

图5 贵州三岔河—安顺一带喀斯特地貌发育过程分析图

$Ⅲ_3$　河谷间无地下水分水岭(高河床喀斯特剧烈发育)的山区或丘陵区喀斯特水动力条件(或河谷间全差流状喀斯特水动力条件);

Ⅳ　水平运动为主的喀斯特准平原或峰林区的喀斯特水动力条件(或平流状喀斯特水动力条件);

这些水动力条件的变化过程,有八种情况(图 6)。

第一变化过程:Ⅰ→$Ⅱ_1$→$Ⅲ_1$→Ⅳ;

第二变化过程:Ⅰ→$Ⅱ_2$→$Ⅲ_2$→Ⅳ;

第三变化过程:Ⅰ→$Ⅱ_3$→$Ⅲ_3$→Ⅳ;

第四变化过程:Ⅰ→$Ⅱ_1$→$Ⅱ_2$→$Ⅲ_2$→Ⅳ;

第五变化过程:Ⅰ→$Ⅱ_1$→$Ⅱ_2$→$Ⅱ_3$→$Ⅲ_3$→Ⅳ;

第六变化过程:Ⅰ→$Ⅱ_1$→$Ⅲ_1$→$Ⅲ_2$→$Ⅲ_3$→Ⅳ;

第七变化过程:Ⅰ→$Ⅱ_1$→$Ⅱ_2$→$Ⅲ_2$→$Ⅲ_3$→Ⅳ;

第八变化过程:Ⅰ→$Ⅱ_2$→$Ⅲ_2$→$Ⅲ_3$→Ⅳ。

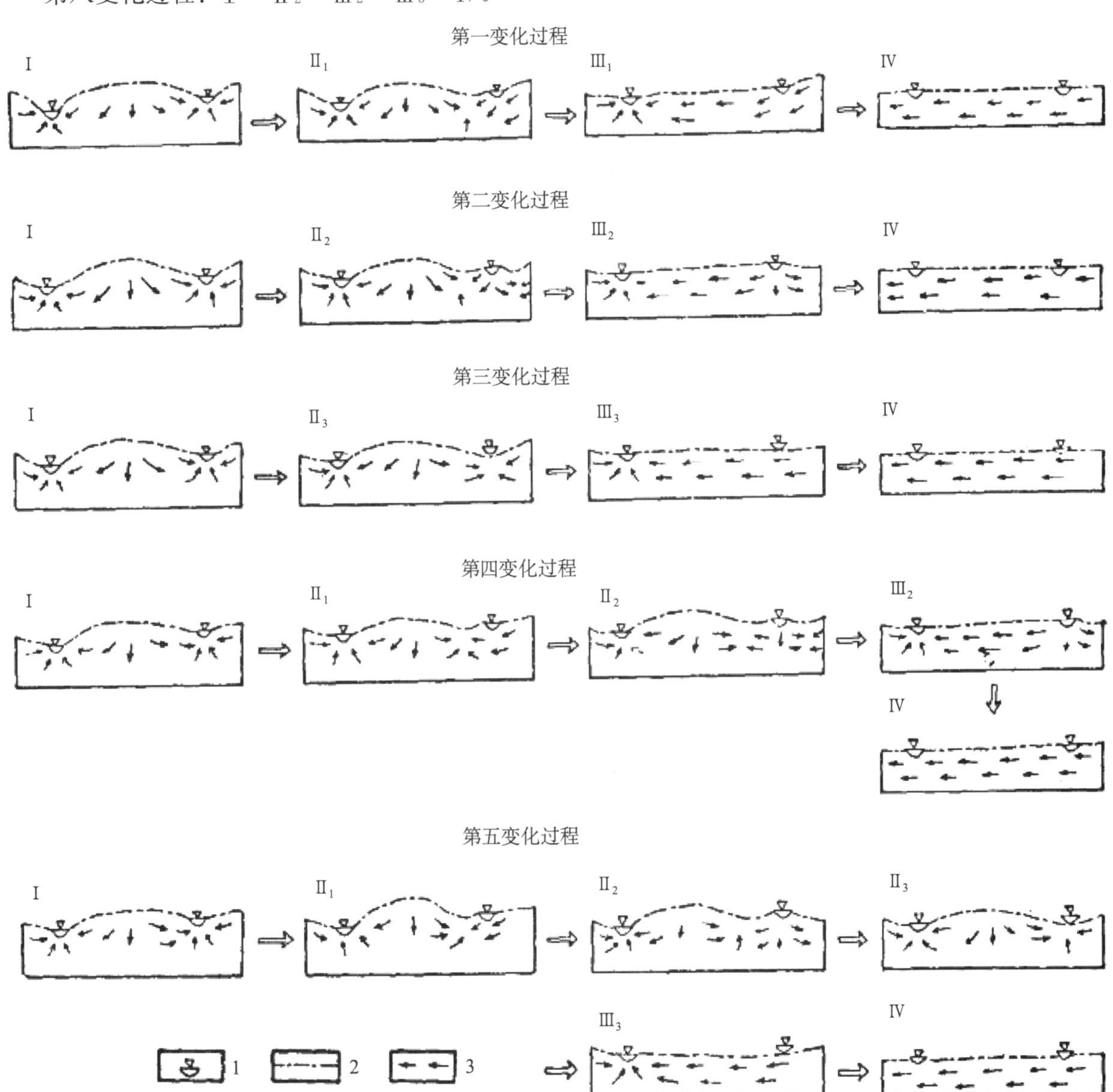

1—河床及河水位,2—地下水位线,3—地下水流向

图 6　喀斯特水动力条件变化过程示意图(第六、七、八变化过程省略)

当受地壳升降等因素的影响，使喀斯特作用发生变化时，水动力条件也随着产生了变化情况，下面将Ⅰ、$Ⅱ_1$、$Ⅲ_1$ 和Ⅳ四个类型的变化情况归纳于表 4 中。

表 4　地壳变动对水动力条件类型的变化影响对照表

急剧上升情况下	缓慢上升情况下	地壳稳定地区的水动力条件类型	缓慢下降情况下	急剧下降情况下
Ⅰ ↓	Ⅰ ↓	Ⅰ ↓	Ⅱ ↓	Ⅱ ↓
Ⅰ ↓	$Ⅱ_1$ ↓	$Ⅱ_1$ ↓	$Ⅲ_1$ ↓	Ⅳ ↓
$Ⅱ_1$ ↓	$Ⅲ_1$ ↓	$Ⅲ_1$ ↓	$Ⅳ_1$ ↓	Ⅳ ↓
Ⅲ ↓	Ⅳ ↓	Ⅳ ↓	Ⅳ ↓	Ⅳ ↓

云贵高原、鄂西等急剧上升地区的主干流的水动力条件基本上都属于Ⅰ、Ⅱ类型，少数地势较高的小支流间才具有Ⅲ类型。上升较缓慢的地区则可多发展为Ⅲ、Ⅳ类型。下降地区由于喀斯特水排泄基准面的相应升高，所以下降地区的喀斯特水动力条件多属于以水平运动为主或没有地下水分水岭的Ⅲ、Ⅳ类型。

水动力条件的变化取决于河水位下降深度 $\bar{D}_{PR}$ 和地下水位下降深度 $\bar{D}_{PG}$ 间的关系，具体可以用指数 P_m 表示。

$$P_m=\frac{\Delta\bar{D}_{PG}}{\Delta\bar{D}_{PR}} \tag{13}$$

河床或河水位下降深度 $\Delta\bar{D}_{PR}$ 值是易于统计的，根据地貌形态可推论多年的平均下降值，而地下水位的平均下降深度却是不容易计算的。分水岭地区的 $\Delta\bar{D}_{PG}$ 值，有时可根据落水洞发育的深度而加以推算，河谷边坡地区的 $\Delta\bar{D}_{PG}$ 值，则可根据没有充填的大喀斯特裂隙发育的深度而加以推算。一般情况下，地下水位下降的深度是受地下径流量、渗流速度等变化的影响。所以，可概略地根据下列公式计算 $\Delta\bar{D}_{PG}$ 值：

$$\Delta\bar{D}_{PG}=\Sigma_1^y(Q_{ay}+Q_{ry})-(Q_{wy}+Q_{gy})/y\cdot A \tag{14}$$

式中　Q_{ay}——地下冷凝水，m^3/a；

Q_{ry}——降雨渗透的地下径流量，m^3/a；

Q_{wy}——饱和地下水位以上喀斯特水(泉水等)的排泄量，m^3/a；

Q_{gy}——饱和地下水位以下的喀斯特水排泄量，m^3/a；

y——为计算的年数；

A——计算地区的面积，m^2。

而 $\bar{D}_{PR}$ 值则可根据下列公式概略地计算：

$$\Delta\bar{D}_{PR}=\frac{\Sigma_1^y Q_{sy}-Q'_{sy}-q_{sy}}{y\cdot a} \tag{15}$$

式中　Q'_{sy}——计算区上断面河水中固体径流量，m^3/a；

Q_{sy}——计算区下断面河水中固体径流量，m^3/a；

q_s——两断面间支沟水流带入的固体径流量，m^3/a；

a——计算地区河流的面积，m^2。

根据式(14)、式(15)两式，可获得 P_m 指数于 y 年内的平均值：

$$P_{my}=\frac{a\Sigma_1^y(Q_{ay}+Q_{ry})-(Q_{wy}+Q_{gy})}{A\Sigma_1^y Q_{sy}-Q'_{sy}-q_{sy}} \tag{16}$$

有时 $\bar{D}_{PG}$ 值也可根据地下水动态的观测资料，利用卡明斯基等的有限差数方程式进行计算。

P_m 可称为喀斯特水动力特征变化性质指数。当 $\bar{D}_{PG}$ 和 $\bar{D}_{PR}$ 是同方向变化时，则有三种情况：

(1) $P_m>1$ 时，说明喀斯特作用剧烈进行，引起水动力条件由Ⅰ类型依次变为Ⅳ类型。

(2) $P_m=1$ 时，喀斯特作用不强烈，侵蚀作用也很重要，喀斯特水动力条件的变化是缓慢的。

(3) $P_m<1$ 时，则喀斯特作用退居次要地位，而侵蚀作用则很显著，水动力条件可以逆向进行，则由Ⅳ、Ⅲ类型变为Ⅱ、Ⅰ类型。

另外，当 $\bar{D}_{PG}$ 为向上升高，而 $\bar{D}_{PR}$ 为向下降低时，则 P_m 为负值仍小于$|1|$，所以水动力条件还是逆向发展变化。若 $\bar{D}_{PG}$ 向下降低，$\bar{D}_{PR}$ 为向上升高，则 P_m 为负数，水动力条件却是正常地发展由Ⅰ、Ⅱ类型变为Ⅲ、Ⅳ类型。

许多强烈上升的地区，由于河谷下降深，而地下水位的下降却较小，P_m 多小于 1，所以喀斯特水动力条件多属于Ⅰ类型。而支沟地带 P_m 值多大于 1，其水动力条件则多属于Ⅲ、Ⅱ类型。

3. 水溶液对水溶岩的化学作用过程

喀斯特作用主要是发生水溶液对岩石的化学溶解作用，但是也发生次生的化学沉积和充填作用。喀斯特作用过程中，水溶液对水溶岩的化学作用过程主要表现在溶解和沉积的性质与特征方面，另外也表现于岩性的变化方面。

(1) 在化学沉积与化学溶解方面。

喀斯特作用中化学的溶解与沉积作用的表现，主要取决于水溶液中 CO_2 的状态。对敞开的自由环境来讲，可以沉积指数 P_p 表示：

$$P_p=\frac{A_{CO_2}}{B_{CO_2}} \tag{17}$$

式中 A_{CO_2}——水溶液中 CO_2 含量，mg/L；

B_{CO_2}——平衡水溶液中已溶解的 $CaCO_3$、$MgCO_3$ 所需的 CO_2 数，mg/L。

根据索科洛夫的理论，水溶液中所含 CO_2 应当包括两部分，一部分为实测的水溶液中游离 CO_2 (W_{CO_2})，另一部分为扩散状态的 CO_2(G_{CO_2})。G_{CO_2} 可根据 $G_{CO_2}=C_C\times0.44$ 予以换算。所以：

$$P_p=\frac{W_{CO_2}+C_C\cdot0.44}{(N-Ca)\times1\times1+(N-Mg)\times1.88} \tag{18}$$

式中 W_{CO_2}——水溶液实测的游离 CO_2，mg/L；

C_C——扩散的 CO_2 所溶解的 $CaCO_3$，mg/L；

$N-Ca$——水溶液中的 Ca 离子数，mg/L；

$N-Mg$——水溶液中的 Mg 离子数，mg/L。

当 $P_p>1$ 时，说明水溶液中 CO_2 含量处于具有较强的侵蚀溶解能力的状态，水溶液仍将继续对水溶岩发生溶解作用。

当 $P_p=1$ 时，水溶液中所含的 CO_2 和平衡的 CO_2 相等，水溶液处于暂时平衡状态，不发生溶解及沉积作用。一般地讲 $P_p=1$ 情况只是瞬间的存在，随着 G_{CO_2} 的变化这种平衡都是随时要被打破的。

当 $P_p<1$ 时，说明水溶液中的 CO_2 含量已不足以平衡其中已溶的 $CaCO_3$、$MgCO_3$ 等所需 CO_2 的含量，所以就发生 $CaCO_3$ 和 $MgCO_3$ 的次生沉积。

而对于密闭或半密闭系统中 CO_2 含量问题，则仍然可考虑采用盖耶尔(Гейер)的方法以确定侵蚀性 CO_2 的含量，则根据放有大理石粉的水溶液中所分析的 HCO_3 和没有放大理石粉的水溶液中的 HCO_3 的含量，而加以计算。普里克龙斯基(Приклонский В.А.)也提出了确定水的碳酸盐侵蚀强度、水的碳酸盐硬度及饱和不足量间的关系。

$$
\begin{aligned}
I &= \frac{(S_0-y)^2}{S_0} i \\
P'_p &= \frac{(S_0-y)^2}{y_0} = 0 \sim 1.0 \text{ 为侵蚀性} \\
P'_p &= \frac{(S_0-y)^2}{y_0} > 1 \text{ 为无侵蚀性} \\
P'_p &= \frac{(S_0-y)}{y_0} = 1 \text{ 为平衡状态}
\end{aligned}
\tag{19}
$$

式中 S_0-y——水溶液中碳酸饱和不足量(据盖耶尔法从实验中确定)；

S_0——水溶液中化合 CO_2 与饱和不足量的总数。

除了根据上述指数表示喀斯特作用过程中化学溶解与化学沉积间的关系外，关于自然界中水溶液的沉积与溶解作用的状态尚有下列过程变化：

① 地表广泛均匀溶解阶段：水溶液对岩石表面进行广泛性较均匀的溶解(局部差异性)，CO_2 主要来自大气中。

② 地表差异性溶解阶段：水溶液开始受构造、岩性及地形等条件的影响，明显地发生了差异性的溶解，CO_2 也是主要来自大气中。

③ 地下敞开裸露状态的溶解阶段：地表差异性溶解作用仍继续进行，地下敞开裸露环境的溶解作用渐居主要地位，CO_2 来自大气及岩石中溶蚀残余物内的细菌作用，除了进行溶解作用外，开始出现化学沉积的现象。

④ 地下密闭半密闭状态和地表裸露状态差异性溶解阶段：这阶段中，地表水的溶解作用逐渐退居次要的地位，地下溶解作用则占主导地位。CO_2 除少数来自大气外，多数依靠可溶岩上面覆盖的残积-冲积层中的细菌活动，除了发生化学溶解外，有些地带开始发生大量的化学沉积。

⑤ 地下密闭状态的溶解阶段：水溶液多数居于密闭或半密闭状态，CO_2 的来源完全依靠土中细菌的作用，地下深处多进行溶解作用，深处则多发生沉积作用和岩性变异作用。

(2) 白云岩化与去白云岩化的岩性变化过程。

喀斯特作用的结果，不仅发生了溶解而且也进行化学沉积、充填、化学分解及残积等作用，有的尚发生了重结晶现象，这些都导致了可溶岩岩性的变化，具体表现为白云岩、去白云岩化等问题的产生。当然，这种现象的产生是小规模、缓慢的，而不是广泛地进行，其变化速度也是极为缓慢的。

成岩白云岩的组织结构(根据块状岩石和薄片的染色试验结果)主要有 9 种。① 层块状结构：块状白云石和方解石相间。② 条带状结构：方解石和白云石条带状相间。③ 团簇状结构：白云岩中方解石成团簇状分布。④ 散花状结构：残余方解石散花状分布。⑤ 残晶状结构：白云石晶体外表部分有方解石壳残留。⑥ 残脉状结构：残留些部分方解石脉。⑦ 散晶状结构：白云岩中有少数方解石晶体散布。

⑧ 裹晶状结构：有去白云岩化的方解石未完晶。⑨ 全晶状结构：全为白云石晶体。

相应地石灰岩的组织结构也可以分为 9 种。① 层块质结构，② 条带质结构，③ 团簇质结构，④ 散花质结构，⑤ 残晶质结构，⑥ 残脉质结构，⑦ 散晶质结构，⑧ 裹晶质结构，⑨ 全晶质结构。

其中层块状结构和层块质结构是相同的，而白云岩中残脉状结构和残晶状结构及石灰岩中残脉质结构和残晶质结构是可当作为相同的亚类，这样石灰岩-白云岩的组织结构（按白云石和方解石的相互排列关系）基本上共有 15 种。

喀斯特作用结果，首先可使浅处白云岩类地层发生去白云岩化现象，即使 $CaMg(CO_3)_2$ 起些分解发生 $CaCO_3$ 的重结晶，而溶掉了 $MgCO_3$。一般可根据下列公式予以研究。

$$R_B = \frac{R_A}{C_A} = \frac{\dfrac{N-Ca}{N-Mg}}{\dfrac{C-Ca}{C-Mg}} \tag{20}$$

以纯白云岩为准时：

$$R_B = \frac{\dfrac{N-Ca}{N-Mg}}{\dfrac{A_{Ca}}{A_{Mg}}} \tag{21}$$

式中 R_B——白云岩中 $CaCO_3$ 超溶指数；

$N-Ca$——水溶液中 Ca 离子含量；

$N-Mg$——水溶液中 Mg 离子含量；

$C-Ca$——岩石中 Ca 元素含量；

$C-Mg$——岩石中 Mg 元素含量；

R_A——水溶液中 Ca、Mg 离子含量比数；

C_A——岩石中 Ca、Mg 元素含量比数；

A_{Ca}——Ca 的原子量；

A_{Mg}——Mg 的原子量。

纯白云岩中 C_A 值即为 1.68 左右。G.V.切林嘉尔（Chilingar）也注意到水溶液中 Ca、Mg 成分和岩石中成分的近似关系，以岩石中 Ca/Mg＜2 为白云岩，Ca/Mg＞32 为石灰岩。并计算了河水搬入海洋中 Ca、Mg 的数量。根据我们的分类，则岩石中 Ca/Mg＜2.6 为白云岩类，Ca/Mg＞35.4 为石灰岩类，Ca/Mg＝2.6～35.4 为石灰岩-白云岩类（图 7）。笔者前曾对照了华北某地水溶液和岩石中 Ca、Mg 等成分，而判断了断层附近集中渗流通道的存在。而后，又根据华中某地情况，计算了 R_B 值。限于篇幅，有关资料已另文详细论述。这里只强调一点，即当 R_B＜1 时，说明多溶解了 $MgCO_3$，而发生了 $CaCO_3$ 的

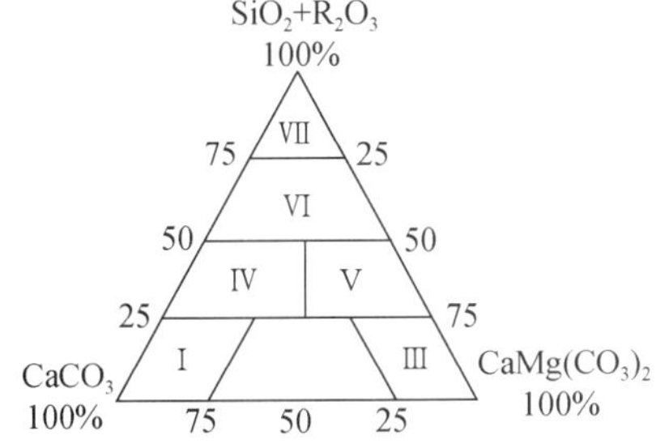

岩性类别	名称	$CaCO_3$ /%	$CaMg(CO_3)_2$ /%	Ca/Mg
I	石灰岩类	>75	<25	>35.4
II	石灰岩-白云岩类	25~75	25~75	2.6~35.4
III	白云岩类	<25	>75	<2.6

图 7 碳酸盐类岩性分类及 Ca/Mg 值对照图

重结晶与次生沉积；部分岩石就发生了去白云岩化的现象，当$R_B=1$时，白云岩等是较均匀地被溶解了。当$R_B>1$时，对石灰岩为主的地区是正常的。

白云岩溶解过程中有三种情况：① 白云岩均匀被溶解；② 白云岩发生分解，选择性地被溶解产生$CaCO_3$重结晶现象；③ 白云岩差异性溶解产生白云岩粉。一般情况下，水溶液中CO_2含量多，岩石较致密坚硬情况下，水溶液中CO_2含量多，岩石较致密坚硬情况下，则以第一种方式而溶解为主，当水溶液中CO_2含量较少时，即以第二种方式而进行溶解；若岩石风化厉害、矿物晶粒粗、劈理发育的情况下，且水溶液中CO_2含量不多时，则以第三种方式而被溶解。白云岩粉多于地表及浅处形成，而深处则多进行第二种方式的溶解作用。

喀斯特作用结果，于深处地带使石灰岩发生了白云岩化作用。因为浅处的白云岩发生了去白云岩化现象，水溶液中则多集聚了Mg^{2+}离子，这些Mg^{2+}离子和水溶液中所含有的HCO_3^-离子同被带入到地下深处，部分水中已有的CO_2或由HCO_3分析出的CO_2则对$CaCO_3$(石灰岩)发生了溶解作用，另外部分的HCO_3^-则与Mg^{2+}、$CaCO_3$等起化学反应(在相对适合的较高温度压力状态下)，发生了式(23)的变化，于是石灰岩就遭受了白云岩化。

$$2HCO_3^- \longrightarrow H_2O + CO_2 + CO_3^{2-} \tag{22}$$

$$\underbrace{CaCO_3 + CO_2 + H_2O \longrightarrow Ca(HCO_3)_2}_{\text{(溶解作用)}}$$

$$\underbrace{CaCO_3}_{\text{(石灰岩)}} + Mg^{2+} + HCO_3^- \xrightarrow{\text{(白云岩化作用)}} \underbrace{CaMg(CO_3)_2}_{\text{(白云岩)}} + H^+ \tag{23}$$

$$\underbrace{Fe_2O_3}_{\text{(溶蚀残余物)}} + 6H^+ \longrightarrow 3Fe^{3+} + 3H_2O \tag{24}$$

云南文山附近的水化学资料中(表5)，基本上可与上述公式相对照。深处温泉中Mg^{2+}、HCO_3^-离子的含量都比河水及浅处地下水中的含量明显地减少，而Ca^{2+}离子含量则比河水及一些浅处地下水中有所增加，另外，温泉中尚有CO_3^{2-}存在。这就是由于在地下稍深处发生了式(22)、式(23)的反应结果，使部分$CaCO_3$遭受了喀斯特溶解作用，而部分白云岩则遭受了白云岩化。

表5 云南文山附近水溶液成分对照表

地 点	水溶液化学成分/(mg·L^{-1})						
	Na+K	Ca	Mg	SO	CO_3^{2-}	HCO_3^-	游离CO_2
河 水	0.94	46.13	15.36	1.78	0	209.3	2.46
W_1温泉	0.0	46.38	4.69	0	0.45	155.0	0
钻孔14	25.8	79.35	43.65	0	0	470.8	35.6
钻孔15	20.0	64.92	19.7	0	0	335.5	17.8
钻孔23	7.82	26.4	21.64	0	0	195.0	3.69

注：袁道先等提供的水化学资料。

我国南方不少白云岩地层具有角砾岩的特征，又称为角砾状白云岩。其成因是很多的，看来，有的与上述白云岩化作用有关。由于地下深处溶解作用相对还是微弱的，当发生式(23)化学反应时，增加了 $MgCO_3$ 的固体体积。这样，一方面除了减少原来的孔隙外，就在白云岩化的过程中，使岩石发生了体积增大现象，也就引起原有完整的层状结构，这样就形成了角砾状结构。同时由于发生式(24)的反应，一些铁质于后期氧化环境下，就充填依附于破碎了的角砾之间。目前，地表上所看到的角砾状白云岩的胶结物多呈红色，就是这缘故。有时不具角砾状特征的白云岩，隐节理面上的铁质薄膜可能也是这原因所造成的。

某地 A 河流的水流渗流 9 km 后，于 B 河谷成泉水出露(图 8)，喀斯特化地层上覆的玄武岩厚度可达千米。通过对两处水流中泥沙物质的化学成分对照，可看出 CaO 的数值是增加的，SiO_2、MgO 是减少的。一方面这可能由于深处继续进行了喀斯特溶解作用，至 B 河谷泉水排泄处附近因环境的变化使发生了 $CaCO_3$ 沉积依附于其他泥质物上，所以分析结果 CaO 增加。另一方面可能于深处发生了如 R.F.穆立尔(Mueller)等所提出的化学反应，而使 MgO、SiO_2 两项物质都减少。

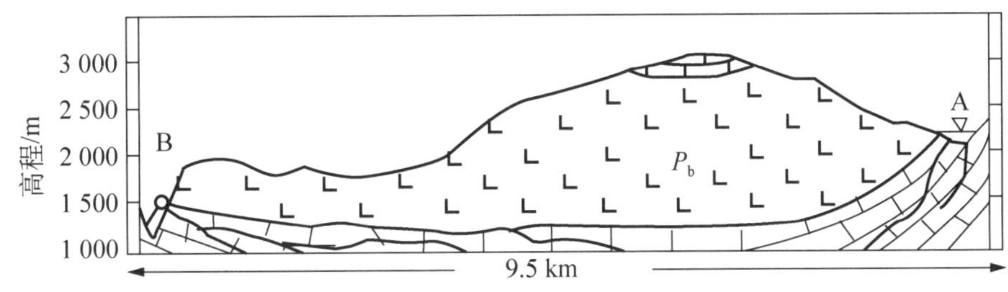

地区	泥砂物质化学成分/%					
	SiO_2	Fe_2O_3	Al_2O_3	CaO	MgO	SO_3
A河谷	54.84	16.94	12.36	3.04	3.16	0.1
B泉1	47.86	18.58	15.52	4.14	1.69	0.48
B泉2	47.42	18.45	17.15	4.42	1.39	0.45
B泉3	48.76	18.70	14.80	3.87	1.69	0.51
B泉4	49.80	18.95	14.95	3.87	1.69	0.45

注：A处河水渗流至B处成泉水出露（据林仁惠、张汝清等提供的资料）。

图 8　某地渗流剖面图

$$CaCO_3 + MgCO_3 + SiO_2 \longrightarrow CaMgSi_2O_6 + 2C + 2O_2 \tag{25}$$

此外，P.K.威罗(Weyl)尚提出了地下水溶液中形成白云岩的看法，以下列公式表示：

$$Mg^{2+} + 2CaCO_3 \longrightarrow CaMg(CO_3)_2 + Ca^{2+} \tag{26}$$

由于岩石中 Mg^{2+} 代替了 Ca^{2+}，这样就引起岩石白云岩化过程中，形成了一些空隙。这样看法也是可以考虑的。看来浅层地下水中进行这种反应的可能性是很少的。实验中目前还没有成功地产生出人工白云岩。J.W.摩尔利(Murray)的试验资料表明，当水溶液中有 Mg^{2+} 离子时，发生的沉积还是 $CaCO_3$，不过 Mg^{2+} 愈多时，沉积的 $CaCO_3$ 属于文石(Aragonite)者就愈多，而方解石(Calcite)就愈少。所以，威罗的观点可以采纳，但笔者认为这种反应也是在深处地带进行。一些白云岩均匀地具有较多原生晶孔结构的，可能都是属于这种成因(图 9、图 10)。

A—具有极微小晶孔而没有溶孔的白云岩岩心；B—具较多晶孔，有后期遭受溶蚀而形成的溶孔(有箭头所指的一些大孔属之)；
C—白云岩化过程中产生了较多晶孔，有些晶孔已被溶蚀成大溶孔，另外白云岩化过程中产生了角砾岩(有箭头处)；
D—白云岩化过程中的晶孔广泛发育，但不少都已进一步在浅处被溶蚀成溶孔

图 9　白云岩中的晶孔与溶孔的岩心

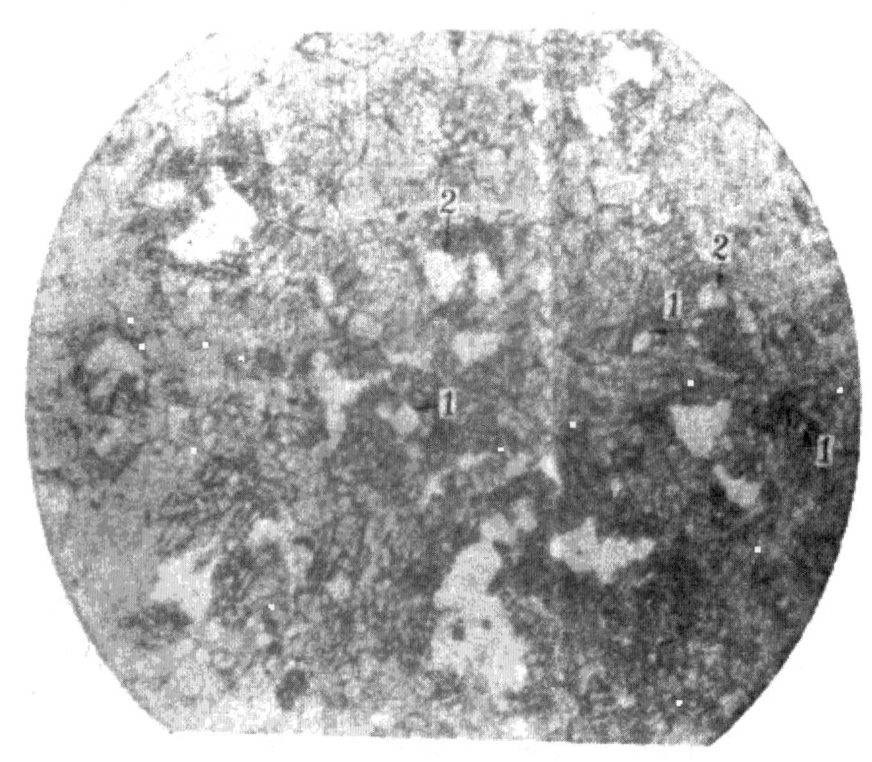

1—写 1 字带箭头的系白云岩化过程及成岩作用中产生的晶孔，周边的白云石晶形完整；2—写 2 字带箭头的为后期溶蚀的溶孔，溶蚀痕迹明显；其他则为经溶蚀扩大的晶孔，一半具有良好白云石晶形具晶孔特征，另一半则溶蚀明显具溶孔特征

图 10　白云岩晶孔、溶孔的薄片

丹来(R.A.Daly)和G.V.切林嘉尔等曾描述了美国和加拿大等地随着石灰岩、白云岩等地层的地质年代的增加，而加大岩石中Ca/Mg的比值。后期，切林嘉尔又提出了新看法，认为印第安纳州的中、南部各地质时代的白云岩、石灰岩中的Ca/Mg比值的高低变化是有周期性的。又提出这是海水中逐渐积聚了Mg元素而后形成了白云岩，这时海水中Mg就减少相对Ca/Mg值增大，多沉积了石灰岩，而后Mg离子又不断地增加，又开始了新的周期轮回的这种看法。

这里不去探讨多种白云岩的成因问题，但是需要提到一些与喀斯特作用过程有关的一些看法。看来，丹来和切林嘉尔关于随着岩石年代的加大而增大岩石中Ca/Mg比值的这种看法，可以结合喀斯特作用予以考虑。金玉璋也曾提到，随着地质时代的进展，广西地区碳酸盐类岩石中钙的含量逐渐增加，而镁的含量逐渐减少的趋势的这种看法。笔者认为：这是由于地质年代老的地层遭受喀斯特化作用的机会也多，一般也有更多机会埋存于地下深处，有更适宜的环境发生深层喀斯特作用和白云岩化现象，发生了式(23)、式(26)的化学反应。当然这并不是否认某些地区没有出现Ca/Mg比值随年代发展而增高的规律，也不否定切林嘉尔于后期关于岩石中Ca/Mg比值周期性变化及白云岩成因方面的学说，因为这些见解与本文关系不密切，故不重点探讨。

其他关于白云岩粉、残余黏土等的形成过程的分析问题，因限于篇幅，不多论述了。这里把喀斯特作用过程中，有关岩性变化方面，如白云岩化、去白云岩化、残余黏土与白云岩粉等形成与喀斯特作用关系分析列于图11中。

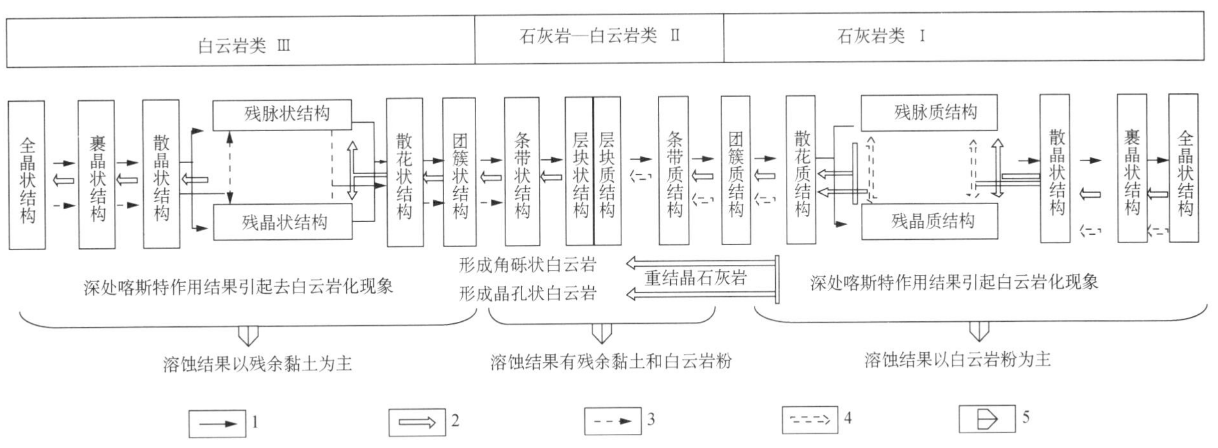

1—其他次生作用引起的去白云岩化作用的方向，2—成岩等作用引起的白云岩化作用的方向，3—喀斯特作用引起的去白云岩化作用的方向，4—喀斯特作用引起白云岩化作用的方向，5—喀斯特作用后的溶蚀残余物的性质的指向

图11 石灰岩、白云岩间岩性结构与白云岩化去白云岩化和喀斯特化作用间关系分析图

4 喀斯特类型的划分问题

喀斯特类型如何划分的问题是很重要的。以往，国内外学者对这方面都曾作了不少的工作。沙稚茨基(L. Sawicki)于1919年提出了裸露型或地中海型的概念，格渥茨捷茨基也于1948年提出了高加索型的看法。这些都是按照外部特征而分的。马克西莫维奇根据外部特征而把喀斯特分为：① 地中海型或裸露型、② 高加索型、③ 中欧型(残积层下)、④ 卡姆斯基型(河流冲积层下)、⑤ 俄罗斯特(非喀斯特化地层下)、⑥ 中阿杜阿型(玄武岩或其他火成岩下)。K.A.葛布诺夫(Горбунов)分为7种：① 地中海型、② 高加索型、③ 中欧型、④ 中阿杜阿型、⑤ 不含水岩层覆盖下、⑥ 含水层覆盖下、⑦ 冲积层覆盖下。H.B.罗吉诺夫(Родионов)根据构造-地貌而把喀斯特划分为：① 侵蚀喀斯特、② 分水岭(河间)地区喀斯特、③ 上升构造的喀斯特、④ 构造破坏带的喀斯特、⑤ 侵蚀构造喀斯特、⑥ 古的构造下降的喀斯特、⑦ 近代活动的区域或地段的喀斯特。

除了上述分类外，尚有根据岩性、喀斯特作用时间、沉积与侵蚀关系方面、喀斯特化程度、侵蚀水的运动、裂隙性质、构造等方面的因素，把喀斯特划分为各种各样的类型。国内一些学者也曾作了一些分类，有的划分为广西型、个旧型、石林型（熊秉信），有的提出了划分山西型、广西型、贵州型的看法。显然，上述这些分类都是值得欢迎，各有优点，有助今后这方面工作的进行。

国外喀斯特的分类方法是很多的，但大多数是孤立地从某一现象或条件出发，这不能说是没有片面性的。一方面需要考虑到："为要暴露事物发展过程中的矛盾在其总体上、在其相互联结上的特殊性，就是说暴露事物发展过程的本质，就必须暴露过程中矛盾各方面的特殊性，否则暴露过程的本质成为不可能，这也是我们作研究工作时必须十分注意的。"（《矛盾论》，《毛泽东选集》第一卷第 299 页）。另一方面也需要知道："研究事物发展过程中的各个发展阶段上的矛盾的特殊性，不但必须在其联结上、在其总体上去看，而且必须从各个阶段中矛盾的各个方面去看。"（同前，第 303 页）。所以，在分析喀斯特作用过程中的各个阶段性，并从中概括为类型，就必须由其中几个主要矛盾的表现上，去综合分析研究，这样划分出的类型也许才会更富有典型性与阶段性。

下面首先把喀斯特作用为主的过程中，地貌形态、水动力条件和水溶液对水溶岩化学作用等过程相互予以联系，以寻求共同的阶段性的表现，然后再据以进行类型的划分，根据图 12 所表示的有关这三方面作用过程的联系状态，可将主要的喀斯特类型划分于表 6。

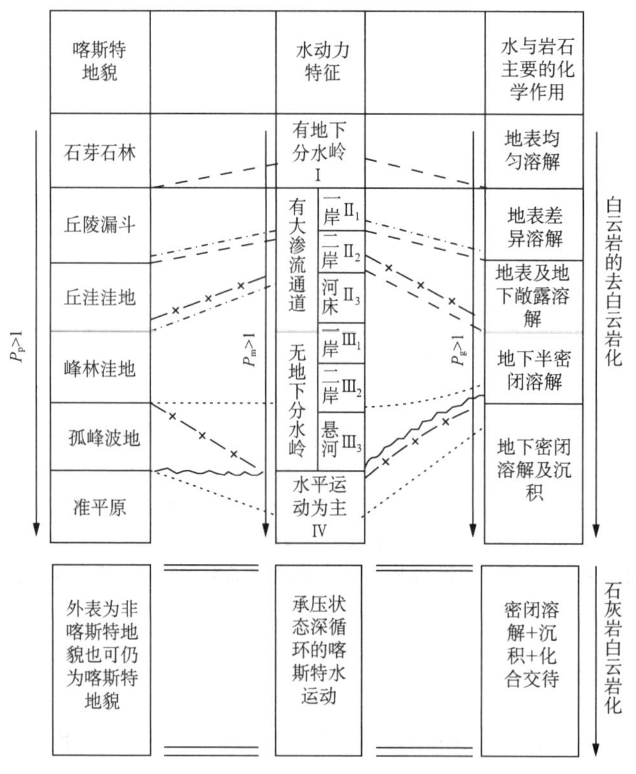

图 12　喀斯特作用过程对照分析图

上述各喀斯特类型所具的地表水地下水运动性质不同，溶蚀过程的特征不同，地形地貌的表现也不同，因而其水文地质工程地质条件显然也不同。

若考虑受地壳升降运动及构造断裂等的影响，正如前面所论述的，喀斯特类型将变得更加多种多样了。例如，受强烈急剧上升的影响，使溶蚀、侵蚀作用都居重要的地位，峰林洼地就可转变为丘陵洼地＋峡谷，水流运动及溶解作用特征也发生变化。例如，安顺地区基本上属于峰林洼地型，受乌江切割的影响，乌江支流三岔河、天冲河一带就属于丘陵洼地＋峡谷的类型，典型的可以代称为乌江型。广西西部山区上升幅相对地比云贵高原小，可属缓慢上升地区，喀斯特类型也由峰林洼地型转变为峰丛漏斗型，象南丹—独山一带，可代称为南丹型。云南开远、蒙自一带受早期断裂影响(急剧下降)，形成了上面有较厚非喀斯特化地层堆积的断陷盆地，这样就使石芽石林型于初期就转变为喀斯特断裂盆地型，而后发展为喀斯特山间盆地型，可代称为开远型。限于篇幅，有关这方面各种类型的正确命名，以及喀斯特发育特征等情况，留待今后进一步探讨研究，本文不再论述。现将云贵高原至广西盆地的一些喀斯特地貌剖面列于图 13，清楚地显示了由西向东喀斯特作用不断地加剧发育。这是由于西部高原上升结果，使侵蚀作用相对地加强了，因而其类型多属于喀斯特丘陵洼地、喀斯特峰丛洼地，于上升缓慢的广西地区却就多发育了孤峰波地及准平原等。

表 6　主要喀斯特类型分类说明表

喀斯特类别	喀斯特类型	特　征　说　明	典型地点及代称
裸露状	漫流—隙流广泛溶蚀石芽石林型	地表水对可溶岩表面或裂隙的广泛溶蚀为主，产生石芽、石林、溶沟、溶槽等现象为主，水动力条件多为Ⅰ类型的初期阶段，地下水分水岭正逐渐形成	云南路南石林(路南型)
	团流—潜流差异溶蚀丘陵漏斗型	地表水开始团集，岩石表面差异溶蚀显著，发育了漏斗，地下通道也开始发育，但裂隙水为主，水动力条件多为Ⅰ类型	河北怀来官厅(官厅型)
半裸状	聚流—管流溶蚀残积丘陵洼地型	地表水更多聚集，差异溶蚀结果产生了有残积物堆积的洼地等，地下喀斯特管道有一定发育，水动力条件属于Ⅰ、Ⅱ类型，水运动特征属喀斯特—裂隙性的层流运动为主	鄂西地区及贵州贵阳一带(贵阳型)
	聚流—伏流溶蚀割切峰林洼地型	地表洼地继续发育，丘陵状地形溶蚀切割结果形成了峰林，除岩面溶蚀外，地表径流出现较多伏流，水动力条件属Ⅲ、Ⅳ类型者多，地下通道多，地下水流具裂隙—喀斯特层、紊流运动	广西桂林一带(阳朔型)
覆盖状	溪流—穿流溶蚀削低孤峰波地型	地表溶蚀结果，地形高低变化减小，洼地连接形成波地，中有孤峰顶立，地下通道发育，水平穿山暗流增多，水动力条件多Ⅲ、Ⅳ型，喀斯特水流运动为主	广西桂中一带(柳州型)
	渗流—暗流溶蚀沉积准本原型	地表可溶岩面基本上都有残积层—冲积层，地下径流依靠渗透水流补给，地下暗河通道等非常发育，水动力条件多为Ⅳ类型，喀斯特水运动为主，地下除溶蚀外，尚有化学沉积	广西及广东北部地区(粤北型)
埋存状	渗流—滞流溶蚀变异构造深埋型	喀斯特地层上有非喀斯特化地层，受褶曲影响，水流运动以向深处循环运动为主，深处水流近于停滞，除发生有溶蚀作用，深处还发生有岩性上化学变异作用	

注：1. 喀斯特类型中考虑三要素：① 地表水及地下水的特征性质，② 喀斯特溶蚀作用及有关其他作用的特征，③ 表面地貌及深处构造特征。

2. 地表水流特征：① 漫流：指地表水流沿地形成小股或薄层状流动，地表溪沟发育不完善；② 团流：于凹洼的地区表水较集中地团集向地下渗透，整个地区上有许多这种团集的水流；③ 聚流：在团流的基础上进一步发展，地表水更多地聚集流动于洼地、谷地中，有的形成水系，但发育不完善；④ 溪流：地表水以溪沟形式流动为主；⑤ 渗流：地表水以非喀斯特化地层上河流形式流动为主，地表水通过一定厚度覆盖层渗透补给下伏的喀斯特含水层。

3. 地下水流特征：① 隙流：地下水沿一般构造裂隙而流动，地下水面形成不完善；② 潜流：地下水沿一般构造裂隙及小喀斯特裂隙流动，潜水形式流动为主；③ 管流：地下水沿大的喀斯特裂隙、通道、管道流动为主；④ 伏流：同一水系内发育较多喀斯特通道，地表水常消失于地下为伏流，地表水与地下水变换密切；⑤ 穿流：除有地下伏流外，常有穿山的通道、暗河发育；⑥ 暗流：地下水系发育得完善，有较多大暗河、暗湖等存在；⑦ 滞流：地下水运动较缓慢停滞。

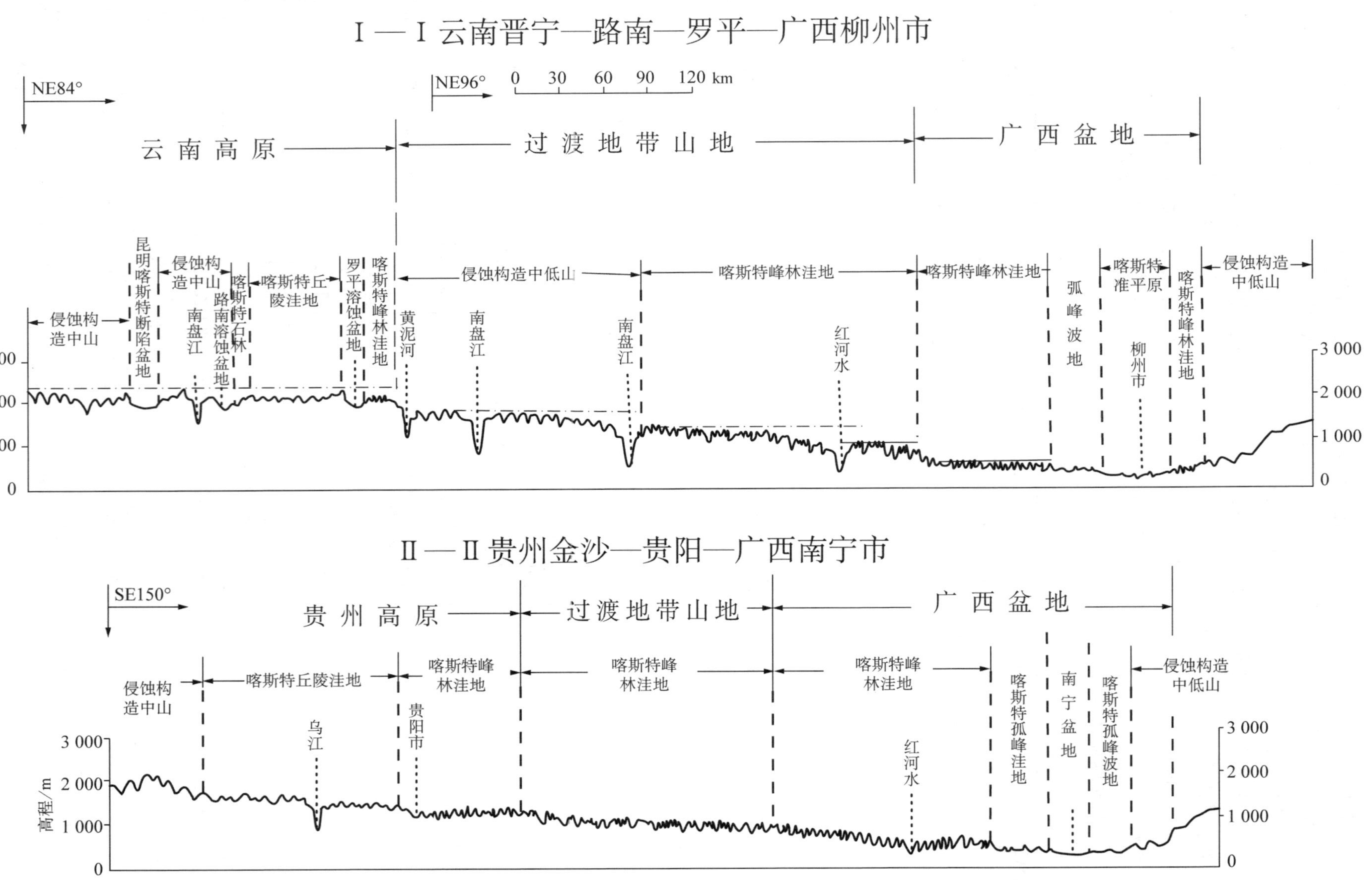

图 13 喀斯特地貌类型示意剖面图

5 结论

根据上面所探索有关喀斯特作用过程，以及以溶蚀作用为主的喀斯特类型的划分，可初步得出以下结论。

(1) 探索喀斯特发育规律中，必须研究喀斯特作用过程，并从中分析出喀斯特发育的阶段性，进而概括出的类型才具有更大的意义和更大的典型性。

(2) 侵蚀作用的地形地貌发展中表现有准平原的现象，喀斯特作用过程中地表溶蚀作用的进行有时也具有溶蚀削平的特征。

(3) 喀斯特作用中必然伴随侵蚀作用，根据剥蚀性质指数 $P_g=\bar{H}_k/\bar{H}_E$，可以指示出可溶岩地区地形地貌发展的特征。

(4) 喀斯特作用过程中，主要应包括喀斯特地貌形成过程、喀斯特水动力条件变化过程和水溶液对水溶岩的化学作用过程。

(5) 当 $P_g>1$ 时，以溶蚀作用为主的喀斯特地貌演变过程基本上可概括为七个阶段：石芽石林→丘陵漏斗→丘陵洼地→峰林洼地→孤峰波地→喀斯特准平原。受地壳升降运动及断裂的影响，这样变化过程就复杂了。

(6) 喀斯特水动力条件的变化主要有八种过程，受地壳升降运动和构造断裂的影响时，这种变化过程就更复杂了。水动力条件的变化取决于河水位和地下水位间升降变化关系，可以指数 $P_m=\Delta\bar{D}_{PG}/\Delta\bar{D}_{PR}$ 表示，基本上当 $P_m>1$ 时，水动力条件由Ⅰ类型依次变为Ⅳ类型。

(7) 喀斯特作用中化学溶解与沉积作用的表现，主要取决于水溶液中 CO_2 的状态，可以化学沉积指数 P_p 值表示，裸露环境与密闭环境中 P_p 值的计算是不一样的。当 $P_p<1$ 时，水溶液中 CO_2 含量已不足以平衡其中已溶的 $CaCO_3$、$MgCO_3$ 等所需的 CO_2 含量，这就发生有 $CaCO_3$ 等的次生沉积。

(8) 喀斯特作用过程中，水溶液的沉积与溶解作用的状态，基本上有五个阶段：地表广泛均匀溶解阶段→地表差异溶解阶段→地下敞开裸露状态的溶解阶段→地下密闭半密闭状态和地表裸露状态差异溶解阶段→地下密闭状态的溶解阶段。

(9) 喀斯特作用中，发生有化学沉积、重结晶作用，使碳酸盐类岩石的岩性发生了变化。成岩白云岩组织结构有九种：① 层块状结构、② 条带状结构、③ 团簇状结构、④ 散花状结构、⑤ 残晶状结构、⑥ 残脉状结构、⑦ 散晶状结构、⑧ 裹晶状结构、⑨ 全晶状结构。石灰岩同样也具有这九种结构。浅处白云岩喀斯特作用结果，常发生去白云岩化现象，可根据水溶液中 Ca^{2+}、Mg^{2+} 离子比值和岩石中 Ca、Mg 元素比值的对比关系而定，以 $R_B=R_A/C_A$ 表示。当 $R_B<1$ 时，发生有 $CaCO_3$ 次生重结晶，白云岩遭受了去白云岩化作用。

(10) 深处地带喀斯特作用结果，石灰岩类地层在较高温度、压力状态下，产生了白云岩化现象，出现了白云石的化合结晶。白云岩化作用有两种结果，有的形成角砾状白云岩，有的形成具均匀密集的晶孔的白云岩。

(11) 根据地貌、水质岩性、水动力条件等变化过程，而互相对照分析，后期不受地壳升降及构造破坏情况下喀斯特类型可分为：Ⅰ. 裸露状：漫流—隙流广泛溶蚀石芽石林型、团流—潜流差异溶蚀丘陵漏斗型；Ⅱ. 半裸状：聚流—管流残积溶蚀丘陵洼地型、聚流—伏流残积溶蚀峰林洼地型；Ⅲ. 覆盖状：溪流—穿流溶蚀削低孤峰波地型、渗流—暗流溶蚀沉积准平原型；Ⅳ. 埋存状：渗流—滞流溶蚀变质褶曲深埋型。不同喀斯特类型具有不同的喀斯特水文地质和工程地质条件。

本文只着重探讨些喀斯特作用过程问题，有关类型的划分是次要的。探讨中涉及水溶液、岩性、水动力条件等方面问题时，也只提及有关问题。其他岩性、水溶液等对喀斯特作用的其他影响表现，就没有论及，限于篇幅，未能将更多论证资料列入。

本文作为喀斯特研究工作中，学习运用毛主席《矛盾论》的一个初步尝试，不妥之处请予指正。

略谈岩溶(喀斯特)及其研究方向①

卢耀如

在桂林山中，西子湖畔，在祖国辽阔的领土和领海内，到处有奇峰、怪石、异洞、珍泉，这些现象，许多都是水对碳酸盐岩(石灰岩、白云岩等)进行长期的溶蚀结果而形成的，国外以“喀斯特”命名，我国称为岩溶。

这种水与可溶岩间的矛盾产物——岩溶，其奇异多姿只是一方面，更重要的是它们既有利于形成许多资源，又具有另外的不良特性。它们与现代化建设有密切的关系。

1 岩溶与矿源

岩溶作用的本质是水对可溶岩的溶蚀作用，在溶蚀与沉积的过程中，相应伴生了八十多种矿产资源。比如，属于岩溶残余堆积矿床类型的一些铝土矿、磷矿、铁矿等。以往对这类矿床，忽视了岩溶作用的特性。例如，我国20世纪50年代勘探的一个大铝土矿，当时被看作通常沉积矿床，并以相应方法计算储量；近几年较多开采后，发现其矿体富集与岩溶现象(洼地、裂隙等)密切相关，这又得重新研究，再核算储量。

2 岩溶与能源

与岩溶作用有关的能源，在我国重要的有以下几方面。

(1) 石油与天然气。世界上大油气田近一半在岩溶化碳酸盐地层中，如沙特阿拉伯的加瓦尔油田，伊拉克北部基尔库克油田，美国威利斯顿盆地和密执安盆地等油田。我国华北古潜山型油田、四川一些油气田也在碳酸盐岩地层中。岩溶与油气田形成的关系，表现于三方面：第一，岩溶作用与油气形成密切相关，一些生物可以破坏、分解碳酸盐岩以发育岩溶，而生物尸体等堆积在洞穴中，经漫长复杂的质变过程，则可形成石油或天然气；第二，碳酸盐岩中发育的洞穴等，可成为其他地层中形成的油气的良好聚储空间；第三，已形成的油气田又可以由后期岩溶作用而遭运移、分散。如何在我国碳酸盐岩地层中寻找更多油气田，从岩溶作用上有关起源至成生的质变现象，聚储上的一般性与特殊性关系上来探索研究，是很重要的途径。从已知的油田来讲，储集油气的岩溶(空间)率，就与储量评价密切相关，不同的数值，计算的储量可相差多倍。

(2) 煤炭。煤炭是我国主要能源，也是出口的重要矿产。但是，我国南北方许多煤田受到岩溶水的突水威胁仍是重要问题。有的煤田由于岩溶水袭击，尚溃入大量洞穴中泥沙，给矿井生产带来很大困难；有的为防水疏干需大量资金。我国在煤矿(及其他矿区)已取得较丰富的关于防止岩溶水突水危害的经验，但很多问题仍需深入探索与综合研究。

(3) 水电。我国不少岩溶地区山高水深，地势险要，蕴藏着丰富的水电能源。开发途径有两大类：第一修建地表水库，例如，我国黔中猫跳河小流域面积3 195 km^2，河全长180 km，修六级水电站，装机容量达24.3万kW；乌江渡水电站坝高165 m，装机容量63万kW，已头期发电。这两处都为岩溶区。第

① 卢耀如.略谈岩溶(喀斯特)及其研究方向[J].自然辩证法通讯，1982(1)：3.

二洞内修地下水库以发电，如我国早期修建地下水库于六郎洞暗河，引水后建成装机容量 3 万 kW 的水电站。这两种水电站在我国已建成不少，起很大作用。但是，都需考虑人为改变自然条件后，引起水运动特性与岩土力学性质的质变及相互间新矛盾现象，即产生岩溶渗漏以致塌陷的问题。渗漏与塌陷是开发水电能源的最主要问题，要按客观规律予以处理。

(4) 地热。地下深处岩溶化地层中，蕴藏着很多地热能源可以开发。重庆南北温泉、云南安宁温泉都出露于岩溶化地层中；西藏、贵州及华东、中南和华北都有不少岩溶地层中热水可开发利用。例如，华北平原下埋覆的碳酸盐岩地层，不少近千米深的钻孔就获得 50～80℃的自流热水，一方面可直接用于工农业及生活、医疗上，节约了其他能源，另一方面也可把热能变成电能。但新的问题会出现，如引起溶蚀至沉积的转化，产生碳酸钙的沉积结垢问题。

3 岩溶与水源

地表水和地下水都是重要水资源。岩溶地区地下水丰富，而且地表水与地下水转化密切。岩溶水源可概括为三方面。

(1) 岩溶暗河水源。暗河流量大，可直接抽取水源，如安装滑轨泵房、水泥船泵房、水轮泵站等方式手段予以开采；也可修建地下水库使更好调节旱、涝季节的水源，获得几十万至一千多万立方米以上的库容，使收到供水以及灌溉、发电效益。我国这种岩溶水源是很多的，开发方式也多种多样。水文地质普查部队在黔北就调查、发现了七百多条暗河，总长相当长江全长，年流量有九亿立方米以上；广西地区也已发现有二百多条暗河。开发暗河后，对下游及周围的各方面影响，需认真研究。

(2) 岩溶泉水源。虽然没有大的洞穴出露，但由于岩溶发育结果，在特定条件下，却可涌现大流量的泉水，我国有很多这种宝贵水源。例如，太原晋祠泉，流量约 2 m^3/s,《山海经》中曾记载:"悬瓮之山，晋水出焉。"根据水经注曰:"引晋灌晋田。"可证于公元前 453 年，就已利用此岩溶泉构成了灌溉系统。娘子关泉群流量稳定，平均流量每秒 13.7 m^3，也已收到不少效益。太行山东、南麓许多大泉及山东济南的泉群，都是著名的岩溶泉。开发利用泉水是易行的，如果忽视岩溶水的补给-径流-成泉排泄的内在机理，而盲目开采，必然导致泉水量变以至质变而消失。以往不少由于违反这自然法则，已经有了很大的教训。

(3) 岩溶埋藏水源。除暗河、泉水外，埋覆于地下岩溶化岩体中，尚有丰富岩溶水源。地下岩溶水资源以径流模数表示，我国一些地区每平方公里面积上，每秒有 2～35 L 流量，这数量是丰富的，但是不均匀而有限，有的不易开采。过量开采会降低水位，导致水与岩石性质的质变，产生地表沉陷与塌陷，并破坏岩溶水源。所以，按客观规律性，科学地开发岩溶水是非常重要的。

今后岩溶的重点研究方向与内容，我有几点建议。

(1) 加强岩溶基础理论的研究。

岩溶作用与其他地质作用也是密切相关，与许多基础学科的研究也有很大联系。今后应与地学其他学科及其他基础学科相结合，从宏观至微观上，深入研究岩溶发育的特性与过程及基础理论问题，例如：地质发展史与岩溶作用时期的关系及其演变过程；岩溶作用的内在机理，在复杂条件下(如高温高压)，微观物理-化学及溶蚀-沉积的作用过程与变异；古气候与古地理环境的变迁对岩溶发育的影响；碳酸盐岩的形成过程的成岩机理与相应的岩溶作用；碳酸盐岩性岩相特性与岩溶发育的关系；地壳运动与岩溶发育的关系；生物作用与岩溶作用间的关系，等等。

(2) 加强岩溶矿床的成矿规律性的研究。

对于各种金属、非金属岩溶矿床，以及作为能源的碳酸盐岩层中的石油与天然气，都必须加强其成矿规律性及与岩溶作用间关系的研究，重点内容应该包括：与热液活动有关的岩溶作用的过程与机理；岩溶作用对各种金属、非金属矿的成矿规律的影响，以及其地球物理-地球化学的特性；岩溶作用与油气生成的有关机理过程，以及岩溶化地层中油气运移、储集的过程与特性；岩溶水体中溶解物质的运移与富集规律；岩溶化岩体中水、油、气多种流体相混运动的规律及有关流体力学，等等。

(3) 加强岩溶水资源综合开发利用的研究。

水电能源实际上也属水资源的范畴，岩溶水的开发利用会迅速影响同一自然单元内各方面、各地带的岩溶水资源，蓄水、疏干也都迅速波及周围岩溶水文地质条件，岩溶地表水与地下水转化密切，因此，如何更好综合开发利用岩溶水资源，以避害取益是非常重要的。

这里需要强调几点：

第一，岩溶水资源的合理开发。岩溶水资源是丰富的，但不是取之不尽、用之不竭的。“文化大革命”期间，由于没有合理开采岩溶水，造成不少严重后果。例如，有的大泉由于在补给-径流区内盲目开采地下水，而使流量大减，甚至干涸。有的本是自流供水灌溉的泉水，反需耗电长期提取岩溶水。有的这边盲目打井，造成百米之外邻近地基塌陷与土建筑物的开裂以至部分塌垮。这类教训是很多的。

第二，岩溶水的综合效益。开发利用及治理岩溶水应统一考虑，以收到综合效益。既要考虑矿区疏干或其他方法防突水，以保证矿区开采，又不能影响区域地带性岩溶水资源，并避免严重的岩溶塌陷发生；既要开发水电能源，又要综合发挥供水、灌溉等效益。使宝贵岩溶水发挥综合效益是很重要的。南斯拉夫的特列比西尼察岩溶地区，可见河流长只有 90 km，流域面积 7 525 km^2，因综合研究开发水资源，可建九级水电站，装机容量达 140 万 kW，尚收到防洪、灌溉效益，并满足海岸地带供水的需要。

第三，岩溶水资源的人工补给与防污染。有的岩溶水源已受污染。最近有的地区尚拟在大泉或已开发岩溶水的城市的上游补给区，修建有污染性的工厂并拟大量开采地下水，其结果将会污染水源，并破坏下游城市及工农业的水源，这种做法当然应该纠正。采取人工补给地下水，并严格采取防污措施是很重要的问题。

第四，岩溶水资源的统一管理与节约用水。以往不少工农业部门在取得岩溶水后，只知其水量丰富这一点，只考虑本单位，不考虑别部门，特别更不考虑有利条件会向不利条件转化，浪费岩溶水情况是严重的。例如，某地一工厂同类产品单位耗水量比国内先进工厂多 7 倍，比国外多 13 倍；有的把宝贵岩溶水大量开采后流入大面积的人工湖，使其大量蒸发掉，而又严重影响原来邻近工农业用水。因此，统一管理岩溶水资源，限量使用，大力节约用水(特别工业)，这对现代化建设有重要的积极作用。

(4) 加强区域性岩溶发育规律及有关水文地质工程地质条件的研究。

岩溶发育受许多区域性因素的影响，对其较大规模的改造与利用，也常影响到区域性水文地质条件，或涉及到区域性工程地质条件。为了合理规划工农业的发展，更好开发利用岩溶的三源，保证各项建设的综合发展，避免因局部影响全局，因此加强区域岩溶发育规律及其相应的区域性水文地质和工程地质条件的研究，是重要的一环。

岩溶地区主要水利工程地质问题与水库类型及其防渗处理途径①

卢耀如

中华人民共和国成立以来，在我国广大岩溶地区兴建了许多大、中和小型水利水电工程，取得了很大成绩。本文拟概略总结各地经验，进而作些探讨，以供参考。

1 岩溶地区主要水利工程地质问题

岩溶地区兴建水利水电工程，需调查研究的工程地质问题有：岩溶库区及坝基渗漏，岩溶塌陷（包括库区、坝基、坝下游及邻谷），岩溶坝基稳定性，隧洞与厂房等其他建筑物基础稳定性，库岸边坡稳定性，坝基的基坑岩溶水的防治与疏干，隧洞的岩溶突水与排水，库水与岩溶地下水的水质变异及影响，岩溶与水库诱发地震等问题。本文只概述前两个主要问题。

1.1 岩溶库区及坝基渗漏

岩溶库区易于发生库区渗漏的地带有：① 有深切的邻谷，② 岩溶类型变化的过渡地带，③ 大构造断裂交会带，④ 大断裂贯通库区与邻谷的地带，⑤ 通向库外的向斜地带，⑥ 构造隆起与凹陷的过渡地带，⑦ 地形与地貌显著变化的过渡地带，⑧ 通向库外的新与古岩溶重叠发育带，⑨ 通向邻谷的洞穴系统发育带，⑩ 河道地表径流减少地带。这些地带发生库区渗漏的可能性与危害性，与当地岩溶发育特征及水动力条件密切相关。

在没有良好隔水层存在情况下，岩溶化坝基渗漏是突出的问题。通常发生较严重的坝基渗漏的地段有：① 悬托河床地段，② 具通向下游的岩溶水集中渗流通道的地段，③ 溶蚀构造破碎带发育地段，④ 与下游相通的洞穴系统发育地段，⑤ 与下游相通的层间溶蚀现象发育地段，⑥ 强烈褶皱轴部通过的地段，⑦ 裸露或埋覆的古河道的地段，⑧ 地形和地貌与下游显著差异的地段，⑨ 地表径流显著减少的地段，⑩ 经常缺乏地表径流的地段，⑪ 串珠状岩溶塌陷、漏斗分布的地段，⑫ 新与古岩溶重叠加深发育的地段。一个坝基可能具有一种或多种不利条件，应采取合理与有效的基础处理措施，以保证基础稳定性与工程效益。

1.2 岩溶塌陷

岩溶渗漏常引起岩溶塌陷，而岩溶塌陷又可导致渗漏的加剧发展。在水利电力建设中，岩溶塌陷主要有以下类型。

1. 承压渗流潜蚀塌陷（潜蚀塌陷）

水库蓄水后，使库盆下的地下水压增大，可引起对洞穴充填物及上覆松散层的潜蚀作用，导致塌陷发生。坝基渗漏更易产生或加剧潜蚀作用。潜蚀作用主要取决于岩溶地下水的水力梯度 I_{Kw} 和相应的土、砂等颗粒的临界运移梯度值 I_E 之间的关系。当 I_{Kw} 大于 I_E 时，就有产生潜蚀管涌，并导致塌陷发生

① 卢耀如.岩溶地区主要水利工程地质问题与水库类型及其防渗处理途径[J].水文地质工程地质,1982(4):19-26.

的可能性。

2. 重力渗流潜蚀塌陷(重力塌陷)

溶蚀洼地和溶蚀谷地中,岩溶地下水常埋藏较深,在库水重力渗流作用下,使覆盖层及洞穴填充物被潜蚀而运移。当下部洞穴较大,而且在库水不断潜蚀作用下,其顶板及覆盖层不易形成稳定的减荷拱,就可逐渐地塌落或爆发性地塌陷。式(1)表示一种情况(图1)。

$$
\begin{aligned}
K_c &= \frac{\Sigma G_{si} + \Sigma G_{wj}}{\Sigma F_{si}} \\
\Sigma G_{si} &= \iiint_{V_s} \sum_{i=1}^{n} \gamma_{si} \cdot f(R_{si}, \theta_{si}, Z_{si}) \mathrm{d}V_s \\
\Sigma G_{wj} &= \iiint_{V_w} \sum_{j=1}^{n} \gamma_{wj} \cdot f(R_{wj}, \theta_{wj}, Z_{sj}) \mathrm{d}V_u \\
\Sigma F_{si} &= \iint_{S_s} \sum_{i=1}^{n} C_{si} \cdot f(R_{si}, Z_{si}) \mathrm{d}s_s + \sum_{i=1}^{n} G_{si} \cdot \tan\phi_i.
\end{aligned}
\tag{1}
$$

式中 K_c——岩溶塌陷临界指数;

ΣG_{si}——塌陷土、岩体总重量,t;

ΣG_{wj}——塌陷体上库水总重量,t;

ΣF_{si}——土、岩体总力学强度值,t;

$f(R_{si}, \theta_{si}, Z_{si})\mathrm{d}V_s$——土、岩层 i 的体积函数表达式,m^3;

γ_{si}——土、岩层 i 的饱和容重,t/m^3;

γ_{wj}——库水 j 层的容重(底库水含较多悬移质及异重流),t/m^3;

$f(R_{wj}, \theta_{wj}, Z_{wj})\mathrm{d}V_w$——库水体积函数,$m^3$;

C_{si}——土、岩层 i 的凝聚力,t/m^2;

φ_i——土、岩层 i 的内摩擦角;

$f(R_{si}, Z_{si})\mathrm{d}s_s$——塌陷体土、岩层 i 周边面积函数表达式,m^2。

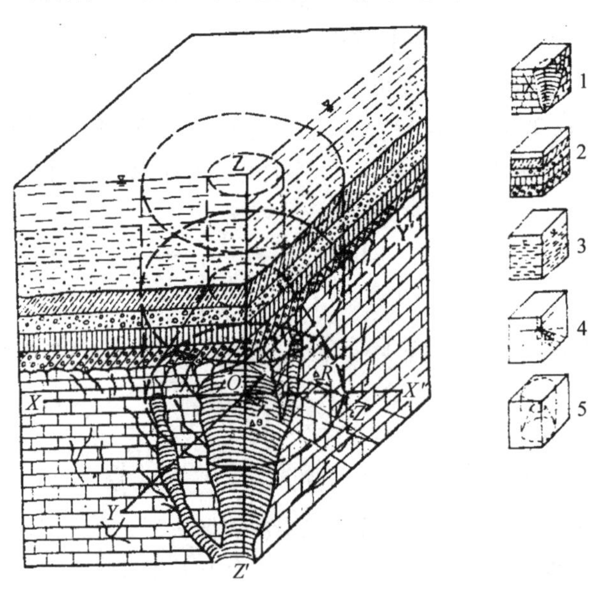

1—石灰岩及洞穴;2—土、砂卵石层;3—库水层(清净及含砂异重流层);4—坐标轴及积分单元体积角向量;5—反漏斗状及柱状岩溶塌陷体

图1 重力渗流潜蚀塌陷稳定性计算立体模式图之一

由于潜蚀作用使 ΣF_{si} 值变小，反漏斗状崩塌时，摩擦系数则不起作用。当 K_c 大于 1 时，则发生塌陷。通常有一定厚度而且较完整的碳酸盐岩层为洞穴顶板时，不易引起塌陷。松散地层被潜蚀可逐层崩坍，各层 F_{si} 值变化不一，下层崩塌时不能取总的 ΣF_{si} 值，而荷重量仍需计算上面的层次。

3. 压缩气团冲爆塌陷（气爆塌陷）

库盆有渗透性较差的覆盖层，地下有洞穴存在，而且其中水位低的情况下，当水库水位迅速增高时，也相应抬高两岸地下水位，这样在动水压力作用下，库盆洞穴中可形成高压气团。高压气团的不断压缩与膨胀，当气团压力达一定的临界值时，可冲爆洞穴的顶板及上覆的盖层引起塌陷。湖南、广西、贵州等地都有这种现象存在。南斯拉夫一些水库也出现过此种塌陷。冲爆塌陷情况是多种多样，下面探讨一种情况（图 2）并用式（2）表示。

$$K_c = \frac{P_c}{\Sigma G_{si} + \Sigma G_{wj} + \Sigma F_{si}} \tag{2}$$

$$P_c = \frac{\rho_c}{\rho_0}\iint_A P_0 \cdot f(R_a,\ \theta_a)\mathrm{d}A$$

式中 $f(R_a,\ \theta_a)\mathrm{d}A$——产生冲爆部位气团顶部投影平面积函数表达式，$\mathrm{m}^2$；

P_0——密闭气团起始状态的压强，$\mathrm{kg/cm^2}$，$\mathrm{t/m^2}$；

ρ_0——密闭气团起始状态密度，$\mathrm{g/cm^3}$，$\mathrm{t/m^3}$；

ρ_c——密闭气团产生冲爆时密度，$\mathrm{g/cm^3}$，$\mathrm{t/m^3}$；

P_c——产生冲爆时的气团总强度，t。

（其他符号同前）。

这种塌陷开始时一般是在软弱部位先破坏，然后进一步扩大而塌陷。同样，也可逐层受压破坏崩落，最后冲爆顶部盖层。

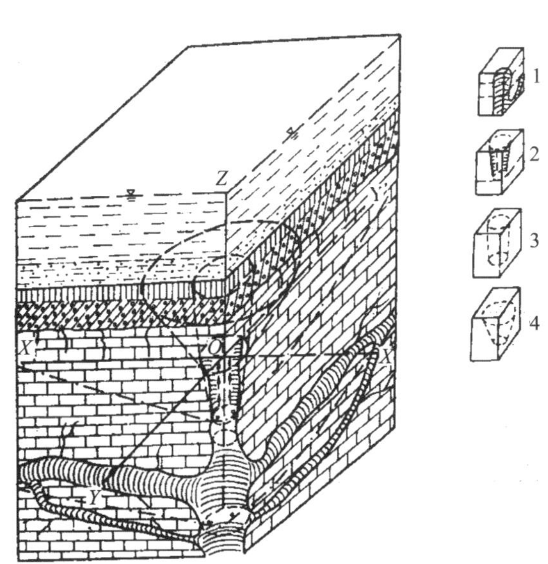

1—岩溶洞穴及高、低地下水位；2—高压气团；3—冲爆的土岩体柱；4—冲爆后产生漏斗状岩溶塌陷

图 2　压缩气团冲爆塌陷稳定性计算立体模式之一

4. 气体减压重力塌陷（减压塌陷）

当地下水位过度下降时，密闭的高压气团会变成低压气团，而洞穴的充填物及盖层中的高压气隙就会爆裂，使潜蚀作用加剧。这样，在洞穴中低压的气团诱发及重力作用下，可产生土、岩体的塌陷。一种

方程式表达如下：

$$K_c = \frac{\Sigma G_{si} + \Sigma G_{wj} + \Delta P}{\Sigma F_{si}} \tag{2}$$

$$\Delta P = (P_a - P_e)\iint_A f(R_a', \theta_a')\mathrm{d}A$$

式中 ΔP——总气压力差值，t；

P_a——地表大气压强，kg/cm²，t/m²；

P_e——低压气团压强，kg/cm²，t/m²；

$f(R_a', \theta_a')\mathrm{d}A$ ——地下膨胀低压气团引起塌陷部位顶部投影面积函数表达式（其他同前）。

同样道理，这种塌陷也可逐层发生。

5. 植根腐烂潜蚀塌陷（根蚀塌陷）

库盆残留的大植物根，并与大洞穴相接近时，当水库蓄水后残留植物根腐烂，会使土层形成空洞，有利潜蚀作用的发展，甚至引起塌陷。

主要发生于库区的冲爆塌陷、重力塌陷和减压塌陷，如没有向库外渗漏的途径，除了使库水灌入地下洞穴外，不致产生其他危害，但对库容小、库水位变化大且有向库外或下游渗漏途径的中小型水库，危害性大。

2 岩溶地区的水库类型

2.1 地表水库

根据地质构造、岩性、岩溶发育情况、隔水层分布，以及岩溶水动力条件，对岩溶地区的地表水库可作多种的类型划分。本文只根据产生渗漏及塌陷的情况，简略划分为以下几种。

1. 盆地类型地表水库

(1) 溶蚀盆地型水库。在溶蚀为主岩溶类型如峰丛谷地、溶丘谷地、溶丘洼地、溶蚀盆地等地区修建地表水库，由于岩溶发育结果多无固定的高地下水分水岭，库区及坝基渗漏问题都较严重，甚至塌陷也多。这类水库有不少成功的，也有失败的，关键在于防渗处理措施。

(2) 构造盆地型水库。如有的断陷盆地目前仍有湖泊分布，所以在断陷盆地上建水库除盆地边缘地带外，一般防渗条件较好。

2. 峡谷型地表水库

(1) 低山河谷型水库。低山河谷地带修建地表水库，其渗漏条件取决于岩溶发育状况及有关水文地质条件，特别上述不良地带与地段，渗漏与塌陷问题都要密切注视，深入研究。

(2) 高中山峡谷型水库。一般在深切峡谷地区修建地表水库，库区向邻谷渗漏问题不很突出，但坝基渗漏仍很重要。此外，库岸稳定性问题都是不应该忽视的。

2.2 地下水库

利用暗河、洞穴建坝形成地下水库，是岩溶地区水利建设的一个特点。我国云南六郎洞水电站是个成功的先例。目前，在我国南方许多岩溶地区，已兴建了不少地下水库，库容从几十万立方米至千万立方米以上。根据有关资料，结合笔者的调查研究，将我国岩溶地区地下水库的类型及有关简况，初步综合于表1及图3中。

表 1　岩溶地区地下水库主要类型简表

建坝类型	开发类型	简　要　说　明	例图
全封闭地下坝类型	高层洞口自流灌溉型	在适宜的狭窄暗河主河道上全部封闭建坝(混凝土坝或浆砌块石坝),使岩溶水高达洞口,自流灌溉	A
	溶蚀竖井自流灌溉型	封闭暗河主河道,建成高水头地下水库,使岩溶水自溶蚀竖井上涌至洼地,而流入渠道自流灌溉	B
	库内隧洞引水灌溉型	修建地下坝使水位壅高,并于库内高于灌区的位置,开凿隧洞引水灌溉	C
	洞外落差水流发电型	暗河内修建混凝土坝,使岩溶水壅高,于洞外利用暗河与谷地间的落差水头发电	D
	坝后发电引水灌溉型	暗河中建地下坝,坝后设电厂(天窗附近)发电,发电尾水再通过隧洞灌溉农田	E
	坝前地下厂房发电型	暗河修封闭式地下坝,使竖井水位升高,在地下坝与竖井间开凿隧洞及地下厂房,安装机组发电	F
	库区竖井抽水灌溉型	地下暗河封闭建坝,使许多溶蚀竖井水位壅高,可用各种方式抽水灌溉高处农田	G
	坝后渠道引水灌慨型	全封闭地下坝内安装泄水闸门,使库水直接流入洞内渠道,再引到洞外灌溉农田	H
半封闭地下坝类型	洞外引水隧洞发电型	修建半封闭地下坝,形成水库,于暗河外开引水隧洞,至深切的地表河谷,取得大的落差水头以发电	I
	洞内引水隧洞发电型	于暗河坡度小的河段修半封闭地下坝,再开隧洞引水,可充分利用暗河出口地带的落差水头发电	J
	坝后水泵提水灌溉型	修建多级半封闭地下坝,于坝后利用水轮泵等直接抽水到高处谷地灌溉农田	K
	库区竖井提水灌溉型	建半封闭地下坝,于溶蚀竖井中安装各种水泵以提水至高地灌溉农田	L

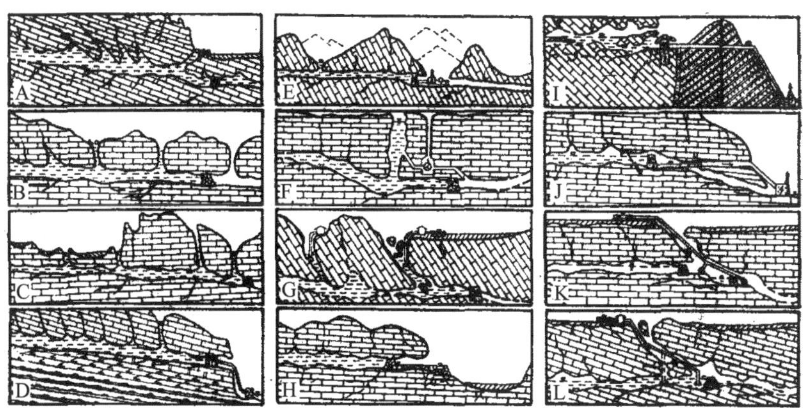

图 3　岩溶地区地下水库主要类型典型案例示意图(表 1 例图)

地下水库也存在着库区及坝址渗漏问题,但其危害性就小得多;在不易兴建地表水库的溶蚀类型地区,更多建设地下水库却是开发岩溶水资源的一种好途径。

2.3 地表与地下相连通的水库

通过地下建坝，使地表水库及地下洞穴都能蓄水形成相连的水库。这种水库可更好调节水资源，并节省投资。此类水库的一些类型，初步概括于表 2 及图 4 中。

表 2 岩溶地区地表与地下水库相联类型简表

建坝类型	亚　型	简要说明	例图
地下单坝类型	暗河出口堵坝型	在溶蚀洼地下发育的暗河出口处堵坝，使暗河本身及相通的洼地都蓄水成库	a
	伏流出口堵坝型	流经谷地的地表河常又潜入地下成伏流，于伏流出口处建坝，使伏流所在的洞身及谷地都蓄水成库	b
	消水洞出口堵坝型	在洼地底部消水洞的出口处堵坝，使地下洞穴及洼地蓄水成库	c
地下单坝类型	伏流进口围坝型	在伏流进口处筑堤坝，使谷地及上游的暗河及伏流都蓄水成库	d
	伏流中部堵坝型	在伏流中部狭窄地段建坝，使以上的洞穴、洼地(或谷地)及其另一侧的暗河或伏流都可蓄水	e
	洞穴咽喉堵坝型	复杂的网状洞穴系统，在主洞穴的狭窄咽喉部位堵坝，使以上洞穴及相通的洼地都可形成水库	f
地表单坝类型	暗河出口围坝型	在暗河出口的谷地中，围以堤坝，使一部分谷地及地下暗河蓄水成库	g
地表与地下双坝类型	人工隧洞联库型	暗河堵坝形成地下水库，地表建坝形成地表水库，再通过人工隧洞，使地表及地下两水库相联	h

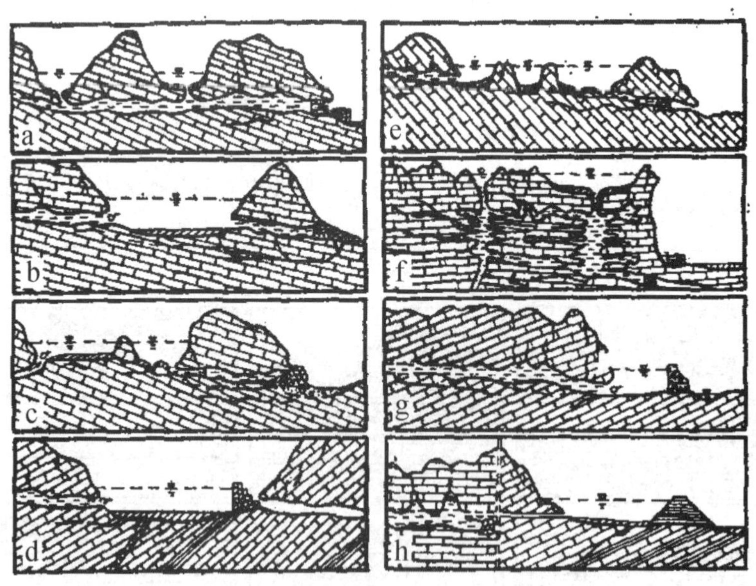

图 4 岩溶地区地表与地下相连水库主要类型典型例子示意图(表 2 例图)

3 防渗与防塌陷处理措施方法

我国广大岩溶地区地表水库的防渗与防塌陷处理措施方法，在各地水利水电建设中有很多创造，积累了丰富的经验。笔者总结各地研究成果，结合近期认识，将地表水库及坝基防渗与防塌的处理措施方法与途径归纳于图 5 中。

图 5　岩溶地区地表水库及坝址防渗与防塌陷基础处理措施示意图

说明：

1. 铺盖：① 天然黏土铺盖法(库盆无大洞穴，利用天然黏土层防渗；② 人工黏土铺盖法(基岩裸露库区岩溶不发育，可人工铺黏土防渗)；③ 黏土反滤铺盖法(在天然或人工砂砾石反滤层上铺土防渗)；④ 混凝土板铺盖法(库盆或库岸严重渗漏地带铺混凝土板或斜墙以防渗)。

2. 封闭：⑤ 浆砌块石封洞法(库内可渗漏的溶洞和人工坑道口，用浆砌块石封堵)；⑥ 混凝土墙封洞法(于可渗漏的溶洞及暗河口，修筑混凝土墙以防渗)；⑦ 砌石板墙封洞法(库区大洞穴进口堆砌块石，加混凝土板以封洞防渗)；⑧ 堆石斜板封洞法(大洞口堆堵块石，再加斜板墙以防渗)；⑨ 钢铁闸门封洞法(通向库外盆地的大洞穴安装钢铁闸门，可防渗，可开闸供水)；⑩ 浆砌石墙封洞法(规模不大洞穴修浆砌石墙防渗)。

3. 填塞：⑪ 混凝土墙加固法(近库岸或坝址无明显洞口的大洞穴，可构筑混凝土墙及充填块石以加固，避免水库蓄水后塌陷而渗漏)；⑫ 混凝土桥加固法(隐伏的洞穴交会带，不易充填，可构筑拱桥并填块石以加固，防止塌陷渗漏)；⑬ 混凝土填塞法(小落水洞或溶蚀破碎带可填塞混凝土以防渗)；⑭ 黏土反滤填塞法(填块石、砂砾、砂及黏土于落水洞以防渗)；⑮ 黏土块石填塞法(填块石于落水洞，再加填黏土以防渗);⑯ 黏土砌石填塞法(填块石于落水洞,再砌石块并加黏土覆盖);⑰ 混合连拱填塞法(于密集落水洞中填块石,再砌连拱,并加盖板以防渗);⑱ 混凝土拱填塞法(填块石、砂,筑混凝土拱,再填黏土以防渗);⑲ 砌石单拱填塞法(填块石、砂、砌块石单拱,并盖黏土以防渗)。

4. 围隔:⑳ 圆烟囱井围隔法(修圆烟囱井以围隔库区大落水洞,而避免渗漏);㉑ 闸门圆井围隔法(用装有闸门的混凝土圆井以围隔大落水洞,即可防渗,又可泄洪放水);㉒ 弧形堤坝围隔法(库岸大洞穴,可修弧形堤坝以围隔防渗)。

5. 通气:㉓ 库岸竖井通气法(利用库岸天然竖井以通气,避免库盆下形成高压气团而冲爆塌陷以至渗漏);㉔ 钢铁长管通气法(用混凝土塞堵落水洞,并埋长钢铁管以通气);㉕ 混凝土管通气法(近库岸落水洞加混凝土塞并连接混凝土管以通气排水);㉖ 自动阀门通气法(落水洞口安装混凝土管,配置自动启闭阀门以排出高压水、气);㉗ 浮动阀门通气法(落水洞口埋钢管,上接软管,管顶有浮动阀门可排气);㉘ 水下钢管通气法(库盆铺塑料片及黏土以防渗,落水洞口埋上具有阀门孔的钢管以排水气)。

6. 喷涂:㉙ 砂浆勾缝喷涂法(库岸无大洞穴而破碎的溶蚀裂隙密集带,可用砂浆勾缝并喷涂以防渗)。

7. 灌浆:㉚ 悬挂灌浆帷幕法(厚度大的岩溶化坝基,灌浆帷幕可达渗透性较小的深度,成悬挂状防渗);㉛ 相对封闭帷幕法(灌浆帷幕达相对隔水层如泥灰岩等以防渗);㉜ 完全封闭帷幕法(灌浆帷幕达可靠隔水层如页岩封闭渗水通道)。

8. 截流:㉝ 溶蚀带防渗墙法(坝基密集水平溶蚀带通过混凝土防渗墙截流);㉞ 齿墙防渗截流法(用齿状防渗墙切断基础渗水通道并隔离边坡渗水带);㉟ 覆盖层防渗墙法(防渗墙通过厚的覆盖层而进入岩溶化基岩,防止覆盖层及其与基岩面接触带的渗漏);㊱ 大洞穴防渗墙法(灌浆帷幕线上的大洞穴,需构筑防渗墙与帷幕相接以达防渗效果);㊲ 破碎带防渗墙法(坝基及坝肩密集破碎带通过防渗墙防渗并增强基础强度);㊳ 坝前齿槽截流法(坝基浅处渗水通道,利用坝前齿槽截流);㊴ 堵洞齿槽截流法(堵塞浅处的洞穴并回填齿槽截流)。

9. 引泉:㊵ 坝内反滤引泉法(坝基泉水通过坝体内反滤层引到坝下游);㊶ 坝后反滤引泉法(坝基泉水或渗透水流通过坝后反滤层引到下游);㊷ 坝肩反滤引泉法(坝肩出露的泉水通过坝肩反滤层引到库外);㊸ 坝前反滤引泉法(坝前坡脚泉水的水压大于库水时,可通过反滤直接排入库内)。

10. 排水:㊹ 坝内排水减压法(坝基渗透水流通过排水管进入坝内排水廊道再排至坝下游以减少扬压力);㊺ 坝后天然减压法(利用坝后凹洼地势起排水减压作用);㊻ 坝基排水减压法(通过坝基排水孔直接排水减压)。

注:1. 这些防渗处理方法多是根据我国各地经验归纳总结的;
2. 其中⑪、⑫两方法的防塌与防渗尚无更多成熟经验,需进一步研究;
3. 其中㉗、㉘两方法我国无实例,系参考南斯拉夫的工程经验。

4 对今后岩溶地区有关水利水电建设中几个问题的探讨

4.1 地表水与地下水统一规划与综合开发利用问题

岩溶地区修建地表水库会影响邻近地带岩溶地下水体。以往,较多考虑水库自身的效益,而对周围的影响则考虑较少。今后对同一自然单元内地表水与地下水进行统一规划,综合研究,合理开发利用地表水与地下水是非常重要的环节。

4.2 水库渗漏的利弊权衡问题

岩溶渗漏(库区或坝基)会严重影响水库效益和大坝及其他方面的安全时,应予以高度重视。但是,有的岩溶地区要完全通过防渗处理,使水库根绝渗漏现象,则需很大的投资与工程量,甚至有的难以达到目的。因此,在规划设计及水库建成后,在保证坝基安全及不影响水库效益的情况下,有一定允许渗漏量是值得研究的问题。在综合开发利用地表水与地下水资源中,权衡水库渗漏的利弊也是一个重要的问题。

4.3 建设渗漏性水库的问题

兴建水库当然应尽量避免渗漏。但是,建设渗漏性水库的目的,在于水资源的综合开发利用方面。因为岩溶水排泄地带(如大泉出露处),地势较低,而且对岩溶地下水的开采量又较大,常已形成岩溶地下水资源不足的局面;所以在上游补给山区修建地表或地下水库拦蓄洪水,使通过岩溶通道而渗漏,达到增大下游岩溶地下水补给量的目的,这是目前值得研究而有意义的问题。国外已有通过水库渗漏以补给有价值的泉水的实例。这种水库的兴建，应根据岩溶发育的特征而采用正确的方法与方式。

我国岩溶地区广阔，必须因地制宜地综合开发利用岩溶地区的地表与地下水资料，为此，特强调几点：① 根据自然条件统一规划地表水库和地下水库及其他开发利用水资源的途径与方法；② 各类水库的兴建要考虑对上下游及周围的有利及不利的影响；③ 水库的渗漏与塌陷是重要问题，首先应经过处理以保证工程的安全及效益；④ 水库的渗漏应从综合性效益上予以评价；⑤ 兴建地下水库及地表与地下相联水库是许多岩溶山区开发利用水资源的有效方法之一。

刘福灿同志早期曾协助整理有关基础处理的图件草稿（文中笔者又重新编制修正补充），在近几年有关调查研究中，得到林仁惠、邹成杰、费英烈、刘邦良、宋志雄等许多同志的协助，范磊同志协助清绘了图件，在此一并致谢。

参考文献

[1] 卢耀如.官厅水库矽质灰岩喀斯特发育基本规律及其工程地质特征//[M].水文地质工程地质论文集(第一集).北京:地质出版社,1958.

[2] 卢耀如,杰显义,张上林,等. 中国岩溶(喀斯特)发育规律及其若干水文地质工程地质条件[J].地质学报,1973(1):121-136,141.

[3] 任中魁,等. 贵州高原喀斯特区中小型水库漏水处理方法//[M].全国喀斯特研究会议论文集.北京:科学出版社,1973.

[4] 胡碧池. 广西喀斯特地区修建中小型水库的经验总结//[M].全国喀斯特研究会议论文集.北京:科学出版社,1962.

[5] 谷德振. 中国喀斯特研究现状//[M].全国喀斯特研究会议论文集.北京:科学出版社,1962.

[6] 孔令誉,曹而斌,林仁惠. 六郎洞喀斯特水的水源问题[J].水利发电,1957(11):33-39.

[7] 湖南省水利电利勘测设计院《中小型水库工程地质》编写组.中小型水库工程地质[M].北京:科学出版社,1978.

[8] MIKULEC S, TRUMIĆ A. Engineering works in karst regions of Yugoslavia, karst hydrology and water resources [M]. Warter Resources Publications, 1976.

[9] MILANOVIC P. Hidrogeologija karsta I metode istrazivanja. Trebinje, 1979.

[10] ERGUVANLI K, YUZER E. Karstification problems and their effects on dam foundation and reservoir. International Association of Engineering Geology, Vol 1 Madriei, Spain.

岩溶研究的发展及基本内容和理论问题的概略探讨[①]

卢耀如　刘福灿

1　国内外岩溶调查研究的发展概况

在欧洲，早期青铜雕刻记载了岩溶探险情况，后来希腊和罗马的经典诗人、哲学家等，对地中海地区的岩溶形态有过描写。1654 年，杰·加法尔(J. Gaffrel) 发表了“地下世界”这一洞穴论文，目前尚残存于巴黎国立图书馆。按照欧美岩溶研究的发展概况，可大致划分为五个时期。

表 1　岩溶调查研究发展时期对比表

岩溶研究发展时期	欧美国家		中国	
	年代	主要研究内容与成就	年代	主要研究内容与成就
启蒙时期	公元 3 世纪以前	早期青铜雕刻略有洞穴探险记载，对岩溶现象认识多具神秘色彩	公元前 3 世纪秦朝以前	对岩溶现象的认识，也多具有神秘色彩
起始改造利用时期	公元 4 世纪至 16 世纪	3 世纪时，南斯拉夫境内斯普列特(Split)地区修建 7.5 km 渠道，引岩溶泉 800 L/s	公元前 3 世纪至公元 10 世纪中叶	公元前 213 年在广西修灵渠长 30 km，沟通湘、漓两江分水岭。这期间，开发利用很多岩溶泉，如趵突泉、晋祠泉等，石钟乳等也作为药材利用
岩溶理论萌芽和探索时期	公元 17 世纪至 19 世纪中叶	1654 年，首先出现研究洞穴论文，目前部分残存。进行简易洞穴测绘，并探讨一些岩溶现象的成因	公元 960 年起(宋朝)至鸦片战争 1840 年	宋朝沈括《梦溪笔谈》等论著研究了石钟乳成因。1636—1641 年《徐霞客游记》描述了广大南方地区地表及地下岩溶现象，并进行了分类；也探索了一些岩溶水流的形成、储存与径流特征
岩溶发育特征与条件研究时期	公元 19 世纪中叶至 1945年第二次世界大战结束	研究岩溶地貌发育特征及其分布的气候、地理分带性，探讨岩溶水循环与分带理论。 通过铁路、水坝建设及地下岩溶水的开发，进行了有关水文地质工程地质条件的研究，出现了洞穴俱乐部与专门研究机构(室、所)	公元 19 世纪中叶，至 1949 年中华人民共和国成立以前	对岩溶地貌特征与发育期作了一些研究；探讨地质构造对岩溶发育的影响；研究古洞穴中的动物化石与文化层。对少量矿区、水利工程进行有关水文地质、工程地质条件的调查
岩溶发育规律与条件综合研究时期	1945 年至今	研究岩溶作用与过程，探索岩溶发育规律，并建立一系列理论，形成岩溶学。同时为大规模建设深入研究有关水文地质工程地质条件。 利用电子技术、核物理等许多先进技术，使岩溶研究由定性研究转入定量研究过渡时期	1949 年中华人民共和国成立至今	进行岩溶形成条件和发育规律的初步研究。为各项工农业建设，不断深入探讨有关水文地质、工程地质条件。 开始引用电子技术、核物理等先进技术，正为定性研究转入定量研究而创造条件。建立了专门性研究机构并正不断地发展

① 卢耀如，刘福灿. 岩溶研究的发展及基本内容和理论问题的概略探讨[C]// 中国地质学会第二届岩溶学术会议论文选集，1982:25-29.

在中国，对于岩溶调查研究，具有悠久的历史。按照岩溶研究发展过程，也可分为五个时期。

现将中国与欧美岩溶研究发展概况，对比列于表 1。

从表 1 中可以看出，在 19 世纪中叶以前，我国岩溶调查研究工作居世界前列；自 19 世纪中叶以来，则不断落后。中华人民共和国成立以后，我国岩溶研究工作发展很快。

2 现代岩溶研究的基本内容与理论

现代岩溶研究的基本内容与理论很多，本文只概略地探讨几个主要问题，谈些我们的认识。

1. 岩溶作用的本质与过程

不了解岩溶作用(溶蚀为主)的本质与过程，就不能建立正确的岩溶学理论。目前，这方面研究的主要内容有：基本的溶蚀过程与微观机理、混合溶液的溶蚀理论、不同溶质的混合溶蚀特征、热动力扩散溶蚀理论、溶蚀过程中溶质的变异作用、溶蚀作用的定量参数研究等。下面简述其中一些问题。

(1) 混合溶液的溶蚀理论。

早期我们曾进行试验，将含 CO_2 溶液与含硫酸溶液相混，对碳酸盐矿物、岩石(方解石、白云石、大理岩、石灰岩、白云岩等)进行多种状态溶蚀试验。结果表明，强硫酸对碳酸盐矿物、岩石首先起分解作用，产生 $CaSO_4$，$MgSO_4$ 及 $H_2CO_3(CO_2+H_2O)$，对原有溶液中 CO_2 的溶蚀能力没有直接影响，只是新生成的 CO_2 又可溶于水增加水溶液的碳酸溶蚀性。这种相混的溶液中，随着硫酸含量的增加(以 SO_4^{2-} 表示)而加大其溶蚀量，白云岩、白云石的单位 SO_4^{2-} 溶蚀量梯度值为 $1.67\ \frac{mg/L}{1℃}$、$1.38\ \frac{mg/L}{1℃}$、$1.52\ \frac{mg/L}{1℃}$，而方解石、石灰岩等为 $0.94\ \frac{mg/L}{1℃}$、$1.47\ \frac{mg/L}{1℃}$、$1.3\ \frac{mg/L}{1℃}$。结合野外调查资料，也都说明硫酸对白云岩等具有比石灰岩较大的溶蚀能力。

A. 沃格里(Bögli)1969 年的试验结果表明，在 $CaCO_3—CO_2—H_2O$ 系统中，饱和碳酸溶液相混后，可变为不饱和溶液，复活溶蚀作用。其他一些研究成果表明，混有氧化硅、腐殖酸、Na^+、Cl^- 等离子，都可增大碳酸溶解度。

(2) 混合溶质的溶蚀理论。

我们进行石灰岩、白云岩、石膏等多种混合溶质的溶蚀试验，从中可了解溶蚀与沉积的机理变化。例如：方解石和白云石各占一半相混溶蚀时，随着溶液中 SO_4^{2-} 的增加而降低 Ca^{2+} 含量，相反增大 Mg^{2+} 含量，这是由于 SO_4^{2-} 对白云岩具有较大的溶蚀梯度值。方解石和石膏相混时，随着溶蚀中 SO_4^{2-} 的增多，而降低 Ca^{2+}、Mg^{2+} 溶蚀量，这是由于 SO_4^{2-} 的增加而降低石膏的溶解度。以白云岩和石膏相混时，随着 SO_4^{2-} 的增多而降低石膏和白云岩的溶解度。

此外，碳酸盐岩石中常含有黄铁矿(FeS_2)，黄铁矿氧化后生成硫酸。硫酸和碳酸钙起作用，可产生石膏沉积及 CO_2，新生成的 CO_2 溶于水又可增大水溶液对碳酸盐岩石的溶蚀能力。

此外，碳酸盐岩石、矿物中的微量元素，如方解石中的 Mn、Fe、Sr、Ba、Co、Zn，霰石中的 Sr、Pb、Ba、Mg、Mn，白云石中的 Fe、Mn、Pb、Co、Ba、Zn 等，都对溶蚀作用具有影响。但是，这方面研究尚感不足。

(3) 热动力扩散的溶蚀理论。

温度对溶蚀作用的影响是复杂的，通常随着温度增高而降低水溶液中 CO_2 的含量。但是，在敞开的环境中，随着温度的升高而影响到水溶液中 CO_2 从液态→气态的变化和各种离子的活动性，并密切涉及热动力扩散作用而影响到溶蚀强度。

在 P_{CO_2} 为 0.000 2～0.05 大气压的敞开条件下，进行不同温度的溶蚀试验，结果表明一般随着温度的升高(30～75℃)而加大大理石、白云石、方解石、石灰岩等的溶解度和溶蚀量，在 75℃左右则明显地降低溶解度和溶蚀量。在75℃以下，随温度上升而增加的单位温度扩散溶蚀量梯度值一般为2～3 $\frac{mg/L}{1℃}$。P_{CO_2}<1个大气压时，碳酸水溶液中随着温度的升高，白云石、白云岩等溶解度仍低于方解石和石灰岩。

单位温度扩散溶蚀量梯度值或热动力扩散溶蚀率与溶蚀环境、水流特性、可溶岩岩性、离子电荷、离子有效直径、离子强度、酸度值(pH)、氧化还原电势(E_h)、离子平衡常数(K)等具有密切关系。这些方面都有待于今后深入研究。

(4) 溶蚀过程中溶质变异作用。

在岩溶作用过程中，不仅经常伴随着化学沉积作用，尚可引起可溶岩的变异(或变质)作用，如产生白云岩化作用、去白云岩化作用、碳酸钙重结晶作用等，以前我们已做过些论述。在不同环境、温度与压力状态下，碳酸钙与碳酸镁成分的许多矿物，如方解石、白云石、霰石、球霰石、单水碳酸钙、六水碳酸钙、菱镁石、水碳镁石、方镁石、硅灰石以及月奶石(或译月乳石)等，都可在复杂岩溶作用过程中相应生成与演变。

与岩溶作用有关的沉积作用与可溶岩的变异(或变质)作用，与温度、压力、岩体成分、沉积环境、水流特性与结晶速度等有关。

(5) 溶蚀作用的定量参数。

研究溶蚀作用的本质与过程中，需要研究的定量参数主要有：溶蚀量(S_V)、饱和溶蚀量(S_{SV})、过饱和溶蚀量(S_{OSV})、溶解度(D_S)、溶解速度(D_V)、溶蚀强度(D_P)、溶蚀率(D_μ)和沉积速度(V_D)等。

2. 生物作用对岩溶发育的影响

生物作用对岩溶发育的影响是多方面的，但是这方面的研究在我国尚未很好地开展。

首先，生物作用与CO_2、硫酸、硝酸等生成具有密切关系。例如：一些丁酸细菌可分解碳化物，纤维细菌可分解碳水化合物，使产生CO_2，增大水溶液的溶解能力；硫磺细菌(如Thiobacillus)在对硫元素进行氧化中取得生长能量并生成硫酸，有的细菌(如Desulphovibrio)从对硫化物的嫌气性的还原中取得生长能量，伴随着有机物的氧化，同时生成H_2S和CO_2；硝化细菌在对氨水氧化过程中取得生长能量并生成硝酸、亚硝酸。

另外，自养细菌和水生植物又可吸收并消耗空气与水溶液中的CO_2，降低水流溶蚀能力。高级植物群落生长中的光合作用，可大量吸收CO_2，减少渗入地下的水流中的CO_2含量，根部吸收水分与蒸腾作用，也可使水溶液中CO_2向空气中逸散。

至于生物的生长对岩体产生的机械破坏，也会影响岩溶的发育。

3. 岩溶洞穴的调查研究

洞穴系统的发生、发展过程，与地质、地理环境，以及相应的化学、物理和生物作用有关。

目前，洞穴调查研究的主要探讨内容有如下几方面。

(1) 地质构造与洞穴发育的关系。除注意大的构造单元对洞穴发育影响外，更多注意到微构造、新构造(挽近构造)及地下深处构造(埋伏构造)对岩溶洞穴发育的影响与控制。

(2) 洞穴物理环境参数测定。洞穴内测定的主要参数有：温度、湿度、热焓、空气成分、风向、风速、弛缓长度(relaxation length)等。

(3) 洞穴水流特性的研究。研究洞穴中水流特性有助于分析其发展与演变。高处洞穴中水流，我们曾划分为：渗滴水流、片状水流、脉状水流、间歇水流和凝结水流(《中国岩溶》画册)。其中，片状水流从高处下泄可转变为散射状水流、波浪状水流、回旋状水流；脉状水流可变为涡流状水流、束状水流；渗滴水流可变为薄膜状水流、雾气状水流；间歇水流可变为滞流状水流、支叉状水流；凝结水流可变为流线状水流、球珠状水流等。不同水流可生成不同的沉积物。

(4) 洞穴沉积物的研究。洞穴沉积物成因类型可分为：化学类、机械类、生物类、化学-机械类、化学-

生物类、人工类及综合类。根据沉积物的成因与特征，可有助于分析研究洞穴发育过程。

(5) 洞穴发育年代的测定。我国对洞穴发育年代的测定尚是薄弱环节，以往多利用发掘的洞穴中动物化石的时代，作为确定洞穴发育年代的参考。目前，少数研究者开始利用古地磁、孢粉、同位素、热发光等方法以研究洞穴发育年代。

此外，研究古气候包括冰期与间冰期的变化对洞穴发育与演变也具有密切关系。

4. 岩溶矿床成因的研究

目前国内外已较多注意矿床成因与岩溶作用的关系。我们将与岩溶作用有关的矿床，按其成因与特性试分为以下几种类型。

(1) 岩溶残余堆积矿床类型：岩溶作用过程中，使可溶岩中不溶物质残留富集而形成某些矿床，如磷矿、铝土矿等。

(2) 岩溶洞穴充填矿床类型：水流把地表及邻近围岩中的矿石搬运入洞穴中，经水力分选作用而富集成矿，如砂锡矿等。

(3) 岩溶热液变质矿床类型：热液作用可发育岩溶，同时又可形成多种金属与非金属矿床，如铅、锌矿等；或古岩溶充填物遭受热液变质作用，也可形成一些重晶石及其他矿床。

(4) 岩溶分解富集矿床类型：岩溶作用中，生物活动参与结果可分解碳酸盐岩，同时产生 CO_2 有利岩溶发育；另一方面，生物尸体及分解物质经复杂的演变过程可形成石油、天然气而富集于岩溶洞穴中。此外，在一定条件下，邻近非碳酸盐岩地层中的油、气也可逐渐运移富集于岩溶化地层中。

5. 岩溶水动力条件的研究

研究岩溶水动力条件，须重点探索岩溶水赋存与运动特征，其中包括：一个层组类型(可溶岩岩性为主)，两个边界条件(地形地貌与地质构造)，三个岩溶水流类型(孔隙水、岩溶裂隙水与岩溶管道洞穴水流)，四个水动力特征要素(流向、流速、流压与流量)及五个对立统一特性(即① “孤立”与“半孤立”水流与统一地下水面。② 含水岩体与不含水岩体。③ 自由水流与承压水流。④ 层流运动与紊流运动。⑤ 均质含水体与具集中渗流管道洞穴的非均质含水体)。

在一定条件下，通过水动力网渗流场的分析研究，可以说明水动力条件特性。此外，研究岩溶水流运动过程中岩溶作用强度的演变，包括离子迁移富集、机械侵蚀物质的运移与堆积、岩溶现象的发展及塌陷的形成与岩溶作用的内在关系等，都有助于深入研究水动力条件。至于水体中太阳辐射能的集聚与吸收、地热分布与热液活动，都对岩溶水运动具有一定的影响。

岩溶水中除了有水流外，都伴有不同成因的气体。当有大量气体聚集时，就会对水动力条件产生显著影响。有的地区则具有水—气—油三种流体的水动力特征。

6. 区域岩溶水文地质条件的研究

这方面的研究，除了要以基本地质条件的研究为基础外，目前应着重研究的薄弱环节为：① 地下水的起源、循环与平衡。② 地下水的年龄。③ 地球水化学环境与污染、净化问题。

7. 区域岩溶工程地质条件的研究

大规模工农业建设涉及区域性工程地质条件，并影响环境地质。目前，已更多注意到预测大面积边坡稳定性及大型滑坡的发生与发展、岩溶地块的沉降、塌陷及诱发地震等。

根据水动力特征及气体运移富集的特性，我们将人工蓄水、抽水产生的岩溶塌陷分为五类。

(1) 承压渗流潜蚀塌陷：坝基岩溶承压水流对坝基砂土层发生冲刷管涌引起塌陷。

(2) 重力渗流潜蚀塌陷：地表水体增高加大重力渗流，引起岩溶体上覆盖层潜蚀，产生塌陷。

(3) 植物腐烂潜蚀塌陷：库底植物根腐烂产生空洞，引起岩溶体上覆盖层的冲刷而产生塌陷。

(4) 气体压缩冲爆塌陷：因人工蓄水后抬高地下水位，地下积聚高压气团，引起岩溶化地层的冲爆与塌陷。

(5) 气体减压重力塌陷：人工抽水及天然地下水位的大幅度降低，岩溶体内气体产生低压，使上面岩体发生重力塌陷。

因此，目前开展岩溶体动力学的研究，探索岩溶化岩体及其中水、气体的综合动力稳定平衡问题，显得更加重要。

限于篇幅，本文只重点讲述我们的一些研究和认识，供讨论参考。

关于岩溶(喀斯特)地区水资源类型及其综合开发治理的探讨[①]

卢耀如

岩溶地区的地表水与地下水转化密切,共同构成岩溶地区水资源,在调查研究这些水资源的分布情况下,也应当统筹考虑有关开发利用与治理。对此,本文简略探讨几个问题。

1 岩溶地区水资源的含义与概况

岩溶地区的地下水与地表水,多数不只单纯地具有供水意义。概括地讲,岩溶地区的水资源具有三方面的含义与内容,即:① 电力能源、② 供水水源、③ 液体矿源[1]。

1. 电力能源

这方面主要包括地表水电能源、地下水电能源与热水能源。我国广大岩溶地区,特别是中南、西南岩溶地区,河谷深切、坡降大,雨量充沛、地表与地下径流量大,适于兴建大型水利水电枢纽,以开发丰富的地表水电能源,并可收到灌溉、供水、防洪、航运以及林、牧、渔等综合效益。例如,长江中上游及清江、乌江等支流和红水河等流域,河流坡降大(表 1),年平均径流量在几百至 14 300 m^3/s(长江宜昌断面),不少地带可兴建装机容量在几十万至几百万千瓦的大型水电站,长江三峡地区尚可开发兴建特大型水电枢纽,这些大干流的支流,其坡降更大,可达 10‰~44.7‰以上;有的大干流上落差集中于一些裂点附近,更有利于获得高水头的功效。西南及中南地区的水电资源的可开发量约占全国的 83.3%[①](图 1)。

表 1 岩溶地区一些河流或河段坡降综合对比表

河流或河段	长江三峡	清江	乌江	猫跳河	大渡河	金沙江(四川境内)	南盘江	红水河(双江口—三江口)	红河(中国境内)	澜沧江(中国境内)	黄河(河口—龙门)
长度/km	193	423	1 050	180	1 062	1 545	936	659	677	2 153	725
坡降	0.2‰	3.3‰	1.65‰	3.05‰	3.9‰	1.4‰	1.98‰	0.3‰	3‰	2‰	0.84‰

我国南方岩溶地区暗河发育,已知数达三千余条,其年平均流量多在 0.5 m^3/s 以上,不少暗河汛期流量可达 5~300 m^3/s 以上。利用这些暗河修建地下水库或地表与地下相连水库,再充分利用地势引水,取得大落差发电,也是开发岩溶水电能源的一种重要途径[2]。虽然此类单一电站装机容量较小,以几百至几万千瓦为主,但积少成多,对解决当地工农业用电,可起很大的作用。

我国岩溶地区尚有许多岩溶热水存在,在四川、云南、贵州、西藏以及华北与华东地区都有岩溶温泉出露。不少岩溶地区,在 1 000~3 000 m 深度,已获得 50~80℃岩溶热水,有的单孔流量达 2 000~3 000 m^3/d,这些热水可用以发电,也可直接用于工农业及医疗上以减少其他能源的消耗。

2. 供水水源

低矿化度、常温及受大气降水补给的岩溶地区的地下水与地表水,都是一般供水的水源。例如,华北地区已发现平均流量在 1 m^3/s 以上及不稳定系数在 1~5 间的大岩溶泉近百个,一些大泉的流量可达

① 卢耀如.关于岩溶(喀斯特)地区水资源类型及其综合开发治理的探讨[J].中国岩溶,1985(z1).

5～13.7 m^3/s，地下径流模数以 1～10 L/(s·km)为多。南方地区的岩溶泉、暗河，也是很好的供水水源，地下径流模数达 5～35 L/(s·km)为多。

初步估算，西南(包括云、贵、川、桂、湘、鄂等省、区)裸露岩溶地区的地下水资源，为该区地表水总径流量的 16.9%～18.8%；而华北(包括晋、冀、鲁、京、津等省、市)裸露岩溶地区则为 18.9%。其比值虽然不大，但对解决高处山间盆地及山前地带的城镇、工农业用水问题，却可起到重要作用。

岩溶地区的地表水的开发，涉及地下水的问题。例如，大的岩溶泉与暗河多为地表径流的主要源头，因此，开发了地下水资源，特别是北方地区，就将明显影响地表河的径流量。但是，南方大河干流的径流量却是很大的，现将一些大河断面流量列于表 2。开发这些大江河地表水作供水水源，在量上是没有问题的，关键还在于开发方式，水质监护以及综合开发利用的问题。

表 2　一些大河流流量对照表

河　流	长　江	红水河	南盘江	柳　江	清　江	大渡河	乌　江
水文断面位置	宜昌	大藤峡	天生桥	柳州	隔河沿	乐山	彭水
控制流域面积 A/km^2	1 000 000	190 400	50 194	45 800	14 430	76 400	69 920
多年平均流量 $Q/(m^3 \cdot s^{-1})$	14 300	4 110	615	1 292	380	1 500	1 300
多年平均年径流量 $\overline{Q}_y/(10^9 m^3)$	4 509	1 296	193	407	120	473	410

注：除长江干流外，这些断面所控制的流域面积内，岩溶化地层分布占重要比例。

3. *液体矿源*

岩溶地区的地下水盐卤水、矿水，或含特殊矿物成分的地下岩溶水，都可作为液体矿源。例如，四川一些深埋藏的岩溶化地层中，早期岩溶水流为上覆的盖层及后期岩溶作用的钙华沉积所封存，构成封存溶滤型液体矿床，富含溴、碘、钾、锂、锶、钡、硼、铀、镭等元素。岩溶水的同位素测定表明，卤水中 $\delta^{34}S$ 值达 22.1～31.3，而暗河水 $\delta^{34}S$ 值为 0.6～0.8，这说明卤水与热液作用及后期封存有关。由于封存程度、矿化度等情况不一(一般在 5～250 g/L)，可分别成为盐卤水(黑卤、黄卤与白卤)、微咸水及矿水等[3]。

内陆地表盐湖：咸水湖及微咸水湖中，聚集了碳酸盐、硫酸盐及氯化物盐类的岩溶水流，富含硼、钾、锂、锶、钡、铷、铯、铀、钒、银、铜、金、锌、铅等元素，由于自然地理环境的变迁、气候演变及蒸发作用结果，使湖水中已有硼酸盐、硫酸盐、氯化物及碳酸盐等矿物沉积，达几十种以上；其中盐湖水储量占湖水总储量 86%。一些盐湖水中氚(^3H)含量达几十至几百 T.U.，$^{32}S/^{34}S$ 的比值达 22.07～22.13，矿化度达 49～365 g/L，这些资料① 表明盐湖水矿物来源与近火成岩体的热液岩溶作用有关，而近期水质又受大气降水、融雪水及岩溶淡水的活动有关。我国一些典型地区开发岩溶水源与液体矿源的情况，概略表示于图 2。

我国岩溶地区水资源有的具有这三方面意义，有的则只有一两项开发前景。很重要的一个问题是，三者间存在着一定联系性。通常开发供水水源与水电能源存在着密切关系；而供水水源中又可作为火电基地的供水，用以建立大型火电站，成为间接的电力能源。因此，需要从工农业发展的平衡性及经济效益上进行比较，以考虑这些岩溶水资源的合理开发利用。

2　岩溶水流年代特性与分类

评价岩溶地区的水资源，需要掌握岩溶水的年代特性，以了解其形成机理与补给、径流及排泄的特征。兴建地表与地下水库，也可根据岩溶地下水的年代特征，来判断可能渗漏途径的存在与分布特性[4,5]。对于作为液体矿源的岩溶水，也需要这方面的资料，以掌握其形成与赋存的条件。

1. *岩溶水的年代特征*

研究岩溶水年代特征，目前主要有三种直接方法：① 氚(^3H)法，测定几十年以内岩溶水年代；② 放射性碳(^{14}C)法,测定4万年以来岩溶水年代;③ 铀系法,测定30万年以内岩溶水年代。通过年代测定资料,尚可进一步研究岩溶水平面及剖面的渗流网、分带以及流向与流速资料。

因为岩溶化碳酸盐岩层中存在着孔隙、裂隙及洞穴通道三种介质,所以在同一含水层(体)中,岩溶水在富集、径流或赋存中,不断有混合作用。这样,所测定的^{14}C、^{3}H及铀、钍含量等,多是混合值。另一方面,这些含量的初始值是变化的,例如,自然界大气降水中氚(^{3}H)含量,除了受宇宙射线与上层大气相互作用而生成外,尚受人工热核裂变的影响。此外,还表现出纬度效应与季节效应,即北半球降水中氚是同温层中累积的氚于春末夏初进入对流层,再由雨中挟带落至地面而渗入地下,所以随纬度降低而减少雨中氚含量。因此,要精确测定岩溶地下水的年代,需要大量与长期的观测分析工作。例如,北京地区1953年雨水中氚含量为30 T.U.,1963年受世界大量热核试验影响,造成雨水中氚含量达千单位T.U.,而后逐渐下降,1979年平均为92.9 T.U.,1982年为64 T.U.。虽然如此,利用少量测试结果,结合其他动态、水质等资料,仍可判断其年代趋势值。

笔者于1980—1983年采集了一些典型岩溶地区的地下水与泉水进行氚测定,结合其他资料以判断其年代趋势值,其成果综合于表3。表3中反映出,不同地区具不同水动力特征的岩溶水,其氚含量显著不同,其年代特征与趋势值也不相同。

2. *岩溶水年代差异的成因分析*

不同含水层(体)间,或同一含水层(体)与同一水动力条件系统中的不同地带,岩溶水的年代多是不同的。造成这种年代差异性的成因是多方面的,主要有下列几种。

(1) 介质效应:浅部同一含水层(体)中,介质性质不同的地段,具不同的水流渗流运移速度,其年代值也有差异,相差值可达半年至几年以上。

(2) 渗流效应:同一含水层(体)或同一水动力条件系统中,在同一渗流网支配下,不同渗流部位,由于渗流长度与时间的不同,岩溶水流年代值存在着差异,也可相差几个月至几年以上。

表3 中国一些典型地区岩溶水流氚含量与年代趋势值简表

地　点	水流性质	氚(^{3}H)含量 T.U.	年代趋势值
大连渤海海水	受岩溶泉排泄影响	32.1±5	
大连海边	震旦系岩溶泉	32.1±5	8～10年
大连黄海海水	离岸正常海水	12.5±5	
大连地区	震旦系地层中岩溶地下水	59.5±5	约2.3年
辽宁本溪	奥陶系地层中暗河	66.7±5	与河水相似几年
太子河河水	有许多岩溶泉汇入	68.7±6	受多年性岩溶地下水排入影响
本溪地区	奥陶系地层中岩溶泉	70.4±5	受河水渗入影响的伏流泉1年左右
本溪地区	寒武系裂隙性岩溶泉	98.1±6	1～2年
山西娘子关	奥陶系地层中泉群	<7	十几年至几十年
河北邢台	奥陶系地层中岩溶泉	50.7±6	几年至十几年
福建永安地区	石炭二叠系地层中浅层岩溶地下水	24.6±5	几年
北京地区	震旦系地层溶洞中水塘	117.4±7	1～2年
北京地区	奥陶系地层溶洞中水塘	67.7±6	几年至18年
北京地区	奥陶系地层地下暗河水	62.2±6	十几年
北京地区	震旦系埋深近千米的岩溶地下热水	2.16±2.1*	几十年
北京地区	震旦系地层中的岩溶温泉	<2*	几十年

（续表）

地　点	水流性质	氚(^3H)含量 T.U.	年代趋势值
上海地区	二叠系地层埋深 200 多 m 岩溶地下水	<7	十几年
江西星子	非碳酸盐地层中类岩溶温泉	<7	20～30 年
江西上高	二叠—三叠系地层中岩溶地下河	23±6	几年
浙江杭州地区	石炭系地层中岩溶泉	26±6	几年
山东济南	奥陶系灰岩岩溶泉	83.5±7	3～4 年
贵州遵义	乌江边强溶蚀通道岩溶水流	40±*	1～4 年
贵州遵义	乌江边溶裂性岩溶水流	10—20**	几年以上

注：*…关秉钧提供氚分析成果；**…引自卫克勤、刘邦良等资料。
其他为笔者取样，由刘缓珍、关秉钧同志协助分析。
1 T.U.＝$T/H\times10^{-13}$，则 10^{18}H 中有一个为 ^3H。

(3) 温差效应：温度高的地表水灌入地下，与相对温度低的岩溶水相遇，即可产生温差效应，一方面增强溶蚀作用，形成大通道，另一方面于新通道外侧产生钙华沉积。这种作用所形成的密闭或半密闭岩溶通道中水流年代与外围岩溶水年代就存在着差别。

(4) 岩溶效应：正常岩溶作用过程中，除了溶蚀外，尚伴有化学及机械沉积作用，也可使同一含水层(体)中的早期岩溶通道被堵塞、封闭，导致其中岩溶水具有较老的年龄。

(5) 冰期效应：冰期时表层渗透水流温度低，少量渗透水流中单位水体内 $Ca(HCO_3)_2$ 含量却较大，渗流到地下一定深度，水温增高，促使 CO_2 逸散，而导致 $CaCO_3$ 沉积，这种长期作用结果，可使下部岩溶水被封存。国内外一些资料表明，第四纪有多次冰期，造成低的海水面，并使河、湖及地下水位下降[6]①。由于第四纪最后一次冰期作用结果，而被封存的岩溶水流，其 ^{14}C 测定结果，年龄为距今 30 500～10 500 年[7][8]。半封闭的地区，由于后期水的少量补给与混合，其年龄则为距今几千年。

(6) 热液效应：地下热液作用可形成岩溶洞穴与通道，富含 $CaCO_3$ 及其他矿物质的热液岩溶水流向上部运移，与浅部向下渗流运动的岩溶水相遇，一方面产生混合溶蚀及温差效应溶蚀作用，另一方面在其溶蚀带上部与外围产生溶质的分异，首先有许多 $CaCO_3$ 成方解石等矿物而充填岩溶裂隙、孔隙及通道。显然，被封闭或半封闭的下部岩溶水流的年代较老。利用稳定同位素 ^{13}O、^2H 等，有助于研究早期热液形成的矿物与封存的水流的形成环境与特性[9,10]。

(7) 盖层效应：早期古岩溶作用时期的岩溶水，由于后期盖层的沉积，而被封存；有的地区早期被封存的水—气，后期又向上层运移而富集。例如，四川盆地一些地区的地下水—天然气系统，根据中国科学院兰州地质研究所对气体进行氦(He)—氩(Ar)法测定结果，有的地带二叠系碳酸盐岩地层中气体年龄在 5 亿～6 亿年，这是早期被封存的震旦系中水—气向上运移而富集所造成；中生代三叠系碳酸盐岩层中气体年龄为 2 亿多年，则为早期二叠系地层中被封存的水—气向上运移的结果。

(8) 成岩效应：碳酸盐岩层沉积后不久，则为碎屑岩沉积覆盖，而且碳酸盐岩层在本身固结压缩过程中，一部分水流被排出，而另一部分则被封存。例如一些二叠系地层中气体年龄为 2 亿多年，相当于其本身地层沉积时的年龄。

根据笔者采样进行一些岩溶水稳定同位素测定，并结合一些岩溶热液矿体②③、卤水④及雨雪⑤稳定

① 卢耀如，中国岩溶及其若干水文地质特征，1983。

② 穆国治、魏菊英、刘裕庆、张国新、徐国庆等试验资料，第二届全国同位素地球化学学术讨论会论文(摘要)汇编。1982。

③ 王英华、刘本立等，氧、碳同位素组成在研究碳酸盐岩成岩作用中的意义。北京大学地质系。1981。

④ 王东升提供的一些试验资料。

⑤ 郑淑惠、林瑞芬等数据，同①。

同位素资料,可综合表示于图 1。图 1 上反映珠穆朗玛峰顶新雪 $\delta^{18}O$ 值为 −25.76①,青藏高原至近海北京、上海的雪、雨中 $\delta^{18}O$ 值,有一幅度变化而下降,但都以小于 −1 为主。卤水与热液作用封存的矿液,$\delta^{18}O$ 值多在 −12～+8 之间。矿体及围岩碳酸盐岩 $\delta^{18}O$ 值变化于 −11～+26,以正值为多。一些岩溶地区汞矿床的方解石、白云石等,通过气—液包体分析结果,其形成温度为 88～246℃[11]。这些结果都说明,热液作用也是造成一些早期矿液或卤水被封存的一个重要效应。

3. 岩溶地区水的年代特性分类

根据上述,可将岩溶地下水进行年代特性分类,列于表 4。对于大部分岩溶地下水来讲,主要是密切受近代大气降水的补给,属于新水与鲜水,这些水多可用于开发水电能源及作为供水水源;而作为液体矿源的岩溶地下水,则多数属于陈水、老水、古水与成水。

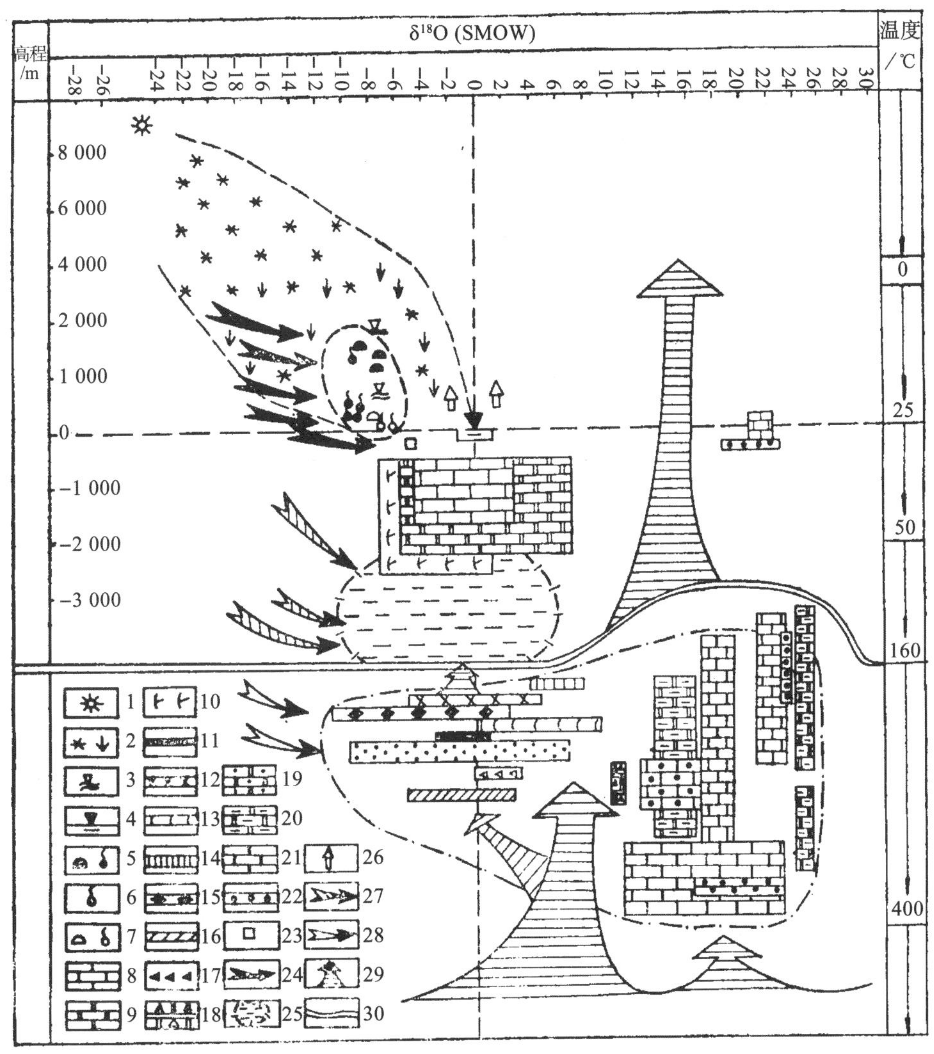

图 1 中国一些地区常温与热液岩溶水的 $\delta^{18}O$ 分析图

注:1. 珠穆朗玛峰上新雪,2. 西藏至北京、上海等地雨雪,3. 河水,4. 正常海水,5. 四川峨嵋山地区岩溶暗河及泉水,6. 山东济南等地岩溶泉水,7. 浙江杭州、桐庐等地岩溶暗河及泉水,8. 正常石灰岩,9. 正常白云岩,10. 珊瑚等,11. 磁铁矿,12. 矿液,13. 成矿期热液,14. 铁矿体附近方解石,15. 铅锌矿,16. 铀矿附近方解石,17. 白云石磁铁矿,18. 含矿白云岩,19. 矿化白云岩,20. 围岩白云岩,21. 围岩石灰岩,22. 菱铁矿,23. 上海地区浅埋覆岩溶水,24. 浅层岩溶水流向,25. 深部岩溶盐卤水及热矿水,26. 岩溶热矿泉与卤水泉,27. 深部岩溶水渗流途径,28. 成矿时上部岩溶水的渗流方向,29. 热液入侵方向与成矿带界线;30. 无高程限制的岩溶热液矿床分布界线。

① 据张荣生资料。

3 岩溶地区水资源类型及其综合开发利用

可以根据不同的原则而进行岩溶地区水资源分类。一些国内研究者先后论述有关岩溶水资源问题，都是有益的[12-14]。本文初步探讨下述问题。

1. 岩溶地区水资源类型划分的一些原则

划分岩溶地区水资源类型的目的，在于突出岩溶水的形成、赋存、径流与排泄特征，使更好地进行岩溶水的综合开发与治理。因此要注意以下方面。

(1) 划分岩溶地区水资源类型，需要考虑到岩溶水作为电力能源、供水水源及液体矿源的意义与开发价值。

(2) 岩溶地区地表水与地下水转化密切，需要统一考虑进行分类，以统一进行管理，并合理开发与治理。

(3) 岩溶地下水年代特性是划分类型的一个重要因素，也是作为如何开采水资源的重要依据。

(4) 岩溶泉的流量及地表河沟径流量都是属于天然资源；但是，对于供水水源来讲，不能全作为可采资源，需要考虑到自然生态基流量，这种基流量是用以保护地表及地下的生态环境，使之不被破坏。这种生态基流值，在一般情况下，不应少于基流性流量 Q_B 的 30%～50%。

(5) 地表河径流量与暗河径流量，除蒸发外，一般多数可作为水电资源，发电后仍可再利用，或部分再作为供水水源。

(6) 不同岩溶类型具不同水动力条件，为划分岩溶地区天然水资源类型的重要因素。

表 4 岩溶水流年代特性简表

岩溶地下水年代特性		年代界线	测定方法
鲜水(F)	汛期性岩溶水(R)	<6 个月	^3H 及人工示踪试验
	基流性岩溶水(B)	约 1 年	^3H
新水(N)	多年性岩溶水(M)	<10 年	^3H
	长年性岩溶水(L)	<100 年	^3H.^{14}C
陈水(E)	百年性岩溶水(H)	>100—<1 000 年	^3H.^{14}C
	千年性岩溶水(T)	1 000—<10 000 年	^{14}C.U 系法等
老水(O)	晚更新世岩溶水(OQ_3)	10 000—150 000 年	^{14}C 及钙华等间接年代资料综合分析
	早—中更新世岩溶水(OQ_{1-2})	150 000—2 400 000 年	^{18}O.^2H 及其他资料综合分析
古水(P)	第三纪岩溶水(PR)	$2.4\times10^6\sim67\times10^6$ 年	^{18}O.^2H.$^{32}S/^{34}S$、气体 He/Ar… 等同位素资料及综合分析
	前第三纪岩溶水(PK)……(PZ)	$67\times10^6\sim850\times10^6$ 年	同上
成水(D)	各沉积期成水(DQ)……(DPt)	$>850\times10^6$ 年	碳酸盐岩及其中水的^{18}O、^2H… 等同位素资料及综合分析

2. 岩溶地区天然水资源类型的划分

根据上述几点，可清楚表明不同地区、不同性质的地表水与地下水，由于开发目的不同，对其可采资源的评价也是不同的。首先，从综合开发目的出发，可以岩溶类型及水动力条件系统作为岩溶地区水资源类型划分的主要原则，例如，溶丘洼地分流状岩溶地区水资源类型、峰林谷地平流状岩溶地区水资源类型、埋藏沉降缓流状岩溶地区水资源类型等，共可分出 20 种类型。每一种水资源类型中包括地表水资源与地下水资源；地表水资源包括河水、淡水湖水、微咸水湖水、咸水湖水及海水；而地下水资源中包括上述的年代特性的水资源。当然,并不是每一种岩溶地区天然水资源类型中都存在着上述各种地表水与地下水资源。这些水资源分别以字母表示,以便于电子计算机存储应用,这种详细分类表,限于篇幅,本文略去。对评价较大面积的岩溶水资源,则可予以合并、简化。现将简化的岩溶地区天然水资源简化类型列于表5。

表5 岩溶地区天然水资源简化类型表

	岩溶水资源类型	地表水				岩溶地下水					
		河水	湖水	盐湖水	海水	鲜水(F)	新水(N)	陈水(E)	老水(O)	古水(P)	成水(D)
裸露岩溶	溶蚀峰丘山地岩溶水资源类型 (PH)	PHR	PHL			PHF	PHN	PHE			
	溶蚀谷地—平原岩溶水资源类型 (PL)	PLR				PLF	PLN	PLE			
	侵蚀高—中山峡谷岩溶水资源类型(HM)	HMR				HMF	HMN	HME			
	侵蚀低山—河湖岩溶水资源类型 (VL)	VLR	VLL			VLF	VLN	VLE			
	海岸及礁岛岩溶水资源类型 (CI)	CIR	CIL	CISL	CIS	CIF	CIN	CIE			
	背斜及穹窿山地岩溶水资源类型 (AN)	ANR	ANL			ANF	ANN	ANE			
裸露岩溶	向斜构造山地岩溶水资源类型 (SY)	SYR	SYL			SYF	SYN	SYE			
	断陷盆地与断块山地岩溶水资源类型 (FA)	FAR	FAL			FAF	FAN	FAE	FAO		
	复杂构造中高山岩溶水资源类型 (SH)	SHR	SHL			SHF	SHN	SHE	SHO		
	破碎构造低山丘陵岩溶水资源类型 (TA)	TAR	TAL			TAF	TAN	TAE			
	构造内陆湖岩溶水资源类型 (IN)	INR	INL	INSL		INF	INN	INE	INO		
埋覆岩溶	堆积覆盖岩溶水资源类型 (PE)	PER				PEF	PEN	PEE	PEO	PEP	
	埋藏沉降岩溶水资源类型 (SL)	SLR					SLN	SLE	SLO	SLP	
	构造凹陷岩溶水资源类型 (ST)	STR						STE	STO	STP	STD
	海底隐伏岩溶水资源类型 (CL)				CLS			CLE	CLO	CLP	CLD

注:1. 各种水资源名称,如PHR:溶蚀峰丘山地岩溶水资源类型河水资源;PHF:溶蚀峰丘山地岩溶水资源类型鲜水资源;其他同此。2. 成水在各种类型中,不一定都较多存在;但少数作为晶间水存在,仍是较普遍。

3. *岩溶地区水资源的综合开发利用与治理*

岩溶地区水资源综合开发与治理,是涉及工农业建设的规划布局及经济效益的一个重要环节。这里需强调几点认识。

(1) 浅层地下水与地表水,依靠大气降水补给是可再生的,其补给再生量决定于降雨量及地下渗透量;但不少老水、古水则不能视为再生性水资源。因此,考虑岩溶水资源时,都需要估计其有限性。

(2) 岩溶水在形成、赋存、运移与排泄中是不断演变的,因此,需要掌握岩溶作用过程中岩溶水的特性变化,以便正确考虑其综合利用问题。

(3) 岩溶水的开发利用与治理会迅速影响到当地或较大面积自然环境地质条件的变化。例如:开采岩溶地区固体矿体进行矿坑疏干排水,会影响到邻近地带岩溶水,甚至引起地表塌陷;兴建大中型水库,会影响到地带性或区域性岩溶水资源的赋存与分布;铁道及其他工程建设对岩溶水的防治处理,也会影响到岩溶水的天然状态。

因此,综合开发利用与治理岩溶地区水资源,首先在于最有效地开发利用这种资源取得最大的经济效益,另外必须预先防止与避免不良现象的发生,以保护环境并避免工农业建设受到影响,造成经济损失。据此认识,结合已有各地的有益经验,可将岩溶地区水资源综合开发治理,归纳出下列的几种途径。

(1) 溶蚀为主岩溶地区水资源类型(PH、PL)。① 贮—引:地下建库贮水而后引水发电及供水;② 贮—抽—引:地下建库贮水,再抽水上山及引水发电;③ 贮—蓄—引:地下建库蓄水及地表建库蓄水,再引水发电及灌溉;④ 拦—疏—引:矿区疏干时,建坝拦住外围地表水流,再引导地表及疏干抽出的水流以供水或兼发电。

(2) 溶蚀—侵蚀岩溶地区水资源类型(HM、VL、CI)。① 蓄—引:地表建库蓄水再引水发电及供水;② 蓄—抽—引:地表建库抽水供水并引水供水;③ 蓄—贮—引:地表水库蓄水及地下水库贮水,再引水发电及供水;④ 贮—引—抽:地下建库贮水,再抽水及引水以供水和发电;⑤ 灌—引:人工回灌或修建渗漏性水库以补给岩溶地下水,或引水补给下游泉水(或暗河水)以供水及发电。

(3) 特殊构造岩溶地区水资源类型(AN、SY、FA)。① 蓄—引:地表水库蓄水,再引水发电及供水;② 贮—蓄—引:地下水库贮水及地表水库蓄水,再引水发电及供水;③ 灌—引—抽:人工回灌地下水,于下游处再引水及抽水以供水。

(4) 复杂构造岩溶地区水资源类型(SH, TA)。① 蓄—引:拦蓄融雪水或汛期水流于山谷水库内,引水发电再作供水水源;② 贮—引:将融雪水或非岩溶地区地表径流,贮入高处岩溶化岩层中形成大片贮水库,再引水作水源;③ 灌—抽:利用岩溶盆地回灌地表水成大贮水体,再抽水以供水。

(5) 复合岩溶地区水资源类型(TN)。① 围—抽:围隔岩溶淡水体再抽水以供水,避免盐湖水倒灌,使低矿化度的岩溶水质恶化;② 导—蓄—引:将地表径流导引入人工水库以蓄水,再引水发电或供水,以避免盐湖水淡化。

(6) 埋覆岩溶地区水资源类型(PE、SL、ST、CL)。① 灌—抽:浅埋藏岩溶地区人工回灌地下水,再抽水供水,使取得冬灌夏用、夏灌冬用的地下调蓄水库的功效;② 截—灌—抽:地下截水封闭成贮水库,并回灌地下水,使获得更大的冬灌夏用及夏灌冬用的调蓄功效;③ 蓄—灌—抽:利用地表水库以回灌地下岩溶含水层,再抽水利用;④ 压—抽—引:向岩溶含水层高压注入地表水,抽取或导引出深部地下岩溶水作特殊水源与矿源。

上述这些开发利用与治理岩溶地区水资源的途径,有的已有些经验,有的尚有待进一步实践。当然,各种开发的方式都需根据具体地质-岩溶条件及建设需要而加以选择。此外,尚有其他开发方式有待于探索。

我国岩溶地区水资源是丰富的,在水利水电建设方面,已积累了较多有关岩溶防渗与基础处理的经验[2,15],但是已开发的水电能源仍是极少数;一方面,我国南北方已经广泛地大量开发岩溶水作供水水源,收到了很好的效益,另一方面,有些地区由于没有更好地考虑综合开发利用与治理问题,因此也产生一些不良的后果。至于液体矿源方面,还只是在一些地区开展调查研究,少量进行了开发。因此,今后如何深入调查研究岩溶地区水资源,合理予以综合开发利用与治理,并正确予以监护与管理,以满足工农业建设需要,收到最佳的经济效益,仍是一个很重要的问题。基于这点,本文作些探讨,以共同讨论。

在调查研究及采样过程中,得到刘邦良、邹成杰、黄华梁、王太坊、苏惠波、马兴连、殷宝林、王成农、张上林、董继海、牟平占、廖世福、周元三、李志、令狐荣庠、关秉钧以及有关单位的协助,高火焰、杨立君同志参加部分调查及取样工作,范磊同志清绘图件,谨此表示深切谢意!

参考文献

[1] 卢耀如.略谈岩溶(喀斯特)及其研究方向[J].自然辩证法通迅,1982(1):3.

[2] 卢耀如.岩溶地区主要水利工程地质问题与水库类型及其防渗处理途径[J].水文地质工程地质,1982(4):19-26.

[3] 地质矿产部水文地质工程地质研究所. 深层卤水形成问题及其研究方法[M].北京:地质出版社,1982.

[4] ERGUVANLI K, YUZER E. Karstification Problems amd their effects on dam foundation and reservoir[J]. International Association of Engiueering Geology, 1978(1).

[5] 卫克勤,林瑞芬,王志祥,等. 乌江渡水电站深部岩溶地下水中氚含量测定的初步结果[J].水力发电,1983(3):25-28.

[6] 藤井厚,仓克千・中山康. 冲永良部岛にずは为琉球曾群下の埋没段丘と第四纪海水准变动についこ[J].地质学杂志,1974,80(1).

[7] GEYH M A. Basic studies in hydrology and ^{14}C and ^{3}H measurements[C]. International Geologyica Congress, 1977.

[8] SMITH D. B. et al, The age of groundwater in the chalk of the London basin[J]. Water Resources Research, 1976, 12(8).

[9] O'NEIL J. R., Stable isotopes in mineralogy[J]. Physics and Chemistry of Minerals, 1977(2):1-2.

[10] MCCREA J. M. On the isotopic chemistry of carbonates and a peleotemperature scale[J]. Journal of Chemical Physics, 1950,18(8).

[11] 花永丰. 中国汞矿成因及其找矿预测[M].贵州:贵州人民出版社,1982.

[12] 王兆馨. 不同类型地区地下水资源形成和评价方法的若干问题//[M].地下水资源评价理论与方法的研究,北京:地质出版社,1982.

[13] 袁道先. 岩溶水资源评价的几个问题//[M].地下水资源评价理论与方法的研究,北京:地质出版社,1982.

[14] 钱学溥. 娘子关泉水流量的相关分析//[M].地下水资源评价理论与方法的研究,北京:地质出版社,1982.

[15] 刘邦良,宋志雄,李森,等. 对乌江渡水电站岩溶地基渗漏问题的初步认识[J].水力发电,1983(3):18-24.

中国喀斯特地貌的演化模式①

卢耀如

提　要　中国喀斯特地貌的发育与岩性密切相关，并受许多因素的影响与控制。特别是新生代的两个构造事件和更新世的五次气候变换，都影响了喀斯特的发育。在计算典型喀斯特地区的上升、沉降、溶蚀与沉积等速率的基础上，本文重点探讨了喀斯特地貌演化的八个模式。

具有多种类型的喀斯特地貌景观，在中国分布广泛。据统计，裸露与半裸露的各种碳酸盐岩层组约占我国总面积的四分之一(其中碳酸盐岩占主要比例的纯层组与夹层组，约为120万km^2)②，加上埋藏的碳酸盐岩则共占全国面积70%以上③。多数地区碳酸盐岩的累计厚度在(2～3)×10^3 m，个别厚的可达1.9×10^3 m。如此广泛分布且厚度较大的碳酸盐岩层组，为我国喀斯特地貌的发育提供了充分的物质基础。

1　影响喀斯特地貌景观发育的重要条件

喀斯特地貌景观的发育，首先与岩性及层组类型有关。典型的喀斯特地貌，多发育于纯层组和夹层组两类型的碳酸盐岩分布区；反之，互层组和间层组两类型地区的地貌景观，却常与非碳酸盐岩岩层地区相似。此外，地质构造、气候、水文系统以及生物作用等对喀斯特地貌发育，也有明显的影响；其中尤以地质构造与气候条件为最主要[1-3]。

侏罗纪开始的燕山运动，曾广泛地影响了我国地貌景观的发育，其中也包括喀斯特地貌的发育。燕山运动奠定了中国地貌发育的格架，新生代的地貌演变是在此基础上继承发展的。新生代有两个主要构造事件：一个是印度板块与欧亚次大陆的相撞，引起喜马拉雅山的强烈上升和青藏高原的隆起；另一个是太平洋板块俯冲，形成亚洲东部一系列岛弧与边缘海盆的张开[4]。这两个事件，都密切地影响了中国大陆构造条件与喀斯特的发育。在早期的东西向、南北向及北东向的构造基础上，形成新的区域性上升与沉降；其结果是，改变了许多地区碳酸盐岩的裸露与埋藏的状况，并提供了喀斯特发育的构造基础。作为世界屋脊的喜马拉雅山自上新世以来快速上升，估算其平均的上升速率为0.98 mm/a；目前一些精密测量的结果，表明珠穆朗玛峰的上升速率仍然达到3.2～12.7 mm/a[5]。

新构造上升对我国其他一些地区也都有明显影响。综合分析洞穴沉积及地表第四系地层的年代测定结果[6-9]以及河谷阶地与洞穴发育情况，可概略地估算一些典型喀斯特地区的上升速率，列于表1。

众所周知，不同的气候带与气候区具有不同的降雨量、降雨强度、水温与气温等；而同一气候带(区)内，在不同地貌单元，又有气候上的差异。这些气候要素密切地影响到地表径流、二氧化碳和其他侵蚀性酸类的形成条件，进而控制喀斯特作用的性质与强度，水流侵蚀、机械风化和生物作用等。通常情况下，在炎热多雨的热带与亚热带气候条件下，其喀斯特化强度要比温带及寒冷地区强烈得多。在湿

---

①　卢耀如.中国喀斯特地貌的演化模式[J].地理研究，1986(4)：11.

②　碳酸盐岩层组包括纯层组、夹层组、间层组和互层组，后二者以非碳酸盐岩为主或占较多比例

③　根据新编《中国古地理图集》(中国地质科学院地质研究所编草图)圈定累加统计得出。

热气候条件下的溶蚀速率，也要比温和与寒冷气候条件下大十多倍至百多倍[3,10-12]。

表 1 中国某些地区的上升速率

地 区		北京周口店	广西桂林	贵州猫跳河	贵州乌江渡
喀斯特(地貌)类型		低山河谷	峰林谷地	溶丘谷地	中山峡谷
上升率/ (mm・a^{-1})	全新世	0.5	1.5	1.0	3.0
	晚更新址	0.03	0.05	0.33	0.8
	中更新世	0.02	0.05—0.07	0.1—0.5	0.33
	早更新世	0.02	0.038	0.08	0.05

注：1. 以阶地、峰顶面、剥蚀面等海拔高差及相应形成条件与年代测定资料，作为分析与计算的基础；2.北京周口店地区参考了[6]—[9]等文献的洞穴沉积物年代数据；3. 广西桂林地区参考了中国社会科学院考古所及北京大学一些洞穴沉积物的年代测定结果；4. 贵州猫跳河地区采集洞穴钙华进行铀系法分析(赵树森同志协助进行分析)，取得的年代数据作为计算的依据。

我国南方一些典型喀斯特地区构造上升率和溶蚀速率，对比分析于图 1。其中，溶蚀速率只是反映近代喀斯特作用的参数，其数值大小与径流量、水中矿化度等指标有关[2,13]。一个地区内，由于岩性、构造及微气候条件的差异，同时期的溶蚀速度也是不尽相同的。图 1 中上升率标列了全新世上升率（$L\mu = Q_4$）和第四纪以来的平均上升率（$L\mu \approx Q$）。虽然这些数值很有限，而且只是一些概略的数值，但对比一些地区的构造上升率与溶蚀速率，已可说明两类参数间具有一定的内在关系。显然，广西桂林地区于第四纪时期中平均上升率低于云贵高原和鄂西山地，其近代的溶蚀速率却是相反的情况，具有较高值。

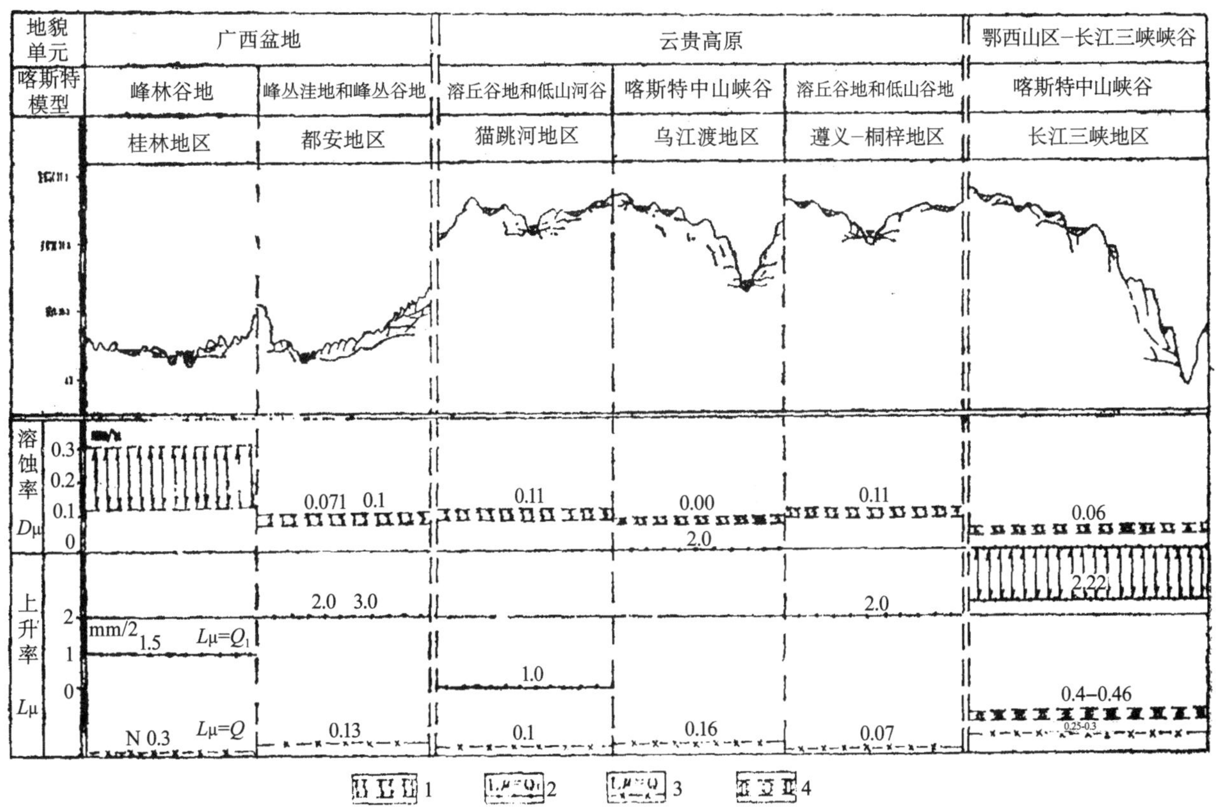

1—计算的现代溶蚀速率值范围，2—全新世及近代上升率(据地貌分析及一些年代测定结果计算)，3—第四纪平均上升率(地貌分析为主)，4—全新世及近代上升率(据地貌分析年代测定成果及水准测量资料计算)

图 1 中国南方一些典型喀斯特地区构造上升率与溶蚀率分析图

根据洞穴沉积物的孢粉与矿物分析和年代测定结果，并参考有关的资料[6-9,12-14]，可以综合分析出在第四纪中，已知有五次主要的变化，气候由湿热或温暖变为寒冷或冰期，并且明显地影响到喀斯特发育。现将这些综合分析的部分成果，概括表示于表2。表中相应划分的气候变化期及其年限是概略的，随着今后更多的试验成果与年代数据的积累，可作进一步划分。

表2 中国一些典型洞穴钙华沉积物与气候变化对比表

地质年代	距今 10^3 a	第四纪气候变化	已知洞穴钙华沉积主要时期距今 10^3 a	一些洞穴中发掘的古人类化石		社会性质
全新世 Q_4	7—8	冰后期	5—6	近代人 新　人	新石器	奴隶社会
	10—12					
晚更新世 Q_3	60—70±	第 5 寒冷（或冰川）时期	11—16（转温暖）23—25，30—36，40—50(温暖)	智人	旧石器时代	原始社会
	110±	第 4 温暖—炎热间冰期	100—110			
	150±	第 4 寒冷（或冰川）时期				
中更新世 Q_2	200±	第 3 温暖—炎热间冰期	170—190	猿　人		
中更新世 Q_2	400±	第 3 寒冰（或冰川）时期	210—230，240—260，300—330（具温暖）	猿　人	旧石器时代	原始社会
	500—600±	第 2 温热间冰期	400—500			
	730±	第 2 寒冷或冰川时期				
早更新世 Q_1	1420(?)	具有第 1 温热间冰期				
	1800(?)	具有第 1 寒冷（或冰川）时期				

根据上述结果，可将受构造与气候等因素综合影响的上升速率，用下列方程式表达，以进行有关计算。

$$\Delta H = H_S - (H_C + H_M) \tag{1}$$

式中 ΔH——地形的海拔高差年变化值，mm；

H_S——年构造上升的实际高度值，mm；

H_C——年地表岩面平均溶蚀削低的高度，mm；

H_M——年机械侵蚀对地表岩面削低的高度，mm。

$$Hc = Hc_1 + Hc_2 \tag{2}$$

式中 Hc_1——年地表径流对岩石溶蚀削低的高度，mm；

Hc_2——年地下径流于消入地下前对岩面溶蚀削低的高度，mm。

$$\sum_{i=1}^{n} \Delta H_i = \sum_{i=1}^{n} (H_i - H_{i-1}) = \sum_{i=1}^{n} [L_{\mu i} - (D_{\mu i} + M_{\mu j})] \Delta t_j \tag{3}$$

式中 ΔH_i——于 i 间隔时间内，实际上升高度(+)或沉降深度(−)，mm；

L_{μ_i}——于 i 间隔时间平均上升速率，mm/a；

D_{μ_i}——于 i 间隔时间平均溶蚀速率，mm/a；

$$M_{\mu}=(Q_s \cdot \rho_s \cdot \gamma_w / A \cdot \bar{\gamma}_r)\times 1\,000 \tag{4}$$

式中 M_{μ}——年机械侵蚀率，mm/a；

Q_s——年地表径流量，m^3/a；

ρ_s——固体径流系数；

γ_w——水容重，t/mm^3；

A——计算点以上控制的面积，m^2；

$\bar{\gamma}_r$——岩石平均容重，t/m^3。

2 喀斯特地貌的发育与演化模式

在中国广阔的领域内，地质构造与气候这两个条件的复杂变化，呈现出了多种地貌发育过程与机理，在喀斯特地貌景观中，除了多层性、多面性与多期性等普遍的特征之外，要强调的是镶嵌的结构，也就是正态与负态的喀斯特地貌呈相间排列，构成组合地貌。例如：溶丘、溶峰与洼地、谷地、断块山地与断陷盆地、上升的山地与沉降的平原和盆地等，无论其分布与发育过程，都是共同相关的。这种关系，也都受到上述两个主要构造事件的控制。

从青藏高原至新疆，呈现出东西向的构造隆起山脉与大的沉降盆地相间出现，这些大构造是由于板块相撞，由南而北带来巨大地应力的影响而发育的。后期，其次生的应力导致了早期的断块山地与块状山体被剪切、挤压与拉张，形成镶嵌结构，并且呈现出由西至东的次一级地貌单元的交互相间的结构，至于中国东部，其结构主要受太平洋板块的俯冲影响，首先具有由东至西的地应力，在正态山脉与负态的平原和盆地之间，无论在大陆或在海洋中，由东至西的地质与地貌结构的正负态的交互变换，也占重要的地位。

根据上述，可将中国喀斯特地区地貌发育的多系列演化归纳出多种的模式。但在本文中，只重点探讨其中主要的八种模式。

2.1 强烈上升演化模式

在青藏高原及新疆的许多山脉中，于 4 000～5 500 m 海拔高程处，仍可见有早期发育的溶蚀峰林或石林残留。这些现象，是在早期处于较低位置及湿热或温暖气候条件下而发育的[15,16]，由于后期强烈上升，遭受侵蚀与剥蚀而成残余(或蚀余)峰林与石林。从天山北麓发现了更新世古菱齿象化石和青藏高原一些孢粉及上新统地层中三趾马化石的发现[17]，都表明在第四纪初期或第三纪时期，青藏高原还是处于较低的高程(图 2 中的Ⅰ、Ⅱ阶段)，气候也较湿热。由于印度板块与欧亚次大陆的相撞，并沿着由南而北所产生的强烈压应力，造成了老构造带如唐古拉山、巴颜喀拉山和昆仑山等山脉的继续上升隆起，这是作为青藏高原隆起的初期(图 2 中的Ⅲ阶段)。而后，喜马拉雅山强烈上升，其

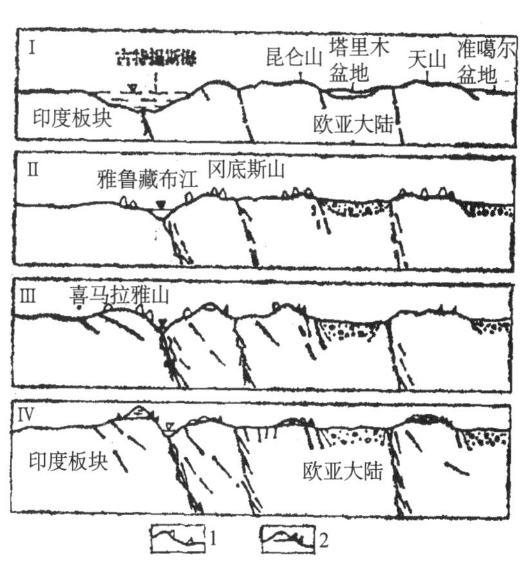

1—发育着的峰林或石林，
2—经受冰蚀或剥蚀后的残余峰林与石林

图 2 青藏高原喀斯特发育演化分析图

上升速率由低于 1 mm/a，而增大至 50 mm/a 左右[5,18,19]，这是作为主要的上升时期。伴随着青藏高原的隆起，次一级的构造（块体上升与沉降），就多产生于Ⅲ、Ⅳ阶段。青藏高原喀斯特发育与演化情况，用图 2 予以概略地分析与图解。

2.2 连续隆起演化模式

云贵高原是连续隆起而形成的，那里溶蚀现象占重要位置。在近代，除了深切河谷外，在高原面上侵蚀速率与溶蚀速率是相近似的，其侵蚀指数 $P_g = H_c/H_M \approx 1$[符号同式(1)]，即在高原面上近代机械侵蚀高度与化学溶蚀高度的值相近。因此，高原面上仍较多保留或继承发育着溶丘洼地、溶丘谷地等喀斯特景观。云贵高原面的高程在 1 000～2 000 m；伴随着高原的隆起，也产生气候条件的变化。近代，由深切的沟谷至最高一级的高原面，仍明显地呈现出立体性的气候变化。除了滇西一带高山之外，云贵高原虽然经受连续隆起的影响，但上升速率比青藏高原低，所以大部分地区的气候条件，还都是有利于喀斯特发育，目前仍具有较大的溶蚀速率（图 1）。

2.3 差异隆起演化模式

由于不同的上升隆起速率，喀斯特地貌景观的发育经常带来差异性演化。例如，在长江三峡地区，由于黄陵穹窿上升的结果，其东西翼的上升速率是不同的。西翼喀斯特景观的演化是趋向于由溶蚀类型转变为侵蚀类型；但是在东翼，则主要表现为重叠溶蚀作用过程，而且还有沉降平原与上升山地间的过渡特征。对比两翼有关喀斯特现象与作用过程，可概括地表示于图 3 中。

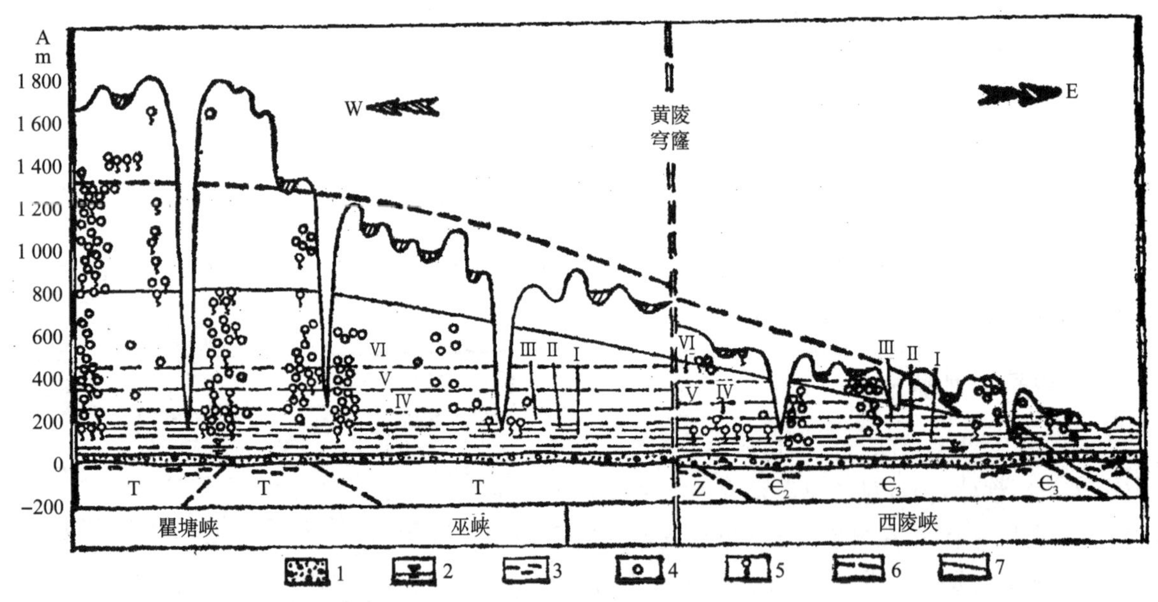

Ⅰ—Ⅵ　第四纪中发育的阶地，
1—砂卵石，2—长江河水位，3—河床下发育的洞穴，4—两岸洞穴的投影，5—两岸大喀斯特泉与地下暗河的投影，
6—西鄂期（晚白垩世至老第三纪）强烈喀斯特化带下限，7—山原期（新第三纪）强烈喀斯特化带下限

图 3　长江三峡地区喀斯特现象与址貌发育分析图

注：图中洞穴、暗河等情况，参考了四川省和湖北省地矿局有关水文地质区测资料。

这地区在一定的程度上伴随着隆起上升及相应的河谷下切，也产生了河谷与山顶面的微气候变化，但总的气候状况，也还是适于喀斯特的发育。目前两翼的气候条件的差异性不大。长江三峡地区的一些阶地高程，参照四川、湖北地矿局的新资料，可对比于表 3。显然各阶地间的高差于东西翼是明显地不同，表明了新构造运动的差异性，在三峡出口南津关一带，只见有三级较明显的阶地。

2.4 缓慢隆起演化模式

在缓慢隆起或往复上升与沉降地区，具有较小的上升速率，其喀斯特地貌景观的演化就主要取决于气候条件。例如，在华南盆地长期属于热带与亚热带气候条件，具有较大的溶蚀速率（表 1 和图 1）。因此，在第四纪中不同的时期，于广西、广东等地，喀斯特地貌与主要的溶蚀现象，多是重叠而强烈地发育，所以形成了典型的峰林谷地、孤峰坡地和峰林平原等被称为“热带喀斯特”的地貌景观。

但是，对于华北、东北等地区，长期处于温寒及稍寒洽气候条件下，或者在华东及华南碳酸盐岩分布较少的地带，剥蚀、侵蚀以及其他地质作用对地貌的形成起着重要的作用，也是导致地貌景观发生演化的主要因素。因而，在这些地带就主要发育了溶蚀-使蚀及溶蚀-剥蚀喀斯特地貌类型[20, 21]。

表 3　长江三峡阶地对比表

位　置		奉节（瞿塘峡入口一带）	巫山（近于巫峡进口地带）	南津关（西陵峡口附近）
阶地高程/m	Ⅰ	60	67	
	Ⅱ	95	101	55
	Ⅲ	125	124	65
	Ⅳ	190	192	110
	Ⅴ	245	270	
	Ⅵ	335	362	

2.5 广阔沉降演化模式

早期形成的裸露喀斯特地貌景观，产生广泛与迅速的沉降，而转变其裸露状态，演化为埋伏状况，使早期的地表山地与河谷成为埋伏于地下的古潜山型，并为后期第三系或第四系所覆盖；但是覆盖的厚度不一，由几十米至几千米，这是由当地构造运动性质及沉降速度而决定。此类的演化模式，尚可分出一些重要的亚型；沉降速率的不同，可反映出沉降性质及喀斯特地貌发育方面的差异变化。现将一些研究成果并参考有关文献资料[22,23]，综合列于表 4 中，用以对比一些地区的沉积速率，并作为探讨有关地貌景观演化条件的依据。

表 4　中国某些典型地区的沉积速率对比表

地　区	昆明盆地	华北平原	塔里木盆地
地貌特征	断陷盆地	沉降平原	内陆盆地
碳酸盐岩上盖层最大厚度	约 1 000 m	大于 2 400 m	大于 10 000 m
第四纪中沉积速率/(mm·a^{-1})	0.11～0.28 0.017(平均)	0.19～0.207	0.02～1.5
第三纪中沉积速率/(mm·a^{-1})	0.11(N)	0.02～0.038	0.14～0.098
喀斯特地貌演化模式	狭窄沉降演化模式	广阔沉降演化模式	

注：参考了地质、石油有关部门的地层资料及一些古地磁成果进行沉积速率计算。

强烈隆起的青藏高原可作为中国地貌景观的第一个阶面，伴随着快速的沉降，形成了塔里木等大盆地，那里的气候条件也由温暖或湿热，而转变为内陆干旱。太行山和山西高原居于中等高程，属于地貌演化的第二个阶面，而且毗连着具有中等沉降速率的华北平原，那里第四纪时的气候条件明显地具有几个时期由温暖或炎热至寒冷或冰期，以及潮湿至半干旱的变化。图 4 反映上升隆起的太行山作为断块山地与沉降的华北平原之间，喀斯特分异演化的关系。

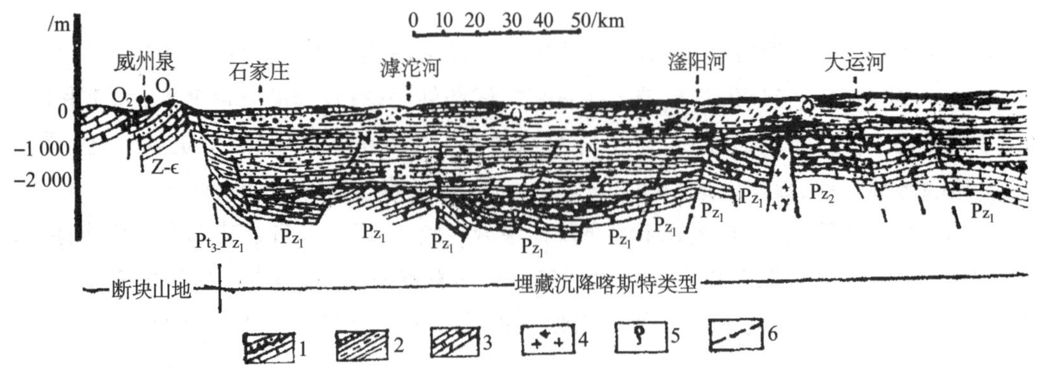

1—华北加里东期古喀斯特面(O_2—C)，2—碎屑岩(砂页岩、砾岩)，3—碳酸盐岩，4—火成岩，5—岩溶泉，6—地层界限

图 4　太行山山地(具裸露喀斯特)至华北平原(具埋伏古喀斯特)的一个示意剖面

2.6　狭窄沉降演化模式

在大面积隆起的高原中，由于次一级构造应力的作用结果，在一些地带具有与断裂密切相关的狭窄条带的沉降这类演化模式，也有两个重要亚型：其一，为形成于青藏高原中的盆地，那里随着高原的上升使气候条件由湿热变为干冷的内陆条件，并多数形成盐湖于其中；其二，是断陷盆地，形成于云贵高原，目前一些盆地仍集聚了地表与地下喀斯特径流，而成为淡水湖泊。例如，云南昆明盆地是在次一级构造应力作用下形成的，与上述模式中盆地相比较，盆地中第四系和第三系盖层的总厚度相对要薄(表 4)，面积也小得多。昆明盆地面积只有 825 km^2，其中滇池湖水面积约为 340 km^2。此类盆地分布成阶梯状，与南斯拉夫狭那尔地区相似[24,25]。

滇东断陷盆地的一种演化情况，概略地表示于图 5。

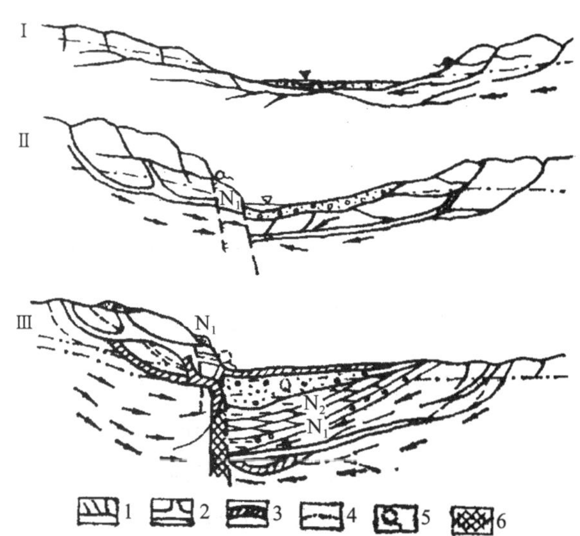

Ⅰ. 新第三纪以前，Ⅱ. 新第三纪时，Ⅲ. 第四纪时，1—新第三纪(N_1)以前发育的洞穴系统，2—N_1 以后发育的地下暗河系统，3—N_2 以后发育的地下暗河系统，4—旱季地下水位，5—地下暗河中洪水季节半孤立管道流，6—断陷盆地边缘喀斯特富水带

图 5　滇东断陷盆地的一种演化模式

2.7　剥蚀裸露演化模式

碳酸盐岩地层早期曾为非碳酸盐岩地层所覆盖，由于后期构造运动上升的结果，使上覆的盖层遭受了侵蚀，而逐渐地或快速地减少其厚度，并导致埋伏的碳酸盐岩地层裸露于地表。此类演化结果是，相应地引起新的喀斯特现象与地貌景观的发育，或者促使微弱的喀斯特作用转而加剧地进行，或者导致已停滞的古喀斯特现象得以复活，并发育新的现象与景观。

2.8　海洋环境演化模式

根据海水面的变化，此模式可分为三种亚型：① 构造上升海退型，由海滩及海台地隆起而降低海水面，使原先埋伏于海底的碳酸盐岩转变其喀斯特现象与地貌的演化，而成为暴露于海水面以上的状况；② 构造沉降海进型，由于海岸带的沉降与海水的入侵，使喀斯特地貌演化与发育由陆地条件转变为海洋环境的演化模式;③ 冰期海面变化型,由于冰期气候变迁,使海水面多次升降变化,引起海岸带产生喀斯特地貌的演化密切受到海水面升降的影响。

最后强调一点,喀斯特现象及有关景观的发育,受许多自然条件的影响与控制,特别是构造与气候两者最为重要。探索喀斯特地貌发育过程及其演化模式,有助于深入研究喀斯特发育规律与有关条件。特别是不同地貌景观所具有的水文-水文地质条件有差异性,而这些条件又在喀斯特作用过程中促使其喀斯特景观的分异。当然,喀斯特地貌的不同演化模式,可产生不同的喀斯特现象与景观的组合特征及有关环境条件。但是,这些模式的演化又是相互密切关联的,并共同受到全球性地质构造与气候条件的总体变化规律所控制。

谨以此文纪念我国伟大的地学家和旅行家徐霞客诞辰四百周年。

参考文献

[1] 卢耀如.中国南方喀斯特发育基本规律的初步研究[J].地质学报,45(1),1965.

[2] 卢耀如、赵成梁,刘福灿.初论喀斯特的作用过程及其类型//[M].第一届至国水文地质工程地质学术会议论文选编,北京:中国工业出版社,1966.

[3] 卢耀如,杰显义,张上林,等.中国岩溶(喀斯特)发育规律及其若干水文地质工程地质条件[J],地质学报,1973(1):121-136+141.

[4] LI C Y, WANG Q, LIU X Y, ex al. Explanatory notes to the tectonic map of asia[M]. cartographic Publishing Houge, 1982.

[5] 中国科学院青藏高原综合科学考察队.青藏高原地质构造[M].北京:科学出版社,1982.

[6] 钱方,张景鑫,殷伟德.周口店猿人洞堆积物磁性地层的研究[J].科学通报,1980(4):50.

[7] 郭士伦,周书华,孟武,等.裂变径迹法测定北京猿人的年代[J].科学通报,1980(24):1137-1139.

[8] 裴静娴.热发光年龄测定在“北京人”遗址文化层中的应用[J].中国第四纪研究,1980,5(1):87-95.

[9] 赵树森,刘明林.洞穴堆积物铀系测定数据报道,科学通报,16期,1984年。

[10] 中国科学院地质研究所岩溶研究组.中国岩溶研究科学出版社,1979.

[11] 任美锷,刘振中.岩溶学概论[M].北京:商务印书馆,1983.

[12] 卢耀如.中国岩溶(喀斯特)及其若干水文地质特征//[M].国际交流地质学术论文集6——为二十七届国际地质大会撰写北京:地质出版社,1985.

[13] CORBEL J. Erogion en terrain calcaive Annals de Ceoar, 1959.

[14] 林钧枢,张耀光,王燕如,等.广西武鸣盆地岩溶发育的古地理因素分析[J].地理学报,1982(2):123-135.

[15] 中国科学院西藏科学考察队.珠穆朗玛峰地区科学考察报告(1966—1968)[M].北京:科学出版社,1974.

[16] 崔之久.古岩溶与青藏高原抬升,青藏高原隆起时代、幅度和形式问题[M].北京:科学出版社,1984.

[17] 中国科学院青藏高原综合科学考察队.西藏古生物,(第一分册)[M].北京:科学出版社,1980.

[18] 地质矿产部青藏高原地质文集编委会.青藏高原地质文集(1)[M].北京:地质出版社,1982.

[19] 地质矿产部青藏高原地质文集编委会.青藏高原地质文集(15),岩石、构造地质[M].北京:地质出版社,1984.

[20] 第二届岩溶学术会议论文选集编辑组.中国地质学会第二届岩溶学术会议论文选集[M].北京:科学出版社,1982.

[21] 中国地质学会岩溶地质专业委员会编.中国北方岩溶和岩溶水[M].北京:地质出版社,1982.

[22] 徐世浙.古地磁学概论[M].北京:地震出版社,1982.

[23] 罗建宁,肖永林,庄忠海,等.滇池湖盆第四系沉积相古地磁和孢粉的初步研究[C]//.中国地质科学院院报(6),北京:地质出版社,1983.

[24] HERAK M, STRINGTIELD V T. Karst — Important Karst Regions of The Northern Hemisphere Amsterdam Elsevier, 1972.

[25] PETAR T. Milanovic, Hidrogeologiza Karsta I Metode Istrazivanza Trebinje, 1979.

[26] SONG L H. Progrss of karst hydrology in China[J]. Progress in Phygical Geography, 1981, 5(4):563-574.

中国岩溶地区水文环境与水资源模式①

卢耀如

摘　要　根据新图集《中国岩溶——景观·类型·规律》[1]，本文进一步讨论一些问题。首先，介绍了中国岩溶水资源一般情况；其次，介绍了有关岩溶水文网特征，地表水和地下水转化方式，以及岩溶水文环境中同位素特征及溶蚀与沉积作用的内容；最后，较多篇幅用以介绍岩溶环境和岩溶水资源模式，在本文只能综合几个典型的模式。

1　引论

岩溶与经济建设关系密切，相反地经济建设又直接或间接地影响到岩溶水资源和岩溶环境。本文目的在于讨论有关环境与岩溶水资源的一些问题。

2　中国岩溶地区水资源概况

在中南和西南地区，具有坡降大的地表河，以及蕴藏丰富的水电能源。地下河平均流量在 0.5 m^3/s 或大于此数的，已知在三千条以上，地下径流模数主要为 5～55 L/s·km^2。华北及东北岩溶地区地表径流较少，但大的岩溶泉流量为 1～16 m^3/s 的近百个，地下径流模数为 1～10 L/s·km^2。据各省、自治区、直辖市初步调查统计结果，岩溶地下淡水资源可以不同的精度，而表示其百分比于图 1。埋伏碳酸盐岩的面积占全国 70%以上，提供了广泛储集岩溶热矿水的条件。一系列微咸水湖、咸水湖和盐湖，形成于青藏高原和新疆及内蒙古自治区，含富有三十多种元素和卤化物、碳酸盐、硼酸盐和碳酸盐等矿床，作为重要的液-固体矿产资源。

3　岩溶地区水文环境的基本特征

环境地质包括许多内容，但是这里只讨论基本岩溶水文特性。

(1) 岩溶水文网特性。在中国岩溶地区水文网的形态、河流、坡降和水流循环都是受岩性、构造、气候和岩溶作用过程等所控制。

(2) 地表水和地下水相互间转化方式。在岩溶地区，地表水和地下水二者密切转化作为水文环境的一个特性，其转化方式主要是：① 季节灌入、② 伏流转化、③ 洼地聚集、④ 穿流转化、⑤ 裂隙渗透。本文只对第一种方式，作些讨论。在洪水季节，地表径流能迅速提高水温，由两岸及河床通道灌入部分径流，而与原岩溶地下水相遇，以产生温差效应，能促进溶蚀与沉积，并且通常出现五个作用：混合、效应、等熵、扩散和复原。

(3) 水文环境同位素基本特性。地表与地下径流中氢、氧同位素是水文环境表征之一。根据过去几年取样进行分析，并参考有关资料，$\delta^{18}O$ 值的分布规律性，可表示于图 3。在珠穆朗玛峰（顶部高程 8 848 m 以上）是最低的，为－25.76，其氚值为 208.7 T.U.[7]，氚的等值线是由西北向东南方向而降低。根据年代测定，可将地下水划分为几类[2]。

① 卢耀如.中国岩溶地区水文环境与水资源模式[J].中国岩溶，1988(3)：23-28＋34.

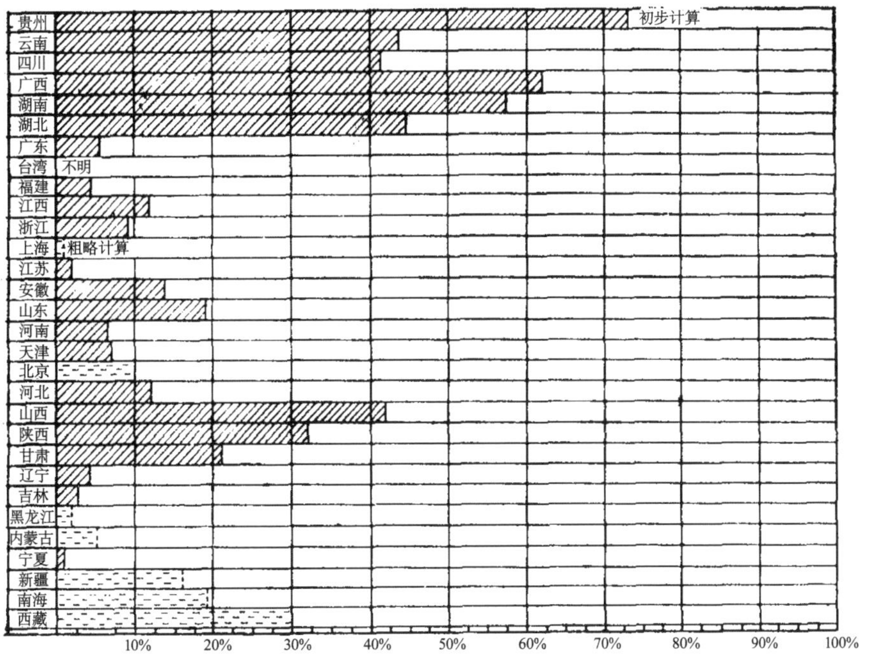

图 1　各省、自治区、直辖市岩溶地下淡水资源所占的百分比图

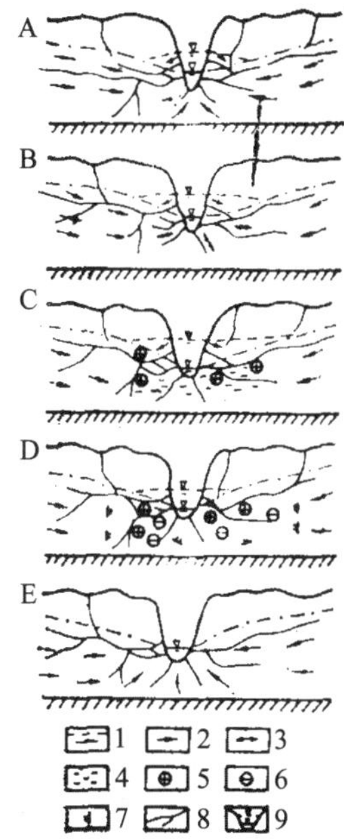

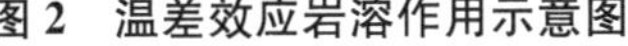

1—地下水位及流向，2—地表洪水灌入方向，3—地表灌入与原地下水相混作用，4—等熵作用，5—温差效应溶蚀作用，6—温差效应沉积作用，7—扩散作用，8—岩溶洞穴与通道，9—地表河水位

图 2　温差效应岩溶作用示意图

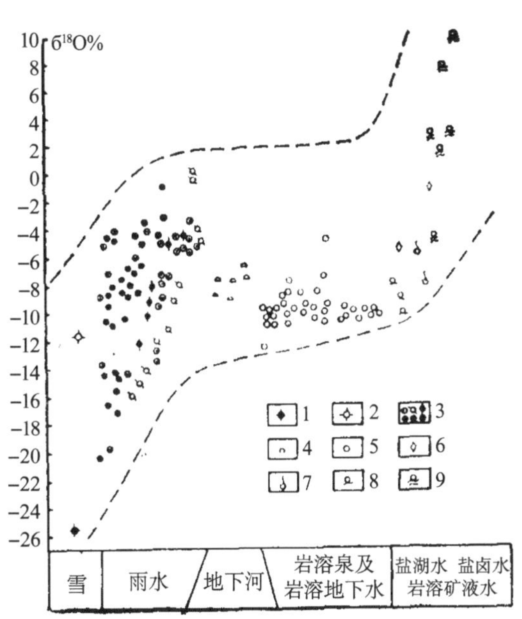

1—珠穆朗玛峰新雪(其值据张荣生)，2—天山溶雪水，3—典型岩溶区雨水，4—华北与华东地下水，5—华北岩溶泉与地下水，6—青藏高原盐湖水，7—岩溶温泉，8—深部岩溶带中岩溶盐水与卤水，9—岩溶矿液

图 3　中国一些地区代表性 $\delta^{18}O$ 值对比图

(4) 水文环境中溶蚀与沉积作用。岩溶水文环境的基本特征，是进行溶蚀与沉积作用。

温度与降水两因素是密切影响到溶蚀与沉积作用。根据 $P_{CO_2}=0.05-0.000\,2$，$T=30\sim70$℃下进行的试验，单位二氧化碳的溶蚀梯度值(grad S_{CO_2})和溶蚀量间有关系，如式(1)，而扩散溶蚀梯度值与溶蚀量 dSt 是表示于式(2)：

$$dS_{CO_2}=dC_{CO_2}(\text{grad } S_{CO_2}) \tag{1}$$

$$dSt = dT(\text{grad } St) \tag{2}$$

式中 grad S_{CO_2}——单位 CO_2 含量溶蚀梯度值，0.31～9.2 mg/L/mg/L；

grad St——温度-扩散溶蚀量梯度值，0.5—3.3 mg/L，1℃。

在自然水文环境中，在不同地区碳酸盐岩的溶蚀速率主要在 0.04～0.3 mm/a 范围内[4]，与气候条件密切相关。根据碳酸盐岩标准试样的一些地区，在不同条件下的特殊溶蚀试验（其结果由袁道先教授提供），可进行相关分析表示如下：

空中距地面 1.6 m：$Y = -57.7 - 0.01 \times X_1 + 0.1 \times X_2,\ r = 0.8834$ (3)

在地面上：$Y = -28.72 - 0.01 \times X_1 + 0.53 \times X_2,\ r = 0.8866$ (4)

在土中（0.15 m 及 0.5 m）：

$$Y(Qs \text{ or } Rs) = a_0 + a_1 \times X_1 + a_2 \times X_2 + a_3 \times X_3 + a_4 \times X_4 \tag{5}$$

式中 Y——溶蚀量（Qs）因子；

X_1——降雨量因子；

X_2——大气温度因子；

X_3——生物作用因子；

X_4——土渗透性因子。

结果可说明，在土中溶蚀速率比在大气中，要大 3～4 倍。温度上升、二氧化碳逸散、水流速的增大以及藻类等生物作用，都能引起钙质沉积，洞穴沉积物的沉积速率在 0.009—3.3 mm/a，但是地表钙华与泉华沉积速率可达 33.3 mm/a（该值据朱学稳资料）。

4 岩溶环境中水资源典型模式

在中国，有着不同的与复杂的岩溶环境，但在这部分只论述一些典型的岩溶水资源模式。

（1）高山岩溶环境融雪泉，青藏高原和新疆内陆等地，不少高程在 4～5 km 以上，终年积雪，并有冰川活动，目前许多分布碳酸盐岩地带，具有融雪水源沿古岩溶通道或新的溶蚀裂隙系统而渗透，而经常在低山间盆地和山麓地带出现低温涌泉。例如，纳赤台岩溶泉在昆仑山区，高程高于 3 500 m，其流量 0.3～0.5 m^3/s（图 4）。新疆天山山麓的水磨沟泉过去可达 1.5 m^3/s，目前由于其流域内的开采，而只有 22 L/s。

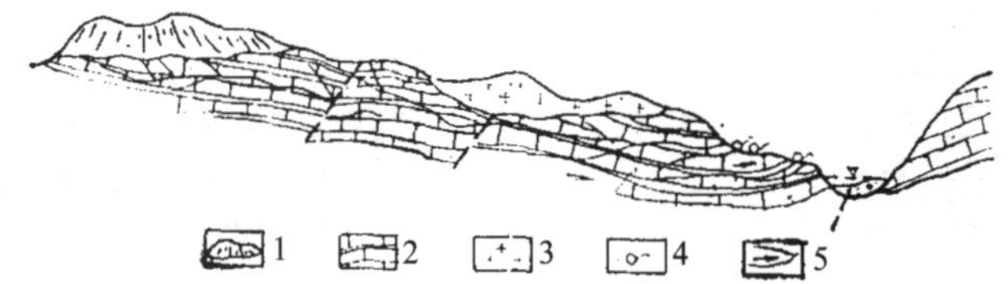

1—雪帽；2—碳酸盐岩；3—火成岩；4—岩溶泉；5—岩溶通道与地下水流动方向

图 4 纳赤台岩溶泉示意剖面图

川西北岷山中黄龙与九寨沟，于高程 3 000～3 600 m 一带，来自冰雪覆盖的高山溶雪水溶蚀了碳酸盐岩后，沉积出一系列钙华坝，并壅水而成岩溶水塘与岩溶湖。这两种特殊岩溶景观在黄龙和九寨沟中，构成了罕见的岩溶环境与宝贵的旅游资源。

（2）半干旱山地环境大岩溶泉。具有大洞穴发育的几次温暖与潮湿时期，已在华北地区发现，但是自晚更新世以来，此区主要发育溶蚀裂隙与通道，涌现近百个大岩溶泉，其一些参数列于表 1，这些大岩溶泉是华北重要的岩溶地下水资源。

表 1　中国华北大岩溶泉一些参数简表

高程/m	流量/($m^3 \cdot s^{-1}$)			流域面积/km^2		流量不稳定系数
	最　大	最　小	平　均	全流域	岩溶地区	
25～1 150	2.1～16.57	0.5～7.57	1～9	500～4 667	17%→90%	1.2～6.11

(3) 多雨广阔高原与山地环境地下河。具有广阔溶蚀的岩溶类型地区是很不同的，除了峰林—谷地与峰林—平原之外，在那里与水文环境有关的共有特性，是广泛地发育大的地下河系统，其形态和结构都是密切地受当地构造运动与气候条件所控制。大量地下河典型地发育于云贵高原和广西盆地间的斜坡地带(表 2)，及湘鄂西斜坡地区。

表 2　贵州—广西斜坡山地伏流—暗河的统计

主河道长/km	流域面积/km^2	干季流量/($m^3 \cdot s^{-1}$)	洪水季节流量/($m^3 \cdot s^{-1}$)	坡降	示踪流速/($m \cdot d^{-1}$)
最大　243	>1 000	4.0	>300	57‰	>7.480
最小　3.9	>10	0.014	>1	2.6‰	<3.11
平均　72.0	>2	0.6		16.6‰	37.90

(4) 限制性山地环境地下河。狭长褶皱和其他特殊构造形态，明显地控制了川东及黔北等地区地下河发育的方向，有关地下河平均流量(0.15～10 m^3/s)趋势面分析，表示于图 5。

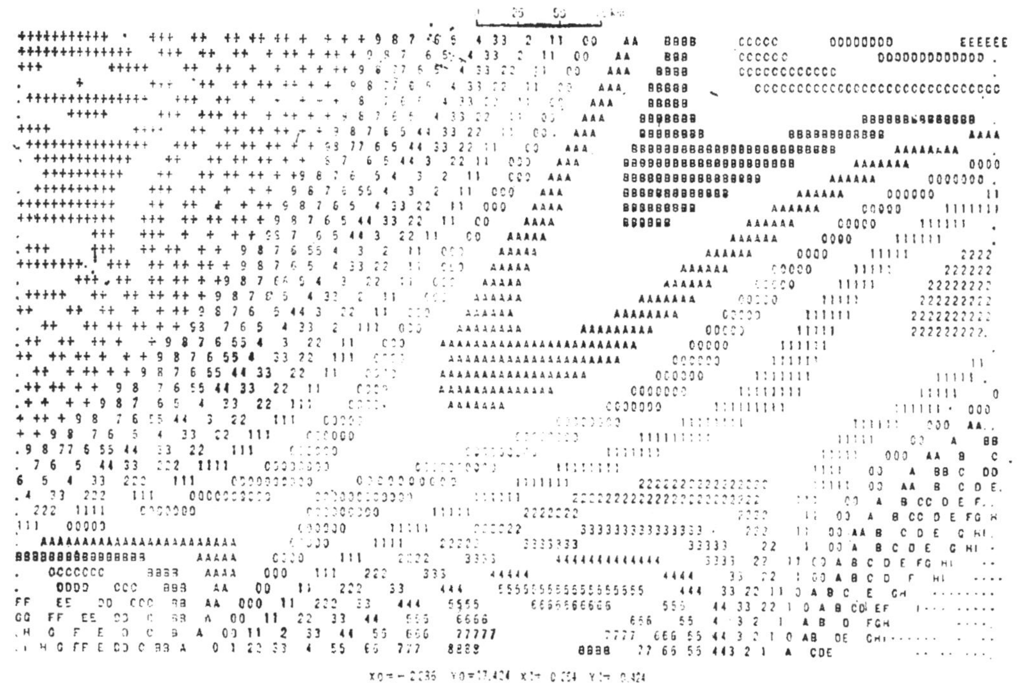

图 5　黔北地下河流量趋势面分析图 4 次(微机)

等值线(0)≈800～1 000，等值间距=200，增加方向 1、2、3…，减少方向=A、B、C

(5) 深切峡谷环境岩溶通道系统。岩溶地区深谷对修建水利水电工程来讲，经常存在有利的地形和较高的岩溶地下水分水岭。乌江渡水电站坝高 165 m，就是一个成功的例子，那里发育 200 m 深的地下通道，经高压灌浆处理[9]，水库蓄水已经几年了，基本上没有渗漏水发生。

(6) 峰林与准平原环境通道系统。由于溶峰的有限规模，因此没有长的洞穴系统能仍然存在其岩溶化岩体中,但是具有短而大的洞穴和脚洞。但是在峰丛地带,例如,漓江峰丛地带的地下河长度可超过 10 km。这类峰林—谷地和平原模式,如在桂林地区,都有成网络的通道和溶蚀裂隙系统,雨水补给的渗透系数,通常小于 0.3[11]。在这类环境地区,由于成网络的通道与覆盖层中土洞的存在,抽取地下水时,易于发生岩溶塌陷,因此保护水文环境是非常重要的。

(7) 破碎褶皱盆地环境岩溶地下水。受火成岩侵入和断层的影响,碳酸盐岩自身不能构成岩溶地下水的完整的构造盆地,这种情况经常可被发现于华东和东北。在这模式地区,仍有热液水活动,与正常岩溶地下水混合后,会形成低温岩溶热矿水,如福建某些热矿水情况是:24～45℃,矿化度 1 667～2 511 mg/L,游离二氧化碳 106～366.52 mg/L,pH 约 6～7,承压水头高出地面 3～4 m,流量达 2 100～3 500 m^3/d。

(8) 湖盆远海岸环境岩溶通道水。在华东,太湖、西湖等一些湖盆分布有发育着洞穴与通道系统的碳酸盐岩。如西湖杭州,中更新世时,那里是海湾,于第四纪最后一次冰期后,海水位上升达到灵隐山脚(图 6)。但是除了一些地带仍保留盐海水影响之外,目前主要的水文环境,是活跃着好质量其矿化度<0.3～0.5 mg/L 的岩溶通道水。

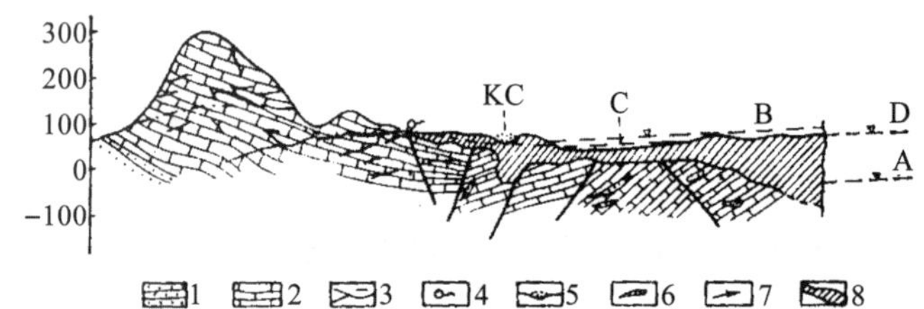

1—非碳酸盐岩,2—碳酸盐岩,3—洞穴与通道,4—岩溶泉,5—岩溶塌陷,6—地下通道,7—地下水流向,8—第四系地层,9—低海水面,15 000 年前于第四纪最后一冰期中,B. 高海水面,于冰后期,C. 西湖水面,D. 近代海水面

图 6 杭州西湖综合水文地质剖面

(9) 海岸带环境岩溶微咸水。如大连地区分布有碳酸盐岩的海岸地带,那里主要于陆地上由雨水补给的岩溶地下淡水,部分由通道成为海岸岩溶泉而排泄,部分于海底成涌泉而排泄。第四纪中海平面变化近 100 m,已明显地影响到岩溶发育和水运动。这类环境中最主要问题是,海水与正常岩溶地下淡水相混合,能形成 Cl 离子含量达 40～360 mg/L 的微咸水。

对于埋伏岩溶水文环境,三个重要模式是:① 浅埋潜山环境岩溶通道水,② 沉降环境岩溶古热矿水和③ 凹陷环境岩溶古热矿水。对于前者,可以储集半封存微咸水或缓慢循环近代淡水;但是对于后两者,根据一些资料[14],其封存水年龄可分析于图 7。

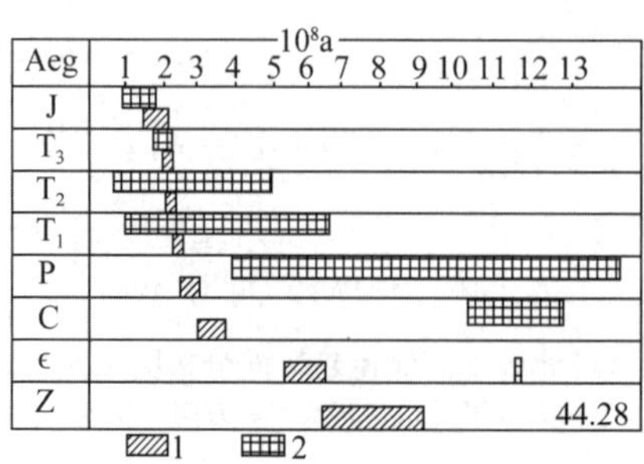

图 7 碳酸盐岩及其封存地下水间年代对比图

非常感谢袁道先教授、朱学稳教授提供的一些资料,高级工程师林锦璇协助有关计算机一些程序。范磊助理工程师清绘全部图件。

参考文献

[1] 卢耀如.中国岩溶——景观・类型・规情[M].北京:地质出版社,1986.

[2] LU Y R. Water resources in karst regions and their comprehensive exploitation and harnessing [M]//International Geomorphology 1986 part Ⅱ, John Wiley & Sons L,td., 1987.

[3] 卢耀如.中国岩溶及其若干水文地质特征[M]//国际交流地质学术论文集 6——为二十七届国际地质大会撰写北京:地质出版社,1985.

[4] LU Y R. Karst geomorphocogical mechanisms and types in china[M]//International Geomorphology 1986 Part II. John Wiley & Sons Ltd, 1987.

[5] 钱学溥. 娘子关泉水流量的相关分析[M]//地下水资源评价的理论与方法的研究.北京:地质出版社,1982.

[6] LU Y R. The distributions and basic features of caves in china[W]. Proceadings of The Ninth International Congress of Speleology. Barcelona,1986.

[7] 丁悌平. 氢氧同位素地球化学[M].北京:地质出版社,1980.

[8] 洛塔岩溶地质研究组. 洛塔岩溶及其水资源评价与利用的研究[M].北京:地质出版社,1984.

[9] 刘邦良,宋志雄,李森,等. 对乌江渡水电站岩溶地基渗漏问题的初步认识[J].水力发电,1983(3):16-22.

[10] 卫克勤,林瑞芳,王志祥,等. 乌江渡水电站深部岩溶地下水中氚含量测定的初步结果[J].水力发电,1983(3):23-26.

[11] 严启坤. 桂林岩溶区的水量转化问题[J].中国岩溶,1985(Z1):64-71.

[12] 杨文才. 旅大滨海岩溶及海水入侵的初步探讨[M]//中国北方岩溶和岩溶水,北京:地质出版社,1982.

[13] 地质矿产部水文地质工程地质研究所,石油工业部华北石油勘探开发研究院,地质矿产部石油地质综合大队 101 队. 油田古水文地质与水文地球化学——以冀中坳陷为例[M].北京:科学出版社,1987.

[14] 王东升,田荣和. 四川盆地盐卤水及其中溴碘硼锂钾的形成和富集规律[M].中国地质科学院水文地质工程地质研究所所刊第 1 号,北京:地质出版社,1985.

[15] 关玉华,徐耀先. 青海察尔汗盐湖的盐喀斯特[J].中国岩溶,1985(Z1):181-194.

岩溶地区水利水电建设中一些环境地质问题的探讨①

卢耀如

在岩溶地区进行水利水电建设，最主要的环境地质问题就是岩溶渗漏、塌陷及边坡稳定等问题。本文拟针对上述三个问题，作些探讨。

1 国内外水利水电建设中岩溶渗漏问题的一些情况

在国内外岩溶地区的水利水电建设中，发生了不少渗漏问题，有的较严重，但多数正规的工程，经过防渗处理后，并未影响到工程效益，成功的还是占多数。一些国外实例列于表1。

国内岩溶地区修建的工程是很多的，早期有渗漏问题的工程如官厅水库(坝基及绕坝渗漏量达1 m^3/s)、水槽子水库(1.8 m^3/s)和猫跳河四级水电站(近20 m^3/s)。还有许多中小型水库有比较严重的渗漏问题，有的基本不能蓄水，有的因渗漏使坝体塌陷而遭破坏，当然这些工程都是没有经过详细勘察、没有采取妥善工程处理措施的。

目前，我国第一个高坝乌江渡水电站的坝高达165 m，建在强烈褶皱、岩层倒转而岩溶又非常发育的地区，通过高压灌浆及防渗墙等处理，基础稳定，运行多年无渗漏现象发生是成功的例子。早期建成的新安江水库、坝肩及库区也存在岩溶发育情况，但也无渗漏问题。官厅水库经处理后，渗漏量也大大地减少。

分析国内外产生岩溶渗漏的实例，可以得出以下几点认识：① 早期建筑的枢纽，由于缺乏对岩溶坝基进行防渗处理的经验，所以使一些工程发生较严重的渗漏问题；② 没有进行岩溶调查研究，也没有进行基础防渗处理的盲目兴建的工程，必然存在严重的渗漏问题；③ 对于远处库区或坝址及坝肩深部岩溶认识不足，使蓄水后造成意外的严重渗漏现象；④ 建于岩溶强烈发育的溶蚀盆地中，由于难以采用足够的防渗处理措施，易使工程产生较严重的渗漏。

具体地讲，容易发生库区渗漏的地带有：① 有深切的邻谷，② 岩溶类型变化的过渡地带，③ 大构造断裂交会带，④ 断裂贯通库区与邻谷的地带，⑤ 通向库外的向斜地带，⑥ 构造隆起与凹陷的过渡地带，⑦ 地形与地貌明显变化的过渡地带，⑧ 通向库外的新与古岩溶重叠发育带，⑨ 通向邻谷的洞穴发育带，⑩ 河道地表径流减少的地带。当水库回水后地下水分水岭低于库水位时这些条件中的任何都可导致不同程度的渗漏现象。至于坝基及坝肩，如不采取处理措施，都会产生不同程度的渗漏现象。严重的地带为：① 悬托河床，② 有通向下游的岩溶水集中渗流通道的地段，③ 溶蚀构造破碎带发育的地段，④ 通向坝下游的洞穴发育带，⑤ 通向下游的层间强烈溶蚀带，⑥ 具溶蚀的褶皱轴部地带，⑦ 裸露或埋伏的古河道地段，⑧ 地形与地貌存在显著差异的地段，⑨ 地表径流显著减少的坝址断面，⑩ 坝址及坝肩已有岩溶塌陷的地带。

岩溶渗漏的结果，常常会导致岩溶塌陷等不良环境地质问题的产生，对于土石坝来讲，易于产生坝体塌陷，严重的可导致坝体的毁坏。反之，岩溶塌陷结果，也可导致大量渗漏的发生。通常水利水电建设中产生的岩溶塌陷，主要有承压渗流潜蚀塌陷、重力渗流潜蚀塌陷、压缩气团冲爆塌陷、气体减压重力

---

① 卢耀如. 岩溶地区水利水电建设中一些环境地质问题的探讨[C]// 全国第三次工程地质大会论文集(下卷)，1988：330-337.

塌陷和植根腐烂潜塌陷等[1]，本文不多论述。此外，工程施工爆破等，也可引起岩溶塌陷的发生。这里强调一点，岩溶塌陷是岩溶演化过程的必然现象，但水库蓄水可促使岩溶塌陷的加速产生。所以，在研究岩溶渗漏的同时，也应探索与预测库区及坝址岩溶塌陷的发展趋向及其可能的危害性，这是一个很重要的环境地质问题。

表 1　国外一些水利水电枢纽岩溶渗漏情况简表

国　名	枢纽名称	大坝渗漏特点				防渗处理	备　注
		坝高/m	坝　型	渗漏量/($m^3 \cdot s^{-1}$)	渗漏距离/m		
西班牙	卡玛拉莎	92	拱坝	12	100～1 300	帷　幕	白云岩基础
	蒙特雅克	73.5	拱坝	4		局部铺面处理	库盆 4 km 地下河渗漏
	卡奈尔立斯	148	拱坝	8	300	灌　浆	潜蚀作用结果使渗漏发展
法国	布万特	38	量力坝	1.1	5 500	库盆混凝土铺面	
	特腊克	150	重力拱坝	基本无		灌浆帷幕	
	卡西土昂	100	拱坝	0.1	1 000		
	拉卡尼旦尼	70	拱坝	无			
	沃葛朗期	130	拱坝	0.3	1 500		一些渗漏量不清楚
	沙英兹-克罗赫	90	拱坝	无			
南斯拉夫	格兰恰热沃	123	拱坝	基本无		灌浆帷幕	处理后，留少量
	姆拉丁	270	拱坝	基本无		灌浆帷幕	基本无
	斯兰诺等三个库	16～20	土石坝	8～16 少量		灌浆帷幕总长 7 km	大量渗漏量在盆地中
	布什科	16	土石坝	3～5		高于允许值	在溶盆中
意大利	瓦依昂	265	拱坝	基本无			由于大滑坡使水库失效
	索维尔津	284		基本无			
阿尔巴尼亚	某水电站	70	土石坝	小于 0.1	坝肩		
黎巴嫩	卡马拉恩	60	堆石坝	0.3		无	
突尼斯	涅巴拉	62.2	堆石坝	0.1		灌浆勾缝	
土耳其	克　班	210	土石及重力混合坝	26	2 000	新洞处理前	
	奥伊马纳尔	185	双　曲薄拱坝			灌浆帷幕	原下游泉水 1～20 m^3/s 灌浆后减至 6.7 m^3/s
苏　联	克尔克依	230	拱坝	无		灌　浆	
美　国	奥斯汀	13	土石坝	0.55		灌　浆	处理后减为 0.008 m^3/s
	赫尔斯巴尔			50			处理十多年无效放弃

2　岩溶渗漏的综合分析

岩溶渗漏是一个重要的问题，应当予以足够地重视，但是绝不能因噎废食，而对岩溶地区兴建水利水电工程，错误地采取回避的态度。对于渗漏应当认真地进行综合分析，合理地权衡其利弊。

1. 渗漏性质的分析

对照国内外有较大渗漏量的猫跳河四级水电站和克班坝的情况，可清楚地看出存在着两种不同性质的渗漏，而总的渗漏量 Q_{LS} 为：

$$Q_{LS}=\sum_{i=1}^{n}q_{Lf}+\sum_{j=1}^{m}q_{LK} \tag{1}$$

式中　q_{Lf}——各溶蚀裂隙带渗漏量，m^3/s；

q_{LK}——各大溶蚀通道与洞穴带渗漏量，m^3/s。

克班坝的 q_{Lf} 在 6 m^3/s 以下；两个洞穴发生渗漏后，流量即急剧增加[3]。第一个螃蟹洞(Crab Cavity)，在左岸建筑物(坝顶)下 320 m，体积为 104 000 m^3，第二个蜂巢洞(Honey Comb)，从 834～845 m 高程，深入到地下 500 m，体积约 70 000 m^3，这两个洞的渗漏量，占总渗漏量 24 m^3/s 的 75%以上。西班牙蒙特雅克水库主要通过一条通向库外长约 4 km 的暗河而渗漏。猫跳河溶蚀裂隙渗漏量 q_{Lf} 应只有 3～4 m^3/s，而较大的溶蚀通道，与洞穴的渗漏量 q_{LK} 可占总渗漏量 20 m^3/s(处理前)的 80%。几种水库岩溶渗漏量与库水位关系曲线，综合于图 1。

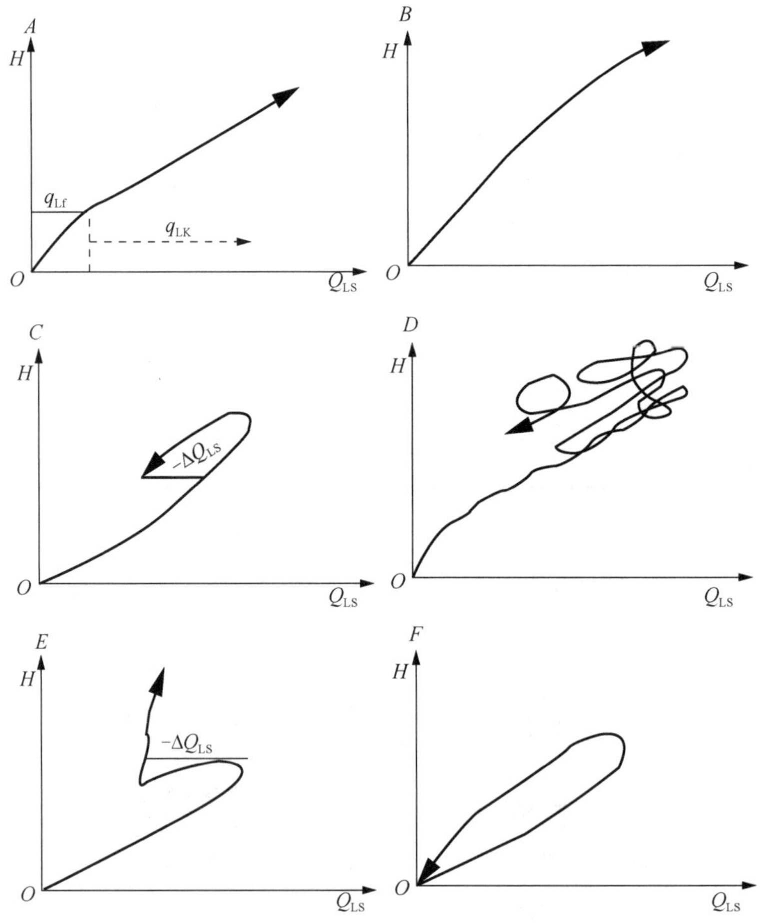

H—库水位；Q_{LS}—水库总渗漏量；*A*—双曲线型，具双重渗漏性质；q_{Lf}—溶蚀裂隙渗漏量；q_{LK}—洞穴通道渗漏量；*B*—抛物线型，单一洞穴通道带的渗漏曲线；*C*—勾曲线型，防渗处理后减少渗漏量为 $-\Delta Q_{LS}$；*D*—多旋线型，防渗处理与坝前天然淤积后使渗漏量螺旋状下降；*E*—勾折线型，防渗处理后取得减少渗漏量 $-\Delta Q_{LS}$，但随库水上升，仍有增大趋势；*F*—封闭曲线型，防渗处理后，基本根绝渗漏

图 1　水库渗漏量与库水位关系曲线的几种形态

2. 渗漏利弊的综合评价

通常情况下，岩溶渗漏对水利水电建设来讲，带来的危害性是首位的，会影响到工程的效益，严重的还会危及建筑工程的安全，甚至诱发塌陷、浸没、边坡失稳及地震等环境地质问题。但是，在一定的情况下，岩溶渗漏也会带来一些有益的效果。在我国南北方的岩溶地区，一些大江河的河段（如黄河一些地段）或其支流的一些河段，是河水补给地下水，成悬托河或季节性广谷，河道的渗漏量可达每秒数立方米以上。这些天然渗漏的河水，成为下游或邻近地带岩溶地下水的补给源。因此，在这类地区修建水利水电枢纽，必然会增大渗漏量。如果渗漏的水流可成为下游开发的泉水或地下水的补给源，而增加可采的岩溶水资源量，所带来的应是另一方面的经济效益与社会效益。

基于这种情况，可考虑在适宜地段兴建渗漏性水库，以拦蓄地表径流，使地下岩溶水获得更多的补给，具有更大的可采资源（图 2），当然，兴建这类水库需要认真地研究其可行性及其实际效益问题。

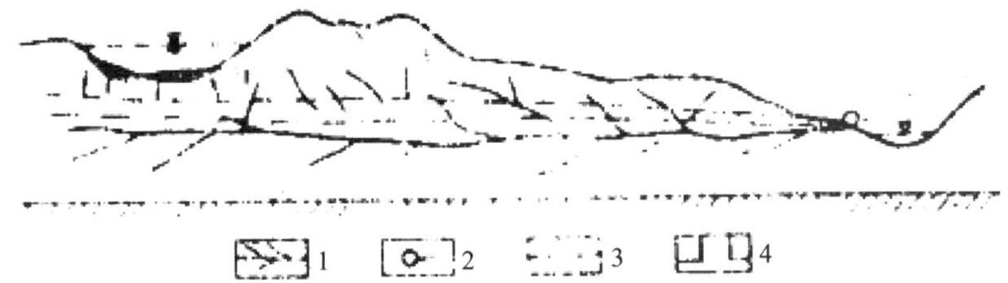

1—岩溶泉（或暗河）通道系统，2—岩溶泉（或暗河）出口，3—蓄水前岩溶地下水位，4—水库蓄水后渗漏水流与地下水位

图 2　渗漏性水库设想示意图

当然，对于岩溶渗漏的评价，首先应考虑对地质环境所带来的变化及有关危害性，在此基础上再进一步分析渗漏的利弊，予以综合性评价，作为工程规划与设计的基本依据。

3. 允许渗漏量的选择

岩溶地区建坝也有不发生渗漏的众多实例。但是，有些工程地段若达到全部防渗效果，则需较大的工程量或较长的工期。所以，根据对岩溶的调查研究，判断其渗漏条件，从安全、经济及多方面效益上予以综合评价，合理地决定一定的允许渗漏量，以为作工程规划设计的依据，这是一个很现实的具体问题。

考虑允许渗漏量有多种思路与方法，主要的有如下几种以供参考。

(1) 最大效益法：综合考虑水利水电枢纽本身的效益，及由渗漏水流中所能开发的效益，而决定其允许渗漏量最大综合效益 B 为：

$$B = \max F(Q_D) + \max F(kQ_L) \tag{2}$$

式中　Q_D——直接投入水利水电效益的流量；

Q_L——渗漏水流取得效益的流量；

k——可利用系数，与岩溶发育有关。

对于允许渗漏量(Q_L)应属多目标（效益），可作向量值函数，则：

$$kF(Q_L) = k[f_1(Q_L),\ f_2(Q_L),\ \cdots,\ f_n(Q_L)] \tag{3}$$

若 j 项为损失效益，则为负数。每一个目标有一模糊最大值 M_i，使确定相应模糊最大点：

$$A_i(Q_L) = M_i[f_i(Q_L)] \tag{4}$$

综合考虑允许渗漏量利弊时，就要求解最优允许渗漏量 Q_L^*，使目标函数 $F(Q_L^*)$ 能得到最好的满足，则：

$$
\begin{aligned}
&A(Q_L^*) = \max A(Q_L) \\
&Q_L \in U
\end{aligned} \tag{5}
$$

(2) 径流分割法：已有的资料表明，岩溶地区水库渗漏量$\overline{Q_L}$多数在10 m^3/s以内，有的还小于1 m^3/s，少数工程高达20～50 m^3/s。而我国不少可修建大中型水利水电枢纽的河流，多年平均径流量大多在100 m^3/s以上。因此，可分割出年平均径流量的一定百分数，以作为允许渗漏量。曹尔斌曾提出5%径流量，以作为最佳允许渗漏量。邹成杰也曾提出这种允许渗漏量问题，并按岩溶渗漏量(Q_s)占河流多年平均流量的百分比(P_Q)，而作出渗漏等级的划分①。这种方法，就是在平均河流径流量上预先扣除以允许渗漏量值，使设计采用的直接开发水利水电效益的流量Q_D值为

$$
Q_D = \overline{Q}_{mA} - Q_s \tag{6}
$$

式中　Q_{mA}——多年平均河流径流量，m^3/s；

Q_s——预留的允许渗漏量，m^3/s。

(3) 平均泄洪量法：以设计水量中平均洪水下泄量作为允许渗漏量，即：

$$
Q_{ai} \geqslant \overline{Q}_{KP} - \overline{Q}_P - \overline{Q}_s - \overline{Q_E} \tag{7}
$$

式中　Q_{ai}——水库允许渗漏量，即水库多年平均洪水下泄量，m^3/年；

$\overline{Q}_{KP}$——水库平均年入库径流量，m^3/年；

$\overline{Q}_P$——水库平均年直接抽水量及用于发电水量，m^3/年；

$\overline{Q_E}$——水库多年平均蒸发量，m^3/年。

或者：

$$
Q_{ai} \geqslant Q_f \tag{8}
$$

式中，Q_f为水库多年平均汛期无效溢流或放泄量，m^3/年；

这种允许渗漏量可作为“备渗超蓄水量”，即将汛期原拟直接下泄的洪水，拦蓄于水库内，以作全年无效益渗漏量的储备。这种情况下，就需使水位具有“备渗超高水头”H_{PL}和相应的“备渗超蓄库容”V_{PL}，方程表示为

$$
V_{PL} = \sum_{i=1}^{n} \int_{H_{RPi}}^{H_{PLi}} \int_{A_{RPi}}^{A_{PLi}} f(H_P,\ H_i)\,\mathrm{d}H\,\mathrm{d}A \tag{9}
$$

式中　H_{RPi}，A_{RPi}——i块段正常效益最高库水位及相应的水库回水面积；

H_{PLi}，A_{PLi}——i块段超蓄的最高水位及相应的水库面积。

在易于产生边坡不稳定的地带，这种超蓄库容也可用以预防大量滑坡造成的涌浪对水工建筑物的冲击。当然，采用这种方法需要有适宜的地形及地质条件，而且在对比不同方案时，也需从经济合理上予以考虑。

4. 防渗与防塌的基础处理措施

根据国内外丰富的实践经验，防渗与防塌的处理措施是多种多样的。笔者曾总结10种处理途径，包括46种方法[1,2]。本文只强调两点：① 工程完工前进行基础处理，易于取得较好效果，而且也较经济；② 进行渗漏综合评价时，应当分别考虑不处理及几种处理的方案，深入比较，以利于选择最优方案。

通常情况下，岩溶地区防渗处理费只占工程投资的10%以内，如乌江渡枢纽进行了大量复杂的坝基高压灌浆，构筑混凝土防渗墙及深部岩溶处理，总费用只占总投资的9%。国外少量工程蓄水后发生大洞渗漏，其处理费用就占较大的比例。

① 邹成杰，水库岩溶渗漏分析及允许渗漏量问题的讨论与分析，水利电力部贵阳勘测设计院，1987。

3 边坡失稳的环境地质问题

水库蓄水可引起边坡稳定条件恶化，导致突发性大滑坡，造成重大灾害。这种水利水电建设中产生的环境地质问题在岩溶地区也是很突出的。例如，意大利瓦依昂(Vaiont)水库，于1964年库岸产生泥灰岩大滑坡，近2亿m^3的岩体以高速下滑，激起的涌浪超过坝高(265 m)，造成了巨大灾难。在我国，于长江及其支流乌汇、清江和红水河流域等可兴建型大型水利水电枢纽的岩溶化峡谷区，也有很多边坡问题存在。由于水库壅水，特别是在库水位频繁变动带与潜在危险滑移面相吻合的地带，易于诱发大体积的边坡不稳定现象，如大崩塌、坐滑等一些边坡失稳情况，见图3。

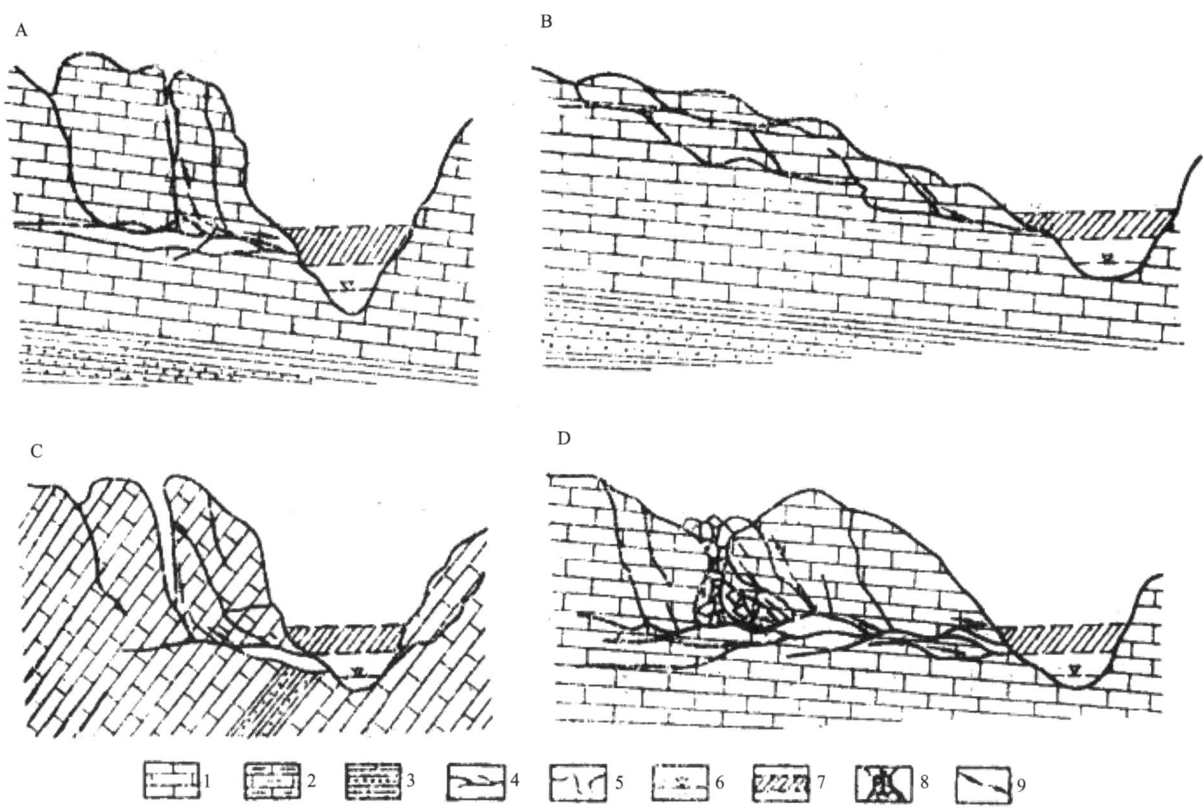

1—石灰岩，2—泥灰岩，3—砂页岩，4—溶蚀通道或溶蚀层面，5—溶蚀岸边裂隙，6—正常河水位，7—危险的库水位变动带，8—岩溶塌陷，9—潜在的岩体破碎或滑移面(带)

A. 溶蚀岸边裂隙—洞穴溶蚀带构成的危险不稳定状态，B. 溶蚀层面—溶蚀裂隙构成的危险不稳定状态，C. 溶蚀岸边裂隙—洞穴溶蚀带和砂页岩中泥化裂隙而构成的危险不稳定状态，D. 岩溶塌陷—洞穴溶蚀带构成的危险不稳定状态

图3 岩溶库区几种边坡不稳定情况分析图

图3中，在A、B和C三种状态下，于库水消落时，在洞穴溶蚀带中可产生较大的动水压力；在D状态下，于塌陷带中也可产生不稳定岩体背部的动水压力，这些动水压力以及浸水岩体中浮托力都是导致边坡不稳定的重要因素。当然，图3是二维示意剖面，产生岩体不稳定性是取决于三维的结构面，这就需要两侧有相应的潜在危险破裂面(层面、溶蚀裂隙、溶蚀断层、溶蚀带等)相互配合，而构成真正不稳定的岩体。

根据调查研究结果，通过多种组合的计算，可求出最不稳定的岩体结构。边坡不稳系数r_s为

$$r_s=\frac{\sum_{i=1}^{n}F_i\cos\theta_i\cdot\tan\varphi_i+\sum_{i=1}^{n}C_iL_i}{\sum_{i=1}^{n}F_i\cdot\sin\theta_i+\sum_{i=1}^{n}K_i+P_E\cdot V_L}\tag{10}$$

式中 F_i——i 条块岩体重，kg，T；

$\tan\varphi_i$——i 条块摩擦系数；

C_i——i 条块凝聚力，kg/cm^2，T/m^2；

L_i——i 条块面积 m^2；

K_i——i 条块动水压力 kg，T；

P_E——地震力，T/m^3；

V_L——滑体总体积 m^3。

有浮托力的岩体，其 F_i 应减 1，使其重量相对减少。

从最不利情况考虑地震力作用方向与滑动方向一致，且地震力为水平的，则地震力按地震烈度可相应地确定，地震 P_E 为

$$P_E = \frac{a}{g}\bar{\omega} = n\bar{\omega} \tag{11}$$

式中 P_E——地震力，T/m^3；

n——地震系数；

$\bar{\omega}$——滑体单位重，T/m^3；

g——重力加速度，为 9.81 m/s^2；

a——地震加速度，m/s^2。

n 系数据不同地震烈度而确定，通常 6 度至 10 度时，n 值变动在 0.005～21 之间。这个 n 值仍是值得研究的关键问题。当然，地震力的方向也是一个很重要的问题，涉及实际可能产生危及边坡稳定性的力的临界值。

这里需要强调一点，边坡失稳的环境问题，必须结合防渗，统一地加以考虑以选择具有最大效益的处理及加固措施。

4 岩溶地区水利水电建设中环境地质研究的展望

新中国成立以来，岩溶地区水利水电建设取得很大的进展，总的看经历了如下三个阶段。

第一阶段：20 世纪 50 年代早期，属于缺乏经验，所以早期兴建的官厅水库产生了渗漏问题，但经处理得到了解决。新安江水库坝高 90 m，库区有较多岩溶地段，但没有渗漏发生。50 年代中期，还广泛开展了长江三峡、清江、乌江、红水河、黄河等许多流域中的岩溶坝址的比较和全流域的规划。这时期，属于开创经验的阶段。

第二阶段：20 世纪 50 年代末，盲目兴建的许多中小型水库，在岩溶地区有不少产生渗漏或失败的。但在 60 年代初，对贵州猫跳河、云南以礼河等进行小流域梯级开发，取得了比较好的成效。但 60 年代后半期至 70 年初的“文革”，给岩溶研究及工程建设带来了重大障碍，所以这时期是小进展大停滞时间。

第三阶段：20 世纪 70 年代后半期以来，岩溶研究与工程建设得到了很大的发展。乌江渡枢纽的深入研究与建设的成功，南盘江、红水河、乌江及清江等一系列大型水电枢纽的兴建，表明对岩溶有关问题的研究已进入新时期，即继续大发展时期。

但是，到目前为止，前面三个阶段中对水利水电建设的有关岩溶研究，主要都集中于库区一般调查和坝址工程地质条件，且着重评价有关渗漏条件。而对边坡稳定及整个岩溶环境地质的演化，并未进行深入地研究。为此，笔者展望从现在起至 20 世纪末，将进入岩溶环境综合研究阶段。以大中流域为单元，以大型水利水电枢纽为骨干，综合研究各项建设对岩溶环境的影响。在深入研究自然岩溶环境的演

化的基础上,探索人类工程及各种活动对其产生的急剧效应的影响,为 21 世纪岩溶地区经济建设的发展,提出更科学的依据。

参考文献

[1] 卢耀如. 岩溶地区主要水利工程地质问题与水库类型及其防渗处理途径[J].水文地质工程地质,1982,4:15-21.

[2] 卢耀如. 中国岩溶——类型、景观、规律[M]. 北京:地质出版社,1986.

[3] ERGUVANLI K, YUZER E. Karstification problems and their effects on dam foundation and reservoir[C]. International Association of Engineering Geology, 1978.

[4] International Association of Engineering Geology. Symposium (sink-holes and subsidence engineering-geological problems related to soluble rocks) proceedings, 1973.

[5] LEOPELD MULLER. New consideration on the vaiont slide[J]. Rock Mechanics and Engineering Geology, 1968, 2.

Hydrological environments and water resource patterns in karst regions of China①

Lu Yaoru

Abstract

Some problems raised on the basis of the new Atlas KARST IN CHINA — LANDSCAPES · TYPES · RULES[1] are further discussed in this paper. First of all, a general situation of water resources in China is introduced; then some characters of hydrographic nets, transformation between surface and subsurface streams, isotopic features and dissolution-deposition in hydrological environments are dealt with. Finally, more space is given to karst environments and water resource patterns, which are summarized into several typical ones.

1 Introduction

Karst greatly concerns the economic constructions of the country and the economic construction in turn exerts a direct or indirect influence upon karst water resources and karst environments. The purpose of this paper is to discuss some problems related to environments and water resources.

2 General situations of water resources in karst regions of China

In karst regions of southwest and central-south China, there exist surface rivers with large slopes which may produce an abundant electric energy, and there have been known more than 3 000 large groundrivers with the average discharge of about 0.5 or more m^3/s; the modules of ground runoff are mainly 5～55 $L/s/km^2$. In karst regions of north and northeast China, however, there are less surface streams, but have been developed about 100 large karst springs with a discharge of 1～16 m^3/s, and the modules of ground runoff are mostly 1～10 $L/s/km^2$. According to the primary investigations and statistics (from each province, municipality and autonomous region), the percentage of the natural fresh karst mous region), the percentage of the natural fresh karst groundwater resources is given, in different exactitude, in Fig. 1. The buried carbonate rocks cover an area of 70 percent of the whole area of China, providing conditions of vastly storing karst thermal mineralized water. In Qinghai-Xizang Plateau and Xinjiang-Nei Monggol Inlands, there is a series of brackish lakes, salt water lakes and salt lakes enriched in over 30 kinds of valuable elements and halides, sulfates, borates and carbonates, which are regarded as important occurrences of liquid-solid mineral resources.

---

① LU Y R. Hydrological environments and water resource patterns in karst regions of China[C]. Proceedings of the IAH 21st Congress, 1988: 64-75.

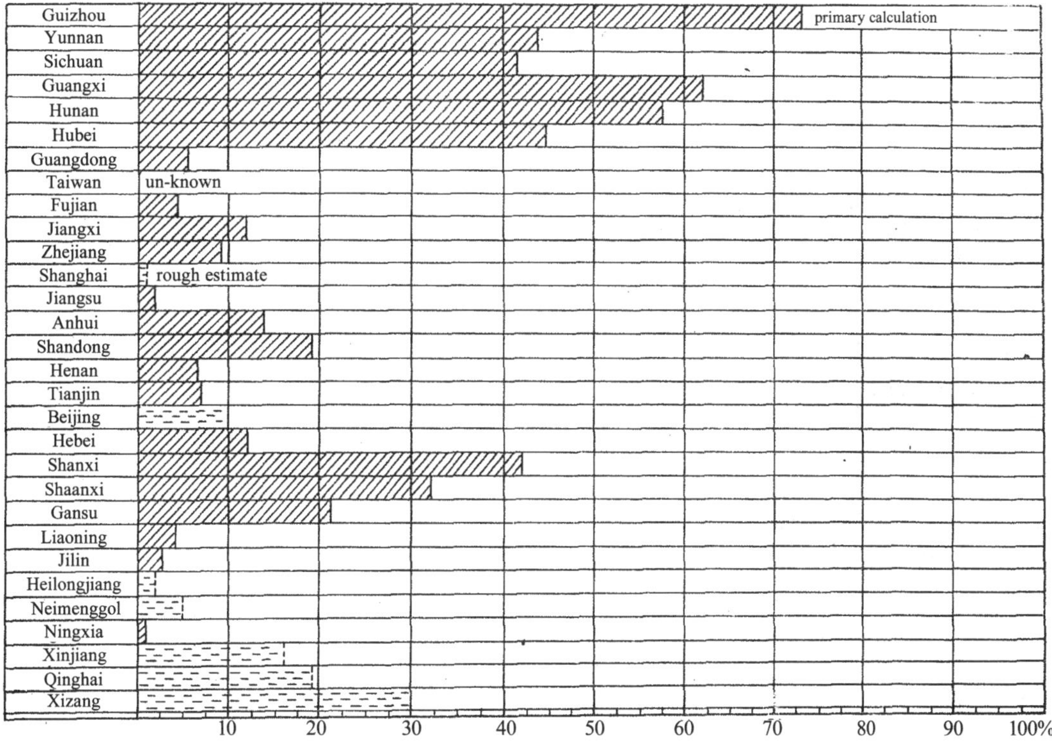

Fig. 1 Percentage of natural fresh karst groundwater resources in each province, municipality, autonomous region

3 Basic features of hydrological environments in karst regions

Environment geology includes many contents, but only the basic hydrological features are discussed here.

1. Features of Hydrographic Nets. In karst regions of China, the forms of hydrographic nets, river slopes and flowing circumstances are all controlled by lithological characters, structures, climates and karstification.

2. Transformations Between Surface Water and Subsurface water. The intimate transformation between surface and subsurface waters in karst regions is regarded as one of the major characters of hydrological environment and it may be done mainly in the following forms: 1. seasonal pouring, 2. swallet streaming, 3. depression collecting, 4. through passing and 5. Only the first form is discussed in this paper. A surface river stream in flood, season may rapidly increase its water level and pour its flow partly through corroded passages in both banks and bottom of the river to meet karst groundwater, as a result, temperature difference effect would appear and this would promote corrosion and deposition. In this case there usually occur the following five processess: 1. mixing, 2. displaying, 3. isoentropic process, 4. diffusing and 5. restoring (Fig. 2).

3. Basic Features of Isotopes for Hydrological Environments. The isotopic hydrogen and oxygen in surface and subsurface streams are one of the characteristic marks for hydrological environment. Analyses of samples collected in last several years and the related data reveal certain regularities of distribution of the $\delta^{18}O$ values which are summarized in Fig. 3. It can be seen that the value of $\delta^{18}O$ for snow in Zomo Langma with its peak of over 8 848 m in height is as low as -25.76, and its deuterium is

about -208.7 [7]. The isolines of tritium tend to decrease in values from northwest to southeast. Based on isotopic measurements, the groundwater can be grouped into several types[2].

4. Corrosion and Deposition in Hydrological Environment. The basic processes which take place in karst hydrological environment are corrosion and deposition.

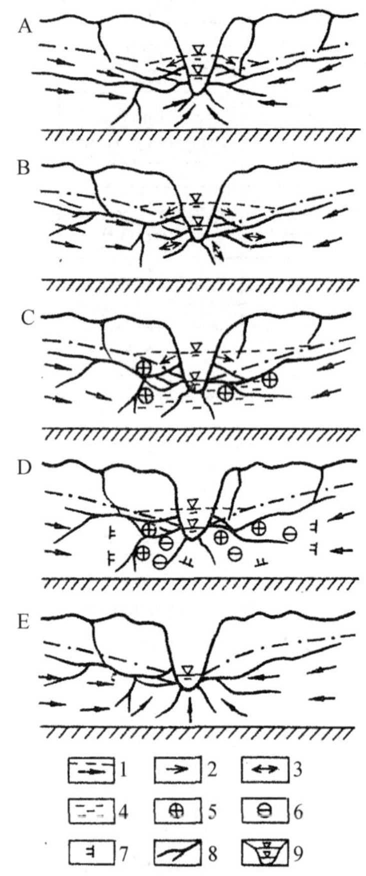

1. flowing direction of groundwater 2. pouring direction of surface flood water 3. mixing of pouring water with ground water 4. isentropic process 5. temperature fifference corrosion 6. temperature deposition 7. diffusion 8. cave and passage 9. surface river level

Fig. 2 Sketch of temperature difference effect

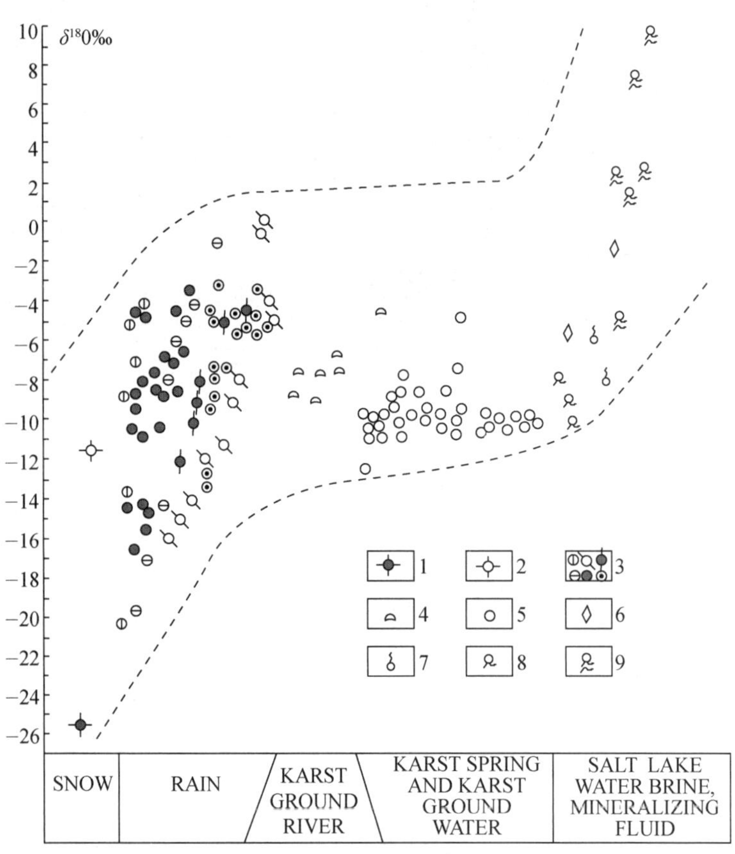

1 — new snow in Zomo Langma Mount (after Zhang Rongsen); 2 — melting snow water in Tien Shan; 3 — rain water in typical karst regions; 4 — groundriver water in south China and east China; 5 — karst springs and groundriver water in North China; 6 — salt lake water in Qinghai-Xizang Plateau; 7 — karst thermal spring; 8 — karst salt water and brine in deep karstified zones; 9 — karst mineral liquids

Fig. 3 Comparison of representative values of $\delta^{18}O$ in carbonate rocks in some regions of China

The factors of both temperature and rainfall exert a great influence upon corrosion and deposition. According to the tests conducted under conditions of $P_{CO_2}=0.05\sim0.0002$, and $T=30\sim70℃$, the dissolution gradient (grad S_{CO_2}) per unit carbon dioxide has relation to dissolution quantity as shown in (1), and the diffusive dissolution gradient (grad St) in relation to dissolution quantity dSt is expressed in (2):

$$dS_{CO_2}=dC_{CO_2}(\text{grad } S_{CO_2}) \tag{1}$$

$$dSt=dT(\text{grad } St) \tag{2}$$

grad S_{CO_2}— dissolution gradient per unit content of CO_2, $0.31\sim3.2$ mg/L; grad St—diffusive dissolution gradient (grad St) per one degree centigrade, 0.5~3.3 mg/L. 1 degree centigrade.

In physicohydrological environment, the dissolution rate s of carbonate rocks for different regions range from 0.04 to 0.3 mm/a[4], and these are closely related to climatic condition. Based on the special corrosion tests of standard samples of carbonate rocks, conducted under different conditions in some regions (the results provided by Professor Yuan Daoxian), the correlation analysis is given as follows:

A. in atmosphere, 1.6 m above ground surface,

$$Y = -57.7 - 0.01 \cdot X_1 + 0.1 \cdot X_2,\ r = 0.8834 \tag{3}$$

B. on ground surface,

$$Y = -28.72 - 0.01 \cdot X_1 + 0.53 \cdot X_2,\ r = 0.7009 \tag{4}$$

C. in soil (0.15 m and 0.5 m),

$$Y(Q_S \text{ or } R_S) = a_0 + a_1 \cdot X_1 + a_2 \cdot X_2 + a_3 \cdot X_3 + a_4 \cdot X_4 \tag{5}$$

Y — dissolution quantity (Q_S) factor; X_1— rainfall factor, X_2— atmosphere temperature factor; X_3— biogenic process factor; X_4— soil permeability factor

The results indicate that the dissolution rates in soil are 3 ~ 4 times greater than that in atmosphere. The rise of temperature, escape of carbon dioxide, increase of flow speed and biogenic process of algae may cause calcareous depositions. The deposition rates of speleothems in caves are between 0.009 ~ 3.3 mm/a, while that of surface tufa or sinter may reach 33.3 mm/a (after Zhu Xuewen).

4 Typical patterns of water resources in karst environments

There exist various complex karst environments in China, and the section deals only with some typical patterns of water resources.

1. Melting Snow Water Spring in High Mountain Environment. In Qinghai - Xizang Plateau and Xinjiang Inland, there are many snowcapped mountains of 4 000 ~ 5 000 m in altitude and quite a number of active glaciers. In areas of carbonate rocks melting snow water is percolating through paleokarst passages or new corroded fissures system, and low temperature springs are usually found in piedmonts or lower intermontane, basins. For examples, the Nachitai Karst Springs located at an altitude of over 3 500 m in Kunlun Mountains have their discharge of about 0.3~0.5 m^3/s (Fig. 4). The Shuimogou Karst Spring in Piedmont of Tianshan Mountains in Xinjiang had its discharge of over 1.5 m^3/s in the past and now has a discharge of only 22 L/s owing to the exploition in the basin.

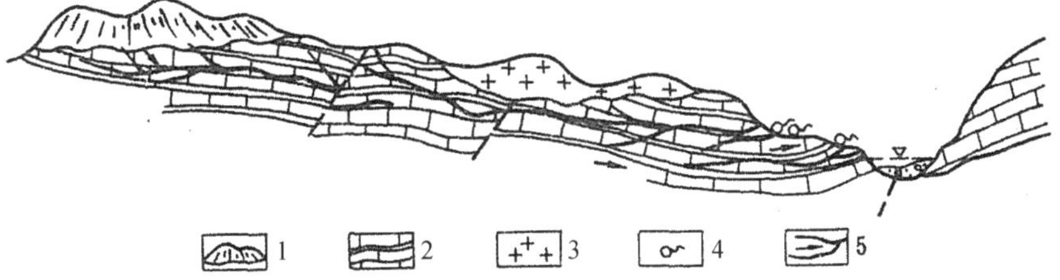

1 — snow capped; 2 — carbonate rocks; 3 — igneous rocks; 4 — karst spring; 5 — karst passage and flowing direction of groundwater

Fig. 4 Sketch profile of nachital karst spring

In the Jiuzhaigou and Huanglong Dales in Minshan Mountains of northwest Sichuan at an altitude of 3 600～3 000 m, a series of tufa dams have been deposited as a result of corrosion of carbonate rocks by melting snow water coming from the high snowy mountain peaks, and with the storage of water they have become karst ponds or lakes. These peculiar karst landscapes in Jiuzhaigou and Huanglong dales provide a rare karst environment and a tourist attraction.

2. Large Karst Springs in Semi-Arid Mountain Land Environment. Several warm and moist stages accompanied by the development of big cave systems have been found in North China, where since Late Pleistocene, however, there have been mostly developed corroded fissures and passages to form about one hundred large karst spring systems which are recognized as important karst groundwater resources in North China. The parameters of them are listed in Table 1.

Table 1 Parameters of karst springs in North China

Altitude m	Discharge Q m^3/S			Catchment area		coef. unstable Q
	Max.	Min.	Aver.	Total	karst area	
25/1 150	2.1/16.37	0.5/7.57	1/9	500/4 667	17%/>90%	1.2/6.11

3. Groundrivers in Rainy Broad Plateau and Mountain Land Environment. The rainy regions with development of wide corrosion karst types are various, and here, except in peak forest — dales or valleys and peak forest — plains, there are wide-spread large groundriver systems, the features of which are related to the hydrological environments. The forms and structures of the groundriver systems are controlled by the local tectonic movements and climatic conditions. A great number of large groundrivers are typically developed in the slope area between Yunnan-Guizhou Plateau and Guangxi Basin (Table 2) and in the sloped area of West Hunan and west Hubei.

Table 2 Staticstics of subsurface stream-groundrivers in Guizhou-Guangxi sloped mountain lands

Main passage length km	Basin area km^2	discharge m^3/S		gradient	Tracing speed m/d
		dry season	flood season		
Max. 243	>1 000	4.0	>300	57‰	>7 488
Min. 3.9	>10	0.014	>1	2.6‰	<3.11
Aver. >2.0	>2	0.6		16.6‰	3 790

4. Groundrivers in Limiting Mountain Land Environment.

The directions and dimensions of groundrivers in east Sichuan and north Guizhou are obviously controlled by the elongated folds and other specific structural forms. The trend surface analysis of the groundriver's average discharges (0.15～10 m^3/s) is expressed in Fig. 5.

5. Karst Passage Systems in Deep Gorge Environment.

Deep gorges developed in karst regions always provide a favourable relief for constructing water power and water conservancy projects and high dividing ranges of karst groundwater. A successful example is the Wujiangdu Water Power Station, the dam of which is 165 m high, and there was developed a karst passage with a depth of 200m, which was grouted under high pressure[9]. The reservoir has been storing water for several years, and no substantial leakage of water happened in the karstified foundation with large passages and caves.

6. Passage Systems in Peak-Forest and Peneplain Environment. Due to the limited dimension of corroded peaks, no long cave systems exist in the karstified rock masses, nevertheless, short but large caves or foot caves can be found, except in peak-cluster areas where subsurface streams may be over 10 km long e.g. in Lijiang. River. This pattern of peak-forest-valleys or plains, for example in Guilin region, is characterized by the existence of a network of passages and corroded fissures where the percolating coefficient of recharge by rainfall is normally less than 0.3[11]. Because of the existence of subsurface passage network and earth caves in the cover, such karst environment is subject to karst collapses when groundwater is being pumped, therefore, to protect the hydrological environment is very important.

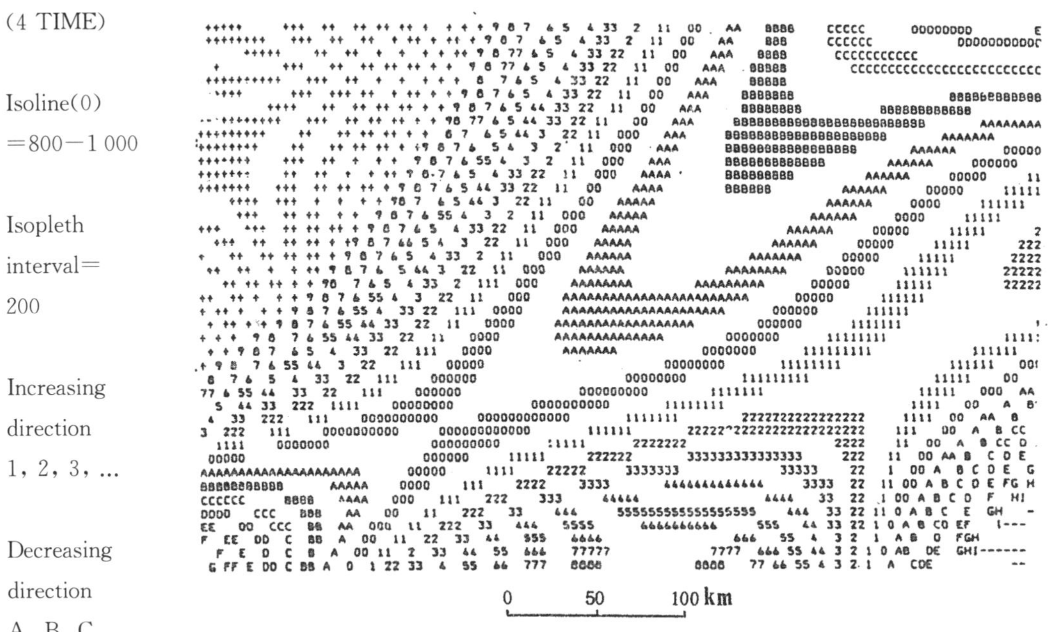

Fig. 5 Trend surface analysis of the groundwaters discharges in north Guizhou (by computer)

7. Karst Groundwater in Tattered Fold Basin Environment. Influenced by intrusive rocks and faults, structural basins made up of carbonate rocks could not be perfect for karst groundwater circulation. Such cases may be found in east and northeast China. In this pattern of regions, there are also active hydrothermal waters, mixing with ordinary karst groundwater to form low temperature karst thermal mineralized water, for example, in some basins in Fujian, the thermal water is 24～45℃, containing total dissolved solids of 1 667～2 511 mg/L, free carbon dioxide of 106—366.52 mg/l and pH of about 6～7, with the artesian head of 3—4 m above surface and the flow amount of 2 100～3 500 m^3/d.

8. Karst Passage Water in Lake Basin and Far-shore Environment. In several lake basins of east China, such as Taihu Lake and Xihu Lake, there are distributed karstified carbonate rocks with cave and passage systems developed. For example, Xihu of Hangzhou was a bay during Middle Pleistocene, and after the last glacial stage of Quaternary the sea level rose to the foot of the Linyin hill (Fig. 6). Except for some belts still influenced by salt sea water, the principal hydrological environment now is represented by active good quality karst passage water with total dissolved solids of <0.3～0.5 mg/L.

9. Karst Fresh-Brackish Water in Coastal Zone Environment. In coastal zones composed of

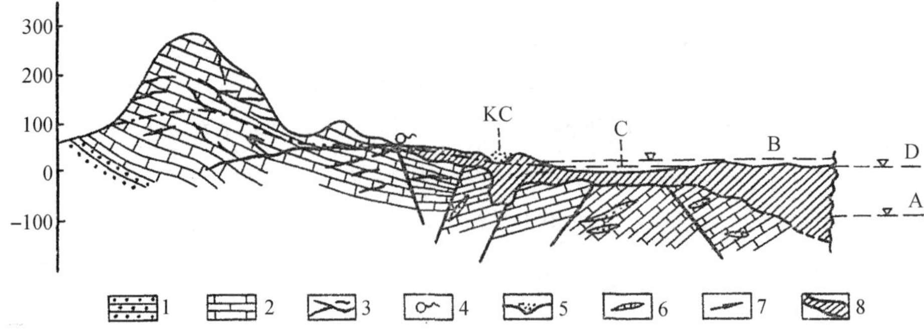

Fig. 6 Hydrological profile in Xihu of Hangzhou

1. non-carbonate rock; 2. carbonate rock; 3. cave and passage; 4. karst spring; 5. karst callapse; 6. ground passage; 7. flowing direction of groundwater; 8. Quaternary sediment; A — lower sea level, 15 000a ago in the last glacial stage of Quaternary; B — higher sea level in the post glacial stage; C — water level of Xihu; D — recent sea level.

carbonate rocks, such as in Dalian region, the fresh karst groundwater recharged mainly by rainfall within land is draining partly through passages as karst springs at the sea banks and partly as ascension springs emerging from the sea bottom. The sea level was changed about 100 m in Quaternary, and this has obviously influenced karst development and water movement. The most important problem in such environment is that the mixture of salt water with normal fresh karst groundwater would result in the formation of brackish water with chloride ion content of 40～360 mg/L.

10. Karst Fresh-Brackish Water in Reef Islands: In Nanhai (South China Sea) islands, there are many reef islands with sea-eroded karst phenomena, in larger ones of which fresh water may be stored in suitable belts, but the brackish water usually appears in their coatal belts.

The three important patterns for buried karst hydrological environments are: 11. karst passage water in shallowly buried hill environment; 12. Karst paleothermal-mineralized water in settling environment and 13. Karst paleothermal mineralized water in depression environment. The former one is favorable for storing semi-closed brackish water or slowly circulating recent fresh water, while the latter two for the closed water the age of which is given in Fig. 7 based on the analysis of data available[14].

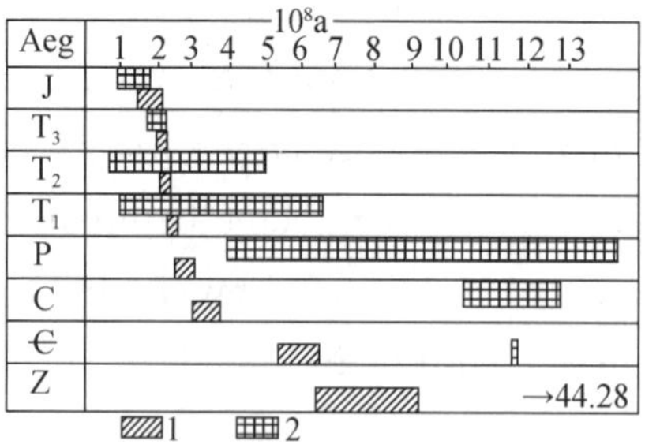

Fig. 7 A chronological comparison between carbonate rocks and the closed groundwater

References (omitted)

论地质-生态环境的基本特性与研究方向①

卢耀如

1　提要

人类赖以生存的地球作为一个自然系统是制约于宇宙，而且是连续演化的。所有人工活动与建设都影响着地质-生态环境，它们复合了岩石圈、水圈-大气圈和生物圈的特性。

在地球上对人类生活与发展的有利或益化条件主要分属于可再生的与不可再生的两类资源。文中论及有关的有限数量、相对性和生态方面的特性。

对于不利的与劣化因素，强调了人工效应诱发与催化自然灾害的作用。文中也讨论了自然灾害的分类。

对地质-生态环境的研究方向主要是：① 综合性、② 全球性、③ 宇宙性。综合性研究方向涉及人口-资源-生态链、兴利除灾的最佳方案、资源开发与环境整治的综合效益以及工程处理与环境工程等问题。

全球性研究方向有了好的基础，基于六方面的科学发展，即：① 遥感、② 南极洲调查、③ 地球物理勘探的进展、④ 年代学的技术、⑤ 海洋研究、⑥ 电子技术。由于空间技术的进展，宇宙性研究将会加速发展。

这是事实，地质-生态环境在日益恶化，因此根据科学研究保护地质-生态环境是非常重要的。

2　地质-生态环境的内涵与基本特性

以人类为主体的生存空间的环境就是地质-生态环境，它包容了岩石圈、水与大气圈及生物圈的复合环境。换言之，人类赖以生存的地质-生态环境综合承受着岩石圈、水与大气圈及生物圈的影响。岩石圈包括地层、构造、地貌(河流、山脉、平原等)、矿产资源、内外动力地质现象等要素的发生、发展与演化；水与大气圈包含气候要素如雨量、温度、湿度、风力、阳光辐射、蒸发、冻融等，还有地表水体、地下水体、水的循环、水-气变换等的特性与规律；生物圈则包括自然界动物、植物和微生物的分布与进化，以及相互间生态平衡与制约规律。

对人类生存与发展而言的地质-生态环境包含着多方面内容，但基本上可概括为两大方面，即有利的条件与优化环境要素和不利的条件与劣化环境要素。由于人类的生存与发展当然需要开发有利条件；但是，也经常导致诱发与催化不利的因素，这样就使自然地质-生态环境变得更为复杂。

2.1　人类生存的有利条件与优化环境要素

对人类生存的有利条件与优化(或益化)环境可分为两方面，一方面是人类赖以生存的环境的基本条件，包括地形、地势、气候、土壤、地层、构造、水体等，另一方面是可被开发的资源，使人类生活得到向

① 卢耀如.论地质-生态环境的基本特性与研究方向[M]//地质矿产部《水文地质工程地质》编辑部. 环境地质研究. 北京：地震出版社，1991：13-24.

高层次发展的物质基础。地球自身面貌就有很大的差异,有白雪皑皑的数千米高山,有广阔的海洋,有连绵的山丘,也有肥沃的平原。显然,对人类而言,低缓山丘与平原,就是人类生存的良好环境,而高山与海洋就差多了,但也是可居住或可利用的环境,这是众所周知的。下面就着重讨论资源问题。

1. 资源的分类

资源是赋存于地质-生态环境中,可为人类开发利用。对人类而言的资源主要包括水资源、矿产资源、能源和生物资源这四个方面,能源中又包括水力能源、煤炭能源、油气能源、太阳能源、风力能源、核能源、地热能源和生物能源等(图 1)。生物资源包括动物资源、植物资源和微生物资源等。中国岩溶地区环境与资源的基本情况,已作了些总结[1]。显然,各种不同的地质环境,具有不同的资源状况,如岩溶水资源就有多种赋存环境[9]。

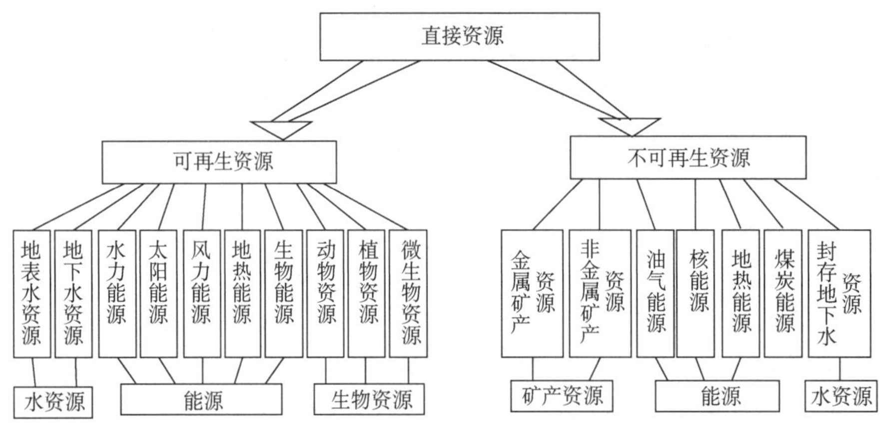

图 1　各种资源分类图

上述资源都是在地质-生态环境中可为人类开发利用的物质,其中有的可直接开发利用,有的需加工后才能造福于人类,却具有物质的特性,可称为直接资源。有的观点把土地和河川景观也作为土地资源或旅游资源,这也是可以的,但可作间接资源,土地和山川应是属于环境的一般范畴,只有在土地上种植农林作物才体现出间接资源的意义。在人类生存有利的条件中,主要贯穿着生产力-环境-资源这种关系链,随着生产力发展,生存的环境与开发的资源之间,并没有截然的分隔界限,而是可以变化并相互关联的。

2. 资源的特性

在自然界中的各种资源,都可概括出三方面的特性。

(1) 有限性。各种矿产资源都是在漫长的地质年代中形成,每一矿床的形成都有很长的跨度时间,对短暂的人类历史而言,这些矿产资源是不可再生的,其蕴藏量也是有限的。水力能源,由于河流中水流可由大气降雨补充,所以是可再生的,但其流量也是有限的,可开发的能源也是有限的。对于生物资源而言,在不同地域和不同气候条件下,其繁殖的种数和数量也都是有限的。所以强调这一点,就是由于各种资源是有限的,不是"取之不尽,用之不竭"。应当说这是浅显的道理,却常常被忽略,或者为了短期与局部的效益,而对资源的有限性置之不理,并进行掠夺式开采,其结果是造成资源的破坏与浪费。

(2) 相对性。对人类生存与发展而言,各种资源又都具有相对性。例如,三千多年前开始采掘湖北大冶铜录山富铜矿,延续了十三个世纪,到东汉,后来浅层矿业衰废了,留下大规模采矿巷道系统;随着近代科技的发展,深部矿床才被开发。我国《易经》中就提到石油,直至公元 1800 年,世界上许多易采石油仍不能成为资源。1940 年时,铀还只是地质上的意义,而不是有经济意义的资源。目前,随着科技的迅速发展,世界上已广泛开采深几千米处的油气,核电站也建立了不少。20 世纪的一个突破,在于使低品位、被遗弃的矿石又成为可采的资源。例如，美国明尼苏达东北部一赤铁矿床，19世纪时开采富铁矿，现开采低品位矿。以煤代木柴炼铁，其重要性不亚于蒸汽机的发明。随着酸性贝西默法—碱性平炉法—吹氧平炉法等系列技术的发展，对铁矿石就有相对性的资源评价[2]。随着科学的进步，使原来不能开发的水电能源，可成为现实的能源。至于生物资源，随着科技的进展，正不断地被开发，供人类日常生活所用及作为发展工农业的原料。特别是生物工程的崛起，为人类更好地开发生物资源展示了更美好的前景。基于各种资源的相对性，人类更应当以科学的迅速进展，来开拓更多的资源。

(3) 生态性。生物资源具有生态性，这是易于理解的。但是矿产资源、水资源、能源等赋存在岩石圈和水圈中，也受大气圈和生物圈的影响，其自身的形成、运移和赋存都紧密地制约于整个地质-生态环境之中，人工开发后，会产生对地质-生态环境的影响与效应，严重的可诱发不良现象并成为灾害。可以说，人工开发各种资源时，都会影响或者甚至破坏原有地质-生态环境的平衡状态，而产生不良的环境效应。所以，在开发各种资源时，采取合理的措施，以避害就益，保护环境，使不至于导致产生严重的不良生态效果，这是一个关键的问题。显然，这个问题涉及关系链，即开发(资源)-保护(环境)-效应(实利)。

3. 资源的开发

开发各种资源时，考虑到上述三个特性，就应采取合理与节约的开发途径。例如，我国已探明的主要矿产资源的储量，可居于世界的前列，但按人口平均占有量算，只占世界第80位。至1987年年底，我国煤炭保有储量达8 593.9亿t，铁矿石为495.7亿t，也只能开采几百年至近千年。其他矿产资源可采的年限就更短了。我国水力资源蕴藏量达6.76亿kW，可开发量只3.79亿kW，只占56%。以云、贵、川、桂、湘、鄂六省(区)统计，水力资源装机容量可达2.4亿kW，年发电量达1.25亿亿度，但涉及土地、矿产、道路、城镇等淹没损失，以及生态环境问题，真正可开发的仍是极少量。除了深部水资源外，多数水资源是可再生的，但可采量也是有限。我国水资源总量每年达28 047亿m^3，其中地下水资源为8 716亿m^3，但分布不均，北方17个省(区)只占17.4%①，就是南方山区，由于受自然条件的限制，开采水资源也困难。例如，云、贵、川、桂、湘、鄂六省(区)，人均水资源可达2 723 m^3/a，由于开采困难与分布不均，目前仍有1 800万～2 000万人口和1 200万～1 500万头牲畜未能解决饮水问题②。从这些数字上看，不仅我国矿产资源人均占有量不高，而水资源量虽然占世界第6位，但人均占有量却只占世界上第88位，我国缺水城市达200个以上。这些情况都反映了应当合理与节约地开发各种资源的重要性。不仅我国如此，世界上也都是这样。除了积极发展地质与矿业的科技水平，积极发现及提供新的资源之外，如何节约开采并合理与有效地利用这些已查明的资源，是关键问题。

我国高等植物就有2.7万种、动物种类也很多，还有大熊猫、朱鹮、金丝猴、白鳍豚、扬子鳄等珍稀动物。但是由于生态环境的破坏，使不少动植物面临灭种之灾。目前世界上仅脊椎动物就有1 000多种和亚种濒临灭绝，植物濒临灭绝已达2.5万种。目前，我国虽然已建自然保护区333个，总面积达1 900多万ha，只占全国土地面积2%。显然，积极保护地质-生态环境是重要的环节。其目的不仅在于保护生物资源，也在于保护整个地质-生态环境的平衡，使向优化方向发展。

上述情况都表明了，合理与节约开发各种资源是极为重要的。这是世界上一个值得关注的问题。例如，产油国也意识到控制产油量，以求长期繁荣的目标。对于各种资源，不能"竭泽而渔"，应在保护好地质-生态环境的前提下，合理与节约开发，以求最大效益，使"细水长流"，长期收取这资源的功效。

---

① 地质矿产部，中国地下水资源评价简要报告，1985。

② 卢耀如，中国南方(岩溶为主)山区的基本自然条件与有关经济发展途径的初步研究，1989。

2.2 人类生存的不利条件与劣化环境要素

地球环绕着太阳在不停地转动，地球自身从内部到外表也是在不停地运动着，不断地在改变地壳结构与地表的地貌与地势，相应地也产生一系列不良的地质现象与地质灾害以及其他的自然灾害。特别是地质灾害已日益引起重视[7]。联合国也开展了“国际减灾十年”的活动。下面探讨几方面问题。

1. 自然灾害的分类

由于自然作用的结果，出现的对人类生存的地质-生态环境具危害性，并导致人类的生命或财产的损失的事件与现象，都可算为自然灾害。自然灾害是很多的，可概括为气候灾害、地质灾害和复合灾害三大类，此外还有生物灾害。在地质灾害中又可分为深部应力作用引起地质灾害、浅层-表层内外动力作用引起的地质灾害和特殊地质作用引起的地质灾害。

(1) 深部地质作用引起的地质灾害。由深部地质作用而引起的自然地质灾害有很多种，其危害性也大，而且目前尚难以进行人工处理，以避免或减少灾害的发生。这类灾害中以地震及火山喷发为最主要，相应地还有海啸、地裂缝、岩爆、喷气、喷沙等现象。此外，地震活动还可诱发与催化许多浅层及表层地质灾害的发生，如滑坡、岩溶塌陷等。目前世界上地震活跃带显然与板块活动有密切关系，有几个明显的活动带。

(2) 浅层-表层内外动力作用引起的地质灾害。在地球演化过程中，各种内外动力作用的影响下，可产生多种的地质灾害，主要的有崩塌、滑坡、泥石流、水土流失、淤积等。雪崩等灾害，有的也是由于地形与地质条件所诱发的，与表层的应力状态有关。这类灾害是广泛分布，规模大小不一，例如，有的滑坡体积才几十立方米，而大的却可达 1 亿～2 亿 m^3 以上。单一次这类灾害所带来的损失也是差异很大，但每年各地累计的综合灾害损失，一般情况下比由深部地质作用所引起的地质灾害(如地震等)的损失还要大得多。

(3) 特殊地质作用引起的地质灾害。这是指除了构造及一般内外动力作用所产生的上述两类地质灾害之外，由于水对可溶岩的溶蚀作用及特殊地层与矿物遇水膨胀等特性，而引起的有关灾害现象。其中，由岩溶作用而产生的岩溶塌陷、地裂缝等是很常见的，此外还有溶蚀与膨胀作用引起的地面沉降及地面膨胀与有关地裂缝等地质灾害。浅层岩溶塌陷及深部岩溶作用也可诱发地震，当然其震级小，危害性也小，但仍不可忽视。盐碱化灾害，也是属于此类。

除了这三类地质灾害以外，旱、涝、洪、冻融、雪害等自然灾害与气候条件具有密切的关系，但也与地势、地质条件有关，所以列为复合灾害。这类灾害在岩溶地区就更加明显。例如：旱季时，或多日不雨时，由于地表水通过岩溶通道渗入地下，常造成干旱灾害；阴雨多日或大暴雨后，由于下游(或中游)岩溶通道不能排泄上游(或包括中游)所汇聚的大量的岩溶水流，又会造成由谷地和洼地中的溶蚀竖井(有俗称为雷公井)上涌岩溶水，而造成洪涝灾害。于 1987 年，云南、贵州、四川、广西、湖南、湖北六省(区)受旱灾农田共有 8 700 万亩，其中大部分是与岩溶因素有关。

其他的自然灾害还有气候灾害，包括有霜冻、风灾、海浸等，也包括纯气候因素引起的旱、洪灾等；生物灾害，包括寄生虫病和各种细菌引起的疾病，以及生态破坏与失去平衡与制约结果造成的灾害。应当强调一点，气候灾害与生物灾害也都是与地质条件具有一定的关系。

2. 人类活动对自然灾害的诱发效应

在地球发展史中，各种自然灾害都是不断地发生，也伴随着生物的物种的灭绝与进化，这是生物与自然界共同演化的客观规律。有了人类的大规模活动，使自然灾害叠加上人工的影响，就常产生迅速诱发(或加剧)地质灾害或其他自然灾害的效应。人工诱发的灾害，不仅来势迅速，而且危害性也大。

目前，世界上最主要的灾害为旱灾、水灾、风灾、地震、沙漠化(及岩漠化)、滑坡和泥石流等。人工开采深部油气及其他矿产资源，以及人工蓄水和抽汲地下水，都可诱发地震。旱灾、水灾、风灾、沙漠化、滑坡及泥石流等灾害，都与人工破坏植被引起水土流失等诱发作用具有密切的关系。目前，人类各种活动影响面很大，更需要特别注意诱发各种不良现象与灾害的效应。以往带来的灾害与损失，特别是由于人类活动使地质-生态环境恶化的严重倾向极为严重，更应以人类生存的危机感来正确地对待这问题。

综上所述，现将地质-生态环境的要素及相互间的关系如图 2 所示。

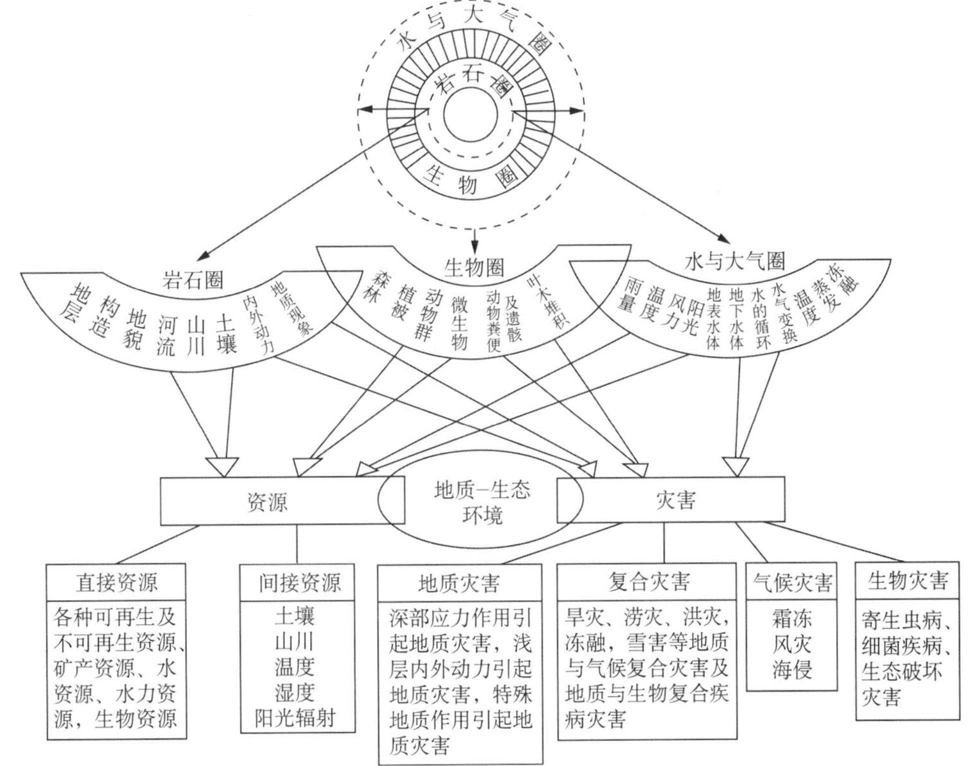

图 2 地质-生态环境要素关系分析图

3 探索地质-生态环境演化的研究方向

随着资源的消耗、人口的增加和环境的恶化，今后探索人类生存的地质-生态环境的演化日益显得紧迫与重要。这方面研究的总方向，是为了能够减少并控制地质-生态环境的恶化，以保护人类生存的环境。这方面的研究内容是很广泛的，下面就几个研究方向与途径，概括地予以探讨。

3.1 综合性的研究方向

研究地质-生态环境的演化，需要综合地探索自然界中的有利条件与不利的条件，人类活动的综合影响。根据以往地质-生态环境的质量与存在的恶化倾向，寻求适宜的综合治理途径与方法。

1. 人口、资源与环境的战略发展综合研究

人口的增加，不仅需求更多的资源，也增加人口对环境的效应，人口的质量也密切影响到环境的质量。这就需要正确处理人口-资源-环境之间的关系，进行这方面战略发展的综合研究是最重要的。寻求最佳人口增长率与经济增长率的协调关系，有利于保护环境，也有利于人民生活的真正提高。贵州省于1950—1970 年这 20 年间，人口增加 0.53 倍，人均农业产值只增加了 2 元，人均耕地减少 1.28 亩多(表 1)。这就清楚地表明未能处理好人口-资源-环境的平衡关系，使人口迅速增长抵消了经济增长的成果，环境也未能保护好。

表1 贵州省人口与农业产值及耕地对照表

内容	1950年	1970年	1987年
贵州总人口/万人	1 416.4	2 180.46	3 072.58
农村人口/万人	1 313.74	1 903.21	2 115.85
农业总产值/万元	96 700	154 754	735 305
全省人均农业产值/元	68	70	236
农民人均农业产值/元	73.60	81.31	342.79
全省人均耕地/亩	1.92	1.34	0.92
农民人均耕地/亩	4.86	3.60	2.51

所以，人口的布局与资源及环境问题，也是应当综合研究的有关战略发展的一个环节。在全国范围内，根据资源现状及可供人类居住的环境条件，应当通过综合研究以寻求最佳的人口布局与经济发展及环境保护间的关系。开拓目前自然条件不好的西部地区的一些地带，使通过资源开发与环境工程后，提高环境质量，以作为新的居民与经济发展带，这对减轻东部及大城市的人口负担，合理人口的布局方面，及保护环境系统，将会有重要的战略意义。

2. 防灾兴利最佳方案的综合研究

开发各种资源与保护环境之间是密切相关联的，正确处理二者的关系，选择最佳的防灾兴利的经济发展方案，这是很关键的问题。下面分三个方面予以探讨。

(1) 有限的资源开发驱动当地经济综合发展。前面已提到合理与节约开发有限的资源问题。进一步而言，就应当深入研究以有限的资源的开发，使当时经济能够综合发展的途径。如果不注意这个问题，一旦有限的资源开采完后，就会留下不良的后果与沉重的负担。例如，美国洛杉矶由于石油工业发展过程中注意驱动其他经济的发展，形成综合性功能的城市，取得了长期稳定繁荣的基础，并成为第二十三届奥运会的场所。苏联巴库油田未能在高产期就注意其他产业的发展，后来产量下降，区域经济未能很好繁荣。我国有不少油田、矿山也都存在类似问题，只是单一或为主地开发资源，一旦矿产开采完，遗下城镇与人口的负担，又会拖住经济的发展，成为绊脚石。合理开发矿产资源驱动当地经济综合发展，可以有多种途径：一种是发展与开采资源有关的工业，如在储量大的煤田，发展电力、化工及其他适宜的工农业；另一种是开发有关矿产资源的同时，发展冶金、机械制造、电子工业及电力工业等；还有一种是利用开发资源之利，就相应地发展些替代工业，当资源枯竭时，仍有其他替代工业与农业的兴起，以保持经济的持续繁荣。当然，采用何种驱动方式为好，需结合当地情况予以综合研究。

(2) 资源开发与环境治理的综合效益。新中国成立以来，不少建设由于缺乏经验，更主要是认识不足，未能很好进行基础处理与相应的环境保护措施，或者未能预测可能产生的不良后果，结果诱发环境效应，导致出现不良的地质现象或成为地质灾害。例如：水库诱发地震(广东新丰江水库、贵州乌江渡水库等)；城市抽水产生岩溶塌陷(贵阳、昆明、桂林等)；水库渗漏与岩溶塌陷(河北官厅水库、云南以礼河水库)；矿坑岩溶突水(四川江北煤矿、河北开滦煤田等)；矿区疏干引起岩溶塌陷(广东凡口矿区、湖南斗笠山矿区、广西合山矿区等)；铁路路基岩溶塌陷(黔桂线、滇黔线等)；抽水诱发地面沉降(上海、天津、西安等)；此外各种工程与开矿结果导致产生滑坡、崩塌、泥石流等灾害也普遍发生。这些不良现象与灾害的出现，有的已造成很大的损失。

另一种情况是，只考虑单项开发的效益，而没有考虑环境问题，结果产生很不良的环境效应。例如：华北平原地区，由于上游山区修建了许多大中小型水库，有73%以上地表径流被截蓄，滹沱河等河流的流量减少了65%～88%，除灌溉及大洪水时由灌渠放水外，一般河道无水，只是有特大洪水威胁时，河道才少数时日放水，这样长期使河床干枯暴露，加上平原区广泛大量超采地下水的结果，使饱气带深度由一般 1～4 m，变为 10～30 m，喜湿和喜水植物基本流失，沙化不断发展。广大华北与西北干旱半干旱地区，蒙受这种人为因素的影响，加上乱砍滥伐植被森林，其结果都加剧水土流失，其危害性是难以估计的。

我国各地由于各种因素使地质-生态环境恶化的倾向，可以森林覆盖率的降低作为重要标志之一。目前，我国森林覆盖率只有 16%，不少岩溶地区只有 8%～12%。大巴山一些地带自 1957 年至 1985 年，森林覆盖率降低系数年均为 0.44%～0.94%。森林覆盖率低，人均生物资源也少。我国一些地区与世界上人均活木蓄积量数相比，就可看出情况之严重性(表 2)。

表 2　人均活木蓄积量对比例表[1]

省(区)	活木量积量/万 m^3	人均活木蓄积量 /m^3	为全国人均活木蓄积量 (9 m^3)的百分比	与世界人均活木蓄积量 (65 m^3)的百分比
贵　州	17 392.9	5.9	63%	9.07%
广　西	19 261	3.9	43%	6%
云　南	98 800	28.72	312%	43.2%
四　川	154 700	14.79	164%	22%

注：省(区)活木蓄积量参考 1987 年各省(区)统计资料；川西及云南为我国植被较好及主要产木区。

我国南方山区植被破坏、水土流失，潜藏着岩漠化的危险。长江在宜昌水文站测得，年输沙量达 5.45 亿 t，相当于 372 万亩良田被流失掉 10 cm 的种植土。各地水库淤损率为 1.6%～72.5%，有的只几年水库就淤满而报废。乌江渡水电站(坝高 165 m)原设计 50 年后，水库坝前淤积高程 646 m，可水库蓄水不到 10 年，就已淤积到 654 m。各地水土流失率达 500 $t/km^2 \cdot a$ 以上，不少达到 1 500～2 000 $t/km^2 \cdot a$，有的达 10 000 $t/km^2 \cdot a$ 以上。可怕的是在南方岩溶山区的自然产土率只 9.6～72 $t/km^2 \cdot a$，而水土流失率却大它几十倍至几百倍，存在着岩漠化的巨大危险性。

人类活动引起环境污染也是很严重的。我国各地对水、大气的污染是不可忽视的，有的河水成酱油河、白沫河或黑水河，全国每年废水排放量超过 349 亿 t，每年因污水造成的经济损失达 400 多亿元以上[3]。大气污染在南方地区还出现酸雨带，又威胁着植被森林的成长，甚至可导致毁林的恶果，另外也可诱发滑坡、塌陷、泥石流等地质灾害。

森林植被、水土流失率、沙漠化和环境污染情况是评价环境质量的主要的四个环节。从上述情况可知，我国地质-生态环境的严重恶化的倾向。所以，目前把资源开发与环境整治结合进行研究是极为重要的。

(3) 工程处理措施与保护性环境工程的综合效应。不同的工程建设中为防治不良的工程地质问题，保证工程的稳定性，可采取相应的基础处理措施。为了环境保护的目的，经常也需要大型的环境工程，这些环境工程主要有：生物环境工程；建筑环境工程；三废处理环境工程①。这里不多讨论。但需强调指出，即大型的建设工程如大型水库、长的铁路线等，其建设目的不是为环境保护，却可给环境带来效应，有不少效应是不良的，所以对大型工程进行有关环境影响的评价之外，还应当在考虑工程处理措施的同时，结合考虑有关保护环境的环境工程的方案，使两者的综合效果共同达到，保证工程的稳定性，也保护工程长期运转后的大环境质量，以使地质-生态环境向优化方向转化。

3.2　全球性的研究方向

研究地球的演化与各种灾害的发生，需要有全球性的研究方向，因为许多呈现在地球上的自然事

① 卢耀如，地质-生态环境质量评判与环境工程措施研究——中国南方几省(区)为例，1989。

物，都是制约全球演化的总规律。目前全球性的地质-生态环境问题，当然需要从全球性上进行探索，几个关键的全球性的问题，归纳于表3。特别需要提及的是对地球演化最主要的构造与气候这两个条件[8]，由全球上进行研究更为重要。

表3　全球性重要问题研究内容

问题与灾害	主要研究内容	基本研究手段
地壳构造特征	地壳的厚度、组成物的性质的变化，莫霍面的变化，地幔的组成物、软流圈、过渡层和低速层情况，地磁场成因与变化，板块运动状况	遥感、遥测，深部地球物理勘探、矿物岩石研究手段，地质力学等
矿产资源成矿规律	地质构造特征，岩浆的性质与活动规律，地球物理场特征，地球化学场特性，侵蚀与沉积的规律，海洋的演化，板块运动，生物作用等	岩石矿物、地质力学，地貌、地球化学、水文地质学、热力学、地球物理勘探、化探、生物学等一系列手段及同位素、遥感等
地　震	地质构造特征，地质应力场与地球物理场特性，板块运动，热液活动特性，人工诱发作用等	遥感、遥测，地球物理勘探，水文地质研究，地应力场分析，放射性地球化学，地质力学等
气候变化	水-气变换规律，大气环境的演化，洋流的变化，温室效应，植被破坏，水土流失，地壳运动，地温效应，旱洪灾的成因机理，气候要素的变化规律，海平面升降，风暴形成与分布，臭氧层变化，人工水库高层建筑影响等	气象气候研究，地质构造研究，水文及水文地质研究，同位素、遥感遥测、流体力学、生物学、有机及无机化学等

当然，不少地学工作者只是调查、研究小区域性与地带性的问题，或为某项建设工程与矿山服务，不是研究全球性的问题。但是，也应当具备全球性的观念，应用有关全球性的研究成果，以探索与解决区域性与地带性的地质-生态环境问题。就是说，把一个地带、一个山坡的问题，与全球性演化趋势相联系，这样才能不成为“井中之蛙”，避免片面性与主观性错误。

目前，开展全球性地质-生态环境问题有很多有利条件。

(1) 遥感遥测技术。航天、卫星的全面遥感资料及重点地带的遥测资料，为研究全球性的构造、地貌的形成与演化的规律，提供重要的依据，对气候及表层地质灾害等监测与预报也提供了重要的依据和适时的信息。

(2) 海洋探测研究。目前，大量进行的海洋探测研究的结果，提供了有关地壳结构、板块运动、海洋矿产资源及古气候变化的信息，对进一步深化认识地球演化及成矿规律是极有益的，也为目前洋流变化与气候预测提供实际的监测资料。

(3) 南极考察研究。对南极洲这大块保存着自然环境的陆地进行考察研究，已日益引起各国的重视。这方面的研究提供古构造、古气候变化的许多重要信息，也为研究人类未污染的地质-生态环境问题提供了良好场所。也为研究已污染的地质-生态环境，和全球的演化规律的探索，提供重要的对比依据。

(4) 地球物理进展。深部地球物理勘探的进展，获得一系列有关地幔、莫霍面、地壳结构等变化资料，有力地促进对全球演化的研究，这对深化认识地壳运动的趋向，探索地震的发生与发展的规律及成矿规律都是重要的。

(5) 年代学进展。一系列年代测定技术的发展，使许多地质-生态环境中的现象有了年代上的对比性，促进对许多地质现象及全球性演化规律有进一步对比研究的可能，而更好掌握其内在的规律性。

(6) 电子技术兴起。利用电子计算机进行各种地质-生态环境的参数的积累，可建立全球性各种地质现象的有关数据的综合分析，并可建立相应的数据库，这对探索全球性演化规律提供重要的基础。

由于上述六个方面的进展，才有更好条件进行全球性地质-生态环境的研究，能够更深刻地认识到目前全球性不良现象与灾害的严重性。应当强调一点，不少环境恶化的影响是无国界的，而是全球性的问题。例如森林毁坏而言，其影响不只是带给当地，而是带给全球以共同的恶果。森林破坏的一些数据，据联合国等有关部门的一些估计及调查结果[5]综合列于表 4。

表 4　毁坏森林面积对比表

洲　名	美　洲	亚　洲	非　洲
每年毁坏森林的面积/万 hm^2	433.9	182.6	133.1
破坏森林的速度(年百分比)	0.63%	0.60%	0.61%

表 5　世界环境恶化的主要标志

热带森林每年消失面积/万 hm^2	每年变为沙漠的土地面积/万 hm^2	已损失经济价值的土地/亿 hm^2	生活在不毛及贫瘠土地人口数	植被破坏使每年流失的土壤/亿 t	CO_2 排放量/亿 t
560～2 000	600	21	8.5 亿	240	54 以上

全球一些不良的地质-生态环境严重恶化倾向的标志数据，综合列于表 5。目前，全球虽然仍有覆盖着陆地面积 1/3 的森林，而地球上陆地总面积只有 149 亿 hm^2，若每年以 1 000 万～2 000 万 hm^2 的消失率而计[4,5]，再过几十年，对人类赖以生存的全球性的地质生态环境带来的严重后果，是可想而知的。

人类活动结果造成温室效应也是全球性的大问题。有人估计今后 50 年 CO_2 排入大气层中的量会增加 30%，2050 年时全球表面温度可上升 1.5～4.5℃[4]，但也有认为目前全球的总趋势在变冷，将要面临一个小冰期[5]。这种气候变化的趋势对地质-生态环境的影响，无论是升温或是变冷，都是极其严重的问题。人类需要保护全球性环境，也需要从全球性上来探索研究。目前，国际上正开展的国际地质对比计划(IGCP)和国际地圈-生物圈计划，都是为了探讨以往全球性的演化历史，对比有关古地质-生态环境及目前的信息，以便更好预测今后全球性的气候及地质-生态环境的演化。

3.3　宇宙性的研究方向

地球是一个系统，但又是太阳系中的一个行星。目前地球的形成与演化还不是很清楚，所以应用现代科学技术研究宇宙中行星(首先是太阳系)的起源和演化，以深入探索地球自身的问题，已是很重要的研究方向。目前有被称为宇宙地质学的兴起，正不断向着浩瀚的太空进行研究与探索。人类已登上了月球，一系列水手号宇宙飞船的发射，收集到的资料已大大地丰富了人们对火星的认识。对金星的探测也了解到磁场起伏的振幅和强度及等离子体性质等方面的变化情况。显然，将对星球所了解的情况与地球相对比，对深入研究地球的演化是有重要意义的。太阳系一些行星的参数可对比于表 6[7]。

表 6　太阳系四个行星主要参数对比表[1]

行星名称	金星	地球	火星	大力士神 Titan
质量(以地球为 1)	0.815	1	0.108	0.02
密度(水=1)	5.2	5.5	3.9	1.4
表面重力(地球=1)	0.88	1	0.38	0.11
大气圈(主要成分)	CO_2	N，O	CO_2	N
表面大气压(mb)	9×10^4	10^3	7.5	1.6×10^3
表面平均温度/℃	480	21	−23	−200
最小摩擦速度门限值 U_{*t}/($cm\cdot s^{-1}$)	2.5	20	200	3.5
最适宜颗粒大小/μm	75	75	115	180

注：1. 据 Ronald Greley。

地球上许多重要的问题，如风暴、地震、火山爆发、洪水、干旱、气候变异、冰期与间冰期、磁极与磁场变化、板块运动等许多全球性大的问题，都需要从宇宙性研究上以解开一些谜。这种大宏观上的研究当然只是刚开始，还需要有漫长的研究过程。目前，对宇宙性研究也包含着较微观的内容，如美国罗纳德·格林雷(Ronald Greely)根据对各行星的研究[6]，获得星球表面尘埃颗粒直径与摩擦速度门限值(或临界值)之间的关系(图3)，用以研究风暴的形成及其对星球表面破坏与运移的能力。图3中各星球的有关的关系曲线是很相似的，表明存在着共同的规律性，尽管具体数值是不同的。

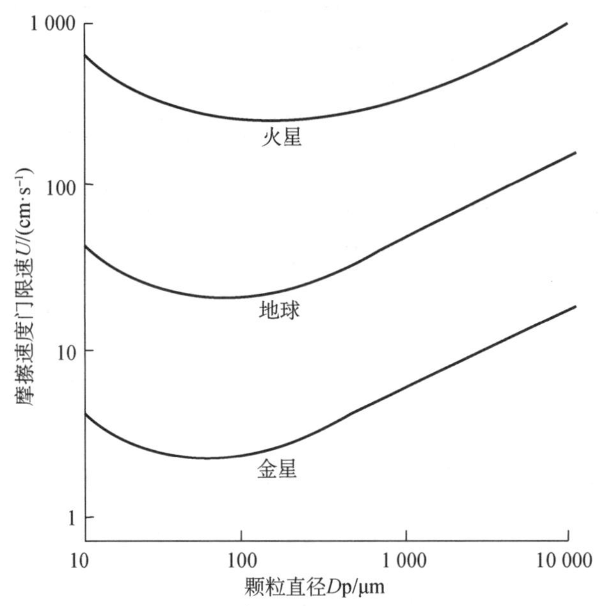

图3 太阳系行星颗粒直径与摩擦速度门限值关系曲线

随着科技的发展，人类对太空的研究必将不断深入，宇宙性的研究也将会带来更丰硕的成果，以提供更多新的论据，作为研究地球上地质-生态环境演化的重要的钥匙，而进一步揭开地球及太阳系与宇宙的奥秘。应当说，实现宇宙大环境中全球性人控地质-生态环境是这方面研究的理想的目的。

总之，人类生活在地球上，由于人类的繁衍与各种经济建设及战争行为，已经给地球造成了重大的负担，也使环境不断地恶化。目前，世界共约50亿人口，21世纪初可达70亿人口。人口的迅速增长及保护所赖以生存的地质-生态环境，都是迫在眉睫的重大的世界性问题。本文只重点探讨有关地质-生态环境的基本特性与有关研究方向的问题。关于地质灾害的深入探讨、地质-生态环境的质量评判、环境工程的具体措施及地质-生态环境的级次划分等问题，限于篇幅，将在另外文章中予以配合探讨。最后强调一点，地质-生态环境的问题是全国性、大区域性与全球性的问题，需要国内及国际上的大协作。这方面的研究与可采取的措施是多方面的，也需要有长期的过程。但是，目前首先应当进一步宣传保护人类赖以生存的地质-生态环境的重要性。只要在各种建设中，都能在正确的兴利防灾的总体规划下，合理地利用自然的有利条件，注意监测与防治不良的条件与灾害的发生，并依靠多学科与多领域的配合，开展国内及国际上的大协作，使全中国及全地球的地质-生态环境向优化方向转化的神圣目标，在不久的将来是可能实现的。人类应当为此崇高的全球性的目标而共同努力。

参考文献

[1] 卢耀如. 中国岩溶——景观·类型·规律[M]. 北京：地质出版社，1986。

[2] 王垂仍. 科学技术能源，美国经济历史经验百科小丛书(第一分册)[M]. 李云琼，山枥，朱歧，译. 北京：中国对外翻译出版公司，1986.

[3] 刘贵贤. 中国的水污染[J]. 三月风，1989(2).

[4] 姚守仁. 当前世界环境的主要问题[J]. 世界环境，1989(1).

[5] 张崇明. 正在消失的森林[J].世界环境，1989(1).

[6] JOHMSON R H. The geomorphology of North-west England. Manchester University，1985.

[7] RONALD GREELEY，Aeolian geomorphology from the global perstective. Global Mega-Geomorphology. Proceedings of a workshop held at Sunspace Ranch Oracle. Arizona，NASA，1985.

[8] JOHN R F. Geological Hazards：Programs and Research in U.S.A. Episodes，Vol，10－No.4. 1987.

[9] LU Y R. Karst geomorphological mechanisms and types in China[C]//. lnternational Geomorphology 1986 Part 11. John wiley & Sons Ltd. 1987.

[10] LU Y R. Hydrological Environments and water resource patterns in karst regions of China[C]//Karst hydrogeology and karst environment protection. proceedings of the zlth IAH Congress. Geological publishing House，1988.

喀斯特地区地质-生态环境质量及其评判

——中国南方几省(区)为例①

卢耀如

自然地质-生态环境是全球系统的一部分,随着地球的自身演化而变化,但由于受到人类的生息与工程建设的冲击而日益恶化。因此保护地球、保护环境,已是人类最关键的课题。

1　喀斯特地质-生态环境的含义及其两重性

地球上的地质-生态环境是指人类为主体的生物生息于地球上的各种背景条件,复合着岩石圈、水圈、大气圈及生物圈的特征,岩石圈主要包含地层、构造、地貌、内外动力地质现象、矿产资源等的生成、结构与演化,水与大气圈涉及地表与地下水体的量与质、水循环、气候变化及水汽的转化等。生物圈包含了自然界动植物的分布、生态及相应制的规律[1]。

全球可作为自然地质-生态环境的一个大系统,它包容了许多亚系统及子系统。我国南方云、贵、川、湘、鄂、桂六省(区),总面积达 176 万多 km^2,裸露、半裸露和埋藏的喀斯特面积,占总面积 41%左右,为我国最典型与最集中分布的喀斯特区,构成喀斯特环境的一个子系统及多个不同发育与演化的单元[3]。

全球性大系统及各个亚系统对于人类生存,都存在着有利与不利的两重性,只是表现方式和内涵不尽相同而已。

1.1　有利的益化环境条件

水、土、空气等是滋生生命的基本条件,也可称为生命线条件。对于人类生存与发展的其他条件,具有资源开发的特点者,称为资源性条件。水、土是最基本的生命线条件,经常又是可开发的背景条件,所以它是人类生活的资源条件。

1. 水资源

本区共有地表及地下水资源约 10 761 亿 m^3/a 其中地下水资源为 3 333 亿 m^3/a,喀斯特地下水资源约占一半,即 1 720 亿 m^3/a,各省(区)的人均水资源为 2 042～5 595 m^3/a②,这在全国还是相对丰富的[4,5]。但是,能够被开发的部分,可用开发水资源系数 R_{dw} 及生态水资源系数 R_{ew} 的概念来描述即:

$$R_{dw}=\frac{Q_{DW}(\text{可开发水资源数})}{Q_{TW}(\text{水资源总数})}\times 100\%=\frac{Q_{DW}}{(Q_{TSW1}+Q_{TUW2})} \tag{1}$$

式中　Q_{TSW1}——年地表水资源总量,亿 m^3/a;

Q_{TUW2}——年地下水资源总量,亿 m^3/a。

① 卢耀如.喀斯特地区地质-生态环境质量及其评判:中国南方几省(区)为例[M]//宋林华,丁怀元.喀斯特景观与洞穴旅游.北京:中国环境科学出版社,1993:56-64.

② 地矿部水文地质工程地质研究所及有关省(区)地矿局与水文地质工程地质队的水资源的计算数据。

R_{dw}与地形、气候及开发技术等许多因素有关。水资源开发系数 R_{dw}的优值的确定是非常重要的。R_{dw}的选择必须考虑全流域上下游生态水资源量 Q_{ew}、生态水资源系数 R_{ew}及下游开发效益。

$$R_{ew}=\frac{Q_{ew}}{Q_{tw}}\times 100\% \tag{2}$$

或

$$R_{ew}=1-R_{dw} \tag{3}$$

2. 矿产资源

本区与喀斯特有关的矿产资源有五大类型,即:残余堆积喀斯特矿床类型、溶蚀充填洞穴喀斯特矿床类型、热液变质喀斯特矿床类型、分解富集喀斯特矿床类型、溶滤富集喀斯特矿床类型[2]。还有多种多样非喀斯特成因的矿床。这些矿产资源的形成,经历了很长的地质过程,都是不可再生的资源(对人类短暂发展史而言)。所以,应当寻求最佳开发年限。此外,对每一种矿产资源也应当考虑当地的人均占有量,以至某矿种的全国人均占有量。寻求最佳开发年限是复杂的问题,涉及矿产资源的品种、开发技术、开发用途、社会需求、科技发展等许多因素。但最主要的应有长远观点,不能竭泽而渔。x 矿种最佳开发年限 Y_d^x:

$$Y_d^x=\frac{Q_{TD}^x(x\text{ 矿种可开发量})}{Q_{aM}^x(x\text{ 矿种年均最优开采量})} \tag{4}$$

Y_d^x 值都不应低于 20 年,更多的应在 100 年以上,因为许多矿种在几十年至百多年内,人工难以生产替代。这就需要留给后代足够的资源。

3. 生物资源

本区生物资源种类多,有许多珍奇珍稀动植物。为了发展与保护生物资源,区内已建自然保区 100 个,总面积达 263 万 ha。不少山区的立体性气候,有利于多种植物的生长。

除珍奇与珍稀动植物外,一个地区的生物资源的情况,需要考虑到生物资源品种数及人均基本生物资源数,或全国人均数。这种生物资源包括天然繁衍生存数和人工培养种植数。包括与人类日常生活及经济发展有关的生物,如粮食、木材、果品、菜蔬、肉食、纺织、医药、建筑及其他工业品原料等,除品种改良之外,应当考虑生态数量,不能拔苗助长,也不能滥伐滥砍。x 种生物资源人均年开发系数:

$$R_{dL}^x=\frac{Q_{DL}^x(x\text{ 种生物资源平均开发量})}{Q_{TL}^x(x\text{ 种生物资源生存量})}\times 100\% \tag{5}$$

对一年生、多年生的生物资源,R_{dl}^T 值应是不同。

生态生物资源数为:

$$R_{eL}^x=1-R_{dL}^x \tag{6}$$

4. 能源

能源包括水电能源、火电能源、核能源、太阳能源、地热能源、风力能源、潮汐能源、生物能源等。对本区而言,首先是水电能源。由于强烈构造上升,使长江中游三峡和上游金沙江,以及其支流岷江、大渡河、雅砻江、乌江、沅江、清江等,红水河及其支流南盘江、北盘江、元江、澜沧江及怒江等河流,流量大、坡降大,蕴藏着丰富的水力资源[5]。可开发的装机容量达 24 000 万 kw。目前已开发的只占百分之几。能源的人均蕴藏量 Q_{RE}和人均已有年发电量 Q_{de}都是很重要的指标。

5. 土地资源

土地既是生命线条件,又是资源条件。本区中山区占 61.35%丘谷地、丘陵(包括低高程的溶丘谷地、峰丛谷地等)占 22.63%,平原及大坝(谷地、盆地)只占 16.02%,这说明喀斯特山区的土地资源数是不大的。喀斯特山区及丘陵类地带,可耕地占极小的比例。目前,人均可耕地的数量也很小。由于工矿及城镇的发展,水土流失和自然灾害的结果,在人口迅速增长的背景下,人均耕地不断缩小。例如,贵州省 1950 年人均耕地为 0.128 hm^2 至 1987 年降为 0.061 hm^2[6]。

土地资源的农业产值,可以亩(15 亩=1 hm^2)产值计算,通常可用种植业产量所代替。土地资源虽然在城镇,作为工业和第三产业的基础,其创造的价值一般比农业大得多,但保证土地资源的农业用途,仍应是基本的国策。

1.2 不利的劣化环境条件

影响人类生存与发展的各种不利条件中,最主要的是各种自然灾害:地质灾害、气候灾害、复合灾害及生物灾害。

1. 地质灾害

由各种地质作用产生的各种灾害[7],根据其成因与性质,可分三大类。

(1) 地壳深部活动的地质灾害。本区西部为板块活动缝合线及其影响带[8],强烈地震活动频繁,20 世纪以来滇西和川西发生 68 次 6~7 级以上地震,7 级以上 19 次,且腾冲火山正处于休止状态,难料何时复苏活动。

(2) 浅部—表层的地质灾害。由于构造上升及各种内外营力作用,本区的滑坡、崩塌、泥石流及水土流失等灾害相当严重。

(3) 特殊作用的地质灾害。喀斯特作用可产生一系列特殊的灾害[9-11],如喀斯特塌陷、地面沉降、地裂等。

2. 气候灾害

气候灾害包括旱灾、洪灾、涝灾、风灾、冰雹灾、雪灾、霜冻、冻融、海水入侵等。很多情况下,气候异常是主导因素,但构成灾害却是与地质地理条件分不开的。如许多地区的干旱灾害,就与喀特作用结果相关。因为喀斯特通道使地表渗流迅速向地下转化,于是“三日不雨即成旱,降雨数日又成涝”。

3. 复合灾害

这是指地质与气候条件共同影响产生的灾害。与地质背景密切相关的滑坡、崩塌和泥石流等灾害,是在气候因素诱发下发生的。

我国主要地质灾害具有区域性分布特征。图 1 是南方六省(区)的地质灾害分区。

2 人工活动与开发工程的环境效应

人工活动,特别是各种开发性工程建设,常引起地质-生态环境效应,对各种灾害起诱发与催化的作用(图 2)。

喀斯特地区,人工作用产生的环境效应,主要为两方面。

2.1 山区的岩漠化

本区各省(区)的森林覆盖率只有 12%~34%,而喀斯特地带多低于 10%,有的只有 5%~6%,对森林的乱砍滥伐,使森林覆盖率迅速下降(表 1),促使泥石流、滑坡、崩塌、塌陷、水土流失等灾害加剧,使不少地区存在着岩漠化(石漠化)的危险。

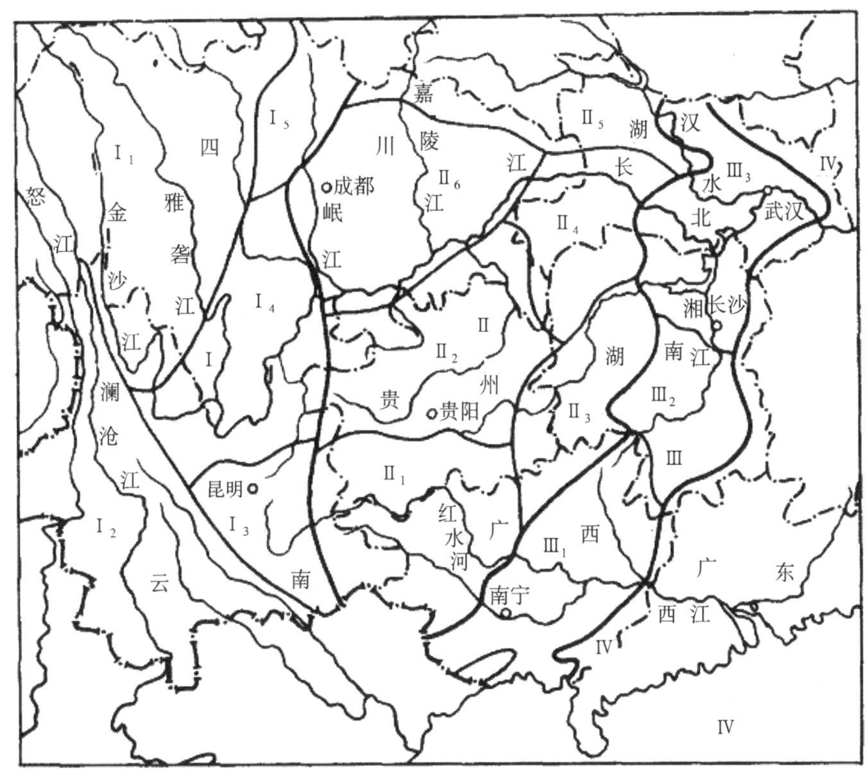

Ⅰ. 川滇西部高山深部表层地质灾害活跃区

Ⅰ$_1$. 大雪山—草原强震—冻融—侵蚀灾害亚区，Ⅰ$_2$. 横断山—三江深谷强震—侵蚀性灾害亚区，Ⅰ$_3$. 滇东高原强震—喀斯特灾害亚区，Ⅰ$_4$. 金沙江—雅砻江强震—侵蚀灾害亚区，Ⅰ$_5$. 岷山—邛崃山强震—强侵蚀灾害亚区。

Ⅱ. 云贵高原—大巴山山地浅层—表层地质灾害活跃区。

Ⅱ$_1$. 黔南高原—桂西斜坡山地喀斯特—侵蚀性灾害亚区，Ⅱ$_2$. 黔中高原—乌江峡谷喀斯特为主灾害亚区，Ⅱ$_3$. 九万大山—雪峰山弱喀斯特—侵蚀性灾害亚区，Ⅱ$_4$. 湘鄂西斜坡山地—长江三峡喀斯特—强侵蚀性灾害亚区，Ⅱ$_5$. 秦岭—大巴山山地弱喀斯特强侵蚀性灾害亚区，Ⅱ$_6$. 四川盆地及周边山丘弱喀斯特—强侵蚀性灾害亚区。

Ⅲ. 广西盆地—江汉平原浅层—表层地质灾害活跃区，Ⅲ$_1$. 广西盆地强喀斯特—洪积灾害亚区，Ⅲ$_2$. 湘南山丘—平原喀斯特—洪积灾害亚区，Ⅲ$_3$. 江汉平原弱喀斯特—强洪积灾害亚区。

Ⅳ. 东部非喀斯特山区浅层—表层地质灾害活跃区。

图 1　中国南方(喀斯特为主)地区主要地质灾害分区图

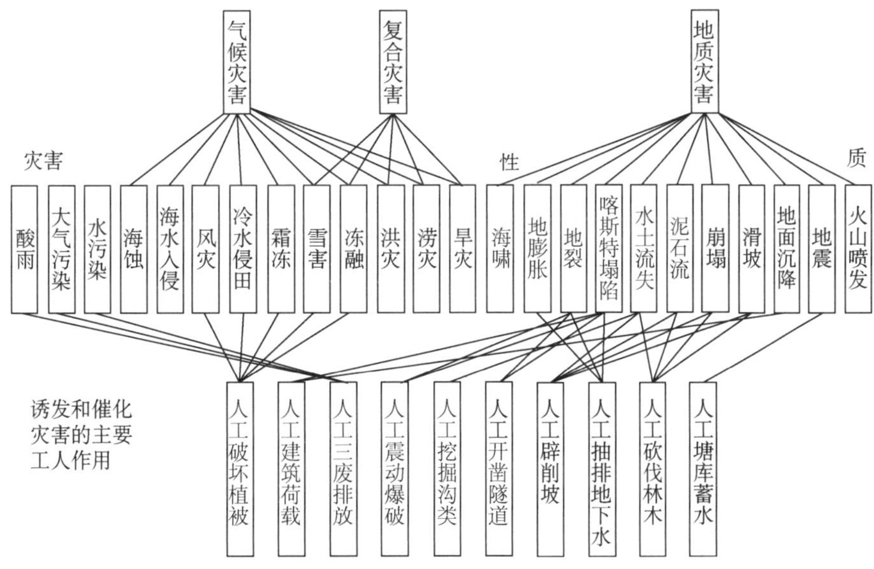

图 2　自然灾害及人工诱发与催化作用关系图

表 1　大巴山一些地带森林覆盖率降低系数

地带名称	巫溪	剑阁	旺苍	苍溪	城口	平均
1957 年森林覆盖率	37%	45%	27%	35%	40%	36.8%
1985 年森林覆盖率	10.5%	28%	14.5%	14%	15%	16.4%
森林覆盖率降低系数	0.95%	0.60%	0.44%	0.78%	0.89%	0.73%

喀斯特地区的正态景观如溶峰、溶丘土层较薄，多为无土裸露，只有溶沟、溶槽中有些残留土，形成了山岩嶙峋。负态的洼地和谷地中，残积与沉积的土层一般也不厚，由于人工效应产生大量水土流失，有的还出露溶蚀岩面。表 2 说明多数喀斯特地区的水土流失率都大于产土率，岩漠化系数达几十至百多倍以上。

表 2　喀斯特年产土率与岩漠化系数对照表

地　区	桂东北	鄂　西	川　西
年溶蚀速率[12] $K/(\mathrm{mm\cdot a^{-1}})$	0.12～0.3	0.06	0.04～0.05
年喀斯特产工率 $P_{ei}/(\mathrm{t\cdot km^{-2}\cdot a^{-1}})$	28.8～72	14.4	9.6～12
年亿土流失率 $Fe/(\mathrm{t\cdot km^{-2}\cdot a^{-1}})$	500～1 000	1 000～3 500	1 000～1 500
岩漠化系数 R_f	6.94～34.72	69.44～104.16	83.33～156.25

$$R_f = \sum_{i=1}^{n} F_{ei} / \sum_{i=1}^{n} P_{ei} \tag{7}$$

$$P_{ei} = \sum_{j=1}^{m} K_j \times R_{rj} \times r_{Rj} \times C_m / M \tag{8}$$

式中　R_f——岩漠化系数；

F_{ei}——i 带年均水土流失率，$\mathrm{t/(km^2\cdot a)}$；

P_{ei}——i 带年均喀斯特产土率，$\mathrm{t/(km^2\cdot a)}$；

K_j——j 段碳酸岩溶蚀速率，mm/a；

R_{ri}——j 段碳酸盐岩溶蚀残余物，%；

C_m——变换系数为 1 000；

M——计算的 M 段数。

2.2　地质-生态环境的污染

工业三废的排放，使喀斯特环境受到严重污染。特别是喀斯特水与环境问题，这是国内外学者关注的重要问题[12,13]，四川每年排放污水 28 亿多 t，贵州省 5 亿多 t，它们被直接排入河流，或渗入地下。工业废气中含有大量 SO_2、NO_2、Cl、H_2S、CO、CO_2、NH_4、Pb、Hg 及烟尘等。由于喀斯特山区地形封闭率大，静风频率高，逆温层低，使废气难于扩散并富集成污染气团，导致酸雨。云贵高原及川东地区酸雨严重，其 pH 值只有 3.3～4.5。酸雨产生两大严重的效应。

1. 破坏植被,影响地质-生态环境

例如,川南兴文石林一带土法开采硫铁矿,造成严重大气污染,酸雨破坏了植被,使大片灰岩破坏。

2. 增强溶蚀作用,加剧地质灾害

酸雨具强腐蚀性,加剧溶蚀、分解等作用,催化滑坡、崩陷、泥石流等灾害的发生发展。污染地质-生态环境是一个很突出的现实问题,其危害性是多方面的,归结一点就是严重影响人类生存的环境质量,也威胁并影响到人类自身的质量与生命。

3 地质-生态环境质量评判与级次划分

评判地质-生态环境质量,进行类型等级的划分,有助于深入认识其特性与现状。

3.1 地质-生态环境质量评判

本文采用直接效益指数评判和模糊综合评判两方法。

1. 直接效益指数评判

根据地质-生态环境的两重性,可尝试以自然灾害和不良条件所造成的各种损失,与主要资源所能创造的直接效益之间的比值,作为评判环境质量的参数。

(1) 有利条件主要包括水、矿产、生物及能源四个方面,即:

$$B_{\mathrm{T}}=\sum_{i=1}^{n}Q_{\mathrm{D}wi}\cdot P_{\mathrm{D}wi}+\sum_{j=1}^{m}Q_{\mathrm{DM}j}\cdot P_{\mathrm{DM}j}+\sum_{k=1}^{l}Q_{\mathrm{DB}k}\cdot P_{\mathrm{DB}k}+\sum_{t=1}^{E}Q_{\mathrm{DE}t}\cdot P_{\mathrm{DE}t} \tag{9}$$

式中 B_{T}——有利环境条件的基本效益,元/a;

$Q_{\mathrm{D}wi}$——i 项水资源平均年开发量,m^3/a;

$P_{\mathrm{D}wi}$——i 项水资源(不算饮用水)平均创造单元价值,元/m^3;

$D_{\mathrm{D}wj}$——j 项矿产资源的年产量,t/a;

$P_{\mathrm{DM}j}$——j 项矿产资源创造的单元产值,元/a;

$Q_{\mathrm{DB}k}$——k 项生物资源的年产量,t/a 或 m^3/a;

$Q_{\mathrm{DB}k}$——k 项生物资源创造的单元产值,元/t 或元/m^3;

$Q_{\mathrm{DE}t}$——t 项能源的平均产量,kw/a;

$P_{\mathrm{DE}t}$——t 项能创造的单元价值,元/kw。

创造单元价值,是 1 t 水或 1 kW 电能创造的工农业的产值。所以,一个地区地质-生态环境的有利性是与资源的合理开发有关。

(2) 对于自然灾害,需要考虑直接损失、间接损失和环境损失。例如:滑坡造成铁路中断,要修复铁路的费用及直接毁坏的房屋建筑及生命财产的损失,都是直接损失;铁路中断期间所影响货、客运输及所牵涉的生产损失都是间接损失。另外,滑坡体产生造成附近及上下游地质-生态环境的变化,以及可进一步诱发滑坡或其他灾害,产生不良的环境效应,都是环境损失。环境损失和间接损失,要比直接损失大得多。但环境损失,往往被人们忽视。所以:

$$L_{\mathrm{T}}=\sum_{i=1}^{n}L_{\mathrm{D}i}+\sum_{j=1}^{m}L_{ij}+\sum_{k=1}^{l}L_{\mathrm{E}k} \tag{10}$$

式中 L_{T}——灾害的总损失,元/a;

$L_{\mathrm{D}i}$——i 项的灾害直接损失,元/a;

$L_{\mathrm{I}j}$——j 项的灾害间接损失,元/a;

$L_{\mathrm{E}k}$——j 项的灾害环境损失,元/a。

直接效益指数 P_B 为

$$P_B = B_T / L_T \tag{11}$$

根据 P_B 值，可进行地质-生态环境质量划分：

当 $P_B > 10\,000$ 时，优良环境（或大灾害为万年一遇或没有）；

当 P_B 为 10 000～1 000 时，较优环境（或大灾害为千年一遇）；

当 P_B 为 1 000～100 时，不良环境（或大灾害频率短）；

当 $P_B < 100$ 时，恶劣环境（或大灾害频率短）。

3.2 模糊综合评判

运用模糊数学方法进行综合评判[15]，可判断地质-生态环境的质量。

(1) 有利的益化环境条件：

因素集 U_y ＝{资源数量，环境影响，开发技术，开发效益}

评价集 V_y ＝{很丰富，丰富，一般，不丰富}

或 V_y ＝{很益化，益化，一般，少益化}

a 地点有利因素 1 的评判矩阵为：

$$\boldsymbol{R}_1^{ya} = [r_{ij}] \tag{12}$$

其综合评判式为：

$$B_1^{ya} = A_1^{ya} \cdot \boldsymbol{R}_1^{ya} \tag{13}$$

权分配的模糊子集，为：

$$A_1^{ya} = (\rho_1, \rho_2, \cdots, \rho_3)$$

例如鄂西一地区水力资源开发评判为：

$$B_1^{ya} = (0.24, 0.03, 0.29, 0.44)$$

贵州一些地区水力资源开发评判为：

$$B_1^{yb} = (0.36, 0.41, 0.19, 0.04)$$

二者比较，喀斯特分布较多的贵州一些地区，还是较为有利于水力资源的开发。

(2) 对于不利的恶化环境条件：

可分别对滑坡、泥石流、喀斯特塌陷等灾害进行评判。

因素集 U_L ＝{数量与规模，环境影响，处理难度，经济代价}

评价集 V_y ＝{很少劣化，一般劣化，较劣化，劣化}

每一不利因素的评判矩阵为：

$$\boldsymbol{R}_1^{la} = [r_{ij}] \tag{14}$$

对地点 a 不利因素 1 的综合评判式为：

$$B_1^{la} = A_1^{la} \cdot \boldsymbol{R}_1^{la}$$

地质-生态环境多项有利与多项不利因素的总评判式为：

$$B_E = \sum_{i=1}^{n} B_i^y - \sum_{j=1}^{m} B_j^L$$

总环境质址 Q_E 的判别为：Q_E＝{优化环境，良好环境，一般环境，劣化环境}

4 地质-生态环境的质量级次与环境工程

自然界地质-生态环境的演化是复杂而漫长的过程，但人类活动，特别是大型工程建设，可加速其演化过程，或改变其变化的方向。所以，人工效应对地质-生态环境的质量影响，是非常明显和强烈的。人类在充分利用有利环境的同时，必须正确整治地质生态环境，预防不利因素带来的灾害。地质-生态环境根据自然与人工的影响程度可分为四个级次(表3)。第一自然地质-生态环境，或称第一环境，其面积已日益缩小；目前人类较多居住活动的陆地，多是属于第二人工地质-生态环境；研究自然、认识自然并改造自然，更好地预防与控制环境条件的恶化，即第三人防地质-生态环境，或第三环境；第四人控地质-生态环境，那是要等待科学技术发展的未来才能实现。

表3 地质-生态环境级次划分简表

级次	第一 自然地质-生态环境	第二 人工地质-生态环境	第三 人防地质-生态环境	第四 人控地质-生态环境
演化趋势	自然演化的环境特征为主	人工影响使环境恶化发展	人工防治一些浅层—表层灾害使环境优化发展	人工控制深层—表层灾害，使环境优化发展
主要特征	基本未开发原始森林，植被好，存在自然形成的一些灾害，环境质量一般	人工开发而未很好保护环境，污染严重，植被减少，人工诱发多种地质灾害，环境质量差	人工防治浅层—表层地质灾害如滑坡、泥石流、喀斯特塌陷，环境污染程度低或没有污染，环境质量良好	人工防治浅层—表层地质灾害，对深部作用的地震进行有效监测预报，植被好，环境质量优化
地区	川西滇西一些高山地区、及各地的自然生态环境保护区	本区工业发达的地带，大矿山及大城市周围地区	一些大城镇及工业开发地段，开始环境监测，并着手防治一些灾害，今后可进入本级次，有的正达到此级次环境	目前只有对地震加强监测，预报还不是很有把握，这级次环境在本区尚未有代表地段
环境质量	优化环境 良好环境 一般环境 劣化环境 (自然状况)	良好环境 一般环境 劣化环境 (人工诱发环境质量恶化)	良好环境 优良环境 一般环境 (人工防治使环境质量向好转化)	优良环境 良好环境 占主导 仍有少数一般环境 (人工控制占主要)

要使目前能有较多地区达到-人防地质-生态环境，需要采取以下三种主要措施：① 开发环境的合理规划、② 正确部署环境工程、③ 加强环境质量监测。

进行喀斯特地区地质-生态环境质量的划分和评判，是为了更好地认识喀斯特地区对人类生存的有利条件与不利条件，采取合理的环境保护措施。喀斯特地区的地质-生态环境是复杂的，也是制约于全球大系统。因此，对喀斯特地区环境的保护规划与监测，大型环境工程的实施，都应当加强区域性与全球性的长期协作。

参考文献

[1] 卢耀如. 论地质-生态环境的基本特征与研究方向，环境地质研究[M]. 北京：地震出版社，1991.

[2] 卢耀如. 中国岩溶-景观、类型、规律[M]. 北京：地质出版社，1986.

[3] LU Y R. Karst geomorphological mechanisms and types in China[J]. International Geomorphology, 1986 Part II. John wiley and sons Ltd, 1987.

[4] LU Y R. Hydrological environments and water resources pattern in karst regions of China[C]// Karst Hydrogeology and

Karst Environment Protection. In: (ed) Proceedings of the IAH 21st Congress. Geological Publishing House, 1988.
[5] LU Y R. Water resources in karst regions and their comprehensive exploitation and harnessing[J]. International Geomorphology, 1986 Part II. John wiley and sons Ltd, 1987.
[6] 国家统计局农村社会经济统计司. 中国农村统计年鉴[M].北京，中国统计出版社，1988.
[7] HAYDEN R S. Global Mega-Geomorphology[M]. NASA Conference Publication, 1985, 2312.
[8] 黄汲清，陈炳蔚. 中国及邻区特提斯海的演化[M].北京，地质出版社，1987.
[9] BECK B F. Environmental and engineering effects of sinkholes—the processes behind the problems[J]. Environmental Geology and Water Sciences, 1988, 12(2): 71-78.
[10] MILANOVIC P T., Artificial underground reservoirs in the karst experimental and project examples[J]. Karst Hydrogedogy and Karst environment protection, 1988: 76-87.
[11] CULSHAW M G, WALTHAM A C. Natural and aritificial cavities as ground engineering hazards[J]. Quarterly Journal of Engineering Geology，1987，20(2)：139-150.
[12] 卢耀如，杰显义，张上林，等.中国岩溶(喀斯特)发育规律及其若干水文地质工程地质条件[J].地质学报，1973(1)：121-136+141.
[13] MOODY D W. National water summary, 1986 — hydrologic events and ground-water quality[M]. United States Geological Survey Water-Supply-Paper, 1988.
[14] PECK D L, TROCSTER J W, MOORE J E. Karst hydrogeology in the United States of America[M]. U.S. Geological Survey Open-file Report, 1988.
[15] 冯德益，楼世博. 模糊数学方法与应用[M]. 北京：地震出版社，1983.
[16] KEVIN K. The management of soluble rock landscapes an Australian perspective[M]. The Speleological Research Council Ltd. 1988.

南方岩溶山区的基本自然条件与经济发展途径的研究①

卢耀如

云南、贵州、四川、广西、湖南和湖北相邻的大片区域，是我国岩溶最集中分布的地区，岩溶类型多样，自然条件复杂。特别是岩溶山区，既有不少风光秀丽的胜地，但也是六个省(区)少数民族聚居的经济不发达甚至是贫困的地区。岩溶山区聚居的藏、回、苗、彝、壮、布依、侗、瑶、白、土家等 31 个少数民族，人口数达 4 000 多万以上，占全国少数民族人口总数的一半左右。

本课题的主要研究内容为：掌握本区的自然条件，特别是岩溶山区的地质条件与岩溶特征，以及有关生态环境与地质环境的演化，结合已有工农业的现况，在进行综合性自然条件的评价的基础上，提出发展经济的途径及有关建议。

由于岩溶环境与其他非岩溶环境有着密切的关系，特别是研究大区域自然条件与经济发展的途径，岩溶地区与非岩溶地区也是相关联的。因此，本课题研究中，也相应地探索了有关这六个省(区)的非岩溶山区，以及具有埋覆岩溶的平原与盆地等地区。

1　自然基本条件略述

在本大区中，有高程在四五千米以上的高山，也有高程数十米的平原。这六个省(区)总面积逾 176 万 km^2，其中山区占 61.35%，丘陵占 22.63%，平原与大的平坝等只占 16.02%；立体性气候条件，使本大区具有不同的气候差异性。印度洋板块与欧亚大陆相撞，使喜马拉雅山强烈隆起，以及太平洋弧岛的形成，都综合影响到本区复杂的地壳升降及褶皱与断裂等构造运动。

本区以碳酸盐岩地层为主的裸露岩溶区面积有 54 万 km^2，连同少量碳酸盐岩成为间层、夹层的其他层组，则共有 74 万 km^2 的裸露、半裸露面积，至于地下埋覆的碳酸盐岩地层则占更大的面积。本区为中国最集中与最典型的岩溶发育区，受地质构造、气候等许多条件的控制，发育有多种多样的岩溶类型，具有不同的特征。

本区自然条件复杂，在长江中上游干流及许多支流以及珠江水系的支流等，由于构造上升形成许多深切的峡谷，蕴藏着丰富的水电能源，总装机容量可达 2.4 亿多万 kW，年发电量可达 1.2 亿多亿度，本区各种矿产资源也极其丰富，有许多与岩溶作用有关的成因矿床。本区主要有煤、铁、磷、铝土、锡、汞、铅锌、各种多金属、稀有与稀土金属、多种非金属、岩盐以及石油、天然气和热矿水等许多种矿产资源，有的已开发，但更多资源有待于综合开发利用。本区共有地下水资源 3 333 亿 m^3/a，其中岩溶地下水为 1 720 亿 m^3/a，地表水与地下水总资源量为 10 761 亿 m^3/a。

本区生物资源极为丰富。有许多珍稀与珍奇动植物，仅药材品种就达一万多种以上。目前，已建有自然保护区 100 个，总面积为 263 多万 hm^2。本区丰富的自然生物资源，具有广阔的开发前途。

但是另一方面，本区地质-生态环境由于人工活动影响，正急剧向不良方向转向，主要表现在水土流失-岩漠化及环境污染等方面。各省(区)森林覆盖率为 12.6%～34.3%，但区域性水土流失率都在几百吨/平方公里·年以上。广泛的水质污染正不断地恶化，大气污染的情况也很严重，许多地区的大面积

① 卢耀如. 南方岩溶山区的基本自然条件与经济发展途径的研究[M]//赵延年. 中国少数民族地区九十年代发展战略探讨. 北京：中国社会科学出版社，1993：431-456.

酸雨出现，以及工业废渣污染，也使本区地质-生态环境进一步恶化。环境污染结果，也使地氟病、地甲病、克山病、大骨节病、丝虫病、钩虫病、疟疾、侏儒病以及癌症和痨病等发病率上升。

本区自然地质灾害很多，主要有地震、滑坡、崩塌、泥石流、岩溶塌陷，以及地裂、地膨胀、冷水浸田等，人工活动也可诱使这些灾害的加剧发生与发展。此外，还有旱灾、涝灾及洪灾，以及冻融、霜冻、雪害、风暴、冰雹等灾害。

2 自然条件对经济发展的内在关联与制约性

2.1 自然条件与发展农业的关联性

农业的发展与自然条件关系密切。本区自然条件复杂，基本上是农业占主导。各省（区）年农业总产值占农村社会总产值的58.27%～78.35%；而年农村工业总产值与农业总产值之比只有0.12～0.43。农民年人均收入也低，除湖北和湖南两省农民人均收入占全国第13和第12的中游地位，其年人均收入为460元和471元之外，川、桂、云、贵四省（区），农民年人均收入为341～369元，占全国第23、第25、第26、第27位（1987年年底统计资料）。

广西48个贫困县主要为岩溶山区，年人均口粮400斤、纯收入200元以下有759万人，还有390万人和278万头牲畜饮水问题未解决。云南有400多万人和250万头牲畜饮水问题未解决，1985年人均粮400斤以下，纯收入150元以下的贫困地区有690万人，其中，有492万人未解决温饱，有贫困乡5 607个（涉及102个县），占全部乡数的40.6%。贵州年人均粮食只410斤，贫困面大，其中，有26个县人口共约800万，人均粮食低于此数。四川岩溶山区和湘、鄂西岩溶山区，也有不少贫困户和未解决饮水问题的山村。这片地区据不完全数值估算，有1 800万～2 000万人口和1 200万～1 500万头牲畜，未解决饮水问题。

农村年社会总产值在8亿元以上的县（地区），除了是大城市管辖区和近郊县外，都是处在江汉平原、洞庭湖区和工业区，具有较好条件。

粮食年产量在40万t以上的县，多数位于地势平坦的平原和湖泊周围地区，水利条件较好。有岩溶分布和类岩溶（红层）分布的地区数很少，如四川省重庆市辖区、合川、巴县、涪陵和贵州省威宁，都是具有较大谷地、平坝，灌溉条件好，或位于长江岸边的县。

根据1987年的主要农作物的产量统计，表明本地区各省（区）的有关单项平均亩产量，多数比全国的平均亩产量要低。在粮食方面，湖北、湖南和四川具有平原田，所以比全国平均数高些，而云南、贵州和广西就差得多。就以具有地区优势的广西甘蔗和贵州的烤烟而言，其亩产量也低于全国平均数。这表明除了自然因素之外，可能与农业技术等问题有关。

本区中不少山区条件宜于发展林牧业。贵州宜林面积达12 880万亩，占土地总面积48%，现仅利用22%，而森林覆盖率只有12.6%。云南山地、高原占84%，其中可大力发展林业，而使真正成为“植物王国”。各地人均活立木蓄积量是很少的，列于下表1。

表1 人均活立木蓄积量对比表

省（区）	活立木蓄积量/万 m^3	人均活立木蓄积量/m^3	为全国人均活立木蓄积量（9 m^3）的百分比	世界人均活立木蓄积量（65 m^3）的百分比
贵 州	17 392.9	5.9	63%	9.07%
广 西	19 261	3.9	43%	6%
云 南	98 800	28.72	312%	43.2%
四 川	154 700	14.79	164%	22%

云南和四川人均活立木蓄积量多些，主要是高山地带和热带雨林地区。岩溶分布少、交通不利和人烟稀少的地带，水土流失要少些，植被情况也好些。在金沙江两岸、乌江流域及红水河地区，林木砍伐严重，特别是岩溶地区，水土流失危害显著，植被也差。各地林木生长量都小于砍伐量，云南为 1∶1.5。长此下去，各地人均活立木蓄积量还要减少，这是一个很大危机，因此必须大力发展林业。

各地林业产值不高，只占各省(区)农业总产值的 3.99%(湖北)～9.2%(云南)；而畜牧业所占比例大些，但也只占各省(区)农业总产值的 25%(湖北)～34.95%(四川)。林业收入低，而且见效慢，在广西成林出效益要 10～15 年，在高山地区年数更多些。这就涉及林业发展的经济效益政策与扶持问题。对于畜牧业也如此，贵州宜牧草山草坡达 6 431 万亩，占土地面积 24.3%，广西低山丘陵占 44.8%，有一半可用于发展畜牧业，这些多是岩溶为主的地区。四川宜牧草区在周围岩溶为主山区有 1 200 万亩，低山河坝宜牧草坡也有 7 765 万亩，发展畜牧业潜力都很大，但是也涉及规划与扶持问题。当然，另一方面也必须考虑畜产品的加工、运输与市场等问题。不少山区畜牧业未能发展，也与这些因素具有密切的关系。

从上分析可知，本区发展种植业、林业和畜牧业，除了自然因素外，也与技术、水利化、控制生态环境和经济效益分配以及运输、市场等因素有关。

2.2 制约经济发展的自然因素系统分析

由于地球系统复杂的运动与演化，使各地区具有不同的因素与条件。制约本地区经济发展的有以下两个主要的因素。

1. 强烈地壳构造运动

新生代以来喜马拉雅山的隆起和太平洋岛弧的形成这两个构造事件，其结果导致出现了西部高山坡地、云贵高原、斜坡山地、凹陷盆地和沉降平原等许多亚系统的分野，构成不同的地质-生态环境，并相应地带来不同的地质灾害与不利的条件。

(1) 川西与滇西高山地区。本地区有不少 4～5 km 高程以上的高山，有的常年积雪，并有冻融与雪害现象。深切的金沙江、澜沧江、怒江等流域，多滑坡、泥石流。本区地震活动剧烈为强震区。山高水深、交通不便给经济发展带来困难。如川藏公路在四川境内有病害 356 处，总长 116 km，占全线长 12%。本区主要的灾害有坍塌、滑坡、地震、软土沉陷、泥石流、冰冻、雪害、崩塌等。这些地区年人均工农业产值只有 334～486 元。川西北有的地带产值稍高些，有 857 元。

(2) 滇南高原边缘与斜坡山地地区。本地区以峰丛山地及中山峡谷为主，岩溶与非岩溶景观相并存。河流坡降大，蕴藏可开发电量每年在几百亿度以上。但是地震、滑坡、泥石流等地质灾害也很强烈。人均工农业产值只有 259～340 元。

(3) 桂西高原边缘斜坡山地地区。本区多级峰丛景观的斜坡山地，差异性隆起明显，河流坡降大，可开发年发电量在 1 000 亿度以上。地下岩溶暗河发育规模大，如地苏暗河等。有岩溶塌陷、滑坡、崩塌等灾害现象，水土流失严重。目前只有荔波县的茂兰地区，有面积 2 万 hm^2 植被较好的岩溶(喀斯特)森林区。本区年人均工农业产值只有 362～398 元。

(4) 湘鄂西斜坡山地地区。本区处于云贵高原与江汉-洞庭沉降平原间的斜坡山地，呈现差异性掀起上升，因此受侵蚀而有较多滑坡、崩塌等现象，但岩溶现象还是主要现象。武陵山风景区中有砂岩石林和石灰岩的峰丛与溶丘景观，植被较好。年人均工农业产值为 337～590 元。

(5) 川南及川东盆周山地地区。本区位于云贵高原北缘的川南山地和川东的盆周山地，地势高差大，碳酸盐岩与非碳酸盐岩相间，受特殊构造应力，多形成穹窿、紧密褶皱。滑坡、泥石流、崩塌等灾害也很严重，还有较多岩溶塌陷现象。本区年人均工农业产值为 330～695 元。

(6) 秦岭大巴山山地地区。本区近东西向老构造带也是我国目前南北方气候的天然分界。川鄂境内的秦巴山地南麓，仍为亚热带气候条件。由于构造上升及人工因素的影响，使水土流失加剧发展。四川境内巫溪、剑阁、旺苍、苍溪及城口等县森林覆盖率，1957 年时为 27%～45%，至 1985 年时只有 10.5%～28%，年森林损失率竟达 0.44%～0.94%。本区年人均工农业产值为 333～788 元。

2. 强烈岩溶作用的影响

上列几片山区主要由构造上升而形成的，分属于本大区这系统中的亚系统，但也受到岩溶作用的不同程度的影响。云贵高原和广西盆地这两个亚系统也与构造密切相关，但却受到岩溶作用的重要制约。岩溶的制约作用，主要表现在以下方面。

(1) 地势急剧高差。地质构造上升运动的结果，造成的高差影响是区域性的，而岩溶作用造成的高差，可表现于小地貌上，使正态与负态的地貌景观间高差，在咫尺内可达百多米至数百米。当然这小地貌的急剧高差，也受到了侵蚀作用的影响。贵州出现"地无三里平"的地势，主要与岩溶作用有关。桂西、滇东及湘鄂西等岩溶区，地势高差与岩溶作用都有很大的关系。

(2) 平地小片散布。岩溶作用结果，形成的正态地貌景观有：石林、溶丘、峰丛、峰林等，同时生成负态景观有：洼地、谷地、坡地、准平原等。受地质构造与气候条件等影响，使产生的这些正负态景观具有不同的组合，构成不同的岩溶类型。构造上升幅度小、溶蚀作用强烈的地区，负态的平坦地势占比重大；而在上升幅度大的山区，洼地及小谷地多呈小片散布。显然，平地小片散布(如溶丘洼地及峰丛洼地等地区)和小洼地多处在山丘封闭的环境，这两种因素都不利于发展大片种植业。

(3) 覆盖土层薄瘠。溶蚀为主岩溶类型地区的覆盖土层，主要是碳酸盐岩的溶蚀残余物的富集，一般厚度不大，适于耕种的上覆的土层，在洼地、谷地中，一般只几十 cm 至 1～2 m。大的谷地有河流冲积层，土层来源可不限于溶蚀残余物的堆积。

由于微粉砂粒(石英)少，而形成黏性大的土壤，团粒结构差。这类土性较贫瘠，需加以改良。一般情况下，其农作物产量都是不高的。非碳酸盐岩地区土壤多风化形成，有黄色壤、紫色壤，一般宜于种植，若铁锰结核多，也会影响肥力，不利植物生长。

由于溶蚀淋滤作用，岩溶地区的土壤中有机碳不易保留而有所下降，使土地更薄瘠，通过不断施肥才能保持平衡值。贵州一些岩溶地区土壤中有机质含量，达不到高肥田有机质适宜界限的耕地，可占 1/3～1/2。瘠薄的土层，是造成岩溶山区贫困的一个基本因素。

(4) 水流迅速转化。岩溶地区的地表水易于通过各种岩溶通道而流入地下，使造成地表干旱现象，特别在岩溶山区，而地下又多发育着各种暗河或通道系统，富集的岩溶地下水流经适宜地带后又排至地表。雨季时，地下通道中汇聚过量岩溶水流，又会上涌而淹没洼地、谷地，造成内涝。地表水与地下水的迅速转化，易于造成"阴雨三日则涝，无雨三天就旱"。但是，以干旱为主，人畜饮水困难就是此因素造成的。

(5) 导致地质灾害。岩溶作用结果，除了导致旱涝灾害之外，首先是产生岩溶塌陷以及地表沉陷、开裂和矿坑涌水等灾害。例如：湖南恩口矿区，因抽水影响到 9 500 亩农田、8 座水库，迁房 8 300 m^2，产生塌陷有 6 100 多个。岩溶作用也可导致滑坡与崩塌及泥石流。无论是天然的岩溶作用而产生的灾害，还是人工活动而诱发的各种灾害，对工农业生产的影响都是多方面的。因此，岩溶地区的经济发展需要克服更多的困难。

2.3 山区(岩溶为主)发展经济的八个重要环节

1. 立足自然条件

要使本区经济得到真正的发展，首先必须立足自然条件，掌握自然界的特性与规律，预测未来的发展与变化，取得发展经济的科学依据。否则，有利因素难以利用，不利条件也不能转化与治理，人类生存空间必然日益受到困扰。

2. 兴利防灾并举

(1) 兴利方面。首先要充分掌握与利用本地区的自然资源；同时，需要防治已有灾害及可能诱发产生的新灾害。这里重点强调三个方面的资源。

第一，能源方面。本地区能源很多，首先是水电能源。如果从中合理地选择开发30%的能源，对本区经济发展，以及邻区与沿海地区的经济发展，都会起重要的推动作用。本区煤炭资源达到746亿多t，也可利用发展火电能源。此外，核能源、地热能源、太阳能源、生物能源等都可探索开发。石油天然气能源，也有待进一步突破。

第二，矿产资源方面。本区矿产资源极为丰富，主要有：246亿t铁、3.99亿t铝土、45.9亿t磷、11亿多t锰。此外，汞、锡、铅、锌、镉、锗等产量列全国第一位，还有金、白族金属（铂、钯等）、锇、铌、钌、铑、钼、钨等产量都占重要比重。岩盐、芒硝、钾盐、石灰石、大理岩、硅藻土、膨润土、石英、石棉等，以及其他稀有和稀土元素，都很有开发前景。

稀土在农业上应用很有效，可促进农作物对氮、磷、钾肥的吸收，提高植物的光合作用效率，可促进农作物生根、发芽和叶绿素的增加，提高农作物产量，并改善农产品的品质。特别是在土壤肥力较低的石灰岩溶蚀残积土的地区，可应用稀土以发展当地农业，但今后也需研究其“毒性”，以正确应用。稀土在四川的大巴山、攀西地区及广西、湖南、云南等地都有发现。

这里强调一点，矿产资源是不可再生的。因此，必须合理地与有节制地开发这些资源，以期得到最大效益，对本区经济发展起促进作用。

第三，生物资源方面。本区生物资源非常丰富，云南有“植物王国”之称，全省高等植物资源有1.8万种，占全国2.8万种的2/3。川西及贵州梵净山等地植物资源品种也丰富多样。可以说，本区生物资源中植物资源是极丰富的。做好生态环境保护，这些资源是可再生的。但是，目前这些资源还没有很好地被保护与开发。

至于动物资源，除了珍奇与珍稀动物之外，更主要的是在植物资源的优势环境中，可针对本区动物的习性，而大力发展畜、禽、蜂、蚕以及鱼类资源。

(2) 防灾方面。在利用自然资源中，必须使兴利结合着防灾，注意防止由于经济建设及各种人工活动诱发各种地质灾害，因此加强监测与预报工作是非常重要的。

人类工程活动结果，经常诱发与催化地质灾害的发生，在本区例子很多。例如：水库诱发地震（贵州乌江渡水电站和丹江口水电站），城市抽水产生岩溶塌陷（贵阳、昆明、桂林等）。铁路和公路的滑坡、塌陷，以及工程荷载引起的塌陷等，也是经常发生的。因此，只有认真防治，才能使各项建设收到成效。否则的话，造成的损失是难以弥补的。

可以这样考虑，在发展经济的投资中应包括两部分资金，一部分应当为建设项目的直接投资，一部分资金则用于防治可发生的灾害和保护周围的地质-生态环境。二者的使用得到的是统一的功效，即获得真正的经济效益，并保护环境为今后经济发展提供基础。

3. 综合系统决策

要顺利地发展经济，在立足自然条件，充分考虑有利与不利因素的基础上，需要由系统出发，正确地综合规划与决策。

(1) 自然系统作为区划单元。本区由高山至平原，可作为一个自然界的地质系统，不同的地带与小区可作为亚系统或子系统。例如：乌江和红水河，可分别作为一个子系统，在各个自然单元的系统内，考虑其动态变化和演化，这样才能争取最大效益，使兴利防灾收到实效，达到综合目标优化与控制环境的目的。在决策时，也需考虑各系统的分割问题。如果不从系统出发，而孤立地或主观地划分开发步骤与方案，必然造成错误，或者顾了上游，丢了下游，局部受益，大片受损。所以，不能单纯从行政区划上，而应当主要从自然系统上来决策全局性的经济发展问题。当然，有的省（或区）面积大，自然条件上具有相对完整性，也可作为亚系统考虑有关区划与经济发展问题。

(2) 具体工程子系统的程序。自然界经人工开发后，都要发生变化。在一个流域子系统上，一个大工程的兴建与运行，必然影响到整个流域系统，其影响可能就不仅仅是能源的开发方面，而会涉及流域系统中的大农业和工业发展、经济结构、环境特征演化以及教育与科技等方面。因此，应在一个系统中寻求判识，以取得最优方案，争取得到最佳的效益，避免没有经过系统的决策与预测而引起重大的损失。

4. 先行科学技术

本地区经济的发展，必须以先进的科学技术为先行。具体表现在三个方面。

(1) 深入认识自然规律。目前对本区自然条件的认识，特别是对地质条件的认识，还是初步的。因此，对包括地学、生物学等在内的自然科学的研究，不应当削弱，而是应当加强有关基础研究，使之先行与超前发展，以深入认识自然规律，这对防灾兴利，以及经济合理地发展，都是非常重要的。

(2) 提高生产科学技术。资源丰富只是一个潜在优势，并不等于现实的富裕。只有用先进的科学技术，提高现有的工农业生产水平，才能充分利用资源，避免浪费，取得最大效益。以能耗量而言，本区六省(区)每吨煤创造的工业产值为 1 101 元(贵州)～1 920 元(湖北)，而北京和上海为 2 117 元与 4 113 元。以水资源而言，工业上单位产值的耗水量在本区也是较高的，水的重复利用率有的只 20%，或更低，有的根本没有重复利用，导致污水乱排放，影响环境质量。在农业生产中，应用新的灌溉技术和土壤改良，都是很迫切的问题。

(3) 科学开拓未来前景。没有为开拓未来而先行的科学研究，只能步人后尘，而不能使经济发展得到突破。在开发矿产资源方面，有关开拓性研究很多，例如：多金属伴生矿提炼工艺、矿水中稀有元素的提取、煤成气技术、钾盐的寻找与加工、深部金属矿成矿规律与开采途径、稀土金属的选冶等。至于绿色革命方面，涉及新的复合肥料的研制，岩溶地区土壤层的改良与肥效，岩溶高原的新稻种，岩溶山区牛羊的新品种培育与饲料新种。至于无土栽培法，水土粮食的开拓，浮游生物作为食物源等，都是新的研究领域。此外，还有电子新技术在山区工农业生产中多方面应用与开拓等新技术课题。

5. 密切区域协作

1988 年开始成立大西南四省五方(云、贵、川、桂和重庆市)经济协调会以来，呈现出地区经济联合的战略性、综合性和区域性的发展趋势。后来西藏又加入协调会。这几年在振兴经济的共同目标推动下，进行了专门性国土考察。据五省六方协调会的总结，已取得的成就可归纳为以下几个重要方面。

(1) 企业联合深入发展。目前有关区域行业组织已发展到 62 个，企业集团与企业群体发展到 28 个，组建了一些联营公司与集团。

(2) 初步合作开发资源。在联合开发矿产、生物资源方面，已达成 150 多项合作项目，资金 1.9 亿元，百万元以上项目有 20 个。

(3) 共同投资修建公路。已共同投资 4 亿元修建总长 600 km 的 14 条省际断头公路。目前已有 10 条通车，起了很好的作用。

但是，总的看来这些协作还是有限的。今后需有更大的突破，提出以下建议。

一是加强经济发展的全面协作。除了矿产资源开发和一些企业的联合经营之外，应根据自然条件，加强经济发展的全面协作。例如，在统一制定发展规划、水电能源的合理共同开发、商品的调剂交易、金融管理的协调、科学研究的合作等方面，向中国式新型经济共同体轨道发展。

二是扩大经济协作的影响地域。从自然条件上看，云贵高原和湘鄂西斜坡山地，是处在一个地质大系统之中，许多自然条件与资源，都有内在的关联性。川北秦巴山区南麓与陕南秦巴山北麓，也有一定的地质环境上的关系。所以，湘西、鄂西和陕南地区，应作为大西南经济协调会的盟友或列席的观察员。就是说，相互间也可开展经济协作。

三是建立大农业共同市场。本区生物资源非常丰富，但是农业生产的情况是不完全相同的。因此，在大农业生产上应建立共同市场，使之相互调节、互补互助，又能各自发挥自然优势。在建立共同市场的基础上，取得互通有无的商品的平衡，也可解决各自的难处。

6. 联合东部沿海

仅仅使广西成为大西南资源开发型外向经济发展的前哨，还不可能对本区经济的振兴起大的促进作用。因此，联合东部沿海仍是很必要的。这方面的具体建议有两个方面：一是合作开发能源以及各种资源；二是合建地方特点外向型的企业。

当然，联合东部的方式可以多样，但目的是在互利的基础上，使两地区经济都得到发展。应当逐渐使东部沿海由"一头进一头出"，而逐渐变为"两头进一头出"，包括大西南进入东部沿海，并由沿海出口商品。四川省已和东部地区建立合作一千多个项目，这只是一个开头，应当更广泛地发展与东部的联合，这对本区、沿海，以至全国经济的发展都是有益的。

7. 开拓国际交易

加强国际交往与贸易，必然会对本区经济发展起促进作用。这方面建议有四个内容。

(1) 加强国际科学技术合作。要提高本区科学技术以促进经济发展，除了密切区内与国内的合作之外，加强国际科学技术的合作是非常必要的。目前，这方面的合作还是小规模的，涉及的领域有限，今后需要大力扩大合作的领域。

(2) 有效引进外资争取外援。在国家资金困难、投入不多的情况下，引进些资金是可行的。目前，已利用世界银行贷款正兴建云南鲁布格水电站(装机 60 万 kW)和南盘江二级(低坝)水电站(装机 120 万 kW)，正争取贷款的有乌江支流六冲河上洪家渡水电站(装机 54 万 kW)。今后在适当情况下，多引进外资、多争取外援，有助于解决资金问题。

(3) 扩大地区外贸合理顺差。本地区对外贸易中都是顺差，出口额与进口额的比值在云、贵、川、桂四省(区)，分别于 1987 年为 3.28、1.54、2.97、2.18，湖南和湖北为 4.87 和 5.96。但是具体的外贸金额是很少的。六省(区)的出口总额为 32 亿美元，进口额为 9.2 亿多元。今后主要需增加有关新科学技术方面的引进，这是发展经济的迫切需求。适当地减少顺差，是为了更多的输出。

(4) 发展边境民间国际交易。云南和广西的边境贸易，在民间开展已有悠久的历史。今后应发展云南省的瑞丽—潞西、最洪—思茅—江城对缅甸、老挝的直接边境贸易，和云南的屏边—河口及广西凭祥对越的民间贸易。

8. 注意环境效应

发展经济的同时，必须重视环境的效应，以避免地质-生态环境的恶化。上面已提到目前各地环境污染、诱发灾害的情况是严重的，不予以密切关注，就会危及本区 3 亿多人口的生存空间，那就没有什么发展可言。目前必须着重三方面工作。

(1) 狠抓企业的三废处理，以防止土地资源进一步破坏，防止生态环境的加剧恶化。

(2) 加强环境监测与治理。岩溶地区的环境(特别在山区环境中，有许多自然地质灾害的发生)都是非常脆弱的，极易由人工活动诱发大的灾害。而且环境被污染破坏后，也难以恢复，因此加强环境监测与综合治理，更是非常必要的。

(3) 积极进行防护林工程建设。积极在本地区建设长江、珠江的防护林工程是非常重要的。据林业部门规划，一期长江流域防护林工程中，在四川、云南、贵州和湖北及湖南这五个省，于"九五"末可共有新造林 784 万亩。这些防护林建成后，可获得多方面的效益，包括直接经济效益和生态经济效益。

除了防护林外，其他环境保护工程如挡土墙、拦砂堤、挡滑墙、抗滑坝、排水渠、防浪堤、丁字坝、排气阀、砌石鱼磷坑、谷坊、水柜、引水隧洞、导流与改流、人工淤积、截水沟、渡槽、石砌梯田、急流槽、调蓄水库、调灌水库、护坡等，都可根据当地自然条件而予以实施，使之得到综合治理。

3 经济开发的基本途径

3.1 决定经济开发的主要因素

发展经济，特别是发展岩溶为主山地的经济，需要考虑多方面的因素。

1. 社会因素方面

其中包括人口因素、民族因素、文化因素、社会结构因素等。对少数民族居住的地区而言，当然首先需要考虑少数民族因素。但人口的因素，包括数量和质量以及文化素养，却都是重要的因素。六个省(区)人口已达到3.24亿人(截至1988年年底)，其中四川就有1亿多人口。人口过量发展，使经济发展失去人均的实效。人均生存空间日益狭小。以贵州为例，可充分反映这一情况，在1950年至1970年20年间，人口增加0.53倍，而人均农业产值只增2元(未算涨价)，人均耕地减少1.28亩多。近几年收入增加多些，其中应包括物价上涨及投入增多的因素。

从人的质量上看，除了优生及节育未能有效地在农村体现，以控制人口的数量和质量(体质方面)之外，还有文化落后的因素，也对经济发展起极大阻碍。本地区12岁以上人口中，据国家统计局的抽样调查，文盲和半文盲的比重很大，湖北为24.97%，湖南是19.90%，广西是22.65%，四川是26.17%，贵州达40.45%，云南最高为42.89%。从上列文盲和半文盲的比重中可看出，少数民族人口比重大的省份如贵州和云南，文盲与半文盲率也最高，人口文化素质低，影响到农业新技术推广、环境保护、经济发展，也必然会影响到公共秩序和社会安定。人口文化素质低又影响人口的控制，使生活水平难以提高，这也可能导致人口爆炸与更加贫困。在耕地不多的岩溶山区，控制人口是更为重要的。

2. 经济因素方面

未来的经济发展要以目前经济为基础，涉及工农业结构、产值与比重、商品价格因素、资金、经济效益分配及经济结构因素等。目前广大岩溶山区经济是落后的，有的仍是刀耕火种，要建立商品意识和发展农业，需要有一个过程。山区工农业的比值多数为0.2～0.3。

因此，要发展岩溶为主山区的经济，需要逐渐改变经济结构，适当发展加工业，并改变山区交通不便的状况。

3. 自然因素方面

今后经济发展需要综合考虑地层结构、地质构造、地形地貌、气候、水文网、植被、岩溶、自然地质灾害和其他自然灾害、水文地质与工程地质特征、地质生态环境、资源(包括能源、矿产资源、水资源、生物资源、土地资源)等许多方面因素。要使经济能真正地得到迅速发展，各地应着重对其有利与不利的因素进行综合评判分析，以取得正确的认识，充分发挥自然条件的有利因素，并避害与防害于未然，促使当地经济有效地发展。

3.2 本区经济发展的背景与实力

1. 已有工农业背景概述

本区经济发展是不平衡的，在一些大城市和重要能源与工矿企业，人均产值较高，可达数千元以上。但是，这些城市的管辖县或其邻县，有的仍是贫困县，还需要扶持。显然，这种不平衡是与经济结构与分配因素有关，另外重要的因素就是没有使产品发挥商品作用，大企业未能起辐射作用，促使农村加工业在保证质量的前提下，得以迅速发展。

从农业结构而言，本区各省(区)都是以种植业为主，林牧副渔比重只有35.8%～46.83%。1987年本区农业总产值达1 233亿元，占全国的30%；工业总产值为2 355亿元，只为全国的17%，其中云、贵、川、桂四省(区)1987年工业总产值是1 241亿元，只占全国8.98%，这表明本区仍是农业(其中种植业占主要地位）为经济主体。

由于本区不少资源比较丰富，以往建立的工业已具有一定的基础，包括钢铁、冶金、煤炭、水电、化工、化肥、建材、汽车、糖、纸张、电子等等许多工业部门。虽然工业总产值不大，但已建立的工业仍然是今后经济发展的重要基础。

2. 广大山区贫困的现实

1987 年全国农民人均纯收入 462.55 元，而云、贵、川、桂四省（区）只有 341.84～369.46 元，少 100～120 元。湘鄂西山区也近似这数目。目前由中央和省（区）及地方扶持的贫困县，四川省有 50 个县，贵州省有 31 个县，云南省有 41 个县，广西壮族自治区有 41 个县市，湖南省有 28 个县，湖北省有 37 个县市。这 228 个县市基本上都属于岩溶山区，只是少数县碳酸盐岩的岩溶现象少，但红层的类岩溶现象却多些。1986 年和 1987 年这些省（区）的扶贫总户数分别达 384.4 万户和 354 万户，1 877.1 万人和1 489.5万人，集体补助金额达 6 889.6 万元和 7 386.8 万元，农村社会救济费为 6 430.9 万元和 5 837.3 万元。此外，1986 年和 1987 年这六省（区）农村自然灾害的救济费分别为 3.07 亿和 2.62 亿元。所以说广大岩溶山区（包括非岩溶山区）基本上仍是贫困的，这是客观事实。

3. 经济发展的未来实力

根据现有经济的情况，未来本区经济发展应在全国占什么样的地位，这是需要确立的战略观念。根据上面有关优势的分析，本区经济发展应当成为全国经济发展的一个新的环节，应与优先发展的东部沿海地区相协调。其具体实力应有四方面的显示。

（1）对区内的络合力。首先表现在云、贵、川桂四省（区）（包括重庆市）经济的有机关联，相互配套、协作，逐步发展统一商品经济。在山区和平原区的大农业结构和大城市及乡镇的经济关系上，形成纵横交错、有机一体、畅通自如的网络，显示具有生机的络合力。

（2）对邻省的渗透力。随着经济实力的增长，向外围省份如陕西南部山区、湘鄂西以及粤北山区产生经济渗透力，扩散影响，扩大交易与协作。

（3）对东部的吸引力。利用本区能源与资源，使其像块巨大的磁铁，吸引着东部沿海地区的发展力，使本区经济发展与东部沿海经济发展之间，有着磁性纽带的联系，互相依存，相互促进，共同取得进展。

（4）对海外的诱惑力。以自身的优势及经济发展的实力，感染海外他国经济界及侨胞，争取外资多投入，并激发旅游业的发展，使本区进一步得到振兴。

3.3 山区经济开发的基本途径

山区经济开发有很多途径，但是以发展农业作根本，应是长远的战略，要改变目前贫困山区的面貌，也是长期的历史任务。

1. 山区大农业的发展途径

在山区发展大农业应根据山区的自然条件，不能像华北平原和江汉平原那样大片耕耘，也不能像发达国家那样机械化。澳大利亚南威尔士州、昆士兰州也有岩溶发育的山丘，有较大规模的岩溶塌陷、滑坡，但它们加强水土保持，培育草场植被和森林，发展牧业，取得了经济上的成功。本区农业发展，可考虑这几种途径。

（1）立体生态大农业。根据自然条件，立体生态大农业有三方面内涵。

第一，大环境立体生态农业：这是受区域性地貌景观与环境所控制，如云南河口至玉龙雪山，高差超过 5 km，具有立体气候特征。可以利用大环境部署立体生态农业，充分发挥自然条件的效应。下面作一概括，列示于表 2。

表2 四川云南大环境立体生态农业对比表

地　区	高寒山区	中山区及高原面	中低山、丘陵
高程/m	2 500 以上	1 500～2 500	1 500 以下
年活动积温/℃	1 312～3 000 高者达 3 877	3 000～6 000	6 000～8 500
主要种植物	洋芋、荞子、燕麦、药材、饲料、蔓菁、萝卜	水稻、玉米、小麦、蚕豆、油菜、烤烟	热带植物、橡胶、紫胶、南药、热带水果、双季稻、花生
树　种	云杉、冷杉、高山松、高山栎、桦	多种经济林	热带林(主要云南)亚热带常绿叶林
牧　种	绵羊、黄牛、山羊	猪、牛、山羊	猪、牛、山羊等

第二,小环境立体生态农业：主要受岩溶地区小地貌与环境所控制。于溶丘洼地、溶丘谷地、峰丛洼地和峰丛谷地等岩溶类型地区,这些溶蚀的丘峰坡陡,覆盖层少而薄,多数为裸露的,溶沟溶槽和溶隙内有残积土。这样的地区应发展小环境立体生态农业,有以下几种：一是林牧与种植业结合的立体生态农业：大洼地与大谷地可种植粮食作物与经济作物,25°以上山坡利用溶沟护土、培土,发展树木；山脚斜坡发展草坡,养殖牛羊。二是林牧与渔业养殖结合的立体生态农业：小洼地土质差,附近有水源时可堵洞蓄水成塘,养殖鱼及鸭鹅,并作为牲畜水源。山坡以上发展林牧业。三是种植林牧渔结合的立体生态农业：大面积的岩溶谷地与断陷盆地,在盆地中已有的天然湖沼水塘,可发展渔业等养殖业,盆地中较好土地主要发展种植业及畜牧业,周边山区发展林业。

利用岩溶山丘以发展林业,有利于水土保持,也可增加收入,每平方公里的森林,可收到相当于蓄水 4 000 m^3 的功效。

第三,同环境立体生态农业：在同一地貌与环境中,通过种植业、养殖业和加工业的巧妙结合,建立多种共栖、多层次种养的立体农业,如稻田中养鱼,粮食与经济作物套种等。例如,桑—粮、桑—草、桑—油和棉—粮套种等。

(2) 发展庭院小农业。农村以家庭为单位,在庭院及其四周非承包地上开展各种生产,作为农村商品经济的一种途径,可称为庭院经济,已取得很好的成绩。可种果树、竹子、药材、甘蔗,可养殖猪、牛、羊、鸭、鸡、蚕、鸽、兔、马、蜂,还有蛇、蛤蚧、果子狸等,也可经营羊毛、皮革、肉乳、蜂蜜等。一些发展庭院小农业的地区,年人均收入从数百元到上千元不等。

(3) 建立区域防护林。建立区域性防护林带,实际上是把水土保持与发展林业结合起来,可获得重大的效益。在防护林带中合理地配置用材林、防护林、经济林、特用林以及薪炭林。

(4) 退耕还林保水土。由于开垦山坡地造成了严重水土流失,而每亩地粮食产量只有几十斤,有的还收不回种子。在岩溶及非岩溶山区应当有效地退耕还林,并封山育林。当然需要予以一定补偿,也可以采用扶贫育林、以赈促林方式。这种退耕还林,封山育林,不仅涉及树种选择,还需开展农业地质工作,使之真正达到保土育林的目的。

(5) 扩展生态环保区。本区已建立了自然保护区 100 个,面积 263.8 万多 ha。但不少保护区未能收到保护珍稀动植物的效果,如四川王朗自然保护区,由于平武县修路放炮,使大熊猫迁居于危险地势的高海拔区,而摔死、虚弱病死的不少,近几年又有捕杀的,使大熊猫数减少了一半。西双版纳地区的白掌长臂猿也面临失去生存环境的危机。

今后有条件时,应扩展自然生态保护区,对已有的自然保护区应当使其切实有效地起着保护珍稀动植物及保护生态环境的功效。应该清醒地认识到：本区生态环境好转了,经济发展才有稳固的基础。

(6) 发展特色经济林。根据气候、土壤、地质环境及植物生态,重点发展有当地特色的经济林园基地，也可收到多方面效益，并为轻工、化工等工业提供原料。

重点发展的林园有：第一，造纸林基地。如云南桉树、杨树、圣诞树等属于造纸的速生阔叶树种，高山区云杉和冷杉为高级纸原料。广西马尾松、桉树在宁明、扶绥、崇左、防城等地，也可大力发展造纸林。仅云南就可建造纸林 500 万亩。第二，果林基地。这片地区有许多果林可发展，如柑橘、菠萝、香蕉、芒果、槟榔、腰果、椰子、人参果、猕猴桃、金橘、酸梅、罗汉果、沙田柚、刺梨等。但主要问题是果品的品种差，且保鲜技术没有发展，交通运输不便，使水果产品在国外不能打开市场。今后应重点建立有竞争能力的优良品种果林基地。并加紧研究保鲜技术。第三，橡胶林基地。全国只有广东、云南、海南、广西和福建有橡胶林。除广东外，云南年产胶达 44 039 t 为第二位，占全国产量 18.53%云南计划发展 200 万亩，每亩干胶值 300～600 元。广西也可酌情发展橡胶林。

另外，还可发展油料基地、香料基地和竹林基地，这都是本区的特色。

(7) 特色种植业基地。本区种植业包括很多农产品的品种，这里只强调可重点发展的几个方面。

第一，糖料基地：云南、广西、贵州、四川都可种植甘蔗，特别是广西，甘蔗产量大，但亩产不是最高的。贵州、云南也可生产甜菜，在贵州其产量达 2 460 公斤/亩，为全国最高的。但是贵州糖还是不能自给，因此在保护水土情况下，适当地在一些岩溶谷地或坡地发展甜菜生产，还是可行的。第二，中药材基地：在云南、贵州、四川、广西等地，一些著名中药材如三七、田七、天麻、杜仲等，都已有生产基地，但还可以发展。这些基地有的就建在土质薄脊、石芽嶙峋的岩溶山地，经过培土、人工加棚等，可获得好的产量。目前中药材短缺，国内外急需增加品种产量，不少为常缺药材，应大力发展。第三，蔬菜基地：利用本区气候特点，不少地带冬季仍较温暖湿润，可作为蔬菜生产基地。如云南玉溪—昆明—元谋一带和广西一些地区，已建立蔬菜基地，冬天时也可向北方供应大量蔬菜，取得很好的效益。第四，烟叶基地：本区生产烤烟已有 7 196 万亩。亩产为 74～128 公斤/亩。全国高产的为 141～183 公斤/亩。所生产优质烤烟，与巴西、津巴布韦烟叶不相上下。但是，云贵两省种烤烟面积已达 495.6 万亩(1987 年)，而且多是种在适于种植其他粮食作物的耕地上，生长成熟期也在 5—8 月时间。两省种烟面积与稻谷之比，云南为 0.17，贵州为 0.22，这比例是很高的。当然，云贵已有一套生产卷烟的技术，收入占第一位。今后需要考虑用其他荒地代替良田种烟，并提高亩产量。第五，油料作物基地：油菜籽、大豆、芝麻、向日葵、花生等，在本区占一定地位，其中油菜籽等占 3 289.9 万亩，花生 798 万亩，芝麻 283.7 万亩。油料作物的质量与亩产量，也是需大力提高的问题。第六，棉麻桑柞基地：与纺织有关的这类种植基地也很重要。但是棉花只有湖北多些，湖南和四川年产只有 15.8 万 t，而云南、贵州和广西几乎没有。麻类在湖南、湖北和四川有优势，年产 76.6 万 t，占全国 36.7%，可发展地方特色麻纺织品。桑、柞生产有限，今后应当合理调整，因地制宜地生产。广西利用岩溶石山旱地种桑养蚕，亩产可收入 500 多元，一个劳力可得数百元。在桂西宜山、南丹、东兰、大新、隆安、马山等县，以及桂南龙州等地都可建立养蚕基地。第七，花卉基地：今后花卉的生产除了供应国内各地日益增长的需求外，还可打入国际市场。仅云南省有野生花卉 2 100 多种。建立花卉基地，应是一种发展山区经济的途径。

(8) 发展粮食生产基地。粮食生产除湖南和湖北之外，其他省(区)不是富裕的。“七五”期间已重点投资的商品粮基地县共 27 个。这些县为全国 111 个重点粮食基地县的 24.32%，而且主要在江汉平原—洞庭湖盆区。

今后除了巩固与提高产粮基地外，在滇东大的岩溶断陷盆地，黔中及黔北大的岩溶谷地，广西南部和中部岩溶准平原地区，都可以发展种粮基地，通过改良品种、增强水利等措施。以提高粮食的亩产量，发挥粮食生产的潜力。

(9) 洼地蓄水养殖业。除两湖地区外，各省(区)渔业生产水平不高。四川和广西渔业年产值只有 5.36 亿元和 4.94 亿元，而云贵两省只有 0.95 亿元。

(10) 兴水利促大农业。大中型骨干水利枢纽，对大农业发展有很大好处，使种植、林、牧、渔以及副业得到全面发展。目前各地总的有效灌溉面积只有 15 760 万亩，占总耕地面积 58 043.6 万亩的 27.15%，山区灌溉面积的比例更小。所以，修复与保护已有水利措施，兴建新的骨干水利，仍是发展大农业的重要措施之一。

(11) 发展山地畜牧业。许多岩溶山区开发草场草坡，发展羊牛为主，以及猪、马、驴、骡、鸡、兔、鹅、鸭、蜂、蛇等畜牧业与养殖业。畜牧业可以提供肉食及奶制品，可为轻工业提供皮、毛、绒、骨、蜜、角、蹄、血、肠衣、猪鬃等，其经济效益比一般种植业高。"七五"期间在云南昭通、永善、巧家、会泽等县建立了羊毛商品基地，利用滇东北这些岩溶谷地、山丘发展牧场，除增加收入外，也有助于水土保持。贵州拟建 25 个商品牛基地，多在岩溶地区。

四川周边岩溶为主山区有革山草坡 7 675.9 万亩，大牲畜 243 万头，占全省 24.62%，羊 392 万头，占全省 42.72%。全国 119 个重点牧区，在四川有松潘县、壤塘县等 10 个县。这些县为川西的高山、高原区，自然条件不好，地质灾害多，但年人均工农业产值多数达 528 元至 1 255 元之间，巴塘县只 397 元，与灾害多有关。这些牧区收入，除个别县外比其他条件好的岩溶地区的年人均收入要高出 200 元至数百元以上，显然是由于初步发展畜牧业的结果。

2. 矿产资源的开发途径

(1) 目前存在的问题与有关措施。不少矿产资源在本大区是丰富的，但不是取之不尽的。在人类有限的历史中，它是不可再生的。近几年，一些乡镇开矿业也取得很大进展，特别是易采的煤、磷等矿，可占当地产量 1/3 或 1/2。另一方面，不少农民涌入矿山乱开采，也引起了严重后果。首先，浪费了大量资源，采 1 t 铝，丢失 5～7 t，采 1 t 煤损失 7～8 t，采一两黄金丢掉九两金。这是极大浪费，也使以后开采难以进行。其次，使正规矿受破坏减产，如遵义锰矿主巷道被农民打穿，停产 1 个月，损失 100 万元；六盘水汪家寨煤矿被淹 750 万 t 煤，损失 5 000 多万元。云南等地还有哄抢矿山开采的煤炭等事件。为此，今后应当注意这些问题，可具体采用这些措施。

第一，贯彻《中华人民共和国矿产资源法》，整顿现有开矿秩序。必须经正式批准、有设备、有技术力量，合法地开采矿资源。一些不合格的乡镇矿山应当关闭，更不能个人随意乱采。

第二，在开发矿产时注意发挥目前优势，以驱动当地的经济发展。否则的话，矿产总有采完的一天，当地其他经济未发展，仍将不能富裕。

(2) 多种形式的矿山经济开发途径，主要有以下途径。

第一，建立开采—冶炼配套经济实体：云南个旧锡业公司、攀枝花冶金矿山公司已是很好的典范，此外尚可发展兴办多种矿产的开采—冶炼配套经济实体，如煤、铝、铅、锌、金等。

第二，单一矿种的联合经济实体：考虑已有乡镇矿山的存在，对有条件发展的，可进行地区性联合，使之有正确的技术指导与合理开采，也有利于环境保护。各矿可单独核算。本区内有金属矿和非金属矿 126 片矿山，多数都可采用这些联合方式。

第三，矿农联合的经济实体：深山中矿山可与农业结合，特别是与林牧业相结合，可吸收农民开矿并发展立体农业。还有助于矿渣、废石和残土的处理，以种植树木、花草，美化矿山环境，并可增加农民收入。

(3) 避免与减少矿山灾害事故。在岩溶地区开矿，易于产生岩溶水的突水事故，造成重大生命与财产损失；矿山抽水排水又会引起大面积岩溶塌陷。因此在岩溶地区开矿，应做好矿山水文地质工作，以减少或避免灾害的发生与危害。目前，这方面的防治，已有些经验，如抽排、铺盖、引水、填堵、围隔、改流等方法。矿山中也常发生有滑坡、岩爆、瓦斯、崩塌、泥石流等灾害，都应予以调查研究及妥善防治。

3. 能源开发的主要途径

本区可开发的能源包括水电、煤炭、汽油、核能、生物能源、太阳能、地热能源等。目前以水电和煤炭为主。

(1) 能源开发的基本方式。第一,水电为主火电相辅的大基地:充分开发乌江、红水河、澜沧江以及岷江、雅砻江、清江等水系的水力能源,兴建大型水电枢纽;并利用煤炭优势,可辅以火电,起干旱季节调峰作用。如乌江流域可开发水电装机容量达 800 万~1 000 万 kW,再辅以火电装机容量 200 万~300 万 kW,可收到良好的开发功效。第二,地方中小型的水利水电基地:开发小流域、小溪沟及利用洞穴暗河,建立中小型水利水电基地仍是重要的环节。一般淹没小,可因地制宜。如贵州猫跳河六级水电站,装机容量共有 23.9 万 kW,云南六郎洞暗河,其年平均流量为 26 m^3/s,修地下水库引水到南盘江,建了装机 2.5 万 kW 的水电站。许多地方地表及地下中小型水电水利枢纽已兴建,今后更需大力发展,使之发挥更大的功效。根据岩溶特点,可在本区修建多种开发形式的地下水电枢纽、地表水电枢纽及地表与地下联合水电枢纽。第三,中小型矿山—火电—农业经济联合体:为解决当地旱季时水电不足问题,可吸收农民建立这种联合体,使雨季时主要从事农副业生产,旱季时开煤矿及从事火电生产及其他副业。这种联合体也有助于煤粉尘的利用,并可增加农民收入。

(2) 能源开发的经营与投资方式。开发大水电枢纽,投资大,目前 1 kW 需 2 000~2 500 元。如何投资、经营,有几点建议。

第一,建立中小流域开发治理权力机构,由国家财政资助,授以开发与治理该流域的广泛权力,下设电站管理及建设体系,开发电力、收取电费。美国田纳西流域管理局(TVA),就是这类权力机构。20 世纪 30 年代开始,TVA 修了九个水坝开发电力,为防洪、航运、工业、农业、旅游等综合开发,提供了条件。美国田纳西流域开发的成功经验值得借鉴。第二,建立合资开发经营实体:对具体水电站或某河段,可合资开发(地方合资,或与东部沿海省份合费),电站建成后按投资比例分配电能。第三,建立地方投资经济实体:由地方投资建立规模小的电站,或由国内外贷款,收益后偿还,为地方能源需要而兴建近期见效工程。第四,流域治理与开发的综合经营实体:与第一种开发方式不同之处,在于这经营实体是单独负责,自行筹集资金、申请贷款、独立经营、自负盈亏,对外售输电力,向国家交付税收。发展初期,税收可适当减免或豁免,利用盈余积累,用以整治流域、建新电站,并相应发展些立体大农业。这种经营形式,也可向东部沿海及向边境邻国输售电力。

(3) 开发能源与当地经济发展的关联性。

开发能源应促使当地经济的发展,这是一个非常现实的问题。以往国内对这问题注意不够,当地农民只得到一次性赔偿的极少部分。搬迁后失去肥田,重新开垦坡地,又造成水土流失,结果贫困面貌未变。

国外通过水电开发而改变面貌的实例不少。南斯拉夫特列比西察河为岩溶地区,原先工农业十分落后,7 525 km^2 流域面积内,有 3 万 ha 耕地在 11 个岩溶坡立谷中,几乎年年旱涝。20 世纪 50 年代开始兴建 9 个水电站和 1 个火电站,共有装机容量 151 万 kW,并跨流域引水发电,也为沿海旅游城镇供水,还对岩溶坡立谷渗漏河床进行混凝土铺盖。这些综合开发与治理的结果,改变了山区面貌,使工农业有了很大的发展。参考这些情况,建议在开发能源中,采用以下措施:第一,流域开发与环境治理相结合:单纯开发能源而不治理环境,其结果不可能使当地经济得到真正的振兴。只有把开发结合治理,才能提高当地的地质-生态环境质量,并使农民增加收入,也促进当地工农业得以全面协调发展。第二,发展能源与其他产业发展相结合:发展能源的同时,必须考虑与当地其他产业的发展相结合,如开发矿产资源、旅游资源,发展其他农产品加工业等。应截留一定比例的电力,以满足当地发展其他产业的需要,并且可让一部分有文化科学素养的农民,转到新的产业中。第三,发展能源给予当地合理的收益分成:水电站虽是可再生能源,但库内良田受淹,应是有代价的电力生产。因此,应考虑被淹土地作为入股土地而对待,在发电后每年提取一定的收益分成,作为发展当地农业的基金;另外,也从电力收益中提取一部分作为建设队伍的发展基金。目前,电站发电效益全作为电厂职工的创造产值,这是不合理的。

(4) 先期开发的河流与骨干工程。

本区内各流域系统，应先期开发哪些河段与骨干工程，这是非常复杂的问题，需要系统地全面予以分析评判。这里先不涉及长江三峡工程和金沙江干流工程问题，于本世纪末或21世纪初可望见效的开发河段与工程，见表3。

这些开发河段共有装机容量3 764.54万kW，年发电量可达1 800亿度以上。当然，根据资金情况，这些河段与具体工程还需要进一步选择。

(5) 水电枢纽防渗处理与效益问题。岩溶地区兴修水利水电枢纽时，岩溶渗漏是需要认真对待的问题。国内已有不少水库发生岩溶渗漏，主要是因为未经认真调查研究的中小型工程。目前，已积累有较多防渗处理经验，除个别工程之外，表3中多数为岩溶地区(坝址或库区)的骨干水电枢纽，有关岩溶渗漏问题是不大的。当然在具体兴建中，仍需慎重对待，采取相应的防渗处理措施和保护地质-生态环境的环境工程。

表3 水电能源近期可开发河段简表

流域与河段	已建水电站	正建水电站	可建水电站	总装机容量/万kW
贵州乌江上游能源—矿产开发段	乌江渡(63) 支流(32.84)	东风(51)	洪家湖(54) 索风营(42)	242.84
南盘江能源为主开发段		天生桥二级(123) 鲁布格(60)	天生桥一级(108) 黄泥河上游(22.6)	322.6
广西红水河能源—产开发段	大华(60)	恶滩(56) 岩滩(120)	龙滩(400) 百花滩(18)	654
云南澜沧江中游能源—矿产开发段		漫湾(125)	小湾等(300)	485
湖南耒水能源—矿产开发段		东江(50)	其他梯级(25.3)	75.3
沅江—酉水能源—矿产开发段	风滩(40)	五强溪(120)	石堤(90) 碗米坡(24)	274
湖北清江—长江能源为主开发段	葛洲坝(271)	隔河沿(100)	招徕河(52.6) 高坝州等(25.7)	454.3
湖北汉江中游能源开发段	丹江口(90) 黄龙滩(15)		夹河(28)	133
四川岷江上游—矿产能源开发段	映秀湾(13.5)		紫坪铺(60) 或其他	73.5
四川雅砻江下游能源—矿产开发段		二滩(330)	锦屏一级或二级(300)	630
川东—黔东北能源开发段			彭水(120)	120
四川大渡河下游能源—矿产开发段	洗马姑等(16)	铜街子(60) 龚嘴(210)	枕头坝(44) 或其他	330

注：括号内为装机容量(万kW)，有关数字参考水利电力部门资料。

4. 农产品加工业及手工业发展途径

今后在岩溶山区，应逐渐发展集镇的建设，使其成为山区交易及农产品加工的基地。发展农产品加工业，应主要靠合资，也可与大城市工商业联营，使生产加工、供销一条龙。包括：鱼类加工、食用菌加工、造纸、竹藤加工、木材加工、民间纺织品、木雕、民间工艺品、水果与蔬菜保鲜加工、茶加工、烟加工、肉类加工、乳制品加工、皮毛加工、中药料加工、酒加工等。

5. 发展立体交通网的途径

本区山区丘陵多，交通不发达，一些主要交通长度，统计列于表4。

表4 年交通线长度统计表(1987年底)

省（区）	广 西	贵 州	云 南	四 川	总 计
铁路总长/km	2 291.9	1 443	1 642	2 684	8 060.9
公路总长/km	33 927	29 823	49 877	93 666	207 293
内河航运/km	4 520.9	1 747	1 044	9 122	16 433.9

本区广大岩溶山区，铁路坡陡、弯道多、桥隧多。公路也如此，路面不好。在岩溶山区修铁路及公路，每公里造价比平原区要高3倍以上。目前要大力发展铁路网是有困难的，但修建南昆铁路却很重要。该线可把桂西、黔西南及滇北相连，并与成昆线相连，并沟通广大的川西地带，这对缓解本区运输紧张，特别是对大片山区的经济发展，有很大促进作用。

广西贫困山区中近一半行政村之间，未能通公路，今后可以以工代农、以工扶贫的方式，兴修山区简易公路。加速重庆至成都间一级公路兴修，这对川东山区经济发展也有好处。岩溶地区修建铁路或公路，对岩溶基础问题要认真对待。

除了大江河中下游外，本区水路不理想。特别在山区，水流湍急，因此在兴建水电枢纽时，航道的改善也应当一并投资解决。

需强调的另一点建议：山区可发展轻型短途的航空运输，利用岩溶谷地或其他平坝作机场，供小型飞机使用。主要为时令农产品解决由产地镇(区)至省会间运输，使其中转空运至国内大都市及国外商业中心，取得更好的经济效益。当然，也可运送旅客，并作飞机播种、防灾等用途。建立山区立体交通网，是发展山区经济的非常重要的一环。

6. 生活习性的变革方面

由于岩溶山区耕地少，若要保护好环境，并能促进经济发展，除了采用上述开发途径之外，也必须在山区生活习性上予以逐步变革。

(1) 改变饮食结构，减少粮食消耗。应根据自然条件大力发展林牧业，相应促使山区农民逐渐增加肉乳食品和其他食品，减少稻谷等粮食的需求量。

(2) 生物能源代替薪炭，保护环境。在山区可推广利用畜粪腐根烂叶等产生沼气作燃料，这样有利于保护薪炭林，有利于农村环境改善，使畜粪—能源—肥料处在良性循环系统中。

(3) 发展替代砖瓦建材，保护田地。广大农村修建住房，对砖瓦黏土需求量日益增大。由于挖土烧砖，更易引起水土流失、滑坡等。所以，应推广水泥制品、石板块和其他人工材料，以替代砖保护良田。积极研制新的建材以代替砖瓦，并保护好环境，是很重要的环节。

(4) 注意乡村卫生环境的改善。目前山区乡村的卫生环境很差，少数民族地区情况更难令人满意。改善卫生条件，改革旧习俗，加强人畜粪便处理，破除迷信，普及防病防疫知识，对提高民族的身体素质与控制人口都是有益的。

(5) 发展农村养老退休制度。有的农村已建立养老院。要想控制农村人口，建立养老院和施行农村退休养老制度是非常重要的一个措施。使老有所养，有助于克服“愈穷愈生，愈生愈穷”的现象和多子多福及重男轻女等旧观念。

7. 发展旅游事业的途径

本区内许多国内外著名的旅游胜地，都在岩溶地区，例如：广西桂林风光、贵州黄果树风景区、云南路南石林、四川九寨沟和黄龙风光、长江三峡等。湖南武陵风景区(张家界、天子岭和索溪峪)有砂岩风光也有岩溶风光。此外，湖北神农架、武当山，湖南岳阳楼—洞庭湖、衡山、九嶷山以及冷水江波月洞等，广西武鸣伊岭岩、宁明花山，云南大理洱海、玉龙雪山、中甸白水台，四川峨嵋山、贡嘎山、金佛山，贵州织金洞、罗甸洞穴、梵净山和茂兰喀斯特森林等地，都是很好的旅游点。许多自然保护区，将来也可作为旅游与休养胜地。近几年旅游业已蓬勃发展，要使收效更大，应当注意以下几方面问题。

(1) 提高旅游胜地的环境质量。这种质量包括环境卫生、环境美化、交通状况、居民礼仪、服务质量等。

(2) 加强区域旅游的协作联合。要吸引更多的海内外游客，必须加强联合，建立一条龙、跨省界的协作。目前世界上没有联合的旅游服务业是不存在发展前景的。

(3) 开展专项与民族特色旅游。仅以风光和所谓豪华饭店，是难以长期吸引国外游客的，应开展多种专项的与具有民族特色的旅游内容，以吸引旅客兴趣。例如：岩溶景观考察旅游、综合风光考察旅游、洞穴考察、探险旅游、高山考察探险旅游、特殊生态环境旅游、民间工艺考察旅游、民间节日旅游、艺术节旅游、地方风味饮食品尝旅游等。此外，组织高质量地方工艺与旅游纪念品的产销，加强对旅游资源的保护等，都是非常重要的。目前各地发现了不少岩溶洞穴，这需要经过认真调查并妥予保护。

8. 发展教育提高民族素质

本大区教育落后。由于山区多，交通不便，加上文盲、半文盲的成人比重较大，愚昧无文化，结果是人口剧增，也带来迷信、封建意识、赌博和其他社会不安定因素。特别是愚昧带来人口的爆炸，使贫困—人口高增长率—贫困处在不断的恶性循环之中。特别是岩溶山区，使经济发展、环境保护、农业技术推广都受到阻碍。今后应当着重下列工作。

(1) 推广普及义务教育。山区最低限度应当普及小学，条件好的达到初中或高中。普及教育应当列入立法之中，也应当是山区县的首要任务。

(2) 兴办山区农业学校。为山区培养农业技术人才，可举办各种农业学校或训练班，学习内容应包括地质地理、气象、生物以及有关山区大农业方面的知识。

(3) 发展农村卫生学校。目前在云、贵、川、桂四省(区)，乡村医生才 8.2 万多人，连同各类卫生人员，也只有十几万人。农村缺医情况可想而知。因此举办农村医校也是为农村培养实用医务人员的重要途径。

(4) 组织科技力量上山。组织各级科技力量上山，这对指导与扶持山区大农业生产和环境保护，都会收到积极效果。另外，有助于指导农村技术试验站，使其成为当地重要的农业科学研究与推广新技术的中心。

(5) 发展农村文化机构。乡村文化站等组织应成为提高农民文化素养的有力机构，可组织多种文化活动，包括戏剧、舞蹈、音乐、绘画、文学等方面。目前农村文化专业户已有很大发展，应让其成为提高农村文化与技术的健康力量。

要提高农村教育文化，对山区乡村教育应当予以高于城镇教师的待遇。形成以当教师(特别是当山区教师)为荣的健康风尚。发展教育提高民族素质，应是头等重要的任务。治贫必须先治愚，这应是首要的抉择。

4 认识与建议

根据上文的初步研究结果，可归纳出下面几点主要认识。

第一，本研究区由高山至平原，为一复杂的自然地质系统，受喜马拉雅山隆起和环太平洋岛弧形成的综合影响，使本区构造很复杂，也决定了本区有利与不利的自然条件。

第二，在本区直接裸露的厚层碳酸盐岩有 55 多万 km^2，连同半裸露的间层、互层状碳酸盐岩共有 74 万 km^2，占本区总面积 42%。本区气候条件复杂。受构造及气候两条件控制，本区岩溶具有多种类型。

第三，本区自然资源丰富，主要有水电能源、矿产资源和生物资源，需要加速开发利用自然资源优势，促进本区经济发展。

第四，本区地质灾害也很多，包括地震、滑坡、泥石流、崩陷、岩溶塌陷、水土流失、地面膨胀与开裂，以及干旱、内涝与水灾，此外还有冰雹、雪害、冻融、风灾等，需很好防治。

第五，近几十年来，地质-生态环境在不断恶化，有自然因素作用，也与人工活动密切相关。水土过量流失产生岩漠化的危险和环境污染，是两个严重的问题，应予以高度重视。

第六，根据自然条件（特别是构造与岩溶这两大因素）对经济发展的制约作用，建议在经济建设中抓住八个重要环节：立足自然条件、兴利防灾并举、综合系统决策、先行科学技术、密切区域协作、联合东部沿海、开拓国际交往、注意环境效应。

第七，决定经济发展的因素主要有社会因素、经济因素和自然因素，目前社会因素中人口因素表现在人口爆炸和文化落后，这已严重制约了山区经济的发展。

第八，本区已有一定的工业体系作为发展大农业的基础，但今后农业发展应着重这 12 个途径：发展立体大农业、发展庭院小农业、建立区域性防护林带、退耕还林保水土、扩展生态环境保护区、发展特色经济林、建立特色种植业基地、发展粮食生产基地、洼地蓄水发展养殖业、兴水利促农业发展、发展山地畜牧业、探索无土种植和水生粮食。

第九，开发矿产资源应建立正确的观念，即矿产资源不可再生的概念，并使矿产开采驱动当地经济的发展，真正收到最好效益。本区有 126 片以上矿产资源可联合开发。

第十，开发能源以水电为主，火电相辅，有多种开发途径，建立多种经营实体。开发能源应与流域整治和其他经济发展相结合。此外，也应采用合理的收益分成办法，促进能源所在地的贫困山区面貌的发展。本区可重点开发 12 片能源基地。

第十一，农产品加工业及手工业的发展，也有多种途径，此外发展立体交通、生活习性变革以及发展旅游业等，都会对本区经济的发展产生重要的影响。

第十二，要使本区经济，特别是山区经济能有较好发展，必须大力发展山区教育，建立农业及卫生学校；狠抓人才培养，提高民族的素质。文化素质提高了，才有利于农村工农业的发展，有利于环境保护，也有利于社会安定团结。

第十三，根据本研究区自然条件，考虑今后经济开发的途径与方向，应是多方面的，不能采用单一模式，需考虑到 20 世纪末 21 世纪初经济发展的性质、比重和内容，正确地选择开发模式。由于目前山区经济仍较落后，且人口众多，所以在相当长的时间内，还应在广大山区以发展大农业为主，合理地部署与发展种檀业、林业、牧业、渔业和副业。

第十四，本区经济开发的前景还是好的，但需要作艰苦的努力，应当使本区的经济发展实力，显示在这四方面，即：区内（经济协作区）的络合力，对邻省的渗透力，对东部的吸引力和对海外的诱惑力（或宣扬力）。

总之，本区自然条件复杂，但有很多优势，只要充分认识自然条件，采取多种的正确开发途径，开发结合治理，使本区（包括目前仍贫困的岩溶山区）经济得以迅速发展是完全可以做到的，经济发展的前景是光明的。

据此，提出以下建议：

第一，将“岩溶山区自然条件特征与综合开发治理”列入“八五”或“九五”期间国家重点科研计划，动员更广泛的科技人员，开展更深入的研究工作，使少数民族聚居的岩溶山区，能更好地、更有效地发展经济。

第二，在云、贵、川、桂及湘西和鄂西地区，各重点挑选 1～2 个试验地段，开展地质、水利、农业等综合研究与试验，取得兴利防灾的经验，推动其他少数民族山区经济的发展。

第三，召开“大西南经济发展战略与开发途径”的研究会，集思广益，求得较全面的一致认识，作为今后国家制定经济发展规划的参考。

第四，召开少数民族地区地带性的经济开发研讨会，有自然科学与社会科学研究人员共同参加，以获得更全面的开发山区经济的对策。

江河流域综合治理要重视地质环境效应

——从淮河、太湖1991年水灾谈起①

卢耀如

在1991年我国南方水灾以后，1992年，湖南、江西又发生了水灾，黄河中下游的水患，也引起更多的关注。虽然中华人民共和国成立后40年以来，全国各主要江河兴建了不少水利工程，但要完全做到控制水患灾害，仍需要长期努力。1991年江淮与太湖的水灾，打破了一些人淡漠水利建设的思想，这不能不说是有益的警钟。对1991年汛期异常的原因有多种分析，笔者认为地质环境特征是构成水患的客观条件，要综合治理水患灾害，必须结合地质环境的演化而加以统筹规划。这里就这个问题作些探讨。

1 地质环境是水旱灾害的内在背景条件

众所周知，在太阳系的演化历史中，地质环境的多样性也在不断地变化着。广义上讲地质环境的演化包含着对地球上气候变化的影响，但气候上的变化，在不同的地质环境中，又会产生相应的水旱灾害。所以，地质环境是产生水旱灾害的内在背景条件。

1. 淮河流域多灾性的地质环境因素分析

以淮河流域而言，晚第三纪时，除了上游的伏牛山、桐柏山和大别山区之外，淮河流域大部分与华北相通，为近海盆地。更新世早期，受古黄河及长江河道所挤压，上游古淮河没有直接入海口，而是汇入古黄河河道与古长江河道中间狭窄的地带的湖泊(即今日洪泽湖、高邮湖的前身)，湖水再通过古黄河或古长江河道及与湖泊相连的一些小河道而入海。中、晚更新世后，黄河河道北迁，由原汇入黄海改流入渤海，长江河道也南移，同时洪泽湖面积缩小，而分异成几个湖泊。这时，淮河中下游相应扩大了流域面积。废弃的黄河与长江古河道由于河道于高，并不能为后期入海的淮河起着宣泄其中、上游洪水的作用，后期形成的淮河于洪泽湖下游的入海的河道，宣泄能力也有限。可以认为，淮河演化过程中，尚未形成正常的河道均衡泄流系统。

目前，淮河流域总面积达26.9×10^4 km^{2}余，除了上游山区与黄河及长江有明显的分水岭之处，在淮河中、下游与黄河及长江之间，没有明显的山脉分水岭。处于中国南北之分野，淮河大部分地区属暖温带湿润气候，南岸则属亚热带湿润气候。淮河中下游有河、湖相交替沉积，有的具铁锰结核，阻碍地表水的渗入，而且中、下游坡降只有1‰～0.3‰，南四湖平原区只有0.2‰～0.05‰。这些地质-地理环境特征，使淮河径流年际变化大，年变差系数C_v大于15%，地表地下调节差，因此历史上经常在中、下游地区造成大雨大灾，小雨小灾，无雨旱灾。

2. 太湖地质环境的弱点

太湖流域面积为3.65×10^4 km^2，具有大面积的汇水条件，却没有通畅的下泄通途。使太湖成为半封闭水域，湖水面积达2 460 km^2，西部为茅山、宜溧和天目山构成屏障式分水岭，东部属冲积平原。一方面，太湖自身凹洼的湖盆，虽东北部有望虞河，东部有黄浦江，东南有太浦河，但河道自身淤积和海潮

① 卢耀如.江河流域综合治理要重视地质环境效应——从淮河、太湖1991年水灾谈起[J]. 中国地质灾害与防治学报，1993(1)：86-88+85.

顶托，使太湖水排泄不畅，暴雨时易于内涝。另一方面，太湖流域排水出路有二，一是长江，另一是杭州湾。反过来，长江及钱塘江的洪水，特别是长江的洪峰，又会顶托太湖下泄之通途，造成侧面压迫的困境。长江海口的淤积，已不利于自身的泄洪，凹洼的杭嘉湖平原，也不是太湖通畅的天然泄水通道。

由于人工堵塞影响太湖下泄的通道，加上太湖流域内人工开采地下水带来大片地面沉降的环境效应，都导致太湖流域在先天排水通路不畅情况下，更易于暴雨下积水成涝。太湖流域精华之地的苏州、无锡、常州，近些年工业得到迅速发展，但是由于大量开发地下水，已诱发严重的地面沉降，常州降落漏斗中心水位已埋深近 80 m，年沉降量可达 60～70 mm，凹洼的沉降带导致汇聚更多的地表水，也阻碍了地表水的宣泄能力，增大太湖高水位的倒灌威胁。太湖自身容积为 44×10^8 m^3 余，湖水每升高 1 m，可增蓄水量 24×10^8 m^3。同理，地面每沉降 1 m，便影响相当数量的积水难以迅速下泄。

3. 黄河与长江地质环境与灾害的内在关联性不容忽视

我国第二大河黄河的水旱灾害，在历史上造成不少悲剧。由于地质环境的演化，目前黄河存在着三段峡谷区：龙羊峡至青铜峡段，其间尚有山间盆地相间；内蒙托克托县河口镇至禹门口峡谷区；潼关至孟津峡谷区。峡谷区间有冲积平原。最主要的一个过程是，新生代以来随着地壳差异性的升降与凹陷，一方面形成峡谷，另一方面也产生黄土的大量堆积。目前情况下，黄河多年平均年径流量为 560×10^8 m^3，而多年平均年输沙量达 16×10^8 t。在这种背景下，又使峡谷区以下黄河河道不断淤积，而失去泄流平衡的能力。黄河后期演化，使河道淤填，下游排泄不畅，至特大水年时，泛滥成灾。黄河中下游的河道变迁伴随着水患的灾变。黄河流域平均年降雨量是 400 mm，黄土高原与砂土冲积平原遇上旱年，又易发生大旱灾。自古以来，黄河的水旱灾害也是紧密受控于地质环境特征的。黄河还涉及岩溶的环境地质问题，岩溶也构成干旱地表的一个背景，岩溶也带来一系列环境问题，影响到黄土-砂土及其他基岩的稳定性等。

至于长江流域，洪水灾害也是不容忽视的。1849 年至 1949 年间的 100 年，长江就发生 7 次大洪水。1931 年大洪水，中下游淹地有 5 090 万亩，死亡 14.5 万人，汉口被淹了一个多月。宜昌水文站测得最大洪峰流量达每秒 10×10^4 m^3 以上。长江多年平均年径流量达一万亿 m^3，居世界第三位，为黄河的十几倍。长江流域的地质环境的演化过程，与黄河有着很大的不同。

在距今 7 000 多万年前燕山运动时，四川盆地和三峡（现今）地区发生差异性隆起，相应地洞庭及云梦盆地下降。这时，有上侏罗统沉积的四川盆地、巴蜀湖和秭归湖相通，西部湖水通过刚深切形成的长江河道，排入东部洞庭、云梦湖中。第三纪中期，鄂西川东地区又不断上升，形成深切的三峡，洞庭、云梦湖也不断缩小，长江下游于第四纪时形成大冲积平原与三角洲，使长江流域不断扩展，河道不断伸延而至泄入东海。长江流域没有黄土的堆积，年降雨量在 800 mm 以上，也有旱灾发生。但由于四川盆地湖泊和洞庭、云梦及下游的湖泊的不断贯通，以及长江河道伸延和缩小湖泊作用，使由作为长江前身的汇水排泄湖泊成为后期调节长江洪水的临时分洪蓄洪的湖泊，这种地质环境的演化过程，就构成长江产生大洪灾的隐患背景。

应当说，长江中下游湖泊面积的不断缩小，孕育着洪水灾害的更多隐患，这是长江流域演化过程的趋势。但是，由于人工作用的不良影响，如乱砍滥伐，破坏上游植被，造成大量水土流失。水土流失率达 500～20 000 $t/km^2\cdot a$，长江没有黄土等堆积，其泥沙含量比黄河少，但近些年亦在迅速增大，大量泥沙势必造成湖泊淤积，减低有效的分洪蓄洪作用，从而增大了洪水的灾患。例如，号称八百里洞庭（湖），湖面已从 1825 年的 6 000 km^2 缩小为 2 691 km^2。由于每年有 1 亿 m^3 泥沙的堆积，使蓄水容积由 1949 年的 293×10^8 m^3，减少为目前 174×10^8 m^3，即 40 年来减少了 119×10^8 m^3，可见，洞庭湖的地质环境由于淤积作用而演化，所损失的天然调洪能力是惊人的。

无论是淮河这种中等流域，还是太湖这种小流域，或是黄河、长江这样的大流域，所隐存着的水旱灾害是不相同的。要更好认识不同流域发生的水旱灾害规律，并寻求综合治理的途径，应当立足于认识其不同的地质环境这个背景条件。了解地质环境演化过程，预测其今后演化趋势，这是极为重要的。

2 江河综合治理要立足地质环境效应

地质环境既然是水旱灾害的内在背景条件，要进行江河的综合治理，以达到防灾兴利的目的，就必须立足于地质环境效应。这方面需要考虑以下几个重要问题。

1. 近期与长期治理相结合

地球是在不断地变化，长江、黄河等大流域，都可分别作为地球的一个子系统，也在不断地变化。河流的自身演化过程中，加之人类各种活动及工程建设的影响，必然使地质环境变得更为复杂，也会诱发新的问题。因此，在综合治理江河方面，必然是一个长期的过程。特别是，随着采取江河治理的过程，一方面带来效益，另一方面经过较长时间的过程，又可能出现新的问题。经过 20 世纪 50 年代大规模的治淮实施之后，一些人思想上曾认为淮河已不存在大水患问题，一度松懈了再治理的努力，70 年代中期才又认识到，淮河还是有问题的，90 年代初的大水，人们又得到事实的告诫，治淮还是需要很长期的过程。对任一江河流域而言，近期与长期相结合，都是一个基本的原则。

2. 综合治理的系统性

对任何一个流域而言，都必须将上、中、下游作为统一的系统而考虑，就是说综合治理应当有系统性。对淮河而言，针对其地质环境与水文特征，必须上蓄、中调与下疏（下排）相结合。早期治淮时，由于缺乏长期水文资料，而采用的防洪标准都偏低。例如，一水库原设计坝顶不能溢流，建成后不久，则遇大洪水，使库水高于坝顶一米多而溢流，后溢洪道为洪水冲溃扩大，并冲削部分山坡使溢洪道裁弯取直，才保住大坝安全。淮河上游蓄水工程已不能满足水文要求，早期修建的润河集分水闸及蒙洼和城西湖等中游蓄洪区的能力也不足，至于下游的泄洪和排洪的能力，受天然与人工因素影响，也是不能满足要求。因此，对淮河流域进行系统性综合治理，除了继续扩大上游蓄水工程之外，更应重视中调与下泄，增大洪泽湖等吞洪与泄洪能力，使下游河道形成通畅的泄洪网络。

至于像长江这样大的流域，其综合处理的系统性就显得更重要。目前，从防洪角度出发，决定兴建三峡大坝工程，但这并不是不需要进一步研究全流域防洪问题。三峡直肠式的水库，防洪的后期库容为 $221.5\times10^{8}\ m^{3}$，前已谈及近几十年来，洞庭湖已减少蓄水容积 $119\times10^{8}\ m^{3}$，若对洞庭湖等不加以综合治理，其蓄水容积还会缩小，就会引发新的地质环境问题，产生新的不利因素。在长江综合治理过程，也必须考虑到入海口与下游三角洲地带的处理，并且也涉及太湖的治理问题。随着三峡工程的修建，必须不断探索与认识长江下游（三峡以下）及上游（三峡以上）的侵蚀—沉积的变化规律，及地质环境的演化趋势，使综合处理途径的选择与工程部署，能有机地结合，更好收到综合治理的系统性效益。三峡以下的广大区域，包括洞庭湖等的综合治理，都应积极认真地对待。

3. 综合考虑防灾兴利

1991 年淮河洪涝灾害突出，但历史上淮河旱灾也是极严重的，因此水旱灾综合治理是毋庸置疑的。但是水旱灾害又会诱发其他地质灾害，反之其他灾害也可诱发水旱灾害。例如，1933 年四川迭溪地震后产生 $1.5\times10^{8}\ m^{3}$ 大滑坡群，阻断岷江使蓄水 $4.5\times10^{8}\ m^{3}$，而后这堵坝溃决，形成 40 m 水头的下泄洪流，席卷岷江西岸 11 个村庄，死亡 9 300 人。岩溶地区由于长期干旱造成地下水位下降，引起大片塌陷，这在南方地区也是常见的。

在治理江河兴建水库时，会淹没有关矿产资源，也可导致一些矿产资产的开采难度。开采矿产资源而采取大降水的措施，又可使地下水下降、泉水干枯，增加当地的旱情。这种情况已有许多先例可作借鉴。综合治理江河要达到防灾兴利的目的，这是共同的认识。关键在于如何真正获得防灾兴利的最大效益，这又是相当难的。例如，在山陕黄河峡谷上修建某些水库，一方面存在岩溶渗漏条件，但岩溶渗漏又可补充附近岩溶水源地的开采量，另一方面岩溶渗漏又会影响两岸地带丰富的煤田的开采条件。水库的蓄水也可诱发黄土及砂页岩地带的边坡稳定性的问题，这些都需要认真对待。因此，针对这地带的地质环境条件，要真正做到综合防灾兴利，就需要科学与合理地抉择开发途径，并采用相应的治理措施。

4. 江河治理中的立体性措施

江河的上、中、下游综合治理，是一种立体性措施：地表与地下的综合治理也是一种立体性措施。在江河治理中，采用生态的农业措施，建立立体农业，也是一种立体性。江河治理中的立体性，表现在生物工程方面也是很重要的。例如，防护林等生物工程，有助于削弱台风和风暴的破坏力，有利于土壤蓄水，减少或延缓与分散下泄的洪水量。因为，一亩森林可保水 15～20 m^3；生物工程还可增加土壤中氮、磷、钾等肥效。江河治理中立体性措施，归根一点是不能只单独考虑修建地表水利工程。在江河综合治理中，必须包括地下水与地表水的统一综合治理的工程。地质环境是产生水旱灾害的背景条件；进行江河的综合治理，也必须立足于地质环境效应，尽力减少与控制灾害的发生与发展，并能不断地提高地质环境的质量。

3　加强全流域性的科学研究

要使江河全流域立足于地质环境的演化，收到综合效益的治理结果，必须加强科学研究。

今后，在地质环境方面的研究有三大方面。

(1) 综合性研究方向。重点涉及：地质-生态环境演化与质量控制，大工程的复合效应对地质环境影响，人口、资源与环境的战略发展综合研究，江河综合治理与资源综合效益评价，江河治理工程的处理措施与地质环境保护工程的综合效应，有限的资源开发驱动当地经济的发展途径，全流域性合理发展经济布局与最佳防灾兴利方案的综合研究，等等。

(2) 全球性研究方向。长江、黄河等都是全球江河的子系统，河流的形成、发育及演化的历史，是与全球地质构造运动与环境的变化相关联，“沧海桑田”，其内在关系是很明显的。今后的发展，却是一个难题。因此，从全球性上来研究长江、黄河等演化，这是非常重要的研究方向。在全球性研究中，应用遥感遥测技术、海洋探测成果、地球物理进展、地质年代研究、电子科学技术等方面的成就，可更好地进行对比分析研究，这有助于深入掌握全球性的演化过程，也有助于深入了解不同大江河流域的特性，预测其发展趋势。

(3) 宇宙性研究方向。地球上许多灾害，如洪水、干旱、地震、风暴、冰期等成因与发展过程，与宇宙上特别是太阳系有密切关系，这方面研究方向已引起各国科学界的重视，今后应当更好地开拓宇宙地质学，用以研究全球性和江河大流域的区域性变化。

Effects of hydrogeological development in selective karst regions of China ①

Lu Yaoru

Abstract

In nature hydrogeological conditions are continuously evolving within the hydrosphere-aerosphere, lithosphere, and biosphere. Karst provides the basis for discussing natural and artificial effects caused by the actions influencing hydrogeological conditions. Particularly, pollution, deforestation, desertification and karst collapse disasters are discussed. Four kinds of geological-ecological environments are classified according to the environmental features affecting hydrogeological conditions.

1 Introduction

Development of hydrogeological conditions is controlled mainly by geological structure and climate. Commonly their development involves: ① aquifer formation and destruction; ② hydrogeological basins and characteristics; ③ hydrogeological systems and sub-systems; ④ changes of flow such as velocity, gradient, direction, quantity and pressure; ⑤ storage; ⑥ recharge; ⑦ water quality; ⑧ water circulation; ⑨ changes of energy between surface water and subsurface water and between different aquifers; ⑩ effects of water processes related to erosion corrosion and deposition; ⑪ phase changes between liquid, solid and gas; ⑫ changes in temperature; ⑬ changes in chemical features; 14. changes in hydrodynamics.

Human actions have influenced the above factors which are the main features of hydrogeological systems. In other words, environmental effects result from hydrogeological conditions that have been generated by artificial influences upon their natural features.

2 Simplified discussion on natural evolution

Natural geological-ecological environments are within the global system and their evolution follows the whole global change. It is important to emphasize that natural evolution of hydrogeological conditions usually have a rapid response to related phenomena. Natural evolution and development of karst hydrogeological conditions are complex but their basic features and processes can be simply expressed on maps (Lu

---

① LU R Y. Effects of hydrogeological development in selective karst regions of China[M]// IAHS Publicaton NO. 207. Hydrogeological Processes in Karst Terranse, 1993:15-24.

Yaoru, 1986). The essential factors for evolution of hydrogeological conditions include:

(1) types of karst hydrogeological processes: corrosion, erosion and deposition.

(2) features of karst hydrogeological processes: chemical, physical and biogenic.

(3) ranges of karst hydrogeological processes: surface, subsurface, shallow.

(4) physical-chemical regime: open, closed systems, normal, high pressure, normal and high temperature.

Natural karst processes can generate many unfavourable phenomena and related disasters which can be separated into geological, compound, climatic and biogenic disasters. Most of these natural disasters have close relationship with different karst processes.

3 Dual nature of human - induced environmental effects

Geological-ecological environments have a dual nature, part of which provides favourable and beneficial conditions for mankind and part provides unfavourable conditions. The Yunnan, Guizhou, Sichuan, Guangxi, Hunan, and Hubei provinces are typical karst regions, and may be used as examples (Fig. 1). This large area, within complex landscapes ranging from high mountains at altitudes of more than 5 000 m to a low plain of

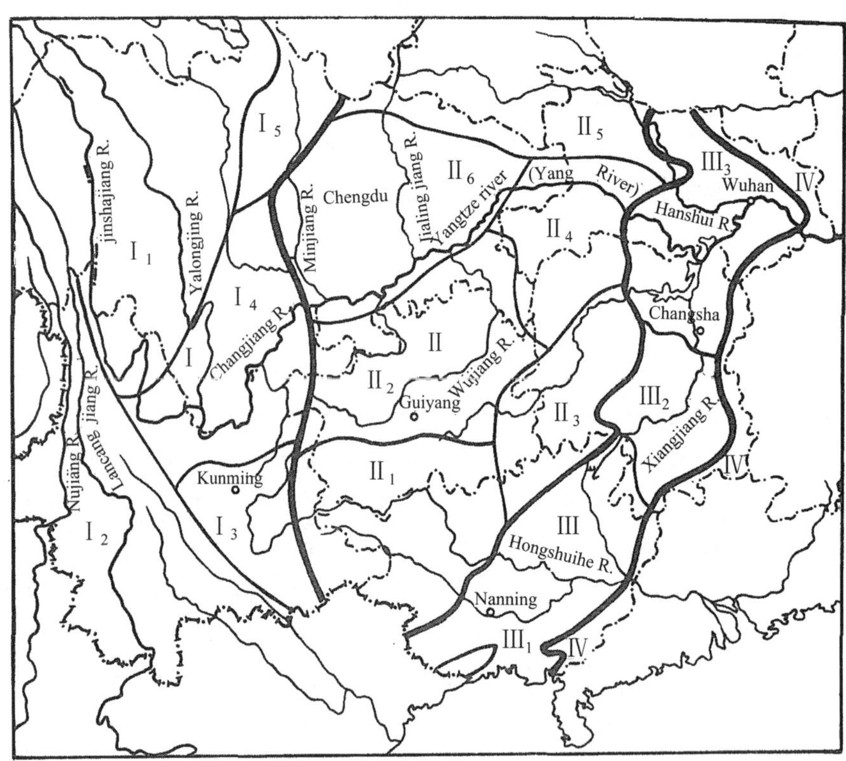

I. West Sichuan-west Yunnan region activating deep and shallow geological disasters: I_1. — Daxue Shan-Cao Yuan strong earthquake, freezing and melting erosion sub-region; I_2— Hengduan Shan-San Jiang strong earthquake, strong erosion sub-region; I_3— East Yunnan earthquake, karst disaster sub-region; I_4— Jinsha Jiang-Yalong Jiang strong erosion sub-region; I_5— Min Shan-Qionglai Shan strong earthquake, erosion sub-region.

II. Yunnan-Guizhou Plateau-Daba Shan Mountain region activating shallow-surface disasters: II_1— South Guizhou-west Guangxi strong karst, erosion sub-region; II_2— Middle Guizhou-Wu Jiang karst-erosion sub-region; II_3— Jiuwanda Shan-Xuefeng Shan karst erosion sub-region; II_4— West Hunan-west Hubei karst erosion sub-region; II_5—Qinling-Daba Shan karst, strong erosion sub-region; II_6— Sichuan basin and surrounding belts less karst, strong erosion sub-region;

III. Guangxi basin-Jianghan Plain region activating shallow-surface special geological disasters: III_1— Guangxi basin strong karst diluvial sub-region; III_2— south Hunan karst, diluvial sub-region; III_3— Jianghan Plain less karst, diluvial sub-region; IV. Southeast Guangxi-east Hunan region activating shallow surface geological disasters (including soil erosion, landslides, and debris flows).

Fig. 1 Regions of main geological disasters in central-south China and southwest China:

only several tens of metres, makes up a sub-system. The dual nature there is exemplified by: 1. favourable and beneficial conditions, which include energy, mineral, water, and biogenic resources; 2. unfavourable which include the four kinds of natural disasters. Geological disasters can be separated into: those caused by deep earth crust movement; those caused by shallow-surface endogenetic and exogenetic dynamic processes; and those caused by special geological processes such as karst processes. Considering the different circumstances of the main geological disasters, this subsystem is divided into several regions and sub-regions shown in Fig. 1.

A dangerous situation is where natural karst processes combine with artificial influences to deteriorate karst environments in two ways: to harm valuable resources and to aggravate disasters. Environmental damage mainly originates from artificial effects on karst hydrogeological processes.

4 Pollution

Because of industrial and agricultural development with little attention to environmental protection, the environmental quality in many areas is decreasing day by day. Generally, pollution includes water, atmospheric, and land pollution. Among them, water is most important and the others are influenced by water movement to cause related environmental problems. For example, in the belt north of Guiyang, acid rain, with a pH of only 3—4, increases the solutional capability of surface and subsurface water, decreases vegetation, promotes soil erosion and causes landslides. The ratios of waste water to the total water resources in Sichuan and Guizhou provinces are presented in Table 1.

Table 1 Ratios of waste water to total water resources in Sichuan and Guizhou.

Province	Annual water resources /(million $m^3 \cdot a^{-1}$)	Annual industrial waste water/(million $m^3 \cdot a^{-1}$)	Ratio
Sichuan	3 212 000	>20 470	>6.56‰
Guizhou	1 022 000	>5 000	>4.89‰

The comprehensive polluted coefficient P_c is:

$$P_c = \sum_{i=1}^{n} C_{pi}/C_{ai}/n$$

where C_{pi}——content of i - th element in polluted water; C_{ai}——content of i - th element in standard water.

Usually the five elements-phenol, mercury (Hg), lead (Pb), arsenic (As), and cadmium (Cd)-are used as the standard constituents for studying water pollution. For example, the polluted coefficient of phenol in a river mouth in southwest China will reach 222 and the comprehensive polluted coefficients in many belts will be several tens to over one hundred.

5 Decrease of vegetation

As a result of the denudation and construction, the vegetation cover in many belts is decreasing. For example, the reduced amount of forest in some belts within the Daba Shan Mountains is listed in Table 2.

The influence of decreasing vegetation upon environment will involve many processes which are shown in Table 3.

Table 2 Reduction of forest cover in percent in some belts of the Daba Shan Mountains.

Belt	Wexi	Jiange	Wanchuan	Chuanxi	Chengkou
Forest cover rate in 1957	37%	45%	27%	35%	40%
Forest cover rate in 1985	10.5%	28%	14.5%	14%	15%
Average annual reduction of forest cover/%	0.94	0.60	0.44	0.78	0.89

Table 3 Analysis of trends related to decreasing vegetation in some belts of south China.

DENUDATION By developing industry and agriculture and other artificial action DIRECT RESULTS Annual loss of water stored in the soil and in the upper vadose zone of rock mass is about 300 000 m^3/km^2 (in karstified mountains in south China) DIRECTLY CAUSING drought, flooding, waterlogging DIRECTLY AND INDIRECTLY PROMOTING weathering, karst collapse, landslides, soil erosion, debris flows, land subsidence, devolution etc. DANGEROUS EVOLUTION TREND TO ROCKY DESERT

6 Karst collapses

Karst collapses occur by natural processes and may be caused by artificial factors. Origins of natural karst collapse are:

(1) cave collapse caused by erosion, gravitation, or earthquake to form windows or natural bridges.

(2) collapse caused by erosion, gravitation, or earthquake to form collapse depressions or collapsed funnels.

(3) compound karst collapses caused by erosion, expansion, gravitation, or earthquake. to form collapsed columns.

(4) earth cave collapses caused by underground erosion, gravitation, or earthquake to forms collapses in covered soil.

Origins of artificial karst collapse include:

(1) underground erosion or heavy loading against negative pressured air mass in karst caves when pumping karst water.

(2) ground erosion from water leaking from under a reservoir storing water.

(3) gravitation and percolation under a storage reservoir.

(4) bursting high pressured air mass in a karst cave under a storage reservoir.

(5) explosions.

The most important causes of karst collapse over large areas are decreasing and increasing karst water level, pumping, draining or storing karst water (Table 4.)

Table 4 Analysis of karst collapses upon the environment.

DECREASING OR INCREASING KARST WATER LEVELS
DIRECT RESULT
Directly causing natural or artificial karst collapses
EVOLUTION OF HYDROGEOLOGICAL CONDITIONS CAUSING OR PROMOTING
Soil erosion, decreasing vegetation, debris flow, pollution, drought, earthquake, landslide, land subsidence, devolution, waterlogging etc.
MAIN HARM
Deteriorated geological-ecological environment

Table 5 Classification of geological-ecological environments.

Class	Evolution trend	Main features	Regions
Natural geological-ecological environment	geological-ecological environment characterized by natural evolution	original forest and good vegetation, only natural disasters, and good environmental quality	some belts in West Sichuan and West Yunnan of natural ecology
Contaminated geological-ecological environment	natural environmental evolution deteriorated by artificial influences, which include pollution and other harmful effects	less vegetation, serious pollution, exploitation without good protection of environment prevent many kinds of disasters	industrial zones, many big mining regions, larger urban belts and many industrial belts with a bad environment
Protection of geological-ecological environment	prevention of surface and shallow geological disasters, sustainable exploitation, and managing environment	presenting surface-shallow geological disasters, such as landslide and karst collapse, debris flow, less pollution and good environmental quality	larger cities and developing industrial zones based on reasonable plan related to environmental protection
Controllable geological-ecological environment	control of deep and shallow disasters and sustainable exploitation to improve environment	preventing surface and shallow geological disasters and forecasting earthquake disasters, good vegetation, and excellent environmental quality	no typical regional example, need to monitor for earthquakes but forecast with a problem of security

7 Classification of geological - ecological environments

It is clear that the quality of the geological-ecological environment is influenced by the dual nature of the factors discussed earlier. The fuzzy mathematics method may be used for evolution of karstified environments.

The evolution of natural environment and artificial effects, particularly the changes of hydrogeological conditions and considering the main sources of major disasters percentage of forest cover, rate of soil erosion, and polluted areas. The geological-ecological environment can be classified into four classes: natural geological-ecological environment; contaminated geological-ecological environment; protected geological-ecological environment; and controllable geological-ecological environment. Their features and characteristics are summarized in Table 5 and expressed in Fig. 2.

For protecting environmental quality, it is necessary to use environmental engineering.

It is important to make a reasonable plan promoting what is beneficial and abolishing what is

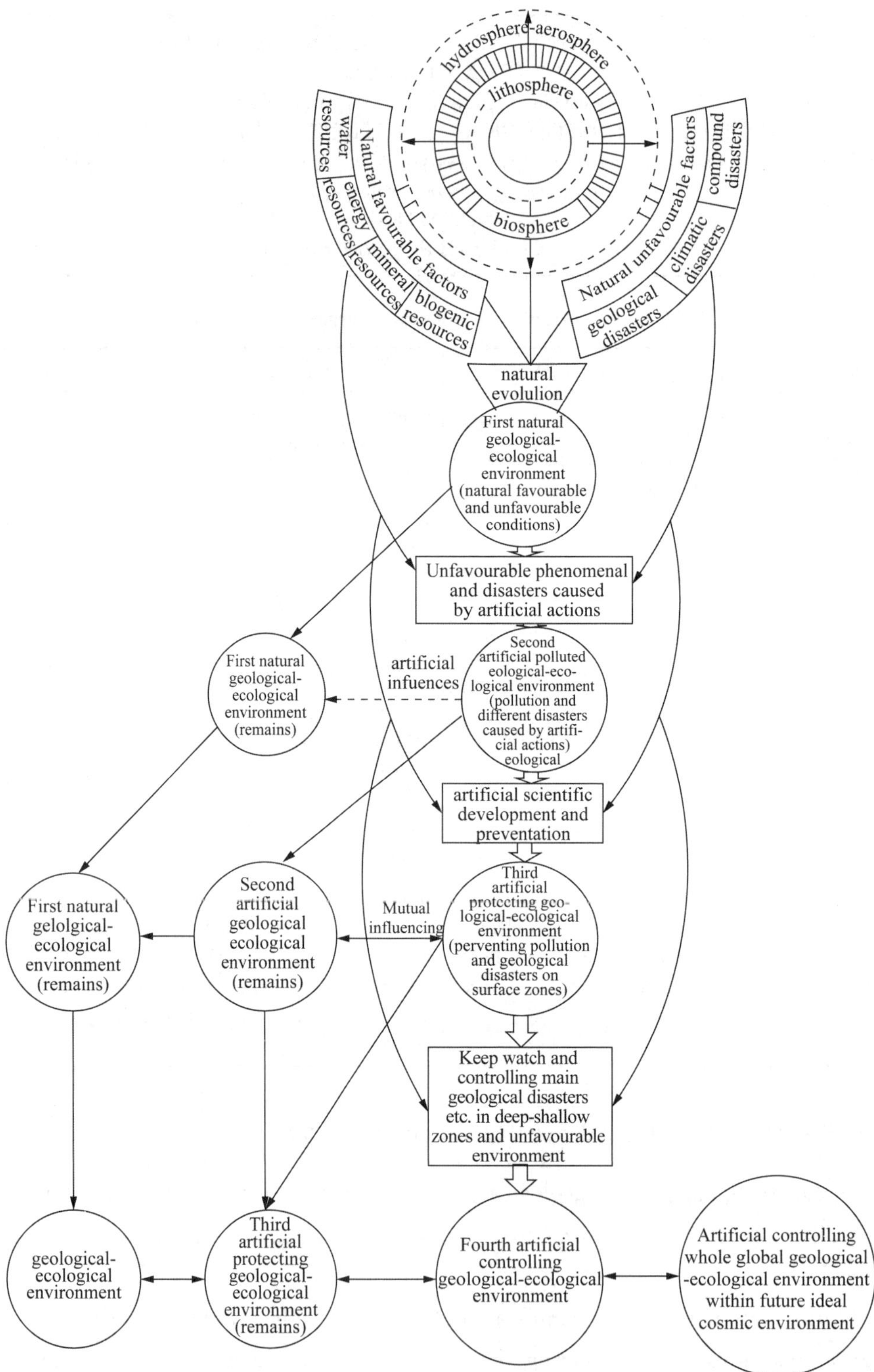

Fig. 2 Kinds of evolutions of geological-ecological environments and related artificial effects.

harmful based on scientific research. Secondly, according to the natural conditions and the needs of economic development, environmental engineering includes three programmes: ① initiate biogenic projects; ② building environmental projects to protect hydrogeological conditions and ③ implementing a waste disposal project.

8 Conclusion

The whole globe as a system in space is naturally influenced by the evolution of the universe and of the solar system. At present, the artificial effects show the early natural geological-ecological environments are minimal in the Antarctic Continent, North Pole, oceans, snow capped mountains, protected natural ecological zones; but most of the lands in the world contain areas of contamination.

It is possible to protect, monitor and ameliorate contaminated environments as indication in the above third class. The fourth class will long remain an ideal goal.

References

[1] LU Y R. Karst in China-Landscapes, Types, Rules[M]. Geological Publishing House, China, 1986.

[2] LU Y R. Karst geomorphological mechanisms and types in China[J]. International Geomorphology, part II. John Wiley, 1987.

[3] GREELEY R. Aeolian geomorphology from the global perspective: Global mega-geomorphology[C]. Proceedings of a workshop held at Sunspace Ranch Oracle, NASA, 1985.

[4] PECK D L, TROESTER J W, MOORE J E. Karst hydrogeology in the United States of America. US Geol. Surv. OpenFile Report, 1988, 88-476.

[5] FILSON J R. Geological hazards: programs and research in USA. Episodes, 1987, 10(4), 292-295.

长江三峡及其上游岩溶地区地质

——生态环境与工程效应研究①

卢耀如

近5年来，长江三峡水利水电枢纽的大坝工程进展顺利，1997年11月已在左侧主航道胜利截流，1998年5月1日临时船闸也已建成通航。今后库区及上游地质-生态环境问题，对三峡工程效应的影响，将日益更加重要。下面简略探讨几个问题。

1 长江三峡水利水电枢纽库区几个重要的地质-生态环境工程效应问题

长江三峡水利水电枢纽坝址建在三斗坪结晶岩上，坝顶高程185 m，正常蓄水位175 m，坝长2 335 m，库容393亿m^3，库区面积1 084 km^2，水库主干长690 km，装机容量1 820万kW，船闸可一次通过万吨船队。控制上游流域面积达100万km^2。长江三峡枢纽的工程效益，包括发电、防洪、航运等方面的效益是巨大的。但是，在长江三峡及重庆-鄂西一带，地质构造复杂，SW—NE向的娄山和八面山弧与重庆(川东)褶皱带和NW—SE的大巴山弧在奉节-秭归一带相汇合，都转为近E—W向，这些构造形成的狭长紧密的褶皱，使岩石破碎、岩溶发育深度大，构成多种岩溶水文地质系统，如图1所示。下面简略探讨几个重要的地质-生态环境效应问题。

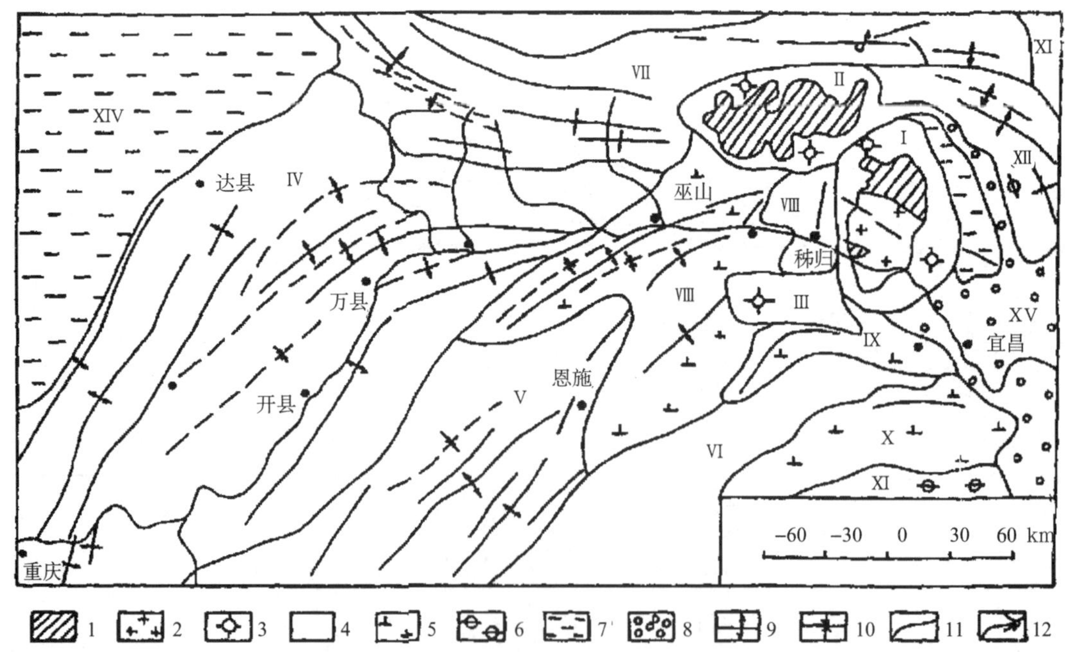

1—元古代变质岩，2—火成岩，3—穹窿岩溶水文地质带，4—紧密褶皱岩溶水文地质带，5—宽缓褶皱(背斜为主)-断裂岩溶水文地质带，6—宽缓褶皱(向斜)-断裂岩溶水文地质带，7—构造盆地埋伏岩溶水文地质带，8—沉降平原埋伏岩溶水文地质带，9—紧密背斜，10—紧密向斜，11—各带(系统界线)，12—河流

图1 三峡及鄂西-重庆地区岩溶水文地质系统分布略图

① 卢耀如. 长江三峡及其上游岩溶地区地质:生态环境与工程效应研究[M]//李振声. 中国减轻自然灾害研究，全国减轻自然灾害研讨会论文集. 北京:中国科学技术出版社，1998.

1. 水库诱发地震问题

南斯拉夫比列察(Bileca)水库蓄水后不久，于 1967 年 8 月 21 日—1973 年 10 月 30 日间，共记录了 8 000 次地震，最大震级为 M=4.5 级，释放能量达 4.09×10^9 J[2]，中国有 18 座大水库产生诱发地震[3, 4]，其中震中地区为碳酸盐岩分布的达 12 座，如表 1 所示。

表 1　中国水库诱发地震情况简表

诱发地震水库数座	地震震级 Ms	震中地区岩性	震源深度 /km	占诱发地震比例
3	2.3～6.1	花岗岩	<2.5～5	16.7%
2	3.7～4.8	混合岩	2.5～7.4	11.1%
1	2.8	火山岩	0.27	5.5%
12	1～4.7	碳酸盐岩	0.5～6	66.7%

碳酸盐岩地区诱发地震的百分比最大，这与岩溶现象密切相关。岩溶地区水库诱发的地震，主要有三种类型：第一荷载断裂类型，由于库水及泥沙荷载，破坏深部平衡的应力场，而诱发断裂活动，产生地震；第二气化爆裂类型，渗透库水加量、加深与加速向深部运移，受地热及热源体影响而气化，向上富集形成高压气团，冲爆破坏岩体，产生诱发地震；第三洞穴坍陷类型，由于库水作用使岩体强度降低或洞内气体受压，都可导致洞穴破坏而诱发地震。在奉节-巴东一带碳酸盐岩出露较多，长江边尚有与深部岩溶通道有关的盐泉与混合盐、淡水的暗河水流出露，表明诱发地震的岩溶因素是不可忽视的。

2. 边坡稳定性问题

库区滑坡、崩塌与危岩体有 400 多处，总方量达 30.6 亿 m^3，在长江干流上有 280 处，约 15 亿 m^3[5]。库岸不稳定系数为 0.21 处/km^2 和 109 万 m^3/km^2，碎屑岩库段如巴东组中砂页岩、泥岩易于产生边坡不稳定问题。规模大的崩塌、滑坡体，多是出现于碳酸盐岩分布地带。主要因素是：第一，由于岩溶作用使岩溶水活跃，在水位变动大的河岸或库岸地带，产生的动力压力可使岩体稳定系数降低 0.20～0.40；第二，碳酸盐岩中有页岩、泥灰岩夹层，易于发育层间岩溶，使上覆岩溶化地层产生大规模顺层滑动。长江三峡与上游贵州地区边坡稳定情况，对比见表 2，说明三峡库区边坡稳定问题仍是重要的。

表 2　长江三峡工程与贵州地区边坡稳定情况对比

地　区	长江三峡工程地区	贵州部分地区
滑坡与崩塌体(处)	283	237
总体积/10^8 m^3	15	1.14
平均单一滑坡崩塌体的体积/10^4 m^3	530	48
最大滑坡体积/10^3 m^3	1.5	0.3
威胁工程的滑坡体积/10^6 m^3	3.3～18(正处理)	1～2(有的已处理)

有的认为水库蓄水后就不存在边坡稳定问题，因为老滑坡即使都不稳定而滑入水库，而库容很大不会受影响。这种论点是很有害的。百万立方米以上的滑坡，都会对水库效益及排砂造成影响，况且老滑坡不稳定，还会诱发新的滑坡体。目前，新迁建的城镇，进行高边坡大开挖而长期暴露未加防护，潜伏着更多不稳定的危险性。

3. 水库淤积问题

长江三峡平均径流量 14 300 m^3/s，年总径流量 4 510 亿 m^3，年输沙量达 5.45 亿 t，相当上游地区每年有372万亩良田流失10 cm种植土及覆盖的砂土层。三峡枢纽水库库水变动30 m，防洪库容为221亿 m^3，可供淤积库容不应超过防洪库容以外库容的一半，则只有60亿～70亿 m^3 库容可供淤积，若每年淤泥量占泥沙量的1/3，约1.8亿t，则水库只需几十年则将有淤积之患。长江上游水库淤损率为1.6%～72.5%，乌江渡只蓄水不到10年，水库就已淤积达到原设计50年淤积的高程。水库两岸的大开挖及诱发滑坡、泥石流，也都进一步构成水库淤积的危害。

4. 水库污染与库水变异问题

目前，长江三峡地段水质还是污染不严重，长江宜宾以上水污染情况也较好，但岷江及重庆一带支流水污染情况就比较严重，超标的水流占河流总数5.3%～84.2%。COD、非离子氧、挥发性酚、汞、铅、镉、石油类、大肠杆菌和亚硝酸盐等，超标达10%～100%，不少成分为39%～94%。根据氮同位素测定结果①，表明工业废水及化肥氮已构成较多的污染，如表3所示。

表3　长江三峡及上游地表水与地下水氮同位素分析简表

编号	采择地点	$NO_3/(mg\cdot L^{-1})$	$\delta^{15}N/‰$	氮来源分析
1	西陵峡长江水	5.85	−2.59	化肥氮及工业废水
2	巫溪江水	4.89	−12.54	降水特征
3	瞿塘峡长江水	5.7	−3.74	化肥氮及工业废水
4	大宁河岩溶泉水	5.01	+3.17	化肥氮及工业废水
5	重庆长江水	4.57	−2.95	化肥氮及工业废水
6	重庆嘉陵江水	7.05	−5.18	降水特征
7	重庆南温泉（岩溶）水	3.46	−19.61	降水特征
8	重庆南温泉岩溶暗河水	15.55	+6.91	土壤中有机氮
9	宜宾金沙江水	1.78	+2.46	化肥氮及工业废水
10	宜宾岷江水	3.90	+2.74	化肥氮及工业废水

三峡上游未处理达标的废水-污水量每年在30亿 m^3 以上，690 km长水库两岸城镇的污水排入库区，都易于对库水及周围水环境构成严重污染威胁。长期运行的水库，库水将出现分层性，即：吸温层（表层）、变温层（中层）、平温层（深层）、混温层（底层）。上游来的污水及库两岸城镇与支流构成多个汇入污水源，能导致在曲折、狭长的690 km的长廊式水库中，形成多个污染团，进而在深层、底层发展为污染层，并产生二次污染现象。为防止水库及周围水环境的污染，做好水库两岸及上游的污水处理是不可忽视的。

5. 岩溶诱发地质灾害问题

上面论述的有关水库诱发地震、边坡稳定性、水库淤积、水库污染与库水变异等问题，都是与岩溶作用密切相关，可以说这几个问题的严重地带，将是有岩溶强烈发育的地带。岩溶自身发育过程，常导致产生岩溶塌陷，在库水及人工工程活动影响下，更会加速、加剧岩溶塌陷的发生与发展。近日在奉节的宝塔坪于新迁建的住宅楼房就已发生直径40～50 m、深30～40 m的岩溶塌陷漏斗。由于几组构造在三峡这一带交汇，地表上已发育有大规模岩溶塌陷漏斗及溶蚀深达600 m以上的竖斜井（天坑）。三叠系下统嘉陵江组碳酸盐岩溶较发育，夹有石膏层构成发育复合岩溶的基础。三叠系中统的巴东组的1、3层为泥灰岩层，2、4层为砂页岩、泥岩。由于嘉陵江组和巴东组泥灰岩的岩溶重叠相接发育于构造破坏的地段，于奉节-巴东这一带就有许多岩溶通道发育，并导致产生巴东组中砂页岩的陷落，这种岩溶塌

① 卢耀如，等．岩溶水文地质环境演化与工程效应研究[M]．北京：科学出版社，1996.

陷与北方陷落柱有相似的发育机理，这一带岩溶于水库蓄水后将产生的不良效应有：第一，导致岩溶通道迅速随库水变化升降水流，增大动水压力，对岩土体起破坏作用，诱发岩溶塌陷，边坡滑动、地震等地质灾害；第二，岩溶通道为污染水流的通道，快速与大量地将污染库水导入地下，以污染地下水环境；第三，岩溶通道易于为淤积物堵塞，使岩溶水排泄通道被坡坏，诱使库岸城镇及运处封闭谷地产生内涝与浸没；第四，岩溶通道中岩溶水的活跃，将对奉节-巴东等新建迁建城镇的基础，构成威胁。

2　库区及上游岩溶山区地质-生态环境是三峡工程效益的依托与保障

三峡上游广大岩溶山区的地质-生态环境是三峡工程的重要依托与保障。目前三峡工程库区存在的上述重要问题，都是与上游岩溶石山地区地质-生态环境质量不高，甚至仍在恶化过程是密切相关的。例如，广大岩溶山区森林覆盖率只有 6%～8%，土壤侵蚀速度高达 10 000～20 000 T/km^2 · a，岩漠化问题严重(表 4)。

表 4　中国南方典型岩溶石山地区土壤侵蚀特性简表

地　区	桂东北	鄂　西	川　西
岩漠化系数 Rr(年土壤侵蚀速度/年土壤生成率)	6.9～34.7	69.4～1 004	83.3～156.2
土层有效厚度 Sm/mm	3 000～5 000	1 000～2 000	1 000～2 000
土层年侵蚀深度 Ee/(mm · a^{-1})	0.5～1	2～7	2～3
一般土层抗侵蚀年限 Ye/a	1 000～3 000	1 000～143	1 000～330
耕土抗侵蚀年限 Yr/a	2 000～500	400～57	400～133

目前，不少岩溶山区的水土流失情况仍不断加剧。以往岩溶山区修建水库的年淤损率为 1.6%～72.5%，即一个水库只需几年至几十年则被淤满而失效。乌江渡水库只蓄水不到 10 年就已淤积原设计 50 年后达到的 654 m 高程。所以，目前应当努力提高广大岩溶山区的地质-生态环境质量，长江三峡工程才能有保障。

1. 提高岩溶石山区地质-生态环境质量的途径

要提高岩溶石山地区地质-生态环境质量是需要大的系统工程，但有几个方面是应当积极进行的。第一，合理发展岩溶石山地区大农业与开发生物资源，这方面包括立体生态农业、庭院农业、区域防护林、退耕还林、扩展生态保护区、发展特色经济林、建立种植业基地、发展山地养殖业、发展山地畜牧业及发展无土水生粮食；第二，合理综合开发地表水和地下水资源，并且需要推广节水的农业及工业用水方法，做好水资源的保护；第三，控制环境污染，改变全用薪炭林作山区燃料的习惯，推广沼气的生态能源，并控制农药使用对环境的污染；第四，积极对自然灾害的防治，以求真正达到防灾兴利的目的。

2. 长江上游系统工程对三峡工程的保障作用

保证长江三峡工程的效益，在长江上游需要绿色工程(保护水土)和污水、垃圾等三废处理工程之外，应当包括金沙江上一系列水利水电枢纽，一方面这些工程尚可有巨大的开发效益，另一方面也可起拦沙资源，减轻三峡的泥沙威胁。例如，溪落渡和向家坝两枢纽装机容量可达 2 168 万 kW，加上白鹤滩枢纽可达 3 418 万 kW，可为三峡拦蓄一半以上的泥沙。

3. 认真对待库区迁建中的地质-生态环境的保护

笔者于 1993 年时就呼吁："三峡工程的兴建，不仅仅是大坝工程，而库区如何移民如何保护地质-生态环境，应当看作关系三峡工程成败的更艰巨的工程。"目前，库区移民中加速大开挖、大回填，没有即时进行防护，也没有根据地质-生态环境特性以制定相应的城镇规模，对库岸边坡也未能及时着手防护，这些方面造成了许多隐患，威胁到三峡工程的效益。所以，为三峡工程的全面胜利，首先还是应当保护好地质-生态环境，以免因移民迁建，带来更大的灾害与不利的隐患。“三峡工程的成败在于水库移民”，而水库移民的成败，就在于是否保护好地质-生态环境。

三峡大坝工程顺利进展的今天，更应注意保护与提高将来水库质量的重要性。当前，不仅要注意库区移民迁建中有关地质-生态环境问题，而且应当积极认真地狠抓上游广大岩溶山区地质-生态环境质量。提高岩溶山区质量当然首先涉及到山区的脱贫与发展的问题。只有岩溶山区大部分得到可持续发展，长江三峡工程也才能可持续发展。三峡工程自身可持续发展，就在于库区及影响的周围地带仍能保持着优良的地质-生态环境，没有严重的泥沙、污染及大的地质灾害困扰，不断获得电力及防灾的多方效益。为此目的，今后仍需要科学技术为后盾，仍需要开展大规模、多学科的合作研究。本文编写中，得到中国地质学会艾永德、王艳君同志帮助，谨此致谢！

参考文献

[1] 卢耀如.论地质-生态环境的基本特征与研究方向[M]. 北京：地震出版社，1991.

[2] STOJIC P. Influence of reservoirs on earthquakes, case study of the reservoir bileca in a karst region, karst hydrology and water resources[J]. Water Resources Publications, 1976: 607-625.

[3] 夏其发.《世界水库诱发地震震例基本参数汇总表》暨水库诱发地震评述(一)[J].中国地质灾害与防治学报，1992，3(4): 95-100.

[4] 夏其发.《世界水库诱发地震震例基本参数汇总表》暨水库诱发地震评述(二)[J].中国地震灾害与防治学报，1993，4(1): 87-96.

[5]《长江三峡工程重大地质与地震问题研究》编写组.长江三峡工程重大地质与地震问题研究[M]. 北京：地质出版社，1992.

[6] 卢耀如.南方岩溶山区的基本自然条件与经济发展途径的研究[M]//赵延年. 中国少数民族和民族地区90年代发展战略探讨. 北京：中国社会科学出版社，1993:431-465.

[7] 卢耀如.喀斯特为主地质-生态-环境质量及其评判-中国南方几省(区)为例[C]//中国地理学会第三届全国喀斯特地貌与洞穴学术讨论会.宋林华，丁怀元. 喀斯特景观与旅游洞穴. 北京：中国环境科学出版杜，1993.54-64.

[8] 卢耀如.中国岩溶地区地质-生态环境演化趋势类型及其判别要素[M]//中国地质学会岩溶地质专业委员会.岩溶与人类生存、环境资源和灾害. 桂林：桂林师范大学出版社，1996.12-27.

长江全流域国土地质-生态环境有待进行综合治理①

卢耀如

今年长江流域的水灾，确是震惊了全国。感到欣慰的是，在党中央、国务院领导之下，在广大军民努力拼死奋斗情况下，可以说在目前已取得抗洪斗争的决定性的伟大胜利。这件灾害事件也许会促进今后全民重视生态环境。当然，有很多沉痛的教训值得吸取。

1 这次长江洪灾是全流域地质-生态环境恶化的结果

自1849—1949年的100年间，长江就发生7次大洪水。1931年大洪水，中下游淹地5 090万亩，死亡14.5万人，汉口被淹1个月，那时宜昌水文站测得的流量达10万 m^3/s。1954年大洪水，宜昌流量为6.68万 m^3/s，武汉为7.61万 m^3/s，各主要控制站高出警戒水位时间达49～135 d。这次长江大水，其流量比1931年或1954年都少，只有约5万～6.3万 m^3/s，却在沿江形成最高的水位，严重威胁许多城镇的安全。这种情况就是全流域地质-生态环境所造成的。

大家都很关注的生态环境是从属于地球之中，河流的发育与演化也是地球演化的一部分，属于相应的地质背景条件，从而构成地质-生态环境。

1. 长江地质-生态环境自然演化过程简述

在距今7 000多万年前燕山运动时，四川盆地和三峡地区发生差异性隆起，相应地洞庭及云梦盆地下降。这些有上侏罗统沉积的四川盆地、巴蜀湖和秭归湖相通，西部湖水通过刚深切形成的部分(目前)长江前身河道，排入洞庭湖、云梦湖中。第三纪中期，鄂西川东地区又不断上升，形成深切的三峡，洞庭湖、云梦湖也不断缩小，长江下游于第四纪时形成大冲积平原与三角洲，使长江流域不断扩展，河道不断延伸而泄入东海。由于四川盆地湖泊和洞庭、云梦及下游的湖泊的不断贯通，以及长江河道伸延和缩小湖泊作用，使作为长江前身的汇水排泄湖泊成为后期调节长江洪水的临时天然分洪、蓄洪的湖泊。这种地质环境的演化过程，就构成长江产生大洪灾的隐患背景。

2. 人为因素恶化了产生大洪灾的地质环境

长江中下游湖泊面积的不断缩小，孕育着洪水灾害的更多隐患，这是长江区域自然演化过程的趋势。但是，人为因素并没有通过治理而减轻灾害的危险性，而是加剧恶化了地质-生态环境，使中等流量洪水却出现历史上最大的危害性。例如上游地区，由于人工作用的不良影响，如乱砍滥伐，破坏上游植被，造成大量水土流失。水土流失率达500～2 000 t/km^2；长江没有大量黄土堆积，其含沙量比黄河少(黄河年输沙量16亿t，长江以前只6亿t，5亿多t来自宜昌以上的上游)，近些年含沙量也不断增大，大量泥沙势必造成湖泊淤积，减低有效的分洪调蓄作用，从而增大洪水的灾患。当然泥沙也造成河道淤积，使不是最高水量出现最高水位。中游洞庭湖距今4 000万年时湖面积为17 875 km^2，公元1825年时为6 000 km^2，1949年时为4 350 km^2，目前约为2 300 km^2(有认为1949年时已只有293亿 m^3 容积，目前为174亿 m^3)，即40年来每年有1亿 m^3 泥沙堆积，40多年来减少了近120亿 m^3 湖泊容积。长江主干修建葛洲坝水电站，对其下游的侵蚀沉积作用也起很大的影响，在有限流量的蓄清排砂状态下，对宜

① 卢耀如. 长江全流域国土地质-生态环境有待进行综合治理[J]. 环境保护，1998(10)：8-9.

昌下游河道的淤积也是有很大的影响(需进一步研究)。根据上中游地质-生态环境恶化情况,以及下游及江口入海处的淤积与人为障碍等情况,长江流域的洪水灾害是不容忽视的。

2 从全流域国土地质-生态环境整治着手以求长江防灾兴利与可持续发展

国务院提出的“封山育林,退耕还林;退田还湖,平垸行洪;以工代赈,移民建镇;加固干堤,疏浚河道”的灾后重建方针,实际上就是进行长江全流域综合治理,显然也是从中提高国土环境质量,使长江流域得以可持续发展。

1. 长江上游综合治理途径

长江三峡以上流域面积 100 万 km^2,其中岩溶石山地区有几十万平方公里,地势急剧高差、平地小片分散、覆盖土层薄瘠、水流迅速转化、自然灾害频繁。森林覆盖率只 6%~8%,耕土抗侵蚀年限有的只有几十年至百多年。上游泥沙量以年 5.45 亿 t 计,相当每年有 370 多万亩良田被侵蚀流失 10 cm 的种植土或砂土。上游滑坡、崩塌、泥石流、岩溶塌陷、地震等地质灾害频繁且规模大。岩溶引起旱涝灾害也是不可忽视的。对上游地区封山育林、退耕还林,特别在山坡 25°以上地带更显重要。岩溶山地人口尚不少,因此结合治理中求发展,我们提出岩溶石山地区发展大农业以可持续发展的 12 种途径,即:① 立体性生态大农业,② 合理发展庭院小农业,③ 建立区域防护林,④ 退耕还林保水土,⑤ 扩展生态保护区,⑥ 发展特色经济林,⑦ 建立特色种植基地,⑧ 合理发展山地养殖业,⑨ 合理发展山地畜牧业,⑩ 发展粮食生产基地,⑪ 兴水利保大农业,⑫ 开发无土与水生粮食。

岩溶石山地区需要系统工程支持:绿色工程、地质灾害防治工程、资源开发工程、污染治理工程以及人文教育工程。

2. 长江中游综合治理途径

“退田还湖,平垸行洪,移民建镇,加固干堤”等,就是中游综合治理措施。其中首要的就是从地质发展过程上看,应当保护洞庭湖和鄱阳湖,使其发挥最大的分洪蓄洪作用。人为的围湖造田得到暂时局部的有限收入,却带来中下游巨大灾害,这是应当避免的。洞庭湖目前许多堤垸正处在地质沉降带上,沉降速率达 3~12 mm/a,加上长江来的泥沙占其淤积量 1 亿 m^3/a 的 73.5%,使这问题变得复杂,沉降作用应扩大湖面,但沉降带构筑堤垸,限定了湖区,每年大淤积量又使堤垸遭受高水位威胁,在保护湖泊调蓄洪中又要发挥其作用、发展经济,其具体办法应当有:① 合理布置堤垸,② 还原天然湖区发展渔业,③ 建造抗洪水居民点,④ 治理入湖四口及出口城陵矶,⑤ 湖内清淤扩大湖容以增湖外堤垸为良田。

3. 长江下游综合治理途径

加固干堤及疏浚河道对下游也是非常重要的。对于下游及三角洲,更要注意海洋与陆地河流的相互作用产生海水入侵及海潮顶托等作用对洪水位及淤积的影响。目前,下游地区长江河道因人工建筑如码头、桥梁等方面对行洪的障碍也是不可忽视的。

总之,长江全流域治理中,需要将近期与长期治理相结合;将防灾与兴利相结合;将立体性与系统综合性相结合。

3 三峡工程对长江全流域的影响应是重点的人为因素

本人于 1993 年曾在《关于长江三峡工程库区地质-生态环境保护与上游系统性工程的建议》中强调:“三峡工程的兴建,不仅仅是大堤工程,而库区如何保护地质-生态环境,应当被看作关系三峡工程成败的更艰巨的工程。”也指出:“长江上游三峡大坝拦腰一截,必然改变这原先平衡状态,使长江流域这一自然系统一分为二,成为被人工行为分解的上游与下游两个系统,一切地质作用都要产生演化调整。”三峡水库兴建,目前库区仍存在着:边坡稳定性(滑坡、岩溶塌陷等)、库水环境污染和泥沙淤积等几个严重问题,因此,曾建议建设金沙江等上游系统枢纽工程,以及绿色工程、防治污染工程、边坡治理工程等。

长江上游的综合治理，主要使三峡工程的库区减少上列三大问题的危害。但是，三峡库区 630 km 主干及两岸山区的灾害防治、移民城镇的合理兴建、污染防治及地质-生态环境保护等等，仍是值得重视的问题。

千万不能认为有了三峡工程就可在防洪问题上高枕无忧了。长江这样大的流域，其综合处理的系统性就显得更重要。目前，从防洪角度出发，决定兴建三峡大坝工程，但这并不是不需要进一步研究全流域的防洪问题。三峡最大防洪库容为 221 亿 m^3，运行发电中将会低于这数字，洞庭湖几乎减少蓄水容积近 720 亿 m^3，若三峡水库及洞庭湖仍有大量淤积，中下游的洪灾威胁仍存在。况且中下游仍有其降暴雨形成的洪灾。

今年长江大水灾教训是深刻了，也增加了全民保护环境的意识。目前，长江在哭泣，黄河在呜咽(也潜伏着大水患)，有全国上下的齐心协力，有坚强的中央领导，深信通过全流域整治，使长江做到真正的防灾兴利，可持续发展的道路会愈走愈宽广，前途应是光明的。

国土地质-生态环境综合治理与可持续发展

——黄河与长江流域防灾兴利途径讨论①

卢耀如

提　要　黄河断流不仅只是中上游用水多、下泄量少的结果，而是整个流域地质-生态环境与国土质量恶化的结果，使河道变化并引起系列不良效果。长江流域今年洪水量不是最大的，却造成历史上最高洪水位使中下游受重灾，也是地质-生态环境与国土质量恶化的结果。

黄河与长江两大流域防灾兴利，应当由地质-生态环境着手，国土综合整治为本，以求可持续发展。

本文讨论了黄河与长江不同河床的治理措施。作者在早期1993年文章中就表示对长江与黄河大水灾的关注。目前仍是关注这两大流域综合治理。

关键词　黄河断流　长江洪灾　地质-生态环境　综合治理

大家关注的生态环境是依托于地质基础上，构成地质-生态环境，它是包容了岩石圈、水圈、大气圈和生物圈的复合环境[1]。人类活动又会对地质-生态环境产生效应。无论是黄河断流，还是长江洪灾，都与地质环境效应密切相关，笔者在《江河流域综合治理要重视地质环境效应——从淮河、太湖1991年水灾谈起》这篇文章中[2]，强调了黄河与长江水患问题。马国彦也强调黄河治理开发中环境地质[3]。

1　黄河断流与地质-生态环境效应

黄河流域全长5 464 km，流域面积79万 km^2。黄河虽然为我国第二大河，但其多年平均流量只有580亿 m^3/a，约相当于长江的1/20，而黄河多年平均输沙量达16亿 t。这种情况“又使峡谷区以下黄河河道不断淤积，而失去泄流平衡的能力。黄河后期演化，使河道淤填，下游排泄不畅，至特大水年时，泛滥成灾。黄河中下游的河道变迁伴随着水患的灾变”[2]。目前黄河断流加剧，以前关于黄河水患的担心不是多余，而是更有紧迫感。

1. 黄河断流因素分析

自1972—1997年的26年间，黄河山东段有19年出现断流，年均22 d断流；而1991年后半年，断流提前至2月，1997年断流为2月7日。断流时间利津长达223 d，河口为290 d。以前断流在滨州道旭以下河口地区[4]，目前达河南夹河滩近700 km。黄河由于泥沙淤积使平原河床高于平原地面平均3～7 m，大者10 m以上，济南大明湖比黄河低13 m，利津黄河河床也高出地面14～16 m。黄河断流因素是两方面造成：一方面是上游用水量增大，减少下泄量造成；另一方面更主要是长期淤积、河床抬高，当地表径流量小时，就消落地下成伏流，使河床地面干枯。有关黄河平原河道地表水与地下水演化关系，分析见图1。

这种情况在华北广大半干旱地区也是存在的。如河北滹沱河，修建了黄壁庄水库后造成下游除洪水期泄洪外，长期人工截留地表水，使下游河床断流。有关断流后洪水下泄情况[5]，可概括于表1。

---

①　卢耀如. 略论地质-生态环境与可持续发展——黄河断流与岩溶石山保障三峡工程问题的探讨[C]. 中国工程院第四次院士大会学术报告论文集，1998.

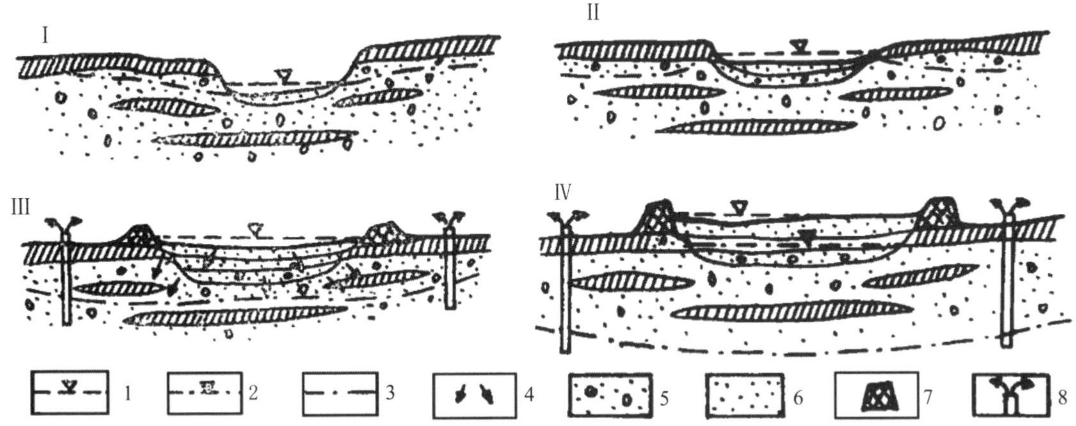

Ⅰ—早期正常状态下,地下水向黄河排泄;Ⅱ—黄河河床淤积上升,使黄河水补给地下水;Ⅲ—黄河大量淤积、河床上升,地下水强烈抽降,黄河呈悬河;Ⅳ—黄河河床淤积高出地面成危险高悬河,两岸地下水过量抽降;

图例:1—黄河河床水位;2—黄河河床沉积物中潜流;3—地下水位;4—黄河水向砂卵石层饱气带下渗的水流;5—粗颗粒砂卵石;6—细颗粒砂土沉积;7—人工黄河堤坝;8—抽水井

图1　黄河平原河道地表水与地下水关系演化分析图

表1　滹沱河黄壁庄水库至北中山水文站行洪对照表

地　点		黄壁庄水库	北中山水文站
距离/km		110	
50～60年代人工蓄水断流前及初期		黄壁庄水库下泄洪水至北中山水文站约15 h到达	
1988年	流量/亿 m^3	8.78(水库连续下泄)	3.90(连续观测经过)
	行洪时间/h	8月5日开始下泄	8月13日开始到达
		共有4.88亿 m^3 下泄库水消落地下,行洪历时190 h到达	

黄河流域已建成大中型水库159座,总库容达470亿 m^3,其中有效库容约300亿 m^3,其他较小水库、塘、堰等共1万2千多处,工程总蓄水约85亿 m^3,则大中小型蓄水工程总库容已近于黄河流域的地表水资源量。因此,如何调节调蓄黄河流域地表水和地下水,是涉及减缓黄河断流以及防治将来大水患的重要问题。

2. 黄河断流的危害性

目前黄河断流对地质-生态环境造成的反馈效应有以下方面。

(1) 改变地表水与地下水的补排关系,增大河水下渗潜蚀能力。

由于黄河地表河道长时间呈断流状态,使地表水与地下水的补排关系产生急剧变化,由悬挂河床变为悬托河床进而变为干枯河床,河床垂向潜流渗透,增强对河床下细颗粒的机械潜蚀能力,恶性循环结果,必然造成地表河水呈现断流并不断延长断流的时间与长度。

(2) 增大黄河的淤积量,减少泄洪能力。

黄河多年输沙量在郑州一带为16亿 t左右,而利津河口一带只有10亿～12亿 t,约有4亿～6亿 t泥沙沉积于这段黄河下游平原与三角洲河道,长时间断流,必然造成泥沙的大量堆积,加上风力侵蚀搬运,使淤积物形成沙丘、沙墙,改变河道的天然地貌,导致河床迅速失去泄水能力。当有较大洪水时,更易在中游平原泛滥成大灾。由图2反映出断流时间与河床升降变化的密切关系。

(3) 改变河口淤积-侵蚀规律,诱发海岸蚀退与海水入侵。

由于黄河断流时,上游来水中泥沙不能再被黄河水挟带入海,结果破坏了原有的淤积-侵蚀规律。在风暴潮、海浪的侵蚀作用下,使海岸带蚀退,也诱发海水入侵,并破坏沿海淡水资源。黄河淤积前伸的速率可达1.5～6 km/a,而对海岸侵蚀速率达0.43～2 km/a。由于断流产生海水流态变化,将使淤积前伸速率降低，而在急流的冲刷地带也相应产生更大的侵蚀速率，并使海底地形地貌产生急剧变化，而影响海底工程电缆等稳定性。

(4) 改变海水流态及河口水质，影响水产资源。

由于黄河长时间断流，使减少河口的入海水量，并使海水、河水混合带中，缺少陆地带入海水中的养分，而使水质变异，也必然改变黄河口至黄海一带对虾及刀鱼等生活环境，影响到这些水产资源。

(5) 改变岩土体的物理力学性质，诱发系列地质灾害。

由于黄河下游及三角洲的断流，影响广大地带岩土体中含水量及潜流渗透运动，易于诱发土地沙化、植被消退、增大土壤流失量(在雨量多、地表漫流状态下)，并导致岩土体崩塌、滑坡、塌陷以及地震等灾害。由于黄河断流，使下游更加剧超采地下水，也增加诱发地质灾害的频率与强度，易于导致荒漠化的严重发展。

这五方面的不良效应，综合影响到地质-生态环境的质量，产生的地质-生态环境方面的不良效应是：河道变化、淤积加剧、地下水位下降、水旱灾害加剧、荒漠化发展、破坏生物多样性及生态环境恶化。黄河断流加剧并不是黄河水患的消失，上述不良的效应，孕育着将来不大的洪水会产生更大的黄河洪灾以至泛滥成大灾。

3. 黄河断流与洪灾防治措施

黄河断流是全流域地质-生态环境恶化的结果，由利津断流时间与河床高低变化上就反映出，断流不只是流量问题(图 2)。因此，黄河断流及洪灾的防治都应当由全流域地质-生态环境和国土质量提高这个基本方面着手。

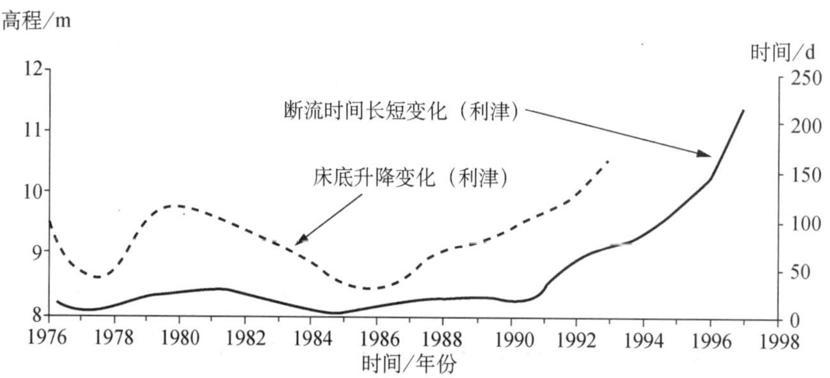

图 2　黄河断流时间与河床变化关系图

(据原地质矿产部海洋地质研究所，周永清)

黄河上游的地质-生态环境问题：过量放牧、草原退化、水土流失加剧、破坏植被、地质灾害加剧、荒漠化发展、水库蒸发及浪费地下水与地表水资源、湖水消落、地面干旱；因此上游的措施主要应是引水、合理调蓄及保护地质-生态环境。

黄河中游的地质-生态环境问题：黄土高原的强烈水土流失、人工破坏植被加剧地质灾害的发生、过量开采地下水引起地面沉降开裂、荒漠化发展以及水库大量蒸发与农业漫灌等浪费水资源；因此，中游的措施主要应是拦蓄泥沙，合理调节调蓄地表水和地下水资源，防治水土流失[6]，保护与提高地质-生态环境质量。

黄河下游地质-生态环境问题：河床淤积加高、人工障碍改变河道泄洪能力、河口淤积、海水入侵加剧、过量开采地下水诱发地面沉降等灾害。因此，对黄河下游以及河口地带(包括三角洲)，需要采用人工回灌地下水、保证河道通水有生态流量、疏导淤积、排泄泥沙以及提高地质-生态环境质量等多种措施。

目前，对黄河上、中、下游全流域而言，节约用水仍是重要手段，进行地质-生态环境质量提高与国土整治是解决黄河断流与防治洪灾的基本途径。

2 长江洪灾与地质-生态环境效应

长江流域年平均水资源量为10 000亿m^3，占全国水资源量28 000亿m^3的35.7%。长江流域泥沙总量在20世纪80年代前只有6亿t，而三峡出口处泥沙含量高达5.45亿t，平均含沙量达1.21 kg/m^3，金沙江含沙量达1.86 kg/m^3，嘉陵江含沙量达2.3 kg/m^3。所以，由泥沙来源上看，上游水土流失是很重要的泥沙来源。大量泥沙来自上游，也反映出上游植被破坏与不能调蓄水流于土、岩体中，而使降雨迅速汇入江河，小降雨量就可成灾。

1. 长江洪灾分析

长江宜昌以上的上游，控制流域面积100万km^2，其中不少为岩溶石山地区，森林植被覆盖率只有6%～8%，水库淤损率达1.6%～72.5%，土层抗侵蚀年限只有几10年至400多年，地表水与地下水转化迅速，在当地就易产生旱涝灾害，如图3所示。

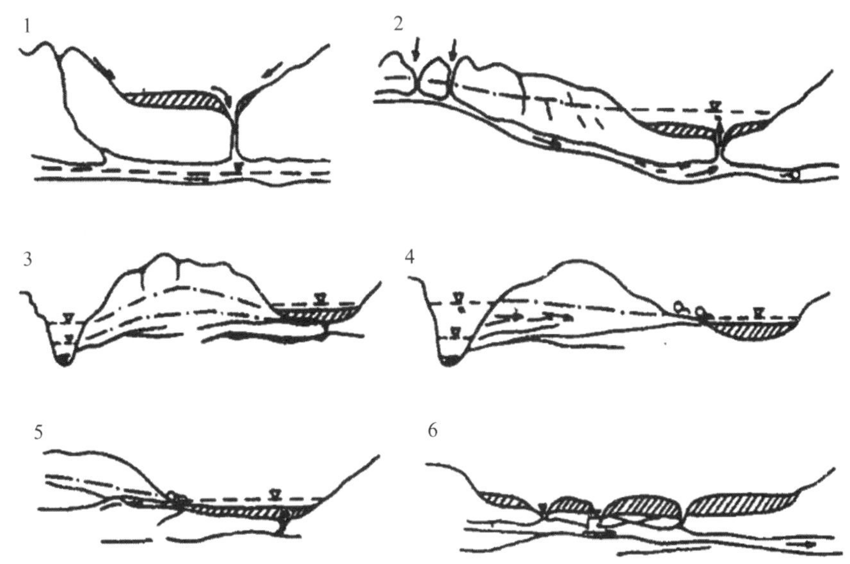

1—地表水渗入地下造成干旱，2—岩溶水上涌造成内涝，3—水库地下水壅高造成浸没，4—库水渗漏造成浸没，5—岩溶水排泄造成沼泽，6—岩溶水作用产生岩溶塌陷

图3 岩溶地区水转化与有关旱涝灾害示意图

岩溶地下水以及地表径流都会迅速又汇入地表河流，使河水迅速升涨而威胁下游。可计算500年来长江流域一些地带水旱灾害频率，概括于表2[7]。表上反映各地水旱灾频率达40.16%～76.51%，而且是水灾多于旱灾，几乎是每2～3年就有1次水灾。

表2 500年来长江流域一些地带水旱灾害频率

灾害 / 地区	洪涝灾害			旱灾			水灾/旱灾 比率	水旱灾总频率
	重水灾	轻水灾	总计	轻旱灾	重旱灾	总计		
江汉平原	10.49%	18.87%	29.36%	11.95%	6.08%	18.08%	1.62%	47.44%
洞庭湖盆地	11.17%	23.03%	34.20%	18.94%	2.25%	27.19%	1.26%	61.39%
湘鄂西山盆地	7.82%	22.08%	29.90%	14.33%	5.54%	19.87%	1.50%	49.77%
滇东高原	10.02%	27.62%	37.64%	11.99%	3.96%	15.95%	2.35%	53.59%
滇西高原	10.33%	29.19%	39.57%	11.22%	4.65%	15.87%	2.49%	55.44%
川东山地	10.14%	31.02%	41.16%	21.81%	13.54%	35.35%	1.16%	76.51%
贵州高原	4.02%	15.75%	19.95%	%13.53%	6.66%	20.19%	0.98%	40.14%

笔者于1991年淮河、太湖发生水灾时，就曾呼吁要重视长江水患，公开论著中认为："至于长江流域，洪水灾害也是不容忽视的。1849—1949年间的100年，长江就发生7次大洪水。1931年大洪水，中下游淹地5 090万亩，死亡14.5万人，汉口被淹了一个多月。宜昌水文站测得最大洪峰流量达每秒10×10^4 m^3以上。长江多年平均年径流量达1万亿m^3，居世界第三位，为黄河的10几倍。长江流域的地质环境的演化过程，与黄河有着很大的不同。

"在距今7 000多万年前燕山运动时，四川盆地和三峡(现今)地区发生差异性隆起，相应地洞庭及云梦盆地下降。这时，有上侏罗统沉积的四川盆地、巴蜀湖和秭归湖相通，西部湖水通过刚深切形成的长江河道，排入东部洞庭、云梦湖中。第三纪中期，鄂西川东地区又不断上升，形成深切的三峡，洞庭、云梦湖也不断缩小，长江下游于第四纪时形成大冲积平原与三角洲，使长江流域不断扩展，河道不断伸延而至泄入东海。长江流域没有黄土的堆积，年降雨量在800 mm以上，也有旱灾发生。但由于四川盆地湖泊和洞庭、云梦及下游的湖泊的不断贯通，及长江河道伸延和缩小湖泊作用，使由作为长江前身的汇水排泄湖泊成为后期调节长江洪水的临时分洪蓄洪的湖泊，这种地质环境的演化过程，就构成长江产生大洪灾的隐患背景。

"应当说，长江中下游湖泊面积的不断缩小，孕育着洪水灾害的更多隐患，这是长江流域演化过程的趋势。但是，由于人工作用的不良影响，如乱砍滥伐，破坏上游植被，造成大量水土流失。水土流失率达500～20 000 $t/km^2\cdot a$，长江没有黄土等堆积，其泥沙含量比黄河少，但近些年亦在迅速增大，大量泥沙势必造成湖泊淤积，减低有效的分洪蓄洪作用，从而增大了洪水的灾患。例如，号称'八百里洞庭'(湖)，湖面已从1825年的6 000 km^2缩小为2 691 km^2。由于每年有1亿m^3泥沙的堆积，使蓄水容积由1949年的293×10^8 m^3，减少为目前174×10^8 m^3，即40年来减少了119×10^8 m^3，可见，洞庭湖的地质环境由于淤积作用而演化，所损失的天然调洪能力是惊人的。"[8]

洞庭湖4个入口由长江入湖排沙量占长江含沙量47.4%，城陵矶输出沙量只占入湖沙量26.5%，湖内沉积沙量占入湖沙量73.5%。更主要由于围湖造田，缩小湖区，而使淤积后湖盆在洪水不大情况下，保持着高水位。目前，洞庭湖堤垸多处于地质构造的沉降带，沉降速率达6.4～12 mm/a，高者达42 mm/a(据湖南地质矿产部及中国地质大学有关资料)。

概括地讲，长江由于上游水土流失严重，地质-生态环境恶化；中游河道、湖泊淤积严重，使河、湖不能调洪、蓄洪；下游河道堵塞、阻碍降低行洪排洪速度；全流域地质-生态环境恶化，使流量不大洪水造成高水位，产生重大危害性。

2. 长江灾害防治与国土整治措施

长江上游不仅水土流失严重，而且多种地质灾害如滑坡、崩塌、泥石流、岩溶塌陷以及地震都是频繁发生。气候灾害如洪灾等，又可诱发一系列地质灾害的加剧。长江流域的灾害防治，必须将地质灾害与气候灾害相结合进行防治，而且应当以提高流域地质-生态环境质量[8,10]，进行国土综合整治为治本措施。

对于长江上游，需要有绿色工程、地质灾害防治工程、资源开发工程、污染防治工程以及人文教育工程等系统工程的措施，以达到提高环境质量的目的，减少泥沙下泄、保持土层中水分减少，快速下泄洪水量的功效。长江上游广大岩溶山区更要合理发展大农业以减少对环境的破坏，有关保水保土的几种设施，表示于图4。发展大农业的12途径包括：① 立体生态农业、② 庭院农业、③ 区域防护林、④ 退耕还林、⑤ 生态保护区、⑥ 特色经济林、⑦ 特色种植业、⑧ 合理山地养殖业、⑨ 合理畜牧业、⑩ 无土与水生粮食、⑪ 兴水利合理调蓄水资源、⑫ 土壤改良提高肥力并减少流失[12]。

对于长江中游，需要减少河道与湖泊淤积，加大河湖底泥沙的运移能力，使河湖起到有力的调洪与蓄洪作用。利用沉降带以蓄洪；掌握上游大水库(三峡工程)影响下，河流侵蚀-运移能力与规律性的变化，以减少淤积与其他地质灾害的发生；合理调蓄地表水和地下水。

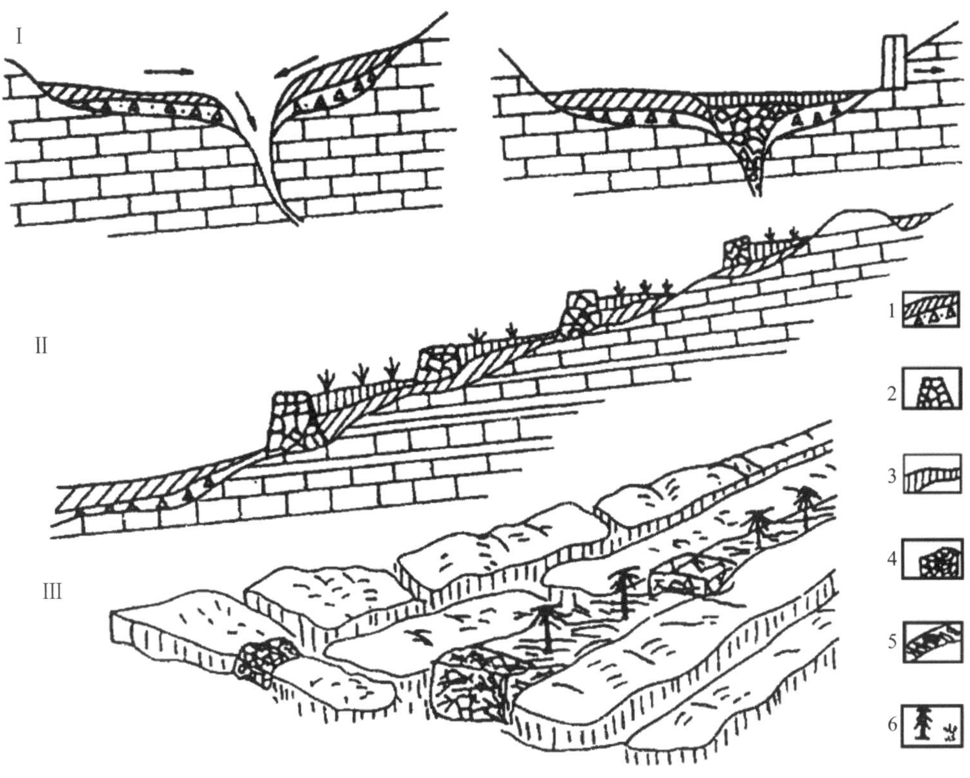

图 4 岩溶石山地区保水保土的几种途径

Ⅰ—堵塞洼地或安装闸门于排水洞，排洪水至洼地外，以作灌溉等用途；Ⅱ—坡地修建堤埂成梯田，以保水土；Ⅲ—大溶沟溶槽修砌石挡堤，以保水土。1—天然块石与土层；2—砌石堤埂；3—人工填土；4—砌石鱼鳞坑；5—溶槽人工填土；6—种植技术

对于长江下游及入海口三角洲一带，需要减少及避免人工对河道的堵塞，减少河口淤积及海水对江水排泄的阻挡与倒灌作用，防治塌岸等地质灾害的发生；合理开发及调蓄地下水，减少地面沉降，对入海口及下游地带的疏浚工程也是不可忽视的。特别注意海陆相互作用产生地质现象对长江河道与泄洪能力的影响。调蓄回灌地下水是减少地面沉降的有力措施，但需注意回灌水质，避免污染地下水带来新灾害[13]。

总之，黄河断流不只是单纯流量大小的问题，黄河断流加剧发展不是表明黄河洪灾的消失，而是孕育着将来发生不大洪水时造成大洪灾与泛滥的令人担心的前景。长江最大洪水在宜昌曾达 10 万 m^3/s 以上，今年洪峰才 5 万～6.3 万 m^3/s 已是最高水位，今后更大洪水造成更大灾难的隐患不容忽视。所以，对黄河与长江应当立即着手进行治理，从地质-生态环境出发，进行国土整治是非常必要的。当然这种治理也不是短期可完成的，所以目前已是积极安排各项工作之时，采取些治标措施，如加固危险段堤坝，并做好宣传并相应立法以使环境不再恶化，也是迫切需要的。希望在 21 世纪，通过全流域国土整治，使黄河和长江这两条我国最大的孕育中华民族的父母江河，得以可持续地发展，中华民族也得以更大地发展其文化、经济，立足于世界民族之林而无愧。

参考文献

[1] 卢耀如.论地质-生态环境的基本特征与研究方向[M]. 北京：地震出版社，1991.

[2] 卢耀如.江河流域综合治理要重视地质环境效应——从淮河、太湖 1991 年水灾谈起.中国地质灾害与防治学报. 1993(1)：86-88+85.

[3] 马国彦，徐复新，崔志芳.治理开发黄河中的环境地质[M]//水利部水利水电规划设计院编：第三十届国际地质大会

论文选集.郑州:黄河水利出版社,1996.

[4] 徐军祥,康风新.黄河断流产生的环境地质问题与对策[J].中国地质,1998(2):4.

[5] 齐春英,刘克光.沿程渗漏河道的洪水流量演算模型[J].水文,1997(6):4.

[6] 胡海涛.开发治理黄河要合理利用水土资源及防治水土流失灾害. 北京:地震出版社,1991.

[7] 中央气象局气象科学研究院.中国近五百年旱涝分布图集. 北京:地图出版社,1981.

[8] 卢耀如.喀斯特为主地质-生态环境质量及其评判——中国南方几省(区)为例[C]//中国地理学会第三届全国喀斯特地貌与洞穴学术讨论会,1993.

[9] 宋林华,丁怀元.喀斯特景观与洞穴旅游. 北京:中国环境科学出版社.

[10] 卢耀如.中国岩溶地区地质-生态环境演化趋势类型及其判别要素[M]//中国地质学会岩溶地质专业委员会,1996.

[11] 岩溶与人类生存、环境资源和灾害.南宁:广西师范人学出版社,1996.

[12] 卢耀如.南方岩溶山区的基本自然条件与经济发展途径的研究[M]//赵延年.中国少数民族和民族地区 90 年代发展战略探讨.北京:中国社会科学出版社,1993.

[13] WEAVER T R, LAWRENCE C R. Proceedings of groundwater: sustainable solutions[J]. International A ssociation of Hydrogeologists university of Melbourne, 1998.

长江流域国土地质-生态环境与洞庭湖综合治理的探讨[①](节录)

卢耀如

1 今年长江水灾是全流域地质-生态环境恶化的结果

今年长江大水,其流量比1931年及1954年都少,只有50 000多 m^3/s 至 67 000 m^3/s,却在沿江形成最高的水位,构成严重的灾害威胁。这就是:中流量-高水位-大灾害威胁。这种情况就是全流域地质-生态环境恶化的结果。

大家都很关注的生态环境,是从属于地球圈层运动和地质背景之中,构成了地质-生态环境。由于长江上、中、下游的地质-生态环境人为因素恶化,提供了产生大洪灾的背景。首先,上游破坏森林植被现象日益严重。一亩森林可蓄水 20 m^3,还可保留氮、磷、钾等养分。长江流域全年输沙量在20世纪80年代初约6亿t,有5.45亿t泥沙来自宜昌以上的上游。近些年来,大量人工破坏植被以及各种人为因素的影响,使上游生态环境不断恶化,泥沙量已超过上列数据,大的土壤流失率达1万~2万 $t/(km^2 \cdot a)$,特别是上游约40万 km^2 的岩溶石山地区,面临着荒漠化-岩漠化的危险。

对于中游,"由于人工作用的不良影响,如乱砍滥伐,破坏上游植被,造成大量水土流失","近些年含沙量也不断增大,势必造成湖泊淤积,减低有效的分洪蓄洪作用,从而增大洪水的灾患"。当然泥沙也造成长江河道大量淤积,使中流量洪水,出现最高水位,构成大灾害威胁。

洞庭湖距今4千万年时,面积17 875 km^2,公元1825年时为6 000 km^2,1949年时为4 350 km^2,目前约为2 300 km^2,1949年时有293亿 m^3 容积,目前少于174亿 m^3,即40多年来洞庭湖容积减少了120亿 m^3 以上,相当于每年减少3亿 m^3 湖容积,而长江通过洞庭湖4口的泥沙每年约有1.1亿 m^3,由城陵矶输出的只占入湖泥沙的25%左右,即每年由长江带入洞庭湖而淤积的泥沙有8千万~9千万 m^3。湘、资、沅、澧四口的泥沙约有2千万~3千万 m^3,每年洞庭湖泥沙淤积量约有1.3亿~1.4亿 m^3,这数值与上述每年减少湖容积3亿 m^3 相比,相差甚多,所以大量减少的洞庭湖库容,是人工围垦的结果。

此外,长江主干修建葛洲坝水电站,对其下游的侵蚀、沉积作用也起很大的影响,蓄清排洪或蓄清排沙,必然与正常状态下河水排沙情况下不同,也会由于小泄量挟带多泥沙(虽然使库内淤积量有所减少),却对下游造成更多的淤积,这方面问题在以前是较少考虑的。

据湖南省地矿局及中国地质大学研究的结果,洞庭湖第四纪以来仍是不断沉降,早更新世为 $n\times10^{-2}$ mm/a,晚新世为 $n\times10^{-1}$ mm/a,全新世为1~2 mm/a,近代沉降视速率一般3~14 mm/a,大者达42 mm/a。所以洞庭湖容量是复合了淤积泥沙、构造沉降及人工围堤的影响。

长江下降的河道的堵塞、淤积和各种人为因素的影响,以及海陆交互作用和海水海潮与风暴潮等影响,对中、下游的泄洪、泥沙淤积也都产生了不利的影响。

由于长江全流域地质-生态环境的恶化,所以笔者在1993年又强调"至于长江流域,洪水灾害是不

① 本文系作者在"洞庭湖治理与资源开发研讨会"上的发言稿,1998-09-26.

容忽视的”。

1.1 长江上游(及洞庭湖上游)综合治理途径

长江三峡以上流域面积100万km^2，其中岩溶石山地区约有40万km^2，洞庭湖域有关的湘、资、沅、澧4水上游，也有很多岩溶石山分布。岩溶石山地区地势急剧高差、平地小片分散、覆盖土层薄脊、水流迅速转化、自然灾害频繁。森林覆盖率只有6%～8%，耕土抗侵蚀年限有的只有几十年。长江上游水土流失，相当每年有近400万亩农田被侵蚀10 cm的种植土和砂土。上游滑坡、崩塌、泥石流、岩溶塌陷、地震等地质灾害频繁且规模大。岩溶引起旱涝灾害也是不可忽视的。对于上游地区，包括湘、资、沅、澧四水上游地区实行封山育林、退耕还林，特别在山坡25°以上地带，更显得重要，上游地区如金沙江等尚需修建系列水利水电工程，以便拦蓄泥沙及起防洪作用。21世纪初金沙江上向家坝或溪落渡水利枢纽将动工，以减少上游泥沙对长江三峡的压力。

岩溶山地人口不少，因此需要在综合治理中以求发展。关于岩溶石山地区的开发途径很多，需要因地制宜采用不同方法。发展大农业仍是根本的，可归纳出十二条途径，即：① 立体性生态大农业，② 发展庭院小农业，③ 建立区域防护林，④ 退耕还林保水土，⑤ 扩展生态保护区，⑥ 发展特色经济林，⑦ 合理发展山地养殖业，⑧ 合理发展山地畜牧业，⑨ 建立特色种植基地，⑩ 发展粮食生产基地，⑪ 兴水利保大农业，⑫ 开发无土与水生粮食。

概括而言，改善与提高上游山区的地质-生态环境，需要有系统工程支持，包括：绿色工程、防灾工程(气候灾害与地质灾害)、资源开发工程、环境污染治理工程以及人文教育工程。

1.2 中游及洞庭湖综合治理途径

“退田还湖、平垸行洪；移民建镇，加固干堤”等途径，就是中游综合治理措施。其中，首要的就是从地质发展过程上看，应当保护与提高洞庭湖的分洪蓄洪的作用。

由于构造沉降结果，如果没有人工堤坝以围湖的情况下，则洞庭湖以平水位(1973—1988年平均水位为准)为计的湖面积应达5 000 km^2左右。洪水期(岳阳水位30 m为准)则洞庭湖面积应达7 912 km^2(据湖南地矿局、中国地质大学)；构造沉降增加的库容达1.8亿m^3/a，以每年沉积1.4 m^3/a计，则每年应增洞庭湖库容约有4千万m^3/a。而实际上，由于人工围湖结果，所以湖区面积不但不扩大，而淤积的1亿多m^3泥沙反而使蓄洪湖区容积不断缩小，相对堤外湖垸又在不断下沉。所以，同样是中流量洪水，却造成高湖水位，也增大湖水与堤外湖垸高差，使围湖堤坝险象环生。

治理长江中游，首先要治理洞庭湖，围湖800多万亩良田，涉及人口数600多万。因此，也需要在退田还湖中，求得经济的发展。具体途径应当包括：① 合理布置堤垸，尽可能退田还湖；② 沟通东洞庭、南洞庭及西洞庭的最凹洼地带，使相连成蓄洪、滞洪区；③ 还原为湖区永久蓄水的地带发展渔业及加工业；④ 建设总防洪高台式或高脚式居民点或居民楼；⑤ 治理入湖四口及出口城陵矶；⑥ 新蓄洪区湖内清淤以建居民点平台及构筑新堤坝；以增加湖内蓄洪的容积；⑦ 临时湖垸行洪地带，合理布置多种的种植业，以适应行洪环境而又可收到经济效应；⑧ 合理地拆除现有堤坝，使一些地带湖垸置换，以减轻目前所围洞庭湖蓄水地带的洪水压力，还是很有必要的。

1.3 下游综合治理途径

加固干堤及疏浚河道，对下游是非常重要的，对长江口三角洲，更要注意海洋与陆地河流的相互作用，以及海水入侵与海潮顶托等作用，对泄洪及洪水位的影响，以及对泥沙运移和淤积的影响。目前，下游地区长江河道因人工建筑如码头、桥梁等方面对行洪的障碍也是不可忽视的，需要对涉及长江下游水流的流态等影响的各种建筑物，进行清理核查，以便采取补救措施，增大泄洪能力。

2 洞庭湖在长江流域防洪蓄洪中具有极重要的作用

从地质发展史看,洞庭湖承受四川湖泊来水,并起着向下游古长江河道输水的作用。晚更新世以来,洞庭湖位于长江上游山区及山间盆地与中、下游的平原、三角洲的过渡地带,起着天然蓄洪及调洪的作用;与之同时,洞庭湖也哺育了湘中及湘东广大肥沃的土地,洞庭湖的作用主要是:① 调蓄上游长江洪水,使长江上游和中游的洪峰得以调节;② 调蓄湘、资、沅、澧四水和长江下游及中、下游的洪峰;③ 对洞庭湖盆以及中游邻近地带起抗旱水源的保障作用;④ 洞庭湖区对周围四水及长江的泥沙起蓄积作用,减少中、下游长江河道的淤积量,减少中、下游的洪水灾害;⑤ 洞庭湖区的存在,有益于气候调节,温度及湿度以及季风影响;⑥ 洞庭湖区的存在,是中游地质-生态环境优化演化的保障。

在目前已大量围垦洞庭湖情况下,从防洪、抗旱及保护地质-生态环境与保护中游广大地区的可持续发展方面来看,洞庭湖都应当尽量退田还湖,并通过综合处理,使洞庭湖处于向优化地质-生态环境方向转化,而成为保障长江全流域可持续发展的重要的战略措施与战术途径。

今年长江大水灾教训是深刻的,也增加了全民对保护环境重要性的认识。前段时间"长江在哭泣(虽然已战胜这次洪灾,但仍存在着严重水灾的威胁)",黄河也在呜咽(黄河断流也仍孕育着大水患的危险),为了长江及洞庭湖的水患问题,这是需要进行多方面地质工作,为国土的地质-生态环境综合治理提供基本依据,水灾、旱灾的发生与地质环境条件密切相关,水灾、旱灾都发生在地球上,受全球与区域性的演化所控制。不能分割地为水利而水利,为造林而造林,而是需要在掌握自然地质-生态环境演化基础上,而考虑今后重叠人工活动(及工程)影响情况下,合理地采用治理手段,以真正达到防灾兴利及可持续发展的目标。除了进一步探索淤积、沉降及人工因素对洞庭湖容积的影响之外,尚应在此基础上,进一步扩大研究湘、资、沅、澧四水与洞庭湖域的地质-生态环境问题,而且也应当把这方面的研究与长江全流域的地质-生态环境联系在一起。

为国土综合治理,为长江-洞庭湖的防灾兴利与可持续发展,我们大家任重而道远,为他日长江与洞庭湖的欢笑,让我们共同努力奋斗吧!

略论地质-生态环境与可持续发展

——黄河断流与岩溶石山保障三峡工程问题的探讨①

卢耀如

大家关注的生态环境是依托于地质基础上，构成地质-生态环境，它是包容了岩石圈、水圈、大气圈和生物圈的复合环境。

1　地质-生态环境的基本内涵及水圈分带性

1.1　地质-生态环境的两重性

人类赖以生存的地质-生态环境，综合承受着岩石圈、水圈、大气圈及生物圈的影响，受地球自身演化所控制，也受宇宙因素的制约。地质-生态环境中的地质背景多数是无机的，但各种生物生存于这地质基础上，地质基础的性状与质量，都密切影响到生物演化和生态系统，生物作用也影响地质条件，所以地质-生态环境是具有生态性的。

对人类生存与发展而言，地质-生态环境具有两重性，即：有利的资源性条件和不利的灾害性因素。人类得以生存的有关环境的基本条件，如土壤、大气、阳光、温度以及地形、岩石等，都可划为资源；但目前制约人类生活向高层次发展的资源，主要是水、矿产、能源和生物四大资源。不利的灾害性条件，主要是地质灾害和气候灾害，这两者又是密切相关的。

1.2　水圈分带性

水资源对人类生存及今后可持续发展起着极现实的制约作用。在21世纪，水资源的问题将更为突出。以往，人们只是注意到上层水的循环，即：大气降水-地表径流与地下浅层径流-排泄入海-蒸发-降水，为小循环。实际上水在全球是广泛分布，但形式不一，水存在于内地核直至地表，水汽在大气层中还可向太空逸散。目前，有人认为大气圈每天都有大量来自宇宙冰块的补给。根据有关资料，可将地球划分出几个水圈带。地幔内部保留的水至少3倍于地球内部由去气作用而进入海盆所成的海洋水。应当说，浅层地下水与地表水的来源有两种：一种是地球演化由深部析出的水，另一种是来自太空（尚有待进一步研究）的冰。目前，我们只研究浅层水至低空对流层的小的水循环，而对宇宙来水-地质内部生水-向地球外逸散水气的大循环还没有研究。在水圈上部积极循环带中，存在着四种基本水文地质结构，即：① 基底热源仓储结构，② 双水混合循环结构，③ 浅层水深循环结构，④ 溶滤水封存结构。这四种水文地质结构都与深部地壳来水有关。软流圈中有熔融固体、液体及气体构成三相流，具有内侵蚀作用及内增生作用，使在上漂浮的岩石圈相应产生上升与沉降作用。

目前，除开发浅层地下水和地表水之外，也在开发深层的水。当然，针对其水质与水量，可有多种用途，例如，提取元素、地热（水、气）发电、医疗、农业育秧、养殖和纺织、皮革、造纸、化工等工业用水以及空调等方面。但是，来自地球深部的水的可利用量应该受到限制，因为它是地球长期演化形成，不能滥采，

① 卢耀如.略论地质-生态环境与可持续发展——黄河断流与岩溶石山保障三峡工程问题的探讨[J].大自然探索，1999，18(1)：7.

否则会带来不良效应。

2 黄河断流与地质-生态环境效应

我国黄河流域及华北、西北等其他地区，为干旱及半干旱气候条件，水资源匮乏。在这些地区由于对水资源的不合理开发，近些年造成黄河下游断流现象日益严重，对黄河流域的可持续发展带来严重威胁。

2.1 黄河古地质-生态环境的演化

近 300 万年以来，中国古地质-生态环境有较大变化，经历了两个急变期(3.2～2.5 Ma B.P.和 1.4～0.7 Ma B.P.)和两个缓变期(2.4～1.5 Ma B.P.和0.7～0.15 Ma B.P.)的变化。在青藏高原强烈隆起、黄河和长江深切发育及太平洋板块俯冲与岛弧形成的构造因素综合影响下，使森林和草原界限、荒漠界限及青藏高原隆起界限不断变化，也影响到地质-生态环境的演化。300 万年来，地质-生态环境的演化，相对可分为四种类型。

黄河流域上游位于地质-生态环境剧变演化区，中游涉及地质-生态环境不稳定演化区和波动性演化区，而下游主要处在波动性演化区。黄河中游晋陕峡谷一带，300 万年以来植被在森林和草原界限的频繁变化上，也可反映出气候与古地质-生态环境的波动性及其脆弱性。第四纪以来在干旱条件下沉积的厚层黄土，在目前半干旱条件加上人工破坏植被情况下，造成大量水土流失，也影响到浅层水的储积、渗流，并使黄河水挟带大量泥沙，地质-生态环境也趋向恶化。

2.2 黄河流域水资源概况

黄河流域全长 5 464 km，流域面积 79 万 km^2。目前，黄河上游为青藏高原及其斜坡的地质-生态环境，中游为黄土高原及黄土-岩溶复合高原地质-生态环境，下游为沉降冲积平原、黄河三角洲平原。黄河虽然为我国第二大长河，但其多年平均径流量只有 580×10^8 m^3/a，相当于长江的 1/20。1992 年，黄河用水量列于表 1。

表 1 1992 年黄河用水统计表

项 目	取水量		耗水量	
	数量/($\times10^8$ m^3)	占总量	数量/($\times10^8$ m^3)	占总量
地表水	386.14	76.44%	297.49	74.73%
地下水	119.01	23.56%	100.56	25.26%
合 计	505.15	100%	398.05	100%

注:据黄河水利委员会 1992 年用水公报。

黄河流经 8 省中，以山东耗水量为最大，达 89.3×10^8 m^3，占总耗水量的 23%以上，占全省供水量 1/3；内蒙古次之，耗水量为 66.17×10^8 m^3，占总耗水量 22%以上。但 1972—1997 年的 26 年间，黄河山东段有 19 年出现断流，年均 22 d，而 1991 年后半年断流，断流提前至 2 月，1997 年断流为 2 月 7 日，断流时间利津长达 223 d(河口为 290 d)。以前断流段在滨州道旭以下河口地区(徐军祥、康风新，1998)，目前达河南夹河滩以上，长 600～700 km。以往黄河由于泥沙淤积使平原河床高于平原平均地面 3～7 m，高者在 10 m 以上。济南大明湖比黄河低 13 m，利津黄河河床也高出地面 14～16 m。由于长时期断流，使在平原及三角洲地带，黄河水与地下水的关系发生演化。黄河断流因素是两方面造成：一方面是长期黄河淤积，河床抬高，当地表径流不大时，就消落地下成伏流，使河床地面干枯；另一方面上游用水量增大，减少下泄量。长期断流及增大淤积的结果，将使黄河断流时间延长，断流河道向上延伸，黄河下游河段成为悬托河床。恶性循环的结果，将完全破坏黄河下游河道的泄洪能力，有洪水时就可能造成大灾害。下面再作探讨。

黄河流域已建成大中型水库159座，总库容已近$470\times10^{8}\ m^{3}$，其中有效库容约$300\times10^{8}\ m^{3}$，其他小水库、塘、堰等蓄水工程有12 690多处，蓄水量$85\times10^{8}\ m^{3}$，若加上正兴建的小浪底工程，则黄河流域大、中、小型水库的有效库容已近于黄河流域的地表水资源量。只有对地表水库和地下水库进行调蓄，才可以更好地发挥现有地表水库的功能，在防洪、抗旱等方面起到更好的作用。

近500年来黄河流域水旱灾害的平均频率系数可达75%～85%，其中以旱灾占比重大些。参考有关资料，将一些地带水旱灾频率系数列于表2。

表2　500年来黄河流域主要地带水旱灾害频率系数

地　带	西　宁	兰　州	西　安	呼和浩特	太　原	郑　州	济　南
重水灾	5.28%	1.73%	10.14%	8.77%	13.35%	9.83%	12.5%
轻水灾	9.81%	17.68%	18.43%	22.36%	21.41%	23.97%	22.42%
轻旱灾	28.87%	19.71%	26.77%	28.07%	27.11%	20.90%	25.99%
重旱灾	7.54%	11.30%	8.51%	10.52%	13.94%	9.83%	12.69%

1980年时，黄河流域地下水开采量只有$84\times10^{8}\ m^{3}$，目前已超过$122\times10^{8}\ m^{3}$。沿河各省除了引用黄河及其支流地表水之外，已较多开采地下水资源，特别是沿河城市需水量大，更加超采地下水。兰州、银川、呼和浩特、包头、西安、宝鸡、咸阳、太原、侯马、榆次、郑州、新乡、三门峡、开封、洛阳、商丘和济南等几十个城市超采地下水。

2.3　黄河断流的地质-生态环境反馈效应

黄河断流，表面上是水资源匮乏、上游超采结果，实际上也是黄河泥沙堆积成高悬河床的长期演化，产生地质-生态环境不良效应而造成的恶果。上游超量引用黄河水更加速了这个演化过程。目前，黄河断流对地质-生态环境造成的反馈效应有以下几方面。

第一，改变地表水与地下水的补排关系，增大河水下渗潜蚀能力。由于黄河地表河道长时间呈断流状态，使地表水与地下水的补排关系产生急剧变化，由悬挂河床变为悬托河床进而变干枯河床。河床垂向潜流渗透，增强对河床下细颗粒的机械潜蚀能力。恶性循环的结果，必然造成地表河水呈现断流并不断延长断流的时间与长度。

第二，增大黄河的淤积量，减少泄洪能力。黄河多年输沙量在郑州一带为16×10^{8} t左右，而利津、河口一带只有10×10^{8}～12×10^{8} t，约有4×10^{8} t～6×10^{8} t泥沙沉积于这段黄河下游平原与三角洲河道，长时间断流，必然造成泥沙的大量堆积，加上风力侵蚀搬运，使淤积物形成沙丘、沙墙，改变河道的天然地貌，导致沙床迅速失去泄水能力。当有较大洪水时，更易在中游平原泛滥成大灾。

第三，改变河口淤积-侵蚀规律，诱发海岸蚀退与海水入侵。由于黄河断流时上游来水中泥沙不能再被黄河水挟带入海，结果破坏了原有的淤积-侵蚀规律。在风暴潮、海浪的侵蚀作用下，使海岸带蚀退，也诱发海水入侵，并破坏沿海淡水资源。黄河淤积前伸的速率可达1.5～6 km/a，而对海岸侵蚀速率达0.43～2 km/a。由于断流产生海水流态变化，将使淤积前伸速率降低，而在急流的冲刷地带也相应产生更大的侵蚀速率，并使海底地形地貌产生急剧变化，而影响海底工程，如海底电缆等的稳定性。

第四，改变海水流态及河口水质，影响水产资源。由于黄河长时间断流，减少河口的入海水量，并使海水、河水混合带中，缺少陆地带入海水中的养分，而使水质变异，也必然改变黄河口至黄海一带对虾及刀鱼等生活环境,影响到这些水产资源。

第五,破坏岩土体的物理力学性质,诱发系列地质灾害。由于黄河下游及三角洲的断流,影响这一广大地带岩土体中含水量及潜流渗透运动,易于诱发土地沙化、植被消退,增大土壤流失量(在雨季多地表漫流状态下),并导致岩土体崩塌、滑坡、塌陷以及地震等灾害。由于黄河断流,使下游更加剧超采地下水,也增加诱发地质灾害的频率与强度,易于导致荒漠化的严重发展。

这五个方面的不良效应,综合影响到地质-生态环境的质量,也必然影响到广大地区工农业的生产以及气候条件的变化,也更易于在大旱或大水年份,产生严重水旱灾害,造成更大的损失。总之,由于黄河断流,直接影响到广大下游及三角洲地带的可持续发展,负面效应也涉及黄河全流域。

2.4　黄河断流的拯救措施及途径

黄河断流不是有水没水的简单问题,而是涉及黄河的寿命及保护人们生存的地质-生态环境的容量与质量问题。所以针对黄河断流应采取的不是一般处理方法,而是拯救黄河的迫切措施问题。如果黄河中游以下河道因断流而降低泄洪力,甚至不能泄洪,黄河流域将返回到中更新世以前的状况。那时黄河没有入海口,而是汇入鄂尔多斯内陆盆地的一个河流。目前,节水是一个重要措施,但要拯救黄河断流不只是水量下泄问题(当然下泄水量大,使入海水量有保证)。正因为黄河水资源匮乏及其地质-生态环境特性,所以除了节水之外,应当从全流域地质-生态环境着手,以探讨拯救措施及途径。

第一,上游的保障措施及途径。兰州以上黄河为上游,处在青藏高原及斜坡地带,水力坡降大,修建梯级枢纽对发电及蓄水的功能是很有益的。青海黄河出境水量占总流量的49.1%,近些年由于上游开发及生态环境破坏,减少了23%。从全流域上看,黄河水资源匮乏,因此在今后的远景规划时在上游段从长江上游引水,还是值得考虑的。所以黄河上游的保障措施途径是引、蓄,获得水电效益,并为中、下游储蓄水源。保护好上游地质-生态环境,做好水土保持,避免荒漠化,也是非常重要的增加水资源的手段。这些措施对中、下游起着保障作用。

第二,中游的拯救措施及途径。黄河三门峡以上至兰州为黄河核心的中游,自然因素复杂,为黄土高原及黄土-岩溶复合高原,属脆弱的地质-生态环境。易于侵蚀的黄土为黄河泥沙来源的产地。年平均侵蚀模数可高达5 000～6 000 kg/km^2,这一带防治水土流失是很重要的。依据地质-生态环境,从黄土及地质、地貌结构上着手,采用生物绿化、土工与水环境处理(包括物理化学手段等综合措施),以减少侵蚀作用,降低泥沙含量是急迫而又长期繁重的任务。

黄河中游地带资源具有以下特点:① 有广泛分布的丰富煤炭资源。② 地表黄河水和地下水的转换变化量大。③ 有较丰富的岩溶水。例如黄河晋陕峡谷地带,周围煤田丰富,近期可建坑口大电站多个,总装机容量超过1 000×10^4 kW。晋陕峡谷北段黄河水与地下水补排关系就有三种情况。其中,偏关至头道拐近100 km河段都是黄河水向一岸或两岸补给地下水,修建水库后,也会有渗漏发生。地质历史上这一带就是荒漠、草原和森林界限的波动往复变化地带。因此,在这一带能适当控制水力发电的用水量,将水调蓄入地下,另一部分调蓄于水库,于旱季时下泄,补救黄河下游断流,是很重要的应急措施(在小浪底工程蓄水前)。地下水的调蓄有两方面用途:一方面可开采用于火力发电;另一方面有助于发展植被,减少水土流失及降低荒漠危险度。使水库渗漏或调蓄入地下的水量可获得目标效益。

所以,中游是拯救黄河的最重要地带,进行治理的措施也是最关键的。其中,依据地质-生态环境特征,进行地表水和地下水的调蓄和对泥沙的治理、拦截,是很最重要的途径。

第三,下游的自救措施及途径。要使河南郑州以下的黄河河道不受长期断流影响而发展到严重淤积、梗阻以至废弃的境地,就需要采取自救措施。除了加固河堤、整治河道的经常性自救措施之外,也需要严格控制水资源的利用,采取节水措施以合理保护地下水,避免滥采滥用。目前,在黄河河道两岸(10 km以内)广泛开采地下水,势必加大河道下非饱和渗流带厚度,增大其渗透性,使河道更易断流。所以在确保河道通流的情况下，于汛期利用允许的流量以回灌远地带的地下水，还是非常重要的。这就需要建立一套完整的地表季节性蓄水与回灌措施，并确定最优开采量。

目前，黄淮海平原地下水下降的主要原因：一方面是人工超量开采；另一方面是上游修建水库拦蓄地表水，使河道断流，也使下游地下水不能得到补给。

地下水超采引起地面沉降已有很多教训。下游广大平原区不开采地下水资源是难以做到，但只采不补更不行，所以应当采取回灌的措施。国外回灌中注意到回灌水的水质，涉及 pH、NO_2—N、NO_3—N、Cl、SO_4、NH_3—N、PO_4、TKN(全氮)、TOC(全有机碳)、BOD、CO_2、大肠杆菌、粪便、链球菌、病原体等，以及 Cu、Pb、Cr、Eu、Cd、As、Hg、Ni 等金属离子测定。此外，也研究地下水的同化容量、氧化容量和还原容量。在中下游地区地下水的开发与重复利用，以及防治污染都是非常重要的。

在下游地区应当使黄河在干枯季节也具有生态流量，其他河流也一样，特别是大河流，必须在干旱季节也有生态流量通过，所以下游的根本补救措施是回灌(包括地表水的调蓄)与河道通水(即灌、通)的自救措施。

第四，三角洲的开发措施及途径。三角洲是河、海作用的产物，具有丰富煤炭和油气资源，由于黄河泥沙含量大，使三角洲迅速前伸，但也不断导致入海河道的变迁。黄河汛期输沙量占全年输沙量 84%以上；汛期含沙量高达 34 kg/m^3，比平均 25 kg/m^3 多 9 kg/m^3，最高可达 222 kg/m^3(1993 年 9 月 7 日)，胜利油田曾在三角洲人工开渠引水使产生淤积以减少海水对油田设施的侵蚀，并使海上采油变为陆上采油。在三角洲利用人工引水改变淤积方向，并修建堤坝，使在莱州湾和渤海湾留蓄黄河汛期水，以形成淡水或微咸水库，可增加沿岸的淡水供应，这是可以考虑研究的措施。目前，国内外也开始研究微咸水的利用(如灌溉等)问题。

3 岩溶石山地区地质-生态环境对三峡工程的保障

三峡上游广大山区的地质-生态环境对三峡工程的库区构成直接与间接的影响。因此，保护与提高上游广大山区特别是岩溶山区的地质-生态环境质量以使可持续发展，是三峡工程胜利成功的有力保障。

3.1 岩溶石山地区地质-生态环境概况

由于地质构造强烈上升与岩溶作用的复合结果，广大岩溶石山地区发育了多种岩溶类型，在岩溶石山地区基本地质-生态特征为：① 地势急剧高差、② 平地小片散布、③ 覆盖土层薄脊、④ 水流迅速转化、⑤ 自然灾害频繁。加上人工的破坏，使森林覆盖率低于 10%，有的只有 4%～6%，也导致水土流失日益严重，高的土壤流失率达 10 000～20 000 kg/km^2。由于上述的几个特点，在土层不厚情况下，产生强烈的侵蚀作用，产生岩漠化现象严重。所以，这片广大岩溶石山地区地质-生态环境也是造成贫困的一个自然背景。

但是，这片岩溶石山地区有利资源性条件还是较好的，人均水资源量为 1 897～4 356 m^3/a，其中人均岩溶地下水资源量为 266～1 105 m^3/a。各种能源较丰富，特别是水电能源总装机容量可达 2.4×10^8 kW。两千多条地下暗河就可得装机容量百万千瓦以上，不少矿产资源占全国储量 20%至 80%以上，如 Mn、Sn、Sb、Hg、Au、Pb、Zn、W 及铝土、铂族等。流体矿产资源如各种热矿水及天然气等，也是较丰富的。生物资源方面，立体性的植物带谱分布特征，使本区植物种类多种多样。动物资源中在本区种类也占全国的优势，其中珍稀动物有大熊猫、金丝猴、白掌长臂猿、扬子鳄、白鳍豚等 20 多种。

3.2 岩溶石山地区有关地质-生态环境质量的关键问题

第一，水的转化方面。提高岩溶石山地区地质-生态环境质量的根本途径首先在于防灾兴利。本区岩溶的自然条件，一方面易于造成水旱灾害，另一方面也有较多地质灾害发生，水旱灾害频率达40.14%～75.51%。由于岩溶地区地表水和地下水的迅速转化，导致农业受灾可分以下几种情况：① 地表水渗入地下造成干旱，② 岩溶水上涌造成内涝，③ 水库地下水壅高造成浸没，④ 库水渗漏造成浸没，⑤ 岩溶水排泄造成沼泽，⑥ 岩溶水作用产生岩溶塌陷。

碳酸盐岩和土层两者间水文地质结构通常有三种情况：① 土岩相离二元系统，② 土岩相连二元系统，③ 土岩相隔二元系统。不同系统所具有的水动力条件和相应的灾害也是不同的。

第二，土的特性方面。就地生成的土层性质与母岩性质具有密切关系，经长距离搬运而沉积的土层就具母岩混合的特性。

发展大农业，不仅需要防止土壤流失，而且还应当通过施加特定的养分以提高土地肥力，改变其贫瘠特性。

在岩溶山区，需要根据当地自然条件，进行水和土的综合治理，如 1 km^2 森林可蓄水 4 000 m^3，可保持土中的 N、P、K 及其他微量元素的养分。如何保持水土，就有多种情况：① 堵塞洼地或安装闸门于人工排水洞，排洪水至洼地外，以作其他灌溉等用途；② 坡地修建石砌堤埂，以成梯田，起保水土作用；③ 大溶沟溶槽修砌石挡堤，使成条状保水土坑。在自然界中，水土及水岩的相互作用，都密切地影响到地质-生态环境特征。

3.3 提高岩溶石山地区地质-生态环境质量以保障三峡工程效益

长江三峡年总径流量 4 510×10^8 m^3，含沙量 1.21 kg/m^3，年输沙量 5.45 亿 t，主要来自上游岩溶石山及红层地区。根据乌江渡情况，水库只蓄水 10 年就淤积到原设计 50 年才达到的高程。所以岩溶石山地区土壤大量流失还是构成将来三峡水库淤积的主要来源。三峡地区每年接收上游未达标的污水有 30×10^8 m^3t，占水库库容 393×10^8 m^3 的 7.63%，易于在库水下部形成多个污染团或连成污染层。在长达 690 km 的三峡水库中，要使泥沙、污水不会严重影响三峡工程效益使其可持续发展，这就需要采取多种措施，以提高上游广大岩溶石山地区的地质-生态环境的质量，这些措施包括以下方面。

第一，合理发展岩溶石山地区大农业与开发生物资源。包括：① 立体生态农业、② 庭院农业、③ 建立区域防护林、④ 退耕还林保水土、⑤ 扩展生态保护、⑥ 发展特色经济林、⑦ 建立特色种植业基地、⑧ 发展山地养殖业、⑨ 发展山地畜牧业、⑩ 发展无土水生粮食。通过这些开发途径，使大农业得以合理地发展，同时也有益于保护与提高地质和生态环境。

第二，合理综合开发地表水和地下水。岩溶地区地表水和地下水转化极为迅速，需要因地制宜地采用多种开发途径。包括：① 开发地表水电能源结合工农业生产及城镇供水；② 用适宜手段开发地下暗河，收到灌溉以及发电效益，其中包括建立地下水库等途径；③ 开发岩溶大面积地下水，需采灌结合，回灌地下水也必须如前所述，认真分析水的质量。

第三，全面建立完善的污水处理系统和水重复利用。在长江三峡上游，建立完善的污水处理系统对保障三峡工程效益及上游地区水环境，都是非常重要的。例如，昆明滇池水，其水环境被严重污染，导致水质富营养化就是深刻的教训。这方面涉及：① 大城市污水的处理系统的建立与完善；② 加大工业用水的重复利用率；③ 岩溶石山地区建立粪便叶杆沼气系统，以减少砍伐树木作燃料；④ 控制农药与农用化肥对环境的污染。

这一带开发矿产资源及其他能源也都涉及水的问题。所以，水、能源、矿产和生物四大资源的开发，需统一考虑有关对地质生态环境产生效应问题。岩溶石山地区的地质-生态环境质量的提高是长江三峡工程的胜利运转的重要保障。只有广大岩溶石山地区摆脱贫困并得以可持续发展，三峡工程才能取得利在千秋的功效。

总之，黄河断流以及长江三峡工程的效益，不是单纯的水量与水利的问题，因为黄河和长江奔流在中华大地上，而这片大地与地球的全球演化密切相关。所以，人的行为应在认识自然规律基础上，采取相应的合理开发途径，避免诱发江河所穿越的地质-生态环境严重恶化。目前，黄河出现的断流问题，以及将来可能诱发的大工程的效应问题，也都必须从流域性地质-生态环境的变化上着手探索，予以科学的论证，采用合理的措施，才能提高其质量，使存在的恶化问题向良性方向演化，并能早期及时防治可能产生的不良效应与灾害。人们生活在这片山水土地中并进行各种开发，当然不是生活与建设于真空中，所以必须认识有关地质背景，特别是地质-生态环境，才能够防灾兴利，取得可持续发展的前景。

在准备本文过程中又补充了一些资料，与有关科技专家进行交流，得到山东省地质矿产厅与山东地质矿产勘探开发局、青岛建筑工程学院、地质矿产部海洋地质研究所、青岛海洋大学及黄河水利委员会勘测规划设计院等单位及有关专家许东禹、丁东、周永青、尹延鸿、邬象隆、杨成仁、齐志儒、贺可强、辛柏森、侯国本、陈彰榕、孙效功、马国彦、路新景、徐军祥、康凤新等的帮助，特此致以衷心谢意！

地球圈层运动与自然灾害链①

卢耀如

在地球这个大系统中，存在着岩石圈（地圈）、水圈、大气圈和生物圈，相应也有各种自然灾害发生，即：地质灾害、水旱灾害、气象灾害和生物灾害。这些自然灾害是圈层运动与演化中存在的自然现象，相互间有着密切的关联，构成自然灾害链，地圈的运动与演化，导致气候条件的变化，使水圈产生相应的现象，又使生物圈受到影响，各种灾害也都构成对圈层运动的反馈。当然，地球圈层运动和各种自然灾害，又受到宇宙演化的影响。

地球在岩石圈、水圈及大气圈的相互运动与演化过程中，出现了生物圈，特别是有了人类后，各种人工活动对四个圈层的影响日益显著。目前，已面临人工活动大量诱发自然灾害，破坏圈层间的相对平衡的危险境地。在探索圈层运动产生自然灾害链的规律性基础上，重点研究人类活动对生态环境的破坏，而加剧各种自然灾害的发生的效应机理，以保护人类自身赖以生存的地球，是刻不容缓的。

目前，对许多自然灾害的发生机理与规律性，尚没有深入研究，人们对于深部地球结构的变化，固、液、气三相物质的演化与有关动力学，以及相应产生自然灾害的内在关系，其中包括对地震的发生机理、厄尔尼诺和拉尼娜现象与地球内部液、气体的变化的关系等许多问题，都值得进一步探索。

21世纪应当开展多种学科的全球性大协作，以揭示地球圈层运动与自然灾害链的内在规律性，并制约人类自身的行为，以求减少诱发自然灾害的危害性，并不断提高地球的生态环境质量，以对自然灾害链作出科学的预测预报。

① 卢耀如. 地球圈层运动与自然灾害链[C]//面向21世纪的科技进步与社会经济发展（上册），1999:243-244.

岩溶地区资源的合理开发与地质灾害的防治①

卢耀如

本文讨论了岩溶地区合理开发资源与地质灾害的防治。在地球内自然灾害存在着关系链，包括气候灾害与地质灾害间关系链，地质灾害与生物灾害间关系链，以及地质灾害间关系链。不合理的开发资源都会诱发灾害。因此，讨论合理开发资源并防治诱发地质灾害问题，是非常重要的。

① 卢耀如.岩溶地区资源的合理开发与地质灾害的防治[J].地质学报，2001(3)：432.

岩溶地区合理开发资源与防治地质灾害①

卢耀如

摘　要　在地球上，自然灾害间存在着关系链，包括气候灾害与地质灾害间关系链，地质灾害与生物灾害间关系链，以及地质灾害间的关系链。不合理开发所有资源，都会诱发灾害。因此，讨论合理开发资源并防止诱发地质灾害问题，是非常重要的。

关键词　开发　资源　防治　灾害

1　引言

地球的演化经常伴随着这种现象，即由于地质作用而引起并已对生存于世的人类及其他生物和环境造成很大的危害。我们称之为地质灾害。在岩溶地区不合理开发资源已经诱发产生了一系列环境问题。目前，主要地质灾害包括滑坡、塌陷、崩塌、泥石泥、地震和地面沉降等，这些灾害已影响到中国广大的岩溶地区。因此，这方面需要更加注意进行监测与防治。

2　诱发地质灾害的因素

2.1　地球深部地质作用的理论分析

地球结构包括岩石圈、水圈、大气圈和生物圈，其中存在着软流圈，并在其内部进行着对岩石圈的侵蚀与吸附作用，并影响到地壳的厚度，这种现象可称为内侵蚀与内吸附作用。由于固、液、气三相物质组成的三相流活跃于软流圈内，在软流圈内能量的积聚，可以由于能量释放而产生由地球内部至地表的相应的形变，导致地震、火山喷发以及岩爆与气体爆发等地质灾害的发生。软流圈中内侵蚀作用相似于形成地表的滑坡与崩坍，软流圈中三相流的分析表示于图1。

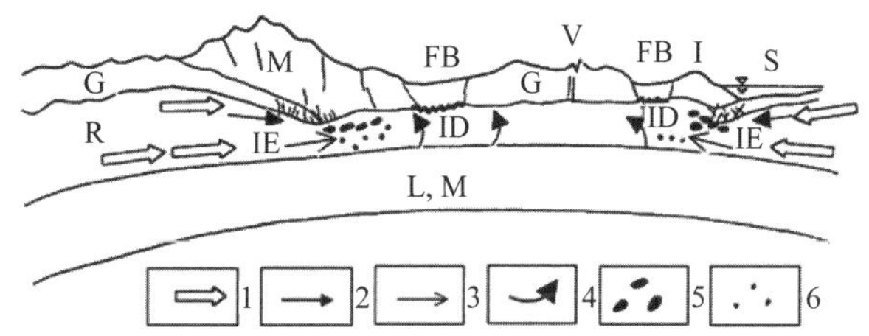

1—三相流的流动方向，2—三相流减速方向，3—三相流加速方向，4—软流圈上、下带间的对流，
5—内侵蚀的大固体岩块，6—三相流中分出的小固体，IE—内侵蚀带，ID—内增生(内吸附)带，
LM—下地幔，R—软流圈，M—造山带，FB—断陷盆地，S—海洋，I—岛弧，V—火山带

图1　软流圈中三相流的理论分析

① 卢耀如.岩溶地区合理开发资源与防治地质灾害[J].水文地质工程地质，2001(5)：1-6.

2.2 地壳浅处至地表内外引力作用

在地球演化过程中，内外引力作用的影响发生了一系列地质灾害。其动能包括热动力、地应力、重力、星球引力、宇宙射线、风动力及地磁能等。例如，太阳热能会引起地壳浅处地带发生膨胀、收缩、变异与分化等作用。外引力可造成地球表面物质飞扬、位移、搬送与沉积。地球的重力作用可以使物质定位也失去平衡，或者引起流体势能变化导致侵蚀与沉积等作用。地球内部地热可以发生扩散、对流、膨胀与冷缩等作用，诱发地表的形变。地球的重力作用可使地球表面及浅处岩(土)体失去平衡状态而发生地质灾害。有关内外引力作用和地质灾害的概念模型表示于图 2。

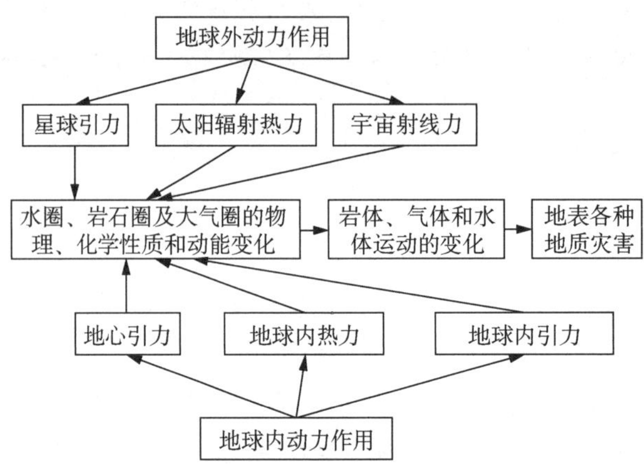

图 2　地质内外动力作用与地质灾害关系概念模型

2.3 地壳浅处与地球表面的特殊地质作用

由于水对可溶岩石的溶蚀作用，或使具有特殊性质的岩(土)体产生膨胀或崩解的现象，都属于特殊地质灾害。例如，岩溶塌陷、黄土湿陷性、土膨胀和膨胀土的土裂隙以及盐渍化等，都属于此类地质灾害。

由于特殊地质作用的结果，地质灾害易于在岩溶地区发生，这类地区多为脆弱的环境。特别是，由于不合理开发资源而没有采用防治灾害措施的时候，经常诱发地质灾害。与软弱地层相比，在具坚硬性质的碳盐岩地区，小规模的滑坡是较少发生的。但是由于岩溶作用的影响，以及软弱夹层如页岩和泥岩的存在，所诱发的滑坡规模通常比其他地层地区大。岩溶塌陷和岩漠化现象是大部分中国岩溶地区主要的特殊灾害。

2.4 宇宙因素影响地质灾害

地-月系统的引力潮明显地影响到地球浅层的水、岩-土体。月球引力影响到地球上的这类潮汐包括海水潮、固体潮及地下水潮。地下水潮和固体潮具有不同的波动(图 3)，当岩-土体受月球引力而膨胀产生固体潮峰时，地下水出现潮谷，这是由于增加了岩-土体中裂隙和孔隙的体积所造成的。

世界上通常海潮高是 2.5 m，但是中国浙江的钱塘江潮可达 10 m，而地下水潮通常只有几厘米至十几厘米。孔隙含水层的潮高比岩溶含水层大，因为松散地层的孔隙易于扩大其体积，而且碳酸盐岩需要克服较大的摩擦阻力 F_r。有关方程式表示如下：

$$F'_{sm-e}=F_{sm-e}-F_r \tag{1}$$

式中　F_r——摩擦阻力；

F'_{sm-e}——影响岩溶化岩体膨胀的有效引力；

F_{sm-e}——月球对地球的真正引力。

太阳对地球的影响有太阳黑子、日晕、谱斑、日珥以及极光、磁暴和电离层等，但是这需要今后予以研究，以揭示有关重要规律。例如，受太阳影响的地球上温度变化，已直接涉及膨胀、风化等岩土体特性，这些因素都密切与地质灾害的发生有关。

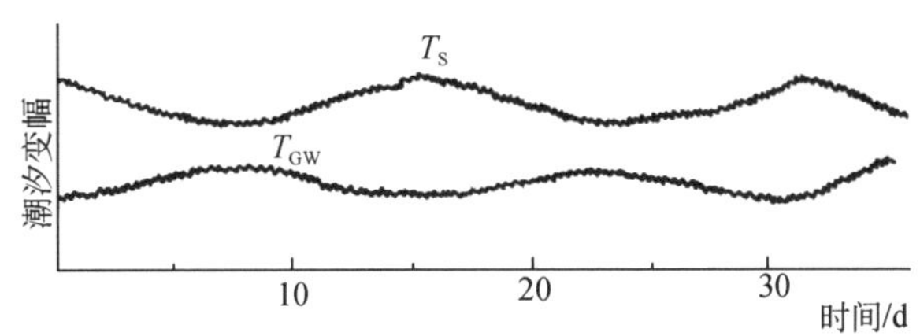

T_S——固体潮，T_{GW}——地下水潮

图 3　月球对地球产生的引力潮波动示意图

3　自然灾害间的关系链

3.1　地质灾害间的关系链

一种地质灾害的发生与发展经常诱发其他灾害的产生，因为在地质灾害间存在着关系链。例如，在公元前 186 年，四川武都发生一系列边坡灾害，造成 760 人死亡。1933 年，四川叠溪地震诱发了总体积 1.5×10^8 m^3 的滑坡群，阻断了岷江，形成一个自然坝，壅水 4.5×10^8 m^3 而成水库，但短时间后，有 40 m 水头的天然坝毁坏，摧毁了 11 个村庄。

1932 年，四川会东金沙江上由泥石流形成了老君滩。在洪水时出现 4 个滩，而在枯水时只有一个长 4.35 km、落差 41.39 m 的滩。目前，其流速可达 6.3 m/s，通常浪高达 8 m。1976 年河北唐山 7.8 级地震和 1970 年云南通海 7.6 级地震都诱发了一系列的滑坡、地裂缝和岩溶塌陷灾害。

3.2　地质灾害和气候灾害间关系链

由于板块碰撞结果，喜马拉雅山的强烈上升和青藏高原的抬升，中国的气候条件尤其是在中国西北部受到影响。与之相应，地质灾害和气候灾害间存在着灾害链。通常，气候灾害诱发地质灾害而造成人民的生命财产损失以及环境的破坏。例如，1982 年四川万县的暴雨，诱发了数万处滑坡、崩塌、塌陷与泥石流，1998 年的长江等流域的洪灾，诱发了 18 万多处的滑坡、崩塌、塌陷与泥石流。地质灾害和气候灾害的关系链表示于图 4。

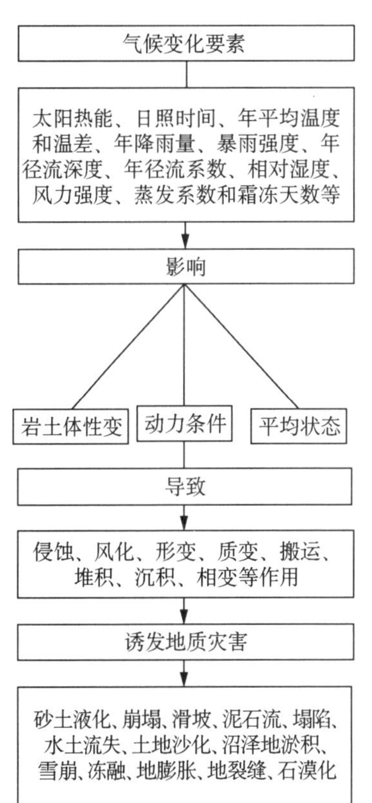

图 4　气候因素诱发地质灾害关系链分析

3.3　地质灾害与生物灾害间的关系链

生物灾害的发生受生态环境的密切影响与控制。大的气候灾害在诱发地质灾害之后，还经常诱发生物灾害的发生，如强烈的土壤侵蚀导致草原退化，其生态环境又可由于生物灾害而进一步恶化，鼠类过量繁殖会促使草原退化与荒漠化，加剧地质灾害的发生。

4 岩溶地区人类活动诱发地质灾害

4.1 岩溶地区人为地质灾害发生的机理

一系列地质灾害,包括岩溶塌陷、滑坡是由于人为的工程建设而诱发的,如基础开挖、矿产资源开发、建筑荷载、工程爆破、抽水、排水、水库蓄水等。建设中的工程效应一方面降了低岩土体的力学强度,另一方面改变了水动力条件。相应的关系表示于图5。例如,由于库水的升降影响水动力条件变化是非常重要的诱发岩溶塌陷与边坡灾害的因素。据计算,在不同蓄水的条件下,水库边坡的稳定性会降低0.3～0.5(图6)。

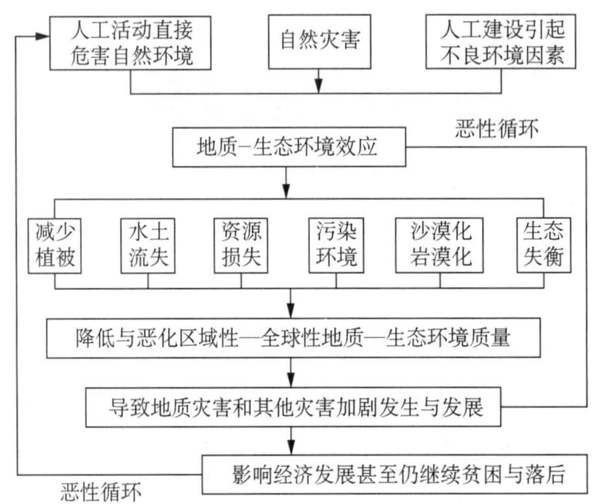

图5 人为因素诱发地质灾害机理分析

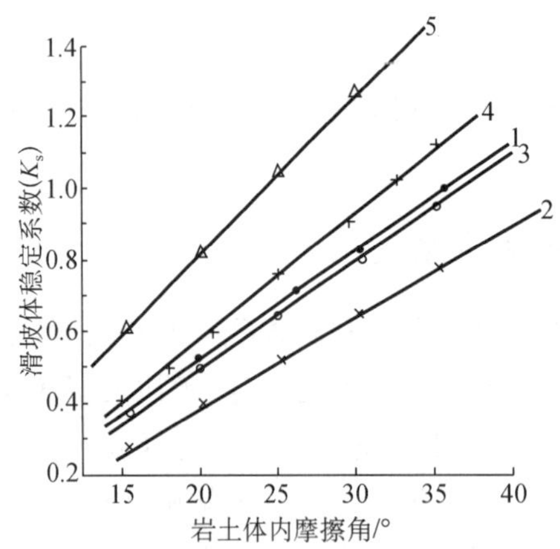

1—无水动力作用,2—在水位下部分岩体具水动力作用,3—在地下水位下岩体中无水动力作用,4—地下水位下一半岩体具有水动力作用,5—半岩体饱水无水动力作用

图6 某水库不同水动力条件下边坡稳定性变化

4.2 人为诱发的岩溶塌陷的性质

岩溶塌陷灾害根据其成因可分为下列几种。

(1) 自然作用产生:① 重力作用岩溶塌陷,② 地下侵蚀作用岩溶塌陷,③ 旱涝岩溶塌陷,④ 地震岩溶塌陷。

(2) 人为活动诱发:① 人工荷载岩溶塌陷,② 人工震动岩溶塌陷,③ 人工爆破岩溶塌陷,④ 人工抽水岩溶塌陷，⑤ 人工蓄水岩溶塌陷，⑥ 人工开挖岩溶塌陷。

5 岩溶地区地质灾害监测与预报

5.1 预报地质灾害的前提

地质灾害的预报需要依据四个前提，即：① 对地质环境、岩性、构造、水动力条件以及水-岩和水-土作用的基础研究。② 有关水文地质、地应力、水动力、力学性质和形变等方面的试验。③ 边坡稳定性、危险度和危害度的计算与评判。④ 抓住岩溶地区临灾前的警示现象。

5.2 地质灾害的监测

监测地质灾害的主要方法有下列几方面：① 遥感(RS)、宏观监测。② 危险处的形变调查研究。③ 对危险大的岩土体的力学监测。④ 对危险大的岩土体的水文地质监测。⑤ 三相流的综合监测。

5.3 地质灾害的预警系统

根据对区域性地质灾害的发育规律的研究及有关监测资料，可以建立预警系统，作出适时预报，以减少地质灾害的损失，以此为目标，应当进行下列研究：① 建立有关数据库。② 应用多因素统计、综合分析、单要素分析、模糊评判以及神经网络系统等方法进行数学评判。③ 应用模糊数学、Crustab 模型、灰色系统、多因素分析多方法建立评判模型。

预警系统应当综合有关地质与气候两方面要素予以建立。十大要素是：① 雨量，② 降雨强度，③ 地下水位，④ 水动力，⑤ 地应力，⑥ 附加地震波应力(地震或工程爆破)，⑦ 附加建筑荷载，⑧ 地表水侵蚀与有关现象，⑨ 凝聚力，⑩ 内摩擦力。危险灾害地带的临灾评价系数 C_c 是：

$$C_c = \sum_{i=1}^{n} A_{ic} X_{ic} \tag{2}$$

式中 C_c——临灾状态下的评判系数；

A_{ic}——临灾状态下因子的权重；

X_{ic}——临灾状态下 i 因子的实际评判系数。

岩溶地区临界评判系数可以采用上述 10 个要素的最坏状态的数值进行计算。从①至⑧因素，都是随着其具体数值的增加而加大评判系数，但对后两个因素是随其数值增加而降低其评价系数。在时间 (t)时的评判系数为：

$$C_{st} = \sum_{i=1}^{n} A_{it} X_{it} \tag{3}$$

式中 C_{st}——时间(t)灾害的评判系数；

A_{it}——t 时 i 因子权重；

X_{it}——t 时 i 因子的评判系数。

(t)时灾害的危险度(D_{st})为：

$$D_{st} = (C_{st}/C_c) \cdot 100\% \tag{4}$$

当 D_{st} 近到 100%，表明该岩溶带近于临灾状态，D_{st} 值愈降低，该地带越安全。

受工程建设以及附加水动力或附加震动力而影响时，稳定性下降率为：

$$\rho_s = (S_n - S_{fh})/S_n \cdot 100\% \tag{5}$$

式中 ρ_s——岩溶地区稳定性下降率；

S_n——自然状态下岩溶地带稳定系数；

S_{fg}——岩溶地段有工程效应时稳定系数。

6 岩溶地区地质灾害的防治

6.1 岩溶地区地质灾害防治的一些主要措施

1. 对于边坡灾害

(1) 降低主滑力(砍头)：对处于危险状态将发生边坡灾害的岩土体，减少其顶部体积，降低主滑力。例如，在乌江渡大坝左岸和由寒武系碳酸盐岩组成的小黄崖危岩体间为一小沟，据观察，危岩体的垂直沉降快速增加 160 mm，水平形变在短时间内增加 100 mm，考虑到大坝距小黄崖只有 400 m(图 7)，因此，将 20×10^4 m^3 危岩体予以爆破，使小黄崖岩体得以安全。

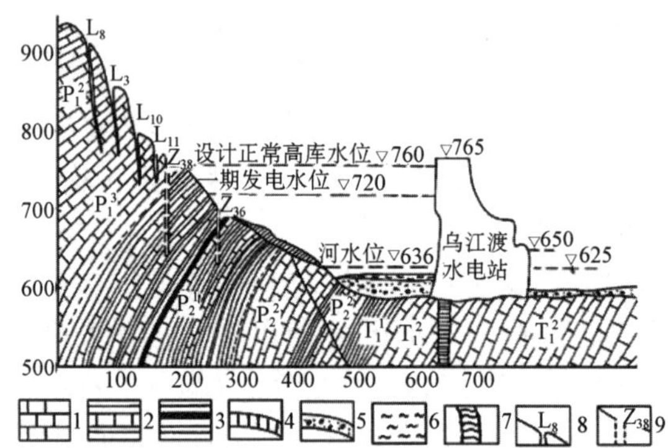

1—碳酸盐岩；2—页岩具碳酸盐岩夹层；3—煤层；4—山麓堆积；5—河床与砂卵石；6—水库沉积；7—灌浆帷幕；8—地下裂隙及其编号；9—钻孔及其编号

图 7 乌江渡大坝和小黄崖危岩体间示意剖面

(2) 增加危岩体的抗滑力(压脚)：增加抗滑力，经常在坡脚采用砌石、抗滑桩、抗滑墙、支墩、灌浆等方法，对一些蠕变边坡，采用块石堆积在坡脚是有效措施。对于临灾的边坡，需要防止在坡脚的任何开挖和爆破，许多边坡灾害是人工活动诱发的。

(3) 增强危岩体的强度(捆腰)：如预应力锚杆、灌浆、切断滑动面，焙烧软弱岩土体、干燥、冻结、化学离子交换、重结晶等方法，可用以加强处于临界状态的软弱岩土体。

(4) 降低危岩、土体水动力(降低水压)：动水压力经常是诱发滑坡的最重要的因素，可采取在危岩体内降低地下水位的措施，使地下水和地表水同步升降。主要方法有钻孔排水、排水廊道，将危岩体上的地表水及地下水排至安全地带内。

排泄地表水和地表径流就是要防止更多雨水渗入地下，以免增加危岩体内地下动力压力，例如，黄腊石滑坡总体积有 4×10^7 m^3，采用地表水排泄渠道和地下水排泄廊道措施。通过观测，1998 年雨季长江全流域发生特大洪水时全部排水量占全部降水量为 85.81%～113.18%，在旱季约为 25.95%，全年为 63.35%。

2. 对于岩溶塌陷

岩溶塌陷的防治处理方法主要是：① 增强岩溶化岩体或土体强度，② 减少上部荷载，③ 控制水动力条件，④ 构建联合基础等。

水利建设中，岩溶塌陷和岩溶渗漏经常是共同采用防治措施，主要方法有：① 混凝土墙或板、金属闸门及砌石墙堵塞洞穴；② 自然黏土、人工黏土层及混凝土挡板铺盖；③ 石头充填洞穴并架混凝土桥用混凝土充填洞穴;用黏土和骨料充填洞穴、用骨料充填洞穴并加拱形盖板;④ 圆形烟囱、具闸门圆井及曲形堤或坝封闭;⑤ 自然竖井、长金属管及混凝土管通气;⑥ 灰浆勾缝;⑦ 悬挂式、相对封闭式及全封闭式灌浆帷幕;⑧ 混凝土截墙切断强溶蚀带、混凝土截墙切断冲积层至基岩、混凝土墙切断大溶穴和主要岩溶通道;⑨ 从堤坝中通过反滤引水、坝下的反滤层中引水、从坝肩引水、将泉水引入水库;⑩ 从坝中廊道排水,利用天然地势在坝下的排水,从管道中排泄渗漏水至下游。

6.2 提高岩溶地区地质-生态环境质量

岩溶地区地质灾害和其他自然灾害的基本防治方法就是要提高地质-生态环境质量。所有自然灾害都是受宇宙因素影响全球演化的结果。但是,近来人类一系列的工程建设活动,破坏了森林和草地,并且对环境产生不良效应,是诱发自然灾害的重要因素,这方面灾害包括洪水、干旱、滑坡、荒漠化以及其他地质灾害。因此,绿色工程也是用以提高地质-生态环境质量并防治自然灾害非常基本的措施(图 8)。

通常,地质-生态环境质量涉及主要资源条件,包括土地、水、能源、矿产和生物等资源以及灾害因素,包括气候、地质与生物灾害。这些灾害间存在着灾害链。因此,综合考虑合理开发各种资源,同时采取防治处理措施,避免不合理建设效应,并降低自然灾害的危害的综合途径,是非常必需的。岩溶地区主要属于脆弱环境,只有利用资源与防治灾害这两方面相结合,岩溶地区才可能实现可持续发展。

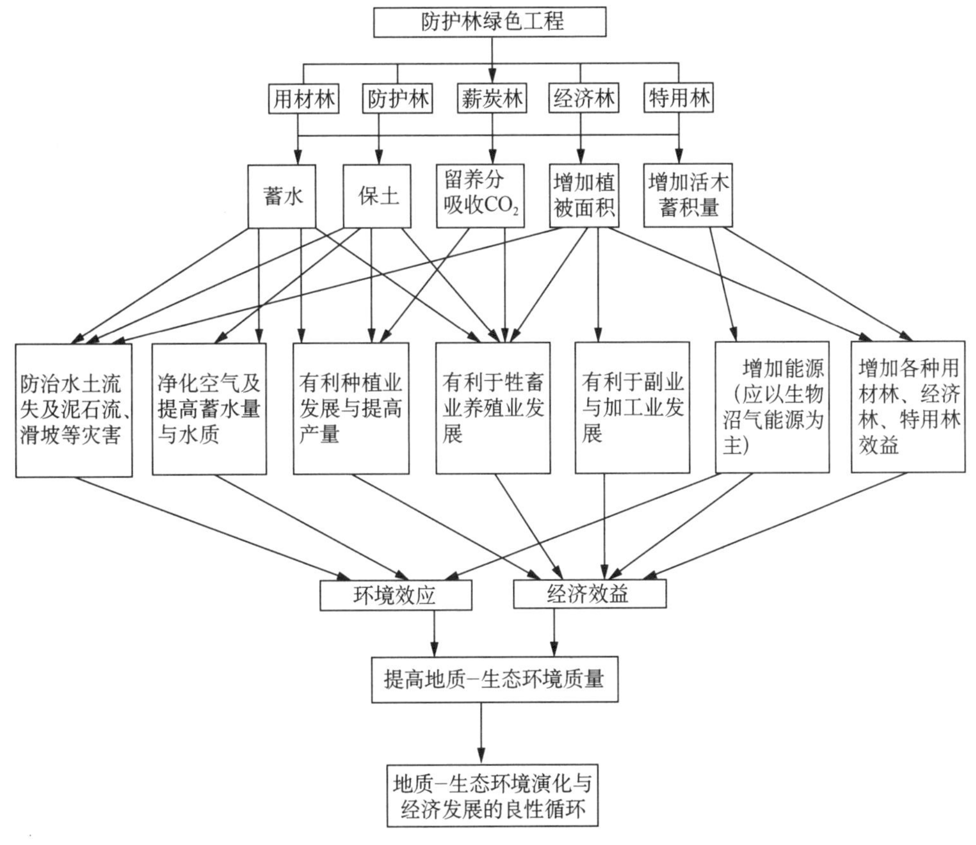

图 8 绿色工程与可持续发展分析图

参考文献

[1] 卢耀如.中国岩溶——景观·类型·规律[M].北京:地质出版社,1986.

[2] 卢耀如.长江三峡及其上游岩溶地区地质-生态环境与工程效应研究[C]//中国减轻自然灾害研究.全国减轻自然灾害研究会论文集.北京:中国科学技术出版社,1998:184-188.

[3] 卢耀如.国土地质-生态环境综合治理与可持续发展——黄河与长江流域防灾兴利途径讨论[J].中国地质灾害与防治学报,1998,(9): 91-99.
[4] 卢耀如.地质灾害的监测与防治[C]//中国科学技术前沿.1999/2000(中国工程院版).北京: 高等教育出版社,2000: 635-675.
[5] 卢耀如,等.岩溶水文地质环境演化与工程效应研究[M].北京: 科学出版社,1999.
[6] 胡海涛.开发治理黄河要合理利用水土资源及防治水土流失灾害[C]//环境地质研究.北京: 地震出版社,1991. 35-38.
[7] 盖保民.地球演化[M].北京: 中国科学技术出版社,1991.
[8] 国土资源部.中国地震灾害[M].北京: 中国建筑工业出版社,1991.
[9] 丁原章,等.水库诱发地震[M].北京: 地震出版社,1989.
[10] 段永侯,罗元华,柳源.中国地质灾害[M].北京: 中国建筑工业出版社,1993.
[11] 邹成杰,等.水利水电岩溶工程地质[M].北京: 水利电力出版社,1994.
[12] 殷跃平,胡海涛,康启达.重大工程选址区域地壳稳定性评价专家系统(RVSTAB)[M].北京: 地震出版社,1992.
[13] 徐,道一等.天文地质学概论[M].北京: 地质出版社,1983.
[14] LU Y R. Effects of hydrogeological development in selective karst regions in China[C]//Hydro geological Processes in karst terranes. Proceedings of International Symposium and Field Seminar. IAHS Publication, 1993(207): 15-24.
[15] LU Y R. Geological environment types and qualities and prediction on their evolutions in 21st Century in China [C]// Geosciences and Human surival, Environment, Natural hazards, Global Change. Proceedings of the 30th International Geological Congress. Beijing, China, 1997.117-133.
[16] LU Y R, DUAN G J. Artificially induced by hydrogeological effects and their impact of environments on karst of north and south China[C]//Hydrogeology. Proceedings of the 30th Geological Congress. 1997. 113-120.
[17] LU Y R, COOPER A H. Gypsum geohazard in China [C]//Envimment in karst terranes. Proceedings of the 5th Multidisciplinary Conference on Sinkholes and the Engineering and Environment impacts in Karst Terranes. A. A. Balkema/Rotterdam/Brookfield. 1997. 117-126.
[18] OPIK E J. Solar, structure, variability of ice ages[J]. Irish Astron Jour. 1976,(12): 253-276.

Evaporite karst and resultant geohazards in China①

Lu Yaoru, Zhang Feng'e, Qi Jixiang, Xu Jiaming, Guo Xiuhong

Abstract: The main kinds of evaporite karst, both sulphate karst and halide karst, are widely distributed in China. Gypsum karst is especially widespread, because China contains the largest gypsum resources in the world. These gypsum deposits range in age from Precambrian to Quatemary, and they were deposited in many environments, including marine, lacustrine, thermal process, metamorphic, and also as secondary deposits. Halide karst is developed in rock salt and salt-water lakes, the latter related to more than 300 salt-water lakes distributed in the Qinghai Plateau of Xizang (Tibet) province.

Gypsum and halite are easily dissolved; therefore, development of evaporite karst is somewhat different when compared with carbonate karst, which has developed many typical features in China. This paper discusses the mechanism and development of evaporite karst in sulphate rocks and in halides, and makes comparisons between evaporite karst and carbonate karst based upon field investigations and new tests in the laboratory.

The geohazards of evaporite karst usually are triggered by natural karst pocesses, but often they are exaggerated by artificial (human) actions and engineering impacts that cause flesh groundwater or surface water to come in contaet with the evaporite rocks. Some examples of evaporite-karst geohazards are described in this paper, they are present in Shandong, Sichuan, and Guizhou Provinces, and in the Qinghai Plateau of China.

1 Introduction

In China, evaporite karst developed in sulphate rocks and halite rocks is widespread, and the features of the evaporite karst have obvious differences when compared to carbonate karst. Sulphate karst results mainly from the karstification of gypsum ($CaSO_4 \cdot 2H_2O$) and anhydrite ($CaSO_4$); common carbonate-karst landscapes, such as the stone forest typically developed in Shilin, Yunnan, and corroded peaks/clusters (fengchong) and peak forest (fengling) developed in Guangxi, do not occur in sulphate rocks in China. Gypsum and anhydrite are important industrial and construction materials, and China has the largest reserves in the world and has a long history of exploitation.

Halite karst occurs in two settings: one setting is a series of salt lakes in the Xizang-Qinghai Plateau and western China; the other consists of solid rock salt in the subsurface of Sichuan, Jiangxi, etc., Provinces. The history of salt mining in China is more than two thousand years old. Evaporite karst, either in sulphate rocks or halite rocks, is closely tied to the mining of construction materials

① LU Y R, ZHANG F E, QI J X, et al. Evaporite karst and resultant geohazards in China[J]. Carbonates & Evaporites, 2002, 17(2):159-165.

and economic development in China. A variety of geohazards have been caused by exploitation and/or by construction in regions underlain by evaporite rocks.

2 Basic features of sulphate karst in China

Gypsum and anhydrite are the most important sulphate rocks in China. They are present in most of the provinces, in municipalities directly under the Central Govemment, and in the Autonomous Regions in China. Gypsum deposits in China formed in a variety of settings: marine deposits, lacustrine deposits, metamorphic processes, thermal processes, as well as during karstification. The geological ages of gypsum and anhydrite deposits are from Precambrian to Quaternary. The distribution of the main genetic types of gypsum in China is shown in Fig. 1. Shandong, Inner Mongolia, Qinghai, Hunan, Ningxia, Xizang (Tibet), Xinjiang, Anhui, Shanxi, and Sichuan Provinces contain the most important regions for producing gypsum and anhydrite. The main features of gypsum and anhydrite in China are: ① where interbedded with carbonate or clastic strata, they typically are less than one meter thick; ② thick, massive beds of gypsum and anhydrite typically are one meter to several tens of meters thick; ③ gypsum and anhydrite deposits of marine origin commonly contain some clastic materials; and ④ gypsum and anhydrite formed by metamorphic or thermal processes always consist of large crystals and/or long, fibrous crystals.

Sulphate deposits formed in a salt-lake environment usually undergo phase changes: from solid to liquid by dissolution, and then from liquid to solid by evaporation. Influenced by the earth's crustal movements, and by structural and climatic changes during the Quaternary, the environment of salt lakes in Xizang-Qinghai Plateau and in northwest China have undergone a complex evolution; therefore, the multiple stages of sulphate rocks related to karst processes have also had a complex evolution.

Mirabilite, a sodium-sulphate mineral, also appears in two phrases: a liquid phase commonly present in salt-lake environments; and a solid phase present in the ground. In some places, karst is well developed in the mirabilite, and the cycles of karstification and evaporation are proceeding in salt-lake environments in Xizang-Qinghai Plateau and northwest China. Solid mirabilite in the ground usually has been corroded by ground water, and natural karst processes have caused karst geohazards, such as karst collapse, etc. For example, mirabilite karst, which is widely distributed in some regions of west Sichuan Province, has caused a variety of geohazards.

The basic features of sulphate karst in China are summarized below:

2.1 Absence of typical karst landscapes

In comparison with carbonate karst, which is widely distributed in China, there are no typical karst landscapes resulting from sulphate-karst processes. This results from sulphate beds being thin and easily eroded. Thus sulphate-karst features on the surface are easily eroded and destroyed through dissolution by rainfall.

2.2 Absence of larger cave systems

The thin sulphate layers interbedded with carbonate or clastic rocks are strongly karstified, but they lack large cave systems, because underground passageways and rooms are easily damaged through dissolution by ground water. Karst -collapse features formed in paleo-cave systems have been discovered in Shanxi Province and elsewhere. It appears that the larger underground water courses and/or larger caverns were developed in thick sulphate rocks, but only collapsed remnants of the larger paleo caves and water courses remain.

2.3 Compound-karst processes

Sulphate rocks interbedded with carbonates usually develop compound-karst features in China. Gypsum and other sulphate rocks can exhibit compound karstification either in subsurface settings or in salt-lake environments. Complex-karst features exist due to the influence of differential hardness and dissolution rates of the sulphate rocks and interbedded carbonates or clastics.

2.4 Bio-karst processes

In the formation of sulphate rocks, biogenetic processes should not be neglected. Desulphurization by bacteria reduces the sulphates to product H_2S, and then the biogenic H_2S encounters carbonates and deposits biogenic $CaSO_4$. Under oxidizing conditions, bacteria causes the carbonates and sulphates to be leached and eluviated; this is called bio-karstification, and it results in a variety of sulphate-karst phenemena.

3 Principal areas of compound karstification

Karstification of sulphate and carbonate rocks together is important in creating compound karst and related phenomena in China. The main phenomena are collapsed columns. Typical forms of compound karst are mainly developed in Taihangshan Mountains, Shanxi Plateau, and Luliangshan Mountain of north China, but they also have been formed in the west, east, and south parts of China. About 2,875 karst collapse columns or breccia pipes have been identified in 45 mining areas, mainly in the Shandong, Shanxi, Hebei, Henan, and Shaanxi Provinces. The greatest concentration of collapse columns found so far is in the Xishan mine, near Taiyuan, Shanzxi Province, where 1,300 collapse columns are present in an area of about 70 km^2.

The mechanism related to the formation of the collapse columns in north China has been discussed by several researchers. Anhydrite increases in volume by 63% when it is hydrated to gypsum. This disrupts the sulphate and the surrounding rock mass into a breccia and enhances eluviation: in turm, this usually causes extensive karstification and collapse, in multiple stages, until a collapse column is formed.

4 The main geohazards in sulphate karst

Karstification in sulphate rocks will usually result in collapses, which shows that collapse structures are a natural phenomena due to karst processes either in carbonate rocks or in sulphate rocks. As a result of unreasonable human actions and construction, the original hydrogeological and environmental conditions in sulphate-karst areas may quickly deteriorate to cause collapse structures, land-subsidence features, karst-water invasion, and other disasters. Such features disrupt our living conditions and our construction, and also decrease the environmental quality of our lives.

4.1 Geohazards in mining regions

A series of geohazards have developed in mining regions containing sulphate rocks. For example, in the Lingyi region of Shandong Province there are many karst collapses, whose origins are related to unreasonable exploitation of gypsum resources without protecting the environment. This has led to consequences such as ground fractures, collapse and damage to buildings, and to the loss of water from ditches.

The Dongfang gypsum-mining pit, located in the Bianqiao, Pingyi County of Lingyi region in Shandong Province, is characterized by underground mining (Fig. 1). A total of 18 beds of gypsum, ranging in thickness from 1.61 m to 28.28 m, consist of 7.56%～90.96% gypsum and 2.28%～90.36% anhydrite. The total combined gypsum and anhydrite content of the ore beds ranges from 32.96%～95.83%.

The two sloped tunnels of the Dongfang gypsum mine pass through Quaternary sand and gravel aquifers and then through Tertiary clastic layers and marl/limestone aquifers. Ground water percolating into the tunnels totals about 200～400 m^3/d, and a ditch also carries seepage water into the tunnels. All the percolating water has dissolved some of the gypsum and anhydrite, and the water composition is presented in Table 1.

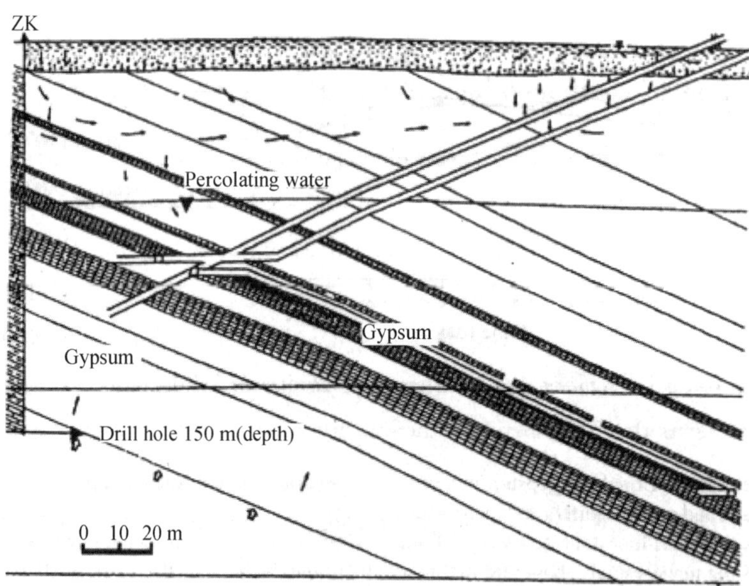

Fig. 1 Profile of Dongfang gypsum mines in Bianqiao, Pingyi County.

Table 1 Comparison of the water content in the Dongfang gypsum-mining area.

Sample	pH	Ca^{2+}	Mg^{2+}	HCO_3^-	SO_4^{2-}	Cl^-	$CaCO_3$
Ditch	8.0	22.7	4.1	64.9	9.2	4.4	894.2
Pit pond	7.6	323.2	21.3	164.9	193.3	38.6	1 197.6
Tunnel 1	7.7	455.5	14.9	150.9	184.8	43.4	960.5
Tunnel 2	7.7	367.9	10.3	174.7	178.8	39. 1	73.5

(Except for the pH values, ion-content values are in mg/L)

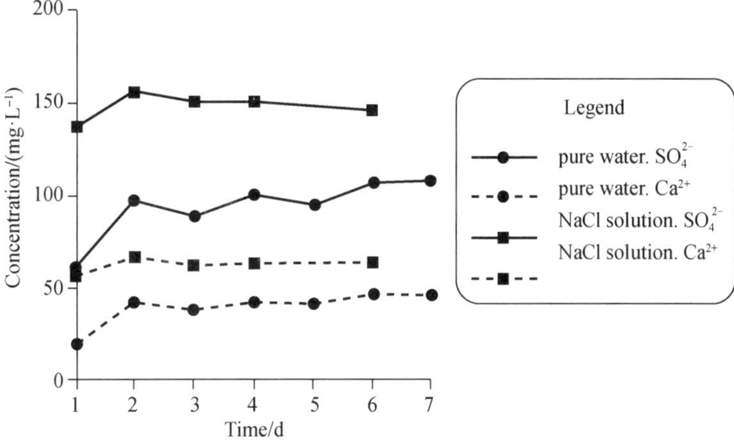

Fig. 2 Dissolution rates of gypsum in pure water and in NaCl solution.

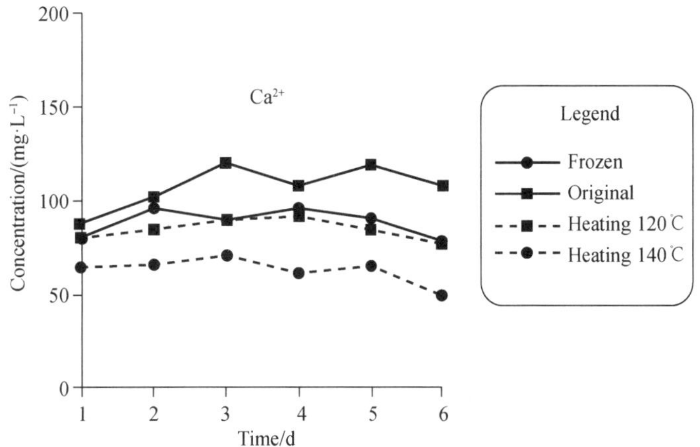

Fig. 3 Comparison of Ca^{2+} dissolution rates from gypsum under frozen and heating.

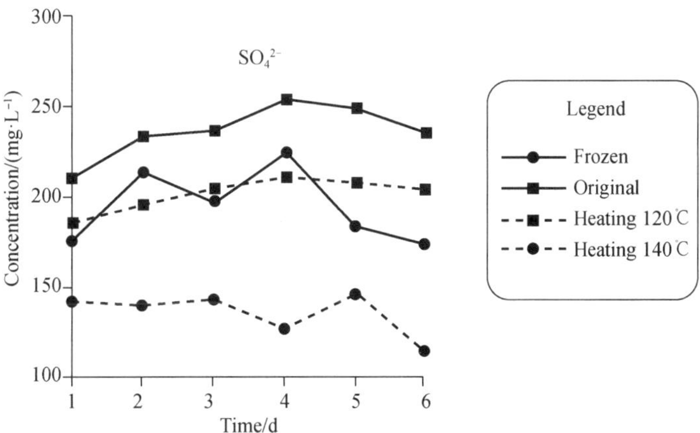

Fig. 4 Comparison of SO_4^{2-} dissolution rates from gypsum under frozen and heating conditions.

The SO_4 content of percolating water in mining tunnels is 19～21 times higher than that of the ditch, and the Ca content is 14～20 times higher. The quantity of the gypsum and anhydrite dissolved by water percolating into mining tunnels is calculated by the following function:

Over a period of four years, about 1,092 m^3 of sulphate rock would be dissolved, thus changing

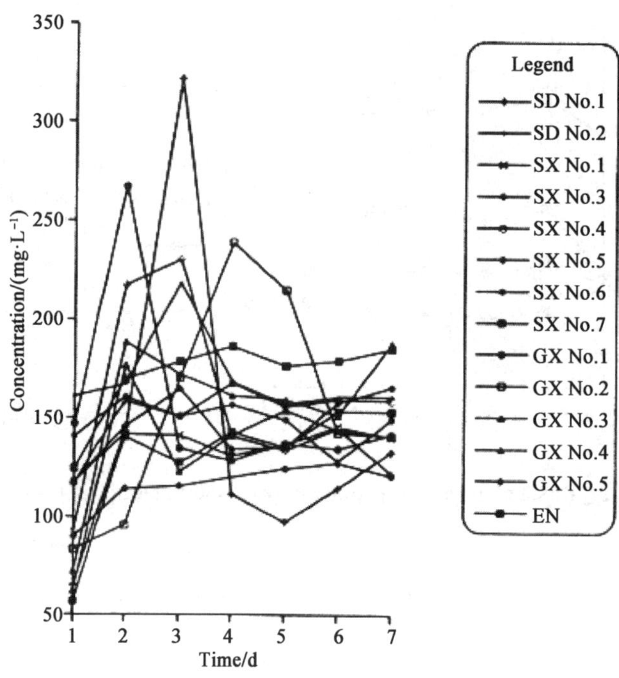

Fig. 5 Dissolution rates of gypsum samples wih diferent structure under the same conditions.

the structure of both clastic rocks and sulphate rocks in the subsurface. The voids formed by dissolution of the sulphate rocks causes ground fractures and collapse structures that damage buildings and roads. Explosions for mining the tunnels also decreased the mechanical strength of the rock masses, and dissolution of the sulphate rocks was enhanced. A roof fall in the mine tunnels was several meters high and 8.3～16.7 m long.

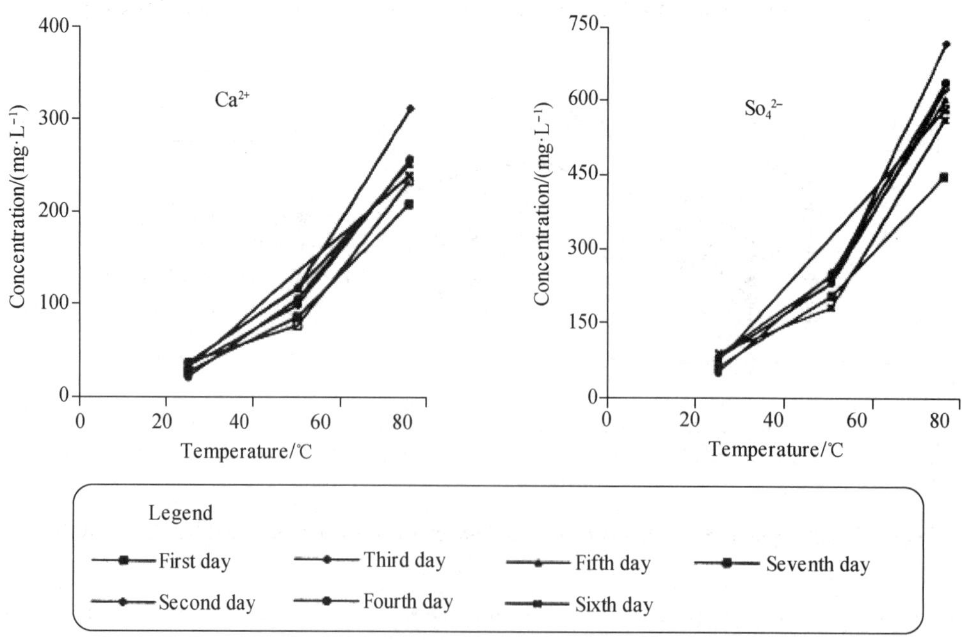

Fig. 6 Curves showing dissolution of gypsum under different temperatures.

$$V_{KG} = [\sum \Delta Q_{pt} \cdot S_{Gt}]/\rho_G \tag{1}$$

V_{KG}— sulphate content dissolved by percolating water, expressed in m^3;

ΔQ_{pt}— water quantity draining from the mining pit, expressed in m^3;

Q_{Gt}— dissolved sulphate content of percolating water at t interval of time, T/m^3;

ρ_G— specific weight of gypsum or anhydrite, T/m^3.

Collapsed columns in areas of paleokarst have usually caused water invasion into the mine tunnels. For example, the Fanggezhuan Coal Mine, located about 25 km NE of the Tangshan in the northeast of Hebei Province, had a water invasion of 12 m^3/s through a paleokarst column that extends about 300 m upwards into the coal measures from the underlying Ordovician carbonates and interbedded gypsums. The mine was closed for about one year in order to handle the bad consequences, and to establish safeguards to prevent the disaster from happening again. The distribution of paleokarst collapse columns in some mining regions ranges from 2.6~72/km^2.

4.2 Geohazards in water-resources exploitation

Evaporite karst has caused geohazards associated with exploitation of water resources. For example, the Huoshipo Reservoir in Guizhou has experienced leakage problems and collapse structures due to gypsum karst. Gypsum karst has also caused reservoir seepage in Xinjiang Province and other regions. Owing to the limited space, this paper cannot go into details on the subject.

4.3 Geohazards in slopes by comprehensive factors

In river gorges with steep and/or high slopes, there usually are slope hazards. One of the largest landslides in China, with a total volume of 4×10^8 m^3, occurred in the Shigaoshan(a word which means "gypsum mountain" in Chinese), in the Jinshajiang River Gorge of Yunnan; at this location there is a sequence of carbonate and clastic rocks interbedded with gypsum layers. The landslide was caused by numerous factors, including natural erosion and artificial (manmade) actions.

5 Some tests related to sulphate karstification

For studying the mechanism of sulphate karstification, tests on the dissolution of gypsum under different conditions have been carried out. It is obvious that the rates for dissolution of gypsum are influenced by the NaCl content of the solution, by temperature, and by structure (Figs. 2-6). Fig. 2 shows that pure water has a lower dissolution rate for gypsum than when the water contains NaCl. Figs. 3 and 4 show that the dissolution rates of gypsum is lowest under freezing conditions, and that heating always results in increasing the dissolution rates. In Fig. 5, the test results show that the maximum dissolution rates occur in the third day. Fig. 6 shows that the temperature and dissolution rates of gypsum are in direct ratio, but that at temperatures above or below 50 the ratio between them is different.

6 Conclusion

Sulphate rocks constitute the second-most-important kind of soluble rocks, following carbonate rocks. They have developed as a special type of karst phenomena, and have also influenced environmental quality throughout many regions in China. Most scholars and researchers give more attention and interest to carbonate karst in China. Compound karstification, including both carbonate karst and sulphate karst occurring together, have not been studied in detail. It is important to discover the mechanism of compound karst, and this paper has only introduced some of the considerations. Additional results will be presented at the next conference of"KARST CHINA 2001".

References

[1] LU Y R. The features of geological disasters and the ways for their researches, prevention and treatment, Geological Hazards[J]. Proceedings of Beijing International, 1991.

[2] LU Y R. Effects of hydrogeological development in selective karst regions in China[J]. Iahs Publication, 1990:15.

[3] LU Y R. Geological environment types and qualities and prediction on their evolutions in 21st Century in China[C]// Geosciences and Human Survival, Environment, Natural Hazards, Global Change, Proceedings of the 30th International Geological Congress, Beijing. China, 1997:117-133.

[4] LU Y R, DUAN G J . Artificially induced by hydrogeoligical effects and their impact of environments on karst of North and South of China[C]// Hydrogeology, Proceedings of the 30th Geological Congress, Beijing, China,1997: 113-120.

[5] LU Y R, COOPER A. International Journal of Speleology, v. 25, no. 3-4, p.297-307.

[6] LU Y R, COOPER A H. Gypsum geohazard in China[C]// Environment in Karst Terranes, Proceedings of the 5th Multidisciplinary Conference on Sinkholes and the Engineering and Environment Impacts in Karst Terranes, 1997: 117-126.

[7] OPINK E J. Solar structure, variability of the ice ages[J]. lrish Astron, 1976.12:253-276.

[8] JOHNSON K S. Dissolution of salt on the east flank of the Permian Basin in the southwestern U.S.A[J]. Journal of Hydrology, 1981,54:75-93.

[9] JOHNSON K S. Hydrology and karst of the Blaine gypsumdolomite aquifer, Southwestern Oklahoma. Geological Society of America, Oklahoma Geological Survey, 1990.

硫酸盐岩岩溶发育机理与有关地质环境效应①

卢耀如　张凤娥　阎葆瑞　郭秀红

摘　要　硫酸盐岩在中国分布很广泛，特别是石膏及硬石膏，其分布遍及各省、自治区、直辖市。中国硫酸盐岩岩溶的基本特性是：没有特殊的岩溶景观，大的洞穴系统难于在自然界中保存。但是，由于硫酸盐岩（石膏和硬石膏）和碳酸盐岩（石灰岩和白云岩）常共生沉积，文中进一步探索了二者的混合岩溶作用机理。研究中专门进行了一系列的溶蚀试验，以研究不同状态下石膏的溶解作用。试验结果表明，气候条件、热液作用对石膏岩溶发育有着重要的影响。石膏在盐水中的溶蚀量比在蒸馏水中要高2～3倍。

硫酸盐岩中生物岩溶作用是非常重要的，包括石膏和硬石膏在有机物参与下，经厌氧的硫酸盐还原菌以及排硫杆菌的气化作用，都可加速对 $CaSO_4$ 的溶蚀作用。在所研究的样品中，都检测到这些可发生生物岩溶作用的菌类。根据硫酸盐还原菌还原生成 H_2S 及排硫杆菌作用而降低水中 pH 值，表明细菌的岩溶作用也存在不同的强度。

在研究硫酸盐岩岩溶作用机理的基础上，同时讨论了典型硫酸盐岩地区存在的岩溶塌陷、陷落柱、地面沉降及滑坡等地质灾害以及人工加速诱发硫酸盐岩地区地质灾害的实例。

关键词　硫酸盐岩　岩溶发育机理　地质灾害

硫酸盐岩在中国具有较大的分布面积，其岩溶特征与碳酸盐岩岩溶相比有很大不同。硫酸盐岩主要有石膏（$CaSO_4 \cdot 2H_2O$）、硬石膏（$CaSO_4$）、芒硝等，石膏和硬石膏属矿产资源，是许多工业的重要原料。硫酸盐岩岩溶在发育过程中，也伴随有地质灾害的发生。在盐湖分布地区，除了有卤化物岩分布之外，亦有硫酸盐岩分布，并相应地发育有岩溶现象。

1　中国硫酸盐岩的基本特性

石膏和硬石膏几乎在中国各省、自治区、直辖市都有分布。石膏的成因涉及海相沉积、湖相沉积、变质作用、热液作用以及岩溶作用，其地质年代从前寒武纪至第四纪。中国硫酸盐岩分布表示于图1[1]。山东、内蒙古、青海、湖南、宁夏、西藏、新疆、安徽、山西和山东等地区是石膏和硬石膏的主要产地。中国固体石膏和硬石膏的特性是：① 多为碳酸盐岩和碎屑岩的夹层，通常厚度不大，多在 1 m 以下；② 厚层和块状石膏与硬石膏，厚度可达数米以上；③ 海相成因的石膏和硬石膏多含有碎屑成分；④ 由于变质和热液作用，石膏和硬石膏常出现大的原生结晶或长的纤维状晶体。盐湖中硫酸盐岩的沉积，经常由于岩溶作用而发生固相至液相或由于蒸发由液相至固相的变化。受地壳构造运动及气候条件影响，第四纪时期，在青藏高原及西北地区有过复杂的演化过程，因此，硫酸盐岩相应有多期岩溶作用过程。

硫酸盐岩中的芒硝，也有两个相：其中液相分布于盐湖环境；固相埋存于地下。芒硝发育地区也强烈发育岩溶，在岩溶作用与蒸发作用下使青藏高原及西北地区的芒硝经常发生相变。在中国四川，地下固体芒硝由于强烈的岩溶作用而诱发灾害。

① 卢耀如，张凤娥，阎葆瑞，等.硫酸盐岩岩溶发育机理与有关地质环境效应[J]. 地球学报，2002(1)：1-6.

2 硫酸盐岩岩溶的基本特征

硫酸盐岩岩溶的基本特征，可概括为：

(1) 没有典型岩溶景观：在中国，与碳酸盐岩岩溶地区相比较，硫酸盐岩岩溶地区没有典型特殊的岩溶景观。由于硫酸盐岩层薄而质软，发育的岩溶景观不易长期保存，尤其发育于地表裸露硫酸盐岩中的岩溶景观在降雨溶蚀作用下更易被侵蚀、破坏。

(2) 大的洞穴系统难于保存：硫酸盐岩中洞穴系统和碳酸盐岩中洞穴系统一样，亦具有多种发育模式[2]。在薄层呈夹层状的硫酸盐岩中，不易单独发育大的洞穴系统，但在厚层或块状石膏层中可发育有较大的洞穴系统，例如，在山西太原及阳泉地区的厚层碳酸盐岩中可见有早期发育的洞穴系统，但已塌陷充填。在美国俄克拉何马州[3]以及乌克兰、西班牙、俄罗斯、意大利等地[4]，目前仍有发育于石膏中的暗河系统。

(3) 复合岩溶作用：硫酸盐岩和碳酸盐岩常相伴沉积，因此，也常发生二者间的复合岩溶作用。这种复合岩溶作用可发生于固相和盐湖液相状态。复合岩溶作用与硫酸盐岩和碳酸盐岩单独进行的岩溶作用有着明显的不同。除了复合岩溶作用之外，硫酸盐岩还存在着水的岩溶作用和与生物岩溶作用的复合岩溶作用。

3 硫酸盐岩在水溶液中的溶蚀作用机理

有关硫酸盐岩石膏的溶蚀特性，以往已有学者进行过研究[5,6]。限于篇幅，简略介绍近期一些试验成果。

硫酸盐岩和碳酸盐岩的岩溶作用在水溶蚀作用机理上，最主要的区别在于水对碳酸盐岩的岩溶作用，需要借助于溶剂 CO_2 的作用，而水可直接对硫酸盐岩产生溶蚀作用。将石膏进行蒸馏水及 NaCl 溶液的溶蚀试验，结果表明，石膏在盐水中的溶蚀率比在蒸馏水条件下要高 2～3 倍(图 1)。

将石膏样品经过加热处理或冷冻作用后进行溶蚀试验，其结果表明，冷冻后的溶蚀率较低，而加热处理后的样品，其溶蚀率比冷冻处理样品稍高；没有经过加热或冷冻处理的原生样品，其溶蚀率最大。根据温度试验成果分析，当温度大于 50℃时，其溶蚀率明显增大(图 2)。试验成果表明，气候条件、热液作用对石膏岩溶的发育有着重要影响。

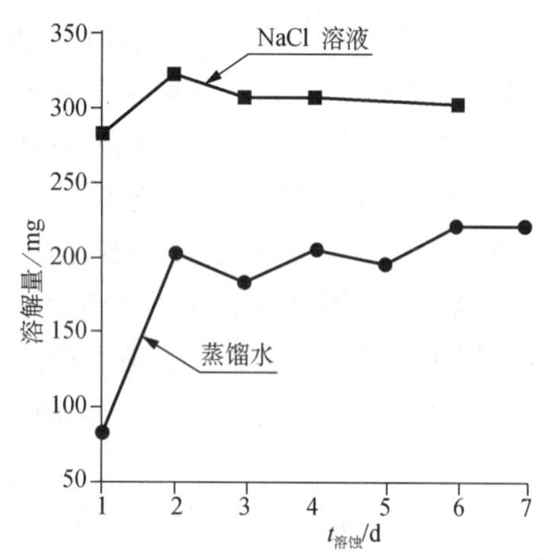

图 1 在蒸馏水及 NaCl 溶液中石膏的溶解率

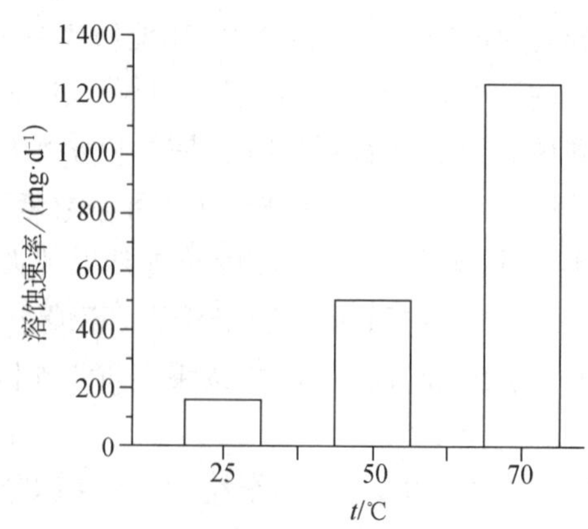

图 2 不同温度条件下石膏的溶解速率

不同组织结构、不同岩性的石膏，进行溶蚀试验而获得的溶蚀率(溶解度)，由 57 mg/L 至 322 mg/

L,相差约 6 倍。

4 生物岩溶作用机理

微生物在成矿中的作用已有较多研究[7,8]。生物岩溶作用目前正日益引起国际上学者们的关注。石膏和硬石膏在有机物参与下,经厌氧的硫酸盐还原菌(Desulfovibria)还原形成 H_2S:

$$CaSO_4 + \text{有机物} \xrightarrow{\text{细菌}} CaCO_3 + H_2S + H_2O$$

在石膏裂隙中,发现有硫酸盐还原菌,当含有溶解氧的水渗入到地层中,便发生化学的及排硫杆菌(T. thioparus)的气化作用,使 pH 值降至 4.5～5,催化并加速了 $CaSO_4$ 的溶蚀作用:

$$2H_2S + O_2 \xrightarrow{\text{排硫杆菌}} 2S + 2H_2O$$

$$2S + 3O_2 + 2H_2O \xrightarrow{\text{氧化硫酸杆菌}} 2H_2SO_4$$

所产生的 H_2SO_4,又可强烈溶蚀周围的碳酸盐岩,并生成石膏,这种次生石膏又极易溶于水,如下列反应式:

$$CaCO_3 + H_2SO_4 \longrightarrow CaSO_4 + CO_2 + H_2O$$

$$CaMg(CO_3)_2 + 2H_2SO_4 \longrightarrow CaSO_4 + MgSO_4 + 2CO_2 + 2H_2O$$

$$CaSO_4 + H_2O \longrightarrow CaSO_4 \cdot 2H_2O \text{ 或 } 2CaCO_3 + MgSO_4 + 2H_2O \longrightarrow CaMg(CO_3)_2 + CaSO_4 \cdot 2H_2O$$

所以,生物岩溶作用在硫酸盐岩和碳酸盐岩分布的地区,也是一种生物复合岩溶作用过程。

在研究的 10 个样品中,其中 5 个样品培养出硫酸盐还原菌,其作用强度由该菌代谢作用还原硫酸盐产生的 H_2S 以浓度来表示(表 1)。

在采集的 10 个石膏样品中 7 个样品有排硫杆菌,其作用强度由基质中氧化了的 $Na_2S_2O_3$(%)及 pH 值表示。7 个样品中 pH 值由 7.2 降为 5.2～5.8。无菌对照中,氧化了的 $Na_2S_2O_3$ 小于 10%,pH 值为 7.2。硫酸盐岩溶区排硫杆菌的作用强度如表 2。

表 1 硫酸盐岩溶区硫酸盐还原菌作用强度

样品编号	硫酸盐还原菌还原生成 $H_2S/(mg \cdot L^{-1})$	细菌作用强度
Sd1	<10	−
Sd2	>100	++
Sx1	<10	−
Sx3	<10	−
Sx4	>100	++
En1	50～100	+
Gx2	>100	++
Gx3	>100	++
Gx4	<10	−
Gx5	<10	−
无菌对照	<10	−

表 2　硫酸盐岩溶区排硫杆菌的作用强度

样品编号	T. thioparus 氧化 $Na_2S_2O_3$/%	pH	细菌作用强度
Sd1	37	5.8	+
Sd2	39	5.5	+
Sx1	54.38	5.2	++
Sx3	＜10	6.5	−
Sx4	100	5.5	+++
En1	41.39	5.5	+
Gx2	＜10	7.2	−
Gx3	＜10	6.8	−
Gx4	40	5.2	+
Gx5	40	5.2	+
无菌对照	＜10	7.2	−

此外，还发现有还原硝酸盐的脱氮硫杆菌（T. denitrificans），还原硝酸盐生成 NO_2（亚硝酸盐），也可生成酸类，加强对碳酸盐岩的溶蚀作用。

5　硫酸盐岩岩溶的主要地质环境问题

硫酸盐岩岩溶发育过程中，也常伴随着岩溶塌陷等地质灾害现象的发生。即硫酸盐岩岩溶作用过程中，所发生的岩溶塌陷现象和碳酸盐岩中岩溶塌陷一样，都属于不可避免的自然现象。在硫酸盐岩和碳酸盐岩复合岩溶地区，产生一种特殊岩溶灾害现象——岩溶陷落柱。这是在碳酸盐岩和硫酸盐岩中产生多期塌陷结果所造成（图 3）。这种陷落柱在山西高原、太行山、吕梁山以及江苏、青海、陕西等地都有发生，据研究，在 45 个矿区已发现有 2 875 个岩溶陷落柱[9,10]，山西省太原市西山矿区 70 km^2 面积内就有陷落柱 1 300 个。

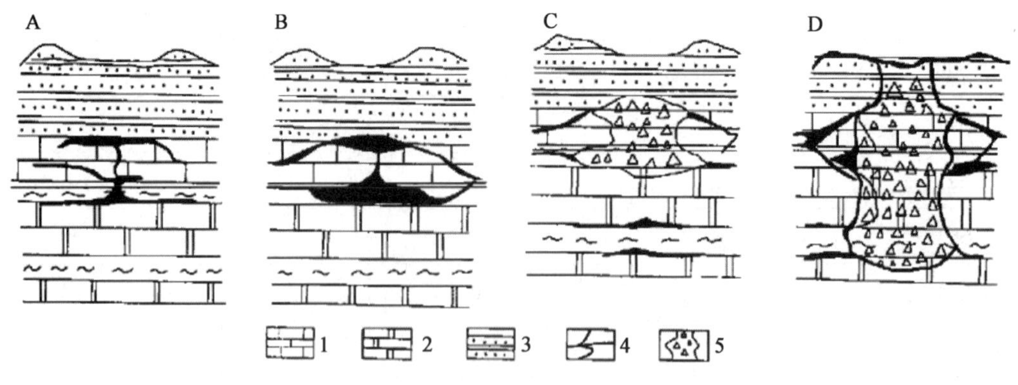

1—石灰岩；2—白云岩；3—石膏；4—砂页岩；5—溶蚀洞穴通道

图 3　岩溶陷落柱发育过程分析图

有关陷落柱发育的机理，已有学者作了多种研究[11-13]。由于石膏水化后体积可膨胀 63%，破坏周围岩体的完整性，产生角砾岩。中国典型陷落柱，示于图 4。

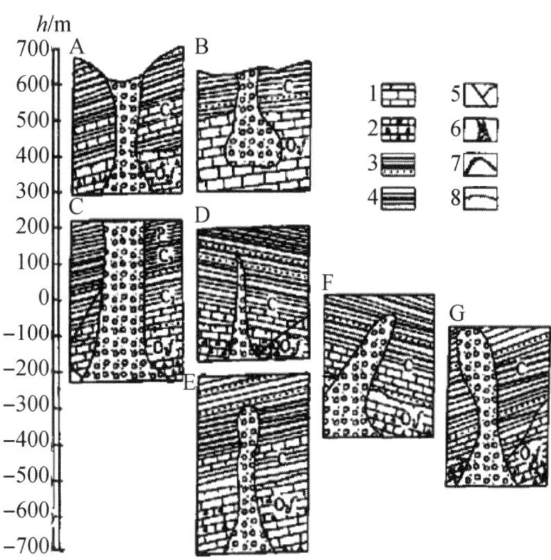

1—碳酸盐岩，2—碳酸盐岩角砾岩，3—砂页岩，4—煤层和碎屑岩，5—断层，6—陷落柱，7—岩溶陷落柱推测边界，8—奥陶系峰峰组(O_2f)和中石炭统(C_2)间的古岩溶面

图 4　华北煤田奥陶系石膏与碳酸盐岩混合岩溶作用后形成的典型岩溶陷落柱（陷落柱高度变化表明受后期构造活动影响）

硫酸盐岩石膏也易于产生大规模的滑坡灾害[13]。由于人工的不合理开发，经常加速诱发硫酸盐岩中岩溶灾害的发生与发展。

5.1　山东平邑地区石膏矿的地质灾害

山东平邑地区石膏丰富，某矿区石膏厚度为 1.61～28.28 m，硬石膏含量 2.28%～90.36%，石膏为 7.56%～90.96%。石膏和硬石膏总量为 32.96%～95.83%(图 5)。

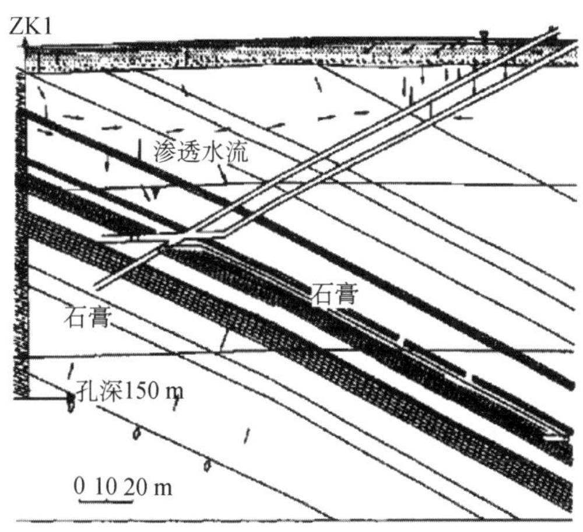

图 5　山东平邑某矿区的水文地质剖面图

由于人工开凿的巷道加速了上覆地表水及第四系潜水的向下渗透运动，加速水对石膏的溶蚀作用，因而诱发了地表的沉陷、塌陷，并破坏了地表人工建筑物。有关溶蚀水质情况，对比于表 3。表中清楚表明，渗透水流对石膏的溶蚀是快速的，其溶蚀量也较大。矿井水中 SO_4^{2-} 含量为地表溪沟水的 19～21 倍，Ca^{2+} 为 10～20 倍。

由渗透水流所溶蚀的硫酸盐岩量，可按式(1)进行计算：

$$V_{KG}=\left(\sum \Delta Q_{pt}\cdot S_{Gt}\right)/\rho_G \tag{1}$$

式中 V_{KG}——渗透水流所溶蚀的硫酸盐岩总量(m^3);

ΔQ_{pt}——矿井中排出的水量(m^3);

S_{Gt}——在间隔时间内渗透水流对硫酸盐岩溶蚀量(t/m^3);

ρ_G——石膏和硬石膏的比重(t/m^3)。

在这一个小矿区中,4 年内已溶蚀地下硫酸盐岩岩体 1 092 m^3。

表 3 山东平邑某矿区水质分析对照表

样品	pH	Ca^{2+}	Mg^{2+}	HCO_3^-	SO_4^{2-}	Cl^-	$CaCO_3$
河沟	8.0	22.7	4.1	64.9	9.2	4.4	894.2
矿井中水仓	7.6	323.2	21.3	164.9	193.3	38.6	1 197.6
巷道 1	7.7	455.5	14.9	150.9	184.8	43.4	960.5
巷道 2	7.7	367.9	10.3	174.7	178.8	39.1	73.5

注:除 pH 外,其他成分单位为 mg/L。

5.2 其他矿区的硫酸盐岩岩溶灾害

广西北海的一个矿区和上述山东矿区相似,由于长期开采地下石膏而没有考虑开矿诱发渗透水流对石膏产生的溶蚀作用,而且矿井中没有任何支护,致使石膏中不断加大溶蚀体积,不断降低其强度,结果于 2001 年在降雨后使矿井产生坍塌,连善后工作都无法进行。

5.3 复合岩溶的突水灾害

河北唐山范各庄矿在唐山 NEE 方向 25 km 处,产生 300 m 深处古陷落柱向矿井突水,最大涌水量达 12 m^3/s[14],给矿井造成极大损失。此外,硫酸盐岩岩溶也曾诱发贵州火石坡水库的岩溶渗漏与库区塌陷。在天然状态下,石膏和石灰岩的复合岩溶,使云南金沙江河谷的石膏地层发生 4×10^8 m^3 的大滑坡。在长江三峡地区,也有与硫酸盐岩有关的滑坡、崩塌角砾岩的存在。

6 结语

硫酸盐岩岩溶有其独特的性质,除了水的溶蚀作用之外,还有生物岩溶作用。硫酸盐岩和碳酸盐岩的复合岩溶作用、水流化学作用和生物作用的复合岩溶作用,使硫酸盐岩的岩溶作用变得更为复杂。硫酸盐岩岩性软弱,又可直接为水所溶蚀,其地质环境是脆弱的,更易由于人工因素而诱发硫酸盐岩的岩溶灾害。因此,在硫酸盐岩分布地区,合理地开发各种资源,更好地研究硫酸盐岩的岩溶发育机理,及其与碳酸盐岩混合的岩溶发育机理,并积极地进行有关地质灾害的监测,避免诱发大的地质灾害,比碳酸盐岩分布地区,显得更加迫切与重要。

在研究工作中,得到齐继祥、徐家明、梁国玲和刘文生等同志的帮助,谨表深切谢意!

参考文献

[1] LU Y R, COOPER A H. Gypsum geohazard in China[C]// Environment in Karst Terranes, Proceedings of the 5th Multidisciplinary Conference on Sinkholes and the Engineering and Environment Impacts in Karst Terranes. A. A. Balkema/Rotterdam/Brookfield. 1997: 117~126.

[2] 卢耀如,等. 岩溶水文地质环境演化与工程效应研究[M].北京:科学出版社,1999:1~305.

[3] JOHNSON K S. Hydrogeology and karst of the Blaine gypsumdolomite aquifer, southwestern Oklahoma[C]// Oklahoma Geological Survey, Special Publication 90-5, Guide for field trip No. 15, Geological Society of America

(Annual Meeting), 1990:1～31.

[4] ALEXANDER K, DAVID L, ANTHONY C, et al. Gypsum karst of the World[J]. International Journal of Speleology, 1996, 25(3～4): 1～307.

[5] 卢耀如,杰显义,张上林. 中国岩溶(喀斯特)发育规律及其若干水文地质工程地质条件[J].地质学报. 1973, 47(1): 121～136.

[6] ALEXANDER K. The dissolution and conversion of gypsum and anhydrite[J]. International Journal of Speleology, 1996, 25(3～4): 21～48.

[7] 阎葆瑞,张锡根,梁德华. 洋底水-沉积物系统微生物地球化学作用与多金属结核生成的关系[M]. 北京:海洋出版社,1998.

[8] 阎葆瑞,张锡根. 微生物成矿学[M].北京: 科学出版社, 2000.

[9] LI J K, ZHOU W F. Karst groundwater inrush and its prevention and control in coal mines in China[C]// Karst hydrogeology and karst environment protection; Proceedings of st21 IAH Conference; IAH - AISH Publication, Beijing: Geological Publishing House, 1988,176(2): 1075～1082.

[10] 刘启仁,王锐,牟平占等. 中国固体矿床水文地质特征及其勘探与评价方法[M].北京: 中国石油出版社,1996: 1～405.

[11] 王锐. 论华北地区岩溶陷落柱的形成[J]. 水文地质工程地质,1982(1):37～44.

[12] 张之淦. 娘子关地区马家沟灰岩——硫酸盐-碳酸盐岩混合建造岩溶一例[C]//中国地质学会第二届岩溶学术会议论文选集.北京:科学出版社,1982:14～24.

[13] 卢耀如. 中国岩溶——景观·类型·规律[M]. 北京: 地质出版社,1986:1～288.

[13] 中华人民共和国地质矿产部.中国地质灾害图集[M].北京: 地质出版社,1991,114～141.

[14] QIAN X P. The formation of gypsum karst collapse-column and its hydrogeological significance[C]// Karst hydrogeology and karst environmental protection; Proceedings of 21st IAH Conference, Beijing: Geological Publishing House, 1988:1186～1193.

中国水资源开发与可持续发展①

卢耀如　刘少玉　张凤娥

自然界中，人类生存与发展的资源性因素有：空气、阳光、土地、水、能源、矿产及生物等。人类通过各种方式予以开发，以提高生存条件和生活水平。工业文明以来，人类对资源的过度开发，不仅破坏了资源供给的可持续性，而且诱发了地质-生态环境效应，对人类生存与发展产生了不利影响，主要是灾害性条件，如气候灾害、地质灾害及生物灾害等。资源的不合理开发又加剧了各种灾害的发生与发展。

在资源性因素中，水资源已是世界性问题。在中国，水资源的合理开发利用已成为关系到我国可持续发展的迫切需要解决的世纪性难题。

1　中国水资源概况

1. 中国人均水资源概况

中国的水资源总量为2.8万亿 m^3，人均水资源量为2 220 m^3（1997年），空间分布极不均匀。在北方，如天津地区人均水资源量只有165 m^3/a；北京及河北地区只有300～400 m^3/a，南方地区雨量较充沛，但在人口密集的地带，人均水资源量也明显偏低，如成都平原人均水资源量只有600～700 m^3/a，昆明滇池流域地区只有300多 m^3/a。

中国的水资源量主要依靠大气降水补给，另外还有雪山融水的补给。基本上，南方地区雨量在1 000～2 000 mm，水资源相对丰富；秦岭—淮河以北的华北及东北地区，雨量小于800 mm，一般为400～600 mm，为半干旱地带；而西北地区雨量小于400 mm，有的内陆盆地只有几十毫米。西北地区相对地域广阔，人口密度比东部小，虽是干旱条件，而人均水资源量却较大，如新疆人均水资源量每年可高达几千立方米，西藏也多是干旱至半干旱条件，但人均水资源量高达18 070 m^3/a。这些数据表明人均水资源量是一个标志性参数，国内外也将此作为判断水资源量贫富的一个标准，国际上以人均1 700 m^3/a作为水资源匮乏的一个界限数据。

另一个重要方面是区域气候-地理状况所决定的生态需水量。在干旱地区人口少，相对人均水资源量多，而其中大部分属于生态需水量。由于这种生态需要量较大，而当地降水量又不能满足，因此真正可供人类开发利用的水量，要比人均水资源量少得多。

据预测，2030年我国人口将达到16亿高峰值，人均水资源量将只有1 760 m^3/a。而国际上公认的标准是，人均水资源量为1 700 m^3/a时是用水紧张的国家，低于1 000 m^3/a时是原生存条件困难的地区。虽然目前我国人均水资源量达到2 220 m^3/a，但在人口密集的668个城市中，有60%的城市水资源匮乏，人均水资源量多数低于1 000 m^3/a。许多城市和地域已处于水资源极困难的境地。

2. 中国地表水资源

中国地表水资源可分外流河流域水资源和内陆河流域水资源。外流河流域又可分为中国境内入海流域水资源和中国境外入海流域（国际流域）水资源。

中国境内入海流域水资源，主要属于大流域的长江、黄河、珠江、淮河、海河，此外东北有松花江、辽

① 卢耀如，刘少玉，张凤娥.中国水资源开发与可持续发展[J].国土资源，2003(2)：4－11.

河、牡丹江等流域，东南地区有钱塘江、瓯江、闽江、九龙江等流域，台湾地区有基隆河、浊水溪、东港溪、秀姑峦溪等流域。

内陆河流域主要分布在西北地区和西藏羌塘地区，代表性内陆河有塔里木河、黑河、石羊河等。

我国湖泊基本上也有两类：一类是外流河的天然调节性湖泊，如鄱阳湖、洞庭湖等；另一类是内陆湖泊，为内陆河水流的汇集场所，多属于微咸水湖、咸水湖和盐湖类。

2001 年我国地表水总资源量达到 26 561.94 亿 m^3，比 1997 年减少 0.74%。

3. 中国地下水资源

中国地下水主要是承受大气降水的补给，其中包括冰川溶融水流的补给。多年平均补给地下水量为 $8\,700\times10^8$ m^3/a，其中可开发地下水资源量约为 $3\,000\times10^8$ m^3/a。受气候变化的影响，各年度地下水补给量有很大的变化。例如，干旱的 1997 年，地下水补给量只有 $6\,940.2\times10^8$ m^3/a，比常年减少 20.2%，而 1998 年为丰水年，地下水补给量达 $9\,400\times10^8$ m^3/a，比常年多 8.04%。

中国地下水资源的分布和降水量具有密切关系。南方降水量一般为 1 000～2 200 mm/a，而华北及西北半干旱地区只有 200～400 mm/a。我国多年平均地下水资源年补给量有 $6\,100\times10^8$ m^3/a 在南方地区，占全国地下水资源年补给量的 70%。

(1) 华北地区(北京、天津、河北、山西和内蒙古)年补给量为 433.5×10^8 m^3/a；

(2) 东北地区(辽宁、吉林、黑龙江)年补给量为 500.4×10^8 m^3/a；

(3) 西北地区(陕西、青海、宁夏、甘肃、新疆)为 $1\,157.6\times10^8$ m^3/a；

(4) 西南地区(云南、贵州、四川、重庆和西藏)为 $2\,981\times10^8$ m^3/a；

(5) 中南地区(广西、河南、湖北、湖南、广东、海南)为 $1\,941.3\times10^8$ m^3/a；

(6) 东南地区(上海、江苏、浙江、安徽、山东、福建、江西)为 $1\,371.7\times10^8$ m^3/a。

我国云南、贵州、四川、重庆、广西、湖南和湖北是我国岩溶发育地区，已知地下暗河有 3 358 条，贮集了大量地下水资源。枯季总流量达 426.69×10^8 m^3，而汛期暗河流量要大得多。这些地区岩溶水资源有 $1\,807\times10^8$ m^3/a，已开采的只有 67%～80%。

我国山西、河北、北京、天津、山东、河南及陕西等地岩溶水资源总量约有 128×10^8 m^3/a，相当 7 个省、市地下水资源总量 700×10^8 m^3/a 的 18.28%，为山区地下水资源量 372.95×10^8 m^3/a 的 34%。北方岩溶水资源量占全国岩溶水资源量的 6.3%，但开采量已超过 68×10^8 m^3/a，为可采水资源量 103×10^8 m^3/a 的 66%。

华北地区的北京、天津、河北及山西四省、市，已利用水资源量达 345×10^8 m^3/a，其中地下水为 230×10^8 m^3/a，占 67.86%。在西北甘肃、陕西四省，已开发利用水资源量 62.4×10^8 m^3/a，其中地下水资源占 31.22%。

4. 湖泊水资源

作为外流河流域的湖泊如鄱阳湖、洞庭湖等，其水资源量包括在所属流域的水资源量中。但是，其调蓄水的能力，却受自然演化以及人类开发的影响。例如洞庭湖，由于过重开发，其面积就有很大的变化(表 1)。洞庭湖目前沉降速率为 6.4～12 mm/a。

表 1　洞庭湖的面积变化

时　期	湖面积/km^2
距今 1.6 百万～0.4 百万年	17 875
公元 1825 年	6 000
公元 1949 年	4 350
当　代	2 700

湖泊面积的缩小主要是由于人工围湖造田而引起。沉降运动应当是扩大湖泊面积，但由于人工围湖造田，加上来自长江上游泥沙的堆积，使湖泊面积缩小，其容积也相应地大幅度减少。

我国内陆湖泊的水是多种多样的。沿冈底斯山脉及念青唐古拉山以北的广大藏北高原，全部面积约59万km^2，内陆湖泊面积有2.14万km^2，占西藏湖泊总面积的88.5%。西北地区内陆河流域，受自然演化及人工开发影响，使汇聚水流的湖泊也日益减少，以至于干涸，如塔里木河下游300多km河道断流，罗布泊、台特马湖相继干涸。

内陆河的水环境典型模式，是冰川融雪水—高山溪水—山前冲积扇潜水—盆地河水—盆地平原地下水—内陆湖泊蓄水。内陆河流末端湖泊干枯，通常是内陆河流域水环境恶化结果造成的。由于干旱区强烈的浓缩分异作用，在较短的距离内水化学类型经历重碳酸盐—硫酸盐—氯化物的演替，也构成大面积的地下咸水和咸水湖泊。

5. 冰川融雪水资源

我国冰川面积约有5.86×10^4 km^2，冰川储量约有5.13×10^{12} m^3，年冰川融变量约有563×10^8 m^3。冰川水资源量西藏为最多，占全国冰川水资源总量60%。新疆冰川水资源占全国34%，青海和甘肃分别占全国4%和2%。新疆冰川有397×10^4 hm^2，青海有45.99×10^4 hm^2。仅祁连山就有大小冰川2 859条，总面积1 972 km^2，储量954×10^8 m^3，融雪水补给河川流量有72.6×10^8 m^3，通过石羊河、黑河、疏勒河三大水系，灌溉70×10^4 hm^2，养育400万人口。

上述几种水资源都是处在地球的上部。此外，还有来自地球内部深处的水和来自太空的水。地球水圈可分为多个带，如图1所示。上述几种水资源在浅层水圈中和大气圈下部水循环的情况如图2所示。

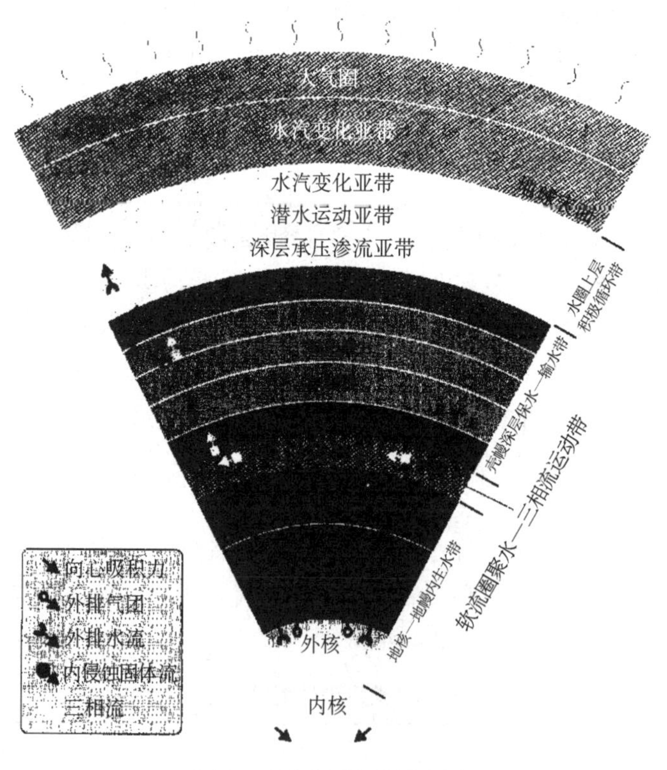

图1 地球水圈分带示意图

6. 水上资源匹配情况

中国土地资源和水资源相对匹配分布情况都受到自然因素所控制，在东部地区的第三台阶，地势平坦，土地资源丰富，但水资源分布情况不同，也就出现水土资源的不同匹配状况。

在中国华南及东南地区，相对水土资源自然匹配情况较好；而华北地区及东北地区为半干旱条件，

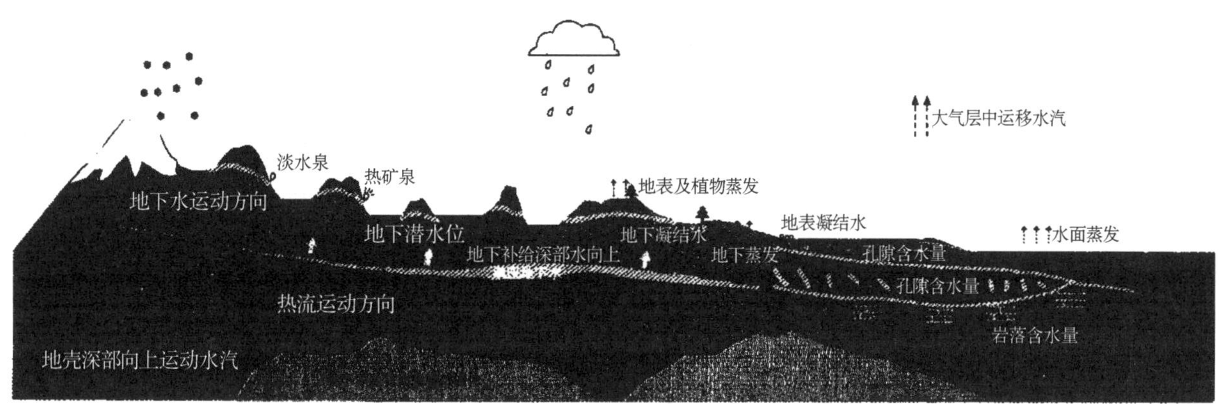

图 2　浅层水圈和大气圈下部水循环示意图

土地资源属于第三台阶，仍较丰富，但水资源严重不足；西北地区相对平坦盆地等土地资源量也较丰富，但由于干旱条件，沙化与沙漠化现象严重，土地资源的可利用价值降低，而且西北地区在水资源与土地资源的分布上，也不是很好地相匹配；西南地区虽然水资源丰富，但地表水多奔流于深谷，而地下水赋存在地下深处，土地分散在高处，所以水土资源也是没有很好的匹配。

目前，在全国 1.3 亿 hm^2（19.5 亿亩）耕地中，灌溉水田占 21.97%，水荒地占 16.66%，旱地占 56.84%，菜地占 1.16%，全国真正有效灌溉面积为 5 174 万 hm^2，占全国耕地的 39%。东部占较大比重，例如，在上海地区，灌溉面积率达 100%，黑龙江地区只有 9.1%。

目前，全国水域总面积有 6.3 亿亩，其中河流水面占 17.89%，湖泊水面占 17.10%，水库水面占 6.06%，池塘水面占 10.28%，冰雪及积雪面积占 14.12%，沼泽等占 34.55%。和耕地总面积相比，水域面积还是不多的。全国灌溉面积率虽然达到 39%，但在地区分布上极不平衡，西部地区及北方地区低于平均值，而且全国人均灌溉亩数只有 0.62 亩，西部人均灌溉亩数也低于平均值，可以说，在水土资源匹配上，只有我国东南及华南的大部分地区是较好的，而在华北、东北、西北及西南广大地区，水土资源的匹配是不好的。

2　水资源开发的地质-生态环境效应

自然界中，存在着宇宙及地球自身演化过程所产生的灾害，其中与水土资源开发利用密切相关的灾害，主要有气候灾害方面的干旱与洪涝灾害，以及滑坡、塌陷、地面沉降、泥石流、地裂缝、地震等方面的地质灾害。自然界中气候灾害和地质灾害，还是不可避免的。但是，如果对水土资源开发不当，就会加剧气候灾害和地质灾害的发生与发展。

1. 气候灾害——干旱与洪涝灾害

我国处在季风强烈影响的地带，全年降水量多集中于 6—8 月份，占全年降水量的 70%～80%。由于季风条件控制，使受大气降水补给为主的水资源，产生时空上分布不均的现象。于是，在夏季时，出现水多，发生洪涝灾害；冬春季节，雨量少，又产生缺水干旱现象。

通常情况下，南方地区主要是洪涝灾害，北方地区主要是干旱。20 世纪 80 年代，华北偏旱，京津、海滦河及山东半岛，雨量比常年偏少；90 年代，黄河中上游、汉江、淮河上游以及四川盆地，降水量偏少 8%～10%。

1997 年，全国有水库 84 837 座，总库容量为 4 583.4 亿 m^3，占全国平均水资源量的 16.36%。就是说，蓄积地表水径流的水库容积是有限的。要使水库库容能拦蓄大部分洪水，那是做不到的，而且水库全部蓄水，也会影响到下游。目前，国内外对防洪的一个概念是，蓄泄兼顾，以泄为主，与洪水共处。就是说，为了考虑洪水的灾害，而相应进行有关水利建设和其他治理措施以防止洪水可能带来的危害。华北地区许多水库，就是由于上游水库蓄水，使下游除大洪水期之外，几乎全年无下泄水流，造成断流，影响下游河道变化；另一方面又导致下游加大对地下水的开采强度，使大面积地下水位下降，引起荒漠化的加剧。

我国地下水资源多年平均补给量，全国有 8 700×10^8 m^3/a，可开发的仅有 3 000×10^8 m^3/a，而且是年份变化大。北方地区，对地下水都已严重过量开采，使地下水位不断下降，上部含水层有的已被抽干。这样，也大大地降低了利用地下水抗旱的潜力。在北京、天津、河北及山西地区，全部水资源量有 345.3×10^8 m^3/a，而地下水有 234.3×10^8 m^3/a，占 67.86%。而甘陕地区，已开发水资源量为 60×10^8 m^3/a，占整个水资源总量的 31.22%，这些基本数值，表明在半干旱而耗水量大的地带，地下水已没有更大的开采潜力。

要使今后能更好地防治干旱与洪涝灾害，很重要的一条是合理调蓄地表水和地下水，并应作为统一系统合理开发利用。

2. 水上资源的污染

由于人工开发水资源量大，而对排放污水进行处理的数量却不多，因此使水环境和水资源都受到了污染，而且这种污染趋势在近几年不断加剧。

1999 年，全国工业废水排放总量达 188.32 亿 t，而工业废水处理排放达标量只有 53.6 亿 t，占废水总量 28.46%。1997 年城市化水平为 30%，城市人口 3.7 亿，但是全国城市污水处理率仅 13.65%。除了工业及城市污染之外，广大农村的面污染源也不可忽视，农肥农药的污染，以及动物粪便的污染，也都是面污染源，也都影响到江河湖海的水质与水环境。特别是许多大型湖泊，如滇池、太湖、巢湖，都已严重富营养化。长江与黄河多数近于四类，而淮河水质就更差，不少已是四类。目前引长江水以驱太湖水，利用相对水质好的长江水替换污染的湖水，却阻碍了四周水网中水流的交流排泄，受到阻碍水质也趋恶化。

全国废气及工业固体的污染，也会影响到水污染。1997 年全国工业废气排放总量达 1 133.7×10^8 m^3，经过净化处理的只有 337×10^8 m^3，占 29.72%；而工业固体废弃物有 65.7 亿 t，处理量只有 1.08 亿 t，占 1.64%。工业废气又由于降雨造成水污染，而固体废弃物，又会由于水流的浸泡、渗透，而造成对水资源与水环境的污染。大量的城市垃圾对水资源与水环境也构成严重的威胁。

3. 诱发与加剧地质灾害

我国地质灾害多种多样，不同地质-生态环境地区，所发生的主要地质灾害，也是有所差异的(表 2)。

表 2　中国地质-生态环境与主要地质灾害

地质生态环境类　型	主要地区总面积/万 km^2	主要灾害与环境问题
岩溶山地	＞110	旱涝灾害、塌陷、石漠化、地震滑坡、泥石流
黄土高原	40	边坡稳定、湿陷性、土壤强度侵蚀、干旱
平原地区	100	地下水位下降、洪涝、干旱、淤积、盐碱化
沿海与岛屿	100	海水入侵、淤积、地面沉降滑坍
草　原	100	干旱、地下水下降、草原退化与鼠害、荒漠化
沙漠戈壁	90	干旱、沙暴、荒漠化发展
内陆盆地	＞100	土壤侵蚀、洪涝、地下水下降、荒漠化
高　原	＞100	冻融、泥石流、滑坡、土壤侵蚀荒漠化
中低山	100	边坡灾害、石漠化、土壤侵蚀
高　山	100	冻融、滑坡崩坍、泥石流

应当说，自然界中存在的灾害性环境问题，是自然演化的产物，其发生与发展有其自然的规律性。例如，板块相撞造成喜马拉雅山强烈上升和青藏高原隆起，相应发生气候由湿热至干旱、高寒的变化，影

响到生物的分布，也产生湖泊缩小，并发生土壤强烈侵蚀、地震、滑坡、崩塌、泥石流等灾害，也会诱发沙漠、荒漠化、石漠化的发生与发展。

人类对水土资源的不合理开发，是加剧地质灾害发生与发展的主要因素。

例如，黄河流域的龙羊峡—刘家峡及黄土高原和秦岭一带的滑坡、崩塌与泥石流，发生频繁、规模大，大的滑坡体积在 1 亿 m^3 以上，如共和查纳滑坡、循化查汗大寺滑坡等。西南长江、珠江中上游以及澜沧江、怒江上游地区滑坡、崩塌与泥石流，灾害规模更大，沿青藏公路这类灾害就有数千处，成昆铁路泥石流、滑坡也不断发生，总体积在几十亿立方米以上。1965 年 1 月发生的云南禄劝滑坡，崩塌群总体积达 4.5×10^8 m^3，云南巧家莲塘乡金沙江右岸石膏地，曾于 1981 年 9 月突发 5.36×10^8 m^3 滑坡和崩塌，并在江中堆起一坝，使江水断流 3 d。长江三峡地区滑坡、崩塌、泥石流发生的地点近 1 000 多处，其中规模大的有 280 多处，大的滑坡体积在$(2\sim4)\times10^8$ m^3。历史上，长江三峡地区滑坡堵江十多起。目前，西南地区受滑坡、泥石流威胁城市很多，在百个以上。

岩溶塌陷在西南发生较多，云南、贵州、四川及重庆四省(市)就发生 362 处岩溶塌陷，多是由于人工抽水、蓄水、地表水渗入、施工震动、工程荷载、地下工程、排水及污水排放引起的。

滇西、川西受板块运动影响，强地震频繁，21 世纪以来 6 级以上地震有 70 多次，7 级以上有 20 多次；西北地区发生 7 级以上地震约 20 多次。

人工诱发的地质灾害特点是诱发速度快、诱发灾害面广、灾害损失巨大。

由于地壳构造运动，西南地区仍是属于地质环境脆弱地区，应当予以充分认识，以防患于未然。对滑坡等灾害的预报也有较多成功的例子，并且也有成功的处理经验，如对黄腊石滑坡、乌江渡危岩体滑坡等的处理。2000 年 4 月 9 日发生在西藏林芝地区波密县易贡藏布河木弄沟的滑坡，约 8 km，滑动高差 3 330 m，形成长 2 500 m，宽 2 500 m，平均厚 60 m，总面积约 5 km^2，体积$(2.8\sim3.0)\times10^8$ m^3 滑坡体，堵塞了易贡藏布河(据国土资源部殷跃平等资料)。由于迅速采取措施，汛期前在滑坡堵河部位，抢挖了排水渠道，避免了重大经济损失。合理开发水资源，促进社会经济发展，已得到了党和政府的高度重视。

3　西部大开发的水资源问题

西部大开发中，首先应当考虑的是水土资源问题。

1. 西南地区

西南地区，包括云南、贵州、四川、重庆和西藏 5 个省(区、市)，是西部大开发的主要地区，目前，广西壮族自治区也列入西部大开发的行列。

(1) 水土资源概况。

西南 5 省(区、市)总面积 233.4 万 km^2，其中山区占 75.1%，丘陵占 21.97%，盆地、平原和大谷地占 2.88%，西藏地区多年平均雨量在 558 mm，其他四省市为湿热条件，雨量一般在 1 000～2 000 mm，水资源总量近 $10\,143\times10^8$ m^3/a。

虽然水资源量大，但时空分布不均，加上地壳强烈上升，河流深切，所以开发大江河水资源难度很大。

西南地区土地资源不丰富，多为山坡地，而且多小片分散，山区土层薄瘠。西南地区特别是在岩溶山区，在地壳上升情况下，人类不断破坏植被，使土壤流失加剧，而形成岩石嶙峋的石漠化现象，地表水更易渗入地下，加剧了旱涝灾害的发生。使当地居民生活条件更加恶化，也必然更加贫困。

由于地广人稀，西藏地区坡度在 2°以下耕地占 48.41%，而西南地区的其他省、市，坡度在 6°以下耕地面积都占很小比例，而坡度在 15°以上耕地则占很大的比重，云南为 46.66%，贵州为 49.9%，四川为 33.94%，重庆为 47.49%。

(2) 开发水土资源的主要问题。

① 水资源丰富而开发率在 8%以下，虽然尚有丰富水资源可开发，但开发难度很大。

② 水土分布不相匹配，土多分布于高处台地、剥夷面上，而水资源则奔流于深切沟谷或畅流于地下深处，不能解决土地开发中的用水。对水资源的需求，加上投资力度不够，所以人均灌溉面积都低于全国平均值。

③ 水资源和水环境污染严重，例如，滇池已严重富营养化，云南、贵州不少水库水质不好，遭受较多污染，已严重威胁到作为供水水源的水质。

④ 不合理开发水土资源在西南脆弱的山区极易诱发不良的地质环境灾害。

(3) 今后大开发的主要对策。

① 提高地质-生态环境质量，防治石漠化与减轻地质灾害。西南地区生态环境长期不断恶化，各地水土流失率达 30%～40%，影响到水源的涵蓄及经济发展。林地和草地增幅不大，而质量却在降低，坡度在 25°以上坡地有 4 000 万亩需退耕还林。山区由于土层薄瘠，石漠化发展迅速。正常状态下，一般水土流失率应在 300～500 t/(km^2 · a)，目前多数已在 1 500 t/(km^2 · a)以上，大者达 10 000～25 000 t/(km^2 · a)，使土层薄瘠山区成为岩石嶙峋的裸露石山。防治石漠化，并尽量减轻地质灾害的发生与发展，是保证西南大开发的一个首要前提。

② 加强实施扶贫工程力度，加速改变山区落后面貌。1994 年 10 月国家公布的“八七”攻坚扶贫计划中，西南 5 省(区、市)有 169 个贫困县(若加上广西则有 220 个县)，目前饮水有困难的人口尚有 1 600多万，存在返贫及仍较贫困的人口有 2 000 万左右，今后应采取多种措施，包括加强水利扶贫措施，加速山区合理开发，尽早改变山区贫困面貌，这是保障西部大开发的重要基础。

③ 西电东送，大力开发西部水电能源。西南地区由于青藏高原的强烈上升及云贵高原的隆起，在这一二级台阶及斜坡地带，蕴藏着丰富的水电能源。西南 5 个省(区、市)的水能隐藏量达 4.73 亿 kW，占全国水电能源的 70%，可开发的水力资源有 2.32 亿 kW，目前 4 省(区、市)已开发量只占 7.33%。大力开发西南可再生的水电能源，西电东送是解决东部能源短缺，加速西部脱贫和发展的最根本措施之一。

④ 调整产业结构，合理开发水土资源。从西南地区的水土资源的分布及其匹配情况分析(表 3)，西南地区水资源还有较大潜力，整体上可满足 2010 年及 2030 年对水资源的需求。主要是要通过工程措施予以开发，当然开发难度是比较大的。西南地区的土地资源，从数量上看，5 个省(区、市)未利用土地占已有耕地面积的 11.36%～102.2%，主要包括荒草地、盐碱地、沙地、裸土地、裸岩地、石砾山和田坎等。显然，这些土地不应当作为“开荒种粮”的基地，应当尽量用以发展林地、草地、湿地，建设防护林可发挥巨大作用(图 3)。

表 3　西南地区水、土资源开发利用及潜力综合分析

地　区		云南	贵州	四川	重庆	西藏
水资源开发情况	平均水资源总量/(万 m^3 · a^{-1})	2 419	1 187	2 586	616	4 506
	平均用水量/(万 m^3 · a^{-1})	144	85	204	53.6	19.8
	平均用水量占水资源量/%	5.95	7.16	7.88	8.70	0.43
土地资源开发情况	总面积/万 km^2	38.32	17.62	48.76	8.24	120.21
	耕地面积/万 km^2	6.421 6	4.903 5	6.624 0	2.545 0	0.362 5
	耕地占总面积	16.75%	27.83%	13.5%8	30.88%	0.3%
	有效灌溉面积	20.57%	12.87%	35.57%	19.99%	43.16%
	未利用土地面积/万 km^2	7.298 2	2.698 8	5.769 7	1.515 9	37.049 2
	未利用土地占总面积/万 km^2	19.04	15.31	11.83	18.39	30.82
	未利用土地占已有耕地面积/%	11.36	55.03	87.10	59.56	102.20

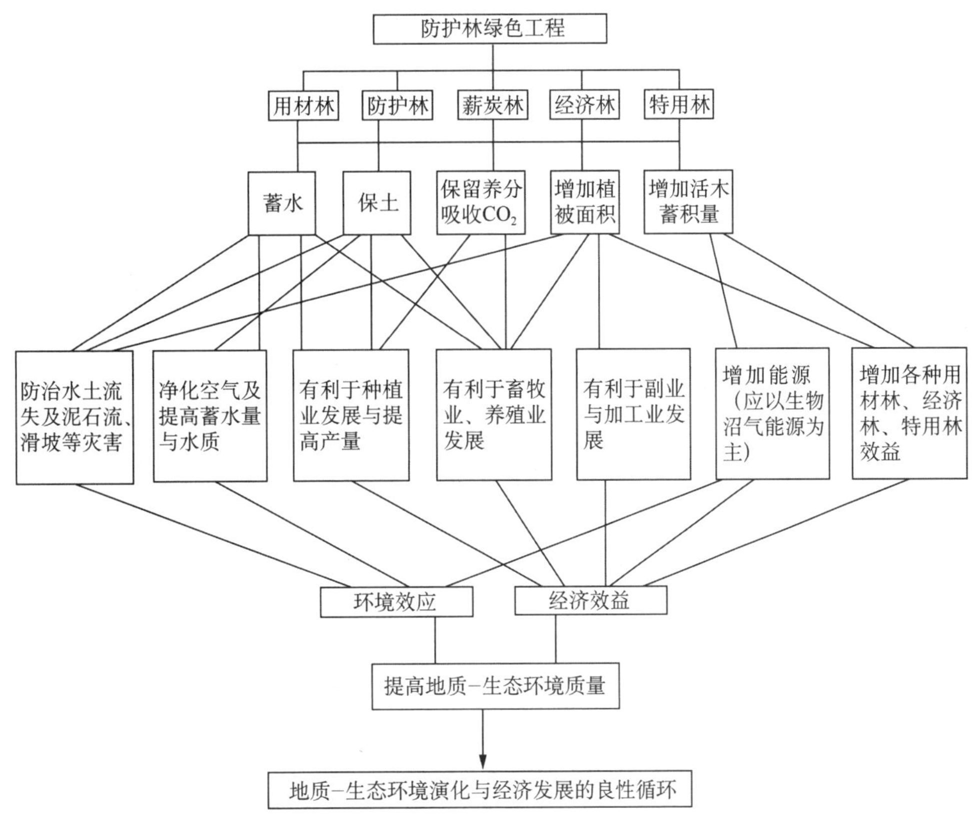

图 3　绿色防护林工程与地质生态环境良性循环分析图

此外，节水、控制污染、保护水环境等都是保证西南大开发的重要举措。

西南地区通过产业调整，并根据水资源和其他资源的情况，可发展多种经济开发带(图 4)。对西南及邻近地区远景经济开发只要政策落实，措施得当，我国西南地区的经济发展必将充满希望。

2. 西北地区

西北地区，包括陕西、甘肃、青海、宁夏、新疆 6 个省(区)。这片地区土地资源相对比西南地区要丰富得多，例如，40 万 km^2 的黄土高原地区，土层还是厚的，但相对的水资源量却比西南地区少。云南、贵州、四川、重庆及西藏 5 个省(区、市)的产水模数分别为：58.35，72.05，43.07，53.57 和 33.47(单位均为 $10^4\ m^3/km^2$)，而西北地区是：陕西 9.76、甘肃 4.05、青海 6.85、宁夏 1.49、新疆 5.08 和内蒙古自治区 3.94(单位也都是 $10^4\ m^3/km^2$)。从产水模数上看，西北地区水资源显然比西南地区匮乏。但是由于西北地区相对平均人口密度少于西南地区，所以人均水资源量比华北地区还要高，但仍是低于西南地区。

西北地区目前占有耕地情况为：陕西 514 万 hm^2，甘肃 502 万 hm^2，青海 68 万 hm^2，宁夏 126 万 hm^2，新疆 398 万 hm^2；灌溉系数为：陕西 25.15%，甘肃 18.99%，青海为 29.735%，宁夏为 29.92%，新疆为 73.06%。西北地区耕地坡度方面情况列于表 4。

表 4　西北地区坡度耕地分级百分比

地区	≤2°	2°～6°	6°～15°	15°～25°	＞25°
陕　西	29.37	9.73	17.91	19 .85	23.14
甘　肃	24.55	13.00	30.85	25.74	5.86
青　海	33.99	15.38	30.58	19.20	0.85
宁　夏	44.83	14.23	28.23	12.04	0.67
新　疆	95.72	2.81	1.44	0.03	0.00

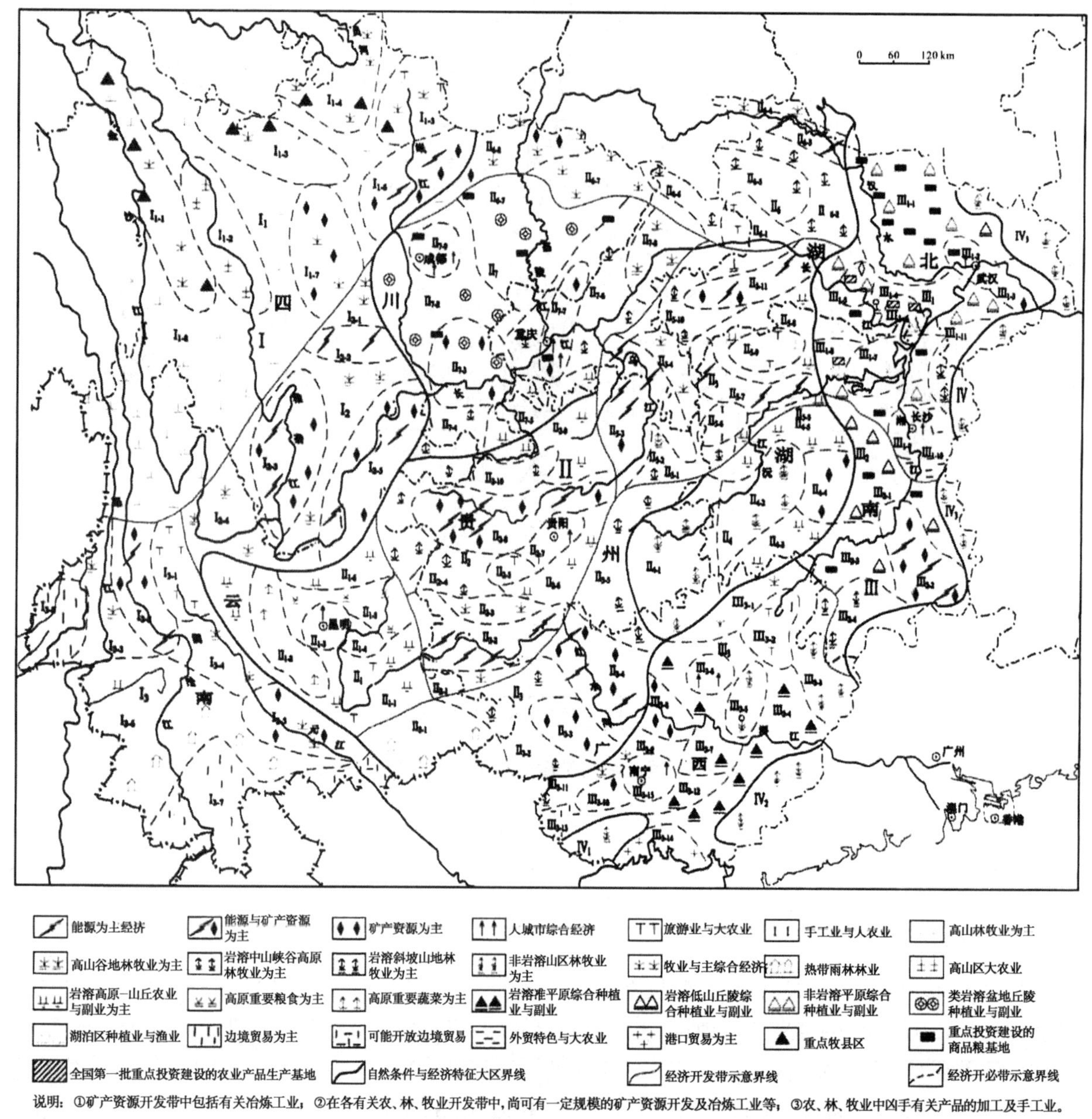

图 4　中国西南及邻近地区远景经济开发展望分区略图

从表 4 上看，西北地区的土地资源的情况，比西南地区好。

西北地区水系变化所引起的水资源的质和量的变化，是引起绿洲变化的最直接的原因。而引起水文系统变化的原因有自然的因素，更主要是人为的因素。例如，清末以来，塔里木盆地的人口迅速增加，由 1909 年的 177.87 万增至 1949 年的 309.94 万，1990 年达 721.82 万人。日益扩大的灌溉农业使河流水量大部分消耗于人工绿洲，使大面积的天然绿洲因水资源缺乏和忽视生态保护而呈现出极大的不稳定性，生态环境凸显负面影响，如土地沙漠化、土壤盐碱化、植被草场退化。据调查，塔里木河下游 5 个农垦农场弃耕、撂荒 8 600 多 hm^2 耕地，其中 2 000 hm^2 已被风沙和沙丘埋没。和田地区墨西县公元 958 至 1960 年在喀拉什河下游开垦 14 000 多 hm^2 荒地，已有 4 000 多 hm^2 退化为沙漠化土地。

黑河流域由于不合理开发，流入下游额济纳盆地水量也锐减。额济纳绿洲缩小到 300 km^2，比 1987 年减少一半，荒漠化加剧。水土环境质量下降，也引起绿洲盐碱化。

和田地区耕地 1985 年比 1911 年净增 4 倍，人口由清初至 1995 年，由 44 603 人增至 1 504 800 人，200 多年净增 33 倍。由于上游大量引地表水 $7.624\times10^8\ m^3/a$，开采地下水 $8.846\times10^8\ m^3/a$，使内陆河流如尼雅河、安迪尔河分别缩短 20～40 km 以上。结果使沙化面积扩大，盐碱化面积也扩大(表 5)。

表 5　和田地区人口与耕地变化对照

时代	西汉	东汉	唐代	清初	1911 年	1950 年	1958 年	1982 年	1985 年
人　口	49 980	90 251	29 922	44 603	419 122	658 449	789 100	1 161 709	1 226 665
灌溉面积/hm^2	—	—	—	—	37 572	126 461	238 667	185 340	186 667

塔里木盆地现代环境类型分布情况表示于图 5。

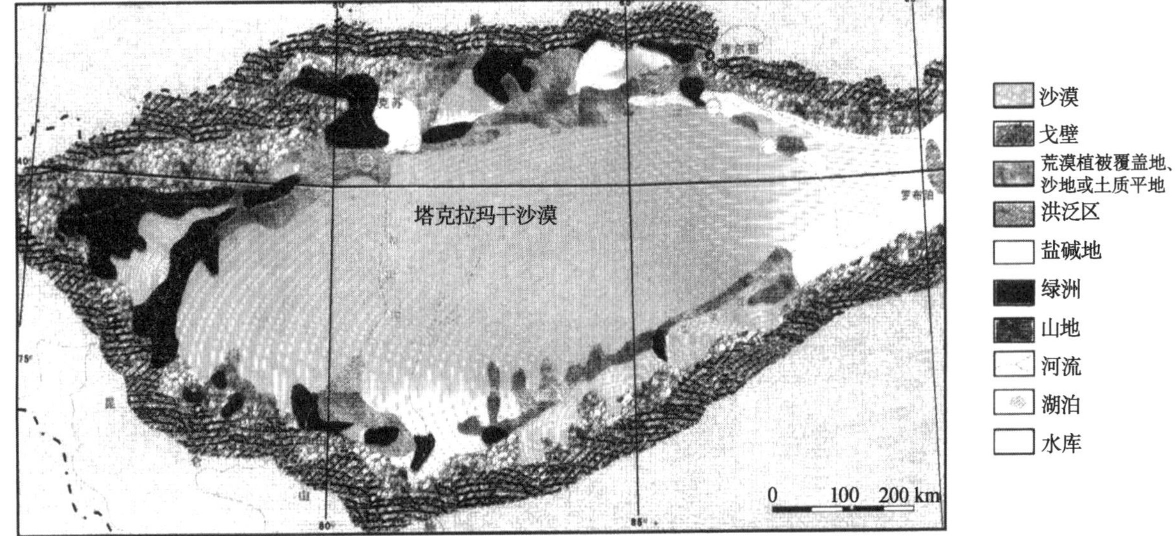

图 5　塔里木盆地现代时期环境类型分布图

疏勒河由于上游的水资源开发，使中游的泉流量不断下降(图 6)。疏勒河中、上游盆地因扩耕等原因，地表水引水量过大，造成盐碱地加重和扩展，下游盆地供水不足，土壤盐碱化和土地沙化同时加剧，生态结构失衡，景观环境出现退化。这种生态环境恶化主要由于不合理开发地表水和地下水资源造成的。疏勒河流域绿洲区土壤盐碱化度见图 7。

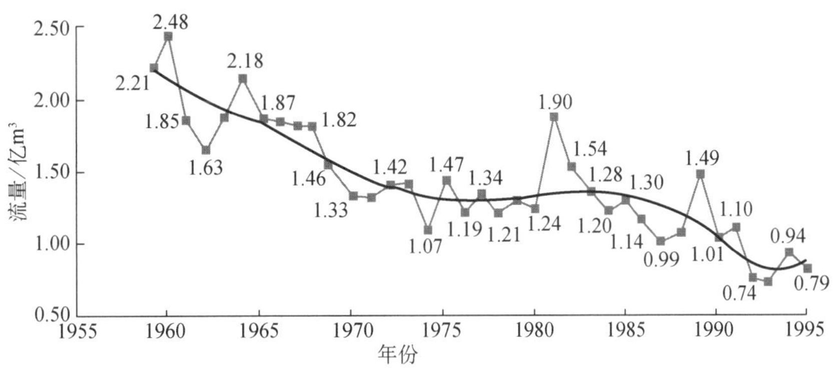

图 6　疏勒河中游历年泉流量变化过程线

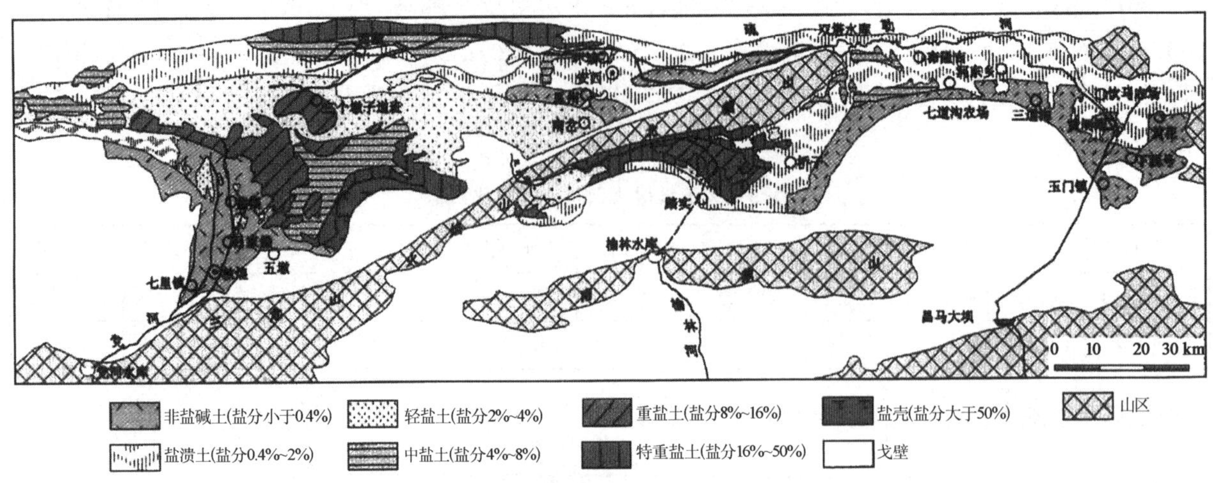

图 7　疏勒河流域绿洲区土壤盐碱化程度图

西北地区属于地质-生态环境不稳定演化类型，在干旱背景下，一方面，受构成环境的各自然要素的制约，不同的流域按照各自的自然演变规律而演化；另一方面随着时代的更替，人类活动空间由小到大，从原始的依附和顺应自然环境，发展到对自然环境的一定的干预与影响，随着人工影响因素的加强，对水资源的影响也更加明显。因此，在西北地区开发水资源必须从地表水和地下水资源的合理综合开发上来着眼，而且必须立足于减少及避免诱发不良的环境效应。

西北地区开发水土资源目前存在的主要问题是荒漠化、沙化，大片荒漠化土地是我国沙尘暴的发源地，也是黄河泥沙的产沙地。为了防治荒漠化发展，通过退耕还林还草，提高生态环境质量是最根本的措施。保护现有的林地和草地，控制过量放牧，加强水土保持，广泛推行节水措施，从而保证西北大开发得以顺利进行。

中国是水资源相对贫乏的国家，而且在季风条件下，受大气降雨影响的水资源在时空分布上，存在着极大的差异。从条件上看，中国水环境是脆弱的，必然影响到整个地质-生态环境质量。在不同地区应注意减少及避免诱发不良环境效应。在保护中开发水资源，在开发中保护水资源和地质-生态环境。这对整个中国都需要优先考虑。

中国西南地区岩溶地下水资源的开发利用与保护①

卢耀如

摘　要　中国西南地区为岩溶分布典型的地区，岩溶类型多种多样，岩溶水资源也极为丰富。合理开发利用岩溶水资源，对西南发展具有重要的意义。本文在论述自然条件基础上，探讨了岩溶水资源特性，及有关开发利用的问题。强调地表和地下的联合调蓄，在开发岩溶地下水资源中，要防治诱发地质灾害，及提高地质-生态环境质量。最后，提出十条对策，以利岩溶地下水的开发、利用与保护。

关键词　岩溶　开发利用　生态环境　保护

我国西南地区，包括云南，贵州，四川，重庆，西藏五个省、自治区、直辖市，后来广西也包括在内。除西藏之外，云，贵，川，渝，桂五个省、自治区、直辖市都有较丰富的岩溶地下水。此外，相毗邻的湖北西部和湖南西部地区，岩溶也广泛分布，岩溶地下水情况也是相近似的。因此，本文概括这七个省、自治区、直辖市的岩溶水资源情况，予此简略探讨。

1　基本自然条件

1.1　基本地理与气候条件

这片地区总面积 176.83 万 km^2，山区占 61.35%，丘陵占 22.63%，平原和大平坝及盆地只占 16.02%。厚层碳酸盐岩裸露、半裸露的面积占 54 万 km^2，加上薄夹层碳酸盐岩的分布面积，共有 73.77 万 km^2，占这片地区总面积的 41.86%。在川西平原和江汉平原下面，有大片深埋的碳酸盐岩分布。

本区长期以来处在亚热带-热带气候条件下，年降水量 1 000～2 000 mm 为主，年平均气温多数为 16～22℃，年太阳总辐射在 376.8～544.3 kJ/m^3，年平均日照达 1 000～2 400 h 以上，年温度较差在 12～22℃以下，活动积温(日平均气温＞10℃的年累积温度)为 1 000～7 500℃，年平均相对湿度 55%～80%，这种气候条件，适于岩溶发育。本区为中国岩溶分布最典型的地区，类型众多，已有较多探索研究[2,3]。本区具有丰富的岩溶水资源，但是岩溶水的动态、类型也是很多样的。

本区地势西高东低，受喜马拉雅构造运动强烈上升的影响，构造复杂[5]。本区多处在长江、珠江流域的上游地带。另一方面经常发生的水旱灾害，也密切地影响到中下游地区(注：水灾中包括洪、涝灾害。)

受地壳构造运动影响，本区自然灾害种类很多，除了岩溶塌陷之外，还有地震、滑坡、泥石流等多种地质灾害。气候灾害也常常诱发多种地质灾害，包括洪涝灾害、干旱灾害，都可诱发岩溶塌陷、滑坡、泥石流等地质灾害的加剧发生与发展[7,8]。

① 卢耀如.中国西南地区岩溶地下水资源的开发利用与保护[M]//张建元，等.中国水文科学与技术研究进展——全国水文学术讨论会论文集.南京：河海大学出版社，2004：541－546.

1.2 控制本区水资源的几个要素

综合地质构造、地势、气候等因素，影响本区水资源的因素，可概括为下列几点[9]：第一，地势急剧高差；第二，平地小片分散；第三，覆盖土层薄瘠；第四，水流转化迅速。

探讨地下水问题，也必然会涉及地表水。本区主要属于长江、珠江流域，少数为黄河流域，另外还有外流出国境的澜沧江、怒江、红河(伊洛瓦底江)流域。地表水资源的特点是：第一，大江河发育，总流量大；第二，径流量变化大；第三，地表径流调蓄能力差；第四，河流坡降大。

西南地区河流多深切峡谷，这是河流受构造上升的影响，因而坡降也大，相应也蕴藏着丰富的水电资源，可予开发。目前，已实施的西电东送工程，发挥了重要作用。

2 岩溶地下水资源概况

岩溶地区地下水以岩溶水为主，当然也有孔隙及非岩溶裂隙水，根据各地国土资源部门提供的资料，各省、自治区、直辖市地下水资源列于表1。

表1 岩溶水资源概真表

地区	云南	贵州	四川	重庆	广西	湖南	湖北	共计
地下水总资源/亿 m^3	742	479	551	160	699	456	416	3 503
年天然岩溶水资源量/亿 m^3	345	386	135	118	374	263	815	1 806
年可采岩溶水资源量/亿 m^3	757	122	63	50	146	111	179	728 以上
年岩溶水资源占地下水资源	46%	80%	24%	73%	53%	57%	44%	51%

注：岩溶水可采资源是以目前开发水平，在没有采用回灌及调蓄措施，而不产生大的不良效应情况下，概略估算的。

以1997年人口变动抽样数据为准(抽样比为1.016%)，将计算人均岩溶水资源量列于表2。

表2 各地人均水资源统计表

地区	云南	贵州	四川	重庆	广西	湖南	湖北	合计人均数
总人口数/万人	4 158.9	3 663.1	8 564.2	3 094.4	4 711.5	6 567.70	5 967.7	36 727.5
年人均岩溶水资源量/[m^3·(a·人)$^{-1}$]	829.5	1 053.7	157.6	381.3	793.8	400.4	310.0	491.7
年人均地下水资源量/[m^3·(a·人)$^{-1}$]	1 784.1	1 307.6	643.4	517.1	1 483.6	694.3	697.1	953.8
年人均水资源量/[m^3·(a·人)$^{-1}$]	5 529	3 465	2 441	1 426	5 231	3 015	1 310	3 084

目前，上述各省、自治区、直辖市，饮水困难的人数仍有一千多万。

要合理有效地开发利用及保护岩溶地下水资源，需要再强调认识岩溶含水层及岩溶水的赋存与运动，具体这几个特性[13]即：第一，孤立、半孤立的岩溶管道水和具统一水力面的扩散流共存；第二，同一含水层中含水岩体和不含岩体呈交错镶嵌分布；第三，同一含水层中无压水流和承压水流密切转化；第四，岩溶水的层流运动。

正是由于岩溶发育过程中的溶蚀-沉积作用，使岩溶含水体中出现上述复杂的变化，也使岩溶水资源的补给、赋存与运移情况变得非常复杂。因而，要开发这片岩溶地区的水资源，比开采第四纪潜水其他基岩裂隙水要复杂得多。岩溶化地层中也存在孔隙水和一般裂隙水，但还有管道洞穴水流。因此，岩溶水具有多种动态特征[14,15]。

$$Q_t = Q_{01} \cdot e^{-a1t} + Q_{02} \cdot e^{-a2t} + \cdots + Q_{0n} \cdot e^{-ant} \quad (1)$$

式中 Q_t——t 时岩溶水(泉)流量;

a_1, a_2, …, a_n——每个亚动态的衰减系数;

Q_{01}, Q_{02}, …, Q_{0n}——相应 $t=0$ 时的各个亚动态的流量。

而岩溶管道水流,虽然流量大,仍是需要依靠岩溶含水层中孔隙水与裂隙水予以调节补充的。因此,开发岩溶水资源首先要开发具有大溶蚀裂隙及岩溶管道中的水流,一方面相对易于获得集中的岩溶水资源,另一方面可相应地开发与管道水同系统的具有较大容量的溶蚀孔隙与溶蚀裂隙内的水资源。

本区各省、自治区、直辖市暗河系统的情况,归纳于表 3。表中是以枯水季节流量而计算的暗河年总流量,已达 426.69 亿 m^3,而汛期暗河流量显然要大很多。因此,这种丰富的岩溶管道流水资源,应当予以积极地开发利用。况且,地下暗河系统中水流坡降大,尚有水力能源可开发,对山区农村用电有重要的作用。

表 3 各地岩溶暗河情况统计简表

地区	云南	贵州	四川	重庆	广西	湖南	湖北	合计
岩溶暗河系统/个	148	1 180	895	201	435	338	221	3 358
按枯水流量而计年流量/亿 m^3	39.20	71.35	63.96	28.68	191	17.65	14.85	426.69

本地区大的岩溶水(管道流)系统,经初步调查已达 3 358 个系统,实际上的数量,要比这多得多。这类管道性岩溶水系统可分两大类:一是岩溶暗河系统,即暗河集中管道系统,是依靠洼地、落水洞及溶蚀裂隙而汇聚下渗的水流;另一类是地下伏流系统,是地表河水通过大管道而流入地下,流经一段距离后,又流出地表[10]。

对伏流性暗河,其流量模型为:

$$Q_{Oi}=Q_{I,\,i-t}\pm\sum_{p=1}^{n}q_{p,\,i-tp}\pm\sum_{f=1}^{m}q_{f,\,i-tf}+\sum Q_d \tag{2}$$

式中 Q_{Oi}——i 时伏流暗河出口流量(m^3/s 或 L/s);

$Q_{I,\,i-t}$——相应超前 $i-t$ 时伏流入口流量(m^3/s 或 L/s);

$q_{p,\,i-tp}$——相应超前 $i-tp$ 时,暗河 p 支流汇入量(+)或分出量(−)(m^3/s 或 L/s);

$q_{f,\,i-tf}$——相应超前 $i-tf$ 时,f 裂隙通道带汇入量(+)或分出量(−)(m^3/s 或 L/s);

$\sum Q_d$——相应 $Q_{I,\,i-t}$ 水流自伏流入口流至暗河出口 Q_{Oi} 这时间,中间增加的凝结水量(m^3/s 或 L/s)。

对于一些大的伏流性暗河,没有大的支流汇入与分出,小量的凝结水也可不考虑,可得:

$$Q_{Oi}=Q_{I,\,i-t}\pm\sum_{f=1}^{m}q_{f,\,i-tf} \tag{3}$$

伏流性暗河入口至出口,于 $i-t$ 至 i 这时段增加的岩溶裂隙通道的水量为 Q_F,也可以平均单位裂隙通道的水量计算,即:

$$Q_{F,\,i-t-i}=\sum_{f=1}^{m}q_{f,\,i-tf}=\sum_{f=1}^{m}\overline{q}_f\cdot L_f \tag{4}$$

式中 $\overline{q}_f$——平均 f 裂隙通道单位长度汇入水量[$m^3/(s\cdot km)$]或(L/s);

L_f——f 裂隙通道长度(km);其他符号同前。

在岩溶发育相似的条件下,取各段平均单位长度汇入水量的平均值亚 $\overline{q}_F$ 为:

$$\bar{q}_{\mathrm{F}}=\sum_{f=1}^{m}(\bar{q}_{1}+\bar{q}_{2}+\cdots+\bar{q}_{f})/m \tag{5}$$

即

$$Q_{\mathrm{F}}\,|_{i-t}^{i}=\bar{q}_{\mathrm{F}}\sum_{f=1}^{m}(L_{f})=\bar{q}_{\mathrm{F}}\cdot L_{f}$$
$$\bar{q}_{\mathrm{F}}=(Q_{\mathrm{O}i}-Q_{\mathrm{I},\,i-t})/L_{f} \tag{6}$$

本系统内，伏流性暗河进出口间岩溶裂隙通道的岩溶水平均汇入率 $\bar{q}_{\mathrm{F}}$ 或为 0～937.5 L/(s·km)，以 50～173 L/(s·km)为多。

对这类没有显著的地表河道入口、而有汇聚水流的洼地渗流性暗河，其流量模型为：

$$Q_{\mathrm{O}i}=\sum_{s=1}^{k}q_{s,\,i-ts}\pm\sum_{p=1}^{n}q_{p,\,i-tp}\pm\sum_{f=1}^{m}q_{f,\,i-tf}+\sum Q_{\mathrm{d}} \tag{7}$$

式中，$q_{s,\,i-ts}$ 为相应超前 $i-ts$ 时，由 s 洼地落水洞直接汇入的流量(m^3/s 或 L/s)。

其他符号同前(2)。

对于洪水期流量达 139 m^3/s 的龙潭坝—高桥暗河而言，16 km 长通道的岩溶裂隙性渗入量也只有 16～32 m^3/s(估算)，则大约有 100 m^3/s 的水量，主要由 8 个大的洼地系统聚集地表水流而汇入渗补给，每个大洼地系统平均汇聚了 12 m^3/s 以上的入渗水量。

3 岩溶地下水已开发利用的情况

目前状况下，本区岩溶水可采资源有 728 亿 m^3/a 以上，其中暗流量占有 426 亿 m^3/a，目前已开发的约占当地岩溶水资源量的 8%～10%。因此岩溶水资源尚有很大的潜力，值得今后合理地予以开发。我国最早开发大岩溶暗河水资源，是修建云南六郎洞地下水库，该暗河平均流量 23.8 m^3/s，通过地下建坝及开凿 3 km 引水隧洞，至南盘江边获得 109 m 落差以发电，装机容量达 25 000 kW[16]。贵州独山地区的神仙洞、黄石等暗河系统[17]，曾修建地下水库 16 座。

四川雅砻江大河湾处锦平山上岩溶水——磨房沟泉，流量 2.8～17 m^3/s，平均流量 7.77 m^3/s，出口高程 2 174 m，高出雅砻江 800 m，行两级开发，二级装机容量达 30 000 kW。

广西凌云县水源洞，集水面积 343.7 km^2，平均流量 9.03 m^3/s，最大流量 101.8 m^3/s，最小流量 0.615 m^3/s，1992 年在洞内 380 m 处堵洞建坝，抬高水头 100 m，地下水库长 20 km，库容 1 000 万 m^3，最高水头 90 m，后因渗漏只抬高 30.5 m，目前为城镇及生活供水。

湖南龙山洛塔地带，修建地表溶洼水库及利用暗河修地下水库，以解决农田旱涝问题。先后修建了燕子洞、琵琶洞、牛鼻子洞、八仙洞四处溶洼水库，以及燕子洞、刺猪洞、八仙洞三处地下水库，形成以梯级开发燕子洞地下河为主体的水库群，总库容 75 万 m^3，灌溉 138.3 hm^2，装机容量为 26 kW[18]。

目前，开发岩溶水资源的方式，除了溶洞暗河内修建地下坝，形成地下水库之外，尚有多种方式开发岩溶水资源，主要有两种。第一，钻孔抽取岩溶水。第二，暗河洞穴内直接抽取岩溶水资源，其中包括：① 抽水机直接抽取暗河水，② 船泵抽取暗河水流，③ 斜井滑轨抽取暗河水流。第三，集中探硐廊道汇引岩溶水。

利用洞穴暗河修建地下水库的方式很多，第一，封闭地下坝型；第二，半封闭地下坝类型；第三，地表和地下相连水库类型。各类型中，根据暗河情况的不同，相应开发利用岩溶水资源的方式也不同，具有多种多样的形式(亚型)，这里不多论述。

4 开发岩溶地下水的地质环境问题

开发岩溶地下水，要注意防治不良的地质-生态环境效应，主要有以下几方面。

4.1 岩溶塌陷

首先，开发岩溶地区的地表水资源时，易于产生岩溶渗漏，并诱发岩溶塌陷，以礼河水槽子水库就曾发生岩溶渗漏与塌陷现象，后经处理得以解决[19]。贵州猫跳河四级枢纽，目前仍有绕坝渗漏量达 20 m^3/s[20]。20 世纪 50 年代末至 60 年代初，许多中小型水库，由于没有进行勘测与基础处理，因而不少成为严重病害水库或险库，本区目前仍有 50%以上的中小型水库，不能更好地发挥效益。根据目前的科技水平，认真进行科学调查，并通过处理，还是可以提高蓄水成效的。有的工程可允许有一定渗漏量，以减少处理费用。为了补给岩溶地下水资源，修建渗漏性水库也是另一种效益。修建地下水库，也存在着诱发渗漏与塌陷问题[21]。由于开采岩溶地下水及矿山抽排岩溶地下水，诱发岩溶塌陷的情况，是经常发生并造成危害的，需予以防治[22,23]。由于过量开发岩溶水、矿坑大量排水等人工因素的影响，不仅诱发岩溶塌陷，也使地质环境的区域性条件，产生不良的影响与效应。

开发利用岩溶地下水，诱发岩溶塌陷的地质灾害，其伤害性是不容忽视的，特别是有集中居民的城镇，诱发的岩溶塌陷，可危及更多居民的生命与财产的安全，地表水库诱发水库渗漏与塌陷，都是通过岩溶地下水作用的结果。

4.2 水环境污染问题

地下水资源的污染，与地表水环境的污染是密切相关的。地表水及地下水的污染，除了城镇生活污水及工业废水的污染源之外，农业化肥、农药的面源污染，也是非常重要的。污染水环境的过程，是与人类不当开发，没有很好的采取保护措施有密切的关系。

岩溶地区地表水和地下水以及人工修建的水库水，对水环境的污染问题，也正日趋严重，应当认真对待。

可以说，目前岩溶地下水的污染情况尚不太严重，但应当引起密切的关注。对于岩溶含水层中的自净能力，据已有研究得知还是不大的。因此，要治理岩溶地下水的污染，其难度比治理集中地表水体的污染要困难得多。

4.3 石漠化的发展

岩溶山区，由于土层薄瘠，加上不当的开发，使土壤流失严重，常造成岩石嶙峋，没有土层覆盖，或局部裂隙才有土壤充填的状况。这种情况，称之为石漠化现象，或岩漠化现象。

石漠化指数，表示为[24]：

$$R_{\mathrm{f}}=\frac{\sum_{t=1}^{n}F_{ei}}{\sum^{n}P_{ei}} \tag{8}$$

$$P_{ei}=\frac{C_m}{m}\sum_{j=1}^{m}K_jR_j\rho R_j \tag{9}$$

式中 R_{f}——石漠化系数；

F_{ei}——i 带年均土壤侵蚀速率(水土流失)[t/(km^2 · a)]；

P_{ej}——i 带年均岩溶产土率[t/(km^2 · a)]；

R_j——j 段碳酸盐岩溶蚀残余物(%)；

K_j——j 段碳酸盐岩溶蚀速率(mm/a)；

ρR_j——j 段溶蚀残余物的密度(t/m^2)；

C_m——换算系数，取1 000；

m——计算的段数。

本区一些地带石漠化系数计算结果列于表4。

表4 本区年产土率与石漠化系数

地带	年溶蚀速率 K_j /($mm \cdot a^{-1}$)	年岩溶产土率 P_e /[$t \cdot (km^2 \cdot a)^{-1}$]	年土壤侵蚀速率 F_e /[$t \cdot (km^2 \cdot a)^{-1}$]	石漠化系数 R_f
桂东北	0.12～0.3	28.8～72	500～1 000	6.94～34.72
鄂　西	0.06	14.4	1 000～3 500	69.44～104.16
川西北	0.03～0.04	9.6～12	1 000～1 500	83.33～156.25

石漠化系数愈高，表示存在的石漠化危险愈大。在鄂西及川西北等地，石漠化的危险性比桂东北地区要大得多。

5 结语

我国西南地区是我国岩溶最集中分布、景观最多种多样的地区。开发岩溶水资源，仍是建设西南这片地区的重要关键问题之一。当然，要合理开发利用岩溶水资源，仍需要有相当长的过程。

本文，据原先进行中国工程院咨询项目“中国可持续发展与水资源战略研究”中，有关西南水资源专题方面的先期研究内容，结合其他成果，作了补充。

在进行西南岩溶水资源研究中，曾得到云南、贵州、四川、广西、湖南、西藏及湖北7个省市，国土资源部门和水利部门有关领导与专家的帮助与协作，并提供有关的情况和资料。在此谨向上列单位领导及下列专家：光耀华、朱永琴、陈廷东、李兴中、杨顺泉、林仁惠、姜泽凡、耿弘、程伯禹、葛文彬、蔡汝宏等，

参考文献

[1] 卢耀如.关于岩溶(喀斯特)地区水资源类型及其综合开发治理的探讨[J].中国岩溶，1985，(1，2)：1-13.

[2] 卢耀如.中国岩溶-景观、类型、规律[M].北京：地质出版社，1986.

[3] 任美锷，刘振中.岩溶学概论[M].北京：商务印书馆，1985.

[4] 卢耀如.中国岩溶地区水文环境与水资源模式[J].中国岩溶，1988，(3)：193-198.

[5] 黄汲清，陈炳蔚.中国及邻区特提斯海的演化[M].北京：地质出版社，1987.

[6] 中央气象科学研究院.中国近五百年来旱涝分布图集[M].北京：地图出版社，1981.

[7] 卢耀如.地质灾害的监测与防治.1999/2000，中国科学技术前沿(中国工程院版)[M].北京：高等教育出版社，2000.

[8] 卢耀如.地质-生态环境与可持续发展——中国西南及邻近岩溶地区发展途径[M].南京：河海大学出版社，2003.

[9] 卢耀如.南方岩溶山区的基本自然条件与经济发展途径的研究[M]//赵延年.中国少数民族和民族地区九十年代发展战略探讨[M].北京：中国社会科学出版社，1993.431-465.

[10] 卢耀如.岩溶水文地质环境演化与工程效应研究[M].北京：科学出版社，1999.

[11] 光耀华.广西岩溶地区水资源可持续开发利用战略研究.红水河，2000，(2)：1-8.

[12] 国家统计局.中国统计年鉴[M].北京：中国统计出版社，1998.

[13] 国家统计局国民经济综合统计司.新中国五十年统计资料汇编[M].北京：中国统计出版社，1999.

[14] 卢耀如，杰显义，张上林.中国岩溶(喀斯特)发育规律及其若干水文地质工程地质条件[J].地质学报，1973，(1)：121-136.

[15] MILANOVIC P. Karst Hydrogeology[M]. Water Resources Publications. Colorado，USA；Littleton，1981.

[16] MILANOVIC P. Geological Engineering in Karst[M]. Belgrade：ZEBRA Publishing Ltd，2000.

[17] 孔令誉，曹而斌，林仁惠.六郎洞喀斯特水的水源问题[J].水力发电，1957，(11)：33-39.

[18] 李景阳.神仙洞的成因和演化[M]//中国地质学会第二届岩溶学术会议论文集.北京：科学出版社，62-68.
[19] 洛塔岩溶地质研究组.洛塔岩溶及其水资源评价与利用的研究[M].北京：地质出版社，1984.
[20] 林仁惠，等.华南——水库喀斯特区的渗漏与防渗处理的研究[M]//全中国喀斯特研究会议论文集.北京：科学出版社，1962，139-141.
[21] 邹成杰，等.水利水电岩溶工程地质[M].北京：水利电力出版社，1994.
[22] 张宗祜，卢耀如.中国西部地区水资源开发利用[M]//中国可持续发展水资源战略研究报告集.北京：中国水利水电出版社，2002，9.
[23] 康彦仁，项式均.中国南方岩溶塌陷[M].南宁：广西科学技术出版社，1990.
[24] 吴应科，等.广西石山地区岩溶综合治理与开发研究[M].南宁：广西科学技术出版社，1990.
[25] 卢耀如.喀斯特为主地质-生态环境质量及其评判——中国南方几省(区)为例[M]//宋林华，丁怀元.喀斯特景观与洞穴旅游.北京：中国环境科学出版社，1993，54-64.
[26] 安全减灾学人写真编委会.安全减灾学人写真[M].北京：科学出版社，2000.
[27] 卢耀如.岩溶地区主要水利工程地质的问题与水库类型及其渗漏处理途径[J].水文地质工程地质，1982，(4)：15-21.
[28] 张之淦，李大通.来宾县人地系统与干旱治理[M]//第四届全国岩溶学术会议论文集，人类活动与岩溶环境.北京：北京科学技术出版社，1994.
[29] 卢耀如.江河流域综合治理要重视地质环境效应——从淮河、太湖 1991 年水灾谈起[J].中国地质灾害与防治学报，1993，(1)：84-86.
[30] 卢耀如.长江全球域国土地质-生态环境有待进行综合治理[J].环境保护，1998，(10)：8-9.

Groundwater systems and eco-hydrological features in the main karst regions of China①

Lu Yaoru, Zhang Feng'e, Liu Changli, Tong Guobang, Zhang Yun

Abstract: Different karst water features and related water resources are present both in southern and northern China. There are over 3 358 well-developed karst ground river systems with total discharges in the dry season of about 420×10^8 m^3 in the main karst regions in the southern part of China. Exploitation rates are only 8%～15%. Over 100 larger karst spring systems in the main karst regions of northern China cover a catchment area from 500 km^2 to over 4 000 km^2, of which the average discharge appears to be from about 1 m^3/s to 13 m^3/s and the exploitation rates are 70%～80%. Six aspects of the eco-hydrological features of some typical karst regions in China comprising water environment, ecological features, materials and structures between parent rock and soil, bio-geological processes and palynological studies (spore-pollen) are discussed. Qualitative evaluation of eco-geology and rocky desertification in the karst regions should be based on the main karst ecological conditions as well as artificial, i.e., man-made impacts.

Key words: karst, water resources, spore-pollen, eco-hydrogeology, geo-ecology

1 Introduction

Karst topography is widespread in China[1,2], but its basic features are quite different in the main karstified areas in southern and northern China[3,4]. The karst development appears to differ not only in the karst geomorphological types but also in the forms of the different karst water systems. The eco-hydrological features have obviously been influenced by human activities. The eco-hydrogeology is thus of great importance to study. Therefore, this paper summarizes the karst water resources in southern and northern China based on years of research on the evolution of the Stone Forest in Yunnan and sulfate rock karst as well as the compound karst of carbonate and sulfate rocks. Important problems are discussed below.

2 Differences of karst water resources between southern and northern China

2.1 Karst water resources in southern China

Karst water resources are distributed in all provinces, autonomous regions and municipalities under the central Government in China[5,6]. The seven regions of Yunnan, Guizhou, Sichuan,

---

① LU Y R, ZHANG F E, LIU C L, et al. Groundwater systems and eco-hydrological features in the main karst regions of China [J]. Environmental Geology. 2007, 51(5): 695 - 699.

Chongqing, Guangxi, Hunan and Hubei altogether cover a total area of 1.76×10^6 km^2, in which thick carbonate rocks cover about 548×10^3 km^2. The karststified area occupies nearly 30.9% of the total area of the seven regions, and the thin interbedded carbonate rocks of about 189.8×10^3 km^2, which is about 10.73% of the total area. The total distribution of the carbonate rock covers 41.31% in the area. The rainfall is 1 000～2 200 mm/a, annual average temperatures mostly 16～22 ℃, so that the climatic conditions are favorable for karst development. The types of bare karst in southern China are mainly composed of broadly eroded karst (Fig. 1), limited erosion karst (Fig. 2), and erosion-corrosion karst[2]. The annual average groundwater resources are 514 - 1,784 m^3/a per man among which the karst water resources are 157～1 053 m^3/a per man.

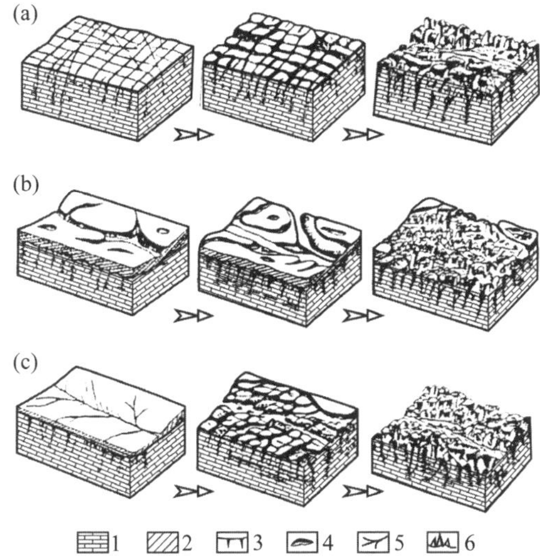

(a) Carbonate rock in bare condition; (b) Carbonate rock under buried condition; (c) Carbonate rock from buried condition turned to bare condition; 1. Carbonate rock; 2. non-carbonate rock; 3. eroded fissures; 4. karst doline or funnel; 5. karst passages; 6. stone forest

Fig. 1 Analysis of the development of the Stone Forest, a sub-type of broadly eroded karst type

This investigation has found over 3 358 karst water systems in the main karst regions of southern China, where the total flow adds up to 426×108 m^3/a in a dry season. They can be divided into two types[3], which are discussed below. The karst water features in karstified aquifers are very different from those of pore and fissure groundwater. The three phrases' flow[5,7], the cave flow systems[3,8,9], the water chemistry and hydrology[10-13], cave exploration[14-19] and the cave impacts[4,20,21] have already been discussed elsewhere. Now only both types related to the karst water systems, sub-surface karst river stream, and karst ground river are introduced, the development of which is mostly controlled by the existing local geological structural conditions (Fig. 3).

2.1.1 Sub-surface karst river stream

A surface river water sinks into underground cave and passageways for a certain distance, and then the sub-stream flows out onto the surface to form a surface river again. The related formula is expressed in the following:

$$Q_{Oi} = Q_{I,\,i-t} \pm \sum_{p=1}^{n} q_{f,\,t-tp} \pm \sum_{f=1}^{m} q_{f,\,t-tf} + \sum Q_{d} \tag{1}$$

where Q_{oi} is the exit flow quantity of a sub-surface karst river stream in i time, m^3/s; $Q_{I,\,i-t}$ is the entrance flow quantity of a sub-surface karst river stream in $i-t$ time, m^3/s; $q_{p,i-tp}$ is the flow quantity of p branch of a sub-surface karst river stream in $i-tp$ time, m^3/s; $q_{f,i-tf}$ is the flow quantity through eroded fissures into a sub-surface stream in $i-tf$ time, m^3/s, and $\sum Q_d$ is the condensation water between $i-t$ to i time into a sub-surface stream, m^3/s.

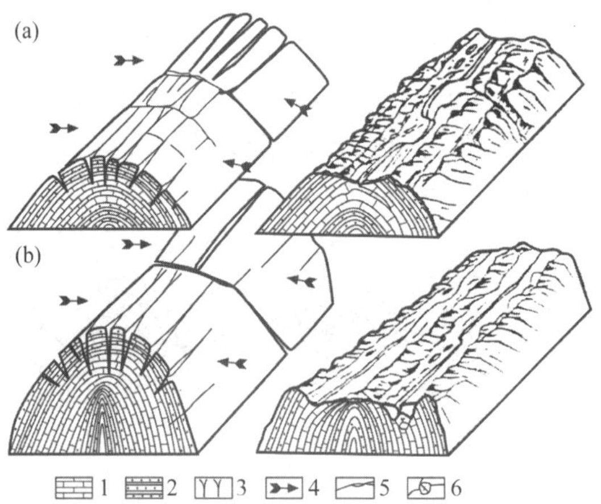

(a) Single eroded ridge trough; (b) Double eroded ridge trough

1—Carbonate rock; 2—non-carbonate rock; 3—eroded fissures; 4—structural force direction; 5—karst passages; 6—water level of ground river

Fig. 2 Analysis of the development of eroded ridge troughs, a sub-type of the limited erosion karst type

2.1.2 Karst underground river systems

The karst ground river systems are mainly collecting and percolating surface water through sinkholes and erodedfissures into sub-surface. The related formula is expressed in the following,

$$Q_{Oi}=\sum_{s=1}^{n} q_{s,i-ts}\pm\sum_{p=1}^{n} q_{p,i-tp}\pm\sum_{f=1}^{m} q_{f,i-tf}+Q_{Oi}\sum Q_d \tag{2}$$

where $q_{s,i-ts}$ is the flow quantity (m^3/s) directly sinking into the ground by depression at $i-ts$ time; other marks are the same as in formula (1).

The karst underground river systems and sub-surface karst river systems have constructed ground reservoirs of a number of forms in southern China[1,2,22,23]. At present, only about 8%~15% of the total karst water resources are exploited, and therefore more sub-surface reservoirs could be constructed.

2.2 Karst water resources in northern China

The northern China region includes Beijing, Tianjin, Hebei, Shangdong, Henan and Shanxi. The precipitation over this area is approximately 400~600 mm/a and annual average temperatures are 4~12 ℃. The karst types are mainly the limited corrosion type and the erosion-corrosion type, but less the broad corrosion type. Although semi-dry climatic conditions are dominant in this region, there exist over 100 large karst spring systems[3,7] with an average annual discharge from 1 m^3/s to 13 m^3/s, with catchment areas from 500 km^2 to over 4 000 km^2 for each.

The abundant karst water resources of 128×10^8 m^3/a, which is about 70%~80% of the total karst water resources, have been exploited in typical regions of northern China. Only 29.71×10^8 m^3/a

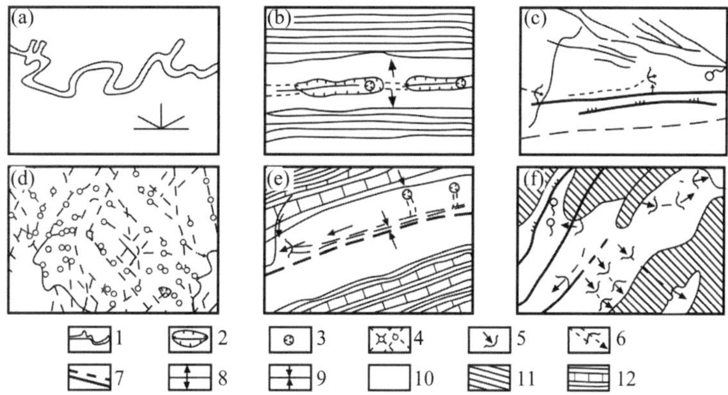

(a) Karst cave and passages controlled by structural fissures; (b) Karst ground river controlled by elongated anticline; (c) Karst cave, ground river and springs controlled by faults; (d) Karst vertical passage controlled by fissures; (e) Ground river system controlled by syncline; (f) Ground river system controlled by crossed tensional fissures

1—Karst passages; 2—large eroded valley; 3—depression and sinkhole; 4—eroded fissures and vertical karst passages; 5—entrance of subsurface karst river stream; 6—ground river bed; 7—fault; 8—axis of anticline; 9—axis of syncline; 10—carbonate rock; 11—sandstone and shale; 12—sandstone and shale with interbedded carbonate rock

Fig. 3 Analysis of karst water systems controlled by structural conditions

karst water resources remain. Considering the ecological needs of water resources, it is better to take the coefficient of ecological flow quantity of about 60%. The over-exploitation of karst water resources, therefore, could become one of the most unsavory factors leading to deterioration of the local eco-hydrological features. The comparison related to karst water systems between southern and northern China is listed in Table 1.

Table 1 Comparison of features of karst water systems between southern and northern China

Region	Southern China	Northern China
System feature	main karst ground river systems	karst spring systems
Passage feature	main karst cave and larger eroded passages network	main eroded fissures network
Catchment area/km^2	50→3 000	500→4 000
Groundwater flow speed/(m • d^{-1})	100→11 400	1→50
Ground run-off modulus/(L • km^{-2} • s^{-1})	8→35	2→10
Karst water age/a	main 1→10	main 3→20

3 Basic features and factors in karst eco-geology in typical regions of China

3.1 Karst water environment and related isotopic features

Firstly, the necessity of considering water quantity and quality may help manage the ecology. Some scholars have studied ecosystems closely related to hydrology and water environment. They have been concerned about rivers, reservoirs and lakes under dry and semi-dry, tropical rain forest, and different sub-tropical climatic conditions[24-27]. More attention has been paid to the QWASI (Quantitative Water Air Sediment Interaction)[28,29], and normal chemical elements, persistent organic pollutants (POPs) are all very important contents to be tested as well. Analysis of the isotopic nitrogen helps us to know how nitrogen occurred in different water environments. The polluted sources to karst water have been tested in the Three Gorges Region of the Yangtze River and its upper stream Jinshajiang River in southern China. The formula used[3] is:

$$\delta^{15}N=\frac{^{15}N/^{14}N(\text{sample})-^{15}N/^{14}N(\text{standard})}{^{15}N/^{14}N(\text{standard})}\times 1\,000‰ \tag{3}$$

Based on and reflecting the analyses of isotopic nitrogen in the Three Gorges and Jinshajiang rivers, river water and karst ground water with $\delta^{15}N$ values between $-4‰$ and $4‰$ were polluted by chemical fertilizer and industrial waste water. In the Shanxi-Shaanxi Gorge of the Yellow River in northern China, the relationship between the isotopes δD and $\delta^{18}O$ is:

$$\delta D=8\delta^{18}O+10 \tag{4}$$

To take isotopic contents of local rain water as the standard, the differential coefficient of δD values of karst water is 15.890%~36.55% of that in rain water, and the differential coefficient of $\delta^{18}O$ is 24.41%~28.57%.

3.2 Water-soil (or rock) processes

The geo-ecological features, coordination and relationship between water-soil related to groundwater dynamic features, element migration, soil texture and comprehensive impacts are shown in Fig. 4.

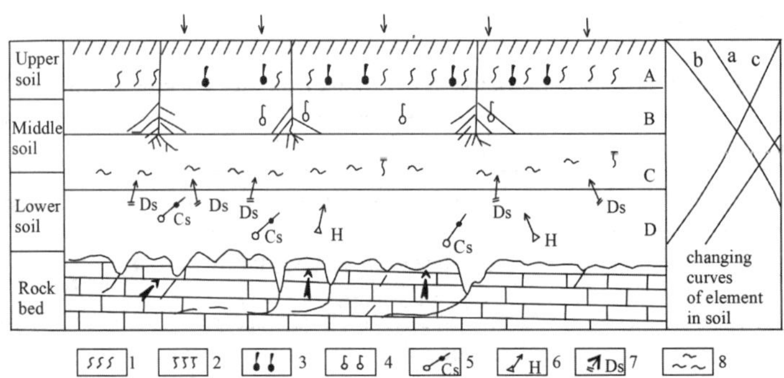

1—First eluviation; 2—second eluviation; 3—first evaporation; 4—second evaporation; 5—consistent diffusion in soil; 6—heat diffusion in soil; 7—dynamic diffusion; 8—absorption by plant roots; A—upper percolation-eluviation zone; B—eluviation-evaporation zone (zone of fluctuation of groundwater level); C—accumulation zone of soil nutrients; D—activity zone of bedrock-soil. Curves related to some element changes: a—Ti, Ni, Zn, Ca, Pb, Hg, As; b—Cu, Mn; c—Cr (based on data from the Sichuan Geological Survey)

Fig. 4 Analysis of water-soil geo-ecological features related to soil nutrients, diffusion and absorption of plants

3.3 Relationship between parent material (rock) and soil

Soil with different contents comes from different parent rocks and resultant soil features are not the same. Results[4,30,31] and related data of soil contents from granite and carbonate rocks can be compared (Table 2).

The migration (or accumulation) coefficient (A_{r-s}) of elements is calculated in formula (5)[3]:

$$A_{r-s}=\frac{E_s-E_r}{E_r}\times 100\% \tag{5}$$

where E_s is element in soil (mg/g), E_r is element in parent rock (mg/g), and A_{r-s} is positive (+) value, the accumulation coefficient, negative (−) values, the migration coefficient.

This makes clear that the soil contents are different from their rocks. The A_{r-s}, which resulted from the geo-environment may become a (+) and (−) value several hundred times that of their parent rock.

3.4 Structures of parent rock and soil

Different structures between parent rock and soil may influence hydrogeological conditions and eco-hydrogeological features. Three types of parent rock-soil structures usually exist, as shown in Fig. 5.

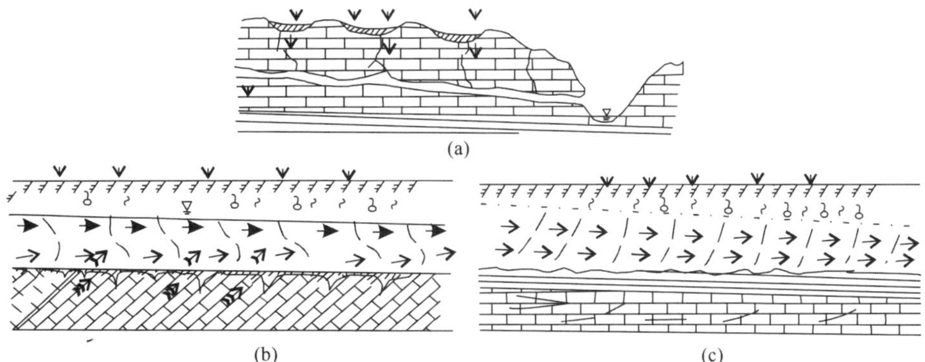

(a) Rock-soil making two separate hydro-geological units; (b) Rock-soil making two material units with the same hydrodynamics; (c) Parent rock-soil making two different hydro-geological units with hydraulic connection in between

Fig. 5 Three types of structure between parent rock and soil

3.5 Biogenetic-geochemical processes

A number of studies have considered microbiological processes related to the formation of mineral deposits[32,33]. The biological processes in karst development have also been a subject of interest[34]. Gypsum and anhydrite, which are widely distributed in southern and northern China[35,36], under anaerobic (e.g., *Desulfovibria*) conditions will produce H_2S[32,33]:

$$CaSO_4 + \text{Organic} \xrightarrow{\text{Bacteria}} CaCO_3 + H_2S + H_2O \tag{6}$$

When the water with dissolved oxygen percolates into the ground, it may cause a chemical process and oxidation (by *T. thioparus*). The pH value will decrease to 4.5 - 5, promoting the dissolution of $CaSO_4$:

$$2H_2S + O_2 \xrightarrow{T.\ Thioparus} 2S + 2H_2O \tag{7}$$

$$2S + 3O_2 + 2H_2O \xrightarrow{\text{Oxidation}} 2H_2SO_4 \tag{8}$$

The new product H_2SO_4 may strongly dissolve carbonate rock resulting in gypsum deposition. The reactions are:

$$CaCO_3 + H_2SO_4 \longrightarrow CaSO_4 + CO_2 + H_2O \tag{9}$$

$$CaMg(CO_3)_2 + 2H_2SO_4 \longrightarrow CaSO_4 + MgSO_4 + 2CO_2 + 2H_2O \tag{10}$$

$$CaSO_4 + 2H_2O \longrightarrow CaSO_4 \cdot 2H_2O \tag{11}$$

$$2CaCO_3 + MgSO_4 + 2H_2O \longrightarrow CaMg(CO_3)_2 + CaSO_4 \cdot 2H_2O \tag{12}$$

Table 2 Comparison of the main contents of soil related to different parent rocks

Conditions	Content of particles (%)									Locations
	SiO_2	Al_2O_3	Fe_2O_3	CaO	MgO	K_2O	Na_2O	TiO_2	P_2O_5	
Granite soil A_{r-s}	78.91%	4.45%	2.14%	6.62%	0.34%	0.40%	0.16%			Guangzhou
	62.62%	14.20%	3.90%	0.08%	0.14%	0.49%	0.46%			
	−20.64%	+219%	+82.2%	−98.79%	−58.82%	+22.5%	+187.5%			
Limestone soil A_{r-s}	0.83%	0.14%	0.55%	54.30%	1.52%	0.03%		0.06%	0.01%	Maolan, Guizhou
	45.45%	8.34%	26.59%	1.58%	1.95%	0.55%		1.42%	0.06%	
	+5 375%	+5 857%	+4 834%	−97.09%	28.28%	+1 733.3%		+23.66%	+500%	
Dolomite soil A_{r-s}	0.79%	0.58%	0.65%	31.64%	19.60%	0.06%		0.04%	0.01%	Maolan, Guizhou
	48.47%	8.30%	19.97%	0.76%	2.45%	0.34%		1.54%	0.14%	
	+6 035%	+1 331%	+2 972%	−97.59%	−87.5%	+466.6%		+3 750%	+1 300%	
Limestone soil A_{r-s}	4.52%	1.60%	0.54%	49.66%	1.42%	0.58%	0.04%	0.30%		Southern Sichuan
	50.24%	19.30%	8.50%	0.90%	1.56%	3.34%	0.06%	1.48%		
	+1 011.5%	+1 106	+1 474%	−98.18%	+9.85%	+475%	+50%	+393.3%		

Therefore, microbiological processes are taken as an important factor in carbonate-sulfate compound karstification and biogenetic-chemical processes are also a main factor controlling eco-hydrology or eco-hydrogeology. Spectrum curves of bacteria cultivated in gypsums have been plotted (Fig. 6) and microbial fossils cultivated in gypsum can be discerned using the electron microscope (Fig. 7).

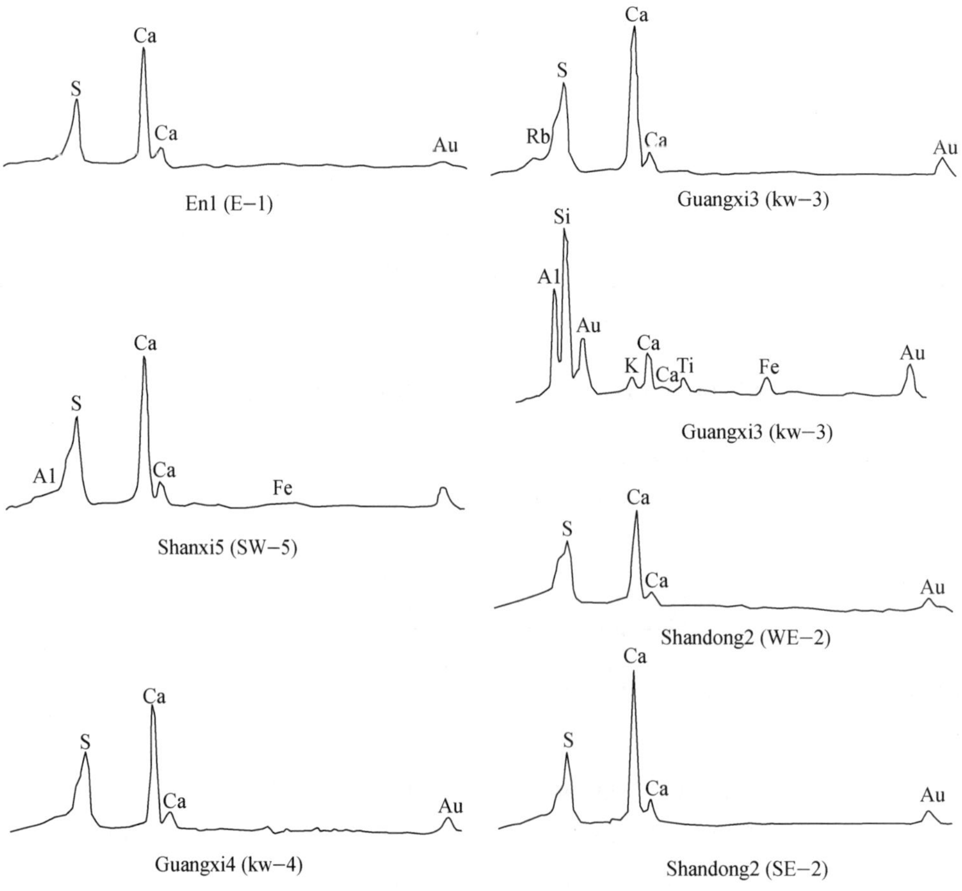

Fig. 6 The spectrum curves of bacteria cultivated in gypsum

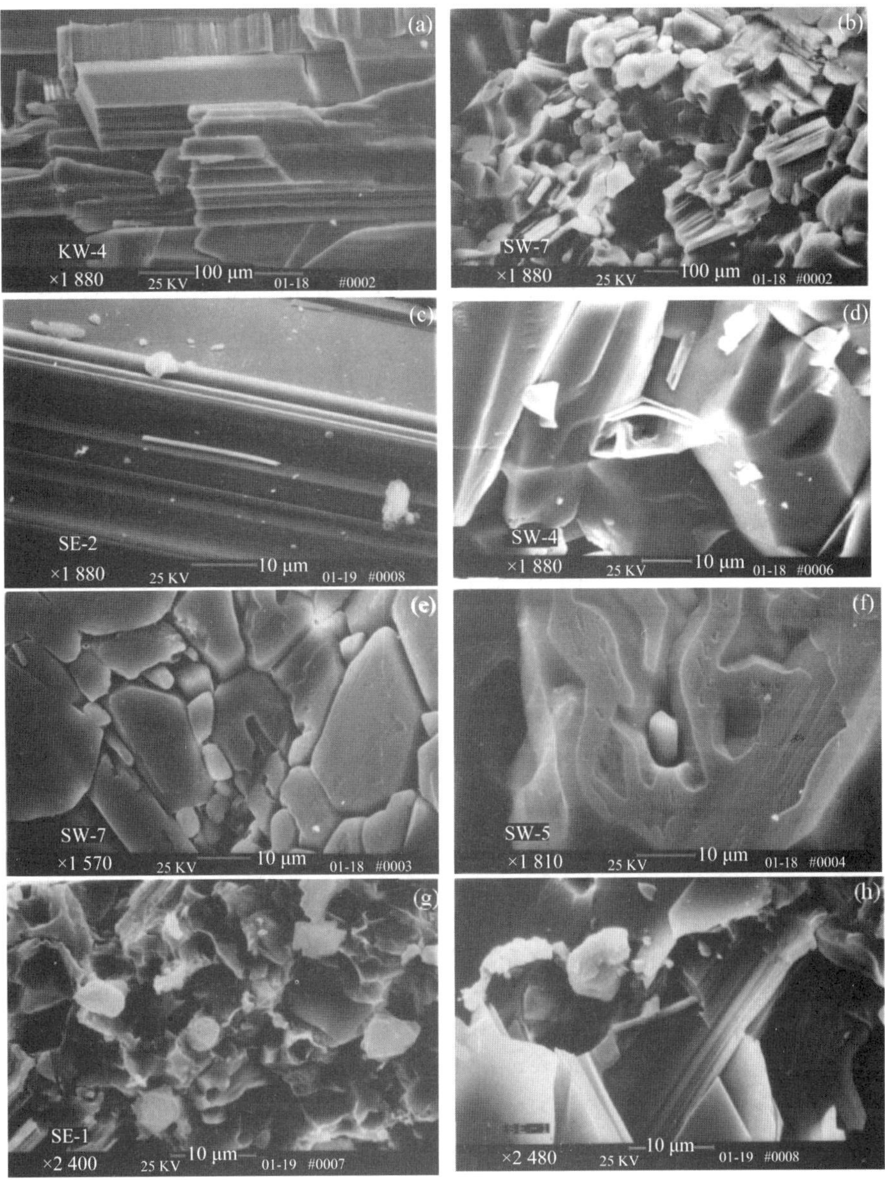

(a) Fissures in gypsum KW－4, SEM×300; (b) Drilling hole of bacterium in gypsum SW－7, SEM×1 130; (c) Fibre-shaped bacterium in gypsum. SE－2, SEM×1 880; (d) Specter textures of gypsum with tube-shaped bacterium SW－4, SEM×1 550; (e) Eroded phenomena in gypsum with shaft of bacterium, SW－7, SEM×1 570; (f) Remains of possible microbes in gypsum. SEM×1 810; (g) Globe-shaped microbes in limestone, SE－1, SEM×2 400; (h) Shaft of bacterium in gypsum, SE－1, SEM×2 380.

Fig. 7 Microbial fossil cultivated in gypsum seen in electron microscope

3.6 Comparison of palynology from soil and calcareous deposits

Climatic changes have widely influenced eco-hydrological conditions, information about which can be gleaned from spore-pollen contained in soil and calcareous deposits. Such spore-pollen had been compared to understand the environmental evolution in the Shilin region of Yunnan Province. The total number of pore-pollen determined is 694 particles. In summary, the spore-pollen and their constructiveness plants in the soil and calcareous deposits are all similar, but the main woody plants are 64.4% in the soil and 60.4% in the calcareous deposits, respectively. In Shilin, there are primarily woody plants in a forest-scrub environment since the Eocene. Yet the hygrophilous plants such as the

Palmae, *Magnolia* are lacking in the calcareous deposits, and *Myrica*, *Helicia*, *Toxicodendron*, *Engelhardtia*, *Theaceae*, *Mytilaria*, *Randia*, *Santalum*, *Mallotus*, *Cinnamomum* are even less and aquatic herbs are also little. The spore pollens in the soil are rich and complex, and the plants coexisted within different ecological types. The environmental stage in the calcareous deposits reflects a rather dry paleo-climate. On the contrary, the stage in the less calcareous deposits indicates a rather warm-moist paleoenvironment. The concentration of spore-pollen is 1/7 higher in calcareous deposits than in the soil, and *Cyathea*, *Pteris*, *Onychiun*, *Hicropteris* and *Dennstaedtia* are rich. There are less xerophytes in calcareous deposits, but in the soil the numbers are rather high. These data might reflect different zonal evolutions. A comparison of spore-pollen between the soil and calcareous deposits is shown in Fig. 8.

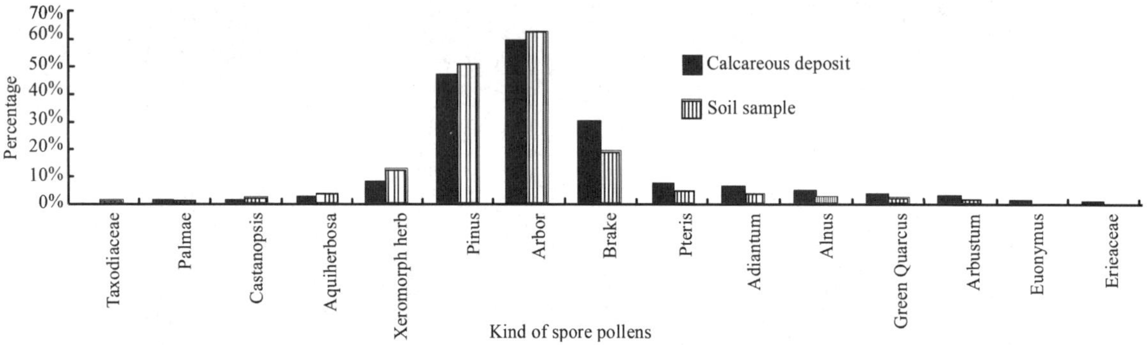

Fig. 8 Comparison of spore-pollen between the soil and calcareous deposits in Shilin.

4 Evaluation of the quality of geo-environments in the karst regions of China

The eco-hydrology and the eco-hydrogeology mostly include water quantity, quality and dynamic conditions, quantitative water-soil-air alternation and mechanisms of biogenetic-chemical-physical-geological comprehensive processes. Therefore, the over-exploitation of karst water resources will directly influence ecological quality. The karstified zone features and related geo-environmental quality will be evaluated by the following important factors: ① vegetation covering rate; ② soil erosion rate; ③ preventing and reducing natural hazards activity; ④ rocky desertification rate; and ⑤ water-soil pollution rates[21,37,38]. The activity of preventing and reducing natural hazards is based on the studying the mechanisms of natural hazards' chains, which are related to geological, climatic and biological hazards.

4.1 Water environment and pollution

Different water bodies form the watery environment in the main karst regions of China, i.e. water related to rainfall, river, lake, soil, karst cave and tap water (water supply) has been sampled to analyze the chemical content in the Shilin region of Yunnan. A comparison of results of different water chemical properties in the dry season with the standard of the National Water Class I indicate that most of the pollution indexes (1 - 20) are related to a single element in the samples, and the excessive elements are BOD_5, dissolved oxygen, NO_2^-, NH_4^+, etc. In the rainy season, the comparison showed that the elements in excess were Cl^-, NH_4^+, NO_2^-, Fe^{3+}, etc. The water environmental qualities in the Shilin region can be compared with the comprehensive national pollution indexes in both August of the rainy season and January of the dry season (Fig. 9).

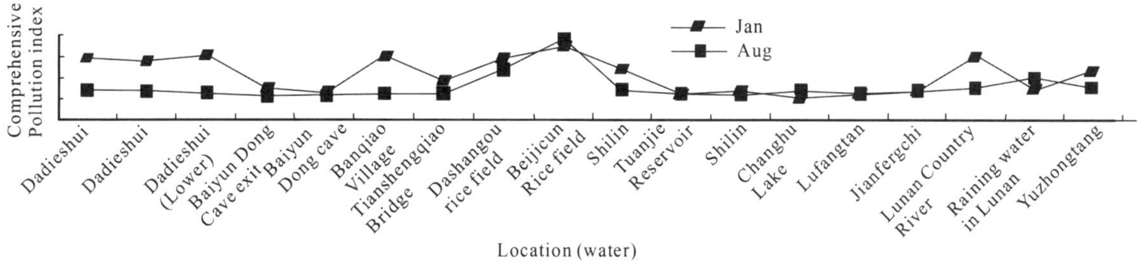

Fig. 9 Water environmental quality of comprehensive pollution indexes in the Shilin region, Yunnan (According to the National Standard of Water Class I).

The comparison of water quality in the Shilin region with the National Standard of Water Class I and II (GB 3838—2002, National Bureau of Environmental Protection of China) shows that the water environment is complex, i.e., most of the water quality is just within the National Standard of Water Class I and II. The water environmental quality in the Shilin region mainly is good.

4.2 Soil features and artificial impacts

Artificial activities have usually polluted the soil. For example, soil quality has been influenced by artificial (man-made) impacts in the Shilin region, particularly when the land that was used for agriculture was polluted. According to the landform, geomorphology and soil distribution in the Shilin region, the soil can be divided into three types: ① soil particles of small dimension, distributed in mountains or forest edge; ② thin and poor soil distributed in piedmont or in karst depression; ③ soil in the main farm land with artificial impact all year round. The samples from 30 groups of soil in the Shilin region were collected to test for NH_4^+, NO_3^-, COD and total K, P and Ca, and then the results were taken to compare with unpolluted soil in the Ayulin Stone Forest as the standard with which to evaluate quality. The main chemical contents in the soil of the Shilin region comprise NH_4^-, NO_3^-, K, P and Ca (Fig. 10). The maximum content of Ca in the soil was 280 g/kg; NO_3^- and K were higher and only NH_4^- and P were lower.

This fact indicates that NH_4^+, NO_3^-, K and Ca have come from agricultural chemicals (N), which have impacted the soil features. Analysis of their influence results in a single element index (Fig. 11).

Farming activities have a comprehensive impact upon the soil in the Shilin region (Fig. 10). The comprehensive influencing index is $P_a = 1$. The Class I soil in Ayulin has not been influenced by artificial activities. By contrast, the soil in the Lufangtang cornfield is thin and poor in the karstified mountainous area with a P_a value 1～5. The rice field is taken as the main farmland with a rather flat landform all the year round, so the quality is clearly influenced by artificial activities with their P_a value above 5 in common. Analysis of the single elements (NH_4^+, NO_3^-, K, P, Ca) created by farming shows the influence on soil in the Shilin region (Fig. 9) with the comprehensive influence shown in Fig. 12.

Rocky desertification[37-39] is usually caused by unreasonable and fast human development such as the over-exploitation of karst water resources, cutting down of forests and destruction of grasslands, which increase the soil erosion. This leads to a karst region that is mainly bare carbonate rock with less and/or no vegetation on the land surface and deteriorating ecological conditions.

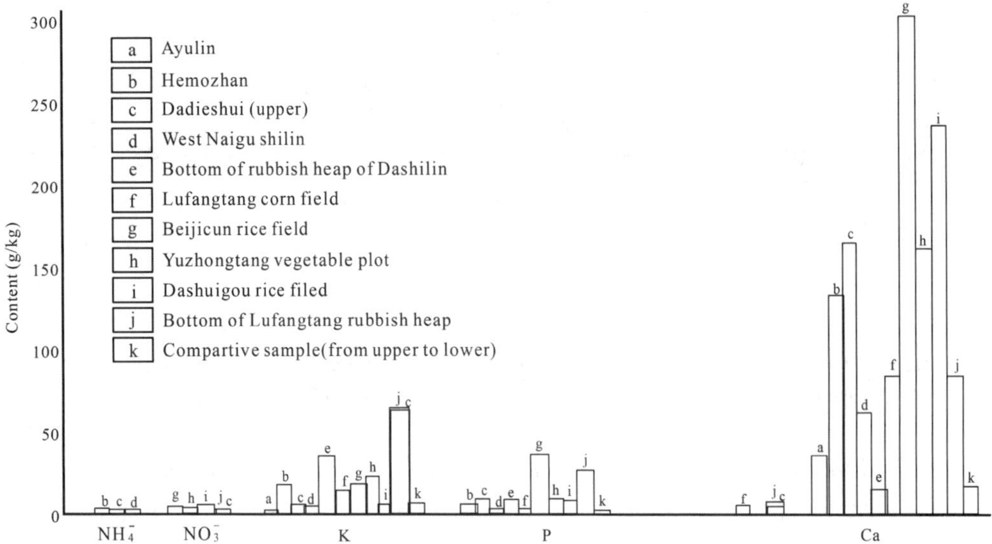

Fig. 10　Main chemical content of the soil in the Shilin region.

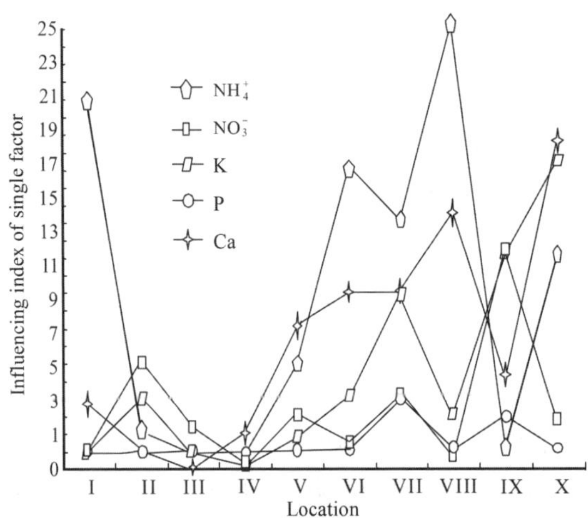

I—West Naigu shilin, II—Dashilin rubbish heap, III—Lufangtang corn field, IV—Ayulin, V—Hemozhan, VI—Dadieshui (upper), VII—Yuzhongtang vegetable plot, VIII—Dashangou rice field, IX—Lufangtang rubbish heap, X—Beijicun rice field

Fig. 11　Analysis of single elements to determine the influence of farming on soil in the Shilin Region

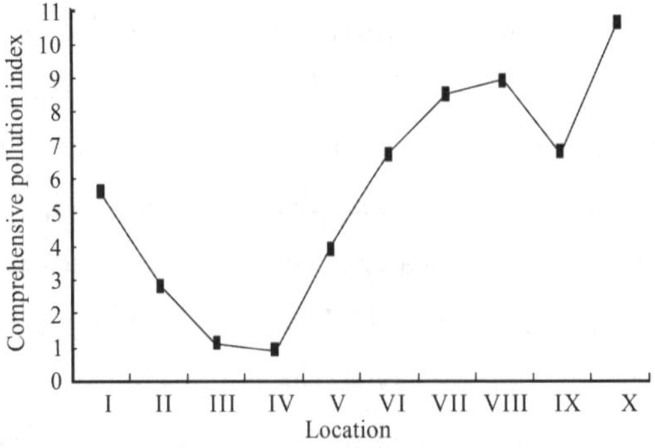

I. West Naigu shilin; II. Dashilin rubbish heap; III. Lufangtang corn field; IV. Ayulin; V. Hemozhan; VI. Dadieshui (upper); VII. Yuzhongtang; VIII. Dashangou; IX. Lufangtang rubbish heap; X. Beijicun rice field.

Fig. 12　Comprehensive influence of farming activities on the soil in Shilin.

The relationship between the eco-hydrology and geo-environmental evolution can be expressed in an ideal model (Fig. 13).

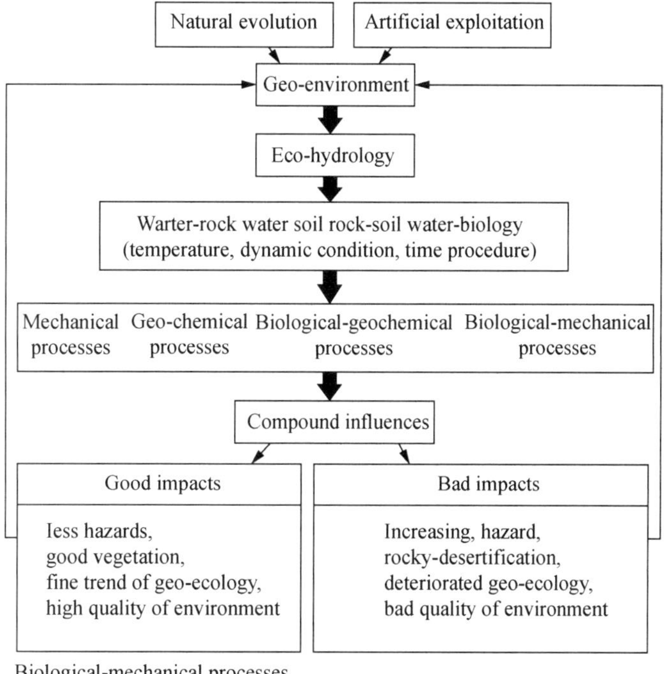

Fig. 13 An ideal model related to the relationship between eco-hydrology and geo-environmental evolution.

5 Conclusions

(1) The karst water resources are richer in southern China than in northern China, with exploitation rates of about 8%~15% of the total karst water resources in the former, but already near 70%~80% in the latter.

(2) Karst ground river systems will need to be constructed as more ground reservoirs in different forms in southern China, and the exploitation of larger karst spring systems in northern China must be controlled.

(3) The eco-hydrology is characterized directly by the karst water quantity and quality, whereas the karst water dynamic conditions, water-soil processes and bio-geo-chemical processes, are involved in eco-hydrological as well as karst eco-hydro-geological features.

(4) The total quality of karst geo-ecology is usually evaluated in comprehensive ways.

(5) The eco-geological quality is impacted by water and soil pollution and rocky desertification, both of which are important factors.

(6) The eco-hydrology is controlled by the geo-environment and also any change in the eco-hydrology will obviously and quickly influence the geo-environment.

Acknowledgements

This paper results from a comprehensive research project related to water resources supported in 1999—2002 by the Chinese Academy of Engineering; the project of Sulfate Karst Developmental

Mechanism and Its Engineering Impacts supported by the National Natural Science Foundation of China (No. 49872095) in 2005; and research of the Stone Forest Development and Its Environmental Evolution supported by the Shilin Research Centre. We are thankful to Yan Baorui, Yang Lijuan, Qi Jixiomg and Guo Xiuhong for their research cooperation in the field and laboratory and to scholars Guang Yaohua, Cai Zhenghong, Chen Honghan, and to Ge Wenbin, Geng Hong, Li Xinzhong, Yang Shunquan, Zhu Yongqin, Chen Boyu, Zhang Fengqi, He Koqiang and Yao Chunmei for their help in researching karst water resources.

References

[1] LU Y U, TZE H, CHANG S L, et al. The development of karst in China and some of its hydrogeological and engineering geological conditions[J]. Acta Geologica Sinica (Chinese edition), 1973, 47: 121-136 (in Chinese).

[2] LU Y R. Karst in China — Landscapes, Types, Rules[M]. Beijing: Geological Publishing House, China (in Chinese with English explanation), 1986.

[3] LU Y R. Research on the Evolutions of Karst Hydrogelogical Environments and Their Engineering Impacts. Beijing: Science Press, 1999, 305 (in Chinese).

[4] LU Y R. Geo-ecology and Sustainable Development — Developing Ways for Karst Regions in Southwest and Adjacent Karst Regions of China. Nanjing: Hehai University Press, 2003, 304 (in Chinese).

[5] LU Y R. Hydrogeology and karst environment protection[C]//Proceedings of the International Association of Hydrogeologxxxx 21st Congress of Karst Hydrogeology and Environment Protection, Part II, Beijing: Geological Publishing House, 1988, 64-75.

[6] LU Y R, ZHANG F E, QI J X, et al. Evaporite karst and resultant geohazards in China[J]. Carbonates and Evaporites, 2002, 17, 2: 159-165.

[7] LU Y R. Process of karst caverns development and three phrases flow. Proceedings of the 9th International Congress of Speleology, Barcelona, Spain. 1986, Vol. I: 273-276.

[8] ATKINSON T C. Diffuse flow and conduit flow in limestone terrain in the Mendip Hills, Somerect (Great Britain)[J]. Journal of Hydrology, 1977, 35(1-2): 93-110.

[9] Beck F B, WILSON W L. Karst hydrogeology: engineering and environmental applications[C]//Proceedings of the Second Multidisciplinary Conference on Sinkholes and the Environmental Impacts of Karst. Boston: A. A. Balkema, 1987.

[10] BONACCI O. Karst Hydrology, with Special Reference to the Dinaric Karst. Berlin, Heideberg, New York, London, Paris, Tokyo: Springer-Verlag, 1987.

[11] WHITE W B. Geomorphology and Hydrology of Karst Terrains[M]. New York: Oxford University Press, 1988.

[12] CHEN J A, Zhang D D, WANG S J, et al. Water self-softening processes at waterfall sites[J]. Acta Geologica Sinica (English edition), 2004, 78 (5): 1154-1161.

[13] LU Y R. Karst water resources and geo-ecology in typical region of China. In: Stevanovic[C]//Water Resources and Environmental Problems in Karts, Proceedings of the International Conference and Field Seminars, Belgrade and Kotor/Serbia and Mentenegro, 13 - 19 September 2005. Belgrade: National Committee of the International Association of Hydrogeologists (IAH) of Serbia and Montenegro, 2005: 19-25.

[14] WILLIAMS P W. The role of the subcutaneous zone in karst hydrology[J]. *J. Hydrol.*, 1983, 61: 45-67.

[15] WALTHAM A C, SMART P L, FRIEDERICH H, et al. Exploration of caves for rural water supplies in the Gunung Sewu Karst, Java[J]. Annales de la Societe Geologique de Belgique, 1985, T.108: 27-31.

[16] ZHANG S Y, BARBARY J P. Guizhou'86 Première Expédition Spéléologique Franco-Chinoise[J]. PSCJA, Lyon et Institute de G é ologie de l'Academia Sinica, Spelunca-Mémoires, 1988, 6: 1-108.

[17] FORD D C, WILLIAMS P. Karst Geomorphology and Hydrology[M]. London: Unwin Hyman, 1989.

[18] ZHU X W, WU B J, ZHU D H, et al. Discovery, Prospectation, Significance and Researches of the Dashiwei Tiankeng in Leye, Guangxi[M]. Nanning: Guangxi Scientific & Technology Press,2003.

[19] SEBELA S, SLABE T, LIU H, et al. Speleogenesis of selected caves beneath the Lunan Shilin and caves of Fenglin karst in Qiubei, Yunnan[J]. Acta Geologica Sinica (English edition), 2004,78(6): 1289-1298.

[20] CULSHAW M G, WALTHAM A C. Natural and artificial cavities as ground engineering hazards[J]. Quarterly J. Engineering Geol.,1987,20: 139-150.

[21] LU Y R. Effects of hydrogeological development in selective karst regions of China[C]// Proceedings of the International, Symposium and Field Seminar Held at Antalya, Turkey 1990, Hydrogeological processes in Karst Terranes. In: Gunay G., Johnson, I., and Back, W. (eds.), IAHS Publication,1993,207, 15-24.

[22] MILANOVIC P T. Karst Hydrogeology[M]. Littleton, Colorado, USA: Water Resources Publication, 1981.

[23] MILANOVIC P T. Geological engineering in karst[M]. Monograph, Belgrade: Zebra Publishing Ltd, 2000.

[24] Boyer J S. Plant productivity and environment[J]. Science, 1982,218(4571): 443-448.

[25] GOLLUSCIO R A, SALA O E, LAUENROTH W K. Differential use of large summer rainfall events by shrubs and grasses: a manipulative experiment in the Patagonian steppe[J]. Oecologia, 1998,115(1-2): 17-25.

[26] FERMANDZEZ-ILLESEAS C, PORPORATO A, LAIO F, et al. The role of soil texture in water limited ecosystems. Water Resources Research, 2001,37(12): 2863-2872.

[27] PORPORATO A, D'ODORICO P, LAIO F, et al. Ecohydrology of water-controlled ecosystems[J]. Advances in Water resources, 2002,25: 1335-1348.

[28] MACKAY D, DIAMOND M. Application of the QWASI (Quantitative Water Air Sediment Interaction) fugacity model to the dynamics of organic and inorganic chemicals in lakes[J]. Chemosphere, 1989,18: 1343-1365.

[29] LING H, DIAMOND M, MACKAY D. Application of the QWASI fugacity/aquivalence model to assessing sources and fate of contaminants in Hamilton Harbor[J]. J. Great Lakes Res., 1993,19(3): 582-602.

[30] HUANG W L, TU Y L, YANG L. Vegetation in Guizhou[M]. Guiyang: Guizhou People's Press, 1988, 220 (in Chinese).

[31] REN M E, BAO H S. The Development and Administration in Natural Regions of China[M]. Beijing: Scientific Press, 1992 (in Chinese).

[32] YAN B R,ZHANG X G. Microbial Metallogeny[M]. Beijing: Science Press, 2000,191 (in Chinese).

[33] LU Y R, ZHANG F E, YAN B R, et al. Mechanism of karst development in sulphate rocks and its main geo-environmental impacts[J]. Acta Geoscientia Sinica, 2002,23(1): 1-6 (in Chinese).

[34] WALTHAM J A. A biogenic methane in midocean ridge hydrothermal fluids[M]//Deep Source Gas Workshop Technical Proceedings. Morgantown: Morgantown Energy Center, 1982:122-129.

[35] LU Y R, COOPER A H. Gypsum karst in China[J]. Intl. J. Speleol.,1996,25(3-4): 297-307.

[36] LU Y R, COOPER A H. Gypsum karst geohazrds in China[C]//The Engineering Geology and Hydrogeology of Karst Terranes. Proceedings of the Sixth Multidisciplinary Conference on Sinkholes and the Engineering and Environmental Impacts of Karst. Rotterdam/Brookfield: A. A. Balkema, 117-126.

[37] LU Y R.Assessment of the exploitation of water resources in karstified mountain regions of China[C]//International Conference Jointly Convened with IAHS on Water Resources in Mountainous Regions, Lausanne, Switzerland,1990, 22(1-2): 1068-1075.

[38] LU Y R. Quality of main karst geo-ecology and its assessment—several provinces (or regions) as examples[M]// Karst Landscapes & Cave Trip. Beijing: China Environment Press, 1993,54-64 (in Chinese).

[39] LU Y R, TONG G B, GUO Y H, et al. Geological environmental types and qualities and predict on their evolutions in 21st Century in China[C]//Geosciences and Human Survival, Environment, Natural Hazards, Global Change. Proceedings of the 30th International Geological Congress, Beijing, China, 1997,2-3: 117-133.

中国典型地区岩溶水资源及其生态水文特性①

卢耀如　张凤娥　刘长礼　童国榜　张　云

摘　要　本文比较中国南北方岩溶水特性及其水资源。在中国南方主要岩溶地区，已知有 3 358 条岩溶地下河系统，枯季流量有 420×10^8 m^3/a，目前开发量只有 8%～15%。而在中国北方岩溶地区主要形成平均流量在 1～13 m^3/a、流域面积在几百至 4 000 km^2 的近百个大的岩溶泉系统，其水资源开采量已达 70%～80%。对一些典型中国岩溶生态水文特性，主要由 6 个方面，包括水环境、生态特性、母岩与土之间的特质、结构、生物-地质作用及孢粉等方面予以探讨。根据主要的生态条件和人工效应，对有关地质环境与石漠化予以评判。

关键词　岩溶　水资源　生态水文特性

中国岩溶广泛发育[1,2]。但是，在中国南北方主要岩溶地区，其特性不同[3,4]。两个区域岩溶发育的差异性，不仅表现在地貌类型上，也形成了不同的岩溶水系统。由于人类活动，其生态水文特性受到显著的影响，研究生态水文是一个非常重要的主题。本文是综合了涉及中国南北方的水资源、云南石林地区的生态-地质与硫酸岩岩溶与复合岩溶等方面的研究成果，以讨论下面几个方面的问题。

1　中国南北方岩溶水资源对比

1.1　中国南方

在中国，所有的省、自治区和直辖市都有岩溶水资源。云南、贵州、四川、重庆、广西、湖南和湖北 7 个省、市自治区，总面积 176 万 km^2。厚层碳酸盐岩分布面积有 54.8 万 km^2，占总面积 30.9%；薄层（及夹层）碳酸盐岩分布面积约 18.98 万 km^2，占总面积的 10.73%，则整个碳酸盐岩分布面积占总面积的 41.31%，这片地区降雨量 1 000～2 200 mm，年平均气温为 16～22 ℃，本区气候条件有利于岩溶发育。中国南方裸露岩溶类型主要属于广泛溶蚀岩溶类型，限制溶蚀岩溶类型及溶蚀侵蚀岩溶类型[2]，岩溶水资源见表 1[5]，年人均地下水资源量是 514～1 784 m^3/a，而人均岩溶水资源量是 157～1 053 m^3/a。

表 1　中国南方主要地区岩溶水资源简表

地区	地下水资源 /(10^8 m^3 · a^{-1})	岩溶水资源 /(10^8 m^3 · a^{-1})	岩溶水资源/地下水资源
云南	742	345	46%
贵州	479	386	80%
四川	551	135	24%
重庆	160	118	73%
广西	699	374	53%

① 卢耀如，张凤娥，刘长礼，等.中国典型地区岩溶水资源及其生态水文特性[J].地球学报，2006(5)：393-402.

（续表）

地区	地下水资源 /(10^8 m^3 • a^{-1})	岩溶水资源 /(10^8 m^3 • a^{-1})	岩溶水资源/地下水资源
湖南	456	263	57%
湖北	416	185	44%
总计	3 503	1 806	51%

在中国南方主要岩溶地区，经过调查有 3 358 条岩溶水系统，枯水期总流量达 426 亿 m^3/a(表 2)，可以划分为两类。岩溶水特性在岩溶化含水层中，与孔隙及裂隙地层相比不同，三相流[6,7]、洞穴水流系统[3,8,9]、水化学与水文[10,11]和洞穴探测[12-15]及有关岩溶洞穴效应[1,16-18]，曾经在一系列有关岩溶出版物中予以讨论。由于本文篇幅所限，只讨论两种岩溶水系统。

表 2　中国南方典型地区岩溶地下水系统

地区	地下暗流数量	枯水期流量/(10^8 m^3 • a^{-1})
云南	148	39.02
贵州	1 130	71.35
四川	895	63.96
重庆	201	28.68
广西	435	191
湖南	338	17.65
湖北	211	14.85
总计	3 358	426.69

在中国南方主要岩溶地区的岩溶水系统，可以划分为两种类型：

(1) 地下岩溶伏流

这是地表河流消入地下洞穴通道，流经一段距离后，再涌出而成地表河，对伏流性暗河，其流量模型为：

$$Q_{oi} = Q_{I,\ i-t} \pm \sum_{p=1}^{n} q_{p,\ i-tp} \pm \sum_{f=1}^{m} q_{f,\ t-tf} + \sum Q_{d} \tag{1}$$

式中　Q_{oi}——i 时伏流暗河出口流量(m^3/s 或 L/s)；

$Q_{I,\ i-t}$——相应超前 $i-t$ 时杖流入口流量(m^3/s 或 L/s)；

$q_{p,\ i-tp}$——相应超前 $i-tp$ 时，暗河 p 支流汇入量(+)或分出量(−)(m^3/s 或 L/s)；

$q_{f,\ i-tf}$——相应超前 $i-tf$ 时，f 裂隙通道带江入量(+)或分出量(−)(m^3/s 或 L/s)；

$\sum Q_d$——相应 $Q_{I,\ i-t}$ 水流自伏流入口流至暗河出口 Q_{Oi} 这时间，中间增加的凝结水量(m^3/s 或 L/s)。

(2) 岩溶暗河系统

岩溶暗河系统主要是汇聚从溶蚀洼地、溶蚀裂隙向地下渗流而形成，其水文表达式为：

$$Q_{oi} = \sum_{s=1}^{n} q_{s,\ i-ts} \pm \sum_{p=1}^{n} q_{p,\ i-tp} \pm \sum_{f=1}^{m} q_{qf,\ i-tf} + Q_{Oi} \sum Q_{d} \tag{2}$$

式中，$q_{s,\ i-ts}$ 为相应超前 $i-ts$ 时，由 s 洼地落水洞直接汇入的流量(m^3/s 或 L/s)。其他符号同式(1)。

在中国南方岩溶暗河系统曾已建了地下水库[2,19-21]。目前，岩溶水资源只开发了中国南方总岩溶水资源量的 8%～15%。因此，可以兴建更多地下水库。

1.2 中国北方

中国北方，主要包括北京、天津、河北、山东、河南、山西等地区。降雨量只有 400～600 mm/a，平均年气温 4～12 ℃。这地区主要发育了限制溶蚀岩溶类型和溶蚀-侵蚀岩溶类型。虽然这地区主要属于半干旱气候条件，但是有上百个以上大岩溶水系统发育[3,4]，各个泉域年均流量在 1 m^3/s 至 13 m^3/s，流域面积在 500～4 000 km^2 以上。中国北方主要地区岩溶水资源情况，见表 3。

华北典型地区有 128 亿 m^3/a 的丰富岩溶水资源量，约有 70%～80%已经被开发利用。目前情况是，只有 29.71 亿 m^3/a 岩溶水资源量。考虑到生态需求，最好考虑生态流量系数达 60%左右，使约有 70 亿 m^3/a 岩溶水流向下游。由于过量开采岩溶水资源，因此成为当地的生态水文特性恶化的最不利因素。

表 3 中国北方典型地区岩溶水资源量

岩溶水资源/(10^8 m^3 · a^{-1})				
地区	自然	可开采	已开采	剩余量
山西高原	35.50	32.87	20.86	11.98
太行山以东	31.69	24.10	18.67	5.42
山东中南	35.74	28.29	20.53	7.67
燕山	11.75	3.46	1.69	1.77
山东南部	5.13	4.13	3.38	0.75
河南西部	4.32	3.99	1.87	2.12
合计	125.13	96.74	67.00	29.71

注：陈鸿汉提供有关资源数据。

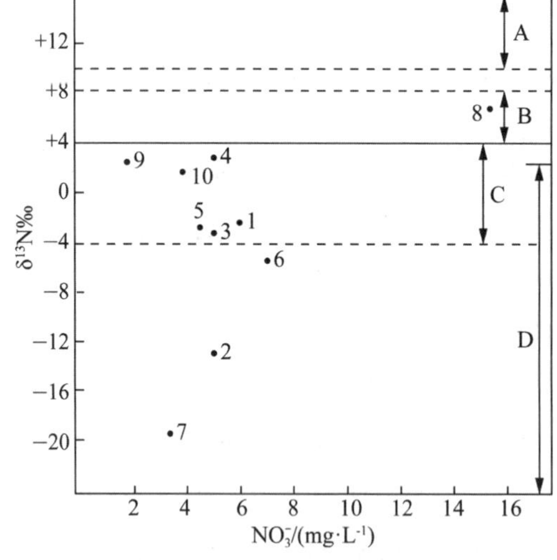

A—动物粪便影响带，B—土壤有机质影响带，C—工业废水与化肥影响带，D—降雨影响带

图 1 中国长江三峡地区 $\delta^{15}N$ 和 NO_3^- 关系图

2 中国典型地区基本地质—生态特性的要素分析

2.1 水环境与有关生态特性

许多学者研究了生态系统受水的控制，其主题涉及河流、水库、湖泊在干旱—半干旱条件、热带雨

林、亚热带等不同气候条件下水文与水环境特性[22-25]。他们曾较多注意到 QWASIC，即定性定量研究水、空气、沉积的交替作用[26,27]。

除了通常化学成分之外，持久有机物污染(POPS)是非常重要的成分需进行测定，通过氮同位素，可以了解不同环境状况下氮的成分与来源及其分带性，在长江三峡地区对污染源进行测定。计算公式[3,28]是：

$$\delta^{15}\mathrm{N}=\frac{{}^{15}\mathrm{N}/{}^{14}\mathrm{N}(\text{标准})-{}^{15}\mathrm{N}/{}^{14}\mathrm{N}(\text{标准})}{{}^{15}\mathrm{N}/{}^{14}\mathrm{N}(\text{标准})}\times 1\,000‰ \tag{3}$$

其次，土壤成分也同样需要研究。Jenny 于 1941 年曾指出土壤性质受到气候(i)、生物有机质(o)、地形(r)、母质(p)和时间(t)的影响。笔者认为也应考虑地质作用(g)[4]，这方面包括水—土作用和受人类行动(M)的影响问题，因此有关土层坝质影响因素的概念化公式可表示为：

$$S=f(p,\ g,\ cl,\ r,\ O,\ M) \tag{4}$$

2.2 水—土(或岩石)作用

水—土间的作用，涉及地下水动态、养分运移、土壤结构等，都综合影响生态水文特性的，有关植物影响，水—土作用的相关性与反应，见图 2[5]。

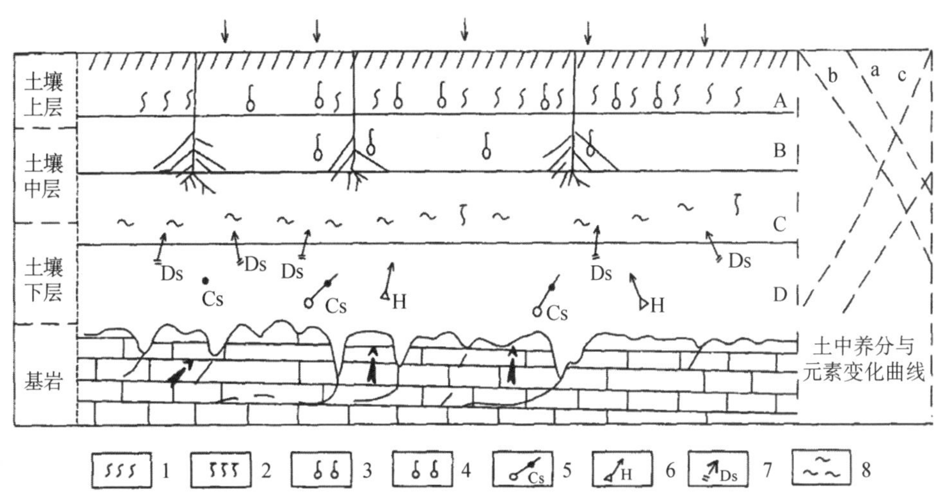

1—第一淋滤作用，2—第二淋滤作用，3—第一蒸发作用，4—第二蒸发作用，5—土壤中浓度扩散作用(可逆)，6—土壤中热力扩散作用(可逆)，7—动力扩散作用，8—植物根系吸收作用，A—上部渗透淋滤带，B—淋滤—蒸发带(地下水位变动带)，C—土壤养分富集带，D—基岩—土层活路作用带(元素变化曲线有三种：a—Ti, Ni, Zn, Ca, Pb, Hg, As, Bi, b—Co, Mn, c—Cr)

图 2 土壤中养分的分布、扩散与植物根系吸收作用理想状况机理分析

2.3 母质与土壤间关系

不同母岩(质)可以形成不同性质成分的土壤。虽然，它们的性质也是不一样的，土壤的不同成分在花岗岩和碳酸盐岩地区可对比于表 4。

元素的迁移(或富集)系数 A_{r-s} 表示于表 4[4]：

$$A_{r-s}=\frac{E_s-E_r}{E_r}\times 100\% \tag{5}$$

式中 E_s——土壤中元素含量(mg/g)；

E_r——岩石中元素含量(mg/g)；

A_{r-s}——(＋)值，表示该元素的富集；(－)值，表示该元素的迁移。

非常清楚由其母岩所生成的土壤成分是不同的。受地质环境影响，A_{r-s}系数可达到母岩成分的正负数百倍值。

表4　花岗岩与碳酸盐岩母岩与风化土层成分对照

项目	各成分含量									地点
	SiO_2	Al_2O_3	Fe_2O_3	CaO	MgO	K_2O	Na_2O	TiO_2	P_2O_5	
花岗岩(母岩)	78.91%	4.45%	2.14%	6.62%	0.34%	0.40%	0.16%			广州
土层	62.62%	14.20%	3.90%	0.08%	0.14%	0.49%	0.46%			
迁移或富集系数 A_{r-s}	−20.64%	+219%	+82.2%	−98.79%	−58.82%	+22.5%	+187.5%			
石灰岩(母岩)	0.83%	0.14%	0.55%	54.30%	1.52%	0.03%		0.06%	0.01%	贵州茂兰
土层	45.45%	8.34%	26.59%	1.58%	1.95%	0.55%		1.42%	0.06%	
迁移或富集系数 A_{r-s}	+5 375%	+5 857%	+4 834%	−97.09%	28.28%	+1 733.3%		+23.66%	+500%	
白云岩(母岩)	0.79%	0.58%	0.65%	31.64%	19.60%	0.06%		0.04%	0.01%	贵州茂兰
土层	48.47%	8.30%	19.97%	0.76%	2.45%	0.34%		1.54%	0.14%	
迁移或富集系数 A_{r-s}	+6 035%	+1 331%	+2 972%	−97.59%	−87.5%	+466.6%		+3 750%	+1 300%	
石灰岩(母岩)	4.52%	1.60%	0.54%	49.66%	1.42%	0.58%	0.04%	0.30%		川南毗邻云南曲靖地带
土层	50.24%	19.30%	8.50%	0.90%	1.56%	3.34%	0.06%	1.48%		
迁移或富集系数 A_{r-s}	+1 011.5%	+1 106%	+1 474%	−98.18%	+9.85%	+475%	+50%	+393.3%		

2.4　母岩与土壤间的结构

在母岩与土壤间的不同的结构，可影响到水文地质条件和生态-水文特性。其三种母岩-土壤结构类型，表示于图3。

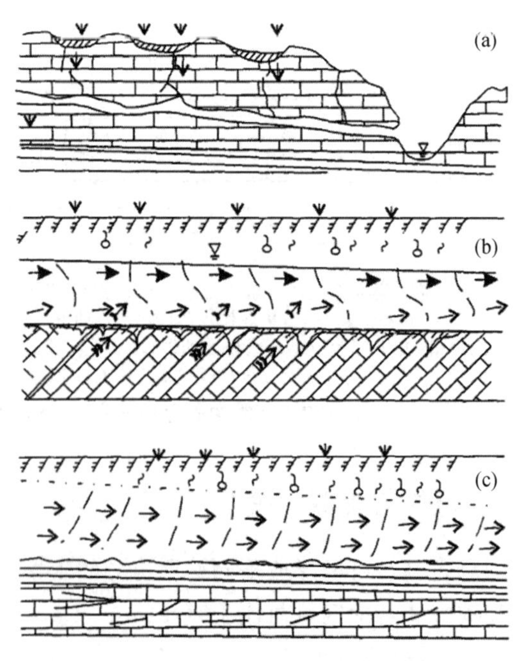

(a) 一岩土构成二元相隔的水文地质单元，
(b) 一岩土构成两种介质具同一水动力图，
(c) 一母岩与土壤构成具海洋污染力联系的两个不同水文地质单元

图3　三种母岩-土壤间的结构

2.5　生物—地球化学作用

许多学者已研究了矿物沉积中的微生物作用[29]。岩溶发育中生物作用也是重要的有兴趣的主题[30]。石膏和硬石膏在厌氧环境[31,32]作用下，会产生 H_2S：

$$CaSO_4 + Organic \longrightarrow CaCO_3 + H_2S + H_2O \quad (6)$$

当水中含有溶解氧渗入地下，由于(*T. thioporus*)作用可能导致化学作用和氧化作用，PH值会下降为4.5～5，促使 $CaSO_4$ 的溶解：

$$2H_2S + O_2 \xrightarrow{T.\ Thioporus} 2S + 2H_2O \quad (7)$$

$$2S + 3O_2 + 2H_2O \xrightarrow{\text{氧化}} 2H_2SO_4 \tag{8}$$

新产生的 H_2SO_4 会加强溶蚀碳酸盐岩，同时石膏会产生沉积，其反映式为：

$$CaCO_3 + H_2SO_4 \longrightarrow CaSO_4 + CO_2 + H_2O \tag{9}$$

$$CaMg(CO_3)_2 + H_2SO_4 \longrightarrow CaSO_4 + MgCO_3 + 2CO_2 + 2H_2O \tag{10}$$

$$CaSO_4 + H_2O \longrightarrow CaSO_4 \cdot 2H_2O \tag{11}$$

$$CaCO_3 + MgSO_4 + 2H_2O \longrightarrow CaMg(CO_3)_2 + CaSO_4 + 2H_2O \tag{12}$$

因此，对碳酸盐岩—硫酸盐岩复合岩溶作用而言，微生物作用是非常重要的，而且生物化学作用也是控制生态水文地质的重要因素。石膏中细菌的能谱曲线见图 4。

石膏及石灰岩中微生物化石电子显微镜图谱片见图 5。

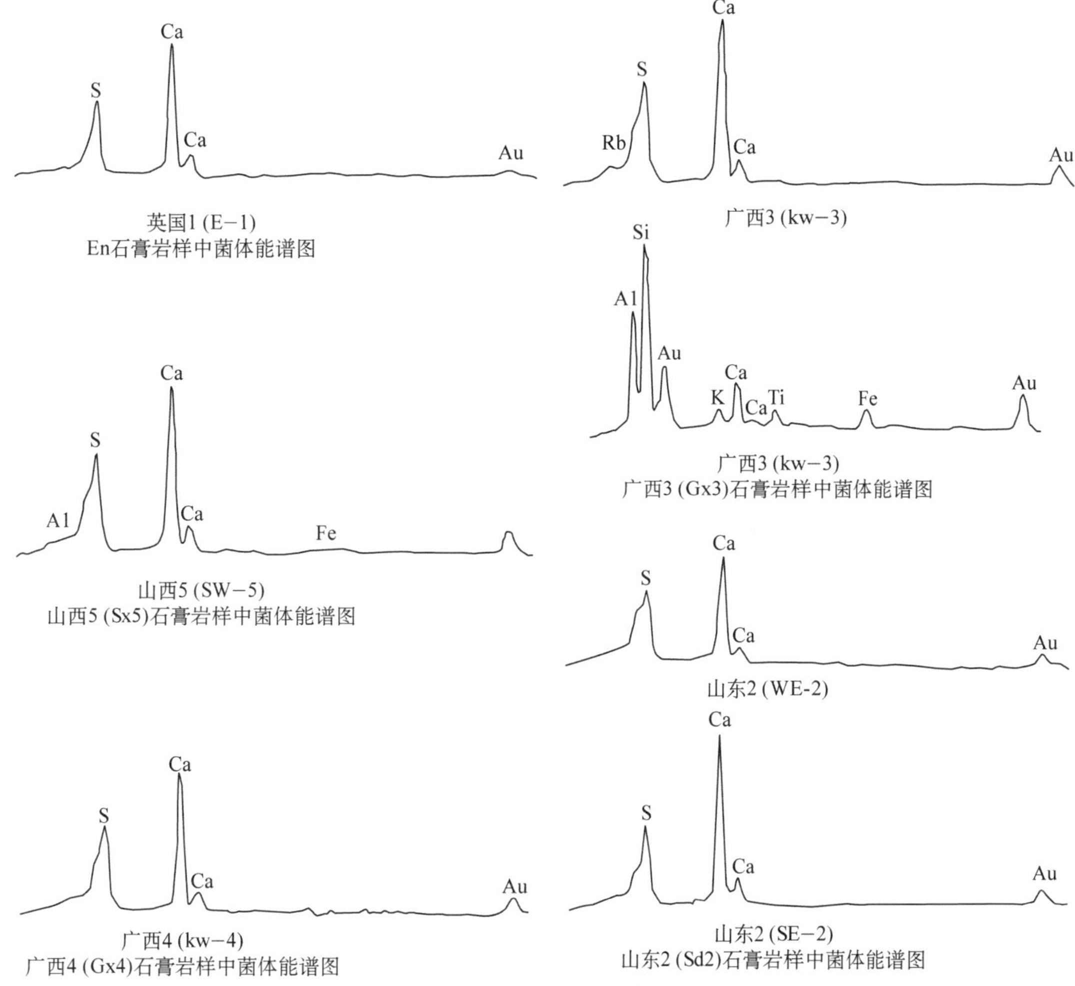

图 4　石膏中细菌能谱曲线图

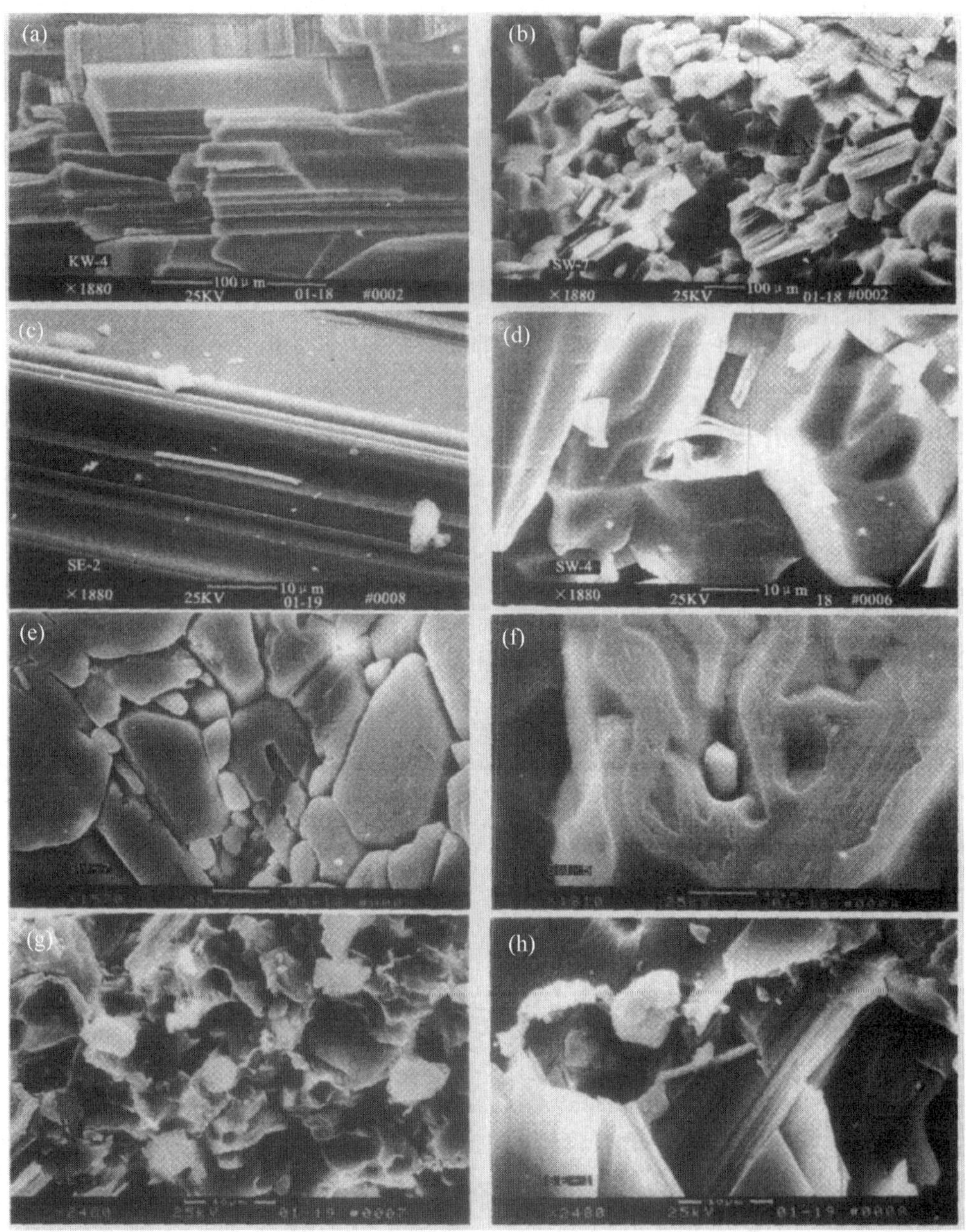

(a) —石膏节理,KW-4, SEM×300;(b) —石膏细粒结构,有细菌钻孔,SW-7, SEM×1 130;(c) —石膏节理,见有纤维状微生物,SE-2, SEM×1 880;(d) —石膏层的特殊结构,内有破碎的管形菌,SW-4,SEM×1 550;(e) —石膏溶蚀现象,保存有杆状微生物及超显微溶坑痕迹,SW-7, SEM×1 570;(f) —石膏层中特殊结构,有微生物遗迹,SW-5, SEM×1 810;(g) —石灰岩中球状微生物,SE-1, SEM×2 400;(h) —石膏裂隙中纤状菌,SE-1, SEM×2 380

图5　石膏及石灰岩中微生石化石电子显微镜图片(照片由阎宝瑞协助验定拍摄)

2.6　土壤与钙华中孢粉对比

气候变化广泛影响到生态水文条件,这种变化的信息可以包含在土壤和钙华中,予以研究。为了研究石林地区环境演化,对土壤和钙华中的孢粉曾进行了对比。5 个钙华沉积样品都含有孢粉,总数达 694 粒,最多数量有 341 粒,最少也有 20 粒。总之,孢粉和其建造的植物在土壤及钙华沉积中都非常相似。主要木本植物在土壤中占 64.4%,钙沉积中占 60.4%。自始新世(Eocene)以来,形成森林—灌木环境。但是在钙沉积物中,*hygrophilous* 植物,例如,*Palmae*, *Mamgnolia* 是没有的,而 *Myrica*, *Helicia*, *Toxicodendron*, *Engelhardtia*, *Theaceae*, *Mytilaria*, *Randia*, *Santalum*, *Mallotus*,

Cinnamomum 等很少，而且水生草本植物也很少。但土壤中孢粉是非常丰富而复杂，共含有不同生态类型的植物。具有大量钙沉积的环境时期，可以反映出古气候是较为干旱，较少钙沉积时期反映古环境是较温湿时期。在钙沉积中，孢粉富集比土壤中高出 1/7，而且蕨类孢粉，如，*Cyathea*，*Pteris*，*Onychiun*，*Hicropteris* 和 *Dennstaedtia* 是很丰富的[33]。在一些时期中出现不同的孢粉组合，可反映不同地带演化。土壤和钙中孢粉对比见图 6。

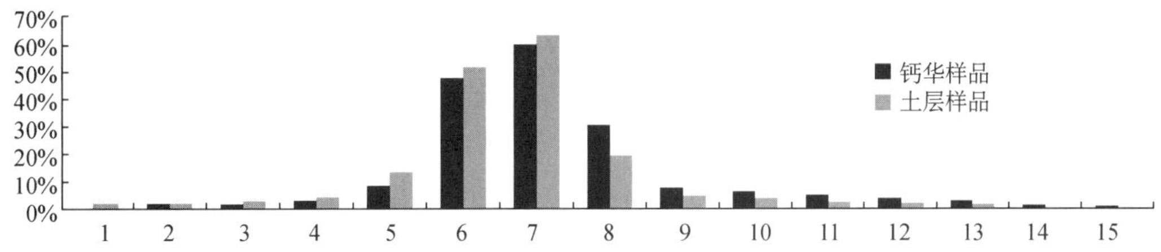

1—杉科，2—棕榈科，3—栗，4—水生草本花粉，5—草生草本花粉，6—松，7—乔木花粉，8—蕨类孢子，9—凤尾蕨，10—铁线蕨，11—木，12—常绿栎，13—灌木花粉，14—卫矛，15—杜鹃科

图 6　土壤和钙沉积中孢粉对比图

3　岩溶地区地质环境特性质量的评判

生态水文与生态水文地质主要包含水量、水质与动力条件，水—土—气定性交换，以及生物—化学—物理—地质综合作用机理。因此，岩溶水资源过量开采使地下水位下降，会直接影响到地质环境特性的质量。

地质—环境特性质量可由下列几方面予以评判，即：① 植被覆盖率、② 土壤侵蚀率、③ 抵抗—降低自然灾害能力、④ 石漠化系数[1]、⑤ 水—土污染率。对于抵抗和减少自然灾害能力，应根据自然灾害链的机理，特别应注意到灾害链方面，这种灾害链反映在气候地质与生物等灾害的关系方面。

下面着重讨论两方面问题。

3.1　水环境与污染

在中国岩溶地区存在着不同水体构成不同的水环境。为研究云南石林地区水环境，有关降水、河流、湖泊、岩溶洞穴和自来水等，曾进行了分析与对比。取干旱季节的水化学成分与国家Ⅰ标准类水质标准进行对比，表明单因素的污染指数达 1～20，超标成分主要是 BOD_5、NO_2、NH_3、Cd 等，主要是耕地地带。在雨季，对比结果表示超标元素主要是 Cl、NH_3、NO_2 和 Fe 等。

石林地区水环境质量由综合污染指数在雨季及旱季的数值见图 7。将石林水环境与国家Ⅰ、Ⅱ标准类水质相比较，情况是复杂的。但多数的水质量达到国家Ⅱ类水标准。目前，水环境质量比较好。

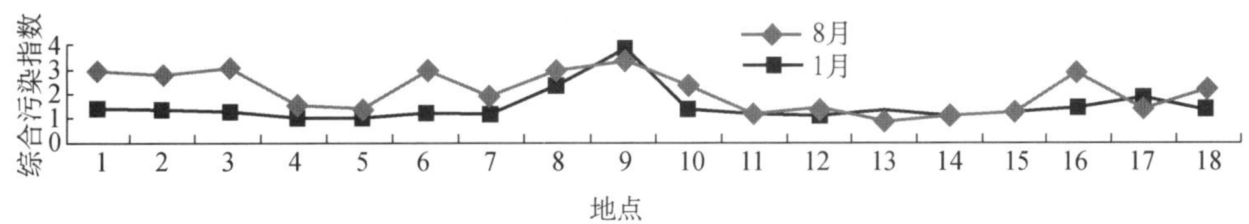

1—大跌水上，2—大跌水中，3—大跌水下，4—白云洞出口处，5—白云洞，6—板桥村，7—天生桥，8—大山沟稻田，9—北吉村稻田，10—石林湖，11—团结水库，12—石林自来水，13—长湖水，14—绿芳塘水，15—剑峰湖水，16—路南县河水，17—石林雨水，18—雨中堂菜地

图 7　石林地区水环境综合污染指数

3.2 土壤特性与人工效应

人工活动常常污染土壤。例如，在石林地区土壤质量曾受到人工效应的影响，特别是野外土地由于化肥使用在许多地方已经受到污染，根据地形、地貌与土壤分布情况，土壤在石林地区可分三种类型，即：① 山地小面积分布的土地，上土壤或在森林边缘的土壤；② 岩溶洼地或山前地带薄脊的土壤；③ 全年受到人工效应的主要农田的土壤。对这三组土壤取样分析，其 NH_4、COD 和全 K、P 及 Ca，其结果和没有受污染的阿玉林森林地区作为标准进行比较，以评价其质量。图 8 可反映出主要化学成分 NH_4 和 K 含量都较多，但是 NH_4 和 P 含量较低。石林地区耕种影响单元素的分析情况见图 9。耕种综合影响土壤的情况见图 10。

图 8 说明由于使用农肥(N)使土壤中 NH_4、HNO_3、K 和 Ca 影响到了单元素的指标。

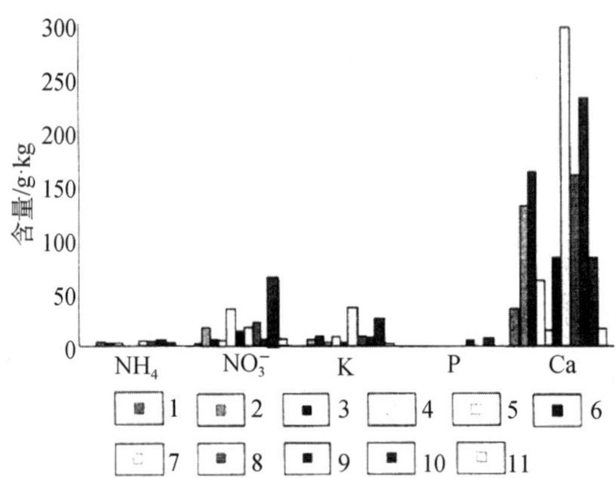

1—阿玉林，2—和莫站，3—大跌水上面，4—乃古石林西，5—大石林垃圾堆底，6—绿芳塘玉米地，7—北吉村稻田，8—雨宗堂菜地，9—大山沟稻田，10—绿芳塘垃圾堆底，11—对比样

图 8 石林地区土壤中主要化学成分

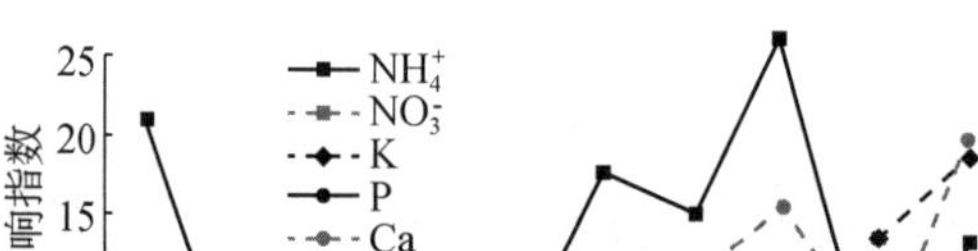

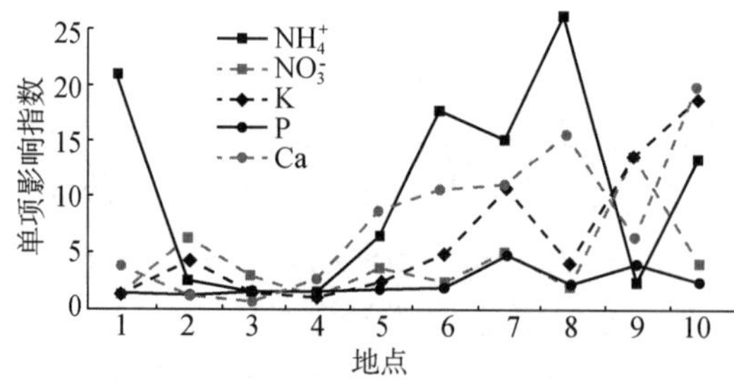

1—乃古石林西，2—大石林垃圾堆底，3—绿芳塘玉米地，4—阿玉林，5—和莫站，6—大跌水上面，7—雨宗堂菜地，8—大山沟稻田，9—绿芳塘垃圾堆底，10—北吉村稻田

图 9 石林地区耕种影响单元素分析

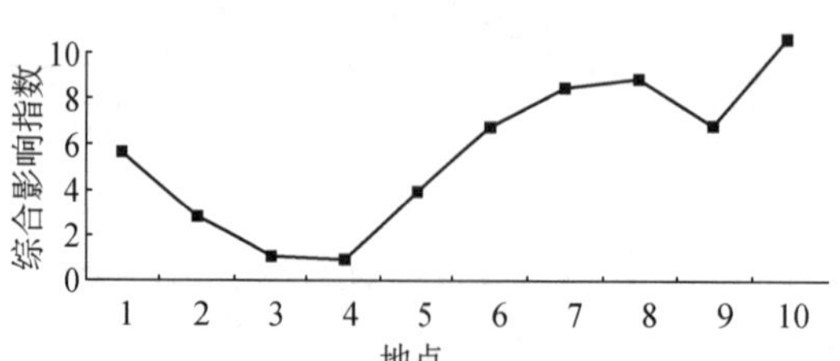

1—乃古石林西，2—大石林垃圾堆底，3—绿芳塘玉米地，4—阿玉林，5—和莫站，6—大跌水上面，7—雨宗堂菜地，8—大山沟稻田，9—绿芳塘垃圾堆底，10—北吉村稻田

图 10 石林地区耕种综合影响土壤指数图

由于耕耘石林地区的土壤，阿玉林地区没有受人工影响为Ⅰ类地带，其综合影响指数是 $P_a=1$。而在薄脊岩溶山区绿芳塘菜地，P_a 值是 1～5。主要耕地的稻田，具平坦地形，土壤质量全年明显受人工影响，通常 P_a 值在 5 以上。

3.3 石漠化

石漠现象主要是由于人类不合理开发。例如过量开采岩溶地下水资源、滥伐森林和破坏草地所导致，扩大土壤侵蚀等作用。因此，这就意味着岩溶地区碳酸盐岩裸露没有或极少土层覆盖的岩石嶙峋和生态条件恶化的现象。

石漠化系数值是：

$$R_f \frac{\sum_{i=1}^{n} F_{ei}}{\sum_{i=1}^{n} P_{ei}} \tag{13}$$

$$P_{ei} = \frac{Cm}{m} \sum_{j=1}^{m} K_j R_j \rho R \tag{14}$$

式中 R_f——石漠化系数；

F_{ei}——i 带年均土壤侵蚀速率（水土流失率），$t/km^2 \cdot a$；

P_{ei}——i 带年均岩溶产土率，$t/km^2 \cdot a$；

R_j——j 段碳酸盐岩溶蚀残余物，%；

K_j——j 段碳酸盐岩溶蚀速率，mm/a；

ρ_{kj}——j 段溶蚀残余物的密度，t/m^3；

C_m——换算系数，取 1 000；

m——计算的段数。

中国一些地区石漠化系数是 6.94～156.95，在通常其抗侵蚀能力是有几十年至几百年。

岩溶地区整个地质—生态特性的质量是：

$$E_{GC} = \sum_{i=1}^{n} A_{wi} \tag{15}$$

式中 E_{GC}—coefficient of comprehensive evaluation related to geo-ecology；

A_{wi}——i 因子评判值。

中国岩溶地区地质—生态特性评判可分 4 级：E_{GC}—90～100（优秀级）；E_{GC}—70～89（良好级）；E_{GC}—50～69（一般级）；E_{GC}—<50（不良级）。

4 结论

① 在中国南方和北京岩溶水资源丰富，但是在南方开采率只有总岩溶水资源量的 8%～15%，而在北方已达 70%～80%；② 在南方有两种性质岩溶地下伏流和暗河系统，在不同地区可以更多建设地下水库，而北方大岩溶系统应当控制其开发；③ 岩溶水数量和质量密切地反映在生态水文特性上，而岩溶水动力条件、水—土作用以及生物—化学等作用，共同构成生态水文地质条件；④ 岩溶地质生态环境质量是从综合方面予以评判；⑤ 水和土的污染是值得重视的问题，中国南方岩溶化山区石漠化问题也是非常重要的。这两大问题都密切影响到岩溶地质环境质量。

致谢 在此对阎宝瑞、杨丽娟、齐继祥、郭秀红等在野外调查与室内外试验方面合作，及光耀华、察汝宏、陈鸿汉、葛文彬、耿弘、李兴中、杨顺泉、朱永琴、程伯禹、张凤岐、贺可强、姚春梅等在研究水资源方面的合作与帮助，表示衷心的感谢！

参考文献

[1] 卢耀如.喀斯特为主地质—生态环境质量及其评判——中国南方几省(区)为例[M]//宋林华，丁怀远. 喀斯特景观与洞穴旅游.北京：中国环境科学出版社，1993:54-64.

[2] 卢耀如.中国岩溶—景观·类型·规律[M].北京：地质出版社，1986:1-288.

[3] 卢耀如，等.岩溶水文地质环境演化与工程效应研究[M].北京：科学出版社，1999:1-305.

[4] 卢耀如.地质—生态环境与可持续发展——中国西南及邻近岩溶地区发展途径[M].南京：河海大学出版社，2003.

[5] LU Y R. Karst water resources and geo-ecology in typical regions of China[C]//Proceedings of the international conference and field seminars. Water Resources and Environmental Problems in Karst. Serbia & Montenegro, 2005, 19-26.

[6] LU Y R. Hydrogeological environment and water resources patterns in China[C]//Proceedings of the IAH 21th Congress Karst Hydrogeology and Karst Environment Protection, Part II, Beijing: Geological Publishing House, 1988, 64-75.

[7] LU Y R. Process of karst caverns' development and three phrases flow[C]//Proceedings of the 9th International Congress of Speleology, Barcelona, Spain, 1988.

[8] ATKINSON T C, SMART P L. Caves and karst of southern England and South Wales[M]. Published by the 7th I. S. C. Committee, 1997.

[9] ATKINSON T C, SMART P C. Artificial tracers in hydrogeology[J]. A Survey of British Hydrology, 1981: 173-190.

[10] WHITE W B. Geomorphology and hydrology of karst terrains[M]. New York: Oxford University Press, 1988.

[11] CHEN J A, DAVID D Z, Wang S J, et al. Water self-softening processes at waterfall sites[J]. Acta Geologica Sinica (English edition), 2004, 78(5): 1154-1161.

[12] JACKSON D D. Underground worlds[M]//Time-Life Books, Alexandria, Virginia, 1982.

[13] WALTHAM A C, SMART P L, FRIEDERICH H, et al. Exploration of caves for rural water supplies in the Gunung Sewu Karst, Java[J]. Annales de la Societe Geologique de Belgique, 1985, 108: 27-31.

[14] FORD D, WILLIAMS P. Karst geomorphology and hydrology[M]. London: Unwin Hyman, 1989.

[15] STANKA S, TADEJ S, LIU H, et al. Speleogenesis of selected caves beneath the Lunan Shilin and caves of Fenglin Karst in Qiubei, Yunnan[J]. Acta Geologica Sinica (English edition), 2004, 78(6): 1289-1298.

[16] CULSHAW M G, WALTHAM A C. Natural and artificial cavities as ground engineering hazards[J]. Quaterly Journal of Engineering Geology, 1987, 20: 139-150.

[17] 卢耀如.地质—生态环境与可持续发展——中国西南及邻近岩溶地区发展途径[M].南京：河海大学出版社，2003: 1-304.

[18] BECK B F. Applied karst geology[C]//Proceeding of the Fourth Multidisciplinary Conference on Sinkholes and the Engineering and Environment Impacts of Karst. P. E. LaMoreaux & Associates, Inc, 1993.

[19] 卢耀如，杰显义，张上林.中国岩溶(喀斯特)发育规律及其若干水文地质工程地质条件[J].地质学报，1973(1): 121-136.

[20] MILANOVIC P. Karst Hydrogeology[M]. Water Resources Publication Littleton, Colorado, USA, 1981.

[21] MILANOVIC P. Geological engineering in karst[M]. monograph, Zebra Publication Ltd. Belgrade, 2000:207-225.

[22] BOYER J. Plant productivity and environment[J]. Science, 1982, 218: 443-448.

[23] GOLLUSCIO R A, SALA O E, LAUENROTH W K. Differential use of large summer rainfall events by shrubs and grasses: a manipulative experiment in proc of the patagonian stoppe[J]. Oecologia, 1998, 115(1-2): 17-28.

[24] FERNANDEZ I C, PORPORATO A, LAIO F, et al. The role of soil texture in water limited ecosystems[J]. Water

Resources Research, 2001,37(12): 2863-2872.

[25] PORPORATO A, DODORICO P I, LAIO F, et al. Ecohydrology of water controlled ecosystems[J]. Water Resources, 2002,25: 1335-1348.

[26] MACKAY D, DIAMOND M. Application of the QWASI (Quantitative water air sediment interaction) fugacity model to dynamics of organic and inorganic chemicals in lakes[J]. Chemosphere, 1989,18: 1343-1365.

[27] LING H, DIAMOND M, MACKAY D. Application of the QWASI fugacity aquivalence model to assessing sources and fate of contaminant in Hamilton Harbor[J]. Joural of Greal Lakes Research, 1993,19: 582-602.

[28] 焦鹏程.水文地质研究中氮同位素方法应用原理[M]//地质矿产部水文地质工程地质研究所,中国地质学会水文地质专业委员会. 中国同位素水文地质之进展(1988—1993).天津: 天津大学出版社,1993:25-29.

[29] 阎宝瑞,张锡根.微生物成矿学[M].北京: 科学出版社,2000.

[30] WALTHAM J A. A biogenic methane in midocean ridge hydrothermal fluids[M]//Deep Source Gas Workshop Technical Proceedings: Morgantown Energy Center, 1982:122-129.

[31] 卢耀如,张凤娥,阎葆瑞,等.硫酸盐岩岩溶发育机理与有关地质环境效应[J].地球学报,2002,23(1): 1-6.

[32] ZHANG F E, LU Y R, QI J X, et al. The role of bacteria in the development of sulfate karst[C]//Proceedings of the international conference and field seminars. Water Resources and Environmental Problems in Karst. Serbia & Montenegro, 2005:485-492.

[33] 黄威廉,屠玉麟,扬龙[M].贵州植被.贵阳: 贵州人民出版社,1988.

[34] ZHANG S Y, BARBARY J P. Guizhou' 86 pnemiere expédition spéléologique franco-chinoise[J]. PSCJA, Lyon et Institute de Géologie de Academia Sinica. Spelunca-Mémoires, 1988(16).

Geological character and its particularity of the Qiaoxiahala iron-copper-gold deposit in Altay, China

Ying Lijuan, Wang Denghong, Liang Ting, Zhou Ruhong

Abstract: The Qiaoxiahala iron-copper-gold deposit is located in the northern margin of the North Junggar tectonic belt, and is distinct from the Mengku and Abagong iron deposits which also formed in the Devonian in the inner Altay orogenic belt. Its host rock is picritic volcanics, which is different from other volcanic rocks related to iron (copper) ore deposit. Moreover, copper ore is abnormally enriched in rare earth elements, up to 736.26×10^{-6} ($\sum$REE not including Y) at average. It is a special phenomenon among iron (copper) deposits.

Key words: Qiaoxiahala; North Junggar; picrite; enriched rare earth elements

岩溶(喀斯特)洞穴的开发与保护的方向与途径探讨①

卢耀如

岩溶(喀斯特)在中国分布广泛,发育的洞穴系统也十分广泛。碳酸盐岩中洞穴系统是主要的,而在硫酸盐岩和卤化物岩中的洞穴系统,大的在中国境内,较少保存,在天然演化过程中,受气候及地质构造因素影响,硫酸盐岩和卤化物岩中的洞穴,多不易长期保存。

岩溶(喀斯特)洞穴是一种自然资源,一方面会带给人类矿床资源、水资源、能量以及生物资源,另一方面其价值体现在旅游资源方面,洞穴对人类而言,还有一种是灾害的渊源。岩洞发育过程中,在中、老期阶段,都会产生洞穴塌陷,甚至会诱发地震,都会给人类造成危害。

在人们对岩溶洞穴的开发中,多只注意到其资源性的一面,特别是集中作为旅游资源这一方面。目前,我国作为旅游目的而开发的岩溶洞穴,已有相当规模,其中也有产生严重破坏的情况。

下面特别就旅游目的而开发的岩溶洞穴,应当注意的问题,提此简略意见,供参考。

1　洞穴开发的目的

岩溶洞穴的开发,和其他地质现象开辟作为旅游资源或者建立地质公园,其目的包括以下方面。

(1) 应当把洞穴及所发育地带的环境作为典型的、珍贵的资源而加以保护。

(2) 旅游洞穴应当作为进行科学普及的场所。

(3) 旅游洞穴的开发,应当成为当地防治地质灾害与保护当地环境的示范场所。

(4) 旅游洞穴的开发,应为当地地区经济发展,作出正面积极的贡献。

因此,一个洞穴的开发,其目的应当是综合性的,即资源—科普—防灾—环境—经济效益等方面的综合效益。

2　岩溶洞穴的保护问题

洞穴在开发中,首先必须注意保护问题,大家都知道"保护中开发,开发中保护",实际上是"先开发,再考虑保护",或者是"只开发,不保护",甚至为"开发不当,保护不力"。洞穴的保护在于以下方面。

(1) 保护当地特殊、典型的洞穴现象,包括溶蚀、侵蚀、沉积的各种典型现象,反映洞穴系统内完整的演化过程的有关现象。

(2) 保护与洞穴所在地带有关地质生态环境现象,其中包括周围环境中有关水—岩、水—土作用的现象,水环境的状态与质量,及生物植被与生态系统的重要特征的条件。

(3) 保护与洞穴发育有关的资源现象,包括洞内矿产,以及洞穴附近地带各种资源条件。

(4) 保护当地将发生灾害的地质现象,避免因洞穴开发,诱发洪、涝及地质灾害,危及洞穴资源及游客的人身安全。

(5) 保护洞穴及周边地带的各种景观与环境,使得洞穴开发取得可持续发展的基础,而不是取得短暂利益而毁坏洞穴及周边的资源。

---

① 卢耀如.岩溶(喀斯特)洞穴的开发与保护的方向与途径探讨[C].全国第十三届洞穴学术会议,2007.

3 洞穴可持续开发利用的途径

洞穴可持续发展方向，涉及洞穴开发的内涵、洞穴开发中的和谐以及科学方面的研究与认识问题，综合涉及对洞穴开发中有关法律法规问题和对洞穴的科学管理问题，如图 1 所示。

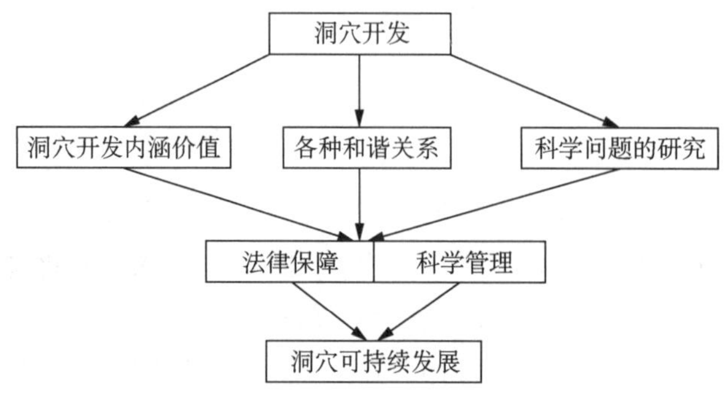

图 1　洞穴可持续发展分析框图

1. 洞穴开发的综合内涵

洞穴开发中的综合内涵，应当包括这几个方面：① 科学内涵；② 演化内涵；③ 文化内涵；④ 生态内涵；⑤ 艺术内涵；⑥ 经济内涵。

2. 洞穴开发中有关和谐关系

洞穴开发中有关和谐关系包括有以下方面。

(1) 资源和灾害方面开发与保护的和谐。

(2) 兴利与防灾方面的和谐。

(3) 水资源需求与供给方面的和谐。

(4) 能源的需求与供给方面的和谐。

(5) 交通条件和接待游客量方面的和谐。

(6) 植物种属和生态系统和谐。

(7) 建筑风格与自然环境和谐。

(8) 人工开发和自然条件的和谐。

3. 科学研究方面的内容

对洞穴系统，在开发之前及开发过程中，以及开发运行中，都应当坚持进行科学研究，研究内容包括以下方面。

(1) 有关地质环境演化。

(2) 有关资源的成因。

(3) 灾害发生规律及危害性。

(4) 有关洞穴及周边生态系统特征。

(5) 洞穴的容量与质量。

(6) 洞穴开发中的风险研究。

(7) 洞穴保护的途径与措施。

(8) 可持续发展的技术措施。

4 洞穴开发及有关环境质量评判

对洞穴及周边环境，应当进行相应质量的评判，具体表示如下式：

$$Q_C = f(T_C, W, A, B, Hg, Hc, Hb)$$

式中 Q_C——洞穴及周围环境总质量；

T_C——开发旅游的资源洞穴资源因素；

W——水环境与水资源的因素；

A——大气及洞内空气质量因素；

B——洞内外生物资源因素；

Hg——洞内外地质灾害因素；

Hc——洞内外气候灾害因素；

Hb——洞内外自然灾害因素。

5 洞穴开发保护的一个基本原则

在洞穴开发与保护中，一个基本原则是：保护第一，开发中保护，保护中开发。

也就是：以人为本，人和自然相和谐中，取得洞穴的可持续开发利用。

最后强调：① 一个开发原则；② 三个方面应注意问题：开发内涵—和谐关系—科学研究；③ 6 个开发内涵，6 个开发目的；④ 8 个和谐关系；8 个主要科学问题。

Karst water resources and geo-ecology in typical regions of China①

Lu Yaoru

Abstract: The aim of this work is to compare the different karst water features and related water resources in South and North China. In Southern China there are over 3,358 karst ground river systems with a total discharge of about 420×10^8 m^3 in the dry season. In North China, there are about 100 larger karst spring systems, each with a catchment area from 500 km^2 to over 4,000 km^2, and an average discharge from 1 to 13 m^3/s. The basic geo-ecological features of water, soil and air quality are described for typical karst regions of China. The total quality of geo-ecology is evaluated by five important factors.

Keywords: Karst   Water resources   Geo-ecology   China

1 Comparison of karst water resources in South and North China

The karst is widely developed in China[1,2], but its basic features are different in the main karstified areas of South and North China[3,4].

1.1 South China

In China, the provinces, autonomous regions and municipalities under the central Government distribute karst water resources[5]. The Yunnan, Guizhou, Sichuan, Chongqing, Guangxi, Hunan and Hubei regions have a total area of 1.76×10^6 km^2. The distribution of thick carbonate rocks in these seven regions is about 540.8×10^3 km^2, or about 30.9% of the total area. The thin carbonate rock interbeds in these regions are about 189.8×10^3 km^2, about 10.73% of the total area. Taken together, carbonate rocks occupy 41.31% of the total area. Rainfall in these regions is 1 000～2 200 mm/a; annual average temperatures are mostly 16～22 ℃. Climatic conditions are favorable for karst development.

The bare karst types in South China are mainly broad corrosion karst, limited corrosion karst and corrosion-erosion karst[2]. Karst water resources are listed in Table 1. The annual average groundwater resource used per person is estimated at 514～1 784 m^3/a, of which karst waters are 157～1 053 m^3/a per person.

In South China, there are 3 358 developed karst river systems, which have been investigated with total flowing quantity about 420×10^8 m^3 in dry season[6] (Table 2).

1.2 Sub-surface karst river stream

Many surface rivers sink into the ground, then after a certain distance, the sub-streams flow out to form a surface river again. The related formula is expressed as

---

① LU Y R. Karst water resources and geo-ecology in typical regions of China[J]. Environmental Geology, 2007.

$$Q_{Oi} = Q_{I,\, i-t} \pm \sum_{p-1}^{n} q_{p,\, i-tp} \pm \sum_{f=1}^{m} q_{f,\, t-tf} + \sum Q_{d} \quad (1)$$

where Q_{oi}— exit flowing quantity of the sub-surface karst river stream in i time, m^3/s; $Q_{I,\, i-t}$ entrance flowing quantity of the sub-surface karst river stream in $i-t$ time, m^3/s; $q_{p,\, i-tp}$— the flowing quantity of p branch of the sub-surface karst river stream in $i-tp$ time, m^3/s; $q_{f,\, i-tf}$— the of flow quantity corroded fissure into the sub-surface stream in $i-tf$ time, m^3/s; $\sum Q_d$ — the condensation water between $i-t$ and i time into the subsurface stream, m^3/s.

Table 1 Karst water resources in main regions of South China

Content regions	Ground water resources (A) $/(10^8\ m^3 \cdot a^{-1})$	Karst water resources (B) $/(10^8\ m^3 \cdot a^{-1})$	(B)/(A)
Yunnan	742	345	46%
Guizhou	479	386	80%
Sichuan	551	135	24%
Chongqing	160	118	73%
Guangxi	699	374	53%
Hunan	456	263	57%
Hubei	416	185	44%
Total	3 503	1 806	51%

Karst ground river systems

The karst ground river systems mainly collect the percolating ground water from sinkholes or corroded fissures. The related formula is:

$$Q_{Oi} = \sum_{s=1}^{n} q_{s,\, i-ts} \pm \sum_{p-1}^{n} q_{p,\, i-tp} \pm \sum_{f=1}^{m} q_{f,\, i-tf} + Q_{Oi} \sum Q_{d} \quad (2)$$

where $q_{s,\, i-ts}$— the flow before $i-ts$ time, the flowing quantity directly sinking into the ground (m^3/s), other marks are as in formula 1.

Ground water reservoirs in many forms have been constructed in the karst ground river systems and subsurface karst river systems of South China[1,2,7,8]. At present, the karst water resources only exploit about 8%~15% of the total karst water resources in South China. More subsurface reservoirs are planned.

Table 2 Karst groundwater systems in different regions

Content regions	Ground river number	Flowing quantity in dry season/$(10^8\ m^3 \cdot a^{-1})$
Yunnan	148	39.02
Guizhou	1 130	71.35
Sichuan	895	63.96
Chongqing	201	28.68

(续表)

Content regions	Ground river number	Flowing quantity in dry season/(10^8 $m^3 \cdot a^{-1}$)
Guangxi	435	191.00
Hunan	338	17.65
Hubei	211	14.85
Total	3 358	426.69

1.3 North China

In North China are the Beijing, Tianjin, Hebei, Shangdong, Henan and Shanxi regions. Average annual precipitation is 400～600 mm/a, and average temperature is 4－12℃. The main karst types are limited corrosion type and corrosion-erosion type. There is less of the broad corrosion type. Although the northern regions mostly have semi-dry climatic conditions, there are over 100 larger karst spring systems[4], each with a discharge from 1 to 13 m^3/s and a catchment area from 500 km^2 to over 4 000 km^2 (Table 2).

Of the rich karst water resources of 125×10^8 m^3/a in North China, about 70%～80% of the total resources have been exploited. At present, only 29.71×10^8 m^3/a karst water resources remain. Considering stream ecological needs, it is better to reserve about 1/3－1/2 for discharge, i.e., to allow about $40\sim60\times10^8$ m^3/a flow down stream. The over-exploitation of karst water resources is one of the most negative factors for deterioration to the local geo-ecology (Table 3).

2 Basic features of karst geo-ecology in typical regions of China

2.1 Karst water quality

A series of scholars have researched the ecosystems controlled by water. Study subjects relate to the river, reservoir and lake under different climatic conditions, such as dry-semi-dry condition, tropical rain forest, subtropical, etc.[9-12]. The QWASI (quantitative water, air, sediment interaction) have been studied[13].

Besides the normal chemical elements, the persistent organic pollutants (pops) are very important contents for analysis. The polluted sources of karst water in three Gorges region of Yangtze River in China have been tested for isotope nitrogen (Fig. 1) by the formula[14,15]:

$$\delta^{15}N=\frac{^{15}N/^{14}N(\text{sample})\,^{15}N/^{14}N(\text{standard})}{^{15}N/^{14}N(\text{standard})}\times 1\,000 \tag{3}$$

The soil contents must also be studied. Jenny (after Soil Institute, CAS 1994) pointed out that oil features are influenced by climate (cl), organic mass of living things (O), relief (r), parent material (p) and time (t)[16]. Lu et al. stated that the geological process (g), including water-soil processes and interactions of mankind (M) must also be considered[17]. Therefore, the formula related to soil features (s) is:

Table 3 Karst water resources in typical regions of North China (data from Chen Honghan)

Karst water resources/(10^8 m^3 • a^{-1})				
Conclition regions	Nature	Possible exploitation	Already exploiting	Remaining quantity
Shangxi Plateau	35.50	32.87	20.86	11.98
East Taihan Shan Mt	31.69	24.10	18.67	5.42
Middle-south Shandong	35.74	28.29	20.53	7.67
Yan shan Mt	11.75	3.46	1.69	1.77
South Shandong	5.13	4.13	3.38	0.75
West Henan	4.32	3.99	1.87	2.12
Total	125.13	96.74	67.00	29.71

$$S=f(p, g, \mathrm{cl}, r, O, M). \tag{4}$$

2.2 Water-soil (or rock) process

The geo-ecological features of coordination and relation between water-soil are presented in Fig. 2.

2.3 Biogenetic-geochemical processes

The microbiological process in formation of mineral deposits has been studied in many ways[18]. The biological process in the compound karst is

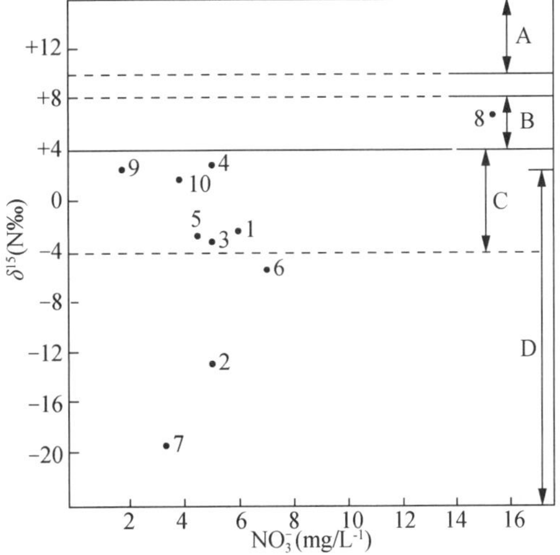

Fig. 1 Relation of δ^{15}N and of NO_3^- surface and karst water in three Gorges Region of Yangtze River in China. *A* — influenced zone by animal excrement; *B* — influenced zone by soil organics; *C* — influenced zone by fertilizer and industrial waste water; *D* — influenced zone by rainfall l

also interesting. Gypsum and anhydrite under anaerobic (*D. seulfovibria*) conditions will product H_2S[17,19]:

$$CaSO_4 + \text{organic} \xrightarrow{\text{bacteria}} CaCO_3 + H_2S + H_2O.$$

When the water containing dissolved oxygen percolates into the ground, another chemical process is possible. Under oxidation (by *T. thioporus*), the pH value decreases into the range of 4.5 - 5 and promotes dissolution of $CaSO_4$:

$$2H_2O + O_2 \xrightarrow{T.\ Thioporus} 2S + 2H_2O$$

$$2S + 3O_2 + 2H_2O \xrightarrow{\text{Oxidation}} 2H_2SO_4$$

The new production of H_2SO_4 will strongly dissolve carbonate rock, while gypsum may be deposited. The reactions are:

$$CaCO_3 + H_2SO_4 \longrightarrow CaSO_4 + CO_2 + H_2O$$

$$CaMg(CO_3)_2 + H_2SO_4 \longrightarrow CaSO_4 + MgCO_3 + 2CO_2 + 2H_2O$$

$$CaSO_4 + H_2O \longrightarrow CaSO_4 \cdot 2H_2O$$

$$CaCO_3 + MgSO_4 + 2H_2O \longrightarrow CaMg(CO_3)_2 + CaSO_4 + 2H_2O$$

Therefore, the microbiological process is very important for carbonate-sulphate compound karstification. The biogenetic-chemical processes are also the main factors controlling eco-hydrology or eco-hydrogeology.

3 Evaluation of the geo-ecological quality in karst regions of China

The eco-hydrology and eco-hydrogeology include water quantity, quality and dynamic condition and quantitative water-soil-air alternation, as well as the mechanisms of biogenetic-chemical-physical-geological processes. Over-exploitation of karst water resources will directly influence the geo-ecological quality by the lowering the karst water level.

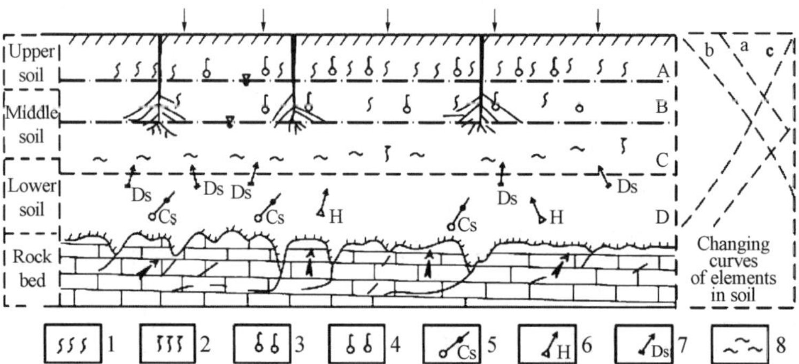

Fig. 2 Analysis of water-soil geo-ecological feature related to soil nutrients, diffusion and absorption of plant. 1 — first eluviation; 2 — second eluviation; 3 — first evaporation; 4 — second evaporation; 5 — consistency diffusion in soil; 6 — heat diffusion in soil; 7 — dynamic diffusion; 8 — absorption of roots of plants; *A* — upper percolation-eluviation zone; *B* — eluviation-evaporation zone (fluctuation zone of ground water level); *C* — accumulation zone of soil nutrients; *D* — activity zone of bedrock-soil; curves related to some element changes: a: Ti, Ni, Zn, Ca, Pb, Hg, As; b: Cu, Mn; C: Cr

The geo-ecological quality will be influenced by the following important factors: vegetative covering rate; soil erosion rate; decreasing ability to resist natural hazards; rocky desertification rate[3,20]; and water-soil pollution rates. Decreasing ability to resist natural hazards is based on the mechanisms of natural hazards' chains reflecting the interrelationships between climatic, geological and biogenetic processes.

Rocky desertification is usually caused by improper land use and over-development; such as over-exploitation of karst water resources, over-cutting forest and destroying the grassland to increase soil erosion. In the karst regions where bare carbonate rocks with little or no surface vegetation are found, the rocky desertification coefficients are expressed by the formulas:

$$R_i = \frac{\sum_{i=I}^{n} F_{ei}}{\sum_{i=I}^{n} P_{ei}}, \tag{5}$$

$$P_{ei} = \frac{Cm}{m} \sum_{j=1}^{m} K_j R_j \rho R. \tag{6}$$

Ri-rocky desertization coefficient; F_{ei}— the soil erosion rate in j karstified zone, t/km^2 a; P_{ei}— the annual average soil production rate in j karstified zone, t/km^2 a; R_j— the un-dissolved material content in carbonate rock in j zone, 100%; K_j— the dissoluted rate of carbonate rock in j zone, mm/a; P_{kj}— the special weight of un-un-dissolved material, t/m^3; Cm — calculated coefficient, 1 000; m — calculated number.

The rocky desertification rates are 6.94~156.25 in some regions. It may be only a few decades to several 100 years before erosion is common in the karstified mountain regions.

The total quality of geo-ecology in karst regions may be expressed by the following formula:

$$E_{GC} = \sum_{i=1}^{n} A_{wi}, \tag{7}$$

where E_{GC}— coefficient of comprehensive evaluation related to geo-ecology; A_{wi}— evaluation of i factor. The four classes of geo-ecology in karst regions of China will be separated, which are: E_{GC}= 81~100 (best class); E_{GC}=61~75 (good class) E_{GC}=31~60 (common class); E_{GC}— lower than 30(bad class).

4 Conclusion

Karst water resources in South China are richer than those in North China. The exploitation rates in South China are about 80%~15% of the total karst water resources, while in North China rates are already near 70%~80%.

Both kinds of karst ground river systems enable more ground reservoirs to be constructed in different forms in South China. The larger karst spring systems control exploitation in North China.

Karst water quantity and quality are closely reflected in geo-ecological features. The karst water dynamic, water-soil processes and bio-chemical processes, as well as other factors, together make up the total karst eco-hydrogeological condition. The total quality of karst geo-ecology is usually evaluated based on comprehensive studies of all these systems.

References

[1] LU Y R, JIE X A, ZHANG S H. The development of karst in China and some of its hydro geological and engineering geological conditions[J]. Acta Geol Sin,1973,1: 121-136

[2] LU Y. Karst in China — landscapes, types, rules (in Chinese with English explanation, 1988)[M]. Geological Publishing House, Beijing,1986.

[3] LU Y R. Quality of main karst geo-ecology and its assessment — several provinces (oregions) as examples[M]// SONG L, DING H. Karst landscapes and cave trip. China Environment Press, Beijing, 1993.

[4] LU Y R. Geo-ecology and sustainable development — developing ways for karst regions in southwest and adjacent karst regions of China (in Chinese)[M]. Hehai University Press, Nanjing, 2003.

[5] LU Y R. Hydrogeology and karst environment protection, part II[M]. Geological Publishing House, Beijing, 1988.

[6] LU Y R, LIU S H, ZHANG F E. Exploitation and sustainable development of water resources in China[J]. Land Resour, 2002, 19(2): 4-11

[7] MILANOVIĉ P. Karst hydrogeology[M]. Water Resources Publications, Littleton, 1981.

[8] MILANOVIĉ P. Geological engineering in karst. Monograph[M]. Zebra Publication Ltd., Belgrade, 2000.

[9] BOYER J S. Plant productivity and environment[J]. Science, 1982, 218(4571): 443-448.

[10] FERNANDZEZ-ILLESEAS C, PORPORATO A, LAIO F, et al. The role of soil-texture in water limited ecosytems[J]. Water Resour, 2001, 37(12): 2843-2872.

[11] GOLLUSCIO RA, SALA OE, LAUENROTH WK. Differential use of large summer rainfall events by shrubs and grasses: a manipulative experiment in part of the Patagonium Steppe[J]. Oscologia, 1998, 115(1-2): 17-28.

[12] PORPORATO A, DODORICO P I, LAIO F, et al. Ecohydrology of water controlled ecosystems[J]. Water Resour, 2002, 25: 1335-1348

[13] MACKAY D, DIAMOND M. Application of the QWASI (quantitative water air sediment interaction) fugacity model to dynamics of organic and inorganic chemicals in lakes[J]. Chemosphere, 1989, 18: 1343-1365

[14] PENCHEN J. Principle of application of isotopic nitrogen in hydrogeological researches[M]//Hydrogeological Commission. Progressive of isotopic hydrogeology (1988－1993) (in Chinese). Tianjing University Press, 1993.

[15] LU Y R. Research on the evolutions of karst hydrogelogical environments and their engineering impacts (in Chinese)[M]. Science Press, Beijing, 1999.

[16] JENNY. Soil Institute, Chinese Academy of Sciences (1994) Chinese Soil[M]. Science Press, 1941.

[17] LU Y R, ZHANG FE, QI J X, et al. Evaporite karst and resultant geohazards in China[J]. Carbonates Evaporites 2002, 17(2): 159-165.

[18] YAN B, ZHANG X. Microbial metalogeny[M]. Science Press, Beijing, 2000.

[19] LU Y R, ZHANG F E, YAN B R, GUO X H. Mechanism of karst development in sulphate rocks and its main geo-environmental impacts (in Chinese)[M]. Acta Geosci Sin, 2002, 23(1): 1-6

[20] LU Y R. Assessment of the exploitation of water resources in karstified mountain regions of China[C]. international conference jorinthy convered with IAHS on water resources in mountainous regions, Lausanne, Switzerland, 1990.

硫酸盐岩与碳酸盐岩复合岩溶发育机理与工程效应研究①

卢耀如　张凤娥

摘　要　硫酸盐岩和碳酸盐岩常共同分布，以往多是分别研究其岩溶发育。文章主要从自然条件上研究二者复合岩溶发育的机理，探讨了化学岩溶作用过程和生物岩溶作用的机理。复合岩溶中，陷落柱是很重要的一个特征。文章也探索了复合岩溶作用中，有关岩溶地下水的水质情况。

关键词　硫酸盐岩　碳酸盐岩　复合岩溶　陷落柱　地下水水质

碳酸盐岩在我国分布广泛，这是中外学者所公认的客观情况。但是，硫酸盐岩在我国的分布也很广泛，其中石膏和硬石膏，分布遍及我国各省区；特别是，硫酸盐岩和碳酸盐岩常共存，这就出现硫酸盐岩和碳酸盐岩的复合岩溶问题。但是，以往对这二者的研究多限于其岩溶的发育规律。

1　硫酸盐岩和碳酸盐岩的共生分布

碳酸盐岩有海相、湖相之分，而硫酸盐岩也有海相和湖相。在这两种环境下，经常会出现硫酸盐岩和碳酸盐岩共生的现象。在我国北方的奥陶系、南方的三叠系和寒武系等岩系，也多有这两类可溶岩共生分布的现象。此外，硫酸盐岩还有热液作用沉积，其中包括变质、火山交代和区域变质而生成的石膏、硬石膏等硫酸盐岩。

这里需要强调的是，碳酸盐岩的岩溶作用过程可以生成次生石膏，见反应式(1)。

在含有煤系地层地区，有 H_2S 分布的地带，碳酸盐岩作用的结果常形成次生石膏沉积，这在国内外是很常见的。

对于白云岩，见反应式(2)。

$$CaCO_3\text{(石灰岩)} + 2H^+ + SO_4^{2-} \longrightarrow CaSO_4\text{(硬石膏)} + H_2CO_3 \tag{1}$$

$$CaMg(CO_3)_2 + 4H^+ + 2SO_4^{2-} \longrightarrow CaSO_4 + MgSO_4 + 2H_2CO_3 \tag{2}$$

石膏本身可直接为水溶解，在过饱和的水溶液中，又易于生成次生石膏的晶体。

2　岩溶生态水文地质

目前，国际上很重视生态水文(eco-hydrology)，包括生态水文地质(E_h，eco-hydrogeology)。许多学者在研究多种水环境及不同气候条件下的生态水文问题，也有不少人注意到有关水、大气、土壤间的交换作用与相关定性定量评价。生态水文地质的特性涉及多种因素，概括表示于式(3)：

$$E_h = Q\text{RWASBI} \tag{3}$$

式中　Q——水(资源)的数量与质量；

R——岩体；

W——水体；

① 卢耀如，张凤娥.硫酸盐岩与碳酸盐岩复合岩溶发育机理与工程效应研究[J].中国工程科学，2008，10(4)：7.

A——气体；

S——土体；

B——生物作用(包括乔木、草本植物和微生物作用，还有动物作用)；

I——各种交换变化作用。

例如，水-岩作用涉及：

$$Rc = f(C, E, W, H, T, D, M, B, A) \tag{4}$$

式中 Rc——岩石变化；

C——溶蚀作用；

E——机械侵蚀作用；

W——风化作用；

H——水动力作用；

D——沉积作用；

M——力学性质变化；

B——生物作用；

A——人工作用。

至于岩-土之间的变化，则涉及土壤中成分与母岩成分之间的富集与迁移系数：

$$A_{r-s} = \frac{E_s - E_r}{E_r} \times 100\% \tag{5}$$

式中 A_{r-s}——“+”值时表示土壤中母岩成分的富集，为“-”值时表示土壤中母岩成分的迁移；

E_r——岩石母岩中 E 成分；

E_s——土壤中 E 成分。

3 生物岩溶作用

在自然界中，各种生物作用存在着生物食物链及其循环，如图 1 所示。

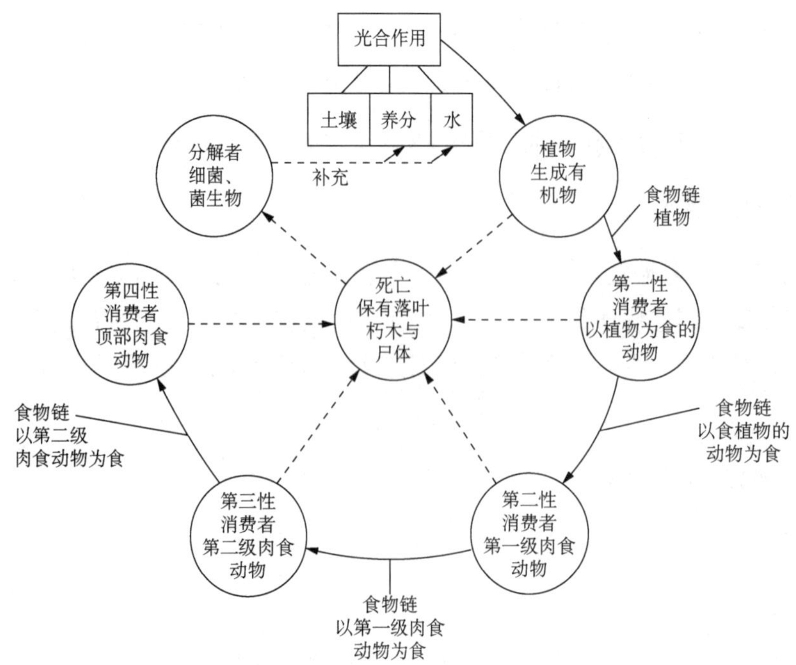

图 1 生物食物链分类及其循环关系图

生物营养级如图 2 所示。

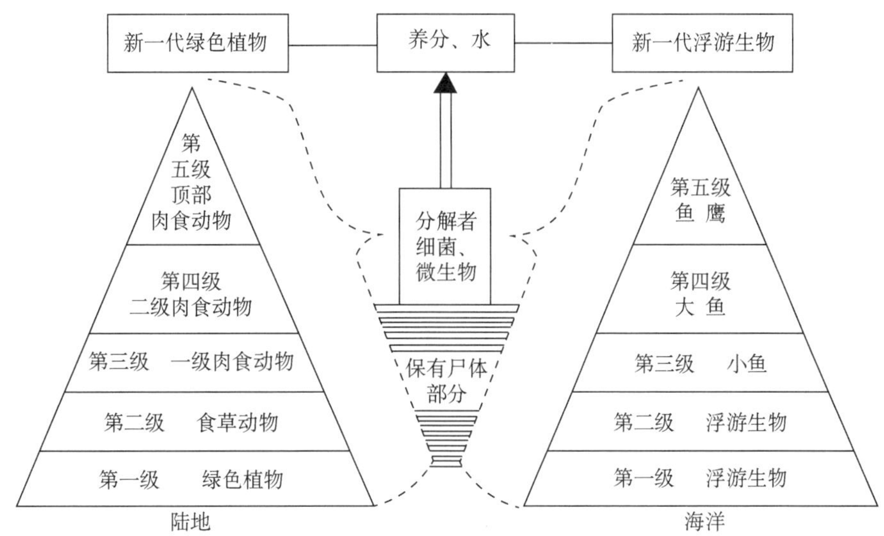

图 2 生物营养级分类简图

自然界中，生物岩溶作用是多方面的。对复合岩溶而言，笔者主要研究了三种微生物作用。

(1) 硫杆菌属(T. thioparus)。水中有强溶解氧渗入地下，会导致化学作用——氧化作用。使 pH 值降低至 5～45 之间，H_2S 氧化后会生成硫酸，反应式如下：

$$2H_2S + O_2 \xrightarrow[\text{微生物作用}]{\text{T. thioparus}} 2S + 2H_2O \tag{6}$$

$$2S + 3O_2 + 2H_2O \xrightarrow{\text{氧化}} 2H_2SO_4 \tag{7}$$

硫酸可以加强对碳酸盐岩的溶解作用，又可生成 CO_2，进一步加强对碳酸盐岩的溶解。

$$CaCO_3 + H_2SO_4 \longrightarrow CaSO_4 + CO_2 + H_2O \tag{8}$$

$$CaMg(CO_3)_2 + 2H_2SO_4 \longrightarrow CaSO_4 + MgSO_4 + 2CO_2 + 2H_2O \tag{9}$$

(2) 硫酸盐还原菌(desulfovibria)。在压气条件下，硫酸盐还原菌可以产生 H_2S，反应式如下：

$$CaSO_4 + \text{有机质} \xrightarrow{\text{微生物作用}} CaCO_3 + H_2S + H_2O \tag{10}$$

(3) 脱氮盐还原菌(Td. denitrificans)。这类厌氧性细菌可在无机培养基中与硝酸盐在原游离氧状态下生长。在其生命过程中，可同化 CO_2 和重碳酸盐中碳(C)。

在厌氧性细菌作用下，硫及硫化物会发生氧化反应，而硝酸盐将有还原作用，其反应式如下：

$$2KNO_3 + S + CaCO_3 = CaSO_4 + CO_2 + K_2O + 2NO \tag{11}$$

$$5Na_2S_2O_3 + 8KNO_3 + 2NaHCO_3 = 6Na_2SO_4 + 4K_2SO_4 + 4N_2 + 2CO_2 + H_2O \tag{12}$$

笔者曾做一系列试验，以探索这些作用。试验结果表明，在硫酸盐岩和碳酸盐岩复合岩溶作用过程中，在不同环境下，微生物岩溶作用是非常重要的。

4 岩溶陷落柱的发育机理

在碳酸盐岩岩溶地区，地下洞穴经常诱发岩溶塌陷现象，这是岩溶洞穴系统的发育—消亡过程中的必然现象。

硫酸盐岩(石膏、硬石膏)，岩性软弱，受溶蚀后形成的洞穴系统，在湿热条件下不易长期保存，易于自然塌陷而消亡。

在碳酸盐岩和硫酸盐岩的复合岩溶地区，有特殊岩溶陷落柱现象，曾有专家探讨了其发育的特征，并认为中国复合岩溶地区的陷落柱可概括为几种类型，如图 3 所示。

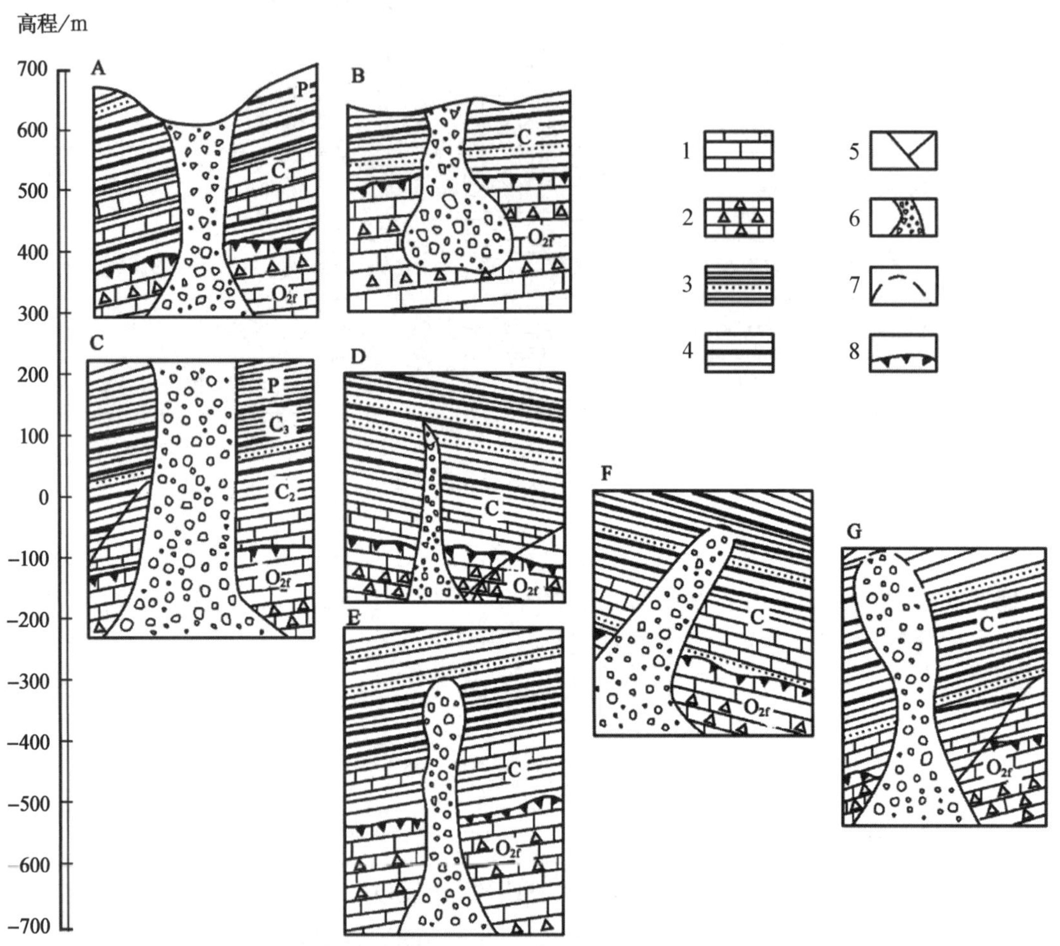

1—碳酸盐岩，2—碳酸盐岩角砾岩，3—砂页岩，4—煤层与碎屑岩，5—断层，6—陷落柱，7—陷落柱的推测边界，8—中奥陶统峰峰组(O_{2f})至中石炭统(C_2)之间的古岩溶作用面

A—山西阳泉，B—山西娘子关，C—河北井陉 5 号矿井，D—河北井陉 1 号矿井，E—河南峰峰矿区 9 号矿井，F—河北井陉矿区，G—河北井陉 1 号矿井

图 3　华北地区各种陷落柱剖面综合对比图

在图 3 中，A，B，C 三处的陷落柱到达了地表，称为裸露型陷落柱；D，E，F，G 四处的陷落柱则是隐伏于地下，称为埋藏型陷落柱。

在国外，陷落柱又称为垂直穿越构造(VTS，vertical through structure)。根据笔者在中国及英国等地研究的结果，复合岩溶陷落柱的发育机理可划分为如下几个阶段。

(1) 构造形迹切割阶段。在沉积的层状硫酸盐岩(石膏等)与碳酸盐岩地层中，由构造运动产生的形迹，如断裂、节理等的切割，特别是垂直于(或近于垂直)层面而且封闭(或近于封闭)的两组以上的构造形迹，为陷落柱的产生提供了前提构造条件。

(2) 层间溶蚀角砾化阶段。沿构造形迹——断裂、节理等——而下渗的水流不断溶蚀加大这些裂隙空间，也通过层面渗流而溶蚀石膏，使碳酸盐岩岩体受到石膏膨胀应力而破坏，形成角砾化现象。

(3) 发育通道空间阶段。由于在可能产生陷落柱的块体中存在不断差异性溶蚀，而且陷落柱下部汇积了较多水流，使岩溶作用强烈发育的同时，形成了空间较大的洞穴与通道，使上部已角砾化的岩体向空间内塌陷。这种通道可连续向上发生，或者是形成多层洞穴。

(4) 陷落柱形成阶段。随着陷落柱的发展，在其底部或中间有洞穴或较大溶蚀空间(一层或多层)的存在，从而导致上部角砾化岩体产生陷落。在塌陷过程中，又会使角砾岩体破碎不强烈的岩体进一步破碎，并发生岩体剪切破坏现象。当下部没有大空间存在地带时，陷落柱停止向下发育；当上部岩体较完整时，陷落柱也不再向上发育。

(5) 陷落柱复活阶段。由于构造上升，使陷落柱下部聚集水流又发生强烈溶蚀作用，再次形成洞穴通道，导致上部陷落柱继续产生陷落塌陷，导致陷落柱下部洞穴通道的发育，诱发陷落柱塌陷复活，地表可见有塌陷形成的凹地。这一特征在英国 Sunderland 海岸带表现得尤为明显，反映了未复活及复活的陷落柱情况。

(6) 陷落柱侵蚀残余阶段。已形成的陷落柱受到强烈侵蚀作用后，可被破坏而消失。但是，由于后期钙质胶结作用的结果，部分陷落柱中角砾块石的裂隙、空洞通道等被充填，反而变得密实坚硬。在这种情况下，陷落柱周围的围岩被侵蚀后，陷落柱主体仍会有部分残留。

在我国华北等地产生的陷落柱规模较大，而且陷落柱体多埋在地下。在英国 Sunderland 海岸一带，陷落柱规模相对小些；而且在海岸侵蚀作用下，早期陷落柱较好暴露在外，因而可更好地分析其发育机理，可参考相应照片以作佐证。

在硫酸盐岩和碳酸盐岩共生情况下，复合岩初期在层间都可被溶蚀，有层面通道发育。硫酸盐岩硬石膏遇水可产生体积膨胀，使岩体破碎；碳酸盐岩较坚硬，但在其上下层面间有溶蚀通道存在的情况下，如有断裂、节理等，也易于发生塌陷。

对单纯碳酸盐岩自身重力塌陷的机理进行分析后可知：由于溶蚀及地下侵蚀作用，在碳酸盐岩中形成洞穴形态的地下空间，而在洞穴顶部及洞壁处，在重力的驱动下，会失去岩体力学的稳定性，从而产生洞穴顶板或侧壁的崩塌与垮落，当发展至地表时，就形成了洞穴的塌陷，也就是岩溶塌陷。碳酸盐岩是坚硬的，但也有软弱夹层存在，所以洞穴顶部经常不是均一力学性质的岩体。洞穴不断被溶蚀及侵蚀而扩大，洞穴顶部处在通常的悬臂梁状的应力状态(对近水平走向地层而言)下。因难于承受上部岩体的压力，需要由拱形洞顶的应力状态才能支撑洞穴顶部以上的岩体压力。

5 复合岩溶地区的环境效应

首先，复合岩溶对地下水水质影响较大，如娘子关泉域，见表 1 和表 2。

表 1 石膏层地下水水质对照表 (单位：mg/L)

地点	阳离子					阴离子			
	K^+	Na^+	Ca^{2+}	Mg^{2+}	总	HCO_3^-	SO_4^{2-}	Cl^-	总
S_1 钻孔	9.7	23.5	434	114	581.2	201	1 373	14.2	1 588.2
S_x 钻孔	11.9	20.0	466.2	105.9	604	201	1 107	11	1 319

表 2 娘子关泉域岩溶地下水水质对照表 (单位：mg/L)

地点	阳离子				阴离子		
	K^+	Na^+	Ca^{2+}	Mg^{2+}	HCO_3^-	SO_4^{2-}	Cl^-
补给区—径流区	0.6～6.7	4.0～11.4	55.1～155.3	9.1～51.7	164.7～411.8	14.4～365.5	7.1～28.37
径流区	1.0～1.7	3.5～49.13	13.4～266.3	15.8～86.8	161.7～366.1	14.4～261.7	5.96～86.8
汇流区	1.4～4.0	2.75～85.1	67.9～211.9	11.5～71.7	103.3～505.4	72.0～691.6	3.55～86.87

（续表）

地点	阳离子				阴离子		
	K^+	Na^+	Ca^{2+}	Mg^{2+}	HCO_3^-	SO_4^{2-}	Cl^-
滞流区	1.0	12.5	244.49	65.66	268.49	609.64～796.0	12.0～39.0
排泄区	1.0～9.48	25.0～36.5	114.2～120.2	30.40～34.68	231.88～308.1	184.0～244.95	39.0～52.47

华北地区最大岩溶泉群——娘子关泉群由12个泉组成，出露于山西省阳泉市平定县娘子关附近（图4），分布于程家到苇津关约7 km长的河漫滩及阶地上面，出露标高为360～392 m。主要泉群有坡底泉、程家泉、五龙泉、石板磨泉、滚泉、河北泉、桥墩泉、禁区泉、水帘洞泉和苇泽关泉。流域面积4 667 km^2，其中裸露及半裸露的碳酸盐岩岩溶面积约有2 100 km^2。泉域构造属于北东翘起的大向斜，控制了作为流域隔水层 O_1 的分布，同时也控制了马家沟组含水层 O_2 的分布。在泉口地带，正是由于 O_1 白云岩抬升，起到相对隔水作用，使岩溶水被阻挡而涌出地表形成娘子关泉群。

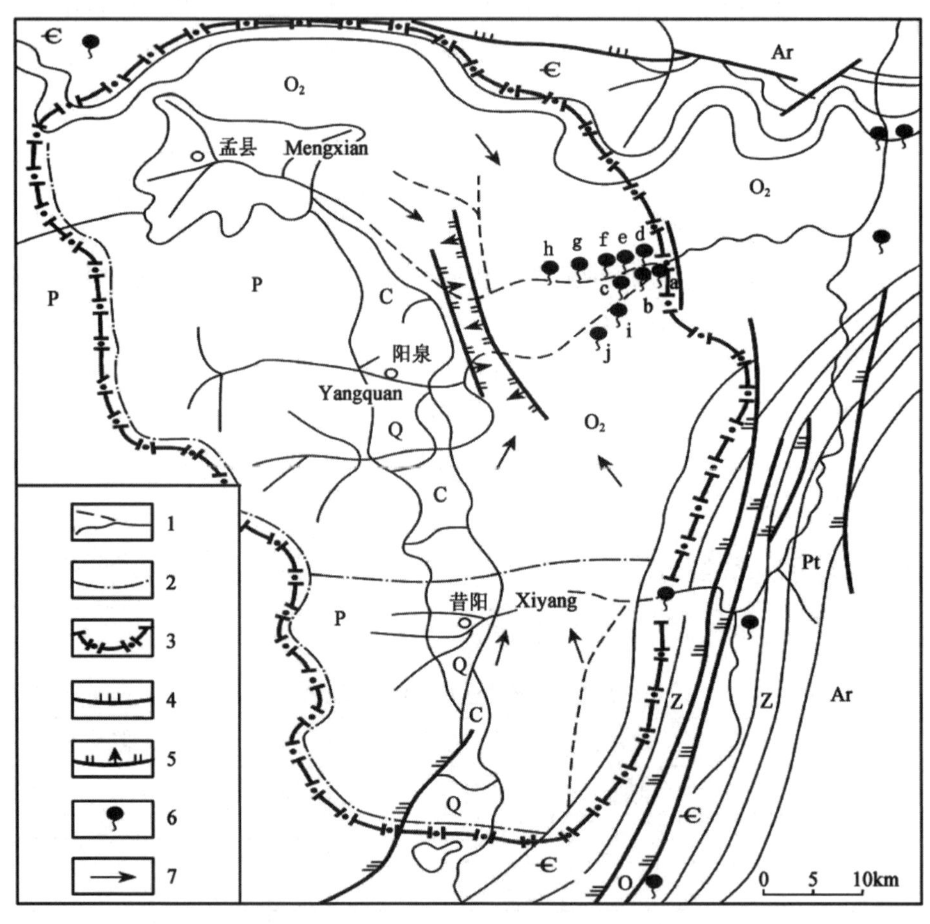

1—河流与干旱河系，2—地表分水岭，3—娘子关泉域，4，5—主要断裂，6—岩溶泉（a. 苇泽关泉，b. 水帘洞泉，c. 五龙泉，d. 禁区泉，e. 桥墩泉，f. 滚泉，g. 坡底泉，h. 石桥泉，i. 城西泉，j. 程家泉），7—地下岩溶水流向

图4　娘子关泉流域水文地质图

泉群流量较稳定，多年平均流量达1 213 m^3/s（1959—1984年），最大流量达16 m^3/s。近年来，由于流域内大量开发地下水，泉口流量只有5 m^3/s 左右。

泉域内岩溶地下水汇聚有非岩溶地带的地表水流及地下水流，而且在 O_2 含水层中也含有较多 SO_4^{2-}。在附近有石膏层的岩溶地下水中，SO_4^{2-} 含量大于1 000 mg/L（表1）。而在娘子关大泉域，将补给径流、径流、汇流、停滞及排泄各带的地下水水质进行对比，就可看出水质的变化规律(表 2)。在补给径流区，SO_4^{2-} 含量相对较低，最高不超过 365 mg/L，这与当地石膏层的分布有关。在汇流及滞流地带，SO_4^{2-} 一般较高，达 600～700 mg/L，这除了与石膏层分布有关外，也汇聚渗透了 SO_4^{2-} 含量较低的水流，所以 SO_4^{2-} 含量比在石膏层附近地下水中的 SO_4^{2-} 含量要低得多。

各地岩溶水的水质都会有一定的差异，水质偏差系数 C_{QW} 为：

$$C_{QW}=\left\|\begin{array}{l}\sum_{i=1}^{n}\left|\frac{(C_{xi}-C_{oi})}{C_{oi}}\right|\Big/n+\sum_{j=1}^{m}\left|\frac{(a_{xj}-a_{oj})}{a_{oj}}\right|\Big/m+\sum_{k=1}^{l}\left|\frac{(Ca_{xk}-Ca_{ok})}{Ca_{ok}}\right|\Big/k \\ +\sum_{t=1}^{f}\left|\frac{(CO_{xt}-CO_{ot})}{CO_{ot}}\right|\Big/f+\left|\frac{(pH_x-pH_o)}{pH_o}\right|+\left|\frac{(TDS_x-TDS_o)}{TDS_o}\right|\ |/6|\end{array}\right\|\times 100\% \tag{13}$$

式中 x——不同水样；

O——铁匠铺岩溶水；

C——阳离子；

i——i 项阳离子；

n——对比阳离子数；

a——阴离子；

j——j 项阴离子；

m——对比阴离子数；

Ca——有关 $CaCO_3$ 成分；

k——k 项 $CaCO_3$；

CO——有关 CO_2 等成分；

t——t 项 CO_2；

f——对比 CO_2 等项；

pH——酸碱度；

TDS——总矿化度；

C_{QW}——水质偏差系数，下标 QW 为水质(quality water)。

不同地带岩溶水质的偏差系数一般为 15%～40%，高的可达 80%～100%。若单纯计算 SO_4^{2-} 偏差系数，则有：

$$C_{QW-SO_4^{2-}}=\frac{(Cx_{SO_4^{2-}}-Cy_{SO_4^{2-}})}{C_{y_{SO_4^{2-}}}}\times 100\% \tag{14}$$

式中 $C_{QW-SO_4^{2-}}$——SO_4^{2-} 的偏差系数；

$Cx_{SO_4^{2-}}$——x 水样品 SO_4^{2-} 含量，mg/L；

$Cy_{SO_4^{2-}}$——标准水样中 SO_4^{2-} 含量，mg/L。

例如，将补给区没有石膏分布地带的 SO_4^{2-} 含量作为基数，求有石膏层分布地带的 SO_4^{2-} 的偏差系数，可得到 $C_{QW-SO_4^{2-}}$ 值达数百至 1 000 以上。

在开发深部碳酸盐岩中地下水资源，除了对深层水资源的形成及其资源量进行评价之外，更要特别注意，由于硫酸盐岩的存在，使水质混合恶化，其结果还会破坏上部水质较好的碳酸盐岩中的地下水的质量。含较大水压力的富含 SO_4^{2-} 的硫酸盐岩地下水，由于人工钻探的深入，不能很好地进行阻水，则可能造成上部碳酸盐岩含水层的破坏，这点已是有先例的。

南方碳酸盐岩地区主要发育了暗河系统，在云南、贵州、四川、重庆、广西、湖南、湖北这 7 个省、自治区、直辖市，岩溶暗河系统有3 000多条，枯季总流量达400×10^8 m^3以上。浅层的岩溶水由于流量大、水流运动速度快，所以受硫酸盐"污染"的情况比北方岩溶水要好得多。但是，深部赋存的地下水，由于受硫酸盐岩溶蚀作用的影响，水中含有较多SO_4^{2-}，深部水质也变为$HCO_3^--SO_4^{2-}-Ca^{2+}-Mg^{2+}$型和$SO_4^{2-}-Ca^{2+}-Mg^{2+}$型水。

人工开发效应，如矿山开采、水利水电建设、房屋建设、道路建设等，都会诱发塌陷等不良效应，必须认真 开究，予以适当处理。

参考文献

[1] 劳普 D M.古生物学原理[M].北京：地质出版社，1971.

[2] 卢耀如.中国岩溶——景观·类型·规律[M].北京：地质出版社，1986.

[3] 卢耀如.中国西南地区岩溶地下水资源的开发利用与保护[M]//中国水文科学与技术研究进展.南京：河海大学出版社，2003.

[4] 卢耀如，刘少玉，张凤娥.中国水资源开发与可持续发展[J].国土资源，2003，(2)：134-141.

[5] 卢耀如，张凤娥.硫酸盐盐岩溶及硫酸盐岩与碳酸盐岩复合岩溶——发育机理当工程效应研究[M].北京：高等教育出版社，2007.

[6] 卢耀如，张凤娥，阎宝瑞.硫酸盐岩岩溶发育机理与有关地质环境效应[J].地球学报，2002，23(1)：1-6.

[7] 卢耀如.岩溶水文地质环境演化与工程效应研究[M].北京：科学出版社，1999.

[8] 钱学博.石膏喀斯特陷落柱的形成及其水文地质意义[J].中国岩溶，1988，7(4)：344-348.

[9] 王锐.论华北地区岩溶陷落柱的形成[J].水文地质工程地质，1982，9(1)：37-44.

[10] BOYER J S. Plant productivity and environment[J]. Science，1982，218：443-448.

[11] FEMANDZEZ-ILLESEAS C，PORPORATO A，LAIO E，et al. The role of soil texture in water limited ecosystems [J]. Water Resources Tesearch，2001，37(12)：2863-2872.

[12] GOLLUSCIO R A，SALA O E，LAUENROTH W K. Dfferential use of large summer rainfall events by shrubs and grasses amanipulative experiment in the Patagonian steppe[J]. Oecologia，1998，115(1-2)：17-25.

[13] KLIMCHOUD A，LOWE D，COOPER A，et al. Gypsum Karst of the world[J]. International Journal of Speleology，1996，25(3-4)：1-307.

[14] LU Y R，COOPER A H. Gypsum karst in China[J]. Tntl J. Speleol，1996，25(3-4)：297-307.

[15] LU Y R，COOPER A H. Gypsum karst geohazrds in China[C]//The Engineering Geoloty and Hydrogeology of Darst Terranes. Proceedings of the Sixth Multidisciplinary Conference on Sinkholes and the Engineering and Environmental Impacts of Karst Rotterdam/Brookfield A. A. Balkema，1997.

[16] LU Y R. Karst water resources and geo-ecology in typical region of China[C]//Water Resources and Environmental Problems in Karts. Proceedings of the International Conference and Field Seminars. Belgrade and Koto/Serbia and Mentenegro，13 - 19 September 2005. Belgrade National Committee of the International Association of Hydrogeologists (IAH) of Serbia and Montenegro，2005.

[17] LU Y R，ZHANG F E，LIU C L，et al. Groundwater systems and ecohyarological features in the main karst regions of China[J]. ACTA Geologka Sinica，2006，80(5)：743-753.

[18] PORPORATO A，D'ODORICO P，LAIO F，et al. Ecohydrology of water-controlled ecosystems[J]. Advances in Water Resources，2002，25：1335-1348.

[19] WILLIAMS P W. The role of the subcutaneous zone in karst hydrology[J]. J. Hydrol，1983，61：45-67.

[20] YAN B R，ZHANG X G. Microbial metallogeny[M]. Beijing Science Press，2000.

对四川汶川大地震灾害的思考与认识[①]

卢耀如

2008年5月12日14时28分，我国四川省汶川发生8.0级大地震，造成重大伤亡和损失，灾区面积达10万km^2。这是几十年来最大的地震灾害。作为地学的科技人员，对这么大的地震灾害未能有所预报更感到悲痛。虽然，由于地震是极其复杂的问题，在国内外目前还都是难题，但是如何减少损失，能够尽量达到临震预警和有科学的减灾预案，还是需要今后予以解决的问题。

这次灾害及时得到以胡锦涛总书记为首的中央领导安排救灾措施，温家宝总理第一时间就赶赴灾区领导救灾工作，并得到10万解放军及中央各部门及各省市的大力支援，还有大批志愿者的参与，也得到国际的多方支援，目前已取得了救人抗灾第一战役的胜利。但是，对于如此重大的地震灾害，今后的防疫、防治以及重建，仍是有很多问题值得探讨。

1　地震的历史概况分析

由于印度洋板块向欧亚板块的俯冲，造成喜马拉雅山的抬升与青藏高原的隆起，这个事实是全球地学人员所公认的。川西、滇西一带的中高山地，正处于青藏高原第一台面和云贵高原第二台面的斜坡地带，受板块运动的影响，川西、滇西这一带也是地震频发的地带，沿四川平武、灌县、雅安、峨眉、宜宾至云南的彝良、宣威、富源、丘北、文山这一线的西部地带，显然受特提斯-喜马拉雅构造域的地壳演化所制约，近几十年来记录到不少大于6级的强地震。此线以东，超脱特提斯—喜马拉雅山的影响，强震几乎没发生。

20世纪以来，在川西、滇西发生6级以上地震有70多次，7级以上有20多次。公元前26年至目前，有历史记载的地震是云南和四川居多。云南破坏性地震有近190次，四川有90多次。1970年1月5日发生在云南通海的7.7级地震，使峨山、通海、建水、石屏、玉溪、华宁6县(市)的房屋遭受不同破坏，也诱发大量滑坡。

根据历史上有关记载，笔者曾在20世纪90年代初，概略计算了云南和四川6级以上大地震的发生，具有周期性，如1490—1520年、1610—1640年、1730—1760年、1880—1910年这几个时间间隔内，处在高峰活跃期。1988年11月6日21时3分云南澜沧7.6级地震，1988年11月6日21时18分云南耿马7.2级地震，1989年4月16日—5月3日四川马塘6.7级、6.2级和6.4级3次地震，1989年5月7日云南耿马6.2级地震，表明川滇一带地震又进入活跃期。2007年滇西仍有地震发生，而这次汶川地震达8.0级是最高的，破坏也最强烈。

有一现象值得提出，云南和四川地震存在互补现象，即云南发生频率高大地震时，四川发生大地震的频率就更低些；反之，四川高则云南低，或者二者叠加后形成高频率(图1)。据笔者不完全计算(至20世纪90年代初)，在30年间隔内一般大震释放能量为$10^{15}\sim10^{17}$ J(图2)，高峰期为$10^{16}\sim10^{17}$ J。

---

① 卢耀如.对四川汶川大地震灾害的思考与认识[J].环境保护，2008，11：42-45.

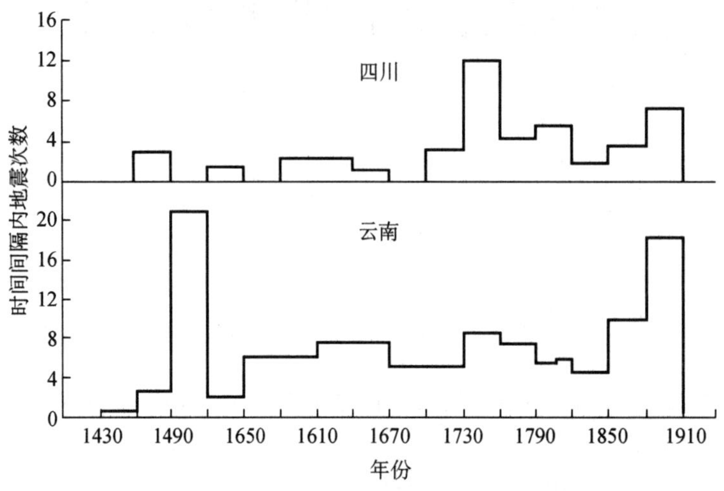

图 1　近 500 年来云南、四川大地震频率对比

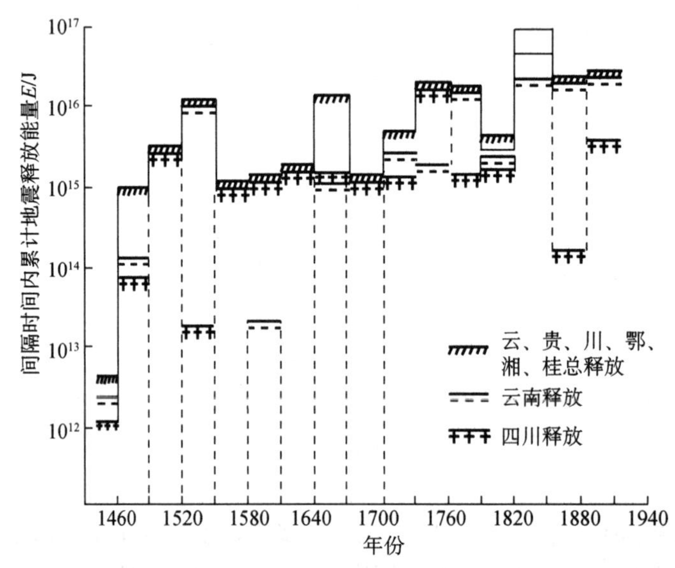

图 2　近 500 年来云南、四川及邻近省区地震释放能量概略统计示意图

2　自然灾害链的危害

在自然界中，主要灾害有气候灾害(风灾、冰雪灾害等)、地质灾害(地震、滑坡、泥石流、岩溶塌陷、地面沉降等)和生物灾害(各种传染病以及生态系统恶化与破坏等)。在这些灾害之间存在着灾害链，既发生一种自然灾害又可诱发其他灾害。

气候灾害和地质灾害间的灾害链。例如台风等灾害可诱发滑坡、泥石流等地质灾害，而造成的伤亡和损失经常比台风趋势损失还大。

地震和其他地质灾害间的灾害链。这在国内外许多大地震灾害中已有充分的反映，例如，我国通海地震就诱发了滑坡等地质灾害。地震又会由于诱发滑坡面堵江，形成堰塞湖，进而导致溃坝诱发。这种明显的灾害链为：地震灾害—滑坡等地质灾害—堵江与堰塞湖淹没灾害—溃坝洪水灾害。

此外还有地震、滑坡等影响有毒有害产品的安全，危及环境安全的灾害链：地震—滑坡泥石流灾害—有毒有害物品泄漏—环境污染。

例如：1933年四川茂县叠溪地震(7.5级)产生1.5亿 m^3 滑坡崩塌群，阻断岷江，形成堰塞湖，使蓄水5亿 m^3，后溃决形成40多m水头而下泄，席卷岷江两岸11个村庄，死亡9 300人。这次汶川大地震形成的堰塞湖，据国土资源部航测已达34个，最大的唐家山堰塞湖滑坡堵江的坝高达82.65 m，目前，已考虑采用开挖(或爆破)泄水渠及下游避险应急措施。相信这个灾害链通过救害抢险，定可众志成城，斩断后面洪水的灾害链(图3)。

图3

3 人工诱发地震

地震是地球演化过程中，在其薄弱的地带，释放出内部的能量，以达到地球内部相对平衡的状态而产生的。地球四个圈层的不断运动，就会不断产生地震的灾害，这是不可避免的。

人类的活动主要在地壳表层，也能诱发地震灾害的发生。例如，水库蓄水、大量抽取地下水、工程爆破、矿区开采矿产资源等。再如有的煤矿地区，由于采用冒落式无充填的开采，矿开深度近千米深，诱发地震每年可达5 000～7 000次，但是强度不大，一般在3.5级以下，至于核爆炸诱发的地震就要强得多。自然界中大型滑坡、岩溶塌陷也都可诱发地震，但震级较小。

大水库诱发地震在国内外都有不少例子。20世纪90年代初夏其发就研究统计了有关国内外水库诱发地震的情况，当时我国已建19 053座大中型水库，明显发生诱发地震的有18座，占0.9%。其中有12座水库的震区地带为有岩溶发育的碳酸盐岩。近期又有2座岩溶地区水库发生有诱发地震。有关水库诱发地震情况，列于表1。

表1 我国水库诱发地震情况略表

诱发地震水库数/座	地震震级	震中地带岩性/km	震源深度/km	占诱发地震水库数百分比
3	2.3～6.1	花岗岩	<2.5～5	15%
2	3.7～4.8	混合岩	2.5～7.4	10%
1	2.8	火山岩	0.27	5%
14	1～4.7	碳酸盐岩	0.5～6	70%
总计20	1～6.1		0.6～7.4	100%

注：据夏其发予以补充修改。

水库诱发地震在国外也有很多，1988 年时总数 33 770 座水库中，诱发地震的水库有 116 座，占 0.34%。据 25 个国家有关水库诱发地震的情况，列于表 2。

表 2　国际上水库诱发地震统计(夏其发,1992—1993 年)

统计国家数	诱发不同震级水库数/座				诱发地震的水库数/座	水库总数/座(h>15 m)	发震率
	>6.0	5.9—4.5	4.4—3.0	<3.0			
25	4	35	34	43	116	33 770	0.34%

水库诱发地震的问题也有些探索，从诱发机理上考虑，笔者将其分为三种类型(图 4)。

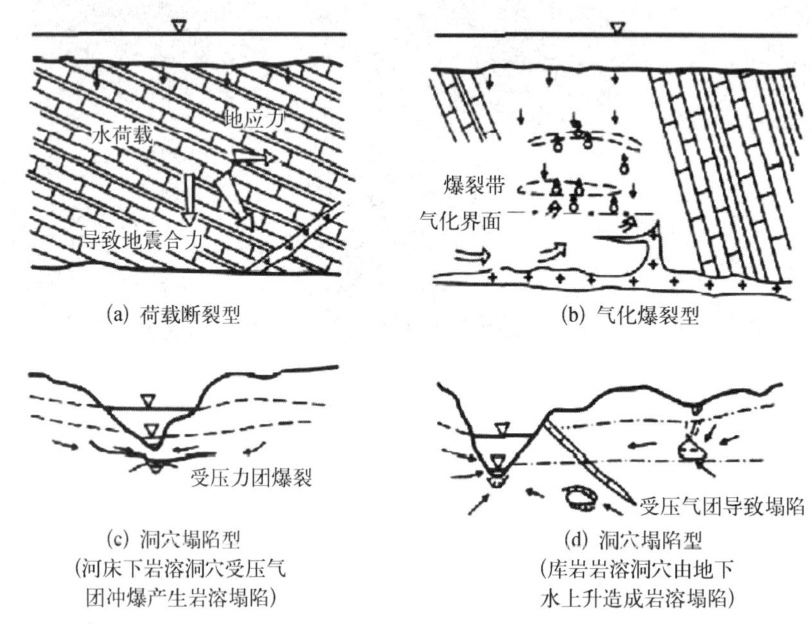

(a) 荷载断裂型　(b) 气化爆裂型

(c) 洞穴塌陷型(河床下岩溶洞穴受压气团冲爆产生岩溶塌陷)　(d) 洞穴塌陷型(库岩岩溶洞穴由地下水上升造成岩溶塌陷)

图 4　水库诱发地震三种类型示意图

(1) 荷载断裂型。由于几亿立方米至数百亿立方米的水库积蓄的水体及泥沙堆积，产生巨大的荷载，而且由于水库水位的变化，这些荷载会产生动态的变化，因而影响到地下岩体的应力状态，原先平衡的状态，产生地下应力的不平衡，原先不平衡的状态，就变得更不平衡，其结果，就可能使地下岩体产生破坏、断裂、挤压等现象，而诱发地震。

(2) 气化爆裂型。由于库水的高水头作用，有条件的厚层含水层及相对弱透水层地带产生渗流场的变化，促使水流向深部渗透运动，至一定深度又可产生气化现象，向上运移的水可积聚于适宜的地下缝隙地带(或深部不大的热液洞穴通道中)，当压力不断增加至临界值时，可破坏周围岩体，而诱发地震。

(3) 洞穴塌陷型。在岩溶地区，由于水库蓄水使两岸及河床不深处的洞穴，在一定状态下，受库水影响而壅高地下水位，并使洞内气体被压缩，当压力达到临界值时，就可使洞穴顶部(或洞壁)岩体遭受破坏，产生塌陷；或者由于地下水的抬高，降低浅部洞穴顶底板与洞壁的力学强度，导致产生岩溶塌陷，而诱发地震。乌江渡水库坝高 165 m，库容 21.4×10^8 m^3，水库诱发地震的震级为 1～2.6 级，震源深度有的只有 0.5 km 左右，也有的为 1～2 km。

在诱发地震中，属于洞穴塌陷型的震级一般不高，属于气化爆裂型的，由理论上分析和一些例子上看，震级也不太高，主要危险的是荷载断裂型(或构造应力断裂型)，产生的震级要大些。有少数水库近期产生诱发地震，震级已达5～6.1级。

水库对地震的诱发问题，可以由两方面考虑：一种情况可能是由于水库诱发震级不大的地震，危害性小而且可以不断通过诱发的地震，而释放出当地深部的能量，而降低聚集增高极强压力，使大地震出现的能量减少，抑制自然大地震出现的条件；另一种是水库不诱发高频率低强度的地震，而低隐伏着增强地震的可能性。显然，这些问题今后需要予以深入研究的。

4 对汶川大地震今后减灾与重建的思考

中国西南及邻近地区主要地质灾害情况，我们早些时候曾进行区划(图5)。

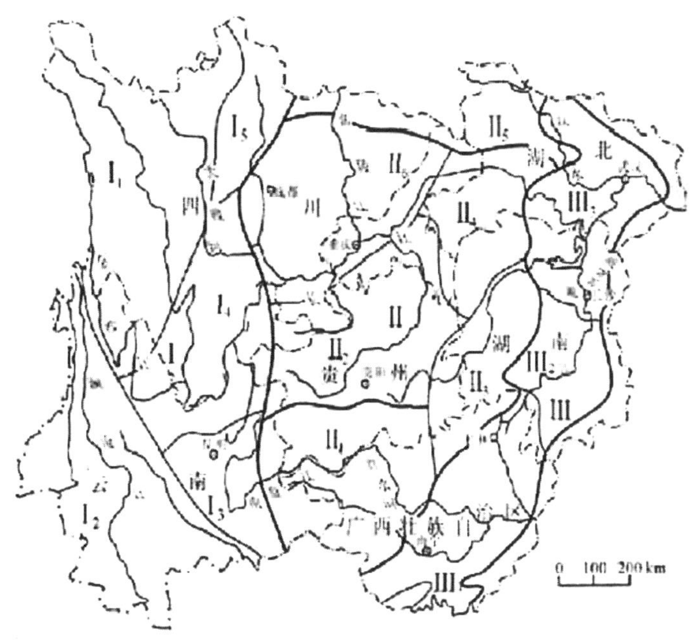

Ⅰ—川滇西部高山深部-表层地质灾害活跃区。Ⅰ$_1$—大雪山—草原强震—冻融—侵蚀灾害亚区。Ⅰ$_2$—横断山—三江深谷强震-强侵蚀灾害亚区。Ⅰ$_3$—滇东高原强震-岩溶灾害亚区。Ⅰ$_4$—金沙江—雅砻江强震-强侵蚀害亚区。Ⅰ$_5$—岷山—邛崃山地震-侵蚀灾害亚区。Ⅱ—云贵高原—大巴山山地浅层-表层地质灾害活跃区。Ⅱ$_1$—黔南高原—桂西斜坡山地岩溶-侵蚀灾害亚区。Ⅱ$_2$—黔中高原—乌江峡谷岩溶为主灾害亚区。Ⅱ$_3$—九万大山—雪峰山弱岩溶—侵蚀灾害亚区。Ⅱ$_4$—湘鄂西斜坡山地—长江三峡岩溶-强侵蚀灾害亚区。Ⅱ$_5$—秦岭—大巴山山地弱岩溶-强侵蚀灾害亚区。Ⅱ$_6$—四川盆地及周边山丘弱岩溶-强侵蚀灾害亚区。Ⅲ—广西盆地—江汉平原浅层-表层地质灾害活跃区。Ⅲ$_1$—广西盆地强岩溶-强洪积灾害亚区。Ⅲ$_2$—湘南山丘—平原岩溶-强洪积灾害亚区。Ⅲ$_3$—江汉平原弱岩溶-强洪积灾害亚区。Ⅳ—东部非岩溶山区浅层-表层地质灾害活跃区

图5 中国西南及邻近地区主要地质灾害分区图

注：侵蚀灾害包括在侵蚀作用的基础上发生的有关水土流失、滑坡、崩塌、泥石流等地质灾害。

汶川大地震正属于Ⅰ$_5$-岷山—邛崃山地震-侵蚀灾害亚区。地震发生于龙门山构造带，主要有三个断裂带：汶川—茂县断裂带；北川—映秀断裂带；安县—灌县断裂带。显然，今后要对这个地区进行进一步防灾与抗灾以及重建家园中，需要考虑这些方面问题。

(1) 建立长期抗震救灾的认识。根据上面论述，这次汶川地震受灾地区在地质发展历史上是处在青藏高原隆起、构造活跃的地区，今后也还是处在有地震发生的地质条件背景。因此，不能认为这一次抗灾后不再会有地震发生，而必须建立长期抗震的认识，相应考虑长期防震减灾的措施与途径。

(2) 需要认识本区灾害链造成复杂的自然条件。除了地震之外，需要考虑暴风雨极端气候条件和地质灾害之间的灾害链，以及地震和滑坡等其他地质灾害之间的灾害链，以求减少这些灾害链造成今后的大灾难。

(3) 从综合减轻灾害出发，提高灾区环境质量，进行全面规划。需要从区域地质条件上综合考虑已

为地震所摧毁与破坏的城市、乡村的重建规划，使新建的城镇、农村能够经受住今后地震等重灾的考验，减少伤亡。而且，有毒有害生产的化工厂、核电站等，能确保其安全。新建的城镇、乡村不宜都就地重建，而应当从长期防灾减灾和具有更高环境质量上去规划今后合理的发展途径。

(4) 建立地质灾害链综合预警系统。目前，随着救灾工程的深入，就需要考虑建立较完善的地质灾害的综合监测系统，奠定良好的基础，使今后家园重建也有科学的预警系统予以保障。

(5) 重视建筑物的防震功能以达到今后长期减灾的功能。地震是复杂的灾害，涉及人类尚不能很好认识的地壳内部的演化，因而目前国内外也难以做出科学预测预报。近来，特别是日本坂神地震以后，除了更加注意地震灾害的研究以便能很好进行预警之外，更多人士注意并强调了提高建筑物的防震防灾能力的重要性。

(6) 注意今后建造中对已产生滑坡合理防治与利用。这次地震诱发大量滑坡，真是山崩地裂，在今后恢复重建过程中要想对所有的滑坡都妥善处理是不可能的。为扫清道路，在对堵路部分滑坡前沿做一般清理后，实际上是隐伏着再次滑动的危险。因此，对有的滑坡体，可不必挖掘清除，而可设法利用作为道路的基础或架桥通过，万一要再扰动已“安歇”的滑坡体又会导致又复合而再次产生灾害。

(7) 创建适应地质灾害频繁的生态系统。在这些地震、滑坡等频发的地区，从长远上看，应当恢复原先适应当地自然环境的生态系统；以更好完善地呈现出九寨沟、卧龙等熊猫基地的天然景色，在滑坡体上发展固砂石的植被，建设抗震的骨干道路，合理发展种植业和养殖业及牧畜业，立足于适应当地灾害环境的基础，而不能采用其他地区的发展模式和相应的人工大量开发的生态系统。为此，需要很好调整这片灾区的产业结构。

(8) 深入利用这次灾害开展多方面科学研究。这次灾害造成重大灾难，应当将灾害的现象作为“资源”以开展科学研究，为今后灾区的重建和类似地区的防灾减灾提供重要的科学依据。这方面，不仅要更深入研究有关地震、地质学上的机理和规律问题，更要从中为今后建立综合预警系统，为今后灾区重建建立正确的科学依据。这方面也包括建筑结构、水资源开发、农林业科学以及工程防护措施等许多科学技术问题。

汶川大地震周年与地质灾害防治再思考①

卢耀如

摘　要　汶川大地震已过去一年时间，地震造成巨大灾害至今不能忘记，应当更好地贯彻科学发展观，深入地去思考分析地震灾害的机理，以期能为今后防灾减灾提供有效的科学依据。

关键词　汶川地震　川滇地震历史　地质灾害　地震机理

1　前言

2008年5月12日14时28分，发生于四川汶川的8.0级大地震，已经过去一年多时间了。时至今日，这场地震的惨状仍难以忘却，在人类的历史上记录下这场灾难，使后人永远记住。

在目前形势下，应当更好地贯彻科学发展观，深入地去思考与分析地震灾害的机理，为今后如何更有效地防灾减灾提供科学的依据。

"5·12"汶川地震发生后，面对媒体的采访，笔者曾提出一些认识和呼吁。在此再做些补充，并对人们关心的一些问题发表评论以供参考。

2　西南地区地震的历史概况及基本地质背景条件

2.1　地震历史简述

川西—滇西这一带是地震频发地带，沿四川平武、灌县、雅安、峨眉、宜宾至云南的彝良、宣威、富源、丘北、文山这一线的西部地带，显然受特提斯—喜马拉雅构造域的地壳演化所制约，近几十年来记录到不少大于6级的强地震[1-7]。此线以东，超脱特提斯—喜马拉雅山的影响，强震几乎没发生过。

20世纪以来，在川西、滇西发生6级以上地震有70多次，7级以上有20多次。公元前26年至目前，有历史记载的地震以云南和四川居多。云南破坏性地震有近190次，四川有90多次。

1970年1月5日发生在云南通海的7.7级地震，使峨山、通海、建水、石屏、玉溪、华宁等六县(市)，房屋遭受不同程度的破坏，也诱发大量滑坡[8-11]。

根据历史上有关记载[10,11]，笔者曾在20世纪90年代初，概略计算了云南和四川6级以上大地震的发生，具有周期性。如公元1490—1520年、1610—1640年、1730—1760年、1880—1910年这几个时间间隔内，处在高峰活跃期。1988年11月6日21时3分云南澜沧7.6级地震；1988年11月6日21时18分云南耿马7.2级地震；1989年4月16日—5月3日四川马塘6.7级、6.2级和6.4级三次地震，1989年5月7日云南耿马6.2级地震，表明川滇一带地震又进入活跃期。去年滇西仍有地震发生，而这次汶川地震达8.0级是最高的，破坏也最为强烈。

有一现象值得提出，云南和四川地震存在互补现象，即云南发生频率高大地震时，四川发生大地震的频率就低些，反之，四川高则云南低，或者两者叠加后形成高频率(图1)。笔者不完全计算(至20世纪

① 卢耀如.汶川大地震周年与地质灾害防治再思考[J]中国工程科学,2011,11(6):36-43.

90 年代初)，在 30 年间隔内，一般大震释放能量为 $10^{15}\sim10^{17}$ J，高峰期为 $10^{16}\sim10^{17}$ J。

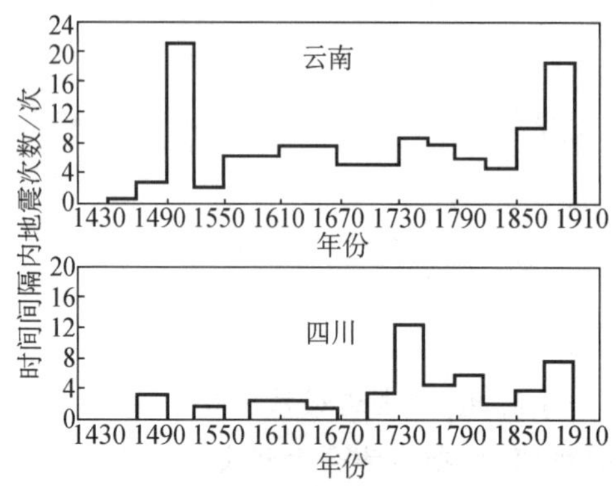

图 1 近 500 年来云南、四川大地震频率比对

2.2 西南地区地质灾害区划

中国西南及邻近地区主要地质灾害情况，我们早些时候曾进行区划[11,12]，简要表示于图 2[13]。

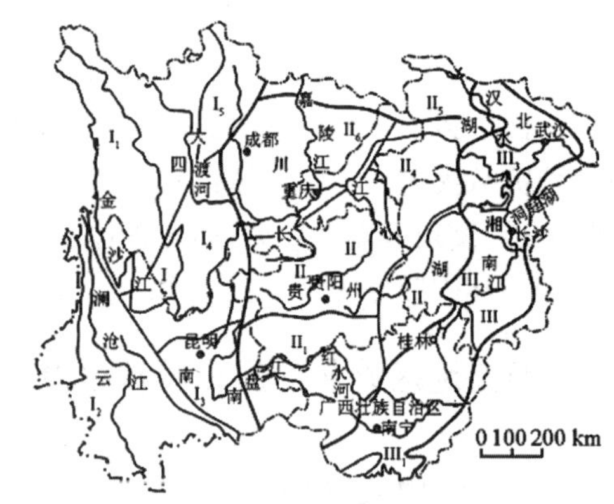

图 2 中国西南及邻近地区主要地质灾害分区图

Ⅰ为川滇西部高山深部—表层地质灾害活跃区；$Ⅰ_1$ 为大雪山—草原强震—冻融—侵蚀灾害亚区；$Ⅰ_2$ 为横断山—三江深谷强震—强侵蚀灾害亚区；$Ⅰ_3$ 为滇东高原强震—岩溶灾害亚区；$Ⅰ_4$ 为金沙江—雅砻江强震—强侵蚀灾害亚区；$Ⅰ_5$ 为岷山—邛崃山地震—侵蚀灾害亚区；Ⅱ为云贵高原—大巴山山地浅层—表层地质灾害活跃区；$Ⅱ_1$ 为黔南高原—桂西斜坡山地岩溶—侵蚀灾害亚区；$Ⅱ_2$ 为黔中高原—乌江峡谷岩溶为主灾害亚区；$Ⅱ_3$ 为九万大山—雪峰山弱岩溶—侵蚀灾害亚区；$Ⅱ_4$ 为湘鄂西斜坡山地—长江三峡岩溶—强侵蚀灾害亚区；$Ⅱ_5$ 为秦岭—大巴山山地弱岩溶—强侵蚀灾害亚区；$Ⅱ_6$ 为四川盆地及周边山丘弱岩溶—强侵蚀灾害亚区；Ⅲ为广西盆地—江汉平原浅层—表层地质灾害活跃区；$Ⅲ_1$ 为广西盆地强岩溶—强洪积灾害亚区；$Ⅲ_2$ 为湘南山丘—平原岩溶—强洪积灾害亚区；$Ⅲ_3$ 为江汉平原弱岩溶—强洪积灾害亚区；Ⅳ为东部非岩溶山区浅层—表层地质灾害活跃区(侵蚀灾害包括在侵蚀作用的基础上发生的有关水土流失、滑坡、崩塌、泥石流等地质灾害)，汶川大地震正属于 $Ⅰ_5$ 为岷山—邛崃山地震—侵蚀灾害亚区。

西藏地区也是地质灾害频发的地区，如 2001 年就发生过 8.1 级地震。

2.3 自然地质背景条件

地球属太阳系，在其形成与发展的过程中，不断产生着动态变化。地球，已知似鸡蛋结构。地壳(似鸡蛋壳)，是由上部硅铝层及下部硅镁层组成，连同上地幔上部，通常称之为岩石圈。在岩石圈下 60～250 km 范围内有比其上下更软的物质的软流圈存在。岩石圈则漂浮在软流圈上，软流圈下还有下地幔(3 510～4 310 km)及地核(半径 3 471 km)。

软流圈中有固、液、气三相物质在不断转化[14,15]，它是形成矿产资源的源泉，岩石圈的板块在软流圈中上面漂移、碰撞，引起地壳隆起造山及沉降，以及火山喷发，地震等灾害的产生。除了岩石圈之外，还有水圈、大气圈和生物圈，这四个圈层是相互依存、关联，又相互运动，使地球产生一系列演化。其结果是对人类的生存与发展，存在着两个方面条件：

第一，有利的资源性条件，除了空气、阳光之外，主要有土地资源、水资源、矿产资源、能源和生物资源；第二，不利的灾害性条件，主要是气候灾害、地质灾害（包括地震）和生物灾害。

在圈层运动中，由于印度洋板块向欧亚板块的俯冲，造成喜马拉雅山的抬升与青藏高原的隆起，这个基本地质背景，就是这次汶川地震的地质背景。川西、滇西一带的中高山山地，正处于青藏高原第一台面和云贵高原第二台面的斜坡地带，受板块运动影响频繁而强烈，因而地震频繁发生。

因此，用科学发展观认识客观的地球，就要了解这两方面条件与因素对人类生存与发展的影响。人类在地球上生活，对地球的开发，必须认识地球自然演化过程中的科学认识及其规律性，应当认识对地球上的各种开发、建设，必会影响到地球自身的演化。科学发展观就是首先应当探讨自然界中的演化规律，掌握有关科学认识，必求做到：第一，合理、有效、节约与循环利用资源；第二，积极有效地防治与减轻自然灾害；第三，人与自然地球和谐及与环境相友好以取得可持续发展。

3 人类活动诱发地震问题探讨

地震，在自然条件下发生，是地球演化过程的一个必然现象。通过地震、火山喷发等，释放了地下积聚的能量。近 500 年来，四川、云南及邻近地区地震释放的能量，据不完全统计表示于图 3。自然地震给人类带来了灾难，另一方面人类活动是否也会诱发地震呢？这个问题的答案也是肯定的。

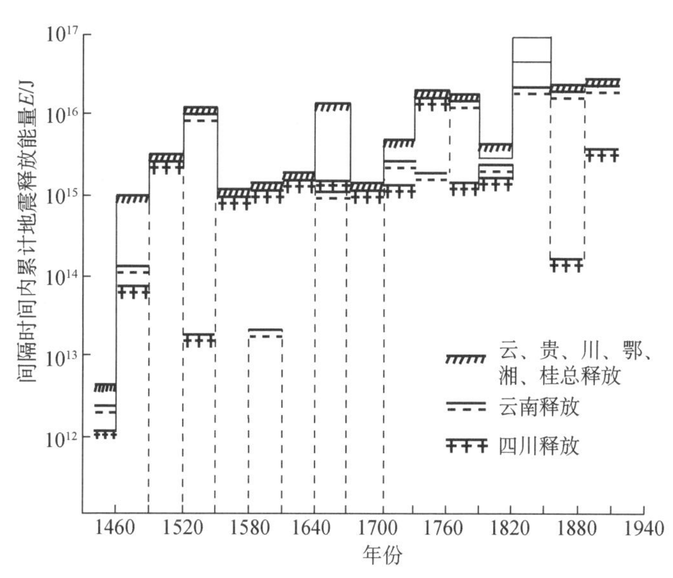

图 3 近 500 年来云南及邻近省区地震释放能量概略统计示意图

美国科罗拉多州丹佛一工厂，注水于寒武系结晶岩，诱发地震的孔隙水压力达到 38.9×10^6 Pa，估计初始水压力为 26.9×10^6 Pa，即增加了 12.0×10^6 Pa 水压力[16]。我国有的矿区，由于长期用冒落式开采地下煤炭资源，结果诱发了地面沉降达 16～18 m，诱发地震每年达 3 000～7 000 多次。震级在 M 3～4 的较多。国外也有不少这种情况发生[17]。至于国外水库发生诱发地震的概率，达 0.35%[12]。我国 20 世纪 90 年代初，主要诱发水库有 18 座，其中有 12 座在碳酸盐岩地区[18]，近期又有两座碳酸盐岩地区水库发生诱发地震。

这次的汶川地震，不少人也关心到水库诱发地震的问题。笔者在 20 世纪 90 年代初期就曾对这个问题做了一些探讨[14,19]。

汶川地震灾区，有许多碳酸盐岩发育，有的泉水流量可达 10 m^3/s，在碳酸盐岩岩溶发育地带，水库诱发地震的有 3 种类型，下面做些探讨[14,20]。

3.1 荷载断裂类型

由于水库蓄积大量库水，必然增加荷载，使原先深部处于平衡状态的应力场产生变化，特别是使处于临界状态的断裂产生应力平衡的破坏，而诱发断裂活动，导致发生地震。地震是地壳构造运动的必然结果，增加库水及泥沙的重力，使人工附加水库应力场和自然状态下应力场产生叠加影响，就会对相应的软弱断裂产生更大的压应力。

此类型的水库诱发地震，实际上是包括三个方面的压力状态的变化，即：① 水体（及泥沙）集中荷载产生应力场变化；② 水压力的增加，破坏原先岩体的强度；③ 在库水影响而改变物理化学场情况下，使岩体产生相应物理化学作用，包括激发溶蚀作用、软化软弱岩体（及断层带）的物理力学强度等。所以，此类型水库诱发地震通常应当是相对的静应力场变化—动水压力与岩体强度变化—物理化学激化岩体的稳定性时，就可诱发地震。

K. Terzaghi 在土力学中曾提出孔隙水压效应问题，M. K. Hubert 将其应用于岩体力学，即液体渗透到孔隙裂隙介质后，有效应力为总应力减去孔隙裂隙水压力，即：

$$\tau = \mu(\sigma - p) + C \tag{1}$$

式中 τ——岩石的抗剪强度；

σ——总应力或界面正应力；

p——孔隙水压力；

μ——摩擦系数；

C——岩石凝聚力。

式(1)对原属饱气带，水库蓄水后成为饱水带的岩体是适合的，库岸边坡的稳定与孔隙裂隙水压力有很大关系[21]。

在库水作用下叠加应力场后的全应力 $\bar{\sigma}$ 用笛卡尔坐标分量表示为：

$$|\sigma| = |\sigma_N| + |\sigma_Y| = \begin{vmatrix} \bar{\sigma}_x \\ \bar{\sigma}_y \\ \bar{\sigma}_z \\ \bar{\tau}_{xy} \\ \bar{\tau}_{yz} \\ \bar{\tau}_{xz} \end{vmatrix} \tag{2}$$

式中 σ_N——天然状态下应力；

σ_Y——水库附加应力；

$\bar{\sigma}_x$，$\bar{\sigma}_y$，$\bar{\sigma}_z$——叠加应力场的 x，y，z 轴分力；

$\bar{\tau}_{xy}$，$\bar{\tau}_{yz}$，$\bar{\tau}_{xz}$——相应 xy，yz 及 zx 方向剪应力。

未考虑增加水压力时平衡方程式一般的形式为：

$$\left.\begin{aligned} -\frac{\partial\bar{\sigma}_x}{\partial x} + \frac{\partial\bar{\tau}_{xy}}{\partial y} + \frac{\partial\bar{\tau}_{xz}}{\partial z} = 0 \\ -\frac{\partial\bar{\sigma}_y}{\partial y} + \frac{\partial\bar{\tau}_{xy}}{\partial x} + \frac{\partial\bar{\tau}_{yz}}{\partial z} = 0 \\ -\frac{\partial\bar{\sigma}_z}{\partial z} + \frac{\partial\bar{\tau}_{xy}}{\partial x} + \frac{\partial\bar{\tau}_{yz}}{\partial y} = -r \end{aligned}\right| \tag{3}$$

式中，r 为饱和的岩体容重。

当库水作用下使岩体受压缩，相应增加孔隙水（或裂隙水）压力时，则：

$$\bar{p} = p_N + \Delta p_R \tag{4}$$

式中 $\bar{p}$——库水作用下孔隙（小裂隙）水压力；

p_N——天然状态下孔隙（小裂隙）水压力；

Δp_{R}——库水作用下增加的孔隙(小裂隙)水压力。

当增加库水作用影响下的孔隙(小裂隙)水压力时,全应力$|\bar{\sigma}|$变为$|\bar{\sigma}_{\mathrm{R}}|$,包含了两个部分,即:

$$|\bar{\sigma}_{\mathrm{R}}|=\begin{vmatrix}\bar{\sigma}_x-\bar{p}\\ \bar{\sigma}_y-\bar{p}\\ \bar{\sigma}_z-\bar{p}\\ \bar{\tau}_{xy}\\ \bar{\tau}_{yz}\\ \bar{\tau}_{xz}\end{vmatrix}=\begin{vmatrix}\bar{p}\\ \bar{p}\\ \bar{p}\\ 0\\ 0\\ 0\end{vmatrix}=|a|+|b| \tag{5}$$

$|a|$是孔隙(小裂隙)水压力为零部分应力,$|b|$为有孔隙(小裂隙)水压力作用下的所有孔隙的应力。在饱水带以下岩溶化地层中,于天然状态下,孔隙(小裂隙)水压力不可能为零,而在水库作用下原先被封存的孔隙(小裂隙),由于库水压力作用下,增加机械潜蚀与化学溶蚀作用结果,可产生新的孔隙(小裂隙)水压力$\bar{p}$,所以应当是:

$$|\bar{\sigma}_{\mathrm{R}}|\begin{vmatrix}\bar{\sigma}_x-\bar{p}\\ \bar{\sigma}_y-\bar{p}\\ \bar{\sigma}_z-\bar{p}\\ \bar{\tau}_{xy}\\ \bar{\tau}_{yz}\\ \bar{\tau}_{xz}\end{vmatrix}+\begin{vmatrix}\bar{p}'\\ \bar{p}'\\ \bar{p}'\\ 0\\ 0\\ 0\end{vmatrix}=|a|+|b| \tag{6}$$

以

$$p=\bar{p}+\bar{p}' \tag{7}$$

应力和应变关系式(参考J. L.塞拉芬,1978年资料转引自斯塔格)[15],理论上可做下面分析:

$$\left.\begin{aligned}
\varepsilon_x&=-\frac{1}{E}||\bar{\sigma}_x-p|-|\nu\bar{\sigma}_y-\bar{\sigma}_z-2p||-\frac{p}{3B_{\mathrm{C}}}\\
&=-\frac{1}{E}|\bar{\sigma}_x-|\nu\bar{\sigma}_y+\bar{\sigma}_z||+p\left|\frac{1-2\nu}{E}\right|-\frac{p}{3B_{\mathrm{C}}}\\
\varepsilon_y&=-\frac{1}{E}|\bar{\sigma}_y-|\nu\bar{\sigma}_x+\bar{\sigma}_z||+p\left|\frac{1-2\nu}{E}\right|-\frac{p}{3B_{\mathrm{C}}}\\
\varepsilon_z&=-\frac{1}{E}|\bar{\sigma}_z-|\nu\bar{\sigma}_x+\bar{\sigma}_y||+p\left|\frac{1-2\nu}{E}\right|-\frac{p}{3B_{\mathrm{C}}}\\
\gamma_{xy}&=\frac{|21+\nu|-}{E}\tau_{xy}\\
\gamma_{yz}&=\frac{|21+\nu|-}{E}\tau_{yz}\\
\gamma_{xz}&=\frac{|21+\nu|-}{E}\tau_{xz}
\end{aligned}\right| \tag{8}$$

式中 ε_x, ξ_y, ε_z——x, y, z 方向上的应力;

E,ν——岩体无孔隙压力时,外力作用下弹性模量和泊松比;

γ_{xy}, γ_{yz}, γ_{xz}——相应ε_{xy}, ε_{yz}, ε_{xz}剪应力下的应变。

$|a|$系统引起岩体形变,以岩体弹性模量E和泊松比ν表示;$|b|$系统是孔隙(小裂隙)水压力作用下

产生压缩变形($-p/3B_C$)。B_C 是孔隙固相材料的平均体积模量。这两种系统的岩体变形，也就是使深部(特别是软弱断裂带岩体)由形变量的积聚，达到临界值时产生的大形变。岩体大形变就可能使岩体产生破坏，而诱发地震，产生地震时的临界应力 σ_E 为：

$$|\sigma_E| = \left| \begin{matrix} \bar{\sigma}_x - \eta_p \\ \bar{\sigma}_y - \eta_p \\ \bar{\sigma}_z - \eta_p \\ \bar{\tau}_{xy} \\ \bar{\tau}_{yz} \\ \bar{\tau}_{xz} \end{matrix} \right. \tag{9}$$

$$\eta = 1 - \frac{B}{B_C} \tag{10}$$

式中 η——静水位应力下相应体积变化系数；

B——孔隙体积模量；

B_C——孔隙固相材料的平均体积模量。

这时，库水作用下临界全应力的平衡方程为：

$$\frac{\partial\sigma_{Ex}}{\partial x} + \frac{\partial\sigma_{Exy}}{\partial y} + \frac{\partial\sigma_{Exz}}{\partial z} - \frac{|\partial\eta_p|}{\partial x} = 0 \tag{11}$$

相应的应力-应变关系为：

$$\varepsilon_x = -\frac{1}{E}|\sigma_{Ex} - |\nu\sigma_{Ey} + \sigma_{Ez}|| + \left|\bar{p}\right| \left| \frac{|1-2\nu||1-\eta|}{E} \right| - \frac{1}{3B_C} \Bigg| \tag{12}$$

因为 $\frac{1-2\nu}{E} = \frac{1}{3B_C}$ 时，理论上如果孔隙减少为零。即 $B \to B_C$，孔隙压力影响也就不存在。当然，实际上不可能使之变为零。孔隙压力产生的是压力-热力转换，可得：

$$_{\alpha}T = -p\left|\frac{1-2\nu}{E} - \frac{1}{3B_C}\right| = 0 \tag{13}$$

式中 T——温度；

α——膨胀系数。

$_{\alpha}T$ 为零时，也是孔隙(裂隙)承压水叠加下产生形变的过程。

实际情况应当是岩体不发生膨胀形变时，在库水叠加作用下，相应孔隙(裂隙)压力增加，岩体孔隙(裂隙)体积缩小，只是：$\frac{1-2\nu}{E} \to \frac{1}{3B_C}$ 时，岩体产生剧烈急变，这时孔隙(裂隙)水压力也消失，$\bar{p} \to 0$，$_{\alpha}T$ 也接近于 0，B_C 为岩体产生急变的临界体积模量，也是最危险的产生岩体破坏相应诱发地震时的临界体积模量，对弹性岩体存在着体积力，则：

$$X = -\frac{|\partial\eta_p|}{\partial x}, Y = -\frac{|\partial\eta_p|}{\partial y}, Z = -\frac{|\partial\eta_p|}{\partial z} \tag{14}$$

这时孔隙(裂隙)压力产生的热形变为：

$$_{\partial}T = \bar{p}\left|\frac{|1-2\nu||1-r|}{E} - \frac{1}{3B_C}\right| = 0 \tag{15}$$

即当这种条件下：$\frac{|1-2\nu||1-\eta|}{E}=\frac{1}{3B_C}$，使热形变停止。

这种情况下，就使岩体产生急剧形变，结果也使 $p=0$，而后，又逐渐恢复 p，又产生新的体积模量，开始产生水库作用下的叠加应力场。由于库水变化周期的影响，使 Δp 有着明显变化，也使 B 值不断变化，而有多频率的地震发生。

再考虑库水作用下，物理化学作用结果，包括深部岩溶作用、动水潜蚀等作用降低岩体物理力学性质与强度，所以也可简单表示为：

$$\tau_R=|\mu\bar{\sigma}_R-|p_N-\Delta p_R||+|C_N-\Delta C_R| \tag{16}$$

式中 τ_R——水库作用下的剪应力；

$\bar{\sigma}_R$——库水作用下岩体全应力；

p_N——天然状态下孔隙裂隙水压力；

Δp_R——库水作用下增加孔隙、裂隙水压力；

C_N——天然状态下岩体的凝聚力；

ΔC_R——库水作用下减少的岩体凝聚力（由于深部物理化学性质的地质作用，包括混合流体的溶蚀作用的加强）。

3.2 气化爆裂类型

在自然状态下，深部软流圈中存在着液、气、固三相物质的三相流，深部的气体常向上运移，地下孔隙、裂隙中常常为气体（而不是液体）所占据。在岩溶地带，深部的岩溶作用不仅有较大空间存在，而且也有多种成因的气体分布，由于气体的可压缩性，可以产生更大的压力。水、气的混合存在，也就具有更大的破坏力。前已述及库水探 130 m 时，地下增加水压后剪应力还是有限，而气体受压缩，产生的应力就可达几十至 100 MPa 以上。

由于水库蓄水，在高库水的水头作用下，促使水流加量、加深与加速向深部渗透运移。由于地温梯度影响或遇有热源岩体时，水温迅速升高，在高压状态下达到沸点时，使渗透水流由液态向气态转化。气态流体可储积于气化带附近，或向上运移至适宜地带，在不断积聚气体并不断升压的状态下，可形成高压的气团。

当水库在库水作用下于某深处 d 产生的全应力为 $\bar{\sigma}_R^d$，而产生高压气团层的全压力为 $\bar{\sigma}_a$ 时，如果：

$$|\bar{\sigma}_a|>|\bar{\sigma}_R^d| \tag{17}$$

就可产生体的破裂，而产生此类型的诱发地震。这类气化爆裂类型的水库诱发地震的震级与压缩气团的体积、压强有关。通常直接由压缩水—气团的作用而诱发的地震震级不是很大，但附近有断裂活动地带存在时，由于水—气压缩爆裂作用诱发构造破坏的地震，就可产生较大震级。目前世界上发生 M>6 级地震的水库区附近都有强烈的地热异常显示，这种耦合现象表明地热异常带更易于在水库地下产生气化作用，并使气化爆裂诱发断裂构造稳定性破坏而产生较大震级的地震。

压缩气团的压力为：

$$p_a=\frac{\rho_a}{\rho_o}p\iint_A\cdot|fR_{ao}\theta_a|\,dA \tag{18}$$

式中 $f|R_{ao}\theta_a|dA$——气团体积变化函数，

p_o——原始压强，

ρ_o——原始密度，

p_a——高压气团压强，

ρ_a——高压气团密度。

相应于水库蓄水后的自然状态下全应力 $\overline{\sigma}_R^d$，相应的压强为 p_o；有了气化作用形成高气压团的全应力为 $\overline{\sigma}_a$，相应压强为 Pa。而 $\overline{\sigma}_R^d$ 与库水及上面覆盖的岩体有效重量密切相关，在产生气化条件下，孔隙(及小裂隙)中的水压力相应减少可不计，则：

$$|\overline{\sigma}_R^d| \cong |G_E| + |G_R| \tag{19}$$

式中 G_E——上面覆盖的可能破坏的岩土体重力，

G_R——库水作用下可增加荷载重力。所以：

$$\overline{\sigma}_R = \frac{\rho_a}{\rho_o}\iint_A |G_E + G_R| \cdot f \, |R_{ao}\theta_a| \, dA \tag{20}$$

产生气爆地震类型时，需要使产生的气爆剪切破坏力 τ_a 为：

$$\tau_a = |\mu\overline{\sigma}_a| + F_a \cdot C_R \tag{21}$$

式中 F_a——产生诱发地震破坏岩体的断面面积；

C_R——破坏岩体的凝聚力。

该类型诱发地震，由于气化作用的连续发生，使高压气团的聚集形成爆裂岩石的过程易于重复产生，所以诱发地震的频率也多，但震级不一定高。在长江三峡地区，有热矿泉及盐泉出露的地带，紧密褶皱与宽缓褶皱的过渡地带，都易于产生库水的灌入，以产生此类型诱发地震。南斯拉夫 Bileca 水库的诱发地震，就与库水的气化作用有关[17]。前面已经论及有关深部地壳的三相流问题，因此来自深部的气体与库水渗流气化作用相混合，可使此类地震变得复杂。有的水库地带壳幔过渡层变化在 35～45 km 深度，明显有断裂存在。因此来自深部的三相流分导出气体，与库水作用下渗流气化的气体相混合，就有其发生的地质基础。这类气化爆裂也可在浅处诱发洞穴塌陷而产生地震，可归纳于下一类型中。深部诱发地震的因素，国外也注意过[17]。

3.3 洞穴塌陷类型

水库蓄水后，岩溶地下水会上升在充气带内早期发育的洞穴通道中，这类通道有的由于后期钙化及黏土的充填而成半封闭状态。当库水上升时，由于气团在洞穴通道中被压缩，以及由于水库蓄水，而使岩体及洞穴周围岩体物理力学性质降低，常可导致洞穴塌陷，而产生诱发地震。或者在河床浅处的高压气团及渗透水流的作用下，也可使洞穴顶底板岩体遭受破坏而诱发地震。通常此类型诱发地震的震级较小，震源深度较浅，多在 1 km 以内的深度，有的深度只有 100 m。坝高 165 m，建成后产生诱发地震，震级 1～2.6 级，震源深度多在数百米以内，应是属于此类型诱发地震。这类诱发地震的洞穴破坏情况与诱发的震级，可作些理论分析，概略对照见表 1。

表 1 岩溶地区水库岩溶塌陷诱发地震岩体破坏与能量对照表

诱发地震震级	相应能量/J	高压气团爆裂情况	洞穴岩体破坏情况
1 级	2×10^6	爆裂岩体体积 0.018 4 m^3(110 MPa 气团压力)	相当 100 m^3 岩体破坏，平均位移 1 m
2 级	6.3×10^7	爆裂岩体体积 0.58 m^3(110 MPa 气团压力)	相当 2 700 m^3 岩体破坏，平均位移 1 m
3 级	2×10^9	爆裂岩体体积 1.84 m^3(110 MPa 气团压力)	相当 80 000 m^3 岩体破坏，平均位移 1 m

洞穴破坏类型的地震与水库的坝高、库容、水库长度、水库面积等工程要素及碳酸盐岩分布面积、岩

溶率、洞穴发育深度、岩体渗透性等岩溶及其水文地质条件有关。

根据已知岩溶地区水库诱发地震的情况，可利用多因素评判对比法，以作预测其他水库产生洞穴破坏型地震的参考。多因素评判方程为：

$$C_e = \left| \sum_{i=1}^{n} R_{1i} \cdot p_{1i}/n + \sum_{j=1}^{m} R_{Dj} \cdot \rho_{Dj}/m \right| /2 \tag{22}$$

$$E_s = E_w \cdot C_e \cdot K_e \tag{23}$$

式中 C_e——对比评判系数，

R_{1i}——间接因素 i 项的比值，

p_{1i}——间接因素 i 项的权重，

R_{Dj}——直接因素 j 项的比值，

p_{Dj}——间接因素 j 项的权重，

K_e——岩溶发育中差异系数，

E_w——地震条件方面差异系数，

E_s——预测地震震级。

K_e 和 E_w 可根据已知地区岩溶发育强度和有关差异性，以及地震历史上的震级及有关条件而决定，其值可大于 1 或小于 1。当然，这种比较只是供作考虑洞穴塌陷诱发地震的参考。3 种岩溶地区水库诱发地震表示于图 4。

目前碳酸盐岩地区诱发地震的级别不高，多在 M 1～4 级。我国早期在火成岩地区新丰江水库曾诱发地震 M 6.1 级。水库诱发地震多是极浅的震源，而构造因素的震源就较深。

人类许多活动都可诱发地震，但震级低震源浅。水库诱发地震可能对浅层的地应力释放有所影响。最重要的还是应当综合研究各种人类活动对当地诱发地震的复合效应。特别是浅层诱发地震，如何通过软弱地带而与深部构造运动相结合的问题，值得深入探讨。

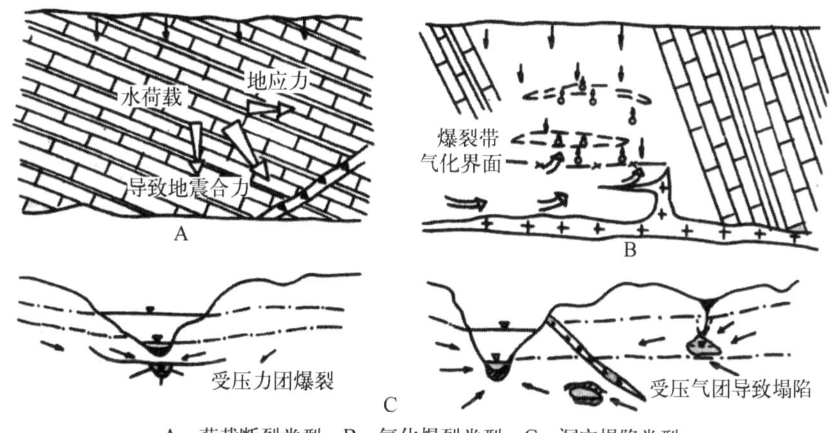

A—荷载断裂类型，B—氧化爆裂类型，C—洞穴塌陷类型

图 4 水库诱发地震 3 种类型示意图

4 深入研究灾害机理，完善监测预警系统，提高全民防灾减灾意识

4.1 深入研究灾害机理，注重灾害链的效应

目前，对许多地质灾害，已有相应的防治措施，例如滑坡这一表层地质灾害情况，相对其发生的机理，也有较多研究，因而也具有一套防治措施。但是地震源于深部地球的复杂圈层运动，都是地震发生

发展的机理尚了解得很不够。而且，许多人工活动又可诱发浅层地震活动，人类综合活动对浅层地震活动的影响如何能与深部震源产生效用，是需要考虑的一个世界性问题，应当予以重视研究。

自然灾害中存在灾害链，这是不争的事实。主要有：气候灾害和地质灾害间灾害链，例如：① 台风诱发滑坡、泥石流等灾害。② 地震和其他地质灾害间的灾害链，在汶川地震中诱发大量几万处滑坡、泥石流，就是一个例证。③ 生物灾害和地质灾害间的灾害链，如大的自然灾害可诱发瘟疫、传染病等。此外，还有上游与下游、海洋与陆地、地壳表层与深层的灾害链等。目前，都了解得很不够，或者还不清楚，都应当深入地开展探索。

4.2 建立监测灾害体系，做好预警预报系统

目前，影响范围小的表层地质灾害如滑坡等，已有多种检测手段，通过预报预警系统，临灾时避免了人民生命的损失。有的通过技术施工处理，也避免了灾害的发生。对于地震，涉及深度地壳活动，要预报精确却是世界难题。但是，在深入研究的基础上，圈定特别危险地带，加强监测力度，是可以力争在临震前能有信息发出，以减少灾害带来的损失，这是今后努力的方向。日本是地震频发的国家，利用地震时先到达的纵波(p)和晚十多秒到达的最具破坏力的横波(s)之间的时间差，以减少损失，收到了不错的效果。我国地域广阔，但是选择重要的地震灾害危险地带，加强监测，应是努力做到的。

4.3 合理采用防震措施和布置建筑以减少灾害损失

这次汶川地震，大部分伤亡都是没有防震设施的建筑，或者是建筑物处在不稳固的山坡脚，直接为诱发的滑坡、泥石流所摧毁。通过实验及实例，有防震垫层或其他防震结构的建筑，受损程度就大大降低。建筑物避开危险山坡，以及建筑物走向与地应力方向或将来产生地震波方向相平行的，建筑物毁坏的程度就要比建筑物走向与地应力方向垂直的低得多。因此今后建筑在规划中应当首先有地质环境和地质灾害方面的评估调查为重要依据。

4.4 提高全民防灾减灾意识，大力开展防灾减灾宣传

我国是多灾害的国家，但是人民对防灾减灾的意识却很薄弱，很多人临灾时不知所措。这次汶川大地震出现了数以万计的志愿者，体现了民族患难与共的伟大品质，也有不少是从废墟中拯救出来而生还的灾民。即使如此，为了今后能更好地在灾难来临之前做好相应措施，大大减少损失，目前开展减灾防灾的宣传，提高全民抗灾意识，仍是非常重要的长期任务。这方面包括：① 重要场所建立宣传栏；② 各种媒体结合当地情况进行防灾减灾宣传；③ 在公共场所及人口密集地区进行疏散、抗灾的演练；④ 开展民间志愿者的培训，提高救灾的技能；⑤ 提高与扩大专业救灾队伍的设备；⑥ 结合当地可能发生的灾情，及时修订应灾预案，因地制宜地预先宣传，使当地广大人民做到心中有数，临灾不乱不慌。

中华大地，地域辽阔，地质构造复杂，自然灾害多。我们要永远铭记汶川大地震，祈祝灾难中的逝者安息。从汶川地震灾害惨痛的教训中汲取教训，更好地提高全民防灾减灾意识，“多难凝聚兴邦志，少患源于强国情”。汶川地震已经过去一年的时间了，灾区得以很好重建，在于国家的强大实力。今后还会有自然灾害给我们带来灾难，我们应当从战胜汶川地震灾害的经验上，进行各方面的努力，真正做到防灾兴利，使中华民族更加强大。

参考文献

[1] 刘蔚.系统研究环境减灾(对话人：卢耀如).中国环境报[N].2008-5-14(2).

[2] 支玲琳.防疫，一场可能更加艰巨的持久战——访问卢耀如.解放日报[N].2008-5-22(8).

[3] 程晖.既然难以预报，不如加强设防——访中国工程院院士，国家减灾委专家委员会委员卢耀如.中国经济导报[N].

2008-6-28(1).
[4] 卢耀如.地质灾害防治与城市安全——在上海社科学院的演讲.解放日报[N].2008-6-29(8).
[5] 卢耀如.对四川汶川大地震灾害的思考与认识[J].环境保护,2008,(6A):42-45.
[6] 卢耀如.自然灾害链与城市安全[J].上海科普教育,2008,(2):1-4.
[7] 黄汲清,陈炳蔚.中国及邻近区特提斯特海的演化[M].北京:地质出版社,1987.
[8] 段永侯.中国地质灾害[M].北京:中国建筑工业出版社,1993.
[9] 中国科学院地球物理研究所.中国强地震震中分布图(震级大于6级)[M].北京:中国地图出版社,1976.
[10] 国家地震局地球物理研究所,复旦大学,中国历史地理研究所.明时期中国历史地震图集[M].北京:地图出版社,1993.
[11] 国家地震局地球物理研究所,复旦大学,中国历史地理研究所.清时期中国历史地震图集[M].北京:地图出版社,1990.
[12] 夏其发.《世界水库诱发地震震例基本参数汇总表》暨水库诱发地震评述(一)[J].中国地质灾害与防治学报,1992,3(4):85-100.
[13] 卢耀如.地质—生态环境与可持续发展—中国西南及邻近岩溶地区发展途径.南京:河海大学出版社,2003.
[14] 卢耀如.岩溶水文地质环境演化与工程效应研究[M].北京:科学出版社,1999.
[15] 卢耀如.地质灾害的监测防治分析[M]//宋健.中国科学技术前沿(中国工程院版).北京:高等教育出版社,1999/2000.655-678.
[16] 丁原章.水库诱发地震[M].北京:地震出版社,1989.
[17] STOJIE P. Influence of reservoir Bilica in a Karst area Proceedings of the U. S. — Yugoslavia symposium. Yevjevich (ed): Karst Hydrology and water Resources[C]. 1976: 607-626.
[18] 夏其发.《世界水库诱发地震震例基本参数汇总表》暨水库诱发地震评述(二)[J].中国地质灾害与防治学报,1993,4(1):87-96.
[19] LU Y R. Artificially induced hydrogeological effects and their in pact of environments on Karst of North and South China[C]//FEI J, N C KROTHE. Hydrogeology, Proceeding of the 30th International Geological Congress. Beijng China, 1997, 22: 113-120.
[20] LU Y R. Rational exploitation of resources and prevention of geohazards in Karst regions[J]. Acta Geologica Sinica, 2001, 75(3): 239-248.
[21] 斯塔格 KG,晋基维茨.工程应用岩石力学[M].北京:地质出版社,1978.

工程建筑安全与地质灾害的机理与防治①

卢耀如

摘　要　叙述了对科学发展观的基本认识，介绍了地质灾害概况，对常见的急变性地质灾害进行了说明，对地质灾害的监测与预警系统的建立进行了阐述。

关键词　地质灾害　科学发展　工程安全

1　科学发展观的基本认识

人类在地球上生活，对地球的开发与发展，必须认识自然演化过程中的科学性和规律性。因此，应用科学发展观来掌握自然界的规律，进而考虑对工程的相互效应，是非常必要的。

工程安全与经济是传统性的问题，在经济取得快速发展的中国，这个问题显得更加重要。工程安全与经济，与地质条件具有密切关系，特别是能否有效防治地质灾害，密切涉及工程的成败，下面就此问题予以探讨。

1.1　地球圈层结构

地球上存在着的圈层结构主要有：① 岩石圈、② 水圈、③ 大气圈、④ 生物圈[1]。

地球结构，有地壳、地幔和地核，而地壳及上地幔之间又有地震波速比上下层低的软流圈，软流圈中有气、固、液三相流，火山喷发的气、固、液体就是来自软流圈，岩石圈上板块就是在软流圈上漂移，软流圈也是很多地质灾害的渊源。

岩石圈中地层有火山岩(玄武岩等)、火成岩(花岗岩与侵入岩)和沉积岩。沉积岩中有碎屑沉积岩，如砂岩、页岩、泥岩等；化学沉积岩可分碳酸盐岩[石灰岩 $CaCO_3$、白云岩 $CaMg(CO_3)_2$ 等]和硫酸盐岩[石膏 $CaSO_4 \cdot 2H_2O$、硬石膏 $CaSO_4$ 等]及卤化物岩(盐岩 NaCl 等)等。在地质构造变动影响下，这些岩石圈中地层可发生上升与沉降、褶皱、断裂等现象。

水圈主要是水的赋存；大气圈是大气运动的场所；生物圈则是各种生物生存的空间。

实际上，在地球上这四个圈层不是截然分开的，而是相互交错依存，例如，岩石圈中裂隙、孔隙、洞穴就是水圈的构成部分。

1.2　地球对人类生存的资源性条件

地球上对人类生存的资源性条件，主要是水资源、土地资源、矿产资源、能源和生物资源[2]。

(1) 水资源：可分为地表水(河水、湖水等)、地下水(孔隙水、裂隙水、岩溶水等)及冰川(融雪水等)。

(2) 矿产资源：主要有黑色金属矿产——铁矿等；有色金属矿——铜、铅、锌等；非金属矿——石膏、岩盐等。我国已探明矿产资源有100多种。

(3) 能源：主要有煤炭、水能、核能、太阳能、风能、生物能源、地热能源。其中水能、太阳能、风能、地

① 卢耀如.工程建筑安全与地质灾害的机理与防治[J].中国工程科学，2010，12(8)：22-29.

热能以及生物能源易于循环产生，或有很大的源泉，因而又称为可再生的能源。

1.3 地球对人类的灾害性条件

地球自然演化过程中，对人类生存与发展存在着的灾害性条件主要有地质灾害、气候灾害及生物灾害[3]。

(1) 地质灾害：主要有滑坡、崩塌、泥石流、地震裂缝、地膨胀、地面沉降、岩溶塌陷、地震、沙暴、荒漠化、石漠化等。

(2) 气候灾害：主要有风灾、冰雹、台风、洪灾、旱灾、冰崩、霜冻、雪灾等。

(3) 生物灾害：主要有霍乱、鼠疫、各种寄生虫病、病毒性感冒、SARS(非典型性肺炎)、肝炎、肺痨病等。

因此，人类在地球自然演化基础上进行建设，要合理利用资源，防止工程建设及各种开发中诱发不良的地质灾害。

例如修建大坝涉及：① 坝基及坝底稳定性；② 是否会发生渗漏，能否把水蓄住；③ 需要根据地形、地质条件选择坝型，根据水能及开发目的，根据流域规划而定坝高。

对于水库库区涉及：① 库岸稳定性，由于库水涨落产生动水压力，诱发滑坡等地质灾害问题；② 库内泥沙淤积，向库外下游排沙问题；③ 库内水质变迁问题。

水库蓄水后，也常诱发地震，基本上有 3 种类型：① 库水及泥沙淤积破坏地壳稳定，发生断裂地震；② 地下深处水汽化，积聚成高压气团，冲爆岩石发生地震；③ 浅层洞穴塌陷发生地震。

此外，铁路及公路建设(涉及线路、隧道、桥梁等)、城市建设(要注意地基基础的性质及力学强度、建筑物荷载产生的不良效应以及产生的不均匀沉陷等)、矿山开采及地下空间开拓(要注意引起地面沉降、产生涌水涌沙，发生地下建筑物的断裂、滑动，高地应力产生岩爆、有害气体入侵、放射性超标影响人身健康)、机场、港口等各种建设，都需要考虑诱发地质灾害以及工程建设自身的工程安全问题。

1.4 宇宙因素对地质灾害产生的影响

地球是太阳系的一个行星，必然会受太阳系的影响，也会受到宇宙上其他因素的影响。目前宇宙因素影响主要有 4 个方面：① 太阳系方面；② 小行星陨石；③ 银河系方面；④ 超新星爆炸，但是这几方面对地球的影响还研究不多[1]。

1.5 地质生态环境

四个圈层的综合作用，及受地球内外因素复合影响结果，对人类生存最直接的因素，概括在地质—生态环境方面：土壤质量、大气质量、气候变化、水质变化、光合作用、食物链状况等方面。

总之，应用科学发展观，就是要认识自然界对人类生存与发展的两重性，一是有利的资源性条件；二是不利的灾害性条件。只有合理地开发利用资源性条件，有效地防治与减轻灾害性条件，才能取得可持续发展。可持续发展是人与自然的和谐共处的效应，要依靠建立在循环经济的基础上。人类发展过程中，首先是自然资源的循环利用，也就是有了循环经济的粗放行为。随着生产力的发展及科技的进步，当代循环经济是科学交叉与尖端科学的综合产物，今天的循环经济，是要建立在科学技术不断创新发展的基础上。只有应用科学发展观，才能使各项建设顺利进展，也才能保证工程安全。

2 地质灾害概况

2.1 不同地质环境的地质灾害分析

中国面积广阔，受地质构造的演化影响，有高山、高高原、中高山峡谷、低山丘陵、沙漠戈壁、内陆草原、黄土高原、岩溶高原山地、平原—大盆地、海岸带、岛屿等不同的地质环境，因而具有不同生态系统，也具有不同的地质灾害情况，有关情况综合于表 1。

表 1　中国不同地质—生态环境地区的主要地质灾害简表

地质—生态环境类型	总面积/(10^4 km^2)	主要灾害性环境问题
岩溶山地	>110	旱、涝灾害、塌陷、岩漠化、地震、滑坡、泥石流
黄土高原	40	边坡稳定、湿陷性、土壤侵蚀、干旱
平原地区	100	地下水位下降、洪涝、干旱、淤积、盐碱化
沿海与岛屿	>100	海水入侵、淤积、地面沉降
草原地区	100	干旱、地下水下降、草原退化、荒漠化
沙漠戈壁	90	干旱、水资源匮乏、沙漠化扩展
高山地区	100	冰融灾害、滑坡、泥石流
内陆盆地	>100	土壤侵蚀、洪涝、地下水位下降
高高原	>100	冰融灾害、泥石流、边坡稳定、土壤侵蚀

2.2　地质灾害与其他自然灾害的关系链分析

自然界中，存在的自然灾害是很多的，各种灾害与地质环境密切相关，各种灾害之间也存在着密切的联系，特别是气候灾害与地质灾害关系密切。各种灾害之间，存在着复杂的灾害链。

由于西部高山的阻隔，所以来自东南部和南部输入中国大陆的水汽，明显受制横断山脉及喜马拉雅山强烈隆起的影响，使水汽多数仍折向中国东部一带输出。出现水汽等值线的凹槽，反映天空水汽折而东移的情况。根据近 500 年来有关历史记载[4]，历史上水灾、旱灾分级及有关地质灾害情况列于表 2，中国西南地区 500 年来水、旱灾频率列于表 3。

表 2　中国水旱灾害及有关地质灾害分级表

水灾、旱灾分级	历史记载	近代降水与旱涝记述	诱发地质灾害情况
重水灾级	“大雨浃旬”“江水溢”“大水溺死人畜无数”	日降雨量在 100 mm 以上，或连日暴雨，数万平方千米以上受灾	出现大型滑坡或滑坡群，大型塌陷或塌陷群，泥石流严重
轻水灾级	“春霖雨伤禾”“秋雨害稼”“大水”	日降雨量 50 mm 以上，或连日大雨，数千平方千米以上受灾	出现小型滑坡、塌陷或少量滑坡塌陷，少量泥石流发生
常年级	“有秋”“大有年”“风调雨顺”	降雨情况如常年日月雨量	无自然旱涝引起的滑坡与塌陷
轻旱灾级	“月旱”“春旱”“秋旱”	一月以上无雨或雨量极少，，数千平方千米以上受影响	小型滑坡、塌陷，由地下水位下降引起
重旱灾级	“春夏旱”“赤地千里”“河涸”“塘干”“井泉竭”	一季以上无雨，或雨量极少，数万平方千米以上受灾	地下水急剧下降引起重力塌陷群

表 3　中国西南地区水、旱灾频率统计简表

地区	水灾			旱灾			水、旱灾害比	水、旱灾害总频率
	重水灾	轻水灾	合计	轻旱灾	重旱灾	合计		
江汉平原	10.49%	18.87%	29.36%	11.95%	6.08%	18.03%	1.62	39.44%
洞庭湖湖盆区	11.17%	23.03%	34.20%	18.94%	2.25%	21.19%	1.61	55.39%
鄂西—湘西山地	7.82%	22.08%	29.90%	14.30%	5.54%	19.87%	1.50	49.77%

（续表）

地区	水灾			旱灾			水、旱灾害比	水、旱灾害总频率
	重水灾	轻水灾	合计	轻旱灾	重旱灾	合计		
广西盆地	5.05%	21.38%	26.43%	19.95%	3.53%	23.48%	1.12	49.91%
滇东高原	10.02%	27.62%	37.64%	11.99%	3.96%	15.95%	2.35	53.59%
滇西高原	10.38%	29.19%	39.57%	11.22%	4.65%	15.87%	2.49	55.44%
贵州高原	4.20%	15.75%	19.95%	13.53%	6.66%	20.19%	0.98	40.14%
渝东山地	10.14%	31.02%	41.16%	21.81%	13.54%	35.35%	1.16	76.51%

2.3 地质灾害之间的关系分析

地震是地质灾害中危害性最大的灾害，也最难进行预测预报，地震是地壳运动的结果，也是地壳中相对稳定—不稳定—再相对稳定的不断往复过程中而发生的，地震也是地应力的释放过程，不同震级的地震释放能量列于表 4[5]。

地震的发生常诱发滑坡、泥石流、岩溶塌陷等地质灾害。受印度洋板块每年以 4.8～6.4 m/a 的速度向北挤压及太平洋板块碰撞影响，我国西南地区地震灾害是严重的，台湾及岛弧地带地震也频繁发生。

表 4　地震震级与能量释放对照表

地震震级	地震释放能量 E/J	地震震级	地震释放能量 E/J
1	2×10^{6}	5	2×10^{12}
2	6.3×10^{7}	6	6.3×10^{13}
3	2×10^{9}	7	2×10^{15}
4	6.3×10^{10}	7.75	2.7×10^{16}
4.75	8.4×10^{11}	8	6.3×10^{16}

前已谈及，水库修建也会诱发地震，这里再作分析，我国一些大型水库诱发地震情况（根据夏其发的统计做些补充）[6,7]列于表 5。

表 5　我国水库诱发地震情况略表

诱发地震的水库数/座	地震震级	震中地带岩性	震源深度/km	占诱发地震水库数的百分比
3	2.3～6.1	花岗岩	<2.5～5	15%
2	3.7～4.8	混合岩	2.5～7.4	10%
1	2.8	火山岩	0.27	5%
14	1～4.7	碳酸盐岩	<0.5～6	70%
20	1～6.1		<0.6～7.4	100%

我国已修建大、中、小型水库近 9 万多座，总库容 5 548×10^{8} m^{3}，一万九千多座大、中型水库中，明显诱发地震有 20 座，震源深 0.5～6 km，其中 14 座在岩溶地区。水库诱发地震可分 3 种类型：荷载断裂型、气化爆裂型、洞穴坍塌型[8]。

荷载断裂型：由于几亿立方米至数百亿立方米的水库积蓄的水体及泥沙堆积，产生巨大的荷载，而且由于库水位的变化，这些荷载会产生动态的变化，因而影响到地下岩体的应力状态。原先平衡的状态产生地下应力的不平衡，原先不平衡的状态就变得更不平衡，其结果就使地下岩体产生破坏、断裂、挤压等现象而诱发地震。

气化爆裂型：由于库水的高水头作用，有条件的厚层含水层及相对弱透水层地带产生渗流场的变化，促使水流向深部渗透运动，至一定深度又可产生气化现象，向上运移的水汽可积聚于适宜的地下缝隙地带（或深部不大的热液洞穴通道中）。当压力不断增加至临界值时，可破坏周围岩体而诱发地震。

洞穴坍塌型：在岩溶地区，由于水库蓄水，使两岸及河床不深处的洞穴，在一定状态下受库水影响而壅高地下水位，并使洞内气体被压缩。当压力达到临界值时，就可使洞穴顶部（或洞壁）岩体遭受破坏产生塌陷；或者由于地下水的抬高降低浅部洞穴顶底板与洞壁的力学强度。导致产生岩溶塌陷而诱发地震。

水库诱发地震在国外也有不少例子：据1988年数据，在总数22 770座的世界大水库中，诱发地震的水库有116座，占0.34%。在诱发地震中属于洞穴塌陷型的震级一般不高，属于气化爆裂型的从理论上分析和一些例子上看震级也不太高。主要危险的是荷载断裂型（或构造应力断裂型）。

3　常见的急变性地质灾害

地质灾害有突发性的地质灾害，如地震、火山喷发、滑坡、泥石流、岩溶塌陷等，突然性地质灾害，实际上也有缓变的过程[1,2]。

3.1　滑坡和泥石流

滑坡和泥石流在全国各地都有发生，是较常见的。历史上大滑坡早在两千多年前就有记载，如公元前186年武都山崩死760人，公元前100年秭归山崩死百余人。1933年四川松潘叠溪地震（7.5级）后产生约1.5×10^8 m^{3}大滑坡崩塌群，阻断岷江使蓄水4.5×10^8 m^3，溃决形成40多m水头的大水流体下泄。席卷岷江两岸11个村寨，死亡9 300人。

1965年云南禄劝在金沙江支沟产生约2×10^8 m^{3}滑坡，掩埋5个村庄，死亡443人。1967年四川雅砻江上唐古栋滑坡，体积$6\ 800\times10^4$ m^3，也造成重大损失。1982年7月四川万县地区暴雨，产生数万处滑坡与崩塌。1983年贵州盘县滑坡，体积达$3\ 000\times10^4$ m^3。

在长江黄金航道上，三斗坪至江津间690 km的干流两岸，即长江三峡水利枢纽的主干库区（库岸线长达1 380 km），已发现有不同规模的自然滑坡和危险变形体共1 500多处（不包括人工开挖等因素造成的危险边坡），据早期调查总体积估计在数十亿立方米以上。

1. 滑坡及崩塌类型

滑坡类型有多种划分，按地层岩性可分：① 土层滑坡、② 沙砾石层滑坡、③ 基岩滑坡、④ 混合岩（土）滑坡等。

按滑动面性质可分：① 陡顺层滑坡类型、② 缓顺层滑坡类型、③ 陡向反裂隙滑坡类型、④ 缓反向裂隙滑动类型、⑤ 多种面组合滑动类型、⑥ 陡顺坡裂隙与缓层面滑动类型、⑦ 陡缓裂隙组合滑动类型、⑧ 陡层面与缓裂隙组合滑动类型。

滑坡产生，是有很多因素构成的，涉及岩体结构、水文因素、岩溶作用影响、力学性质变化、人类活动及工程因素等影响。

滑坡的发生有自然因素产生的，不少是人工因素而诱发的。工程施工的不当开挖，常是诱发滑坡发生的最主要的因素，具体地讲，人工诱发的滑动主要由以下因素产生：形成不稳定岩（土）体结构、增加不稳定岩（土）体滑力、降低不稳定岩（土）体的力学强度。

2. 滑坡的防治

首先应研究滑坡可能发生地带的有关地质条件及可发生滑坡的机理。主要研究内容：① 岩（土）体结构面变化、② 可滑动岩(土)体的变形、③ 结构面物理力学性质的变化、④ 岩(土)体的化学组分与特征、⑤ 岩土体内外水流性质的变化、⑥ 水动力条件与水动态变化。

滑坡(崩塌)处理方法较多,可概括为下列几方面:

(1) 减少主滑力量——砍头:通过爆破等方法,减少滑动岩体主滑力(Fsin)。

(2) 增加抗滑力量——压脚:用石头压坡脚,设挡土墙、灌浆、抗滑桩等方法增加抗滑力(Fcos)。

(3) 提高滑动面力学强度——捆腰:用灌浆、切断滑动面、改变滑动带的力学性质等方法。使滑动体提高整体性和力学强度。

(4) 减少动水压力——排水:动水压力是诱发滑坡的重要动力,所以减少动水压力是非常重要的。笔者曾计算国外一水库工程,不同动力压力情况下边坡稳定系数值可相差 0.3~0.5,所以适时降低动水压力是非常重要的措施。此外,地震附加动力也是千万滑坡发生的重要因素。

(5) 加强危岩体的稳定性:通过工程措施增加岩体完整性,特别是与稳定山体相连结,以避免岩体滑动与崩塌。主要用锚杆、锚索等。

3.2 泥石流灾害

泥石流发生地带多是岩石破碎、松散不稳定土、砾石分布地带,而且多数是在暴雨中发生大规模滑坡、崩塌后产生的。因此,对于松散地层或堆积体,需要做好护坡及有关加固处理,对破碎岩体,需要采取相应措施以防治。

1. 泥石流类型

可有多种划分,如按岩性可分为:基岩泥石流、土层泥石流、砂砾石泥石流和混合流泥石流。根据流动物质组分可分为:黏性(泥质、泥石质)泥石流和稀性(泥石质、水石质)泥石流。根据泥石流爆发原因可分为:暴雨泥石流、绵雨泥石流、融雪泥石流、滑坡泥石流、地震泥石流和溃决泥石流(水库、尾矿坝等溃决造成)。

2. 泥石流的研究

最主要研究基本的地质结构、岩(土)体特性、地貌地形、水文过程、水动力条件、工程作用的效应等,具体研究泥石流发生的机理,涉及到岩土体力学特性、河床纵坡降、泥石流发生的过程、泥石流流速的变化、河床粗糙率、地形的变异等诸多因素。

3. 泥石流防治

泥石流防治的基本原则是:① 控制地表水的汇聚、② 控制地表松散固体流失、③ 分离水流与固体径流。

具体的工程措施可归纳为下列方面:构筑梯田、发展植被、拦流挡坝、挡土墙、谷坊烂泥坝、丁字坝、砌石鱼鳞坑、沉沙池、拦石场、泥石流排泄道、河流治理改道(小河)、人工淤积、潜坝、河道渡槽等。

但是,对泥石流的防治,从对可能发生泥石流的源头岩(土)体上着手是最重要的,例如,乌江渡水库小黄崖地带,乌江渡水库是我国岩溶地区目前最高的大坝(165 m),相隔一沟谷的小黄崖有很多垂直裂隙,与早期挖煤造成沉降有关。根据观测,库水变化与裂隙形变、沉陷密切相关,后采取人工爆破减压,以避免自身突然发生滑坡—泥石流,影响大坝的安全。

加固岩体也常用预应力锚杆。锚杆的抗滑锚固力一般可达 190~498 kN,大的锚索可达 2 000 kN 抗滑定系数为:

$$K_s=\frac{\sum_{i=1}^{n}\left(F_i\cos\theta_i+\sum_{j=1}^{m}R_{ij}\cos\alpha_{ij}\right)\tan\varphi_i-\sum_{i=1}^{n}\sum_{j=1}^{m}R_{ij}\sin\alpha_{ij}}{\sum_{i=1}^{n}F_i\sin\theta_i} \tag{1}$$

式中 K_s——抗滑安全系数；

F_i——i 条块岩体重力，N；

θ_i——i 条块重力方向与垂直滑动面的法线之间的夹角；

R_{ij}——i 条块上 j 条锚杆锚固力，N；

φ_i——i 条块内摩擦角(滑面上)；

α_{ij}——i 条块 j 条锚杆轴线与滑面法线之间的夹角。

中国泥石流灾害是很多的，大的如四川会东县内金沙江上老君滩就是1932年泥石流造成的，洪水期为4个滩，枯水期连成一个滩，长4.35 km，落差41.39 m，使江水的流速达6.3 m/s，浪高可达8.5 m。云南大盈江40多条支沟的泥石流，每年输入大盈江泥沙达 360×10^4 m^3。梁河泥石流在1974年一次就冲毁盈江新城和旧城46.6 hm^2 水田，受灾200 hm^2。

目前，云南东川蒋家沟泥石流是很典型的，有大小冲沟198条，每年有10～20次泥石流，搬运量 300×10^4～500×10^4 m^3，流速达13～15 m/s。

3.3 岩溶坍塌

岩溶发育过程中会发生岩溶塌陷，这是地下发育洞穴过程中必然发生的现象[2]。

1. 天然岩溶坍塌类型

(1) 碳酸盐岩自身重力塌陷。可分为：① 梁状洞顶塌陷、② 穹状洞顶塌陷、③ 多层洞顶塌陷。

(2) 土洞塌陷。碳酸盐岩层上覆土层由于下伏碳酸盐岩中洞穴通道的存在，在碳酸盐岩和上覆土层中发生地下水的侵蚀，以及气团压缩与膨胀和三相流的作用结果，也常发育有土洞。在天然土体自身荷重与水流潜蚀作用影响下，或工程荷载、震动作用影响下，也常发生塌陷，这也是岩溶塌陷的一种类型。

2. 天然岩溶塌陷成因类型

碳酸盐岩中洞穴或土洞，在天然状态下由多种因素诱发产生的，因此天然岩溶塌陷成因类型可分为：① 天然重力岩溶塌陷类型；② 天然潜蚀岩溶塌陷类型；③ 天然旱涝岩溶塌陷类型；④ 天然地震岩溶塌陷类型。

3. 人工诱发岩溶塌陷类型

人类工程建筑荷载、震动、蓄水、抽水、矿产开采、污染、地下空间开拓等，都可诱发岩溶塌陷。

4. 岩溶塌陷防渗措施

主要有以下几方面：① 提高塌陷岩(土)体力学强度、② 改善岩(土)体的原有结构、③ 减少岩(土)体的水动力作用、④ 控制岩(土)体的应力与荷载。

例如，官厅水库岩溶塌陷的处理[9]。

我国20世纪50年代中建成的当时库容最大的水库——官厅水库，库容 20×10^8 m^3，1955年建成蓄水后，即发生渗漏，诱发对基础及坝体的潜蚀而发生塌陷，后来通过研究，查明渗漏途径，进行了治理。当时采取防治措施是：水泥喷涂于库水接触的岩面，加强灌浆防渗帷幕，库内抛土形成铺盖，坝后排水减压。

岩溶地区防塌陷的方法，需结合当地情况而酌情采用，例如在水利水电建设中，防治岩溶塌陷就有铺盖、封闭、填塞、围隔、通气、灌浆、截流、引泉、排水等10种途径和46种方法。

地质灾害中还有缓变性地质灾害，如地面沉降等，缓变性灾害也可演变为突变性灾害，工程建设中，对缓变性灾害常常认识不足，造成危害时就难以挽救了。有的大都市下为多层软土层，中夹沙层，在抽取地下水、高层建筑群荷载及地下空间网状开拓情况下，加剧产生地面沉降，特别是诱发不均匀地面沉降，对工程自身及整个城市安全都是非常重要的不容忽视的问题。

4 地质灾害的监测与预警系统的建立

自然界中地质灾害是客观的现象，也是地球演化过程中难以避免的自然现象，因此，在工程建设中，必须充分认识地质灾害的发生机理及其危害性，才能正确针对当地自然情况，而合理规划与设计工程建设，并认真分析工程建筑将会产生的环境效应，以及对相应的地质灾害可能诱发与激化的情况。因此，在工程建设之前，应当有对地质灾害与环境效应方面的认真评估，应当建立防治地质灾害的风险意识，进行有关风险的评价和风险的工程管理，也必须有一定资金投入，进行相关的防治工程，进行正确的地质灾害的防治是保障工程安全的最基本的前提，不论是在施工期间还是工程完工后长期运行中，地质灾害防治及相应减灾措施都是安全的需要。

4.1 从灾害链上考虑工程安全[10-12]

自然灾害链是客观的现象：气候灾害和地质灾害之间存在着灾害链；地质灾害之间也存在着灾害链。前已论述，不从灾害链上考虑地质灾害的防治，就难以达到真正防治地质灾害的功效。此外，还要考虑以下几点：

1. 区域灾害链的关系

例如，大江河上游的灾害，对下游灾害的影响。1998 年长江洞庭湖一带最大洪水只有 $5\times10^4\sim6\times10^4\ m^3/s$，而 1931 年长江三峡一带洪峰流量达 $10.7\times10^4\ m^3/s$，而 1998 年的灾情对洞庭湖及下游城市危害却不比以前小，这与上游土壤加剧侵蚀造成上下游灾害链有关。

洞庭湖形成机理：断陷盆地。

湖面积变化：17 875 km^2(距今 $1.6\times10^6\sim0.4\times10^6$ 年)；6 000 km^2(公元 1825 年)；4 350 km^2(公元 1949 年)；2 700 km^2(近代)。目前沉降速度：6.4～12 mm/a。

由于人工围湖造田，使湖面积减少，加上泥沙淤积，所以在大量减少湖水容积情况下，不能承受上面较大洪峰，而造成淹没湖外地区的灾害。

2. 地质灾害之间的灾害链

地质灾害的发生与发展，首先是由地球自身某地带圈层运动不平衡的结果所造成的。发生较大规模灾害的部位，多是脆弱的地带。如前已论及，四川松潘叠溪地震，诱发大滑坡群；1970 年，云南通海的地震，也诱发大量滑坡、泥石流、地裂隙以及岩溶塌陷等。2008 年四川汶川 8.0 级大地震，诱发了数万个滑坡与泥石流灾害[13]。

大滑坡、岩溶塌陷等地质灾害，也可诱发地震。岩溶洞穴塌陷诱发地震的情况，可概略分析于表 6。

表 6 岩溶地带洞穴塌陷诱发地震能量分析

诱发地震震级	相应能量/J	岩体高压破坏情况	洞穴破坏情况
1	2×10^5	爆裂岩体体积 0.018 4 m^3(110 MPa 气团压力)	相当 100 m^3 岩体破坏，平均位移 1 m
2	6.3×10^7	爆裂岩体体积 0.58 m^3 (110 MPa 气团压力)	相当 2 700 m^3 岩体破坏，平均位移 1 m
3	2×10^9	爆裂岩体体积 1.84 m^3(110 MPa 气团压力)	相当 8 000 m^3 岩体破坏，平均位移 1 m

4.2 地质灾害监测与预警系统建立

要做好地质灾害预警系统的建立，必须做到以下方面。

(1) 应对地质载体有全面调查研究。

(2) 应有适时的监测数据。

(3) 应适时抓住灾情的前兆。

(4) 建立相应的信息系统及判断决策系统。

地质灾害发生于地质载体上,因而首先对其结构应有系统的了解,这方面涉及岩(土)体形成过程的特性。在自然状态下,地质载体遭受各种地质作用的过程,可引起软弱结构面、载体中水动力条件,以及水—岩、水—土作用的特征变化而诱发灾害。不同地质灾害所应调查的内容是有差异的。

对于滑坡地质灾害,调查研究的主要内容是:① 岩(土)体结构面的变化、② 结构面物理力学性质的变化、③ 可滑动岩(土)体的形变、④ 岩(土)体化学溶解情况、⑤ 岩(土)体内水流的水质变化、⑥ 水动力条件与水动态变化、⑦ 气候要素的观测、⑧ 地质构造活动性。

对于岩溶塌陷灾害,调查研究的主要内容是:① 地面形变的情况、② 岩(土)体结构面的物理力学性质、③ 水流的动态变化、④ 地下洞穴空间的发展变化、⑤ 水—土潜蚀作用情况、⑥ 附加应力的状态、⑦ 气象要素的观测、⑧ 地质构造活动性。

对于泥石流灾害,调查研究的主要内容是:① 破碎岩体的结构状况、② 植被变化的情况、③ 地表坡度的变化、④ 岩(土)体的物理力学性质、⑤ 水流动能的变化、⑥ 土壤侵蚀作用变化情况、⑦ 气候的观测、⑧ 地质构造活动性。

4.3 地质灾害适当监测手段

通常使用方法涉及以下几种。

(1) 利用遥感技术的宏观监测。

(2) 实地形变监测。

(3) 危险地质体的力学特性监测。

(4) 危险地质体内的水动力与水特性监测。

(5) 三相物质的综合特性监测。

在进行这两项工作之前,建立相应数据库,才能适时进行信息的捕捉与深入的分析,才能作出预警的正确判断。这样,才能建立重大地质灾害及地带性地质灾害预警系统,并结合工程地带的地质情况,进一步作出与工程安全密切相关的决策,以发挥预警系统的真正功效。

最好需要强调的是:a.工程建设的成功与安全,必须在调查地质条件的基础上,予以正确的设计,才能达到防灾减灾与保障安全的目的;b.工程手段不是万能的。

参考文献

[1] 卢耀如,等.岩溶水文地质环境演化与工程效应研究[M].北京:科学出版社,1999.

[2] 卢耀如.地质—生态环境与可持续发展——中国西南及邻近岩溶地区发展途径[M].南京:河海大学出版社,2003.

[3] 卢耀如.地质灾害的检测与防治[M]//宋健。中国科学技术前沿(中国工程院版)).北京:高等教育出版社,2000.

[4] 中央气象局气象科学研究院.中国近五百年旱涝分布图集[M].北京:地图出版社,1981.

[5] 李兴唐,冀鼎成,许学汗,等.地壳稳定性研究基础与方法.中国科学院地质研究所编.工程力学研究[M].北京:地质出版社,1985.

[6] 夏其发.《世界水库诱发地震震例基本参数汇总表》暨水库诱发地震评述(一)[J].中国地质灾害与防治学报,1992,3(4):95-100.

[7] 夏其发.《世界水库诱发地震震例基本参数汇总表》暨水库诱发地震评述(二)[J].中国地质灾害与防治学报,1993,4(1):87-96.

[8] LU Y R, DUAN G J. Artificially induced hydrogeological effects and their impact of environments on Karst of North and South China[C]//FEI J, KROTHE N C. Hydrogology, Proceedings of the 30th International Geological Congress[C]. VSP, UTRECHT. NETHERLANDS. 1997.

[9] 卢耀如.官厅水库矽质石灰岩喀斯特发育的规律及其工程地质特征[C]//中华人民共和国地质部水文地质工程地质研究所论文集(1).北京：地质出版社,1959：132-153.

[10] 卢耀如.对四川汶川大地震的思考与认识[J].环境保护,2008,(11)：42-45.

[11] 卢耀如.地质灾害防治与城市安全——卢耀如院士在上海社会科学院的演讲[N].解放日报,2008-06-29(8).

[12] 卢耀如.自然灾害与城市安全[J].上海科普教育,2008,(2)：1-4.

[13] 殷跃平,等.汶川地震与滑坡灾害概论[M].北京：地质出版社,2009.

加强地质灾害预警预报系统建设①

卢耀如　刘　琦

1　自然灾害是不可避免的，关键在于科学的认识，妥当地采取防灾减灾措施

地球有四十多亿年的历史，地球在浩瀚的宇宙中是很小的一个星球，属于太阳系中一个行星。地球在自身演化过程中，不断发生沧海桑田的变化。关于宇宙特别是太阳系对地球的影响，人类知道尚少。

就地球上水的来源问题，尚无定论。有人认为是宇宙中的小星球不断在给地球输水。地球上的沉积岩的生成，与水流侵蚀、冲刷以及搬运有关，也涉及洪水、滑坡、泥石流等现象。对人类生存与发展有关的各种资源，如能源、水资源、矿产资源和生物资源等，其生成都与当时气象、地质作用密切相关。

自然资源对人类的生存与发展起到了积极作用，但如果不科学或过度开发利用就会产生不良效应[1]。另一方面，自然界对人类生存与发展，仍具有灾害性条件，这些灾害性的地质作用，如果没有构成对人类生命财产的损失，也有可能会对一些资源的生成创造有利条件。例如滑坡、泥石流及广义的水土流失，可在下游形成冲刷平原及可储蓄地下水资源的含水层，有的通过冲刷的岩土物质的水力分选，而造成砂矿床的沉积。

所以，人类应当认识到，自然界这些洪水、地震、滑坡、泥石流等灾害现象，是正常现象，是不可避免的。问题在于，人类如何避其害，而顺应其发生发展，与之和谐共处以达到防灾减灾的功效。

2　防灾减灾要依靠对自然现象的认识，建立科学的预警预报机制

要建立科学的预警预报系统，首先必须系统深入地认识有关自然现象。由于人类活动使这些自然现象受到影响，才会出现所谓的极端条件。

前几年，人们认识到海流温度对大气产生厄尔尼诺与拉尼娜现象的影响，而海水温度变化与海底地壳活动有关。现在的极端条件，人们尚没有从中找出更有力的科学论据。

地震、火山喷发及其他地质灾害方面，由于地壳活动处于活跃期，所以世界各地地震等连连发生。相应在连续不断的大洪灾与地震的诱发下，滑坡、泥石流等地质灾害比往年增多了好多倍。

为此，有人惊呼，是不是世界末日到了，为何灾害这么多。在这里，我想强调的是，人类不必惊慌，人类依靠智慧以及对地球的认识，应当会从这些自然灾害现象中，更好地认识其发生发展的规律，能更有力地采取措施，和谐自然，以达到防灾减灾的目的[1,2]。

3　研究自然灾害链，采取有力措施以达到防灾减灾的目的

自然界中灾害现象存在着灾害链[3,4]，例如地震和滑坡、泥石流、塌陷等地质灾害现象存在着灾害链。可以说地震的危害，很多是通过诱发（或同生的）地质灾害现象，而产生更大的伤亡和破坏[5]。

自然界产生地震的震源，多在地下十几千米至三十多千米，与板块的活动和软流圈作用有密切关系。当然，人类活动，如水库蓄水等也可诱发地震，但震源线、已知震级 Ms 在 5 级以下。

---

① 卢耀如，刘琦.加强地质灾害预警预报系统建设[J].科学对社会的影响，2010(4):20-24.

所以，掌握地壳深部的运动情况，目前还是很困难的。地震时，首先产生 P 波(纵波)使房屋本身及其基础岩土向上抛起破坏结构，后到的 S 波(横波)，在这 P 波破坏的基础上最终起水平摧毁的作用。因此，地震破坏系数取决于地震力(FE)和建筑基础承载力 F_f 与岩土体间强度(F_s)之间的平衡关系，因而人们在设法增强 F_f 与 F_s 之抗震力量。20 世纪 70 年代日本阪神地震后，人们更多注意建筑的抗震、加固。有的在基础上采取橡胶圈消能措施，起到减震作用。

对于气象与滑坡、泥石流等地质灾害之间的灾害链，例如暴风雨灾(台风等)产生的滑坡、泥石流，实际上存在着风力与雨水作用，风对建筑物、树林等产生压力和拉力，与岩石、土坡之间力学强度产生对抗。单纯风力作用可能还好些，但是台风等常伴大雨、暴雨，雨水又集中对岩、土体产生侵蚀、冲刷，渗透入岩土体产生动水压力，这就极易诱发滑坡、泥石流等灾害[2]。

洪水诱发滑坡、泥石流等灾害，主要由于三方面作用。

(1) 地面上漫流对岩土体的表面侵蚀，破坏其完整性。

(2) 地表集中河流对岸坡产生波浪侵蚀，先引起坍塌。

(3) 地表水向岩土体渗透产生动水压力，使岩土体产生滑坡、泥石流。

所以，主要产生滑坡、泥石流的时间，在于地表河水位(或水库水位)迅速下降，而岩土体中水位下降慢，甚至滞后还在上升，就产生大的动水压力而诱发滑坡、泥石流等灾害。这种情况下，注意地表水和地下水的动水位调控与排泄，是很有效的减灾措施。当然，波浪对河边岩土体冲刷，产生崩陷，使岩土体前沿减少阻滑力量，就会快速诱发滑坡的发生。

4 建立适时的地质灾害预警预报系统仍需不断地努力

根据上述灾害链的机理，要想建立科学的地质灾害预警预报系统，需要多方的密切协作。首先需要有气象、地震方面的精确监测资料。

地震方面，目前尚难涉及深部几十千米下的地壳活动的有关数据。目前所获得的只是表层、浅部的监测资料，但浅部地应力、位移情况，有时也可作为判断地震发生的一些依据。对于地震，成功预报也有，如海城地震，但适时精确的、成功的预报例子不多。2004 年 12 月 26 日印尼苏门答腊强震，产生有震前效应；如我国广东一水井发生水喷现象；北京理工大学收到次声波；国土资源部深钻收到氦(He)、氩(Ar)异常现象等。也有同震效应，以及滞后效应，我国十多个省市地下水出现异常的水位、水温变化现象[6]。有关科学家也在极力研究地震预报的可能性，但是，地震的临震精确预报确是难题。

有一点可以做到，就是通过研究调查，圈定最危险的可能发生地震的地带，同时加强监测或预先采取些防灾减灾措施。例如汶川地震前，美国就已严密注意洛杉矶的强震，汶川地震后，对洛杉矶就更加密切监视[7]。

气象与地质灾害间灾害链，也涉及气象预报问题。目前，世界的信息快捷系统能较迅速地获得大区域和全球有关气象的变化信息，于是气象的短期预报较为准确，而中、长期预报就相对困难。所以，要建立有效的地质灾害预警预报系统，需要构建气象、水文、地震以及地质灾害方面的信息密切交流的平台，才能建立有效的、实用的地质灾害的预警预报系统[8,9]。

4.1 不稳定岩土体的力学稳定评判模式

对可能产生危险的滑坡体，通常可寻求最危险的滑动面，也就是对其安全体系数据计算，指数近于 1。当通过适时的信息进行反馈，或预先有个预案数据，超过这数值时，就有发生滑坡的危险。

具体的边坡稳定性概念性模式如图 1 所示。

由于自然界的复杂性，在大型的可滑动不稳定的岩体中，有时因计算所取的力学、水力学参数不是很多，所以，不均质岩土体的纯力学判断就有难度，完全依靠计算是不准确的。

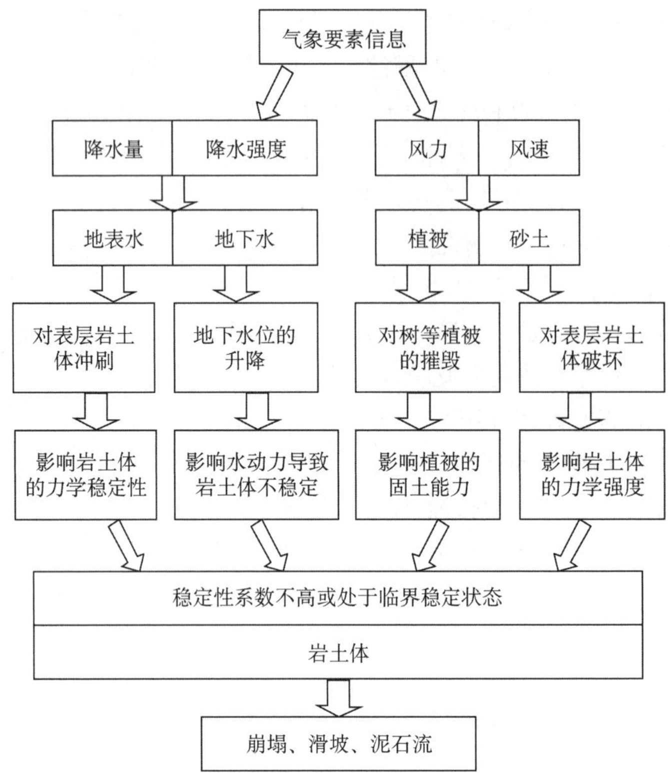

图 1　气象-地质灾害链的成灾机理分析框图

4.2　监测形变信息的评判模式

对岩土体可能发生滑坡的地带进行监测，出现形变的现象也可作为判断其稳定性的重要依据。通常的监测现象有以下方面。

(1) 不稳定岩土体后方的开张裂隙。

(2) 滑坡体中的顺坡向剪切裂隙，这是由于其中不同块体的蠕变的差异造成。

(3) 前沿的岩土体的挠曲、隆起形变，表示已有形变、滑移，但前端仍有些抗滑阻力，但可能抗滑阻力很快消失。

(4) 滑坡体前沿的渗水现象加剧。

这些前兆现象，有一两项存在就需要密切监视，高度警惕。当然，有不少突发性滑坡、泥石流地带并没有出现这些前兆现象，这种情况在异常气象、洪水及地震情况下，是常发生的，也就增加了预报的难度。上述临灾前的异常现象有一个发生突变，都有迅速发生滑坡的可能性，需要及时监视预报(图 2)。

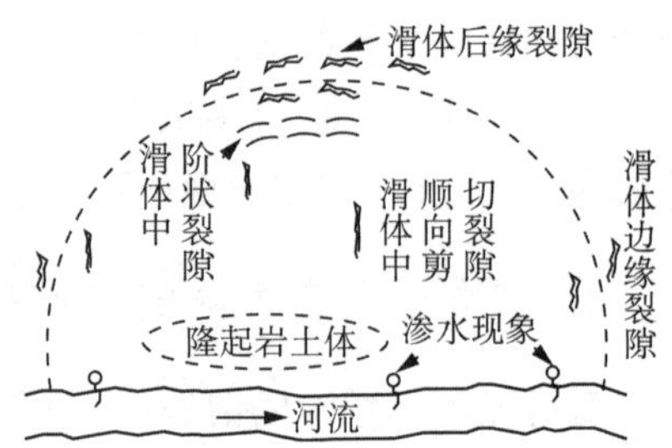

图 2　可能发生急剧滑坡的岩土体滑坡前产生形变的前兆现象

今年，南方暴雨使广西、湖南等地，产生喀斯特塌陷，这是地下有石灰岩或石膏等可溶岩体存在，而发育有洞穴通道，上覆的土体受垂直渗透水流及隐伏地下的喀斯特水流潜蚀，使土层中发育了土洞[1,3]。在暴雨的渗透及地下岩溶水的加剧冲刷下，而产生塌陷，危及房屋及人身安全，这种现象在南方喀斯特地区常有发生。在浅隐伏的喀斯特地区覆盖土层地面上，经常做些探测是可以发现土洞的发生发展的，如利用地质雷达及地球物理勘探(电法、地震法等)，可掌握地下土洞发育的危险性。

土洞发育的模式,表示于图 3[1]。这里需要指出,目前新闻报道中,把这种土洞的塌陷现象称为天坑,是不精确的术语。天坑是我国学者对发生于碳酸盐岩(石灰岩、白云岩等)中大型喀斯特塌陷的术语,因其规模大,敞口直径在 200～300 m 以上,这种特大竖井及地下大规模暗河现象在中国首次发现,将之与一般小规模的喀斯特塌陷相区别,而且其成因与现象也较复杂,当时命名为天坑[10],英文就用中文音译 Tiankeng,国外也用这个名称。

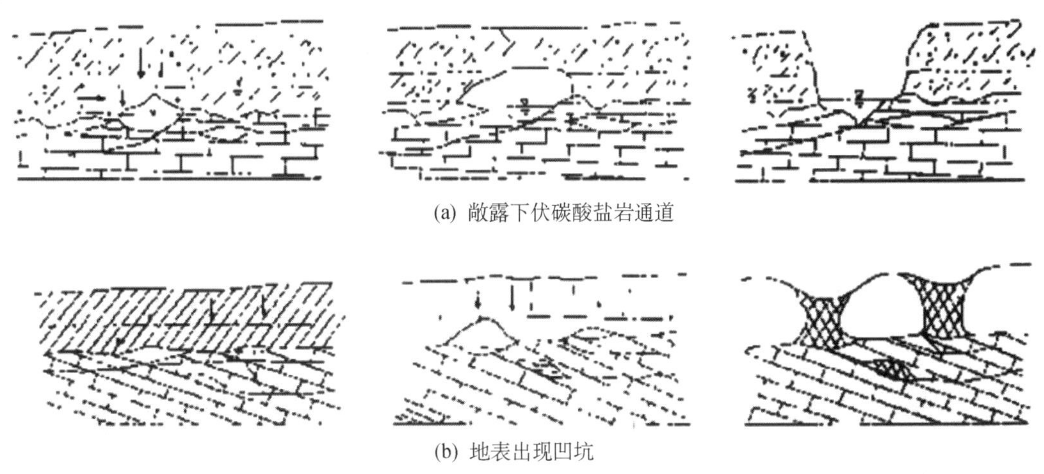

(a) 敞露下伏碳酸盐岩通道

(b) 地表出现凹坑

图 3 土洞发育演化模式图

在自然条件下,受干旱及洪涝的气象影响,喀斯特塌陷的机理的概念模式表示于图 4。

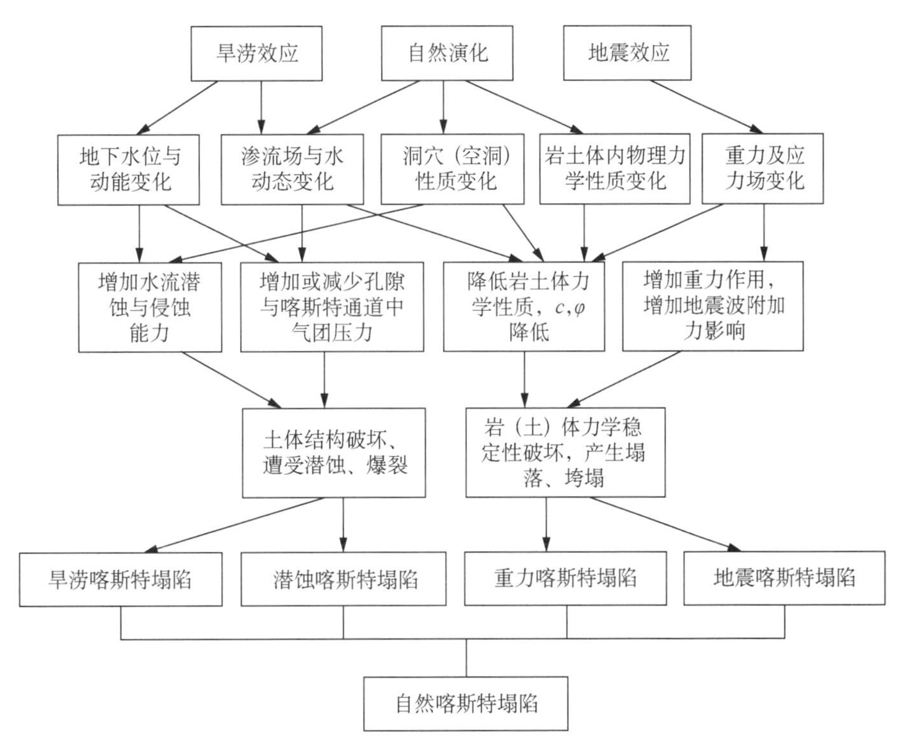

图 4 旱涝喀斯特塌陷机理模式分析[1]

前几年,在群测群防体系中加强对地质灾害这方面实地监测,产生了重要作用,也有及时预报了滑坡等灾害的实例,避免了人员的伤亡。

目前,也有这种情况,就是监测的危险地带,不发生滑坡,而没有注意到的地方却发生了滑坡、泥石流。我国幅员辽阔受自然条件的控制，地质灾害活跃的地区很多，不可能都实行监测，首先应对危害性大，能造成重大灾害的地带进行密切监测，以建立科学监测系统和群测群防相结合的预警预报系统。

但是，当前存在问题是，科学信息难以及时交流，这在汶川地震时有所体现。我认为对地震等地质灾害的预测预报仍是非常重要的，通过努力，有助于更好地防灾减灾。此外，加强防灾方面的措施，也是防灾减灾所必须的[13]。

在十七届五中全会上，对地质灾害、山洪等防治规划，已建议列上国家“十二五”计划。相信通过五年的努力，中国在地质灾害的预警预报方面将会取得重大进展。

参考文献

[1] 卢耀如.地质—生态环境与可持续发展——中国西南及邻近岩溶地区发展途径[M].南京：河海大学出版社，2003.

[2] 卢耀如.岩溶水文地质环境演化与工程效应研究[M].北京：科学出版社，1999.

[3] 卢耀如，张凤娥，硫酸盐岩岩溶及硫酸盐岩与碳酸盐岩复合岩溶-发育机理与工程效应研究[M]，北京：高等教育出版社，2003.

[4] 卢耀如.中国喀斯特-奇峰异洞的世界[M]，北京：高等教育出版社，2010.

[5] 殷跃平.汶川地震地质与滑坡灾害概论[M]，北京：地质出版社，2009.

[6] 卢耀如.复合灾害预警，重建需经岁月考验[J]，中国科技奖励，2010，136(10)：6-7.

[7] 张建云，王国庆.气候变化对水资源影响的研究[M]，北京：科学出版社，2007.

[8] 段永侯.中国地质灾害[M]，北京：中国建筑工业出版社，1993.

[9] 卢耀如.对四川汶川大地震灾害的思考与认识[J]，环境保护，2008，6A：42-45.

[10] 朱学稳，黄保健，朱德浩.广西乐业大石围天坑群：发现、探测、定义与研究[M].南宁：广西科学技术出版社.

灾后重建,须考虑复合灾害效应

卢耀如

中国工程院院士

今年春天,我国西南地区云南、贵州、四川、广西、重庆等地发生罕见旱灾。接着,“4・14”玉树强震,诱发了山体滑坡、泥石流;8月7日舟曲又发生了暴雨引发的泥石流灾害。

人们惊呼,这是由于气象条件和地壳活动的异常而引起的极端灾害。其实,这些灾害都可被称为极端复合灾害。以前,对直接产生风灾、地震等称为自然灾害,而对其诱发的滑坡等灾害称为次生灾害。这两种灾害是由于存在灾害链而产生的复合灾害。复合灾害比单一自然灾害更复杂,值得我们在防灾减灾中特别注意。

1 自然界存在灾害链 相应产生复合灾害

自然界中的灾害主要有三大类:气象灾害(或气候灾害),如风灾、旱灾、洪灾、冰雪灾害等。风灾特别是台风灾害,伴随着暴风雨而诱发洪灾及大量滑坡泥石流。地质灾害,如地震常诱发大量山体滑坡与泥石流等灾害,而洪灾也会诱发山体滑坡、泥石流等灾害,造成重大伤亡。生物灾害,今年初的西南旱灾,实际上诱发了植被死亡,当地生态环境遭到破坏,影响人们的生活,构成了生物灾害。生物灾害与地质环境密切相关。地震等大灾后也常诱发疾病流行,构成生物灾害。

根据历史的惨痛经验,在1976年“7・28”唐山大地震、2008年“5・12”汶川大地震中,我国政府对防治疾病流行采取了有力措施,切断了地震灾害与生物灾害之间的灾害链,从而制止了疫情的发生。这表明,当前人们难以凭借人力因素避免大灾发生,但可以切断灾害链,减少伤亡。

2 复合灾害发生的时间效应

复合灾害的发生,其中存在不同的时间效应。以2004年12月26日印度尼西亚苏门答腊地震诱发海啸为例,在其发生地震前两天,我国广东一水井,地下水喷出约50米高,在北京地区也收到次声波,在东海进行的大陆钻探,于5 000米深的地下观测到氦、氩气体异常。这些反应均为震前反应。而发生地震时,我国10多个省份的地下水发生突发性反常升高或降低,称为同震效应。这种地下水位突然升高与降低,其实也是一种灾害现象。

汶川地震同时诱发了数万处山体滑坡、泥石流,这是同震效应,也是同时复合灾害。玉树地震同样是同时发生山体滑坡、泥石流,也是同震效应的复合灾害。

但今年舟曲以及映秀、绵竹、都江堰等地的泥石流、山体滑坡灾害,却都是双重的复合灾害,即汶川地震时诱发岩石进一步破坏,但没有发生灾害,而是滞后潜伏的灾害。舟曲在今年极端气象条件——暴雨的诱发下发生了这次重灾。没有“5・12”汶川地震的影响,单凭今年的暴雨,可能诱发的复合灾害要轻一些。所以,国土资源部部长徐绍史认为,今年舟曲和映秀的泥石流灾害,应与“5・12”地震有关。这是滞后复合效应,也是双重复合灾害。

3 灾后重建的思考与科学准则

灾后重建，是防灾减灾工作中重要的环节，以人为本是最基本的。一切从灾区人民的利益出发是毋庸置疑的。

在灾后重建中，必须贯彻科学发展观，认真、确切地弄清灾后的地质环境变化情况，采取正确的重建或异地建设的措施。而不要在没弄清楚基本情况时，就匆忙地盖房子、修复城市原貌。

灾害发生，对救灾而言，速度要快，必须争分夺秒。对于重建而言，速度要相对“慢”。“慢”不是消极，而是先进行基础地质调查，之后才是施工盖房。

前面已谈到，大灾后还有滞后效应，舟曲等地的泥石流灾害警示我们，自然灾害尤其是地震后，灾后重建需要考虑岩土体尚未发生滑坡、泥石流的地带已遭受的破坏程度以及将来可能发生灾害的危险度，要对这些因素进行深入评估。这些调查监测是需要过程的。

特别是，应当考虑到今后还可能发生灾害链的情况，比如可能还会有极端气象影响，可能还有强震发生，吃一堑长一智，如何重建才能规避风险。科学的调查评估结果，应是灾区重建的重要依据。

4 吸取教训以进行灾后重建

对比唐山、汶川、玉树和舟曲，人们应当从中得到一些深刻的教训和认识。刚发生汶川地震时，人们在救灾中感叹汶川地震比唐山地震还厉害；发生玉树地震时，人们感叹高原救灾难度很大；而发生舟曲泥石流时，人们感叹泥石流灾害比地震还厉害。

其实，唐山地震死亡 24 万人，是一个平原地区城市被摧毁，但主要由地震灾害造成的，相对诱发其他地质灾害的规模小，以单一震灾为主。汶川地震发生在高山峡谷地带，受印度洋板块影响，这一带平均 20 年左右就有一次 6、7 级以上的地震，诱发的山体滑坡、泥石流多，还有气爆、汽蚀现象。玉树是高原地区，构造复杂，附近城镇不多。舟曲泥石流只有 100 多万立方米，然而形成的堰塞湖处在县城中，要消除这类堰塞湖，比由地震诱发的山体滑坡堵江而形成的唐家山等堰塞湖要困难得多。今年映秀等地发生的泥石流灾害也说明灾区重建仍须考虑未来的极端灾害。

5 重建应经得住时间考验

看到灾区的惨状，人们都希望马上让受灾群众恢复正常的生活，特别是当地领导会有急切为灾区人民谋福利的心愿，这是可以理解的。但真正的丰碑应当是让灾民有安全的居住、生活、工作环境。让灾民住进稳固安全的小房，比住在基础不稳或可能再发生灾害的高楼大厦要实惠踏实得多。

灾区重建应当把目光放长远，必须科学考虑复杂的地质条件。人们应当知道，工程不是万能的，“人定胜天”不是无条件的，只有认识自然，才能与自然和谐，才能“胜”天，这个“胜”也只是不受或少受自然灾害的威胁。

就今年不断发生极端灾害的情况，针对有关灾区重建问题，笔者提出一些看法和建议。

一是灾区重建必须掌握灾后变化的地质环境条件，认真作好规划再实施。二是灾后重建必须考虑今后可能发生的气象、地质极端灾害产生的复合灾害的防治。三是各种人工措施和工程建设，应当考虑要经得住岁月的考验，不能出现不良工程效应而产生复合灾害。四是人口集中的城镇更应注意气象、地质等复合灾害，应有稳定的地质基础和通畅的泄洪通道。

地热资源的成因机理与开发利用的探索[①]

卢耀如

地热资源是很重要的一种可再生能源，这是蕴藏在地球内部的一种巨大的能源，虽然如此，合理开发利用还是一个重要的问题。

1　地热资源形成的机理

1. 地球起源学说

地球起源有很多学说，1543 年哥白尼(N. Copermicus)学说、1735 年康德(I. Kant)星云说、1900 年张伯伦(T. C. Chamber lain)和摩尔顿(F. R. Moulton)星子说、1916 年詹斯(J. H. Jeano)潮汐学说等。

1933 年美国巴德和兹伟斯基提出超新星的现象，在 1980 年杨正宗计算超新星(SN1006、SN1054、SN1572、SN1064)辐射总量达 $1.23\times10^{42}\sim1.45\times10^{45}$ J。

2. 地球上热量

地球上的热量主要有 3 个来源：

地球形成时的爆炸热量；

第二地球内部放射性物质的衰变热量；

第三地球承受的太阳的辐射热(主要在地球表层)。

长寿命放射性同位素及其生成物的产热率，列于表 1。

表 1　长寿命放射性同位素及其生成物的热产率　(阿姆斯特德，1978)

同位素	半衰期/(10^8 a)	在元素中占有比例/%	热产率/[×4.186 8 J/(g · a)]
^{238}U	4.50	99.27	0.70 } 0.73
^{235}U	0.71	0.72	0.03 }
^{232}Th	13.9	100	0.20
^{40}K	1.31	0.012	27×10^{-6}

太阳的演化和地球表面平均气温的变化列于表 2。

表 2　太阳的演化和地球表面平均气温变化(Öpik, 1976)

时间/(10^8 a)	太阳氢含量		太阳正常输出热量比值(现在为 1)	地球表面平均气温(℃)<2～25.7
	总	中部		
45(以前)	53.0%	33%	0.85	−17
30(以前)	51.7%	28%	0.95	+5

① 卢耀如，地热资源的成因机理与开发利用的探索[C].第十三届中国科协年会第十四分会场——地热能开发利用与低碳经济研讨会，2012.

（续表）

时间/(10^8 a)	太阳氢含量		太阳正常输出热量比值(现在为 1)	地球表面平均气温(℃)<2～25.7
	总	中部		
15(以前)	50.2%	20%	1.00	+15
0[1]	48.8%	10%	1.09	+22
6(以后)	47.9%	5%	1.15	+26
9.2(以后)	47.6%	2.5%	1.20	+30
10.4(以后)	47.5%	1.25%	1.26	+34

注:1. 新近纪末期时。

地球上,实际包括两类主要介质与热源有关,一类为岩体热资源,另一类是热(矿)水资源。另外,还有气体,也是热载体,也起热传导作用。

关于地球上水资源的来源还不一致,基本上一种认识是:地球生成时,水从宇宙物质中分离出来,而聚集成湖、海、河。另外,新近有认为水从宇宙中来,每天有成千上万个冰球自宇宙向大气撞击,1996 年,美国航天局的地球探测卫星发现,相隔 5～30 s,就有一次直径约 12 m 的冰球撞击地球表层。

地球表层硅铝层的温度为 180～300 ℃,硅镁层温度为 400～1 000 ℃,上地幔温度是 1 200 ℃～1 500 ℃。

20 世纪 60 年代,大量地球物理勘探证实,21 世纪 20 年代古登堡(B. urenbery)的分析,认为地壳厚度 60～250 km 范围内存在比上下岩体更软的物质,形成软流圈,软流圈的温度为 1 200～1 580 ℃。软流圈的温度与地壳上部运动、灾害的发生,以及对人类的开发利用有密切关系。

2 热(矿)水的类型

地球内部热矿水赋藏与运移的状态,涉及其成因机理,可概括为三个主要类型。

1. 基底热源仓储结构

软流圈上涌水气,被封存在未被构造强烈破坏的火成岩体内(图 1)腾冲一带温泉水质对比列于表 3。火成岩体热源结构,示意表示结构图 1。

表 3 腾冲-带温泉水质对比表(王立民、安可士,1993)

泉名	蛙鸣沸泉(大滚偶泉)	鼓鸣沸泉	眼镜沸泉	水滚锅汽泉
水质类型	Cl—HCO_3—Na	Cl—HCO_3—Na	Cl—HCO_3—Na	SO_4—Cl—K—Na
pH	3.95	4.71	4.86	
Rn/(mg·L^{-1})	15.5			52.32
温度/℃	96	97	97	94
总矿化度/(g·L^{-1})	3 044.68	2 325.28	2 365.72	717
流量/(L·s^{-1})	7	43	43	65

2. 地表浅层与深层水混合循环结构

例如,西藏羊八井,受热液影响的水中,来自深层水中 δ^{34}s 为 9‰～10.6‰,浅层热水中只有 7.9‰～0.1‰。地表自然硫 δ^{34}S 接近 0,或负值(−5‰)。还有一类型是深部热源的热液与碳酸盐岩中的浅层循环水相混合,而生成双水混合的矿水(图 2)。

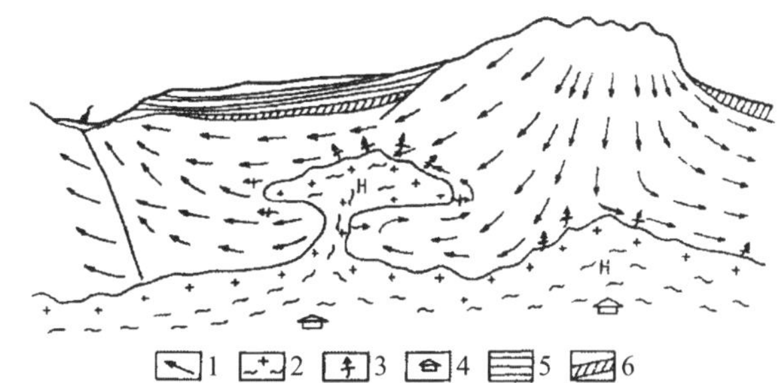

1—水流方向，2—侵入热源体，3—热源体热扩散方向，4—火成岩体深部热源，5—页岩等非火成岩体，6—坡积层

图1　火成岩体热源结构示意图

台湾太鲁阁文山温泉，$^{3}H<0.5T.U$，恒春地火泉有沼气燃烧^{3}H值为$(28.15\pm4.2)T.U$，表明有上层水较多混入。

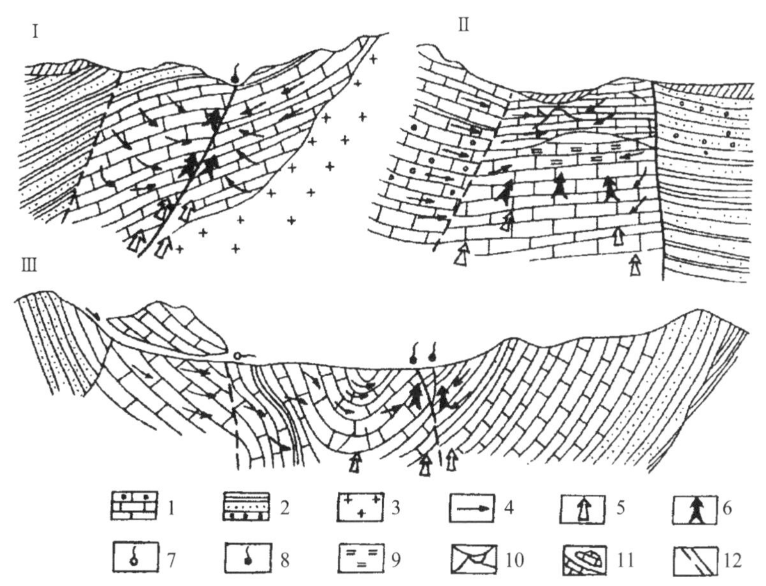

1—碳酸盐岩，2—砂页岩，3—火成岩，4—地下水流方向，5—低下热源运动方向，6—混合水流运动方向，
7—泉水，8—温泉，9—相对隔水隔热地层，10—喀斯特通道，11—喀斯特洞穴，12—断层

图2　双水混合循环结构示意图

3. 浅层水深循环结构

地表水 30～40 m 以下，向深处运移循环的水流，受地热影响而增温。平均地热梯度＝3 ℃/100。

3　地热的传送方式

地球内部热量的传送，主要有三种方式：① 热传导，② 热辐射，③ 热对流。很重要的一个参数是大地热流值，大地热流值是地球内热在地球表面的直接反映，是研究地温场特征和地热资源的重要参数。

即：

$$G=K\frac{\partial t}{oh} \tag{1}$$

式中　$\frac{\partial t}{oh}$——地热梯度(℃/100 m)；

K——岩石导热率(W/cm℃)；

G——大地热液值(W/m²)。

北美-地区热流值(参考沈照理等,水文地质学)见表 4,贵州一些地区热流值(参考贵州地矿局有关资料)见表 5。

表 4 北美若干地区热流值对比表

地区	岩石圈厚度/km	地壳热流值/(10^{-2} W·m^{-2})	地幔热流值/(10^{-2} W·m^{-2})	平均大地热流值/(10^{-2} W·m^{-2})
加拿大地盾	125	2.43	14.20	16.67±1.38
北美地台	115	6.49	14.87	20.52±1.38
美国西部盆地山脉	30	12.27	24.55	36.82±1.59

表 5 贵州热矿水赋存地带地热参数对照表

地层	热导率/[W·(m·℃)$^{-1}$]	地温梯度/[℃·(100 m)$^{-1}$)]	热流值/(10^{-2} W·m^{-2})
灰岩	2.18～2.39	1.0～3.5	3.26～7.16
白云岩	2.89～3.66	2.0～3.5	3.39～8.71
砂岩	1.67～4.61	1.5～2.0	2.51～16.12

深层水循环模式,如四川自贡盐井地区:

浅层地下水温 34 ℃,800 m 深水温达 38 ℃,1 100 m 深水温为 43 ℃,地热梯度值为每 46 m 增加 1 ℃。

4 热液喀斯特作用

地下热液中,含有 CO_2 气体,可产生强烈溶蚀作用,这与浅层循环水域常温水的喀斯特作用是不同的,应是热液喀斯特作用。例如,福建永安地区的热液喀斯特,如图 3。

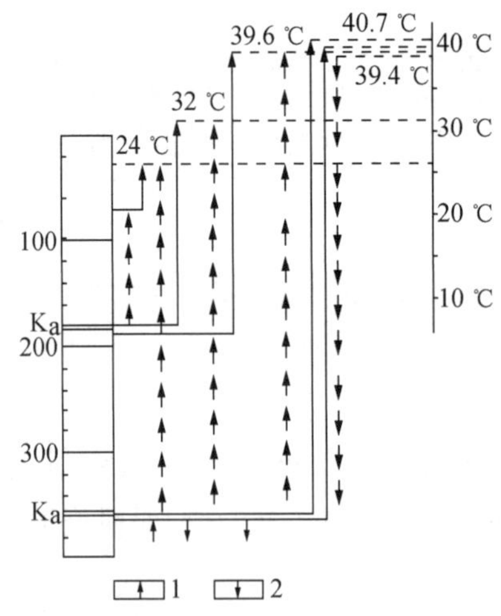

1—喀斯特通道中热水运动方向,2——切潜水运动方向

图 3 福建永安铝孔中喀斯特裂隙中热水

有关热液喀斯特作用模式,表示于图 4。

土耳其安培利亚的帕木卡里(Pamukale)一带,属南特提斯海东北缘,有大量碳酸岩沉积,后期隆起,

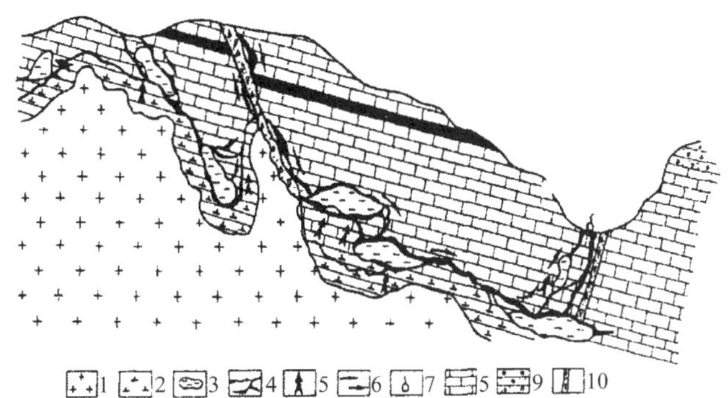

1—火山岩，2—矽卡岩等，3—充填热液喀斯特洞穴，4—热液喀斯特通道，5—热流运动方向，6—正常地下水运动方向，7—泉水，8—碳酸盐岩，9—砂砾岩，10—断层

图 4 热液喀斯特作用模式

为南主缝合线通过。当地热液喀斯特，表现为：① 浅层至深部存喀斯特通道发育，② 大量热矿水出现，③ 高地温等值线(170 ℃—215 ℃)，④ 活跃热液喀斯特，⑤ 热矿水至地表有钙华沉积，⑥ 形成多个有关热液矿产资源。

热液作用中 CO_2 来源如下：

(1) 地壳深部特别在软流圈中有 CO_2 气体；

(2) 在深部碳酸盐岩中的热分解作用(表 6)；

例如，火山爆发中，水蒸发为主，占 70%～90%，其他有碳酸 H_2CO_3、氢气、CO_2、H_2S、N_2、碳氢化合物、硫磺等。

我国广东三水、山东济南、吉林营城和甘肃窑街等地带，都发现有 CO_2 气田。

有机和无机成因中烷碳同位素对比见表 7。

表 6 碳酸盐岩热解生成 CO_2 简表(陈荣书，1989；Ford & Williams，1989 等)

碳酸盐岩名称	成分	热分解温度/℃	一般深度/m	产物
白云岩	$CaMg(CO_3)_2$	400	1 320±	$CaCO_3+MgO+CO_2$↑
石灰岩	$CaCO_3$	900	3 000±	$CaO+CO_2$↑
硅质灰岩	$CaCO_3+SiO_2$	470	1 500±	$CaSiO_3$(硅灰石)$+CO_2$↑
硅质白云岩	$CaCO_3+MgCO_3+SiO_2$	470	1 500±	$CaMgSiO_3$(硅白云石)$+2CO_2$↑

表 7 有机与无机成因甲烷碳同位素对比表(陈荣书，1989，卢耀如、张凤娥，2003 等)

生物成因甲烷	油型气中甲烷	无机成因甲烷	碳酸盐岩
$\delta^{13}C$(‰，PDB) −33.55‰—−75.5‰	$\delta^{13}C$(‰，PDB) −33.55‰—−49.975‰	$\delta^{13}C$(‰，PDB) −35‰—−15‰	$\delta^{13}C$(‰，PDB) −5‰—+5‰
$\delta^{13}C_{CO_2}$＜−2‰	$\delta^{13}C_{CO_2}$ −7‰—−5‰	$\delta^{13}C_{CO_2}$ −8‰—0‰ 有+27‰	$\delta^{13}C_{CO_2}$ 一般为 0—5‰—+5‰

5 地热的合理开发利用

1. 研究地热的背景形成机理

这方面应有科学的研究、探索。主要涉及以下方面。

(1) 地热的地质背景(岩性、结构)；

(2) 水的来源及热流值大小；

(3) 开采的条件与环境效应。

而在目前,关于地热方面的调查研究,应当说有所开展,但尚不深入。

2. 目前地热(主要热矿水)开发利用

主要是:① 洗浴,② 医疗,③ 供暖,④ 发电,⑤ 养殖业。而在地热今后开发中,应当直接利用地热资源转化为能源是一种数量巨大的可再生的清洁能源。2010 年中国能源情况:总发电量:42 065.4 亿 kW。其中:煤炭发电占 79%,水电占 17.4%,核电占 1.76%,风电占 1%。

从我国地热资源上看,国土资源部门提出争取开发相当以 100 亿 t 煤炭的发电能力,还是需要更深入调查研究。目前,主要是取暖、洗浴,今后应当减少煤炭能源,而多发展地热能量,包括热矿水和干热岩发电问题。开发地热能源,是最好的减排,当然,对地热能源的开发,也应当厉行节约用电的方针,提高用电的效率。

目前,2009 年时全世界安装地热发电,据李克文、崔增娣提供数字为 1.07 万 MW,而我国地热发电力只有 28 MW。

我国在任丘油田,供发电的低温(90～150 ℃)地热资源可建 2 000 MW 以上的地热电站(李克文资料)。

地热发电成本高,主要是打井费用,利用油气田旧井可大大减少费用约 60%。

目前地热发电,下限温度只要 74 ℃。如 2006 年美国阿拉斯加 Chena 电站,在 Fair bamks 市,地热温度 74 ℃,发电功率达 200 kW,每度电 5 角钱。

Wgoming H Teap of Dorne 旧油田,井口温度 76.6 ℃,设计功率 25.0 kW,实际达 180 kW 以上。

20 世纪 70 年代,我国先后在江西宜春、广西象州、山东招远、辽宁熊岳、湖南宁乡、河北怀来等地建设地热发电站。由于温度,或管理不善,均已停产。

应当看到,地热是一种新能源,是清洁可再生能源,要想让地热电站像大型水电站那样,在一个电站大量发电那是不现实的。但多方开发,集少成多,还是具有很好的前途。

应当为我国地热发电,发展这一新能源,而作出更多努力,以广泛应用于发展经济的多个方面,包括供人在生活上需求和医疗之用途。

地热能源的开发,有相当的难度,这是需要一个艰苦努力的研究-开发-创新的长期过程。在今后的建设中,地热能源将会日益显示其重要的价值:大量可再生的清洁能源。

相应大量开发产生的环境效应问题,也是需要认真研究的。

工程建设要贯彻安全理念与和谐地质-生态环境[①]

卢耀如

摘　要　通过对工程建设与环境之间利弊的分析，介绍了工程建设中，和谐地质-生态环境与安全的理念。

关键词　安全　工程建设　环境　和谐

改革开放的30年历程中，我国经济上取得了进大的进展，相应也兴建了一大批各种各样的工程，涉及水利、水电、铁道、公路、港口、机场等，而且城市率已达45%，相应城市大量兴建现代化与高层建筑，也有不少城市建设了或正在建设地铁网络。看到这些可喜的成绩，使人们感到振奋；但是另一方面，不断出现的安全事故，也的确令人震惊，发人深省。

1　工程建设的安全理念应摆在首位

工程建设中，安全与经济这两方面问题，历来都不断被提及，特别是安全问题，尤其重要。不论何种工程，出现安全问题，首先危及人民的生命安全问题。

温州"7・23"火车追尾事故，是一个沉痛的教训。所以近日国务院作出了有关高铁的限速措施，以期在今后高铁运输上，能在有效地保障列车运行的同时，保障旅客生命财产的安全。这也涉及我国发展建设的人民公信力和国际上的声誉问题。

水利水电建设方面也更应予以重视。1993年笔者在美国阿肯色大学礼堂讲学前，一美国中老年学者告诉我：太可怕了，中国一水库失事，她是从电视上看到那惨状。当时我不解，只是解说中国水利水电建设是相对安全有保障的，个别因特殊原因可能例外。回国后，我才知道是青海沟后小水库溃坝被外国卫星拍摄播出。

在地铁及城市高层建设中，目前也发生过在施工中及运行中的安全问题。上海去年(2010年，编者注)的一栋高楼火灾造成惨重伤亡，以及目前存在的玻璃幕墙的爆炸伤人事故和钱塘江新桥受损，都是城市发展中，需要考虑的安全问题。

工程建设的安全信念，似乎是人人皆知。其实不然，这些年来为了抢工程、快上马、赶进度、早成效、献大礼，不少工程建设都没有很好地调查研究，特别是没有深入进行地质环境方面的勘查评价，也没有进行相应的风险评估。从而，在施工中，以及工程建筑运行后，有一定数量的工程建设，还是存在着安全的隐患。

所以，在目前更好建立"安全理念"，这不是夸大其词，而是符合客观的需要。特别是，面对一些安全上存在疑问的工程建筑，再作相对的冷静的与科学的分析、验证，这是可防患于未然、也是对人民负责任的措施。

安全，应是工程建设的第一理念。对人民负责，对国家负责，千万不能抱着侥幸的心理，更不能以掩耳盗铃的想法，以隐瞒着不报，而盗取成功的高帽。

---

① 卢耀如.工程建设要贯彻安全理念与和谐地质-生态环境[J].重庆交通大学学报：自然科学版，2011，30(A02)：3.

在取得丰硕的改革开放成果的今天，在取得多数成功工程建筑的今天，我们再深刻地检查一下，对那些因安全意识不强而有漏网的隐患工程再作些评价，认真地从安全上予以补救，尚未晚矣。

2 地质环境是保障安全的重要基础条件

各种工程建设，都是构筑在地球上的。大量的开挖，又进行大量增添重大的荷载，对地壳产生的影响，也是可以想象的。地球上，存在着相互依存和相互运动的岩石圈、水圈、大气圈与生物圈。而人类的活动，都影响到了岩石圈、水圈与大气圈，也影响到了生物圈。应当说，人类综合的活动，铸成了人类活动圈（第 5 圈）。生态环境质量恶化的循环演化过程，见图 1。

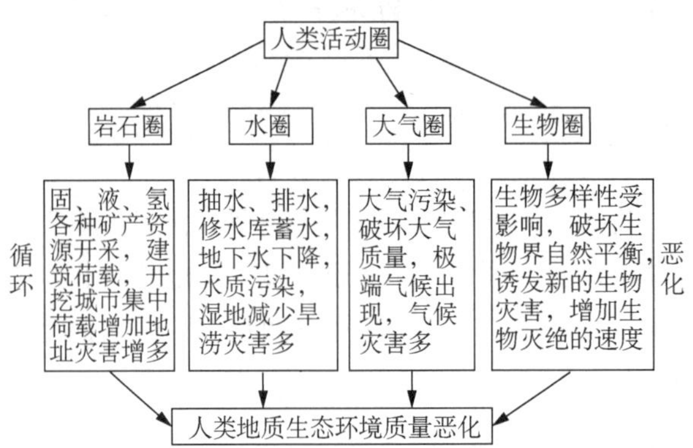

图 1 人类活动第 5 圈对地球图层运动影响的理念分析

由图 1 可见，人类活动对 4 个圈层活动的影响，已构成恶化人类赖以生存的地质生态环境条件。

对于大多数的工程建设而言，不仅仅是对岩石圈产生影响，也涉及对水圈、大气圈与生物圈的影响。例如，地铁建设，涉及岩石开挖的基础稳定性、地面沉降；涉及抽排水，影响原有含水层的性质；也涉及地层中气体与天气层的对流，必然破坏并改变原有建设地带的生态活动。特别是，大都市的扩张，大量地开挖岩石体上层，增加高层建筑的混凝土与钢筋等重量荷载；大量抽取地表水或地下水，而又排放大量污水；水泥地大面积覆盖地面，植被减少，同时也阻碍大气降水向地下渗透补给。还有城市车辆的排放尾气对大气质量的影响等。这些人类活动所带来的不良影响是与日俱增的。但人们似乎熟视无睹了。

在此强调一点：要保证工程建设的安全，必须重视地质环境这一个基础条件，地质环境（或地质-生态环境）对工程建设的影响，有的是很直接的。例如隧道中突水溃泥、基础垮塌、滑坡、泥石流、塌陷、地裂缝、地面沉降、膨胀、冻融等。而人类大量开发与工程建设的综合效应（图 1），也必然综合影响到地质环境的质量，使之恶化。

所以，应当深刻记住，人类是生存在同一个地球上，必须共同爱护这共同的家园，必须从地质环境上来思考工程建设的安全，也必须考虑工程建筑对地质环境产生的综合影响问题。

3 工程建设的两重性与利弊分析

任何工程建设，特别是大型工程建设，都具有两重性，即有有利的一面，也会有不利的一面。因为人类是在地球上进行建设的。

强调这一点是非常重要的。因为人们不能脱离地球的演化规律，去另外设想在空中建设楼阁。这里需要强调的一点是：工程技术手段不是万能的，人类的科学技术虽然已有很大的进展，可对太空进行探测研究，但目前还是有相当大的局限性。对月球的探测，在阿波罗飞船登月之后，目前也都还在作进一步努力，而对火星的探测也是才开始。最主要的是，人们对宇宙对地球这个太阳系中行星的影响，例如超新星爆炸、射线的影响，对地球上灾害的影响等，都还知道得很少。

而对地球内部深处的圈层运动，更缺乏具体的探测研究。在各种工程建设中，常采取的护坡、灌浆、锚喷、挡土墙、桩基、开挖、充填等许多工程措施，只是对工程基础的表部产生影响，而深层次的问题，涉及深部的圈层之间的运动问题，仍是无法探测的。例如，对地震的精确预测预报，就存在很大的难度。所以，在只能采取简略手段进行工程处理措施的情况下，对工程建设安全性的保障还是有相当的局限性。

针对这种情况，人们应当科学地分析每项重大工程建设的利弊。可以断定每个大工程都有利弊条件。但人们往往只看到利的一面，而对于弊却是多采取隐瞒的态度，或者轻描淡写，降低不利影响，一带而过。其目的是立项第一，项目到手最要紧，有了建设的实物，那就是最突出业绩。所以，在舆论上的宣传，也多是某某大工程的有利方面，很少提到有什么弊端的问题。

问题在于，对一个大的工程建设，重建的单位及有关人员，看到的只是这项工程建设的好处，多数没有去思考可能存在的不利影响。例如，对于高铁，多是强调速度提高多少，是国际领先速度；从某地到等地，又从多长的时间，缩短到几小时；高铁可与民航竞争；高铁时代将是大改变大发展等。速度快在一定上有好处，但是，对弊端，在“7·23”事故发生前，有关部门及人员几乎很少提及。

在 2010 年 10 月准备参加有关高铁工程地质会议的文章中，笔者就强调“如何要善于应对铁路工程地质环境问题，保障建设的顺利实施和环境安全，应在今后我国铁路及其他国民经济建设中予以特别关注”，并建议：① 大型工程的建设应有充分的论证时间和依据。② 安全运行的理念是重要的选择。③ 舒适便捷为旅客提供旅途方便。④ 真正从经济效益上得到好处[1]。

对于一个大型水利枢纽，也不能只单纯强调其效益的一面，而忽视存在弊端的不良效应的另一面。其偏颇的认识与宣传，当遇到异常气候条件，或正常的原有预计的不良效果时，广大人民群众就会感到突然，加上一些不太了解情况的误解而产生的一些想法，就会不胫而走，而把发生一些灾害的不科学、无依据的认识，全部归咎于这项大工程。

因此，一项大型水利水电工程和其他工程建设一样，都应当事先就要很好地分析其利与弊方面的问题。利大就可实施，而对弊方面就要设法予以防治，争取避免及减轻其产生的危害。一个大型水利水电枢纽，利弊分析，可概括于图 2。

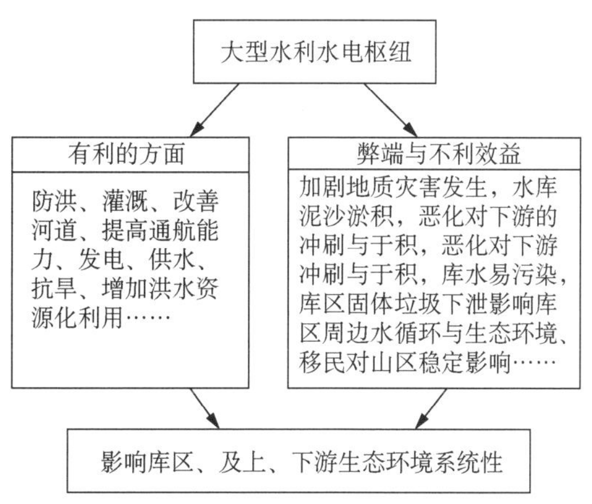

图 2　大型水利水电枢纽利弊对比

正确对比利与弊，使人们都认识清楚，而最后以利大于弊予以选择兴建，或弊大于利，应当放弃。这样的科学公正的选择，就会使人们更好地认识其效益，也可有利于进行相应的防护，而取得减灾与减少不良效应的结果。

4 追求最好的和谐自然的工程建设是最佳的成就

现在，很多工程建设，追求的是最高、最快、最大；追求的是国际性水准、第 1 名或第 1 前列的排位。结果是盲目评比、盲目投入、追求虚名，当事人自我陶醉，但产生的却是安全隐患与经济上的损失。

人类各项工程建设，必然都会影响自然条件与环境。需要强调的是，尽可能最好地与自然环境相和谐(特别是地质-生态-环境相和谐)。这种和谐体现在，不会更多地诱发地质灾害等不良效应，更不会隐存着不安全的灾患。

要与自然和谐，首先是这个工程建设不会急剧地破坏影响对人类生存具有密切关系的土地、水、能源、生物、矿产等资源性条件；另一方面，和谐是应当使地质灾害、气候灾害与生物灾害受到一定的制约，或采取相应措施后，可以减轻原来可发生的这些灾害的危害性。

人与自然的和谐，特别体现在人类的工程建设和自然地质生态环境的和谐方面，这是需要有很好的调查研究，掌握有关自然条件，再从科学理念上出发，通过很好的规划，才能逐渐予以实现的。

城市，是作出许多工程建设的集中地，要使城市与自然和谐，还需要使各项工程建设之间相互和谐，并要考虑各工程建设中的相互影响问题，这方面必须予以注意。

一座高层建筑，对地基基础与地质环境的影响，和一大批集中的高层建筑的影响是不一样的。目前，单一高楼对地基沉降的影响是都进行过计算的，而一群几十栋、几百栋甚至几千栋高层建筑对软土地层基础的综合效应，却是个空白，这个空白也是对隐存着的安全问题的无知。

同样，同一条地铁对城市地质环境的影响，还是可以作出解析，但有的尚不能很好掌握。而对于一个城市地下，存在着几十千米至数百千米的地下交通网络，它们对地质环境的长久影响，也还是存在未知的安全危险性。

至于城市的规模、人口与环境问题，仍是突出的问题，应当充分认识。城市不是愈大愈好，不同级别的城镇可分 5 组：① 首都与直辖市，② 省会自治区城市，③ 专区级市，④ 县级市，⑤ 新的乡村集镇。各级城镇，应当有着不同的规格，而不要都像直辖市、省会城市那样，追求高、大、快的工程建设。各地处都想要我这是全国第一，甚至世界第一，那就不会有第一，而是不与自然相和谐。潜伏着的安全问题，真正变成了第一。

建设生态文明　保障新型城镇群环境安全与可持续发展①

卢耀如　张凤娥　刘　琦　顾展飞

摘　要：党的十八大报告上提出生态文明建设应融入经济建设、政治建设、文化建设与社会建设之中，成为“五位一体”。这项发展战略将对我国今后的科学发展，有着重要的指导意义。论文以生态文明建设为基本出发点，根据自然条件及其发展效应概括了八种不同的城镇群发展类型，指出了现阶段因地制宜发展城镇群的必要性；并针对发展过程中的一些地质环境问题进行讨论，重点针对普遍存在的水、土资源安全与可持续发展问题、极端自然灾害问题、大型工程建设与发展的综合环境不良效应问题、环境污染的危害问题进行了探讨。基于以上分析讨论，作者对城镇建设划分为五个级别，并分别探讨了不同层次城镇的功能，强调了城乡一体化以及协调发展的重要性。

关键词：生态文明　新型城镇群　环境安全　可持续发展

党的十八大上提出将生态文明建设融入经济建设、政治建设、文化建设与社会建设之中，成为“五位一体”。这项发展战略将对我国今后的科学发展，有着重要的指导意义。近两年，我们开展了中国工程院重大咨询项目“海西经济区（闽江、九龙江等流域）生态环境安全与可持续发展研究”，这个项目由卢耀如院士牵头，以28个院士联名建议的《关于加强海西经济区和谐环境与生态流域（九龙江和闽江）示范研究的建议》为基础。此项研究成果，得到中央领导和福建省领导的重视，促进了福建省正式作为全国第一个生态文明建设示范区和进行生态省建设。

中华人民共和国成立60多年来，特别是改革开放30多年来，中国各地都有不同的发展，例如，向东部倾斜的“优先发展东部沿海”“西部大开发”“东北老工业基地振兴”“中南部的崛起”等发展战略，取得全国的发展成效。国际上，对“友好生态”已有普遍认识，国内也已重视。后来，又特别强调生态水文[1-3]。当然，不同地区的发展，必然存在着差异。但有一点是相同的，就是都存在着不同性质与程度的生态文明建设的薄弱环节，而呈现出相对的不安全与不可持续发展的问题。本文着重新型城镇化建设及其有关环境安全与可持续发展问题，作此探讨。

1　根据自然条件及其发展效应而划分的几个重要的发展类型城镇群的必要性

我国地域广阔，不同地区自然条件不同，改革开放30多年来的发展结果，也已呈现出不同的开发情况，从中概括出不同的发展类型，有助于今后更好因地制宜地进一步深入改革开放，以取得更好的效果。目前，可主要考虑这几个类型地区。

1.1　中等流域城镇群发展类型

例如，海西经济区的核心——福建省，闽江、九龙江等基本发育于本省内，并汇入海洋。有众多的岛屿，如平潭岛等，可与台湾建立海峡通道，利用福建与台湾的五缘关系（血缘、文缘、地缘、商缘与法缘），

① 卢耀如，张凤娥，刘琦，等.建设生态文明　保障新型城镇群环境安全与可持续发展[J].地球学报，2015，36(4)：10.

可更好牵手台湾，通过发展更好地促进和平。

这类型涉及完整一个小流域的绿色经济以及面向海洋的蓝色经济的和谐发展，并发展海上丝绸之路。其中建设几个生态城镇群[4]。但是，海洋风暴潮、台风的气候灾害与地质灾害链，以及海平面上升的灾害，更需认真考虑防灾减灾问题。

1.2 大流域三角洲城镇群发展类型

例如，长江三角洲，以上海地区为典型发展类型，珠江三角洲以广州、深圳为代表的发展类型。这两个三角洲中，珠江三角洲于20世纪80年代初开始开放发展；上海以前就有较好的经济基础，并于20世纪90年代初改革开放又大大促进了发展。这两个三角洲涉及软土等基础，以及相对发达的经济和城市群，原先由抽取地下水而诱发地面沉降，转变为现在的由抽取地下水、地下空间开拓及高层建筑而综合产生地面沉降[5-7]，但也存在水-土资源的安全承载力、污染等问题，产业不协调和灾害的加剧隐患。地面沉降与塌陷、强风暴-台风和内涝灾害等，仍是今后重要的问题。三角洲发展与地质环境密切相关[8-9]。

1.3 重要开发能源(煤炭等)城镇群发展类型

例如，山西省、东北的抚顺、本溪、鄂尔多斯地区、宁东地区、新疆煤田地区以及黑龙江煤炭基地等矿山城镇群都属于此类型，特别是山西省，开采的煤炭2012年产量已达9万t，占全国的四分之一；抚顺和本溪等煤炭资源已近枯竭。山西开采一吨煤要消耗2.5 m^3 地下水。

以往，冒落式无充填煤炭大量开发，地下遗留巨大的采空区，存在重大灾害隐患，加上环境污染，还有开采煤炭资源造成水资源的消耗，存在着环境保护与煤炭资源开发的和谐与可持续发展问题。

抚顺矿区有两个大露天矿和五个地下洞采矿，现已停开一个露天矿和4个地下矿。本溪等煤矿也多停采。问题在于早期采矿区和城镇区多有重叠，产生地面沉降就危及城镇安全。抚顺开采1 000 m深煤，地面塌陷达16～18 m，还引起矿震。所以，如何开挖地下煤及如何发展新的安全城镇，产业调整是很重要的生态文明建设内涵[10]。

1.4 西南岩溶山区城镇群发展类型

西南云、贵、川、渝、桂、湘、鄂等地，为我国岩溶连片分布的地区，有较多岩溶发育。显然，西南经济发展与岩溶发育关系密切，这方面有很多成果[11-15]。其中，石漠化问题在近几年来引起多方关注，治理也取得了一些成效[16-19]。这片岩溶地区经济发展与岩溶综合自然条件密切相关，包括资源开发与灾害防治[20-24]。石漠化现象影响发展，也有多种资源、能源(水力或煤炭)。这些地区经济相对不发达，但为东部发展做出了贡献。目前，涉及如何发展多种经济与城镇群，以及三位一体(即水资源综合高效利用开发—石漠化、洪旱灾害与其他地质灾害综合防治—综合生态文明建设，保障生态环境安全与可持续发展)的综合防灾，以促进岩溶山区的更好发展。

1.5 西北黄土高原城镇群发展类型

西北黄土高原面积广泛，以兰州、西安等地区为代表，这些地区已有较多发展，在宁夏固原、陕西宝鸡东侧地带，黄土厚度可达180～220 m，延安地区也有110～120 m，黄土高原的湿陷性、滑坡、泥石流等灾害，对经济发展有密切影响[23]。但是也有严重的隐患和灾害存在。这些地区有的属于能源发展类型，但应当是大流域黄河中上游的地区。目前，这些地区又是发展西部丝绸之路经济带的核心地带，应当也是重要的发展类型。

但是，这一地区处于古气候、古环境变化的交互地带[23,25-26]，存在水资源匮乏、黄土湿陷性以及滑坡、泥石流、地裂缝等灾害。同样，应重视生态-环境安全，也应考虑如何综合防灾减灾与永续开发问题。

1.6 大江河上游水电能源基地城镇群开发类型

这类地区包括西南大片地区，水力资源丰富，目前除少数河段及西藏高原以外，已多开发水电资源，为西电东输供东部优先发展做出了贡献[27-30]。

如重庆及鄂西地区，有大规模的三峡等水电枢纽。这里山区也存在其他绿色经济协调发展问题。所以，这类型发展，也都面临着如何保护生态环境，如何减少天然与人工诱发灾害，以使能有生态环境的安全和谐，而又可永续地发展综合的产业。

对三峡等大型水利枢纽，大型水电站的水头变化诱发地质灾害，库水水质恶化与保护等，仍是有不少相应的认识，因此认真与深入地研究有关生态环境的演化效应，以更好地发挥其有益效应，并有力地改变其不良影响，应是今后需认真研究的问题。

1.7 内陆河流盆地城镇群发展类型

西北地区如新疆、青海以及宁夏、甘肃等地和内蒙古地区，有大片内陆河流的盆地，气候干燥，有草原、高山，也有多种矿产资源。青海、新疆人均水资源居全国前列，而实际上有不少地区缺水，如何合理开发这些雨量不多的干旱地区的内陆盆地，成为畜牧业核心的草原，也是很重要的一个问题。前一更长时间内，在内河流域山前蓄冰雪融水的地表水库，使中游无常年补给，而大量开采地下水，水位下降，内陆河末端湖泊干枯，真是“上游水库建成之时就是下游断水之日”。关键在于如何调蓄冰雪融水-地表水与地下水[31]。目前这类型地区经济是不发达的，这类地区如何永续发展以及生态环境安全，与上述6个类型地区是不同的。涉及水资源(地表水和地下水)如何合理调蓄与节约利用，以及发展内陆的绿色经济与环境协调问题。

1.8 大岛屿环境城镇群的开发类型

大岛屿发展，如海南岛可作为一种国际性旅游岛屿类型，还有许多小岛屿的集群，如何才能真正成为生态岛屿，并发展国际旅游大岛，我国台湾岛也是这方面另一类型，和大陆，特别是与福建等沿海地区联手发展，却有其特殊性。岛屿发展涉及有限资源的开发，也涉及利用海洋发展蓝色经济问题。舟山群岛的发展也涉及资源合理利用与防灾减灾协调问题。总之，岛屿的发展，受自然条件制约，更主要应根据地质环境而能科学发展的问题。

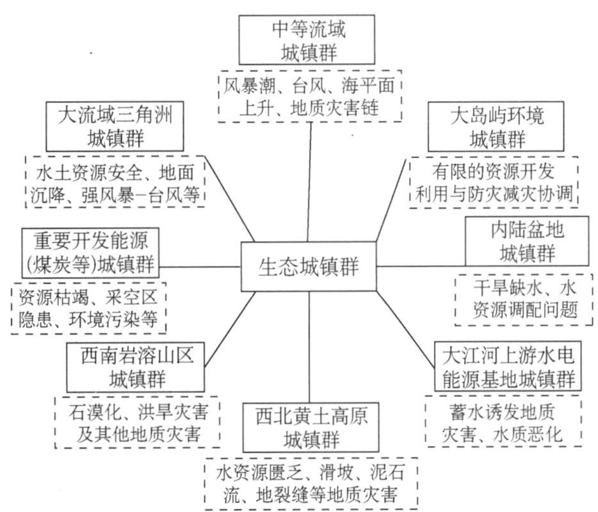

图1 八个生态城镇群类型及主要环境问题示意图

上述八个发展类型是很重要的，做好这些典型地区城镇群的研究，就可推广至全国。当然，中国广阔的面积内，还有其他类型的城镇群。

大平原大盆地发展类型。如黄淮海大平原、江汉平原以及川西平原和松辽平原地区，有大中河流通过，其生态环境有其独特的演化过程，并具有明显特性，既具有较厚的松散第四系地层沉积，面积广阔，又是农业的好土地的粮仓。此外，在工业化过程中又是重要的工业发展场所。

这类地区很多地带的水资源问题仍很突出，水资源的合理开发与保护、水-土资源的优化匹配开发是一大问题。特别是水资源污染，例如黄淮海平原区[32-33]，还有平原地区的工业废弃物，包括废弃物以及农药、化肥使用的污染也是突出的问题[34-37]。这大片平原地区，同样是旱涝灾害都有，其灾害频率是北方平原旱灾多，但南方平原也有冬-春旱，甚至有的是冬-春-夏连旱。北方干旱造成过量开采地下水，地下浅层含水量少，环境更恶化。

大平原地区有的与三角洲相连成一大片，更多平原不与滨海三角洲相连[38]，多数又与山区具有环境相对应的特征和生态环境。

2　城镇化的理念与城乡一体化发展

改革开放三十多年来，我国经济取得很大的发展，跃居为世界第二位。成绩是巨大的，但在城乡发展上来看，又是不和谐的，不能城乡一体化发展。这方面的不足表现为：① 城市的发展快于乡村的发展。② 对城市化发展存在认识上的误区。

2.1　城乡发展的不平衡不协调方面

城市的发展速度与规模是空前的，中华人民共和国成立后 60 多年来城市发展比农村快，改革开放 30 多年来也是如此。这与如何利用自然和人力资源具有密切的关系，更重要的是认识上的问题。

以往，在贫穷落后的中国，各个大小城市本身就存在各种问题，而这些城市又是国家不同层次的门面与政治、经济及文化核心所在，所以必须优先解决其存在与可管控的问题，因此也必须优先解决难题而发展，以巩固政权，这是必须迅速生效的问题。所以，优先发展城市是从建国后优先稳定城市开始。

解放战争，实际上是以农村先发动，以农村包围城市而取得成功。所以，在中华人民共和国成立初期，国内外的人们，关注的是中国共产党能否管理好城市，所以初期利用城市已有优势，首先稳定城市、管理好城市，进而就必须优先发展城市。

在初期人力、物力有限情况下，只有发展城市包括矿山城市，才能取得经济效益，也才能集聚国家财富。所以，在中华人民共和国成立初期，不能够做到城乡一体化更好地发展。乡村土改，而后公社化产生不良效应，再回头发挥农民积极性地发展农业，使乡村主要作为向城市提供农产品与剩余劳动力的地区。在改革开放中，少数农村有的得以发展，主要在于有外来资金与项目的引入。所以，城乡发展差异有其历史根源，但主要还是认识、政策的具体问题。

2.2　城市化与城镇化的理念差异

过去一段时间，强调的是中国落后于欧美，是我国农业人口多，城市化率低。后来，不同规模与级别的城市都要迅速发展。各省会城市向首都及直辖市发展看齐，都是要搞相应的世界第一，各地方城市也向省会看齐，要超过省会。另一方面，在城市建设上，也和大都市一样千篇一律地搞高层建筑，结果是全国许多城市都是相同“面貌”。

前一阶段，据宣传我国城市化已达 51%以上，后来倾向于真正城市化率只有 35%左右。因为，把到城市来打工，户口不在城市、居无定处的农民工作者也作为城市居民对待，并计入城市化率显然是不正确的。在长三角、珠三角城市强调的城市群，主要强调附近大、中城市间乘公交车可以用一卡通。这带来了方便，也是需要的，但这绝不是城市群建设的主要目标。

城镇化的理念，包括了城市和乡村的发展的小城镇之间的密切共同发展的理念，当然不是让乡村小城镇像大、中型城市那样发展。

2.3　城镇化的科学发展目标

随着经济与社会的发展，目前强调城乡发展一体化，强调城镇群发展。在海西经济区的研究中，我们强调城乡发展一体化，是要城乡统一制定发展规划，包括经济、文化、医疗、教育等方面。应当体现出：① 在地区资源的开发利用上，城乡可共享其有关效益；② 在防灾减灾上有共同的规划；③ 在教育上可共同提高教育水平，城市应协助乡村发展提高教育水平；④ 城乡之间有通畅交通与信息网络；⑤ 在医疗上，可共享医疗资源，城市应协助提高乡村医疗能力与水平。

大自然灾害发生，受灾区内城乡是相连遭灾，而农村抗灾措施少或为零，受灾就更大[24,39-41]。乡村不需要像城市那样高楼大厦，但应当改善各种条件，能够避免污染与破坏地质环境，诱发地质灾害，从而增加乡村防灾减灾的能力。

为此，在 1988—1989 年，我们担负国家民委有关《南方岩溶山区的基本自然条件与经济发展途径的研究》[20]中，曾提出城镇的五级建设，即：Ⅰ级的山村基础城镇，可有几万人，发展农产品加工业，也可有高新工业落户；Ⅱ级县级重点城镇，20 万至 30 万人，当地民生工业及农产品加工业；Ⅲ级地区中心城市、市级，地区经济中心、文化中心，直接领导、指导县及小城镇，使和谐发展；Ⅳ级省级现代化城市，省（自治区）核心，在经济、政治、文化、生态、社会上建设的核心，但人口数在百多万至 500 万以下为宜，应据自然特色，而突出其发展的内涵与目标；Ⅴ级为国家级大都市、直辖市和首都，规模在千万人以上，最主要应在五个建设方面，起到先行的引领作用，直辖市要突出在 7 大区域上，作为国家这方面城乡发展的引领与协调作用。各级城镇功能见表 1。

表 1　城镇结构功能简表[4]

城镇级次	城镇名称	结构力	功能特性
Ⅴ级	国家级大都市	具政治、经济与社会方面抗震动的结构力，居于城镇结构的最上层	政治、科技、教育与经济的控制中心功能，现代化先进的首都及少数直辖市
Ⅳ级	省级现代化城市	具坚固的内结构力，可抗御外来冲击力，本身也具荷载力	向现代化大城市发展，具在本省（区）起协调经济的能力，对外有补偿应急能力，为省科教文化中心
Ⅲ级	地区中心城市	具传递应力的作用，将上层荷载力安全传至下层，本身具抗风险的能力	地区城市，具当地经济科技、教育的调节功能，一般为中等规模但具有特色的城市
Ⅱ级	县级重点城镇	具坚固的结构力，是基础的基本荷载力，具抗自然及人为灾害的基本能力	县级重点城镇，具生产的增长与调节作用；也具环境保护的最重要性能
Ⅰ级	山村基础城镇	具最基本的承载力，本级城镇自身有荷载力，通过与农村联系的基桩，深入农村地基基础	发展经济的基础，具承受上述四级城市结构的荷载能力，为资源供给基地，也是商品的市场倾销地和环境保护地
农村居民点	基础村庄	承受五级城镇的坚固基础支撑力（生产力）	以大农业的发展力为上述五级城镇提供农产品、工业原料，也是大市场所在

2.4　乡村-城市间人口的迁移与环境保护

世界上大都市的发展，其基本规律是随着城市经济的发展，使农村由于科学技术的发展，而减少了劳动力，可以有剩余劳动力到城市打工以赚钱。这样，城市发展了，农村经济也有外来款汇入而得以改善。

这方面，据 Wilker Zelinsky 的“流动迁移假说”[42]，也有五个阶段。第Ⅰ阶段，城市初始工业经济刚发展，农村剩余劳力去城市打工，这阶段只有乡村人口向城市转移，人口也大量增加；第Ⅱ阶段，农村乡镇有些资本流入，也开始发展，有剩余劳动力就部分转向当地小镇兴起的工业，到大城市打工的就少；第

Ⅲ阶段，乡村及县级城镇的经济发展，需高水平的大城市技术专家的指导，于是大城市和农村小城镇间的人口迁移是双向的，近于平衡；第Ⅳ阶段，由于小城镇成规模的高端产品工业的发展，需大量高科技水平的科技人员，以及相应商业、服务业人员，于是较多大小城市向小城镇人口迁移，以及找工作的大学毕业生，迅速迁移；至第Ⅴ阶段，由大城市群向小城镇群迁移的人口就占主导地位。

人口迁移，要达到第Ⅳ、第Ⅴ阶段，这就要靠城乡建设一体化，与科学城镇化发展。归根结底是小城镇以良好的自然与人工环境，以高端新兴的工农业发展，以舒适的生活环境与条件，使拥挤的大都市人，更愿意选择在小城镇作为栖身与工作之地。

目前，我国正逐步取消城乡户口的差别，这能更好发展各级城镇群，使我国人口迁移可跳跃进入第四阶段，有利于今后更好地城乡一体化发展。

3　城乡和谐发展的地质工作的聚焦点——生态环境的安全与可持续发展

在城乡建设一体化与城镇群建设中，都涉及统一考虑当地及外来资源的合理开发、利用以及储藏问题，也涉及当地防灾减灾的统一规划与协调的问题。而这些方面问题的聚焦点，就在于城乡一体化发展中的生态环境安全，以及可持续发展问题。目前，在生态环境安全上，上述不同类型中，都不同程度地存在着生态环境的安全问题，也都存在着今后可持续发展的问题。目前，普遍存在的问题是：① 水、土资源安全问题。② 极端自然灾害的危害问题。③ 大型工程建设与发展的综合环境不良效应问题。④ 环境污染的危害问题。

3.1　水、土资源安全与水土资源合理配置问题

我国水资源多年平均的年资源量为2.8万亿 m^3，地下水年资源量约0.8万亿 m^3[4,43]。人均资源量已低于2 100 m^3/人·年，与联合国规定的人均1 700 m^3/人·年，相距不远，为缺水地区，而实际上，北京、上海、天津，人均当地水资源量只有一百多至三百多 m^3/人·年。而广大的北方、西北等地，人均水资源也只有几百立方米/人·年。中国已是缺水的国家。其中，不少地区是水质不好的水质性缺水，当然也有因有水而缺乏开发工程的工程性缺水，及人工工程影响水资源的工程性缺水与污染性缺水。水资源开发中，许多环境问题也是需要研究的[23,28-29]。

如果有的大都市，遇到极端的气候干旱条件下，以及严重的人工事件而污染水源，不少城市都存在水资源的安全这个重大的问题。

对土地资源而言，我国人口数13亿，而土地资源是不多的，人均耕地以少于1亩至1亩多为主要情况。近些年，由于发展而使土地产生质的变化，除了农药农肥污染土壤外，也有不少是为了开发，使优质土地被利用，取而代之不好的土地以充数。18亿亩良田的底线，是岌岌可危的。因此，作为地质部门，更应从水、土资源保护及水、土资源的配置上，开展相应的研究。

我国耕地的损失，一部分是城市扩展，另外是发展水利水电与交通网络枢纽发展而占地。中华人民共和国成立初期土改使农民得到耕地，而后公社化使农民变相失地，使农业生产受影响。后来落实了政策，促进农业发展。但后来由于兴建大型水利枢纽，收益是以电厂所在地为主，产生收益地与淹没地之间矛盾，淹没地只靠有限的一次性赔偿而解决土地被淹问题，又增大了两地矛盾。这项工程赔偿到农民手中却只占赔偿数的极少部分，农民又失地又得不到有效赔偿，使许多矛盾激增。在1988年，我们担负国家民委项目时，针对西南地区应开发水利水电资源，而农民也应得到开发效益，所以我们提出了土地入股水利水电开发而分红的建议。当时，也得到赞成，但未能实施采纳。因为农民没有土地所有权，为此认为土地入股不好处置。土地入股，这土地不是农民的所有权，而是承包地的权利资源入股。

目前，中央十八届三中全会中，提出“赋予农民对承包地占有、使用、收益、流转及承包经营权抵押、担保权能，允许农民以承包经营权入股发展农业产业化经营”。这英明决定就解决了土地承包权，以代

替土地所有权，而可以多种处置，以便利农业发展与农民增大收入。

这样赋予农民集体资产股份占有继承权，就会极大地使土地更好集约节约使用，农民也可维护土地的承包权的灵活运用，既发展了大农业，又能维持稳定的收入。

对地质工作而言，就要为水、土资源的安全维持其质量，而为水-土资源在当地如何高效配置，创造生产出更大价值，而又不至于影响农业当地的发展，而提供相应的基础资料，并为相应的决策，提供地学上的科学依据[22]。

3.2 极端自然灾害的综合防灾减灾的地质基础

自然灾害对人类生存也有不利的条件与灾害，主要有气候(象)灾害、地质灾害(包括地震等)和生物灾害。气候灾害和地质灾害之间存在密切的灾害链，气候灾害可诱发各种地质灾害，而增加其对人类生命财产的危害，生物灾害的发生又常与地质环境密切相关。人类生存在地球上，对于自然灾害的产生是不可能予以防止的，而只能是进行相应研究，掌握其发生与发展的一定规律性，而采取相应的应对措施，达到防灾减灾的目的。

可以说，自然界中所有灾害的发生，都是基于地球上的岩石圈、大气圈、水圈与生物圈这四个圈层的相互依存与相互运动、制约与影响的结果[23]。因此，人类也应当从这四个圈层的运动与演化中，去探索全球与地区性灾害的发生规律性。

目前对地震似乎仍是难于预报，但是地震诱发其他灾害，却是构成很大危害[21-22,41]。但是对于滑坡、泥石流等地质灾害掌握的情况较多，开展相应的预测预报也取得了好成效。关键是这类灾害很多，都进行深入调查研究与监测是不可能做到的，只能在重要的地区，影响人民生命较集中的地区进行深入调查与监测，以保障人民的生命财产。

目前气候灾害由于卫星、遥感及信息技术的发展，对热带气旋、风暴潮等的发生发展已有较好的预报，但涉及诱发地质灾害的发生，还只是一般性的相应预报，或者说是相应的警示更多些。

由于全球人类开发的综合效应，叫作温室效应也好，叫作环境效应也好，表现在极端气候、极端地质灾害等方面让全人类感到地球的危机。

因此，地球科学的责任，应当在掌握地球四个圈层运动基础上，再开拓研究宇宙因素的影响，进行深入综合研究气象灾害-地质灾害-生物灾害发生的地质环境的背景条件，特别是涉及有关灾害的复合效应与危害性。

对于城镇群而言，应当考虑地表稳定性以及地震危害、常见的气候灾害如洪灾、旱灾，以及常见的滑坡、泥石流、塌陷和当地常发生的石漠化、荒漠化、地面沉降等灾害，掌握其发生规律的地质背景，以及探索防灾减灾途径与可采用的对策。

在目前，单纯考虑地质灾害是不够的，只考虑水资源量供给，而不考虑水资源是有益的条件，它也会转变为有害的洪灾，以及缺水的旱灾。只有从地质上提出综合防灾减灾的途径，才会真正收到防灾减灾的效果[4]。

3.3 综合研究人类开发的综合环境效应

大都市及地区性大规模开发水资源、大量的高层建筑、大量进行地下空间开拓等，都会破坏当地已有的地质基础，必然诱发地质环境效应，严重地带来综合性的灾难危害。

问题的关键在于，人们对这么庞大与复杂的人类开发的综合效应知道很少，甚至全然不知，或者是只顾当前、当地的发展愿望，而不愿知之。长此下去，那真如古人所说：竭泽而渔。最终结果是人类自我毁灭赖以生存的地球环境。

开展这方面的调查研究，需要以地球的全球演化为核心，地质为基础，结合多学科开展综合研究。

这方面研究应当认识以我地为主开始，这样就可当地联合进行，取得科学真谛。为保护当地的发展，为大地区的发展，为一国的发展，为全球的发展，取得坚实的研究基础，提供有力的论据。

这方面的人类工程活动效应，又常与自然灾害效应相重叠，也就更增加了防灾减灾的困难。

3.4 综合治理环境污染的地质背景

改革开放的三十多年，粗放型的发展模式使我国的环境遭受不同程度的污染，涉及大气、水质与水环境、土壤以及气-液-固三相物质基础的污染。大气污染严重程度已引起重视，PM2.5 值比常规高几十倍至几百倍。

在水污染方面，我国东部地区符合Ⅰ—Ⅲ类水质标准，可直接饮用的水资源不足 30%，华北平原只有 23.4%，长江三角洲为 16.4%，淮河流域平原区为 13.0%，珠江三角洲为 6.9%。至于土壤方面，虽然尚未公布，但长期过量使用化肥、农药，其污染情况，据一些监测资料也是不容乐观的。

近日瑞士绿十字会公布世界最严重的十个污染地区分布在八个国家，其中没有中国。这又表明这些年我国重视节能减排，环境污染的发展还是起了抑制作用。今后能更多集中力量投入生态文明建设，更好控制污染，并着手于修复环境，使今后污染情况得以控制与修复，再现青山绿水，气-水-土所塑造环境都是清净宜人生活好，这样美好时日会很快到来。

那么，为这美好环境重现，地质科技工作可做与应做的事情很多。

首先，涉及清洁能源方面，可更好研究新能源，包括开发太阳能、风能，研究其开发对环境的效应，也包括探索开采丰富的浅层地热能源低碳经济方面，地质工作也是大有作为的。

上述四个方面主要涉及生态环境安全与可持续发展问题，都是需要地质工作，特别是水文地质工程地质与环境地质方面人员，大力进行探索、调查、研究与监测。

3.5 研究已有城镇群的功能、规模协调的治理

已有城镇群，对上述八个类型，都提到了存在的严重问题。如何减少已有城镇群的“疾患”是刻不容缓的。

对特大Ⅴ级城市的治理，我们在 2013 年初就向上海有关部门提出，上海市应“瘦身”，近日也有提到“北(京)、上(海)、广(州)”的瘦身，不要什么都在这大都市搞。

省会Ⅳ级城市也有“瘦身”问题，更主要的是有“协调、协作”问题。

特别是Ⅲ、Ⅱ、Ⅰ级城镇如何发展与现代化、创新问题。

在生态城镇群建设中，这大措施是非常重要的。地质人员应当为已有城镇的发展、转型与更好协作提供地质环境的依据。有关各级城镇群需改革的主要内涵，列于图 2。

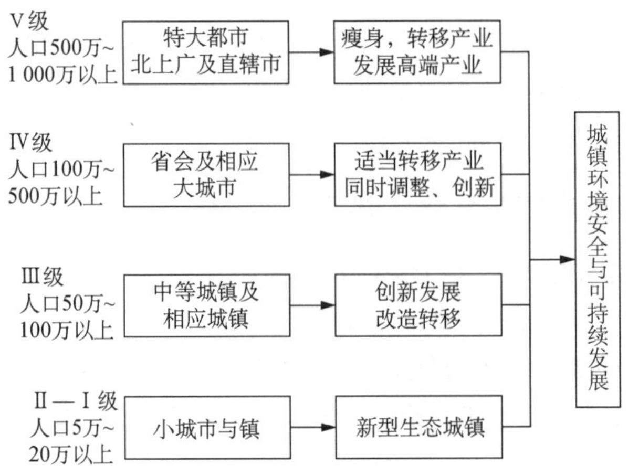

图 2 新兴生态多级城镇群功能调整构想图

2013年9月18日，瑞士保险公司发布的“全球最易遭灾的城市与区域”的报告中，最脆弱的十个城市（地区）中，珠江三角洲列第三位，上海位列第八[44]。这与水资源污染、灾害威胁，以及现有的环境状况等综合因素有关。看到这排列，我们也不要惊慌，但也不能麻木，我国许多地质、环境等方面的专家对这些情况也早有认识。只能说，这报告只会更促使我们快速地来为生态环境安全进行相应的改革与治理。

今日，我国都已意识到建设生态文明的迫切重要性。我们深信，通过我国上下的共同努力，中国今后经济一定会继续发展，而天蓝、水绿、山青的美好环境也会很快出现。

地质科技队伍应当为经济发展，更应当为防灾减灾，为美好安全环境的建设，为美丽中国、富饶中国、幸福中国，为十三亿人民共同的梦想实现而努力做出贡献。

参考文献

[1] MACKAY D, DIAMOND M. Application of the QWASI (Quantitative Water Air Sediment Interaction) fugacity model to the dynamics of organic and inorganic chemicals in lakes[J].Chemosphere, 1989,18: 1343-1365.

[2] FERNANDEZ - ILLESCAS, PORPORATO A, LAIO F, et al. The ecohydrological role of soil texture in a water-limited ecosytem[J]. Water Resources Research, 2001, 37(12): 2863-2872.

[3] LU R, ZHANG E, LIU G L, et al. Groundwater Systems and Eco-hydrological Features in the Main Karst Regions of China[J]. Acta Geologica Sinica,2006, 80(5): 743-753.

[4] 卢耀如，刘少玉，张凤娥.中国水资源开发与可持续发展[J].国土资源，2003，(2)：4-11.

卢耀如，王思敬，尹伟伦，等.海西经济区（闽江、九龙江等流域）生态环境安全与可持续发展研究报告[R].石家庄：中国地质科学院水文地质环境地质研究所，2013.

[5] 卢耀如，刘琦.地质环境与隧道工程的安全[C].第四届中国国际隧道工程研讨会文集，2009：30-38.

[6] ZHOU J, TANG Y Q, YANG P, et al. Inference of creep mechanism in underground soil loss of karst conduits I. Conceptual model[J]. Natural Hazards, 2012,62: 1191-1215.

[7] TANG Y Q, LI J, ZHANG X H, et al. Fractal characteristics and stability of soil aggregates in karst rocky desertification areas[J]. Natural Hazards, 2013,65: 563-579.

[8] 周翠英，汤连生.珠江三角洲快速城市化过程中的环境地质问题浅析[J].城市勘测，1995，(1)：5-10.

[9] 周翠英，陈恒，刘祚秋，等.重大工程地下环境信息系统的设计与突出问题[J].岩土力学，2004，25(9)：1469-1474.

[10] 卢耀如，武强，张进德.东北矿区（抚顺、本溪、鞍山）矿区灾害调查研究[R].石家庄：中国地质科学院水文地质环境地质研究所，2007.

[11] 卢耀如，杰显义，张上林，等.中国岩溶（喀斯特）发育规律及其若干水文地质工程地质条件[J].地质学报，1973，1973，1：121-136.

[12] 卢耀如.中国岩溶-景观.类型.规律[M].北京：地质出版社，1986.

[13] 袁道先，蔡桂鸿.岩溶环境学[M].重庆：重庆出版社，1998.

[14] 张凤娥，张胜，齐继祥，等.埋藏环境硫酸盐岩岩溶发育的微生物机理[J].地球科学，2010，35(1)：146-154.

[15] 刘琦，卢耀如，张凤娥，等.动水压力作用下碳酸盐岩溶蚀作用模拟实验研究[J].岩土力学，2010，31(增刊1)：96-100.

[16] 熊康宁，陈起伟.基于生态综合治理的石漠化演变规律与趋势讨论[J].中国岩溶，2010，29(3)：267-273.

[17] 蒋忠诚，李先琨，曾馥平.岩溶峰丛洼地生态重建[M].北京：地质出版社，2007.

[18] 蒋忠诚，李先琨，胡宝清.广西岩溶山区石漠化及其综合治理研究[M].北京：科学出版社，2011.

[19] 水利部，中国科学院，中国工程院.中国水土流失防治与生态安全（西南岩溶区卷）[M].北京：科学出版社，2013.

[20] 卢耀如.南方岩溶山区的基本自然条件与经济发展途径的研究[C]//赵延年主编，中国少数民族和民族地区九十年代发展战略探讨.北京：中国社会科学出版社，1993：233-267.

[21] 卢耀如.长江流域国土地质—生态环境与洞庭湖综合治理的探讨[J].湖南地质，1998，17(4)：217-220.

[22] 卢耀如.长江全流域国土地质—生态环境有待进行综合治理[J].环境保护，1998，252(10)：8-9.

[23] 卢耀如.岩溶水文地质环境演化与工程效应研究[M].北京：科学出版社，1999.

[24] 卢耀如.地质灾害的监测与防治[M]//宋健.中国科学技术前沿(中国工程院版).北京：高等教育出版社，2000：635-675.
[25] 刘东生，丁梦林.晚第三纪以来中国古环境的特征及其发展历史[J].地球科学，1983，(4)：15-28.
[26] 刘东生，丁仲礼.二百五十万年来季风环流与大陆冰量变化的阶段性耦合过程[J].第四纪研究，1992，1：12-23.
[27] 光耀华.红水河流域岩溶发育特征及其工程地质条件[J].水力发电，1981，(7)：7-12.
[28] 卢耀如.岩溶地区主要水利工程地质问题与水库类型及其防渗处理途径[J].水文地质工程地质，1982，(4)：15-21.
[29] 卢耀如.岩溶地区水利水电建设中一些环境地质问题的探讨[C]//全国第三次工程地质大会论文选集.成都：成都科技大学出版社，1988：1000-1006.
[30] 邹成杰.水利水电岩溶工程地质[M].北京：水利电力出版社，1994.
[31] 卢耀如，刘少玉，许广明.西北地区水生态环境特征及其演化[C]//中国工程院重大咨询项目.刘东生主编."西北地区水资源配置生态环境建设和可持续发展战略研究"(自然历史卷).北京：科学出版社，2004：140-190.
[32] 张兆吉，费宇红，郭春艳，等.华北平原区域地下水污染评价[J].吉林大学学报(地球科学版)，2012，42(5)：1456-1461.
[33] 费宇红，张兆吉，郭春艳，等.区域地下水质量评价及影响因素识别方法研究——以华北平原为例[J].地球学报，2014，35(2)：131-138.
[34] LIU Chang-li，ZHANG Feng-e，ZHANG Yun，SONG Shu-hong，ZHANG Sheng，YE Hao，HOU Hong-bing，YANG Li-juan，ZHANG Ming. 2005. Experimental and numerical study of pollution process in an aquifer in relation to a garbage dump field[J]. Environmental Geology，48：1107-1115.
[35] LIU Chang-li，ZHANG Yun，ZHANG Feng-e，ZHANG Sheng，YIN Mi-ying，YE Hao，HOU Hong-bing，DONG Hua，ZHANG Ming，JIANG Jian-mei，PEI Li-xin. 2007. Assessing pollutions of soil and plant by municipal waste dump[J]. Environmental Geology，52：641-651.
[36] 李亚松，张兆吉，费宇红，等.河北省滹沱河冲积平原地下水质量及污染特征研究[J].地球学报，2014，35(2)：169-176.
[37] 张翠云，张胜，何泽，等.河北省石家庄市南部污灌区厚层包气带污染物自然衰减的微生物作用潜力评价[J].地球学报，2014，35(2)：223-229.
[38] 卢耀如，许广明.环渤海西岸城市群地质-生态环境与可持续发展[R].石家庄：中国地质科学院水文地质环境地质研究所，2010.
[39] 卢耀如.地质灾害防治与城市安全-卢耀如院士在上海社科院的演讲[N/OL].解放日报，2008-06-29(8)[201412-25]. http://epaper.jfdaily.com/jfdaily/html/2008-06/29/content_142357.htm.
[40] 卢耀如.对四川汶川大地震灾害的思考与认识[J].环境保护，2008，11：42-45.
[41] 殷跃平，潘桂棠，刘宇平.汶川地震地质与滑坡灾害概论[M].北京：地质出版社，2009.
[42] 史若华.中国农村剩余劳动力转移问题研究[M].北京:中国展望出版社，1990.
[43] 卢耀如.中国西南地区岩溶地下水资源的开发利用与保护[C]//张建云等主编：中国水文科学与技术研究进展—全国水文学术讨论会论文集.南京：河海大学出版社，2004:541-546.
[44] 新华网.全球最易遭灾城市及区域出炉，珠三角上海入榜[OL/EB].[2013-9-20][2014-12-25].http：//news.xinhuanet.com/cankao/2013-09/20/c_132736044.htm.

贯彻科学生态文明理念以综合开发水资源防灾兴利[①]

卢耀如　刘　琦　张鑫馨

摘　要：中国的水资源问题是一个重要的瓶颈问题。关于水的起源仍然值得深入研究，涉及地球的形成、目前宇宙水球的来源及地球深部水的问题。强调了划定水圈几个带的尝试，以及圈层间的复杂作用，进而探讨了水资源开发问题，在圈层运动基础上建立全流域演化综合效应与有关评价的理念，并以黄河中游及长江中上游及内河流域演化为例进行了分析，水资源开发应考虑有限性、相对性和生态性"三性"，以及"水可载舟也可覆舟"的两重性。论述了"六水"(雨水、河水、湖水、地下水、库水等人工水体和海水)的综合开发利用问题，以及6种灾害统一防灾减灾的问题，洪灾、涝灾、旱灾、风暴潮、地质灾害、水污染这6种灾害与"六水"有关，指出了分段控制库水水质与地表水-地下水综合开发调蓄及修建地下水库的重要性。提出了水资源开发与灾害防治应多部门多学科协作，大力推行节水措施，建立完善的多功能水资源网络，以供定需，加强评价与开发的追究责任制度等建议。

关键词：水资源开发　流域演化　防灾减灾　生态文明

中国已有近10万座水利水电建设工程，还有东线、中线的长江引水工程。在长江、黄河、珠江三大流域以及许多中小型流域上都有不少水利水电工程，不可否认的是，这些工程的建设基本保障了人民日常生活以及工农业发展的需求，也有力地减轻了自然灾害的危害。但是，大量的水利水电建设也带来了或诱发了一些不良环境效应。所以，尽管收效很大，但是对不良效应方面又多回避，不能正确面对，结果是以讹传讹，不全面不正确的认识反而产生了很多不科学的影响。此外，虽然注意了水资源的有利开发，却又忽略或对水资源的保护和更好地兴利防灾。为此，本文除了阐述水资源的宝贵性，更着重探讨如何综合开发利用水资源与防灾减灾问题。

1　地球上水的基本特性

1.1　水的起源及其重要内涵

水的起源，人们似乎知道却又不很明白。自宇宙大爆炸、自地球形成开始就有了水的存在，而后水体较多，导致了太古代(几亿年前)就有了生物藻类的生长。目前，公认的水的浅层循环过程为：大气降水—河水—湖水汇流—地下水渗流—汇入海洋—蒸发—降水。

另外，还有两种水来源，其一是有些人认为的太空中存在的不少水球每日降落到地球上，太阳系中发现土卫二的冰壳下有温泉，在木卫三的冰面下，发现巨大的地下海洋，这些星球上的水比地球上所有海洋水都多，最大水库应存在于奥尔特星云中。有人认为水在宇宙中的存在是普遍现象，所以，有水球从其他星体上越过太空降到地球上，这种认识是客观存在的；还有一种来源，就是在地壳深部及地幔中，由于地球深部地球化学作用，生成的H和O，二者结合，成为水(H_2O)，所以，有人认为地幔中是一个巨大的地下水库。对深部水的存在，一般是忽视的，主要还是掌握的情况有限，目前只关注到不太深的几

① 卢耀如，刘琦，张鑫馨.贯彻科学生态文明理论以综合开发水资源防灾兴利[J].河海大学学报：自然科学版，2015，43(5)：11.

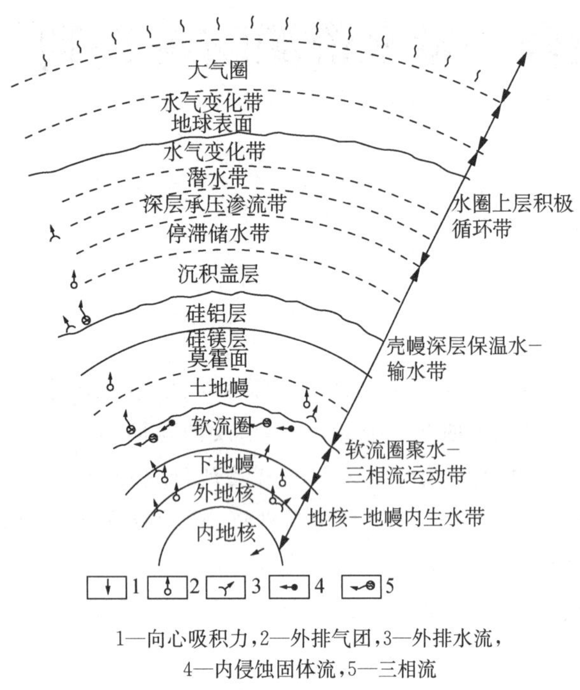

1—向心吸积力，2—外排气团，3—外排水流，4—内侵蚀固体流，5—三相流

图 1　地球水圈分带示意图

千米范围内的地热水的资源。1959 年，维诺格拉多夫认为地幔带是地表水和地下水(浅层)的唯一原生源域[1]。以地幔岩石的含水量和陨石中含水量相比，地幔质量 4×10^{21} t，所含水量可达 2×10^{19} t。水对玄武岩质岩浆的形成起重要的作用。在软流圈的高温高压状态下，必须有水的参与，才能使岩体被侵蚀的部分产生溶化而成熔岩。Ringwood[2] 曾估计地幔中保留的水至少 3 倍于地球内部由去气作用而进入海盆所成的海洋水。若假设地幔中有 0.1%的水，就可得到玄武岩质岩浆成因的解析。根据综合的资料，无水地幔和含过剩水地幔的固相线变化，反映了高水压对降低固相线有重要影响，水量少可引起熔融大幅度增加[3]。1972 年，阿卡丽柯提到，地下水圈从地球最上部的水文地质带起，直到下地幔与地核的界限为止[1]。笔者曾从理论上分析了地球水圈分带性，就是说，地球上的水不是只有上述的浅层循环，这分带性表示于图 1[1]。

在 20 世纪 20 年代，古登堡(B. Gutenberg)根据地球物理探测资料的分析认为地表以下 100～200 km 范围内，存在着一个地震波的低速层[4]。后来，新的地震波速情况表明在 60～250 m 范围内，有比其上下岩体更软弱的物质存在，这低速度变化不是一个面，是地幔上部一个带，就是软流圈。软流圈中应有气、固、液三相物质和三相流，存在着内侵蚀与内增生作用[1]。这软流圈是矿产资源形成之源，也是地质灾害之源(火山、地震)。软流圈的内侵蚀与内增生作用分析如图 2 所示。我国各地软流圈的厚度为 55～200 km[5]。

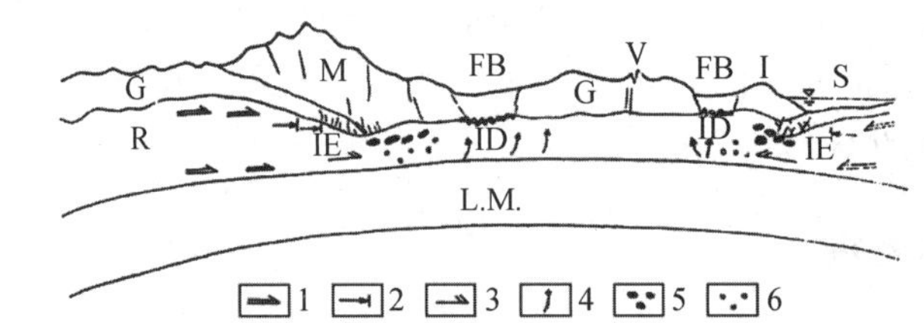

1—软流圈三相流流向，2—软流圈三相流受阻减速方向，3—软流圈三相流加速方向，4—软流圈上下层三相流流向，5—内侵蚀大的固相岩石圈块体，6—三相流中析出的小固体，IE—内侵蚀作用带，ID—内增生作用带，L.M.—下地幔，R—软流圈，G—岩石圈，M—造山带，FB—断陷-沉陷盆地，S—海洋，I—岛弧，V—火山

图 2　软流圈内侵蚀与内增生作用理论分析

应当说，人类对地球的形成，包括对水的生成及其循环还是了解得不是太深入。“上善若水”，水是生命源泉，水是极宝贵的生命之源。因此，对水的内涵的理解，不是只有人类的生存所需。水是人类依存的地球世界的一切生命之源，也是所生存依赖的环境的一切生态之基础。显然，只单纯认识到水对人类生命与生活饮用的重要性是不够的，应当更多地考虑到全地球、广大环境的生态性。

1.2　地球的圈层结构

水不是孤立存在的，大家公认地质上有 4 个圈层：水圈、岩石圈、大气圈和生物圈，这 4 个圈层是相互依存和相互运动的。岩石圈主要是岩石和土，有孔隙、裂隙、断裂带，还有空洞、洞穴，这些空间由地下深处直至地表，又是充水、充气的空间，又分别属于大气圈、水圈，所以这 3 种介质的存在，有分隔、有混合、有变化，所以水圈、岩石圈和大气圈是相互依存又相互运动着的。生物利用岩石、水、气这三圈层而生存发展，生物的行为，特别是高级生物——人类的行为，又对这 3 个圈层产生相应的优化与恶化的作用。4 个圈层的结构如图 3 所示[1]。这圈层结构，人们往往忽略了或孤立考虑单一圈层问题，忽视了相互依存、相互制约的重要内涵。

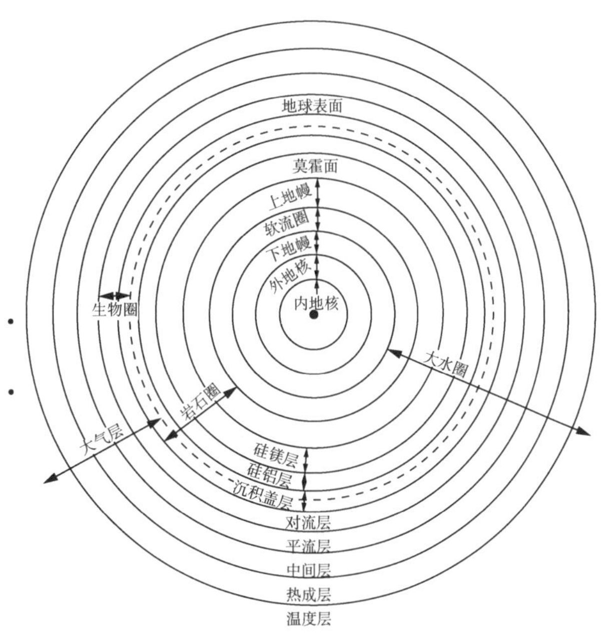

图 3　地球 4 个圈层和地核示意图

2　开发利用水资源的重要文明理念

水资源是宝贵的，但也是有限的。如何合理高效地开发利用水资源，似乎是大家都明白的问题，其实有关的理念是需要认真考虑的。

2.1　水资源的开发利用应考虑地球圈层运动的理念

修一个水库、挖一条长渠都涉及岩、土的问题，就会诱发水-土、水-岩作用，同样也会影响到生物的生命与发展。这些影响，不仅仅限于工程建设施工地带与基础，大量的工程活动必然影响到周边地带、小区域性，甚至大区域性的圈层之间的已有平衡状态。

应当注意的是，以往大型水利工程枢纽，对这方面考虑不周到，或者是基本忽视密集的梯级开发对区域地带性的综合性环境影响，也没有深入研究探索。“一根筷子易折断，一把筷子就折不断”。同理，一个大水库的环境效应易判断，系列大型梯级水利枢纽的综合环境效应就难于很好地评价，这是今后必须大力关注的理念问题。

对于大环境的影响，不仅是大中型水利枢纽，还有其他工程建设，包括城镇发展、矿山开发、交通网络建设等综合的环境效应，可以说是基本上没有什么深入综合研究。

2.2　水资源开发应建立全流域性演化与综合效应、利弊评价的理念

水利建设都考虑了流域规则，但所考虑的主要是水资源和水能的开发，更侧重于地表水资源的分配。虽然也有一些环境方面与经济方面调查，但是了解的深度和广度相对较粗浅，没有更多从全流域环

境演化以及开发后对全流域影响上探讨有关问题，进而制定发展规划。例如，如何通过水利措施对黄河全流域的水土流失予以调节，所以，出现了三门峡与小浪底的枢纽功效和泥沙争议，黄河又出现两级悬河问题。

自然界中的冲刷和淤积、沉积都是统一演化过程。“沧海桑田”，上中游侵蚀，使三角洲河口更多沉积，向海洋方向形成新的淤泥土地。所以单纯水库拦沙，又造成河南、山东的相对不同的认识。

1. 黄河流域

从黄河中游来讲，地质历史上晋陕峡谷地质生态环境就有很大变化(图 4[1])。系列修建水利梯级后生态环境变化、泥沙沉积变化、上下游时间效应影响，都是今后应注意研究的问题。

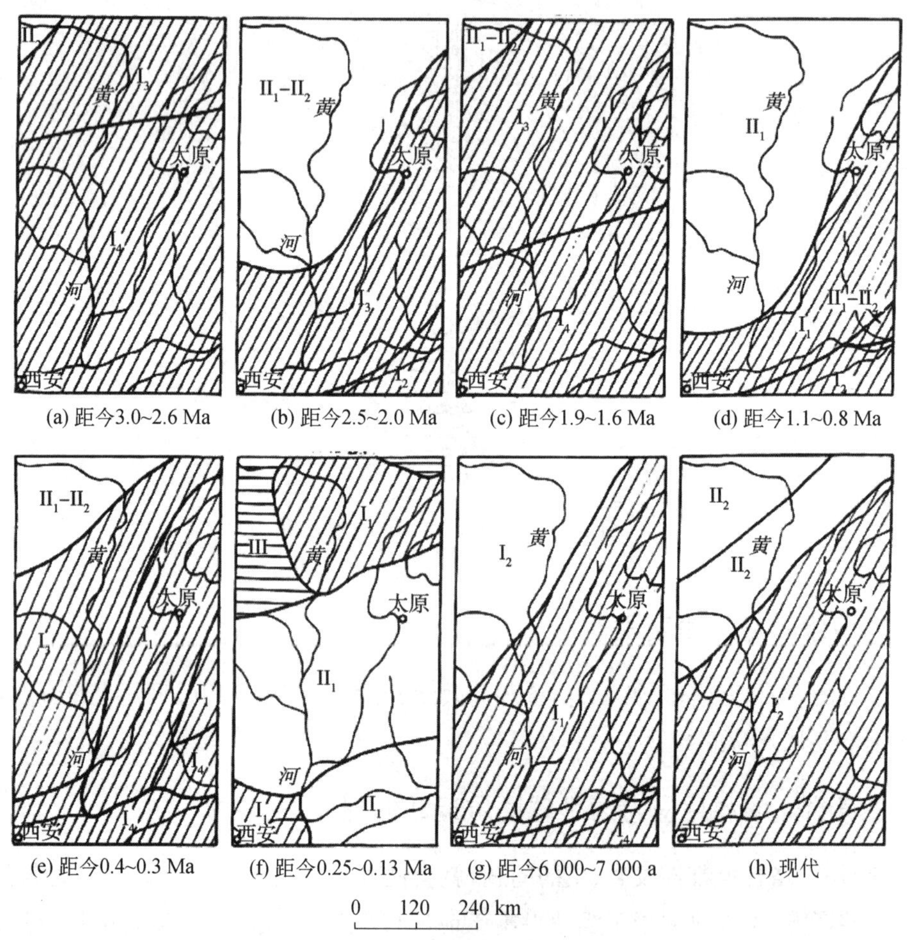

Ⅰ—森林类型，Ⅰ$_1$—寒温针叶林带，Ⅰ$_2$—温带针叶阔叶混交林，Ⅰ$_3$—暖温带落叶阔叶林，Ⅰ$_4$—北亚热带常绿落叶林，Ⅱ—草原类型，Ⅱ$_1$—温带深林草原，Ⅱ$_2$—暖温带深林草原，Ⅱ$_3$—温带-暖温带草原，Ⅲ—荒漠

图 4　黄河晋陕峡谷上新世末至现代地质-生态环境演化

2. 长江流域

长江三峡包括瞿塘峡、巫峡和西陵峡，全长 193 km，峡谷两岸山峰高程为 1 000～2 090 m，长江枯水位为 40～50 m 高程，相对下切达 500～2 000 m 以上。南津关坝段一带河槽中基岩面高程最低已达 −57 m 多。三峡中长江的江水面宽目前为 100～250 m，平均坡降 2×10^{-4}，而两侧小支沟的坡降达 $1.9\times10^{-3}\sim4.49\times10^{-2}$。

长江三峡地质发育史，许多前人早已作了探讨，如李四光、谢家荣、巴尔博、李承三、侯德封、李春昱、袁复礼等早期著名地质前辈学者[6-15]。关于三峡峡谷之成因，有顺向河、生成河、遗留河等多种分析。李四光于新滩附近腰子砾石层中见有片麻岩、花岗岩砾石，认为是从黄陵背斜搬运而下，说明黄陵背斜西部早期有一顺向河由东向西流。至第三纪中(古近纪和新近纪中)气候温和、雨水充沛,背斜西流之河流水量增大,侵蚀力加剧,而且此时东部构造下降,西部隆起,使西部四川盆地内湖水向东倾注;而东部水量大、水准面低,头部(溯源)侵蚀也加强,使分水岭西移,直至巫山附近地带,于是东西二源水相接。李四光曾推测古东西两江分水岭在巫山与万县之间,以云阳县以西河流的支流呈钝角汇入长江,或急转垂直相交作为一例证。四川在白垩纪时为一内陆湖,无出口,李春昱称之为盆地期,燕山运动第二期(B期)时,四川盆地中的华蓥山复背斜及龙泉山背斜等上升崛起,又将原来四川大盆地分割为数个小盆地。

根据几十年来区域地质的许多区测资料和研究成果,综合前人的看法,对长江古地理的演化,可建立进一步的认识:大约在距今7 000多万年前的燕山运动时,四川盆地和三峡地区发生差异性隆起,相应地洞庭及云梦盆地下降,这时有上侏罗统沉积的四川盆地、巴蜀湖和秭归湖相通。这些西部湖水通过刚下切形成的扬子江的地带性河道,然后排入东部湖泊中(在三峡这一地带)。这时的扬子江是很短的两湖间的河道,正像目前加拿大发育着大瀑布的尼亚加拉河(Niagara River)连着两大湖泊(Eric Lake和Ontario Lake)一样[1],虽然河流短,但靠上游湖泊具有大面积的汇水面积,所以具有相近乃至更大于目前的流量,也使两湖间河流下切能力不断增强。

目前,三峡出口宜昌及清江下游一带,因在白垩纪末仍被湖水淹没,所以有较厚的白垩系红色砂砾岩沉积。在三峡地区早期这局部短河流下切侵蚀的过程中,受构造上升运动的影响,鄂西及重庆一带的地势仍是不断抬高,而且西部上升多,形成差异性掀起。晚白垩世开始,湖水面积相应地缩小,以至逐渐消失。原先三峡地区西部水流由于河流袭夺而变为向东流,使古四川大湖盆的水体不断缩小,导致三峡地区的古扬子江与四川盆地以及其上游向盆地中排泄汇聚的河流相连通,逐渐形成目前长江中上游的河流网络。自新近纪至第四纪,三峡地区仍是处于差异性强烈上升和长江三峡强烈侵蚀过程,在东部湖泊不断缩小的情况下,使长江不断向东伸延,直至中晚更新世长江大水系的形成。

长江中下游一带古地理水文演化的情况,可概括表示于图5。

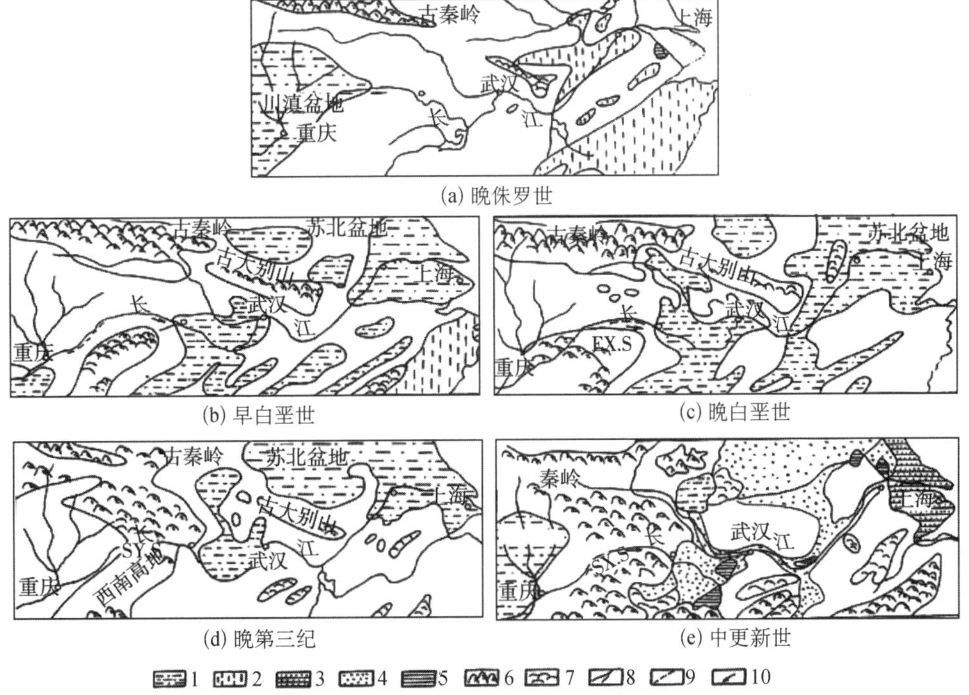

1—内陆盆地,2—具火山碎屑岩盆地,3—滨海平原,4—平原,5—湖泊,6—中山山地,7—低山丘陵,8—目前河流,9—推断古河流,10—河流向,EX.S—鄂西期,SY.S—山原期,SX.S—三峡期

图5 长江中下游古地理水文演化过程

以长江而言，三峡工程和下游洞庭湖、鄱阳湖的水资源矛盾增大，这方面也必须考虑到中游湖泊面积和容积的变化。

洞庭湖距今 4 000 多年时，面积 17 875 km^2，公元 1825 年时为 6 000 km^2，1949 年时为 4 350 km^2[16]，1998 年时约为 2 300 km^2，2010 年时有 16 00 km^2 多，2011 年 5 月 7 日只有 382 km^2。1949 年时洞庭湖容积有 293 亿 m^3，1998 年时少于 174 亿 m^3，40 多年洞庭湖容积减少 120 亿 m^3。减缓输出的泥沙只占入湖泥沙量的 25%。1998 年时长江入洞庭湖泥沙约八九千万立方米，湘资沅澧四水泥沙入洞庭湖约两三千万立方米，则每年入洞庭湖泥沙有 1.2 亿～1.3 亿 m^3。而湖容积每年减少 3 亿 m^3，相差数是洞庭湖围湖造田所造成的，每年有 1.7 亿～1.8 亿 m^3[17]。

任何工程都有利弊的影响与效应，长江三峡工程明显就是利多于弊，对于弊应当不断注意治理。在地质灾害方面已进行了较好的研究与治理。笔者曾发表一篇文章详细论述了三峡工程的利弊问题[18]。

3. 内陆河流域

对内陆河流域，以前在自然状态下是高山融雪水及山区降水流出冲积扇后，成为内陆河径流，自动补给中下游地下水。当上游修了水库后，将自动补给地下水的水资源蓄于地表水库而遭受强蒸发，结果下游没有地表水可开采，只好增加地下水开采量，于是造成地下水位不断下降，末端的湖泊也干涸。就是“上游水库建成之日，就是下游断流之时”，主流域生态恶化。塔里木河经深入研究，改变了这种做法就恢复了内陆河生态。

2.3　水资源开发利用应考虑其“三性”：有限性、相对性与生态性

任何资源都应当考虑其有限性、相对性和生态性。对于水资源，只重视其资源量是不全面的。一个流域一个地段，水资源的量是有限的。水资源虽然是可再生资源，但是可再生量还是有限的。

关于水资源的相对性，这是一个很大的问题。目前，中国水资源量 2.8 万亿 m^3[19]，可利用的水资源为 7 000 亿～8 000 亿 m^3。所有水资源都是一个需求标准，就造成好的水资源的很大浪费。分质供水，就可保障饮用生活水的质和量。需要注意的是，在当地、下游，应考虑地表河对地下渗流的应有生态流量。

至于水的生态性，自然界中四个圈层的物质相聚，特别因为水是生命之源，无水则无生命，其生态性是明显的。问题在于如何保持好的生态性。水的生态性，国外又盛行研究生态水文，这方面涉及水-土、水-岩、水-生物等作用及其复合效应[20]。

2.4　水资源开发利用中应有水的两重性理念

“水可载水，亦可覆舟。”中国自古以来，就有这方面的认识。4 000 多年前的都江堰水利工程，其巧妙的分水，既可分洪减灾又可很好地供给灌溉用水，所以直至今日，仍是一个具有很高科学意义和应用价值的水利工程。

我国修建了很多居于世界前列的大型水利水电枢纽，结果却招来很大的责难。为什么？这就在于对这些大型枢纽从规划至施工及运行，强调的是其效益，也就是“水可载舟”这方面，强调的是发电、航运等效益。三峡以前是拟定装机容量 3 300 万 kW，现在则为 2 240 万 kW，比巴西的依泰普枢纽装机容量要少，但在发电量上已超过它，成为世界第一大发电量枢纽。三峡的防洪作用是很大的，这是客观事实。

但是，在“水可覆舟”这方面不利因素与效应方面，的确是在建坝前向人民大众解析、宣传不够。水库如何覆舟，形象地就是大型滑坡、泥石流，造成涌浪而覆舟，这是真正的覆舟。例如，1985 年三峡修水库前，在秭归新滩发生 3 000 多万 m^3 的滑坡，因预警及时，1 300 多名居民撤出，村庄毁灭了，无人伤亡。但是涌浪却造成长江中一些小船舟的倾覆，死亡少数人。

意大利 1967 年瓦依昂大坝(260 m 高薄拱坝)发生的库区滑坡有 2 亿多 m^3，把库水挤到天空比坝还高百多米，超过 400 m 的高大水体由空中直接冲击下游村庄，造成 4 000 多人伤亡，目前还有2 000 多人

深埋在滑坡体下。

长江三峡通过大量调查监测、预警，目前已由水库蓄水诱发地质灾害的高发期进入灾害相对平稳的过渡时期。

但是“水可覆舟”这“覆舟”也包括水质恶化、生态环境下降等方面。所以有不少人反对，就是由于只强调了“水可载舟”有利的一面，或者没有对“水可覆舟”这种不利的一面作更多的阐明，以偏概全，也就很容易让人们认为抓住了负面不足之处，而予以否定。建立这方面理念，就是要认识到任何工程都具有利弊两方面，那就要比较利弊的重要价值和危害性。

3 “六水”的综合开发利用

长期以来，对水资源的开发有片面性。国家投资多是注入在建设地表水的水利水电工程措施中，特别是大型水利水电枢纽和跨区域的引水工程。这些工程起的作用当然很重要，但这又是引起一些干部、科技人员以及人民群众不满意见最集中的工程。

2012 年 7 月 21 日，北京 100 多至 300 多 mm 的降雨量造成了北京市多处内涝，源于北京市仍然沿用早期只有几十毫米降水量的排水系统。这种内涝现象在许多特大城市都存在。一方面与排水系统的排洪涝能力有限有关，也与这些年大城市发展，以水泥铺盖代替了草地、植被，使土壤、植被的吸水能力大大降低有关。有的部门提出将城市建成“海绵城市”，可吸住大量雨水。这目标，似乎是为减少雨水造成洪涝，实际上城市都吸满雨水，让土壤、岩石过饱和、地下水面抬升太高，其结果不仅是内涝避免不了，还会诱发砂土液化、蠕变，甚至诱发基础滑动、泥石流，也会造成大量植被根部腐烂而死亡。地下水蓄水抬高水位，只能在一定季节变动带的范围内(图 6)，水动力增大，可降低岩土体安全性 30%～50%[21]。

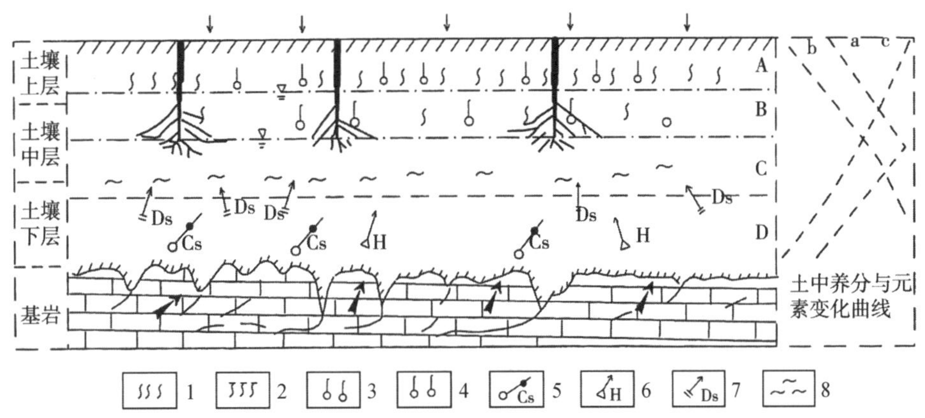

1—第一淋滤作用，2—第二淋滤作用，3—第一蒸发作用，4—第二蒸发作用，5—土壤中浓度扩散作用(可逆)，6—土壤中热力扩散作用(可逆)，7—动力扩散作用，8—植物根系吸收作用，A—上部渗透淋滤带，B—淋滤-蒸发带(地下水位变动带)，C—土壤养分富集带，D—基岩-土层活跃作用带，元素变化曲线有三种：a 型—Ti、Ni、Zn、Ca、Pb、Hg、As、Bi，b 型—Co、Mn，c 型—Cr

图 6 土壤中养分的分布、扩散与植物根系吸收作用理想状况机理分析

所以，水资源开发利用，应当综合开发利用“六水”。这“六水”是：雨水、河水、湖水、地下水、人工水体(库水等)及海水。有的地区，目前离海远些，但是在漫长的地质环境演化过程中，有多数都有过成为海域的地质年代。有的现在为陆地，但以往海相沉积层中还有咸海水或微咸水分布。

有人强调开发地表水，也是只抽取地下水资源，许多地带大量抽取陆岸地下水，就引起海水入侵，这些看法是片面的。有大量的地下水并不都排向河流，河流中包括不了全部地下水。例如，舟山群岛的海底沉积层中就有大量淡水，是大陆地下水排泄汇聚；浙江的西湖油田一带，海中沉积层也有淡水，是由大陆汇入的；渤海湾中大连—金州一带，海底有很多岩溶泉，在遥感图中有图像反映。

这“六水”是密切相关的，至于太空水球及地下深处水的生成，对地表水和地下水的补给机理，尚有待深入研究。

大的水体如水库，已涉及地表水和地下水系统。因此，也应作为已有的一个资源体，严格控制不同库段的水质。不同库段污染物的控制，应考虑不同库段和相应时段内污染溶质量(离子)，来研究污染水体情况。

水库污染指标是多项的，主要包括：pH 值、总硬度、Fe^{2+}、Fe^{3+}、酚、氰、汞、铬、砷、NO_3^-、NO_2^-、SO_4^{2-}、F^-、COD、BOD_5等，以及重金属离子和有机污染物。主要考虑超过国家标准规定的水质超标项目。

只要入库的污水量不能全部排向下游，而且蓄积的污水量不能在库内完全自净衰减以至消失，就有可能形成污染水团，较多年份蓄积的结果就会连成严重的污染水带(层)，当有大量吸附着污染离子的库底淤积物时，又会提供二次污染源。水库污染的理论分析如图 7[5] 所示。

水库地表水体污染，也容易引起库边地带地下水形成污染带。如图 8 所示，岩溶库段库水对地下水造成污染。

“六水”的统一开发利用，涉及暴雨的可利用蓄水工程、排洪涝系统、地下水的补给控制水位、地表水的蓄积工程与调度、地表水与地下水的正常补排的调控、水库的调度功能、对水量污染的控制、分质供水的管控、地下水开采的网络与开采量控制等。

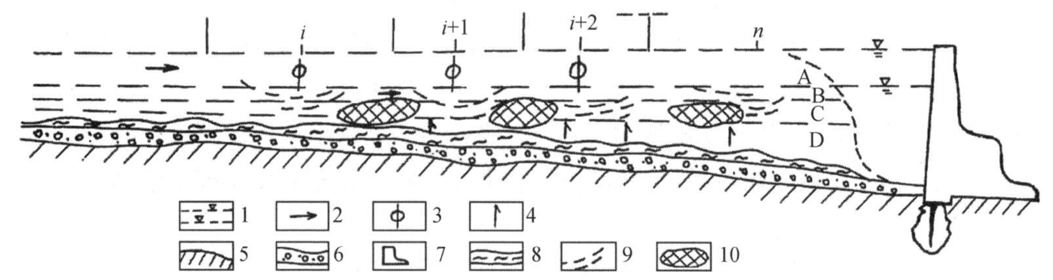

1—最高与最低库水位，2—水流方向，3—各库段汇入污水的中心，4—二次污染扩散方向，5—基岩，6—砂卵石层等河流沉积，7—大坝，8—水库淤积物，9—各库段污染物扩散现象，10—相对停滞的污染水体(团)，i，$i+1$，…，n—库段号，A—库水表层(吸温层)，B—库水中层(变温层)，C—库水深层(平温层)，D—库水底层(混温层)

图 7　水库污染状况理论分析示意图

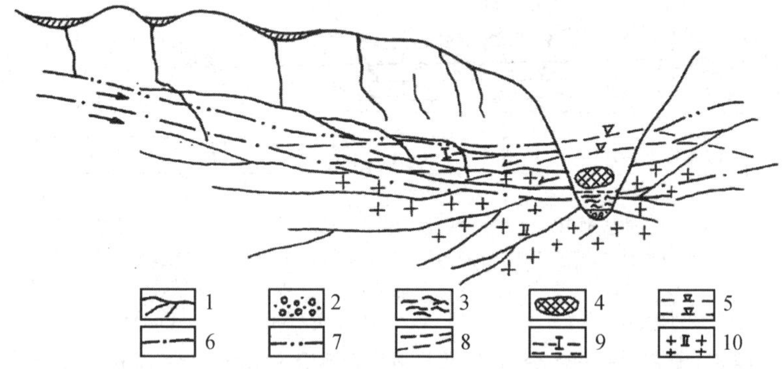

1—岩溶通道，2—河床砂卵石等，3—水库库底淤积，4—库水平温层及污染水团，5—库水最高与最低变动水位，6—建库前原始岩溶地下水位，7—建库后最高岩溶地下水位，8—库水变动时岩溶地下水主要变化波动范围，9—库水对岩溶库岸产生压力、温度与浓度时综合管道扩散的变化地带，10—库水向岩溶库岸产生综合扩散与弥散的严重地带

图 8　库水对岩溶地下水产生污染分析示意图

4　6 种灾害的统筹防治与防灾减灾措施

“六水”的综合开发利用，也涉及 6 种主要灾害的防治与防灾减灾功效。

与水资源开发利用有关的 6 种灾害是：洪灾、涝灾、旱灾、风暴潮、地质灾害、水污染。

洪旱灾害是普遍的，在20世纪80年代以前，据有关气象资料统计的旱涝灾害频率如表1[22]所示。

表1　中国一些地区500年来干旱与洪涝灾害频率统计

地区	灾害频率/次			
	重水灾	轻水灾	轻旱灾	重旱灾
福建	11～17	27～32	15～25	4～13
台湾	9～13	35～38	13～9	4～6
三峡有关地区	4.20～10.38	15.72～31.02	11.22～21.81	2.22～13.54

至于风暴潮灾害，东南一带福建、广东、浙江、广西以及江苏、山东、辽宁都是季风带气候特征，台风的袭击加上海潮的汹涌，造成大片地区受灾。但由于台风的预报，有较易观察到的遥感监测以及密集的气象监测网络，所以这方面的预报相对比较好。在风暴潮发生之前，采用撤离办法，减少了很多的伤亡与损失。

6种灾害中，地质灾害尤其是滑坡、泥石流、岩溶塌陷等灾害与水、岩、土之间的作用密切相关。蓄水、排水、抽水、洪水、干旱、震动等许多自然及人工因素，都可诱发这些地质灾害。三峡地区是历史上地质灾害的多发地区，在历史上发生过多次堵江的记载。1982年云阳鸡扒子滑坡，就堵了半个长江。目前加强了调查研究、监测并采取防治措施，大大减少了灾害的发生。

在这6种灾害中，洪灾和地质灾害的危害性最大。以前常有干旱灾害造成大量灾民出逃以及赤地千里的惨状，目前相对由干旱造成农作物无收、灾民出逃的现象大为减少，主要是有了抽取地下水的抗旱措施。但目前华北平原有39个地下水大漏斗群，地下水位不断下降。因此，必须制止地下水位的进一步恶化下降，否则“赤地千地”无收成的惨状还会重现。

因此，地表水和地下水调蓄显得更为重要。例如在黄河冲积扇及平原地区，修建可调蓄地表水与地下水的地下水库。

河北平原黄壁庄水库曾做放水试验，由水库至下游110 km处的中山水文站的水流运行时间正常时只需几小时，由于地下水位已下降近100 m，放水试验结果水流运行时间超过100 h，而且放出的5亿多m^3水，到达中山站只有2亿多m^3，大部分水沿途自动下渗补给地下水。

西南岩溶地区地表水多渗入地下，“三日无雨即干旱，阴天连日又出涝”，由于岩溶各种通道都导致地表水渗入地下，利用洞穴通道修建地下水库，确实可收到很大效益。我国南方岩溶地区地下水库建设曾居于世界前列，但有的因只重视大水库而没有保护这些地下水库。今后应加强这方面的建设，我国地下水库及地表与地下相连水库的实例列于图9—图11[23-24][图11(a)—图11(f)为地下单坝型，图11(g)为地表单坝型，图11(h)为地表与地下双坝型]。

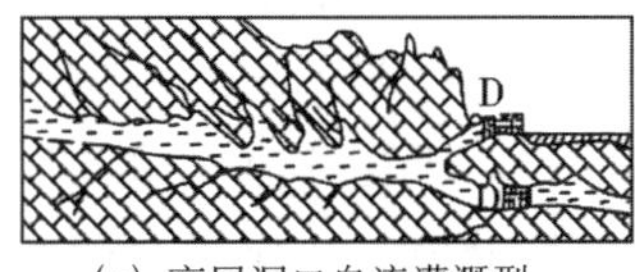

(a) 高层洞口自流灌溉型

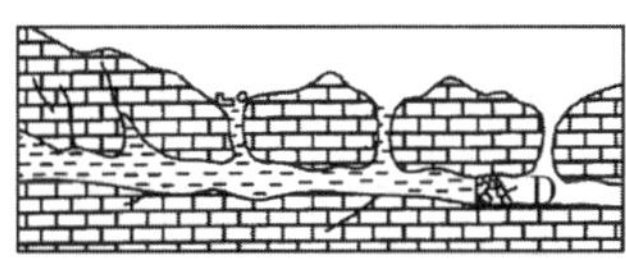

(b) 溶蚀竖井自流灌溉型

(c) 库内隧洞引水灌溉型

(d) 洞外落差水流灌溉型

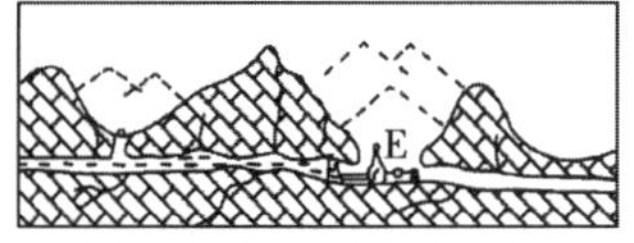

(e) 坝后发电引水灌溉型

(f) 坝前地下厂房发电型

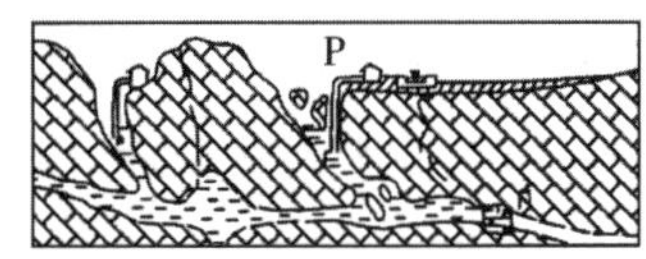

(g) 库区竖井抽水灌溉型

(h) 坝后发电引水灌溉型

图9　封闭地下坝型地下水库示例

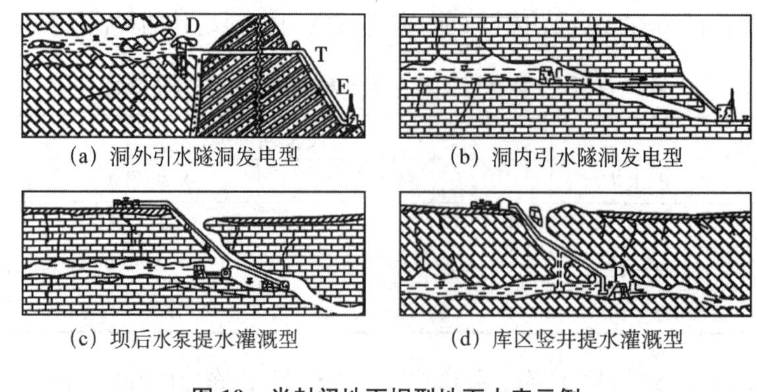

(a) 洞外引水隧洞发电型　(b) 洞内引水隧洞发电型

(c) 坝后水泵提水灌溉型　(d) 库区竖井提水灌溉型

图 10　半封闭地下坝型地下水库示例

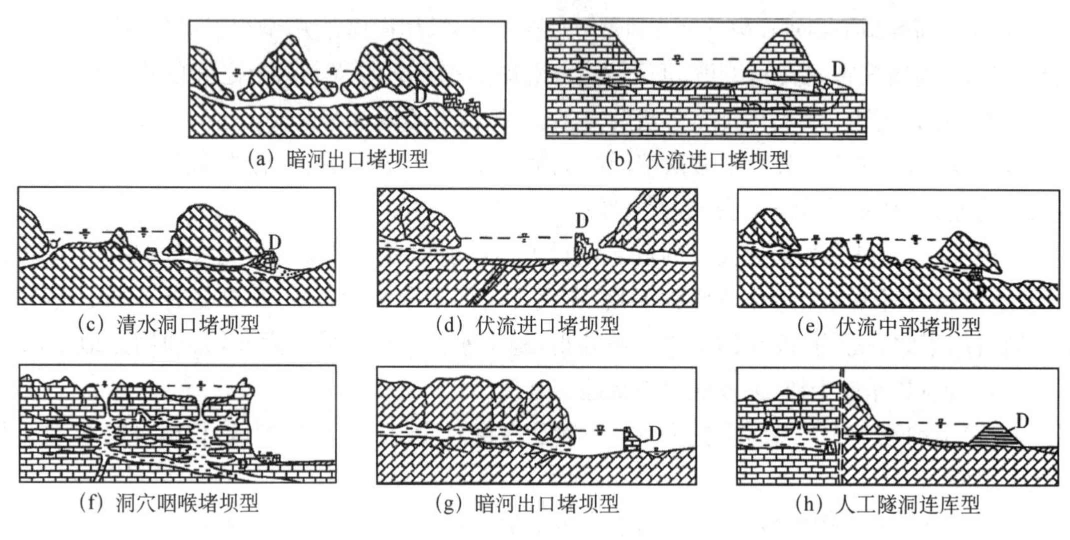

(a) 暗河出口堵坝型　(b) 伏流进口堵坝型

(c) 清水洞口堵坝型　(d) 伏流进口堵坝型　(e) 伏流中部堵坝型

(f) 洞穴咽喉堵坝型　(g) 暗河出口堵坝型　(h) 人工隧洞连库型

图 11　地表与地下相连水库示例

5　对水资源开发与灾害防治的建议

5.1　加强多部门、多学科的协作

根据上述有关“六水”综合开发和“六灾”协同防治，今后要更好地管理水资源综合开发，使 6 种灾害得以更有效地防治，这就需更多部门的密切协作，更多学科的协同发展创新。这方面涉及水利、地质、能源、建筑、环保、气象、农林、水产、航运等部门，也涉及全国各级行政区划。

以前认为“五龙治水”不好，即多部门涉及水问题的管理、开发，这是不好的。但是，涉及人的生存、生活，国家和地方的可持续发展的最基本问题，只有一个部门统管，肯定也难做好，水权、开发权益许可，这应当统一掌控，由国务院负责，国家发展和改革委员会和水利部门代行，而具体的有关调查、监测管控、开发等，就应充分发挥各相关部门与不同学科的能量，进行大协作。

5.2　大力实施节水措施

中国只有 2.8 万亿 m^3/a 的水资源，极端气候条件下，水资源量可发生变化，改变旱、涝的原有长期格局，造成更多不利与灾害后果。因此，各地的节水问题都应当提到现实的前沿来，应多注意开发与发展，修大水库发电、引大水不是唯一措施，而节水又没有采取大措施。节水应作为重要国策，仅仅是水价的有限控制是不够的，应包括产业调整及生产工艺的创新等。

5.3 建立完善的多功能水资源网络工程

只建设大水利枢纽，忽视大、中、小型配套的水资源开发的网络系统，就不可能收到好效果。在系统网络建设中，只注意防旱涝的功能也不够，必须考虑到6种灾害的防治问题。在完善的水资源开发系统中，当然也需"六水"共同开发，特别是地表水和地下水的调控，雨水的多效利用。

5.4 以水定供需来制订发展规划

以前是先定产业、发展项目，然后设法供水，而定项目前对水资源与环境就缺少深入调查研究，或者是，对项目确定后，对水资源的危害和环境影响怎样，常常是采用掩耳盗铃的手段，或者是粉饰、遮掩的方法。今后应确立以供定需。北京建东方红炼油厂（1972年），需水量6 m^3/s，修建水库需5亿元资金，当时没钱，就开采地下水，造成很大危害，以供定需，就不必要在北京建此炼油厂了。

5.5 加强环境与灾害评价的责任追究制度

有关工程建设，已进行环评，但多是没有严格把关就予以通过，有关地质灾害的评价也应当严格地把关。今后应当加强这方面评估的责任感与追究制度。专家提了意见，有关部门仍一意孤行，使国家遭受重大损失，就应追究相应领导的责任。

5.6 加强大、中、小型水利水电枢纽的合理系统性

从局部经济效益出发，对修大水电站是最积极的。从21世纪开始，我国大江河的大型水利枢纽快速地建成，应当说成效显著，但也有隐患，忽视了中、小型水利枢纽的配套系统性，结果使当地居民不能达到兴水利、抗灾害的高效目的。特别是，对农村乡镇及有效产业的发展造成影响。

6 结语

水资源问题对中国仍是严重的，还是今后制约可持续发展的瓶颈。今后应当"六水"综合开发，进行6种灾害的协同治理，如图12所示。

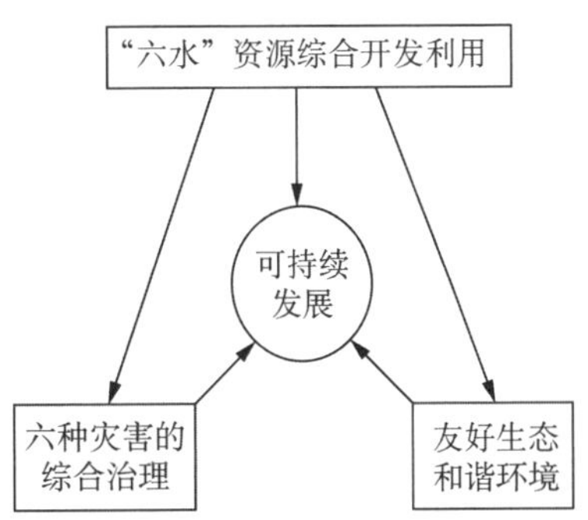

图12 综合开发利用水资源的三位一体示意图

参考文献

[1] 卢耀如.岩溶水文地质环境演化与工程效应研究[M].北京：科学出版社，1999.

[2] RINGWOOD A E. The chemical composition and origin of the earth[C]//HURLEY P M. Advance in Earth Science. Cambridge, MA: MIT Press，1966：287-356.

[3] 林伍德 A E.地幔成分与岩石学[M].北京：地震出版社，1981.

[4] BIRCH F. Elasticity and construction of the earth's interior[J]. Geophys Res, 1952, 57: 227.
[5] 李廷栋.中国岩石圈三维结构[M].北京：地质出版社，2013.
[6] 李四光.长江峡谷(从宜昌到秭归)地质[J].地质学报，1924，3(3/4)：350.
[7] 谢家荣，赵亚曾.扬子江峡谷的中生代地层[J].地质学报，1925，4(1)：45.
[8] 巴尔博.扬子江流域地文发育史[J].地质学报，1935，甲种 14 号.
[9] 李承三.扬子江水系发育史[J].地理，1944(4)：3-14.
[10] 李承三.长江发育史[J].人民长江，1956(12)：3-6.
[11] 侯德封.宜昌地区地质几个小问题[J].地质评论，1947，12(1/2)：149.
[12] 侯德封，姜达全，陈梦熊，等.扬子江三峡水力发电工程地质问题之探讨[J].地质评论，1948，13(1/2)：159.
[13] 李春昱.扬子江上游河谷之成因[J].地质学报，1934，12：107-108.
[14] 李春昱.雅安期与江北期砾石层之成因[J].地质评论，1947，12(1/2)：117-126.
[15] 袁复礼.长江河流发育史的补充研究[J].人民长江，1957(2)：1-9.
[16] 北京大学地理系.地貌学[M].北京：人民教育出版社，1978.
[17] 卢耀如.长江流域国土地质：生态环境与洞庭湖综合治理的探讨[J].湖南地质，1998，17(4)：217-220.
[18] 卢耀如，金晓霞.三峡工程的现实与争议[C]//陈夕.中国共产党与三峡工程.北京：中共党史出版社，2014.
[19] 钱正英，张光斗.中国持续发展水资源战略研究综合报告及各专题报告[M].北京：中国水利水电出版社，2001.
[20] LU Y R. Karst water resources and geo-ecology in typical regions of China[J]. Environmental Geology, 2007, 51(5): 695-699.
[21] 卢耀如，刘少玉，张凤娥.中国水资源开发与可持续发展[J].国土资源，2003(2)：4-11.
[22] 中央气象局科学研究院.中国近五百年旱涝分布图集[M].北京：地图出版社，1981.
[23] 卢耀如.中国岩溶：景观、类型、规律[M].北京：地质出版社，1986.
[24] MILANOVIC P. Geological engineering in karst dam reservoirs grouting groundwater protection water tapping tunneling[M]. Belgrade: Eebra Publication Ltd., 2000.

喀斯特发育机理与发展工程建设效应研究方向[①]

卢耀如

摘　要：喀斯特在中国分布广泛，更主要与经济发展、工程建设及人民日常生活具有密切关系，所以研究喀斯特发育规律，进而探索其对发展与工程产生的效应是非常重要的研究方向。本文在作者几十年开展这方面研究的成果上，综合探讨了：① 区域性综合建设方面地质环境效应研究，包括岩溶区域性发育规律及长江、黄河大型工程的效应评判研究；② 地下空间开拓方面，涉及城市地铁、高铁、地下大型建筑、矿山开采常发生的不良效应，及运用喀斯特水文地质等综合研究以评判危害性和开拓中的六个超前措施；③ 城镇群的发展与生态内涵的几个层次问题。通过实例研究，强调水文地质、工程地质与环境地质在今后对实现中华强国梦的重要作用。

关键词：喀斯特　规律　工程发展　效应评判

第二次世界大战后，随着许多国家着手建设家园，更好发展经济，相应地也出现了水文地质、工程地质学科的新发展。中华人民共和国成立后，也为水文地质工程地质学的发展，创造了基本的前提。

在纪念中国地质科学院及其水文地质环境地质研究所成立 60 周年的文章中，我阐述了水文地质、工程地质及环境地质的发展概况。这篇文章，就重点对有关喀斯特研究方向及为工程建设与发展服务，而开展有关工程建设效应，包括工程建设与地质环境的相互影响效应问题，进行些探讨。

1　区域性综合建设方面地质环境的工程效应研究

1.1　区域性水文地质、工程地质与环境地质的需求

国家建设与发展，一方面对地质学的要求是，应用这学科的知识理论，更好寻找各种矿产资源，特别是发现新的资源以满足国家发展的需求。1949 年前留下的 200 多名地质人员，显然不能满足国家发展的需求，于是通过院校调整，更好、更多、更快地培养这方面人才。这方面的追求，促进了区域的地层、构造、古生物和成矿理论的发展，也编制出反映区域地质综合概况的各种比例尺图件。

另一方面，随着国家建设的发展，也对区域性水文地质、工程地质和环境地质，提出了迫切需求，也编制了全国性、区域性的水文地质图、工程地质图与环境地质图，以作为国家与地方制定发展规划的依据。

至于对水、工、环地质人才的需求，在中华人民共和国成立的初期，首先是少数搞矿产地质的人员转入担负这方面工作，但主要是 1949 年后通过院系调整，专门培养年轻人才，壮大了这方面的队伍。但是，水、工、环地质调查与研究所取得成果、人才的数质量，与国家需求相比，还是有较大的差距。目前，国家对这方面需求，主要涉及以下方面：① 大江河流域水利水电规划上包括对环境产生利弊效应综合评判的需求。② 大中城镇发展规划与环境效应的评判上的需求。③ 区域性铁路、公路建设的选线(网)以及施工与运行的安全，以及地质环境工程效应评判上的需求。④ 农村小城镇发展对水-土资源及

① 卢耀如.喀斯特发育机理与发展工程建设效应研究方向[J].地球学报，2016，37(4)：14.

地质环境的需求。⑤ 大型工矿企业选地建设与防治三态(气、液、固)污染对地质条件与环境的需求。⑥ 海岸港口发展对地质环境相互效应的需求。⑦ 航空港网络建设对地质环境的需求。⑧ 公路等交通网络发展对地质环境的效应问题。⑨ 人民体质健康对地质环境上的需求。⑩ 防治各种自然成因及工程建设诱发与加剧灾害对地质条件与地质环境上的需求。⑪ 人民日常生活与相互效应对地质上的需求。⑫ 国防建设对地质环境的需求。

就是说,国家各方面的建设发展,以及人民的衣、食、住、行等生活的方方面面和生存环境的安全保障,人民的身体健康保障,以及长期的可持续发展的保障等方面,都需要有区域性及专门性的水文地质、工程地质与环境地质方面的调查研究及客观的成果,予以作为基础依据[1-2]。

所以,首先从全流域出发,在地质条件上,特别是水、工、环地质上全流域考虑水利水电规划中,如何避免及防治不良工程环境效应问题,并如何保障其真正有益效应,是非常重要的。

为了上述这么多方面的发展与工程建设的需求,在喀斯特地区,当然应当相关地深入研究喀斯特发育的区域性规律,以及其相关的水、工、环地质条件。区域性喀斯特发育基本规律与特征,主要涉及:① 区域地层、地质构造。② 喀斯特现象的类别及分布规律。③ 喀斯特现象中有关地质环境演化的信息采集与研究。④ 喀斯特水动力条件类型及其演化。⑤ 喀斯特发育的年代测定与分析。⑥ 喀斯特作用过程,包括三相物质与三相流的形成,以及有关溶蚀与沉积机理。⑦ 各种生物,特别是微生物及植物生长和动物的活动,产生的喀斯特作用机理。⑧ 喀斯特作用对水、工、环地质的控制作用。⑨ 喀斯特因素对各种建设的利弊两重性的认识评判。⑩ 各项建设综合对喀斯特地质环境长期产生的相关影响效应。⑪ 人工建设叠加复合影响下,喀斯特地区的生态环境安全与可持续发展的评判认识。⑫ 喀斯特环境的保护措施。⑬ 人类对喀斯特资源的保护与合理综合利用的途径。

在喀斯特地区,特别要研究[3-4]喀斯特水的复杂性,以及对工程建设的复杂影响,在开发喀斯特水资源中,要更加深入研究资源的形成与合理开发[5-10]。

1.2 具体大型工程建设的效应问题概述

水利水电建设方面,例如,中华人民共和国成立初期修建官厅水库,为北京供水、防洪,1955 年建成后就发生渗漏与坝体塌陷,危及京津安全,后经喀斯特与水文、工程地质上探明原因,进行了正确处理[11]。

再以三峡工程为例,首先当然必须考虑坝址选择评价地质基础稳定性、坝基及水库蓄水条件与可能渗漏问题。以及基坑及隧洞排水问题,建筑材料(特别是混凝土骨料性质等)。对水库诱发地震的滑坡等地质灾害问题,就选重点研究的关键问题。

早期三峡工程有两个比较坝区,一是在碳酸盐岩坝区,另一个是火成岩坝区。以三峡碳酸盐岩坝区南津关坝段坝线基坑排水的研究为例,通过三维模拟以及水力学方法计算[12]:

$$\sum Q_{\mathrm{K}} = \sum {}^{\mu_i w_i}\sqrt{2gH_i} \tag{1}$$

$$\mu_i = \frac{1}{\sqrt{\dfrac{2gL_i}{C_i^2 R_i}}} \tag{2}$$

$$C_i = \frac{1}{n} R_i^y,\ y = 1.5\sqrt{n}\,(\text{当}\ R < 1.0\ \mathrm{m}) \tag{3}$$

式中 $\sum Q_{\mathrm{K}}$—— 喀斯特通道漏水量($\mathrm{m^3/s}$);

H_i——i 管道水实盖(m);

w_i—— 岩溶通道截面，对近于矩形断面 $w_i = a_i \cdot b_i$ 为高和宽(m)，对近于圆形断面 $w_i = Td_i^2/4$(d_i 为直径，m)；

μ_i——i 通道漏水量系数；

C_i—— 含集系数；

L_i—— 岩溶通道长度(m)；

R_i—— 水力半径，近矩形断面 $R = b_i/2$，对圆形断面 $R_i = d_i/4$；

g—— 重力加速度 9.8 m/s^2。

研究取得的效果作为评价坝址比较的依据，表明基坑涌水，通过措施是可控可排的。

其他很多坝址与库区工程环境问题的研究，就不多论述。

1.3 区域性地质环境效应方面

对三峡工程主要考虑三个方面问题。

1. 诱发地质灾害问题

地质灾害包括地质地震、滑坡、泥石流、岩溶塌陷等。

关于地震方面，主要考虑三种诱发地震问题：① 荷载断裂类型，由水库水-沙荷载，破坏原有岩体稳定性而诱发地震。② 气化爆裂类型，由于渗流库水在深处汽化、成压缩气团而爆炸产生地震。③ 洞穴塌陷地震类型，由于洞水浸泡，使洞穴产生塌陷，而有地震波发生。

例如，当库水作用于某深处 d 产生的全应力为 $б_R^d$，而产生高压气团层的全压力 $б_a$ 时，如果：

$$\{б_a\} > \{б_R^d\} \tag{4}$$

就可产生岩体的破裂，而产生诱发地震。

压缩气团压力 P_a 为：

$$P_a = \iint_{\rho_o}^{\rho_a}{}_A \rho \cdot f(R_c \cdot \theta_a)\mathrm{d}A \tag{5}$$

式中 $(R_c \cdot \theta_a)\mathrm{d}A$ ——气团体积变化函数；

ρ_o——原始密度；

ρ_a——高压气团密度；$\rho = \rho_o$ 时，所得 P_o 为原始压强；$\rho = \rho_a$ 时，所得 P_a 为高压气团压强。

相应于水库蓄水后的自然状态下，全应力 $б_R^d$，相应的压强为 P_0；有了气化作用形成高压气团的全应力为 $б_a$，相应压强为 P_a。而 $б_R^d$ 与库水及上面覆盖的岩体有效重量密切相关，产生气体条件下，孔隙(及小裂隙)中的水压力相应减少而可不计，则：

$$\{б_R^d\} \stackrel{\frown}{=} \{G_E\} + \{G_K\} \tag{6}$$

式中 G_E——上面覆盖的可能破坏的岩土体重力；

G_K——库水作用下可增加荷载重加，所以：

$$\sigma_R = \iint_{\rho_o}^{\rho_a}{}_A (G_E + G_R) \cdot ff(R, \theta_A)\mathrm{d}A \tag{7}$$

产生气爆地震时，震要使产生气爆剪切的破坏力为：

$$T_a = \mu(б_a) + F_a \cdot C_K \tag{8}$$

式中 F_a——产生诱发地震破裂岩体的断面面积；

C_K——破坏岩体的凝聚力。

喀斯特地带水库诱发地震时岩体破坏与能量产生对照于表1。

表1　岩溶地区水库诱发地震岩体破坏与能量对照表

诱发地震震级	相应能量/J	高压气团爆裂情况	洞穴岩体破坏情况
Ⅰ级	2×10^6	爆裂岩体体积0.018 m^3(110 MPa气团压力)	相当100 m^3 岩体破坏平均位移1 m
Ⅲ级	6.3×10^7	爆裂岩体体积0.580 m^3(110 MPa气团压力)	相当2 700 m^3 岩体平均位移1 m
Ⅲ级	2×10^9	爆裂岩体体积1.840 m^3(110 MPa气团压力)	体积破坏,平均位移1 m

水库诱发洞穴塌陷产生地震,也可有多种因素。笔者也曾对比云贵地区和三峡地区诱发地震问题。一般而言,水库诱发地震震级多Ⅱ—Ⅲ级,个别达Ⅳ—Ⅵ级。

至于诱发滑坡、泥石流,需特别注意库水变动情况下,库水消落快,而高地下水位消落慢时,产生动水压力而增加产生滑坡、泥石流灾害;在大暴雨的高强渗透水流作用下,也易于诱发滑坡泥石流,以及喀斯特塌陷。

由于动水压力,可降低岩体稳定系数0.3~0.5,使原先稳定的岩体,安全系数大于1,在动水压力作用下,就使原来稳定的岩体而成不稳定岩体。

2. 水环境变化—库水变异

大水库,应当考虑库水长期蓄水后,产生库水的分层变异问题,如表2所示[13-14]。

表2　水库库水分层与其特性表

库水层次	表层A	中层B	深层C	底层D
名称	吸温层	变温层	平温层	混温层
温度变化因素与幅度	太阳辐射与大气温度交换影响,温度变化在0 ℃以下至30 ℃以上	与表层存在热扩散对流影响、地下水汇入影响,10~30 ℃	热扩散对流少,温度变化幅度小,仍有地下水汇入,8~12 ℃	综合受水库基础底层水、地下水及地热温度混合影响,温度有的可在8~12 ℃以上
深度(固定库水位计)	0~4 m	4~25 m	25 m至混温层上部	底层淤积物以上5 m
其他影响因素	蒸发耗热、水汽凝结析热、风力热交换、生物耗热	异重流热扩散、水库泄水热量影响、生物耗热	异重流、热扩散	生物分解与放热作用、水库泄水散热、底流热扩散影响

库水变异,与库水的流态及阳光的作用密切相关。根据库水和太阳辐射热交换的关系[15]:

$$H=\frac{a\Phi}{at}=-\frac{a}{at}(1-\beta)\Phi-\mu z \tag{9}$$

$$H=-\beta\Phi_0-\mu z \tag{10}$$

式中　H——库水接受的太阳辐射热(J);

Φ_0——一般太阳辐射热为 $x\times10^6$ J/(m^2·d);

μ——随深度衰减系数0.05 m^{-1};

z——库水深(mb);

β——太阳辐射热变化系数0.4。

太阳辐射热影响最大深度可达20 m,加上水位变幅达30 m,则三峡水库中于最高库水位以下有55 m深范围,将受到太阳热辐射的影响,而加速热扩散作用。

对于水库主干长达690 km的长江三峡工程,库区沿岸有一系列城镇分布,加之较大支流乌江和一系列小支流的汇入,全年接纳的未达标总废水量,按目前情况计可达 30×10^8 m^3。宜昌水文断面通过的多年平均年径流量达4 390×10^8 m^3,则废水量占年径流量的0.683%。虽然这比例不大,但废水量为水库库容

$393\times10^8\ m^3$ 的7.63%。没有进行大量污水处理情况下，长江支流及沿岸城镇将会构成多个污染水集中源。所以污染对三峡工程水环境的影响还是非常重要的，库水中污染物的聚集，主要有下列几种途径：

(1) 各集中污染源的污染成分，通过热扩散以及浓度扩散向库水的变温层和平温层运移，使在流动交替缓慢的平温层中聚集，而成多个污染水团；相邻的污染水团，又可相互缓慢扩散，而连成污染水带层。

(2) 污染物通过对泥沙的吸着依附而沉积于库底，并随着底流的缓慢推移；可于适宜地带富集，加上物理、化学、生物的作用，可变成二次污染源。

这两种的污染物的聚集都很重要。因此，应当控制库水的水质，特别是库水平温层以下，不能发生库水的富营养化，使库水变异恶化，对可吸附污染物的泥沙的堆积与运移，也是应当设法予以控制。

长江三峡工程存在着多个由支河入口、城镇直接排入的污染源流。每个污染源流有其影响的河段，设 n 个污染源流，则可划分 n 个污染河段，对于 n 河段的污染源流而言，则有：

$$
\begin{aligned}
q_{1,t}^{\mathrm{P}} &= (q_{1,t}^{\mathrm{U}} + q_{1,t}^{\mathrm{S}} - q_{1,t}^{\mathrm{D}})\exp(-\alpha_{1,t})t\text{(第 1 河段)} \\
q_{2,t}^{\mathrm{P}} &= (q_{2,t}^{\mathrm{U}} + q_{2,t}^{\mathrm{S}} - q_{2,t}^{\mathrm{D}})\exp(-\alpha_{2,t})t\text{(第 2 河段)} \\
q_{i,t}^{\mathrm{P}} &= (q_{i,t}^{\mathrm{U}} + q_{i,t}^{\mathrm{S}} - q_{i,t}^{\mathrm{D}})\exp(-\alpha_{i,t})t\text{(第 } i \text{ 河段)} \\
q_{n,t}^{\mathrm{P}} &= (q_{n,t}^{\mathrm{U}} + q_{n,t}^{\mathrm{S}} - q_{n,t}^{\mathrm{D}})\exp(-\alpha_{n,t})t\text{(第 } n \text{ 河段)}
\end{aligned}
\tag{11}
$$

污染物质离子是多项的，重点为 pH、总硬度、Fe^{2+}、Fe^{3+}、酚、氰、汞、铬、砷、NO_3^-、NO_2^-、SO_4^{2-}、HPO_4^{2-}、F^-、COD、BOD_5 等，在重要地点可增加重金属、有机质等项目的测定。主要考虑超过国家规定的水质标准的超标项目。没有考虑污染物扩散过程中的化学反应及二次污染问题的情况下，两库段间在 I 时段内汇聚的污染溶质(离子)量为：

$$I_{T(i,\,i+1)}^{P} = \int_T \sum_{r=1}^{m} (\bar{D}_{ri}\Delta I_{ri} + \bar{D}_{r,\,i+1}\Delta I_{r,\,i+1}^{P})\mathrm{d}t \tag{12}$$

多个污染团的污染物质(离子)T 时段的汇聚总量为：

$$Q_I^P = \int_T \sum_{i=1}^{n-1}\sum_{r=1}^{m} (\bar{D}_{ri}\Delta I_{ri} + \bar{D}_{r,\,i+1}\Delta I_{r,\,i+1}^{P})\mathrm{d}t \tag{13}$$

式中 I_T^P——T 时段汇聚污染溶质(离子)形成一个污染水团的溶质量(mg/L，或 g/m^3)；

Q_T^P——多个污染水团 T 时段汇聚的溶质(离子)量(mg/L，或 g/m^3)。

只要入库的污水量不能全部排向下游，而且蓄积的污水量不能在库内完全自净衰减以至消失，就有可能形成污染水团，较多年份的蓄积结果，就会连成严重的污染水带，当有大量吸附着污染离子的库底淤积物时，又会提供二次污染源。水库污染的理论分析如图1所示。

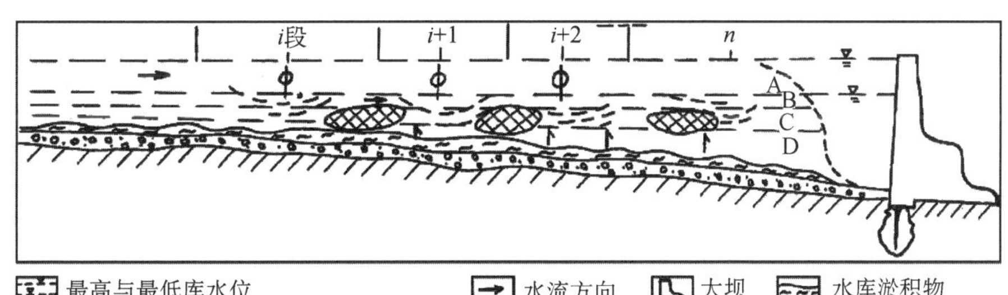

最高与最低库水位　水流方向　大坝　水库淤积物

二次污染扩散方向　基岩　砂卵石层等河流沉积

各库段扩散污染物扩散现象　各库段汇入污水的中心

相对停滞的污染水体(团)

i，$i+1$，…，n—水库库段号；A—库水表层(吸温层)；B—库水中层(变温层)；C—库水深层(平温层)；D—库水底层(混温层)

图1　水库污染状况理论分析图

水库地表水体污染，也容易引起库边地带地下水由于污染的库水的灌入，而造成污染带。图 2 表示喀斯特库段库水对地下水造成污染的情况。

库水变化范围内的库岸，易于沿着早期高处岩溶通道产生污染水体的压力扩散、温度扩散及浓度扩散，如图 2 所示。水库及库岸的水环境污染，就会影响到地区生态状况，造成地质环境变化，首先影响到饮用水资源，以及生物的质量。

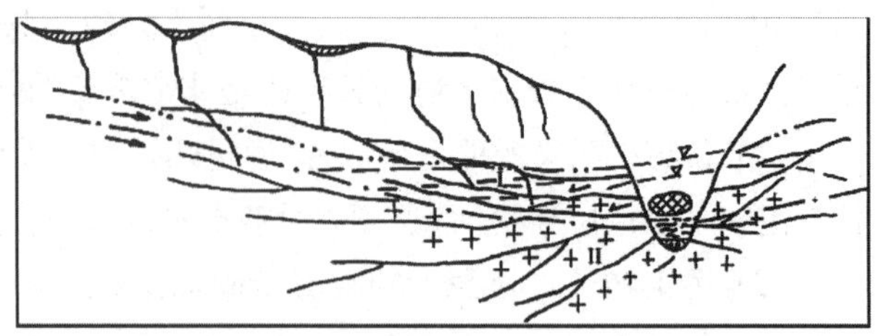

图 2　库水对岩溶地下水产生污染分析示意图

3. 水库沉积与下游冲刷问题

三峡最低库水位 145 m，最高蓄水 175 m，有 30 m 水位差，涉及 221×10^8 m^3 防洪库容，建坝前每年沉积 2.75×10^8 m^3，泥沙库区沉积只需 30 多年就可达 80×10^8 m^3，这样不到 100 年就使三峡水库失效。因为泥沙淤积库容不能超过蓄洪库容的一半容积。所以，当时提出兴建上游全沙江等水利植纽与发展防护林，减少泥沙冲刷不泄。

水库蓄水后，下泄的清水会对下游库岸产生冲刷，葛洲坝径流电站的修建，就使下游出现这现象。所以，相应加固下游河道边坡保护，也是需要的。

4. 综合地质-生态环境评判

重点考虑：① 旱涝灾害频率，② 荒漠化（及石漠化）危险程度，③ 库水变异率，④ 地震诱发强度，⑤ 岩土保稳定性（包括滑坡泥石流等地质灾害），⑥ 喀斯特塌陷规模。

喀斯特地区地质-生态环境演化趋势，分 4 级类型。长江三峡工程涉及的不仅仅是一个水库的自身影响问题，也涉及一系列有关生物矿产等资源开发问题，影响的面也是较广泛的，产生地质-生态环境效应也是多方面的。上述的有关内容，基本上都会涉及。上述 6 个要素都可划分出不同的演化状况，列于表 3，以作划分地质生态环境 4 个演化类型的依据。

表 3　岩溶地区地质-生态环境演化趋势类型

地质-生态环境演化趋势类型	优良演化趋势类型（一级）	良好演化趋势类型（二级）	不良演化趋势类型（三级）	恶性演化趋势类型（四级）
旱涝灾害频率与强度	<40%	40%～60%	60%～80%	>80%
岩漠化危险度或土壤侵蚀强度	一级	二级	三级	四及五级
水质变异率	接近无害水，未超标	个别离子超标 1～2 倍或轻污染	主要离子超标 2～5 倍，中污染	超标 5 倍以上或重污染
地震诱发强度（频率计）	为历史最高震级的 30%以下	为历史最高震级的 30%～50%	为历史最高震级的 50%～70%	为历史最高震级的 70%以上
岩土体稳定性（诱发滑坡规模）	小型滑坡体	中型滑坡体	大型滑坡体	巨型及超巨型滑坡体
岩溶塌陷规模（诱发产生）	小型	中型	大型	巨型及超巨型

长江三峡水利枢纽：生态环境效应可概括于表 4。当然，表中所列的是主要的地质-生态环境效应及所导致的有关重要问题，这些效应可以向优化方向发展，也可以向恶化方向演化。人工兴建的大型水利水电枢纽，在收取最大效益的前提下，也更应当进行多方面的努力，以控制地质-生态环境的工程效

应。最低限度应当不致产生严重的不良环境效应。所以，大型水利水电工程或其他大型工程，对环境产生好或坏的效应，是应当很好研究其两重性，在此基础上，就得有决心正确面对，而采纳正确的人工防治的措施。

表 4　长江三峡枢纽主要地质-生态环境效应简表

地带	主要地质-生态环境效应
水库	降低库岸稳定性，诱发地震，造成水库淤积与沉积、库水及地下水污染、水质与水温变异、矿产资源与景观被淹没、地下水位和水动力条件发生变化，诱发生物灾害和一些疾病(地质-生态环境不良演化情况下)，影响水-气循环以及气候变化
上游	近库地带库岸稳定性、自然河流沉积与运移规律、地表水和地下水的动力条件以及小气候条件发生变化，诱发地震
下游	自然侵蚀、沉积和运移规律发生变化，诱发地震，减少洪水灾害，含水层补给条件与地表水及地下水的转化规律、河-湖水动力条件、河流入口的淤积与沉积规律、一些生物的生态环境以及气候等产生变化

1.4　黄河晋峡谷水库环境效益问题

在黄河晋峡谷上喀斯特地段首先修建了天桥水库，而后在其上段兴建了大型万家寨水利枢纽，对于工程而言需考虑问题主要如下。

1. 坝基水压问题

黄河晋峡谷建坝前水动力条件分析如图 3 所示[14]，河床有承压水存在，对枢纽会产生大的扬压力，影响基础的稳定性。建坝前天桥坝址地下水(碳酸盐岩基岩与河床第四纪)等水位线如图 3 所示。奥陶系碳酸盐岩顶部有扬压力时，黄河天桥坝址基础扬压力等值线，如图 4 所示。

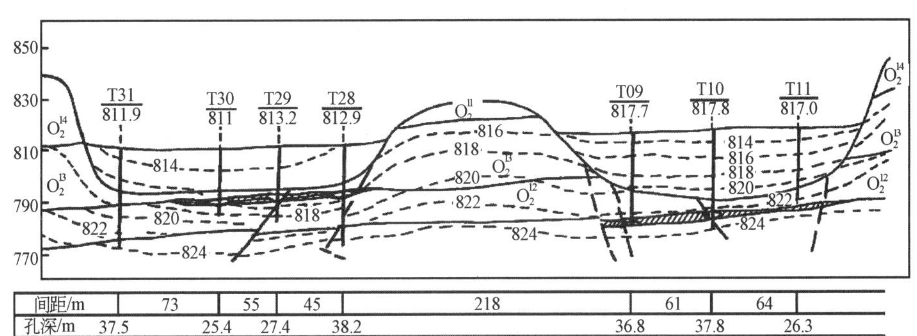

图 3　黄河天桥坝址建坝前水动力条件(横切河床下断面)分析图

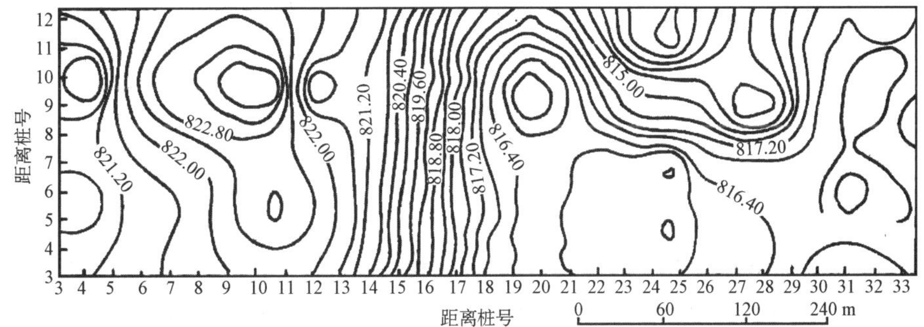

图 4　黄河天桥坝基奥陶系(O_2)顶部承压水等值线图(水头高程为 m)

应当着重考虑水和泥沙推力 P 为：

$$P = \gamma_0 h + (\gamma_h - \gamma_0) h_H \tag{14}$$

式中 P——水和泥沙总压力(Pa)；

h——库水深(m)；

γ_0——水的容重(kg/m^3)；

h_H——泥砂沉积厚度(m)；

γ_H——h_H 表示沉积泥砂及孔隙中水综合容重(kg/m^3)。

$$\gamma_H = (\delta - \gamma_0)(1 - n) + \gamma_0 n \tag{15}$$

式中 δ——沉积泥砂的实际容重(kg/m^3)；

n——沉积泥砂的孔隙率(%)，扬压力(浮托力)数值为：

$$B = \gamma_0 b(H_2 + aH/2)$$

式中 B——扬压力(N)；

H——库水位(m)；

H_2——下游水位(m)；

b——坝底单宽面积(m^2)；

a——渗透压力减少系数。

水工设计上，常以作图法求浮托力。对喀斯特化地区，扬压力的计算以坝基动水压力为基数，或者就以坝下渗透水头值对坝基建筑物底部产生的动水压力为基数而计算，如图 5 所示。

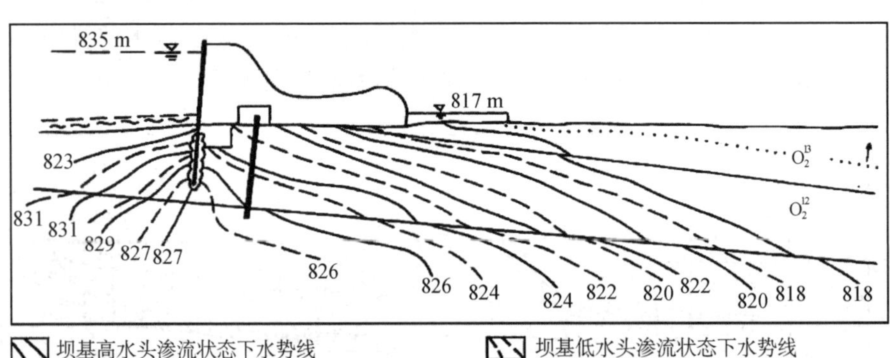

图 5 黄河天桥坝基水动力条件分析图

天桥枢纽的下游水位以 817 m 高程计，从渗流网上可分析，坝基下不同 i 部分承受的渗流水头值将是 826～817 m，相应扬压力也可表达为：

$$B = \sum_{i=1}^{n} \gamma_0 b H_i \tag{16}$$

式中，H_i 为 i 部位的渗流水头值，居于 826～817 m。

扬压力也是一个对稳定性有重要影响的因素。据之，才可进一步计量其坝基与坝体的稳定性。所以，掌握蓄水前自然状态下水动力条件，再研究库水后的水动力条件变化，才能正确采取防治措施，以保障大坝稳定性。

2. 喀斯特库区修漏问题

黄河晋峡谷上段修建万家寨水库，这一河段黄河水与喀斯特地下水的水动力关系是非常复杂的，如图 6 所示。

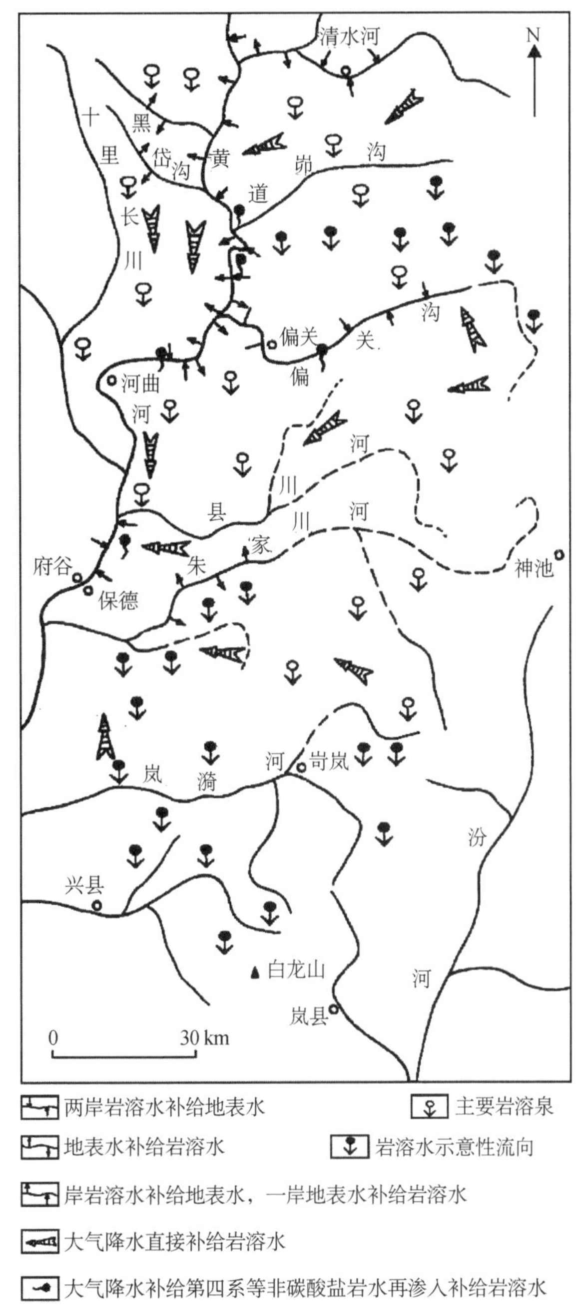

图 6 黄河晋峡谷北段地表水与地下水补排关系图

在天然状态下，头道拐至河曲间枯水期时最大漏失量达 14%；在头道拐至万家寨间，枯水期差异大的可达 10.2%。而在汛期，头道拐至河曲间的漏失量也可达 11.7%。

两岸支沟地表水向地下渗漏情况也是很严重的。例如，水利部门对黑岱沟进行测流，漏失量达 0.369～4.387 L/s(不是雨季洪水时流量)，占上游径流量的 8.48%～93.37%。

通过计算，并对比国内建立水库发生渗漏情况和不存在渗透情况的贵州和广西水库江座，进行综合对比，强调认为：如万家寨水库的石岸不进行防渗处理，其渗漏量可达 20 m^3/s 以上。这科学论断，已在出版的专著中进行论述[14]。后来，水库急着上马开工，没有进行防渗处理。容水后，在 20 世纪末 21 世纪初，却是发生大量渗漏，与我预测相近，而且是由渗漏冲刷管涌，而不断加大渗漏量。

当然，我在论著中也提了，渗漏少量水流，可补给右岸陕西的地下水，从兴建万家寨水库日而言[14]，主要为引水入晋，甚至有人强烈要求引贵入京，成“天运河”。这工程例子和许多岩溶地区修建水库例子一样，重视地质科学，特别是做好水、工、环地质工作，就会为工程提出科学的保障条件。

1.5 硫酸盐喀斯特地区工程效应

硫酸盐岩石膏、芒硝等，是水可直接溶解的可溶岩，其喀斯特作用过程有其特殊性，不需要供给CO_2溶剂作用[16-21]。重点从两方面考虑：

(1) 微生物作用机理。

草本植物、乔木以及各种蕨类生物，都对碳酸盐岩及硫酸盐岩的岩溶发育有密切影响，而对易溶岩硫酸盐岩而言，微生物岩溶作用不可忽视，我们探索了硫酸盐还原菌(*Desulfovibrio*)、排硫杆菌(*Th. thioparus*)和脱氮硫杆菌(*Th. denitrificans*)的生物岩溶作用，下面只列脱氮硫杆菌生化反应试验简要成果。

在喀斯特发育区也发现有还原硝酸盐的脱氮硫杆菌。评价其作用强度采用由该菌活动还原硝酸盐而生成NO_2^-(亚硝酸盐)的数量，生成NO_2^-(mg/L)的量越大，说明该菌活动愈强，如表5所示；硫酸盐岩脱氮硫杆菌作用，见表6。在研究的11组试样中，有6组存在脱氮硫杆菌的活动，但强度较弱，所生成的NO_2^-为0.48 mg/L、2.0 mg/L，而无菌对照样小于0.4 mg/L[21-22]。

表5 脱氮硫杆菌生化作用简表

水样号	还原的NO_2/(mg·L^{-1})	pH	SO_2/(mg·L^{-1})
1A-1	96	6.50	240
2A-2	70	7.10	225
3A-3	48	6.60	220
4A-4	30	7.38	190

表6 硫酸盐岩脱氮硫杆菌作用强度

样品编号	脱氮硫杆菌作用生成的NO_2^-/(mg·L^{-1})	细菌作用强度
山东1(Sd1)	0.00	−
山东2(Sd2)	0.48	+
山西1(Sx1)	0.48	+
山西3(Sx3)	0.48	+
山西4(Sx4)	2.00	+
英国(En)	0.60	+
广西2(Gx2)	0.00	−
广西3(Gx3)	0.00	−
广西4(Gx4)	0.00	−
广西5(Gx5)	0.40	−
山西2(Sx2)	1.20	+
无菌对照	<0.40	−

研究了3种微生物在不同研究区的水-岩-微生物系统中的作用强度的变化状况，说明在硫酸盐岩分布的水-岩系统中，所构成的环境多数适于上列3种微生物的繁殖与发育。这些微生物在水-硫酸盐

岩中进行着积极的代谢活动，参与了硫、硫酸盐及硝酸盐的转化过程，从而加速了石膏的溶蚀及次生碳酸钙的形成。这样，构成了硫酸盐岩-水-微生物作用的岩溶系统。

据研究，硫化物及硫酸盐的化学氧化与还原作用相当缓慢，而微生物的转化作用十分迅速，可高出数倍至数十倍[23-24]。化学作用与微生物的转化作用相比是不重要的。我们一些实验研究证实了这一结论，微生物对硫酸盐的转化起着破坏及消耗其组织结构的重要作用，其结果也促使水-硫酸盐岩的喀斯特作用加强。

在硫酸盐岩喀斯特发育中，受温度的影响，温差效应更为明显。

(2) 硫酸盐地区工程效应。

这方面更为突出，修建水库会发生大量渗漏，及基础塌陷，引起大坝等建筑破坏。硫酸盐岩基础处理，可有充填法、架桥法、铺设道路高强度塑料板、可调节的铁路供电杆等。其中，我们提出，架设平桥梁法，即建设中可广泛采用此法，以保证硫酸盐岩基础稳定性，主要是多用钢铁，平桥桩基要进入深处好地层(图 7)上。对冻土层地区，以及软土分布地带，也可采用该方法。

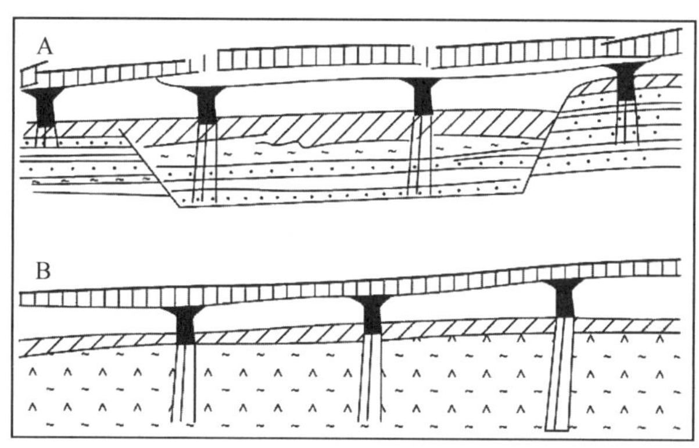

A—桥墩基础放在非硫酸盐岩岩体内，B—桥墩基础桩基落在下部岩溶不发育的硫酸盐岩内

图 7　通过硫酸盐岩基础的桥梁示意图

2　地下空间开拓方面工程效应

目前，我国许多城市在发展地铁交通网络，而中、长途高铁建设已达 1.9 万 km，其中不少长度在 10 km 以上的已建隧道，还有大型地下电站、地下仓库等已成功修建。更多以纵横交错矿山坑道系统，也都是属于地下空间开拓之类。而相应出现的问题，如地下空间开拓后，诱发突水、突泥以及有害气体侵入、爆炸，和高地应力产生岩爆等灾害，洞壁洞顶塌落也常见，也涉及诱发地面沉降、塌陷、地裂缝、滑坡、泥石流灾害。地下空间开拓中，通道本身和诱发地表建筑物的破坏以及造成人身伤亡等灾害，是不可忽视的严重地质环境为背景的问题。

2.1　地下空间开拓突水突泥灾害判断

地下空间开拓中，首先应当研究当地及区域性喀斯特发育规律，进而探索有关水文地质结构、条件。首先应当在地层、构造的基础上，掌握当地喀斯特水补排条件，进而研究判断当地喀斯特水的运动特性，以及有关喀斯特道发育适宜性与可能性，进而作出区域性喀斯特水动力条件适宜判别，以及有关喀斯特水运动循环系统适宜性判别，以作判定突水突泥的重要依据。

作出隧道(洞)通过地带喀斯特水活跃度的评判是很重要的，但是这必须在评判补排条件后，再进行有关喀斯特运动适宜性评判。然后再转入隧道第 n 段碳酸盐岩对当地总补排条件的适宜性判断，参考图 8。有关喀斯特水适宜性评判，可参考表 7。

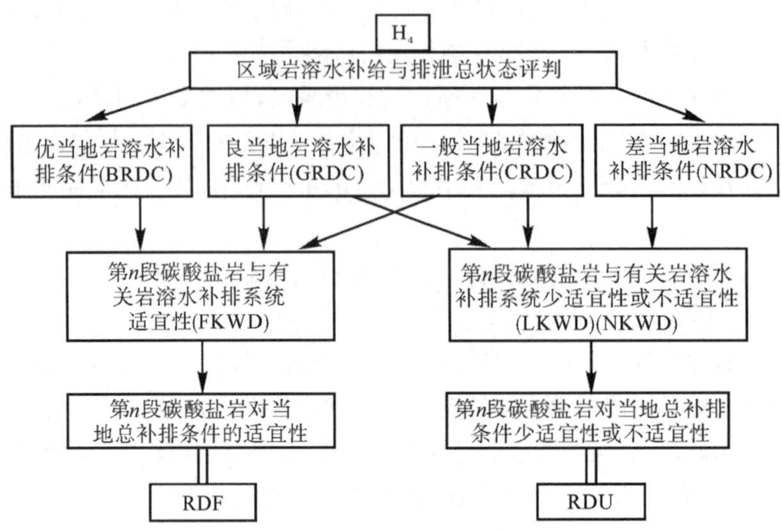

图 8　隧道碳酸盐岩对当地总补排条件适宜性判别参考框图

以多项从属而判定。

隧道中第 n 段碳酸盐岩对区域喀斯特水运动力条件适宜性评判也可参考表 7。

隧道碳酸盐岩有关地带喀斯特水活跃度与危害性，可根据表 8 进行隧道中喀斯特水活跃度的评判。

表 7　隧道碳酸盐岩对有关喀斯特水运动的适宜性判别参考表

与隧道第 n 段碳酸盐岩有关	适宜性(FKWM)	少适宜性(LKWM)或不适宜性(NKWM)
长年性地下水分水岭	有	无
分水岭至河谷水动力系统	内	外
季节性地下水分水岭	有	无
渗流中心	有	无
隧道在饱水带中部位	上部	下部
隧道通过处岩体流速	大	小
隧道通过处岩体渗透性	大	小
与邻近碳酸盐岩水力联系	密切	不密切
与非碳酸盐岩盖层水力联系	密切，有渗流	不密切，无渗流
与非碳酸盐岩底板水力联系	密切，有越流	不密切，无越流

表 8　碳酸盐岩中隧道通过地带喀斯特水活跃度判别参考表

与隧道中第 n 段碳酸盐岩有关的	强岩溶水活跃度(BAKW)	弱岩溶水活跃度或无岩溶水活跃度(LAKW)(UAKW)
碳酸盐岩岩性对岩溶发育适宜性	VFK	LFK
地质构造对岩溶发育适宜性	SFK	SLK
地形地貌总条件对岩溶适宜性	TSK	TLK
对岩溶发育基本环境适宜性	FKE	LKE
对古岩溶复活性总条件的适宜性	FPD	NPD

（续表）

与隧道中第 n 段碳酸盐岩有关的	强岩溶水活跃度（BAKW）	弱岩溶水活跃度或无岩溶水活跃度（LAKW）（UAKW）
对区域新洞穴活跃的适宜性	CAF	CAU
对当地总补排条件适宜性	RDF	RDU
对区域岩溶水运动条件适宜性	KRF	KRU
对区域岩溶水运动循环系统适宜性	KCF	KCU

根据多项所属而判定其类别，是属于强岩溶水活跃度，还是属于弱岩溶水活跃度，或无岩溶水活跃度。此外，也可应用模糊数学进行评判，即：

$$\underset{\sim}{R}=[r_{ij}],\ i=2,\ j=9,$$
$$\underset{\sim}{B}=A\cdot\underset{\sim}{R}\quad A=(P_1,\ P_2,\ \cdots,\ P_9) \tag{17}$$

根据当地情况，可加大某些项的权值，其评价集为 V_{KWA}=（强喀斯特水活跃度，弱喀斯特水活跃度）。判定后，转入区域性岩溶水动力条件活跃危害性情况如何，可据上列评判结果，结合区域性喀斯特水动力条件的评判情况，可进一步作出区域性岩溶水动力条件活跃危害性的判断。

参看图 9，可判断：① 由积极活跃循环的喀斯特水引起对隧道灾害的喀斯特水动力条件。② 不活跃循环或封闭停滞喀斯特水引起对隧道灾害的喀斯特水的动力条件。③ 无活跃与封闭喀斯特水对隧道产生灾害的裂隙性喀斯特水动力条件。

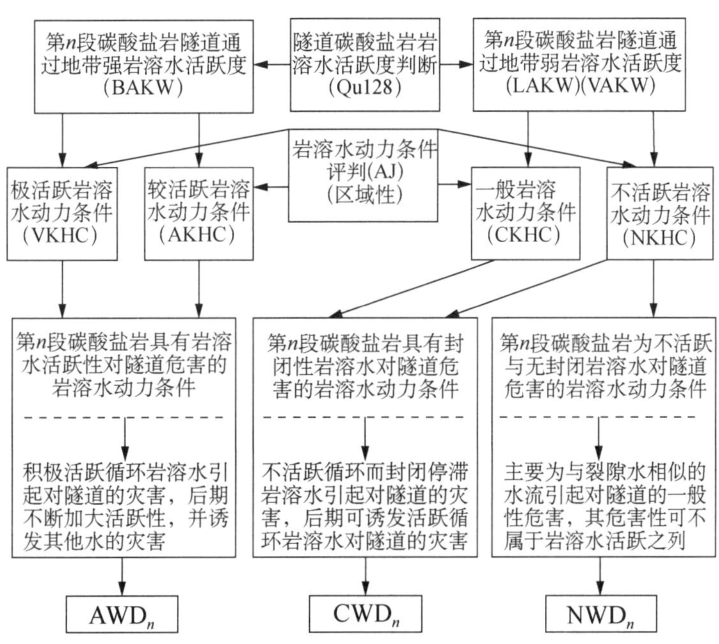

图 9　区域性喀斯特水动力条件活跃危害性判别参考框图

隧道中碳酸盐岩内喀斯特水危害性系数组的确定。

分别计算各段碳酸盐岩的长度 L_{CRi} 及具两种危害性和基本无危害性的长度，即 L_{AWD}，

$$P_{WD}=\sum_{i=1}^{n}(L_{AWDi}+L_{CWDi})/\sum_{i=1}^{n}L_{CRi} \tag{18}$$

危害性质系数：

$$D_{WD}=\sum_{i=1}^{n}L_{AWDi}/\sum_{i=1}^{n}L_{CWDi} \tag{19}$$

当 $D_{WD}>2$ 时，全隧道中以活跃性岩溶水危害为主；

当 $D_{WD}<0.5$ 时，全隧道中以封闭性岩溶水危害为主；

当 $D_{WD}=0.5\sim2$ 时，全隧道中活跃性与封闭性岩溶水危害并重。

危害程度系数：

$$R_{ND}=\sum_{i=1}^{n}L_{NWDi}/\sum_{i=1}^{n}(L_{AWDi}+L_{CWDi}) \tag{20}$$

当 $R_{ND}>2$ 时，全隧道喀斯特水轻度危害；

当 $R_{ND}=10\sim50$ 时，全隧道喀斯特水中度危害；

当 $R_{ND}=0.5\sim2$ 时，全隧道喀斯特水重度危害；

当 $R_{ND}<1$ 时，全隧道喀斯特水极度危害。

判定后转入喀斯特水危害性与喀斯特类型间关连系数：

R_{AWD}表示与活跃性喀斯特水危害有关系数(%)；

R_{CWD}表示与封闭性喀斯特水危害有关系数(%)；

一定喀斯特类型地区，全隧道中应当 $R_{AWD}+R_{CWD}=100\%$，但不同喀斯特类型地区，按不同的水动力情况，相应的 R_{AWD}和 R_{CWD}值都是不同的。在表 9 中提供参考值。

表 9　喀斯特类型与岩溶水危害性(对隧道)关连系数参考表

岩溶类型	基本条件与特征	岩溶水危害性关连系数参考值	
		R_{AWD}/%	R_{CWD}/%
开阔性溶蚀岩溶类型(K)	碳酸盐岩垂直厚 hvc<1.5H_{WD}(地下分水岭高)	90~100	0~10
	hvc>1.5H_{WD}(下部有 C_{WD})	70~90	10~30
限制性溶蚀岩溶类型(KS)	上部以 AWD 危害性为主	>80~100	0~20
	下部有全部或局部 CWD 危害	20~30	70~80
溶蚀-水蚀岩溶类型(KE)	KE_{I}，KE_{II} 浅部 AWD 为主，深部及分水岭核部可有 CWD 危害	70~80	20~30
	KE_{IV}，KE_{V} 浅部 AWD 为主，河湖水面下深部有 CWD 危害	40~60	40~60
溶蚀-海蚀岩溶类型(KA)	海平面下一定深度有 CWD 水，浅层多为 AWD 水危害	60~70	30~40
溶蚀-冰蚀岩溶类型(KI)	浅部循环带以 AWD 危害为主，分水岭及地下深处以 CWD 为主	30~40	60~70
溶蚀-剥蚀岩溶类型(KD)	浅部循环带以 AWD 危害为主，深部有封闭承压水，以 CWD 为主	60~70	30~40
溶蚀-熔蚀岩溶类型(MK)	侵入体及热液活动范围内有封存、半封存水，CWD 为主，火成岩外围深部也有些 CWD，浅层以 AWD 危害为主	50~60	40~50

这方面的关连系数只是一个参考值，采取后转入。

喀斯特水流态与喀斯特水危害方式相关性，可用以分析隧道中喀斯特水初始危害状态可分为三种：

(1) 大通道大流量突水危害状态(DGK)；

(2) 小通道多股流量汇聚危害状态(DCK)；

(3) 小通道小流量渗流危害状态(DLK)。

根据前面分析,喀斯特水流态有:分流状(WS),散流状(DS),异流状(DI),差流状(DR),汇流状(CT),聚流状(CI),深流状(DF),滞流状(SF)。有关喀斯特水流态(水动力条件)类型[14,25],隧道地带喀斯特水活跃度及喀斯特水初始危害状态三者关系,参看图10。

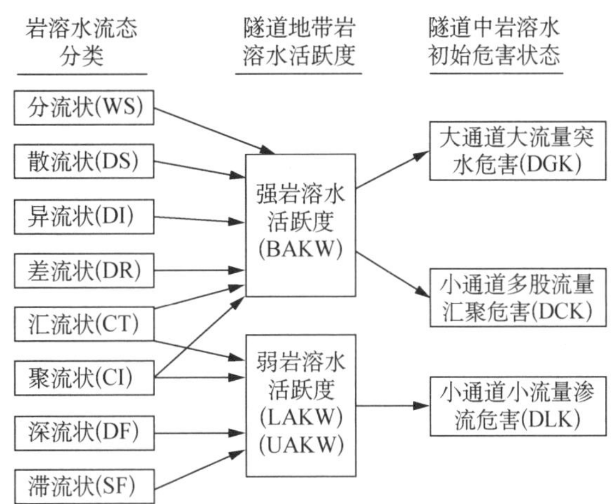

图10　隧道中碳酸盐岩中喀斯特水初始危害状态判别参考图

当然,初始小通道渗流危害,也可逐渐发展与诱发大股水流危害,判定后转入下面。

隧道中喀斯特水危害定性类型。

隧道喀斯特水动力条件活跃-危害性分类:可参考图11进行喀斯特水动力条件活跃-危害性分类。

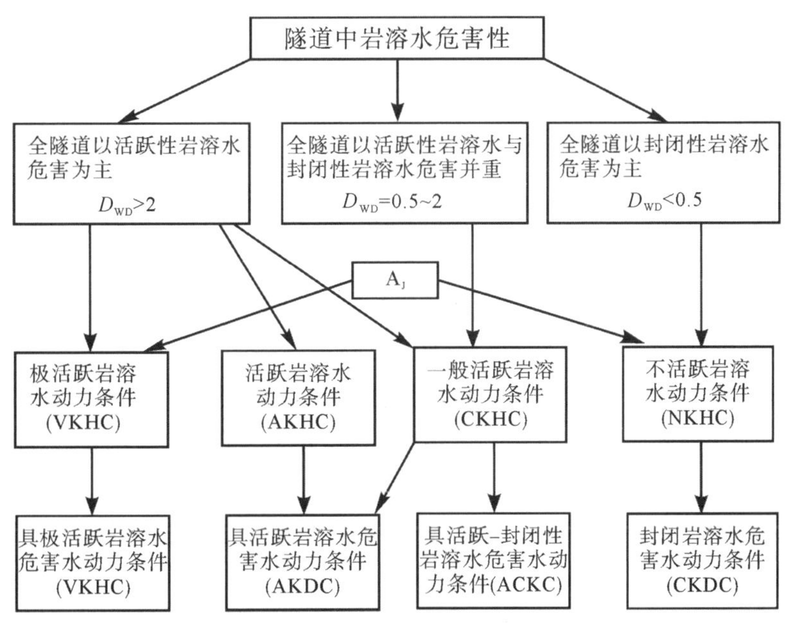

图11　喀斯特水动力条件活跃-危害性分类关系参考图

对隧道中各段碳酸盐岩可分别判断,以判定上述四种类型中的一种。

在进行水动力条件活跃-危害性分类评判后,就可用作隧道水危害的定性类型的评判。

以上着重从多方面因素评断有关隧道喀斯特突水、溃水的定性危害(表10)。真实资料愈多时,这种定性评判会愈接近实际。反之,无更多资料为依据,而提供的人机对话时回答的情况与参数,就会降低评判价值。

表10　隧道喀斯特水危害定性类型判断参考表

类型	突水急剧型	突水诱发型	突溃并发型	溃水诱发型
代号	TK-A型	TK-B型	TK-C型	TK-D型
危害性质系数 D_{WD}	>2	>2	0.5～2	<0.5
危害程度系数 R_{ND}	10～<1	10～50	10～>50	10～>50
关联系数 R_{AWD}，R_{CWD}	R_{AWD}=0%～100% R_{CWD}=0%～10%	R_{AWD}=70%～90% R_{CWD}=10%～30%	R_{AWD}=60%～80% R_{CWD}=20%～40%	R_{AWD}=60%～80% R_{CWD}=20%～40%
岩溶水初始危害状态	DGK为主导	DGK为主或DCK开始	DCK，DLK	DCK，DLK或DGK
岩溶水危害性水动力条件	具极活跃岩溶水危害水动力条件(VKDC)	具活跃岩溶水危害水动力条件(AKDC)	具活跃-封闭性岩溶水危害水动力条件(ACKC)	封闭岩溶水危害水动力条件(CKDC)
岩溶水危害性表现	一个或多个大通道大流量活跃岩溶水突入，可相随涌入泥沙，长期隧道涌水，可诱发更多大通道水突入，并引起地表岩溶塌陷较严重；一般情况下，不断突水结果，可不断加大突水量甚至导致地表水大量消入；特殊情况下，由于涌水后通道自身塌陷，可造成突水量减少	一个或一个以上岩溶通道活跃岩溶水先少量突入隧道，不断加大，诱发大通道水涌入，并可涌入泥沙，长期突水也可引起地表岩溶塌陷现象较多出现，这类型通常是通道不断由突水而相通，使突水量不断加大，也可诱发地表水消入	一个岩溶通道活跃水突水，不同地带也有封闭性岩溶水溃入，并涌入封闭通道中泥沙，封闭水溃入后，流量可逐渐减少，但活跃突水量可增加，地表可部分发生岩溶塌陷。后期封闭水可逐渐消失，而只有活跃性岩溶水突入，并可不断加大突水量	封闭岩溶通道溃入封存岩溶水，并可不断涌入封存的泥沙，封存水溃入后可逐渐减少，但逐渐诱发上部活跃岩溶水涌入隧道，只有封存水溃入时，一般不产生岩溶塌陷，当诱发大量上部活跃岩溶水涌入后，才可引起地表岩溶塌陷

喀斯特发育机理能有较详尽的调查，这方面的定性评判，就会得到相应分析判断，而作出相应的定量、半定量评判。

2.2　六个超前探测的重要性

长的隧道，多数是埋藏在数百米至千米以上的地下，通过进行勘测的钻探、洞探与物探工作量有限。因此，虽然做出了上列评判，但在实施工程中，仍需有六个超前工作。这六个超前做好了，就能够更好对隧道中可能产生突水突泥灾害予以超前治理，而大大地减少损失。进行六个超前工作，能有上述的系列评判，会为六个超前提供重要的依据。六个超前是：

(1) 超前研究地质条件，在施工前就要很好分析研究有关地质条件；

(2) 超前分析主要地质效应问题(如上面论述的评判，更密切地与掘进部位相耦合)，包括对施工可能产生的危害，开凿后会发生重要灾害问题，并有初步预案；

(3) 超前准备需采用措施及准备有关器材；分析有问题地段，就要准备好，可能采取的处理控制措施，一切所需要的设备材料；

(4) 超前探测，利用长钻(小角度)钻进、物探电法、地震法、地质雷达等、测试掌子门附近水气性质，以证实在将要爆破、掘进的撑子面前几十米的地质概况，有无严重水、气(危害存在)；

(5) 超前进行不良现象的处理措施；判断如果爆破后，会大量突水突泥、气爆，会造成严重的后果，就应当采取预先处理，如高压灌浆、支洞排水、孔群排水排气减压、加大隧道内通风、排水气、加强隧道壁的支撑保护等手段；

(6) 超前建立避难所：预测可能产生不良效果，在隧道掘进中，就要在离撑子面一定距离建安全避难所，内有水、食物，这避难所随着隧道掘进而向前移动，危险地段，施工人员可先进避难所，以遥控爆破，避免高压水气对人员危害。

3 生态城镇群建设的发展工程效应

我国城市化率已达54%以上，但真正按城市永久居住人口而言，只有35%多，新型的生态城镇群建设正迅速发展。

城镇群建设，应当有五级[26-27]，Ⅴ级是首都及大都市如北京、上海、广州、天津、深圳，起重要引领支撑作用，Ⅳ级是各省（自治区）省会及少数相应城市，Ⅲ级是州市级在地区性区域上为骨干，Ⅱ级城镇是县市级，主要应是当地农业、地方工业的中心，Ⅰ级城镇，是新发展5～20万人，可以是尖端工农业及有特色当地产业以及旅游业中心[26]。Ⅰ、Ⅱ级城镇应是建设生态城镇群的重要基础与前提。

各级城镇不是单独存在，可以有不同级城镇相结合，而成城镇群。

3.1 城镇群共同体的两个主要内涵

城镇群结合成一共同体，首先应当在资源开发上，能高效、节约地开发利用各种资源，这些资源主要是土地资源、水资源、能源、矿产资源、生物资源。其二是有效防治与减轻自然灾害[28]，这些自然灾害主要包括：地质灾害、气象灾害及生物灾害。这五级城镇不是都一样的高楼、一样的人口拥挤、交通堵塞和共同加剧污染。相反，通过Ⅰ、Ⅱ级新型生态城镇群发展，减少农村剩余劳动力都涌向大城市打工。Ⅰ、Ⅱ级城镇发展其新兴产业，定是实现中华振兴梦想的关键措施。

例如，北京市，不能只是大市区单独考虑，而且应当和所辖县市、乡镇，统一考虑规划有关资源综合开发与灾害共同防治的问题，以及产业调整，发展与再布局的问题。

3.2 开发及防灾中的和谐配合方面

这需要由地质环境与条件上，重点研究考虑这几个问题：① 水-土资源的合理配置，而不能孤立只考虑一种需求；② 应当很好研究六水共同开发利用，这六水是雨水、地表河水、湖水、地下水、人工大水体（水库等）、海水（不是沿海地区，也应考虑地质历史上海陆变迁的古海水留存与影响）。六灾共治是洪灾、涝灾、旱灾、地质灾害、污染和风暴潮，特别是风暴潮-暴雨-地质灾害链的防治，这五级城镇群是命运相关，难以分割的。

这是第二层次问题。

3.3 发展与工程建设的综合环境效应

各种开发与发展都需要进行工程建设，也必然会对地质环境产生效应，例如，高层建筑、抽取地下水、地下空间开拓，三者都会综合影响到地面沉降、地面塌陷。大型水利措施，包括蓄水对生物的生活环境与生存条件的影响，例如水库使地下水的壅高，就会使植物根系常为地下水浸泡而腐烂，使植物大树、果树死亡，以及增大水动力作用，加剧与诱发地质灾害的发生与发展（包括工业污染与农业面源污染）。

这是综合效应的第三层次问题。

3.4 建设城镇生态-农业、生态-工业、生态-园林与生态-交通

这方面主要体现在大气、水体与土壤污染得到治理，并控制在极低无害水平，生态工业，不污染大气；主要是绿色低碳、无碳能源的使用，排放的不良CO_2、SO_2等得到治理控制，生态农业表现在主要是使用绿色肥料、有机肥、少用或不用化肥、农药，而生产的是绿色与有机食品，保证食品的安全。绿色交通，体现在多级别的铁路、公路以及轮船、飞机等交通网的密切配合，减少及不用燃煤能源，这方面还要客流和物流都能有完善无污染的运输系统，节能减排以至不排放有害物质，应当是首位的，胜过对速度

的要求。

城市有生态园林，增加城市的肺呼吸，对城市的生态性也是有重要的保障，相应地，也应开展有关生态旅游业，这方面是第四层次问题。

3.5 城镇群发展应当保障生态环境安全与可持续发展

这是城镇群发展的最高五层内涵，不从地质环境上保障城镇群的地质-生态环境安全，那城市仍隐存着危险和大灾难危险，对人民的生命财产也是没有保障的。能够保障城镇群整体地质-生态-环境的安全，这样的城镇群，才是可持续发展的，也是人们所喜欢居住的。城镇群目前的地质-生态环境，还需要认真探索未来的演化以及其今后发展的效应[29-30]。

所谓宜居城市，所谓幸福城市，不能保障地质-生态环境安全，不能可持续发展，那就是不合基本的要求。

因此，水文地质、工程地质与环境地质的工作，要更多直接面对国家的发展、建设，对各种不同级别的城镇群的发展，提出上列几个层次方面的有关决策的依据。

目前，我国城镇群发展的一个通病是：

(1) 轻视地质工作是各种规划建设的前期直到后期运用中的重要前提与依据；

(2) 各种城镇群，都在不断求发展扩大，Ⅱ级大城市还多是梦系在多有大项目列上，GDP 更往上冒，而当前最主要的还是要注意瘦身、调整落后产业，以创新发展高尖端新产业。

(3) 求洋求大，损失地区特点，没有考虑地质地理环境与当地传统的风格，滨海城市和大江旁城市，平原城市与山区城市，北方干旱草原城市与南方多雨城市，基本上都渐趋一样，一样的高楼、一样的灰色混凝土、一样的宽马路、一样的大商厦、一样的饮食业、一样的污染源，有关生态城镇群的发展的基本概念，表示于图 12。

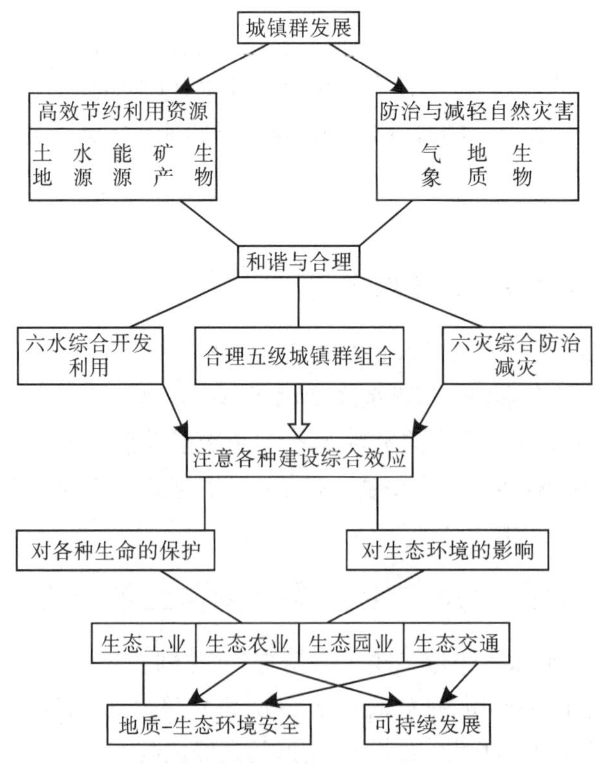

图 12 生态城镇群发展的理念图

在纪念中国地质科学院及其水文地质环境研究所成立六十周年之际，关于水文、工程与环境地质的六十年的发展情况及有关建议，已另写一文，这篇文章特别对水工环地质工作在岩溶地区，今后应更好地为国家及地方发展与工程建设服务，积极从地质基础、岩溶发展规律，以及有关地质环境上，探索研究有关工程建设与综合发展的效应问题，以为保障当地与国家的地质-生态环境安全与可持续发展，起到积极的作用。

参考文献

[1] 卢耀如，杰显义，张上林，等.1973.中国岩溶(喀斯特)发展规律及其若干水文地质工程地质条件[J].地质学报，(1)：121-136.

[2] 卢耀如.2010.中国喀斯特——奇峰异洞的世界[M].北京：高等教育出版社.

[3] LU Y R. The distribution and basic features of caves in China[C]//Preceedings of the 9th International Congress of Spelogy，1986，I：214-217.

[4] LU Y R. Process of karst cavern's development and three phrases' flow[C]//Proceedings of the 9th International Congress of Speleogy，1986，I：273-276.

[5] LU Y R. Hydrogeological environments and water resources patterns in China. Proceedings of the IAH 21th Congress [C]//Karst hydrogeology and Karst Environment Protection，Part II. Beijing：Geological Publishing House，1988：64-75.

[6] LU Y R. Assessment of the exploitation of water resources in karstified mountain regions of China[C]//International conference jointly convened with IAHS on water resources in mountainous regions，Lausanne，Switzerland，1990，22(Part 1-2)：1068-1075.

[7] LU Y R. Evaluation of cave activity for use in karst forecasting[C]//Proceedings of XI International Congress of Speleology，1993：169-171.

[8] LU Y R. Effects of hydrogeological development in selective karst regions of China[C]//IAHS Publication No.207. Hydrogeological Processes in Karst Terranes，1993：15-24.

[9] LU R. 1993c. Comparative researches on evolutions of karst environment in main constructing regions in China (abstract)[C]//Third International Geomorphology Conference，Programme with Abstracts. Hamilton，Ontario，Canada，1993：189.

[10] 卢耀如，张凤娥，刘长礼，等.2006.中国典型地区岩溶水资源及其生态水文特性[J].地球学报，27(5)：393-402.

[11] 卢耀如.1959.官厅水库矽质石灰岩内喀斯特发育的规律性及其工程地质特征[C]//中华人民共和国地质部水文地质工程地质研究所：水文地质工程地质论文集(I).北京：地质出版社：132-153.

[12] 卢耀如，王兆馨.1966.华南某坝区的喀斯特及其水文地质工程地质条件[C]//中华人民共和国地质部地质科学研究院论文集.北京：中国工业出版社.

[13] 黄永坚.水库分层取水[M].北京：水利电力出版社，1986.

[14] 卢耀如.岩溶水文地质环境演化与工程效应研究[M].北京：科学出版社，1999.

[15] RIDJANOVIC M. Capacity of karst reservoirs for absorption of heat flux of solar radiation[J]. Karst Hydrology and Water Resources，1976，2：545-558.

[16] COOPER A H. Airborne multispectral scanning of subsidence caused by Permian gypsum dissolution at Ripon，North Yorkshire[J]. Quarterly Journal of Engineering Geology，1989，22：219-229.

[17] COOPER A H. Subsidence hazards due to the dissolution of Permian gypsum engineering and environmental problems in karst terrane [C]//Proceedings of the Fifth Multidisciplinary Conference on Sinkholes and the Engineering and Environmental Impacts of Karst Gatlinburg Rotterdam，1989：A. A. Balkema：23-29.

[18] COOPER A H. Gypsum karst of Great Britain[J]. International Journal of Speleology，1996，25(3/4)：195-202.

[19] COOPER A H. Environmental problems caused by grpsum karst and salt karst in Great Britain[J]. Carbonates and Evaporites，2002，17(2)：116-120.

[20] 张凤娥，卢耀如.硫酸盐岩溶蚀机理实验研究[J].水文地质工程地质，2001，28(5)：12-16.

[21] 张凤娥，卢耀如，郭秀红，等.复合岩溶形成机理研究[J].地学前缘，2003，10(2)：495-500.

[22] 卢耀如，张凤娥.硫酸盐岩岩溶及硫酸盐岩与碳酸盐岩复合岩溶——发育机理与工程效应研究[M].北京：高等教育出版社，2007.

[23] 闫葆瑞.太平洋中部水-岩系统中微生物活动及其成矿作用[M].北京：地质出版社，1994.

[24] 闫葆瑞.微生物成矿学[M].北京：科学出版社，2000.

[25] 卢耀如.喀斯特水动力条件的初步研究[C]//中国科学院学部编：全国喀斯特研究会议论文选集.北京：科学出版社，1962.

[26] 卢耀如.地区-生态环境与可持续发展——中国西南及邻近，岩溶地区发展途径[M].南京：河海大学出版社，2003.

[27] 卢耀如，张凤娥，刘琦，顾展飞.建设生态文明 保障新型城镇群环境安全与可持续发展[J].地球学报，2015，36(4)：403-412.

[28] 卢耀如，贺可强，李相然，等.山东半岛城市群地区地质-生态环境与可持续发展研究[M].北京：地质出版社，2010.

[29] LU Y R, DUAN G J. Artificially induced hydrogeological effects and their impact of environments on karst of North and South China[C]//FEI Jin and KROTHE N C (eds): Hydrogeology. Proceedings of the 30th International Geological Congress, 1997, 22: 113-120.

[30] LU Y R, TONG G B, ZHANG F E. Geological environmental types and qualitites and predict on their evolutions in 21st Century in China[C]//ZHANG ZONGFU, MULDER E F J, LIU DONGSHENG, et al. Geosciences and human survival, environment, natural hazards: proceedings of the 30th international geological congress, Volume 2 & 3, VSP. Utrecht, the Netherlands[S.1], 1997: 117-133.

北京西山岩溶洞系的形成及其与新构造运动的关系①

吕金波　卢耀如　郑桂森　郑明存

摘　要：形成中国北方岩溶的地层主要为奥陶系马家沟组石灰岩和中元古界蓟县系雾迷山组硅质条带白云岩。上新世石林与第四纪岩溶陡壁组合成的房山地貌主要形成于雾迷山组中，岩溶洞穴发育在马家沟组和雾迷山组中。大石河南岸从上游至下游依次分布鸡毛洞、银狐洞、石花洞、清风洞和孔水洞，由一条地下暗河连为一体，称为石花洞系。石花洞系发育在北岭向斜东北扬起端的马家沟组顶部，与南面的周口店猿人洞系隔着房山闪长岩体。石花洞系中8层不同海拔高度的溶洞可以和永定河的8级阶地进行对比，也可以和8个华北地文期对比，代表了与之相互对应的北京西山新构造隆升的期次。

关键词：多层溶洞　新构造运动　石花洞系　房山地貌　北方岩溶　北京西山

中国各种岩溶地质文献中没有“洞系”这一概念，2006年出版的《地球科学大辞典》中只有与之类似的“洞穴网”术语[1]。国际上建立了许多洞系，如最长的洞系为美国肯塔基州的猛犸洞系（Mammoth Cave system），长度超过600 km。Bögle[2]和Ford等[3]统计了长度位于世界前32名的洞穴，名单中没有中国的洞穴。这与中国碳酸盐岩分布面积占世界的35%、洞穴十分发育的现状极不相称，如果不建立“洞系”的概念，将是岩溶研究的空白，无法实现与国际岩溶研究的对比。

石花洞系位于北京西山大石河南岸的北窖村—万佛堂一线，从上游到下游依次分布鸡毛洞、银狐洞、石花洞、清风洞和孔水洞，由一条地下暗河将其连为一个洞系，总长约10 km，上下分为8层溶洞。补给点为大石河上游，排泄点为孔水洞。距北京市区约50 km（图1）。

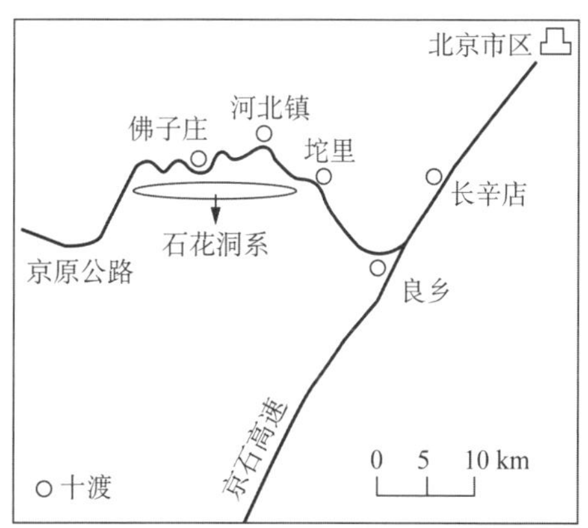

图1　北京石花洞系交通位置

从构造位置看，石花洞系发育在北岭向斜东北扬起端的奥陶系马家沟组顶部，与南面的周口店猿人遗址洞系隔着房山闪长岩体（图2）。孔水洞在《水经注》中有记载[4]，石花洞为多层溶洞。

① 吕金波，卢耀如，郑桂森，等.北京西山岩溶洞系的形成及其与新构造运动的关系[J].地质通报，2010(4)：8.

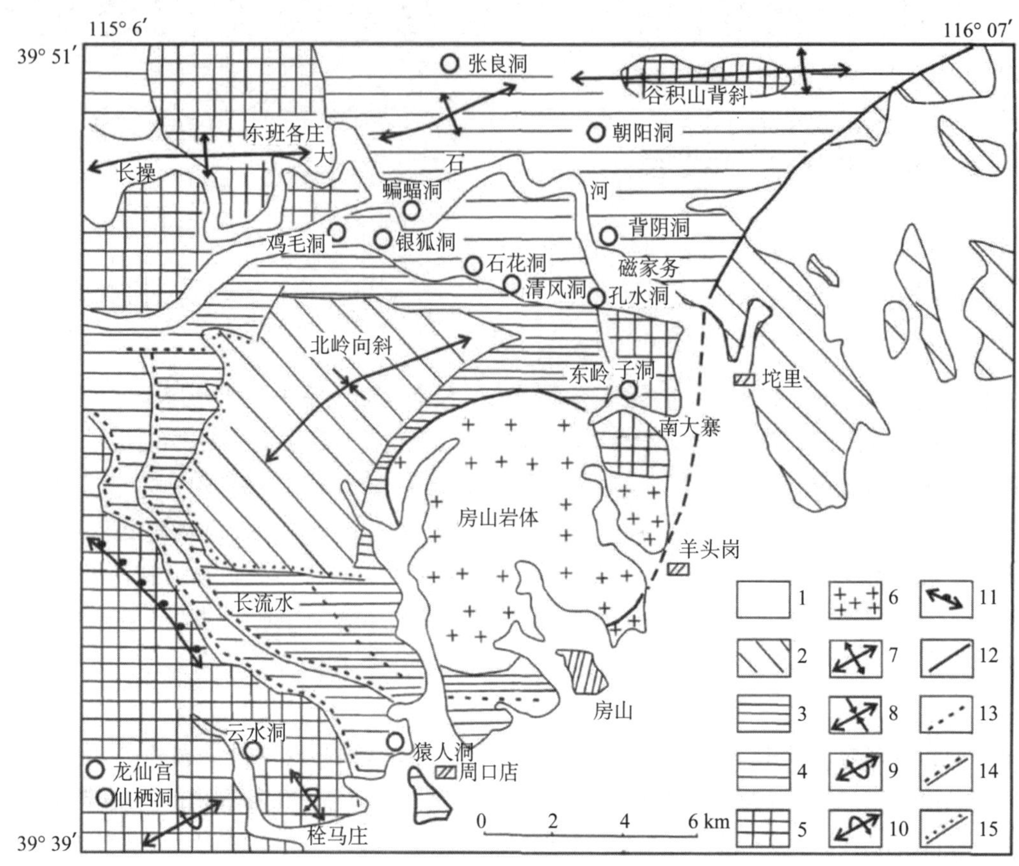

1—新生代构造层，2—中生代构造层，3—晚古生代构造层(包括三叠系)，4—早古生代构造层，5—中、新元古代构造层，6—燕山期花岗闪长岩，7—背斜，8—向斜，9—倒转背斜(箭头指轴面倾向)，10—倒转向斜，11—穹隆及穹状背斜，12—断层，13—推测断层，14—平行不整合，15—角度不整合

图 2 北京石花洞系区域构造纲要图

多层溶洞是地下溶洞的组合形式。规模较大的溶洞形成于岩溶水的水平流动带；如果一个地区的地壳间歇性地上升，水平流动带将随之间歇性地下降。在地壳相对稳定时期形成的一层溶洞，随着地壳上升将抬高到季节变动带或垂直循环带，而在新的水平流动带内又开始发育一层新的溶洞。多层溶洞具有显示区域新构造运动性质和幅度的意义[1]。

1 北方岩溶的特点

新生代以来中国大陆形成了 3 级台阶。构成北方岩溶的地层有奥陶系马家沟组石灰岩和中元古界雾迷山组硅质条带白云岩。新构造运动和气候条件使得中国北方的石灰岩地区形成多层溶洞，白云岩地区形成新近纪石林与第四纪岩溶陡壁的组合形态(房山地貌)。

1.1 中国 3 级台阶的形成

白垩纪末—古近纪初，中国大陆的东部、西南和西部被海洋包围，陆地上除一些沉积盆地外，大部分是长期接受侵蚀的低平山地和丘陵[5-7]。这个时期的准平原发育最典型、分布最广泛，分别称为“北台期”“鄂西期”和“大娄山期”。中国北方称为“北台期夷平面”，该面在中国西部和内蒙古还广泛分布，未被破坏。青藏高原的隆升使得华北太行山脉地文期划分出北台期、唐县期和汾河期，长江中游划分出鄂西期、山原期和三峡期，云贵高原划分出大娄山期、山盆期和乌江期，均经历了 3 个发育阶段[8]。

南方形成了云南石林、阳朔峰丛、桂林峰林等岩溶地貌，北方形成了新近纪石林与第四纪岩溶陡壁的组合形态（房山地貌）、岩溶石柱和多层溶洞等岩溶地貌。

1.2 形成北方岩溶的地层

形成多层溶洞的奥陶系马家沟组主要为泥晶灰岩、粉晶灰岩等。马家沟组形成初期为蒸发云坪环境；早期为潮上—潮间环境，伴有塌陷形成的角砾岩；中期为潮下环境，发育比较复杂的韵律沉积；末期地壳抬升，逐步结束海洋沉积；随后中国北方缺失了马家沟组以后至石炭系太原组以前 140 Ma 的沉积[9]。马家沟组动物化石主要是头足类，又以珠角石种类繁多为特色。房山石花洞一带的马家沟组厚 51.70 m，以青灰色纹带灰岩为主，岩石中 Ca 含量较高，K、Na 含量较低。马家沟组元素含量的变化与下伏亮甲山组明显不同，加之上覆地层为石炭系砂页岩，该组与上下地层相比，极易溶蚀，形成溶洞[10]。

形成新近纪石林与第四纪岩溶陡壁的组合形态（房山地貌）、岩溶石柱和溶洞的中元古界雾迷山组为一套韵律性明显、富含有机质的碳酸盐岩地层。地层东厚西薄，在蓟县一带厚 3 336 m，密云一带厚 3 494.5 m，十三陵一带厚 2 229 m，房山一带厚 2 700 m。房山东部受石门花岗岩体的影响，形成上方山-云居寺园区所在的云带山。河北省涞源县白石山受王安镇花岗岩体的影响，形成大理岩峰丛地貌景观。雾迷山组根据岩性组合和生物特征分为 4 个岩性段：一段发育大套沥青质白云岩；二段发育砂质白云岩和纹层状白云岩，属滨海砂坝相沉积环境；三段沉积厚度较大，属潮下坪碳酸盐岩相沉积；四段以岩性单一、发育硅质内碎屑条带和水退沉积韵律为主要特征[11]。形成石林与岩溶陡壁的组合形态（房山地貌）、岩溶石柱和溶洞的地层主要为四段岩层。

1.3 北方岩溶的形成与新构造运动的关系

古近纪漫长的准平原化过程使中国北方山区形成了北台期夷平面和曲流很大的老年期河流。内蒙古高原基本上保持了原来和缓平坦的古地貌面；黄土高原的古地貌面往往被新生代黄土覆盖；北京山区的河流保持了曲流很大的老年期河流的特征，而北京平原的河流较为平直，说明北京山区的准平原化过程远比现在的北京平原长得多。这时北方岩溶区准平原面节理发育，雨水顺着节理向下溶蚀，溶蚀的深度与现代山顶石林的高度相同，在节理中形成了相对软弱的充填物质，为新近纪石林的形成奠定了基础。

新近纪北京西山开始隆升，加之强烈的湿热气候，北台期准平原抬升后遭受切割侵蚀，节理中的软弱充填物被冲蚀掉，拒马河流域形成了大片的岩溶石林、宽谷和洞穴（如三清洞、仙栖洞和云水洞），大石河流域形成了最早的洞穴——穿洞。湿热的气候、泥泞的红土地面适合个体矮小的三趾马动物群生存，这一时期被称为唐县期。

第四纪北京西山迅速隆升，河流强烈下切，拒马河流域形成岩溶陡壁、岩溶石柱和岩溶嶂谷，大石河流域形成多层溶洞。

新近纪形成的岩溶石林和第四纪形成的岩溶陡壁，组合成了拒马河流域的北方岩溶地貌。因这一地貌在房山地质公园境内表现得最为明显，故建议命名为“房山地貌”。

从水平方向看，大石河南岸的鸡毛洞、银狐洞、石花洞、清风洞和孔水洞由一条地下暗河连通，构成了石花洞系。从垂直方向分析，石花洞在新近纪形成了山顶的穿洞，第四纪形成了 7 层溶洞，显示了北京西山新构造运动的性质和幅度，可以和同属于北京西山的永定河阶地进行对比，也可以同华北地文期进行对比。

2 房山世界地质公园的岩溶洞系

房山世界地质公园地跨北京市房山区和河北省保定市涞水县、涞源县，地理坐标：东经 114°36′48″～

116°08′16″、北纬39°09′57″～39°43′08″。东西长130.80 km，南北宽75.09 km，总面积953.95 km²。岩溶洞系分为周口店猿人遗址洞系、拒马河唐县期洞系和石花洞系3个洞系。

2.1 周口店猿人遗址洞系

周口店猿人遗址洞系位于北岭向斜东南扬起端南翼马家沟组石灰岩中。1918年瑞典人Johan Gunnar Andersson发现了周口店第6地点，1921年夏天他和奥地利人Otto Zdansky发现了周口店第1地点，1923年Otto Zdansky找到了第1枚人的臼齿化石，1927年美国人Davison Black、中国人李捷共同在猿人遗址4～5层间发现了人的左下第1臼齿(命名为“中国猿人北京种”，*Sinanthropus Pekinensis*)，1929年12月2日裴文中发现了第1个生存于0.77 Ma前的北京人头盖骨。周口店猿人遗址于1961年被国务院列为第1批全国重点文物保护单位，1987年被联合国列入世界文化遗产。

洞系的走向几乎无人研究。洞系上下可分为3层，即下层的北京人洞、中层的山顶洞和上层的新洞，反映了新构造运动在周口店地区的表现。

2.2 拒马河流域唐县期洞系

该洞系发育在中元古界雾迷山组硅质条带白云岩中，位于拒马河北岸，从上游到下游依次分布三清洞、龙仙宫洞、仙栖洞和云水洞。洞穴的大形态形成于唐县期。

三清洞位于六渡的王老铺村西约1 km处，洞口朝南，海拔750 m，目前已探明的洞长约600 m。该洞以溶蚀景观为主，几乎没有钟乳石沉积，以窝穴等溶蚀景观为代表的洞穴小形态发育，洞内有4个大厅，其中第4厅最大。

龙仙宫洞位于东关上村龙泉寺沟，洞口海拔高度510 m，洞厅面积约10 000 m²，为中国北方较大的单个洞厅。洞厅内石笋发育，由石灰华盖住的哺乳动物化石令人称奇[12]。

仙栖洞位于东关上村，是在原黑牛水泉的基础上开凿出来的，地层平缓，洞穴沿北北西—南南东、北东—南西2个方向的构造节理发育。洞底石笋较少，洞顶的石钟乳发育较好，为中国北方雾迷山组地层洞穴景观之最。该洞水陆两栖，可以划船[12]。

云水洞是中国北方开发较早的溶洞，总长613.35 m，由一个狭长(146 m)的入洞廊道和7个洞厅组成。洞穴的底面基本上沿着白云岩与页岩的交界处发育，洞厅之间由不容易透水的页岩相隔。洞厅高大宽敞，各厅之间有廊道连通。洞中钟乳石发育，构成诸多景观，共有121个[13]。

2.3 大石河流域石花洞系

该洞系发育在北岭向斜东北扬起端北翼的奥陶系马家沟组石灰岩中。大石河南岸从上游到下游(由西到东)依次发育鸡毛洞、银狐洞、石花洞、清风洞和孔水洞。由洞系南侧下方的地下暗河将其连为石花洞系，洞系总长度约10 km(图2)。

1. 鸡毛洞

石花洞系上游的鸡毛洞位于佛子庄乡北窖村。地层产状190°∠70°，洞穴深约60 m，长167 m，宽7～35 m，高10～45 m，体积116 900 m³。洞穴处于初探阶段，洞口通道为竖井，洞体横断面为矩形，共分6个厅，平面沿北西西向延伸，洞体纵剖面呈单一通道。洞内在唐代打断的石笋上有许多炭粒，炭粒上面长出2.5 cm左右的石笋，可以检测现代测年方法的准确性，可誉为千年石笋沉积实验室[14]。

2. 银狐洞

石花洞系中游的银狐洞坐落在下英水村，是开挖上部石炭系煤炭时被发现的。洞深约106 m，总长约2 000 m。地下暗河水经北京市地质矿产勘查开发局多次取样化验为含Sr的矿泉水。洞穴自1991年7月开发以来，以可游船的地下暗河和美丽的石毛(银狐)景观而著称。毛细渗透水沉积是包气带洞穴中非重力水沉积的主要形式[15]，石毛(银狐)为毛细渗透水沉积。

3. 石花洞

石花洞系的主体石花洞位于南车营村。在全国范围内，石花洞洞层最多，以石盾为代表的非重力水沉积物丰富，钟乳石叠置关系明显，石笋微层理清晰，月奶石发育好[9]。这些特征为研究西山的新构造运动和古环境变化提供了信息，刘东生等[16]曾撰文《碳酸钙微层理在中国的首次发现及其对全球变化研究的意义》。“钟乳石叠置关系明显，石笋中微层理清晰”，这一特征为在世界率先建立第四纪钟乳石剖面奠定了基础[17]。洞中倒塌的石笋可反映古地震的情况，一次是在 20 万年左右，由龙宫倒塌石笋的年龄(U 系 235 ka)确定；另一次发生在 10 万年左右，9514(或 TS9502)样品底部年龄(U 系 98.8 ka±11.0 ka)就是证据。

4. 清风洞

清风洞为脚洞，垂直洞深 120 m，由 7 个台阶构成洞体。目前已经探到 800 m，并找到了面积 1 000 m^2以上的洞厅，达到了大型溶洞的规模。进洞 30 m 就可见到大量的钟乳石景观。

5. 孔水洞

孔水洞位于石花洞系地下河的出口，地下河面海拔 96 m。唐代洞中曾漂出桃花，有人划船进入洞中，故有“孔水桃花或孔水仙舟”之称，是房山八景之一，也是“房山”的得名地。远在 1 500 年前的北魏时期，郦道元在其《水经注》(卷十二，圣水巨马水)中就记录过孔水洞：“水出郡之西南圣水谷，东南流经大防岭之东首山下，有石穴，东北洞开，高广四五丈，入穴转更崇深。穴中有水，耆旧传言，昔有沙门释惠弥者，好精物隐，尝篝火寻之，傍水入穴三里有余。穴分为二，一穴殊小，西北出，不知趣诣；一穴西南出，入穴经五六日方还，又不测穷深……”[4]这些文字客观地记录了孔水洞的溶蚀大形态，具有科普的思想。郦道元是范阳人(现在涿州市南有东道元和西道元村)，官至御史中尉，很早关注家乡北部的洞穴。

1981—1982 年，北京市文物局组织考察，先后经过 3 个大型洞厅，仍然没有走到尽头。

3 石花洞的 8 层溶洞反映了新构造运动

从更大的区域看，渤海湾周围的太行山、燕山、辽东山地和胶东山地，新近纪以来处于隆升状态。前人对这些山地的河流阶地做了大量的测量和研究工作[18-20]，也做了地文期的划分，但没有做多层溶洞的划分。这些山地的碳酸盐岩地区普遍发育溶洞，层状特征明显，如朝阳市凤凰山的象鼻洞、围场九头山北的天生桥、黄崖关断裂西侧的溶洞、永定河 62 号隧道处的溶洞、怀来盆地北部枣儿口峡谷东侧的多层溶洞等[19]。多层溶洞的某一层相当于某一阶地的高度，代表了多层阶地的高度，反映该处间歇性上升的特点，也表现了上升幅度的大小。

华南地区新构造隆升幅度没有华北地区大，所以洞层发育较少，脚洞向上 3 层者居多。而华北石花洞系所在的构造单元称为北岭向斜，8 层溶洞发育在同一地层(奥陶纪马家沟组)中，可与华北地文期和永定河阶地进行对比，从多层溶洞的角度反映了北京西山的新构造隆升。

3.1 石花洞系所在的构造单元——北岭向斜

北岭向斜是由侏罗纪末—白垩纪初发生的燕山运动形成的，两翼由古生界组成，核部为侏罗系，北翼岩层产状南倾，倾角约 30°，南翼岩层产状北倾，倾角约 60°。

侏罗系南大岭组辉绿岩斜卧在向斜的南翼上，与下伏双泉组的产状不协调，这是由侏罗纪之前发生的褶皱运动所致，结合中国北方其他地区也存在类似的接触关系分析，双泉组沉积之后与侏罗系沉积之前，中国北方发生过一次较强烈的构造运动——印支运动。

石花洞系发育在北岭向斜北翼的古生界奥陶系马家沟组顶部，地层南倾。

3.2 石花洞的8层溶洞

北京西山的溶洞层状特征极其明显，直接与包气带、饱水带之间的地下水活动有关，溶洞的位置代表当时的侵蚀基准面，多层溶洞反映了该处间歇性上升的特点[19]。

形成石花洞的马家沟组石灰岩南倾，洞穴通道沿着地层走向延伸，其顶、底板的纵剖面坡降很小。洞外东山顶发育穿洞，为唐县期形成的洞穴，实际为第1层洞。第2—3层和第5—6层洞穴横断面为椭圆形，应该为潜水带洞。第4层和第7层以下洞穴横断面为锁孔形，应该为渗流带洞，显示地壳抬升速度加快(表1、图3)。

3.3 石花洞系洞层与地层的关系

石花洞共发育8个洞层，即洞外山顶穿洞①和洞穴上下②～⑧层洞道。①层位于东山，已经成为穿洞，洞底海拔约414.8 m，比南面的431.8 m高地低17 m。穿洞宽5 m，高7 m，长13 m，形成于上新世唐县期。

表1 北京石花洞大形态综合表

层数	底板高程/m	洞体长度/m	洞底面积/m^2	容积/m^3	横断面形态
①	414.80	10.40	22	30	穿洞
②	250.00	264.00	2 380	13 200	椭圆形
③	215.00～218.00	287.00	1 753	14 350	椭圆形
④	161.25～206.20	488.00	4 127	24 400	锁孔形
⑤	157.39	450.00	2 200	22 500	椭圆形
⑥	150.00	150.00	1 200	9 600	椭圆形
⑦	140.00	500.00	2 500	15 000	锁孔形
⑧	130.00				

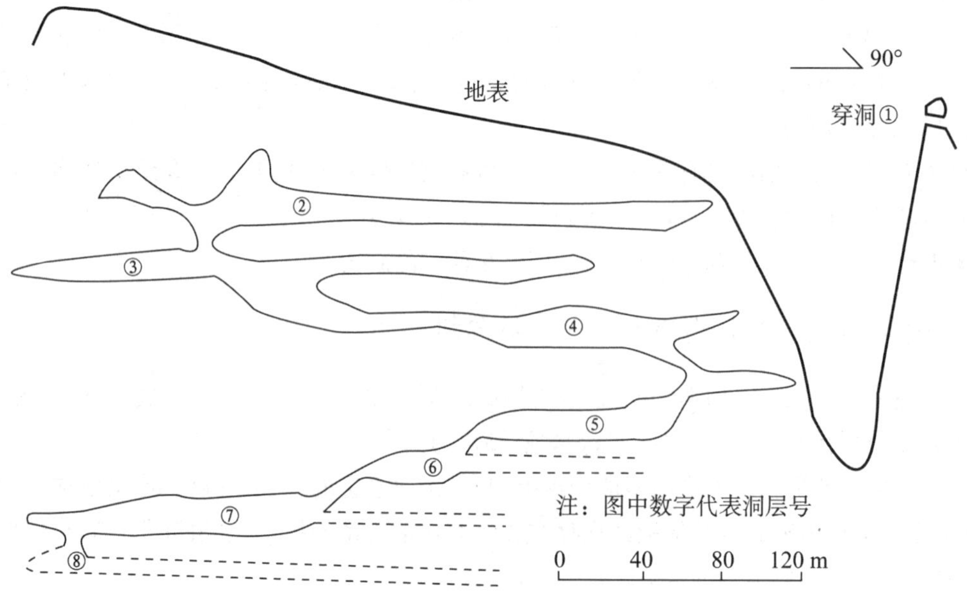

图3 石花洞纵剖面示意图

石花洞的洞口海拔 250 m，地下暗河海拔 130 m，其间发育 7 层洞道(②～⑧层)，洞道的延长方向与地层的走向一致。洞层从地表向下沿着地层倾向南摆，洞系从上游至下游沿着地层走向发育(图 4)。

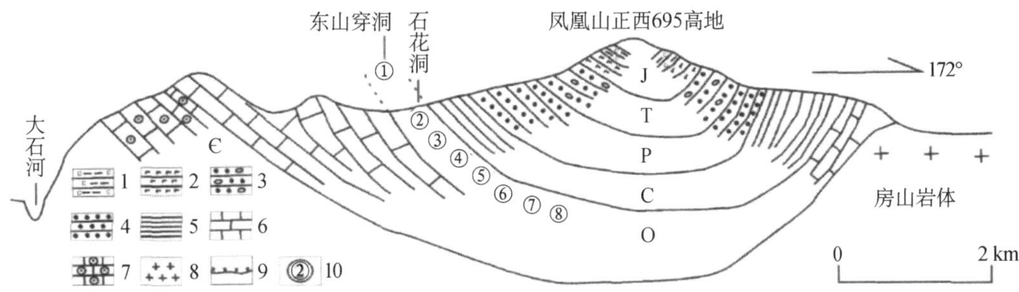

J—侏罗系，T—三叠系，P—二叠系，C—石炭系，O—奥陶系，∈—寒武系，1—炭质页岩，2—玄武岩，3—含砾砂岩，4—砂岩，5—页岩，6—灰岩，7—鲕状灰岩，8—花岗岩，9—平行不整合界线，10—洞层编号

图 4　石花洞系洞层与地层的关系

3.4　石花洞系洞层与华北地文期对比

根据 Davis[21] 的地形侵蚀循环理论，在同一个构造活动区域内各地点的地文期是可以对比的，多层溶洞的发育历史与山区地文期发育各个阶段之间有着密切的对应关系[22]。所以，石花洞系的洞层与华北地文期是可以对比的，它们共同反映了华北山体的隆升过程(表 2)。

表 2　石花洞洞层与华北地文期、永定河阶地之间的对比

石花洞洞层	华北地文期[8]	永定河山峡阶地类型、阶地面海拔高度/m							时代
		级数	官厅	幽州	沿河城	青白口	下苇甸	丁家滩	
⑧	板桥	Ⅰ				堆/271	堆/185	堆/156	Qh
⑦	马兰	Ⅱ			堆/377		堆/198		Qp_3
⑥	清水	Ⅲ				基/298		基/175	Qp_2
⑤	周口店	Ⅳ	基/464		基/405	基/305	堆/222		Qp_2
④	湟水	Ⅴ	基/479	基/475	嵌/423	基/329		基/217	Qp_1
③	泥河湾	Ⅵ		基/505	嵌/450	基/359	基/256		Qp_1
②	汾河	Ⅶ		嵌/535			侵/290	侵/248	N_2
①	唐县	Ⅷ				基/440			N_1

注：基—基座阶地，堆—堆积阶地，侵—侵蚀阶地，嵌—嵌入阶地

1904 年 Willis 等[23]将华北地文期分为北台期、唐县期、忻州期和汾河期。1919 年 Johan Gunnar Andersson 将其重分为唐县期、汾河期、马兰期和板桥期。1926 年王竹泉[24]重分为吕梁期、唐县期、忻州期、汾河期和黄河期。1929 年 Barbour[25]分为北台期、唐县期、汾河期、三门期、清水期、马兰期、板桥期和近代期 8 个地文期。袁宝印[8]分为唐县期、汾河期、泥河湾期、湟水期、周口店期、清水期、马兰期和板桥期 8 个堆积与侵蚀相间的地文期。

地文期是区域地貌演化中对不同性质地貌过程的阶段性划分，Barbour[25]认为 2 个侵蚀期之间被 1 个堆积期分隔开。北台期属华北地壳稳定期，以五台山的北台夷平面为代表，整个华北为准平原，这种夷平作用发生在古近纪，现在内蒙古高原的老年型曲流河即为北台期夷平面的形态。唐县期属华北地壳稳定期，以河北省唐县夷平面为代表，发生在新近纪中新世，在华北的河谷中表现为最高的阶地——

宽谷地貌，在岩溶分布区表现为最高的溶洞——穿洞。汾河期属华北地壳抬升期，形成了穿洞与石花洞②层之间 164 m 的巨大高差。泥河湾期属华北地壳稳定期，形成石花洞②～③层。湟水期属华北地壳抬升期，形成石花洞③～④层之间的高差为 53.75 m。周口店期属华北地壳稳定期，形成石花洞④层，与周口店第 1 地点相同，具有锁孔形溶蚀断面。清水期，属华北地壳抬升期，形成石花洞④～⑤层之间的高差 3.86 m。马兰期属华北地壳稳定期，形成石花洞⑤～⑥层。板桥期属华北地壳抬升期，形成石花洞⑥～⑧层之间的高差 20 m。

3.5　石花洞系洞层与永定河多级阶地对比

一个地区的多层溶洞有可能和当地多级阶地相对比[1]。石花洞系多层溶洞可与永定河阶地进行区域对比(表 2)。永定河山峡位于石花洞北部，紧邻石花洞所在的大石河，该河是贯穿北京西山的唯一河流，从新近纪—第四纪全新世共发育 8 级阶地[10]。

综上所述，石花洞系位于北岭向斜北翼的马家沟组顶部，发育 8 层溶洞，从上到下发育在同一地层之中。袁宝印对华北地文期 8 个期次的划分，恰恰与石花洞系的 8 个洞层相吻合；与石花洞系紧邻的北面的永定河发育了 8 级阶地，这些特征说明了新近纪以来北京西山经历了 8 次新构造隆升(表 2)。

4　结论

房山地貌为新近纪石林与第四纪岩溶陡壁的组合形态。

房山地质公园的岩溶洞系分为周口店猿人遗址洞系、拒马河唐县期洞系和石花洞系。

石花洞系发育在北岭向斜北翼的奥陶系马家沟组顶部，位于大石河南岸，从上游到下游依次发育鸡毛洞、银狐洞、石花洞和孔水洞，由一条地下暗河将其连为一个洞系，可命名为石花洞系。补给点为大石河上游，排泄点为孔水洞。

石花洞系为多层溶洞，新近纪以来，随着北京西山间歇性地上升，水平流动带随之间歇性地下降，在不同阶段的地壳相对稳定时期，形成上下不同海拔高度的 8 层溶洞，可以和北京西山永定河的 8 级阶地进行对比，可以同 Barbour[25] 和袁宝印[8] 划分的 8 个华北地文期对比，也许可以同中国东部的 8 次海进对比[26]，代表了与之相互对应的新构造隆升期次。

中国科学院地质与地球物理研究所袁宝印研究员对本文提出了很好的修改意见，在此表示衷心的感谢。

参考文献

[1] 地球科学大辞典《基础学科卷》编辑委员会.地球科学大辞典[M].北京：地质出版社，2006：292.

[2] BÖGLE A.Karst hydrology and physical speleology[M].Berlin：Springer-Verlag，1980.

[3] FORD D C，PALMER A N，WHITE W B. Landform development，Karst[M]//The Geology of North America，1988：0-2，401-402.

[4] 郦道元.水经注(卷十二)[M].杭州：浙江古籍出版社，2000：197.

[5] 程裕淇.中国区域地质概论[M].北京：地质出版社，1994：313-384.

[6] 中国科学院《中国自然地理》编辑委员会.中国自然地理古地理[M].北京：科学出版社，1984：1-63.

[7] 汪品先.新生代亚洲形变与海陆相互作用[J].地球科学，2005，30(1)：1-18.

[8] 袁宝印，郭正堂，乔彦松，等.地文期及其在新生代黄土和古地理研究中的意义[J].地质通报，2008，27(3)：300-307.

[9] 鲍亦冈，刘振锋，王世发，等.北京市岩石地层[M].北京：中国地质大学出版社，1996：67-77.

[10] 吕金波，李铁英，孙永华，等.北京石花洞的岩溶地质特征[J].中国区域地质，1999，18(4)：373-378.

[11] 北京市地质矿产局.北京市区域地质志[M].北京：地质出版社，1991：71.

[12] 吕金波，龚进忠.北京西山仙栖洞风景区的旅游地学特征[M]//姜建军等.旅游地学与地质公园建设——旅游地学论文集第十三集.北京：中国林业出版社，2007：287-292.

[13] 郝梓国，杨亦武，云桂荣，等.上方山-云居寺岩溶洞穴地质景观及其成因探讨[M]//姜建军等.旅游地学与地质公园建设——旅游地学论文集第十二集.北京：中国林业出版社，2006：281-290.

[14] 吕金波，孙永华，李铁英.京西鸡毛洞的发现及其意义[J].中国区域地质，1999，18(2)：181-184.

[15] 朱学稳.桂林岩溶[M].上海：科学技术出版社，1988：108-109.

[16] 刘东生，谭明，吕金波，等.洞穴碳酸钙微层理在中国的首次发现及其对全球变化研究的意义[J].第四纪研究，1997，18(1)：41-51.

[17] 吕金波，赵树森，李铁英，等.北京石花洞第四纪钟乳石剖面的年代学研究[J].中国地质，2007，34(6)：995.

[18] 程绍平，冉勇康.滹沱河太行山山峡河流阶地和第四纪构造运动[J].地震地质，1981，3(1)：29-33.

[19] 易明初，李晓.燕山地区喜马拉雅运动及现今地壳稳定性研究[M].北京：地震出版社，1991：37-52.

[20] 吴忱，张秀清，马永红.华北山地地貌面与新构造运动[J].华北地震科学，1996，14(4)：40-50.

[21] DAVIS W M. The cycle of erosion and summit level of the Alps[J]. Journal of Geology，1923，31：1-41.

[22] 李容泉，邱维理.地文期与地文期研究[J].第四纪研究，2005，25(6)：676-685.

[23] WILLIS B，BLACWELLER E，SARGENT R H. Research in China[M].Washington DC：The Camegie Institution of Washington，1907：236-264.

[24] 王竹泉.华北地文期沿革之重检讨[J].地质论评，1937，(2)：357-360.

[25] BARBOUR G B. Physigraphyic history of the Yangze[J]. Geol. Mem. Ser.A，1935，(14)：1-112.

[26] 林景星.Quaternary environment in the eastern China[M].北京：地震出版社，1996：172.

动水压力作用下碳酸盐岩溶蚀作用模拟实验研究①

刘　琦　卢耀如　张凤娥　熊康宁

摘　要：为研究岩溶地区水库蓄水不同条件下动水压力驱动下的碳酸盐岩溶蚀作用机制。以乌江流域某水电站坝前地区碳酸盐岩为研究对象，利用自行研制的开放体系压力溶蚀实验系统，对不同动水压力(0～2.0 MPa)条件下 CO_2 水溶液溶蚀碳酸盐岩的过程进行实验模拟，其结果显示，动水压力增大会引起碳酸盐岩的溶蚀作用加剧，溶解速率曲线随动水压力的变化而发生显著改变；随动水压力的增大，岩石的化学溶解量和机械破坏量同时增大，两者的比值随着压力增大逐渐趋于1∶1，两者之间存在耦合关系。采用扫描电镜与压汞试验相结合的方法进行微观研究发现，动水压力对碳酸盐岩的溶蚀作用不仅发生于岩石表面，使表面溶孔增大并加深，产生次生孔隙和次生矿物，同时还改变着岩石的内部孔隙结构，降低其渗透性并弱化结构面的连接。

关键词：碳酸盐岩　水库　溶蚀作用　动水压力　实验模拟

1　前言

岩溶水库周期性的蓄、排水引起水动力和水环境特征发生变化，使得碳酸盐岩的水岩作用程度及方向发生改变，导致坝基岩溶化、水库渗漏、滑坡及岩溶塌陷等一系列工程地质问题，水岩化学作用和力学作用正是这些现象的根本原因所在[1-3]。因此，深入研究水岩化学与力学作用对碳酸盐岩溶蚀特性的影响，对于分析和评价水库的稳定性、耐久性均有重要的意义。

有关水动力条件下碳酸盐岩溶蚀作用规律的实验研究在国内外已取得了较多成果。早期的实验大多是在常压条件下进行，如 Plummer, Busenberg 等用旋转盘法、静态 pH 法和自由漂移法对方解石、白云石在温度小于 100 ℃、PCO_2<1 atm 的溶液中溶蚀过程进行了大量研究，发现溶蚀速率与岩性、结构、反应溶液的浓度和温度、CO_2 分压等有密切关系[4-11]；高压流动条件下的溶蚀实验模拟，较多集中于深部岩溶发育的研究，并多服务于油藏开采、材料等工程中，如 W.E.Dibble、张荣华等[12-13]在 300 ℃和 20 GPa 的条件下进行实验。Kaufmann 等[14]在非饱和高压下对碳酸盐岩溶解动力学做了实验研究，韩宝平、蒋小琼等[15-16]针对深部埋藏条件下碳酸盐岩开展了溶蚀实验研究。针对水库表生及浅埋地区溶蚀作用的实验研究还未受到足够重视，大多是以常压条件或机械应力加载的方式进行近似模拟和理论分析[17-20]，其研究结果对动水压力环境下碳酸盐岩的水岩作用机制揭示尚不够充分。

本文利用自主研发的开放体系压力溶蚀实验设备，模拟水库蓄水不同时期碳酸盐岩的溶蚀作用过程，分析其溶蚀特性的差异性以及水岩化学作用的机理，为岩溶地区水利水电工程的可持续发展提供理论依据。

2　溶蚀实验

2.1　实验样品

岩样取自乌江流域某水库坝前地区夜郎组和永宁镇组碳酸盐岩，矿物结构特征及化学成分见表1。

① 刘琦，卢耀如，张凤娥，等.动水压力作用下碳酸盐岩溶蚀作用模拟实验研究[J].岩土力学，2010(S1)：6.

溶蚀实验前将所选样品制成 20 mm×20 mm×40 mm 规格的长方体，经去离子水冲洗后置于干燥箱内烘干并称重，在去离子水中浸泡一段时间后，将岩样悬挂于溶蚀管内。

表 1　岩样矿物结构和化学成分

岩样编号	实验编号	岩石名称	矿物成分及结构特征	化学成分			
				CaO	MgO	CO_2	酸不溶物
1	13 14	鲕粒灰岩	鲕粒状结构，粒度一般在 0.5～1 mm，胶结物残留亮晶结构。多层鲕粒占 60%～70%，方解石含量大于 90%，白云石占 7%～8%。层理(块状)构造	53.14%	1.72%	42.8%	0.91%
2	21 23	微晶灰岩	方解石占 98%，铁杂质占 1%～2%。主要由微晶方解石组成，多呈他形粒状，粒度细小，一般在 0.01～0.03 mm，层理(块状)	53.14%	0.62%	41.63%	3.00%
3	31 32	鲕粒灰岩	鲕粒状结构，粒度一般在 0.5～1 mm 之间，占 60%～65%；胶结物已重结晶形成微晶状方解石，占 35%～40%	54.29%	0.41%	43.34%	1.85%
4	42 43	鲕粒灰岩	多层鲕粒呈圆粒或椭圆状，鲕粒中心常见有菱形的白云石晶体，鲕粒一般在 0.5～1 mm 之间，占 60%～65%；鲕粒之间的胶结物为亮晶方解石，占 25%～30%	54.12%	1.24%	42.43%	0.71%
5	51 53	白云质灰岩	粒状结构。岩石主要由白云石和方解石组成，白云石呈自形-半自形，粒度一般在 0.03～0.05 mm 之间，分布不均匀，局部含量较多	36.95%	10.22%	38.84%	10.79%

2.2　实验设备及方法

为了模拟水库表生及浅埋藏地带动水压力作用下的开放系统，采用自行研制的压力溶蚀设备如图 1 所示。整个实验系统采用抗腐蚀能力的 304 不锈钢材质。采用自动补偿功能的阀门保证实验过程中的压力稳定；采用特制的水用减压器与针阀串连来控制出口流量；温控仪和传感器可以自动控制溶蚀管中水溶液的温度。

首先将定量的 CO_2 充入高压罐一定体积的去离子水中，使初始 CO_2 水溶液浓度保持在 4.64×10^{-3} mol/L，常温下测试其 pH=4.35。将氮气充入气囊内，通过高压氮气挤压气囊并传递到高压罐中的 CO_2-H_2O 系统形成压力水。同时，压力增大挤压罐体中的气体使得 CO_2 溶解度增大。在保证 CO_2 水溶液初始浓度相同的前提下控制压力，使得指定压力条件下的 CO_2 在水溶液中的溶解度相同。同时，气在囊里，水在囊外，水气不接触保证水质不受影响。

国内大坝坝高一般不超过 200 m，考虑到实验条件的限制，将实验最高水压力确定为 2.0 MPa。实验采用动态压力平衡法，即让 CO_2 水溶液不断流过岩样，实验中流速控制在 1.5 mL/min，采用定时间、定流量、定总量的办法来实现流程控制，通过检测出口溶液的总量及各离子的浓度，以研究不同样品的溶蚀作用过程。温度保持在常温 15 ℃不变，从而排除了温度变化对溶蚀作用的影响。溶蚀前后的岩样采用扫描电镜和压汞试验相结合的方法来进行微观特征分析。

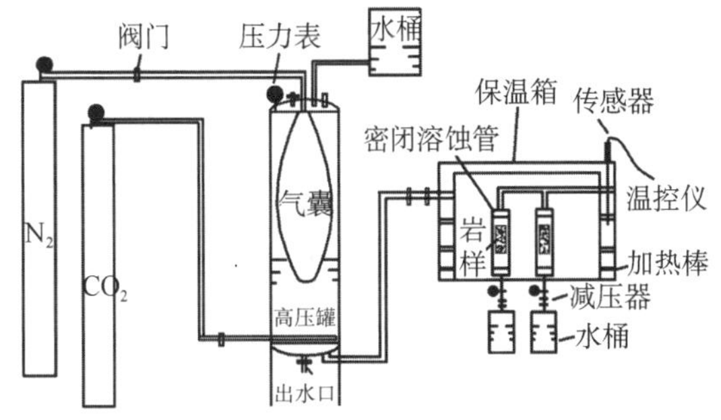

图 1　压力溶蚀系统结构示意图

3 实验过程及结果分析

3.1 动水压力对岩样溶蚀作用的影响

模拟两种动水压力条件。

1. 动水压力增大

水库蓄水过程中，考虑到坝前地下水位不断增高，实验对21、51、32和43共4种岩样每2 h进行一次压力加载，加压顺序依次为0.1 MPa—0.6 MPa—1.0 MPa—1.6 MPa—2.0 MPa，实验历时10 h，结果见表2和图2。图表结果显示，初始阶段碳酸盐岩的溶蚀速率较大，随后会降低，压力增大到一定值后溶解速率又会增加。这主要是由于，实验初期碳酸盐岩在CO_2-H_2O系统中迅速发生溶解，溶蚀量迅速增大，被溶蚀的矿物随高压水流不断被带走；随着溶蚀时间延续，表面可溶矿物减少，岩石表面残留的不溶或难溶矿物微粒构成一层膜，导致溶解速率降低；随后，由于开放体系下CO_2-H_2O不断得到补充，动水压力不断增加，当压力达到一定值后，压力对岩样表面的膜起了破碎冲蚀作用，进而对溶解速率起了控制作用，被溶解的$CaCO_3$和残留的不溶物不断被带走，使溶蚀作用加剧。由表2和图2还可以看出，岩石的化学成分和矿物结构对溶蚀速率有明显的控制作用(如51岩样相对21、32、43)，溶解速率随着灰岩中方解石(CaO)含量的增加而增加，白云石(MgO)含量的增加而降低，该结论与常温常压条件下的溶蚀实验结果一致[1]。与常压实验结果不同的是，高动水压力对方解石的溶解量影响大，对白云石的溶解量影响较小，导致了最终总溶解量的差异性增大。

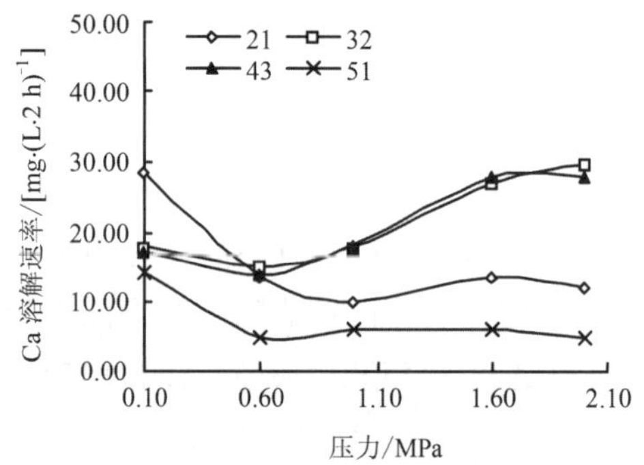

图2　动水压力对岩样溶解速率的影响

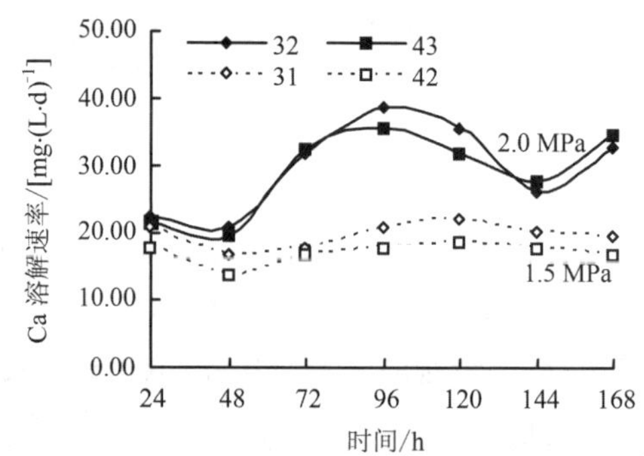

图3　不同动水压力下岩样的溶解过程曲线对比

2. 动水压力不变

考虑到水库不同蓄水时期动水压力的作用，分别对岩样14施加恒定的1.0 MPa压力，对岩样31、42施加恒定的1.5 MPa，对岩样21、32、43继续[延续之前3.1(1)实验]施加恒定的2.0 MPa，实验历时均为168 h，实验结果见表2和图3。其结果同样显示，相同岩样受到的压力越大，其溶蚀量、溶解速率及其曲线变化幅度都越大，说明压力大会加剧碳酸盐岩溶蚀作用的程度。

表2　岩样的溶蚀实验结果

岩样	岩石名称	实验编号	压力/MPa	表面积/cm^2	溶蚀前干质量/g	溶蚀后干质量/g	总溶蚀量/g	单位面积溶蚀量/($mg \cdot cm^{-2}$)
1	鲕粒	13	1.0	38.88	39.08	38.73	0.35	9.16
	灰岩	14	1.0	37.02	37.87	37.53	0.35	9.34
2	微晶	21	0.1～2.0	41.89	45.17	44.72	0.45	10.72
	灰岩	23	2.0	41.35	44.53	44.09	0.44	10.67

（续表）

岩样	岩石名称	实验编号	压力/MPa	表面积/cm^2	溶蚀前干质量/g	溶蚀后干质量/g	总溶蚀量/g	单位面积溶蚀量/($mg \cdot cm^{-2}$)
3	鲕粒灰岩	31	1.5	39.88	41.46	40.41	1.05	26.40
		32	0.1～2.0	40.39	43.44	42.06	1.38	34.18
4	鲕粒灰岩	42	1.5	38.99	40.46	39.50	0.96	24.59
		43	0.1～2.0	38.40	41.72	40.52	1.20	31.28
5	白云质灰岩	51	0.1～2.0	40.87	45.66	45.36	0.31	7.47
		53	2.0	42.75	48.05	47.68	0.37	8.54

3.2 化学溶解与机械破坏分析

碳酸盐岩溶蚀作用过程中，总溶蚀量为化学溶解量与机械破坏量之和，计算公式为

单位面积的化学溶解量：

$$K_C = (C_{CaCO_3} + C_{MgCO_3})/S \tag{1}$$

单位面积的机械破碎量：

$$K_n = [(m_0 - m_1) - (C_{CaCO_3} + C_{MgCO_3})]/S \tag{2}$$

式中 C_{CaCO_3}——岩样 $CaCO_3$ 的溶解量(mg)；

C_{MgCO_3}——岩样 $MgCO_3$ 的溶解量(mg)；

m_0——溶蚀前岩样的质量(mg)；

m_1——溶蚀后岩样的质量(mg)；

S——岩样的表面积(cm^2)。

常压条件下化学溶解量占溶蚀总量的 90%以上，机械破坏量占 2%～4%，机械破坏有利于溶蚀作用的发展[10-11]。而在动水压力作用下化学溶解和机械破坏的比例与常压下有显著差异，见表 3 和图 4。相同条件下在低压时，化学溶解量接近总量的 90%，远远大于机械破坏量；随着动水压力的增大，化学溶解量增大的同时，机械破坏量也在增大，表现为某一压力值后机械破坏量超过化学溶解量，其值比在常压条件下所占比例高的多；随着压力不断增大，化学溶解量与机械破坏量的差值在不断减小，压力达到 2.0 MPa 时化学溶解和机械破坏量均大幅度提高，两者的比值接近 1∶1(图 4)。机械破坏加速化学溶解主要是由于矿物晶体不同部分受到的压力差很大时，机械破坏降低晶格结合力，溶解量因而增大。

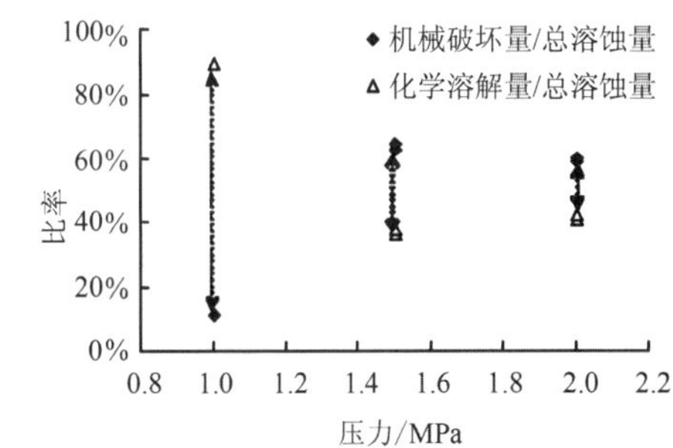

图 4 动水压力对化学溶解、机械破坏的比率影响

表 3 不同压力对岩样的溶蚀量影响

实验编号	压力/MPa	化学溶解量/($mg \cdot cm^{-2}$)	机械破坏量/($mg \cdot cm^{-2}$)	溶解量占总溶蚀量百分数
14	1.0	8.30	1.030	88.93%
31	1.5	9.52	16.88	36.06%
42	1.5	9.21	15.38	37.45%

（续表）

实验编号	压力/MPa	化学溶解量/$(mg \cdot cm^{-2})$	机械破坏量/$(mg \cdot cm^{-2})$	溶解量占总溶蚀量百分数
32	2.0	13.83	20.35	40.46%
43	2.0	12.98	18.30	41.49%

图 5 显示了动水压力对岩样溶解量和机械破坏量的影响，随着压力增大，机械破坏量增大的趋势在减小，而化学溶解作用的趋势却在不断加大，化学溶解与机械破坏作用相辅相成耦合进行。这也从机制上解释了水库蓄水初期机械荷载作用是控制因素，但是它对碳酸盐岩物理化学特性的影响是短期的，而水岩化学作用对岩体物理化学特性的影响是长期的，机理更为复杂，从时间因素出发它对坝区岩体又是起着主导作用的，如图 6 所示。

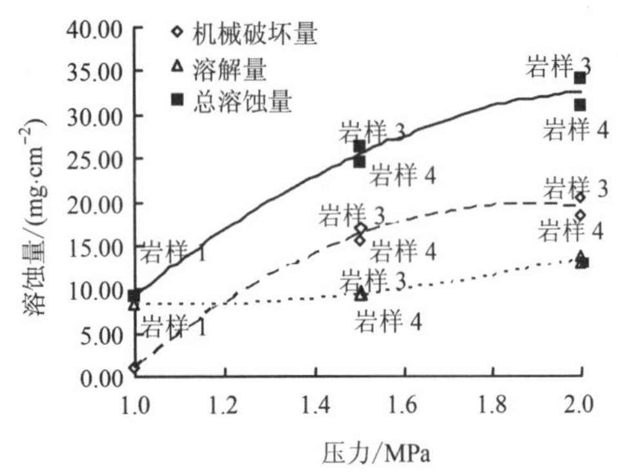

图 5　动水压力对岩样溶解量和机械破坏量的影响

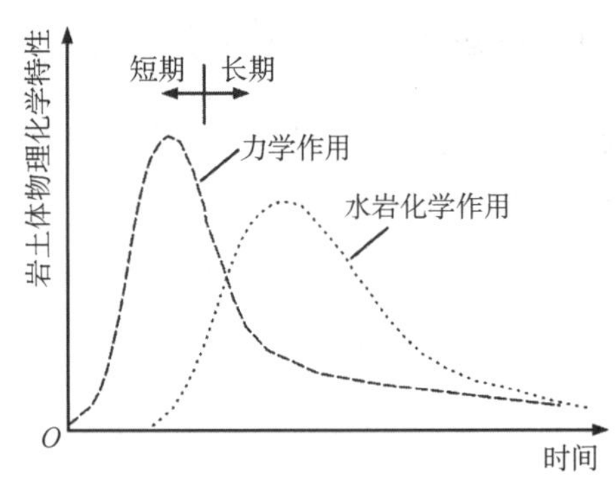

图 6　不同作用对坝区岩体物理化学特性影响示意图[18]

3.3　表面微观溶蚀形态的变化

对比岩样溶蚀前后的扫描电镜照片可以看出：

(1) 微晶灰岩 21 由泥晶、微晶组成，多为快速堆积形成，晶粒微小，晶形不好，内部解理不发育，所以遭受高水压水流溶解时，多沿粒缘渗流溶蚀为主，使得溶蚀初期的溶蚀速率较快(图 2)。溶蚀后析出的晶体不但大小悬殊，而且多为不规则的他形，偶见完好晶体，边壁棱角分明，孔隙、裂隙增大，不少晶面上呈现出许多溶蚀小空洞，其中有的空洞中又嵌入更小的结晶体，说明岩石是受层理控制的溶蚀。另外，由于水流作用沿微裂隙渗流，扩大两壁并在某些有利部位形成溶孔，沿两条微裂隙渗流的水在交汇点形成深陡的混合溶蚀孔，见图 7。

(a) 溶蚀前(×3 000)　　(b) 溶蚀后(×3 000，图中箭头为水流方向)

图 7　岩样 21 溶蚀前后表面 SEM 照片

(2) 由鲕粒方解石、白云石组成的岩样 43，胶结物中钙含量高且比表面积大，水岩接触点密，容易被溶蚀，而鲕状亮晶的栉状胶结物不易受到溶蚀，鲕粒因此反而凸出，有次生矿物产生(图 8)。正是由于它的结构独特性和成分差异性利于选择性溶蚀的进行，形成了各种溶孔溶隙，溶蚀速度较快，溶蚀量较大的结果,这也解释了为什么在溶蚀实验中相同条件下进行溶蚀,岩样 43 的溶蚀量(31.28 mg/cm^2)比岩样 21 的大得多(10.72 mg/cm^2),见表 2。

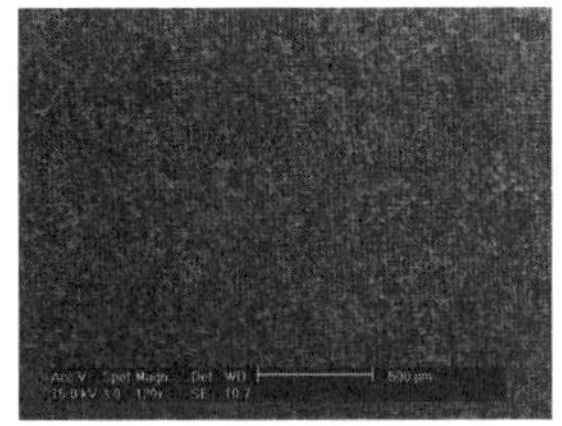

(a) 溶蚀前(×120)

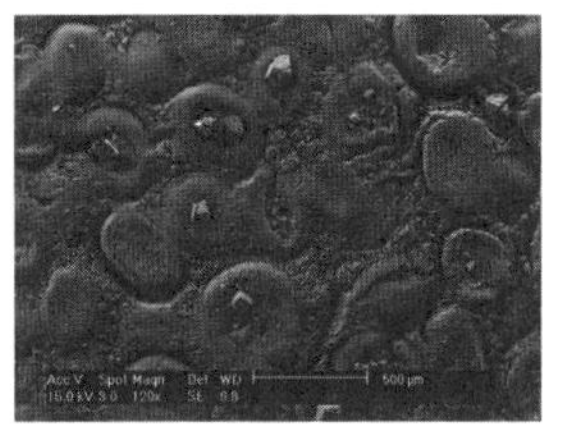

(b) 溶蚀后 (×120)

图 8 岩样 43 溶蚀前后表面 SEM 照片

3.4 孔隙结构的变化

根据流体运动最小阻力原理,溶蚀实验中,反应溶液进入溶蚀管后会沿着岩样表面流过从而对岩样产生溶蚀作用,但是在动水压力条件下进行的溶蚀实验,是否仅仅对岩样表面产生溶蚀效应,对于岩石内部的孔隙、裂隙及其结构是否有影响,这就需要根据压汞试验来进行分析,其结果如表 4 和图 9 所示。结果显示,受动水压力溶蚀后,岩样 42 在发生表面溶蚀的同时也发生了渗透溶蚀,尽管渗透溶蚀很弱,但实验后岩石孔隙中喉道差异性有所增大,孔隙结构变得不均匀,不连续化,孔隙度降低,排驱压力及歪度值的增大同时反映出溶蚀后岩石的渗透性能相对变差。孔隙特征的变化也充分证明了岩样内部有次生矿物的形成,即岩石中的矿物组分被溶解以及岩石组分破裂和收缩并重新组合填充于孔隙中,产生次生孔隙,如粒间溶孔、粒内溶孔等,它的发育降低了岩石的渗透性。某些情况下如在多孔介质的裂隙中形成钙质胶结物,从而增强固相介质的强度。但是,由于次生矿物的沉淀、运移和填充导致岩石内部重组,使岩石结构变得不均匀,弱化岩石结构面的连接,从而使岩石的强度降低。

表 4 岩样溶蚀前后的压汞试验结果

岩样	孔隙度	渗透性 /mdarcy	密度 g/mL	排驱压力 /MPa	特征长度 /nm	中值孔径 /nm	平均孔径 /nm	歪度
溶蚀前	1.233%	26.982 7	2.55	0.034	36 503.0	339 643.2	3.4	9.366 6
溶蚀后	0.303%	2.960 4	2.58	0.101	12 334.4	340 514.6	0.9	30.308 6

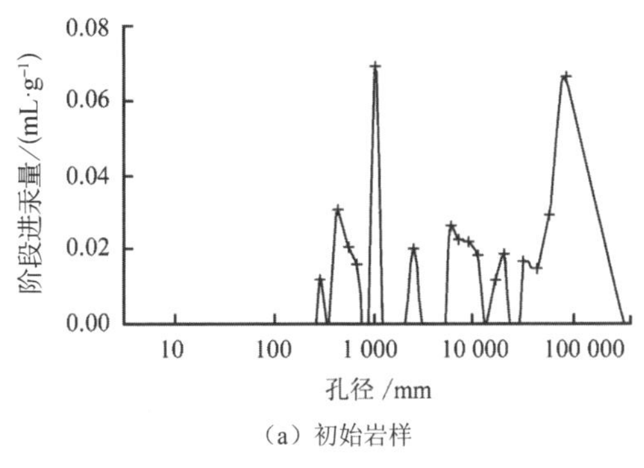

(a) 初始岩样

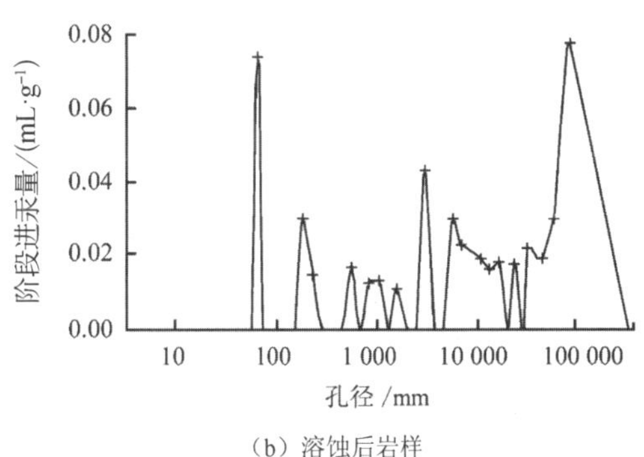

(b) 溶蚀后岩样

图 9 岩样溶蚀前后的阶段进汞量-孔径关系对比

4 讨论

动水压力作用下碳酸盐岩的溶蚀过程受水化学和力学作用共同控制。一方面根据亨利定律,

CO_2 在水中的溶解度受压力和温度的影响，加压可以提高气体的溶解度，因此相同岩样在不同动水压力条件下溶蚀的差异性较大。另一方面，由于溶蚀作用的强弱或快慢取决于岩石溶蚀速率与反应有效接触面积的消长关系，在动水压力驱动下库水渗入岩体结构面加剧碳酸盐岩的化学溶蚀作用。同时，岩石表面矿物向水溶液中的扩散作用加强，引起碳酸盐岩的溶蚀作用加剧，机械破坏利于化学溶解作用的发展，而化学溶解又促进了机械破坏的能力，耦合作用的结果促使岩石内部产生次生矿物和次生孔隙，孔隙结构发生改变，不断的影响着碳酸盐岩的物理力学性质（图 10）。因此，在岩溶水库运行期间，要注意碳酸盐岩溶蚀作用的力学效应，这是一个不断积累的量变到质变的过程。

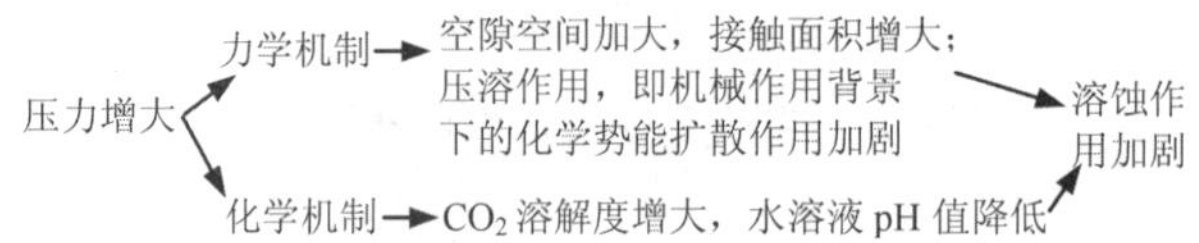

图 10　压力对碳酸盐岩溶蚀作用加剧的机理示意图

5　结论

（1）动水压力增大会引起碳酸盐岩的溶蚀作用加剧，溶解速率曲线随动水压力的变化而发生显著改变。

（2）随动水压力的增大，岩样化学溶解量和机械破坏量同时增大，随着压力增大两者的比值逐渐趋于 1∶1，两者之间存在耦合关系，化学溶解作用在水岩作用过程中具有长期效应。

（3）扫描电镜结果显示，溶蚀后岩样孔隙、裂隙增大，微晶灰岩的晶体边壁棱角分明，表面溶孔增大并加深，鲕粒灰岩的鲕粒凸出，并有次生矿物形成；动水压力对碳酸盐岩的溶蚀作用不仅发生于岩石表面，也发生了渗透溶蚀，岩石的内部孔隙结构发生改变，产生次生孔隙，降低其渗透性并弱化结构面的连接。

研究工作及设备设计制作中得到了中国地质科学院水文地质环境地质研究所齐继祥、张胜、李淑珍等多位研究员的指导与帮助，在此一并表示感谢！

参考文献

[1] 卢耀如.地质-生态环境与可持续发展[M].南京：河海大学出版社，2003.

[2] 宋汉周，施希京.大坝坝址析出物及其对岩体渗透稳定性的影响[J].岩土工程学报，1997，(5)：14-19.

[3] 苏维词.乌江流域梯级开发的不良环境效应[J].长江流域资源与环境，2002，(4)：388-392.

[4] BUSENBERG E，PLUMMER L N. The Kinetics of dissolution of dolomite in CO_2-H_2O system at 1.5 to 65 ℃and 0 to 1 atm PCO_2[J]. AM. J.Sci，1982，282：45-78.

[5] PLUMMER L N，BUSENBERG E. The solubilities of calcite，aragonite and vaterite in CO_2-H_2O solutionsbetween 0 and 90 ℃，and an evaluation of the aqueous model for the system $CaCO_3$ - CO_2 - H_2O[J]. Geochimica et Cosmochimica Acta，1982，46：1011-1040.

[6] DREYBROD T W，LAUCKNER J，LIU Z H，et al. The kinetics of the reaction CO_2+H_2O—$H^+ + HCO_3^-$ as one of the rate limiting steps for the dissolution of calcite in the system H_2O - CO_2 - $CaCO_3$[J]. Geochimicaet Cosmochinica Acta，1996，18：3375-3381.

[7] MAUD G，ERIC H，SCHOTT J. An experimental study of dolomite dissolution rates as a function of pH from −0.5 to 5 and temperature from 25 to 80 ℃[J]. Chemical Geology，1999，157：13-26.

[8] ARVIDSON R S，ERTAN I V，AMONETTE J E，et al.Variation in calcite dissolution rates：a fundamental problem? [J]. Geochimica et Cosmochimica Acta，2003，67：1623-1634.

[9] 刘再华,DREYBRODT W.岩溶作用动力学与环境[M].北京：地质出版社,2007.
[10] 宋焕荣,黄尚瑜.碳酸盐岩与岩溶[J].矿物岩石,1988,(1)：9-16.
[11] 胡友彪,白海波,赵海峰.徐州新河矿太原组灰岩溶蚀试验研究[J].江苏煤炭,1997,(3)：7-10.
[12] 冯启言,韩宝平.任丘油田水文地球化学演化与水-岩作用研究[M].徐州：中国矿业大学出版社,2001.
[13] 杨荣兴,周珣若,张荣华.水-岩反应实验研究现状与进展[J].现代地质,1995,12(4)：419-422.
[14] KAUFMAN G, DREYBRODT W. Calcite dissolution kinetics in the system $CaCO_3-H_2O-CO_2$ at high undersaturation[J]. Geochimica et Cosmochinica Acta,2007, 71：1398-1410.
[15] 韩宝平.任丘油田碳酸盐岩溶蚀实验研究[J].中国岩溶,1988,(1)：81-88.
[16] 蒋小琼,王恕一,范明,等.埋藏成岩环境碳酸盐岩溶蚀作用模拟实验研究[J].石油实验地质,2008,12(6):643-646.
[17] 汤连生,周翠英.渗透与水化学作用之受力岩体的破坏机理[J].中山大学学报(自然科学版),1996,(6)：95-100.
[18] 阿里木.土尔逊.坝基老化岩-水-化学作用数值模拟研究[D].南京：河海大学,2005.
[19] 杨俊杰,黄思静,张文正,等.表生和埋藏成岩作用的温压条件下不同组成碳酸盐岩溶蚀成岩过程的实验模拟[J].沉积学报,1995,(4)：49-54.
[20] 江岳.三轴压力下水与砂岩、灰岩反应的实验研究[D].北京：中国地震局地震预测研究所,2008.

温度与动水压力作用下灰岩微观溶蚀的定性分析①

刘 琦 卢耀如 张凤娥 齐继祥 张 胜

摘 要：通过扫描电镜和压汞试验，对不同温度和动水压力条件下，CO_2 水溶液溶蚀前后的灰岩微观结构进行研究，定性分析并探讨溶蚀作用的微观机制。首先，灰岩的溶蚀作用受岩性和结构控制，相同条件下微晶灰岩溶蚀速度和溶蚀量比鲕粒灰岩小；其次，温度和动水压力的影响较显著，动水压力高使得岩样表面的孔隙、裂隙增多并加深，析出的晶体大小悬殊，多为不规则的他形，温度升高会加剧溶蚀和结晶作用，使结晶体粗大且晶形完好。另外，灰岩在发生表面溶蚀的同时还发生孔隙结构特征改变，孔隙结构变得不均匀、不连续化，产生次生孔隙和次生矿物，受动水压力影响，灰岩的渗透性降低，结构面的连接会弱化。这些微观溶蚀特征也很好地记载了溶蚀作用过程中的信息及其结果。

关键词：扫描电镜 压汞试验 微观溶蚀作用 温度 动水压力

1 引言

岩石的微观溶蚀特征往往记载了溶蚀作用过程中的信息及其结果[1-2]。早在20世纪，Berner[3]首先鉴别出碳酸盐岩溶蚀受表面反应和扩散作用控制；Ford[4]、石平方等[5]人指出，酸度越高，温度越高，表面反应控制程度也越高，水动力条件越动荡，扩散传输控制的程度越高；祝凤君[6]对试验后岩样的扫描电镜观察发现了多孔扩散层的存在；何宇彬[7]、翁金桃[8]、聂继红[9]等研究指出，表面反应控制下的选择性溶蚀是溶蚀作用的最本质特征，岩石化学成分和矿物结构是选择性溶蚀的两个重要方面，渗流条件、岩石赋存环境等因素控制了孔隙的发育和演化。虽然诸多学者从溶解动力学、成岩作用等多个角度解释了微观溶蚀作用和孔隙发育的"驱动力"，但对于不同温度条件下的动水压力作用对灰岩溶蚀特性的影响，以及孔隙形成的具体过程和微观溶蚀机制的研究还比较少。为此，本文从微观角度对比分析溶蚀前后微晶灰岩与鲕粒灰岩的表面形态和孔隙结构特征，来解释温度与动水压力对溶蚀作用的影响方式及其结果。

2 溶蚀试验

2.1 岩样的制备

试验岩样采自乌江某水库坝基三叠系灰岩，将所选样品制成20 mm×20 mm×40 mm规格的长方体，用去离子水冲洗后置于干燥箱内烘干并称重，在去离子水中浸泡一段时间后，将岩样悬挂于溶蚀管内，试验岩样的矿物及化学成分见表1。

---

① 刘琦，卢耀如，张凤娥，等.温度与动水压力作用下灰岩微观溶蚀的定性分析[C].全国岩土力学数值分析与解析方法研讨会，2010.

表 1　岩样矿物结构特征和化学成分

岩样编号	试件编号	岩石名称	化学成分				矿物成分及结构特征
			CaO	MgO	CO_2	酸不溶物	
1	13	鲕粒灰岩	53.14%	1.72%	42.8%	0.91%	鲕粒状结构，粒度一般都在 0.5～1 mm 之间，胶结物残留亮晶结构。多层鲕粒占 60%～70%，方解石含量≥90%，白云石占 7%～8%。层理(块状)构造
	14						
2	21	微晶灰岩	53.14%	0.62%	41.63%	3.00%	方解石占 98%，铁杂质占 1%～2%。主要由微晶方解石组成，多呈他形粒状，粒度细小，一般在 0.01～0.03 mm 之间，层理(块状)
	22						
	23						
3	31	鲕粒灰岩	54.29%	0.41%	43.34%	1.85%	鲕粒状结构，粒度一般都在 0.5～1 mm 之间，占 60%～65%；胶结物已重结晶形成微晶状方解石，粒度一般在 0.03～0.05 mm 之间，占 35%～40%
	32						
	33						
4	42	鲕粒灰岩	54.12%	1.24%	42.43%	0.71%	多层鲕粒呈圆粒或椭圆状，鲕粒中心常见有菱形的白云石晶体，鲕粒一般在 0.5～1 mm 之间，占 60%～65%；鲕粒之间的胶结物为亮晶方解石，占 25%～30%
	43						
	44						

2.2　溶蚀试验方法

本次试验采用自行研制的压力溶蚀试验设备(图 1)。试验首先将定量的 CO_2 充入高压罐一定体积的去离子水中，使初始 CO_2 水溶液浓度保持在 0.004 64 mol/L，常温下测试其 pH＝4.35；将氮气充入气囊内，通过高压氮气挤压气囊并传递到高压罐中的 CO_2-H_2O 系统形成压力水；压力增大挤压罐体中的气体使得 CO_2 溶解度增大，在保证 CO_2 水溶液初始浓度相同的前提下控制压力，使得指定压力条件下的 CO_2 在水溶液中的溶解度相同。同时气在囊内，水在囊外，水气不接触保证水质不受影响。

试验最高水压力为 2.0 MPa，采用动态压力平衡法，即让 CO_2 水溶液不断流过岩样，试验中流速控制在 1.5 mL/min，试验历时均为 168 h。采用定时间、定流量、定总量的办法来实现流程控制，通过检测出口溶液的总量及各离子的浓度，以研究不同样品的溶蚀作用过程。温度由温控仪自动控制。试验过程中采集的溶蚀液定期做化学分析。溶蚀前后的岩样采用扫描电镜和压汞试验相结合的方法来进行微观特征分析。

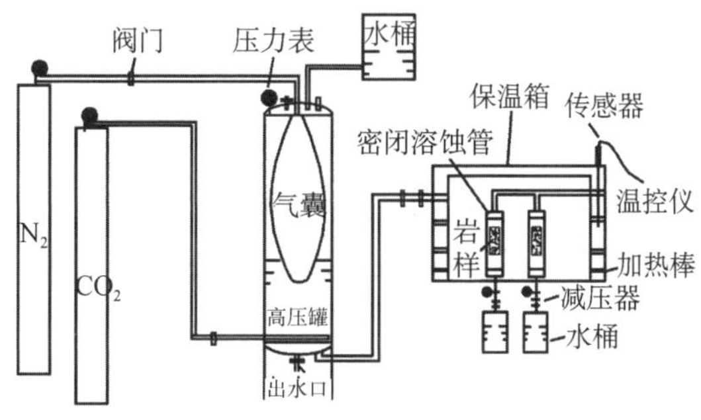

图 1　压力溶蚀系统结构示意图

2.3 溶蚀试验结果

气体在液体中的溶解度常受温度和压力的影响，加压和降温均可以提高气体的溶解度；反之，升温和减压则会降低气体的溶解度。因此，压力增大，CO_2 水溶液的溶蚀能力随之增大；升高温度虽然会降低 CO_2 水溶液的溶蚀能力，但会提高溶液中各离子组分的化学活动性，增强溶液的溶解能力，同时，岩石表面矿物晶格能降低，加速了扩散作用，因此，其溶蚀程度也会加剧，试验结果见表 2。

表 2 岩样的溶蚀试验结果

试件编号	压力/MPa	温度/℃	溶蚀前干质量/g	溶蚀后干质量/g	总溶蚀量/g	单位面积溶蚀量/($mg \cdot cm^{-2}$)
13	1.0	15	39.08	38.73	0.35	9.16
14	1.0	15	37.87	37.53	0.35	9.34
21	2.0	15	45.17	44.72	0.45	10.72
22	2.0	40	45.87	44.17	1.70	40.15
23	2.0	15	44.53	44.09	0.44	10.67
31	1.5	15	41.46	40.41	1.05	26.40
32	2.0	15	43.44	42.06	1.38	34.18
33	1.6	15～80	40.66	39.41	1.24	32.06
42	1.5	15	40.46	39.50	0.96	24.59
43	2.0	15	41.72	40.52	1.20	31.28
44	1.6	15～80	39.64	38.48	1.16	30.31

3 溶蚀前后岩样表面形态特征变化

矿物晶体化学溶解的本质是在水的极性分子电荷和热力学、动力学条件影响下，矿物晶格中的离子脱离原来位置而向水中转移，并导致其晶格破坏的过程。这一过程的发生与演化通常是由岩样的化学成分、岩石和矿物结构、不同成分矿物的配置关系、渗流条件和岩石赋存环境（如埋深、气候条件、风化程度）等多种因素共同控制的[1]。对比试件 21 和试件 43 可以看出（表 2），在相同条件下进行溶蚀试验，试件 21 的溶蚀量为 10.72 mg/cm^2，比试件 43 的溶蚀量小得多。这是因为试件 21 是由泥晶、微晶组成，多为快速堆积形成，晶粒微小，晶形不好，内部解理不发育，所以遭受水流溶解时，多沿粒缘渗流溶蚀为主；而由鲕粒方解石、白云石组成的试件 43，由于其岩石结构的独特性及成分的差异性，有利于选择性溶蚀的进行，因而形成各种溶孔溶隙，所以溶蚀速度较快，溶蚀量大。

3.1 微晶灰岩

晶面上反应点总是位于解理、位错、晶体缺陷等薄弱连接处。利用扫描电镜观察溶蚀前后岩样表面的溶蚀特征可以看出[图 2(a)和(b)]，在矿物晶体解理和解理交汇处首先被溶蚀成微孔，溶蚀作用使原有的矿物表面起伏不平，沿节理加深了孔隙和裂隙，孔隙大小不均一，同时伴有次生矿物形成后附着于岩石表面，说明溶蚀过程中溶解和结晶沉淀作用同时进行。由图 2(b)看出，由于水流作用沿微裂隙渗流，扩大两壁并在某些有利部位形成溶孔，沿两条微裂隙渗流的水在交汇点形成深陡的混合溶蚀孔。从局部放大图 2(c)可以看出，初始岩样中的细小矿物及胶结矿物因溶蚀作用而被溶解并带走，高水压作用使岩样析出的晶体不但大小悬殊，边壁棱角分明，孔隙加深，而且多为不规则的他形，偶见完好晶体，说明微晶灰岩 2 是受层理控制的溶蚀。

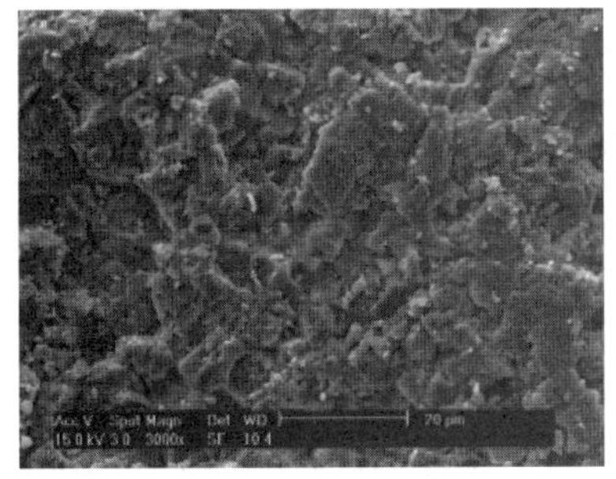

(a) 溶蚀前 (×3 000)

(b) 溶蚀后 (×3 000, 图中箭头为水流方向)

(c) 溶蚀后局部放大 (×6 000)

图 2　试件 21 溶蚀前后表面 SEM 照片

3.2　鲕粒灰岩

对比溶蚀前后鲕粒灰岩 4 显示(图 3、图 4)，由于鲕粒内外溶蚀的差异性，导致鲕粒的轮廓清晰，外缘环状溶蚀性明显。这是由于胶结物中钙含量高，且比表面积大，水岩接触点密，容易被溶蚀，鲕的亮晶栉状胶结物不易受到溶蚀，因此，鲕粒显得凸出。另外，图 4 还反映了白云化鲕粒的溶蚀情况，受 CO_2 水压力溶蚀后，鲕粒的微晶胶结物及鲕粒内部的微晶方解石被溶蚀走，而白云石晶体则凸出于岩样表面，即方解石的溶蚀速率大于白云石。

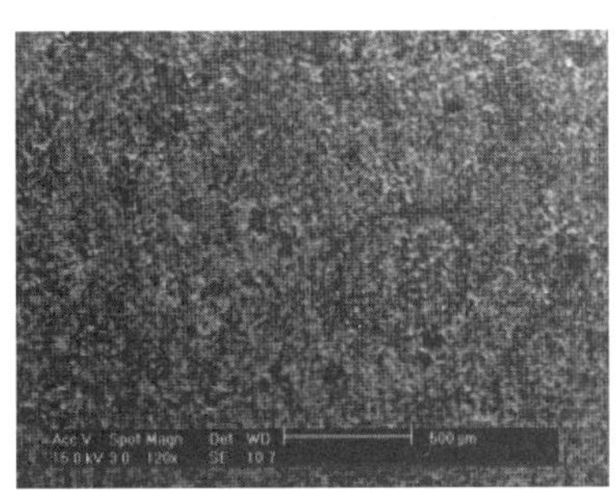

(a) 溶蚀前 (×120)

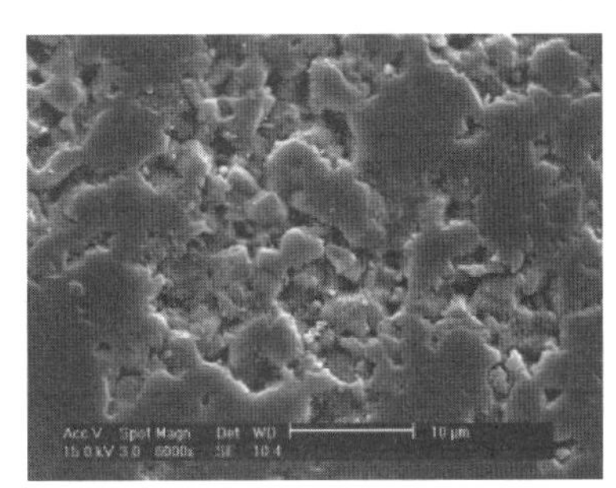

(b) 溶蚀前鲕粒中心局部放大 (×6 000)

图 3　试件 43 溶蚀前表面 SEM 照片

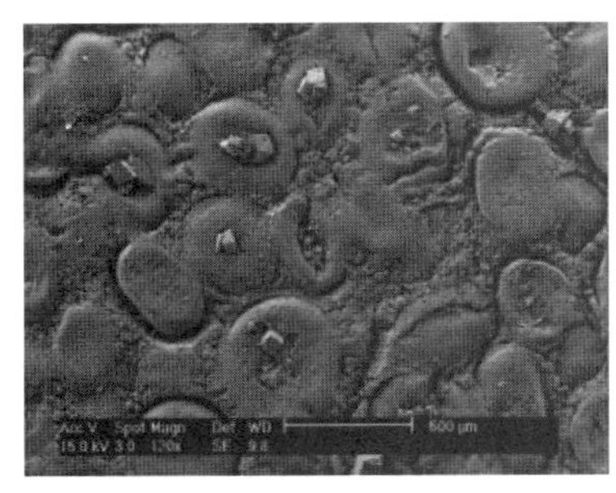

(a) 溶蚀后 (×120)

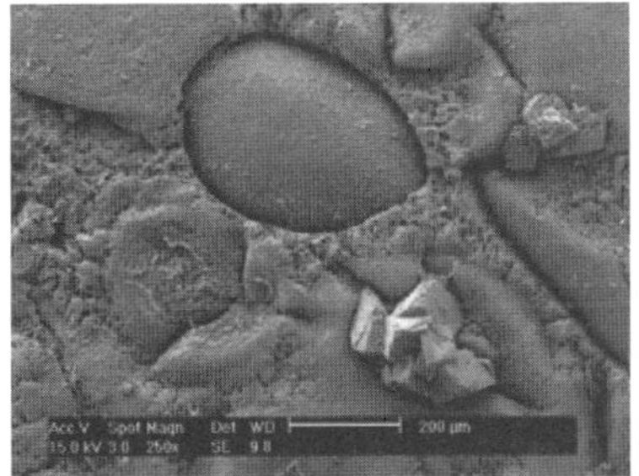

(b) 局部放大 (×250)

(c) 鲕粒中心局部放大 (×6 000)

图 4　试件 43 溶蚀后表面 SEM 照片

溶蚀作用过程中，不同的影响因素控制着矿物溶蚀的形态。如图 4 所示，试件 43 溶蚀后鲕粒比胶结物凸出[图 4(a)]；而试件 44 不仅胶结物发生溶蚀，鲕粒也被蚀低，一些部位胶结物和鲕粒几乎齐平，同时存在鲕粒结构控制的环状溶蚀现象[图 5(a)和(b)]，说明两者的形成条件不同。常温下，试件 43 在 2.0 MPa 压力下溶蚀后，表面析出的晶体不但大小悬殊，而且多为不规则的他形[图 4(b)和(c)]，而试件

44溶蚀后析出的晶体较完好，形状规则[图5(a)和(b)]，从鲕粒中心局部放大图片可以看出，方解石晶形由初始的平行双面晶形[图3(b)]转变为立方柱形[图5(c)]，说明试件44经历了温度升高过程，即随着温度升高，鲕粒灰岩的结晶体越粗大，晶形亦越完好[1]，这一结果与试验条件是相符的(表2)。

(a) 溶蚀后 (×120)

(b) 鲕粒间栉状胶结物 (×1 000)

(c) 鲕粒中心局部放大 (×6 000)

图5　试件44溶蚀后表面SEM照片

4　溶蚀前后岩样孔隙结构的变化

采用全自动压汞仪IV9500进行岩石孔隙结构特征的研究，结果见表3和图6、7。

表3　岩样溶蚀前后的压汞试验结果

试件	孔隙度	渗透率/mD	密度/(g·mL^{-1})	排驱压力/MPa	特征长度/nm	中值孔径/nm	平均孔径/nm	歪度
22溶蚀前	1.687%	15.523 5	2.53	0.035	35 221.5	341 452.0	4.6	11.163 3
22溶蚀后	0.674%	1.436 6	2.49	0.165	7 545.4	34 073.5	1.9	40.441 6
42溶蚀前	1.233%	26.982 7	2.55	0.034	36 503.0	339 643.2	3.4	9.366 6
42溶蚀后	0.303%	2.960 4	2.58	0.101	12 334.4	340 514.6	0.9	30.308 6

从表3可以看出，排驱压力均增大，连通孔喉半径减小了，渗透性减小；连通孔喉的特征长度降低，说明孔隙结构变得不均匀。由孔径分布曲线图6看出，岩样的累计进汞量-孔径曲线均为反抛物线型，均属于小孔隙多喉道溶孔型碳酸盐岩，连通性好，液体可以在其中渗流。由表3和图7显示，孔隙大小和分布发生了改变，说明溶蚀试验中由于压力作用，不仅在岩石表面发生了溶蚀作用，而且对岩样内部孔隙、裂隙也产生了渗透溶蚀作用；溶蚀后岩样的进汞峰值在小孔径区间增多，大孔径区间减少，说明溶蚀后岩样的渗透性能相对变差。主要是由于次生孔隙的发育降低了岩石的渗透性，次生矿物的沉淀、运移和填充导致岩石内部重组，使岩石结构变得不均匀，弱化岩石结构面的连接，降低岩石的强度[10]。

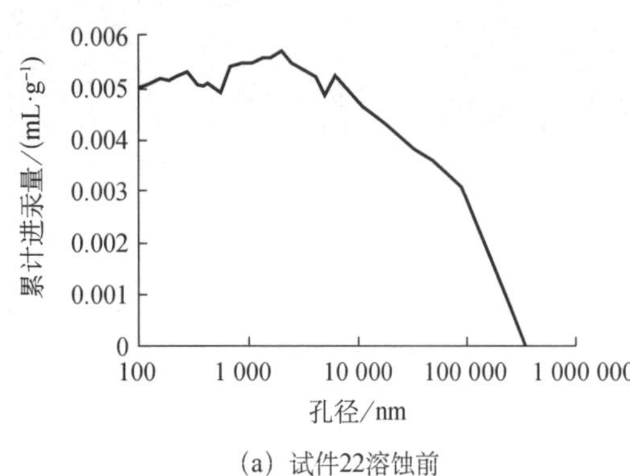

(a) 试件22溶蚀前

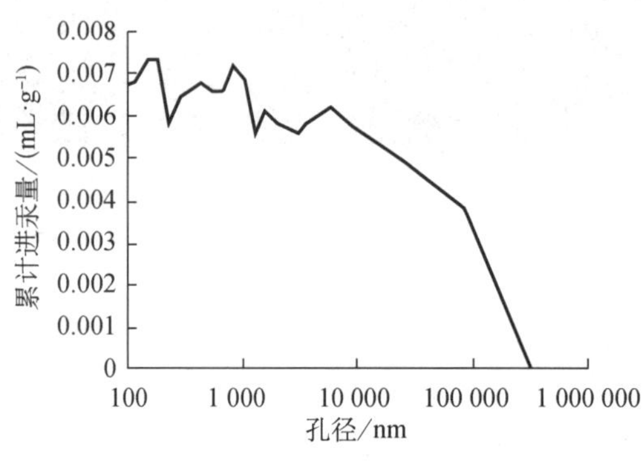

(b) 试件22溶蚀后

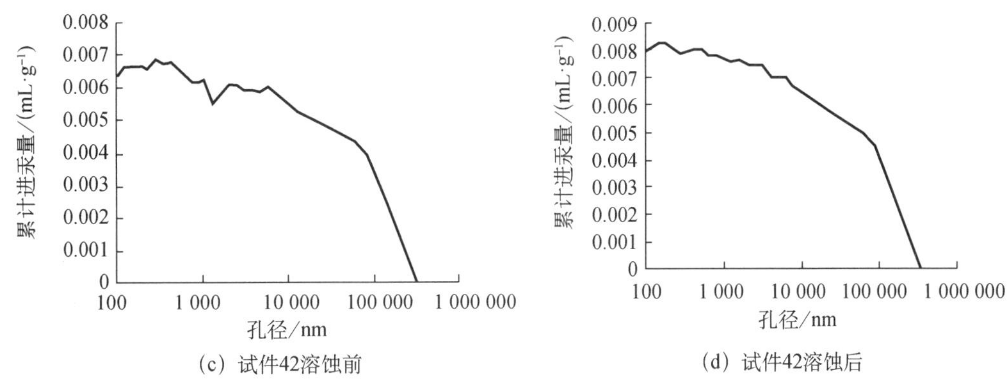

(c) 试件42溶蚀前

(d) 试件42溶蚀后

图 6 岩样溶蚀前后的累计进汞量-孔径关系曲线

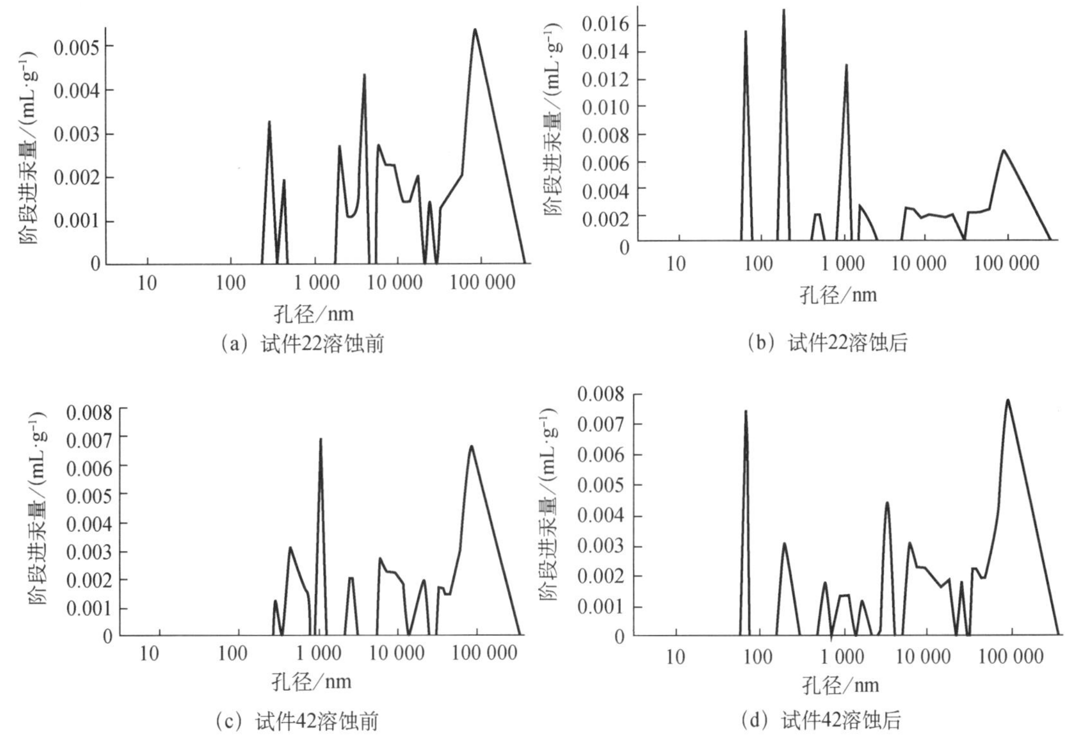

(a) 试件22溶蚀前

(b) 试件22溶蚀后

(c) 试件42溶蚀前

(d) 试件42溶蚀后

图 7 岩样溶蚀前后的阶段进汞量-孔径关系对比曲线

另外，分别将试件 22 和试件 42 的压汞曲线与初始岩样进行对比可以看出，22 的孔隙结构特征变化比 42 的更显著，与溶蚀过程中所经历的条件及试验结果相吻合，即 22 所经受的温压条件改变比 42 的大（表 2）。

5 结论

本文采用自主研制的压力溶蚀试验设备，模拟水库蓄水不同时期碳酸盐岩的溶蚀作用过程，研究了动水压力作用对碳酸盐岩的溶蚀特性以及溶蚀前后微观特征的变化，得出如下结论：

(1) 溶蚀作用首先受岩性和结构的控制。微晶灰岩溶蚀后表面的孔隙、裂隙增多并加深，边壁棱角分明，在水流作用下发生受层理控制的溶蚀；鲕粒灰岩的结构独特性和成分差异性利于选择性溶蚀的进行，因此，在相同条件下溶蚀，鲕粒灰岩较微晶灰岩的溶蚀量大。

(2) 温度和水压力的影响较显著。动水压力高时,岩样表面析出的晶体大小悬殊,多为不规则的他形;温度升高会使结晶体粗大且晶形完好,加剧溶蚀和结晶作用,特别是鲕粒灰岩,表面的鲕粒和胶结物溶蚀形态受温度和压力影响差异性显著,选择性溶蚀明显。

(3) 岩石在发生表面溶蚀的同时也发生了渗透溶蚀,尽管渗透溶蚀极弱,但试验后孔隙结构变得不均匀,渗透性降低,岩石结构面的连接弱化,从而造成岩石强度降低。

由此可见,通过灰岩溶蚀前后微观特征的研究,可以反推其在溶蚀过程中温压条件的改变,为灰岩溶蚀机制的研究提供一些理论依据。

研究工作及设备设计制作中得到了中国地质科学院水文地质环境地质研究所多位研究员的指导与帮助,在此一并表示感谢!

参考文献

[1] 韩宝平.微观喀斯特作用机理研究[M].北京:地质出版社,1998.

[2] 中国科学院地质研究所.中国岩溶研究[M].北京:科学出版社,1985.

[3] BERNER R A. Rate control of mineral dissolution under earth surface conditions[J]. American Journal of Science, 1978, 278(9): 1235-1252.

[4] FORD D C, WILLIAMS P W. Karst geomorphology and hydrology[M]. London: Unwin Hyman Ltd., 1989.

[5] 石平方,於崇文.化学动力学在地球化学中的某些应用[J].地球科学(中国地质大学学报).1986,11(4):341-349.

[6] 祝凤君.碳酸盐岩裂隙溶蚀反应动力学实验的结果与讨论[J].中国岩溶,1990,1:42-51.

[7] 何宇彬,金玉璋,李康.碳酸盐岩溶蚀机理研究[J].中国岩溶,1984,2:17-21.

[8] 翁金桃.桂林碳酸盐岩与岩溶发育关系[J].中国科学(B辑),1985,8:742-749.

[9] 聂继红,韩宝平.碳酸盐矿物的微观喀斯特研究[J].分析测试技术与仪器.1995,2:33-37.

[10] 张加桂.三峡地区泥灰质岩石在岩溶和风化过程中力学性质的变化[J].岩石力学与工程学报,2004,23(7):1073-1077.

石漠化地区土壤退化的风险指标体系①

叶为民　张文翔　陈　宝　黄　雨　卢耀如

喀斯特石漠化是指在亚热带脆弱的喀斯特环境背景下，受人类不合理社会经济活动的干扰破坏，造成土壤严重侵蚀，基岩大面积出露，土地生产力严重下降，地表出现类似荒漠景观的土地退化过程。喀斯特石漠化是中国西南最严重的生态经济问题之一。喀斯特地区脆弱的生态环境，加上长期以来人为因素的影响，导致森林植被严重破坏，水土流失不断加剧，土地严重退化，基岩大面积裸露。形成的石漠化面积已达 46.3 万 km^2，石漠化区域共涉及 429 个县，总人口数约 1.3 亿[2]。石漠化导致自然灾害频发，生存环境不断恶化，已严重影响着该类地区的社会、经济和生态协调发展。

本文通过总结现阶段石漠化地区风险评估的发展现状，结合石漠化的成因和先前学者的研究成果，提出了一套新的石漠化地区危险度评估指标体系(表 1)。

表 1　石漠化地区危险度指标体系

一级指标	二级指标	三级指标	权重	
地质因素	岩性	泥质含量	0.242*	0.493
	构造	切割度	0.022	
地形地貌	坡度	坡度	0.087*	
气象因素	降雨量	年降雨量的大小	0.112*	
		日降雨量超过 36 mm 的天数	0.015	
植被因素	植被覆盖率	植被覆盖率	0.015	
人为因素	人口密度	人口密度	0.149*	0.507
	经济强度	经济密度	0.165*	
	土地利用强度	陡坡耕地率	0.193*	

注：* 引自胡宝清等(2005).喀斯特石漠化预警和风险评估模型的系统设计——以广西都安瑶族自治县为例，地理科学进展。

在此基础上，采用确定临界值和内插的方法实现上述危险度指标值的归一化。即先将某个指标赋以界限值，然后采用内插法将各个影响因素转化成 0～1 的数值，归一后的各危险度指标数值。继而运用上述指标体系可以将石漠化地区的易损性指标量化，并且将值控制在 0～1 之间，再由风险度的计算公式：风险度＝危险度×易损度，最终确定某个地区发生石漠化的风险度。

① 叶为民，张文翔，陈宝，等.石漠化地区土壤退化的风险指标体系[C].2010 年城市地质环境与可持续发展论坛，2010.

埋藏环境中硫酸盐岩生物岩溶作用的硫同位素证据①

张凤娥　卢耀如　殷密英　张　胜　王　哲　宋淑红

摘　要：为了揭示油气盆地埋藏环境中碳酸盐岩和硫酸盐岩共生时的岩溶发育机制，以硫酸盐岩为研究对象，采用室内模拟实验与野外实测资料相结合的方法，分析了温度、SO_4^{2-} 浓度和时间等因素对水-岩-细菌封闭系统内稳定硫同位素的影响，并指出硫同位素对地球化学作用的指示意义。结果表明，细菌硫酸盐还原形成的 H_2S 中硫同位素分馏明显，并受系统的温度和开放性等因素影响。结合鄂尔多斯盆地奥陶系风化壳中充填的黄铁矿硫同位素特征，提出了鄂尔多斯盆地奥陶系岩溶的生物成因模式；揭示了风化壳顶部的黄铁矿化与风化壳下部压释水岩溶共生的机制，建立了生物岩溶发育的硫同位素地球化学标志。研究成果拓宽了岩溶的压释水成因机制。

关键词：鄂尔多斯盆地　细菌硫酸盐还原(BSR)　硫同位素　黄铁矿　生物岩溶　水文地质

鄂尔多斯油气盆地内古岩溶的发育先后经历了表生期岩溶和埋藏期岩溶。地球化学模拟和矿物地球化学研究成果表明，该盆地奥陶系埋藏期岩溶的成因主要为压释水中的有机酸、CO_2 和 H_2S 溶蚀碳酸盐岩所致[1-5]。勘探资料显示，压释水岩溶发育部位往往在黄铁矿化程度较高的溶丘、溶梁下部[2]。室内研究表明，细菌在压释水岩溶发育中具有一定作用[1-2]，导致埋藏环境中溶解的碳酸盐岩 H_2S 和 CO_2 可能与细菌硫酸盐还原作用有关[6-7]。然而，对于黄铁矿化与压释水岩溶发育关系的认识还十分有限。因此，本文利用从石膏培养出的脱硫弧菌还原石膏溶解的 SO_4^{2-}，研究细菌硫酸盐还原产物的硫同位素特征及影响硫同位素分馏的因素；结合鄂尔多斯油气盆地奥陶系古风化壳中充填黄铁矿硫同位素特征，探讨风化壳剖面上的黄铁矿与奥陶系岩溶间的成因联系，提出鄂尔多斯油气盆地奥陶系岩溶的生物成因模式。

1　实验材料与实验方案

1.1　实验材料

有关细菌的培养方法、鉴定结果以及岩样制备等详见张凤娥等[7]，现简述如下：细菌硫酸盐还原过程中以 SO_4^{2-} 和有机质分别作为电子受体和电子供体。其中，SO_4^{2-} 通过硫酸盐岩——石膏溶解产生。石膏采自我国北方广泛分布的奥陶系碳酸盐-硫酸盐岩混合建造中；用乳酸钠和酵母膏作为细菌硫酸盐还原的有机质[8-9]。通过分离培养，利用扫描电镜对细菌的形态鉴定，鉴定结果为脱硫弧菌属[7]。

经中国地质科学院矿产资源研究所稳定同位素地球化学研究实验室测试，所用石膏样品的 $\delta^{34}S$ 为25.6‰。

① 张凤娥，卢耀如，殷密英，等.埋藏环境中硫酸盐岩生物岩溶作用的硫同位素证据[J].地球科学：中国地质大学学报，2012，37(2)：8.

1.2 实验方案

1. 实验条件

稳定硫同位素分馏情况通常用来评价细菌硫酸盐还原作用。由于稳定硫同位素分馏受 SO_4^{2-} 浓度[10]及温度[11]等参数的影响,因此本次实验重点模拟这 2 个因素对稳定硫同位素分馏的影响。根据目前对硫酸盐还原菌生存温度的研究成果[12],进行了反应温度分别为 35 ℃和 50 ℃、硫酸盐还原菌液量均为 5%的 2 组封闭溶蚀实验。为了避免实验条件改变对反应系统氧化还原电位的影响,实验过程中不再向实验体系内补充有机质,因而,实验过程中有机质逐渐被细菌生长消耗,使得细菌的生长过程分为迟缓期、对数期、稳定期和衰亡期 4 个阶段。实验周期根据细菌的生长周期和体系中硫化物产量恒定与否来确定。实验过程中,每隔 3～4 d 采集溶蚀液中 H_2S 和 SO_4^{2-} 的硫同位素样品进行检测,相应地检测分析了其中 H_2S 和 SO_4^{2-} 的含量。

2. 样品采集与分析方法

硫同位素样品的采集:采用沉淀的方法采集硫同位素样品。由于溶蚀实验需要在封闭条件下完成,溶蚀液中含有硫酸盐岩溶解后的 SO_4^{2-} 和还原生成的 H_2S,因此,硫同位素样品采集分 2 步完成:第 1 步,获得硫化物沉淀。由于硫酸盐还原产物 H_2S 在采集过程中易散逸至空气中,或易与空气接触被氧化影响溶液中 SO_4^{2-} 的硫同位素。因此,先将溶蚀液直接通入 20%乙酸锌溶液,使溶解于溶蚀液中的 H_2S 沉淀,获得 ZnS 混浊液;再用抽滤的方法快速过滤,获得检测 H_2S 硫同位素的 ZnS 沉淀,以保证上述过程中溶解 H_2S 的散逸和氧化可忽略不计。第 2 步,获得硫酸盐沉淀。往上述滤液中加入过量 $BaCl_2$,使滤液中的 SO_4^{2-} 以 $BaSO_4$ 形式沉淀;同样,抽滤将其快速过滤,获得检测 SO_4^{2-} 硫同位素的 $BaSO_4$ 沉淀。

硫同位素分析方法:将上面采集的固体 ZnS 和 $BaSO_4$ 分别按比例与 CuO、Cu_2O、V_2O_5 粉末研磨混合均匀,在 1 000 ℃的静真空状态下完成硫化物的氧化和硫酸盐的还原,使得硫化物中的硫转化为 SO_2。采用 MAT253 测定其 ^{34}S 与 ^{32}S 的比值,分析精度为±0.1‰。水化学样品的采集与分析方法与已报道的方法相同[7]。

2 结果与讨论

2.1 结果

溶蚀系统中石膏溶解的 SO_4^{2-} 及其还原产物 H_2S 的硫同位素随反应温度和反应时间变化的特征见表 1 和图 1,表明溶蚀液中 SO_4^{2-} 和 H_2S 的 $\delta^{34}S$ 值与被溶解硫酸盐岩的 $\delta^{34}S$ 值相比(图 1 中的水平直线),分别呈增大和减小趋势;说明 2 个反应温度的溶蚀系统内残留 SO_4^{2-} 均富集重同位素 ^{34}S,亏损轻同位素 ^{32}S;而还原生成的 H_2S 的硫同位素富集特征则相反,即亏损重同位素 ^{34}S,富集轻同位素 ^{32}S。$\delta^{34}S_{SO_4^{2-}}$ 在 35 ℃和

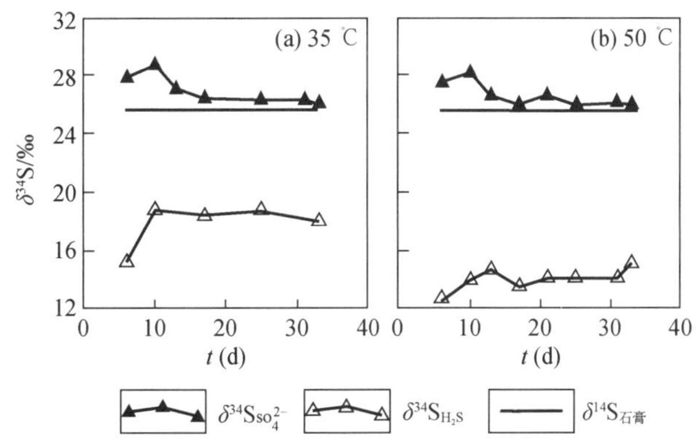

图 1 不同反应温度和时间条件下各种硫化物中的硫同位素特征(数据源于表 1)

50 ℃时平均值分别为 26.91‰和 26.57‰，与硫酸盐岩的 $\delta^{34}S$ 值相比分别高 0.37‰～3.09‰和 0.26‰～2.56‰，可见 $\delta^{34}S_{SO_4^{2-}}$ 在 2 个温度条件下的差异不大；相反，$\delta^{34}S_{H_2S}$ 在 35 ℃和 50 ℃时平均值分别为 17.78‰和 13.96‰，与溶解硫酸盐岩的 $\delta^{34}S$ 值相比分别低 6.88‰～10.42‰和 10.53‰～13.11‰。

表 1　水-岩-细菌反应系统内硫酸盐和硫化物的硫同位素(‰)

反应时间/d	35 ℃					50 ℃				
	$\delta^{34}S_{SO_4^{2-}}$	△1	$\delta^{34}S_{H_2S}$	△2	$\delta^{34}S_{SO_4^{2-}}-\delta^{34}S_{H_2S}$	$\delta^{34}S_{SO_4^{2-}}$	△1	$\delta^{34}S_{H_2S}$	△2	$\delta^{34}S_{SO_4^{2-}}-\delta^{34}S_{H_2S}$
6	27.79	2.19	15.18	10.42	12.61	27.47	1.87	12.49	13.11	14.98
10	28.69	3.09	18.72	6.88	9.97	28.16	2.56	13.93	11.67	14.23
13	27.02	1.42				26.55	0.95	14.63	10.97	11.92
17	26.39	0.79	18.35	7.25	8.04	25.98	0.38	13.46	12.14	12.52
21						26.56	0.96	14.06	11.54	12.50
25	26.29	0.69	18.70	6.90	7.59	25.92	0.32	14.05	11.55	11.87
31	26.21	0.61				26.03	0.43	14.02	11.58	12.01
33	25.97	0.37	17.96	7.64	8.01	25.86	0.26	15.07	10.53	10.79
均值	26.91	1.31	17.78	7.82	9.24	26.57	0.97	13.96	11.64	12.60

注：① 硫同位素测试由中国科学院地质与地球物理研究所稳定同位素实验室完成。② △1 是指溶蚀液中 SO_4^{2-} 的 $\delta^{34}S_{SO_4^{2-}}$ 与石膏的 $\delta^{34}S$ 的差值。③ △2 是指石膏的 $\delta^{34}S$ 与还原生成 H_2S 的 $\delta^{34}S_{H_2S}$ 的差值。

2 个实验温度条件下，溶蚀液中硫酸盐(SO_4^{2-})和硫化物(H_2S)的硫同位素差值 $\delta^{34}S_{SO_4^{2-}}-\delta^{34}S_{H_2S}$ 随还原作用的继续均呈减小趋势，35 ℃和 50 ℃时溶蚀液中 SO_4^{2-} 和 H_2S 的硫同位素差值平均值分别为 9.24‰和 12.60‰，说明随温度升高，硫同位素差值 $\delta^{34}S_{SO_4^{2-}}-\delta^{34}S_{H_2S}$ 增大。细菌硫酸盐还原后溶蚀液中化学组分 SO_4^{2-} 和 H_2S 的浓度与其硫同位素值的关系见图 2。从图 2(a)和图 2(c)中可以看出，$\delta^{34}S_{SO_4^{2-}}$ 与 $\delta^{34}S_{H_2S}$ 及 $\delta^{34}S_{SO_4^{2-}}$ 与 SO_4^{2-} 浓度之间的相关性在实验温度下不明显；图 2(b)和图 2(d)均显示，$\delta^{34}S_{H_2S}$ 受温度影响明显，温度升高，$\delta^{34}S_{H_2S}$ 减小；$\delta^{34}S_{H_2S}$ 还随 H_2S 浓度的增大而减小，即 H_2S 浓度大，H_2S 富集轻同位素 ^{32}S；类似于 $\delta^{34}S_{SO_4^{2-}}$ 与 SO_4^{2-} 浓度关系不明显，$\delta^{34}S_{H_2S}$ 与 SO_4^{2-} 浓度也没有明显相关性。

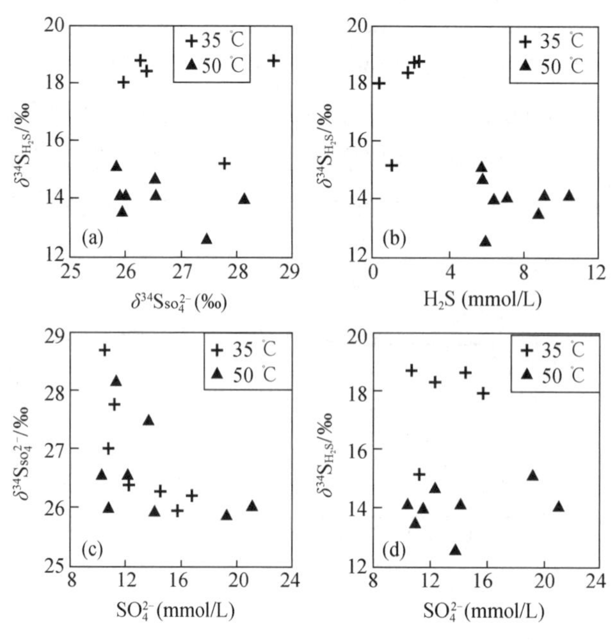

图 2　硫化物硫同位素之间及其与 SO_4^{2-} 和 H_2S 浓度的关系

2.2 讨论

1. 硫同位素分馏

稳定硫同位素可用来区分微生物是否参与地球化学作用[13]，其中，细菌还原是最重要的硫同位素分馏过程，而硫酸盐细菌还原时的同位素分馏作用实质上是一种动力效应。细菌硫酸盐还原期间，打破 SO_4^{2-} 中 $^{32}S—O$ 键所需的能量较低，使得轻硫同位素 ^{32}S 优先被微生物代谢[10]，造成还原残余的硫酸盐（SO_4^{2-}）逐渐积累重同位素 ^{34}S，从而生成的 H_2S 富集轻同位素 ^{32}S。表 1 中 2 个实验温度条件下生成 H_2S 的硫同位素值 $\delta^{34}S_{H_2S}$ 与被还原硫酸盐岩（石膏）的硫同位素值 $\delta^{34}S$ 相比低 6.88‰～13.11‰，说明 H_2S 富集轻同位素，发生了硫同位素分馏，与以往报道的细菌硫酸盐还原导致的硫同位素分馏范围 0～46‰[14-15] 对照，证实溶蚀系统内发生了细菌硫酸盐还原作用。

细菌硫酸盐还原导致的硫同位素生物分馏程度对温度变化最为灵敏[15]。图 2(b)和图 2(d)所示不同温度条件下 H_2S 的硫同位素值 $\delta^{34}S_{H_2S}$ 随温度降低，硫同位素分馏减小。这是由于温度变化影响了细胞膜的流动性和生物大分子的活性，低温时的细胞膜流动性减小[16-17]。这也可能限制硫酸盐跨过细胞膜的迁移，从而导致分馏减小[11]。

2. 硫酸盐岩溶解的硫同位素证据

硫同位素分馏与反应起始 SO_4^{2-} 浓度有关。当还原起始的 SO_4^{2-} 浓度小至 0.01 mmol/L 时，硫酸盐还原时优先利用 ^{34}S，导致硫同位素出现相反的分馏；当还原起始的 SO_4^{2-} 浓度增至 0.6 mmol/L 时，硫同位素富集系数 $\varepsilon<10‰$[18]；当还原起始的 SO_4^{2-} 浓度在 2～28 mmol/L 时，硫同位素分馏与 SO_4^{2-} 浓度无关[10,19]。本次实验中，2 个反应温度条件下溶蚀系统内溶蚀液 SO_4^{2-} 浓度范围为 1.87～3.97 mmol/L[7]，因而，硫同位素分馏与 SO_4^{2-} 浓度无关，呈现图 2(c)和图 2(d)的情形。

硫同位素分馏还与体系的开放程度有关。在封闭或半封闭环境中，细菌硫酸盐还原体系中没有 SO_4^{2-} 来源，随着细菌硫酸盐还原的进行，$\delta^{34}S_{SO_4^{2-}}$ 随 SO_4^{2-} 浓度的减小而增大[20]，随着 SO_4^{2-} 逐渐消耗殆尽，还原产物 H_2S 与可利用的 SO_4^{2-} 之间的稳定硫同位素为零分馏，即 $\delta^{34}S_{H_2S}$ 越趋向于被还原的 $\delta^{34}S_{SO_4^{2-}}$。但是，2 个实验温度条件所得的 $\delta^{34}S_{H_2S}$ 值均小于溶液中被还原的 $\delta^{34}S_{SO_4^{2-}}$（图 1），与此同时，还原反应过程中溶蚀液中 SO_4^{2-} 浓度基本稳定[图 2(c)和图 2(d)]，说明溶蚀体系在实验时段内有新的 SO_4^{2-} 来源。实验控制条件下，只有溶蚀体系中硫酸盐岩的溶解能够提供 SO_4^{2-}，证明溶蚀体系内发生了硫酸盐岩溶解作用。

值得注意的是，岩溶体系中硫酸盐岩溶解速率与细菌硫酸盐还原速率之间的关系是决定体系开放还是封闭的关键，这影响硫同位素的分馏。当硫酸盐岩溶解速率小于细菌硫酸盐还原速率时，硫同位素为零分馏[21]，此时，相当于溶蚀体系对 SO_4^{2-} 来说为封闭体系；只有当硫酸盐岩溶解速率大于细菌硫酸盐还原速率时，体系对 SO_4^{2-} 为开放体系。实验所得的硫同位素分馏特征充分说明溶蚀体系内的硫酸盐岩溶解速率大于细菌硫酸盐还原速率，这与溶蚀体系内化学组分分析结果所呈现的规律一致[7]。

溶蚀体系内硫酸盐岩的溶解作用还可通过硫同位素差值 $\delta^{34}S_{SO_4^{2-}}-\delta^{34}S_{H_2S}$ 进一步证明。如果细菌硫酸盐还原体系中没有新的 SO_4^{2-} 来源，则还原生成的 H_2S 与残余 SO_4^{2-} 之间的同位素差值 $\delta^{34}S_{SO_4^{2-}}-\delta^{34}S_{H_2S}$ 在反应进行的同时急剧扩大[13]，随反应进行差值逐渐接近零。表 1 中的 SO_4^{2-} 与还原产物 H_2S 间的硫同位素差值 $\delta^{34}S_{SO_4^{2-}}-\delta^{34}S_{H_2S}$ 在反应开始时较大；之后，虽呈逐渐减小趋势，但仍存在一定差值，这进一步证明溶蚀体系内发生了硫酸盐岩溶解作用，为还原作用提供了 SO_4^{2-}。结合图 1 中 $\delta^{34}S_{SO_4^{2-}}$ 随反应时间的延续所显示的基本稳定的特征，说明 $\delta^{34}S_{SO_4^{2-}}$ 是还原后残余 SO_4^{2-} 的硫同位素与硫酸盐岩溶解提供 SO_4^{2-} 的硫同位素的混合，使得 $\delta^{34}S_{SO_4^{2-}}$ 基本稳定。因此，溶蚀系统对于反应物 SO_4^{2-} 是开放的，即细菌硫酸盐还原作用发生的同时硫酸盐岩溶解作用仍在继续。

综上所述，溶蚀体系内发生细菌硫酸盐还原的同时，还发生了硫酸盐岩溶解作用，而且硫酸盐岩溶解速率大于细菌硫酸盐还原速率。

3 鄂尔多斯油气盆地生物岩溶发育的硫同位素证据

3.1 鄂尔多斯油气盆地奥陶系岩性特征

鄂尔多斯盆地是我国第二大含油气盆地，盆地中部气田的储层发育在奥陶系马家沟组。奥陶纪马家沟期，鄂尔多斯盆地中东部由于受中央古隆起和边侧坳陷制约，长期处于浅水(内)陆盆环境，沉积了一套由碳酸盐岩与蒸发岩组成的海相地层。其中奥陶纪马家沟期 1、3、5 段由含膏白云岩与盐岩、硬石膏岩及少量石灰岩组成，2、4、6 段以石灰岩为主，局部夹少量白云岩、石膏和石盐[22-24]。

盆地中部，奥陶纪马家沟期长期处于蒸发潮坪环境，发育了一套含膏白云岩与硬石膏岩组合，储层岩石类型以泥粉晶含硬石膏白云岩为主(约占储层厚度的 85%)[25]；盆地东部，早奥陶世属膏盐湖沉积，奥陶纪马家沟期的 1、3、5 段是蒸发盐岩沉积的鼎盛时期，膏盐岩面积达 5×10^4 km^2。受气候和海平面变化的影响，膏盐湖沉积与潮坪沉积交替出现，从而形成了白云岩与膏盐岩相互夹持的剖面序列[25]。勘探资料表明，奥陶纪马家沟期的 4、5 段岩溶发育，为油气的有利储层。

3.2 细菌硫酸盐还原发生的条件

成层分布的膏岩为表生期岩溶和埋藏期岩溶作用的进行奠定了物质基础。在风化壳岩溶的深部岩溶带下界，以硬石膏溶蚀现象的消失为标志[26]。因此，风化壳底部硬石膏不完全溶蚀面之下的膏岩，为风化壳埋藏后的细菌硫酸盐还原提供了 SO_4^{2-}。盆地奥陶系风化壳被上覆石炭系、二叠系沉积覆盖后，古岩溶环境由氧化环境转变为还原环境；上覆岩石在不断埋藏和压实作用过程中产生大量酸性水，并富含有机质[1]，在压力差驱使下，酸性水经过不整合面向奥陶系岩溶层补给，为奥陶系风化壳提供了岩溶水的来源[26]。有关充填的碳酸盐岩 $\delta^{13}C$ 值的研究证实，浅埋藏阶段孔洞层段的孔隙水来自上覆石炭-二叠系含煤地层压释水[27]；在奥陶系顶部的古风化壳上，发现了烃类蚀变产生的沥青[28]，也证明烃类参与了硫酸盐还原作用，表明风化壳在埋藏后存在硫酸盐还原菌代谢所需的 SO_4^{2-} 和有机质。

一般认为硫酸盐还原菌的生存温度在 0～80 ℃，或低于 100 ℃[12]，按正常地热梯度 30 ℃/km 考虑，相当于埋深 2 000～2 500 m 的深度[29]。鄂尔多斯盆地本溪期之后，奥陶系古风化壳所处温度随上覆地层厚度的增加逐渐升高；按照奥陶系储层在中生代晚期的地温梯度 3.3～4.1 ℃/100 m[30]推算，地表温度按 8 ℃计，则奥陶系古风化壳在埋深小于 2 200 m 时，均适宜硫酸盐还原菌生长。

综合上述，鄂尔多斯盆地奥陶系风化壳在上覆石炭系、二叠系地层沉积后，为油气田中广泛发育的硫酸盐还原菌提供了生存所需的能量来源和适宜的温度，说明奥陶系古风化壳在浅埋藏阶段具备发生细菌硫酸盐还原的条件。

3.3 风化壳中黄铁矿成因及其硫同位素特征

据报道，鄂尔多斯油气盆地压释水岩溶产生的充填-交代岩多发育在古风化壳底部和顶部。发育在底部的淀积交代岩以去云化或去膏化次生灰岩为特征，交代部位与原岩呈渐变关系；发育在溶蚀岩顶部的淀积交代岩则以黄铁矿化岩和白云化岩为特征，如钻孔陕 156、陕 157 井顶部黄铁矿层可达 2 m 余[31]，被作为压释水岩溶发育的岩石矿物学标志[2]。国外研究人员从细菌硫酸盐还原及稳定同位素分馏的角度解释了次生方解石和硫矿床置换石膏或硬石膏的原因[32-35]。按照细菌硫酸盐还原作用原理，底部的去膏化次生灰岩是由于石膏(或硬石膏)溶解后的 Ca^{2+} 与有机质氧化产物 HCO_3^-(或 CO_3^{2-})结合的结果；溶蚀岩顶部的黄铁矿化是石膏(或硬石膏)溶解的 SO_4^{2-} 被细菌还原形成的 H_2S，沿裂隙上移后

与风化壳顶部的 Fe^{2+} 结合所致。这是由于铁是近地表和浅埋藏成岩环境下最丰富和最容易被还原的物质，因而铁的硫化物在细菌硫酸盐还原环境中更为常见[36]。盆地奥陶系古风化壳上覆石炭系、二叠系地层中夹杂的泥质（如泥质薄层、泥质条纹等）或者一些含铁的碎屑矿物含有丰富的 Fe^{2+}[5,37]也为黄铁矿的形成提供了条件，从岩心及薄片观察到风化壳溶孔和溶洞中充填有大量黄铁矿，层位从奥陶纪马家沟期 5 段的 1～4 亚段均有分布[5]。

表 2 列出鄂尔多斯盆地奥陶系地层中硬石膏和充填矿物黄铁矿的 $\delta^{34}S$ 值。盆地硬石膏的 $\delta^{34}S$ 值为 23.75‰～28.00‰[26,28,38]，接近于同期全球海水的稳定硫同位素值 25.00‰～33.30‰，表明硬石膏继承了沉积时海水的硫同位素组分。表 2 所列黄铁矿的稳定硫同位素值变化范围为－5.86‰～23.19‰，沿风化壳剖面自上而下由负变正，与沉积时期硬石膏的稳定硫同位素值相比，分馏特点十分明显。已有研究证实，黄铁矿形成过程中的硫同位素分馏小于 1‰[33]，可认为黄铁矿记录了其形成时硫化物中的硫同位素。前述实验研究证实，细菌硫酸盐还原导致硫同位素分馏，形成的 H_2S 富集轻的硫同位素，由此认为，风化壳充填的黄铁矿是细菌硫酸盐还原作用的产物 H_2S 与风化壳中 Fe 结合形成。

表 2　鄂尔多斯盆地含硫物质的硫同位素

井号	井深/m	层位	矿物名称	$\delta^{34}S$	样品来源	数据来源
陕 27 井		O_1m 五$_1$	结核状硬石膏	27.90‰	白云岩中的硬石膏斑晶	郑聪斌等，1995
陕 12 井		O_1m 五$_1$	斑晶状硬石膏	27.10‰	白云岩中的硬石膏斑晶	郑聪斌等，1995
陕 42 井		C_2b	黄铁矿	－5.20‰	风化壳	郑聪斌等，1997
陕 42 井		O_1m 五$_{1-1}$	黄铁矿	－2.64‰	风化壳	章贵松等，2000
陕 42 井		O_1m 五$_{1-1}$	黄铁矿	6.60‰	洞穴	郑聪斌等，1997
陕 42 井		O_1m 五$_{1-2}$	黄铁矿	10.98‰	充填物	郑聪斌等，1997
Z110		O_1m 五$_{1-1}$	黄铁矿	22.20‰		郑聪斌等，1997
陕 42 井		O_1m 五$_1$	斑晶状硬石膏	27.70‰	白云岩中的硬石膏斑晶	郑聪斌等，1995
陕 42 井			层状硬石膏	28.00‰	白云岩上下围岩的层状硬石膏	郑聪斌等，1996
陕 42 井			层状硬石膏	27.80‰	白云岩上下围岩的层状硬石膏	郑聪斌等，1996
陕 16		O_1m 五$_{1-3}$	黄铁矿	－5.86‰		章贵松等，2000
陕 16		O_1m 五$_{1-4}$	黄铁矿	9.52‰		章贵松等，2000
C1		O_1m 五$_{4-1}$	黄铁矿	22.60‰		章贵松等，2000
榆 70	2 757.14	马五$_1^1$	黄铁矿	－4.47‰	溶孔、溶洞里的充填物黄铁矿	黄道军等，2009
榆 70	2 758.50	马五$_1^1$	黄铁矿	6.60‰	溶孔、溶洞里的充填物黄铁矿	黄道军等，2009
榆 70	2 759.71	马五$_1^1$	黄铁矿	10.22‰	溶孔、溶洞里的充填物黄铁矿	黄道军等，2009
榆 70	2 760.73	马五$_1^1$	黄铁矿	23.19‰	溶孔、溶洞里的充填物黄铁矿	黄道军等，2009

3.4　鄂尔多斯油气盆地埋藏期古岩溶成因

表 2 中黄铁矿硫同位素值在风化壳剖面自上而下由负变正，逐渐接近地层中硬石膏的硫同位素值，反映了细菌硫酸盐还原体系中硫酸盐岩溶解供给 SO_4^{2-} 的能力由强变弱，体系由开放转变为封闭。即，细菌硫酸盐还原作用开始时地层中有足够的硫酸盐岩可供溶解，为还原体系提供了充足的 SO_4^{2-}。体系对于 SO_4^{2-} 是开放的，使得还原产物与被还原的硫酸盐之间存在大的硫同位素分馏；加之古岩溶环境处于氧化环境转为还原环境的初期，裸露期风化壳中形成的大量空隙没有被完全充填，因而，细菌硫酸盐

还原形成的 H_2S 能够沿风化壳剖面上移至风化壳顶部，与风化壳顶部的 Fe 结合形成硫同位素值偏低的黄铁矿。随着细菌硫酸盐还原的继续，风化壳底部地层中可供溶解的硫酸盐岩越来越少，不能为还原体系提供 SO_4^{2-}。而还原体系对于 SO_4^{2-} 是封闭的，这使得硫同位素分馏减小，还原产物 H_2S 的硫同位素值增大，逐渐接近被还原的硫酸盐岩的硫同位素值。这一阶段还原产物 H_2S 在风化壳中的迁移受早期形成的黄铁矿充填的影响，不能到达风化壳顶部，富集相对重同位素的黄铁矿的充填沿风化壳顶面下移，进而表现出风化壳剖面自上而下黄铁矿的硫同位素值逐渐增大的特征。这就从硫同位素分馏特征与硫酸盐岩的供给关系角度证实了细菌参与埋藏环境硫酸盐岩的溶解。这一溶解作用的结果，在风化壳底部发育了硫酸盐岩岩溶。结合鄂尔多斯盆地奥陶系地层中膏岩广泛分布的特点分析得出，膏岩溶解后，实际观察到的是白云岩岩溶。

4 结论

（1）稳定硫同位素可用来示踪细菌硫酸盐还原作用，细菌硫酸盐还原作用导致稳定硫同位素分馏，分馏程度与体系的温度和有无 SO_4^{2-} 供给有关。在岩溶系统中，稳定硫同位素的特征证实了系统内发生的地球化学作用为细菌硫酸盐还原作用及其驱动的硫酸盐岩溶解作用。

（2）细菌硫酸盐还原作用是鄂尔多斯油气盆地奥陶系古岩溶改造与演化的生物作用之一，鄂尔多斯盆地奥陶系风化壳在中-深埋藏阶段，地层中的硫酸盐岩在富含有机质的压释水溶解后发生了细菌硫酸盐还原作用，促使硫酸盐岩在埋藏环境中不断溶解，发育了风化壳下部的岩溶，形成了风化壳上部的黄铁矿。

中国地质大学（北京）陈鸿汉教授对本项研究工作提供了有益的建议和帮助，在此表示感谢！

参考文献

[1] 郑聪斌，王飞雁，贾疏源.陕甘宁盆地中部奥陶系风化壳岩溶岩及岩溶相模式[J].中国岩溶，1997，16(4)：352-361.

[2] 章贵松，郑聪斌.压释水岩溶与天然气的运聚成藏[J].中国岩溶，2000，19(3)：199-205.

[3] 拜文华，吕锡敏，李小军，等.古岩溶盆地岩溶作用模式及古地貌精细刻画——以鄂尔多斯盆地东部奥陶系风化壳为例[J].现代地质，2002，16(3)：292-298.

[4] 席胜利，郑聪斌，夏日元.鄂尔多斯盆地奥陶系压释水岩溶地球化学模拟[J].沉积学报，2005，23(2)：354-360.

[5] 黄道军，文彩霞，季海锟，等.鄂尔多斯盆地东部奥陶系风化壳储层特征及主控因素分析[J].海相油气地质，2009，14(3)：10-18.

[6] 黄思静，QING H R，胡作维，等.四川盆地东北部三叠系飞仙关组硫酸盐还原作用对碳酸盐成岩作用的影响[J].沉积学报，2007，25(6)：815-824.

[7] 张凤娥，张胜，齐继祥，等.埋藏环境硫酸盐岩岩溶发育的微生物机理[J].地球科学——中国地质大学学报，2010，35(1)：146-154.

[8] 张小里，刘海洪，陈开勋，等.硫酸盐还原菌生长规律的研究[J].西北大学学报(自然科学版)，1999，29(5)：397-402.

[9] 李连华，党志，李舒衡.硫酸盐还原菌的驯化培养及脱硫性能研究[J].矿物岩石地球化学通报，2005，24(2)：144-147.

[10] BOLLIGER C，SCHROTH M H，BERNASCONI S M，et al. Sulfur isotope fractionation during microbial sulfate reduction by toluene-degrading bacteria[J]. Geochimica et Cosmochimica Acta，2001，65(19)：3289-3298.

[11] CANFIELD D E，OLESEN C A，COX R P，Temperature and its control of isotope fractionation by a sulfate-reducing bacterium[J]. Geochimica et Cosmochimica Acta，2006，70(3)：548-561.

[12] TRUDINGER P A，CHAMBERS L A. Low temperature sulphate reduction：biological versus abiological[J]. Canadian Journal of Earth Sciences，1985，22(12)：1910-1918.

[13] CLARK I，FRITZ P. Environmental isotopes in hydrogeology[M]. CRC Press，Boca Raton，1997.

[14] CANFIELD D E. Isotope fractionation by natural populations of sulfate-reducing bacteria[J]. Geochimica et Cosmochimica Acta, 2001, 65(7): 1117-1124.

[15] 常华进，储雪蕾，黄晶，等.沉积环境细菌作用下的硫同位素分馏.地质论评，2007，53(6)：807-813.

[15] 郑永飞，陈江峰.稳定同位素地球化学[M].北京：科学出版社，2000.

[16] SCHERER S, NEUHAUS, K. Life at low temperatures[M]. Springer Verlag, New York, 2002.

[17] 郑强.生态因子对硫酸盐还原菌生长的影响[J].中国资源综合利用，2009，27(2)：25-27.

[18] HARRISON A G, THODE H G. Mechanism of the bacterial reduction of sulphate from isotope fractionation studies [J]. Transactions of the Faraday Society, 1958, 54: 84-92.

[19] CANFIELD D E, HABICHT, K S, THAMDRUP B. The archean sulfur cycle and the early history of atmospheric oxygen[J]. Science, 2000, 288(5466): 658-661.

[20] GOLDHABER M B, KAPLAN, I R. Mechanisms of sulfur incorporation and isotope fractionation during early diagenesis in sediments of the gulf of California[J]. Marine Chemistry, 1980, 9(2): 95-143.

[21] KIYOSU Y. Chemical reduction and sulfur-isotope effects of sulfate by organic matter under hydrothermal conditions [J]. Chemical Geology, 1980, 30(1-2): 47-56.

[22] 付金华，郑聪斌.鄂尔多斯盆地奥陶纪华北海和祁连海演变及岩相古地理特征[J].古地理学报，2001，3(4)：25-34.

[23] 王雪莲，王长陆，陈振林，等.鄂尔多斯盆地奥陶系风化壳岩溶储层研究[J].特种油气藏，2005，12(3)：32-35.

[24] 席胜利，李振宏，王欣，等.鄂尔多斯盆地奥陶系储层展布及勘探潜力[J].石油与天然气地质，2006，27(3)：405-412.

[25] 何自新，郑聪斌，王彩丽，等.中国海相油气田勘探实例之二：鄂尔多斯盆地靖边气田的发现与勘探[J].海相油气地质，2005，10(2)：37-44.

[26] 郑聪斌，冀小林，贾疏源.陕甘宁盆地中部奥陶系风化壳古岩溶发育特征[J].中国岩溶，1995，14(3)：280-288.

[27] 郑秀才，任玉秀.鄂尔多斯盆地主力产气层溶蚀孔洞特征[J].江汉石油学院学报，1998，20(1)：7-12.

[28] 蔡春芳，马振芳，杨贤州.圈闭中油气的次生蚀变作用[J].中国海上油气(地质)，1998，12(2)：122-126.

[29] MACHEL H G, KROUSE H R, SASSEN R. Products and distinguishing criteria of bacterial and thermochemical sulfate reduction[J]. Applied Geochemistry, 1995, 10(4): 373-389.

[30] 代金友，何顺利.靖边气田“硫水耦合”现象的成因与启示[J].天然气地球科学，2009，20(2)：287-291.

[31] 万新南，石豫川，郑聪斌，等.陕甘宁盆地中部深埋藏古岩溶自封闭体系与气、水分布特征[J].成都理工学院学报，1997，24(增刊)：136-141.

[32] HILL C A. H_2S-related porosity and sulfuric acid oilfield karst. In: Budd, D A SALLER, A H HARRIS P M. eds. Unconformities and porosity in carbonate strata[J]. American Association Petroleum Geology Memoir, 1995, 63: 301-306.

[33] HILL C A. Overview of the geologic history of cave development in the Guadalupe Mountains[J]. Journal of Cave and Karst Studies, 2000, 62(2): 60-71.

[34] KLIMCHOUK A B. The role of karst in the genesis of sulfur deposits, Pre-Carpathian region, Ukraine. *Environmental Geology*, 1997, 31(1-2): 1-20.

[35] HOSE L D, PALMER A N, PALMER M V, et al. Microbiology and geochemistry in a hydrogen-sulphiderich karst environment[J]. Chemical Geology, 2000, 169(3-4): 399-423.

[36] MACHEL H G. Bacterial and thermochemical sulfate reduction in diagenetic settings-old and new insights[J]. Sedimentary Geology, 2001, 140(1-2): 143-175.

[37] CAI C F, HU W S, WORDEN R H. Thermochemical sulphate reduction in Cambro-Ordovician carbonates in Central Tarim[J]. Marine and Petroleum Geology, 2001, 18(6): 729-741.

[38] 郑聪斌，王世录，贾疏源.陕甘宁盆地中部气田主要产层孔洞的形成及演化[J].华北地质矿产杂志，1996，11(1)：73-79.

考虑地下水、注浆及衬砌影响的深埋隧洞弹塑性解①

胡力绳　王建秀　卢耀如

摘　要：对于深埋隧洞，地下水-围岩-注浆圈-衬砌共同形成了一个水压平衡体系，传统的隧洞应力与塑性区计算方法均未同时考虑上述 4 个因素的共同作用。以深埋隧洞为研究对象，将围岩、注浆圈、衬砌视为均质各向同性连续弹塑性介质，基于地下水动力学、弹塑性力学及摩尔-库仑屈服准则，推导了 4 个因素共同作用下深埋隧洞轴对称问题的应力弹塑性解与塑性区计算公式；利用 Matlab 编制程序对某隧洞工程进行了计算，并与传统计算方法进行了对比，验证了公式的正确性，指出了传统计算方法的缺陷；讨论了注浆参数对塑性区的影响规律，提出了最优注浆圈厚度的确定方法。

关键词：深埋隧洞　地下水　围岩　注浆圈　衬砌　弹塑性解

1　引言

对于深埋隧洞，地下水-围岩-注浆圈-衬砌共同构成了一个水压平衡体系，它们之间的相互作用决定了围岩稳定、注浆圈止水以及衬砌受力的最终状态。在深埋隧洞应力与塑性区计算方面，经典的隧洞弹塑性解均没有考虑渗流场的作用[1-7]；Поинматкин[8]首次推导了各因素对称条件下渗流场作用下的圆形断面隧洞弹性解；Fenner 公式、修正的 Fenner 公式和 Kastner 公式[9]给出了无限大均质体中轴对称圆形隧洞屈服范围与材料抗剪强度、初始地应力和洞内周边均布荷载的关系；张德兴[10]推导了承压引水隧洞的黏弹性解；王桂芳[11]给出了隧洞围岩自重作用下，衬砌、围岩变形及内力的黏弹性解；张良辉等[12]基于岩体弹脆塑性模型及非关联流动法则，并考虑地下水压力的作用，对灌浆隧洞围岩应力与位移的计算公式进行了理论推导；蔡晓鸿等[13-16]提出了不同施工阶段不同排水条件下，水工压力隧洞围岩和衬砌结构应力的弹塑性计算方法；宋俐等[17]修正了 Fenner 公式，但未考虑衬砌透水性的影响；任青文[18]通过修正 Fenner 公式，对水工隧洞运行期高内水压作用下围岩塑性区半径进行了计算；李宗利等[19]推导了渗流场作用下，第一主应力为径向应力的深埋圆形隧洞应力弹塑性解，但并未考虑衬砌及注浆圈的影响；吉小明、王宇会[20]给出了隧洞工程饱和孔隙介质地层中考虑地下水渗流力作用下的应力、位移表达式；任青文、邱颖[21]针对具有衬砌的圆形隧洞，得出了弹塑性条件下应力与塑性区的计算公式和适用条件；王秀英等[22-23]建立了山岭隧洞堵水限排情况下围岩力学特性分析的解析模型并进行了理论推导；张黎明等[24]考虑地下水渗流场的作用，将裂隙围岩视为两相介质体，基于弹性力学理论和岩体应变非线性软化特征对衬砌隧洞进行了弹塑性分析，推导了渗流场作用下围岩与衬砌的应力和位移解析计算公式；Bobet[25]推导了全排水或不排水条件下隧洞衬砌结构应力弹性解计算公式，国外其他学者在此方面也进行了大量研究[26-29]。

目前，相对成熟的隧洞围岩荷载设计理论仅涉及 4 个因素中的隧洞围岩-支护结构体系之间的相互作用，在地下水影响方面，仅在围岩分类中采用降级的方法予以考虑；国内外学者的研究只考虑了地下水、围岩、注浆圈、衬砌其中部分因素的相互作用。基于此，本文推导了上述 4 个因素共同作用下的深埋隧洞轴对称问题的弹塑性解及塑性区计算公式，并与传统计算方法进行了对比，推导过程分为渗流场水

①　胡力绳，王建秀，卢耀如.考虑地下水、注浆及衬砌影响的深埋隧洞弹塑性解[J].岩土力学，2012，3：757-767.

压力计算与应力计算两部分。

2 考虑地下水与注浆影响的隧洞渗流场水压力计算

深埋隧洞渗流场水压力计算基于以下假定：① 围岩为均质各向同性连续介质；② 含水层面积无限延伸，水流服从达西定律且为稳定流；③ 地下水不可压缩，当水头下降时，水瞬时排出；④ 隧洞断面为圆形，水直接从衬砌表面均匀渗出后排出；⑤ 隧洞埋深远远大于隧洞洞径，洞周渗流可简化为轴对称径向渗流问题。分别以围岩、注浆圈及衬砌为研究对象，并利用边界条件，解得隧洞渗流场孔隙水压力计算公式[30]

$$\left.\begin{aligned} p_w &= \left[P\left(k_r k_1 \ln\frac{r_g}{r_1} + k_r k_g \ln\frac{r_1}{r_0} + k_g k_1 \ln\frac{r}{r_g}\right) + p_0 k_g k_1 \ln\frac{R}{r}\right]\Big/A \quad (r_g \leqslant r \leqslant R) \\ p_w &= \left[P\left(k_r k_g \ln\frac{r_1}{r_0} + k_r k_1 \ln\frac{r}{r_1}\right) + p_0\left(k_g k_1 \ln\frac{R}{r_g} + k_r k_1 \ln\frac{r_g}{r}\right)\right]\Big/A \quad (r_1 \leqslant r \leqslant r_g) \\ p_w &= \left[P k_r k_g \ln\frac{r}{r_0} + p_0\left(k_g k_1 \ln\frac{R}{r_g} + k_r k_1 \ln\frac{r_g}{r_1} + k_r k_g \ln\frac{r_1}{r}\right)\right]\Big/A \quad (r_0 \leqslant r \leqslant r_1) \end{aligned}\right\} \tag{1}$$

式中 $A = k_g k_1 \ln\frac{R}{r_g} + k_r k_1 \ln\frac{r_g}{r_1} + k_r k_g \ln\frac{r_1}{r_0}$；

p_w——渗流场水压力；

P——远场稳定水压力；

R——与隧洞施工工况相对应的渗流场稳定外水压力半径；

p_0——隧洞内水压力；

r——计算点与隧洞断面圆心的距离；

r_0、r_1、r_g——分别为衬砌内半径、衬砌外半径、注浆圈外半径；

k_1、k_g、k_r——分别为衬砌、注浆圈、围岩渗透系数。

3 考虑地下水与注浆影响的隧洞应力与塑性区计算

3.1 基本假定与计算模型

计算公式推导基于以下基本假定：① 含水层面积无限延伸，地下水不可压缩，水流服从达西定律且为稳定流；② 不考虑重力场的作用；③ 远场垂直地应力与水平地应力相等；④ 围岩、衬砌为均质各向同性连续弹塑体介质，衬砌与围岩共同作用并保持变形连续；⑤ 隧洞埋深远大于洞径，将整个问题等效为轴对称平面问题；⑥ 围岩与衬砌破坏服从摩尔-库仑屈服准则，屈服区第一主应力为径向应力。已有研究表明，当隧洞内水压力为 0 或远小于远场地应力时，该假定是合理的[18]。

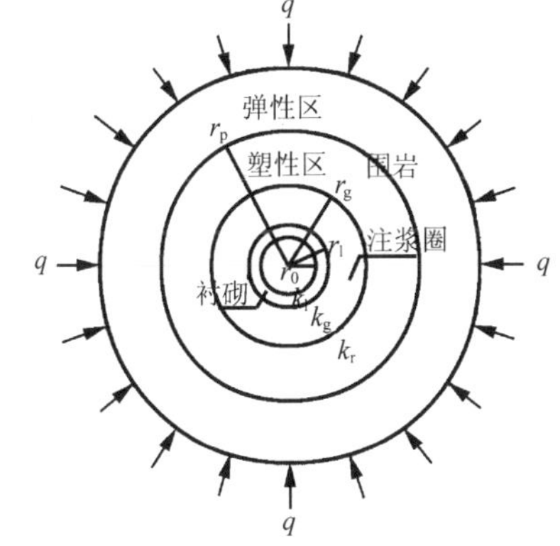

图 1 计算模型

简化计算模型见图 1，设无穷远处作用有初始地应力 q，注浆圈外半径处径向应力为 p_2，衬砌外半径处径向应力为 p_1，弹塑性区交界面处的径向应力为 p_p，塑性区半径为 r_p，围岩、注浆圈、衬砌的弹性模量分别为 E_r、E_g、E_1，泊松比分别为 μ_r、μ_g、μ_1，黏聚力分别为 c_r、c_g、c_1，内摩擦角分别为 φ_r、φ_g、φ_1。

根据弹性力学理论，并考虑渗透水压力的作用，上述问题的平衡微分方程为[1]

$$\frac{\mathrm{d}\sigma_r}{\mathrm{d}r}+\frac{\sigma_r-\sigma_\theta}{r}-\frac{\alpha\,\mathrm{d}p_{\mathrm{w}}}{\mathrm{d}r}=0 \tag{2}$$

式中 α——渗透水压力作用面积系数；

σ_r、σ_θ——分别为计算区域内某点的径向和环向有效应力(文中均简称为径向应力和切向应力，规定拉应力为正，压应力为负)。

对于塑性区围岩，其屈服条件满足摩尔-库仑准则，当考虑渗透水压力作用时，摩尔-库仑屈服准则变为[13]

$$\tau=c-(\sigma+\alpha p_{\mathrm{w}})\tan\varphi \tag{3}$$

式中 c、φ——分别为黏聚力与内摩擦角；

σ、τ——分别为正应力与剪应力。

根据基本假定 $\sigma_{\theta_{\mathrm{p}}}<\sigma_{r\mathrm{p}}<0$，得到屈服区径向应力 $\sigma_{r\mathrm{p}}$ 与切向应力 $\sigma_{\theta_{\mathrm{p}}}$ 的关系式为

$$\sigma_{\theta_{\mathrm{p}}}=\frac{1+\sin\varphi}{1-\sin\varphi}\sigma_{r\mathrm{p}}+\frac{2\sin\varphi}{1-\sin\varphi}(\alpha p_{\mathrm{w}}-c\cot\varphi) \tag{4}$$

3.2 弹塑性区交界面位于衬砌内($r_0<r_{\mathrm{p}}\leqslant r_1$)

对于注浆圈范围之外、注浆圈范围之内的弹性区围岩，应力边界条件为

$$\left.\begin{aligned}\sigma_r\,|_{r=\infty}=-q,\ \sigma_r\,|_{r=r_{\mathrm{g}}}=-p_2\\ \sigma_r\,|_{r=r_{\mathrm{g}}}=-p_2,\ \sigma_r\,|_{r=r_1}=-p_1\end{aligned}\right\} \tag{5}$$

根据文献[3]，对于边界条件式中的第 1 项，可用有限半径代替无限值的计算结果，取有限半径为 r_2，根据平衡微分方程式(2)，可解得弹性区位移及应力计算公式为

$$\left.\begin{aligned}
U_{r,\,\mathrm{rock}}=&\frac{(1+\mu_{\mathrm{r}})(1-2\mu_{\mathrm{r}})}{2E_{\mathrm{r}}(1-\mu_{\mathrm{r}})}\frac{\alpha k_{\mathrm{g}}k_1(P-p_0)}{A}\left(\ln r+\mu_{\mathrm{r}}-1-\frac{r_{\mathrm{g}}^2\ln r_{\mathrm{g}}-r_2^2\ln r_2}{r_{\mathrm{g}}^2-r_2^2}\right)r+\frac{(1+\mu_{\mathrm{r}})r_2^2r_{\mathrm{g}}^2}{E_{\mathrm{r}}(r_{\mathrm{g}}^2-r_2^2)r}\cdot\\
&\left[q-p_2+\frac{\ln r_2-\ln r_{\mathrm{g}}}{2(1-\mu_{\mathrm{r}})}\frac{\alpha k_{\mathrm{g}}k_1(P-p_0)}{A}\right]+\frac{(1+\mu_{\mathrm{r}})(1-2\mu_{\mathrm{r}})(qr_2^2-p_2r_{\mathrm{g}}^2)}{E_{\mathrm{r}}(r_{\mathrm{g}}^2-r_2^2)}r\\
\sigma_{r,\,\mathrm{rock}}=&\frac{r_{\mathrm{g}}^2\ln\dfrac{r}{r_{\mathrm{g}}}+r_2^2\ln\dfrac{r_2}{r}}{2(1-\mu_{\mathrm{r}})(r_{\mathrm{g}}^2-r_2^2)}\frac{\alpha k_{\mathrm{g}}k_1(P-p_0)}{A}+\frac{qr_2^2-p_2r_{\mathrm{g}}^2}{r_{\mathrm{g}}^2-r_2^2}-\\
&\frac{r_2^2r_{\mathrm{g}}^2}{(r_{\mathrm{g}}^2-r_2^2)r^2}\left[q-p_2+\frac{\ln\dfrac{r_2}{r_{\mathrm{g}}}}{2(1-\mu_{\mathrm{r}})}\frac{\alpha k_{\mathrm{g}}k_1(P-p_0)}{A}\right]\\
\sigma_{\theta,\,\mathrm{rock}}=&\frac{r_{\mathrm{g}}^2(\ln r-\ln r_{\mathrm{g}})+r_2^2(\ln r_2-\ln r)-(r_{\mathrm{g}}^2-r_2^2)(1-2\mu_{\mathrm{r}})}{2(1-\mu_{\mathrm{r}})(r_{\mathrm{g}}^2-r_2^2)}\frac{\alpha k_{\mathrm{g}}k_1(P-p_0)}{A}+\\
&\frac{qr_2^2-p_2r_{\mathrm{g}}^2}{r_{\mathrm{g}}^2-r_2^2}+\frac{r_2^2r_{\mathrm{g}}^2}{(r_{\mathrm{g}}^2-r_2^2)r^2}\cdot\left[q-p_2+\frac{\ln r_2-\ln r_{\mathrm{g}}}{2(1-\mu_{\mathrm{r}})}\frac{\alpha k_{\mathrm{g}}k_1(P-p_0)}{A}\right]\\
U_{r,\,\mathrm{grout}}=&\frac{(1+\mu_{\mathrm{g}})(1-2\mu_{\mathrm{g}})}{2E_{\mathrm{g}}(1-\mu_{\mathrm{g}})}\frac{\alpha k_{\mathrm{r}}k_1(P-p_0)}{A}\left(\ln r+\mu_{\mathrm{g}}-1-\frac{r_1^2\ln r_1-r_{\mathrm{g}}^2\ln r_{\mathrm{g}}}{r_1^2-r_{\mathrm{g}}^2}\right)r+\\
&\frac{(1+\mu_{\mathrm{g}})r_1^2r_{\mathrm{g}}^2}{E_{\mathrm{g}}(r_1^2-r_{\mathrm{g}}^2)r}\cdot\left[p_2-p_1-\frac{(\ln r_1-\ln r_{\mathrm{g}})}{2(1-\mu_{\mathrm{g}})}\frac{\alpha k_{\mathrm{r}}k_1(P-p_0)}{A}\right]+\\
&\frac{(1+\mu_{\mathrm{g}})(1-2\mu_{\mathrm{g}})(p_2r_{\mathrm{g}}^2-p_1r_1^2)}{E_{\mathrm{g}}(r_1^2-r_{\mathrm{g}}^2)}r
\end{aligned}\right\} \tag{6}$$

$$\left.\begin{aligned}\sigma_{r,\text{grout}}&=\frac{r_1^2\ln\dfrac{r}{r_1}+r_g^2\ln\dfrac{r_g}{r}}{2(1-\mu_g)(r_1^2-r_g^2)}\frac{\alpha k_r k_1(P-p_0)}{A}+\frac{p_2r_g^2-p_1r_1^2}{r_1^2-r_g^2}-\\&\quad\frac{r_1^2r_g^2}{(r_1^2-r_g^2)r^2}\left[p_2-p_1-\frac{\ln\dfrac{r_1}{r_g}}{2(1-\mu_g)}\frac{\alpha k_r k_1(P-p_0)}{A}\right]\\\sigma_{\theta,\text{grout}}&=\frac{r_1^2(\ln r-\ln r_1)+r_g^2(\ln r_g-\ln r)-(r_1^2-r_g^2)(1-2\mu_g)}{2(1-\mu_g)(r_1^2-r_g^2)}\frac{\alpha k_r k_1(P-p_0)}{A}+\\&\quad\frac{p_2r_g^2-p_1r_1^2}{r_1^2-r_g^2}+\frac{r_1^2r_g^2}{(r_1^2-r_g^2)r^2}\cdot\left[p_2-p_1-\frac{\ln r_1-\ln r_g}{2(1-\mu_g)}\frac{\alpha k_r k_1(P-p_0)}{A}\right]\end{aligned}\right\}\tag{6}$$

式中 $U_{r,\text{rock}}$、$\sigma_{r,\text{rock}}$、$\sigma_{\theta,\text{rock}}$——分别为注浆圈之外围岩的径向位移、径向应力与切向应力；

$U_{r,\text{grout}}$、$\sigma_{r,\text{grout}}$、$\sigma_{\theta,\text{grout}}$——分别为注浆圈的径向位移、径向应力与切向应力。

对于塑性区的应力，根据屈服条件、平衡微分方程及边界条件为

$$\sigma_{rp}\big|_{r=r_0}=-p_0,\ \sigma_{rp}\big|_{r=r_p}=-p_p\tag{7}$$

可解得衬砌塑性区径向应力计算公式为

$$\begin{aligned}\sigma_{rp}&=\left[c_1\cot\varphi_1-\alpha p_0\left(k_g k_1\ln\frac{R}{r_g}+k_r k_1\ln\frac{r_g}{r_1}\right)\Big/A\right]\cdot\left[1-\left(\frac{r}{r_0}\right)^{\frac{2\sin\varphi_1}{1-\sin\varphi_1}}\right]-p_0\left(\frac{r}{r_0}\right)^{\frac{2\sin\varphi_1}{1-\sin\varphi_1}}+\\&\quad\left\{\frac{1-\sin\varphi_1}{\sin\varphi_1}\cdot(p_0-P)\left[1-\left(\frac{r}{r_0}\right)^{\frac{2\sin\varphi_1}{1-\sin\varphi_1}}\right]+p_0\left[\ln\frac{r}{r_1}-\ln\frac{r_0}{r_1}\left(\frac{r}{r_0}\right)^{\frac{2\sin\varphi_1}{1-\sin\varphi_1}}\right]-p\ln\frac{r}{r_0}\right\}\frac{\alpha k_r k_g}{A}\end{aligned}\tag{8}$$

将 $r=r_p$ 代入式(8)，解得弹塑性区交界面处的径向应力 p_p 为

$$\begin{aligned}p_p&=\left[c_1\cot\varphi_1-\alpha p_0\left(k_g k_1\ln\frac{R}{r_g}+k_r k_1\ln\frac{r_g}{r_1}\right)\Big/A\right]\cdot\left[1-\left(\frac{r_p}{r_0}\right)^{\frac{2\sin\varphi_1}{1-\sin\varphi_1}}\right]+p_0\left(\frac{r_p}{r_0}\right)^{\frac{2\sin\varphi_1}{1-\sin\varphi_1}}-\\&\quad\left\{\frac{1-\sin\varphi_1}{\sin\varphi_1}\cdot(p_0-P)\left[1-\left(\frac{r_p}{r_0}\right)^{\frac{2\sin\varphi_1}{1-\sin\varphi_1}}\right]+p_0\left[\ln\frac{r_p}{r_1}-\left(\frac{r_p}{r_0}\right)^{\frac{2\sin\varphi_1}{1-\sin\varphi_1}}\ln\frac{r_0}{r_1}\right]-P\ln\frac{r_p}{r_0}\right\}\frac{\alpha k_r k_g}{A}\end{aligned}\tag{9}$$

根据围岩变形连续假定，得到塑性区半径 r_p 的计算公式为

$$\begin{aligned}&\frac{2\sin\varphi_1}{1-\sin\varphi_1}\left[\alpha\left(Pk_r k_g\ln\frac{r_p}{r_0}+p_0A\right)\Big/A-c_1\cot\varphi_1\right]-\frac{2}{1-\sin\varphi_1}p_p\\&=\frac{2r_1^2(\ln r_1-\ln r_p)-(r_p^2-r_1^2)(1-2\mu_1)}{2(1-\mu_1)(r_p^2-r_1^2)}\cdot\frac{\alpha k_r k_g(P-p_0)}{A}+2\frac{p_1r_1^2-p_pr_p^2}{r_p^2-r_1^2}\end{aligned}\tag{10}$$

利用接触条件，在注浆圈外半径、衬砌外半径处围岩变形连续，即

$$U_r\big|_{r=r_g}(r\geqslant r_g)=U_r\big|_{r=r_g}(r_1\leqslant r\leqslant r_g)\tag{11}$$

由式(11)可得到 p_1、p_2 关于 r_p 与 p_p 的计算公式，将求得的 p_1、p_2 与式(9)代入式(10)，可得到关于 r_p 的隐性计算公式，采用迭代法或试算法求解 r_p，利用 r_p 可求出 p_1、p_2、p_p，从而求得弹性区与塑性区应力。

3.3 弹塑性区交界面位于注浆圈内($r_1<r_p\leqslant r_g$)

对于注浆圈范围之外的弹性区围岩，其应力及位移可参照式(6)进行计算；对于注浆圈范围内的弹性区围岩，根据平衡微分方程和边界条件为

$$\sigma_r\big|_{r=r_p}=-p_p,\ \sigma_r\big|_{r=r_g}=-p_2 \tag{12}$$

得到注浆圈弹性区围岩位移及应力计算公式为

$$\left.\begin{aligned}
U_r=&\frac{(1+\mu_g)(1-2\mu_g)}{2E_g(1-\mu_g)}\frac{\alpha k_r k_1(P-p_0)}{A}\left[\ln r+\mu_g-1-\frac{r_p^2\ln r_p-r_g^2\ln r_g}{r_p^2-r_g^2}\right]r+\\
&\frac{(1+\mu_g)r_p^2r_g^2}{E_g(r_p^2-r_g^2)r}\cdot\left[p_2-p_p-\frac{(\ln r_p-\ln r_g)}{2(1-\mu_g)}\frac{\alpha k_r k_1(P-p_0)}{A}\right]+\\
&\frac{(1+\mu_g)(1-2\mu_g)(p_2r_g^2-p_1r_p^2)}{E_g(r_p^2-r_g^2)}r\\
\sigma_r=&\frac{r_p^2(\ln r-\ln r_p)+r_g^2(\ln r_g-\ln r)}{2(1-\mu_g)(r_p^2-r_g^2)}\cdot\frac{\alpha k_r k_1(P-p_0)}{A}+\frac{p_2r_g^2-p_pr_p^2}{r_p^2-r_g^2}-\\
&\frac{r_p^2r_g^2}{(r_p^2-r_g^2)r^2}\cdot\left[p_2-p_p-\frac{(\ln r_p-\ln r_g)}{2(1-\mu_g)}\frac{\alpha k_r k_1(P-p_0)}{A}\right]\\
\sigma_\theta=&\left[\frac{r_p^2(\ln r-\ln r_p)+r_g^2(\ln r_g-\ln r)}{2(1-\mu_g)(r_p^2-r_g^2)}-\frac{(r_p^2-r_g^2)(1-2\mu_g)}{2(1-\mu_g)(r_p^2-r_g^2)}\right]\frac{\alpha k_r k_1(P-p_0)}{A}+\\
&\frac{p_2r_g^2-p_pr_p^2}{r_p^2-r_g^2}+\frac{r_p^2r_g^2}{(r_p^2-r_g^2)r^2}\left[p_2-p_p-\frac{\ln r_p-\ln r_g}{2(1-\mu_g)}\frac{\alpha k_r k_1(P-p_0)}{A}\right]
\end{aligned}\right\} \tag{13}$$

对于隧洞塑性区，可将其分为衬砌范围内及衬砌范围之外注浆圈范围之内两部分进行计算，对于衬砌范围内的塑性区应力计算，根据边界条件

$$\sigma_{rp}\big|_{r=r_0}=-p_0,\ \sigma_{rp}\big|_{r=r_1}=-p_1 \tag{14}$$

可解得衬砌范围内塑性区径向应力为

$$\begin{aligned}
\sigma_{rp}=&\left[1-\left(\frac{r}{r_0}\right)^{\frac{2\sin\varphi_1}{1-\sin\varphi_1}}\right]\left[c_1\cot\varphi_1-\alpha p_0\left(k_gk_1\ln\frac{R}{r_g}+k_rk_1\ln\frac{r_g}{r_1}\right)\Big/A\right]-P_0\left(\frac{r}{r_0}\right)^{\frac{2\sin\varphi_1}{1-\sin\varphi_1}}+\\
&\left\{\frac{1-\sin\varphi_1}{\sin\varphi_1}\cdot(p_0-P)\left[1-\left(\frac{r}{r_0}\right)^{\frac{2\sin\varphi_1}{1-\sin\varphi_1}}\right]+p_0\left[\ln\frac{r}{r_1}-\left(\frac{r}{r_0}\right)^{\frac{2\sin\varphi_1}{1-\sin\varphi_1}}\ln\frac{r_0}{r_1}\right]-P\ln\frac{r}{r_0}\right\}\frac{\alpha k_rk_g}{A}
\end{aligned} \tag{15}$$

将 $r=r_1$ 代入式(15)，得到衬砌外半径处的径向应力 p_1 为

$$\begin{aligned}
p_1=&-\left[c_1\cot\varphi_1-\alpha p_0\left(k_gk_1\ln\frac{R}{r_g}+k_rk_1\ln\frac{r_g}{r_1}\right)\Big/A\right]\cdot\left[1-\left(\frac{r_1}{r_0}\right)^{\frac{2\sin\varphi_1}{1-\sin\varphi_1}}\right]+P_0\left(\frac{r_1}{r_0}\right)^{\frac{2\sin\varphi_1}{1-\sin\varphi_1}}-\\
&\left\{\frac{1-\sin\varphi_1}{\sin\varphi_1}\cdot(p_0-P)\left[1-\left(\frac{r_1}{r_0}\right)^{\frac{2\sin\varphi_1}{1-\sin\varphi_1}}\right]-p_0\left(\frac{r_1}{r_0}\right)^{\frac{2\sin\varphi_1}{1-\sin\varphi_1}}\cdot\ln\frac{r_0}{r_1}-P\ln\frac{r_1}{r_0}\right\}\frac{\alpha k_rk_g}{A}
\end{aligned} \tag{16}$$

对于注浆圈范围内的塑性区应力计算，根据边界条件

$$\sigma_r\big|_{r=r_1}=-p_1,\ \sigma_r\big|_{r=r_p}=-p_p \tag{17}$$

可解得注浆圈范围内塑性区径向应力为

$$\sigma_{rp}=\left[c_g\cot\varphi_g-\alpha\left(Pk_rk_g\ln\frac{r_1}{r_0}+p_0k_gk_1\ln\frac{R}{r_g}\right)\Big/A\right]\cdot\left[1-\left(\frac{r}{r_1}\right)^{\frac{2\sin\varphi_g}{1-\sin\varphi_g}}\right]-p_1\left(\frac{r}{r_1}\right)^{\frac{2\sin\varphi_g}{1-\sin\varphi_g}}+\left\{\frac{1-\sin\varphi_g}{\sin\varphi_g}\cdot(p_0-P)\left[1-\left(\frac{r}{r_1}\right)^{\frac{2\sin\varphi_g}{1-\sin\varphi_g}}\right]+p_0\left[\ln\frac{r}{r_g}-\ln\frac{r_1}{r_g}\left(\frac{r}{r_1}\right)^{\frac{2\sin\varphi_g}{1-\sin\varphi_g}}\right]-P\ln\frac{r}{r_1}\right\}\frac{\alpha k_rk_1}{A}\tag{18}$$

将 $r=r_p$ 代入式(18),得到弹塑性区交界面处的径向应力 p_p 为

$$p_p=-\left[c_g\cot\varphi_g-\alpha\left(Pk_rk_g\ln\frac{r_1}{r_0}+p_0k_gk_1\ln\frac{R}{r_g}\right)\Big/A\right]\cdot\left[1-\left(\frac{r_p}{r_1}\right)^{\frac{2\sin\varphi_g}{1-\sin\varphi_g}}\right]+p_1\left(\frac{r_p}{r_1}\right)^{\frac{2\sin\varphi_g}{1-\sin\varphi_g}}-\left\{\frac{1-\sin\varphi_g}{\sin\varphi_g}\cdot(p_0-P)\left[1-\left(\frac{r_p}{r_1}\right)^{\frac{2\sin\varphi_g}{1-\sin\varphi_g}}\right]+p_0\left[\ln\frac{r_p}{r_g}-\ln\frac{r_1}{r_g}\left(\frac{r_p}{r_1}\right)^{\frac{2\sin\varphi_g}{1-\sin\varphi_g}}\right]-P\ln\frac{r_p}{r_1}\right\}\frac{\alpha k_rk_1}{A}\tag{19}$$

根据围岩变形连续假定,得到塑性区半径 r_p 的计算公式为

$$-\frac{2}{1-\sin\varphi_g}p_p+\frac{2\sin\varphi_g}{1-\sin\varphi_g}\left[\alpha\cdot\frac{P\left(k_rk_1\ln\frac{r_p}{r_1}+k_rk_g\ln\frac{r_1}{r_0}\right)+p_0\left(k_gk_1\ln\frac{R}{r_g}+k_rk_1\ln\frac{r_g}{r_p}\right)}{A}-c_g\cot\varphi_g\right]=\left[\frac{2r_g^2(\ln r_g-\ln r_p)-(r_p^2-r_g^2)(1-2\mu_g)}{2(1-\mu_g)(r_p^2-r_g^2)}\right]\cdot\frac{\alpha k_rk_1(P-p_0)}{A}+2\frac{p_2r_g^2-p_pr_p^2}{r_p^2-r_g^2}\tag{20}$$

利用围岩变形连续假定,在注浆圈外半径处径向位移相等,即

$$U_r\,|_{r=r_g}(r\geqslant r_g)=U_r\,|_{r=r_g}(r_l\leqslant r\leqslant r_g)\tag{21}$$

得到注浆圈外半径处的径向应力 p_2 关于 r_p 与 p_p 的计算公式,将 p_2 与式(19)代入式(20),利用迭代法或试算法可解得 r_p,利用 r_p 可求出 p_p、p_2,从而求出弹性区围岩应力。

3.4 弹塑性区交界面位于注浆圈之外($r_p>r_g$)

对于塑性区范围之外的弹性区围岩,根据平衡微分方程和边界条件

$$\left.\begin{aligned}\sigma_r\,|_{r=r_p}&=-p_p\\ \sigma_r\,|_{r=r_2}&=-q\end{aligned}\right\}\tag{22}$$

可得到弹性区围岩应力计算公式为

$$\left.\begin{aligned}\sigma_r&=\frac{r_p^2(\ln r-\ln r_p)+r_2^2(\ln r_2-\ln r)}{2(1-\mu_r)(r_p^2-r_2^2)}\frac{\alpha k_gk_1(P-p_0)}{A}+\frac{qr_2^2-p_pr_p^2}{r_p^2-r_2^2}-\\&\quad\left[q-p_p+\frac{\ln r_2-\ln r_p}{2(1-\mu_r)}\frac{\alpha k_gk_1(P-p_0)}{A}\right]\frac{r_2^2r_p^2}{(r_p^2-r_2^2)r^2}\\ \sigma_\theta&=\left[\frac{r_p^2(\ln r-\ln r_p)+r_2^2(\ln r_2-\ln r)}{2(1-\mu_r)(r_p^2-r_2^2)}-\frac{(r_p^2-r_2^2)(1-2\mu_r)}{2(1-\mu_r)(r_p^2-r_2^2)}\right]\frac{\alpha k_gk_1(P-p_0)}{A}+\\&\quad\frac{qr_2^2-p_pr_p^2}{r_p^2-r_2^2}+\frac{r_2^2r_p^2}{(r_p^2-r_2^2)r^2}\\&\quad\left[q-p_p+\frac{\ln r_2-\ln r_p}{2(1-\mu_r)}\frac{\alpha k_gk_1(P-p_0)}{A}\right]\end{aligned}\right\}\tag{23}$$

对于塑性区围岩，可将其分为未注浆围岩、注浆圈及衬砌3部分，这3部分的应力边界条件为

$$\sigma_{rp}\big|_{r=r_0}=-p_0,\ \sigma_{rp}\big|_{r=r_1}=-p_1,\ \sigma_{rp}\big|_{r=r_g}=-p_2 \tag{24}$$

根据平衡微分方程，可解得塑性区衬砌径向应力为

$$\sigma_{rp}=\left[c_1\cot\varphi_1-\alpha p_0\left(k_g k_1\ln\frac{R}{r_g}+k_r k_1\ln\frac{r_g}{r_1}\right)\Big/A\right]\cdot\left[1-\left(\frac{r}{r_0}\right)^{\frac{2\sin\varphi_1}{1-\sin\varphi_1}}\right]-p_0\left(\frac{r}{r_0}\right)^{\frac{2\sin\varphi_1}{1-\sin\varphi_1}}+\left\{\frac{1-\sin\varphi_1}{\sin\varphi_1}\cdot(p_0-P)\left[1-\left(\frac{r}{r_0}\right)^{\frac{2\sin\varphi_1}{1-\sin\varphi_1}}\right]+p_0\left[\ln\frac{r}{r_1}-\left(\frac{r}{r_0}\right)^{\frac{2\sin\varphi_1}{1-\sin\varphi_1}}\ln\frac{r_0}{r_1}\right]-P\ln\frac{r}{r_0}\right\}\frac{\alpha k_r k_g}{A} \tag{25}$$

将 $r=r_1$ 代入式(25)，可得衬砌外半径处的径向应力 p_1 为

$$p_1=-\left[c_1\cot\varphi_1-\alpha p_0\left(k_g k_1\ln\frac{R}{r_g}+k_r k_1\ln\frac{r_g}{r_1}\right)\Big/A\right]\cdot\left[1-\left(\frac{r_1}{r_0}\right)^{\frac{2\sin\varphi_1}{1-\sin\varphi_1}}\right]+p_0\left(\frac{r_1}{r_0}\right)^{\frac{2\sin\varphi_1}{1-\sin\varphi_1}}-\left\{\frac{1-\sin\varphi_1}{\sin\varphi_1}\cdot(p_0-P)\left[1-\left(\frac{r_1}{r_0}\right)^{\frac{2\sin\varphi_1}{1-\sin\varphi_1}}\right]-p_0\left(\frac{r_1}{r_0}\right)^{\frac{2\sin\varphi_1}{1-\sin\varphi_1}}\cdot\ln\frac{r_0}{r_1}-P\ln\frac{r_1}{r_0}\right\}\frac{\alpha k_r k_g}{A} \tag{26}$$

同理，可解得塑性区注浆圈径向应力为

$$\sigma_{rp}=\left[c_g\cot\varphi_g-\alpha\left(Pk_r k_g\ln\frac{r_1}{r_0}+p_0 k_g k_1\ln\frac{R}{r_g}\right)\Big/A\right]\cdot\left[1-\left(\frac{r}{r_1}\right)^{\frac{2\sin\varphi_g}{1-\sin\varphi_g}}\right]-p_1\left(\frac{r}{r_1}\right)^{\frac{2\sin\varphi_g}{1-\sin\varphi_g}}+\left\{\frac{1-\sin\varphi_g}{\sin\varphi_g}\cdot(p_0-P)\left[1-\left(\frac{r}{r_1}\right)^{\frac{2\sin\varphi_g}{1-\sin\varphi_g}}\right]+p_0\left[\ln\frac{r}{r_g}-\left(\frac{r}{r_1}\right)^{\frac{2\sin\varphi_g}{1-\sin\varphi_g}}\ln\frac{r_1}{r_g}\right]-P\ln\frac{r}{r_1}\right\}\frac{\alpha k_r k_1}{A} \tag{27}$$

将 $r=r_g$ 代入式(27)，可得注浆圈外半径处的径向应力 p_2 为

$$p_2=-\left[c_g\cot\varphi_g-\alpha\left(Pk_r k_g\ln\frac{r_1}{r_0}+p_0 k_g k_1\ln\frac{R}{r_g}\right)\Big/A\right]\cdot\left[1-\left(\frac{r_g}{r_1}\right)^{\frac{2\sin\varphi_g}{1-\sin\varphi_g}}\right]+p_1\left(\frac{r_g}{r_1}\right)^{\frac{2\sin\varphi_g}{1-\sin\varphi_g}}-\left\{\frac{1-\sin\varphi_g}{\sin\varphi_g}\cdot(p_0-P)\left[1-\left(\frac{r_g}{r_1}\right)^{\frac{2\sin\varphi_g}{1-\sin\varphi_g}}\right]-p_0\ln\frac{r_1}{r_g}\left(\frac{r_g}{r_1}\right)^{\frac{2\sin\varphi_g}{1-\sin\varphi_g}}-P\ln\frac{r_g}{r_1}\right\}\frac{\alpha k_r k_1}{A} \tag{28}$$

塑性区围岩径向应力为

$$\sigma_{rp}=\left[c_r\cot\varphi_r-\alpha P\left(k_r k_1\ln\frac{r_g}{r_1}+k_r k_g\ln\frac{r_1}{r_0}\right)\Big/A\right]\cdot\left[1-\left(\frac{r}{r_g}\right)^{\frac{2\sin\varphi_r}{1-\sin\varphi_r}}\right]-p_2\left(\frac{r}{r_g}\right)^{\frac{2\sin\varphi_r}{1-\sin\varphi_r}}+\left\{\frac{1-\sin\varphi_r}{\sin\varphi_r}\cdot(p_0-P)\left[1-\left(\frac{r}{r_g}\right)^{\frac{2\sin\varphi_r}{1-\sin\varphi_r}}\right]+p_0\left[\ln\frac{r}{R}-\ln\frac{r_g}{R}\left(\frac{r}{r_g}\right)^{\frac{2\sin\varphi_r}{1-\sin\varphi_r}}\right]-P\ln\frac{r}{r_g}\right\}\frac{\alpha k_g k_1}{A} \tag{29}$$

将 $r=r_p$ 代入式(29)，得到弹塑性区交界面的径向应力 p_p 为

$$p_p=-\left[c_r\cot\varphi_r-\alpha P\left(k_rk_1\ln\frac{r_g}{r_1}+k_rk_g\ln\frac{r_1}{r_0}\right)\Big/A\right]\cdot\left[1-\left(\frac{r_p}{r_g}\right)^{\frac{2\sin\varphi_r}{1-\sin\varphi_r}}\right]+p_2\left(\frac{r_p}{r_g}\right)^{\frac{2\sin\varphi_r}{1-\sin\varphi_r}}-$$

$$\left\{\frac{1-\sin\varphi_r}{\sin\varphi_r}\cdot(p_0-P)\left[1-\left(\frac{r_p}{r_g}\right)^{\frac{2\sin\varphi_r}{1-\sin\varphi_r}}\right]+p_0\left[\ln\frac{r_p}{R}-\ln\frac{r_g}{R}\left(\frac{r_p}{r_g}\right)^{\frac{2\sin\varphi_r}{1-\sin\varphi_r}}\right]-P\ln\frac{r_p}{r_g}\right\}\frac{\alpha k_gk_1}{A} \tag{30}$$

根据围岩变形连续假定，得到塑性区半径 r_p 的计算公式为

$$-\frac{2}{1-\sin\varphi_r}p_p+\frac{2\sin\varphi_r}{1-\sin\varphi_r}\left[\alpha\cdot\frac{P\left(k_rk_1\ln\frac{r_g}{r_1}+k_rk_g\ln\frac{r_1}{r_0}\right)+k_gk_1\left(P\ln\frac{r}{r_g}+p_0\ln\frac{R}{r}\right)}{A}-c_r\cot\varphi_r\right]$$

$$=2\frac{qr_2^2-p_pr_p^2}{r_p^2-r_2^2}+\frac{2r_2^2(\ln r_2-\ln r_p)-(r_p^2-r_2^2)(1-2\mu_r)}{2(1-\mu_r)(r_p^2-r_2^2)}\frac{\alpha k_gk_1(P-p_0)}{A} \tag{31}$$

将式(26)、式(28)、式(30)代入式(31)，利用迭代法或试算法可解得 r_p，利用 r_p 可求出 p_p，从而求出围岩应力。对于塑性区的切向应力，可以按照屈服条件式(4)进行求解，利用 Matlab 编制程序对上述公式进行计算。需要说明的是，随着隧洞内水压力的增大，切向应力将可能成为第一主应力，可改变式(4)的屈服条件，对隧洞应力及塑性区计算公式重新进行推导。

4 工程应用

4.1 工程背景

以某深埋隧洞工程为例，计算参数如下：隧洞断面为圆形，衬砌内半径 $r_0=4$ m，外半径 $r_1=5$ m，远场稳定水压力 $P=1$ MPa，隧洞内水压力为 p_0，远场稳定水压力半径 $R=200$ m，远场地应力 $q=10$ MPa，岩体弹性模量 $E_r=10$ GPa，泊松比 $\mu_r=0.25$，黏聚力 $c_r=1$ MPa，内摩擦角 $\varphi_r=40°$，综合渗透系数 $k_r=5\times10^{-6}$ m/s；注浆圈弹性模量 $E_g=10$ GPa，泊松比 $\mu_g=0.25$，黏聚力 $c_g=1.5$ MPa，内摩擦角 $\varphi_g=40°$；衬砌弹性模量 $E_1=25$ GPa，泊松比 $\mu_1=0.15$，黏聚力 $c_1=5$ MPa，内摩擦角 $\varphi_1=45°$，渗透系数 $k_1=1\times10^{-8}$ m/s；取 $\alpha=1.0$，通过试算法确定有限计算半径取 20 倍洞径。

4.2 与传统方法计算结果的对比

分别利用本文公式、李宗利公式[19]（该方法未考虑注浆圈及衬砌的影响，取 $p_0=0$）、弹性力学厚壁圆筒拉梅解（该方法未考虑渗流场、注浆圈及衬砌的影响，取 $P_0=p_0=0$）计算隧洞应力与塑性区。

以毛洞开挖阶段为例，该阶段只存在地下水、围岩的相互作用，本文方法与李宗利法的计算结果见图 2（r_p、r'_p分别为两种方法计算的塑性区半径）。从图中可以看出，两种方法计算得到的应力大小、应力分布规律以及塑性区半径均较为接近，从而验证了本文公式的可靠性。

若不考虑渗流场的影响，将衬砌、注浆圈的物理力学参数与围岩取为一致，则本文计算结果与经典的弹性力学厚壁圆筒拉梅解完全一致（图 3），从而验证了本文公式的正确性。

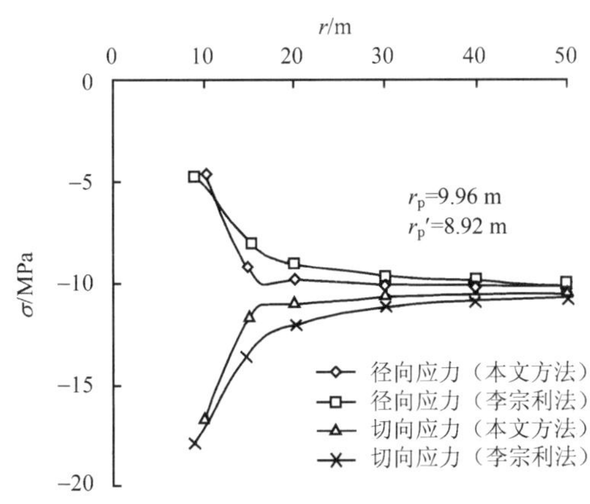

图 2 本文方法与李宗利方法计算结果对比

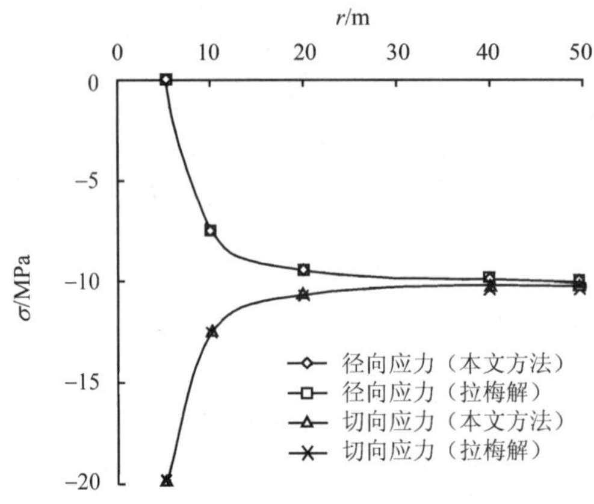

图 3　本文方法与拉梅解计算结果对比

分别利用本文公式与修正的 Fenner 公式，计算了不同条件下的隧洞塑性区。修正的 Fenner 公式为[19]

$$r_{\mathrm{p}}=r_0\left[\frac{(q+c_{\mathrm{r}}\cot\varphi_{\mathrm{r}})(1-\sin\varphi_{\mathrm{r}})}{p_0+c_{\mathrm{r}}\cot\varphi_{\mathrm{r}}}\right]^{\frac{1-\sin\varphi_{\mathrm{r}}}{2\sin\varphi_{\mathrm{r}}}}\tag{32}$$

（1）无注浆条件下隧洞塑性区计算。

计算了开挖洞径分别为 4 m、5 m，不同渗流场条件下的塑性区（图 4）。从图中可以看出，在第一主应力为径向应力的条件下，随着内水压力的增大，塑性区逐渐减小，两种方法计算结果差异逐渐减小；随着开挖断面的增大，塑性区逐渐增大，两种方法计算结果差异逐渐增大，洞径为 4 m 时最大差异为 2.2 m，洞径为 5 m 时最大差异为 3.4 m；由于修正的 Fenner 公式没有考虑渗流场的影响，对于无注浆条件下隧洞开挖阶段围岩塑性区的计算，其计算结果较考虑渗流场作用时偏小，计算结果不够安全。

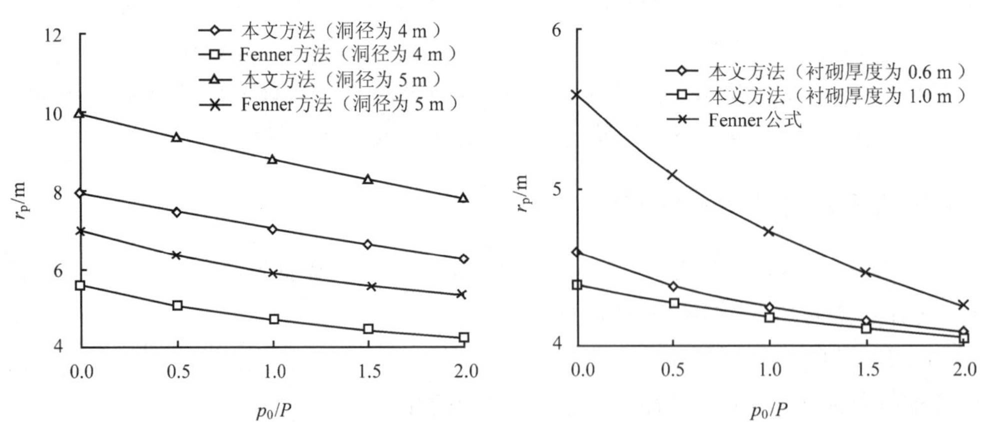

图 4　无注浆条件下隧洞塑性区两种方法计算结果对比

图 5　注浆条件下隧洞塑性区两种方法计算结果对比

（2）注浆条件下隧洞塑性区计算。

计算了不同衬砌厚度、不同渗流场条件下的隧洞塑性区，计算结果见图 5。由图可知，随着内水压力的增大，塑性区逐渐减小，两种方法的计算结果差异逐渐减小。随着衬砌厚度的增大，塑性区逐渐减小，两种方法计算结果差异逐渐增大。对于地下水-围岩-注浆圈-衬砌共同作用下的隧洞塑性区计算，由于修正的 Fenner 公式不能考虑注浆圈对围岩强度的提高、注浆圈的止水作用以及衬砌的影响，其计算结果较考虑上述因素偏大，计算结果偏于保守。

4.3 注浆对塑性区的影响规律

不同注浆条件下注浆圈厚度 D_g 与塑性区范围 r_p 的关系曲线见图 6。随着注浆圈厚度的增大与注浆圈止水能力的增强，塑性区逐渐减小，注浆圈厚度与塑性区范围近似呈对数递减关系。注浆圈止水效果越好，增大相同的注浆圈厚度，塑性区减小幅度越大，故在施工中应尽量保证注浆质量。从图中还可以看出，注浆圈厚度并不是越大越好，而是存在最优值，超过该值后继续增大注浆圈厚度对限制塑性区的发展已无明显意义，最优值可根据注浆圈厚度-塑性区关系曲线进行确定。

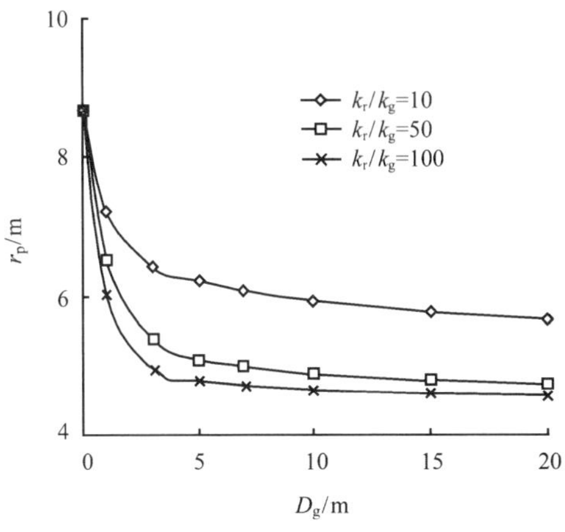

图 6 注浆圈厚度与塑性区范围关系曲线

5 结论

(1) 考虑地下水、注浆及衬砌的影响，推导了深埋隧洞轴对称问题的弹塑性解，通过与现有方法进行对比，证明本文公式的计算结果是可靠的。若不考虑渗流场、衬砌及注浆圈的影响，则本文公式的计算结果与厚壁圆筒拉梅解完全一致。

(2) 传统的隧洞应力与塑性区计算方法没有或只有部分考虑了地下水、注浆圈、衬砌的作用，以修正的 Fenner 公式为例，对于无注浆条件下的隧洞塑性区计算，其计算结果是不够安全的；对于注浆条件下的隧洞塑性区计算，其计算结果偏于保守。

(3) 与修正的 Fenner 公式计算结果对比表明，随着内水压力的增大，两种方法计算结果差异逐渐减小；随着开挖断面及衬砌厚度的增大，两种方法计算结果差异逐渐增大。

(4) 随着注浆圈厚度的增大与注浆圈止水能力的增强，塑性区范围逐渐减小；注浆圈厚度存在最优值，该值可通过注浆圈厚度-塑性区关系曲线进行确定。

参考文献

[1] 徐芝纶.弹性力学[M].2 版.北京：高等教育出版社，1982.
[2] 钟桂彤.铁路隧道[M].北京：中国铁道出版社，1987.
[3] 孙钧，侯学渊.地下结构：上册[M].北京：科学出版社，1991.
[4] 蔡美峰，何满潮，刘东燕.岩石力学与工程[M].北京：科学出版社，2002.
[5] 关宝树.隧道力学概论[M].成都：西南交通大学出版社，1993.
[6] 关宝树.隧道工程设计要点集[M].北京：人民交通出版社，2003.
[7] 于学馥，郑颖人.地下工程围岩稳定分析[M].北京：煤炭工业出版社，2003.
[8] 樗木武.隧道力学[M].北京：中国铁道出版社，1983.
[9] 李咏偕，施泽华.塑性力学[M].北京：水利电力出版社，1987.
[10] 张德兴.渗水黏弹性岩层中有压隧洞的应力分析[J].同济大学学报，1983，(2)：53-62.
[11] 王桂芳.圆形隧道的黏弹性应力分析[J].工程力学，1990，7(1)：106-127.
[12] 张良辉，张清，熊厚金.水下灌浆隧道围岩应力与位移分析[J].西部探矿工程，1996，8(2)：55-58.
[13] 蔡晓鸿，蔡勇平.水工压力隧洞结构应力计算[M].北京：中国水利水电出版社，2004.
[14] 蔡晓鸿.水工压力隧洞含水围岩的弹塑性应力分析[J].江西水利科技，1989，(1)：11-28.
[15] 蔡晓鸿.设集中排水的水工压力隧洞含水围岩弹塑性应力分析[J].岩土工程学报，1991，13(6)：52-63.
[16] 蔡晓鸿，王晓华，蔡勇斌.水工压力隧洞灌浆式预应力衬砌弹塑性应力分析[J].江西水利科技，2004，30(2)：56-61.

[17] 宋俐，张永强，俞茂宏.压力隧洞弹塑性分析的统一解[J].工程力学，1998，15(4)：57-61.

[18] 任青文，张宏朝.关于芬纳公式的修正[J].河海大学学报，2001，29(6)：109-111.

[19] 李宗利，任青文，王亚红.考虑渗流场影响深埋圆形隧洞的弹塑性解[J].岩石力学与工程学报，2004，23(8)：1291-1295.

[20] 吉小明，王宇会.隧道开挖问题的水力耦合计算分析[J].地下空间与工程学报，2005，1(6)：254-258.

[21] 任青文，邱颖.具有衬砌圆形隧洞的弹塑性解[J].工程力学，2005，22(2)：212-217.

[22] 王秀英，潭忠盛，王梦恕，等.山岭隧道堵水限排围岩力学特性分析[J].岩土力学，2008，29(1)：75-80.

[23] 王秀英，潭忠盛，王梦恕，等.高水位隧道堵水限排围岩与支护相互作用分析[J].岩土力学，2008，29(6)：1623-1628.

[24] 张黎明，李鹏，孙林娜，等.考虑地下水渗流影响的衬砌隧洞弹塑性分析[J].长江科学院院报，2008，25(5)：58-63.

[25] BOBET A. Effect of pore water pressure on tunnel support during static and seismic loading[J]. Tunnelling and Underground Space Technology，2003，18(4)：377-393.

[26] CARRANZA T C，ZHAO J. Analytical and numerical study of the effect of water pressure on the mechanical response of cylindrical lined tunnels in elastic and elasto-plastic porous media[J]. International Journal of Rock Mechanics and Mining Science，2009，46(3)：531-547.

[27] ARJNOI P，JAE H J，CHANG Y K，et al. Effect of drainage conditions on pore water pressure distributions and lining[J]. *Tunnelling and Underground Space Technology*，2009，24(4)：376-389.

[28] NAM S W，BOBET A. Liner stresses in deep tunnels below the water table[J]. Tunnelling and Underground Space Technology，2006，21(6)：626-635.

[29] LEE S W，JUNG J W，NAM S W，et al. The influence of seepage forces on ground reaction curve of circular opening [J]. Tunnelling and Underground Space Technology，2006，22(1)：28-38.

[30] 王秀英，王梦恕，张弥.计算隧道排水量及衬砌外水压力的一种简化方法[J].北方交通大学学报，2004，28(1)：8-10.

岩石高压溶蚀试验设备设计与实验分析①

刘 琦 卢耀如 张凤娥

摘 要：为研究岩溶水库蓄水不同时期碳酸盐岩的溶蚀作用机理，研制了一套开放体系下岩石高压溶蚀试验设备，在0～2 MPa动水压力和15～85 ℃条件下，对碳酸盐岩的溶蚀作用进行实验模拟。结果显示，动水压力和温度增大都会引起碳酸盐岩的溶蚀作用加剧。溶蚀速率随压力的增大先降低再增大；随着温度的升高先增大再降低，75 ℃时溶蚀速率达到最大值。该实验方法和结果为岩溶地区水利水电工程中碳酸盐岩水岩作用分析及水库的可持续发展提供了理论依据。

关键词：水库 动水压力 碳酸盐岩的溶蚀作用 实验模拟

0 引言

随着各种大型水利水电工程建设项目的开展，水库周期性的蓄、排水引起水动力和水环境特征发生变化，使得水岩作用程度及方向发生改变，从而导致水库渗漏、滑坡及塌陷等一系列工程地质问题，水岩化学作用和力学作用正是这些现象的根本原因所在[1-6]。

有关水动力条件下岩石溶蚀作用的实验研究已取得了较多成果，高压-流动条件下的溶蚀实验模拟较多地集中于深部岩溶发育的研究，并多服务于油藏开采、材料等工程中[7-8]，而针对水库表生及浅埋地区岩石溶蚀作用的实验研究还比较少，大多是以常压条件或机械应力加载的方式进行近似模拟和理论分析[9-14]，其研究结果对动水压力条件下岩石的溶蚀作用机制揭示尚不够充分。本文研发了一套开放体系岩石高压溶蚀试验设备，模拟水库蓄水不同时期碳酸盐岩的溶蚀作用过程，为岩溶地区水利水电工程的可持续发展提供理论依据。

1 高压溶蚀作用模拟的条件

岩溶地区的水利水电工程中，碳酸盐岩的分布按其裸露状态有：① 表生型。厚层块状碳酸盐岩直接裸露于地表，或者有少量第四系松散地层，或局部有薄层碳酸盐岩风化物及非碳酸盐岩地层覆盖，受库水活动影响较大地带。② 浅埋型。碳酸盐岩以上有5 m以上松散第四系或非碳酸盐岩地层覆盖，或埋深深度内地下水循环交替积极。③ 深埋型。指碳酸盐岩岩层埋藏深度内地下水循环交替弱地带[2]。

为了探讨水动力、水环境特征变化引起的碳酸盐岩水岩作用加剧的机理，主要针对岩溶峡谷区表生和浅埋地带，补给型水动力条件下水库蓄水前、蓄水过程和长期蓄水后3个阶段对碳酸盐岩的溶蚀作用进行实验模拟和分析。

1.1 水压力

考虑到国内修建大坝一般坝高不超过200 m，所研究范围为表生和浅埋地带的水岩系统，另外考虑到实验过程的控制条件及实验操作的安全性等限制，因此将实验最高水压力确定为2.0 MPa。并根据水

① 刘琦，卢耀如，张凤娥.岩石高压溶蚀试验设备设计与实验分析[J].实验室研究与探索，2013，9：34-37.

库蓄水引起水动力特征的变化过程，分别模拟水库蓄水前、蓄水时、长期蓄水后的压力条件（0～2 MPa）。

1.2 温度

对水库坝基和库区的表生的浅埋地带，考虑平均库水水温（15 ℃）和局部地带的热液水混合水温情况（15～85 ℃）进行模拟，分别设定恒温和变温情况进行压力溶蚀实验。

1.3 水流速度和流量

反应液的流动速率设为 0.75、1.50 mL/min（在岩溶含水层中水的流动速度范围内，即 0.001～1.000 cm/s[15]），同时反应后溶液以相同流量将水岩反应后的溶蚀液排出溶蚀管，这样，水溶液和悬挂于溶蚀管内的岩样表面有一定的接触时间进行溶蚀反应。

1.4 水质变化

选择库水中普遍存在的 CO_2 溶液作为溶解介质，为了加快实验过程中的反应速度适当加大 CO_2 含量。通过调节不同的初始浓度进行实验对比。

2 实验设备的设计

为模拟这种岩溶坝区高动水压力作用下的表生或浅埋藏地带的开放体系，考虑如下技术要求进行设计。

(1) 实验设备的安全应是第 1 位的，在此基础上，充分考虑实验设备的易操作性，使得布局合理。需要方便地收集和测试任意时刻通过试样的反应后溶蚀液；溶蚀管部分需要方便拆卸、安装，以便更换其中的岩石样品；实验后要更换水罐中的水溶液，要方便清洗。

(2) 由于 CO_2 溶解度随压力增大而增大，随温度升高而降低，反应进行过程中的溶液和 CO_2 溶解量关系较难控制，存在的误差较大。为了更真实地模拟实际的坝区地下水开放体系情况，本实验设备采用气囊向一定 CO_2 含量的水溶液中传递压力。气在囊里，水在囊外，水气不接触保证了反应溶液水质不受污染；通过高压氮气挤压气囊并传递到罐体中的反应溶液，形成压力水；将定量的 CO_2 充入一定体积的去离子水中，在保证 CO_2 水溶液初始浓度相同的前提下控制压力，使得指定压力条件下的 CO_2 在水溶液中的溶解量相同，这样就保证了对比实验中的 CO_2 水溶液浓度保持一致；两个并联的溶蚀管能够以相同的条件进行对比实验。

(3) 为了保证整个实验系统不受侵蚀水的影响，要求实验设备耐酸、耐碱、耐高温，系统全部采用不锈钢 304 材质并特殊定制了耐酸耐碱的气囊。

(4) 要求能够方便而准确地调整水压力，并具有自动补偿功能，以保证整个实验过程中压力的稳定。

(5) 岩样挂置于溶蚀管内，与溶蚀管有相同的水岩比，溶液在设定压力条件下定流速、流量地进入溶蚀管后与岩石表面充分反应；同时，反应后溶液要泄压到常压状态后以定流速、流量的收集，为此定做了高精度水用减压器，与针阀串联来联合控制，达到泄压快、精度高的要求。

(6) 采用温控仪将温度控制在 15～100 ℃，精度达到 0.1 ℃。管径要求足够细，够长，以保证高压水流以恒定的小流量充分预热后恒温进入溶蚀管。

3 岩石高压溶蚀试验设备

为模拟岩溶坝区高水压作用下的表生或浅埋藏地带的开放体系，并考虑到上述技术要求，由中国地质科学院水文地质环境地质研究所、同济大学和石家庄金石化肥股份有限公司共同开发研制了一套岩石高压溶蚀试验设备，结构示意图见图 1 和实物图 2。

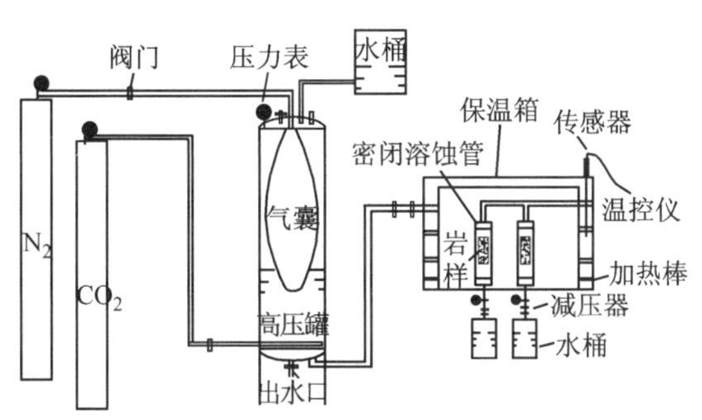

图 1　岩石高压溶蚀试验设备结构示意图

图 2　岩石高压溶蚀试验设备实物图

实验设备可以模拟开放系统和密闭系统，能保证反应溶液以不变的初始浓度持续不断地补充到溶蚀管内部，并能方便而准确地调节水压力、流速、流量和温度，使水溶液对岩样表面进行化学溶蚀和侵蚀。该仪器包括压力系统、反应液配制系统、加压和稳压系统、试样密封系统、温控系统、反应溶液收集系统和计时系统：

(1) 压力系统。压力源(高压N_2气罐)和高压水罐，保证提供一定压力的水源。高压水罐由防腐蚀耐酸、耐碱气囊和不锈钢罐体组成，罐体密封性好，一次灌水充气可维持一个实验周期恒定条件的反应溶液供给。

(2) 反应液配制系统。高压CO_2气罐，水桶和密封高压水罐，保证提供一定体积一定初始浓度的反应溶液。

(3) 加压和稳压系统。密封高压水罐、气囊和具自动补偿功能的减压器，压力值的调整和稳压均通过该减压器控制，系统的压力显示由气罐、高压水罐和出口处的 3 个压力表来联合观测，最大压力可达 4 MPa，稳压精度 0.1 MPa。

(4) 试样密封系统。溶蚀管(图 3)和密封系统，让反应溶液通过试样表面进行溶蚀反应。

(5) 温控系统。保温箱、不锈钢盘管、加热棒、温度传感器和温控仪组成，使反应溶液能够在盘管中传输并充分预热后流入溶蚀管，温度精度控制在 0.1 ℃。

(6) 反应溶液收集系统。由减压器、针阀和接收水桶组成，减压器和针阀串联可以更加精确地将反应后的高压溶液卸压后按一定流速和流量完整地收集并计量。

(7) 计时系统。电子表，可以进行溶蚀过程中时间的计量。

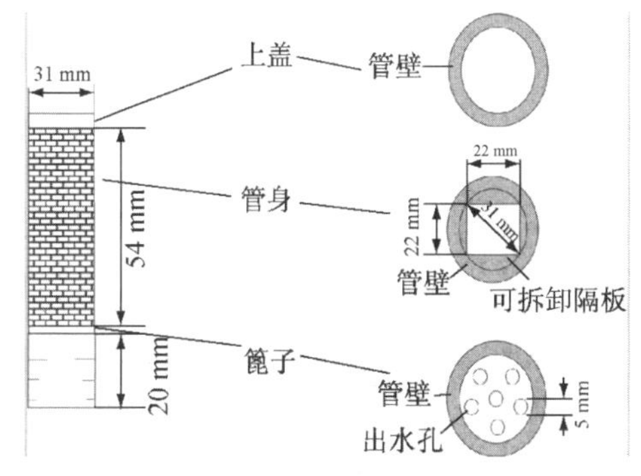

图 3　溶蚀管结构示意图

4　碳酸盐岩高压溶蚀实验及结果分析

4.1　碳酸盐岩溶蚀实验方法

实验首先将定量的 CO_2 充入高压罐一定体积的去离子水中，使初始 CO_2 水溶液浓度保持在 4.64 mmol/L，常温下测试其 pH＝4.35；将氮气充入气囊内，通过高压氮气挤压气囊并传递到高压罐中的 CO_2-H_2O 系统形成压力水。试验最高水压力为 2.0 MPa，采用动态压力平衡法，即让 CO_2 水溶液不断流过岩样，试验中流速控制在 1.5 ml/min，试验历时均为 168 h。采用定时间、定流量、定总量的办法来实现流程控制，通过检测出口溶液的总量及各离子的浓度，以研究不同样品的溶蚀作用过程。温度由温控仪自动控制。试验过程中采集的溶蚀液定期做化学分析。

4.2 实验结果分析

(1) 动水压力变化对岩样的影响。考虑到水库蓄水过程中，坝前地下水位不断增高，实验对 21、51、32 和 43 四种岩样每 2 h 进行一次压力加载，加压顺序依次为 0.1 MPa—0.6 MPa—1.0 MPa—1.6 MPa—2.0 MPa，实验历时 10 h，结果见图 4。考虑到水库不同蓄水时期动水压力的作用，分别对岩样 14 施加恒定的 1.0 MPa 压力，对 31、42 施加恒定的 1.5 MPa，对 21、32、43 岩样继续施加恒定的 2.0 MPa，实验历时均为 168 h，结果见图 5。两种实验条件下的结果均显示：动水压力增大会引起碳酸盐岩的溶蚀作用加剧，溶解速率曲线随动水压力的变化而发生显著改变。

(2) 温度对溶蚀特性的影响。在本实验中将已配制好的 CO_2 水溶液通入溶蚀管，分别在室温 16 ℃、40 ℃下进行溶蚀，动水压力控制在 2.0 MPa 恒定不变，以此模拟坝区地下水常温地带与浅埋中温地带，如温泉出露部位等地区地下水对碳酸盐岩的溶蚀差异性，其实验结果如图 6 所示。结果显示，碳酸盐岩的溶蚀受温度影响显著，这是水中 CO_2 的活性随温度、压力变化迅速所致。温度由 16 ℃升至 40 ℃，岩样的平均溶解速率由 11.26 mg/(L·d)变到 44.72 mg/(L·d)，后者是前者的 3.97 倍，说明在高渗透压力下温度升高对碳酸盐岩的溶蚀速率影响较大。

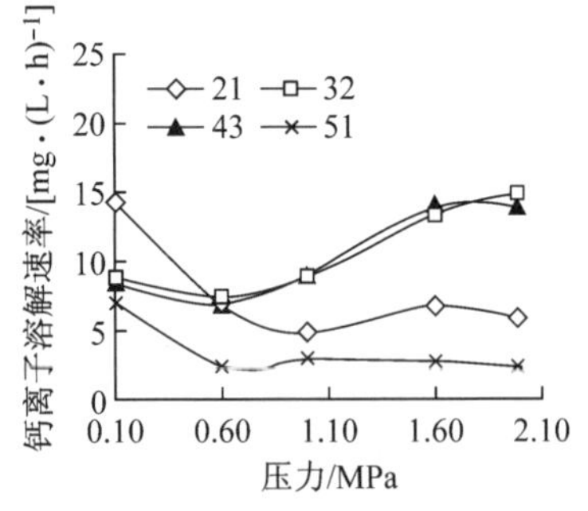

图 4 动水压力对岩样溶解速率的影响

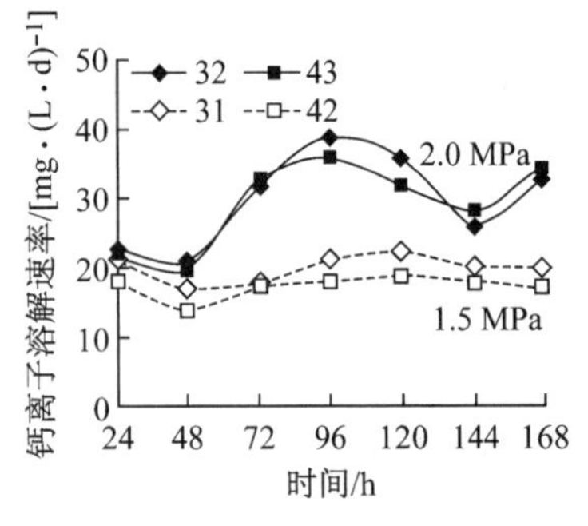

图 5 不同动水压力条件下岩样的溶解过程曲线

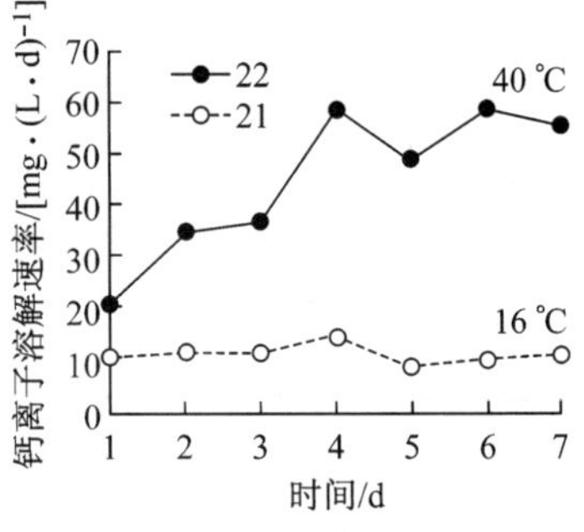

图 6 温度对钙溶解速率的影响

将动水压力控制在 1.6 MPa 恒定不变，温度从 15 ℃—20 ℃—35 ℃—55 ℃—75 ℃—85 ℃逐级定时升高，以此模拟浅埋中温地带热液与库水地下水混合情况下碳酸盐岩的溶蚀特性，其结果如图 7 所示。同条件下，随着温度升高，一方面水溶液中 CO_2 溶解度降低；另一方面温度升高提高了溶液中各离子组分的化学活动性，增强了溶液的溶解能力，同时岩石表面矿物晶格能降低加速了扩散作用，使岩样的化学溶解过程加剧。因此，总体趋势是随着温度升高(15～75 ℃)压力水对岩样的溶蚀程度加剧，这是由于在 15～75 ℃，岩样的单位温度溶蚀扩散量梯度值高于 CO_2 向 H^+ 的溶解转换梯度值[1]。当温度达到 75 ℃后 Ca 的溶解速率迅速下降，说明溶液中有碳酸盐岩发生沉淀。与卢耀如等[1]的常压实验对比可以看出，实验结果具有相似性。

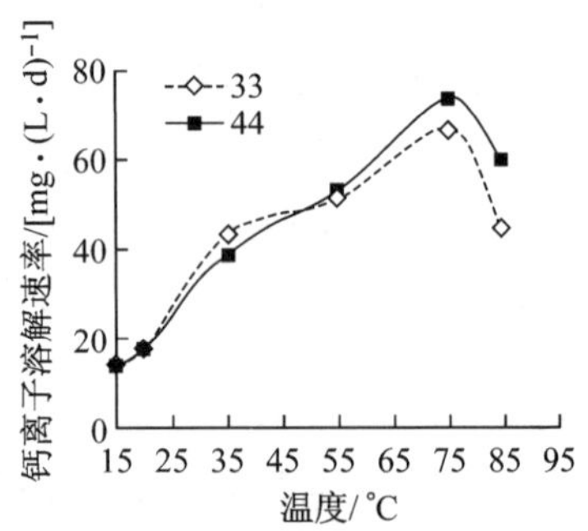

图 7 恒定动水压力下，温度升高对钙溶解速率的影响

5 结语

为研究岩溶地区水库蓄水不同时期碳酸盐岩的溶蚀作用机制，设计和研制了一套开放体系下岩石高压溶蚀试验设备，可以对不同动水压力条件(0～2.0 MPa)和不同温度条件下(15～85 ℃)水溶液溶蚀-侵蚀岩石的过程进行实验模拟。其实验结果对水库坝基和库区常压和高水压下，碳酸盐岩的水岩作用动力学的分析提供有力的依据，如溶蚀速率与压力的相互关系，溶蚀速率受温压共同作用的趋势，化学溶解与机械破坏之间的关系，以及水质变化的影响等等，为岩溶地区水利水电工程的可持续发展提供理论依据。

研究工作及设备设计制作中得到了中国地质科学院水文地质环境地质研究所齐继祥、张胜、李淑珍等多位研究员的指导与帮助，在此一并表示感谢！

参考文献

[1] 卢耀如.地质-生态环境与可持续发展[M].南京：河海大学出版社，2003：31-72.
[2] 邹成杰.水利水电岩溶工程地质[M].北京：水利电力出版社，1994(10)：1-70.
[3] 王思敬，马凤山，杜永廉.水库地区的水岩作用及其地质环境影响[J].工程地质学报，1996，4(3)：1-9.
[4] 李承先，刘晓峰，陈立秋，等.水库对岩溶水文地质环境的影响[J].东北水利水电，1999(11)：36-38.
[5] 宋汉周，施希京.大坝坝址析出物及其对岩体渗透稳定性的影响[J].岩土工程学报，1997，19(5)：14-19.
[6] 苏维词.乌江流域梯级开发的不良环境效应[J].长江流域资源与环境，2002，11(4)：388-392.
[7] 冯启言，韩宝平.任丘油田水文地球化学演化与水-岩作用研究[M].徐州：中国矿业大学出版社，2001：1-25.
[8] 杨荣兴，周珣若，张荣华.水-岩反应实验研究现状与进展[J].现代地质，1995，12(4)：419-422.
[9] MONTES H，RENARD F，GEOFFROY N，et al. Calcite precipitation from $CO_2-H_2O-Ca(OH)_2$ slurry under high pressure of CO_2[J]. Journal of Crystal Growth，2007，308：228-236.
[10] KAUFMANN G，DREYBRODT W. Calcite dissolution kinetics in the system $CaCO_3-H_2O-CO_2$ at high undersaturation[J]. Geochimica et Cosmochimica Acta，2007，71：1398-1410.
[11] 汤连生，周翠英.渗透与水化学作用之受力岩体的破坏机理[J].中山大学学报(自然科学版)，1996，35(6)：95-100.
[12] 阿里木.土尔逊.坝基老化岩-水-化学作用数值模拟研究[D].南京：河海大学，2005.
[13] 杨俊杰，黄思静，张文正，等.表生和埋藏成岩作用的温压条件下不同组成碳酸盐岩溶蚀成岩过程的实验模拟[J].沉积学报，1995，13(4)：49-54.
[14] 江岳.三轴压力下水与砂岩、灰岩反应的实验研究[D].北京：中国地震局地震预测研究所，2008.
[15] 刘再华，Wolfgang D.岩溶作用动力学与环境[M].北京：地质出版社，2007：1-45.

酸碱及可溶盐溶液对桂林红黏土压缩性影响实验研究①

顾展飞　刘　琦　卢耀如　刘之葵

摘　要：为探讨水环境对红黏土工程地质性质的影响，以桂林岩溶地区典型地段的红黏土为研究对象，对浸泡于不同浓度的 HCl、NaOH、$Fe(NO_3)_3$ 和 $Al(NO_3)_3$ 溶液中的试样进行固结实验。结果显示：(1) 在 HCl 和 NaOH 溶液中浸泡后，红黏土的压缩模量都降低，压缩系数都增大，且溶液浓度越大其值降低或增大的幅度越大；(2) 浸泡在 NaOH 溶液中的红黏土的压缩模量比浸泡在 HCl 溶液中的大，且压缩模量值随着溶液浓度的增加而减小，压缩系数则相反；(3) 在 $Fe(NO_3)_3$ 和 $Al(NO_3)_3$ 溶液中浸泡后，红黏土的压缩模量会随着溶液浓度的增大而增大，压缩系数随着溶液浓度的增大而降低，且 $Fe(NO_3)_3$溶液对红黏土的压缩性影响作用比 $Al(NO_3)_3$ 溶液的大。

关键词：红黏土　压缩性　酸碱溶液　铁铝可溶盐溶液　实验研究　桂林市

0　引言

红黏土是一种与普通黏性土有着本质区别的区域"特殊性土"，因此国内外地质、地理、土壤和岩土工程界的专家学者曾对红黏土的矿物成分、内部结构、孔隙变化、裂隙扩展、物理化学特性、游离氧化铁赋存，以及水土相互作用对红黏性土性质的影响等进行了大量的研究[1-7]，如赵颖文、汤连生研究发现红黏土经不同脱湿阶段或不同水溶液浸泡后，其胀缩性、液限和塑限等都会发生变化[8-9]；朱寿增、孙重初、顾季威研究发现红黏土经酸雨和酸液侵蚀后，其含水性、可塑性增大、强度降低；Payne 等发现铜的浓度会影响红黏土的工程性质[10-13]；王洋、BISHOP A W、唐益群等研究发现含水量的变化和干湿交替等会影响红黏土的抗剪强度，使其黏聚力 c 和内摩擦角 φ 值发生变化[14-16]。但前人针对可溶盐溶液与土体相互作用的研究，特别是对土体压缩性的影响研究比较少。

桂林是我国岩溶最发育的地区之一，红黏土分布广泛。桂林红黏土主要是一种由更新世残积、坡残积、冲洪积及洪坡积组成，并经后期湿热化作用改造的富含铁铝氧化物的黏性土，其工程性质非常复杂，水稳定性差，化学活动性与地下水化学成分密切相关[17-21]。研究水土化学作用对红黏土力学性质的影响，对于工程施工中技术参数的选用及保障工程运营的安全性、持久性具有重要的意义。为探讨水环境对黏土工程地质性质的影响，本文以桂林红黏土为研究对象，开展酸碱及可溶盐溶液对红黏土压缩性影响的实验研究，以期为红黏土地基评价处理提供科学依据。

1　研究区地质概况

研究区位于桂林市南部，地处低纬度，气温较高，日照充足，雨量充沛。场地地形中部较高，北部较低，原为当地农民耕作地，种植有果树等作物。场地地貌上属土坡与丘陵缓坡，地面标高 157.38～163.00 m。

研究区地层分布由上往下有杂填土(Q^{ml})，耕表土(Q^{pd})，第四系冲洪积(Q^{al+pl})红黏土，下伏基岩为

① 顾展飞，刘琦，卢耀如，等.酸碱及可溶盐溶液对桂林红黏土压缩性影响实验研究[J].中国岩溶，2014，3：37-43.

泥盆系中统东岗岭组灰岩(D_2d)等,其剖面结构特征如图1所示。

研究区红黏土主要持力层(地表以下2.0～3.0 m深处)的物理力学性质指标见表1。表中的数据为区内几个工程近50组红黏土及10余组次生红黏土样本的统计平均值。

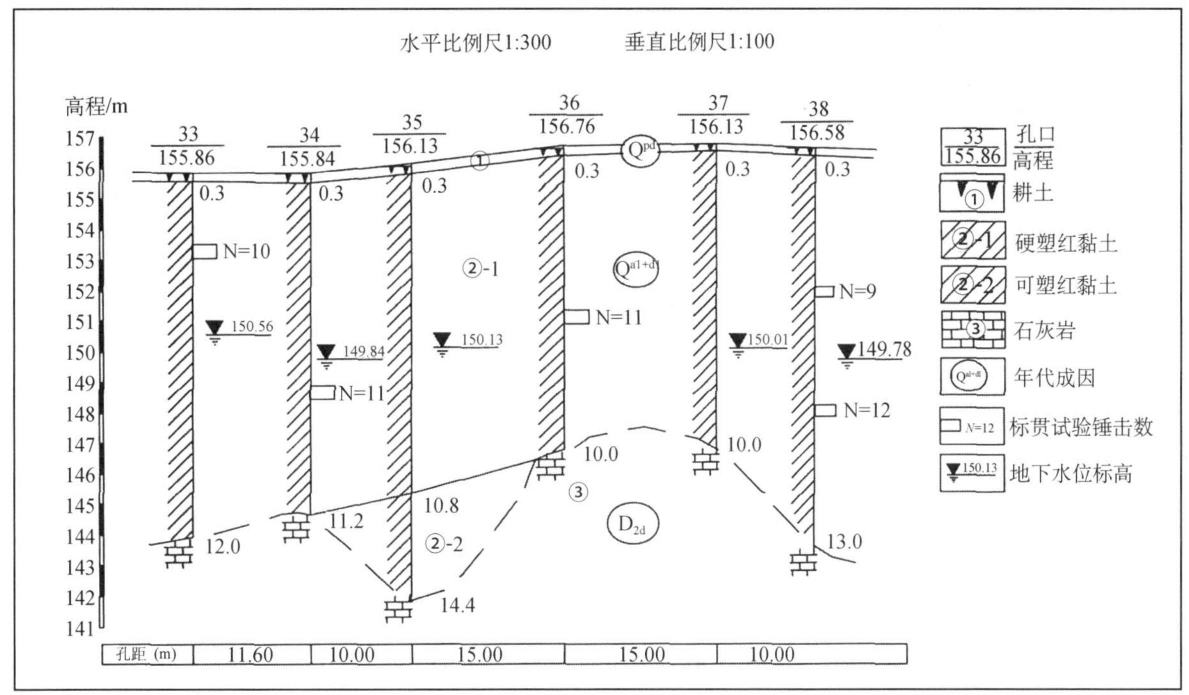

图1　研究区工程地质地层剖面图

表1　研究区红黏土主要物理力学性质指标统计(平均值)

地层	W	ρ/(g·cm^{-3})	e	W_L/%	I_p	I_L	α_w	I_r	$a_{1\text{-}2}$/MPa^{-1}	Es/MPa	c/kPa	φ(°)
硬塑	31.8%	1.888	0.927	56	24.5	0.015	0.570	1.777	0.265	7.58	28.02	11.83
可塑	35.3%	1.86	0.999	49.5	21	0.325	0.712	1.754	0.371	5.688	29.6	10.1
软塑	45%	1.815	1.212	49.5	24	0.81	0.908	1.940	0.625	3.705	5.8	4.15

2　实验条件设置

桂林红黏土是在气候湿润、雨量充沛的条件下形成的,低价阳离子Na^+、K^+、Ca^{2+}、Mg^{2+}等多被淋滤,而Fe^{3+}、Al^{3+}的含量却很高。考虑其特殊的组成、当地气候条件以及地下水的pH值变化范围,分别配制了pH=3、pH=5的HCl溶液及pH=9、pH=11的NaOH溶液,以及0.1 mol/L和0.2 mol/L的$Fe(NO_3)_3$和$Al(NO_3)_3$溶液。实验时先用环刀将土样取下(图2(a)),然后用多孔滤纸和透水石包裹(图2(b)),并浸泡于溶液中。

3　实验方法及实验结果

3.1　浸泡与非浸泡对比实验

选择研究区内不同地点8个钻孔内的8个土样,实验分一、二两组进行,每组4个土样。具体方法如下:

(a) 浸泡前

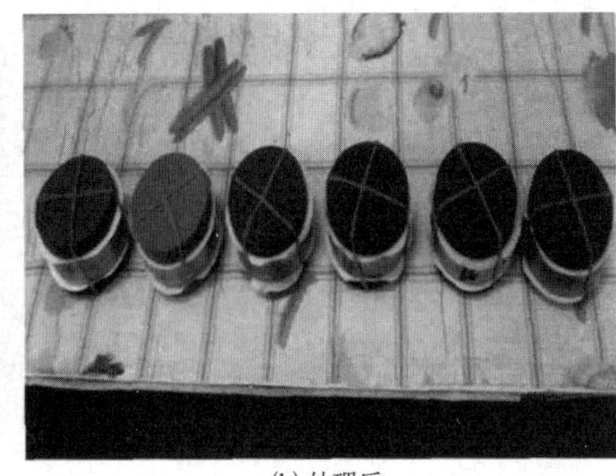
(b) 处理后

图 2　浸泡前(左)及用多孔滤纸和透水石包裹处理后(右)土样

(1) 土样采集后用样盒密封包装送到实验室,每个土样分两部分,一部分进行常规实验,另一部分浸泡在 pH=3、pH=5 的 HCl 及 pH=9、pH=11 的 NaOH 溶液中;

(2) 浸泡前,先称取土样和环刀的质量,记为 m_1,然后把透水石在各自溶液中浸透,制成图 2 右图中所示样式,采用静止装置浸泡;

(3) 在室温条件下,使土样在酸碱溶液中浸泡 15 d,取出试样去掉透水石后称重,质量记为 m_2,发现 m_2 稍大于 m_1;

(4) 在密封盛有干燥剂的容器中放置一高精度电子秤,把质量为 m_2 的试样放在该电子秤上,定期观测质量的变化,待试样质量变为 m_1 时进行各种实验测试。

以下实验关键控制步骤均按上述方法进行,不再赘述。实验结果如表 2 及图 3、图 4 所示。

表 2　浸泡与非浸泡对比实验结果统计表

序号	处理方式	压缩模量 Es_{1-2}/MPa		压缩系数 a_{1-2}/MPa^{-1}	
		第一组	第二组	第一组	第二组
1	pH=3	8.58	6.97	0.216	0.268
	非浸泡	11.24	8.77	0.167	0.216
2	pH=5	6.33	8.16	0.275	0.226
	非浸泡	7.14	9.80	0.256	0.187
3	pH=9	6.87	4.51	0.291	0.432
	非浸泡	7.81	4.99	0.273	0.405
4	pH=11	4.25	4.15	0.396	0.370
	非浸泡	6.87	6.56	0.336	0.324

由表 2 及图 3、图 4 知:相比于常规试验试样,经 HCl 及 NaOH 溶液浸泡后,红黏土试样的压缩模量都不同程度地降低,而压缩系数则都不同程度地增大,且酸碱溶液浓度越大其值降低和增大的幅度越大,即 pH=3 时的浸泡前后红黏土的压缩模量、压缩系数差值比 pH=5 时的大,pH=11 比 pH=9 时的大。

3.2　酸碱溶液浸泡对比试验

选择研究区内不同地点 2 个钻孔内的土样,每个钻孔内土样为一组,分两组进行实验。具体方法如下:

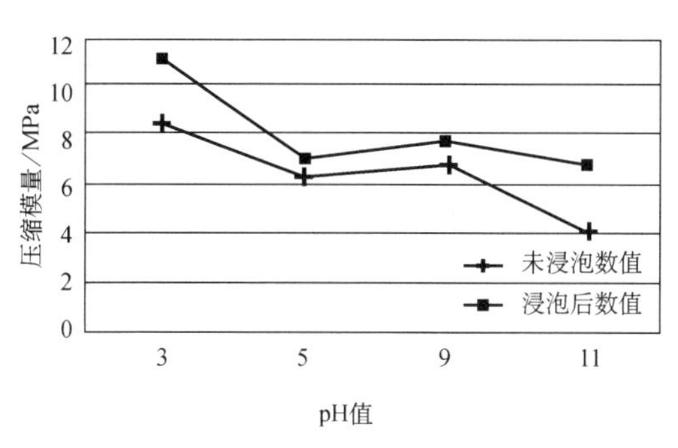

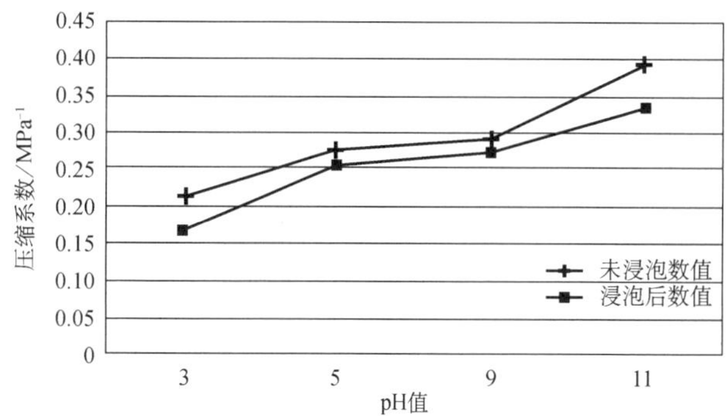

图 3　浸泡与非浸泡对比实验中压缩模量、压缩系数变化曲线图(第一组)

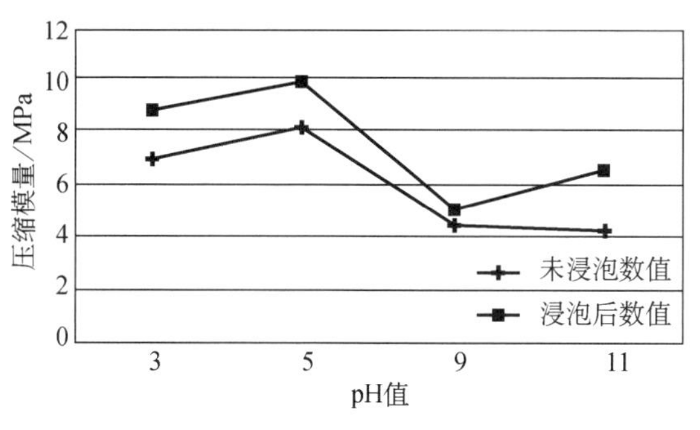

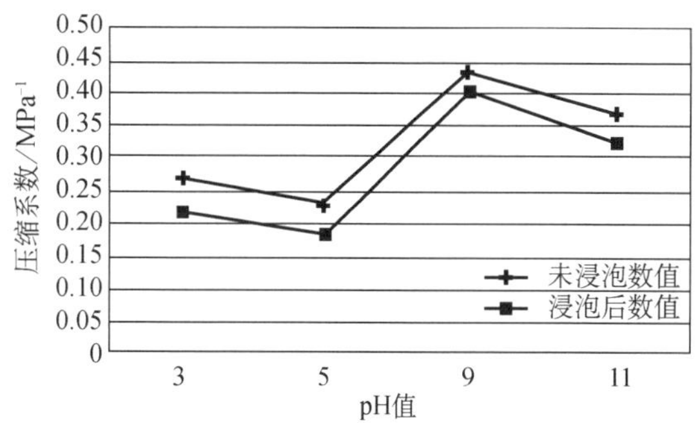

图 4　浸泡与非浸泡对比实验中压缩模量、压缩系数变化曲线图(第二组)

(1) 土样采集后用取样盒密封包装送到实验室,同一组样分成 4 份,分别浸泡在 pH=3、pH=5 的 HCl 溶液及 pH=9、pH=11 的 NaOH 溶液中。

(2) 在室温条件下,使土样在各自溶液中浸泡 15 d。

(3) 其余实验步骤按 3.1 中所示实验方法进行各步骤操作。

实验结果如表 3 及图 5、图 6 所示。

表 3　酸碱溶液浸泡对比实验结果统计表

序号	处理方式	压缩模量 $Es_{1\text{-}2}$/MPa		压缩系数 $a_{1\text{-}2}$/MPa^{-1}	
		第一组	第二组	第一组	第二组
5	pH=3	7.89	8.53	0.23	0.25
6	pH=5	11.91	12.05	0.15	0.16
7	pH=9	18.05	16.24	0.10	0.12
8	pH=11	12.89	11.75	0.14	0.15

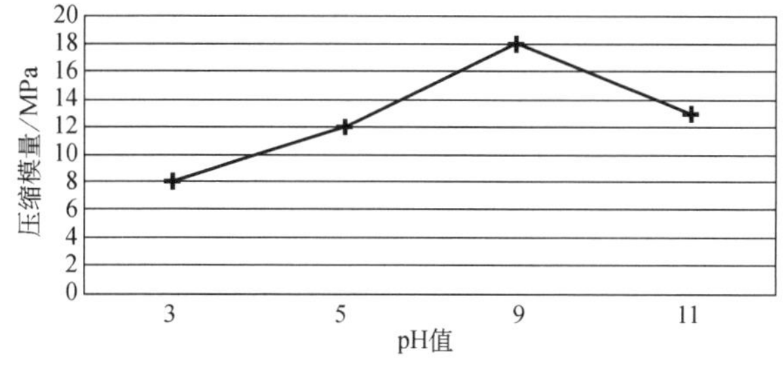

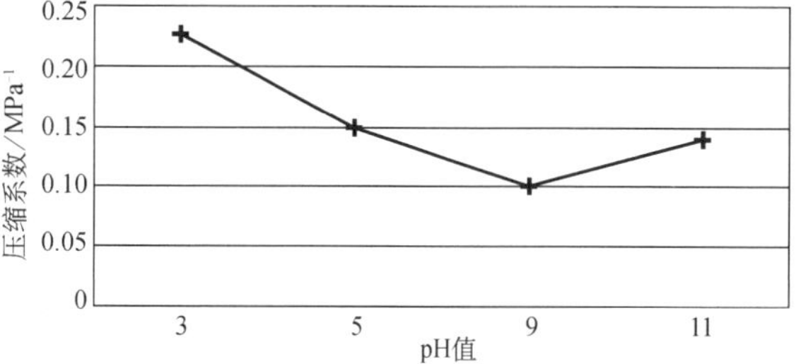

图 5　酸碱溶液浸泡对比实验中压缩模量、压缩系数变化曲线图(第一组)

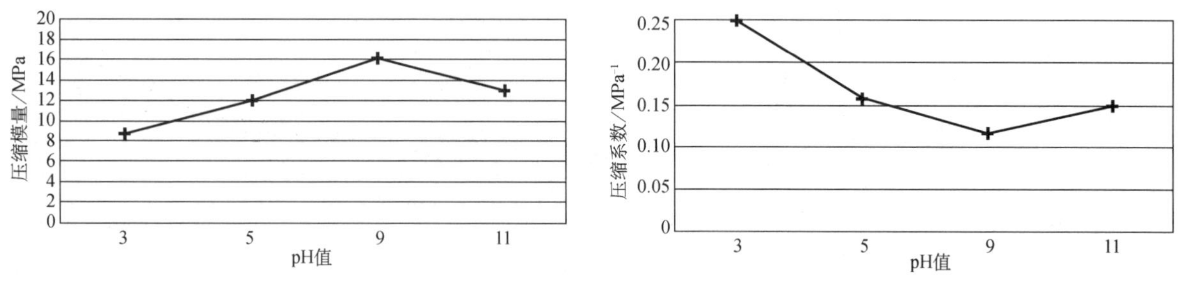

图 6　酸碱溶液浸泡对比实验中压缩模量、压缩系数变化曲线图(第二组)

由表 3 及图 5、图 6 知：浸泡在 NaOH 溶液中的两组红黏土的压缩模量比浸泡在 HCl 溶液中的大，且压缩模量值随着溶液浓度的增加而减小，即 pH=3 时的压缩模量小于 pH=5 时的，pH=11 时的小于 pH=9 时的，压缩系数则相反。

3.3　可溶盐溶液浸泡实验

选择研究区内不同地点 2 个钻孔内的土样，每个钻孔内土样为一组，分两组进行实验。具体方法如下：

(1) 土样采集后用取样盒密封包装送到实验室，同一组样分成 4 份，分别浸泡在 0.1 mol/L $Fe(NO_3)_3$和 $Al(NO_3)_3$ 溶液及 0.2 mol/L 的 $Fe(NO_3)_3$ 和 $Al(NO_3)_3$ 溶液中。

(2) 在室温条件下，使土样在各自溶液中浸泡 15 d。

(3) 其余实验步骤按 3.1 中所示实验方法进行各步骤操作。

实验结果如表 4 及图 7、图 8 所示。

表 4　可溶盐溶液浸泡实验结果统计表

序号	处理方式	压缩模量 Es_{1-2}/MPa		压缩系数 a_{1-2}/MPa^{-1}	
		第一组	第二组	第一组	第二组
9	0.1 mol/L Fe^{3+}	6.60	6.24	0.27	0.26
10	0.1 mol/L Al^{3+}	7.35	8.12	0.24	0.22
11	0.2 mol/L Fe^{3+}	13.42	14.80	0.13	0.11
12	0.2 mol/L Al^{3+}	11.94	11.65	0.15	0.13

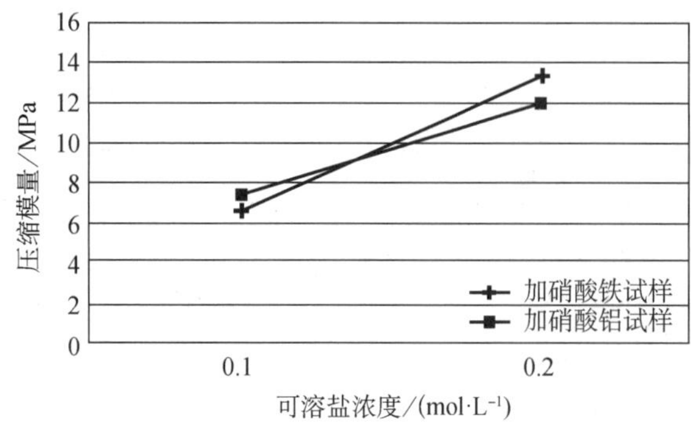

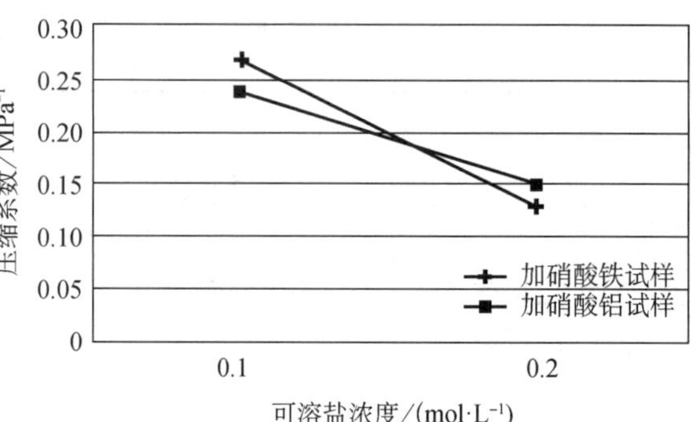

图 7　可溶盐溶液浸泡实验中压缩模量、压缩系数变化曲线图(第一组)

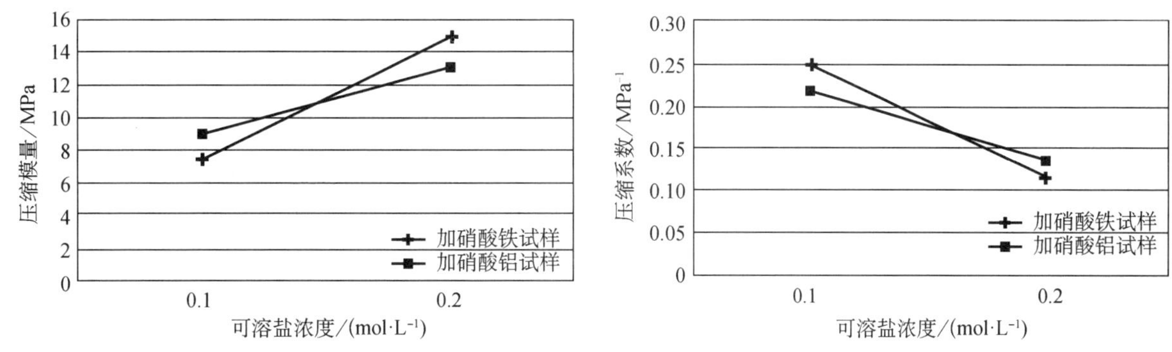

图 8　可溶盐溶液浸泡实验中压缩模量、压缩系数变化曲线图(第二组)

由表 4 及图 7、图 8 可知：经 $Fe(NO_3)_3$ 和 $Al(NO_3)_3$ 溶液浸泡后，两组红黏土的压缩模量随着溶液浓度的增大而增大，而压缩系数降低；浸泡在 $Fe(NO_3)_3$ 溶液的试样比浸泡在 $Al(NO_3)_3$ 溶液的试样曲线的斜率大，即 $Fe(NO_3)_3$ 溶液对红黏土压缩性影响作用比 $Al(NO_3)_3$ 溶液要大。

4　实验结果讨论与分析

桂林红黏土及次生红黏土的最主要化学成分是 SiO_2、Al_2O_3 和 Fe_2O_3，这也即是土体中主要的胶结物质，而 Al_2O_3 和 Fe_2O_3 在酸碱环境中均会发生化学反应。

在酸性溶液中，发生化学反应式为：

$$Al_2O_3 + 6H^+ = 2Al^{3+} + 3H_2O \tag{1}$$

$$Fe_2O_3 + 6H^+ = 2Fe^{3+} + 3H_2O \tag{2}$$

在碱性溶液中，发生化学反应式：

$$Al_2O_3 + 2OH^- = 2AlO_2^- + H_2O \tag{3}$$

所以，在酸碱溶液的作用下，土体的化学成分将发生改变，总体表现为 Al_2O_3 和 Fe_2O_3 含量降低，从而使土体原来结构破坏，强度降低，压缩性增大。而且酸性越强，强度降低的越多。

由次生二氧化硅、游离氧化物、黏土矿物组成的黏粒，其溶液的 pH 值决定着双电层的热力学电位，从而影响到扩散层的厚度。就次生二氧化硅而言，溶液的 pH 值越大，其解离程度越高，则热力学电位越大，ζ 电位也越大[22]。若溶液的 pH 值小，即氢离子浓度增高，则次生二氧化硅的解离度小，扩散层变薄。对游离氧化物、黏土矿物两性胶体而言也是如此。黏土颗粒表面和边缘有可能暴露出来的羟基具有分解的趋势：

$$SiOH = SiO^- + H^+ \tag{4}$$

pH 值越高，H^+ 进入溶液的趋势越大，颗粒的有效负电荷就越大，颗粒吸附阳离子的能力就越强，双电层越厚，ζ 电位就越高，悬浮液中的颗粒的絮凝倾向就越小。

碱性溶液能加速该反应，使不稳定的物质分解为较稳定的物质，而酸性物质会抑制该反应的进行，随着浓度的增加，原来的反应逐渐完成，碱性溶液中又会发生化学反应：

$$Fe^{3+} + 3OH^- = Fe(OH)_3\downarrow \tag{5}$$

$$Al^{3+} + 3OH^- = Al(OH)_3\downarrow \tag{6}$$

使 Fe^{3+}、Al^{3+} 的含量随着沉淀的生成而降低，压缩性又各自增大。

另外，酸性和碱性溶液使颗粒的吸附性增强，胶结作用变大，黏粒的黏聚力会暂时变大，但是在 pH

值恒定状态下，黏粒吸附大量反号离子，扩散层的厚度不断增大，颗粒的直径变大，比表面积减小，表面能减小，对周围离子的吸引力变弱，吸附作用减小，而且胶粒之间相互凝结，颗粒表面吸附点减少，对阳离子的吸附量降低，土的强度降低。

桂林地下水丰富，地下水溶液的循环作用强烈，K、Na、Ca、Mg 等离子被带走，随着地表氧化还原条件、pH 值的改变及微生物有机质的作用，致使部分 Fe、Al、Mn、Ti、Si 等离子开始沉淀下来。当溶液中离子的浓度增加时，扩散层中离子的吸附作用加强，结果使扩散层中的离子增多，扩散层变厚，颗粒膨胀性能就越强。

两性氧化物三氧化二铝（Al_2O_3）与水作用后，其表面可带正电，也可带负电[22]。

在碱性介质中：

$$Al_2O_3 + 3H_2O = Al(OH)^{2+} + 2(OH)^- \tag{7}$$

在酸性介质中：

$$Al_2O_3 + 3H_2O = 2(H_2AlO_3)^- + 2H^+ \tag{8}$$

$Al(OH)^{2+}$ 或 $(H_2AlO_3)^-$ 离子与颗粒结晶格架不能分离，因而使颗粒表面带正电荷或负电荷，介质中由于含有 OH^- 或 H^+ 离子而带负电荷或正电荷。水的 pH 值的改变，只能影响上述反应式中的解离程度，不能改变颗粒表面带电的性质。铝离子的加入会影响上述反应的进行，使土中的各种离子维持在一定的水平，而铁离子不会影响上述反应的进行，因此，$Fe(NO_3)_3$ 溶液对红黏土压缩性影响比 $Al(NO_3)_3$ 溶液大。

5 结论

（1）在 HCl 溶液及 NaOH 溶液中浸泡后，红黏土试样的压缩模量都降低，压缩系数都增大，且酸碱溶液浓度越大其值降低和增大的幅度越大，即 pH=3 时的浸泡前后红黏土的压缩模量、压缩系数差值比 pH=5 时的大，pH=11 比 pH=9 时的大。

（2）浸泡在 NaOH 溶液中的红黏土的压缩模量比浸泡在 HCl 溶液中大，且压缩模量值随着溶液浓度的增加而减小，即 pH=3 时的小于 pH=5 时的，pH=11 时的小于 pH=9 时的。压缩系数则相反。

（3）红黏土在 $Fe(NO_3)_3$ 和 $Al(NO_3)_3$ 溶液中浸泡时压缩模量会随着溶液浓度的增大而增大，而压缩系数降低；浸泡 $Fe(NO_3)_3$ 溶液的试样比浸泡 $Al(NO_3)_3$ 溶液的试样曲线的斜率大，即 $Fe(NO_3)_3$ 溶液对红黏土压缩性影响作用比 $Al(NO_3)_3$ 溶液要大。

感谢桂林理工大学高级实验师张真老师对本文实验的大力支持与帮助，同时也非常感谢审稿专家和编辑部韦复才研究员对本文提出的建设性意见和建议。

参考文献

[1] 姜洪涛.红黏土的成因及其对工程性质的影响[J].水文地质工程地质，2000，(3)：33-37.

[2] Ola S A. Mineralogical properties of some Nigerian resiual Soil in relation with building problems[J]. Engineering Geology.1980，15(1-2)：1-13.

[3] Madu R M. An investigation into the geotechnical and engineering properties of some laterite of Eastern Nigeria[J]. Engineering Geology，1977，11(2)：101-125.

[4] 王继庄.游离氧化铁对红黏土工程特性的影响[J].岩土工程学报，1983，5(1)：147-156.

[5] 黄质宏，朱立军，蒲毅彬，等.三轴应力条件下红黏土力学特征动态变化的 CT 分析[J].岩土力学，2004，(08)：1216-1220.

[6] Gidigaso M D. Mode of formation and geotechnical characteristics of laterite materials of ghana in relation to soil forming factors[J]. Engineering Geology, 1997, 6(2): 79-150.
[7] 薛守义,卞富宗.红土的结构与工程特性[J].岩土工程学报,1987,9(3): 92-104.
[8] 赵颖文,孔令伟,郭爱国,等.广西原状红黏土力学性状与水敏性特征[J].岩土力学,2003,24(4): 568-572.
[9] 汤连生.水土化学作用的力学效应及机理分析[J].中山大学学报(自然科学版),2000,39(4): 104-108.
[10] 朱寿增.柳州市酸雨对土体物理力学性质的影响[J].桂林工学院学报,1996,16(2): 143-149.
[11] 孙重初.酸液对红黏土物理力学性质的影响[J].岩土工程学报,1989,11(4): 89-93.
[12] 顾季威.酸碱废液侵蚀地基土对工程质量的影响[J].岩土工程学报,1988,10(4): 72-78.
[13] Payne K, Pickering W F. Influence of clay-solute interactions on aqueous copper ion levels[J]. Water, Air and Soil Pollution,1975,5(1): 63-90.
[14] 王洋,汤连生,高全臣,等.水土作用模式对残积红黏土力学性质的影响分析[J].中山大学学报,2007,46(1): 128-132.
[15] Bishop A W, Bjerrum L. The relevance of the triaxial test to the solution of stability problems[C]. Research Conference on Shear Strength of Cohesive Soils, 1960,(34): 437-501.
[16] 唐益群,佘恬钰,张晓晖,等.贵州石漠化地区降雨条件下红黏土剪切强度特性随含水量变化关系探讨[J].工程地质学报,2009,17(2): 249-252.
[17] 韦复才.桂林红土的工程地质性质及其主要工程地质问题[J].吉林大学学报(地球科学版),2005,35(6): 775-780.
[18] 韦复才.桂林红土的工程地质性质及其形成条件[J].中国岩溶,1996,15(1-2): 132-140.
[19] 陈菊伟.桂林附近第四纪堆积物特征[J].中国岩溶,1990,9(1): 52-59.
[20] 庞春勇,赖来仁.桂林市红黏土的矿物组成与化学组成特征[J].矿产与地质,2001,15(6): 734-737.
[21] 庞春勇,赖来仁,周明芳.桂林市红黏土的化学活动性与工程环境效应[J].矿产与地质,2002,16(6): 357-359.
[22] 唐大雄,刘佑荣,张文殊,等.工程岩土学[M].北京: 地质出版社,1999: 30,36.

上海悬挂式地下连续墙基坑渗流侵蚀引起的沉降研究①

张兴胜　卢耀如　王建秀　Wong Henry　刘　琦

摘　要：针对土体内部渗流侵蚀现象进行分析，揭示土体内部渗流侵蚀现象。固相部分土颗粒在渗流剪切作用下由固相变成可随液相一起流动的悬浮颗粒状态，建立土体内部渗流侵蚀物理模型，推导出描述渗流侵蚀的控制方程。针对上海第三类深基坑降水致使土体内部侵蚀从而诱发地面附加沉降开展研究，以上海典型的深基坑工程为研究对象，基于理论分析的数学物理模型及控制方程，进行数值建模计算分析，数值计算结果阐释了土体内部渗流侵蚀导致地面附加沉降及变形。

关键词：渗流侵蚀　地面沉降　控制方程

0　引言

随着城市化进一步发展，城市地面沉降越来越引起了人们的关注，全球许多国家许多地区均发生了此类问题，如德国、中国香港、西班牙、印尼等，每年由地面沉降造成的经济损失严重。在中国累积沉降超过 200 mm 的区域有 7.9×10^4 km^2，而且仍有扩大的趋势。目前，超过 50 多个城市正遭受到地面沉降地质灾害，如上海、北京、天津以及位于长江冲积平原、华北平原、汾河渭河平原与内蒙古区域的一些城市。诸多文献述及致使地面沉降的主要因素是由于人类的生产活动、工程地质与水文地质问题以及它们之间的相互耦合作用，如抽取地下水、高层建筑物建设、地层固结等。

上海地处长江三角洲，第四纪地层厚度达 200～450 m，浅层 100.00 m 深度内沉积有多层厚度较大的软土层。巨厚松散沉积层及多层孔隙水承压含水层的发育与不规则分布，随着上海市地下空间开发向着大与深的方向不断发展，基坑开挖深度已达到 40 多米，基坑底板已进入上海市第一承压含水层（即⑦$_1$ 层和⑦$_2$ 层），承压含水层对基坑开挖施工的安全威胁越来越大，降低承压含水层地下水的难度也越来越大。

上海中心城区地表下 100 m 深度范围内，地层的沉积年代、地层层序、土层名称及分布状况详见表 1。

表 1　上海中心城区 100 m 深度内土层层序及土层特征表

年代	工程地质层组		地层序号	土层名称	备注
Q_h^3	填土层	①	①$_1$	人工填土	
			①$_2$	浜填土、浜底淤泥	
	硬壳层	②	②$_1$、②$_2$	褐黄—灰黄色黏性土	
	第一粉性土、砂土层		②$_0$	灰黄—灰色粉性土	
			②$_3$	灰色粉性土	

① 张兴胜，卢耀如，王建秀，等.上海悬挂式地下连续墙基坑渗流侵蚀引起的沉降研究[J].岩土工程学报，2014，11：284-290.

（续表）

年代	工程地质层组		地层序号	土层名称	备注
Q_h^2	第一软土层	③	③	淤泥质粉质黏土	
		④	④	淤泥质黏土	
Q_h^1	第二软土层	⑤	$⑤_1$	灰色黏性土	微承压含水层
	第二粉性土、砂土层		$⑤_2$	灰色粉性土、粉砂、粉质黏土与粉砂互层土	
	第二软土层		$⑤_3$	灰色粉质黏土	
			$⑤_4$	灰绿色粉质黏土	
Q_{p3}^2	第一硬土层	⑥	⑥	暗绿—草黄色黏性土	第一承压含水层
	第三粉性土、砂土层	⑦	$⑦_1$	草黄—灰色粉性土、粉砂	
			$⑦_2$	灰色粉细砂	
	第二软土层	⑧	$⑧_1$	灰色黏性土	
			$⑧_2$	灰色粉质黏土、粉砂互层	
Q_{p3}^1	第四粉性土、砂土层	⑨	$⑨_1$	青灰色粉细砂夹黏性土	第二承压含水层
			$⑨_2$	青灰色粉、细砂夹中、粗砂	

近年来，上海越来越多的深基坑工程涌现出来，尤其是在密集高层建筑群中出现。为使周边建筑最大程度地免受深基坑引起的沉降地质灾害，地下连续墙常用于深基坑工程中，以承受外部土体压力，从而减小外部土体向基坑内位移形变。

依据地下连续墙所处地层位置及渗流作用规律，把基坑工程分为三类模式。

(1) 第一类模式：落底式地下连续墙渗流模式。地下连续墙穿过承压含水层，进入其隔水底板，将基坑内外水力联系隔绝，坑内降水用于疏干地下连续墙和隔水底板范围内的地层，基坑内降水对基坑外地下水没有影响。

(2) 第二类模式：潜水悬挂式地下连续墙渗流模式。地下连续墙部分插入潜水含水层，未进入承压含水层，基坑内外承压水相连通，基坑内降水井用于降低基坑下伏承压含水层的水头，防止基坑底出现突涌。基坑内承压水降水对基坑外影响较大。

(3) 第三类模式：承压水悬挂式地下连续墙渗流模式。地下连续墙穿越潜水含水层以及承压含水层隔水顶板，部分进入承压含水层中(未达隔水底板)，基坑内外承压水水力联系部分隔绝，部分连通。

坑内降水井用于降低基坑下伏承压含水层的水头，防止基坑底出现突涌。基坑内降水对坑外有一定影响[1-2]。

目前，根据上海区域地质、水文地质特征以及严格控制地下水抽取所引起的地面沉降，承压水悬挂式地下连续墙基坑(第三类基坑)通常被采用，即地下连续墙深入承压含水层一定深度，而没有完全穿过承压含水层，如图 1 所示。

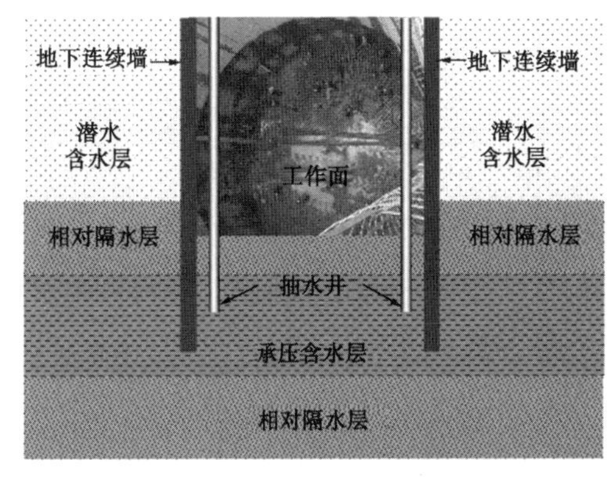

图 1　上海典型深基坑工程

1　土体内部渗流侵蚀模型

基于宏观尺度的观察及混合介质理论，提出土体内部渗流侵蚀模型，在该模型中土体被看作三相连续介质的叠加，土骨架 s，孔隙水 w，悬浮土颗粒 c。土体骨架的改变是主要的研究对象，其运动方程采取拉格朗日描述方法；孔隙水与悬浮土颗粒的运动用欧拉法进行描述[3]。下面介绍两个记号 α 与 β，其分别代表整个颗粒与流相颗粒集合：

$$\left.\begin{array}{l}\alpha \in \{\mathrm{s},\ \mathrm{c},\ \mathrm{w}\} \\ \beta \in \{\mathrm{c},\ \mathrm{w}\}\end{array}\right\} \tag{1}$$

为了正确方便引述动量守恒，需引入体积分数，令一微小土体单元体积为 $\mathrm{d}\Omega_0$，当前体积为 $\mathrm{d}\Omega_t$，其由 3 部分组成：$\mathrm{d}\Omega_t = \mathrm{d}\Omega_t^s + \mathrm{d}\Omega_t^w + \mathrm{d}\Omega_t^c$，图 2 给出 t 时刻单元土体相对体积分数的组成，而且初始时刻为 $t=0$。由雅可比行列式定义为 $J = \mathrm{d}\Omega_t / \mathrm{d}\Omega_0$。当前饱和土体的孔隙体积是指土体孔隙内流体的体积 $\mathrm{d}\Omega_t^f$，也可表示成 $\phi \mathrm{d}\Omega_0$ 或 $n\mathrm{d}\Omega_t$，式中 $\phi = \mathrm{d}\Omega_t^f / \mathrm{d}\Omega_0$（或 $n = \mathrm{d}\Omega_t^f / \mathrm{d}\Omega_t$）代表拉格朗日（欧拉）孔隙表示法，它们之间的关系为 $\phi = nJ$。因此，当前固相骨架体积可表示成 $\mathrm{d}\Omega_t^s$，也可写成 $(J-\phi)\mathrm{d}\Omega_0$ 或 $(1-n)\mathrm{d}\Omega_t$。由于侵蚀作用，一部分初始时刻的固相土骨架转变成悬浮状，此部分的悬浮状土颗粒的体积可表示为 $\phi_{er}\mathrm{d}\Omega_0$。为了简化模型，假定各部分是不可压缩的，且具有相同的密度。即假定固相骨架与悬浮状土颗粒具有相同的密度，即 $\rho_s = \rho_c$，为了宏观描述的方便，引入体积质量概念 m_α，而且为了方便区分，定义 t 时刻密度 ρ^α、固有密度 ρ_α 以及整体宏观密度 $\bar{\rho}$。因此，$m_\alpha \mathrm{d}\Omega_0 = \rho^\alpha \mathrm{d}\Omega_t$ 代表实际组分 α 在 t 时刻体积 $\mathrm{d}\Omega_t$ 中的质量，这里 $m_\alpha = J\rho^\alpha$。而且，$c = \mathrm{d}\Omega_t^c / (\mathrm{d}\Omega_t^w + \mathrm{d}\Omega_t^c)$ 与 $(1-c) = \mathrm{d}\Omega_t^w / (\mathrm{d}\Omega_t^w + \mathrm{d}\Omega_t^c)$ 分别代表液相中悬浮状态土颗粒与孔隙水的体积分数。利用上面的记法，可以得到：

$$\left.\begin{array}{l}\rho^s = (1-n)\rho_s \\ \rho^w = n(1-c)\rho_w \\ \rho^c = nc\rho_s\end{array}\right\} \tag{2a}$$

$$\bar{\rho} = (1-\phi)\rho_s + \phi(1-c)\rho_w + \phi c\rho_s \tag{2b}$$

$$\left.\begin{array}{l}m_\alpha = J\rho^\alpha \\ m_s = (J-\phi)\rho_s \\ m_c = \phi c\rho_s \\ m_w = \phi(1-c)\rho_w\end{array}\right\} \tag{3}$$

用 m_t 代表 t 时刻的总质量，从而有关系式：$m_t = m_s + m_c + m_w$，从图 2 可以看出：

$$\phi = \phi_0 + \varepsilon_v + \phi_{er} \tag{4}$$

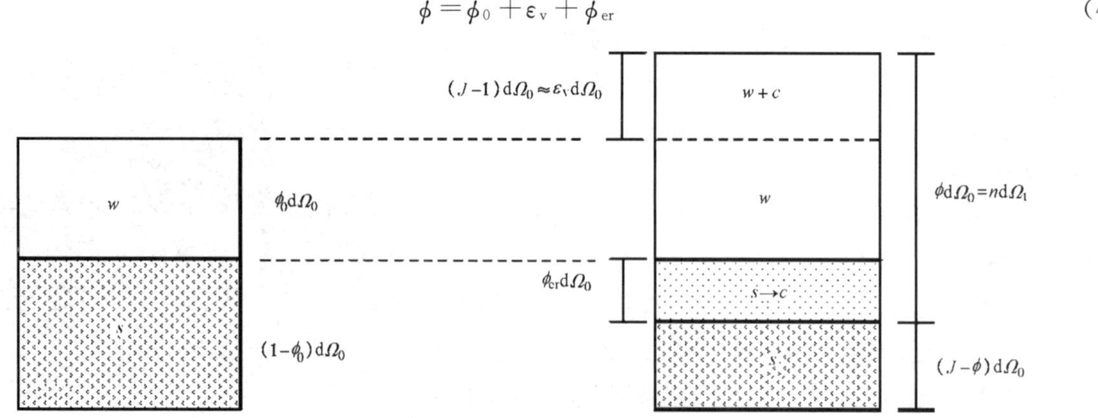

图 2　初始及 t 时刻土体单元体积分数

2　基本方程

2.1　质量守恒

由质量守恒可以得到：

$$\frac{\partial \rho^{\alpha}}{\partial t}+\operatorname{div}(\rho^{\alpha}\boldsymbol{v}_{\alpha})=\hat{m}_{\alpha} \tag{5}$$

广义的达西定律[4]可表示为

$$\boldsymbol{V}^{\mathrm{D}}=k(\phi,\ c)(-\operatorname{grad}P_{\mathrm{f}}+\rho_{\mathrm{f}}\boldsymbol{g}) \tag{6}$$

式中，k 是一个正标量，代表渗透性，它不仅与孔隙大小有关，而且与悬浮颗粒体积浓度 c 有关，由于悬浮颗粒影响多孔介质流体的黏滞性。经过推导建立如下关系式：

$$k(\phi,\ c)=\frac{\kappa_0}{\eta_{\mathrm{w}}(1+2.5c)}\frac{\phi^3}{(1-\phi)^2}\left[\frac{\phi_0^3}{(1-\phi_0)^2}\right]^{-1} \tag{7}$$

假定悬浮状土颗粒与孔隙水具有相同的流速，利用式(3)和式(5)可以得到关系式：

$$\frac{\partial \phi}{\partial t}+\operatorname{div}\boldsymbol{V}^{\mathrm{D}}=\frac{\partial \phi_{\mathrm{er}}}{\partial t} \tag{8}$$

利用式(4)，式(8)还可表示为：

$$\dot{\varepsilon}+\operatorname{div}\boldsymbol{V}^{\mathrm{D}}=0 \tag{9}$$

2.2 外力平衡

假定 $\boldsymbol{\sigma}$ 是总应力，$\boldsymbol{n}$ 是外法线方向，应用古典高斯理论体积分可以得到[4]：

$$\operatorname{div}\boldsymbol{\sigma}+\sum_{\alpha}\left[\rho^{\alpha}(\mathbf{g}-\boldsymbol{\gamma}_{\alpha})-\frac{1}{J}\hat{m}_{\alpha}\boldsymbol{v}_{\alpha}\right]=0 \tag{10}$$

假定总应力是由三部分应力组成：[5]

$$\boldsymbol{\sigma}=\boldsymbol{\sigma}^{\mathrm{s}}+\boldsymbol{\sigma}^{\mathrm{w}}+\boldsymbol{\sigma}^{\mathrm{c}} \tag{11}$$

为了简化，把流体的应力表示为静水压力，即，

$$\left.\begin{aligned}&\boldsymbol{\sigma}^{\beta}=-n_{\beta}P_{\beta}\boldsymbol{I}\\&\beta\in\{\mathrm{c},\ \mathrm{w}\}\end{aligned}\right\} \tag{12}$$

式中，n_{β} 与 P_{β} 分别代表体积分数与压力。

2.3 固相力学本构

由太沙基有效应力原理，可以得出如下关系式：

$$\boldsymbol{\sigma}'=\boldsymbol{\sigma}+P_{\mathrm{f}}\boldsymbol{I} \tag{13}$$

基于损伤力学，假定由于侵蚀的发生孔隙变大也是损伤的结果[6]，可以得出下面的关系：

$$\left.\begin{aligned}C(\phi)&=\frac{1-\phi}{1-\phi_0}C^0\\E(\phi)&=\frac{1-\phi}{1-\phi_0}E_0\end{aligned}\right\} \tag{14}$$

式中　C^0 与 $C(\phi)$——初始状态 ($\phi=\phi_0$) 与当前状态下的弹性刚度张量；

E_0 与 $E(\phi)$——初始状态 ($\phi=\phi_0$) 与当前状态下的弹性模量。各向同性可以表示成如下关系：

$$C^0 = \frac{\nu E_0}{(1+\nu)(1-2\nu)} \boldsymbol{I} \otimes \boldsymbol{I} + \frac{E_0}{(1+\nu)} \boldsymbol{II} \tag{15}$$

式中，$\boldsymbol{I}$ 是二阶张量，$\boldsymbol{II}$ 是四阶张量，把体应变用记法 $\boldsymbol{\varepsilon}_v = \boldsymbol{I} : \boldsymbol{\varepsilon}$ 表示，可以得到：

$$\boldsymbol{\sigma} = \boldsymbol{\sigma}' - P_f \boldsymbol{I} = \frac{\nu E(\phi) \boldsymbol{\varepsilon}_v}{(1+\nu)(1-2\nu)} \boldsymbol{I} + \frac{E(\phi)}{(1+\nu)} \boldsymbol{\varepsilon} - P_f \boldsymbol{I} \tag{16}$$

3 渗流侵蚀控制方程

利用达西定律及体应变 $\varepsilon_v = \mathrm{div}\,\boldsymbol{u}$，由式(9)可以推导出第一个控制方程：

$$\mathrm{div}(\dot{\boldsymbol{u}}) + \mathrm{div}\begin{bmatrix} k(\phi, c)^* \\ (-\mathbf{grad}\,P_f + \rho_f \boldsymbol{g}) \end{bmatrix} = 0 \tag{17}$$

对于悬浮颗粒由质量守恒关系式(5)，以及关系式(3)、式(6)与式(9)可以得到第二个控制方程：

$$\phi \dot{c} - k(\phi, c)\mathbf{grad}\,P_f \cdot \mathbf{grad}\,c + k(\phi, c)\rho_f \mathbf{g} \cdot \mathbf{grad}\,c = (1-c)\dot{\phi}_{er} \tag{18}$$

忽略加速度影响项，土体单元力学平衡关系式可以写成：

$$\mathrm{div}(\boldsymbol{\sigma}) + \bar{\rho}\boldsymbol{g} = 0 \tag{19}$$

引入关系式(16)可以得到第三个控制方程：

$$\mathrm{div}\left(\frac{1-\phi}{1-\phi_0} C^0 : \boldsymbol{\varepsilon}\right) - \mathbf{grad}\,P_f + \bar{\rho}\boldsymbol{g} = 0 \tag{20}$$

土体内部渗流侵蚀驱动力是孔隙中流动的流体作用在土体固相骨架间的切应力 τ，假定其临界剪应力 τ_c，描述渗流侵蚀简洁的本构关系式如下：

$$\dot{\phi}_{er} = \lambda \langle \tau - \tau_c \rangle \tag{21}$$

式中，λ 是一个正常数，它与土的性质有关，式中方括号代表条件关系，即当 $x \geqslant 0$ 时，$\langle x \rangle = x$，当 $x < 0$ 时，$\langle x \rangle = 0$ [7]。

$$\left.\begin{aligned} \tau &= \rho \boldsymbol{g} \,\|\, \boldsymbol{i} \,\|\, \frac{D_r}{4} \\ D_r &= 4\sqrt{2\kappa(\phi)/\phi} \end{aligned}\right\} \tag{22}$$

式中，D_r 表示孔隙直径，i 表示水力梯度，$\kappa(\phi)$ 为土体的固有渗流性，它与孔隙率 ϕ 有关，第四个控制方程可以表示为

$$\dot{\phi}_{er} = \lambda \left\langle \sqrt{\frac{2\kappa(\phi)}{\phi}} \,\|\, \mathbf{grad}[P_f + \rho_f \boldsymbol{g} z] \,\|\, - \tau_c \right\rangle \tag{23}$$

至此，得到了描述土体渗流侵蚀的多场耦合控制方程（偏微分方程）[式(17)、式(18)、式(20)、式(23)]。在这些控制方程中涉及 6 个材料参数（λ，τ_c，κ_0，E_0，ν，ϕ_0）。

4 基坑渗流侵蚀引起的沉降数值模型

在深基坑工程中，由于坑内降水使基坑内外存在有较大的水力梯度，使地下连续墙下端的土体发生渗流侵蚀，从而导致地面沉降问题，结合上面建立的控制方程，对此问题进行数值模拟研究。

4.1 工程背景

场地地貌平坦，地面高程 4.18～4.64 m，地基土层特性见表 1。地下水有潜水和承压水两种类型。潜水主要赋存于浅层人工填土（①$_1$ 层、①$_2$ 层）及②$_3$ 层、③$_2$ 层粉质黏土中，稳定水位埋深 0.30～3.30 m，主要补给来源为大气降水。

深部承压水位于第⑦层粉细砂和第⑨层粉细砂—中砂中。第⑦层上部⑦$_1$ 层砂质粉土厚约 15.0 m，下部⑦$_2$ 层粉砂厚约 12.0 m，静止水位高程约－3.50 m，隔水顶板埋深约 42.00 m。第⑨层未钻穿，静止水位高程约－3.90 m，隔水顶板埋深约 72.00 m。经抽水试验证实第⑧$_1$ 层具有较好的隔水性。

基坑开挖深度为 35.30 m，采用地下连续墙圆筒围护，圆筒外径 31.60 m，墙厚 1.00 m，入土深度 63.00 m。为了防止周边地面过多的地面沉降，主要是采用基坑内部降水形式，在坑外设置观测井，及备用应急降水井。

4.2 数值模型

本次基坑渗流潜蚀数值模型是基于轴对称选取一截面进行计算，模型形状如图 3 所示。$AI=200$ m，$QU=14.8$ m，$AH=80$ m，$HY=215.8$ m，$H_1=h_6+h_7+h_9+h_{10}$，$H=h_1+h_2+h_3+h_4+h_5+h_6+h_7$，其中 $h_1=AB$，$h_2=BC$，$h_3=CD$，$h_4=DE$，$h_5=EF$，$h_6=FG$，$h_7=GH$，$h_8=PT$，$h_9=UV$ 与 $h_{10}=VW$ 的值分别为 3.01，7.90，11.20，19.40，14.80，12.94，10.75，62.50，5.70，14.50 m。其中土层①，②与③属于潜水层，④与⑦是弱透水含水层；⑤与⑥是承压含水层，⑤层顶部压力水头是 $H_c=72.70$ m。IOTP 代表是混凝土地下连续墙。有限元网格剖分见图 4。

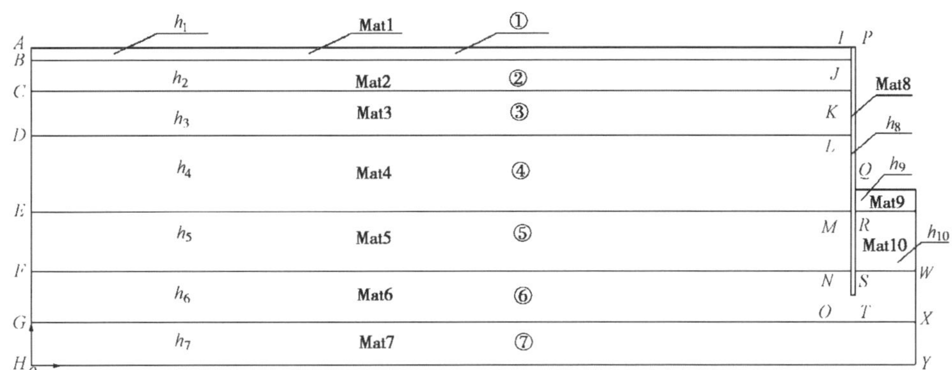

图 3　深基坑计算模型图

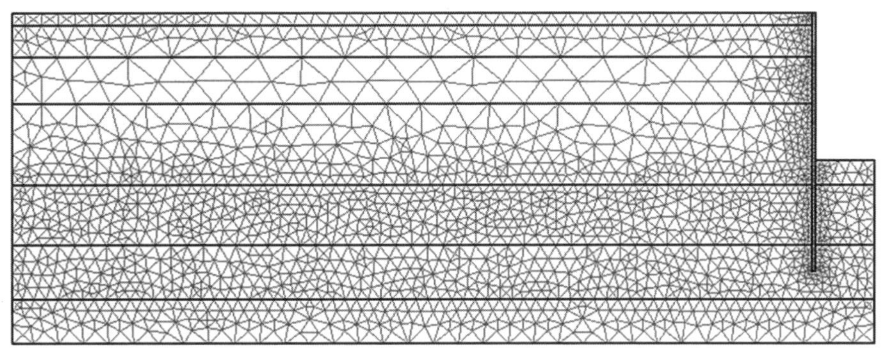

图 4　深基坑有限单元网格剖分图

4.3 渗流潜蚀参数

在本次数值模型试验中，每一土层的潜蚀参数见表 2。

表 2　数值模型试验潜蚀参数

参数	α /(kPa^{-1}·s^{-1})	τ_c /kPa	K_v /(m·s^{-1})	K_h /(m·s^{-1})	E_0 /kPa	ν	ϕ_0
Mat 1	5×10^{-9}	3×10^{-8}	4.65×10^{-9}	1.67×10^{-10}	5×10^{6}	0.33	0.49
Mat 2	5×10^{-9}	4×10^{-8}	1.21×10^{-10}	7.39×10^{-9}	2.66×10^{6}	0.30	0.56
Mat 3	5×10^{-9}	5×10^{-8}	1.18×10^{-12}	8.23×10^{-10}	2.52×10^{6}	0.36	0.58
Mat 4	5×10^{-9}	4×10^{-8}	1.67×10^{-10}	4.65×10^{-9}	6×10^{6}	0.33	0.50
Mat 5	2.5×10^{-7}	1×10^{-8}	3.35×10^{-7}	2.75×10^{-6}	12.13×10^{6}	0.30	0.48
Mat 6	5×10^{-7}	1×10^{-8}	1.87×10^{-7}	1.87×10^{-6}	13.78×10^{6}	0.27	0.43
Mat 7	5×10^{-9}	8×10^{-8}	8.23×10^{-10}	8.23×10^{-9}	6.39×10^{6}	0.33	0.40
Mat 8	5×10^{-11}	2×10^{-7}	1×10^{-14}	1.0×10^{-16}	2×10^{9}	0.21	0.20
Mat 9	5×10^{-9}	4×10^{-8}	1.67×10^{-10}	4.65×10^{-9}	6×10^{6}	0.33	0.50
Mat 10	2.5×10^{-7}	1×10^{-8}	3.35×10^{-7}	2.75×10^{-6}	12.13×10^{6}	0.30	0.48

4.4　初始与边界条件

在初始状态时，假定其位移与应变处为零，初始应力也为零。之后随着边界条件的给定、时间的推移，应力、应变状态、各场状态变量随之改变。我们假定该过程完全弹性的，各层土的初始孔隙率为 ϕ_0，初始颗粒浓度为 $c_0=0$。

在水平面上 AI，孔隙水压力 $P_w=0$(自由水面)，其上面所受上部土体的压力为 $\gamma_{sat1}\times0.5$(计算面 AI 是在地表面以下 0.5 m 处，即地下潜水位处)。在边界 AB，BC，CD 上孔隙水压力为$(H-y)\gamma_w$。在边界 DE 与 GH 上，水力边界条件是 Neumann 边界条件。在边界 EF 与 FG 上，孔隙水压力为$(H_c-y)\gamma_w$。在边界 IP 与 QU 上孔隙水压力表为零。在边界 PQ 上，孔隙水与土压力均为零。在边界 UV，VW，WX 与 XY 上，水力边界条件属于 Neumann 边界条件，HY 边界作为不透水 Neumann 边界条件，其上位移为零。

4.5　计算结果

计算结果图 5 显示在渗流潜蚀作用下基坑内外各地层孔隙率随时间变化情况。在初始时刻各地层孔隙率是不同的，见图 5(a)。随着降水作业的进行，孔隙率也随时间不断增大，尤其是两相对不透水层之间的承压含水层。从图 5(b)(c)与(d)中可以看出，在地下连续墙脚处孔隙率随时间变化较大，并逐渐形成较明显的侵蚀区。若抽水井施工质量存有缺陷，可使土颗粒流出，或地下连续墙存有质量缺陷以及深基坑底部处理不及时有浊水冒出等，这些被潜蚀的土颗粒将会被带出。从而导致由此带来的土体潜蚀引起的地面沉降。在地下连续墙底部点 N，O，T，S，R 五点处的孔隙率随时间变化情况见图 6。从而证实了孔隙率变化较大处是位于地下连续墙底部，即水力梯度较大处 O，T 点处。

关于孔隙水压力分布及渗流速度分布见图 7，从图中很容易看出在地下连续墙底部渗流速度较大。由于混凝土地下连续墙具有低渗透性，并起到了较好的隔水作用，因此在坑内降水时，主要渗流通道常发生在地下连续墙底部。与定性分析结果相一致。计算结果图 7 诠释了渗流速度与孔隙水压力分布之间的相关关系。通过计算结果还可以注意到在图 5 中孔隙率变化较大处与图 7 中所示的渗流速度及压力梯度最大处吻合，这也很好地解释了以上推导建立的控制方程与本构关系的正确性。也就是所建立的土体渗流潜蚀是关于水力梯度、水力传导系数、孔隙率等参数之间的函数的正确性，这些影响因素将会直接影响到渗流速度以及土体渗流侵蚀程度的大小。

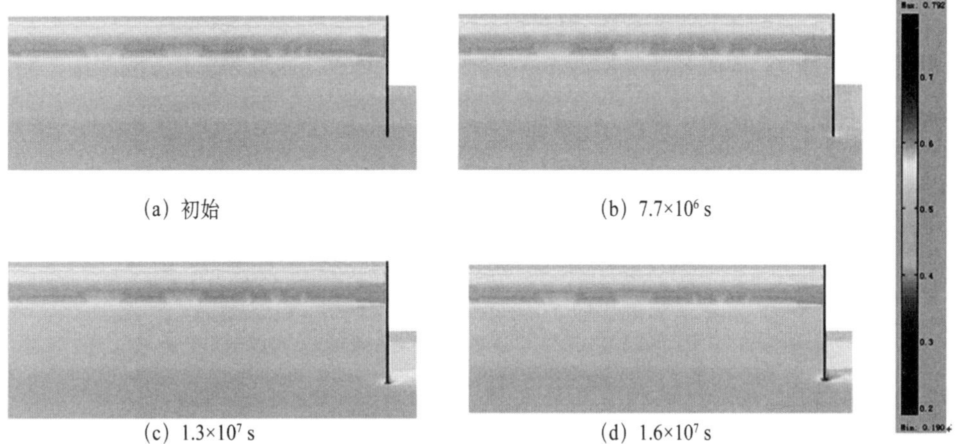

图 5　孔隙率随时间变化计算结果图

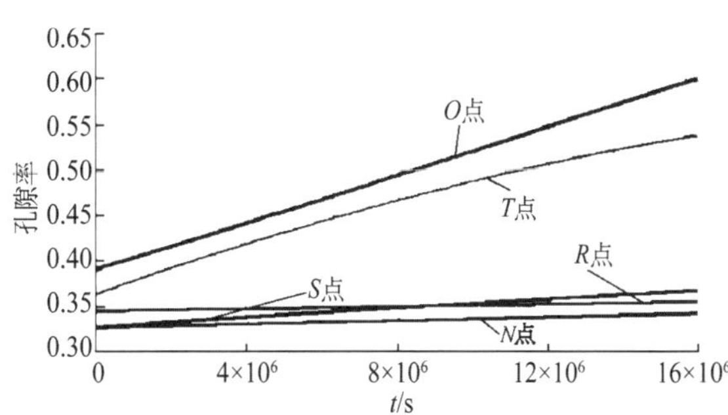

图 6　点 N，O，T，S，R 处孔隙率随时间变化图

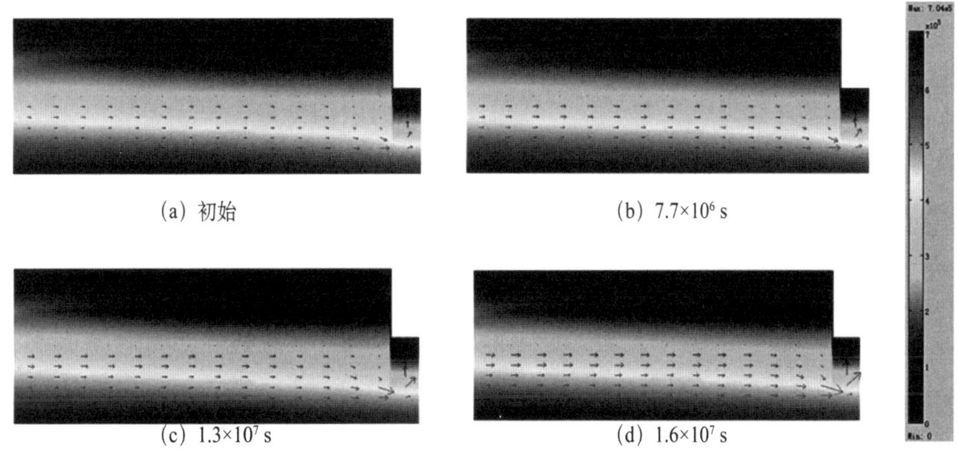

图 7　孔隙水压力与渗流速度随时间分布图

5　结论

(1) 对土体渗流侵蚀机理、特性以及各影响因素之间相互关系进行理论分析研究，建立了土体孔隙率、侵蚀率、流体黏滞性系数、流体中悬浮土颗粒浓度、水力梯度、渗透系数、侵蚀损伤系数与弹性模量之间的相关关系，建立并推导出土体渗流侵蚀控制方程。

(2) 对上海承压水悬挂式地下连续墙深基坑渗流侵蚀问题进行分析研究，提出由于悬挂式地下连续墙深基坑渗流侵蚀所引起的附加地面沉降问题。

(3) 结合上海地层地质资料进行建模，并进行有限元多场耦合数值试验。数值计算从时空角度给出了上海承压水悬挂式地下连续墙深基坑在渗流作用下土体内部侵蚀发生、发展过程以及孔隙率变化分布规律，并由此引发土体强度降低、地面沉降增加。计算分析结果表明渗流侵蚀与土体特性(如侵蚀率、临界剪切率、水力传导系数、泊松比、弹性模量等参数)有关。

参考文献

[1] 吴林高.工程降水设计施工与基坑渗流理论[M].北京：人民交通出版社，2003.

[2] WANG Jian-xiu, FENG Bo, LIU Yan, et al. Controlling subsidence caused by de-watering in a deep foundation pit [J].Bull Eng Environ, 2012, 71: 545-555.

[3] ZHANG X S, WONG H, LEO C J, et al. A thermodynamics-based model on the internal erosion of earth structures [J]. Geotechnical and Geological Engineering, 2013,31: 479-492.

[4] OLIVIER Coussy. Poromechanics[M]. West Sussex: John wiley & Sons Ltd, 2004.

[5] PAPAMICHOS E, VARDOULAKIS I. Sand erosion with a porosity diffusion law[J]. Computers and Geotechnics, 2005,32(1): 47-58.

[6] JEAN Lemaitre. A course on damage mechanics[M]. Verlag Berlin: Springer, 1991.

[7] REDDI L N, LEE I M, BOONALA M V S. Comparison of internal and surface erosion using flow pump tests on a sand-kaolinite mixture[J]. Geotechnical Testing Journal, 2000,23(1): 116-122.

贵州施秉白云岩溶蚀特性及孔隙特征实验研究①

刘 琦 顾展飞 卢耀如 刘之葵

摘 要：以贵州施秉白云岩为研究对象，从宏观和微观角度分析白云岩的溶蚀特性及孔隙特征，结果显示：(1) 在众多影响施秉喀斯特发育的因素中，矿物成分是最基本的内因，水是最关键的外因，孔隙结构起辅助作用。(2) 极细晶白云岩的单位表面积溶蚀量一般大于细晶白云岩的，在晶粒相同的情况下，白云岩的溶蚀量与 CaO 和 MgO 的含量分别成正比，且 MgO 的含量影响较 CaO 大。(3) 施秉白云岩溶蚀速率不仅受岩石矿物颗粒粒径大小的控制，还受岩石内部孔隙结构特征的影响，颗粒粒径越大，孔隙度越高，连通性越好，越有利于水溶液进入，溶蚀量也就越大。(4) 施秉白云岩的溶蚀特性是多种因素综合作用的结果，必须把各个因素分离开来，从宏观和微观角度逐个作详细的分析研究，然后综合起来，才能对喀斯特发育规律有更深入的了解。

关键词：贵州施秉 白云岩 溶蚀实验 压汞实验 孔隙特征

世界上卓越的喀斯特地貌多是发育在石灰岩地区或白云质灰岩地区，在相对不可溶的白云岩地区，喀斯特发育程度总体比较微弱。而贵州施秉白云岩喀斯特却是一个特例，不仅孕育了茂密的森林植被，还发育了独特而壮观的脊状山峰与树枝状水系组合而成的白云岩峰丛峡谷喀斯特地貌。施秉白云岩例证了在特定的自然地理背景及构造基础上亦能发育典型、壮观的喀斯特地貌，是世界白云岩喀斯特地貌的杰出代表。目前，对于施秉白云岩喀斯特的研究，多是从地理学角度入手，如熊康宁等[1]、李世奇等[2]、李高聪等[3]先后从气候、岩性纯度、地层构造特征、地貌演化历史、地貌演化规律，与石灰岩地貌差异等方面，对施秉喀斯特世界遗产地貌价值方面作过一些研究。但还没有学者对施秉白云岩进行溶蚀机理和喀斯特发育规律方面的研究，特别是溶蚀特性、岩性与孔隙结构特征之间关系作过相关的研究。

喀斯特的研究主要分为溶蚀机理理论研究和喀斯特探测方法研究两个方面，碳酸盐的溶蚀实验属于理论研究的一项重要内容。以往的学者对于碳酸盐的溶蚀特性做了大量的实验，并取得了较多成果。何宇彬等[4]研究了碳酸盐岩岩体结构对比溶蚀度、比溶解度的影响。朱真[5]通过对广西碳酸盐溶蚀实验研究，分析了岩性对比溶蚀度、比溶解度的影响因素。肖林萍等[6]通过建立溶蚀作用的热力学模型方程，在实验室模拟研究碳酸盐岩溶蚀作用过程。结果表明，白云岩的溶解速率随温压的升高而增大。黄思静等[7]通过实验模拟研究石膏对白云岩溶解的影响，发现白云岩中石膏可加速白云石的溶解，随着温度和压力的升高，石膏对白云岩溶解的积极作用逐渐降低。黄尚瑜等[8]究表明白云岩有利溶蚀温度较石灰岩高，白云岩岩溶发育受高温影响较大。刘琦等[9]曾研究不同时期、不同动水压力条件下，碳酸盐岩的渗透溶蚀变化过程。结果表明对于溶蚀速率有重要影响的是沿岩石内部孔隙的渗透溶蚀。翁金桃[10-11]在室内模拟了白云岩溶蚀过程，认为白云岩主要沿晶间孔隙或晶体结合面溶蚀。张良喜等[12]通过白云岩室内溶蚀试验及微观溶蚀机理研究，表明在水化学作用下白云石晶体内部各类节理裂隙首先溶蚀。Dreybrodt 等[13]，Gautelier 等[14]，Kaufmann[15]，Arvidson 等[16]在室内研究发现，碳酸盐岩的溶

① 刘琦，顾展飞，卢耀如，等.贵州施秉白云岩溶蚀特性及孔隙特征实验研究[J].地球学报，2015，7：413-418.

蚀速率与岩石矿物组成、结构特征、溶蚀试验介质的浓度、溶液反应温度以及 CO_2 分压等有着密切关系。

现有的研究多是从溶蚀速率的研究进行入手，基于碳酸盐所处的温度、湿度、pH 等原始环境，改进实验方法和装置等方面进行研究。而对岩石的孔隙特征及连通情况考虑较少，因而有必要从宏观和微观的角度分析岩石的溶蚀性与微观孔隙发育特征、孔隙连通情况的关系。本文以贵州施秉白云岩为研究对象，先分析其矿物成分和化学成分，然后进行溶蚀实验和压汞实验。根据岩石的物质成分和孔隙特征，探讨和分析白云岩的溶蚀特性跟孔隙特征之间的关系，以期为该地区独特地貌的成因提供理论依据。

施秉喀斯特位于贵州省东部施秉县北部，地处云贵高原东部边缘向湘西低山丘陵过渡的山原斜坡地带。地势北高南低，海拔 600～1 250 m，属中亚热带季风湿润气候区，年均温 16 ℃，年均降水 1 220 mm，森林覆盖率 93.95%。施秉喀斯特发育的地层岩性主要是寒武系高台组灰色、质纯、致密的薄层细粒白云岩，岩石整体破碎。地下水主要为岩溶裂隙水，白云岩以溶孔和溶隙为主，含水性较均一，主要靠大气降水垂直分散渗入和外源水补给。该地区的主体景观是峡谷喀斯特，分布面积最大的地貌类型是峰丛峡谷。

1 实验样品的鉴定

在研究区内取岩样 8 组，岩样取回后做切片，先在光学显微镜下进行岩石矿物成分分析，得出岩石的岩性及名称。然后送实验室进行化学成分分析，得出各化学成分的含量，鉴定结果见表 1。

表 1 施秉地区岩样岩性及化学成分分析表

编号	岩性	CaO	MgO	CO_2	SiO_2	酸不溶物	烧失量
GSB-1	细晶白云岩	29.40%	21.68%	45.63%	0.64%	1.08%	45.77%
GSB-4	细晶白云岩	28.62%	20.42%	43.57%	3.74%	5.22%	43.94%
GHJ-1	细晶白云岩	32.11%	19.22%	44.81%	0.70%	1.38%	45.49%
GHJ-7	细晶白云岩	32.63%	17.83%	43.57%	2.86%	3.35%	44.16%
GSB-5	极细晶白云岩	29.39%	20.94%	44.62%	1.92%	3.24%	44.71%
GSB-6	极细晶白云岩	28.04%	19.73%	42.04%	5.06%	7.46%	43.27%
GSB-10	极细晶白云岩	33.53%	16.02%	42.99%	3.45%	5.01%	43.21%
GSB-11	极细晶白云岩	28.78%	20.70%	43.42%	1.92%	3.16%	45.06%

2 溶蚀实验

2.1 溶蚀实验设计

施秉白云岩以溶孔和溶隙为主，含水性较均一，主要靠大气降水和外源水补给。外源水是指从岩溶水文系统之外非碳酸盐地区的地表集中性的水流，其具有以下两方面的特征：① 向岩溶水文系统输入大量物质和能量，外源水水流集中、能量大，还携带可溶物质和非可溶物质。② 外源水侵蚀能力强，水中还含有有机酸、无机酸，CO_2 含量也高[17]。碳酸溶蚀在自然界分布十分普遍，它发生在 CO_2-H_2O-$CaCO_3$-$MgCO_3$ 体系中。

为模拟外源水对白云岩的溶蚀特性，采用室内静态溶蚀的实验方法。本实验排除碳酸中 CO_2 易于挥发的影响，以及硫酸中 SO_4^{2-} 的混合溶蚀效应，并且为了加快反应速度，采用了较稳定的盐酸进行溶蚀实验。将所取岩样制成 2 cm×1 cm×0.5 cm 的长方体，然后进行溶蚀实验，具体实验步骤如下：

① 岩样用游标卡尺测量和蒸馏水冲洗后，置于烘箱内烘干 12 小时，在干燥器内冷却至室温，称重，

记为 m_1；

② 在干净的烧杯中加入 pH=2 的盐酸溶液 50 mL，依次放入岩样；

③ 在室温条件下静置 48 小时后，取出试样，用蒸馏水洗净后烘干，称重，记为 m_2；

④ m_1-m_2 即为岩样的溶蚀量，为消除岩样体积差异的影响，本实验特求出单位表面积的溶蚀量。

2.2 溶蚀实验结果及数据分析

由试验样品的矿物成分和化学成分分析可知，实验所用样品的化学成分主要为 CaO、MgO 和 CO_2，矿物成分主要为白云岩和方解石，两者含量总和占样品矿物的 98%以上。因此溶液中 Ca^{2+} 和 Mg^{2+} 均应出自样品中方解石和白云石的溶解。具体化学反应如方程式(1)和方程式(2)所示。

$$CaCO_3 + 2HCl \xlongequal{} CaCl_2 + H_2O + CO_2\uparrow \tag{1}$$

$$MgCa(CO_3)_2 + 4HCl \xlongequal{} CaCl_2 + MgCl_2 + H_2O + CO_2\uparrow \tag{2}$$

实验后的溶液分别用 0.025N EDTA 溶液进行滴定，测出溶液中 Ca^{2+} 和 Mg^{2+} 的浓度，结果见表 2。

表 2 施秉地区岩样溶蚀实验成果统计表

编号	表面积/cm^2	体积/cm^3	干重/($m_1 \cdot mg^{-1}$)	干密度/($g \cdot cm^{-3}$)	单位表面积溶蚀量/mg	单位表面积溶蚀比
GSB-1	7.544	1.145	3.164	2.763	0.022 6	0.122 1
GSB-4	7.384	1.068	3.061	2.866	0.020 6	0.111 3
GHJ-1	7.787	1.203	3.404	2.830	0.022 4	0.121 0
GHJ-7	7.635	1.182	3.371	2.852	0.021 7	0.117 4
GSB-5	7.310	1.092	3.026	2.771	0.024 0	0.129 4
GSB-6	7.528	1.140	3.064	2.688	0.022 8	0.124 9
GSB-10	7.615	1.149	2.945	2.563	0.023 4	0.127 5
GSB-11	7.445	1.116	3.115	2.791	0.023 6	0.129 2

由表 2 知：细晶白云岩岩样单位表面积溶蚀量的大小顺序为：GSB-1>GHJ-1>GHJ-7>GSB-4；极细晶白云岩岩样单位表面积溶蚀量的大小顺序为：GSB-5>GSB-11>GSB-10>GSB-6。且极细晶白云岩的单位表面积溶蚀量普遍要大于细晶白云岩岩样单位表面积溶蚀量，即白云岩岩样晶粒越细，单位表面积溶蚀量越大。在晶粒相同的情况下，白云岩的溶蚀量主要与 CaO 和 MgO 的含量成正比，且 MgO 的含量影响较 CaO 大，因为二者比值的走势跟单独时相反(图 1)。

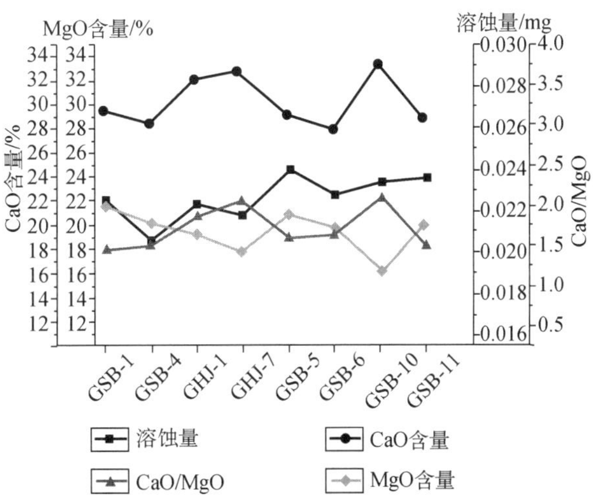

图 1 溶蚀量与 CaO 和 MgO 含量的关系

但也存在个别例外，如极细晶白云岩中的 GSB-10 跟 CaO 和 MgO 的含量均不成比例关系，GSB-4 跟 MgO 的含量也出现偏差，这就说明白云岩的溶蚀量不仅跟 CaO、MgO 的含量有关，还有其他的影响因素。

根据表 2 知：岩样的干密度大小顺序为：GSB-11>GSB-5>GSB-10。岩石的干密度，除与矿物组成有关外，还与岩石的孔隙性密切相关，孔隙、裂隙越大，密度越小；反之，密度越大，孔隙、裂隙就应该越小。一般来说，孔隙越大，单位表面积的溶蚀量就应该越大。以此说法，根据干密度确定的岩样单位表面积溶蚀量的大小顺序应为：细晶白云岩中 GSB-1>GHJ-1>GHJ-7>GSB-4，与实际情况相符。极细晶白云岩中 GSB-10>GSB-5>GSB-11，此顺序与实际溶蚀量略有差异。

一般研究认为，岩样矿物颗粒越细，比表面积越大，单位表面积的溶蚀量越大；孔隙越大，单位表面积的溶蚀量也越大。韩宝平[18]研究认为：白云岩的溶蚀速度与结晶颗粒的增大呈反比，泥晶结构白云岩的 Kv(比溶蚀度)、Kcv(比溶解度)值要大于结晶白云岩。何宇彬[19]统计资料表明：从岩石微结构来看，随着晶粒的增大，溶蚀速度逐减。朱真[5]通过白云岩室内溶蚀实验得出：晶粒愈细，其比溶蚀度和比溶解度越大。本文的大部分实验数据也符合该规律，但也存在个别特例。这是因为白云岩溶蚀速率不仅受岩石矿物颗粒粒径大小的控制，还受岩石内部孔隙结构特征的影响，颗粒粒径越大，孔隙度越高，连通性越好，越有利于岩溶水进入，溶蚀量也就越大。为验证溶蚀性与孔隙之间的关系，以及孔隙类型和孔隙连通情况，特对以上岩样进行了压汞实验。

3 压汞实验及孔隙特征分析

实验利用美国麦克仪器公司生产的全自动型压汞仪，最大压力 228 MPa，孔径分析范围为 5.5～360 μm。试验结果见表 3。

表 3 施秉地区岩样压汞实验成果统计表

编号	总进汞量 /(mL·g^{-1})	总孔面积 /(m^2·g^{-1})	平均孔径 /mm	骨架密度 /(g·mL^{-1})	孔隙率	门槛压力 /Psia
GSB-1	0.005 3	0.167	127.4	2.332 0	1.221 8%	4.99
GSB-4	0.007 3	0.117	249.2	2.323 6	1.663 7%	3.98
GHJ-1	0.004 9	0.104	189.3	2.323 9	1.133 7%	8.24
GHJ-7	0.014 7	0.535	109.7	2.327 5	3.305 0%	4.87
GSB-5	0.001 5	0.011	540.7	3.320 6	0.342 0%	2.91
GSB-6	0.013 5	1.471	36.6	2.330 3	3.041 2%	5.36
GSB-10	0.042 4	0.326	520.2	2.298 6	8.885 9%	21.89
GSB-11	0.006 6	0.325	80.9	2.319 2	1.499 7%	2.88

门槛压力是孔隙系统中最大连通孔隙相对应的毛管压力，主要反映岩石的孔隙结构特征，同时也反映岩石的渗透能力。门槛压力越小，表明连通孔隙半径越大，孔隙连通性越好，岩石孔隙的集中程度越高。以此说法，细晶白云岩岩样单位表面积溶蚀量的大小顺序应为 GSB-4>GHJ-1>GHJ-7>GSB-1，该顺序与实际情况不符；极细晶白云岩岩样单位表面积溶蚀量的大小顺序应为 GSB-11>GSB-5>GSB-6>GSB-10，该顺序与实际情况也不符。但由于除 GSB-10 号岩样外，其他岩样门槛压力数值相差不是太大，故可认为孔隙结构特征及孔隙连通虽对白云岩溶蚀有一定影响，但不是主要因素。GSB-10 号岩样门槛压力远大于其他岩样，导致其孔隙特征的影响占据了主要地位，这也就可以解释该岩样为什么会出现特殊情况(图 2)。而 GSB-4 号岩样由于 SiO_2 和酸不溶物的含量较其他岩样大，虽然不是太明显，但也出现了特殊情况。

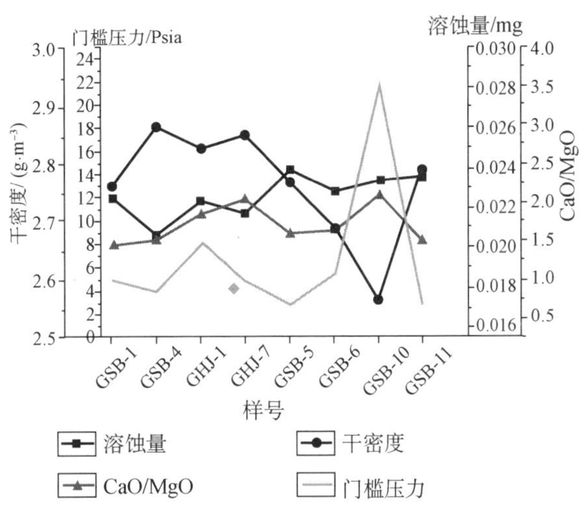

图 2　溶蚀量跟干密度和门槛压力的关系

4　讨论

喀斯特发育首先需要一定的物质基础，其次则与环境，如地质、气候、水文、生态等有密切的关系[20-21]。碳酸盐岩在喀斯特发育中所显示的差异性主要取决于其化学成分 CaO 和 MgO 的含量比，酸不溶物超过 20%才会对溶蚀量有明显影响[22]。大量的实验分析表明，白云岩的溶蚀主要受岩石的化学成分、岩石和矿物的结构、不同矿物成分的配比关系、渗流条件等多种因素共同控制。某一地区的喀斯特地貌及喀斯特发育程度是多种因素综合作用的结果[23]。

施秉白云岩表面孔隙较多，多具有层理构造，易在表面形成溶蚀膜和溶蚀孔隙，晶间溶孔分布密集均匀。属于微孔隙、小孔隙多喉道溶孔型白云岩，同时粒间胶结较差，属于中等风化-强风化的较软岩。白云岩岩体节理裂隙发育，其风化过程主要以物理崩解为主，物理崩解提供的岩石碎块易于发生化学溶蚀和机械破坏，更有利于化学风化的进行，再加上白云岩中晶间孔隙均匀，在地下水的渗流和化学作用下有利于整体化学溶蚀作用的进行。另外，白云岩的表面粗糙，与溶液的接触面积大，使溶蚀更容易进行，这也是 MgO 的影响较大的原因。

白云岩主要由菱形或不规则粒状白云石($CaCO_3 \cdot MgCO_3$)构成，一个 CaO、MgO 对应一个 CO_2，其中 MgO($MgCO_3$)含量越高，白云岩越纯。许多专家和学者研究都发现石灰岩($CaCO_3$)的溶蚀能力比白云岩强[4,10,24]，也即是 CaO 的含量越高，碳酸盐岩的溶蚀能力就应该越强。本文中施秉白云岩与酸反应时，$CaCO_3$ 和 $MgCO_3$ 是同时进行的，虽然氧化钙先反应(因为钙比镁活性强，钙的金属性强)，但最终二者都会反应，实际溶蚀量是二者反应之和。

在研究过程中发现施秉白云岩溶蚀与其他地方的碳酸盐岩类溶蚀实验虽有一定的相似性，但也存在差异性。这是因为施秉白云岩的溶蚀特性是多种因素综合作用的结果，不仅跟矿物成分有关，还跟孔隙特征，外部条件等有关。在分析原因时，我们必须把各个因素分离开来，从宏观和微观角度逐个作详细的分析研究，分别得出结论，然后综合起来，才能对该地区的岩溶发育规律有更深入的认识。

5　结论

(1) 在众多影响施秉喀斯特发育的因素中，矿物成分是最基本的内因，水是最关键的外因，孔隙结构起辅助作用，各种因素综合作用。

(2) 极细晶施秉白云岩的单位表面积溶蚀量一般大于细晶白云岩单位表面积溶蚀量，即白云岩岩样晶粒越细，单位表面积溶蚀量越大。在晶粒相同的情况下，白云岩的溶蚀量主要与 CaO 和 MgO 的含量成正比，且 MgO 的含量影响较 CaO 大。

(3) 施秉白云岩溶蚀速率不仅受岩石矿物颗粒粒径大小的控制，还受岩石内部孔隙结构特征的影响，颗粒粒径越大，孔隙度越高，连通性越好，越有利于水溶液进入，溶蚀量也就越大。

(4) 施秉白云岩的溶蚀特性是多种因素综合作用的结果，必须把各个因素分离开来，从宏观和微观角度逐个作详细的分析研究，然后综合起来，才能对岩溶发育规律有更深入的认识。

参考文献

[1] 熊康宁，刘子琦，陈品冬.施秉喀斯特发育的世界自然遗产价值全球对比分析[C]//全国第十五届洞穴学术会议论文集.广西：中国地质科学院岩溶地质研究所，2009：282-300.

[2] 李世奇，熊康宁，苏孝良，等.世界自然遗产提名地施秉喀斯特地貌及其演化[J].贵州师范大学学报(自然科学版)，2012，30(3)：12-17.

[3] 李高聪，熊康宁，肖时，等.施秉喀斯特地貌世界遗产价值研究[J].热带地理，2013，33(5)：562-569.

[4] 何宇彬，金玉璋，李康.碳酸盐岩溶蚀机理研究[J].中国岩溶，1984，2：12-18.

[5] 朱真.影响碳酸盐岩比溶蚀度、比溶解度因素探讨[J].广西地质，1999，10(3)：37-44.

[6] 肖林萍，黄思静.碳酸盐岩溶蚀实验热力学模型及工程地质意义[J].西南交通大学学报，2002，37(3)：250-251.

[7] 黄思静，杨俊杰，张文正，等.石膏对白云岩溶解影响的实验模拟研究[J].沉积学报，1996，14(1)：103-109.

[8] 黄尚瑜，宋焕荣.碳酸盐岩的溶蚀与环境温度[J].中国岩溶，1987，6(4)：287-295.

[9] 刘琦，卢耀如，张凤娥，等.动水压力作用下碳酸盐岩溶蚀作用模拟实验研究[J].岩土力学，31(增刊1)，2010：96-100.

[10] 翁金桃.方解石和白云石的差异溶蚀作用[J].中国岩溶，1984，(1)：29-37.

[11] 翁金桃.桂林碳酸盐岩与岩溶发育的关系[J].中国科学(B)辑，1985，(8)：741-749.

[12] 张良喜，赵其华，胡相波，等.某地区白云岩室内溶蚀试验及微观溶蚀机理研究[J].工程地质学报，2012，20(4)：576-584.

[13] DREYBRODT W, LAUCKNER J, LIU H, et al. The kinetics of the reaction $CO_2+H_2O-H^++HCO_3^-$ as one of the rate limiting steps for the dissolution of calcite in the system $H_2O-CO_2-CaCO_3$[J]. Geochimica et Cosmochinica Acta, 1996, 18: 3375-3381.

[14] GAUTELIER M, OELKERS E H, SCHOTT J. An experimental study of dolomite dissolution rates as a function of pH from −0.5 to 5 and temperature from 25 to 80 ℃[J]. Chemical Geology, 1999, 157: 13-26.

[15] KAUFMANN G, DREYBRODT W. Calcite dissolution kinetics in the system $CaCO_3-H_2O-CO_2$ at high undersaturation[J]. Geochimica et Cosmochimica Acta, 2003, 67: 1398-1410.

[16] ARVIDSON R S, ERTAN I E, AMONETTE J E, et al. Variation in calcite dissolution rates: a fundamental problem? [J]. Geochimica et Cosmochimica Acta, 2003, 67(9): 1623-1634.

[17] 郭纯青.中国岩溶生态水文学[M].北京：地质出版社，2007：107.

[18] 韩宝平.任丘油田碳酸盐岩溶蚀实验研究[J].中国岩溶，1988，7(1)：81-88.

[19] 何宇彬.中国喀斯特水研究[M].上海：同济大学出版社，1997：55-56.

[20] 卢耀如.中国喀斯特地貌的演化模式[J].地理研究，1986，5(4)：25-35.

[21] 袁道先，朱德浩，翁金桃，等.中国岩溶学[M].北京：地质出版社，1994：9-10.

[22] 聂跃平.碳酸盐岩性因素控制下喀斯特发育特征——以黔中南为例[J].中国岩溶，1994，13(1)：31-36.

[23] 任美锷.中国岩溶发育规律初步研究[C]//中国地质学会第二届岩溶学术会议论文选集.北京：科学出版社，1982：1-4.

[24] 王尚彦.白云岩和石灰岩山区石漠化速度差异原因分析[J].贵州地质，2009，26(1)：49-51.

贵州贞丰-关岭花江喀斯特石漠化过程中岩土体化学元素含量与石漠化差异性关系研究①

顾展飞　刘　琦　卢耀如

摘　要：不同等级石漠化地区岩体和土体中化学元素有较大的差异，表现在石漠化演化过程中不断被改变，化学元素的差异性对石漠化等级差异性的形成有着内在的关联性。文章以贵州贞丰-关岭花江石漠化治理示范区为研究区，选取 11 处样地的岩石样和土样，对其进行室内实验分析，以了解该地区岩石和土壤的化学元素含量，从而研究其含量的差异性与石漠化等级之间的关系。结果显示：① 岩体中 CaO/MgO 的值越大，Rb/Sr 值越低，石漠化等级越高。② 在碳酸盐母岩逐渐溶蚀和风化成土的过程中，岩体中 Ca、Mg 离子被带走，导致成土后土体中 Ca、Mg 离子含量降低，但强度石漠化地区的土体中 Mg 离子含量却增加。③ 不同等级石漠化地区的样品化学元素流失和富集的程度略有差异，一般强度和潜在石漠化地区(离子)含量要高于轻度和中度石漠化地区。④ 土体中 Rb/Sr 值越大，石漠化等级越强。该研究可以为示范区的水土流失及石漠化治理提供理论和实践依据。

关键词：喀斯特地区　石漠化　水土流失　化学元素　差异性

0　引言

石漠化是指在脆弱喀斯特环境下，人类不合理的社会经济活动，造成人地矛盾突出，植被破坏，水土流失，岩石逐渐裸露，土地生产力衰退甚至丧失，地表呈类似于荒漠化景观的演变过程和结果[1]。我国的石漠化区主要分布在以贵州省为中心的贵州、云南、广西等三省(区)，其中贵州省石漠化面积达 35 920 km^2，占其国土面积的 20.39%，石漠化已经严重威胁区域的经济发展甚至人类生存[2-3]。长期以来，不少地学工作者对中国南方喀斯特石漠化的概念、分布、特点、成因、影响因素和治理方面进行了大量研究，得到了一些有价值的认识[4-8]。

石漠化的直接成因是人为或自然因素造成的水土流失。对于喀斯特地区水土流失规律已进行了大量的研究：土壤的流失量与流失速率方面来分析水土流失石漠化成因的影响[9-11]，土壤的理化性质差异对于不同等级石漠化成因的影响[12-13]，碳酸盐岩的岩性特征及风化成土作用对石漠化成因的影响[14-15]等。但以上研究很少关注岩石成土过程中及土壤流失过程中化学元素的变化与不同等级石漠化成因之间的关系。土壤中化学元素随水迁移转化是水土流失的重要组成部分，而水土流失又是示范区石漠化的直接影响因素，所以研究岩石及土壤中化学元素的含量及其差异性变化，对于研究石漠化的差异性具有重要的意义。本文结合贵州贞丰关岭花江示范区内地形地貌及土地利用模式等条件，对该地区不同等级石漠化的形成机理进行研究分析，从而为示范区的水土流失及石漠化治理提供理论和实践依据。

① 顾展飞，刘琦，卢耀如.贵州贞丰-关岭花江喀斯特石漠化过程中岩土体化学元素含量与石漠化差异性关系研究[J].中国岩溶，2016，10，533-538.

1 研究区概况

贞丰-关岭花江示范区位于贵州西南部，关岭县以南、贞丰县以北的北盘江花江峡谷两岸。总面积51.62 km^2，喀斯特面积占总面积的87.92%，海拔500～1 200 m，相对高差700 m，是贵州高原上一个典型的喀斯特峡谷区域。该区出露地层主要为中、上三叠统地层，有杨柳组、垄头组碳酸盐岩组，质纯层厚，碳酸盐岩占95%以上，整个流域处于高原面向北盘江倾斜的大缓坡上，峰丛洼地、峰丛谷地随处可见；冬春温暖干旱，夏秋湿热，热量资源丰富；年均温18.4 ℃，年均最高气温为32.4 ℃，年均最低气温为6.6 ℃，年均降水量1 100 mm，但时空分布不均，多暴雨，5—10月降水量占全年总降水量的83%。由于人类活动破坏，研究区内森林覆盖率很低，除在一些村寨的四周有树林分布，在一些陡峻的峰丛顶部尚残存少量灌丛外，其余大部分地区因长期而强烈的水土流失，而基岩裸露，石漠化十分严重，裸岩面积比重达70%以上。由于坡度大，成土速度极低，地表水流与地下水流的水平与垂直强烈交替，土壤侵蚀剧烈，日趋剧烈的土壤侵蚀和石漠化严重制约着当地居民生存条件和经济发展。

2 研究方法

2.1 土壤样品的采集

取样地点选在花江峡谷石漠化治理示范区查尔岩小流域。按强度、中度、轻度、潜在石漠化等级设置11个样地，其大小一般为20 m×10 m。结合地形图与手持GPS野外测量结果，绘出各样地在示范区内的分布图(图1)，各样地基本情况见表1。在同一样地分别采集土样和岩样，岩样在露头处用锤子敲击采集，土样采用环刀现场采集表层土壤(0～30 cm)样品。采集完成后编号，然后带回实验室测定土体物理、化学及力学性质。

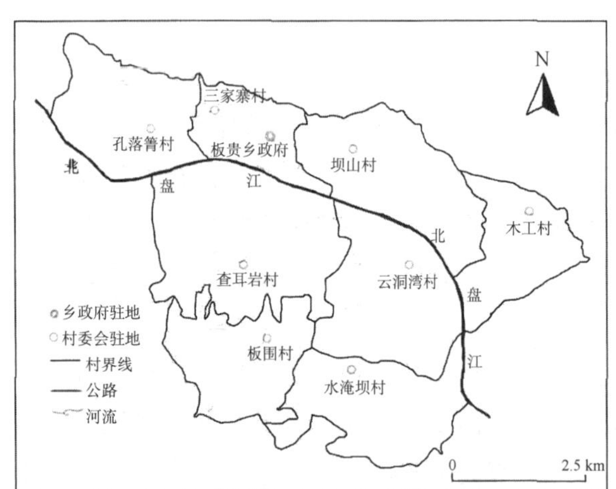

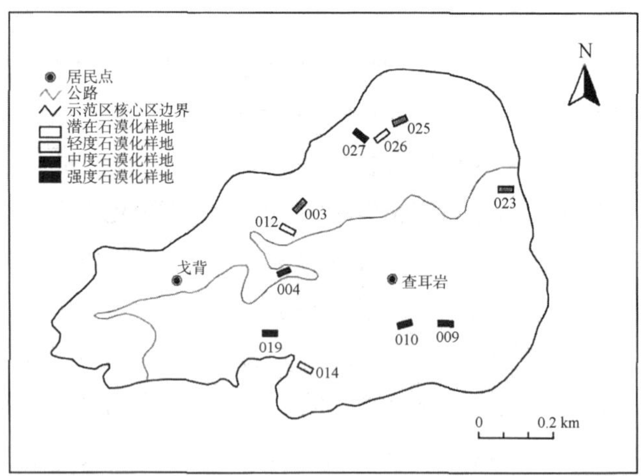

图1 贞丰-关岭花江示范区土样样地分布

表1 贞丰-关岭花江示范区样地基本情况(部分数据引自[16])

样地号	样号	地貌	海拔/m	坡度(°)	坡向	岩石裸露率	石漠化等级	植被配置方式
012	1	槽谷	735	0	NW	6%	潜在	疏松耕地
014	2	峰丛台地	800	0	NW	0%	潜在	耕地
026	3	峰丛台地	700	0	SE	0%	潜在	灌木丛地
003	4	槽谷边坡	745	40	SE	45%	轻度	林地

（续表）

样地号	样号	地貌	海拔/m	坡度(°)	坡向	岩石裸露率	石漠化等级	植被配置方式
023	5	侵蚀陡坡	665	45	SE	60%	轻度	花椒林地
025	6	峰丛台地	695	0	SE	60%	轻度	油菜地
004	7	峰丛台地	772	20	NW	70%	中度	花椒林地
010	8	侵蚀沟谷	820	25	NW	72%	中度	花椒，杂草
009	9	溶沟石牙	893	30	NW	72%	强度	花椒，杂草
019	10	溶沟石牙	865	30	NW	78%	强度	花椒林地
027	11	溶沟石牙	715	15	SE	75%	强度	油菜地

2.2 岩石和土壤样品的测定

将带回的岩样和土样在室内烘干、磨碎、过筛。称取制备好的样品 5 g，倒入放置有钢圈且表面光滑的工具钢块上，钢圈外周用硼砂包裹，摊铺均匀后放入压力机中，在 400 kN 的压力下压成饼状。为了减少外界元素的干扰，整个样品的制作过程均采用陶瓷或玛瑙用具。实验仪器采用荷兰帕纳科公司生产的 Axios mAx 型的 X 射线荧光光谱仪（仪器功率为 2.4～4.0 kW，测试元素范围 B—U，最大电流 160 mA）。测试结果见表 2 和表 3。

表 2　贞丰-关岭花江示范区岩石样化学成分分析表

样号	MgO	CaO	SiO_2	Al_2O_3	Fe_2O_3	Mn /ppm	Rb /ppm	Sr /ppm	Rb/Sr /ppm	CaO/MgO /ppm
R1	17.993%	30.955%	2.361%	1.092%	0.101%	49.5	5.3	85.4	0.062	1.72
R2	18.163%	30.824%	1.889%	0.838%	0%	8.4	4.6	70.7	0.065	1.70
R3	17.214%	29.701%	4.231%	1.752%	0.281%	33.3	6.2	88.7	0.070	1.73
R4	9.613%	42.142%	3.156%	1.477%	0.098%	186.6	7.8	185.8	0.042	4.38
R5	7.885%	46.41%	2.756%	1.277%	0.119%	167.7	6.7	164	0.040	5.89
R6	9.402%	39.125%	3.601%	1.7%	0.242%	27.6	4.1	85.2	0.048	4.16
R7	2.748%	51.221%	2.265%	0.937%	0.034%	28.4	2.2	148.7	0.015	18.64
R8	2.46%	48.689%	5.901%	1.609%	0.417%	512.3	8.2	523.7	0.016	19.79
R9	0.691%	53.752%	2.012%	0.88%	0%	18.5	0.5	111.9	0.004	77.79
R10	0.546%	53.22%	2.123%	0.912%	0%	12.4	1.0	171.3	0.006	97.47
R11	0.437%	52.018%	4.268%	1.279%	0.172%	346.8	5.2	606.5	0.009	119.03

表 3　贞丰-关岭花江示范区土样化学成分分析表

样号	MgO	CaO	SiO_2	Al_2O_3	Fe_2O_3	Mn /ppm	Rb /ppm	Sr /ppm	Rb/Sr /ppm
S1	2.519%	5.177%	43.174%	18.964%	9.427%	8 406.8	112.4	199.7	0.563
S2	3.424%	0.769%	44.166%	26.629%	11.389%	4 136.1	119.7	192.3	0.622
S3	2.357%	6.678%	59.555%	14.092%	10.153%	6 561.8	533	758.7	0.703
S4	1.570%	13.312%	52.830%	20.699%	9.494%	2 649.4	98.6	77.8	1.267

（续表）

样号	MgO	CaO	SiO_2	Al_2O_3	Fe_2O_3	Mn /ppm	Rb /ppm	Sr /ppm	Rb/Sr /ppm
S5	2.090%	16.704%	33.867%	18.401%	9.474%	3 241.2	57.3	46.9	1.222
S6	2.011%	15.004%	33.423%	11.852%	4.418%	2 139.7	84.1	64.1	1.312
S7	2.274%	1.417%	45.461%	25.008%	9.498%	2 545.6	96.6	56.2	1.719
S8	3.383%	3.413%	40.620%	22.634%	8.642%	2 014.9	62.5	38.7	1.615
S9	2.558%	3.981%	41.482%	25.187%	11.419%	3 111.2	124.1	53.5	2.320
S10	2.429%	6.069%	51.208%	20.354%	11.909%	2 268.6	186.2	74	2.516
S11	1.945%	3.403%	49.513%	22.969%	12.86%	2 657.2	189.6	67.2	2.821

由表 2 知：示范区内 11 处样地岩石样品中 CaO/MgO 的比值越大，Rb/Sr 比值越低，石漠化等级越高，即示范区内石漠化的强度随岩石样品中 CaO/MgO 的比值增大而增强，随 Rb/Sr 比值的增大而降低。

根据方解石和白云石的相对含量划分岩石类型[17-18]，CaO/MgO＞50.1 时为纯石灰岩；9.1＜CaO/MgO≤50.1 时为含白云的石灰岩；4.0＜CaO/MgO≤9.1 时为白云质灰岩；2.2＜CaO/MgO≤4.0 时为灰质白云岩；1.5＜CaO/MgO≤2.2 时为含灰的白云岩；1.4＜CaO/MgO≤1.5 时为纯白云岩。所以，示范区内石漠化等级顺序也即为纯石灰岩地区＞含白云的石灰岩地区＞白云质灰岩地区＞灰质白云岩地区＞含灰的白云岩地区＞纯白云岩地区。

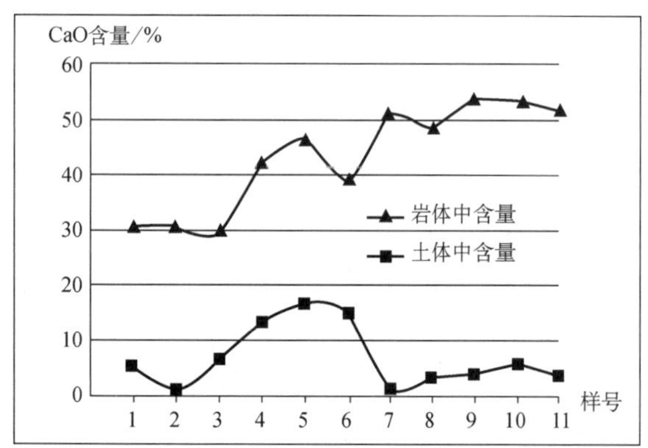

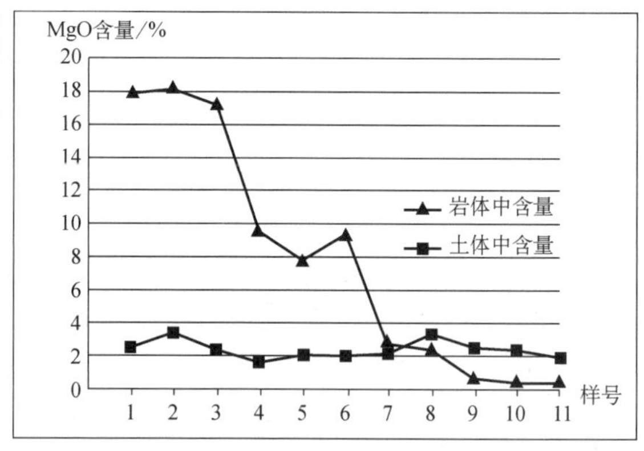

图 2　贞丰-关岭花江示范区岩体和土体中 CaO 和 MgO 含量对照图

由表 2、表 3 和图 2 可知：在碳酸盐母岩逐渐溶蚀和风化成土的过程中，岩体中 Ca 离子、Mg 离子被带走，导致成土后含量降低，但强度石漠化地区的土体中的 Mg 离子含量却增加。示范区内土体中部分 SiO_2、AlO_2、Fe_2O_3、Mn、Ti、P、Rb、Sr 等元素逐渐富集，不同等级石漠化地区的样品化学元素流失和富集的程度略有差异，一般强度和潜在石漠化地区含量要高于轻度和中度石漠化地区。另外，示范区内土体中 Rb/Sr 比值越大，石漠化等级越强，即 Rb/Sr 比值随着石漠化强度的提高而提高。

2.3　测定结果的分析与讨论

示范区的碳酸盐岩母岩主要是裸露至半裸露的碳酸盐岩及碎屑岩，在气候湿润、水循环作用强烈的情况下易发生化学溶蚀。石灰岩和白云岩在 CO_2 的水溶液中溶解的化学反应式如下：

$$CaCO_3 + CO_2 + H_2O \rightleftharpoons Ca^{2+} + 2HCO_3^-$$

$$MgCa(CO_3)_2 + 2H_2O \rightleftharpoons Ca^{2+} + Mg^{2+} + 4HCO_3$$

随着反应的进行,石灰岩和白云岩不断被溶蚀和风化,导致从岩石到土的过程中,MgO 和 CaO 的含量不断减少。从化学元素分析中可以看出,示范区内等级较强的石漠化主要发生在石灰岩地区。石灰岩母岩本身 Mg 离子含量较低,另外,再加上强度石漠化地区水土流失严重,土壤层较薄,虽然风化成土过程中元素的迁移和富集会导致其含量提高,但总体含量跟其他区域基本一致。

碳酸盐岩溶蚀的过程主要是方解石和白云石的化学淋失过程,速度快,残留物少。Ca 离子和 Mg 离子流失,但 Si、Fe、Al 等元素却很少移动,含量基本保持不变,因此 SiO_2、Al_2O_3、Fe_2O_3、Mn 等元素相对含量升高。

铁、锰除了相对含量升高以外,自身还会发生集聚、积累现象,形成铁锰结核[19-20]。一般认为,铁锰结核的形成是土壤在渍水还原条件下,铁锰氧化物还原成 Fe^{2+}、Mn^{2+},在 MnO_2 的催化下,Fe^{2+} 快速氧化并沉积在 MnO_2 表面,土壤进一步变干,周围的活性 Fe^{2+}、Mn^{2+} 又被氧化沉积在铁锰氧化物表面,干湿交替,氧化还原的反复进行,形成铁锰聚合体-铁锰结核[21-22]。

Rb 是典型的分散元素,在自然界中主要以类质同象的形式分布于各类造岩矿物中,很少形成独立矿物。在表生风化过程中这些矿物被分解并释放出 Rb,被释放的 Rb 很容易被富含 K 的黏土所吸附,只有一小部分被迁移或淋溶。Sr 也是典型的分散元素,由于 Sr^{2+} 在表生环境中的地球化学行为更类似于 Ca^{2+},较易以游离 Sr 的形式(主要以碳酸盐形式)随土壤溶液或地表水进行迁移,结果导致地层中大量的 Sr 被淋溶。

Rb/Sr 值可以反映母岩的风化程度[23],一般来说,Rb/Sr 值越高,化学风化作用越强烈。引起化学风化作用的主要因素是水和氧。自然界的水,不论是雨水、地面水或地下水,都溶解有多种气体(如 O_2、CO_2 等)和化合物(如酸、碱、盐等),因此自然界的水都是水溶液。水溶液可通过溶解、水化、水解、碳酸化等方式促使岩石化学风化。氧的作用方式是氧化作用。岩石中化学风化作用越强,其成土速率越高,发生石漠化的可能性就越小,石漠化发育等级也较低。

石灰岩的矿物颗粒细小,结构致密,粒间孔隙度小,受各种构造应力时,石灰岩易产生张性节理裂隙,加速溶蚀作用的进行。而白云岩矿物颗粒粗大,粒间和晶间孔隙均较发育,白云岩形成的节理及裂隙密集而均匀,从而提高了近地表白云岩的含水能力,有利于岩石的整体风化作用的进行;同时白云岩风化壳基岩面起伏相对较小,风化残积形成的土壤分布也相对均匀。因此,白云岩地区石漠化程度要弱于石灰岩地区[24]。

石漠化的发生、发展过程,实际上就是在脆弱的生态环境地质背景下,人为活动破坏生态平衡所导致的地表覆盖度降低的土壤侵蚀过程。长期以来,人们一直认为石漠化生态系统土壤退化随石漠化程度增加而增强,而实际并非如此,而是随着石漠化程度的增加先退化后改善的一个过程。强度石漠化和无石漠化土壤条件明显好于其他等级石漠化环境,潜在和轻度石漠化土壤条件反而是最差的[13]。由于森林植被破坏,土壤养分随水土流失而流失,导致土壤退化。随着石漠化等级不断增加,裸露岩石集聚效应逐渐明显,汇集大气沉降养分和喀斯特产物,增加了土壤氮素和有机物的输入。同时随着石漠化程度增加,可流失的土壤越来越少,导致水土流失越来越弱,在强烈的裸露岩石聚集效应和微弱的水土流失作用下,强度石漠化环境土样物理和力学性能得到了明显的改善。

3 结论

不同等级石漠化地区岩体和土体中化学元素有较大的差异,化学元素的差异性对石漠化等级差异性的形成具有内在的关联性。通过对贵州贞丰-关岭花江喀斯特石漠化过程中岩土体化学元素含量变化的研究,可以得到以下结论:

(1) 岩体中 CaO/MgO 值越大，Rb/Sr 值越低，石漠化等级越高。即石漠化的强度随母岩中 CaO/MgO 值增大而增强，随 Rb/Sr 值的增大而降低。

(2) 在碳酸盐母岩逐渐溶蚀和风化成土的过程中，岩体中 Ca、Mg 离子随水土流失被带走，导致成土后含量降低，但强度石漠化地区的土体中的 Mg 离子含量却增加。

(3) 地表氧化还原条件、pH 值的改变及微生物作用，致使土壤中部分 SiO_2、AlO_2、Fe_2O_3、Mn、Ti、P、Rb、Sr 等元素逐渐富集。不同等级石漠化地区的样品化学元素流失和富集的程度却略有差异，一般强度和潜在石漠化地区元素含量要高于轻度和中度石漠化地区。

(4) 跟岩体中相反，土体中 Rb/Sr 比值越大，石漠化等级越强，即土体中 Rb/Sr 值随着石漠化强度的提高而提高。

参考文献

[1] 熊康宁，黎平，周忠发，等.喀斯特石化的遥感——GIS 典型研究：以贵州省为例[M].北京：地质出版社，2002，81-88.

[2] 熊康宁，梅再美，彭贤伟，等.喀斯特石漠化生态综合治理与示范典型研究：以贵州花江喀斯特峡谷为例[J].贵州林业科技，2006，34(1)：5-8.

[3] 王世杰，李阳兵.喀斯特石漠化研究存在的问题与发展趋势[J].地球科学进展，2007，22(6)：573-582.

[4] 袁道先.我国西南岩溶石山的环境地质问题[J].大自然探索，1996，15(58)：21-23.

[5] 蔡运龙.中国西南岩溶石山贫困地区的生态重建[J].地球科学进展，1996，11(6)：602-606.

[6] 熊康宁，陈起伟.基于生态综合治理的石漠化演变规律与发展趋势讨论[J].中国岩溶，2010，29(3)：267-273.

[7] 王世杰.喀斯特石漠化概念演绎及其科学内涵的探讨[J].中国岩溶，2002，21(2)：101-105.

[8] 王世杰，李阳兵，李瑞玲.喀斯特石漠化的形成背景、演化与治理[J].第四纪研究，2003，23(6)：657-666.

[9] 李阳兵，王世杰，王济.岩溶生态系统的土壤特性及其今后研究方向[J].中国岩溶，2006，25(4)：285-289.

[10] 蒋忠诚，罗为群，邓艳，等.岩溶峰丛洼地水土漏失及防治研究[J].地球学报，2014，35(5)：535-542.

[11] 熊康宁，李晋，龙明忠.典型喀斯特石漠化治理区水土流失特征与关键问题[J].地理学报，2012，67(7)：878-888.

[12] 王恒松，熊康宁，刘云.喀斯特区地下水土流失机理研究[J].中国水土保持，2009，(8)：11-15.

[13] 盛茂银，刘洋，熊康宁.中国南方喀斯特石漠化演替过程中土壤理化性质的响应[J].生态学报，2013，33(19)：6303-6313.

[14] 王世杰，季宏兵，欧阳自远，等.碳酸盐岩风化成土作用的初步研究[J].中国科学(D 辑)，1999，29(5)：441-449.

[15] 李瑞玲，王世杰，周德全，等.贵州岩溶地区岩性与土地石漠化的相关分析[J].地理学报，2003，58(2)：314-320.

[16] 贺祥，熊康宁，李晨，等.岩溶山区石漠化生态治理的土壤质量效应研究：以贵州省花江峡谷石漠化治理示范区为例[J].贵州农业科学，2011，39(5)：99-102.

[17] 曾允孚，夏文杰.沉积岩石学[M].北京：地质出版社，1986：159-170.

[18] 朱筱敏.沉积岩石学[M].北京：石油工业出版社，2008：182-183.

[19] 李永华，王五一，谭文峰，等.土壤铁锰结核中生命有关元素的化学地理特征[J].地理研究，2001，20(5)：609-615.

[20] 苏春田，唐健生，单海平，等.黎塘岩溶区土壤铁锰结核的地球化学特征研究[J].中国岩溶，2008，27(1)：43-49.

[21] Burns R G，Burns V M. Mechanism for nucleation and growth of manganese nodules[J]. Nature (London)，1975，255：130-131.

[22] 谭文峰，刘凡，李永华，等.土壤铁锰结核中锰矿物类型鉴定的探讨[J].矿物学报，2000，20(1)：63-67.

[23] 黄明.浅析 Rb/Sr 比值在第四纪古气候及古环境研究中的应用[J].科协论坛，2012，(3 下)：132-133.

[24] 孙承兴，王世杰，周德全，等.碳酸盐岩差异性风化成土特征及其对石漠化形成的影响[J].矿物学报，2002，22(4)：308-314.

石漠化地区石灰岩和白云岩的溶蚀-蠕变特性试验研究

——以贵州贞丰-关岭花江岩溶区为例①

刘　琦　白友恩　顾展飞　卢耀如　盛祝平

摘　要：为分析石漠化地区碳酸盐岩的力学和溶蚀特性及其对石漠化演化的影响，开展了应力-化学耦合作用下碳酸盐岩溶蚀-蠕变特性试验研究，结果显示：① 应力-化学耦合作用下，碳酸盐岩的蠕变特性较明显，且白云岩的初始变形量均大于石灰岩，说明白云岩更易受外力作用影响而发生变形和破坏；白云岩的蠕变变形量随加载时间延长而持续增加，而石灰岩蠕变变形主要发生在加载初期，而后趋于稳定。② 在相同时间、相同浓度的酸溶液中，应力加载条件下碳酸盐岩的溶蚀量比常规无压溶蚀情况下大；白云岩及灰质白云岩的溶蚀速度与应力水平呈正相关，荷载越大，溶蚀速度越快；随着应力的增加，石灰岩的溶蚀速度先降低后增加。③ 溶蚀作用不仅发生在岩石表面也发生在孔隙内部，溶蚀结果表现为孔隙直径的增大和孔隙率的提高。④ 不同岩性碳酸盐岩化学-力学特性的差异，使其风化成土和水土流失方式具有不同的表现形式，对石漠化的形成与演化具有重要的影响。

关键词：岩溶石漠化　石灰岩　白云岩　蠕变　溶蚀

贵州贞丰-关岭花江碳酸盐岩地区气候湿润、雨热丰富，石漠化现象广泛。在各种自然和人为因素的影响下，不同地带土壤覆盖层厚度及土壤流失的程度都具有明显的差异性，导致该地区石漠化发育强度具有明显的区域性[1]。大量裸露及半裸露巨厚碳酸盐岩层组，受地形地貌、岩性、构造运动、水文地质条件和气候等影响[2-4]。碳酸盐岩在化学溶蚀和风化作用下，岩石结构的内部缺陷不断加大，使其在较低的外部荷载作用下发生晶体内部空位或颗粒物质的扩散，在温度和外载较低的情况下岩石就会发生变形和破坏，最终形成石灰土[5-8]。风化作用的过程中，石灰岩与白云岩的岩性及微观结构特征的差异性使得残余物在地表具有不同的堆积和丢失方式，表现为石漠化成因和演化过程不同[9]。多年调查和研究显示，碳酸盐岩岩性是影响土壤流失和石漠化发生演化的主要内因之一，纯石灰岩地区石漠化的分布面积和程度比纯白云岩地区更广、更明显[10-13]。本文以贵州贞丰-关岭花江石漠化治理示范区为研究区域，从化学溶蚀和蠕变变形角度研究石灰岩与白云岩在力学-化学作用耦合条件下的变形特性、化学溶蚀特征及其对石漠化的影响，进一步阐述岩性对石漠化成因及发育程度的影响，为能够因地制宜地防治石漠化提供借鉴。

1　地质条件

贵州花江石漠化治理示范区位于贵州省西南部，关岭县以南、贞丰县以北的花江峡谷两岸，总面积51.62 km^2，喀斯特分布面积占87.92%，海拔500～1 200 m，相对高差700 m，是典型的喀斯特高原峡谷区域。该区出露地层主要为中、上三叠统，有杨柳组、垄头组碳酸盐岩组，质纯层厚，碳酸盐岩占95%以上，岩体被风化后存在较多的节理。整个流域处于高原面向北盘江倾斜的大缓坡上，溶沟洼地、峰丛谷

① 刘琦，白友恩，顾展飞，等.石漠化地区石灰岩和白云岩的溶蚀-蠕变特性试验研究：以贵州贞丰-关岭花江岩溶区为例[J].桂林理工大学学报，2017，8，399-404.

地、陡坡峡谷随处可见，地形非常复杂。岩溶峡谷两岸坡度一般在60°以上，高程约为400～700 m，谷地的切深一般在200～400 m。冬春温暖干旱，夏秋湿热，热量资源丰富，年均气温18.4 ℃，年均极端最高气温为32.4 ℃，年均极端最低气温为6.6 ℃；年均降水量1 100 mm，但时空分布不均，多暴雨，5—10月降水量占全年总降水量的83%，部分谷地有季节性或常年性地表水流。由于人类活动破坏的结果，研究区内森林覆盖率很低，大部分地区由于长期而强烈的水土流失，基岩裸露。

2　碳酸盐岩溶蚀-蠕变试验

2.1　试验样品

本次试验岩样采自海拔650～1 200 m不等的潜在、轻度、中度、重度石漠化地区（图1）。在采集的岩样中挑选出风化微弱、结构致密、新鲜的R3、R6、R10号样进行溶蚀-蠕变试验的试验块制作，并对其进行化学成分、矿物成分和微观结构的分析和观察，其矿物和化学成分如表1和表2所示。

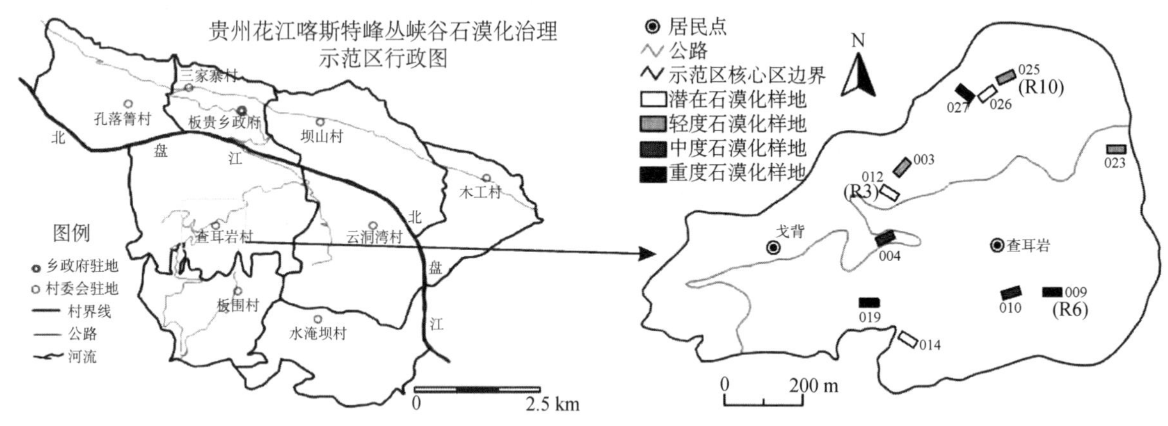

图1　示范区样品采集地分布图

表1　样品的矿物成分及晶粒结构特征

样号	岩性	矿物成分	光学显微镜照片
HJ-R6	微晶石灰岩	矿物为方解石，菱形或不规则粒状，粒径0.01～0.03 mm，含量约为100%	
HJ-R10	微晶灰质白云岩	由微晶方解石和粉晶白云石组成。方解石，菱形或不规则粒状，粒径0.005～0.01 mm，含量约70%；白云石，不规则粒状，粒径0.02～0.04 mm，含量约25%	
HJ-R3	细晶白云岩	矿物为白云石，菱形或不规则粒状，粒径0.05～0.10 mm，含量85%左右。在白云石颗粒间有微晶方解石，粒径0.004～0.03 mm，含量15%左右	

表2　样品的岩性及化学成分分析结果

样品号	岩性	化学成分 w_B					抗压强度/MPa
		CaO	MgO	CO_2	SiO_2	酸不溶物	
HJ-R6	微晶石灰岩	53.42%	1.69%	43.04%	0.49%	0.74%	95.207
HJ-R10	微晶灰质白云岩	36.00%	15.80%	44.00%	2.20%	3.36%	87.997
HJ-R3	细晶白云岩	32.38%	18.69%	44.58%	1.31%	2.59%	99.366

2.2 试验过程及试验条件

将挑选的岩样分别加工成尺寸为 Φ50 mm×100 mm 的圆柱形蠕变试验块，通过分级加载方式对蠕变试验块进行溶蚀-蠕变试验。将试验块放置在溶蚀皿中并置于出力能力为 500 kN 岩石双轴流变机下进行蠕变加载，蠕变变形通过两根规格相同的应变计采集。连接应变计和流变机的计算机每隔 30 s 自动采集并记录试验数据。与此同时，通过蠕动泵将 pH＝3 的盐酸溶液以 3 mL/min 的恒定的流速持续泵入试验块所在的敞口有机玻璃溶蚀皿中，收集溶蚀皿中流出的溶蚀液，分析收集液化学成分，以观察不同蠕变荷载下，碳酸盐岩在固定浓度酸液下溶蚀速度的变化规律。试验条件：室温(20 ℃)，荷载应力路径 1.0～2.0～3.0～4.0 kN，每级荷载持续时间 72 h，每个样品持续蠕变时间 288 h。实验装置如图 2 所示。

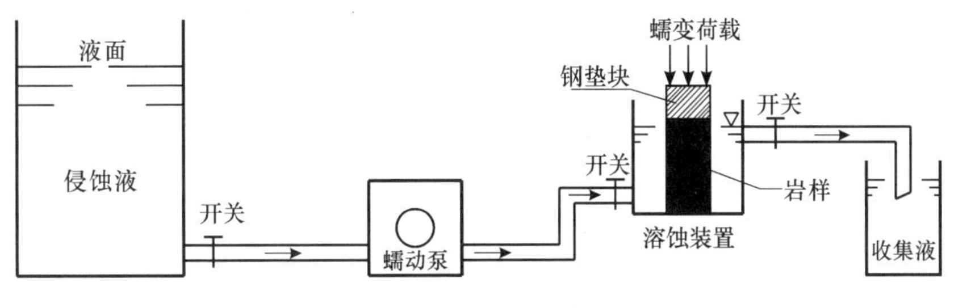

图 2 实验装置示意图

2.3 石灰岩和白云岩的蠕变特性

试验结果显示(图 3)，变形曲线由加载瞬时的初始变形和蠕变变形组成，无论碳酸盐岩岩性如何，岩样在各级荷载下的蠕变曲线均为变形收敛的稳态型蠕变。

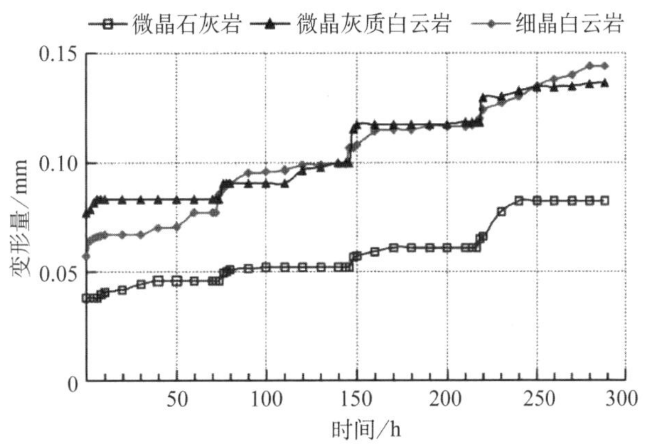

图 3 溶蚀-蠕变条件下的碳酸盐岩蠕变变形曲线

碳酸盐岩在不同应力下的蠕变变形量都会先增加后稳定，白云岩变形持续时间较长，而石灰岩的变形主要发生在初期阶段。根据图 3 整理不同蠕变荷载水平下的初始变形量(表 3)，可见在各级蠕变荷载下，白云岩的初始变形量均大于石灰岩，这说明荷载作用下，白云岩较石灰岩易发生形变。通过蠕变变形曲线计算从变形开始到稳定这一阶段的平均蠕变速率(表 4)，高应力水平下的平均蠕变速率均大于低应力水平下的平均蠕变速率；石灰岩的平均蠕变变形速率较白云岩的大，如 HJ-R6 与 HJ-R3 等。石灰岩的平均蠕变速率虽较大，但蠕变持续时间较短，白云岩则以较低的蠕变速率持续变形。这主要是由于石灰岩由致密的方解石构成，颗粒较细，质地较均匀，具有较好的抗变形能力，受力时发生的变形主要为弹性变形，不易蠕变。而白云岩表现为较大的白云石颗粒镶嵌在方解石基质中，由于这种镶嵌结构并没有很好的稳定性，在应力作用下，就表现为持续的蠕变变形现象。

表 3　不同蠕变荷载下的初始变形量　　（单位：mm）

样号	岩性	荷载			
		1 kN	2 kN	3 kN	4 kN
HJ-R6	微晶石灰岩	0.038	0.005	0.006	0.004
HJ-R10	微晶灰质白云岩	0.077	0.017	0.010	0.011
HJ-R3	细晶白云岩	0.057	0.014	0.010	0.060

表 4　不同蠕变阶段的平均蠕变速率　　（单位：10^{-4} mm/ h）

样号	岩性	应力			
		0.5 MPa	1.0 MPa	1.5 MPa	2.0 MPa
HJ-R6	微晶石灰岩	8.710	2.080	10.833	40.000
HJ-R10	微晶灰质白云岩	3.750	4.130	—	—
HJ-R3	细晶白云岩	2.880	3.158	4.250	11.250

注：—为变形量突增，无明显蠕变过程。

2.4　石灰岩和白云岩的溶蚀特性

在本次试验中，每隔固定时间测定连续收集的溶蚀液中 Ca、Mg 离子的浓度，计算溶蚀总质量，得到不同蠕变阶段的平均溶蚀速度，结果见表 5。在整个蠕变过程中，石灰岩的平均溶蚀速度大于白云岩的平均溶蚀速度；白云岩及灰质白云岩的溶蚀速度与应力水平呈正相关，荷载越大，溶蚀速度越快，蠕变周期内的溶蚀量也越大；石灰岩（HJ-R6）的溶蚀速度先降低后增加，主要是由于试验初期石灰岩溶蚀作用强烈，后期的应力加载使其空隙闭合引起溶蚀速度降低，而在试验后期高应力作用下又会产生新的裂隙，导致其溶蚀速度加快。为进一步探索溶蚀-蠕变条件下的溶蚀速度与常规无压溶蚀条件下溶蚀速度的差异，进行了相同条件下的常规无压溶蚀试验，从结果（表 6）可知，在相同时间内，不同岩性的碳酸盐岩在应力加载条件下的平均表面溶蚀量均较静态无压条件下的大。

2.5　溶蚀-蠕变下碳酸盐岩的孔隙特征

碳酸盐岩溶蚀不仅受化学成分的影响，还受岩石内部孔隙结构的影响[14]。为分析岩样溶蚀-蠕变试验前后内部孔隙结构特征，利用美国麦克 AutoPore 全自动压汞仪进行压汞试验，并参考韩宝平[15]相关理论对试验数据进行分析，结果如表 7 所示。相较于溶蚀前，溶蚀后岩样的平均孔径增大，孔隙率提高，这表明岩样内部孔隙增多和孔径增大，溶蚀作用也在岩石内部进行；溶蚀后骨架密度较溶蚀前的高，说明溶蚀前孔隙连通性差，存在较多的闭合孔隙，而溶蚀后岩样的连通性改善。

表 5　不同蠕变应力下的平均溶蚀速度　　（单位：mg/h）

样号	岩性	应力				平均
		0.5 MPa	1 MPa	1.5 MPa	2 MPa	
HJ-R6	微晶石灰岩	7.757	5.761	5.459	6.896	6.468
HJ-R10	微晶灰质白云岩	4.238	5.173	5.795	5.864	5.268
HJ-R3	细晶白云岩	5.079	5.141	5.301	5.807	5.332

表 6　常规无压溶蚀与溶蚀-蠕变试验的平均表面溶蚀量　　(单位:mg/cm²)

试验条件	HJ-R6	HJ-R10	HJ-R3
蠕变溶蚀	11.61	9.45	9.65
无压溶蚀	8.96	7.97	7.93

表 7　蠕变溶蚀前后压汞试验数据对比

样品号	岩性	溶蚀作用	总进汞量/$(mL \cdot g^{-1})$	平均孔径/μm	骨架密度/$(g \cdot mL^{-1})$	孔隙率	门槛压力/kPa	歪度
HJ-R6	微晶石灰岩	前	0.005 9	139.53	2.479 5	1.950 7%	6.65	2.208 0
		后	0.010 5	175.00	2.726 2	2.862 8%	32.13	9.233 8
HJ-R10	微晶灰质白云岩	前	0.007 3	198.32	2.531 6	2.299 3%	6.97	2.204 0
		后	0.007 4	257.00	2.678 7	2.956 4%	30.54	9.281 1
HJ-R3	细晶白云岩	前	0.003 3	75.71	2.352 7	0.903 9%	173.47	2.219 8
		后	0.008 4	275.00	2.588	2.184 3%	47.37	12.875 8

从试验前后的孔径与阶段进汞量曲线可以看出(图 4～图 6),试验前白云岩属于微孔隙多喉道或无集中喉道溶孔型,石灰岩属于大孔隙溶隙型。受应力-化学耦合作用的影响,所有岩样在大孔径部分进汞量明显增加,总孔隙率和平均孔径均增大,说明孔隙内部产生了次生孔隙,导致其进汞量增加。特别是白云岩 HJ-R3,试验后的孔隙率增加量明显大于石灰岩孔隙率增加量,且有大孔径的孔隙出现,说明白云岩受机械破坏作用影响较明显,导致其向溶隙型发展;而在小孔隙部分则没有产生明显的峰值,溶蚀后并没有产生更多的细小孔隙,化学溶蚀作用较为均匀。溶蚀后的石灰岩 HJ-R6 和灰质白云岩 HJ-R10 不仅在大孔径阶段进汞量增大,而且在小孔径部分也出现了更多的进汞量峰值,说明石灰岩和灰质白云岩受化学溶蚀作用产生更多细小孔隙,具有差异性溶蚀特征。

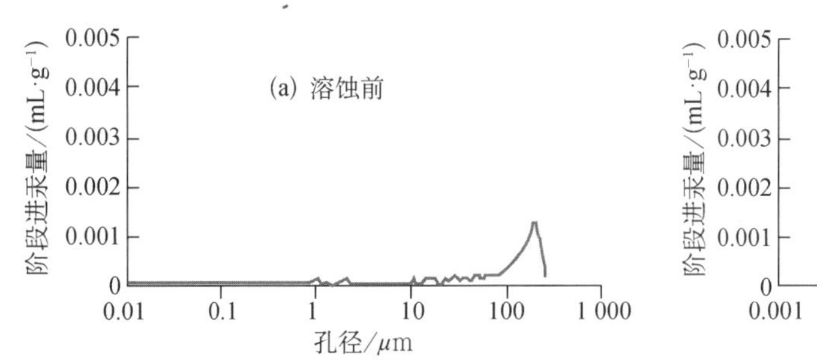

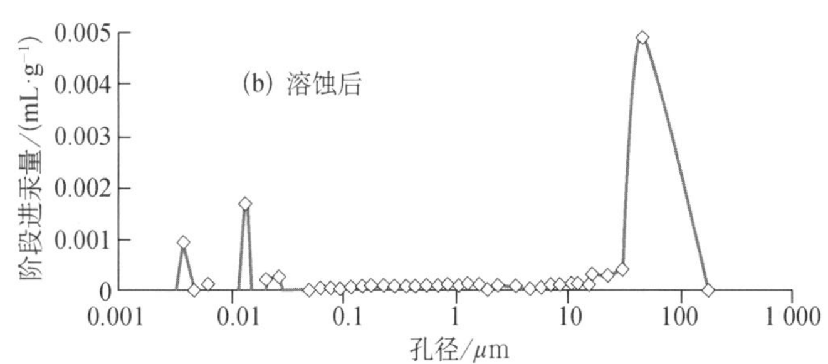

图 4　微晶石灰岩(HJ-R6)孔径与阶段进汞量关系

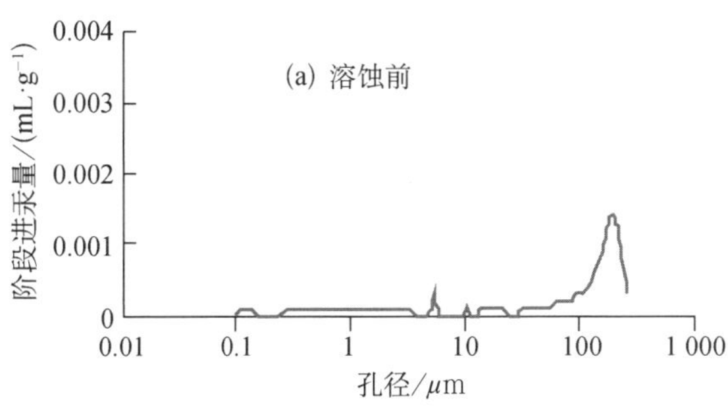

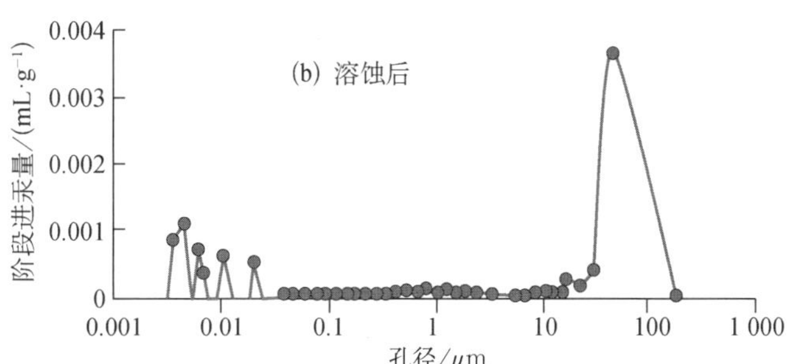

图 5　微晶灰质白云岩(HJ-R10)孔径与阶段进汞量关系

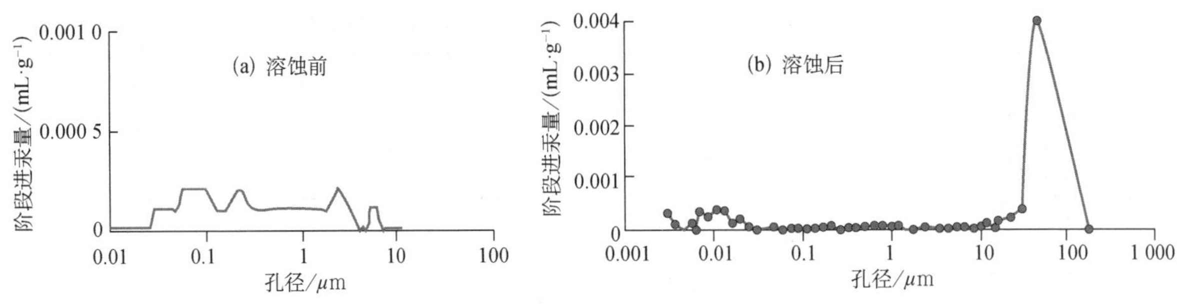

图6 细晶白云岩(HJ-R3)孔径与阶段进汞量关系

3 溶蚀-蠕变特性与石漠化

喀斯特地区土地石漠化与纯碳酸盐岩的分布具有明显的相关性。石灰岩分布区与白云岩分布区在岩溶形态、岩石裂隙发育程度、土层厚度及风化壳持水性等方面都有差异。灰岩和白云岩的岩性差异决定了二者的溶蚀残余物在地表具有不同的堆积和丢失方式[16]。本次试验发现：白云岩初始瞬时变形较大，蠕变以较慢的速度持续进行；石灰岩初始瞬时变形较小，蠕变速度较快但很快稳定。白云岩比石灰岩蠕变变形大且更易于发生蠕变变形，这有利于白云岩节理裂隙的发育及其物理化学风化作用的进行。由于白云岩风化过程主要以物理崩解为主，物理崩解提供的岩石碎块易于发生化学溶蚀和机械破坏，更有利于化学风化的进行，再加上白云岩中晶间孔隙均匀，在地下水的渗流和化学作用下有利于整体化学溶蚀作用的进行，易于形成白云岩碎屑石砾和粉土；另外，比较溶蚀-蠕变试验前后石灰岩和白云岩的孔隙特征可见，白云岩的溶蚀主要在原始孔隙中进行，没有明显的差异性溶蚀，加上白云岩的表面粗糙，粗糙的表面不但能留住水分，更重要的是能留住土壤，表现为地表土壤较连续，石漠化分布面积和程度相对石灰岩地区都较小。石灰岩则在受力时节理裂隙分布极不均匀，会在表面和内部发生强烈的差异性溶蚀，受地下水渗流-化学作用，其表面和原始节理被快速溶蚀形成裂隙及空洞，导致成土物质快速流失，更易形成怪石嶙峋、土被不连续的石漠化现象。

4 结论

(1) 应力-化学耦合作用下，碳酸盐岩的蠕变特性较明显，且白云岩的初始变形量大于石灰岩，说明白云岩更易受外力作用影响而发生变形和破坏。在酸溶液中，白云岩的蠕变变形量随加载时间延长而持续增加，而石灰岩随加载时间的延续蠕变变形量趋于稳定。

(2) 在相同时间、相同浓度的酸液溶蚀下，白云岩及灰质白云岩的溶蚀速度与应力水平呈正相关，荷载越大，溶蚀速度越快；随着应力的增加，石灰岩的溶蚀速度先降低后增加；各类岩石的蠕变溶蚀速度均快于静态溶蚀的速度。碳酸盐岩溶蚀作用不仅发生在岩石表面也发生在孔隙内部，溶蚀结果表现为孔隙直径的增大和孔隙率的提高。石灰岩溶蚀作用较白云岩强烈，白云岩没有发生明显的差异性溶蚀，溶蚀作用较为均匀，而石灰岩则具有明显的差异性溶蚀特征。

(3) 不同岩性碳酸盐岩化学-力学特性的差异，使其风化成土和水土流失方式具有不同的表现形式，对石漠化的形成与演化具有重要的影响。

参考文献

[1] 王明章.石漠化治理问题研究[J].贵州地质，2004，24(1)：48-53.

[2] 卢耀如.中国喀斯特地貌的演化模式[J].地理研究，1986，5(4)：25-35.

[3] 聂跃平.碳酸盐岩性因素控制下喀斯特发育特征——以黔中南为例[J].中国岩溶，1994，13(1)：31-36.

[4] 李瑞玲，王世杰，周德全，等.贵州岩溶地区岩性与土地石漠化的相关分析[J].地理学报，2003，58(2)：314-320.

[5] 曾春雷.高温、高压和渗流耦合作用下软岩力学行为的研究[D].青岛：青岛科技大学，2007.

[6] 李海霞.岩溶裂隙土的剖面特征及演化规律研究[D].西安：西安科技大学，2006.

[7] 李景阳，王朝富，樊廷章.试论碳酸盐岩风化壳与喀斯特成土作用[J].中国岩溶，1991，10(1)：29-38.

[8] 王世杰，欧阳自远，刘秀明.贵州岩溶地区土层的物质来源、成土过程、年代学及与石漠化相关性研究[J].矿物学与地球化学通报，2006，25(S)：15-192.

[9] 王尚彦，况顺达，戴传固，等.白云岩和石灰岩山区石漠化速度差异原因分析[J].贵州地质，2009，26(1)：49-51.

[10] 孙承兴，王世杰，周德全，等.碳酸盐岩差异性风化成土特征及其对石漠化形成的影响[J].矿物学报，2002，22(4)：308-314.

[11] 白晓永，王世杰，陈起伟，等.贵州碳酸盐岩岩性基底对土地石漠化时空演变的控制[J].地球科学，2010，35(4)：691-696.

[12] 周忠发，黄路迦.喀斯特地区石漠化与地层岩性关系分析——以贵州高原清镇市为例[J].水土保持通报，2003，23(1)：19-22.

[13] 谭秋，李阳兵，杨晓英.贵州连续性碳酸盐岩地区石漠化的岩性差异[J].矿物学报，2009，29(3)：393-398.

[14] 刘琦，顾展飞，卢耀如，等.贵州施秉白云岩溶蚀特性及孔隙特征实验研究[J].地球学报，2015，36(4)：413-418.

[15] 韩宝平.微观喀斯特作用机理研究[M].北京：地质出版社，1998：37-60.

[16] 李阳兵，王世杰，容丽.关于中国西南石漠化的若干问题[J].长江流域资源与环境，2003，12(6)：593-598.

柳林泉域岩溶水化学演化及地球化学模拟①

杨 敏 卢耀如 张凤娥 张 胜 般密英 吴国庆 ·

摘 要：为揭示柳林泉域岩溶水化学演化机理，在对柳林泉域水文地质调查的基础上，从岩溶水阴阳离子组成和矿物饱和指数入手，分析了岩溶水化学特征及其演化过程，通过建立逆向地球化学模型，模拟了岩溶含水层中的水岩作用。结果表明：沿地下水流动路径，柳林泉域岩溶水化学类型由补给区的 HCO_3-Ca·Mg 型演化为径流区的 HCO_3·SO_4-Ca·Mg 型，在排泄区演化为 HCO_3·SO_4-Ca·Na 型。柳林泉域岩溶水化学演化的主要地球化学作用为碳酸盐岩和石膏的溶解作用，且沿地下水流动路径，由补给区的方解石和白云石共同溶解作用，逐渐向径流区的白云石和石膏溶解作用为主演化，排泄区还发生了岩盐溶解作用。去白云岩化作用和 Na^+-Ca^{2+} 离子交换吸附作用在径流区和排泄区影响岩溶水化学类型。

关键词：岩溶水 水化学演化 饱和指数 逆向模型 柳林

地下水化学演化受地球化学作用和人类活动的共同影响，而在天然地下水系统中，水化学演化的地球化学作用受地质和水文地质因素的控制[1]。通常，控制岩溶水化学演化的主要地球化学作用有碳酸盐岩、蒸发岩、硅酸盐岩的溶解/沉淀作用、混合作用等[2-4]。目前，将传统的水文地球化学方法与地球化学模拟相结合已经广泛应用于水化学演化研究中[4-6]。

柳林泉域位于黄河晋陕峡谷东侧，泉域内岩溶水是当地生活饮用水源和部分工业企业生产的供水水源[7]。近年来，随着气候变化及人们对岩溶水开采强度的增大，泉流量呈衰减态势，岩溶水资源减少的同时，岩溶水质是否也发生着改变，这将影响地下水资源可持续利用和当地水资源综合规划，不利于供水安全。因此，了解岩溶水在循环过程中的水化学演化机理是非常必要的。以往关于柳林泉域岩溶水化学特征及演化的研究多侧重于岩溶水化学成分空间差异的对比分析[8-12]，尤其是三川河南北两岸泉域岩溶水的水化学差异分析，对于泉域岩溶水主要离子来源及引起区域岩溶水化学演化的地球化学作用的研究没有得到关注[12-13]。为此，本文将从岩溶水化学组成中阴阳离子的关系入手，结合地下水的流动路径，建立地球化学模型，揭示岩溶水化学组分的来源及其演化机理，为合理开发和保护柳林泉域岩溶水资源提供理论依据，对北方半干旱地区其他泉域岩溶水资源的开发与保护提供借鉴意义。

1 研究区概况

研究区地处山西省吕梁山中段西侧，地跨山西、陕西两省，涉及山西省吕梁市的五县一区（方山县、中阳县、柳林县、临县、隰县及离石区）和陕西省的吴堡县，地理坐标 36°20′N—38°20′N、110°35′E—111°40′E（图 1），面积约 6 156 km^2。属大陆性半干旱气候，多年平均降水量约 500 mm，年均气温 9.2 ℃，地势总体上呈东高西低。区内水系属黄河水系，主要有湫水河及三川河，其中三川河由北川、南川、东川三条支流于离石交口汇集而成。

地质构造上研究区位于鄂尔多斯台向斜东翼，山西台背斜吕梁断隆的西翼，总体上构成一向西倾斜

① 杨敏，卢耀如，张凤娥，等.柳林泉域岩溶水化学演化及地球化学模拟[J].南水北调与水利科技，2018，2：127-134.

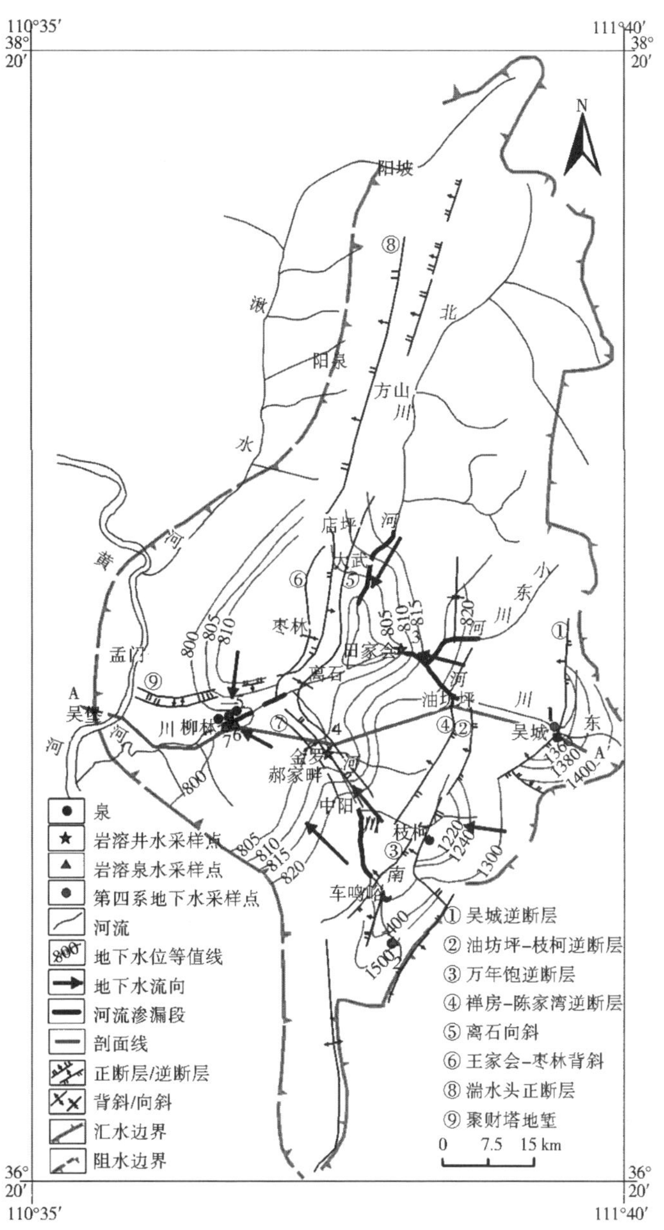

图 1　研究区地质、水文地质简图及采样点分布

的单斜构造，东部吕梁山一带广泛出露太古界、元古界变质岩和花岗岩，南部和中西部主要为下古生界寒武系、奥陶系碳酸盐岩，含蒸发岩石膏夹层；西部为石炭-二叠系砂岩及煤系地层，覆盖于碳酸盐岩之上，位于以米脂为中心的中奥陶统膏盐湖沉积区，不仅沉积大量石膏，同时沉积大量岩盐[14]。

构成泉域内含水层顶底板的层组及含水岩组分别是，上古生界石炭系本溪组铁铝质泥页岩构成区域隔水顶板，太古界变质岩构成区域隔水底板，下古生界寒武系中统张夏组鲕状灰岩、奥陶系中统上、下马家沟组和峰峰组灰岩、泥质灰岩、白云质灰岩、白云岩、泥质白云岩等夹石膏层构成主要含水层(图 2)。含水层主要接受碳酸盐岩裸露区降水入渗补给和河流渗漏补给(图 1)；受地形和含水层产状控制，岩溶水总体上由东向西流动；在三川河深切作用下，岩溶水受区域隔水顶板阻挡，顶托补给第四系砂砾石层溢出形成柳林泉群。柳林泉群由大小不等的 80 多个泉点组成，出露标高 790～803 m，1956—2004 年平均总流量为 3.15 m^3/s[10]。

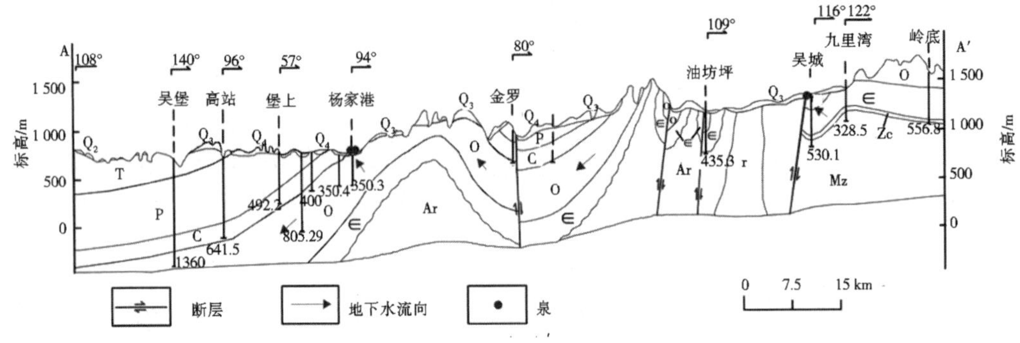

图 2　柳林泉域 A－A′水文地质剖面

2　样品采集与分析

根据水文地质条件的分析，由于泉域北部岩溶水流动过程中受王家会-枣林背斜的控制向西流动，受阻水边界影响，导致地下水流缓慢，水质差，不具有供水意义，故本文仅考虑泉域水循环积极、具有供水意义的地段进行研究，采样位置和类型详见图 1，共取得水样 7 个，其中第四系地下水样 1 个，岩溶井水样 3 个，岩溶泉水样 3 个。其中，第四系地下水样点 1 吴城，在接受大气降水入渗后补给岩溶水系统，是泉域岩溶水系统演化的起点，因此，在研究过程中与岩溶水样点作为整体进行分析。

水样化学组分参照《饮用天然矿泉水检验法》(GB/T 8538—2008)进行检测，其中总溶解性固体(TDS)采用 105 ℃干燥-重量法测定，相对标准偏差为 4.6%；Ca^{2+}、Mg^{2+}、Na^{+}、K^{+}等阳离子采用电感耦合等离子体发射光谱法(ICAP6300)测定；Cl^{-} 采用 $AgNO_3$ 滴定法；SO_4^{2-} 采用离子色谱法，相对标准偏差为 0.9%；HCO_3^{-} 采用酸碱滴定法。检测结果见表 1。

表 1　柳林泉域各样点水化学特征、矿物饱和指数和 CO_2 分压

分区	样品类型	编号	采样地点	pH	K^+/(mg·L^{-1})	Na^+/(mg·L^{-1})	Ca^{2+}/(mg·L^{-1})	Mg^{2+}/(mg·L^{-1})	HCO_3^-/(mg·L^{-1})	SO_4^{2-}/(mg·L^{-1})	Cl^-/(mg·L^{-1})	TDS/(mg·L^{-1})	SI_g	SI_c	SI_d	SI_h	P_{CO_2}
—	降雨	0	离石	7.10	—	4.40	6.50	2.0	25.1	10.4	1.50	37.4	−3.33	−2.01	−4.18	−9.70	−2.68
补给区	第四系井水	1	吴城	7.56	1.10	9.53	70.66	15.8	269.4	22.31	9.41	286.5	−2.46	0.2	−0.05	−8.60	−2.19
补给区	岩溶泉	2	关口泉	7.57	1.38	9.79	77.41	16.08	270.6	46.04	8.71	315.5	−2.12	0.05	−0.45	−8.61	−1.94
径流区	岩溶井水	3	田家会	7.65	1.64	41.72	64.01	19.25	270.6	45.56	36.59	365.8	−2.22	0.14	−0.02	−7.38	−2.15
径流区	岩溶井水	4	金罗	7.49	1.71	29.24	82.78	24.61	264.8	103	22.65	417.6	−1.8	0.3	0.31	−7.75	−2.24
排泄区	岩溶泉	5	杨家港泉	7.30	2.54	88.55	72.58	27.12	270.6	135.7	81.88	571.9	−1.77	0.18	0.18	−6.72	−2.18
排泄区	岩溶井水	6	水源地	7.31	1.75	57.31	72.99	22.68	264.8	90.65	57.49	458.4	−1.91	0.09	−0.07	−7.05	−2.05
排泄区	岩溶泉	7	上青龙泉	7.37	1.96	60.24	71.22	23.49	265.9	89.71	51.22	454.7	−1.92	0.15	0.06	−7.08	−2.13

注：降雨数据引自 Zang et al.[12]。SI_g、SI_c、SI_d、SI_h 分别为石膏、方解石、白云石和岩盐的饱和指数；P_{CO_2} 为 CO_2 分压。

3　结果

3.1　水化学特征

研究区降雨 pH 值接近 7，地下水的 pH 值均大于 7(表 1)，表明降雨为中性，地下水则偏碱性。

地下水中阴离子以 HCO_3^- 为主，其浓度范围为 264.80～270.60 mg/L，平均为 268.10 mg/L，其含量不随 TDS 增加而变化；SO_4^{2-} 浓度范围为 22.31～135.7 mg/L，平均为 76.14 mg/L，随地下水 TDS 增加而增加；Cl^- 浓度分布在 8.71～81.88 mg/L 范围内，平均为 38.28 mg/L，随 TDS 增加而增加[图 3(a)]。

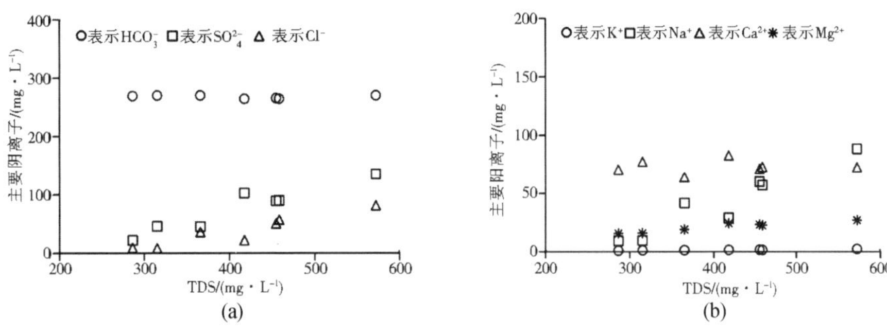

图 3　柳林泉域地下水主要化学组分与 TDS 关系

地下水中阳离子则以 Ca^{2+} 为主，其浓度分布在 64.01～82.78 mg/L 范围内，平均为 73.09 mg/L；其次是 Mg^{2+}，浓度分布在 15.80～27.12 mg/L 范围内，平均为 21.29 mg/L；K^+ 浓度分布在 1.10～2.54 mg/L 范围内，平均为 1.73 mg/L；随 TDS 增加，Ca^{2+}、Mg^{2+} 和 K^+ 浓度的变化幅度较小。Na^+ 浓度的分布范围是 9.53～88.55 mg/L，平均为 42.34 mg/L，随 TDS 增加而增加[图 3(b)]。

图 4 给出了泉域地下水化学组成关系。地下水中阴离子从补给区到排泄区的演化规律为：HCO_3^- 的毫克当量百分数从 85%左右降至 50%以下；SO_4^{2-} 的毫克当量百分数从补给区的 10%～20%增至径流区的 30%左右，在排泄区降至 25%左右；Cl^- 的毫克当量百分数从 5%左右持续增加，但始终小于 25%。地下水中阳离子从补给区到排泄区的演化规律为：Ca^{2+} 的毫克当量百分数从 70%左右降至 40%以下；Mg^{2+} 的毫克当量百分数从 25%降至 20%左右；$Na^+ + K^+$ 的毫克当量百分数从 10%以下增至 30%以上。

按照舒卡列夫分类法，柳林泉域地下水化学类型从补给区到排泄区的变化规律为：由 HCO_3 - Ca · Mg 型（补给区）演化为 $HCO_3 \cdot SO_4$ - Ca · Mg 型（径流区），最后演化为 $HCO_3 \cdot SO_4$ - Ca · Na 型（排泄区）（图 4）。

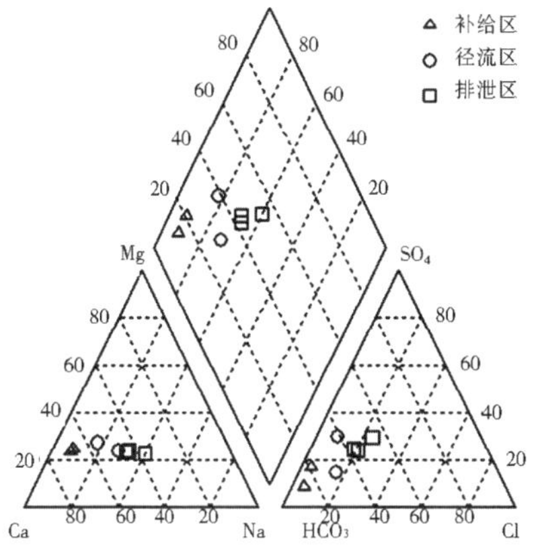

图 4　柳林泉域地下水化学 piper 三线图

3.2　矿物饱和指数

矿物饱和指数反映了矿物相的溶解和沉淀状态。利用 PHREEQC 计算了石膏、方解石和白云石的饱和指数以及 CO_2 分压[15]，计算结果列于表 1。所有矿物在降雨中的饱和指数均为负值，表明降雨对各矿物具有较强的溶解能力；而在地下水中石膏的饱和指数始终为负值，表明其在地下水中始终处于溶解状态；而方解石的饱和指数基本为正值，白云石的饱和指数则沿地下水流动路径由负值逐渐演变为正值。地下水中 CO_2 分压介于－2.24～－1.94 之间，大于大气 CO_2 分压[12]。

图 5 给出了不同矿物饱和指数及其与 CO_2 分压间的关系。方解石饱和指数 SI_c 和白云石饱和指数 SI_d 之间具有较好的正相关关系[图 5(a)]，表明方解石和白云石在岩溶水系统中同步溶解/沉淀。方解石饱和指数 SI_c 与 CO_2 分压之间具有较好的负相关关系[图 5(b)]，表明方解石的溶解受到 CO_2 分压的影响。方解石饱和指数 SI_c 与石膏饱和指数 SI_g 之间不具有明显的相关关系[图 5(c)]，同样地，石膏饱和指数 SI_g 与 CO_2 分压之间也不具有明显的相关关系[图 5(d)]，表明石膏的溶解不受 CO_2 分压的影响。

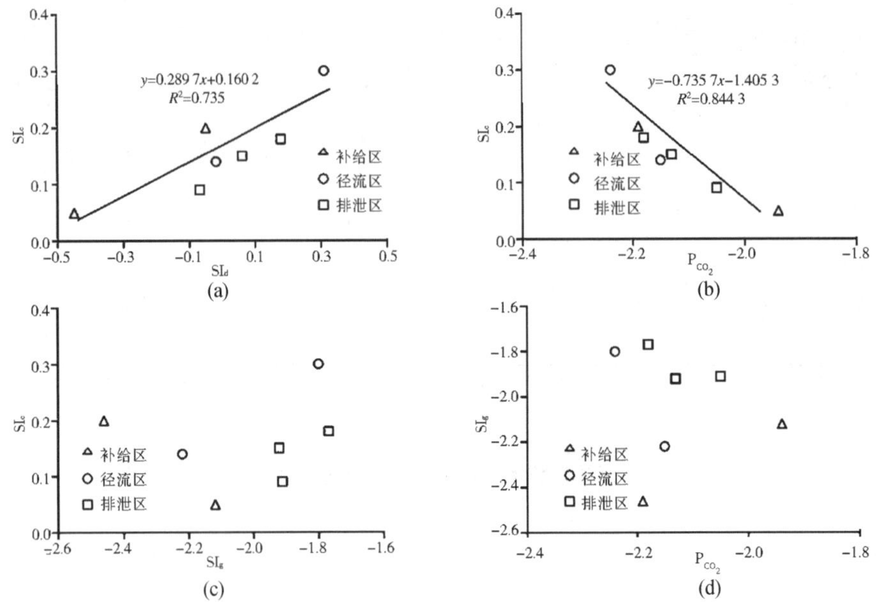

图 5 柳林泉域含水层中的三种可溶矿物饱和指数及其与 CO_2 分压的关系

4 讨论

4.1 水文地球化学作用

大气降雨、地表水入渗补给岩溶水系统，在运移过程中与含水层中的可溶矿物（方解石、白云石、石膏和岩盐）发生水岩反应，从而使地下水的 pH 值逐渐升高。通过碳酸盐岩或石膏的溶解，地下水中溶解的 Ca^{2+} 浓度增加。按照奥陶系岩溶含水层中的矿物组成可将地下水中的钙离子分为两部分：即非石膏来源的钙和非碳酸盐岩来源的钙[16]。

1. *石膏溶解*

如果地下水中 Ca^{2+}、Mg^{2+}、HCO_3^- 和 SO_4^{2-} 主要源于碳酸盐岩和石膏的溶解，则溶解产生的阴阳离子毫克当量浓度相等[17-18]，即 $[Ca^{2+}]+[Mg^{2+}]=[HCO_3^-]+[SO_4^{2-}]$(meq/L)。泉域地下水各样点分布于 $[Ca^{2+}]+[Mg^{2+}]$ 与 $[HCO_3^-]+[SO_4^{2-}]$ 的 1∶1 关系线附近[图 6(a)]，表明地下水中 Ca^{2+}、Mg^{2+}、HCO_3^- 和 SO_4^{2-} 主要源于碳酸盐岩和石膏的溶解，则石膏溶解是地下水中 SO_4^{2-} 的主要来源。图 6(b)为样点与石膏溶解线（1∶1）的关系，在 Ca^{2+} 和 SO_4^{2-} 浓度低的补给区，样点偏离 1∶1 关系线，且 $[Ca^{2+}]/[SO_4^{2-}]$ 远大于 1，表明除石膏溶解外，还有其他来源的 Ca^{2+}；随地下水流动过程中 SO_4^{2-} 浓度的升高，样点越来越接近 1∶1 线，因此，随地下水的流动，石膏溶解逐渐成为 Ca^{2+} 和 SO_4^{2-} 的主要来源。

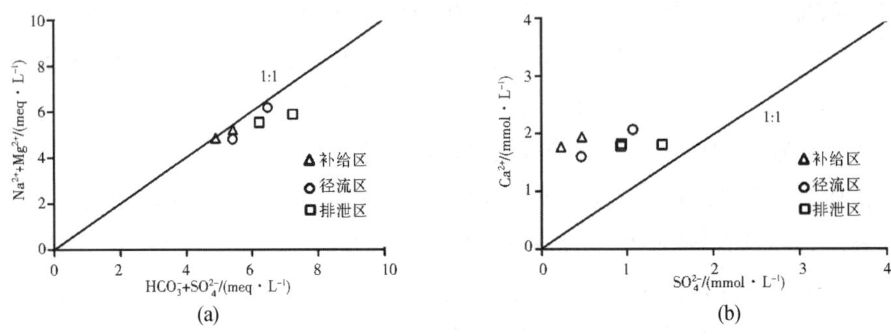

图 6 柳林泉域地下水主要离子关系

2. 碳酸盐岩溶解和去白云岩化作用

地下水中SO_4^{2-}主要来源于石膏的溶解，则非石膏来源的钙等于地下水中总的Ca^{2+}浓度减去与SO_4^{2-}平衡的Ca^{2+}浓度，即$[Ca^{2+}]-[SO_4^{2-}]$(mmol/L)，其来源主要为方解石和(或)白云石的溶解作用。

由于大气降水入渗过程中经过包气带，溶解了大气和包气带中土壤有机质分解以及植物根部呼吸作用产生的CO_2；此外，图1表示的三川河的渗漏，也使得岩溶水系统处于开放状态，因而，岩溶水系统中CO_2供应充足，则方解石和白云石发生如下溶解作用。

方解石溶解的反应方程式为：

$$CaCO_3 + CO_{2(g)} + H_2O \leftrightarrow Ca^{2+} + 2HCO_3^- \tag{1}$$

白云石溶解的反应方程式为：

$$CaMg(CO_3)_2 + 2CO_{2(g)} + 2H_2O \leftrightarrow Ca^{2+} + Mg^{2+} + 4HCO_3^- \tag{2}$$

方解石和白云石同时溶解的反应方程式为：

$$CaCO_3 + CaMg(CO_3)_2 + 3CO_{2(g)} + 3H_2O \leftrightarrow 2Ca^{2+} + Mg^{2+} + 6HCO_3^- \tag{3}$$

根据方程式(1)至式(3)，方解石溶解、白云石溶解、方解石和白云石共同溶解产生的$[Ca^{2+}]/[HCO_3^-]$的摩尔比值分别为1∶2、1∶4、1∶3，即$([Ca^{2+}]-[SO_4^{2-}])/[HCO_3^-]$=1∶2、1∶4、1∶3；而白云石溶解以及方解石和白云石共同溶解产生的$[Mg^{2+}]/[HCO_3^-]$的摩尔比值分别为1∶4和1∶6。

由图7的地下水中非石膏来源的Ca^{2+}与HCO_3^-(a)和Mg^{2+}与HCO_3^-(b)关系可看出，补给区样点位于1∶3关系线附近[图7(a)]和1∶6关系线附近[图7(b)]，表明补给区地下水化学组成受方解石和白云石共同溶解作用控制。径流区样点在图7(a)中1∶4关系线附近，在图7(b)中1∶4与1∶6关系线之间，表明径流区岩溶水化学组成受方解石和白云石共同溶解作用影响，且白云石溶解贡献更大。排泄区样点在图7(a)中1∶4关系线下方($[Ca^{2+}]-[SO_4^{2-}]<[HCO_3^-]$)，在图7(b)中1∶4关系线附近，据此可以说明排泄区岩溶水化学组成主要受白云石溶解作用的控制，而$[Ca^{2+}]-[SO_4^{2-}]<[HCO_3^-]$的现象，表明排泄区还发生了其他地球化学作用，详见4.1.3节。

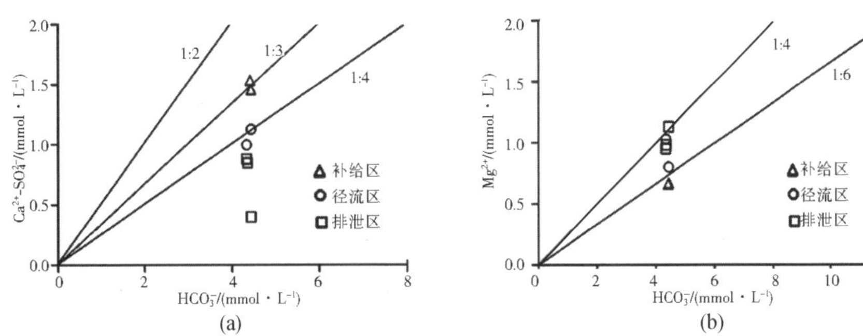

图7 柳林泉域岩溶水非石膏来源Ca^{2+} vs. HCO_3^-(a)与Mg^{2+} vs. HCO_3^-(b)关系

石膏溶解度大于碳酸盐岩矿物的溶解度，当地下水流经石膏与白云石共生地层时，石膏溶解的Ca^{2+}与白云石溶解的HCO_3^-结合生成方解石沉淀，降低了地下水中HCO_3^-浓度，促使方程(2)向右进行，即白云石溶解，Mg^{2+}浓度提高。这种由石膏溶解产生的Ca^{2+}的共同离子效应引起方解石沉淀和白云石溶解的作用为去白云岩化作用[19-22]，即：

$$mCaMg(CO_3)_2 + nCaSO_4 \cdot 2H_2O = 2mCaCO_3 \downarrow + (n-m)Ca^{2+} + mMg^{2+} + nSO_4^{2-} + 2H_2O \tag{4}$$

前已论述，泉域径流区和排泄区发生石膏溶解，相应地，地下水中Mg^{2+}浓度也增加(表1)，说明白云石溶解在石膏溶解发生后进一步加强。

将方解石、白云石、石膏饱和指数与地下水 TDS 对比[图 8(a)、8(b)]可知，当地下水中方解石和白云石达到溶解饱和时，石膏溶解仍未达到饱和，其继续溶解使地下水中石膏饱和指数 SI_g 增大，Ca^{2+} 浓度进一步增加，从而促使去白云岩化作用发生。SI_g 随 Mg^{2+} 浓度增高而增大[图 8(c)]，进一步说明存在去白云岩化作用[23]。另外，根据方程(4)，去白云岩化作用将使岩溶水中[Mg^{2+}]/[Ca^{2+}]的摩尔比趋于一个常数，如图 8(d)所示，随地下水流动过程中 SO_4^{2-} 浓度的升高，[Mg^{2+}]/[Ca^{2+}]在径流区和排泄区趋于常数，说明柳林泉域岩溶水在径流区和排泄区发生了去白云岩化作用。

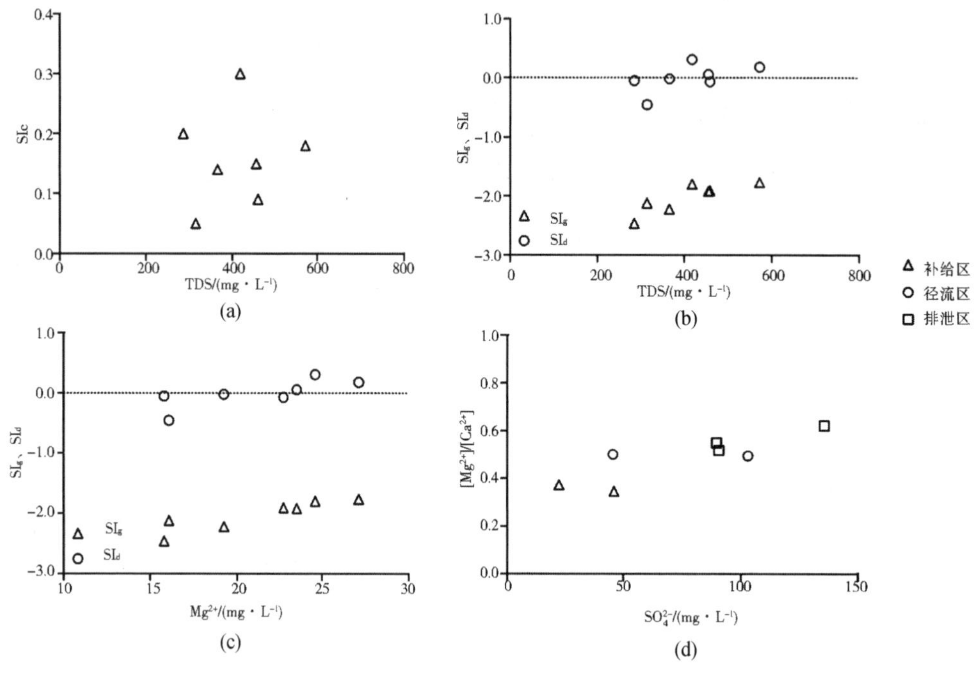

图 8　柳林泉域岩溶含水层矿物饱和指数与水化学指标关系

3. *岩盐溶解和阳离子交换吸附*

自径流区至排泄区，Na^+ 和 Cl^- 浓度逐渐增大(表 1，图 4)，且 Na^+ 和 Cl^- 具有很好的相关性 ($R^2=0.975\,5$) [图 9(a)]，由此说明 Na^+ 和 Cl^- 具有共同的来源[22,24]。泉域径流区和排泄区位于中奥陶统膏盐湖沉积区，其中沉积的大量岩盐的溶解是岩溶水中 Na^+ 和 Cl^- 的主要来源，理论上，岩盐溶解来源的 Na^+ 与 Cl^- 摩尔浓度应该相等([Na^+]/[Cl^-]=1)，而径流区和排泄区岩溶水中 Na^+ 相对于 Cl^- 含量较高([Na^+]/[Cl^-]>1)[图 9(a)]。Na^+ 的增加可能与含水层中泥质灰岩和泥质白云岩等普遍含有的黏土矿物有关，黏土矿物中的 Na^+，在离子交换作用下，被地下水中部分 Ca^{2+} 置换，可使地下水中 Na^+ 含量增加[1,25-27]。由图 9(b)可知，随 TDS 增加，柳林泉域岩溶水的 Na^+/Ca^{2+} 当量浓度比呈现增加的趋

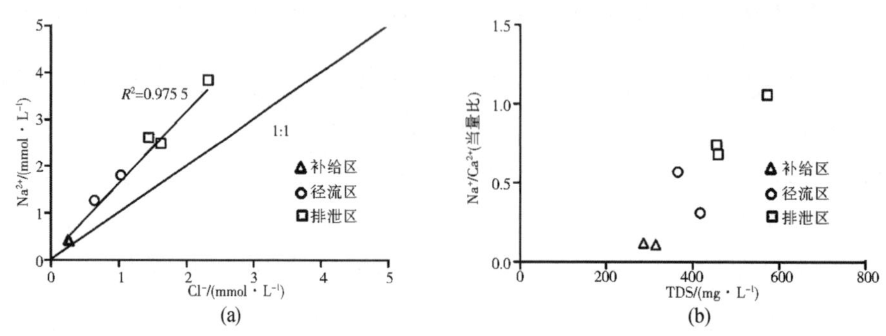

图 9　柳林泉域岩溶水中 Na^+ vs. Cl^- (a)与 Na^+/Ca^{2+} vs. TDS (b)关系

势。由此说明阳离子交换吸附作用对径流区和排泄区地下水中 Na^+ 含量的增加具有一定的贡献，这也是4.1.2 节中讨论的排泄区地下水（$[Ca^{2+}]-[SO_4^{2-}]$）<$[HCO_3^-]$的原因。

4.2 水文地球化学模拟

为了进一步揭示并验证柳林泉域岩溶水的地球化学作用，利用逆向反应模型定量模拟引起岩溶水化学组分变化的水岩作用。为使逆向模型更准确地反映泉域岩溶水系统的水文地质条件，分别选择补给区、径流区和排泄区各代表性样点的平均值作为“初始水”和“最终水”，根据前面分析的泉域内发生的水文地球化学作用，结合表 1 中计算的矿物饱和指数，确定各模拟路径上水岩作用过程中可能涉及到的主要矿物相有方解石、白云石、石膏、岩盐以及 CaX_2、NaX 等，模拟结果见表 2。

表 2　柳林泉域地下水沿模拟路径的摩尔转移量　　（单位：mmol/L）

No.	模拟路径	$CaCO_3$	$CaMg(CO_3)_2$	$CaSO_4 \cdot 2H_2O$	CO_2	NaCl	CaX_2	NaX
Ⅰ	降雨-补给区	0.830	0.580	0.250	2.170	0.220		
Ⅱ	补给区-径流区	−0.415	0.227	0.417	0.016	0.570	−0.275	0.550
Ⅲ	径流区-排泄区	−0.295	0.133	0.351	0.161	0.961	−0.208	0.416

注：摩尔转移量为正表明溶解，为负表明沉淀。

从逆向模拟结果来看，沿模拟路径Ⅰ，降雨入渗补给岩溶含水层过程中，与含水层中的碳酸盐岩矿物发生了水岩作用，且碳酸盐岩矿物均处于溶解状态，由于方解石的溶解速率大于白云石的溶解速率[28]，方解石的溶解量明显大于白云石的溶解量（表 2）。由此说明补给区岩溶水化学演化的主要作用是方解石和白云石的共同溶解作用，与前述（4.1.2）分析一致，且方解石溶解作用的贡献更大。

沿模拟路径Ⅱ和Ⅲ，泉域岩溶含水层中方解石的转移量为负值（表 2），表明其在含水层中发生的是沉淀作用，而白云石、石膏及岩盐的转移量为正值（表 2），表明这些矿物在含水层中呈持续溶解状态。沿地下水流动路径，白云石饱和指数由负值逐渐演化为正值（表 1），白云石的转移量逐渐降低（表 2），表明随地下水的流动，白云石的溶解作用越来越弱，但白云石始终处于溶解状态。

上述作用还可从 CO_2 的模拟结果得到进一步佐证（表 2），在补给区，溶解 CO_2 最高，与前面 4.1.2 节水化学数据的分析吻合；在地下水流动过程中，由于碳酸盐岩的溶解消耗了地下水中的 CO_2，出现了沿补给区-径流区溶解 CO_2 减少的现象；而沿径流区-排泄区，由于碳酸盐岩溶解作用减弱，加之地表水渗漏，因此地下水中溶解 CO_2 增加。

总之，自补给区至排泄区，由方解石和白云石的共同溶解作用逐渐演化为以白云石溶解作用为主。石膏和白云石的溶解以及方解石的沉淀[29]，说明泉域岩溶水化学演化过程中去白云岩化作用的存在。另外，根据表 2 中 CaX_2 和 NaX 之间的转移关系分析，径流区和排泄区存在 Na^+ 与 Ca^{2+} 之间的交换吸附作用，即黏土矿物中的 Na^+ 被地下水中的 Ca^{2+} 置换而进入地下水，这与 Wang 等[30]的研究相一致。

5　结论

柳林泉域岩溶水化学类型沿地下水流动表现出明显的分带性，由补给区的 HCO_3-Ca・Mg 型演化为径流区的 $HCO_3 \cdot SO_4$-Ca・Mg 型，在排泄区演化为 $HCO_3 \cdot SO_4$-Ca・Na 型。

不同的地球化学作用控制岩溶水化学特征。在补给区，为方解石和白云石的共同溶解作用；在径流区，为方解石、白云石、石膏和岩盐的溶解作用，且由于去白云岩化作用的发生，使得白云石溶解量比方解石的大；在排泄区，发生的是白云石、石膏和岩盐的溶解作用以及方解石沉淀作用，其中岩盐的溶解改变了水化学类型。在径流区和排泄区，除上述作用外，还发生了 Na^+-Ca^{2+} 离子交换吸附作用。

水文地球化学逆向模拟是模拟地球化学作用的有效工具之一，可用于定量模拟水化学组分变化的水岩作用，确定水岩作用过程中具体矿物的转移量。

参考文献

[1] 沈照理，朱宛华，钟佐燊.水文地球化学基础[M].北京：地质出版社，1993.

[2] COWELL D W, FORD D C. Hydrochemistry of a dolomite karst: the Bruce Peninsula of Ontario[J]. Canadian Journal of Earth Science, 1980,17(4): 520-526. DOI: 10.1139/e80-048.

[3] HANSHAW B B, BACK W. Deciphering hydrological systems by means of geochemical processes[J]. Hydrological Sciences Journal,1985, 30(2): 257-271. DOI: 10.1080/02626668509490988.

[4] PLUMMER L N, BUSBY J F, LEE R W, et al. Geochemical modeling of the Madison Aquifer in parts of Montana, Wyoming, and South Dakota [J]. Water Resources Research, 1990, 26 (9): 1981 - 2014. DOI: 10.1029/WR026i009p01981.

[5] MARFIA A M, KRISHNAMURTHY R V, ATEKWANA E A, et al. Isotopic and geochemical evolution of ground and surface waters in a karst dominated geological setting: a case study from Belize, Central America[J]. Applied Geochemistry, 2004,19: 937-946. DOI: 10.1016/j.apgeochem.2003.10.013.

[6] SÁNCHEZ D, BARBERÁ J A, MUDARRA M, et al. Hydrogeochemical tools applied to the study of carbonate aquifers:examples from some karst systems of Southern Spain[J]. Environmental Earth Science, 2015, 74: 199-215. DOI: 10.1007/s12665-015-4307-9.

[7] 黄华.山西离柳矿区煤炭开发对柳林泉域环境风险影响分析[J].中国煤炭，2011，37(10)：41-43，52.

[8] 马腾，王焰新.山西柳林泉域地下水化学信息的因子——克里格分析[J].水文地质工程地质，1999(1)：44-46.

[9] 裴捍华，梁树雄.柳林泉水化学特征及动态分析[J].中国岩溶，2005，24(3)：232-238.

[10] 高宝玉，梁永平，王维泰.柳林泉域岩溶水特点与地质背景条件分析[J].中国岩溶，2008，27(3)：209-214.

[11] 魏晓鸥，郑秀清，顾江海.柳林泉域岩溶地下水水化学特征及演化分析[J].人民黄河，2012，34(1)：72-75.

[12] ZANG H F, ZHENG X Q, JIA Z X, et al. The impact of hydrogeochemical processes on karst groundwater quality in arid and semiarid area: a case study in the Liulin spring area, north China[J]. Arabian Journal of Geosciences, 2015, 8:6507-6519. DOI: 10.1007/s12517-014-1679-1.

[13] 田蕾，赵海陆，刘叶青.山西省柳林矿区地下水水化学和同位素特征研究[J].中国煤炭地质，2015，27(12)：56-60.

[14] 冯增昭，陈继新，张吉森.鄂尔多斯地区早古生代岩相古地理[M].北京：地质出版社.1991.

[15] PARKHURST D L, APPELO C A J. User's Guide to PHREEQC (version 2)- A Computer Program for Speciation, Batch-Reaction, One Dimensional Transport and Inverse Geochemical Calculation [R]. USGS Water Resources Investigation Report 1999, 99-4259. U. S. Geological Survey, Denver,312.

[16] WANG Y X, GUO Q H, SU C L, et al. Strontium isotope characterization and major ion geochemistry of karst water flow, Shentou, northern China[J]. Journal of Hydrology,2006, 328: 592-603. DOI: 10.1016/j.jhydrol.2006.01.006.

[17] KUMAR M, RMANATHAN A L, RAO M S, et al. Identification and evaluation of hydrogeochemical processes in the groundwater environment of Delhi, India[J]. Environmental Geology, 2006,50: 1025-1039. DOI: 10.1007/s00254-006-0275-4.

[18] VENUGOPAL T, GIRIDHARAN L, JAYAPRAKASH M, et al. Environmental impact assessment and seasonal variation study of the groundwater in the vicinity of river Adyar, Chennai, India[J]. Environmental Monitoring and Assessment,2009,149: 81-97. DOI: 10.1007/s10661-008-0185-x.

[19] PLUMMER L N, BACK W. The mass balance approach: Application to interpreting the chemical evolution of hydrologic systems[J]. American Journal of Science, 1980, 80: 130-142. DOI: 10.2475/ajs.280.2.130.

[20] BACK W, HANSHAW B B, PLUMMER L N, et al. Process and rate of dedolomitization: mass transfer and ^{14}C dating in a regional carbonate aquifer[J]. Geological Society of America Bulletin,1983,94: 1414-1429.

[21] BISCHOFF J L, JULIÁ R, SHANKS III W C, et al. Karstification without carbonic acid Bedrock dissolution by

gypsum-driven dedolomitization[J]. Geology,1994,22：995-998.

[22] MA R，WANG Y X，SUN Z Y，et al. Geochemical evolution of groundwater in carbonate aquifers in Taiyuan，northern China[J]. Applied Geochemistry，2011，26(5)：884-897. DOI：10.1016/j. apgeochem.2011.02.008.

[23] 赵占锋，欧璐，秦大军，等.济南岩溶水化学特征及影响因素[J].中国农村水利水电，2012，(7)：31-37.

[24] BARZEGAR R，MOGHADDAM A，NAJIB M，et al. Characterization of hydrogeologic properties of the Tabriz plain multilayer aquifer system，NW Iran[J]. Arabian Journal of Geosciences，2016，9：147. DOI：10.1007/s12517-015-2229-1.

[25] JAMES I D. The geochemistry of nature waters：surface and groundwater environment[M]. New Jersey，Prentice • Hall，Inc. 1997，82-85.

[26] YAMANAKA M，NAKANO T，TASE N. Hydrogeochemical evolution of confined groundwater in northeastern Osaka Basin，Japan：estimation of confined groundwater flux based on a cation exchange mass balance method[J]. Applied Geochemistry，2005，20：295-316.

[27] MARGHADE D，MALPE D B，ZADE A B. Geochemical characterization of groundwater from northeastern part of Nagpur urban，Central India[J]. Environment Earth Science，2011，62：1419-1430. DOI：10.1007/s12665-010-0627-y.

[28] 刘再华，W Dreybrodt，李华举.灰岩和白云岩溶解速率控制机理的比较[J].地球科学-中国地质大学学报，2006，31(3)：411-416.

[29] 闫志为.硫酸根离子对方解石和白云石溶解度的影响[J].中国岩溶，2008，27(1)：24-31.

[30] WANG Y X，MA T，LUO Z H. Geostatistical and geochemical analysis of surface water leakage into groundwater on a regional scale：a case study in the Liulin karst system，northwestern China[J]. Journal of Hydrology，2001，246：223-234.

滨海地区粉质黏土渗透特性试验①

黄天荣　卢耀如　王建秀

摘　要：以上海第⑥层粉质黏土为例，研究了固结压力、各向异性及结构性对滨海地区粉质黏土渗透特性的影响，并通过电镜扫描(SEM)进行粉质黏土微观渗透机理的分析。研究表明，粉质黏土渗透系数随着固结压力增大而减小，粉质黏土水平方向的渗透性大于垂直方向；重塑土因受扰动渗透性反而变小。微观分析显示，固结压力增大使得土颗粒间的孔隙变小；垂直方向存在较多粒状聚体，而水平方向则以片状或板状聚体为主；重塑土受扰动后小颗粒填充了大孔隙。粉质黏土颗粒间的孔隙类型、接触方式等微观结构变化，是其宏观渗透性差异的根本原因。

关键词：滨海地区　粉质黏土　渗透特性　微观结构

在滨海软土地区，弱透水层对土层释水、越流等起到限制作用，从而对港口工程深基坑降水诱发的地面沉降产生重大影响。目前已有部分关于黏土渗透特性的研究，如孙德安等[1]研究了上海地区结构性软土的渗透特性，白继文等[2]研究了珠海港地区软土的渗透特性，蒋玉坤等[3]结合室内试验研究了深层黏土的渗透特性，庄超等[4]应用沉降和水位数据计算了上海弱透水黏土的渗透参数，张阿根等[5]通过室内试验研究了上海地区深部第四纪下更新统黏性土的渗透特性。而作为滨海地区典型的弱透水层的上海第⑥层暗绿色粉质黏土，由于土质较密实及渗透性较低，在工程中曾一度被当作绝对隔水层[6]，目前尚无该土层渗透性的研究。但近年工程实践表明，该土层并未真正绝对隔水，因其渗透涌水导致的事故也时有发生[7]。因此，以该土层为例进行滨海地区粉质黏土渗透特性的研究，对掌握地下水渗透机理、减少流砂管涌病害及杜绝工程事故等均具有积极意义。

1　试验设计

1.1　试验土样

土的物理性能指标见表1。

表1　试验用土的物理指标

土名	含水量	孔隙比	密度/$(t \cdot m^{-3})$	液限	塑限	饱和度
原状土	25.8%	0.718	1.94	35.0%	19.4%	92%
扰动土	24.9%	0.722	1.92	32.7%	17.2%	91%

试样取自上海市地铁13号线某工地，由工程勘察报告[8]，该粉质黏土采用$QY_{1\text{-}3}$型渗压仪进行加荷式渗透试验，该仪器的试样面积30 cm^2、高度为2 cm、气缸活塞有效面积50 cm^2，最大固结压力达1 000 kPa，最大渗透压力可达200 kPa，即水头差可达20 m，试验操作步骤可参考文献[9]。为研究微观

① 黄天荣，卢耀如，王建秀.滨海地区粉质黏土渗透特性试验[J].水运工程，2018，5：44-48.

渗透特性，采用液氮抽真空法对试样进行干燥，试验结束后采用日立 SU1510 扫描电子显微镜进行试样进行微观扫描。

1.2 试验方案

为了研究固结压力、各向异性、结构性对粉质黏土渗透特性的影响，在原状土垂直、水平方向各取 15 个样，外加 15 个质量相等的重塑土样，根据相关规定每 3 个为 1 组，测定其在特定固结压力的渗透系数。考虑到压力越大渗透性越小，荷载增量适当增大，固结压力依次取 100、200、300、500、800 kPa，最终形成渗透系数量测方案(表 2)。

表 2 试验方案

土样	固结压力/kPa				
	100	200	300	500	800
垂直方向原状土	V_1	V_2	V_3	V_4	V_5
水平方向原状土	H_1	H_2	H_3	H_4	H_5
扰动土	R_1	R_2	R_3	R_4	R_5

2 试验结果及分析

2.1 固结压力的影响

根据试验方案，测得土样在不同固结压力下的渗透系数，形成试验曲线(图 1)。

由图 1 可见，粉质黏土的渗透系数均随着固结压力的增大而减小，低压力时变化更为敏感，随着压力的增大变化越来越不明显。其中重塑土受到固结压力的影响最小，垂直方向的原状土次之，水平方向的原状土最大。根据不同固结压力与渗透系数的关系，利用计算机软件拟合，发现采用单指数衰减方程表达不同压力下的渗透模型较合理。相应的曲线方程表达式为：

$$y = a\mathrm{e}^{-x/b} + c \tag{1}$$

式中 x——固结压力(kPa)；

y——渗透系数(cm/s)；

a、b、c——分别为方程拟合参数，相应数值及相关系数平方(R^2)见表 3。

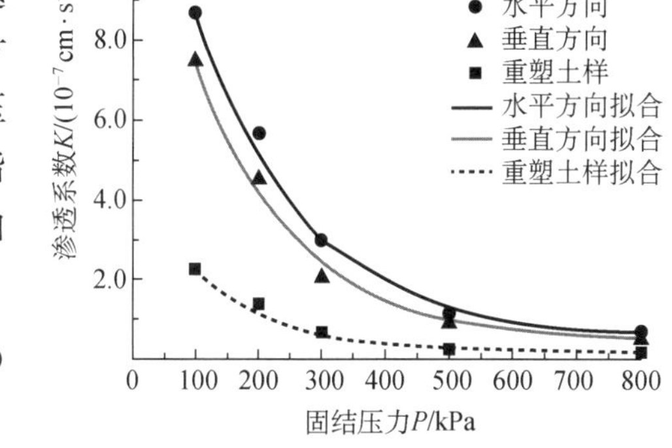

图 1 不同固结压力下的渗透系数

表 3 不同固结压力渗透特性拟合

土样	a	b	c	R^2
水平方向	1.45×10^{-6}	175.627 09	4.71×10^{-8}	0.954 24
垂直方向	1.31×10^{-6}	159.461 81	4.18×10^{-8}	0.985 16
重塑土样	4.53×10^{-7}	127.894 43	1.66×10^{-8}	0.984 38

由表 3 可见，所有土样相关系数均达到 95%以上，因此利用单指数衰减方程可以较好地表达该土层在不同固结压力下的渗透性。

2.2 各向异性的影响

图 2 给出了水平方向与垂直方向原状土在不同压力下渗透系数的对比直方图。

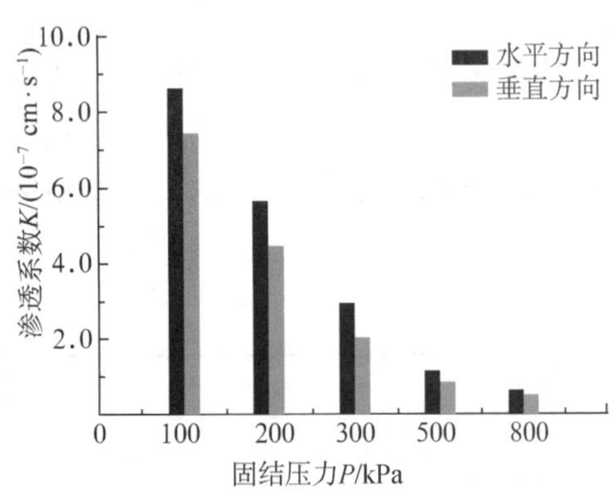

图 2 水平与垂直方向渗透系数对比

图 2 反映出，在各级固结压力下，水平方向的渗透性均大于垂直方向，当固结压力小于等于 500 kPa 时，两个方向渗透性差异明显。随着固结压力的增大，两个方向的差异缩小，但水平方向的渗透性均大于垂直方向，故粉质黏土渗透性具有明显的各向异性。这主要因为天然土体在水平方向与垂直方向所受的沉积作用与固结压力不同。

2.3 结构性的影响

实际工程中，施工等均可能造成对土层的扰动。因此，以垂直方向原状土以及重塑土为例，研究该土层渗透特性的变化（图 3）。

图 3 显示，低固结压力如 100 kPa 时，原状土渗透系数接近于重塑土的 4 倍，与顾正维等[10]的研究结果 5 倍较为接近。重塑土渗透系数基本在 10^{-8}～10^{-7} cm/s，原状土基本在 10^{-7} cm/s，因此重塑土渗透性往往小于原状土。由此可见第⑥层粉质黏土也具有明显的结构性。试验后测定各试样孔隙比，并形成渗透系数与孔隙比曲线（图 4）。

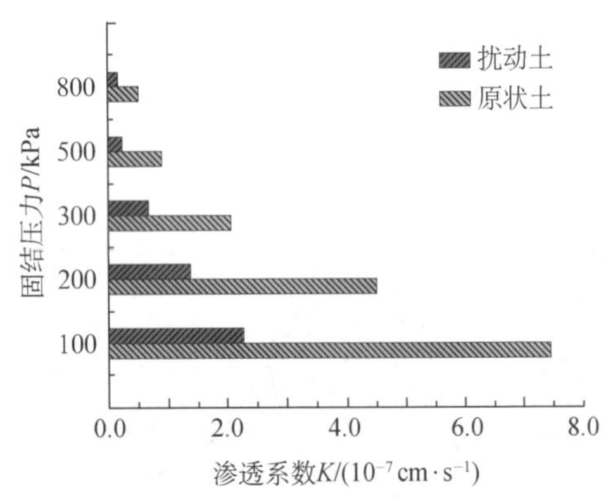

图 3 垂直方向原状土与重塑土渗透系数对比

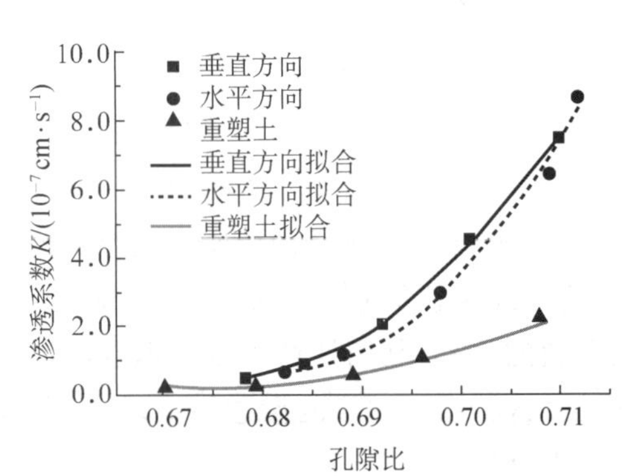

图 4 渗透系数与孔隙比关系

图 4 反映出，不同孔隙比与渗透系数关系可用一元二次方程进行表示，相应的曲线方程表达式为：

$$y = ax^2 + bx + c \tag{2}$$

式中 x——孔隙比；

y——渗透系数（cm/s）；

a、b、c——分别为方程拟合参数，相应数值及相关系数平方（R^2）见表 4。

表 4 一元二次方程方程拟合结果

土样	a	b	c	R^2
水平方向	8.49×10^{-4}	-1.16×10^{-3}	3.95×10^{-5}	0.977 36
垂直方向	5.56×10^{-6}	-7.49×10^{-4}	2.53×10^{-4}	0.998 08
重塑土样	1.71×10^{-4}	-2.31×10^{-4}	7.77×10^{-5}	0.999 63

表4中相关系数均达到97%以上，说明一元二次方程可较好表达上海第⑥层粉质黏土在不同孔隙比下的渗透性。

3 微观结构分析

为方便对比，放大倍数统一采用3 000倍，图5给出了部分试样的电镜扫描图。

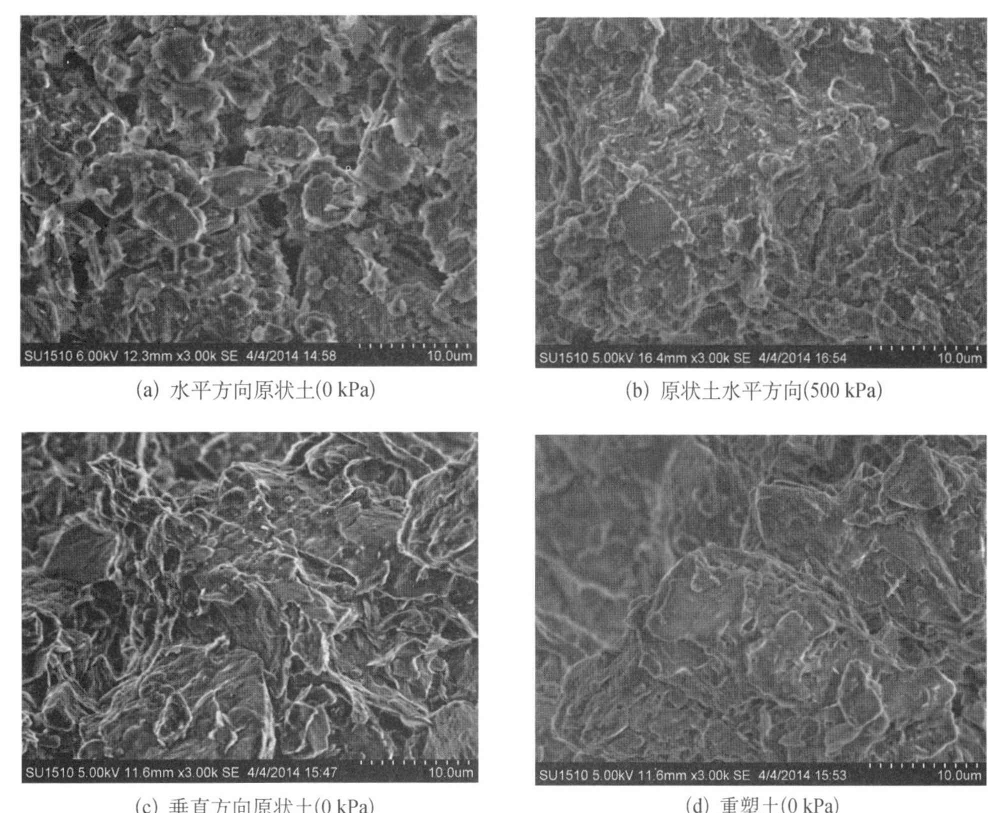

(a) 水平方向原状土(0 kPa)　(b) 原状土水平方向(500 kPa)

(c) 垂直方向原状土(0 kPa)　(d) 重塑土(0 kPa)

图5 不同试样的电镜扫描图

(1) 固结作用。由图5(a)可见，原状土具有较多的片状、板状及粒状聚体，大部分呈现面-面、边-面等接触状态，颗粒之间呈现镶嵌接触、胶结物质连接作用明显。而由图5(b)可见，在固结压力作用下，土体被挤压，部分土颗粒破裂产生新的小颗粒填充原有孔隙，较大的孔不断变成小孔，而小孔则逐步被堵塞，颗粒间的接触形式逐步转化为边与面难分，颗粒之间的镶嵌作用更突出，渗透阻力增大，因此土体的渗透性随着固结压力的增加而不断变小。类似分析显示，垂直方向原状土、重塑土基本与之类似。

(2) 各向异性。对比图5(a)与图5(c)可见，垂直方向原状土具有较多的粒状聚体，较难分出面和边，呈现镶嵌接触等状态，通过胶结物质使之相互连接接触，因而渗透性较小。而水平方向的原状土则有较多的片状或板状聚体，多呈面和面、边和面、边和边、边和角等接触状态，孔隙较细而多，故上海第⑥层暗绿色粉质黏土表现出较明显的各向异性。

(3) 结构性。结合图5(c)与图5(d)可见，重塑土受到扰动后，絮凝集聚体被破坏，产生的小颗粒填充了大孔隙，孔隙与孔隙之间的边-面接触变成了边-边接触，土的颗粒结构变得更致密，因而渗透性变小。因而结构性存在的主要原因是孔隙大小及接触形式发生了变化。

4 结论

(1) 粉质黏土渗透系数随着固结压力的增大而减小。土颗粒间的孔隙随固结压力增大而变小，颗粒间的接触与镶嵌作用得到加强，故渗透性不断变小。

(2) 粉质黏土水平方向渗透性均大于垂直方向。两者差异根本原因是垂直方向原状土具有较多的粒状聚体，水平方向的原状土则有较多的片状或板状聚体。

(3) 粉质黏土具有明显的结构性。重塑土因受扰动孔隙不断变小，边-面接触变成了边-边接触，土的颗粒结构变得更致密，渗透性变小。

(4) 单指数衰减方程可较好地表达出上海第⑥层粉质黏土在不同固结压力下的渗透性，而一元二次方程则可表达上海第⑥层粉质黏土在不同孔隙比下的渗透性。

(5) 粉质黏土颗粒间的孔隙类型、接触方式等微观结构的变化，是粉质黏土宏观渗透性差异的根本原因。

参考文献

[1] 孙德安，许志良.结构性软土渗透特性研究[J].水文地质工程地质，2012，39(1)：36-41.

[2] 白继文，杨鸿钧.珠海港地区软土的岩土工程性质简析[J].港工技术，2017，54(2)：101-104.

[3] 蒋玉坤，孙如华.深部黏土渗透特性试验研究[J].岩土工程学报，2012，34(2)：268-273.

[4] 庄超，周志芳，李兆峰，等.一种确定超固结弱透水层水力参数的方法[J].岩土力学，2017，38(1)：61-66.

[5] 张阿根，李洪然，叶为民.上海深部硬土渗透特性试验研究[J].工程地质学报，2008，16(5)：630-633.

[6] 上海市地质环境图集编纂委员会.上海市地质环境图集[M].北京：地质出版社，2002.

[7] 黄天荣.软土地区组合地层深基坑降水沉降机制与隔降灌控沉方法研究[D].上海：同济大学，2015.

[8] 上海岩土工程勘察设计研究院有限公司.上海市轨道交通13号线一期工程—祁连山南路站—真北路站详勘报告[R].上海：上海岩土工程勘察设计研究院有限公司，2008.

[9] 南京水利科学研究院.土工试验规程SL 237—1999[S].北京：中国水利水电出版社，1999.

[10] 顾正维，孙炳楠，董邑宁.黏土的原状土、重塑土和固化土渗透性试验研究[J].岩石力学与工程学报，2003，22(3)：505-508.

生物多样性与人类的发展

卢耀如

生物多样性反映了地球发展历史上的进展，是近代人们关注的重要问题。地球已有几十亿年的历史，最早的混沌世界中生物是稀少的，地层中前震旦纪沉积的是藻类，寒武纪时代表性化石是三叶虫，志留纪是笔石，泥盆纪是腕足类化石，以及白垩纪是恐龙这样的庞大动物。在六千多万年前，白垩纪以前都是低等生物，出现恐龙等庞大动物后吃掉了很多生物，但是恐龙是否破坏了世界上生物多样性发展，还是由星球大陨石落到地球引起?

1 地球上三个圈层孕育了不断发展的生物圈

地球上自生的三个圈层，即：大气圈，特别是氧气为动植物生存发展所需；水圈，包括降雨、河水、湖水、地下水、海水；岩石圈，包括土和岩石、土为各种植物提供生长的食物和养分。地球自身在自转，又围绕着太阳成为太阳系一个行星。月亮绕着地球转，地球有重力作用，星球之间有相互引力作用。水，地质自身，气、液、固三种物质又在不断演化，产生相变，又产生固体岩土体的板块结构，及不断运动而有沧海桑田，海陆变化。地球上不断产生升、降断裂活动，地形地貌也不断变化，气、液、固三相物质也在不断变化。所以，地球上最高山喜马拉雅山的珠穆朗玛峰高为 8 848.86 m，最低海沟马里亚纳海沟在 −12 000 m 以下，高低差超过 2 万 m。

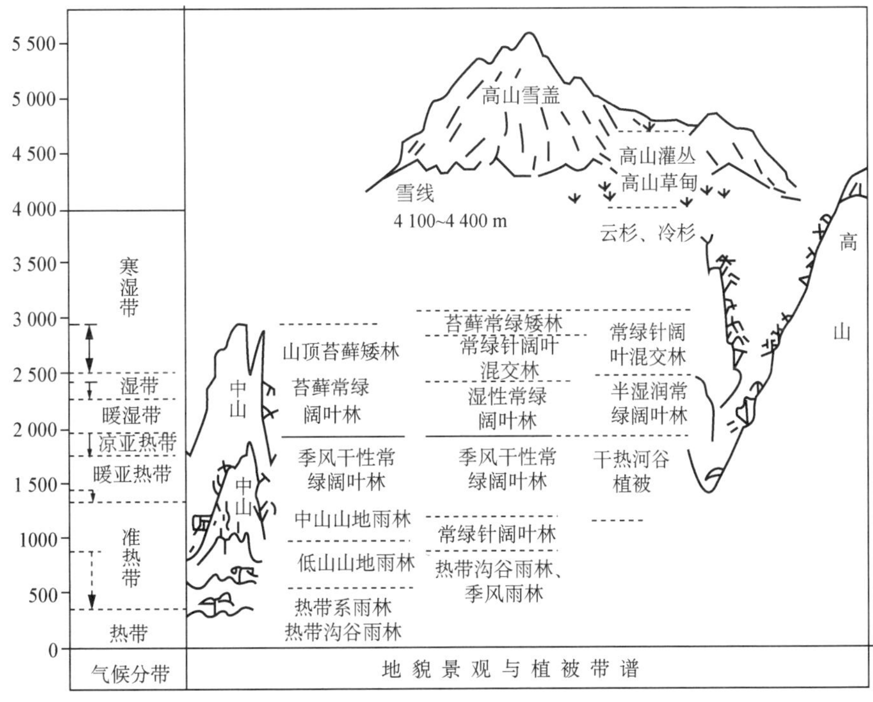

图 1　气候-植物带谱立体性综合示意图

白垩纪以后自然孕育的生物多样性，就出现有明显的分带。这种分带性，在植物分布上最明显，而动物也有分带性。植物带谱出现，与不同高程的空气中氧含量、CO_2含量不同，水的成分补给情况不同，土壤的性质，土中养分不同，也就造成相对生物的适生性不同，又出现了带谱(图1—图4)。

不同地层如火成岩、沉积岩、变质岩，碳酸盐岩岩石成分不同、风化后残留土的性质不同(表1—表4)。

表1　母岩风化-溶蚀原生残余土性质对比表

母岩	残积土层颜色	主要成分	特征
碳酸盐岩	红色、黄色、少数黑色	SiO_2，Fe_2O_3，Al_2O_3 为主，也有 CaO，MgO，蒙脱石、水云母等黏土矿物为主	多微碱性，含有钙、磷、氮，也有酸性土，可富集腐殖酸钙，胡敏素含量高，土颗粒以黏粒为主，土层薄，易流失，多钙性岩溶植被
碎屑岩(及相应变质岩)	黄色、红色、灰黑色、紫色	SiO_2，Fe_2O_3，Al_2O_3，K_2O，Na_2O，P_2O_5 等，矿物有石英、长石、磁铁矿、黄铁矿、钛铁矿等及水云母、蒙脱石、高岭土等黏土矿物	酸性较多，也有中性、碱性，土层中颗粒以黏粒、粉粒为主，尚有母岩颗粒，土层较厚，有的腐殖质多，多分布酸性土植物群落
火成岩(包括火山岩)	棕色、浅红色、砖红色	SiO_2，Al_2O_3，Fe_2O_3，FeO，TiO_2，MnO，CaO，MgO，K_2O，P_2O_5 等，石英、长石、磁铁矿、赤铁矿等，有蒙脱石、水云母、高岭土、三水铝矿等矿物	多酸性至中性，土层颗粒多种粒径都有，尚有母岩颗粒大的砾石，风化带可分微风化、轻风化、重风化及剧风化带，以粉粒—黏粒级配好的剧风化带最适于各种植物生长，富含微量元素，更适应果树成长，风化带厚不易流失

表2　花岗岩与碳酸盐岩母岩与风化土层成分对照

项目	各成分含量/%									地点
	SiO_2	Al_2O_3	Fe_2O_3	CaO	MgO	K_2O	Na_2O	TiO_2	P_2O_5	
花岗岩(母岩)	78.91	4.45	2.14	6.62	0.34	0.40	0.16			广州
土层	62.62	14.20	3.90	0.08	0.14	0.49	0.46			
迁移或富集系数	−20.64%	+219%	+82.2%	−98.79%	−58.82%	+22.5%	+187.5%			
石灰岩(母岩)	0.83	0.14	0.55	54.30	1.52	0.03		0.06	0.01	贵州茂兰
土层	45.45	8.34	26.59	1.58	1.95	0.55		1.42	0.06	
迁移或富集系数	+5 375%	+5 857%	+4 834%	−97.09%	+28.28%	+1 733.3%		+23.66%	+500%	
白云岩(母岩)	0.79	0.58	0.65	31.64	19.60	0.06		0.04	0.01	贵州茂兰
土层	48.47	8.30	19.97	0.76	2.45	0.34		1.54	0.14	
迁移或富集系数	+6 035%	+1 331%	+2 972%	−97.59%	−87.5%	+466.6%		+3 750%	+1 300%	
石灰岩(母岩)	4.52	1.60	0.54	49.66	1.42	0.58	0.04	0.30		川南毗邻云南曲靖地带
土层	50.24	19.30	8.50	0.90	1.56	3.34	0.06	1.48		
迁移或富集系数	+1 011.5%	+1 106%	+1 474%	−98.18%	+9.85%	+475%	+50%	+393.3%		

注：①花岗岩分析成果据《中国自然区域及开发整治》[198]。②茂兰地区化学成分据《贵州植被》[196]。③川南地区化学成分据《曲靖地区土壤》。④迁移或富集系数值，正值表示富集；负值表示迁移。

表 3　石灰岩和残积土层中微量元素富集与迁移系数

项目	微量元素含量/(μg·g⁻¹)									
	Mn	Cu	Zn	Ti	Ni	Co	B	As	Hg	Pb
黄壤	331.0～1 816	22.41～35.13	86.78～94.96	38.20～97.58	29.43～50.81	19.45～35.87	87.27～228.4	4.17～14.2	0.048～0.102	14.29～29.31
石灰岩	199.7～305.7	＜1.00～7.16	910.7	0.61～6.80	＜3.00～31.99	8.81	3.70～6.08		0.004～0.013	0.95～19.77
迁移或富集系数	+65.74%～+809.36%	+212.9%～3 513%	−89.57%～−90.47%	+461.76%～+158.96%	−14.4%～+1 593.6%	−39.19%～+1 096.6%	+890%～+2 492.5%	−31.4%～+283.78%	+1 100%～+2 450%	−99.27%～+2 880 %

注：据陈年的资料计算①。

表 4　土壤主要养分对照

省名	土壤名	有机质	全量			有效养分/10⁻⁶			pH	阴离子代换量(me/100 g±)	质地
			N	P	K	碱解 N	速效 P	速效 K			
贵州	红　壤	6.56%	0.21%	0.09%	0.97%				4.8	15.38	黄壤
	黄壤	3.64%～1.45%	0.17%～0.04%	0.08%～0.06%	1.20%～0.75%				5.0～4.3	14.66～7.05	轻黏
	黑色石灰土	10.3%	0.67%	0.03%	1.61%				7.2	40.07	重壤
	黄色石灰土	7.78%	0.32%	0.13%	0.76%				7.3	47.2	重壤
四川	黄棕壤	2.62%	0.207%	0.152%		119	6	86	7.7	8.4	轻黏
	棕黄壤	2.36%	0.173%	0.104%		100	1	131	6.7	10.5	轻黏
	暗紫壤	1.88%	0.130%	0.124%		99	8	91	6.9	6.2	重黏

注：①贵州资料据《贵州省农业地貌》；②四川资料据《筠连土壤》。

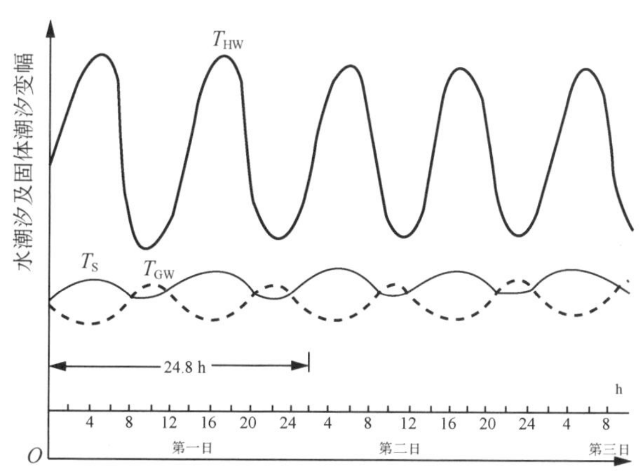

T_{SW}—海水潮汐；T_S—固体潮汐；T_{GW}—地下水潮汐

图 2　日、月球对地球潮汐日变幅分析图

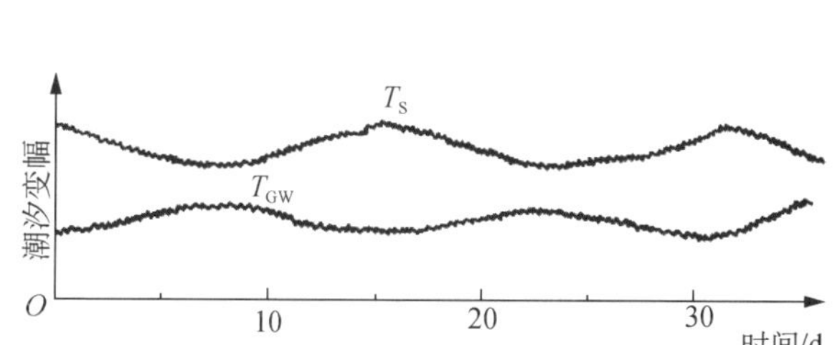

T_S—海水潮汐；T_{GW}—地下水潮汐

图 3　日、月潮汐作用月变幅示意分析图

不同气候带地区，水的活动、交替，也就是水的小循环、大循环不同，于是水中的水热条件，和相应的植物的水相条件也不同，相应动物的耐热、冷情况不同，动物的分布繁殖也就有差别（图 5—图 6）。

一方水土，养活一方人。对生物多样性而言，应当是：一方水土，养活一方生物多样性，养好一方人类的生存条件。

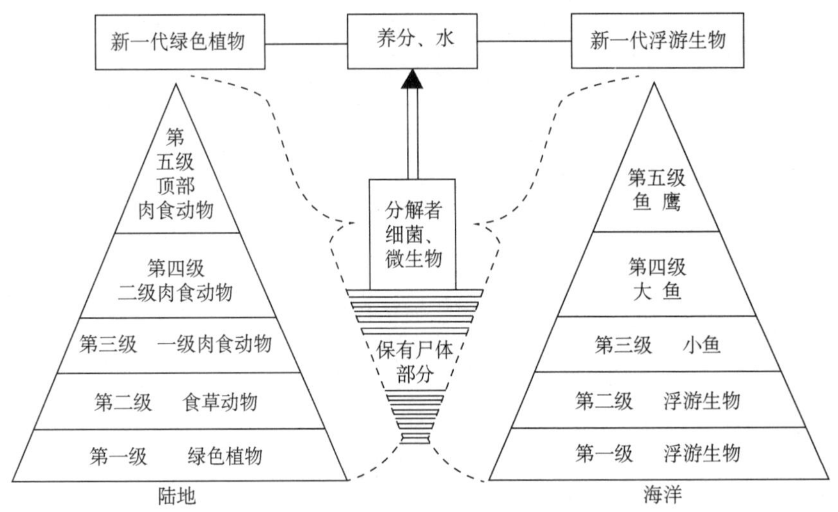

图 4 生物营养级分类简图

（参考 D. M. 劳普及《普通动物学》而编制）

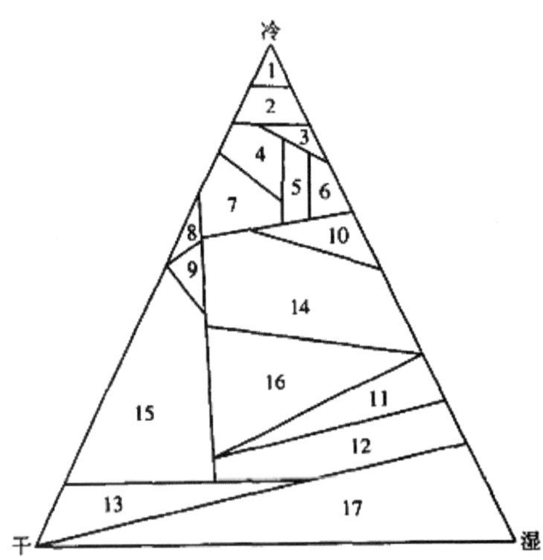

1—冷箭竹群落，2—大箭竹群落，3—梵净山冷杉、铁杉、贵州杜鹃群落，4—卷叶杜鹃、大箭竹群落，5—刺叶冬青群落，6—水青树群落，7—粉白杜鹃、大箭竹群落，8—俞氏桐群落，巴乐栎群落，10—米心水青冈、大箭竹群落，11—长苞铁杉群落，12—曼青冈群落，13—小叶青冈群落，14—亮叶水青冈、大箭竹群落，15—褐叶青冈、大箭竹群落，16—水青冈、大箭竹群落，17—钩栲、小红栲、甜槠栲群落

图 5 梵净寺主要植物群落与水热条件关系示意图

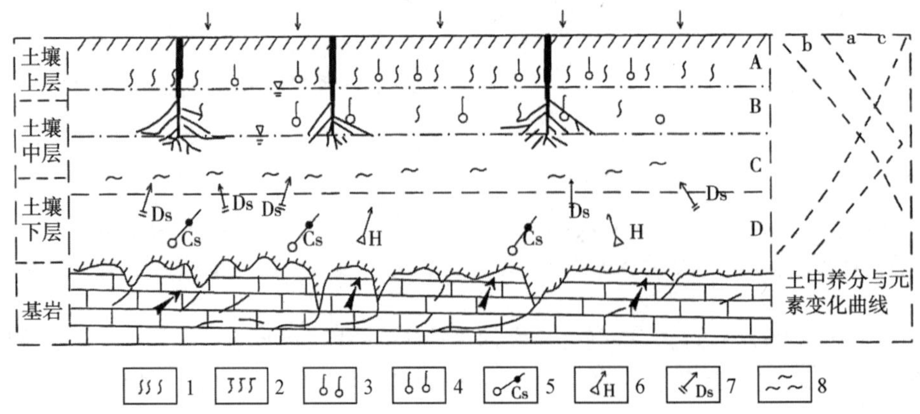

1—第一淋滤作用，2—第二淋滤作用，3—第一蒸发作用，4—第二蒸发作用，5—土壤中浓度扩散作用（可逆），6—土壤中热力扩散作用（可逆），7—动力扩散作用，8—植物根系吸收作用，A—上部渗透淋滤带，B—淋滤-蒸发带（地下水位变动带），土壤养分富集带，D—基岩-土层活跃作用带（元素变化曲线有三种：a 型：Ti，Ni，Zn，Ca，Pb，As，Bi，b 型：Co，Mn，c 型：Cr）

图 6 土壤中养分的分布、扩散与植物根系吸收作用理想状况机理分析

2 人类生存发展的地质-生态环境条件

地球上的生物(动物、植物、微生物),都有其不同区域、不同高程界限的生物。地质-生态环境特征,也有其相应的人类生存与发展的相对适生性(图7)。

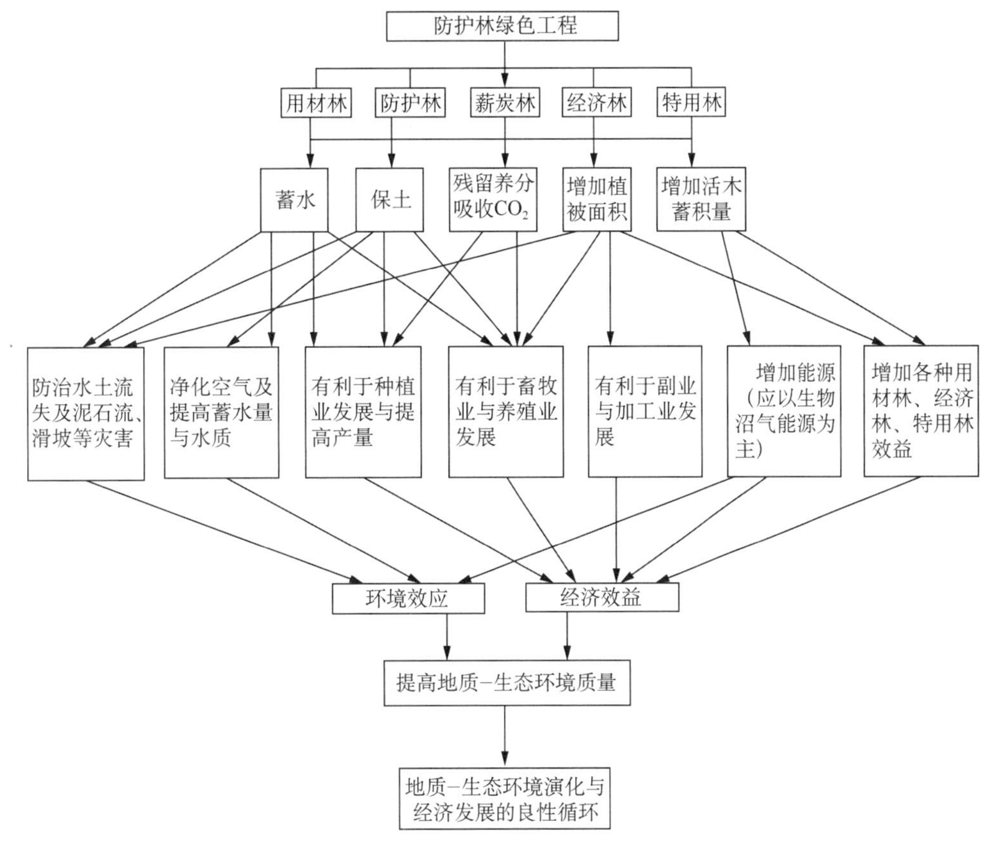

图7 防护林绿色工程与地质-生态环境演化及经济发展的良性循环分析

人类生活:一是要有大气(氧),二是要有洁净的水,所以在原始人类时,大气没问题,但有气象灾害就会变伤害(表5、表6);水质一般都好,所以原始人类就多傍河而居,特别是借助天然山洞,可避风挡雨。

表5 重要城市气候距平百分率统计

城 市	距平百分率分级							
	−50%~−20%		−20%~0%		0%~25%		25%~50%	
	出现年数	占统计年数比重	出现年数	占统计年数比重	出现年数	占统计年数比重	出现年数	占统计年数比重
昆 明	1	3.4%	17	58.6%	10	34.6%	1	3.4%
贵 阳	1	3.4%	16	55.2%	10	34.6%		
成 都	4	13.2%	11	37.9%	14	48.2%		
南 宁			15	51.7%	11	37.9%	3	10.4%
长 沙	3	10.4%	16	55.2%	8	27.6%	2	6.8%

（续表）

城　市	距平百分率分级							
	－50%～－20%		－20%～0%		0%～25%		25%～50%	
	出现年数	占统计年数比重	出现年数	占统计年数比重	出现年数	占统计年数比重	出现年数	占统计年数比重
武　汉	3	10.4%	14	48.2%	9	31.0%	3	10.4%

表 6　西南地区水旱灾害频率统计

地区	水			旱灾			水旱灾害比	水旱灾总频率
	重水灾	轻水灾	合计	轻旱灾	重旱灾	合计		
江汉平原	10.49%	18.87%	29.36%	11.95%	6.08%	18.03%	1.62%	39.44%
洞庭湖湖盆区	11.17%	23.03%	34.20%	18.94%	2.25%	27.19%	1.26%	61.39%
鄂西-湘西山地	7.82%	22.08%	29.90%	14.30%	5.54%	19.87%	1.50%	49.77%
广西盆地	5.05%	21.38%	26.43%	19.95%	3.53%	23.48%	1.12%	49.91%
滇东高原	10.02%	27.62%	37.64%	11.99%	3.96%	15.95%	2.35%	53.59%
滇西高原	10.38%	29.19%	39.57%	11.22%	4.65%	15.87%	2.49%	55.44%
贵州高原	4.20%	15.75%	19.95%	13.53%	6.66%	20.19%	0.98%	40.14%
渝东山地	10.14%	31.02%	41.16%	21.81%	13.54%	35.35%	1.16%	76.51%

注：水灾中包括洪、涝灾害。

目前，中国的大气、水的质量受到污染，土壤也受到污染，所以中央强调要保护生态-环境，治理污染。洪旱灾害，对生物多样性也会有此影响，但主要是量的方面，不会造成根本性毁灭，因为天然有修复能力，“生生不息”（图 8—图 11）。

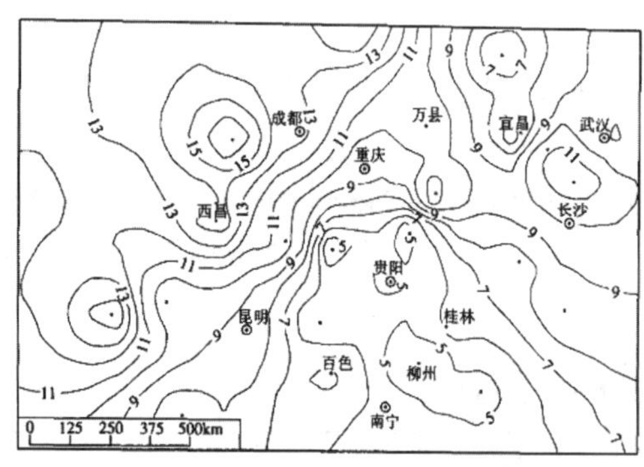

图 8　500 年来轻水灾频率趋势面分析

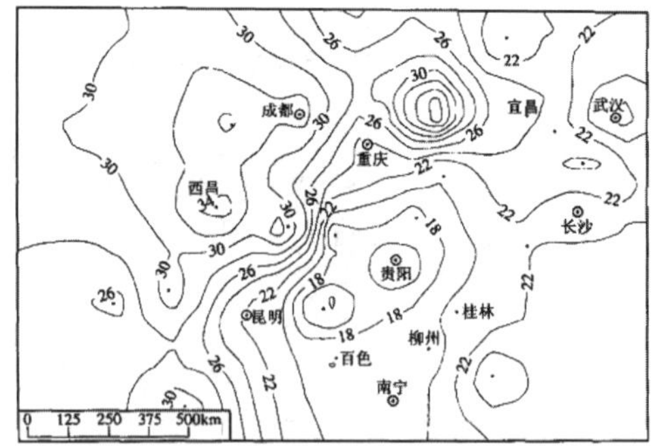

图 9　500 年来重水灾频率趋势面分析

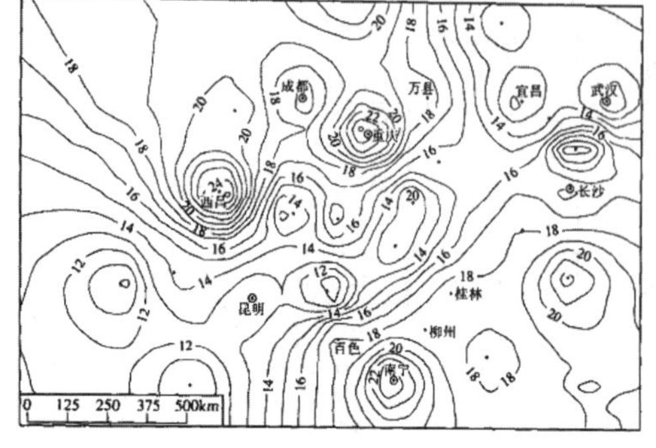

图 10　500 年来轻旱灾频率趋势面分析

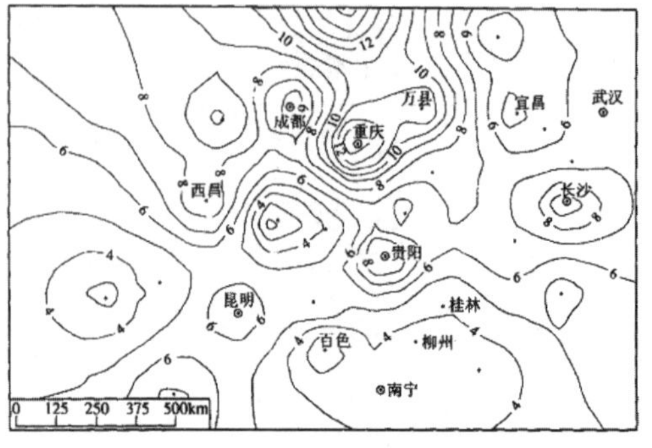

图 11　500 年来重旱灾频率趋势面分析

3 生物多样性的区域性特点与典谱

生物多样性，并不是全世界都是一个标准生物纲目与代表性主要的动植物。而是三个圈层变化有不同，不同地域自然综合条件不同，生物多样性也不同。西南四川和西藏交界地带，山区（保护山）的生物多样性，有如熊猫等珍稀动物，云贵川广植物多样性，就必须考虑到中草药的生产分布。区域性气候差异，这是影响生物的物种分布不同的重要因素，南方的树木、瓜果、茶，其多样性繁生分布显然与温带、寒带地区不同（图 12、图 13）。

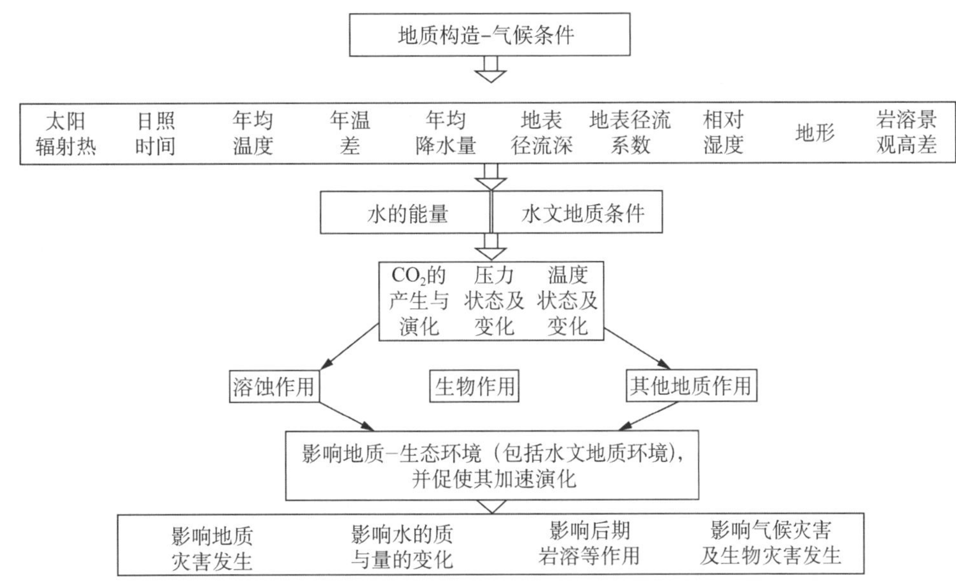

图 12　地质-构造与十大因素对水文地质条件影响概念模型略图

中国地形地貌变化多，气候要素等也有很大差别，影响生物多样性，有着多种的典型模式，应当做进一步对比研究。所以生物多样性一定要维护当地的原生多样性，而坚决反对外来物种的侵入，特别是人工引进，或意外入侵造成重大损失。例如，西南地区，曾有紫茎泽兰的入侵，侵害当地植物。长江口引进互花米草，造成海岸带滩涂原生植被破坏。就是原生的植物，单纯一种属，也会引起其自身的植被破坏。如石漠化地区单纯种松树，又导致了大片虫害。这种引进外来生物，想改造当地存在的某种生物过来繁殖（天然状态下）的害处，结果是害上加害。过量消耗、食用一些生物，结果造成大危害，如捕杀蛇、青蛙等危害性很明显。

4 维护生物多样性是保护人类生存条件

保护生物多样性，实是维护当地自然状态下的天然存在的生物多样性，习近平总书记强调：绿水青山就是金山银山。这是维护天然山水的生机，而原生的动植物生长条件不会受干扰。维护当地生物多样性，这就是与生态环境的保护是一脉相承的。二者维护是统一的目标，是重大的效应。这重大效应就是：①人工的发展建设，不应也不能过多影响自然界的大气圈、水圈、岩石圈的相互运动。②让人类生存与发展包括在内的和其他动植物的生物多样性，相融于大气圈、水圈、岩石圈中。即有人类生活与发展的重要效应，融入自然界存在的生物圈中。大气圈、水圈、岩石圈及生物圈在地球上，其界限不是天然分开的，所以人类不能破坏天然的生物多样性。

人类过多影响，而使生物多样性遭到破坏，那不是让人类有更多的活动空间，而是破坏四个圈层的

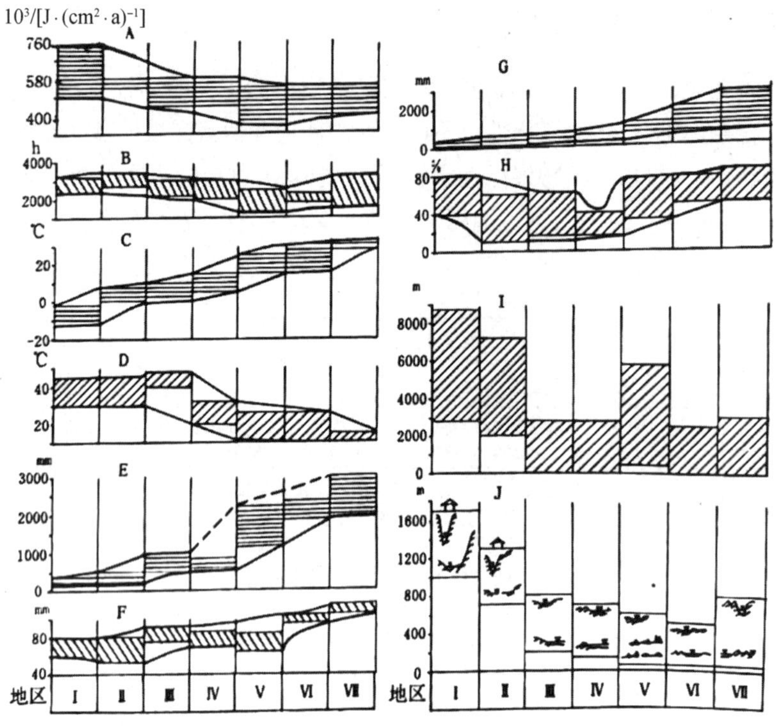

A—太阳辐射热，B—日照时间，C—年均温度，D—年温差，E—年均降水量，F—年均相对湿度，G—地表径流深，H—地表径流系数(年地表径流量/年降水量)，I—地形高程，J—地形高差，岩溶水文地质分区，Ⅰ—青藏高原，Ⅱ—新疆-内蒙古，Ⅲ—东北地区，Ⅳ—华北地区，Ⅴ—云贵高原-中南盆地，Ⅵ—东南地区，Ⅶ—台湾等岛屿及领海

图 13　中国太阳辐射热等参数变化幅度对比图

和谐的运动与盎然的自然生机。人类或一个地域的人，过去捕杀与食用等一些动植物，而不充分加以挽救，一时似乎很惬意，实则在自断人类的生存环境，是自掘坟墓。对自然界，人类应当尊重维护当地的生物，如食用了它，也就必须想法予以补救，所以，也就有了种植业，还有养殖业。人类以可控制的措施，维护生物多样性，这不是自作多情，实际上是维护人类赖以生存与发展的地球，能有和谐运行的生态环境。生态，也是安居的意思，保护生态环境，也是包括维护生物多样性在内。应当符合环境规律，生态重在多样性。有些发展建设影响了生态-环境，那就需要“亡羊补牢”，注意通过适当的环境工程与保护措施予以补助、挽救。自然界，要维护生物多样性，保护生态环境，避免偏激而破坏自然规律。

海西经济区（闽江、九龙江等流域）生态环境安全与可持续发展研究（成果摘要）

为支持海西经济区科学发展，中国工程院把卢耀如院士牵头负责的“海西经济区闽江、九龙江等流域生态环境安全与可持续发展研究”列为2011—2012年度重大咨询项目，内设八个课题，先后共有26位院士、几十个院校近百位专家参与了调研咨询工作。项目在完成八个课题成果总结基础上，于2013年年初编制了《建设生态文明 促进科学发展》研究报告。

该报告以福建省为研究对象，对闽江、九龙江等主要流域的生态环境、地质背景、资源条件、灾害分布、人口分布和经济发展等要素进行全面深入的分析，着眼于统筹生态文明建设与经济发展的有机统一，综合研究山脉、河流、陆地、港口、海洋、岛屿等全流域的自然要素，提出了“加快以福建为核心的海西经济区科学发展跨越发展，优先发展高端引领产业、基础民生产业及现代农林业，构建陆地、河流、海洋、岛屿的绿色经济与蓝色经济链，统筹城乡、优化城镇群、和谐海峡环境、防灾兴利，加强两岸合作共建实验区，依托优质港口群沟通各地的快速交通网络，振兴与拓展通向世界的海上丝绸和平之路，将福建省建成生态文明、和谐安全、山川美丽、人民富裕和牵手海东—台湾的可持续发展的示范区”的战略目标。

围绕福建省建设全国生态文明示范省，提出了以下的认识和建议。

一、全国生态文明示范省建设的重大意义

党的十八大提出了“必须树立尊重自然、顺应自然、保护自然的生态文明理念，把生态文明建设放在突出地位，着力推进绿色发展、循环发展、低碳发展，从源头上扭转生态环境恶化趋势”的新要求。全国范围内生态文明建设即将进入全新的发展阶段。

生态文明建设涉及发展理念的转变、政绩观和发展成果评价的调整、资源节约集约利用、生态环境保护、体制机制创新等非常广泛的自然科学、社会科学、社会管理范畴，是复杂的系统工程，在一些独具特色的先行省域开展生态文明建设示范，探索创新发展经验，具有重大示范带动意义。

生态文明示范省，应优先选择自然生态系统具有多样性特点且省域间生态系统关系比较简单、经济发展阶段适中具有一定经济支持能力、科技支撑和人文支持环境相对比较优越的省份。

生态文明示范省建设的目标，是探索经济持续发展和生态环境有效保护的科学发展模式，探索适应生态发展的体制机制和制度规范，以及探索支撑生态文明发展的科技保障的综合体系。国家可以通过包括财税在内的政策支持和对发展成果评价方式的调整与鼓励，以支持和调动地方政府对生态文明建设的积极性。

二、福建省建设国家生态文明示范省的有利条件

福建省作为建设生态文明建设示范省具有得天独厚的自然条件、发展阶段、生态环境现状、人文支持等优势，可以在全国起到生态文明建设示范作用。选择福建省率先建设全国生态文明建设示范省的主要有利条件包括：

一是自然条件具有独特优势。福建省地理单元相对独立，山、河、陆、海、岛兼备，区内密切关联，自

成体系，全省河流绝大部分发源于本省境内，并在本省入海，易于控制全流域生态环境质量；地貌类型丰富，可以更好地展示多元自然条件下生态建设与经济发展的关系，并提供多样的生态效应范例；地质构造条件复杂、资源条件中等尚有潜力、煤炭资源有限但具有发展新能源（如风能、潮汐能、地热干热岩、太阳能以及核能）的资源和区位优势，可走多元结构能源和资源高效综合利用道路；森林覆盖率全国第一，林业质量有待提升，发展潜力大；水资源相对丰富，虽然分布不均，但通过合理调配，增强水土资源配置，可以满足人民生活及经济发展的需求；气候条件独特，适应多种生物生长，特产品和中药材，以及花卉、水果等，都有很好的前景；地处东海，受台风、地质灾害多种威胁，已有的防灾减灾措施和群策群防经验较丰富；已划分生态功能区，建立了38个省级以上自然保护区，有三处世界自然文化遗产地目录，51个省级以上风景名胜区，81个省级以上国家森林公园，10个省级以上湿地公园，11个省级以上地质公园。数量众多的保护区、名胜与公园，遍及全省各地，其生态环境必定对当地起着重要的影响，促进周边地带生态文明建设。

二是经济发展特点鲜明，示范意义明显。目前福建省GDP在全国位列第8—9名，处在中上游，具有一定的经济实力，可以较好地支持生态文明建设；目前生态环境状况总体良好，有一些问题但尚不严重，例如大气污染较轻，水污染存在，但基本上仍以Ⅱ—Ⅲ类水为主，土壤严重污染仅限于局部工矿地带，通过示范省建设予以提高，达到更优质标准，更具示范意义；福建大规模经济建设起步较晚，因此可以吸取早期外省市在建设中因缺少经验或认识不足所付出的环境代价和难以弥补的生态环境问题；福建省城市规模适中，易于控制生态环境问题。

三是科技和人文支持环境优越。福建省人民教育文化素质较好，教育质量高，在国内外有很多福建籍著名专家学者，有利于为生态文明建设提供智力支持；国土资源部和福建省人民政府合作开展的多目标区域地球化学调查，在全国率先基本实现了全覆盖，获得了土壤和浅海滩涂沉积物54项指标、地表水和地下水21项指标的等多介质、高精度的系统地球化学数据，为优化国土空间开发格局和环境保护整治提供了重要基础资料；福建有较多海外乡亲的关注，一千多万福建籍乡亲居住在海外，对美丽家乡的建设都非常关心；福建作为海西经济区核心区，对于增进海峡两岸民众感情，促进祖国统一大业具有重要意义。

三、生态文明示范省建设的战略构思

生态文明示范省建设的谋划，一要体现生态优先的理念，二要体现城乡统筹、流域统筹的理念，三要体现走向海洋、海陆统筹的理念。对福建省建设国家生态文明示范省的策略内涵，提出如下看法：

一是科学发展以福建为核心的海西经济区。贯彻科学发展观，采用新的生产方式与技术，避免造成不良的环境影响；跨越发展海西经济区，牵手东岸-台湾，使两岸携手共同发展。

二是科学发展高端引领产业、基础民生产业及先进农林业。优先发展包括电子、信息、软件、平板电脑、自动化系统、精密械制造业等的高端引领产业；优先发展现代化、自动化与集约化基础产业及民生工业；优先发展特色、优质、节水的先进绿色农业；优先发展先进涵养水源与保护水土及林业，提高森林质量和林业产业效益。

三是构建陆地-河流-海洋-岛屿的绿色经济和蓝色经济链。重点建设闽江和九龙江两个生态流域，福州-宁德城镇群、南平-武夷城镇群、三明-宁化城镇群、厦门-漳州城镇群、龙岩-长汀城镇群、泉水-晋江城镇群等六个城镇群，形成武夷山-宁化-长汀生态屏障带、南平-三明-龙岩生态核心带、厦门-泉州-福州-宁德生态前沿带等三个生态带。

四是城市统筹、优化城镇群、和谐海峡环境、防灾兴利。推进城乡一体化，缩小城乡差别；优化城镇群，缩小城市间的分异隔阂；和谐海峡环境，各方面发展应当与海峡两岸环境相和谐；防灾兴利，重点是城镇的发展要注意防灾减灾，保护好生态环境。

五是加强两岸合作共建实验区。平潭岛作为两岸共建的实验区,应当能通过共同开发与发展,成为共同家园。

六是依托港口群及快速交通网络,振兴与拓展通向世界的海上丝绸之路。依托厦门湾、湄州湾、福州和宁德港口等,实现向海洋开拓,依靠快速交通网集聚内陆与海外的进出口物流、人流,使港口发展有可靠的物流保障。

福建省生态文明建设的最终目标是:生态福建、美丽福建。

四、对福建省生态文明示范省建设的几点建议

生态文明示范省建设影响全局并涉及方方面面,要实现建设目标,需要工程措施、政策措施、科技支撑措施的相互配合。建议对以下几个方面问题给予重点关注:

(一) 以生态建设重大工程协调发展与保护的关系

生态文明建设需要通过一定的工程措施使生态环境状况得到显著改善。福建省建设国家生态文明示范省,可以考虑在以下生态工程方面加强投资,取得实效:

1. 高效特色优质农业培育工程

结合国家高标准基本农田建设规划,充分挖掘多目标区域地球化学调查成果等资源优势,开展绿色农业布局、土地分等定级与利用规划、富硒农产品开发和水土资源配置,通过扶持、引导和产业化组织,大力培育发展特色优质高效农产品,发展优质种业工程,并建立高特优基本农田保护制度,形成一批享誉国内外的特优农产品品牌。

2. 林业提质增效工程

实施林业提质增效工程,全面调查评价林业资源,开展林业资源功能区划分,分区分类推进森林质量提升,显著提高森林蓄积量,提高林地生产力和森林的生态服务功能,大力发展林业产业。

3. 水资源优化配置工程

一是建设晋江西溪水库解决泉州城镇群缺水问题;二是在山区及滨海地带修建地下水库,以调蓄地表水与地下水,并可增蓄洪水,以作应急水源;三是在闽江入海口地带,择地修建地表地下相连水库,作为平潭岛的供水水源;四是在九龙江入海口附近,修建地表与地下相连水库,以调蓄清洁水源,作为厦门应急水源;五是根据对金门供水的两岸协议,结合厦门供水建设,相应考虑对金门供水的专门水利设施。

4. 河口海岸带生态修复工程

实施福建省河口海岸带生态修复工程,严格控制河流水质,禁止污染水、垃圾直接排入海水,通过开展水土流失治理、涵养水源、植树造林、增殖放流、岸线整治、清除米草、红树修复、土壤与地下水污染修复等流域-河口-海洋综合整治和生态修复手段,尽快扭转河口海岸带生态环境恶化趋势,构建海岸带生态环境屏障。

5. 气象-地质灾害链防治工程

实施气象-地质灾害链防治工程,开展地质灾害条件调查和危险性评估,进行地质灾害危险性分区,构建地质灾害易发区预警监测体系,实施严重危险区搬迁避让,完善地质灾害群测群防体系。

加强地震的监测,发展地震纵波(P 波)和横波(S 波)之间短暂十多秒的预警系统的功效,争取收到好的避灾(地震)效果。福建有关部门已着手建设这方面的预警预报系统的建设,包括开展丘陵山地地质灾害重点实验室。

6. 城市生态环境保护综合措施

实施城市污水集中处理达标排放和水资源循环利用;积极推进城市分质供水,建议在建的平潭岛实

行分质供水，而后，厦门也可试行，新建市区应考虑进行分质供水工程；推行城市垃圾分类处理。

（二）以高效、优质、低耗、非常规产业拉动经济发展

一是大幅提升港口、交通、地下空间、海岛等基础设施建设水平。开发三都澳五十万吨级泊位；完成福州-北京、福州通向湖南、南平-三明-龙岩高速铁路，建设连接长三角、珠三角的沿海高速铁路货运专线，建设与三大港口密切联系的铁路货运线，与沿海高速大道相连，发展立体交通，在西部地带发展短程货运客运航空网；明确岛屿作为海峡通道中间立足点（如牛山岛）、多元化能源基地、海洋生态保护基地、旅游基地、科研基地、远洋航行中间站、海洋渔场等的功能定位，统筹岛屿基础设施建设；发挥土地立体功效，向地下空间开拓，建设地下交通网络、地下仓储、地下休闲公园、地下商场、地下住所等，国家应当对进行地下空间开拓与地表建筑不是同一产权单位时的土地产权有更明确规定。

二是建立能源多元化试验示范基地。利用福建省具有能源多元化的优势，建立国家级能源多元化试验与研究示范基地，涉及水能、风能、核能、太阳能、潮汐能、地热干热岩等。以干热岩为例，福建省位处我国四大高热流区，具有得天独厚的发展中高温地热和干热岩发电的地质背景条件，福建省干热岩资源丰富，具有很好开发前景和在全国示范作用，初步估算福建地区干热岩资源如果能够开采2%，就可达到目前能源消耗总量的近2 500倍。干热岩产业可带动地质勘查、特种材料与制造、特种仪器仪表等产业发展。建议在闽东南地区建立国家级干热岩示范研究基地，在全国率先开展相关科技攻关，带动相关产业发展。开发各种清洁能源，都应当深入进行有关地质环境的调查与评价。

三是大力发展生物医药和高端制造产业。利用山区和海洋生物资源发展生物制药产业，建立国家级先进生物医药基地是非常重要和有前景的。高端制造业的发展已经得到福建各级政府部门的高度关注，作出了具体的部署，显现出很好的发展前景。

（三）创新生态要素补偿交易机制体现生态建设效益

生态文明示范省建设必须探索并解决好生态建设与经济建设的利益转换问题。解决生态补偿问题，关键是要切实转变发展思路和理念，尽快调整考核发展的指标体系，把生态文明建设的相关内容不仅纳入政绩考核，而且作出与经济发展指标一样的量化、可交易制度安排，在此基础上，按照社会主义市场经济规律，在公平负担基础上就生态要素进行区域间交易，使生态建设和生态产品与经济建设和经济产品一样具有同等价值和效益。

此外，在政策和管理层面，还要建立杜绝发生有长远环境影响和重大社会影响的生态环境事件的机制，比如矿山环境、区域地下水污染、大面积生态破坏等。重点是加强监测、评价和预警，防患于未然，通过行政性措施，及时化解重大隐患。

（四）加强生态文明建设基础条件调查和科技支撑

一是系统开展生态文明建设基础条件调查评价。包括生态资源要素详查、地质资源（如地热干热岩、地下空间）与地质环境调查、重要基础设施和城市群断裂带及区域地壳稳定性调查评价、平原地区水土污染调查、地质灾害危险性调查、海洋岛屿地质-地下淡水与环境调查、海域油气勘查和固体矿产资源勘查等。在系统调查基础上，建立统一的福建省生态文明建设基础条件信息系统的数据库和决策支持平台。

二是构建生态文明建设相关指标体系和监测系统。构建生态文明建设相关指标体系和监测系统，是落实生态文明建设规划、评估生态文明建设成效、调整生态-经济发展关系的重要基础工作，应当总体设计、统筹建设、协调管理。

三是构建生态应急响应和科技支持体系。突出关注台风暴雨、极端干旱、群发性地质灾害、严重污

染事件、大面积生态破坏等重大突发事件对生态文明建设的影响,有必要开展极端气候和生态事件下的应急技术研究和相关应对体系建设,可以与海东-台湾更多地密切交流与协作。

四是加强创新引领发展和生态技术研发。把有利于促进生态文明建设的相关领域列为优先支持的生态科技领域,加大智力引进力度,优先发展生态科技学科高等教育,建立生态创新示范园区,大力研发生态技术和产品,营造有利于生态科技创新的财税、土地、金融等政策环境。

(五) 推进有利于两岸交流合作的基础设施相关工作

海峡通道的建设,酝酿已久,两岸科技人员已有多次开会讨论,两岸同胞都有期盼。建议国家支持海峡西岸先行开展平潭岛至牛山岛之间的地质勘测工作以及有关生态环境的调查与监测,为进一步论证海峡通道可行性做前期准备。

五、福建省生态文明示范省建设的战略理念

以科学发展观为指导思想,节约、高效、循环利用资源,开拓多元洁净新能源,合理配置水土资源,发展有机生物资源,综合建立陆地—河流的绿色经济。高举创新旗帜,建设两大生态流域、六大生态城镇群。防治气候—地质灾害链,控制发展中不良效应与污染,真正防灾兴利。建设三大生态港口群,扬起通向五大洲的新的海上丝绸和平之路的船帆,发展蓝色经济。

福建与台湾,有着地缘相近、血缘相亲、文缘相通、商缘相连和法缘相循这五缘密切的关系。通过建设海西,牵手海东,应当促进两岸交流与共同发展,使海峡成为“五和”的境地,即:

经济发展上和顺,同胞交往上和好,生态建设上和谐,统一态势上和平,发展前程上和美。

上海城镇群六水开发与六灾共治以保障生态环境安全与可持续发展战略研究报告(摘要)

一、上海地区地质-生态环境演化

从地质发展史上来看,较多地质历史时期,上海地区都是处在海洋环境,中间也多次成为陆域。此报告中,展示了早二叠世至晚更新世地质时期的主要海陆变化的古地理图。重点展示了长江流域的演化形成的地质过程。在白垩纪时,还是属于欧亚的特提斯海,而后地壳上升,喜马拉雅山由海上升起,导致青藏高原隆起,相应云贵高原抬升,四川湖盆隆起,原为川、鄂两大湖泊分水岭的三峡地区,成了川湖水东泄的通道,后来湖北云梦泽大湖的消退,使长江东延,至中、晚更新世时,长江贯穿上海地区而入东湖,成为中国 6 千多千米长的第一大江河。

长江三角洲的变化,是与全球性气候变化密切相关的。晚更新世末最后的古冰期时,海水面低于目前的海水面百米以上,至距今 7 000—5 000 年时的大暖期,海平面升至现扬州、镇江一带,杭州湾海平面达到灵隐寺前,有海洋古生物沉积层可为证。

相应第四纪中,特别是末次冰期后沉积的长江三角洲,主要是软黏土、泥层为主,大孔隙性、力学性质差的软黏土-淤泥层,累计厚度达百余米至二百多米以上。工程地质特性就是压缩与失水后的沉陷,这种沉陷引起地面沉降,是不可逆的。

目前,长江全长 6 300 多 km,其支流延伸至 8 个省(区),流域面积 180 万 km^2。长江径流量多年平均为 1 万亿 m^3,近期只有 8 370 亿 m^3/年。

在上海地区的长江口,可明显看到 6 期长江口演化情况,即① 红桥期,② 黄桥期,③ 金沙期,④ 海门期,⑤ 崇明期,⑥ 长兴期。各期是以各期相应的亚三角洲(即河口沙坝)所标志。

报告中,列出了第一冷亚期(距今 7 万—5 万年);暖亚期(距今 5 万—2.5 万年);第二冷亚期(距今 2.3 万—1.0 万年左右),全新世升温期(距今 1.0 万—8 500 年),全新世中暖期(距今 8 500—3 000 年)(我们考虑主要距今 7 000—5 000 年为主)。报告中附上各期古地理图,从中可知上海地区的位置及相应古地理情况。

上海地区还是属于地质-生态环境演化稳定的地区,但海平面变化、气候变化仍影响到上海地区的生态环境安全。近 20 多年,我国海平面上升约 12 cm,而美国因厄玛飓风影响,加上近些年海平面上升了 7 cm,叠加产生更大灾害,波及佛罗里达等地区。

我们曾计算我国东部地区,在第四纪中海平面上升率达 1～5 mm/a,平均 3 mm/a。考虑上海附近地带海岸侵蚀速率 2.5～9.5 m/a,淤积速率 10～150 m/a。这些数据是不可忽略的。上海地质生态是亏损的,即产生 CO_2的量大大多于植被吸收的值。

二、六水资源综合开发利用

上海地区,由渔村往大都市快速发展。初期,水资源以长三角洲河网地表水为主。而后,人口增多,工业需水量增大,转而开采地下水资源。1921 年后,有了开采记录。至 20 世纪 60 年代,因地下水抽采过量,淤泥软土地区产生沉陷,引起地表产生较大地面沉降,才引起了关注。随后地下水开采受到一定程度的控制,强调回灌,可夏灌冬用、冬灌夏用。上海的地面沉降与长三角苏、锡、常地区的地面沉降已连成一片。

上海地区 2010 年总用水量为 126.69 亿 m^3/a,2014 年降至 77.87 亿 m^3/a,其中地表用水 126.09 亿 m^3/a,减为 2014 年的 78.71 亿 m^3/a。地下水开采量是 0.2 亿~0.06 亿 m^3/a,其中火电工业占 73.77 亿 m^3/a,减为 28.11 亿 m^3/a。农业用水 17.08 亿 m^3/a,减为 14.57 亿 m^3/a,减少不多。特别要提及的是,上海地表水资源量只有 16.23 亿 m^3/a,浅层地下水资源量 7.43 亿 m^3/a,浅层地下水可开采量只有 0.17 亿 m^3/a。所以,上海供水主要靠长江及黄浦江的过境水资源量。

上海地区面积 6 340 km^2,多年平均降水量也达 1 008 mm,降雨后能调蓄入地下,那就可解决问题。能调蓄 30 亿 m^3/a,就会起很大作用。上海河网有 2.38×10^4 条,总长 2.23×10^4 km,湖泊 21 个,总面积 91 km^2。长江口三级分叉。利用河网、湖泊,可调蓄雨水资源,上海人工水库总库容只有 5.49 亿 m^3。

上海污水年处理数量 23.41 亿 m^3,污水处理设施城镇 63 座,规模 6.98 万 m^3/日,年处理 22 亿 m^3。企业自主 111 座,处理污水 0.43 亿 m^3/a,处理量偏低。排水管道 16 001 km,雨水管道长 8 587 km,污水管道长度 1 063 km,合流管道长 6 351 km。显然,污水管道和雨水管道合用太多,使宝贵雨水资源没有能发挥作用。

目前,海水资源基本上开发很少,应当增大规模,使成本降低。上海人均水资源只有 200 m^3/a,实际上是缺水的地区,不能无限增多人口。应当是,使用 1 m^3 水,处理 1 m^3 水,有严格的用水与处理水的能力,让开采有节制,处理有依据。这应是利用水资源的公认原则。

2015 年,监测断面符合Ⅲ类水质的只有 45.27%,低于全国平均水平,主要污染物为氨、氮和总磷。2015 年,人均占有水资源量 993 m^3/a,而其中当地人均资源量只有 200 m^3/a·人,则人均有近 800 m^3/a·人,是靠过境水资源量。

目前靠青草河水库、黄浦江上取水口作为水源地,非常不安全。青草河水库受上游洪水及水质事件威胁,更受风暴潮的威胁。黄浦江水,也受苏、锡、常的工业污染及周边农业、养殖业强污染的复合威胁。

上海中心城区,河道的污染更严重。上海城市中产生污水 580 万 t/a,其中有 344 万 t/a 污水,将近 60%污水排入当地河道并渗入地下,以前还有污水管道并排入东海。显然,郊县水质要优于主城区,河口水质要优于市区。但不能过多开采长江口水,过量开采会导致河口的水质变差,加重内河网水的污染物聚集。

环境污染是三相的,水、固体(土壤、岩体)与大气,工业废气、汽车尾气还是大气污染的主要来源。

固体污染,特别人工生活废弃物、工业废弃物,生活垃圾的分类是个问题,固体废弃物,填埋法是不可能过多使用,因为没有那么多场地,而后续防污染问题也多。目前,应当高温焚烧处理。

三、六灾综合治理

雨水、河水、湖水、地下水、大水库蓄水、海水,这“六水”应当综合开发利用,而且这六水是存在着天然循环过程,还有人工干预后的次生循环过程。自然界的六灾:洪灾、涝灾、旱灾、地质灾害、风暴潮和环境污染,对城镇和人们生命财产都构成重大威胁。

对上海地区而言,特别是地面沉降,和不当地人为过量开发利用水资源,就会加剧与诱发洪、涝、旱以及相应的地质灾害,特别是加剧洪涝旱与地面沉降、崩塌、滑坡和泥石流。

在 20 世纪 60 年代之前,上海地面沉降主要是由于过量抽取地下水引起,60 年代后人们开始注意,控制地下水开采,并加强回灌措施,使下降速率得到制约。但是经济发展后,上海地面沉降又加剧的原因是几千幢高层建筑物拔地而起,还有几百千米的地下轨道交通的兴建。虽然大水厂开采的地下水减少了,但仍是有未能控制的地下水开采。这三大因素综合导致地面沉降又加剧,是客观事实。

更应注意,这三方面因素的综合影响使地面沉降加剧,情况变得更复杂。

上海处在我国东南部，长江出海口的三角洲地带。这地带是季风气候条件，降雨在5—9月，台风、风暴潮也在这个时候发生。

1949年以来，影响上海热带气旋一年平均2.6次，如台风引起黄浦公园积水，超过1米的有13次，5 m以上有10次。5 m高潮的潮位从20世纪80年代以来，发生多次，频率增大，80年代2次，90年代3次，21世纪已有6次以上。风暴潮的灾害现象是严重的。风暴潮引起内涝、房屋破坏数万间，搬迁数万户居民。上海市区内涝水位不断上升出现危急，内涝水位不断上升，就会酿成大灾难，但上海有“福气”，风向变了，暴风雨水转移了。如2005年“麦莎”北移后，给山东、大连造成重大损失。

上海地面沉降已达1～2 m以上，较大处达3 m以上，黄浦江正常水位已高于外滩。

今后，上海会一直好运吗？肯定不会。“人无远虑，必有近忧”，所以，目前应当提高认识，要有预警。意大利威尼斯水城是地面沉降的结果，前两年举行城市葬礼，也挽救不了这城市了。2007年，美国新奥尔良的风暴潮使该地区滨海毁了一半，今年厄玛飓风，使佛罗里达州许多地方被摧毁，有人认为可能几年、数十年也难恢复。

四、地下空间开拓

20世纪50年代初，中国就在北京进行地铁的勘测，而地下空间开拓，包括地下厂房，隧洞引水，隧道等建设，于建国后就已开始。大型水电站的地下厂房，大型水利水电工程的引水隧洞，以及矿山开采煤、铁等各种矿产资源的地下坑道系统。自改革开放后，特别是90年代起，上海市地铁发展迅速，目前已建成达600～700千米。

上海建设地铁过程中，也出现不少问题，例如由地面沉降产生不均匀沉陷。使隧道产生裂隙及形变。早期监测的地铁1、2号线不均匀沉降是明显的。地铁建设中，也出现有沼气等可燃气体的侵入情况。最大的灾害是2003年地铁4号线上发生基坑管涌，造成地表建筑多栋毁坏，导致黄浦江水涌入隧道。当时，结合其他地区情况，卢耀如曾向温家宝总理提出建议，“地下空间的开拓(地铁建设)中要主要注意地质环境问题”。温总理当时批信，“地铁建设中要进行地质环境调查与监测”。在建设的，首先提要科学规划，地质调查，并强调要有风险管理和防灾时宜。

我国已建和在建地铁(城市轨道交通)、高铁(大、中城市间)通道的规模很大，遇到问题也不少，除了建筑基础力学稳定性外，尚有隧洞中大量突水突泥、隧洞排水引起高处地面水库、河流向隧道漏水，地表开裂、房屋破坏、隧道中不良气体爆炸、燃烧火灾，隧洞影响地下水运动，地热对隧洞的影响等。隧洞(道)的安全与可持续发展必须注意地质条件与地质环境。

中国古代地下空间的开拓，主要是：① 修建地下皇陵、② 开采矿产资源、③ 战争隧道攻城。抗日战争地道战，20世纪六七十年代各地修建的防空洞系统都是地下空间开拓。特别是为三线建设，成昆铁路、川黔铁路、滇黔铁路、湘黔铁路、渝怀铁路、宜万铁路等，都有不少隧道建设。

今日，全国有50多个城市正建、规划城市轨道交通。上海主城区已建600～700千米的轨道交通，更要考虑今后如何安全运营与可持续发展。上海地区今后扩大地下空间开发，可能还会遇到不少问题。距市区百多千米的海洋中，有活动断裂，风暴潮与活动断裂复合的效应，或单独海洋活动断裂活动对地表及地下建筑稳定性的影响，应当更加予以重视。

地下空间开拓，在目前不仅仅是地铁轨道交通，还有地下仓库、地下储油库、地下商城、地下休闲场所，地下剧场、音乐厅，甚至地下工厂、地下蓄水库、地下泄洪洞等。

今后，上海地区地下空间开拓，需要考虑八个重要原则，即：① 科学规划、② 地质先行、③ 和谐发展、④ 科技创新、⑤ 防灾时宜、⑥ 信息决策、⑦ 风险管理、⑧ 三位一体。三位一体是地质、设计、施工三位应当共同研究制定工程实施，地质与设计不应同一单位，以保持对地质环境与条件的正确认识与评价。

做好地下空间开拓的规划，必须要以地质环境条件为依据，而且是最重要的依据。地下空间开拓必须科学规划,而且应当和城镇群规划相适应。就是说地下空间开拓的规划,应是城市群规划的一个部分,应当有远景及近期的规划。地下空间开拓要有前瞻性、和谐性、创新性和便捷性。前瞻性就是要考虑到城市今后发展对交通需求,和谐性就是和谐地质条件和环境、轨道交通和陆、海、空交通网络和谐,地下和地上建筑和谐;便捷性就是乘客的登车、下车都要便捷,包括转乘的方便,还有重要的就是安全性。这六性应是相互关联,密切不可分的。

城市发展规划,必须考虑资源开发利用的高效利用循环性、涉及水、土、能源,以及生物资源和矿产资源利用,综合自然灾害防治与城镇群的文化风俗体现。城市群发展,必须使和谐性多方面得以体现,也要保障生态文明。所以,建设生态城镇群和智能城镇群,是今后高层次建设目标,其中应包括轨道交通,城镇群的交通选择,也应当体现出智能化的功能。

总之,上海是我国重要经济、文化、金融、航运中心,人口数也已发展到 2 千多万,目前城市最大问题是水资源不足,地面沉降和风暴潮灾害威胁大。

建议:

(1) 六水共同开发,建立安全、可靠的供水系统,地表与地下联合调蓄雨水。同时,调整产业,加强污染源控制,加大治污措施。

(2) 建设气象-地灾综合预警系统,包括采取相应防灾、减灾与救灾的三位联合措施,以预防极端气候的来临,保障安全。

(3) 上海和江苏、浙江,自然条件相连,发展也密不可分,今后应加强统一制定发展计划,包括资源共享、灾害共预防治理。

(4) 上海应瘦身,起码不能随意扩张,南京、杭州也应相对控制。为此,应有沪-苏和沪-浙合作的两个新翼,以取得更好发展。上海,应是长江经济带的龙头、发动机,引领长江这龙高高飞翔,上海也应是"一带一路"倡议的重要起航扬帆、飞轮启动之地,前景光芒,是基于上海的生态环境安全与可持续发展的长久岁月发展。

上海应考虑的是,百年千年之后,依然是中国、世界上的伟大都市,屹立在东海之滨。繁花依然,光辉更璀璨。

掌握湿地机理性　立法保护中发展

卢耀如

2021年春节刚过，2月19日（正月初八），由中国生物多样性保护与绿色发展基金会主持，召开了《中国湿地保护法草案》的研讨会（网上）。这草案是绿发会领导，组织多方面专家编写的。

我有幸被邀请参加作了，简短发言，今特作了整理补充，以作有据之文，共供参考。

一、对湿地立法保护的必要性与基本原则

湿地，是一种自然的地质环境的一个常见的现象，而湿地又是人们日常生活，各项建设工程，以及与综合发展，多有关系。湿地，是资源，也是环境的一个基础背景条件，人类多数只看到"有水"这个资源条件。

刚才听了多位专家的发言，其中明显的两种看法。

一种看法是，湿地在中国，分布很广，但多数都已过度开发，应当立法，予以更好管理，更好的发展对湿地的合理充分利用，而又能很好保护，立法是迫切需要的。

另外，也有专家认为，湿地保护法，不用这名称，就制定"湿地法"，湿地要有开发利用效益，这样那谁投资谁受益。

很显然，前者着重保护，所以要制定湿地保护法，后者感兴趣的是这湿地资源效益，而只制定"湿地法"，不用保护法，影响开发利用。

目前，实际上对各种温地多是单纯资源性观点，而有了过多开发，所以强调了有不少专家"湿地保护法"。而不主张加上保护法，是作为了开发效益，而受到限制。

我认为，不论用什么名称，都必须有保护而又有适当开发利用。因为："保护中开发，开发中保护"。党十八大上习近平同志的政治报告中，提出"生态文明建设"这理念，成为重要的战略，后来习近平总书记，也强调了"绿水青山就是金山银山"。

湿地，实际上多是三种资源，自然汇聚的宝贵之地。这三种是土地、水和生物，三者的混合相融，体现出地质环境自然美好的一面，而三方面资源性，也构成环境的特征。

强调用"湿地保护法"，这对一些人的"竭泽而渔"的贪利爆发的思想与行为具有扼制的作用。

二、湿地的类型划分与相应的调查与监测成果

在湿地的立法中，应当对湿地有科学类型分类，重要的湿地应当由地质调查的资料，并有多方面系统的监测成果，有了这些基础依据，才能谈上如何保护和如何合理开发利用问题。否则，盲目不知如何保护，而就是破坏性掠夺式开发利用。

1. 湿地的类型

复杂的地质环境的演化，加上在太阳系中太阳和许多星球以及月亮的影响，地质现象是多种多样，就算湿地也不是千万地一律成因。常见的湿地类型有：

（1）大江河源头湿地大江河源头多水利及雪被，多有汇聚、融化的水流集聚成为冰川河尾湿地或湖

泊。青海的三江源，就强调重点保护。贵州乌江源头多泥炭湿地，泥炭为水扶排入江，水显黑，故名乌江，现在泥炭少了，水也不黑了。

(2) 大河流的天然调洪湿地：大江河与交流交汇处，形成调洪湿地或湖泊，如洞庭洲、鄱阳湖泊洪自动调节湿地，而成大湖泊。

(3) 滨海滩涂湿地，主要海潮升落变化，有红树林发育。

(4) 大江河三角洲湿地，主要是天然形成的大片水网化融合洪水、海潮，使大片三角洲无大洪灾，而成了鱼米之乡。

(5) 大泉域排泄湿地，大的泉域排泄处，有的形成大片湿地，而再集中外汇。

(6) 断陷湿地，因构造活动而有断陷盆地发生，使地下水汇聚排泄，在盆地中形成湿地，不断沉降就成湖泊。

(7) 沉陷湿地，软土淤泥等沉积推动作用而沉降，使地下水涌出，地表水汇积而成湿地，黄土多水隙的湿陷性，也称沉降湿地。

(8) 地下水露头湿地，高位地球高出地表而成湿地。

(9) 潮汐湿地，涨潮(地表)时，为水淹没的凹洼地带，下部有阻水层，退潮后，留浅下湿地。

(10) 引力湿地，月球引力可使地球产生固体潮，接着又有地下水液体潮，高地球下水潮时，液体地下水就成湿地成因。

不研究湿地成因，盲目开发，后患无穷。例如：

贵州一城市有岩溶泉水湿地，郭沫若抗战时题字并刻成大石碑在大乌龟石上，结果这湿地的水源通道处，为修建五星级宾馆，开挖深基础，大量涌水，多种手段强迫址水，宾馆修地来了，泉水湿地没了，郭沫若题字碑成垃圾场。

山东明水有一片涌水的湿地，为国际会议我还专门包飞机在空中拍照。后来，当地修了围堰成人工湖，看不到水露头的湿地，而又因抬高水位，改变了泉城的状态。

北京及河北的许多湿地，因过量抽取地下水，形成大的地下水漏斗，这宝贵湿地也消失了。

2. 湿地的地质调查与监测

只知道有湿地，知自然不知其所以然，就盲目开发，必须产生效果是"湿地消退，湿地死亡"。

所以，首先应当对湿地成因有所了解，什么成因，地层多少面积控制。例如，山西娘子关泉城，最大流量是 16 m^3/s，平均 13 m^3/s，流域控制面积 4 千多 km^2，因多处多地开发地下水，目前只有 5 m^3/s，而且水质不好。

在湿地控制水域范围内，应当有分层地下水位监测资料，水质分析资料，以及湿地水流排泄量的一年四季变化的监测资料。

在湿地控制的范围内，对地下开采利用的情况，整个流域内可利用水的水资源量。以及开发的临界值，还有引起不良地质环境问题和诱发及加速诱发地质灾害问题，作出科学论断。

对湿地的开发利用。不能只看我计划的方面，更需要看到利用的"度"及可能产生不良灾害的情况。

三、向国家提出编制湿地保护法建议

这次绿会等一些专家提出，这份《湿地保护法的草案》很好。当然是初步的，尚不完善，这里强调两点。

1. 湿地的变化是受自然因素及人工开发因素的综合影响

例如：目前滨海湿地红树林。以海口市的滨海红树林为最好，以前有红树林湿地受人工影响而破坏，但是，最后一万多年前，我国东部海平面比目前低百余米，而距今 5 000～7 000 年，海平面比现在高很多，如杭州海平面达到灵隐寺跟前，显然滨海湿地就有大变化。目前，人工行为也影响大。那是：江河湖海水陆变，林草田地人综效。

这里地包括湿地，也有旱地。

2. 立法主导多方协作已制定

草案中，提到全国人大的立法权威，也提到湿地立法与自然资源部、水利部、农业农村部及生态环境部有关，这几个部是密切相关，建议再加上建筑部。

全国人大组织进行湿地法立案编制，上述五个部门以及提出草案绿发会以及中国科学院和中国工程院共同参加，一定会达到高效目的，使湿地得以更好在绿色发展高质量发展，发挥积极作用。

科学的立法，认真执行，严格把关，定发光彩！

对贵州省望谟、册亨县泥石流灾害综合防治与生态城镇发展的建议

卢耀如　周丰峻　石建省　田廷山　黄润秋　许　强
石振明　熊康宁　余　斌　宋建波　黄法苏　刘　琦

为支持贵州发展，2013 年 4 月 3 日—6 日，中国工程院卢耀如、周丰峻院士及有关方面专家一行 11 人对贵州省望谟县和册亨县进行了山洪、泥石流等地质灾害考察。在考察调研的基础上，针对两县的具体情况，研究提出该建议。

一、基本情况

贵州省望谟县、册亨县是少数民族聚集区，被称为贵州最贫困、受地质灾害威胁最严重的县，近年来曾多次遭受严重的山洪地质灾害。如望谟县，2006 年 6 月 12 日、2008 年 5 月 26 日及 2011 年 6 月 6 日，共发生了三次严重山洪—泥石流灾害，短时间内降雨量达 196.7～316.3 mm，最大每小时雨强达 105.9 mm。望谟河段洪峰达 994～1 700 m^3/s。三次灾害受灾面积 42.02 万亩，受灾人口 49.3 万人，房屋倒塌8 105间、破坏 11 991 间，公路、灌渠、三小水利工程、通信、供电等基础设施严重受损，有的城镇水淹近 4 米，直接经济损失 50 多亿元。经三次暴雨的冲刷后，目前望谟县还有近 1 700 万 m^3 的危岩(土)体存在，地质灾害隐患点有 140 处，威胁百人以上安全的隐患点有 22 处，涉及 8 个乡镇 57 个行政村 132 个自然寨。今后，重大山洪泥石流灾害隐患依然存在。

望谟、册亨连续遭受重大山洪地质灾害的原因在于：该地区山体多为砂岩、泥岩为主的岩体，强烈的构造挤压造成岩体结构破碎，风化作用使岩体强度降低、土层松散，暴雨山洪在河谷中短距离(18～20 km 长)产生 1 200～1 300 m 的落差，大股水流直接冲毁岩土体，形成挟带大、小泥石的泥石流，其破坏性远大于一般的土颗粒与小石块为主的稀性和黏性泥石流。

二、灾害防治与发展的思路

1. 综合防治地质灾害

治理望谟、册亨山洪地质灾害应建立“与洪水共处”的理念，即：难于根绝洪水，但应当避免其产生重大灾难。为此，除了加强气象预报之外，还应采取相应的工程治理措施，包括上堵、中疏和下排，以及生物处理，将治水与治岩土体相结合。有相应的投入，可以大大减轻山洪泥石流地质灾害的危害。

2. 生态移民与生态城镇建设相结合

生态移民是指将人口从脆弱恶劣的居住地迁往相对适宜的地带，重建家园与发展生产。对望谟县而言，目前受灾人口达 49.3 万人，对其中受灾最严重的地区分期分批进行生态移民是必须的。生态城镇的建设过程要充分考虑能源、矿产资源、土地资源和生物资源等开发利用的限度，充分考虑对城市生态环境的影响。特别是城镇的选址和建设，要以地质环境为重要依据，加强植被恢复措施，以及水土保持与石漠化治理，考虑整体环境的整治与绿色产业发展。

3. 发展绿色产业

望谟县、册亨县发展绿色产业有广阔的前景。两县水热资源丰富，特色资源优势明显，特色农业及

农产品加工业、绿色生态旅游等产业值得支持。其中，重点发展竹、柳、油茶、核桃、板栗种植，适度发展中药材、早熟蔬菜，发展畜牧业，增产粮食，建立农产品种植基地等，有效地拓展灾民的生计与就业，将县城建设成为融艺术、观赏、娱乐为一体，有布依族风情和文化特色的综合性旅游区。

4. 因地制宜加强交通基础设施建设

蔗香港位于望谟县蔗香乡，距县城约 39 km，地处珠江上游南、北盘江汇入红水河的两江口，是西南出海水运中通道西江干流的起点，自蔗香两江口至龙滩水电站大坝为 B 级航区，龙滩水库可以保证常年通航千吨级以上船只。蔗香地势开阔，水域面积大，航道条件好，是建设大型港口的理想场所，预计年吞吐量为 2 000 万吨。适合于规划建设不同类型的专业化泊位，可供上百只大中型船舶同时停靠作业。可依托港口发展临港经济和腹地绿色经济，建设工业园区、物流园区、餐饮服务区，以及港口附属设施，如车库、停车场、机具修理车间、消防站等，有利于扩大港口的综合规模。

三、支持望谟、册亨灾害综合治理和生态城镇建设的建议

贵州望谟、册亨是欠发达的少数民族集聚地，又是山洪泥石流灾害频繁发生的重灾区。目前，仅靠举步维艰的贵州省地方财政，无法从根本上解决问题。

为解决望谟、册亨县山洪泥石流灾害频发造成的严重危害，促进少数民族地区经济社会发展，维护民族团结和社会稳定，以实现防灾减灾，应将民族地区生态城镇建设和区域经济发展协调推进。为此，建议国家把“望谟、册亨县综合灾害治理和生态城镇建设”作为专项给予支持，实施“贵州省望谟、册亨山洪泥石流灾害综合防治和生态城镇发展建设工程”，希望在国家层面进行规划。该工程包括：(1)望谟、册亨县民族特色生态城镇建设工程。(2)望谟、册亨县综合灾害治理工程。(3)望谟、册亨县交通物流基础设施建设工程。(4)望谟、册亨县山洪泥石流灾害监测预警与基础能力建设工程。(5)蔗香临港经济区发展建设工程。需要指出，在交通设施工程和蔗香临港经济区建设工程中，都涉及黄百铁路建设及通向望谟的高速公路建设问题。建议国家尽快组织相关部门和专家开展详细调查和规划设计，尽快落实专项资金予以支持。

关于创新福建核心区　促进21世纪海上丝绸之路发展的建议

卢耀如　王思敬　郑绵平　王　浩　周丰峻　王梦恕
陈运泰　孙　钧　石建省　申建梅　翟明普　唐益群
汪　林　李守定　刘顺桂　许建聪　刘　琦

今年，福建省被中央确定为21世纪海上丝绸之路核心区，为更好发挥福建省核心区作用，我们提出如下建议供参考。

1. 建设海上丝绸之路博物馆

泉州已建有海上交通博物馆，于21世纪初得到当时有关省领导的支持，也得到古丝绸之路有关国家及其商贾后代的支持。建议将此博物馆予以支持扩建，成为“中国海上丝绸之路博物馆”。

2. 支持申请海上丝绸之路世界文化遗产

泉州有许多有关文物可作为海上丝绸之路起点有关的遗址，以申请世界文化遗产地目录。例如：九日山、开元寺、承云寺、天后宫、龙山寺、关锁塔、屈斗宫古瓷窑址、清净寺、草庵摩尼教寺、龙山寺、崇武古城、洛阳桥，以及有关墓穴、碑365处和石刻、塔等62处。

3. 积极开展有关海港的地质环境监测与保护

泉州港作为古丝绸之路起点，公元561年南朝就与海外有往来，从全盛时期中唐后兴起迄今已有悠久历史，海岸线及港口已发生很大变化，涉及港口淤积、河流的改造等。此外，风暴潮、台风及诱发地质灾害，也需要更好防治以防灾减灾。目前，应当对泉州港口及福建核心区内其他两个港口群，即福州港(包括宁德三都澳)、厦门港等海岸带进行海洋地质环境监测与保护。

4. 在福建召开21世纪海上丝绸之路国际研讨会

由国家主持，把古海上丝绸之路的主要国家及21世纪海上丝绸之路的主要国家的学者、航海企业家等召集在一起，重温古丝绸之路的盛况与遗址，再研究今后协作创新，以开拓21世纪海上丝绸之路的理念、技术与合作发展问题。

5. 建立海上丝绸之路友谊街(或公园)

可以由我国发起，另外征集国外投资，共同建设海上丝绸之路友谊街(古时泉州就有)，或为公园，作为国际贸易交流之场所，有各国商贾办公所、茶座咖啡厅，一条街上可呈现我国及一些有关海上丝绸之路的国家主要风格的建筑，并有典型景观、文艺作品的呈现，包括字、画、动漫演示以及文艺表演。

6. 在福建核心区举行海上丝绸之路起航仪式

由国家主持，在泉州一带海上丝绸之路作起点，聚集我国沿海新的船舶及海外有关沿途重要国家与地区代表，共同举行21世纪海上丝绸之路和平起航仪式。同时，也需要制定“21世纪海上丝绸之路的图标和旗帜”，以挂在航行船舶上，用以宣告：国际上合作维持这条和平、商贸、友好与发展之路的联合意志。利用这仪式，继承古丝绸之路的友谊，宣传21世纪丝绸之路起点——中国维护和平、互利发展的力量与信心。

7. 建立海上丝绸之路博览交易会

福建省每年6月18日在福州举办“中国海峡项目成果交易会”。建议将交易会于双年份改为“中国-

海上丝绸之路博览交易会”，地点仍在福州、厦门、泉州可设分会场。

8. 建立21世纪海上丝绸之路合作委员会

由国家出面，召集与海上丝绸之路商贸、文化交流有关国家的代表，组成合作委员会，共同拟定有关章程，保障商贾、文化等交流，保持良好的合作环境。

此外，应加强福建省省内及福建省与沿海省市的港口密切分工与协作，更好制定21世纪海上丝绸之路的外运新产品，探索开展海上丝绸之路的多种旅游线路，开展有关丝绸之路的科技与人文方面的国内外合作与人才培养，发挥福建省核心区作用。

关于加强城市地质环境工作及开展其综合建设效应研究的建议

卢耀如　王思敬　张宗祜　常印佛　孙　钧　周干峙　李焯芬
郑颖人　宋振骐　袁道先　郑守仁　王　浩　王梦恕　何华武
王景全　周丰峻　葛修润　项海帆　范立础　沈祖炎　王秉忱
黄润秋　殷跃平　岳中琦　万　力　石建省　周志芳　王恩志
巫锡勇　金　淮　高建国　阎长虹　胡新丽　朱合华　张永双
王　清　熊康宁

2010年上海世博会的口号是“城市让生活更美好”(Better city, Better life)。的确,随着经济与科技的发展,城市特别是大都市,让人们感受到现代生活的美好。但是另一方面,要保障城市的美好生活与可持续发展,必须保有良好的地质环境。目前,我国有近70%的城市受到与地质环境密切相关的各种灾害威胁,今后随着城市化的发展,将有八个以上的城市人口达到1 000万～2 000万,近百个城市的人口数将达到100万至几百万,城市地质环境问题应受到持续的关注。

为此,在上海召开世博会之际,有近350多名有关地质、水利、建筑、能源、铁道、交通与环境等方面的院士、专家,共同交流了加强城市地质环境的有关认识。首先肯定了我国城市迅速发展、城市化已达45%的骄人成就,但另一方面也深感到,需要从地质环境上保障城市安全与可持续发展。

一、地质环境影响城市安全与可持续发展的五个方面问题

1. 从地质环境上关注水资源安全

地表水和地下水都是宝贵的水资源,但是我国有近2/3的城市是依靠地下水资源,也有在大城市上游或临近傍江河地带修建供水水库。过量抽取地下水造成地面沉积、地面塌陷、地裂缝等地质灾害,而地表水库供水也存在水质突发性污染与堤坝受超常暴雨突发性损坏的隐患,对城市用水及城市安全造成威胁,特别要关注的是综合抗旱、防治洪涝及应急水资源的安全问题。

2. 从地质环境上看新能源开发与能源安全

我国目前近50%的石油资源依靠国外进口,若提高到90天的储备量,需建设许多储油设施。今年大连新港地表输油管线爆炸,危及油罐,幸好抢救及时未酿成重大灾难。因此,在地质条件许可的地带,应修建地下水封油库,以保障城市安全。我国尚有1/10城市为矿山城市,主要是煤炭能源存在引起的安全问题也是深值重视的。对于风能、太阳能及地热能开发,也需从地质环境上予以探索科学的开发利用。

3. 与地质环境密切相关的自然灾害的防灾减灾

我国自然灾害较多,在灾害间存在着灾害链。例如,气象灾害,特别是洪、旱、冰雪灾的发生发展,都与地质环境密切相关,而且通过诱发的地质灾害,造成更大的破坏与伤亡;地震也是通过诱发山体滑坡等灾害,造成更大的灾难。

自然灾害是不可避免的,但我们应当从切断灾害链上着手,避免诱发严重地质灾害,造成更大人民生命和财产损失。

4. 从地质环境上考虑工程建筑基础安全

大都市林立的高楼大厦以及各种工程建设、市内地表及地下交通、邻近城市群间交通网络安全等,

都与地质环境密切相关。特别是近些年来,城市轨道交通的大量兴建引发的问题显得更为突出。因此,应特别注意极端条件下地下空间开拓的安全,以及诱发的不良地质环境效应。

5. 地质环境与地质生态系统的安全和人民健康

不同的地质环境,为不同的生态系统提供基础条件,使当地的岩、土、水、气、洞及相应的生物活动构成特定的生态系统。不同的生态系统,对所居住人民的身体健康具有不同的影响,涉及人民的健康。地质环境与生态安全,是涉及以人为本的根本问题。因此,需要节能减排,防止污水灌入地下含水层,并进行垃圾分类处理。

上述五个方面的地质环境问题又与城市安全和可持续发展有密切关系。我们必须用科学发展观来对待城市的发展与相应的地质环境问题。并不是"人有多大胆,城市就有多大发展",也不是"一个工程今日建成了,就是成功了"。地质环境效应是一个长期作用过程,需要高度重视不良的影响和长期产生的效应。

二、针对城市地质环境工作的几项重大措施的建议

针对上述五个方面的城市环境问题,应当注意采取相应的措施。

1. 坚持科学发展观,从地质环境上合理规划城市的发展

城市应依据地质条件及已有的人文状况做好规划。建议大城市从地质环境上,从兴利防灾两方面,进一步修订补充原有的规划。根据自然条件,特别是地质环境而界定城市的规模与质量。城市不要越大越好,从地质环境上更好地界定城市群的范围,以达到相应的协调与和谐。

2. 合理与正确进行大型工程建设

大型工程应安排一定的时间与经费,按设计程序认真进行与地质环境(包括水文地质、工程地质)有关的勘测研究工作。目前,很多大型轨道交通、城际铁路及城市内各种建设,因时间急迫,匆匆上马施工,没有足够的时间进行地质环境方面的深入调查研究,结果造成不同的损失或留下隐患。各种大型工程应严格按照国家审批手续办理,不能以当地领导意志和当地财力许可作为工程匆匆上马的依据。大的工程,最好分别由不同的勘测单位、设计部门、施工队伍三部分分隔进行,对其地质环境及地质灾害做出评估,以确保结论的科学性和客观性。

3. 恢复与建立有关学科,大力培养有关地质环境及地质灾害方面的相关人才

建议迅速恢复水文地质、工程地质和环境地质方面的专业,大力培养有关专业人才,包括地质灾害方面的调查研究和监测人才,以适应国家的急需并满足长远建设需求。目前,国际上仍是非常重视水文地质和工程地质的问题,并有相应国际学术团体,经常交流。我国几年前只据少数人员的偏见,就取消了这些学科,造成很大损失。恢复这些学科,将有助于加强有关城市地质环境及地质灾害防治方面人才的培养。

三、积极开展城市地质环境与地质灾害研究

我国六百多个城市,规模各不相同,所处的自然条件也存在很大的差异,中国承受印度洋板块、太平洋板块的运动影响,以及东南季风与西北寒流的影响,在东西南北中各部位的自然条件都有很大差别,相应的地质环境与地质灾害也有不同的情况。虽然,以往对城市地质环境也曾进行了不少工作,但尚缺乏系统深入的研究,特别是城市大量建设与发展,尚缺乏综合探索研究,在工程建设与城市迅速发展对城市地质环境已造成的复合效应方面尚缺乏科学的认识。在经历汶川、玉树和舟曲三大灾害后,应当深入总结与提高认识。应当说,今后发生灾害还会很多,人们不可能完全阻止自然灾害的发生,但应当避免今后城市出现不应发生的重大灾害损失。

为此,建议开展中国城市地质环境与建设发展综合效应研究,以总结城市发展的经验。建议课题研究的中心内容是:

(1) 不同区域典型城市地质环境的基本特征与主要灾害链问题。

(2) 不同区域典型城市发展的综合地质环境效应；

(3) 不同区域典型城市地质灾害的危险度评判与分级；

(4) 典型城市发展及其防灾减灾的途径及措施；

(5) 对城市构成威胁的灾害链的预警预报系统研制。

我们希望国家能加大投入以进行有关城市地质环境及地质灾害调查、研究和治理方面的工作。目前,应首先支持开展城市地质环境与地质灾害的调查研究及城市地质环境适宜性评价,特别是对地质环境问题相对多的城市进行重点研究,达到防灾减灾之目的。开展这方面课题是极其迫切、急需的,将为今后国家更好地发展提供相应的科学依据。建议由中国工程院和国土资源部合作,并请水利部、住房和城乡建设部、环境保护部、教育部等参加,共同进行此项研究工作。

中国工程院关于呈报《海西经济区（闽江、九龙江等流域）生态环境安全与可持续发展研究》咨询项目成果的报告

一、建议将福建省作为国家生态文明建设示范省

研究认为，选择适宜省份进行生态文明建设的示范，将有利于更好探索经济可持续发展与生态环境保护的科学发展模式，并建立相应的体制、机制和制度规范，以及保障生态文明建设的综合体系。为此，专家们建议，将福建省作为国家推进生态文明建设示范省，并给予必要的政策、资金和项目支持。

福建省适宜生态文明建设的有利条件较多，如：主要河流都发育并流淌在本省领域内；地质条件多样复杂；有山脉—河流—海洋—岛屿，自然单元完整；森林覆盖率达 63.1%，多年居于全国第一；有多元化洁净能源；水资源丰富；气候条件好；已进行功能区划，有良好的工作基础；建有自然遗产地、自然保护区、森林公园、地质公园等近 200 处，可起到很好的建设生态文明的引导作用。福建具有一定的经济实力，境内设有厦门经济特区，海西经济区发展势头良好。

此外，福建与台湾地缘相近，血缘相亲，文缘相同，商缘相连，法缘相循，通过建设生态文明示范省，可以更好地牵手海东，和谐海峡环境，促进两岸交流与共同发展。

二、福建省生态文明建设的核心内容

研究报告提出海西经济区的发展战略：科学发展以福建为核心的海西经济区；跨越发展引领高端产业和基础民生产业及先进农林业；构建陆地、河流、海洋、岛屿的绿色经济链与蓝色经济链；统筹城乡、优化城镇群、和谐海峡环境、防灾兴利，加强两岸合作共建实验区；依托优质港口群及沟通各地的快速交通网络，振兴与拓展通向世界的海上丝绸和平之路。

有关生态文明建设方面，提出闽江、九龙江等建设生态流域入手，相应发展生态农林业；抓住重要的六个生态城镇群，及三大生态港口群建设。注意国土开发格局优化，节约高效利用资源，加强保护与防治大气、水域与土壤的污染，及减轻自然灾害，以和谐自然环境及友好生态的美景，建设陆地上绿色经济与海洋上蓝色经济。

三、对福建省生态文明示范省建设的几点措施建议

生态文明示范省建设影响全局并涉及方方面面，要实现建设目标，需要工程措施、政策措施、科技支撑措施的相互配合。研究建议对以下几个方面问题给予重点关注：

1. 以生态建设重大工程协调发展与保护的关系

生态文明建设需要通过一定的工程措施使生态环境状况得到显著改善。研究报告认为，福建省建设国家生态文明示范省，可以考虑在以下生态工程方面加强支持与投入，取得实效：水资源优化配置工程；林业提质增效工程；高效特色优质农业培育工程；河口海岸带生态修复工程；气象-地质灾害链防治工程；城市生态环境保护综合措施。

2. 发展高效、优质生态产业拉动经济

研究报告建议采取三个方面的措施，加强相关基础建设，促进经济发展：大幅提升三大生态港口群与海岛等基础设施，以发展海洋蓝色经济；建立能源多元化试验示范基地，涉及水能、风能、核能、太阳能、潮汐能、地热干热岩等；大力发展生物医药和高端制造产业。

3. 创新生态要素补偿交易机制体现生态建设效益

生态文明示范省建设，必须探索并解决好生态建设与经济建设的利益转换问题，也包括生态补偿问题。其次，调整考核发展的指标体系，把生态文明建设的相关内容纳入政绩考核，而且作出与经济发展指标一样的量化、可交易制度安排。建立杜绝发生重大社会影响的生态环境事件的机制；为立体开发土地资源情况下，解决地表与地下的土地使用产权与有关效益分配问题。

4. 加强生态文明建设基础条件调查和科技支撑

这方面主要涉及四个方面的内容：系统开展生态文明建设基础条件调查评价，构建生态文明建设相关指标体系和监测系统，构建生态应急响应和科技支持体系，加强创新引领发展和生态技术研发。

5. 推进有利于两岸交流合作的基础设施相关工作

海峡通道的建设，酝酿已久，两岸科技人员已多次开会讨论，两岸同胞都有期盼。建议国家支持先行开展平潭岛至台湾新竹这条线的西端的地质勘测工作，以及有关生态环境的调查与监测，为进一步论证海峡通道可行性作前期准备。

现将该项目研究成果呈上，供参考。

附件：1.《海西经济区(闽江、九龙江等流域)生态环境安全与可持续发展研究》报告摘要

2. 参加咨询项目研究的主要人员名单

附件 1

《海西经济区(闽江、九龙江等流域)生态环境安全与可持续发展研究》报告摘要

一、福建省生态文明建设现状与存在的问题

根据党的十八大精神,建设生态文明的四个方面,将福建省已有生态文明的情况作此分析。

(一) 国土空间开发格局

首先是土地资源的合理开发与保护,包括节约与集约利用问题。全省土地总面积仅占全国土地总面积的 1.3%,人口数占全国的 2.7%,人均占有土地只有 0.35 公顷,只占全国平均水平的 48.1%。耕地中的高产田少,中低产田多。目前主要问题是:① 土地使用的中长期规划。② 土地节约、集约利用。③ 合理发展农林业。④ 村城镇化的合理规划。⑤ 地下人防工程的合理利用。⑥ 立体利用土地资源。⑦ 区域性统筹土地资源。⑧ 高效利用与后备土地资源等问题。

(二) 水土资源配置

2010 年,福建省水利工程供水能力 211.39 亿 m^3($P=95\%$),实际用水量 202 亿 m^3,供需基本平衡,预计至 2020 年和 2030 年,福建省 $P=95\%$条件下,需水量将依次达到 241.69 亿 m^3 和 251.56 亿 m^3,比现在需水量分别多 33 亿 m^3 和 44 亿 m^3。目前的措施应是节水为先、保护为重、三水并举、分区配置、以丰济缺的优化配置新格局,并增加水利工程措施解决工程性缺水问题。

水资源多。水-土资源的科学配置问题涉及人口密度、土地利用及经济发展问题,包括:沿海耗水工业与内地水多的产业调整;先进农、林业的发展与节水及涵养水源问题;生态流域建设与河流上下游统筹规划等。

(三) 海洋开发与海洋环境

海洋开发很重要,环境保护问题主要包括:① 入海污染物增多,污染海洋环境,近岸污染面积达 40.5%,主要污染物为无机氮和活性磷酸盐等,也有传统和新型的农药。沿海污染物 80%以上为陆源;② 填海造地表面上似乎增加了土地面积,实际上危及海洋生态。目前造地达 1 114 km^2,造成海湾纳潮量减少和流速降低,加重了海湾淤积,使海域水换变差,增加了 1～3 倍污染物。此外,外来物种入侵,如互花米草等,过渡捕捞使渔业资源退化,赤潮灾害,海洋垃圾,海岸带侵蚀等危害都影响到海岸带的生态安全。

(四) 多元化能源问题

福建省煤炭资源有 11 亿多 t,2011 年已消耗近 1 亿多 t 标准煤。目前煤炭发电占 56.4%,水电占 42.8%,风力发电占 1.17%。福建省有丰富的地热资源,干热岩能量有 13.1 万亿 t 标准煤,太阳能年总辐射量在 42 亿～52 亿 J/m^2,风能在 262～417 W/m^2,潮汐能年平均有 966 亿 kWh。水电资源还有装机容量 1 355 万 t 可以兴建。

(五) 环境污染

关于大力加强环境保护方面,目前大气存在污染,但程度不严重。地表水与地下水还是有污染严重的地带,但是多数在Ⅱ、Ⅲ类之间,Ⅳ、Ⅴ类的较少。土壤中 Ag、Cd、Pb 等元素含量有的是由于母岩中含量高,有的是由于工业污染的原因。

农业面源污染不可忽视,主要是化肥农药的过量施用。化肥施用量为国际标准的 3.6 倍,农药则是全国平均值的 3 倍多,有效利用率只有 30%～40%。

(六) 灾害预警预报系统

目前,台风等气候灾害的预警预报已经取得了较好的进展,相应地诱发地质灾害方面,还需要进一步深入发展,以取得灾害链的综合预警预报。

二、福建省生态文明建设的重要原则

进行生态文明建设,需要遵循许多原则,这里针对几个重要的问题进行探讨:

(一) 节约、集约利用资源与资源的存储

节约、集约利用资源极为重要。福建陆地上没有油气能源,而海域可能有中生代地层中的油气能源,目前还无法开采。因此,应当需要外来的煤、油气能源进行能源储备,以备今后急需,这是非常重要的。

(二) 统筹城乡、相互依存而共同发展及共建生态文明

改革开放以来,利用土地金融手段,使大城市获得资金而不断发展。与之相应,农村发展却比较慢,结果导致农村“剩余劳动力”不断向大城市云集,农村以老人和小孩居多,要扭转这种畸形的发展,福建省今后应当强调城乡统筹,使城乡相互依存、和谐发展。

(三) 城镇群的一体化与共建生态文明

统筹城乡又必须城镇一体化相结合。以往强调的城市化就只注重于大城市间的一体化,要达到城镇一体化,应当:①统一开发利用当地资源;②统一进行防灾减灾;③合理调整产业格局;④交通密切联系。

城乡统筹和城镇群一体化的核心问题,都涉及不同层次的城镇化和乡村之间如何得到和谐发展,并使得产业和人员流动相协调,都能共同发展而共建生态文明。

(四)构建山脉-河流-陆地的绿色经济与海洋-岛码的蓝色经济链

构建山地、河流与陆地的绿色经济最主要涉及覆盖面广的绿色林业和绿色农业的建设。

1. 绿色经济链

(1) 林业。倡导森林资源节约与环境友好的发展模式,实现发展的速度、结构、质量、效益的统一,又构建绿色经济链:①走生产发展、生活富裕、生态良好的文明发展道路;②正确处理农、林、牧、水、工的关系,改善城乡人居环境,全面满足人民的物质和精神需求;③拓展林业产业发展空间,拉长产业链条,大力弘扬和发展新时期具有海峡西岸特色的森林生态文化。

(2) 农业。绿色产业链的建设是重要的组成部分。狭义上的绿色农业包括粮食作物、畜牧、林木材料深加工、水产、果品、食品深加工、饮料、食品包装、无公害农业生产资料和人类其他多元化生活用品等的生产、加工的产业链。

改革开放以来,食品深加工、饮料、食品包装、无公害农产品生产呈快速发展势头,对做好绿色产业链建设具有一定的基础。为了做好这一方面工作,应以发展高优农业、林产品精细开发为主,适度发展禽畜养殖-食品深加工复合产业、竹笋、板栗、食用菌等耐贮藏的特色农产品加工产业,尝试无公害食品以及有机食品的规模化生产。

(3) 工业。从产业布局而言,各地区第一、第二和第三产业比例不同,侧重面也不同,应根据气候条件、资源分布、产业基础及地域特点合理布局,科学发展成为绿色经济产业链。在工业高速发展的同时做到生态安全和可持续发展。

特别针对第一、第二产业,要成为节约资源、能源,体现低碳经济、循环经济的产业,成为建设绿色经济的主要方面,关键是要控制污染,保护良好生态。

为了安全,对受到活动地质构造影响的核电站和大石化工厂所在地,加强地壳稳定性及有关灾害的监测,并有应对灾害的预案措施,这也是建立绿色工业的基本要求。

2. 蓝色经济链

根据国家发展和改革委员会于2012年11月颁发的《福建海峡蓝色经济试验区发展规划》，立足福建在海洋经济发展中的综合优势，落实国家关于发展海洋经济的战略部署，有序推进海岸、海岛、近海、远海开发，突出海峡、海湾、海岛特色，着力构建“一带、三核、六湾、多岛”的海洋开发新格局。

(1) 打造海峡蓝色产业带。以沿海城市群和港口群为主要依托，加强海岸带及邻近陆域、海域的重点开发、优化开发，突出产业转型升级和集聚发展，突出创新驱动与两岸合作，加快构建特色鲜明、核心竞争力强的现代海洋产业体系，形成以若干高端临海产业基地和海洋经济密集区为主体、布局合理、具有区域特色和竞争力的海峡蓝色产业带。

(2) 建设三大核心区。把福州都市圈、厦漳和泉州都市圈建设成为提升海洋经济竞争力的三大核心区。加强海洋基础研究、科技研发、成果转化和人才培养，深化闽台海洋开发合作，加快发展海洋新兴产业和现代海洋服务业，率先构筑现代海洋产业体系，推动海洋开发由低端向高端发展、由传统产业向现代产业拓展，建设成为我国沿海地区重要的现代化海洋产业基地、海洋科技研发及成果转化中心。

(3) 推进三大港口群(六大海湾)区域开发。依托福州港口群、湄洲湾港口群及厦门湾港口群，包括环三都澳、闽江口、湄洲湾、泉州湾、厦门湾、东山湾六大重要海湾，坚持优势集聚、合理布局和差异化发展，建设形成具有较强竞争力的海洋经济密集区。

(4) 加强特色海岛保护开发。按照“科学规划、保护优先、合理开发、永续利用”的原则，重点推进建制乡(镇)级以上海岛保护开发，探索生态、低碳的海岛开发模式；结合海岛各自特点，发展特色产业。

蓝色经济，更需要注意海洋生态环境受到陆地的影响而恶化。应注意保持良好的海洋环境，注意海洋生态文明建设对海湾大陆的不良效应。

蓝色经济链还包括海洋勘探、开采固体矿产资源及油气能源、发展远洋和深海渔业、海洋旅游、海水淡化以及海洋风能、潮汐能开发等，这些也都涉及对海洋环境的影响问题。

海西经济区今后发展中生态文明建设的十二个重要原则概括如下：

① 合理、高效与循环地利用当地资源；

② 节约与存储并举地利用两种资源；

③ 开发清洁、安全的新能源，使能源多元化，并注意环境效应；

④ 向海洋发展，寻求开发海洋资源，以发展蓝色经济；

⑤ 防治自然灾害，达到减灾、避灾效果，以保护海西地区的海陆发展；

⑥ 防治污染、节能减排，注意保护陆海生态环境的安全；

⑦ 保护中开发、开发中保护，以提高发展功效与环境质量；

⑧ 统筹城乡、相互依存而共同发展及共建生态文明；

⑨ 城镇群的一体化和谐发展并科学进行生态文明建设；

⑩ 以流域为单位协调发展建设生态流域，发展流域绿色经济；

⑪ 调整产业结构，建设生态文明以保障绿色经济与蓝色经济可持续发展；

⑫ 立足海西，携手海东，为两岸和谐环境与生态文明共同创造相应的坚固平台。

三、生态文明建设的主要内容

生态文明建设涉及许多方面，包括生态流域、生态城镇、生态港口、生态农业、生态工业、生态海洋、生态企业、生态住宅、生态工厂等。

(一) 生态流域

福建省水系发育，流程在20 km以上的水系有37条，总长度13 596 km，流域面积112 842 km^2。流域面积在50 km^2 以上的河流有597条，流域面积在500 km^2 以上的一级河流(指流入海的)有闽江、九龙江、汀江、晋江、交溪、敖江、霍童溪、木兰溪、诏安东溪、漳江、荻芦溪、龙江等12条河流。其中,闽江和九龙江流域面积分布为6.09万km^2和1.42万km^2,占全省近70%,闽江干流长559 km,九龙江干流长285 km。

生态文明建设,首先涉及生态流域建设的要素与目标,应当是:地绿、水净、天蓝、海清、减灾、生物多样性。有关生态流域建设要素:① 建设生态农林业;② 立体产业结构;③ 建设全流域综合与共同发展的理念及相应的规划。福建省,首先要建设闽江、九龙江生态流域。

闽江生态流域建设的重点措施:

(1) 提高及调整一些有污染的产业,例如造纸、电镀、小化工、冶炼、水泥等产业,提高其治理水平。

(2) 对土壤中含有重金属、有害元素的地带,采用生物治理与土壤的改革措施。

(3) 控制水资源保护,特别是饮用水源的保护,完善应急安全水源地的建设。

(4) 对居民集中点、城镇及企业周边,有规划地分期分批处理有危害人身安全与建设的地质灾害隐患点。

(5) 合理调配水资源,以发挥防洪、发电、抗旱、航运的综合功能,并防治库水的停滞与水质水环境恶化。

九龙江生态流域重点建设应注意的问题:

(1) 加强对畜禽养殖业面源污染的控制与治理;

(2) 加强流域上水土流失与地质灾害的防治与减灾措施;

(3) 加强流域内矿产资源开发对地质—生态环境的保护;

(4) 建设绿色农业的基地,发展山区绿色经济;

(5) 发展无危害的现代新民生工业,逐渐减少对烟草生产工业的依赖。

(6) 注意过密中小型水利措施梯级开发对水质的影响;

(7) 发展闽西革命老区绿色经济。

(二) 生态农业

要建设生态流域重要的是涉及流域内生态农业的发展问题,这也是绿色经济的重要部分,主要强调:①稳定耕地面积;②控制水土流失面积和强度;③发展种业工程。

为建设生态流域和福建生态省,在生态农业方面的战略可概括为:

(1) 建设生态省和发展生态农业具有的基础;

(2) 通过发展生态农业来解决福建省生态安全、食品安全问题;

(3) 在福建大力推进“环境友好型”农业生产方式;

(4) 推广与实施生态农业技术;

(5) 保持农业生态系统的稳定性,促进农业生产力的发展;

(6) 以种业工程驱动福建现代化农业发展;

(7) 福建省开展生态农业建设的形式与政策层面的支持;

(8) 对福建省生态农业、经济建设中的生态安全和可持续发展的基础知识进行培训;

(9) 陆地生态农业为绿色经济,也做好蓝色经济链的开发。

(三) 生态林业

生态林业也是绿色经济的主要内容。生态林业建设需要做如下工程:

(1) 助推以杉木为主的速生丰产林建设工程;

(2) 珍贵用材林建设工程;

(3) 碳汇林建设工程;

(4) 沿海防护林建设工程;

(5) 山地水土保持林建设工程;

(6) 特色林果业建设工程。

(四) 生态城镇群

城市化和城镇化有着很大的差别,涉及城镇的人口迁移问题,应当使真正的农村剩余劳动力,转入不同发展级次的城镇中,上面已经提到全国为五级城镇群建设。

人口的迁移有五个阶段:

第1阶段,落后的农业社会;第2阶段,转变的时期,这一阶段中农村人口逐渐加大数量,向城市转移,福建省和全国一样,目前都处在这一阶段;第3阶段,社会转变后期,农村—城市人口相互转移,近于平衡;第4阶段,现代化先进社会,大大减少农村向城市转移人口,少数城市向小城镇及农村转移人口;第5阶段,未来的先进社会,迁移人口不多,城镇-农村相互迁移人口都少。

除了生态河流的几点要求外,对生态城镇的进一步要求应当是:① 节约资源、② 高效低碳、③ 三废治理、④ 绿色食品、⑤ 新型交通。

福建省拟建的六个城镇群是:福州—宁德城镇群;南平—武夷城镇群;三明—宁化城镇群;厦门—漳州城镇群;龙岩—长汀城镇群;泉州—莆田城镇群。

六个城镇群建设中还应重视:① 地质灾害问题。② 地下水环境问题。③ 土壤污染问题。④ 特殊土的问题。⑤ 海岸带地质环境问题,涉及海岸带变迁、海岸蚀退、海岸扩张、海滩淤积等。⑥ 城市垃圾处理污染环境问题。

(五) 生态港口群

福建省三大港口群:福州港,湄洲湾港及厦门港口群。

生态港口群建设的基本要求:① 港口海水的洁净、② 没有外来物种破坏原生态。③ 保护生物多样性。④港区没有危险品的地表仓储。⑤ 港区一带不应有污染性工矿企业。⑥ 海底地貌与航道的稳定。⑦ 具有抗灾害的能力。⑧ 生活区与港口作业区分开。⑨ 有应对港口、海滩灾难的预案与设施。⑩ 具有快捷立体通道的集结运转人流、物流。

建设生态港口群也是为了更好地建设生态海洋。生态港口和生态海洋都与生态流域及生态城镇群密切相关。

生态河流、生态城镇群及生态港口的发展,综合体现在绿色经济和蓝色经济的和谐发展。

四、构建福建牵手海东-台湾的广阔平台

近年来,海峡两岸关系有了很大进展,具有新的开端。经国务院批准,已设立福建省平潭综合实验区,以共同协作,为先行先试,创造两岸合作的新方式。

(一) 福建省平潭综合实验区

福建省平潭综合实验区位于台湾海峡中北部,是祖国大陆距台湾本岛最近的地区,具有对台交流合作的独特优势。平潭由26个大小岛屿组成,总面积392.92 km^2,海域总面积6 064 km^2。主岛面积324.13 km^2,为全国第五大岛、福建第一大岛。

平潭综合实验区的作用:①两岸交流合作的先行区。②体制机制的改革创新的示范区。③两岸同胞共同生活的宜居区。④海峡西岸科学发展的先导区。

开展平潭两岸合作的综合实验区主要基于以下因素:

①平潭对台区域位置优势突出。②自然资源条件优越。③对台合作基础较好。④发展空间广阔。

虽然平潭已有392.92 km^2,为了更好地发展这个两岸合作的实验区,建议可将福清、长乐的部分地带作为配合这个实验区发展的侧翼,使其取得更好的发展效益。

(二) 海峡通道

经过多年对比，海峡通道有4条可供选择，通过比选，认为北线的平潭-台湾新竹线位较优，隧道长135 km，在牛山岛、新竹端各设一通风竖井，海峡中部设一座人工岛及通风竖井。该线路有花岗岩、火山岩，古近系和新近系砂页岩，也有石灰岩，无第四纪松散砂卵石层和淤泥，隧道距震中远，地震级别低。两岸为一个中国的共识是不可动摇的，两岸的往来会更加密切。今后应当通过密切经济上的交往、融合，更有利地为和平奠定坚实的基础。

五、福建省建设全国生态文明示范省的构想与建议

(一) 生态文明示范省建设的重大意义

党中央提出了"必须树立尊重自然、顺应自然、保护自然的生态文明理念，把生态文明建设放在突出地位，着力推进绿色发展、循环发展、低碳发展，从源头上扭转生态环境恶化趋势"的新要求。全国范围内生态文明建设即将进入全新的发展阶段。

生态文明建设涉及发展理念的转变、政绩观和发展成果评价的调整、资源节约集约利用、生态环境保护、体制机制创新等非常广泛的自然科学、社会科学、社会管理范畴，是复杂的系统工程，在一些独具特色的先行省域开展生态文明示范省建设，探索创新发展经验，具有重大示范带动意义。

生态文明示范省建设的目标，是探索经济持续发展和生态环境有效保护的科学发展模式，探索适应生态发展的体制机制和制度规范，以及探索支撑生态文明发展的科技保障的综合体系。国家可以通过包括财税在内的政策支持和对发展成果评价方式的调整、鼓励，以支持和调动地方政府对生态文明建设的积极性。

(二) 福建省建设国家生态文明示范省的有利条件与主要依据

福建省作为建设生态文明建设示范省具有得天独厚的自然条件、发展阶段、生态环境现状、人文支持环境等优势，可以在全国起到生态文明建设示范作用。主要有利条件包括：

一是自然条件具有独特优势。福建省地理单元相对独立，山、河、陆、海、岛兼备，区内密切关联，自成体系，全省河流绝大部分发源于本省境内，并在本省入海，易于控制全流域生态环境质量；地貌类型丰富，可以更好地展示多元自然条件下生态建设与经济发展的关系，并提供多样的生态效应范例；具有发展新能源(如风能、潮汐能、地热干热岩、太阳能以及核能)的资源和区位优势，可走多元结构能源和资源高效综合利用道路；森林覆盖率63.1%，为全国第一，发展潜力大；水资源相对丰富；气候条件独特，适应多种生物生长，特产品和中药材，以及花卉、水果等，都有很好的前景；地处东海，受台风、地质灾害多种威胁，已有的防灾减灾措施和群策群防经验较丰富；已划分生态功能区，建立了38个省级以上自然保护区，有三处世界自然文化遗产地目录，51个省级以上风景名胜区，81个省级以上国家森林公园，10个省级以上湿地公园，11个省级以上地质公园。数量众多的保护区、名胜与公园，遍及全省各地，其生态环境必定对当地起着重要的影响，促进周边地带生态文明建设。

二是经济发展特点鲜明，示范意义明显。目前福建省GDP在全国位列第8～9名，处在中上游，具有一定的经济实力，可以较好地支持生态文明建设；目前生态环境状况总体良好。福建大规模经济建设起步较晚，因此可以吸取早期外省市在建设中因缺少经验或认识不足所付出的环境代价和难以弥补的生态环境问题；福建省城市规模适中，易于控制生态环境问题。

三是科技和人文支持环境优越。福建人民教育文化素质较好，教育质量高，在国内外有很多福建籍著名专家学者，有利于为生态文明建设提供智力支持；多目标区域地球化学调查在全国率先基本实现了全覆盖，获得了多介质、多指标的系统地球化学数据，为优化国土空间开发格局和环境保护整治提供了重要基础资料；福建有较多海外乡亲的关注，一千多万福建籍乡亲居住在海外，对美丽家乡的建设都非常关心；福建作为海西经济区核心区，对于增进海峡两岸民众感情，促进祖国统一大业具有重要意义。

从上述三个方面有利条件来看，选择福建省率先建设全国生态文明建设示范省是适宜的。

1. 生态文明示范省建设的战略构思

生态文明示范省建设的谋划，一要体现生态优先的理念，二要体现城乡统筹、流域统筹的理念，三要体现走向海洋、海陆统筹的理念。对福建省建设国家生态文明示范省的策略内涵，提出如下看法：

一是科学发展以福建为核心的海西经济区；

二是跨越发展高端引领产业、基础民生产业及先进农林业；

三是构建陆地-河流-海洋-岛屿的绿色经济和蓝色经济链；

四是统筹城乡、优化城镇群、和谐海峡环境、防灾兴利；

五是加强两岸合作共建实验区；

六是依托港口群及快速交通网络，振兴与拓展通向世界的海上丝绸之路。

福建省生态文明建设的最终目标是：生态福建、美丽福建。

2. 对福建省生态文明示范省建设的几点建议

生态文明示范省建设影响全局并涉及方方面面，要实现建设目标，需要工程措施、政策措施、科技支撑措施的相互配合。建议对以下几个方面问题给予重点关注。

(1) 以生态建设重大工程协调发展与保护的关系。

生态文明建设需要通过一定的工程措施使生态环境状况得到显著改善。我们认为，福建省建设国家生态文明示范省，可以考虑在以下生态工程方面加强投资，取得实效：① 水资源优化配置工程；② 林业提质增效工程；③ 高效特色优质农业培育工程；④ 河口海岸带生态修复工程；⑤ 气象—地质灾害链防治工程；⑥ 城市生态环境保护综合工程。

(2) 发展高效、优质生态产业。

一是大幅提升港口、交通、地下空间、海岛等基础设施建设水平；二是建立能源多元化试验示范基地；三是大力发展生物医药和高端制造产业。

(3) 创新生态要素补偿交易机制体现生态建设效益。

生态文明示范省建设必须探索并解决好生态建设与经济建设的利益转换问题。解决生态补偿问题，关键是要切实转变发展思路和理念，尽快调整考核发展的指标体系，把生态文明建设的相关内容不仅纳入政绩考核，而且作出与经济发展指标一样的量化、可交易制度安排，在此基础上，按照社会主义市场经济规律，在公平负担基础上就生态要素进行区域间交易，使生态建设和生态产品与经济建设和经济产品一样具有同等价值和效益。

此外，在政策和管理层面，还要建立杜绝发生有长远环境影响和重大社会影响的生态环境事件的机制。

(4) 加强生态文明建设基础条件调查和科技支撑。

一是系统开展生态文明建设基础条件调查评价；二是构建生态文明建设相关指标体系和监测系统；三是构建生态应急响应和科技支持体系；四是加强创新引领发展和生态技术研发。

(5) 推进有利于两岸交流合作的基础设施相关工作。

海峡通道的建设，酝酿已久，两岸科技人员已有多次开会讨论，两岸同胞都有期盼。建议国家支持海峡西岸先行开展平潭岛至牛山岛之间的地质勘测工作以及有关生态环境的调查与监测，为进一步论证海峡通道可行性做前期准备。

六、结语

福建省具有优良的自然条件，福建省自改革开放后，也取得了很好的发展。由于1949年以后的前三十年没有很好的建设，而且处在两岸对峙的前缘，福建人民做出了重大的牺牲和贡献，保障了大陆广大地区的发展。

目前,福建省虽然在近三十年来,奋起直追,努力赶上。但由于以往发展少,底子仍薄,所以经济上仍处于全国中上的水平。最主要的是,福建与台湾是相隔一个海峡,目前福建与台湾相比经济上仍有些不足。为了和平统一的远景,应当更好发挥福建省与台湾具有历史上"五缘"相通、相循与相近的特点,应当更好发挥福建这个牵手台湾的平台的作用。

所以,发展福建的经济,仍是全国重要的一步棋。

根据党的十八大精神,经济建设应当与生态文明建设密切结合。结合以上论述,关于海西经济区(闽江、九龙江等流域)生态环境安全与可持续发展研究,在经济发展上的战略认识可归结为:

科学发展以福建为核心的海西经济区;跨越发展高端引领产业和基础民生产业及先进农林业,构建陆地、河流、海洋、岛屿的绿色经济与蓝色经济链;统筹城乡、优化城镇群、和谐海峡环境、防灾兴利;加强两岸合作共建实验区,依托优质港口群及沟通各地的快速交通网络,振兴与拓展通向世界的海上丝绸和平之路。

要实现这个战略,当然必须以生态环境安全为前提,而达到长远发展是不可忽视的目标,就是可持续发展。

所以,要保障这个战略理想的实现,达到生态环境安全与可持续发展,需要不断深入地提高对建设生态文明的重要层次的认识与实践。就是说,在海西经济区今后发展中,应当以建设生态文明作为重要前提,这样才可对生态环境安全有保障,也才能更好地推进上述发展战略,以使海西经济区得以可持续发展。

海西经济区,今后在建设生态文明方面的战略性理念是:

以科学发展观为指导思想,节约、高效、循环利用资源,开拓多元洁净新能源,合理配置水土资源,发展有机生物资源,综合建立陆地—河流的绿色经济。高举创新旗帜,建设两大生态流域、六大生态城镇群。防治气候—地质(及地震)灾害链,控制发展中不良效应与污染,真正防灾兴利。建设三大生态港口群,扬起通向五大洲的新的海上丝绸和平之路的船帆,发展蓝色经济。将海西区(福建省为核心)建成生态文明,和谐安全,山川美丽,人民富裕和牵手海东—台湾的可持续发展的示范区。

海西经济区为核心的福建,与海东台湾,有着地缘相近、血缘相亲、文缘相通、商缘相连和法缘相循这五缘密切的关系。通过建设海西,牵手海东,应当促进两岸交流与共同发展,使海峡成为"五和"的境地。这"五和"是:

经济发展上和顺,同胞交往上和好,生态建设上和谐,统一态势上和平,发展前程上和美。

党的十八大专门提出生态文明建设问题,将经济建设、政治建设、文化建设、社会建设及生态文明建设共列为一体化的目标。

上面提到有关海西经济区(福建省)的发展战略,这是经济建设的战略目标的建议。相应地提出的海西经济区生态文明建设的战略性理念。使经济建设战略内涵与生态文明建设的战略理念相结合,一定会有力推动海西经济区的科学发展、更好发展,将海西经济区福建省建成美丽的省区。

海西经济区的核心福建省,应当可早日实现作为中国复兴梦想的一个环节,即:建设生态福建,美丽福建,幸福福建。

附件 2

参加咨询项目研究的主要人员名单

周　济　项目顾问，中国工程院院长
潘云鹤　项目顾问，中国工程院常务副院长
沈国舫　项目顾问，中国工程院院士
周干峙　项目顾问，中国工程院院士、中国科学院院士，建设部原副部长
石玉林　项目顾问，中国工程院院士，中科院地理科学与资源研究所研究员
梁应辰　项目顾问，中国工程院院士，交通运输部研究员
金鉴明　项目顾问，中国工程院院士，国家环保部研究员
宋振骐　项目顾问，中国科学院院士，山东科技大学教授
雷志栋　项目顾问，中国工程院院士，清华大学教授
沈照理　项目顾问，俄罗斯工程院外籍院士，中国地质大学（北京）教授
王秉忱　项目顾问，勘察大师，原国务院参事，住建部建设环境工程技术中心研究员
卢耀如　项目组长（兼课题组长），中国工程院院士，中国地质科学院研究员，同济大学教授
王思敬　项目副组长（兼课题组长），中国工程院院士，中科院地质与地球物理所研究员
尹伟伦　项目副组长（兼课题组长），中国工程院院士，北京林业大学教授
王梦恕　项目副组长（兼课题组长），中国工程院院士，北京交通大学教授
王　浩　项目副组长（兼课题组长），中国工程院院士，中国水利水电科学研究院研究员
孙　钧　课题组长，中国科学院院士，同济大学教授
徐　洵　课题组长，中国工程院院士，国家海洋局第三海洋研究所研究员
谢华安　课题组长，中国科学院院士，福建省农业科学院研究员
范立础　课题组长，中国工程院院士，同济大学教授
王光谦　中国科学院院士，清华大学教授
陈志恺　中国工程院院士，中国水利水电科学研究院研究员
陈厚群　中国工程院院士，中国水利水电科学研究院研究员
陈运泰　中国科学院院士，中国地震局地球物理研究所研究员
黄荣辉　中国科学院院士，中国科学院大气物理研究所研究员
邓起东　中国科学院院士，中国地震局地质研究所研究员
李焯芬　中国工程院院士，香港大学教授
彭苏萍　中国工程院院士，中国矿业大学（北京）教授
林学钰　中国科学院院士，吉林大学教授
周丰峻　中国工程院院士、总参工程兵第三研究所研究员
王景全　中国工程院院士，解放军理工大学教授
茆　智　中国工程院院士，武汉大学教授
周绪红　中国工程院院士，兰州大学校长

中国工程院办公厅关于报送衡水院士行咨询建议的函

河北省人民政府办公厅：

为更好地发挥院士的智力优势，助推衡水进一步融入京津冀协同发展大局，应中共衡水市委、市人民政府邀请，中国工程院卢耀如、陈厚群、谢礼立、李廷栋、顾金才等5位院士于2018年9月8—11日前往衡水市参加了“院士行-衡水城市发展调研”活动。

院士专家们对衡水城市建设、湿地保护、产业发展、科技创新和文化教育等各方面情况进行了深入调研，并以“衡水在京津冀一体化战略中的机遇和挑战”为主题开展了深入研讨交流，提出了《积极发展衡水成为智能-生态-综合特色城镇群示范区》的咨询建议。

现将该建议报给你省，供参考。

附件：《积极发展衡水成为智能-生态-综合特色城镇群示范区》

中国工程院办公厅

2019年7月8日

附件

积极发展衡水成为智能-生态-综合特色城镇群示范区

——作为鼎立三足之一支持京津冀核心区发展

应中共衡水市委、市人民政府邀请，中国工程院卢耀如、陈厚群、谢礼立、李廷栋、顾金才等院士及有关专家于2018年9月8日—11日，就河北省衡水市今后更好发展问题，开展院士专家行，经考察研讨形成如下认识与建议。

一、现状

京、津、冀同属一个地理单元，北有燕山山脉，西有太行山山脉，东临黄海、渤海、南界黄河，中心是华北平原，地质构造同属一个系统，气候相同，自然资源三地紧密相连，自然灾害也类似。党中央设立雄安新区是千年大计、国之大事，北京、天津和雄安构成“鼎”之核心，京津冀和雄安新区发展必须与近邻地区的发展协同，一个鼎身必须有三足以使鼎稳定矗立。河北省的张家口、衡水-沧州和秦皇岛应是京津冀这鼎的三个“鼎足”。张家口是鼎身的东北-北部阻挡西部风沙、荒漠化推动的重要高原坝上屏障；秦皇岛是东部的一个屏障，也是一个开放的特殊口岸，促进与东北区、东南区，以及与太平洋彼岸和远方欧洲、非洲的海上通道的连接，南有海南岛、北有秦皇岛；衡水-沧州是南-西南这片水环境对鼎身基础的保障支撑，以衡水为最低点，代表华北平原南部的水环境对鼎身可能产生影响的一个屏障和承接化解地区。衡水作为支持“京津雄之鼎”的稳定的三足之一，而且也是华北平原南部的广阔面积的发展的引领者，起着新时代中平原发展的引领示范作用。

长期以来，河北平原工农业发展和城镇人民生活用水以开发利用地下水资源为主，传统农业生产的冬小麦-夏玉米种植结构大量消耗水资源，与当地水资源总体不足的矛盾突出。近年来，采取冬小麦休种和深层地下水限采、咸淡水混合灌溉、节水灌溉等措施，深层地下水位降落态势得到有效控制，但“漏斗”依然存在，地下水位调节任务依然繁重。

二、建议

(一) 坚持贯彻落实三大重要战略，确立衡水作为支持京津冀核心区巨鼎的三足之一支柱地位

衡水今后发展应当坚持落实中央提出的三个重大战略部署：坚持生态文明发展战略，积极融入京津冀一体化发展战略，推进实施乡村振兴战略。其发展目标，一是作为支持“京津雄”鼎身的一个重要支柱，二是作为华北平原南部城镇发展的引领示范者，三是作为半干旱地区创新发展智能、生态与安全城镇的先行者。

(二) 加强水生态环境修复与水资源开发保护

水生态环境修复的主要任务：一是调整地下水开采格局，涵养恢复地下水水位，修复地下水降落“漏斗”；二是按照“清水绿岸、鱼翔浅底”的要求，修复和改善河湖生态系统，治理河湖水系水污染，特别是保护利用好衡水湖湿地资源。

具体行动包括：① 稳定“藏粮于地”政策措施，长期实施冬小麦轮休轮作，切实压减深层地下水开采量，建议开展深层大口径钻孔回灌地下水的试验；② 增加滏阳河对衡水湖的补给，深入研究衡水湖整体生态保护修复规划，探讨修复西湖水域的可行性，部署开展河网生态修复工程，并积极推进衡水湖生态修复工程纳入国家生态保护修复计划；③ 增加引黄、引长(南水北调)调拨给衡水补给回灌地下水量；④ 更好地节水、提高水资源利用效率，实行分质供水；⑤ 综合利用雨水、河水、湖水、地下水、处理中水和

周边大水库、人工水塘水等“六水”资源。

（三）促进传统农业发展方式向节水生态农业转变

优化调整传统种植结构，推动节水约束下的现代高效利用水-土资源的生态农业发展。① 合理规划农业生产布局，调整粮食、其他农作物、蔬菜种植的品种和相应的数量；② 控制养殖场分布和保护生态环境，控制与减少养殖业对环境面源污染；③ 控制化肥农药用量，修复土壤污染；④ 扶持培育农业龙头企业和地方特色品牌。

（四）谋划发展智能、生态与特色城镇群

衡水有许多独具特色的乡镇，调整发展有特色的城镇，发展一批智能、生态兼具的特色城镇群。如工业产业小城镇群、养殖及加工小城镇群、特色粮食作物生产（及深加工）小城镇群、文化教育小城镇群、湖滨休闲娱乐小城镇群等。衡水市未来乡村发展应遵循新型智能、生态与创新的农村小城镇的特色发展战略，成为华北平原南部及半干旱地区生态农业的典范、品牌农业的典范、智能-生态-综合特色城镇群的典范。

（五）工业产业的调整与协作

发挥区位优势，根据雄安新区建设的进展，主动对接服务雄安新区建设，打造京津冀区域交通物流枢纽、绿色农产品供应、生态保护屏障、技术成果转化及产业承接、教育医疗及休闲养生功能疏散基地的功能定位，成为雄安新区的交通南大门、产业新腹地、生活近郊区、美好环境花园区。

实施工业品牌计划，做强做大白酒、饮料、丝网、玻璃钢、橡塑制品、铁塔钢构、食品医药、高铁玻璃等特色产业，开拓基因医药等更多新型高科技产业领域。

综上，建议河北省召开衡水、张家口、秦皇岛、雄安新区管委会联席会议，邀请北京、天津有关部门参加，研究如何实现协同发展。同时，建议成立“河北省发展与生态院士专家咨询合作委员会”和“衡水市发展与环境院士专家咨询合作委员会”，依托院士专家开展相关战略咨询研究，为河北省实现跨越式发展贡献力量。